学ぶ人は、変えてゆく人だ。

目の前にある問題はもちろん、
人生の問いや、
社会の課題を自ら見つけ、
挑み続けるために、人は学ぶ。
「学び」で、
少しずつ世界は変えてゆける。
いつでも、どこでも、誰でも、
学ぶことができる世の中へ。

旺文社

全国高校入試問題正解

2021年受験用

数学

旺文社

本書の刊行にあたって

　全国の入学試験問題を掲載した「全国高校入試問題正解」が誕生して，すでに70年が経ちます。ここでは，改めてこの本を刊行する3つの意義を確認しようと思います。

①事実をありのままに伝える「報道性」

　その年に出た入学試験問題がどんなもので，解答が何であるのかという事実を正確に伝える。この本は，無駄な加工を施さずにありのままを皆さんにお伝えする「ドキュメンタリー」の性質を持っています。また，客観資料に基づいた傾向分析と次年度への対策が付加価値として付されています。

②いちはやく報道する「速報性」

　報道には事実を伝えるという側面のほかに，スピードも重要な要素になります。その意味でこの「入試正解」も，可能な限り迅速に皆さんにお届けできるよう最大限の努力をしています。入学試験が行われてすぐ問題を目にできるということは，来年の準備をいち早く行えるという利点があります。

③毎年の報道の積み重ねによる「資料性」

　冒頭でも触れたように，この本には長い歴史があります。この時間の積み重ねと範囲の広さは，この本の資料としての価値を高めています。過去の問題との比較，また多様な問題同士の比較により，目指す高校の入学試験の特徴が明確に浮かび上がってきます。

　以上の意義を鑑み，これからも私たちがこの「全国高校入試問題正解」を刊行し続けることが，微力ながら皆さんのお役にたてると信じています。どうぞこの本を有効に活用し，最大の効果を得られることを期待しています。

　最後に，刊行にあたり入学試験問題や貴重な資料をご提供くださった各都道府県教育委員会・教育庁ならびに国立・私立高校，高等専門学校の関係諸先生方，また解答・校閲にあたられた諸先生方に，心より御礼申し上げます。

2020年6月　　　　　　　　　　　　　　　　　　　　旺　文　社

CONTENTS

2020／数学

公立高校

北海道	1
青森県	3
岩手県	5
宮城県	7
秋田県	9
山形県	12
福島県	14
茨城県	16
栃木県	18
群馬県	21
埼玉県	22
千葉県	26
東京都	27
東京都立日比谷高	29
東京都立青山高	31
東京都立西高	32
東京都立立川高	34
東京都立国立高	36
東京都立八王子東高	38
東京都立新宿高	39
神奈川県	42
新潟県	44
富山県	46
石川県	48
福井県	49
山梨県	51
長野県	53
岐阜県	56
静岡県	58
愛知県（A・Bグループ）	59
三重県	62
滋賀県	64
京都府	66
大阪府	67
兵庫県	71
奈良県	74
和歌山県	76
鳥取県	78
島根県	81
岡山県	83
広島県	86
山口県	88
徳島県	91
香川県	93
愛媛県	94
高知県	96
福岡県	98
佐賀県	100
長崎県	102
熊本県	106
大分県	109
宮崎県	111
鹿児島県	113
沖縄県	116

国立高校

東京学芸大附高	119
お茶の水女子大附高	120
筑波大附高	121
筑波大附駒場高	123
東京工業大附科技高	124
大阪教育大附高（池田）	126
大阪教育大附高（平野）	127
広島大附高	128

私立高校

愛光高	133
青山学院高等部	134
市川高	135
江戸川学園取手高	136
大阪星光学院高	137
開成高	138
関西学院高等部	139
近畿大附高	139
久留米大附設高	140
慶應義塾高	141
慶應義塾志木高	142
慶應義塾女子高	143
國學院大久我山高	144
渋谷教育学園幕張高	146
城北高	147
巣鴨高	148
駿台甲府高	149
青雲高	150
成蹊高	151
専修大附高	152
中央大杉並高	153
中央大附高	154
土浦日本大高	155
桐蔭学園高	156
東海高	157
東海大付浦安高	158
東京電機大高	159
同志社高	160
東大寺学園高	161
桐朋高	162
豊島岡女子学園高	163
灘高	164
西大和学園高	165
日本大第二高	166
日本大第三高	167
日本大習志野高	168
函館ラ・サール高	169
福岡大附大濠高	170
法政大高	172
法政大国際高	173
法政大第二高	174
明治学院高	175
明治大付中野高	176
明治大付明治高	177
洛南高	177
ラ・サール高	178
立教新座高	179
立命館高	181
早実高等部	182
和洋国府台女子高	183

高等専門学校

国立工業高専・商船高専・高専	129
都立産業技術高専	131

この本の特長と効果的な使い方

しくみと特長

◆**公立・国立・私立高校の問題を掲載**

　都道府県の公立高校（一部の独自入試問題を含む），国立大学附属高校，国立高専・都立高専，私立高校の数学の入試問題を，上記の順で配列してあります。

◆**「解答」には「解き方」「別解」も収録**

　問題は各都道府県・各校ごとに掲げ，巻末に各都道府県・各校ごとに「解答」と「解き方」を収めました。難しい問題には，特にくわしい「解き方」をそえ，さらに別解がある場合は 別　解 として示しました。

◆**「時間」・「満点」・「実施日」を問題の最初に明示**

　2020 年入試を知るうえで，参考になる大切なデータです。満点を公表しない高校の場合は「非公表」としてありますが，全体の何％ぐらいが解けるか，と考えて活用してください。

　また，各都道府県・各校の最近の「出題傾向と対策」を問題のはじめに入れました。志望校の出題傾向の分析に便利です。

◆**各問題に，問題内容や出題傾向を表示**

　それぞれの問題に対する解答のはじめに，学習のめやすとなるように問題内容を明示し，さらに次のような表記もしました。

　よく出る ▶ ………よく出題される重要な問題

　新傾向 ▶ ………新しいタイプの問題

　思考力 ▶ ………思考力を問う問題

　基　本 ▶ ………基本的な問題

　　　難 ▶ ………特に難しい問題

◆**出題傾向を分析し，効率のよい受験対策を指導**

　巻頭の解説記事に「2020 年入試の出題傾向と2021 年の予想・対策」および公立・国立・私立高校別の「2020 年の出題内容一覧」など，関係資料を豊富に収めました。これを参考に，志望校の出題傾向にターゲットをしぼった効果的な学習計画を立てることができます。

◇なお，編集上の都合により，写真や図版を差し替えた問題や一部掲載していない問題があります。あらかじめご了承ください。

効果的な使い方

■**志望校選択のために**

　一口に高校といっても，公立のほかに国立，私立があり，さらに普通科・理数科・英語科など，いろいろな課程があります。

　志望校の選択には，自分の実力や適性，将来の希望などもからんできます。入試問題の手ごたえや最近の出題傾向なども参考に，先生や保護者ともよく相談して，なるべく早めに志望校を決めるようにしてください。

■**出題の傾向を活用して**

　志望校が決定したら，「2020 年の出題内容一覧」を参考にしながら，どこに照準を定めたらよいか判断します。高校によっては入試問題にもクセがあるものです。そのクセを知って受験対策を組み立てるのも効果的です。

　やたらに勉強時間ばかり長くとっても，効果はありません。年間を通じて，ムリ・ムダ・ムラの

ない学習を心がけたいものです。

■**解答は入試本番のつもりで**

　まず，志望校の問題にあたってみます。問題を解くときは示された時間内で，本番のつもりで解答しましょう。必ず自分の力で解き，「解答」「解き方」で自己採点し，まちがえたところは速やかに解決するようにしてください。

■**よく出る問題を重点的に**

　本文中に よく出る ▶ および 基　本 ▶ と表示された問題は，自分の納得のいくまで徹底的に学習しておくことが必要です。

■**さらに効果的な使い方**

　志望校の問題が済んだら，他校の問題も解いてみましょう。苦手分野を集中的に学習したり，「模擬テスト」として実戦演習のつもりで活用するのも効果的です。

［編集協力］有限会社　四月社　　［表紙デザイン］土屋真郁＋ya

2020年入試の出題傾向と2021年の予想・対策

数学

入学試験の出題には各校ともそれぞれ一定の傾向があります。受験しようとする高等学校の出題傾向を的確につかみ，その傾向に沿って学習の重点の置き方を工夫し，最大の効果をあげてください。

2020年入試の出題傾向

　公立校の問題は，中学校の数学の各分野から基本的で平易な問題がバランス良く出題されています。また，国立大附属校，東京都立進学重点校，私立校の問題は，基本的で標準的な問題のほか，総合的な思考力や応用力を必要とするやや難しい問題や発展的問題も出題されています。

　公立校に関しては，各都道府県とも出題傾向に特に大きな変化はなく，問題の質・量・形式とも安定していて，例年どおりの傾向に沿った出題が続いています。また，答の数値のみではなく，解答の途中過程や考え方などの記述も要求される設問も，多くの公立校で出題されています。さらに，いろいろな新しい工夫を取り入れた出題もありました。

　国立大附属校や東京都立進学重点校には，例年どおりやや難しい問題も見受けられました。また，私立校の一部では，発展的な出題もありました。

　2013年から新指導要領に基づく入試が実施され，2020年入試はその8年目でした。しかし，難易度，分量とも目立った変化はなく，従来どおりの平穏な出題でした。今後もこの傾向は続くと思われます。

　2014年入試から，東京都の進学指導重点校の独自入試が実施され，2020年はその7年目でしたが，2019年と同様に各学校で独立の出題になりました。北海道や埼玉県でも，学校裁量問題が出題されています。いずれもよく工夫された問題でした。

2021年入試の予想・対策

◆各都道府県，各高校とも，出題については質，量とも大きな変化はないと予想されます。したがって，高校入試の数学の試験の対策としては，まず教科書をもとに基本的な知識や計算力を養うことが重要です。さらに参考書や問題集などを利用して思考力や応用力を磨くとともに，志望校の出題傾向に合わせて，頻出分野を重点的に練習するとよいでしょう。

◆都道府県によっては，出題の分野，内容，形式とも，例年のものを驚くほど忠実に踏襲し，数値を若干変える程度で出題することも少なくありません。したがって，過去数年分の入試問題を繰り返し練習することが，得点力向上のために極めて重要で効果的です。

◆とくに，1次関数や関数$y=ax^2$とそのグラフ，円周角の定理，三平方の定理，相似と面積・体積などの分野で，良問をしっかりと練習しておきましょう。

〈K. Y.〉

2020年の出題内容一覧

数学	数と式							方程式	
	数の性質	正負の数の計算	式の計算（1・2年の範囲）	数・式の利用（1・2年の範囲）	平方根	多項式の乗法・除法	因数分解	1次方程式	1次方程式の応用
001 北　海　道	▲	▲			▲		▲		▲
002 青　森　県		▲	▲	▲	▲	▲			▲
003 岩　手　県		▲	▲	▲					▲
004 宮　城　県		▲	▲						
005 秋　田　県	▲	▲					▲	▲	▲
006 山　形　県		▲	▲		▲				
007 福　島　県		▲	▲		▲			▲	
008 茨　城　県		▲		▲	▲				
009 栃　木　県			▲		▲	▲		▲	
010 群　馬　県	▲	▲			▲		▲	▲	
011 埼　玉　県		▲			▲		▲	▲	
012 千　葉　県	▲	▲			▲		▲	▲	
東　京　都			▲					▲	
東京都立日比谷高		▲							
東京都立青山高		▲							
013 東京都立西高	▲				▲				
東京都立立川高					▲				
東京都立国立高					▲				
東京都立八王子東高					▲				
東京都立新宿高					▲	▲			
014 神　奈　川　県	▲	▲	▲						▲
015 新　潟　県		▲	▲	▲	▲				
016 富　山　県	▲	▲	▲	▲	▲				
017 石　川　県		▲	▲	▲	▲				
018 福　井　県		▲			▲	▲	▲		
019 山　梨　県	▲	▲			▲				
020 長　野　県		▲		▲	▲			▲	
021 岐　阜　県		▲			▲				
022 静　岡　県		▲	▲		▲				
023 愛　知　県（Ａ）		▲	▲		▲		▲		▲
〃　　　　（Ｂ）	▲				▲				▲
024 三　重　県		▲			▲		▲		▲
025 滋　賀　県		▲	▲		▲				
026 京　都　府		▲			▲				
027 大　阪　府	▲	▲		▲	▲	▲		▲	
028 兵　庫　県		▲	▲		▲				
029 奈　良　県	▲	▲	▲		▲				
030 和　歌　山　県	▲	▲	▲	▲	▲	▲	▲		▲
031 鳥　取　県		▲	▲		▲		▲		
032 島　根　県		▲		▲	▲		▲		
033 岡　山　県		▲			▲				
034 広　島　県		▲			▲		▲		
035 山　口　県	▲	▲			▲		▲		
036 徳　島　県		▲			▲				
037 香　川　県		▲		▲	▲		▲	▲	
038 愛　媛　県		▲		▲	▲				
039 高　知　県	▲	▲			▲				▲
040 福　岡　県		▲			▲			▲	
041 佐　賀　県	▲	▲			▲		▲		
042 長　崎　県	▲	▲			▲				
043 熊　本　県		▲			▲		▲	▲	
044 大　分　県		▲			▲		▲		
045 宮　崎　県	▲	▲		▲	▲	▲			
046 鹿　児　島　県	▲	▲			▲				
047 沖　縄　県	▲	▲	▲	▲	▲		▲	▲	▲
048 東京学芸大附高					▲				
049 お茶の水女子大附高		▲							
050 筑　波　大　附　高	▲								▲

● 旺文社 2021 全国高校入試問題正解

数学

		方程式				比例と関数			図形	
		連立方程式	連立方程式の応用	2次方程式	2次方程式の応用	比例・反比例	1次関数	関数 $y=ax^2$	平面図形の基本・作図	空間図形の基本
001	北 海 道		▲		▲	▲	▲	▲	▲	▲
002	青 森 県	▲		▲		▲	▲	▲	▲	▲
003	岩 手 県	▲		▲		▲	▲	▲	▲	▲
004	宮 城 県			▲			▲	▲	▲	▲
005	秋 田 県	▲		▲		▲	▲	▲	▲	▲
006	山 形 県		▲	▲		▲	▲	▲	▲	▲
007	福 島 県		▲				▲	▲	▲	▲
008	茨 城 県		▲	▲			▲	▲	▲	▲
009	栃 木 県		▲	▲			▲	▲	▲	▲
010	群 馬 県	▲		▲			▲	▲	▲	▲
011	埼 玉 県	▲		▲			▲	▲	▲	▲
012	千 葉 県			▲			▲	▲	▲	▲
013	東 京 都	▲		▲	▲		▲	▲	▲	
	東 京 都 立 日 比 谷 高						▲	▲	▲	▲
	東 京 都 立 青 山 高	▲					▲	▲	▲	
	東 京 都 立 西 高	▲		▲			▲	▲	▲	
	東 京 都 立 立 川 高	▲		▲			▲	▲	▲	
	東 京 都 立 国 立 高	▲					▲	▲		▲
	東 京 都 立 八 王 子 東 高	▲				▲	▲	▲	▲	
	東 京 都 立 新 宿 高		▲	▲			▲	▲	▲	
014	神 奈 川 県	▲		▲			▲	▲		▲
015	新 潟 県	▲		▲	▲		▲	▲	▲	
016	富 山 県	▲		▲			▲	▲	▲	
017	石 川 県		▲	▲			▲	▲	▲	▲
018	福 井 県		▲	▲			▲	▲	▲	
019	山 梨 県			▲		▲	▲	▲	▲	
020	長 野 県				▲	▲	▲	▲	▲	
021	岐 阜 県				▲		▲	▲	▲	
022	静 岡 県		▲	▲			▲	▲	▲	▲
023	愛 知 県 （ A ）	▲		▲			▲	▲	▲	
	〃 （ B ）			▲			▲	▲	▲	
024	三 重 県		▲	▲			▲	▲	▲	
025	滋 賀 県	▲		▲	▲		▲	▲	▲	
026	京 都 府	▲		▲			▲	▲	▲	
027	大 阪 府	▲	▲	▲		▲	▲	▲	▲	▲
028	兵 庫 県	▲		▲		▲	▲	▲	▲	
029	奈 良 県		▲	▲			▲	▲	▲	
030	和 歌 山 県		▲	▲		▲	▲	▲	▲	▲
031	鳥 取 県		▲	▲		▲	▲	▲	▲	
032	島 根 県		▲	▲		▲	▲	▲	▲	
033	岡 山 県		▲	▲			▲	▲	▲	
034	広 島 県		▲	▲		▲	▲	▲		▲
035	山 口 県		▲				▲	▲	▲	
036	徳 島 県	▲		▲			▲	▲	▲	▲
037	香 川 県				▲		▲	▲		▲
038	愛 媛 県		▲	▲		▲	▲		▲	
039	高 知 県		▲				▲	▲	▲	
040	福 岡 県	▲	▲	▲			▲	▲	▲	▲
041	佐 賀 県			▲			▲	▲	▲	▲
042	長 崎 県			▲			▲	▲	▲	▲
043	熊 本 県		▲			▲	▲	▲	▲	▲
044	大 分 県	▲		▲		▲	▲	▲	▲	▲
045	宮 崎 県	▲		▲		▲	▲	▲	▲	▲
046	鹿 児 島 県		▲	▲		▲	▲	▲	▲	▲
047	沖 縄 県	▲		▲		▲	▲	▲	▲	▲
048	東 京 学 芸 大 附 高						▲		▲	
049	お 茶 の 水 女 子 大 附 高		▲				▲		▲	▲
050	筑 波 大 附 高				▲		▲			

2020年の出題内容一覧

No.	数学	図形 立体の表面積と体積	平行と合同	図形と証明	三角形	平行四辺形	円周角と中心角	相似	平行線と線分の比	中点連結定理
001	北海道	▲		▲			▲	▲		
002	青森県	▲	▲				▲	▲	▲	
003	岩手県	▲		▲			▲	▲		
004	宮城県	▲		▲			▲	▲	▲	
005	秋田県	▲	▲	▲	▲		▲	▲	▲	
006	山形県									
007	福島県	▲	▲	▲		▲		▲		▲
008	茨城県	▲	▲	▲	▲		▲	▲		
009	栃木県	▲		▲			▲		▲	
010	群馬県			▲			▲	▲		
011	埼玉県	▲		▲			▲	▲		
012	千葉県	▲	▲	▲			▲	▲		
013	東京都	▲	▲	▲			▲	▲		
	東京都立日比谷高	▲		▲			▲	▲	▲	
	東京都立青山高	▲		▲			▲	▲		
	東京都立西高	▲		▲				▲		
	東京都立立川高	▲	▲	▲			▲	▲		
	東京都立国立高	▲		▲			▲	▲		▲
	東京都立八王子東高	▲	▲	▲			▲	▲		
	東京都立新宿高	▲					▲	▲		
014	神奈川県	▲		▲		▲		▲	▲	▲
015	新潟県	▲	▲	▲	▲			▲		
016	富山県	▲			▲			▲		
017	石川県	▲								
018	福井県						▲	▲		
019	山梨県	▲		▲			▲	▲		▲
020	長野県	▲		▲		▲	▲	▲		▲
021	岐阜県		▲				▲			
022	静岡県	▲		▲	▲		▲	▲	▲	
023	愛知県（A）	▲					▲			
	〃　　（B）	▲					▲	▲		
024	三重県									
025	滋賀県							▲		
026	京都府	▲			▲		▲	▲	▲	
027	大阪府	▲	▲	▲	▲	▲	▲	▲	▲	
028	兵庫県	▲	▲	▲		▲	▲	▲		
029	奈良県	▲		▲			▲	▲		
030	和歌山県	▲	▲		▲		▲	▲	▲	
031	鳥取県			▲			▲	▲		
032	島根県	▲	▲				▲	▲		
033	岡山県			▲			▲	▲		▲
034	広島県							▲		
035	山口県		▲	▲	▲			▲		
036	徳島県	▲					▲	▲		
037	香川県	▲	▲	▲	▲		▲	▲		
038	愛媛県			▲						
039	高知県	▲					▲	▲		
040	福岡県	▲	▲	▲			▲	▲		
041	佐賀県			▲		▲	▲	▲	▲	
042	長崎県	▲		▲			▲	▲		
043	熊本県			▲			▲	▲		
044	大分県	▲		▲		▲	▲	▲		
045	宮崎県	▲		▲	▲		▲	▲		
046	鹿児島県	▲		▲			▲			
047	沖縄県	▲	▲	▲		▲	▲	▲		
048	東京学芸大附高			▲			▲	▲	▲	▲
049	お茶の水女子大附高									
050	筑波大附高	▲						▲		

● 旺文社 2021 全国高校入試問題正解

2020年の出題範囲一覧

数学	図形	資料の活用				総合問題			
	三平方の定理	資料の散らばりと代表値	場合の数	確率	標本調査	数・式を中心とした総合問題	関数を中心とした総合問題	図形を中心とした総合問題	資料の活用を中心とした総合問題
001 北海道	▲	▲	▲						
002 青森県	▲			▲	▲		▲		
003 岩手県	▲			▲	▲				
004 宮城県	▲	▲		▲					
005 秋田県	▲	▲		▲					
006 山形県	▲	▲		▲			▲	▲	
007 福島県	▲		▲	▲					
008 茨城県	▲			▲			▲		
009 栃木県	▲	▲		▲	▲	▲			
010 群馬県	▲			▲	▲				
011 埼玉県	▲	▲		▲					
012 千葉県	▲	▲	▲	▲					
013 東京都	▲	▲							
013 東京都立日比谷高	▲			▲					
013 東京都立青山高	▲	▲		▲					
013 東京都立西高	▲	▲		▲		▲			
013 東京都立立川高	▲			▲					
013 東京都立国立高	▲			▲					
013 東京都立八王子東高	▲			▲					
013 東京都立新宿高	▲			▲					
014 神奈川県	▲	▲		▲					
015 新潟県	▲			▲	▲				
016 富山県	▲	▲		▲					
017 石川県	▲	▲		▲			▲	▲	
018 福井県	▲	▲		▲	▲		▲		
019 山梨県	▲			▲	▲				
020 長野県	▲			▲					
021 岐阜県	▲			▲					
022 静岡県	▲	▲		▲					
023 愛知県（A）	▲	▲		▲					
023 〃　（B）	▲	▲		▲					
024 三重県	▲	▲		▲			▲	▲	
025 滋賀県		▲		▲					
026 京都府	▲			▲	▲	▲			
027 大阪府	▲	▲		▲					
028 兵庫県	▲	▲		▲	▲	▲			
029 奈良県	▲	▲		▲					
030 和歌山県	▲	▲		▲					
031 鳥取県	▲	▲		▲					
032 島根県	▲	▲		▲			▲		
033 岡山県	▲	▲		▲					
034 広島県	▲	▲		▲	▲		▲		
035 山口県	▲	▲		▲			▲		
036 徳島県	▲	▲		▲			▲	▲	▲
037 香川県	▲	▲		▲					
038 愛媛県	▲	▲		▲	▲		▲		
039 高知県		▲		▲					
040 福岡県	▲		▲	▲	▲				
041 佐賀県	▲	▲	▲	▲					
042 長崎県	▲	▲	▲	▲	▲				
043 熊本県	▲	▲	▲	▲	▲				
044 大分県	▲	▲	▲	▲					
045 宮崎県	▲	▲		▲					
046 鹿児島県	▲	▲		▲					
047 沖縄県	▲		▲	▲	▲				
048 東京学芸大附高	▲	▲						▲	
049 お茶の水女子大附高	▲		▲	▲					
050 筑波大附高	▲		▲	▲					

2020年の出題内容一覧

数学	数と式							方程式	
	数の性質	正負の数の計算	式の計算（1・2年の範囲）	数・式の利用（1・2年の範囲）	平方根	多項式の乗法・除法	因数分解	1次方程式	1次方程式の応用
051 筑波大附駒場高	▲								▲
052 東京工業大附科技高					▲				▲
053 大阪教育大附高（池田）	▲				▲				
054 大阪教育大附高（平野）		▲							▲
055 広島大附高	▲			▲	▲	▲			
056 愛光高	▲		▲		▲		▲		
057 青山学院高等部					▲		▲		
058 市川高									
059 江戸川学園取手高					▲				
060 大阪星光学院高	▲				▲		▲		
061 開成高							▲		
062 関西学院高等部			▲		▲				
063 近畿大附高			▲		▲				
064 久留米大学附設高					▲				
065 慶應義塾高	▲				▲				
066 慶應義塾志木高				▲			▲		
067 慶應義塾女子高	▲				▲				
068 國學院大學久我山高	▲	▲	▲		▲		▲		
069 渋谷教育学園幕張高			▲		▲				
070 城北高	▲		▲		▲		▲		
071 巣鴨高	▲				▲		▲		
072 駿台甲府高		▲			▲				▲
073 青雲高		▲			▲				▲
074 成蹊高					▲				
075 専修大附高					▲				▲
076 中央大学杉並高							▲		
077 中央大附高	▲		▲		▲		▲		
078 土浦日本大学高	▲	▲			▲		▲		
079 桐蔭学園高			▲		▲		▲		
080 東海高	▲								▲
081 東海大付浦安高		▲			▲				▲
082 東京電機大学高								▲	
083 同志社高			▲		▲				
084 東大寺学園高	▲				▲		▲		
085 桐朋高			▲		▲				
086 豊島岡女子学園高	▲		▲		▲		▲		
087 灘高					▲				
088 西大和学園高					▲		▲		
089 日本大学第二高		▲			▲		▲		
090 日本大学第三高		▲			▲		▲		
091 日本大学習志野高	▲				▲				
092 函館ラ・サール高		▲			▲	▲	▲		
093 福岡大附大濠高	▲				▲		▲		
094 法政大学高	▲				▲	▲	▲		
095 法政大学国際高					▲		▲		
096 法政大学第二高					▲		▲		▲
097 明治学院高	▲		▲		▲			▲	
098 明治大付中野高	▲				▲	▲			
099 明治大付明治高					▲				
100 洛南高		▲					▲		
101 ラ・サール高		▲							▲
102 立教新座高				▲					
103 立命館高		▲		▲	▲		▲		
104 早実高等部							▲		
105 和洋国府台女子高	▲	▲	▲		▲	▲	▲		
106 国立工業高専・商船高専・高専					▲				
107 都立産業技術高専	▲	▲	▲		▲	▲			

数学	方程式				比例と関数			図形	
	連立方程式	の連立応方程用式	2次方程式	の2次応方程用式	比例・反比例	1次関数	関数 $y=ax^2$	平面図形の基本・作図	空間図形の基本
051 筑波大附駒場高						▲	▲		
052 東京工業大附科技高	▲		▲			▲	▲		
053 大阪教育大附高(池田)	▲		▲			▲	▲		
054 大阪教育大附高(平野)	▲						▲		
055 広島大附高		▲	▲			▲	▲	▲	
056 愛光高		▲		▲		▲	▲		
057 青山学院高等部		▲				▲	▲	▲	▲
058 市川高			▲						
059 江戸川学園取手高	▲			▲		▲	▲	▲	
060 大阪星光学院高	▲					▲			▲
061 開成高	▲						▲		▲
062 関西学院高等部	▲	▲		▲		▲	▲	▲	
063 近畿大附高	▲	▲	▲			▲	▲	▲	
064 久留米大学附設高	▲					▲	▲		
065 慶應義塾高		▲	▲	▲			▲		▲
066 慶應義塾志木高		▲				▲	▲		
067 慶應義塾女子高				▲			▲		
068 國學院大學久我山高						▲			
069 渋谷教育学園幕張高			▲				▲		▲
070 城北高	▲				▲		▲		▲
071 巣鴨高						▲			▲
072 駿台甲府高			▲		▲	▲	▲		
073 青雲高	▲		▲			▲	▲		
074 成蹊高		▲					▲		▲
075 専修大附高	▲		▲	▲		▲	▲		
076 中央大学杉並高			▲		▲	▲	▲		▲
077 中央大附高	▲				▲	▲	▲		
078 土浦日本大学高	▲					▲	▲		▲
079 桐蔭学園高						▲	▲		
080 東海高							▲		
081 東海大付浦安高	▲		▲			▲	▲		
082 東京電機大学高		▲	▲			▲	▲		
083 同志社高	▲		▲				▲	▲	▲
084 東大寺学園高						▲	▲		▲
085 桐朋高		▲				▲	▲		
086 豊島岡女子学園高	▲		▲	▲	▲	▲	▲		
087 灘高			▲						
088 西大和学園高				▲		▲	▲		
089 日本大学第二高				▲		▲	▲		
090 日本大学第三高		▲				▲	▲	▲	
091 日本大学習志野高							▲		
092 函館ラ・サール高		▲				▲	▲	▲	
093 福岡大附大濠高	▲			▲		▲	▲		▲
094 法政大学高	▲		▲	▲		▲	▲		
095 法政大学国際高	▲					▲	▲		▲
096 法政大学第二高	▲					▲	▲	▲	
097 明治学院高		▲				▲	▲		▲
098 明治大付中野高	▲	▲				▲	▲		
099 明治大付明治高				▲		▲	▲		
100 洛南高							▲		▲
101 ラ・サール高	▲		▲				▲		▲
102 立教新座高			▲	▲		▲	▲		
103 立命館高	▲		▲			▲	▲		
104 早実高等部				▲				▲	
105 和洋国府台女子高	▲		▲			▲	▲		
106 国立工業高専・商船高専・高専			▲				▲		
107 都立産業技術高専	▲	▲	▲		▲	▲	▲		▲

2020年の出題内容一覧

数学	図形								
	立体の表面積と体積	平行と合同	図形と証明	三角形	平行四辺形	円周角と中心角	相似	平行線と線分の比	中点連結定理
051 筑波大附駒場高	▲					▲			
052 東京工業大附科技高	▲	▲				▲			
053 大阪教育大附高(池田)		▲	▲			▲	▲		
054 大阪教育大附高(平野)							▲	▲	
055 広島大附高					▲	▲	▲		
056 愛光高			▲			▲	▲		
057 青山学院高等部						▲	▲	▲	
058 市川高									
059 江戸川学園取手高									
060 大阪星光学院高	▲	▲	▲	▲	▲		▲		
061 開成高	▲		▲				▲		
062 関西学院高等部			▲			▲			
063 近畿大附						▲	▲	▲	
064 久留米大学附設高						▲	▲		▲
065 慶應義塾高				▲		▲	▲		
066 慶應義塾志木高	▲				▲	▲	▲		
067 慶應義塾女子高	▲					▲	▲		
068 國學院大學久我山高				▲		▲			
069 渋谷教育学園幕張高	▲						▲	▲	
070 城北高							▲		▲
071 巣鴨高	▲					▲	▲		
072 駿台甲府高	▲	▲			▲		▲	▲	
073 青雲高	▲					▲	▲		
074 成蹊高	▲					▲	▲		
075 専修大附高						▲	▲	▲	
076 中央大学杉並高						▲			
077 中央大附高	▲			▲		▲	▲		
078 土浦日本大学高	▲					▲	▲		▲
079 桐蔭学園高					▲	▲		▲	
080 東海高	▲					▲	▲		
081 東海大付浦安高	▲	▲				▲			
082 東京電機大学高	▲					▲			
083 同志社高					▲	▲			
084 東大寺学園高						▲	▲		
085 桐朋高	▲						▲	▲	
086 豊島岡女子学園高	▲			▲	▲	▲	▲	▲	
087 灘高									
088 西大和学園高	▲		▲			▲	▲	▲	
089 日本大学第二高	▲								
090 日本大学第三高	▲	▲							▲
091 日本大学習志野高	▲	▲		▲			▲		
092 函館ラ・サール高	▲								
093 福岡大附大濠高				▲					
094 法政大学高					▲	▲	▲	▲	
095 法政大学国際高	▲					▲	▲	▲	
096 法政大学第二高	▲					▲	▲	▲	▲
097 明治学院高	▲				▲			▲	
098 明治大付中野高									
099 明治大付明治高						▲	▲		
100 洛南高				▲					
101 ラ・サール高	▲							▲	
102 立教新座高					▲	▲			
103 立命館高									
104 早実高等部						▲	▲		
105 和洋国府台女子高	▲					▲	▲		
106 国立工業高専・商船高専・高専									▲
107 都立産業技術高専	▲					▲	▲	▲	

数学

		図形	資料の活用				総合問題			
		三平方の定理	資料の散らばりと代表値	場合の数	確率	標本調査	数・式を中心とした総合問題	関数を中心とした総合問題	図形を中心とした総合問題	資料の活用を中心とした総合問題
051	筑 波 大 附 駒 場 高	▲								
052	東 京 工 業 大 附 科 技 高	▲			▲		▲	▲	▲	
053	大 阪 教 育 大 附 高 (池 田)	▲			▲			▲		
054	大 阪 教 育 大 附 高 (平 野)	▲			▲					
055	広 島 大 附 高	▲	▲		▲					
056	愛 光 高	▲			▲					
057	青 山 学 院 高 等 部	▲			▲					
058	市 川 高	▲		▲			▲	▲	▲	
059	江 戸 川 学 園 取 手 高	▲			▲					
060	大 阪 星 光 学 院 高	▲			▲					
061	開 成 高	▲								
062	関 西 学 院 高 等 部	▲			▲					
063	近 畿 大 附 高	▲			▲		▲			
064	久 留 米 大 学 附 設 高	▲		▲				▲		
065	慶 應 義 塾 高	▲		▲	▲	▲				
066	慶 應 義 塾 志 木 高	▲		▲	▲					
067	慶 應 義 塾 女 子 高	▲								
068	國 學 院 大 學 久 我 山 高	▲	▲		▲	▲			▲	
069	渋 谷 教 育 学 園 幕 張 高	▲		▲						
070	城 北 高	▲		▲						
071	巣 鴨 高	▲								
072	駿 台 甲 府 高			▲						
073	青 雲 高	▲	▲		▲					
074	成 蹊 高	▲			▲					
075	専 修 大 附 高	▲	▲		▲					
076	中 央 大 学 杉 並 高	▲			▲			▲		
077	中 央 大 附 高	▲			▲					
078	土 浦 日 本 大 学 高	▲								
079	桐 蔭 学 園 高	▲		▲	▲					
080	東 海 高	▲	▲							
081	東 海 大 付 浦 安 高	▲			▲					
082	東 京 電 機 大 学 高	▲	▲							
083	同 志 社 高	▲		▲						
084	東 大 寺 学 園 高	▲			▲					
085	桐 朋 高	▲			▲				▲	
086	豊 島 岡 女 子 学 園 高	▲		▲	▲					
087	灘 高	▲						▲	▲	
088	西 大 和 学 園 高	▲								
089	日 本 大 学 第 二 高	▲	▲		▲					
090	日 本 大 学 第 三 高	▲	▲		▲					
091	日 本 大 学 習 志 野 高	▲								
092	函 館 ラ ・ サ ー ル 高	▲		▲						
093	福 岡 大 附 大 濠 高	▲							▲	
094	法 政 大 学 高	▲		▲	▲					
095	法 政 大 学 国 際 高	▲			▲				▲	
096	法 政 大 学 第 二 高	▲		▲	▲					
097	明 治 学 院 高	▲			▲					
098	明 治 大 付 中 野 高	▲		▲						
099	明 治 大 付 明 治 高	▲		▲						
100	洛 南 高	▲			▲					
101	ラ ・ サ ー ル 高	▲			▲					
102	立 教 新 座 高	▲			▲					
103	立 命 館 高	▲			▲					
104	早 実 高 等 部	▲			▲	▲		▲	▲	
105	和 洋 国 府 台 女 子 高	▲			▲					
106	国 立 工 業 高 専 ・ 商 船 高 専 ・ 高 専	▲	▲		▲			▲	▲	
107	都 立 産 業 技 術 高 専	▲								

分野別・最近3か年の入試の出題内容分析

数学

数学の入試では，基本的な問題や平易な問題で確実に得点を獲得することが大切です。出題の形式，傾向は各校とも安定しているので，過去の問題を繰り返し練習して，計算力を高めておきましょう。

表の見方

最近3か年（2018・2019・2020年）について出題内容を設問内容別に分類し集計したものです。

●数と式

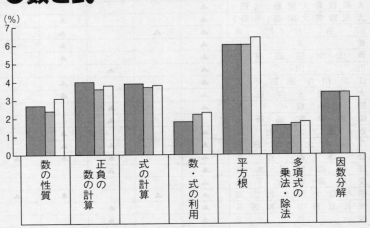

公立校では，冒頭に必ず易しい計算問題が出題されます。まずここで，確実に得点しましょう。正確で能率的な計算を心掛け，特に符号ミスに十分注意しましょう。時間に余裕があれば，検算を実行しましょう。

●方程式

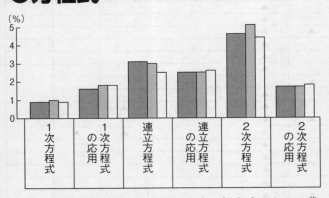

基本的な問題が多く出題されます。解を求めたら，代入して検算するよう心掛けるとよいでしょう。文章題では，答のみでなく解答途中の式や説明まで要求する都道府県が増加しました。また，分数の形を含む方程式で分母を払うときのミスに十分注意しましょう。答に単位が必要かどうかについても，もう一度問題文を確認しましょう。

●比例と関数

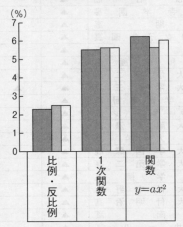

1次関数と関数 $y=ax^2$ との融合問題が圧倒的に多く，とくに，変化の割合やグラフとグラフの交点についての問題がたくさん出題されます。また，三角形や円と関連させた問題も数多く出題されています。

●図形

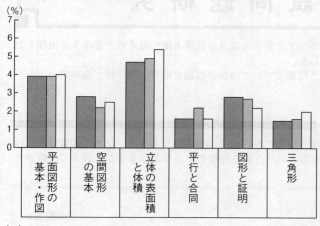

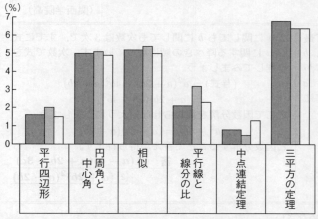

●資料の活用

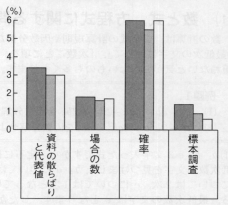

　場合の数は，正確に数え上げることが基本です。具体的に書き出してみたり，場合分けをしたりすることも必要です。資料の整理や標本調査についての問題は基本的な問題が多いので，教科書の内容をしっかり練習しておくとよいでしょう。

　図形の問題は多種多様ですが，やはり三角形の合同，相似，円周角の定理，三平方の定理などの問題が中心です。とくに，三平方の定理を利用する問題の比重が大きく，断面図や展開図を利用する問題や，動点が条件を満たしながら運動する問題も，数多く出題されています。また，毎年必ず作図や証明問題を出題する公立校がかなり多いので，出題傾向を確認し，十分練習しておくことが必要です。

---------------〈全般としての出題傾向〉---------------

分野別の出題率は，およそ次のようになります。

数と式	約23%
方程式	約15%
比例と関数	約14%
図形	約39%
資料の活用	約 9%

新課程になってから，資料の整理や標本調査についての問題がやや増加し，全体として上のような出題比率になりました。やはり，図形問題の比重が大きく，関数のグラフと図形との融合問題も多く出題され，図形問題重視の傾向は，今後も続くと考えてよいでしょう。

　各都道府県，各高校とも，出題の傾向は安定していて，今後も質，量とも大きな変化はないと考えられます。特に，公立高校については，出題形式がほぼ忠実に踏襲されています。
高校入試を確実に突破するには，

　教科書の復習→基本的な知識や計算力の確認
　参考書や問題集の利用→思考力，応用力の育成
　過去の問題の検討→志望校の出題傾向の把握

が大きな柱となります。とくに，過去の問題を早い段階で数年分(複数回)練習することが極めて効果的です。ぜひ，早めに実行しましょう。

数 学 ・ 入 試 問 題 研 究

　教科書で「発展」として取り上げられた内容や，高校で学習するような計算方法や考え方を要求する出題や思考力を要する問題が近年多く見られるようになりました。

　ここでは今年の入試問題の動向をとらえ，このような視点でいくつかの問題を取り上げ，皆さんの実力アップにつながるように解説しました。

(1)　数と式，方程式に関する問題

　数の計算は，文字式の計算規則や因数分解などと関連させて解かせる出題が目立ちます。また，因数分解には「最低次の文字に関して」，「次数ごとに項を」整理するといったある程度の定石がありますが，数多くの経験を重ねないと気がつかないものも多くあります。

例題1.
(1)　$a^2 + ab - 3ac - 2b^2 + 3bc$ を因数分解せよ。　　　　　　（立命館高）
(2)　$a^3 + 2a^2b - 4ab^2 - 8b^3$ を因数分解せよ。　　　　　　　（関西学院高）

---

(1) a, b, c 3文字入った式ですから，定石に従って最低次数の文字を見つけましょう。a については2次，b については2次，c については1次となっていますから，最低次数の文字は c となります。したがって，c の入っている項でまとめます。残りの a, b の文字については a の係数が正になるように式変形します。
$$\begin{aligned}(与式) &= -3c(a-b) + (a^2 + ab - 2b^2)\\ &= -3c(a-b) + (a+2b)(a-b)\\ &= (a-b)(-3c+a+2b)\end{aligned}$$
と因数分解ができました。$(a-b)$ が共通因数になったわけです。

(2) a に関しても b に関しても次数は3次で，すでに式が a に関する降べきの順になっています。次数で式を整理してみましょう。
$$\begin{aligned}(与式) &= a^2(a+2b) - 4b^2(a+2b)\\ &= (a+2b)(a^2 - 4b^2)\end{aligned}$$
ここで因数分解を終わらせないようにしましょう。
$$a^2 - 4b^2 = (a+2b)(a-2b)$$
と因数分解することで答えが得られます。

答　(1) $(a-b)(a+2b-3c)$
　　　　(2) $(a+2b)^2(a-2b)$

例題2. $x + \dfrac{1}{x} = 5 - \sqrt{5}$ のとき，次の値を求めなさい。

(1)　$x^2 + \dfrac{1}{x^2}$　　　　　(2)　$\dfrac{\sqrt{x^4 - 10x^3 + 25x^2 - 10x + 1}}{x}$

（渋谷教育学園幕張高）

　式の値を求める問題では，「式変形をしてから代入する」という定石がありますが，どのように式変形をするとよいかは問題によります。

(1) $x^2 + \dfrac{1}{x^2} = \left(x + \dfrac{1}{x}\right)^2 - 2$
$$= (5 - \sqrt{5})^2 - 2 = 28 - 10\sqrt{5}$$

(2) (1)がヒントになっていることと，問題式の根号の中が左右対称になっていることが式変形のポイントです。本編と少しだけ違う式変形と(1)の結果を用いない解答をしてみましょう。

$x > 0$ から $x = \sqrt{x^2}$ なので，

$$\begin{aligned}(与式) &= \sqrt{\dfrac{x^4 - 10x^3 + 25x^2 - 10x + 1}{x^2}}\\ &= \sqrt{\left(x^2 + \dfrac{1}{x^2}\right) - 10\left(x + \dfrac{1}{x}\right) + 25}\\ &= \sqrt{\left(x + \dfrac{1}{x}\right)^2 - 2 - 10\left(x + \dfrac{1}{x}\right) + 25}\\ &= \sqrt{\left(x + \dfrac{1}{x} - 5\right)^2 - 2}\\ &= \sqrt{5 - 2}\\ &= \sqrt{3}\end{aligned}$$

答　(1) $28 - 10\sqrt{5}$　　　(2) $\sqrt{3}$

(2)　整数の問題

　2020 を題材にした出題が目立ちました。その中から典型題を紹介します。

ちなみに次回の受験年は 2021 ですが，素因数分解すると「$2021 = 43 \times 47$」となります。この因数分解は試験場で気づくのは大変ですね。要注意な入試になりそうです。

解説 | 13　数学

例題3． $\sqrt{2020n}$ が整数となるような9999以下の自然数 n の個数を求めよ。

（東京都立　立川高）

素因数分解を利用して $2020n$ が平方数になるような自然数 n の個数を数えます。
$$2020 = 2^2 \times 5 \times 101$$
であるから，$\sqrt{2020n}$ が整数となるような自然数 n は，
$$n = 5 \times 101 \times k^2 \quad (k = 1, 2, \cdots)$$
また，

$$5 \times 101 \times k^2 \leqq 9999$$
であるから，
$$k^2 \leqq \frac{99}{5} = 19.8$$
これを満たす自然数 k は，$k = 1, 2, 3, 4$ の4個ある。

答　4個

　整数の問題は難しい発想が必要なものも多く，受験生を悩ます出題も多いという実情があります。素因数分解と約数の個数の関係は有名ですので，ここで確認しておきましょう。
自然数 n が素数 p, q, r を用いて $n = p^k q^l r^m$ と素因数分解されたとしましょう。このとき，n の正の約数は，
$$p^0 q^0 r^0 (=1), \quad p^0 q^0 r^1 (=r), \quad p^0 q^1 r^0 (=q), \quad p^1 q^0 r^0 (=p), \quad \cdots, \quad p^k q^l r^m$$
となるので，その個数は，$(k+1)(l+1)(m+1)$ 個とわかります。

例題4． 自然数 N の正の約数は3個で，その和は183である。N の値を求めなさい。

（慶応義塾女子高　改）

　上の説明からわかるように，自然数 N は，正の約数が3個であることから，素数 p を用いて
$$N = p^2$$
と素因数分解されることがわかります。
N の正の約数は，
$$p^0 (=1), \quad p^1, \quad p^2$$
となり，これらの和が183なので，

$$1 + p + p^2 = 183$$
これを解くと，
$$(p+14)(p-13) = 0 \quad p = -14, \quad p = 13$$
p は素数だったので，$p = -14$ は適しません。
したがって，$p = 13$ となり N の値がわかりました。

答　$N = 169$

(3)　新傾向・思考力を要する問題

　思考力を要する出題，目新しいタイプの出題はとても増えています。問題文が長く，読解力や推理・考察力を要する問題も多く出題されていますが，ページの都合上紹介できません。一方，手を動かし計算し自力で思考を巡らせなければならないハードな問題も増加傾向にあります。

例題5．
(1) $\dfrac{1}{998}$ を小数で表したとき，小数第13位から小数第15位までと，小数第28位から小数第30位までの，3桁の数をそれぞれ書け。
(2) 分数 $\dfrac{5}{99997}$ を小数で表したとき，小数点以下で0でない数が初めて5個以上並ぶのは，小数第何位からか。また，そこからの0でない5個の数を順に書け。

（慶應義塾志木高）

(1) 問題が何を問おうとしているのか初めは不明でしょう。やはり手を動かしてみるほかなさそうなので，「筆算」で計算をしてみます。筆算で
　　$1 \div 998$ は，商が 0.001，余り部分 2
　　$2 \div 998$ は，商が 0.002，余り部分 4
　　$4 \div 998$ は，商が 0.004，余り部分 8，$\cdots$
と実際に手を動かしてみることで，
「余り」→「次の割られる数」が
　　　　$1, 2, 4, \cdots$

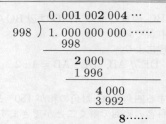

と変化していることに気づき，問題の意図が読み取れるはずです。

割られる数の列が,
$$2^0,\ 2^1,\ 2^3,\ 2^4(=16),$$
$$\cdots,\ 2^9(=512),\ 2^{10}(=1024)$$
と変化したところで初めて割られる数が割る数 998 より大きくなりました。

(2)(1)と同様に,

$5 \div 99997$ は, 商が 0.00005, 余り部分 15

$15 \div 99997$ は, 商が 0.00015, 余り部分 45

$45 \div 99997$ は, 商が 0.00045, 余り部分 135, $\cdots$

となっていることから, 割られる数の列が,
$$5 \cdot 3^0,\ 5 \cdot 3^1,\ 5 \cdot 3^2$$
$$\cdots,\ 5 \cdot 3^6(=3645),\ 5 \cdot 3^7(=10935)$$
と変化したところで, 初めて問題の条件を満たす数の列が現れることがわかりました。

答 (1) 小数第 13 位から 15 位 **016**

小数第 28 位から 30 位 **513**

(2) 小数第 32 位から **36451**

(4) 平面図形の問題

平面図形の問題は依然出題頻度の高い分野です。角の二等分線に関する次の事実は有名で, その結果を利用した問題はよく出題されます。

右図で, 半直線 AD が ∠BAC の二等分線のとき,
$$BD:DC = AB:AC$$
が成り立ちます。

また, 高校の教科書で学習することがらも多く出題されています。本来学校が配慮すべきことなのですが, 私立学校の入学試験ではときに用語も高校の範囲から出題されることがあります。以下はその一例ですが, 今回は図を用いて簡単に説明してあります。

三角形の内接円　　　　三角形の外接円　　　　三角形の重心

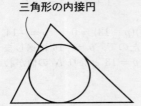

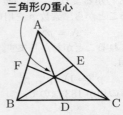

D は辺 BC の中点
E は辺 CA の中点
F は辺 AB の中点

例題6. 右の図で, G は △ABC の重心, BG = CE, ∠BEF = ∠CEF である。線分の比 BD : DF : FC を最も簡単な整数で求めよ。

(城北高)

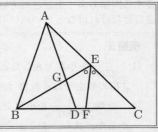

上に記した事実を2つとも知っていれば難しくはない問題です。

G が △ABC の重心なので, D は辺 BC の中点, E は辺 AC の中点である。

中点連結定理により,
$$DE \parallel AB,\ DE:AB = 1:2$$
である。

DE ∥ AB から, △DGE ∽ △AGB とわかるので, EG : BG = 1 : 2 となる。

仮定から BG = CE だったので, EB : EC = 3 : 2 とわかる。

よって, △EBC で角の二等分線の性質から,
$$BF:FC = 3:2$$

答 5 : 1 : 4

円に内接する四角形は, 対角の和が 180° となる性質があります。この事実は, 直接知らなくても他のアプローチで中学教科書の範囲で解くことができますが, 知っていると別の考え方もできます。ここではこの考え方を用いて, 本編の解答と異なる考え方の解法を紹介しましょう。

例題7. 右図のように，円に内接する四角形 ABCD があり，AC ∥ DE である。$AD = 6\sqrt{3}$, $BC = 4$, $CE = 6$, $DE = 5$ のとき，次の問いに答えよ。
(1) BD の長さを求めよ。
(2) △ABD の面積を求めよ。

（城北高 改）

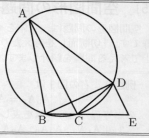

(1) △ABD と △CDE において，
円に内接する四角形の性質から，
$$\angle BAD = \angle DCE \quad \cdots ①$$
平行線の錯角が等しいので，仮定の AC ∥ DE から，
$$\angle CDE = \angle ACD \quad \cdots ②$$
円周角の定理より，
$$\angle ABD = \angle ACD \quad \cdots ③$$
②，③より，
$$\angle ABD = \angle CDE \quad \cdots ④$$
①，④より，2 組の角がそれぞれ等しいので，
$$\triangle ABD \sim \triangle CDE$$

よって，BD : AD = DE : CE
$$BD : 6\sqrt{3} = 5 : 6 \qquad BD = 5\sqrt{3}$$
(2)(1)より，△BDE は 3 辺の長さの比が，
$$5 : 10 : 5\sqrt{3} = 1 : 2 : \sqrt{3}$$
となるから，∠BED = 60°，∠BDE = 90° の直角三角形とわかる。したがって，
$$\triangle CDE = \frac{6}{10}\triangle BDE = \frac{3}{5} \times \frac{1}{2} \times 5 \times 5\sqrt{3} = \frac{15\sqrt{3}}{2}$$
△ABD と △CDE の相似比は $\sqrt{3} : 1$ なので，
$$\triangle ABD = (\sqrt{3})^2 \triangle CDE = \frac{45\sqrt{3}}{2}$$

答　(1) $\mathbf{5\sqrt{3}}$　(2) $\mathbf{\dfrac{45\sqrt{3}}{2}}$

平面で最短経路を考えるとき，「線対称移動」を利用することは定石ともいえます。ここで紹介する問題は最短経路を問う問題ではありませんが，同じような考えが便利です。

例題8. 右図のように，平面上に 5 点 O (0, 0)，A (10, 10)，B (7, 3)，C (0, 10)，D (7, 0) がある。線分 OC 上に点 P，線分 OD 上に点 Q を ∠APC = ∠QPO，∠PQO = ∠BQD となるようにとる。
このとき，点 P の座標を求めなさい。

（東京学芸大学附属高）

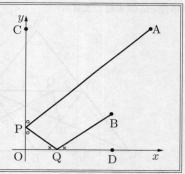

本問は計算でも解くことができますが，「線対称移動」を利用することで解答のスピードは早くなります。A を y 軸に関して線対称移動した点を A′(−10, 10)，B を x 軸に関して線対称移動した点を B′(7, −3)とおくと，
図から，直線 A′B′ 上に点 P，Q があれば条件を満たすことがわかります。
直線 A′B′ の傾きは，$\dfrac{-3-10}{7-(-10)} = -\dfrac{13}{17}$ となるから，
直線 A′B′ を表す式は，
$$y = -\frac{13}{17}x + m$$
とおけて，A′ の座標 (−10, 10) を代入すると，

$$10 = -\frac{13}{17} \times (-10) + m, \quad m = \frac{40}{17}$$
となり，P の座標がわかる。

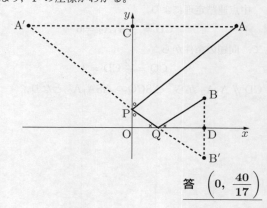

答　$\left(0, \dfrac{40}{17}\right)$

(5) 空間図形の問題

空間図形の問題は，立体をイメージしづらかったり，解法が複数考えられたりするなど，誰でも苦手とする分野です。「切断面」を考えたりする場合も含め「平面図形」の上で考えることが基本となります。今回は展開図上で考える問題を紹介します。

例題9． 右の図1は
$$A_0A_1 = A_0A_2 = 10 \text{ cm}, \ A_1A_2 = 12 \text{ cm}$$
の二等辺三角形の紙を表している。

3辺 A_1A_2, A_2A_0, A_0A_1 の中点をそれぞれ B，C，D とし，点Bと点C，点Cと点D，点Dと点Bをそれぞれ点線で結ぶ。

図2で示した立体は，図1の三角形を点線で折って組み立ててできる立体で，点 A_0，点 A_1，点 A_2 が一致する点をAとし，辺BC上にあり，頂点B，Cのいずれにも一致しない点をP，辺CD上にあり，CQ:QD = 2:1 である点をQ，辺BD上にあり，頂点B，Dのいずれにも一致しない点をR，頂点Aと点P，頂点Aと点R，点Pと点Q，点Qと点R，点Rと頂点Cをそれぞれ結び，線分RCと線分PQの交点をSとした場合を表している。

$AR + RC = k$，$AP + PQ = l$ とする。k, l の値がそれぞれ最も小さくなるように点P，Rを動かしたとき，△QRS の面積は何 cm^2 か。

(東京都立八王子東高　改)

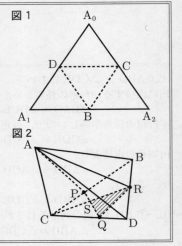

$AR + RC = k$ の値が最も小さくなるようなRがどのような点であるかをまず考えなくてはなりません。先の例題8のように折り返しを利用した最短経路を考える場合もありますが，立体の表面上の最短経路を求める場合は展開図を利用します。以下，説明の都合上単位 cm は省略します。

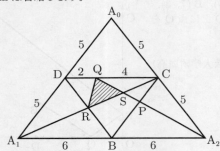

図において，直線 A_1C と線分BDの交点をR，直線 A_2Q と線分BCの交点をPとすれば，k, l の値は最小となる。

中点連結定理により，
$$CD = \frac{1}{2}A_1A_2 = 6$$
で，問題の条件から
$$CQ = \frac{2}{3}CD = 4$$
CD ∥ A_1A_2 から，△SCQ∽△SA_1A_2 となり，

$SC : SA_1 = CQ : A_1A_2 = 4 : 12 = 1 : 3$ …①
一方，$DC = A_1B$ であるから，
$$CR : A_1R = 1 : 1 = 2 : 2 \text{ …②}$$
①，②より，
$$RS : RC = 1 : 2 \text{ …③}$$

面積を考えるため B から線分CDに垂線を引き，線分CDとの交点を M とおくと，M は線分CDの中点で，CM = 3
したがって，△BCM で三平方の定理より，
$$BM = \sqrt{5^2 - 3^2} = 4$$
となる。
$$\triangle BCD = \frac{1}{2} \times 6 \times 4 = 12 \text{ …④}$$

次に △QRS と △DRC の面積比を求める。三角形の底辺をそれぞれ，RS, RC と考えるとその比は③で求まる。一方，高さの比は，QC:DC = 2:3 で求まる。よって，
$$\triangle QRS : \triangle DRC = (1 \times 2) : (2 \times 3) = 1 : 3 \text{ …⑤}$$
ここで，DR = BR，④より，
$$\triangle DRC = \frac{1}{2}\triangle BCD = 6$$
であるから，⑤より，
$$\triangle QRS = \frac{1}{3}\triangle DRC = 2$$

答　2 cm^2

(IK.Y.)

公立高等学校

北海道

時間 45分　満点 60点　解答 P2　3月4日実施

出題傾向と対策

● 大問は5題で，**1**，**2**は基本的な小問集合，**3**数の性質，**4**関数とグラフ，**5**平面図形という出題が続いている。数値を答える設問のほか，計算や説明を要求する設問も複数ある。作図や図形についての証明が必ず出題される。確率や代表値についての設問も出題されやすい。

● **1**，**2**を確実に解き，**3**，**4**，**5**に進む。関数とグラフや平面図形についての問題をしっかり練習しておこう。設問数が多いので，時間配分にも注意しよう。

● **1**のかわりに，学校裁量**5**を解かせる学校もある。

---

1 よく出る　基本　次の問いに答えなさい。

問1　(1)～(3)の計算をしなさい。
(1)　-5×3　　(2点)
(2)　$9 - 6^2$　　(2点)
(3)　$\sqrt{14} \times \sqrt{7} - \sqrt{8}$　　(2点)

問2　絶対値が4である数をすべて書きなさい。　(3点)

問3　下の資料は，A市における各日の最高気温を1週間記録したものです。中央値を求めなさい。　(3点)

(資料)

曜日	日	月	火	水	木	金	土
最高気温(℃)	22.2	31.1	32.0	34.2	24.2	21.6	25.9

問4　右の図のような正三角錐OABCがあります。辺ABとねじれの位置にある辺はどれですか，書きなさい。
(3点)

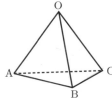

問5　yはxに比例し，$x=2$のとき$y=-6$となります。$x=-3$のとき，yの値を求めなさい。　(3点)

問6　右の図のように，線分ABを直径とする半円があり，AB = 5cm とします。弧AB上に点Cを，BC = 2cm となるようにとります。このとき，線分ACの長さを求めなさい。　(3点)

---

2 よく出る　基本　次の問いに答えなさい。

問1　$x=1$，$y=-2$のとき，$3x(x+2y)+y(x+2y)$の値を求めなさい。　(3点)

問2　右の図のように，2種類のマーク(♠，♦)のカードが4枚あります。この4枚のカードのうち，3枚のカードを1枚ずつ左から右に並べるとき，異なるマークのカードが交互になる並べ方は何通りありますか，求めなさい。　(3点)

問3　右の図のような△ABCがあります。辺AC上に点Pを，∠PBC = 30°となるようにとります。点Pを定規とコンパスを使って作図しなさい。
ただし，点を示す記号Pをかき入れ，作図に用いた線は消さないこと。　(3点)

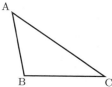

問4　下の資料は，北海道旗(道旗)の大きさの基準についてまとめたものです。次の問いに答えなさい。

(資料)

○道旗の大きさの基準

北海道章(道章)

・道旗の縦と横の長さの比は，2:3 である。
・道旗の中央にある道章の直径は，道旗の縦の長さの$\frac{5}{7}$倍である。

(1)　道章の直径をa cm とするとき，道旗の縦の長さは何 cm ですか。aを使った式で表しなさい。　(2点)
(2)　面積が 9000 cm² である道旗の縦の長さは何 cm ですか。道旗の縦の長さをx cm として方程式をつくり，求めなさい。　(3点)

---

3 よく出る　次の問いに答えなさい。

問1　基本　下の図は，2020年の9月と12月のカレンダーです。2020年だけでなく，毎年，9月と12月は，1日から30日までの曜日が同じです。このことを，次のように説明するとき，ア　～　ウ　に当てはまる整数を，それぞれ書きなさい。　(3点)

(説明)

9月と12月の1日から30日までの曜日が同じであるためには，9月1日と12月1日の曜日が同じであればよい。また，9月1日の n 日後が，9月1日と同じ曜日となるのは，n が ア の倍数のときだけである。
9月1日の n 日後が12月1日のとき，10月が31日まで，11月が30日まであることから，$n=$ イ となり，イ ＝ ア × ウ と表せるので，イ は ア の倍数であることがわかる。
よって，9月1日と12月1日の曜日が同じであり，30日までの曜日が同じとなる。

問2 [思考力] 右の資料は，2020年から2032年までの，1月1日の曜日とうるう年（2月29日がある年）である年をまとめたものです。2021年から2100年までの間に，2020年と1年間のすべての日の曜日が同じになる年を，すべて求めなさい。(4点)

(資料)

年	1月1日の曜日	うるう年（○）
2020	水	○
2021	金	
2022	土	
2023	日	
2024	月	○
2025	水	
2026	木	
2027	金	
2028	土	○
2029	月	
2030	火	
2031	水	
2032	木	○

4 [よく出る] 右の図のように，2つの関数 $y=\dfrac{1}{2}x^2\cdots$①，$y=-x^2\cdots$② のグラフがあります。①のグラフ上に点Aがあり，点Aの x 座標を t とします。点Aと y 軸について対称な点をBとし，点Aと x 座標が等しい②のグラフ上の点をCとします。また，②のグラフ上に点Dがあり，点Dの x 座標を負の数とします。点Oは原点とします。
ただし，$t>0$ とします。
次の問いに答えなさい。

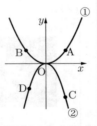

問1 [基本] 四角形ABDCが長方形となるとき，点Dの座標を，t を使って表しなさい。(3点)
問2 [基本] $t=4$ とします。点Cを通り，傾きが -3 の直線の式を求めなさい。(3点)
問3 2点B, Cを通る直線の傾きが -2 となるとき，点Aの座標を求めなさい。(4点)

5 右の図のように，△ABCの辺AB上に点D，辺BC上に点Eがあり，∠BAE＝∠BCD＝40°とします。線分AEと線分CDとの交点を点Fとします。
次の問いに答えなさい。

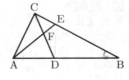

問1 [基本] ∠AFC＝115°のとき，∠ABCの大きさを求めなさい。(3点)
問2 [よく出る] △ABC∽△EBD を証明しなさい。(5点)

[裁量問題]

5 次の問いに答えなさい。
問1 太郎さんは，毎分60mで歩いて中学校から図書館まで行き，図書館で調べものをした後，同じ道を同じ速さで歩いて図書館から中学校まで戻ってきました。右の図は，このときの中学校を出発してからの時間（x 分）と中学校からの道のり（y m）の関係を表したグラフです。

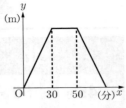

ただし，図書館の中での移動はないものとしています。
次の(1), (2)に答えなさい。
(1) [基本] 中学校から図書館までの道のりは何mですか，求めなさい。(3点)
(2) 太郎さんは，全体の所要時間を変えずに，同じ道のりで中学校から図書館まで行き，30分間滞在して中学校に戻ってきたいと考えました。そのために，往路の速さを復路の2倍とすることにしました。このときの往路の速さは毎分何mですか，求めなさい。(3点)

問2 [よく出る] 図書委員である桜さんは，自分のクラスの25人に対して，夏休みと冬休みに読んだ本の冊数をそれぞれ調査しました。図1は，夏休みの調査結果をヒストグラムにまとめたものです。
次の(1), (2)に答えなさい。

図1
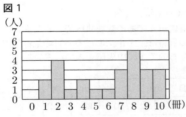

(1) [基本] 夏休みに読んだ本の冊数の平均値を求めなさい。(3点)
(2) 図2は，冬休みの調査結果をヒストグラムにまとめたものですが，7冊から9冊の部分は，未完成となっています。また，次の資料は，桜さんが，夏休みと冬休みの調査結果からわかったことをまとめたものです。資料をもとにして，図3に未完成の部分をかき入れ完成させなさい。(4点)

図2
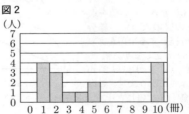

(資料)
- 読んだ本の冊数の範囲は，夏休みと冬休みで変わらなかった。
- 読んだ本の冊数の平均値は，夏休みと冬休みで変わらなかった。
- 読んだ本の冊数の中央値は，夏休みが7冊で，冬休みは8冊であった。
- 読んだ本の冊数の度数（人）が0であったのは，夏休みでは0冊のみであったが，冬休みでは0冊と6冊であった。

図3

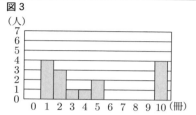

問3　右の図のように，線分ABを直径とする半円があり，AB = 8 cm とします。弧AB上に点Cを，∠ABC = 30°となるようにとります。線分ABの中点を点Dとし，点Dを通り線分ABに垂直な直線と線分BCとの交点をEとします。

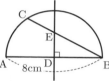

次の(1), (2)に答えなさい。
(1) 基本　線分DEの長さを求めなさい。（3点）
(2) △BCDを，線分ABを軸として1回転させてできる立体の体積を求めなさい。
ただし，円周率はπを用いなさい。（5点）

青森県

時間 45分　満点 100点　解答 P.3　3月10日実施

出題傾向と対策

● 1 小問集合，2 1次方程式の応用と確率の独立問題，3 空間図形と平面図形の独立問題，4 2乗に比例する関数を中心とする問題，5 関数に関する総合問題であった。内容，分量とも例年通りであるが，昨年出題された作図がなくなり，証明も穴埋めに戻った。
● 準備は教科書を中心に，標準的な問題集で勉強するに限る。昨年は作図，証明（記述式）が出題されているので，準備をしておくとよい。また，5 のような思考力を問う問題が出題されるが，ゆっくり落ち着いて考えればその場で答えられる問題なので，普段から落ち着いて解くことを心がけよう。

1 よく出る 基本　次の(1)～(8)に答えなさい。（43点）

(1) 次のア～オを計算しなさい。
ア　$-5 - (-7)$
イ　$\left(\dfrac{1}{4} - \dfrac{2}{3}\right) \times 12$
ウ　$4x \times \dfrac{2}{5}xy \div 2x^2$
エ　$(-2a+3)(2a+3) + 9$
オ　$\sqrt{24} \div \sqrt{8} - \sqrt{12}$

(2) 次の数量の関係を等式で表しなさい。
100円硬貨がa枚，50円硬貨がb枚あり，これらをすべて10円硬貨に両替するとc枚になる。

(3) 150を素因数分解しなさい。

(4) 次の連立方程式を解きなさい。
$\begin{cases} y = 4(x+2) \\ 6x - y = -10 \end{cases}$

(5) 関数 $y = \dfrac{a}{x}$ について述べた文として**適切でないもの**を，次のア～エの中から1つ選び，その記号を書きなさい。ただし，比例定数 a は負の数とし，$x = 0$ のときは考えないものとする。
ア　この関数のグラフは2つのなめらかな曲線になる。
イ　xの変域が$x < 0$のとき，yは正の値をとり，xの値が増加するとyの値も増加する。
ウ　対応するxとyの値について，積xyは一定でaに等しい。
エ　この関数のグラフは$x > 0$の範囲で，xの値を大きくしていくとx軸に近づき，いずれx軸と交わる。

(6) 箱の中に同じ大きさの白玉がたくさん入っている。そこに同じ大きさの黒玉を100個入れてよくかき混ぜた後，その中から34個の玉を無作為に取り出したところ，黒玉が4個入っていた。この結果から，箱の中にはおよそ何個の白玉が入っていると考えられるか，求めなさい。

(7) 右の図で，$l \parallel m$，AB = AC のとき，∠x の大きさを求めなさい。

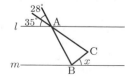

(8) 右の図の立体は，半径 6 cm の球を中心 O を通る平面で切った半球である。この半球の表面積を求めなさい。

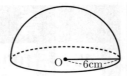

2 次の(1), (2)に答えなさい。 (15点)

(1) 異なる4つの自然数を小さい順に a, b, c, d とし，図1のように並べたとき，ab, cd, ac, bd の和を p とした。

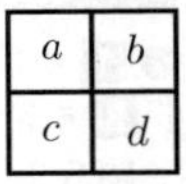

図1
a	b
c	d

次の文章は，p の値について考えているレンさんとメイさんの会話である。 ア ～ オ にあてはまる数を求めなさい。

レン：たとえば，図2のように，$a = 1$, $b = 5$, $c = 6$, $d = 11$ のときは
$p = ab + cd + ac + bd$
$= 1 \times 5 + 6 \times 11 + 1 \times 6 + 5 \times 11$
$= 132$

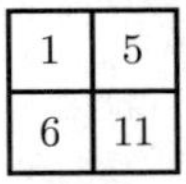

図2
1	5
6	11

になるね。では，図3のように，$a = 2$, $b = 3$, $c = 7$ で $p = 150$ となるとき，d の値はいくらになるかな？

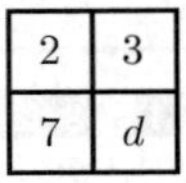

図3
2	3
7	d

メイ：方程式をつくって，それを解くと $d = $ ア になるよ。

レン：では，図4のように，$a = 3$, $d = 9$ で $p = 168$ となるとき，b と c の値はいくらになるかな？

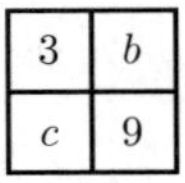

図4
3	b
c	9

メイ：同じ考え方で方程式をつくると， イ $(b + c) = 168$ となり，$b + c = $ ウ になるよね。
条件を満たすのは，$b = $ エ ，$c = $ オ だということがわかったよ。

(2) 右の図は，円周の長さが 8 cm である円 O で，その円周上には円周を8等分した点がある。点 A はそのうちの1つであり，点 P, Q は，点 A を出発点として次の [操作] にしたがって円周上を移動させた点である。

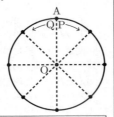

[操作]
大小2つのさいころを同時に投げ，大きいさいころの出た目の数を x，小さいさいころの出た目の数を y とする。点 P は時計回りに x cm，点 Q は反時計回りに y cm それぞれ点 A から移動させる。

ア $x = 4$, $y = 2$ となるとき，∠PAQ の大きさを求めなさい。
イ ∠PAQ = 90° となる確率を求めなさい。

3 よく出る 次の(1), (2)に答えなさい。 (16点)

(1) 右の図の三角形 ABC で，頂点 B から辺 AC に垂線をひき，辺 AC との交点を H とする。AB = 10 cm, CH = 6 cm, ∠BCH = 45° とするとき，次のア～ウに答えなさい。

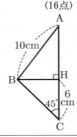

ア AH の長さを求めなさい。
イ △ABC を，辺 AC を軸として1回転させてできる立体の体積を求めなさい。
ウ △ABH を，辺 AH と軸として1回転させると円すいができる。この円すいの展開図をかいたとき，側面になるおうぎ形の中心角を求めなさい。

(2) 右の図は，AB = $\sqrt{3}$ cm, BC = 3 cm の平行四辺形 ABCD である。辺 AD 上に AE = 1 cm となる点 E をとり，線分 BD と線分 CE の交点を F とするとき，次のア，イに答えなさい。

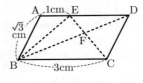

ア 基本 △ABE と △CBD が相似になることを次のように証明した。 あ には角， い には数， う には辺， え にはことばをそれぞれ入れなさい。

[証明]
△ABE と △CBD について
仮定より
∠BAE = あ …①
また
AE : CD = 1 : い …②
AB : う = $\sqrt{3}$: 3 = 1 : い …③
②, ③から
AE : CD = AB : う …④
①, ④から，2組の辺の え とその間の角がそれぞれ等しいので
△ABE ∽ △CBD

イ △BCF の面積は △ABE の面積の何倍か，求めなさい。

4 よく出る 右の図で，①は関数 $y = \dfrac{1}{3}x^2$，②は関数 $y = -\dfrac{1}{2}x^2$ のグラフである。2点 A, B は②上の点で x 座標がそれぞれ -4, 2 である。次の(1)～(3)に答えなさい。ただし，座標軸の単位の長さを 1 cm とする。 (11点)

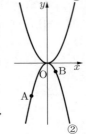

(1) 基本 ①の関数 $y = \dfrac{1}{3}x^2$ について，x の変域が $-3 \leqq x \leqq 1$ のとき，y の変域を求めなさい。

(2) 直線 AB の式を求めなさい。

(3) ①上に x 座標が正である点 P をとる。また，点 P を通り，x 軸と平行な直線を引いたとき，y 軸との交点を C とする。点 P の x 座標を t としたとき，次のア，イに答えなさい。

ア 基本 点 P の y 座標を t を用いて表しなさい。
イ OC + CP = 18 cm であるとき，点 P の座標を求めなさい。

5 思考力 図1のように，直方体の形をした水の入っていない水そうが水平に固定されており，水そうの中には PQ = RS = 20 cm である長方形の仕切り①，②が底面に対して垂直に取り付けられている。それぞれの仕切りの高さは a cm と 21 cm であり，水面が仕切りの高さまで上昇すると水があふれ出て仕切りのとなり側に入る。図2は，この水そうを真上から見た図であり，仕切りで区切られたそれぞれの底面を左側から順に底面 A, B, C とする。マユさんは底面 A の真上にある給水口から一定の割合で 25

分間水を入れ続け，それぞれの底面上において水面の高さがどのように変化するか観察した。図3，図4は，そのようすを記録したノートの一部である。次の(1)～(4)に答えなさい。ただし，水そうや仕切りの厚さは考えないものとする。
(15点)

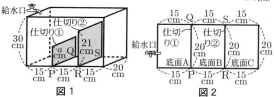
図1　　　　　　　　　図2

水を入れ始めてからの時間(分)と
底面A，B上の水面の高さ(cm)との関係を記録した表

水を入れ始めてからの時間(分)	底面A上の水面の高さ(cm)	底面B上の水面の高さ(cm)
0	0	0
1	あ	0
〰〰	〰〰	〰〰
4	12	0
5	12	い
〰〰	〰〰	〰〰
う	18	18

図3

水を入れ始めてからの時間(分)と
底面A上の水面の高さ(cm)との関係を表したグラフ

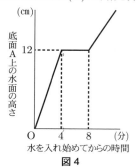
図4

(1) 【基本】 仕切り①の a の値を求めなさい。
(2) 図3のあ～うにあてはまる数を求めなさい。
(3) 図5は，水を入れ始めてから x 分後に底面B上の水面の高さが y cm となるとき，x と y の関係を表すグラフの一部である。x の変域が $4 \leqq x \leqq 14$ のとき，x と y の関係を表すグラフを図5にかき加えなさい。
(4) 水を入れ始めてから20分後の，底面C上の水面の高さを求めなさい。

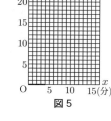
図5

岩手県

時間 50分　満点 100点　解答 p4　3月6日実施

出題傾向と対策

● 大問の数，出題形式，難易度ともに昨年と同様である。1, 2, 4～6 は，それぞれ独立した小問・小問集合である。3 は立式による説明，7, 8 は平面図形，9 は統計，10 は一次関数，11 は $y = ax^2$，12 は空間図形である。
● 問題数は多いが基本的な問題が多い。まずは基礎・基本をおさえ，問題を短時間で正確に解けるように練習していこう。特徴的な出題も例年みられるので，過去問にあたっておくとともに，記述も例年出題されているので，こちらも対策をとっておこう。

1 【よく出る】【基本】 次の(1)～(5)の問いに答えなさい。
(1) $-5 + 2$ を計算しなさい。(4点)
(2) $6 \times \dfrac{2a+1}{3}$ を計算しなさい。(4点)
(3) $(\sqrt{7} - 1)(\sqrt{7} + 1)$ を計算しなさい。(4点)
(4) 連立方程式 $\begin{cases} y = x + 6 \\ y = -2x + 3 \end{cases}$ を解きなさい。(4点)
(5) 2次方程式 $x^2 - 3x - 2 = 0$ を解きなさい。(4点)

2 【基本】 1辺の長さが x cm の正方形があります。この正方形の周の長さを y cm とするとき，y を x の式で表しなさい。
また，次のア～エのうち，この x と y の関係を正しく述べているものはどれですか。一つ選び，その記号を書きなさい。(5点)
ア　y は x に比例する。
イ　y は x に反比例する。
ウ　y は x の2乗に比例する。
エ　y は x の1次関数であるが，y は x に比例しない。

3 【基本】 34人の団体Xと40人の団体Yが，博物館に行きます。この博物館の1人分の入館料は a 円で，40人以上の団体の入館料は20%引きになります。
このとき，団体Xと団体Yでは，入館料の合計はどちらが多くかかりますか。あてはまる方を答え，その理由を，ことばや式を用いて，簡単に書きなさい。
ただし，消費税は考えないものとします。(6点)

4 【基本】 次の(1)，(2)の問いに答えなさい。
(1) 右の図で，3点A，B，Cは円Oの周上にあります。
このとき，$\angle x$ の大きさを求めなさい。(4点)

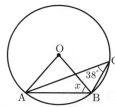

(2) 四角形ABCDがいつでも平行四辺形になるための条件を，次のように考えました。

| 四角形ABCDは，AB // DC，AD = BC を満たせば，いつでも平行四辺形になる。 |

この考えは正しくありません。それを示す四角形 ABCD の反例を 1 つかきなさい。
ただし，方眼を利用して点 C，D をとり，四角形をかくこと。 (5点)

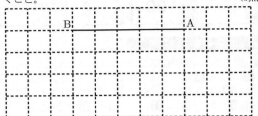

5 基本 右の図のような長方形 ABCD の紙を，頂点 A が，頂点 C に重なるように折ったときの折り目の線分を作図によって求めなさい。
ただし，作図には定規とコンパスを用い，作図に使った線は消さないでおくこと。 (5点)

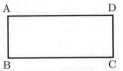

6 基本 求める確率が $\frac{1}{6}$ となる問題を 1 問つくることにします。
このとき，次の文中の（　）にあてはまることばや数字を書きなさい。 (5点)

問題
大小 2 つのさいころを投げるとき，（　　　　　）となる確率を求めなさい。
ただし，どちらのさいころも，どの目が出ることも同様に確からしいものとします。

7 基本 中学生のひろこさんは，昔のアルバムを見つけました。アルバムには，ひろこさんが，5 歳のときに撮った写真がありました。ひろこさんは，写真の背景が現在と変わっていないことから，相似の考え方を用いて，当時の身長がわかると考えました。

ひろこさんが調べてわかったこと
○ 実物の玄関のドアの縦の長さを測ると，208 cm でした。
○ 写真での長さを測ると，自分の身長は 3.5 cm，玄関のドアの縦の長さは 6.5 cm でした。

このとき，写真に写っているひろこさんの，当時の身長を求めなさい。
ただし，用いる文字が何を表すかを示して式をつくり，それを解く過程も書くこと。 (7点)

8 よく出る 右の図のように，AD∥BC である台形 ABCD があります。半直線 BC 上で点 C の右側に

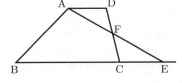

CE = AD となる点 E をとり，線分 AE と辺 CD の交点を F とします。
このとき，点 F は辺 CD の中点であることを証明しなさい。 (7点)

9 思考力 新傾向 右の資料は，ゆうたさんが 2 つの紙飛行機 A，B を作り，それぞれを 20 回ずつ飛ばして 1 回ごとに飛距離を記録し，ヒストグラムに表したものです。平均値は，A，B ともに 7.0 m です。
ゆうたさんは，A，B をもう 1 回ずつ飛ばすとき，より遠くまで飛ぶと考えた紙飛行機を選ぶことにしました。

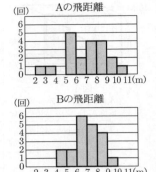

このとき，あなたがゆうたさんなら，どちらを選びますか。上の資料をもとにして，A，B のどちらかを選び，その理由を 1 つ書きなさい。
ただし，理由には，次の語群から用語を 1 つ選んで用いること。 (6点)

語群
中央値　最頻値　度数の合計

10 よく出る 妹と兄は，家から 2310 m はなれた図書館へ行きました。
妹は，歩いて家を出発し，一定の速さで進み，25 分後に家から 1500 m はなれた地点を通過し，図書館まで行きました。
兄は，妹が家を出発してから 20 分後に自転車で家を出発し，一定の速さで進み，その 5 分後に家から 700 m はなれた地点に着きました。
右の図は，妹が家を出発してからの時間を x 分，家からの道のりを y m としたとき，妹，兄それぞれの x と y の関係をグラフに表したものです。兄のグラフは，そのときのようすを途中まで表しています。

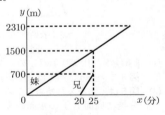

このとき，次の(1)，(2)の問いに答えなさい。
(1) 基本 兄のグラフの傾きを求めなさい。 (4点)
(2) 兄は，妹が家を出発してから 25 分後に自転車が故障し，少しの間立ち止まってしまいました。その後，故障前と同じ，一定の速さで進んだところ，妹と同時に図書館に着きました。
兄が立ち止まっていた時間は何分間ですか。その時間を求めなさい。 (6点)

11 よく出る 右の図のように，関数 $y=x^2$ のグラフ上に y 座標が等しい2点 P，Q があり，P の x 座標は正で，Q の x 座標は負です。また，関数 $y=\frac{1}{4}x^2$ のグラフ上に y 座標が等しい2点 R，S があり，P，S の x 座標は等しく，Q，R の x 座標も等しくなっています。
このとき，次の(1)，(2)の問いに答えなさい。

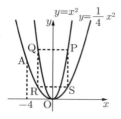

(1) 基本 関数 $y=\frac{1}{4}x^2$ のグラフ上に，x 座標が -4 となる点 A をとるとき，A の y 座標を求めなさい。 (4点)

(2) 四角形 PQRS が正方形となるとき，点 P の座標を求めなさい。 (6点)

12 よく出る 右の図Ⅰのように，底面の半径 3cm，高さ 6cm の円柱に，中心 O，半径 3cm の球がちょうど入っています。図Ⅱは，図Ⅰの球を半分にした半球の容器 A と，図Ⅰの円柱の容器 B です。
このとき，次の(1)，(2)の問いに答えなさい。

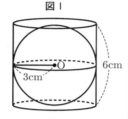

図Ⅱ

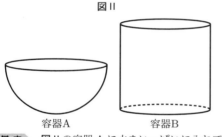

容器A　　　　容器B

(1) 基本 図Ⅱの容器 A に水をいっぱいに入れて，空の容器 B に移すとき，容器 A の水を何杯分入れると容器 B がいっぱいになりますか。何杯か求めなさい。
ただし，容器の厚みは考えないものとします。 (4点)

(2) 右の図Ⅲのように，すべての頂点が図Ⅰの球面上にある立方体 ABCD － EFGH があります。図Ⅳは，それぞれ図Ⅲの平面 ABCD，平面 ABFE で球を切ったときの切り口です。また，図Ⅴは，4点 A，E，G，C を通るように球を切ったときの切り口です。
このとき，立方体 ABCD － EFGH の体積を求めなさい。 (6点)

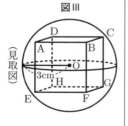
(見取図)

図Ⅳ

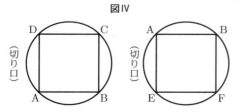

図Ⅴ

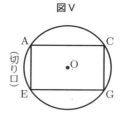

宮城県

時間 50分　満点 100点　解答 P5　3月4日実施

出題傾向と対策

● 1 は独立した基本問題の集合，2 は1次方程式の応用，確率，$y=ax^2$ のグラフ，空間図形，3 は資料の整理と1次関数の応用，4 は平面図形からの出題であった。分野，分量，難易度とも例年通りである。
● 基本から標準程度のものが全範囲から出題されている。今年も最後の図形問題は手ごわいものであった。図形についてはしっかり練習しておくこと。

1 よく出る 基本 次の1～8の問いに答えなさい。

1 $7-12$ を計算しなさい。 (3点)

2 $-\frac{9}{10} \div \frac{5}{4}$ を計算しなさい。 (3点)

3 $3(4x+y)+2(-6x+1)$ を計算しなさい。 (3点)

4 $6a^2b \times 2b \div 3ab$ を計算しなさい。 (3点)

5 $\sqrt{32}-\sqrt{18}+\sqrt{2}$ を計算しなさい。 (3点)

6 2次方程式 $x^2-5x-24=0$ を解きなさい。 (3点)

7 a を負の数とするとき，正の数であるものを，次のア～オからすべて選び，記号で答えなさい。 (4点)
ア $2a$　　イ $-a^2$　　ウ $(-a)^2$
エ $-\sqrt{a^2}$　　オ $\sqrt{a^2}$

8 右の図のような，半径 4cm，中心角 $90°$ のおうぎ形 ABC があります。線分 AC を C の方に延長した直線上に $\angle ADB=30°$ となる点 D をとり，線分 BD と $\overparen{BC}$ との交点のうち，B 以外の点を E とします。$\overparen{CE}$ と線分 ED，DC とで囲まれた斜線部分の面積を求めなさい。ただし，円周率を π とします。 (4点)

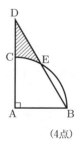

2 よく出る 基本 次の1～4の問いに答えなさい。

1 A さん，B さん，C さんの3人の年齢について考えます。現在，A さんは B さんより4歳年上で，A さんと B さんの年齢を合わせて2倍すると，C さんの年齢と等しくなります。18年後には，3人とも年齢を重ね，A さんと B さんの年齢を合わせると，C さんの年齢と等しくなります。
次の(1)，(2)の問いに答えなさい。

(1) A さんの現在の年齢を x 歳とするとき，B さんの現在の年齢を x を使った式で表しなさい。 (3点)

(2) 現在，CさんはAさんより何歳年上ですか。(4点)

2 右の図のような，A，B，ABの文字が書かれた3枚のカードがあります。この3枚のカードをよくきって1枚取り出し，書かれている文字を確認してからもとにもどします。あとの(1)，(2)の問いに答えなさい。

[A] [B] [AB]

(1) この作業を3回行うとき，カードの取り出し方は，全部で何通りあるか求めなさい。(3点)

(2) この作業を3回行い，書かれている文字を確認し，1回目，2回目，3回目の順にその文字を記録します。たとえば，1回目にA，2回目にAB，3回目にAの文字が書かれたカードを取り出したときは，AABAと記録します。このとき，記録した文字列に同じアルファベットが2つ以上続いている確率を求めなさい。(4点)

3 右の図のように，関数 $y = -\dfrac{3}{4}x^2$ のグラフ上に x 座標が2である点Aをとります。また，点Aを通り，傾きが -1 の直線を l とします。次の(1)，(2)の問いに答えなさい。

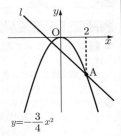

(1) 直線 l の式を求めなさい。(4点)

(2) グラフが直線 l となる1次関数について，x の変域が $a \leqq x \leqq 2$ のとき，y の変域は $-3 \leqq y \leqq 2$ になりました。x の変域が $a \leqq x \leqq 2$ のとき，関数 $y = -\dfrac{3}{4}x^2$ の y の変域を求めなさい。(4点)

4 右の図のような，円錐Pと円柱Qがあります。円錐Pの底面の半径は5cmで，高さは6cmです。次の(1)，(2)の問いに答えなさい。ただし，円周率を π とします。

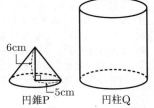

(1) 円錐Pの体積を求めなさい。(4点)

(2) 円錐Pと円柱Qの，底面の面積の比が 9:16 で，高さの比が 3:8 のとき，円錐Pと円柱Qの体積の比を求めなさい。(4点)

3 拓海さんと翼さんの学校では，来週，マラソン大会が行われます。次の1，2の問いに答えなさい。

1 基本 次の □ は，拓海さんと翼さんの会話です。二人は，体育の授業で計測したA組とB組の男子1500m走の記録をもとに話をしています。また，次の表は，A組とB組の男子1500m走の記録を度数分布表に整理したものです。あとの(1)，(2)の問いに答えなさい。

拓海：もうすぐマラソン大会だね。A組とB組ではどちらの組に速い人が多いと言えるのかな。
翼　：度数分布表を見ると，5分未満の記録を持つ人は，B組の方が多いよね。
拓海：でも，男子の人数がそれぞれの組で違うから，人数で比べるよりも相対度数で比べたらどうかな。
翼　：なるほど。計算してみようか。でも，4分30秒以上5分未満の階級の相対度数は同じ値だね。
拓海：じゃあ，記録が5分30秒未満の人の割合で比較してみようかな。

(1) A組の4分30秒以上5分未満の階級の相対度数を求めなさい。(4点)

(2) 拓海さんは，下線部の考え方でA組とB組を比較し，A組に速い人が多いと判断しました。拓海さんがそのように判断した理由を，根拠となる数値を用いて説明しなさい。(5点)

階級(分)	度数(人) A組男子	B組男子
以上　未満		
4.5～5.0	4	5
5.0～5.5	3	3
5.5～6.0	3	5
6.0～6.5	2	3
6.5～7.0	3	2
7.0～7.5	3	4
7.5～8.0	2	3
合計	20	25

2 思考力 拓海さんは，マラソン大会での目標タイムを考えることにしました。図Iは，マラソン大会のコース図です。コースの全長は4.8kmで，矢印で

示された経路を1周します。スタート地点とゴール地点は学校です。図書館前の交差点にチェックポイントがあります。学校から市民センターまでは 1.4km，交番から郵便局までは 400m，公園から学校までは 900m の距離があります。ただし，コースの曲がり角は，すべて直角であるものとします。

次の(1)，(2)の問いに答えなさい。

(1) 市民センターからチェックポイントまでの距離は何mですか。(5点)

(2) 拓海さんは，学校をスタートしてゴールするまでの目標タイムを，ちょうど24分として，マラソンコースを完走する計画を立てました。学校からチェックポイントまでは，1500mを6分で走る一定の速さで走ることにしました。

次の(ア)，(イ)の問いに答えなさい。

(ア) 拓海さんが学校をスタートしてからチェックポイントに着くまでの，拓海さんが走る距離と時間との関係を表すグラフを，図IIにかき入れなさい。(5点)

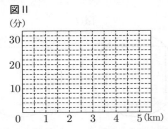

(イ) 拓海さんは，チェックポイントからは1000mを

6分で走る一定の速さにペースを落とし，ある地点から 1000 m を 3 分 30 秒で走る一定の速さにペースをあげてゴールまで走り続け，目標タイムを達成することにしました。この計画で，拓海さんは走るペースをあげる地点をゴールまで残り何 m の地点にしたでしょうか。

なお，図Ⅲを利用してもかまいません。　（6点）

図Ⅲ

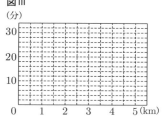

4 ∠A と ∠C が鋭角である △ABC があります。右の図のように，辺 AB を直径とする円と辺 AC との交点を D とし，点 B と点 D を結びます。

AB = 4 cm，AD = 3 cm，AD = 2DC のとき，次の 1, 2 の問いに答えなさい。

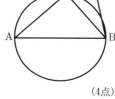

1　**基本**　線分 BD の長さを求めなさい。　（4点）

2　**よく出る**　線分 AB を B の方に延長した直線上に，BE = 2 cm となる点 E をとり，点 C と点 E を結びます。次の(1)〜(3)の問いに答えなさい。

(1)　四角形 BECD が台形であることを証明しなさい。　（6点）

(2)　点 D と点 E を結びます。△AED の面積を求めなさい。　（4点）

(3)　**思考力**　線分 BC と線分 DE との交点を F とし，点 A と点 F を結びます。線分 AF の長さを求めなさい。　（5点）

秋田県

時間 60分　満点 100点　解答 P6　3月5日実施

出題傾向と対策

● 大問の構成は昨年と同様 5 題で，**1**，**5** は学校単位の選択問題である。**1**，**2** は小問集合，**3** は一次関数の利用，**4** は資料の活用，**5** は平面図形の総合的な問題であった。

● 基本から標準的なレベルの問題が出題される。例年，**3** のような長文の問題が出題されたり，過程の記述問題・作図・証明も出題されたりする。時間配分を意識して過去問に取組み，類似の問題を解いておこう。

1　次の(1)〜(15)の中から，指示された 8 問について答えなさい。

(1)　**よく出る　基本**　$1 + (-0.2) \times 2$ を計算しなさい。　（4点）

(2)　**よく出る　基本**　$\dfrac{6}{\sqrt{2}}$ の分母を有理化しなさい。　（4点）

(3)　**よく出る　基本**　$a = \dfrac{1}{2}$，$b = 3$ のとき，$3(a - 2b) - 5(3a - b)$ の値を求めなさい。　（4点）

(4)　**よく出る　基本**　1 個 a kg の品物 3 個と 1 個 b kg の品物 2 個の合計の重さは，20 kg 以上である。この数量の関係を不等式で表しなさい。　（4点）

(5)　**よく出る　基本**　方程式 $\dfrac{2x + 4}{3} = 4$ を解きなさい。　（4点）

(6)　**よく出る　基本**　連立方程式 $\begin{cases} 2x - 3y = -5 \\ x = -5y + 4 \end{cases}$ を解きなさい。　（4点）

(7)　**よく出る　基本**　x についての方程式 $x^2 - 2ax + 3 = 0$ の解の 1 つが -1 であるとき，もう 1 つの解を求めなさい。　（4点）

(8)　家から a m 離れた博物館まで，行きは毎分 60 m，帰りは毎分 90 m の速さで往復した。往復の平均の速さは分速 ☐ m である。☐ にあてはまる数を求めなさい。　（4点）

(9)　**よく出る　基本**　次のア〜エのことがらについて，逆が正しいものを 1 つ選んで記号を書きなさい。　（4点）

　ア　正三角形はすべての内角が等しい三角形である。
　イ　長方形は対角線がそれぞれの中点で交わる四角形である。
　ウ　$x \geq 5$ ならば $x > 4$ である。
　エ　$x = 1$ ならば $x^2 = 1$ である。

(10)　**思考力**　$\sqrt{120 + a^2}$ が整数となる自然数 a は全部で何個あるか，求めなさい。　（4点）

(11)　**よく出る　基本**　右の図で，2 直線 l，m は平行である。このとき，∠x の大きさを求めなさい。　（4点）

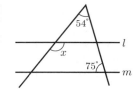

(12) **よく出る** **基本** 右の図で，$\angle x$ の大きさを求めなさい。 (4点)

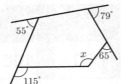

(13) **よく出る** **基本** 右の図のように，側面がすべて長方形の正六角柱がある。このとき，辺 AB とねじれの位置にある辺の数を求めなさい。(4点)

(14) **よく出る** 右の図で，円錐の底面の直径は 4 cm，母線の長さは 5 cm である。この円錐の体積を求めなさい。ただし，円周率を π とする。 (4点)

(15) **よく出る** 右の図のように，三角錐 A−BCD がある。点 P，Q はそれぞれ辺 BC，BD の中点である。点 R は辺 AB 上にあり，AR：RB = 1：4 である。このとき，三角錐 A−BCD の体積は，三角錐 R−BPQ の体積の何倍か，求めなさい。 (4点)

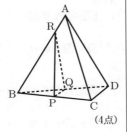

2 **よく出る** 次の(1)〜(4)の問いに答えなさい。

(1) **基本** 関数 $y = \dfrac{3}{x}$ のグラフについて必ずいえることを，次のア〜エからすべて選んで記号を書きなさい。 (4点)

> ア $x > 0$ の範囲では，x の値が増加するとき，y の値も増加する。
> イ $x > 0$ の範囲では，x の値が増加するとき，y の値は減少する。
> ウ $x < 0$ の範囲では，x の値が増加するとき，y の値も増加する。
> エ $x < 0$ の範囲では，x の値が増加するとき，y の値は減少する。

(2) 右の図において，㋐は関数 $y = ax^2$，㋑は関数 $y = -\dfrac{1}{2}x^2$ のグラフである。2点 P，Q は，㋐上の点であり，点 P の座標が (6, 9)，点 Q の座標が (−2, b) である。

① **基本** b の値を求めなさい。求める過程も書きなさい。(5点)

② 関数 $y = -\dfrac{1}{2}x^2$ で，x の変域が $c \leqq x \leqq 2$ のとき，y の変域は $-8 \leqq y \leqq d$ である。このとき，c，d の値を求めなさい。 (4点)

(3) **基本** 図のように，直線 l 上に2点 O，P がある。点 O を回転の中心として，点 P を時計回りに 45° 回転移動させた点 Q

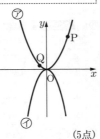

を，定規とコンパスを用いて作図しなさい。ただし，作図に用いた線は消さないこと。 (5点)

(4) 図のように，平行四辺形 ABCD がある。点 E は辺 CD 上にあり，CE：ED = 1：2 である。線分 AE と線分 BD の交点を F とする。このとき，△DFE の面積は，平行四辺形 ABCD の面積の何倍か，求めなさい。 (5点)

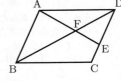

3 **よく出る** 加湿器は，タンクの中に入れた水を蒸気にして放出することによって室内の湿度を上げる電気製品である。詩織さんと健太さんは，[加湿器 A の性能] をもとにタンクの水量の変化に着目した。

[加湿器 A の性能]

> ○運転方法には，強運転，中運転，弱運転の3段階があり，タンクが満水のとき，水量は 4000 mL である。
> ○それぞれの運転方法ごとに，常に一定の水量を蒸気にして放出し，タンクの水量は一定の割合で減少する。
> ○タンクを満水にしてから使用したとき，
> ・強運転では4時間でタンクが空になる。
> ・中運転では5時間でタンクが空になる。
> ・弱運転では8時間でタンクが空になる。

加湿器 A を使い始めてから x 時間後のタンクの水量を y mL とする。詩織さんと健太さんは，それぞれの運転方法で y は x の1次関数であるとみなし，タンクの水量の変化について考えた。ただし，加湿器 A は連続で使用し，一時停止はしないものとする。次の(1)，(2)の問いに答えなさい。

(1) **基本** 加湿器 A のタンクを満水にしてから強運転で使い始め，使い始めてから2時間後に弱運転に切り替えて使用したところ，使い始めてから6時間後にタンクが空になった。

① [詩織さんの説明1] が正しくなるように，ⓐにあてはまる数を書きなさい。 (3点)

[詩織さんの説明1]

> [加湿器 A の性能] から考えると，強運転では1時間あたりにタンクの水量は ⓐ mL 減少します。

② 健太さんは，タンクが空になるまでの x と y の関係を表すグラフをかいた。[健太さんがかいたグラフ] が正しくなるように続きをかき，完成させなさい。 (4点)

[健太さんがかいたグラフ]

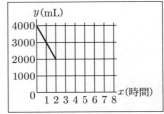

(2) 加湿器 A のタンクを満水にしてから，今度は中運転

で使い始め，途中で弱運転に切り替えて使用したところ，使い始めてから7時間後にタンクが空になった。健太さんと詩織さんは，弱運転に切り替えた時間を求めた。

① 健太さんは，図1〜図3のグラフを用いて説明した。［健太さんの説明］が正しくなるように，ⓑに説明の続きを書き，完成させなさい。 (4点)

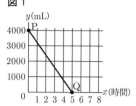

図1

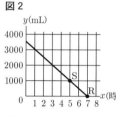

図2

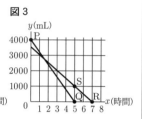

図3

［健太さんの説明］

> 図1は，中運転で，タンクを満水にしてから空になるまで使用する場合の x と y の関係を表すグラフです。使い始めたときの水量は 4000 mL だから点 P (0, 4000) をとり，5時間で空になるので点 Q (5, 0) をとります。2点P，Qを結んで直線PQをかきます。
> 図2は，弱運転で，7時間でタンクが空になるように使用する場合の x と y の関係を表すグラフです。7時間で空になるので点 R (7, 0) をとります。弱運転では，1時間あたりにタンクの水量が 500 mL 減少するから，空になる2時間前には 1000 mL の水があります。だから，点 S (5, 1000) をとり，2点R，Sを結んで直線RSをかきます。
> 図3は，直線PQ と，直線RS を重ね合わせたものです。弱運転に切り替えた時間は，［ ⓑ ］を読み取るとわかります。

② ［健太さんの説明］を聞いた詩織さんは，弱運転に切り替えた時間を，式をつくって求めた。［詩織さんの説明2］が正しくなるように，ⓒ，ⓓにはあてはまる式を，ⓔ，ⓕにはあてはまる数を書きなさい。 (6点)

［詩織さんの説明2］

> 図3の直線PQ の式は
> $y = $ ［ ⓒ ］ …㋐
> 直線RS の式は
> $y = $ ［ ⓓ ］ …㋑
> ㋐，㋑を連立方程式として解くと，弱運転に切り替えた時間は，使い始めてから ［ ⓔ ］時間 ［ ⓕ ］分後だということがわかります。

4 よく出る 基本 次の(1)，(2)の問いに答えなさい。

(1) 次の表は，1か月間に，Aさん，Bさんの2人が 100 m 走を10回ずつ行った記録を度数分布表にまとめたものである。

表

100m走の記録

階 級 (秒)	Aさん (回)	Bさん (回)
14.1 以上 〜 14.3 未満	4	2
14.3 〜 14.5	0	4
14.5 〜 14.7	2	0
14.7 〜 14.9	1	1
14.9 〜 15.1	3	3
計	10	10

2人の記録の平均値はともに 14.58 秒で等しいが，着目する代表値によっては，AさんまたはBさんのどちらかの方が速く走れそうだと説明できる。麻衣さんは，最頻値に着目して，次のように説明した。［麻衣さんの説明］が正しくなるように，ア，イにはあてはまる数を，ウにはAさんまたはBさんのどちらかを書きなさい。 (5点)

［麻衣さんの説明］

> Aさんの記録の最頻値は ［ ア ］ 秒です。Bさんの記録の最頻値は ［ イ ］ 秒です。したがって，［ ウ ］ の記録の最頻値が小さいので，［ ウ ］ が速く走れそうだといえます。

(2) 1から6までの目が出る大小2つのさいころを同時に投げたとき，大小のさいころで出た目の数をそれぞれ a，b とする。ただし，さいころのどの目が出ることも同様に確からしいものとする。

① 積 ab の値が，4の倍数になるときの確率を求めなさい。 (4点)

② $10a+b$ の値が，素数になるときの確率を求めなさい。 (4点)

5 次のⅠ，Ⅱから，指示された問題について答えなさい。

Ⅰ 図1のように，点Oを中心とし，直径AB が 8 cm である半円Oがあり，$\stackrel{\frown}{AB}$ を4等分する点C，D，E を $\stackrel{\frown}{AB}$ 上にとる。線分CB と線分AE，OEとの交点をそれぞれF，Gとする。次の(1)〜(3)の問いに答えなさい。

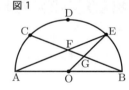

図1

(1) よく出る 基本 ∠AOG の大きさを求めなさい。 (5点)

(2) よく出る △FAB が二等辺三角形であることの証明の続きを書きなさい。 (5点)

［証明］
△FAB において

△FAB は二等辺三角形である。

(3) 図2は，図1に線分CA，CE をかき加えたものである。このとき，△ACE の面積を求めなさい。 (5点)

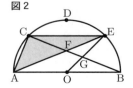

図2

Ⅱ　図１のように，点Ｏを中心とし，直径ABが 12 cm である半円Ｏがあり，$\overset{\frown}{AB}$ を6等分する点C，D，E，F，Gを $\overset{\frown}{AB}$ 上にとる。線分DBと線分OGの交点をＨとする。次の(1)〜(3)の問いに答えなさい。

図１

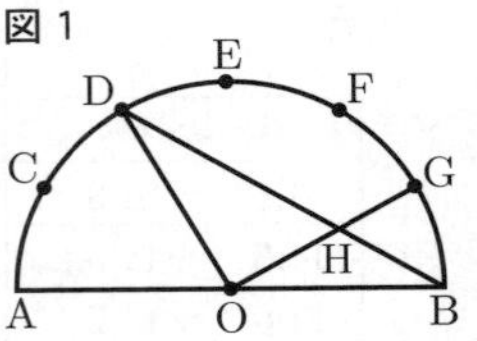

(1) よく出る　△HOBが二等辺三角形であることの証明の続きを書きなさい。（5点）

［証明］
△HOBにおいて

△HOBは二等辺三角形である。

(2)　線分GHの長さを求めなさい。（5点）

(3) 思考力　図２は，図１に線分AC，AD，AF，AGをかき加えたものである。このとき，$\overset{\frown}{CD}$，線分AC，ADによって囲まれた部分と，$\overset{\frown}{FG}$，線分AF，AGによって囲まれた部分の面積の和を求めなさい。ただし円周率を π とする。（5点）

図２

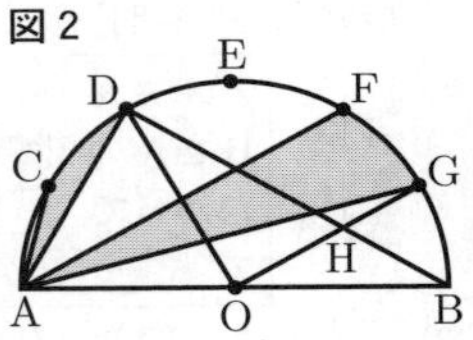

山　形　県

時間 50分　満点 100点　解答 P8　3月10日実施

出題傾向と対策

●大問4題で，分量，内容ともに例年通りの出題であったといえる。**1** は計算問題と確率，図形の基本問題の小問集合，**2** は関数のグラフ，数・式の利用，文章題，作図，**3** は関数を中心とした総合問題，**4** は平面図形の総合問題であった。

●基本問題が多いが，途中式，作図，理由の説明，立式，証明といった様々な記述問題が毎年出題される。解答時間に対して分量が多いので，過去問等で準備をしておきたい。中学の全分野から出題されているので，教科書や問題集の問題を繰り返し勉強するとよい。

1 よく出る 基本　次の問いに答えなさい。

1　次の式を計算しなさい。

(1)　$6-9-(-2)$（3点）

(2)　$\left(-\dfrac{2}{5}+\dfrac{4}{3}\right)\div\dfrac{4}{5}$（4点）

(3)　$(-3a)^2\div 6ab\times(-16ab^2)$（4点）

(4)　$(\sqrt{3}+1)(\sqrt{3}+5)-\sqrt{48}$（4点）

2　2次方程式 $(2x-1)(x-4)=-4x+2$ を解きなさい。解き方も書くこと。（5点）

3　下の図のように，Aの箱の中には，赤玉1個と白玉1個，Bの箱の中には，赤玉2個と白玉1個，Cの箱の中には，赤玉1個と白玉2個が，それぞれ入っている。A，B，Cの箱から，それぞれ玉を1個ずつ取り出すとき，少なくとも1個は白玉が出る確率を求めなさい。

ただし，それぞれの箱において，どの玉が取り出されることも同様に確からしいものとする。（4点）

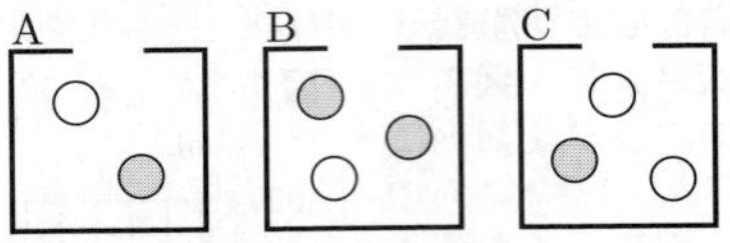

4　右の図は，線分OAを母線とする，底面の半径が 5 cm，母線の長さが 10 cm の円すいである。この円すいの側面を，線分OAで切って開いたとき，側面の展開図として最も適切なものを，あとのア〜エから1つ選び，記号で答えなさい。（4点）

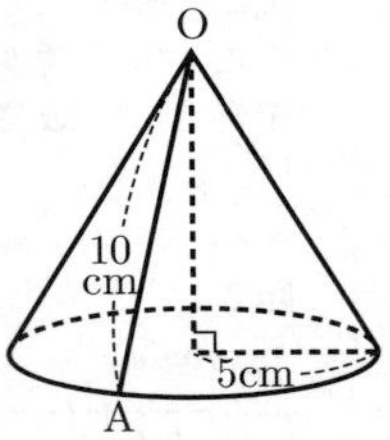

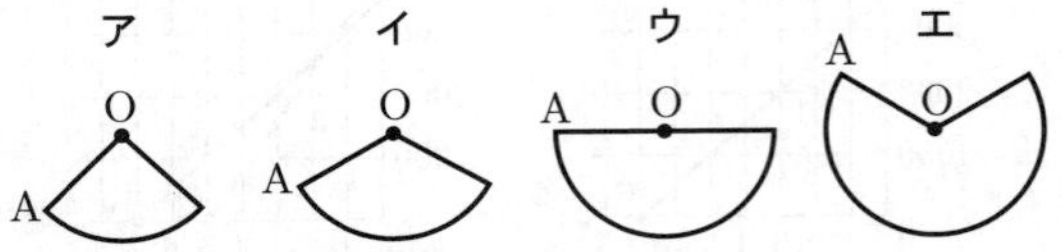

5　右の表は，ある中学校の第1学年の1組32人と2組33人の睡眠時間を，度数分布表に表したものである。この度数分布表からわかることとして適切なものを，あとのア〜エから1つ選び，記号で答えなさい。（4点）

表

階級(時間)	度数(人)	
	1組	2組
以上　未満 6.0 〜 6.5	4	4
6.5 〜 7.0	7	5
7.0 〜 7.5	6	6
7.5 〜 8.0	8	7
8.0 〜 8.5	4	5
8.5 〜 9.0	3	3
9.0 〜 9.5	0	3
計	32	33

ア　睡眠時間の最頻値は，1組のほうが大きい。

イ　睡眠時間の中央値は，1組のほうが大きい。

ウ　睡眠時間が8時間以上の生徒の人数は，1組のほうが多い。

エ　睡眠時間が7時間以上9時間未満の生徒の割合は，1組のほうが多い。

2 よく出る　次の問いに答えなさい。

1　右の図において，①は関数 $y=\dfrac{12}{x}$ のグラフ，②は関数 $y=ax^2$ のグラフである。

①と②は点Aで交わっていて，点Aの x 座標は3である。また，②のグラフ上に x 座標が -6 である点Bをとる。このとき，次の問いに答えなさい。

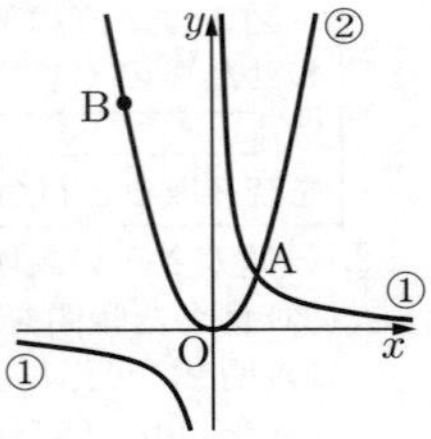

(1)　関数 $y=\dfrac{12}{x}$ について，x の値が1から4まで増加するときの変化の割合を求めなさい。（4点）

(2)　2点A，B間の距離を求めなさい。（4点）

2　次は，直人さんと美里さんの会話の場面である。あとの問いに答えなさい。（5点）

<会話の場面>

直人：　今年は2020年だね。

美里：　2020のように，千の位の数と十の位の数，百の位の数と一の位の数が，それぞれ同じである4けたの自然数にはどんな性質があるのかな。

直人：　例えば1818や3535だね。素因数分解するとどうなるだろう。$1818=2\times3^2\times101$，$3535=5\times7\times101$ だから，どちらの数も

101の倍数になるね。
美里： 2020も素因数分解してみると，
2020＝$2^2 \times 5 \times 101$だよ。101の倍数になった！
直人： このような4けたの自然数はすべて101の倍数なのか，文字式を使って確かめてみよう。

直人さんは，千の位の数と十の位の数，百の位の数と一の位の数が，それぞれ同じである4けたの自然数は，すべて101の倍数であることを，文字式を使って下のように説明した。 □ に説明のつづきを書いて，説明を完成させなさい。

<説明>
4けたの自然数の千の位の数と十の位の数をa，百の位の数と一の位の数をbとすると，4けたの自然数は，

したがって，千の位の数と十の位の数，百の位の数と一の位の数が，それぞれ同じである4けたの自然数は101の倍数である。

3 次の問題について，あとの問いに答えなさい。

〔問題〕
右の表は，あるサッカーの試合を観戦するためのチケットの代金を示したものです。A席のチケットを，観戦する人数分だ

表
チケット	代金(1人)
A席	3300円
B席	2700円

け買おうとしたところ，持っていた金額では代金の合計に4400円たりなかったため買うことができませんでした。そこで，B席のチケットを，同じ人数分だけ買ったところ，400円余りました。最初に持っていた金額はいくらですか。

(1) この問題を解くのに，方程式を利用することが考えられる。文字で表す数量を，単位をつけて示し，問題にふくまれる数量の関係から，1次方程式または連立方程式のいずれかをつくりなさい。 (6点)
(2) 最初に持っていた金額を求めなさい。 (4点)

4 右の図のように，直線l上にある2点A，Bと，直線l上にない点Cがある。点Aで直線lと接する円の中心であり，また，2点B，Cを通る円の中心でもある点Pを，定規とコンパスを使って作図しなさい。
ただし，作図に使った線は残しておくこと。 (5点)

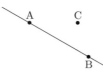

3 **よく出る** 図1のように，1辺の長さが4cmの正方形ABCDと，縦の長さが6cm，横の長さが10cmの長方形PQRSがあり，直線lと直線mは点Oで垂直に交わっている。また，正方形ABCDの辺ADと長方形PQRSの辺QRは直線l上にあって，頂点Aと頂点Rは点Oと同じ位置にある。いま，正方形ABCDを直線mにそって，長方形PQRSを直線lにそって，それぞれ矢印の方向に移動する。

図1
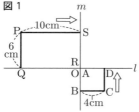

図2のように，正方形ABCDをOA＝$x$cm，長方形PQRSをOR＝$x$cmとなるようにそれぞれ移動したとき，正方形ABCDと長方形PQRSが重なっている部分の面積を$y$cm^{2}とする。このとき，それぞれの問いに答えなさい。

図2
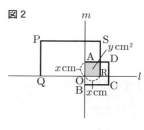

1 頂点Bと頂点Pが同じ位置にくるまでそれぞれ移動したときのxとyの関係を表にかきだしたところ，表1のようになった。次の問いに答えなさい。

表1
x	0	…	4	…	10
y	0	…	16	…	0

(1) $x=3$のときのyの値を求めなさい。 (3点)
(2) 表2は，頂点Bと頂点Pが同じ位置にくるまでそれぞれ移動したときのxとyの関係を式に表したものである。 ア ～ ウ にあてはまる数または式を，それぞれ書きなさい。

表2
xの変域	式
$0 \leq x \leq 4$	$y=$ イ
$4 \leq x \leq$ ア	$y=16$
ア $\leq x \leq 10$	$y=$ ウ

また，このときのxとyの関係を表すグラフを，図3にかきなさい。 (13点)

図3
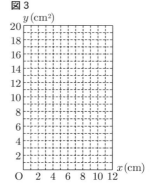

2 正方形ABCDと長方形PQRSが重なっている部分の面積が，△APQの面積と等しくなるときのxの値を求めなさい。
ただし，直線mと辺PQが重なるときは考えないものとする。 (4点)

4 **よく出る** 右の図のように，△ABCは，頂点A，B，Cが，円Oの円周上にあり，AB＝ACである。点Dを，直線ACについて点Bと反対側に，AB＝AD，AD∥BCとなるようにとる。また，直線ACと直線BDとの交点をE，円Oと直線BDとの交点のうち点Bとは異なる点をF，直線ADと直線CFとの交点をGとする。このとき，あとの問いに答えなさい。

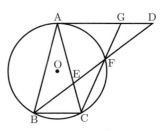

1 △ACG≡△ADEであることを証明しなさい。 (10点)
2 AD＝6cm，BC＝3cmであるとき，次の問いに答

えなさい。
(1) AE の長さを求めなさい。 (5点)
(2) 思考力 △ABE と △CEF の面積の比を求めなさい。 (5点)

福島県

時間 50分 満点 50点 解答 P9 3月4日実施

* 注意 1 答えに √ が含まれるときは，√ をつけたままで答えなさい。ただし，√ の中はできるだけ小さい自然数にしなさい。
2 円周率は π を用いなさい。

出題傾向と対策

●大問数は昨年と同じく 7 題である。1, 2, 3 は基本事項からの小問集合，4 以降は各単元から出題される大問からなる。問題の難易度はそこまで高くないが，記述式の部分が多いので，普段から解答の途中でも説明できるように練習しておくとよい。
●全体的には基礎力を問う問題が多いが，証明問題や図形問題で応用的な問題も含まれている。複雑な記述を要する場合もあるので，標準問題から少しずつレベルを上げながら練習しておくこと。

1 基本 次の(1), (2)の問いに答えなさい。
(1) 次の計算をしなさい。
① $-1-5$
② $(-12) \div \dfrac{4}{3}$
③ $3(2x-y)-(x-5y)$
④ $\sqrt{20}+\sqrt{5}$
(2) y は x に比例し，$x=3$ のとき $y=-15$ である。このとき，y を x の式で表しなさい。

2 基本 次の(1)～(5)の問いに答えなさい。
(1) 次のア～エのうち，「等式の両辺から同じ数や式をひいても，等式は成り立つ。」という等式の性質だけを使って，方程式を変形しているものを1つ選び，記号で答えなさい。

ア　　　　　　　　イ　　　　　　　ウ
$1-2(x+3)=5$　　$3x+4=10$　　$(x-2)^2=36$
$-2x-5=5$　　　$3x=6$　　　$x-2=\pm 6$
エ
$2x=4$
$x=2$

(2) ある工場で今月作られた製品の個数は a 個で，先月作られた製品の個数より 25% 増えた。
このとき，先月作られた製品の個数を a を使った式で表しなさい。
(3) まっすぐな道路上の2地点 P, Q 間を，A さんと B さんは同時に地点 P を出発し，休まずに一定の速さでくり返し往復する。右のグラフは，A さんと B さんが地点 P を出発してからの時間と地点 P からの距離の関係を，それぞれ表したものである。2

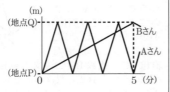

人が出発してから 5 分後までの間に，A さんが B さんを追いこした回数は何回か，答えなさい。ただし，出発時は数えないものとする。
(4) 右の図のような，底面の半径が 2 cm，母線が 8 cm の円錐の側面積を求めなさい。

(5) 右の図のような，線分 AB がある。
線分 AB を斜辺とする直角二等辺三角形 PAB の辺 PA, PB を定規とコンパスを用いて 1 つずつ作図しなさい。また，点 P の位置を示す文字 P も書きなさい。
ただし，作図に用いた線は消さないでおきなさい。

3 基本 次の(1), (2)の問いに答えなさい。
(1) 右の図のように，A の箱の中には 0, 1, 2, 3, 4, 5 の数字が 1 つずつ書かれた 6 枚のカードが，B の箱の中には 1, 2, 3, 4, 5, 6 の数字が 1 つずつ書かれた 6 枚のカードが入っている。
A の箱の中からカードを 1 枚取り出し，そのカードに書かれた数を a とし，B の箱の中からカードを 1 枚取り出し，そのカードに書かれた数を b とする。
ただし，どのカードを取り出すことも同様に確からしいものとする。
① 積 ab が 0 となる場合は何通りあるか求めなさい。
② $\sqrt{ab}$ の値が整数とならない確率を求めなさい。
(2) 袋の中に同じ大きさの赤球だけがたくさん入っている。標本調査を利用して袋の中の赤球の個数を調べるため，赤球だけが入っている袋の中に，赤球と同じ大きさの白球を 400 個入れ，次の＜実験＞を行った。

＜実験＞
袋の中をよくかき混ぜた後，その中から 60 個の球を無作為に抽出し，赤球と白球の個数を数えて袋の中にもどす。

この＜実験＞を 5 回行い，はじめに袋の中に入っていた赤球の個数を，＜実験＞を 5 回行った結果の赤球と白球それぞれの個数の平均値をもとに推測することにした。
下の表は，この＜実験＞を 5 回行った結果をまとめたものである。

表
	1 回目	2 回目	3 回目	4 回目	5 回目
赤球の個数	38	43	42	37	40
白球の個数	22	17	18	23	20

① ＜実験＞を 5 回行った結果の白球の個数の平均値を求めなさい。
② はじめに袋の中に入っていた赤球の個数を推測すると，どのようなことがいえるか。
次のア，イのうち，適切なものを 1 つ選び，記号で答えなさい。
また，選んだ理由を，根拠となる数値を示して説明しなさい。
ア　袋の中の赤球の個数は 640 個以上であると考えられる。

イ　袋の中の赤球の個数は 640 個未満であると考えられる。

4 よく出る　ゆうとさんは，家族へのプレゼントを購入するため，100 円硬貨，50 円硬貨，10 円硬貨で毎週 1 回同じ額を貯金することにした。12 回目の貯金をしたときにこの貯金でたまった硬貨の枚数を調べたところ，全部で 80 枚あり，その中に 100 円硬貨が 8 枚含まれていた。また，10 円硬貨の枚数は 50 円硬貨の枚数の 2 倍より 6 枚多かった。
　このとき，次の(1)，(2)の問いに答えなさい。
(1)　12 回目の貯金をしたときまでにこの貯金でたまった 50 円硬貨と 10 円硬貨の枚数は，それぞれ何枚か，求めなさい。
　求める過程も書きなさい。
(2)　12 回目の貯金をしたときにゆうとさんがプレゼントの値段を調べると 8000 円だった。ゆうとさんは，姉に相談し，2 人で半額ずつ出しあい，姉にも次回から毎週 1 回ゆうとさんと同じ日に貯金してもらうことになった。ゆうとさんがこれまでの貯金を続け，それぞれの貯金総額が同じ日に 4000 円となるように，姉も毎回同じ額を貯金することにした。
　右のグラフは，ゆうとさんが姉と相談したときに作成したもので，ゆうとさんの貯金する回数と貯金総額の関係を表したものに，姉の貯金総額の変化のようすをかき入れたものである。
　このとき，姉が 1 回につき貯金する額はいくらか，求めなさい。

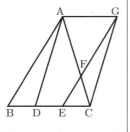

5　右の図のように，△ABC の辺 BC 上に，BD = DE = EC となる 2 点 D，E をとる。E を通り辺 AB に平行な直線と辺 AC との交点を F とする。また，直線 EF 上に，EG = 3EF となる点 G を直線 AC に対して E と反対側にとる。
　このとき，四角形 ADCG は平行四辺形であることを証明しなさい。

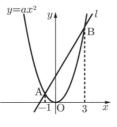

6 よく出る　右の図のように，関数 $y = ax^2$ のグラフと直線 l があり，2 点 A，B で交わっている。
　l の式は $y = 2x + 3$ であり，A，B の x 座標はそれぞれ -1，3 である。
　このとき，次の(1)，(2)の問いに答えなさい。
(1)　a の値を求めなさい。
(2)　直線 l 上に点 P をとり，P の x 座標を t とする。ただし，$0 < t < 3$ とする。
　また，P を通り y 軸に平行な直線を m とし，m と関数 $y = ax^2$ のグラフ，x 軸との交点をそれぞれ Q，R とする。

さらに，P を通り x 軸に平行な直線と y 軸との交点を S，Q を通り x 軸に平行な直線と y 軸との交点を T とする。
① $t = 1$ のとき，長方形 STQP の周の長さを求めなさい。
② 長方形 STQP の周の長さが，線分 QR を 1 辺とする正方形の周の長さと等しいとき，t の値を求めなさい。

7 よく出る 思考力　右の図のような，底面が 1 辺 $4\sqrt{2}$ cm の正方形で，高さが 6 cm の直方体がある。
　辺 AB，AD の中点をそれぞれ P，Q とする。
　このとき，次の(1)〜(3)の問いに答えなさい。

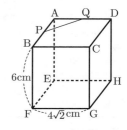

(1)　線分 PQ の長さを求めなさい。
(2)　四角形 PFHQ の面積を求めなさい。
(3)　線分 FH と線分 EG の交点を R とする。また，線分 CR の中点を S とする。
　このとき，S を頂点とし，四角形 PFHQ を底面とする四角錐の体積を求めなさい。

茨城県

時間 50分　満点 100点　解答 P10　3月4日実施

出題傾向と対策

● 大問は6題で，**1**と**2**は基本問題の小問集合，**3**は円と二等辺三角形，**4**は1次関数の利用，**5**は資料の散らばりと代表値，**6**は空間図形であった。大問数に変更はあったが分野，難易度はともに例年通りであった。

● 全分野について，基本から標準的な問題が出題される。特に，関数と図形，グラフの読み取り，図形の証明，空間図形，資料の整理と活用は標準問題を数多く練習するとよい。後半の問題に余裕を残すため，速く正確に解く練習も大切である。

---

1 よく出る 基本　次の各問に答えなさい。

(1) 右の図は，ある都市のある日の天気と気温であり，表示の気温は，最高気温と最低気温を表している。また，[ ]の中の数は，ある日の最高気温と最低気温が，前日の最高気温と最低気温に比べて何℃高いかを表している。

ある日の天気	
☁ くもり	最高気温　8℃[+1] 最低気温　−3℃[+2]

図

このとき，この都市の前日の最低気温を求めなさい。　　　　(4点)

(2) 右の図の正方形の面積は50 cm² である。

このとき，正方形の1辺の長さを求めなさい。

ただし，根号の中の数はできるだけ小さい自然数にすること。　　(4点)

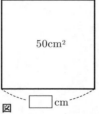

図

(3) 1枚 ag の封筒に，1枚 bg の便せんを5枚入れて重さをはかったところ，60gより重かった。

この数量の関係を表した不等式として正しいものを，次のア〜エの中から一つ選んで，その記号を書きなさい。　　(4点)

ア　$a+5b>60$　　　イ　$a+5b<60$
ウ　$5a+b<60$　　　エ　$5(a+b)>60$

(4) 下の図のような △ABC の紙を，頂点Bが頂点Cに重なるように折る。

このとき，折り目となる線分を作図によって求めなさい。

ただし，作図に用いた線は消さずに残しておくこと。　　(4点)

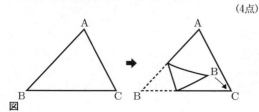

図

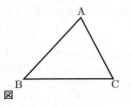

2 よく出る 基本　次の各問に答えなさい。

(1) 「一の位の数が5である3けたの自然数は，5の倍数である」

このことを次のように説明した。

(説明)
一の位の数が5である3けたの自然数の百の位の数を a，十の位の数を b とすると，
この3けたの自然数は [ア] と表すことができる。
ここで，
　　　[ア] $= 5 \times$ [イ]
[イ] は整数だから，$5 \times$ [イ] は5の倍数である。
したがって，一の位の数が5である3けたの自然数は，5の倍数である。

このとき，上の [ア]，[イ] に当てはまる式を，それぞれ書きなさい。　　(6点)

(2) ある店で，ポロシャツとトレーナーを1着ずつ定価で買うと，代金の合計は6300円である。

今日はポロシャツが定価の2割引き，トレーナーが定価より800円安くなっていたため，それぞれ1着ずつ買うと，代金の合計は5000円になるという。ただし，消費税は考えないものとする。

ポロシャツとトレーナーの定価を求めるために，ポロシャツ1着の定価を x 円，トレーナー1着の定価を y 円として連立方程式をつくると，次のようになる。

$$\begin{cases} [ア] = 6300 \\ [イ] = 5000 \end{cases}$$

このとき，上の [ア]，[イ] に当てはまる式を，それぞれ書きなさい。　　(6点)

(3) 右の図で，2点 A, B は関数 $y=x^2$ のグラフ上の点であり，点 A の x 座標は -3，点 B の x 座標は 2 である。直線 AB と x 軸との交点をC とする。

このとき，点 C の座標を求めなさい。　　(6点)

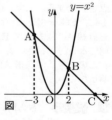

図

(4) 右の図のように，正五角形 ABCDE があり，点 P は，はじめに頂点 A の位置にある。1から6までの目のある2個のさいころを同時に1回投げて，出た目の数の和だけ，点 P は左回りに頂点を順に1つずつ移動する。例えば，2個のさいころの出た目の数の和が3のときは，点 P は頂点 D の位置に移動する。

2個のさいころを同時に1回投げるとき，点 P が頂点 E の位置に移動する確率を求めなさい。

ただし，それぞれのさいころにおいて，1から6までのどの目が出ることも同様に確からしいとする。　　(6点)

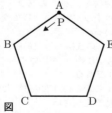

図

3 円の周上に3点A，B，Cがあり，△ABCはAB = ACの二等辺三角形である。点Bをふくまない方の$\overset{\frown}{AC}$上に点Dをとり，点Aと点D，点Bと点D，点Cと点Dを結び，線分ACと線分BDの交点をEとする。

次の図1，図2は，点Dを$\overset{\frown}{AC}$上のいろいろな位置に動かして調べたときのようすがわかるコンピュータの画面である。ただし，点Dは2点A，C上にはないものとする。

図1　　図2

太郎さんと花子さんの次の会話を読んで，あとの(1)，(2)の問いに答えなさい。

（太郎さんと花子さんの会話）
太郎：図1，図2の中には等しい角がいくつかあるよね。△ABCは二等辺三角形だから，底角が等しくなるよ。
花子：その他にも等しい角が見つかりそうね。
太郎：図1，図2の中に合同な三角形はないかな。
花子：図2だと，△ABEと△ACDは合同になっているように見えるね。
太郎：確かに合同になっているように見えるけど，等しい角とか，何か条件がないと合同とは言えないと思うよ。
太郎：(a)∠BAEと∠CADが等しいときに，△ABE ≡ △ACDになると思うよ。

(1) 右の図3のように，∠BAC = 40°，∠CAD = 20°のとき，∠ABEの大きさを求めなさい。　（4点）

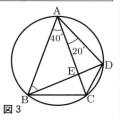
図3

(2) 右の図4は，会話文中の下線部(a)について考えるために，∠BAC = ∠CADとなるように点Dをとったものである。
① △ABE ≡ △ACDであることを証明しなさい。（5点）
② AB = AC = 3 cm，BC = 2 cmのとき，線分ADの長さを求めなさい。（6点）

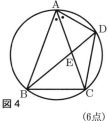
図4

4 太郎さんが所属するサッカー部で，オリジナルタオルを作ることになり，かかる費用を調べたところ，A店とB店の料金は，それぞれ表1，表2のようになっていた。また，右の図は，A店でタオルを作る枚数をx枚としたときのかかる費用をy円として，xとyの関係をグラフに表したものである。ただし，このグラフで，端の点を

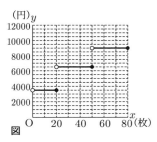
図

ふくむ場合は●，ふくまない場合は○で表している。

このとき，次の(1)～(3)の問いに答えなさい。ただし，消費税は考えないものとする。

表1　A店の料金

枚数によって，金額は次の通りです。 ・20枚までは何枚でも，3500円 ・21枚から50枚までは何枚でも，6500円 ・51枚から80枚までは何枚でも，9000円

表2　B店の料金

注文のとき，初期費用として3000円かかり，それに加えて，タオル1枚につき100円かかります。

(1) B店でタオルを作る枚数をx枚としたときのかかる費用をy円として，yをxの式で表しなさい。（4点）

(2) A店，B店でそれぞれタオルを30枚作るとき，かかる費用はどちらの店がいくら安いか求めなさい。（5点）

(3) タオルを作る枚数を40枚から80枚までとしたとき，B店で作るときにかかる費用がA店で作るときにかかる費用よりも安くなるのは，作る枚数が何枚以上何枚以下のときか求めなさい。（6点）

5 ある中学校の3年生の生徒は50人おり，全員でハンドボール投げを行った。下の図は，その記録をヒストグラムに表したものであり，平均値は22.8 mであることがわかっている。

この図から，例えば記録が14 m以上16 m未満の生徒は3人いたことがわかる。

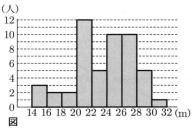
図

このとき，次の(1)～(3)の問いに答えなさい。

(1) 最頻値（モード）を求めなさい。（4点）

(2) 記録が20 m未満の生徒の人数は，全体の何%か求めなさい。（5点）

(3) この中学校の3年生である太郎さんは，自分の記録について次のように話している。

（太郎さんの話）
　ぼくの記録は，23.5 mです。
　これは平均値より大きいので，50人の記録の中では，ぼくの記録は高い方から25番目以内に入ります。

太郎さんが話していることは正しくありません。その理由を，中央値（メジアン）がふくまれる階級と太郎さんの記録を使って説明しなさい。（6点）

6 [思考力] 右の図1のように、1辺の長さが 2 cm の立方体 ABCDEFGH がある。辺 BF, CG の中点をそれぞれ M, N とする。この立方体を 4 点 A, D, M, N を通る平面で切ったとき、点 E をふくむ立体を立体 P とする。

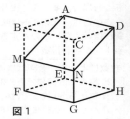
図1

このとき、次の(1)～(3)の問いに答えなさい。

(1) 立体 P の投影図をかくとき、どの方向から見るかによって異なる投影図ができる。立体 P の投影図として正しいものを、次のア～エの中から二つ選んで、その記号を書きなさい。 (4点)

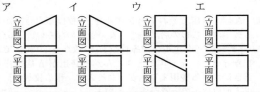

(2) 図1の四角形 AMND の面積を求めなさい。 (5点)

(3) 立体 P において、点 E, A, M, N, D を頂点とする四角すい EAMND の体積を求めなさい。

なお、下の図2、図3は、空間における四角すい EAMND の辺や面の位置関係を考えるために、立体 P をそれぞれ面 DNGH、面 AMND が下になるように置きかえたものである。 (6点)

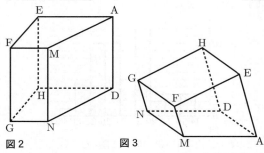
図2　図3

栃木県

時間 50分　満点 100点　解答 P12　3月5日実施

出題傾向と対策

● 例年通り、大問は6題であった。1 は 14 題からなる小問集合、2 は作図・数式による説明・関数に関する小問集合、3 は文章題と資料の散らばりと代表値、4 は図形に関する小問集合、5 は速さとダイヤグラム、6 は図形を題材とした数式の総合問題であった。
● 基本的な問題を中心に、幅広い分野から出題されている。分量が多いため、スピーディーかつ正確な処理が要求される。作図・証明・途中の計算を書く問題も例年出題されているため、しっかり練習するとよいだろう。

1 [よく出る] [基本] 次の1から14までの問いに答えなさい。

1　$(-18) \div 2$ を計算しなさい。 (2点)

2　$4(x+y) - 3(2x-y)$ を計算しなさい。 (2点)

3　$\frac{1}{6}a^2 \times (-4ab^2)$ を計算しなさい。 (2点)

4　$5\sqrt{6} \times \sqrt{3}$ を計算しなさい。 (2点)

5　$(x+8)(x-8)$ を展開しなさい。 (2点)

6　x についての方程式 $2x - a = -x + 5$ の解が 7 であるとき、a の値を求めなさい。 (2点)

7　100個のいちごを6人に x 個ずつ配ったところ、y 個余った。この数量の関係を等式で表しなさい。 (2点)

8　右の図において、点 A, B, C は円 O の周上の点であり、AB は円 O の直径である。∠x の大きさを求めなさい。 (2点)

9　2次方程式 $x^2 - 9x = 0$ を解きなさい。 (2点)

10　袋の中に赤玉が9個、白玉が2個、青玉が3個入っている。この袋の中の玉をよくかき混ぜてから1個取り出すとき、白玉が出ない確率を求めなさい。ただし、どの玉を取り出すことも同様に確からしいものとする。 (2点)

11　右の図の長方形を、直線 l を軸として1回転させてできる立体の体積を求めなさい。ただし、円周率は π とする。 (2点)

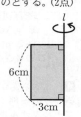

12　右の図のように、平行な2つの直線 l, m に2直線が交わっている。x の値を求めなさい。 (2点)

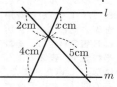

13 右の図は，1次関数 $y=ax+b$ (a, bは定数) のグラフである。このときの a, b の正負について表した式の組み合わせとして正しいものを，次のア，イ，ウ，エのうちから1つ選んで，記号で答えなさい。 (2点)

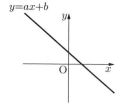

ア $a>0$, $b>0$　イ $a>0$, $b<0$
ウ $a<0$, $b>0$　エ $a<0$, $b<0$

14 ある工場で作られた製品の中から，100個の製品を無作為に抽出して調べたところ，その中の2個が不良品であった。この工場で作られた4500個の製品の中には，何個の不良品がふくまれていると推定できるか，およその個数を求めなさい。 (2点)

2 よく出る 基本　次の 1, 2, 3 の問いに答えなさい。

1 右の図のような $\angle A = 50°$, $\angle B = 100°$, $\angle C = 30°$ の △ABC がある。この三角形を点 A を中心として時計回りに 25° 回転させる。この回転により点 C が移動した点を P とするとき，点 P を作図によって求めなさい。ただし，作図には定規とコンパスを使い，また，作図に用いた線は消さないこと。 (4点)

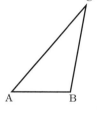

2 右の図は，2020 年 2 月のカレンダーである。この中の のような 3 つの自然数の組 において，$b^2 - ac$ はつねに同じ値となる。

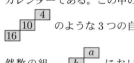

次の 内の文は，このことを証明したものである。文中の ①，②，③ に当てはまる数をそれぞれ答えなさい。 (3点)

b, c をそれぞれ a を用いて表すと，
$b = a + $ ① ，$c = a + $ ② だから，
$b^2 - ac = (a + $ ① $)^2 - a(a + $ ② $) = $ ③
したがって，$b^2 - ac$ はつねに同じ値 ③ となる。

3 右の図は，2 つの関数 $y = ax^2$ ($a > 0$)，$y = -\dfrac{4}{x}$ のグラフである。それぞれのグラフ上の，x 座標が1である点を A, B とし，x 座標が4である点を C, D とする。AB : CD = 1 : 7 となるとき，a の値を求めなさい。 (4点)

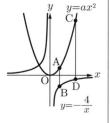

3 よく出る 基本　次の 1, 2 の問いに答えなさい。

1 ある市には A 中学校と B 中学校の 2 つの中学校があり，昨年度の生徒数は 2 つの中学校を合わせると 1225 人であった。今年度の生徒数は昨年度に比べ，A 中学校で 4%増え，B 中学校で 2%減り，2 つの中学校を合わせると 4 人増えた。このとき，A 中学校の昨年度の生徒数を x 人，B 中学校の昨年度の生徒数を y 人として連立方程式をつくり，昨年度の 2 つの中学校のそれぞれの生徒数を求めなさい。ただし，途中の計算も書くこと。 (6点)

2 あさひさんとひなたさんの姉妹は，8 月の 31 日間，毎日同じ時間に同じ場所で気温を測定した。測定には，右の図のような小数第 2 位を四捨五入した近似値が表示される温度計を用いた。2 人で測定した記録を，あさひさんは表 1 のように階級の幅を 5 ℃ として，ひなたさんは表 2 のように階級の幅を 2 ℃ として，度数分布表に整理した。

図

このとき，次の(1), (2), (3)の問いに答えなさい。

(1) ある日，気温を測定したところ，温度計には 28.7 ℃ と表示された。このときの真の値を a ℃ とすると，a の値の範囲を不等号を用いて表しなさい。 (2点)

(2) 表 1 の度数分布表における，最頻値を求めなさい。 (2点)

階級 (℃)	度数 (日)
以上　未満	
20.0 〜 25.0	1
25.0 〜 30.0	9
30.0 〜 35.0	20
35.0 〜 40.0	1
計	31

表 1

階級 (℃)	度数 (日)
以上　未満	
24.0 〜 26.0	1
26.0 〜 28.0	3
28.0 〜 30.0	6
30.0 〜 32.0	11
32.0 〜 34.0	9
34.0 〜 36.0	1
計	31

表 2

(3) 表 1 と表 2 から，2 人で測定した記録のうち，35.0 ℃ 以上 36.0 ℃ 未満の日数が 1 日であったことがわかる。そのように判断できる理由を説明しなさい。 (3点)

4 次の 1, 2 の問いに答えなさい。

1 よく出る 右の図のような，AB < AD の平行四辺形 ABCD があり，辺 BC 上に AB = CE となるように点 E をとり，辺 BA の延長に BC = BF となるように点 F をとる。ただし，AF < BF とする。

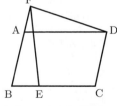

このとき，△ADF ≡ △BFE となることを証明しなさい。 (7点)

2 右の図は，1 辺が 2 cm の正三角形を底面とする高さ 5 cm の正三角柱 ABC − DEF である。

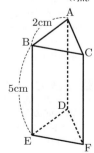

(1) 正三角形 ABC の面積を求めなさい。 (3点)

(2) 辺 BE 上に BG = 2 cm となる点 G をとる。また，辺 CF 上に FH = 2 cm となる点 H をとる。
このとき，△AGH の面積を求めなさい。 (4点)

5 明さんと拓也さんは、スタート地点からA地点までの水泳300 m、A地点からB地点までの自転車6000 m、B地点からゴール地点までの長距離走2100 mで行うトライアスロンの大会に参加した。

下の図は、明さんと拓也さんが同時にスタートしてからx分後の、スタート地点からの道のりをy mとし、明さんは、水泳、自転車、長距離走のすべての区間を、拓也さんは、水泳の区間と自転車の一部の区間を、それぞれグラフに表したものである。ただし、グラフで表した各区間の速さは一定とし、A地点、B地点における各種目の切り替えに要する時間は考えないものとする。

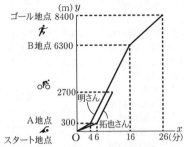

次の [　] 内は、大会後の明さんと拓也さんの会話である。

明	「今回の大会では、水泳が4分、自転車が12分、長距離走が10分かかったよ。」
拓也	「僕はA地点の通過タイムが明さんより2分も遅れていたんだね。」
明	「次の種目の自転車はどうだったの。」
拓也	「自転車の区間のグラフを見ると、2人のグラフは平行だから、僕の自転車がパンクするまでは明さんと同じ速さで走っていたことがわかるね。<u>パンクの修理後は、速度を上げて走ったけれど、明さんには追いつけなかったよ。</u>」

このとき、次の1, 2, 3, 4の問いに答えなさい。

1 水泳の区間において、明さんが泳いだ速さは拓也さんが泳いだ速さの何倍か。(3点)

2 スタートしてから6分後における、明さんの道のりと拓也さんの道のりとの差は何mか。(3点)

3 明さんの長距離走の区間における、xとyの関係を式で表しなさい。ただし、途中の計算も書くこと。(6点)

4 [　]内の下線部について、拓也さんは、スタート地点から2700 mの地点で自転車がパンクした。その場ですぐにパンクの修理を開始し、終了後、残りの自転車の区間を毎分600 mの速さでB地点まで走った。さらに、B地点からゴール地点までの長距離走は10分かかり、明さんより3分遅くゴール地点に到着した。

このとき、拓也さんがパンクの修理にかかった時間は何分何秒か。(5点)

6 思考力 図1のように、半径1 cmの円を白色で塗り、1番目の図形とする。また、図2のように、1番目の図形に中心が等しい半径2 cmの円をかき加え、半径1 cmの円と半径2 cmの円に囲まれた部分を灰色で塗り、これを2番目の図形とする。さらに、図3のように、2番目の図形に中心が等しい半径3 cmの円をかき加え、半径2 cmの円と半径3 cmの円に囲まれた部分を黒色で塗り、これを3番目の図形とする。同様の操作を繰り返し、白色、灰色、黒色の順に色を塗り、できた図形を図4のように、4番目の図形、5番目の図形、6番目の図形、…とする。

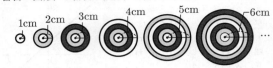

また、それぞれの色で塗られた部分を「白色の輪」、「灰色の輪」、「黒色の輪」とする。例えば、図5は6番目の図形で、「灰色の輪」が2個あり、最も外側の輪は「黒色の輪」である。

このとき、次の1, 2, 3, 4の問いに答えなさい。ただし、円周率はπとする。

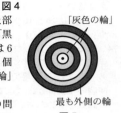

1 「灰色の輪」が初めて4個できるのは、何番目の図形か。(2点)

2 20番目の図形において、「黒色の輪」は何個あるか。(3点)

3 n番目(nは2以上の整数)の図形において、最も外側の輪の面積が77π cm^{2}であるとき、nの値を求めなさい。ただし、途中の計算を書くこと。(6点)

4 n番目の図形をおうぎ形にm等分する。このうちの1つのおうぎ形を取り出し、最も外側の輪であった部分を切り取り、これを「1ピース」とする。例えば、$n=5$、$m=6$の「1ピース」は図6のようになり、太線（——）でかかれた2本の曲線と2本の線分の長さの合計を「1ピース」の周の長さとする。

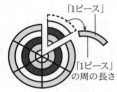

このとき、次の文の①、②に当てはまる式や数を求めなさい。ただし、文中のa、bは2以上の整数とする。(6点)

$n=a$、$m=5$の「1ピース」の周の長さと、$n=b$、$m=9$の「1ピース」の周の長さが等しいとき、bをaの式で表すと、(①)となる。①を満たすa、bのうち、それぞれの「1ピース」が同じ色のとき、bの値が最小となるaの値は、(②)である。

群馬県

時間 45～60分の間で各校が定める
満点 100点
解答 p13
3月10日実施

出題傾向と対策

●大問は6題で，1 が基本的な小問集合である。2～6 は，関数，平面図形，空間図形などの分野から出題される。作図や証明が必ず出題されるほか，図形の折り返しや重なりを題材とした出題が特徴的である。なお，解答の途中過程の記述も要求する設問が複数個あるので注意しよう。

● 1 を確実に解き，2～6 に進む。作図や証明は，基本的で平易な問題が多い。2020年は空間図形の大問が復活すると述べたが，そのとおりであった。過去の出題を参考にして，良問をしっかりと練習しておこう。

1 よく出る 基本 次の(1)～(9)の問いに答えなさい。(38点)

(1) 次の①～③の計算をしなさい。
① $1 + 2 \times (-4)$
② $3x - \dfrac{1}{2}x$
③ $4a^2b \div 2a \times 2b$

(2) 次のア～オのうち，絶対値が最も大きい数を選び，記号で答えなさい。
ア 3.2　イ $-\dfrac{7}{2}$　ウ $2\sqrt{2}$　エ $\dfrac{10}{3}$
オ -3

(3) $x^2 - 10x + 25$ を因数分解しなさい。

(4) 連立方程式 $\begin{cases} 2x + 3y = 4 \\ -x + y = 3 \end{cases}$ を解きなさい。

(5) 1枚の硬貨を3回投げたとき，少なくとも1回は表が出る確率を求めなさい。

(6) 2次方程式 $(2x-5)^2 = 18$ を解きなさい。

(7) 右の図において，点A，B，C，Dは円Oの周上の点であり，線分BDは円Oの直径である。∠BACの大きさを求めなさい。

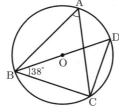

(8) 容器の中に黒いビーズがたくさん入っている。この黒いビーズのおよその個数を推定するため，容器の中に白いビーズを100個加えてよく混ぜた後，混ぜたビーズの中から無作為に100個のビーズを取り出したところ，その中に白いビーズが10個入っていた。容器の中に入っていた黒いビーズはおよそ何個だと推定できるか，次のア～エから最も適切なものを選び，記号で答えなさい。
ア およそ90個　イ およそ200個
ウ およそ900個　エ およそ2000個

(9) 右の図のように，直線l，直線mと2つの直線が交わっている。∠a，∠b，∠c，∠d，∠eのうち，どの角とどの角が等しければ，直線lと直線mが平行であるといえるか，その2つの角を答えなさい。

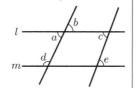

2 基本 次の(1)，(2)の問いに答えなさい。(8点)

(1) 次のア～オのうち，yがxに比例するものをすべて選び，記号で答えなさい。
ア 自然数xの約数の個数はy個である。
イ x円の商品を1000円支払って買うとき，おつりはy円である。
ウ 1200mの道のりを分速xmの速さで進むとき，かかる時間はy分である。
エ 5%の食塩水がxgあるとき，この食塩水に含まれる食塩の量はygである。
オ 何も入っていない容器に水を毎分2Lずつx分間入れるとき，たまる水の量はyLである。

(2) 次のア～オのうち，関数 $y = 2x^2$ について述べた文として正しいものをすべて選び，記号で答えなさい。
ア この関数のグラフは，原点を通る。
イ $x > 0$のとき，xが増加するとyは減少する。
ウ この関数のグラフは，x軸について対称である。
エ xの変域が $-1 \leqq x \leqq 2$ のとき，yの変域は $0 \leqq y \leqq 8$ である。
オ xの値がどの値からどの値まで増加するかにかかわらず，変化の割合は常に2である。

3 基本 1331や7227のように，千の位の数と一の位の数，百の位の数と十の位の数がそれぞれ同じである4けたの整数は，いつでも11の倍数となることを，次のように証明した。□に証明の続きを書き，この証明を完成させなさい。(6点)

証明
aを1けたの自然数，bを1けたの自然数または0とする。
千の位の数をa，百の位の数をbとおいて，千の位の数と一の位の数，百の位の数と十の位の数がそれぞれ同じである4けたの整数をa，bを用いて表すと

したがって，このような4けたの整数は，いつでも11の倍数となる。

4 図Iの直方体 ABCD － EFGH は，AB = 2 m，AD = 4 m，AE = 3 m である。次の(1)，(2)の問いに答えなさい。(12点)

(1) この直方体の対角線AGの長さを求めなさい。

(2) 思考力 図Iの直方体の面に沿って，図IIのように点Aから点Gまで次のア，イの2通りの方法で糸をかける。

ア 点Aから辺BC上の1点を通って点Gまでかける。
イ 点Aから辺BF上の1点を通って点Gまでかける。

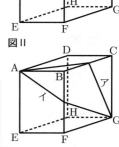

次の①，②の問いに答えなさい。
① ア，イの方法のそれぞれにおいて，糸の長さが最も短くなるように糸をかける。かけた糸の長さが短い方

をア, イから選び, 記号で答えなさい。また, そのときの点 A から点 G までの糸の長さを求めなさい。
② ア, イの方法のそれぞれにおいて, 糸の長さが最も短くなるように糸をかけたときに, かけた糸の長さが長い方を考える。そのかけた糸が面 BFGC を通る直線を l とするとき, 点 C と直線 l との距離を求めなさい。

5 [新傾向] 図Iのように, 円すい状のライトが, 床から高さ 300 cm の天井からひもでつり下げられている。図Iの点線は円すいの母線を延長した直線を示しており, ライトから出た光はこの点線の内側を進んで床を円形に照らしているものとする。図II, 図IIIは, 天井からつり下げたライトを示したもので, 図IIのライト A は底面の直径が 8 cm, 高さが 10 cm, 図IIIのライト B は底面の直径が 6 cm, 高さが 10 cm の円すいの側面を用いた形状となっている。次の(1)〜(3)の問いに答えなさい。
(16点)

(1) [基本] ライト A をつり下げるひもの長さが 100 cm のとき, このライトが床を照らしてできる円の直径を求めなさい。

(2) ライト A をつり下げるひもの長さが x cm のときにこのライトが床を照らしてできる円の直径を y cm とする。x の変域を $50 \leq x \leq 180$ とするとき, 次の①, ②の問いに答えなさい。
① y を x の式で表しなさい。
② y の変域を求めなさい。

(3) ライト A とライト B をそれぞれ天井からひもでつり下げて, ひもの長さを変えながら 2 つのライトが照らしてできる円の面積を調べた。ライト A をつり下げるひもの長さを x cm, ライト B をつり下げるひもの長さを $\dfrac{x}{2}$ cm としたとき, 2 つのライトが照らしてできる円の面積が等しくなるような x の値を求めなさい。

6 図Iのような, 線分 AB を直径とする半円がある。次の(1), (2)の問いに答えなさい。
(20点)

(1) [よく出る][基本]
弧 AP : 弧 PB = 1 : 2 となるような弧 AB 上の点 P を, 次の手順 i, ii にしたがって作図する。後の①, ②の問いに答えなさい。

手順
i 直径 AB の中点 O をとる。
ii AO = AP となるような, 弧 AB 上の点 P をとる。

① 手順の i に示した直径 AB の中点 O を, コンパスと定規を用いて作図しなさい。
ただし, 作図に用いた線は消さないこと。

② 手順の i, ii によって, なぜ, 弧 AP : 弧 PB = 1 : 2 となる点 P をとることができるのか, その理由を説明しなさい。

(2) 直径 AB の長さを 12 cm, 円周率を π とする。次の①, ②の問いに答えなさい。
① (1)で作図した点 P について, 図IIのように, 弦 PB と弧 PB で囲まれた部分を, 弦 PB を折り目として折った。折り返した図形ともとの半円とが重なった部分の面積を求めなさい。

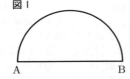

② [難] 弧 AQ : 弧 QB = 1 : 3 となるような弧 AB 上の点 Q をとる。①と同様に, 弦 QB と弧 QB で囲まれた部分を, 弦 QB を折り目として折ったとき, 折り返した図形ともとの半円とが重なった部分の面積を求めなさい。

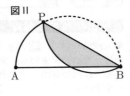

埼玉県

時間 50分 | 満点 100点 | 解答 P14 | 2月28日実施

* 注意 答えに根号を含む場合は, 根号をつけたまま答えなさい。

出題傾向と対策

● 大問は 4 題で, **1** 基本的な小問集合, **2** 平面図形, **3** 相似の利用, **4** 関数とグラフという出題分野である。数値や記号のみを答える問題のほか, 解答の途中過程も記述させる問題が複数個ある。2020 年は, 理由を書かせる問題も出題された。また, 作図や図形についての証明も必ず出題される。

● **1** を確実に仕上げ, **2** 〜 **4** に進む。平面図形や関数とグラフについての良問を十分に練習しておくとともに, 図形についての証明の書き方や基本的な作図についても, 過去の出題を参考にして準備しておこう。

● 2017 年から, 学校選択問題を解かせる学校もある。

学力検査問題

1 [基本] 次の各問に答えなさい。

(1) [よく出る] $7x - 5x$ を計算しなさい。 (4点)

(2) [よく出る] $(-5) \times (-2) + 3$ を計算しなさい。 (4点)

(3) [よく出る] $6x \times 2xy \div 3y$ を計算しなさい。 (4点)

(4) [よく出る] 方程式 $5x + 3 = 2x + 6$ を解きなさい。 (4点)

(5) [よく出る] $\sqrt{18} - 6\sqrt{2}$ を計算しなさい。 (4点)

(6) [よく出る] $x^2 + 4x - 12$ を因数分解しなさい。 (4点)

(7) [よく出る] 連立方程式 $\begin{cases} 6x - y = 1 \\ 3x - 2y = -7 \end{cases}$ を解きなさい。 (4点)

(8) [よく出る] 2 次方程式 $3x^2 - 5x + 1 = 0$ を解きなさい。 (4点)

(9) 右の図で, $l \parallel m$ のとき, $\angle x$ の大きさを求めなさい。 (4点)

⑽ **よく出る** 関数 $y=2x^2$ について，x の値が 2 から 4 まで増加するときの変化の割合を求めなさい。(4点)

⑾ 右の図のような三角柱 ABCDEF があります。次のア〜エの中から，辺 AD とねじれの位置にある辺を 1 つ選び，その記号を書きなさい。(4点)
ア　辺 BE
イ　辺 AC
ウ　辺 DE
エ　辺 BC

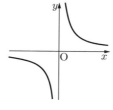

⑿ 右の図は，関数 $y=\dfrac{6}{x}$ のグラフです。関数 $y=\dfrac{6}{x}$ について述べた次のア〜エの中から，誤っているものを 1 つ選び，その記号を書きなさい。(4点)

ア　この関数のグラフは，点 (2, 3) を通る。
イ　この関数のグラフは，原点を対称の中心として点対称である。
ウ　$x<0$ の範囲で，変化の割合は一定である。
エ　$x<0$ の範囲で，x の値が増加するとき，y の値は減少する。

⒀ **よく出る** 右の図のような，底面の半径が 3 cm，母線の長さが 5 cm の円錐があります。この円錐の高さと体積をそれぞれ求めなさい。
ただし，円周率は π とします。(4点)

⒁ 1 から 6 までの目が出る大小 1 つずつのさいころを同時に 1 回投げ，大きいさいころの出た目の数を a，小さいさいころの出た目の数を b とします。このとき，$a>b$ となる確率を求めなさい。
ただし，大小 2 つのさいころは，どの目が出ることも同様に確からしいものとします。(4点)

⒂ 次は，5 人の生徒がバスケットボールのフリースローをそれぞれ 10 回行い，成功した回数を記録したものです。5 人の生徒のフリースローが成功した回数の平均値と中央値をそれぞれ求めなさい。(4点)

フリースローが成功した回数の記録（回）

| 5, 4, 7, 5, 9 |

⒃ ある中学校で，全校生徒 600 人が夏休みに読んだ本の 1 人あたりの冊数を調べるために，90 人を対象に標本調査を行うことにしました。次のア〜エの中から，標本の選び方として最も適切なものを 1 つ選び，その記号を書きなさい。また，それが最も適切である理由を説明しなさい。(5点)
ア　3 年生全員の 200 人に通し番号をつけ，乱数さいを使って生徒 90 人を選ぶ。
イ　全校生徒 600 人に通し番号をつけ，乱数さいを使って生徒 90 人を選ぶ。
ウ　3 年生全員の 200 人の中から，図書室の利用回数の多い順に生徒 90 人を選ぶ。
エ　全校生徒 600 人の中から，図書室の利用回数の多い順に生徒 90 人を選ぶ。

2 **よく出る** **基本** 次の各問に答えなさい。

⑴ 右の図の △ABC で，頂点 A から辺 BC へ垂線をひき，辺 BC との交点を H とします。点 H をコンパスと定規を使って作図しなさい。
ただし，作図するためにかいた線は，消さないでおきなさい。(5点)

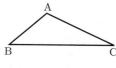

⑵ 右の図のように，平行四辺形 ABCD の頂点 A，C から対角線 BD に垂線をひき，対角線との交点をそれぞれ E，F とします。
このとき，△ABE ≡ △CDF であることを証明しなさい。(6点)

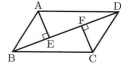

3 次は，A さんと B さんの会話です。これを読んで，下の各問に答えなさい。

> A さん「あの電柱の高さは，直角三角形の相似の考え方を使って求められそうだね。」
> B さん「影の長さを比較して求める方法だね。」
> A さん「電柱と比較するのに，校庭の鉄棒が利用できそうだね。」

⑴ **基本** A さんと B さんが，鉄棒の高さと影の長さ，電柱の影の長さを測ったところ，鉄棒の高さは 1.6 m，鉄棒の影の長さは 2 m，電柱の影の長さは 8 m でした。このとき，電柱の高さを求めなさい。
ただし，影の長さは同時刻に測ったものとし，電柱と鉄棒の幅や厚みは考えないものとします。また，電柱と鉄棒は地面に対して垂直に立ち，地面は平面であるものとします。(4点)

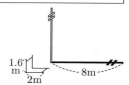

⑵ **よく出る** A さんと B さんは，電柱よりも高い鉄塔の高さを求めようとしました。しかし，障害物があり，鉄塔の影の長さを測ることができないので先生に相談しました。先生は，影の長さを測らずに高さを求める方法を以下のように説明してくれました。

　ア　にあてはまる値を求めなさい。(5点)

【先生の説明】

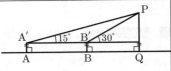

　右の図のように，鉄塔の先端を点Pとし，Pから地面に垂線をひき，地面との交点をQとします。また，Aさんの立つ位置を点A，Aさんの目の位置を点A′，Bさんの立つ位置を点B，Bさんの目の位置を点B′とし，2人は水平な地面に対して垂直に立ちます。
　Aさんが水平の方向に対して先端Pを見上げる角度が15°になる位置に，Bさんが2点A，Qを結んだ線分上で，水平の方向に対して先端Pを見上げる角度が30°になる位置に立ち，次の長さがわかると，鉄塔の高さPQを求めることができます。
　2人の目の高さAA′とBB′が等しく，AA′が1.5 m，AさんとBさんの間の距離ABが50 mであるとき，鉄塔の高さPQは ア mになります。

4 右の図1において，曲線は関数 $y=\frac{1}{2}x^2$ のグラフで，直線 l は点A(-6, 18)，点B(4, 8)で曲線と交わっています。
このとき，次の各問に答えなさい。

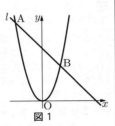
図1

(1) よく出る 基本 直線 l の式を求めなさい。　(4点)

(2) 思考力 右の図2において，曲線上を点Aから点Bまで動く点Pをとり，点Pから x 軸と平行な直線をひき，直線 l との交点をQとします。また，点P，Qから x 軸へ垂線をひき，x 軸との交点をそれぞれR，Sとします。
このとき，次の①，②に答えなさい。

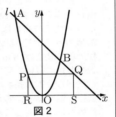
図2

① 長方形PRSQが正方形になる点Pの座標を，途中の説明も書いてすべて求めなさい。
その際，「点Pの x 座標を t とおくと，」に続けて説明しなさい。　(6点)

② △BPQと△OPQの面積比が1：3となる点Qの座標を，すべて求めなさい。　(5点)

学校選択問題

1 基本 次の各問に答えなさい。

(1) よく出る $\frac{1}{2}(3x-y)-\frac{4x-y}{3}$ を計算しなさい。　(4点)

(2) よく出る $x=2+\sqrt{3}$，$y=2-\sqrt{3}$ のとき，$\left(1+\frac{1}{x}\right)\left(1+\frac{1}{y}\right)$ の値を求めなさい。　(4点)

(3) よく出る 2次方程式 $2(x-2)^2-3(x-2)+1=0$ を解きなさい。　(4点)

(4) x と y についての連立方程式 $\begin{cases}ax+by=11\\ax-by=-2\end{cases}$ の解が $x=3$，$y=-4$ であるとき，a，b の値を求めなさい。　(4点)

(5) 1から6までの目が出る大小1つずつのさいころを同時に1回投げ，大きいさいころの出た目の数を a，小さいさいころの出た目の数を b とします。このとき，$\frac{a}{b}$ の値が $\frac{1}{3} \leq \frac{a}{b} \leq 3$ になる確率を求めなさい。
ただし，大小2つのさいころは，どの目が出ることも同様に確からしいものとします。　(5点)

(6) 関数 $y=\frac{6}{x}$ について述べた次のア～エの中から，誤っているものを1つ選び，その記号を書きなさい。　(5点)
ア　この関数のグラフは，点(2, 3)を通る。
イ　この関数のグラフは，原点を対称の中心として点対称である。
ウ　$x<0$ の範囲で，変化の割合は一定である。
エ　$x<0$ の範囲で，x の値が増加するとき，y の値は減少する。

(7) 右の図のような，底面の半径が3 cm，高さが4 cmの円錐があります。この円錐の表面積を求めなさい。
ただし，円周率は π とします。　(5点)

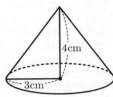

(8) 思考力 新傾向 次の表は，8人の生徒がバスケットボールのフリースローをそれぞれ10回行い，成功した回数を記録したものですが，表の一部が汚れたためHさんの記録がわからなくなってしまいました。8人のフリースローが成功した回数の平均値と中央値が等しいことがわかっているとき，Hさんのフリースローが成功した回数を求めなさい。
(5点)

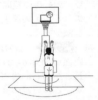

生徒	A	B	C	D	E	F	G	H
回数	7	6	8	5	10	8	9	

(9) ある中学校で，全校生徒600人が夏休みに読んだ本の1人あたりの冊数を調べるために，90人を対象に標本調査を行うことにしました。次のア～エの中から，標本の選び方として最も適切なものを1つ選び，その記号を書きなさい。また，それが最も適切である理由を説明しなさい。　(6点)
ア　3年生全員の200人に通し番号をつけ，乱数さいを使って生徒90人を選ぶ。
イ　全校生徒600人に通し番号をつけ，乱数さいを使って生徒90人を選ぶ。
ウ　3年生全員の200人の中から，図書室の利用回数の多い順に生徒90人を選ぶ。
エ　全校生徒600人の中から，図書室の利用回数の多い順に生徒90人を選ぶ。

2 よく出る 基本 次の各問に答えなさい。

(1) 右の図のように，円Oと，この円の外部の点Pがあります。点Pを通る円Oの接線を，コンパスと定規を使って1つ作図しなさい。
ただし，作図するためにかいた線は，消さないでおきなさい。　(5点)

(2) 右の図のように，平行四辺形ABCDの頂点A，Cから対角線BDに垂線をひき，対角線との交点をそれぞれE，Fとします。

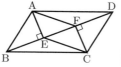

このとき，四角形AECFは平行四辺形であることを証明しなさい。 (7点)

3 次は，AさんとBさんの会話です。これを読んで，下の各問に答えなさい。

> Aさん「あの電柱の高さは直角三角形の相似の考え方を使って求められそうだね。」
> Bさん「影の長さを比較して求める方法だね。」
> Aさん「電柱と比較するのに，校庭の鉄棒が利用できそうだね。」

(1) **基本** AさんとBさんが，鉄棒の高さと影の長さ，電柱の影の長さを測ったところ，鉄棒の高さは1.6 m，鉄棒の影の長さは1.8 m，電柱の影の長さは7.2 mでした。このとき，電柱の高さを求めなさい。

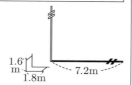

ただし，影の長さは同時刻に測ったものとし，電柱と鉄棒の幅や厚みは考えないものとします。また，電柱と鉄棒は地面に対して垂直に立ち，地面は平面であるものとします。 (5点)

(2) AさんとBさんは，電柱よりも高い鉄塔の高さを求めようとしましたが，障害物があり，鉄塔の影の長さを測ることができませんでした。

そこで，Aさん，Bさん，鉄塔がこの順に一直線上になるような位置で，AさんとBさんが離れて立ち，水平の方向に対して鉄塔の先端を見上げる角度を測りました。

Aさんの目の位置から鉄塔の先端を見上げる角度は15°，Bさんの目の位置から鉄塔の先端を見上げる角度は30°とし，Aさん，Bさんの目の高さを1.5 m，AさんとBさんの間の距離を50 mとするとき，鉄塔の高さを求めなさい。

ただし，Aさん，Bさん，鉄塔は水平な同じ平面上に垂直に立っているものとし，それぞれの幅や厚みは考えないものとします。 (6点)

4 右の図1において，曲線は関数 $y=\dfrac{1}{2}x^2$ のグラフで，曲線上に x 座標が -6，4 である2点A，Bをとり，この2点を通る直線 l をひきます。

このとき，次の各問に答えなさい。

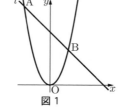

(1) **よく出る** **基本** 直線 l の式を求めなさい。 (5点)

(2) **思考力** 右の図2において，曲線上を点Aから点Bまで動く点Pをとり，点Pから x 軸と平行な直線をひき，直線 l との交点をQとします。また，点P，Qから x 軸へ垂線をひき，x 軸との交点をそれぞれR，Sとします。

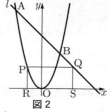

このとき，次の①，②に答えなさい。

① 長方形PRSQが正方形になる点Pの座標を，途中の説明も書いてすべて求めなさい。 (7点)

② △BPQと△OPQの面積比が1:3となる点Qの座標を，すべて求めなさい。 (6点)

5 右の図1は，正四角錐と立方体を合わせた立体で，頂点をそれぞれ，点P，A，B，C，D，E，F，G，Hとします。

PA＝AB＝2 cmのとき，次の各問に答えなさい。

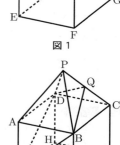

(1) **基本** この立体の体積を求めなさい。 (5点)

(2) **基本** 辺AEとねじれの位置にある辺の本数を求めなさい。 (5点)

(3) **難** 図2のように，この立体を点E，B，Dを通る平面で切ります。点E，B，Dを通る平面と辺PCの交点をQとするとき，線分PQとQCの長さの比を，途中の説明も書いて求めなさい。 (7点)

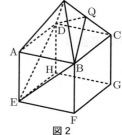

千葉県

時間 50分　**満点** 100点　**解答** P16　2月12日実施

出題傾向と対策

● 大問5題の出題で、出題数、出題傾向ともに例年通りである。①、②は小問集合、③は関数の融合問題、④は証明を中心とした平面図形、⑤は場合の数・確率の問題である。

● ①、②の小問集合で配点の半分以上を占めている。まずは、基本レベルの問題をミスなく短時間で解答できるようにしよう。そして、②(5)の作図、③の関数、④の証明はよく出題されるので、過去問をあたるとともに、類似の入試問題を解いて練習を積んでおこう。

---

1 よく出る　基本　次の(1)〜(6)の問いに答えなさい。

(1) $-2+9$ を計算しなさい。 (5点)

(2) $-5^2+18 \div \dfrac{3}{2}$ を計算しなさい。 (5点)

(3) $2(x+4y)-3\left(\dfrac{1}{2}x-\dfrac{1}{3}y\right)$ を計算しなさい。 (5点)

(4) 方程式 $x-7=\dfrac{4x-9}{3}$ を解きなさい。 (5点)

(5) $\sqrt{50}+6\sqrt{2}-\dfrac{14}{\sqrt{2}}$ を計算しなさい。 (5点)

(6) $2x^2-32$ を因数分解しなさい。 (5点)

---

2 よく出る　次の(1)〜(5)の問いに答えなさい。

(1) 関数 $y=-x^2$ について、x の変域が $a \leqq x \leqq b$ のとき、y の変域は $-9 \leqq y \leqq 0$ である。このとき、a、b の値の組み合わせとして最も適当なものを、次のア〜エのうちから1つ選び、符号で答えなさい。 (5点)

　ア　$a=-1,\ b=0$
　イ　$a=-3,\ b=-1$
　ウ　$a=1,\ b=3$
　エ　$a=-1,\ b=3$

(2) 基本　右の表は、あるクラスの生徒36人が夏休みに読んだ本の冊数を、度数分布表に整理したものである。
　5冊以上10冊未満の階級の相対度数を求めなさい。 (5点)

階級(冊)	度数(人)
以上　未満	
0 〜 5	11
5 〜 10	9
10 〜 15	7
15 〜 20	6
20 〜 25	3
計	36

(3) 基本　右の図のように、底面が $AB=5$ cm、$AC=6$ cm、$\angle ABC=90°$ の直角三角形で、高さが 6 cm の三角柱がある。この三角柱の体積を求めなさい。 (5点)

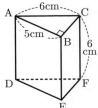

(4) 大小2つのさいころを同時に1回投げ、大きいさいころの出た目の数を a、小さいさいころの出た目の数を b とする。

このとき、$\dfrac{\sqrt{ab}}{2}$ の値が、有理数となる確率を求めなさい。
ただし、さいころを投げるとき、1から6までのどの目が出ることも同様に確からしいものとする。 (5点)

(5) 右の図において、点 A は直線 l 上の点、点 B は直線 l 上にない点である。直線 l 上に点 P をとり、$\angle APB=120°$ となる直線 BP を作図しなさい。また、点 P の位置を示す文字 P も書きなさい。
ただし、三角定規の角を利用して直線をひくことはしないものとし、作図に用いた線は消さずに残しておくこと。 (5点)

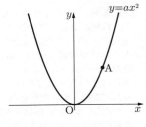

---

3 よく出る　右の図のように、関数 $y=ax^2$ のグラフ上に点 A があり、点 A の座標は $(3, 4)$ である。
ただし、$a>0$ とする。
このとき、次の(1)、(2)の問いに答えなさい。

(1) 基本　a の値を求めなさい。 (5点)

(2) x 軸上に点 B を、$OA=OB$ となるようにとる。
ただし、点 B の x 座標は負とする。
このとき、次の①、②の問いに答えなさい。

① 基本　2点 A、B を通る直線の式を求めなさい。 (5点)

② 原点 O を通り、直線 AB に平行な直線を l とする。点 A から x 軸に垂線をひき、直線 l との交点を C とする。また、関数 $y=ax^2$ のグラフ上に、x 座標が 3 より大きい点 D をとり、点 D から x 軸に垂線をひき、直線 OA との交点を E、直線 l との交点を F とする。
△AOC と四角形 ACFE の面積の比が $16:9$ となるとき、点 D の座標を求めなさい。 (5点)

---

4 右の図のように、円 O の円周上に2点 A、B がある。点 O から線分 AB に垂線をひき、線分 AB との交点を C、円との交点を D とし、点 A と点 D を結ぶ。また、点 D を含まない $\overset{\frown}{AB}$ 上に、2点 A、B とは異なる点 E をとり、点 E と2点 A、B をそれぞれ結ぶ。線分 AB と線分 DE の交点を F とする。
このとき、次の(1)、(2)の問いに答えなさい。

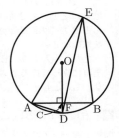

(1) よく出る　△EAD∽△EFB となることの証明を、次の□の中に途中まで示してある。
　(a)、(b) に入る最も適当なものを、あとの選択肢のア〜カのうちからそれぞれ1つずつ選び、符号で答えなさい。また、(c) には証明の続きを書き、証明を完成させなさい。
ただし、□の中の①〜④に示されている関係を使う場合、番号の①〜④を用いてもかまわないものとする。 (10点)

証明

点Oと2点A, Bをそれぞれ結ぶ。
△OACと△OBCにおいて,
　円の半径であるから,
　　　OA = [(a)] …①
　仮定より,
　　∠OCA = ∠OCB = 90° …②
　　OCは共通 …③
　①, ②, ③より,
　[(b)] がそれぞれ等しいから,
　　　△OAC ≡ △OBC …④

[(c)]

選択肢
ア　AE　　イ　BC　　ウ　OB
エ　2組の辺とその間の角
オ　直角三角形の斜辺と1つの鋭角
カ　直角三角形の斜辺と他の1辺

(2) 思考力 線分AEを円Oの直径とし, EB = 6 cm, AD : DE = 1 : 3, CF : FB = 1 : 8 とする。線分OBと線分EDの交点をGとするとき, △GFBの面積を求めなさい。 (5点)

5 空の箱Aと箱Bが1つずつあり, それぞれの箱には, ビー玉の個数を増やすために, 次のようなしかけがしてある。

箱Aと箱Bのしかけ
・箱Aにビー玉を入れると, 箱の中のビー玉の個数は, 入れた個数の3倍になる。
・箱Bにビー玉を入れると, 箱の中のビー玉の個数は, 入れた個数の5倍になる。

1つの箱にビー玉をすべて入れた後, 箱の中のビー玉をすべて取り出すことをくり返し, ビー玉の個数を増やしていく。
例えば, はじめに10個のビー玉を用意し, 箱Aを1回使った後, 箱Bを1回使ったときについて考える。10個のビー玉は, 箱Aを使うことによって30個になり, この30個のビー玉は, 箱Bを使うことによって150個になるので, 最後に取り出したビー玉の個数は150個である。
このとき, 次の(1)～(4)の問いに答えなさい。

(1) 基本 はじめに2個のビー玉を用意し, 箱Aを2回使った後, 箱Bを2回使った。最後に取り出したビー玉の個数を求めなさい。 (3点)

(2) はじめにビー玉をいくつか用意し, 箱A, 箱Bを合計5回使ったところ, 最後に取り出したビー玉の個数は2700個であった。はじめに用意したビー玉の個数を求めなさい。 (3点)

(3) 箱Aと箱Bに加え, 空の箱Xを1つ用意する。箱Xには, 次のようなしかけがしてある。

箱Xのしかけ
・箱Xにビー玉を入れると, 箱の中のビー玉の個数は, 入れた個数のx倍になる。ただし, xは自然数とする。

はじめに1個のビー玉を用意し, 箱Aを2回使った後, 箱Bを1回使い, さらにその後, 箱Xを2回使ったところ, 最後に取り出したビー玉の個数は$540x$個であった。
このとき, xの値を求めなさい。ただし, 答えを求める過程が分かるように, 式やことばも書きなさい。 (4点)

(4) 1枚のコインを1回投げるごとに, 表が出れば箱Aを使い, 裏が出れば箱Bを使うこととする。
はじめに4個のビー玉を用意し, 1枚のコインを4回投げ, 箱A, 箱Bを合計4回使うとき, 最後に取り出したビー玉の個数が1000個をこえる確率を求めなさい。
ただし, コインを投げるとき, 表と裏のどちらが出ることも同様に確からしいものとする。 (5点)

東京都

時間 50分　満点 100点　解答 P17　2月21日実施

＊ 注意　1. 答えに分数が含まれるときは, それ以上約分できない形で表しなさい。
　　　　2. 答えに根号が含まれるときは, 根号の中を最も小さい自然数にしなさい。

出題傾向と対策

●大問は全部で5問, 1 は小問集合, 2 は空間図形に関する証明問題, 3 は関数$y = ax^2$, 4 は平面図形, 5 は空間図形の問題であった。問題構成, 分量, 難易度はどれも例年通りであった。

●教科書を活用して, 基礎・基本を身につけることが最も重要である。問題構成は毎年変わらないので, 過去問をたくさん解くことも有効である。その繰り返しの中で, 自身の苦手を克服するとともに, 本番に向けて時間配分の練習をするとよいだろう。

1 基本 次の各問に答えよ。

〔問1〕 $9 - 8 \div \frac{1}{2}$ を計算せよ。 (5点)

〔問2〕 $3(5a - b) - (7a - 4b)$ を計算せよ。 (5点)

〔問3〕 $(2 - \sqrt{6})(1 + \sqrt{6})$ を計算せよ。 (5点)

〔問4〕 一次方程式 $9x + 4 = 5(x + 8)$ を解け。 (5点)

〔問5〕 連立方程式 $\begin{cases} 7x - 3y = 6 \\ x + y = 8 \end{cases}$ を解け。 (5点)

〔問6〕 二次方程式 $3x^2 + 9x + 5 = 0$ を解け。 (5点)

〔問7〕 次の　　　の中の「あ」「い」に当てはまる数字をそれぞれ答えよ。
右の表は, ある中学校の生徒40人について, 自宅からA駅まで歩いたときにかかる時間を調査し, 度数分布表に整理したものである。

階級(分)			度数(人)
以上		未満	
5	～	10	12
10	～	15	14
15	～	20	10
20	～	25	3
25	～	30	1
	計		40

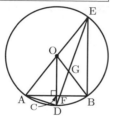

自宅からA駅まで歩いたときにかかる時間が15分未満である人数は，全体の人数の あい ％である。(5点)

〔問8〕 次の の中の「う」「え」に当てはまる数字をそれぞれ答えよ。

右の図1で，点Oは線分ABを直径とする円の中心であり，2点C，Dは円Oの周上にある点である。

4点A，B，C，Dは，図1のように，A，C，B，Dの順に並んでおり，互いに一致しない。

点Oと点C，点Aと点C，点Bと点D，点Cと点Dをそれぞれ結ぶ。

∠AOC = ∠BDC, ∠ABD = 34° のとき, x で示した∠OCDの大きさは, うえ 度である。 (5点)

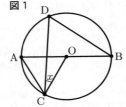
図1

〔問9〕 右の図2で，△ABCは，鋭角三角形である。図2をもとにして，辺AC上にあり，AP = BPとなる点Pを，定規とコンパスを用いて作図によって求め，点Pの位置を示す文字Pも書け。

ただし，作図に用いた線は消さないでおくこと。 (6点)

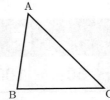
図2

2 よく出る Sさんのクラスでは，先生が示した問題をみんなで考えた。次の各問に答えよ。

[先生が示した問題]

a, b, h を正の数とし，$a > b$ とする。

右の図1は，点O，点Pをそれぞれ底面となる円の中心とし，2つの円の半径がともに a cm であり，四角形ABCDはAB = h cm の長方形で，四角形ABCDが側面となる円柱の展開図である。

右の図2は，点Q，点Rをそれぞれ底面となる円の中心とし，2つの円の半径がともに b cm であり，四角形EFGHはEF = h cm の長方形で，四角形EFGHが側面となる円柱の展開図である。

図1を組み立ててできる円柱の体積をX cm³, 図2を組み立ててできる円柱の体積をY cm³ とするとき, X - Y の値を a, b, h を用いて表しなさい。

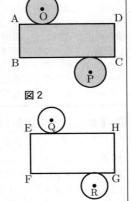
図1

図2

〔問1〕 [先生が示した問題] で，X - Y の値を a, b, h を用いて，X - Y = と表すとき， に当てはまる式を，次のア〜エのうちから選び，記号で答えよ。

ただし，円周率は π とする。 (5点)

ア $\pi(a^2 - b^2)h$ イ $\pi(a-b)^2h$
ウ $2\pi(a-b)h$ エ $\pi(a-b)h$

Sさんのグループは，[先生が示した問題] で示された2つの展開図をもとにしてできる長方形が側面となる円柱を考え，その円柱の体積と，XとYの和との関係について次の問題を作った。

[Sさんのグループが作った問題]

a, b, h を正の数とし，$a > b$ とする。

右の図3で，四角形ABGHは，図1の四角形ABCDの辺DCと図2の四角形EFGHの辺EFを一致させ，辺AHの長さが辺ADの長さと辺EHの長さの和となる長方形である。

右の図4のように，図3の四角形ABGHが円柱の側面となるように辺ABと辺HGを一致させ，組み立ててできる円柱を考える。

[先生が示した問題] の2つの円柱の体積XとYの和をW cm³, 図4の円柱の体積をZ cm³ とするとき, Z - W = $2\pi abh$ となることを確かめてみよう。

図3

図4

〔問2〕 [Sさんのグループが作った問題] で，Z - W = $2\pi abh$ となることを証明せよ。

ただし，円周率は π とする。 (7点)

3 よく出る 右の図1で，点Oは原点，曲線 l は関数 $y = \dfrac{1}{4}x^2$ のグラフを表している。

点Aは曲線 l 上にあり，x 座標は4である。

曲線 l 上にある点をPとする。

次の各問に答えよ。

図1

〔問1〕 次の ① と ② に当てはまる数を，下のア〜クのうちからそれぞれ選び，記号で答えよ。

点Pの x 座標を a, y 座標を b とする。

a のとる値の範囲が $-8 \leq a \leq 2$ のとき, b のとる値の範囲は, ① $\leq b \leq$ ② である。 (5点)

ア −64 イ −2 ウ 0 エ $\dfrac{1}{2}$
オ 1 カ 4 キ 16 ク 64

〔問2〕 次の ③ と ④ に当てはまる数を，下のア〜エのうちからそれぞれ選び，記号で答えよ。

点Pの x 座標が −6 のとき, 2点A, Pを通る直線の式は,

$y =$ ③ $x +$ ④ である。 (5点)

③ ア $-\dfrac{5}{2}$ イ −2 ウ $-\dfrac{13}{10}$ エ $-\dfrac{1}{2}$
④ ア 12 イ 6 ウ 4 エ 2

〔問3〕 右の図2は，図1において，点Pの x 座標が4より大きい数であるとき，y 軸を対称の軸として点Aと線対称な点をB，x 軸上にあり，x 座標が点Pの x 座標と等しい点をQとした場合を表している。

点Oと点A，点Oと点B，点Aと点P，点Aと点Q，点Bと点Pをそれぞれ結んだ場合を考える。

四角形OAPBの面積が △AOQ の面積の4倍となるとき，点Pの x 座標を求めよ。 (5点)

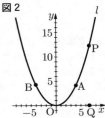
図2

4 よく出る 右の図1で，四角形 ABCD は正方形である。

点 P は辺 BC 上にある点で，頂点 B，頂点 C のいずれにも一致しない。

点 Q は辺 CD 上にある点で，CP = CQ である。

頂点 A と点 P，点 P と点 Q をそれぞれ結ぶ。

次の各問に答えよ。

〔問1〕 図1において，∠BAP = a° とするとき，∠APQ の大きさを表す式を，次のア〜エのうちから選び，記号で答えよ。 (5点)

ア (90 − a) 度　　イ (45 − a) 度
ウ (a + 45) 度　　エ (a + 60) 度

〔問2〕 右の図2は，図1において，辺 AD を D の方向に延ばした直線上にあり AD = DE となる点を E，点 E と点 Q を結んだ線分 EQ を Q の方向に延ばした直線と線分 AP との交点を R とした場合を表している。

次の①，②に答えよ。

① △ABP ≡ △EDQ であることを証明せよ。 (7点)
② 次の □ の中の「お」「か」「き」に当てはまる数字をそれぞれ答えよ。 (5点)

図2において，AB = 4 cm，BP = 3 cm のとき，線分 EQ の長さと線分 QR の長さの比を最も簡単な整数の比で表すと，EQ : QR = お か : き である。

5 よく出る 右の図1に示した立体 ABCD − EFGH は，AB = 6 cm，AD = 8 cm，AE = 12 cm の直方体である。

頂点 C と頂点 F を結び，線分 CF 上にある点を P とする。

辺 AB 上にあり，頂点 B に一致しない点を Q とする。

頂点 D と点 P，頂点 D と点 Q，点 P と点 Q をそれぞれ結ぶ。

次の各問に答えよ。

〔問1〕 次の □ の中の「く」「け」「こ」に当てはまる数字をそれぞれ答えよ。 (5点)

点 P が頂点 F と，点 Q が頂点 A とそれぞれ一致するとき，△DQP の面積は， く け √ こ cm² である。

〔問2〕 思考力 次の □ の中の「さ」「し」「す」に当てはまる数字をそれぞれ答えよ。 (5点)

右の図2は，図1において，点 Q を通り辺 AE に平行な直線を引き，辺 EF との交点を R とし，頂点 H と点 P，頂点 H と点 R，点 P と点 R をそれぞれ結んだ場合を表している。

AQ = 4 cm，CP : PF = 3 : 5 のとき，立体 P − DQRH の体積は， さ し す cm³ である。

図1
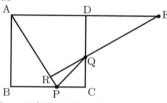

東京都立　日比谷高等学校

時間 50分　満点 100点　解答 P18　2月21日実施

* 注意　答えに根号が含まれるときは，根号を付けたまま，分母に根号を含まない形で表しなさい。また，根号の中を最も小さい自然数にしなさい。

出題傾向と対策

● 大問は4題で，**1** 基本的な小問5題，**2** 関数とグラフ，**3** 平面図形，**4** 空間図形という出題分野が固定化している。作図，確率，立体の体積比が必ず出題され，解答の途中過程も要求される設問や図形についての証明が **2**，**3**，**4** に1つずつあり，全体の記述量はかなり多い。
● **1** を確実に解き，**2**，**3**，**4** へ進む。出題傾向に変化はないので，過去の出題を参考にして良問を練習しておこう。また，他の進学指導重点校の問題も解いてみよう。2020年は易化したので，2021年は難化が予測される。

1 基本 次の各問に答えよ。

〔問1〕 よく出る $\left(\dfrac{\sqrt{7}-\sqrt{12}}{\sqrt{2}}\right)\left(\dfrac{\sqrt{7}}{2}+\sqrt{3}\right)+\sqrt{18}$ を計算せよ。 (5点)

〔問2〕 よく出る $\dfrac{(2x-6)^2}{4}-5x+15$ を因数分解せよ。 (5点)

〔問3〕 a を定数とする。2直線 $y = -x + a + 3$，$y = 4x + a - 7$ の交点を関数 $y = x^2$ のグラフが通るとき，a の値を求めよ。 (5点)

〔問4〕 よく出る 1から6までの目が出る大小1つずつのさいころを同時に1回投げる。

大きいさいころの出た目の数を a，小さいさいころの出た目の数を b とする。

($a + b$) を a で割ったときの余りが1となる確率を求めよ。

ただし，大小2つのさいころはともに，1から6までのどの目が出ることも同様に確からしいものとする。 (5点)

〔問5〕 よく出る 右の図1で，四角形 ABCD は，AD // BC の台形である。

点 P は辺 BC 上の点，点 Q は辺 AD 上の点で，四角形 APCQ はひし形である。

図2をもとにして，ひし形 APCQ を定規とコンパスを用いて作図し，頂点 P，Q の位置を表す文字 P，Q も書け。

ただし，作図に用いた線は消さないでおくこと。(5点)

図2
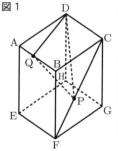

図2
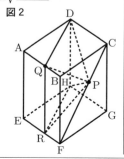

図1
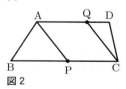

図2
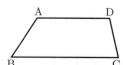

2 **よく出る** 右の図1で，点Oは原点，曲線 f は関数 $y=x^2$ のグラフを表している。

x 軸上にあり，x 座標が正の数である点をAとする。

点Aを通り，傾きが負の数である直線を l とする。

直線 l と曲線 f との交点のうち，x 座標が正の数である点をB，x 座標が負の数である点をCとする。

点Oから点 $(1, 0)$ までの距離，および点Oから点 $(0, 1)$ までの距離をそれぞれ 1 cm として，次の各問に答えよ。

図1

〔問1〕 **基本** 線分ACと y 軸との交点をD，線分OAの中点をEとし，2点D，Eを通る直線の傾きが $-\dfrac{3}{2}$，点Bの x 座標が $\dfrac{5}{4}$ であるとき，直線 l の式を求めよ。
(7点)

〔問2〕 右の図2は，図1において，点Cを通り，x 軸に平行な直線 m を引き，曲線 f との交点のうち，点Cと異なる点をF，y 軸との交点をGとし，2点B，Gを通る直線 n を引き，曲線 f との交点のうち，点Bと異なる点をHとした場合を表している。

次の(1)，(2)に答えよ。

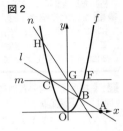

図2

(1) 点Bと点F，点Cと点Hをそれぞれ結んだ場合を考える。

△BCH と △BFG の面積の比が 13 : 4，直線 n の傾きが $-\dfrac{5}{3}$ のとき，点Bの x 座標を t として，t の値を求めよ。

ただし，答えだけでなく，答えを求める過程が分かるように，途中の式や計算なども書け。 (10点)

(2) 右の図3は，図2において，直線 n と x 軸との交点をIとした場合を表している。

AB : BC = 4 : 5,
AI = $\dfrac{48}{35}$ cm のとき，直線 n の傾きを求めよ。(8点)

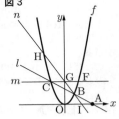

図3

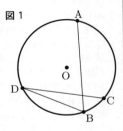

3 右の図1で，4点 A, B, C, D は，点Oを中心とする円の周上にある点で，A, D, B, C の順に並んでおり，互いに一致しない。

点Aと点B，点Bと点D，点Cと点Dをそれぞれ結ぶ。

∠ABD > ∠CDB とする。

次の各問に答えよ。

図1

〔問1〕 **基本** AB = DB，∠ABD = 60°，点Aを含まない $\overparen{BC}$ と点Aを含まない $\overparen{BD}$ の長さの比が

$\overparen{BC} : \overparen{BD} = 1 : 6$ のとき，∠BDCの大きさを求めよ。
(7点)

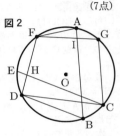

〔問2〕 右の図2は，図1において，点Cを通り直線BDに平行な直線を引き，円Oとの交点のうち，点Cと異なる点をEとし，点Cを含まない $\overparen{AE}$ 上に点Fを，点Bを含まない $\overparen{AC}$ 上に点Gを，それぞれ弧の両端と一致しないようにとり，点Aと点F，点Dと点F，点Cと点G，点Fと点Gをそれぞれ結び，線分CEと線分DFとの交点をH，線分ABと線分FGとの交点をIとした場合を表している。

AB // GC のとき，次の(1)，(2)に答えよ。

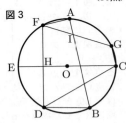

図2

(1) **よく出る** △HCD∽△AFI であることを証明せよ。
(10点)

(2) **難** **思考力** 右の図3は，図2において，直線CEが点Oを通る場合を表している。

OC = 5 cm,
CD = 9 cm, AB = 9 cm,
CE ⊥ DF のとき，線分FIの長さは何 cm か。
(8点)

図3

4 右の図1に示した立体 OABC は，OA ⊥ OB，OB ⊥ OC，OC ⊥ OA，OA = OB = 6 cm，OC = 8 cm の四面体である。

次の各問に答えよ。

図1

〔問1〕 **基本** 辺ABの中点をDとし，頂点Cと点Dを結び，線分CDの中点をEとし，点Eから平面OABに垂直な直線を引き，平面OABとの交点をFとし，頂点Oと点Fを結んだ場合を考える。

線分OFの長さは何 cm か。
(7点)

〔問2〕 右の図2は，図1において，辺BC上にある点を点Gとし，頂点Oと点G，頂点Aと点Gをそれぞれ結んだ場合を表している。

△OAG の面積が最も小さくなる場合の面積は何 cm² か。

ただし，答えだけでなく，答えを求める過程が分かるように，途中の式や計算なども書け。
(10点)

図2

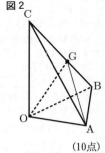

〔問3〕 **よく出る** 右の図3は，図1において，辺OA上にある点をH，辺OB上にある点をIとした場合を表している。

OH = 2 cm, OI = $\dfrac{5}{2}$ cm のとき，点Hを通り辺OBに平行な直線と，点Iを通り辺OAに平行な直線との交点をJとする。

点Jを通り，辺OCに平行な

図3

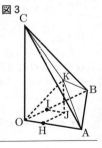

直線と平面 ABC との交点を K とし，点 K と頂点 O，点 K と頂点 A，点 K と頂点 B，点 K と頂点 C をそれぞれ結ぶ。

四面体 KOAB の体積を V cm^3，四面体 KOAC の体積を W cm^3 とする。

このとき，$V:W$ を最も簡単な整数の比で表せ。（8点）

東京都立 青山高等学校

時間 50分　満点 100点　解答 P20　2月21日実施

＊ 注意　答えに根号が含まれるときは，根号を付けたまま，分母に根号を含まない形で表しなさい。また，根号の中を最も小さい自然数にしなさい。

出題傾向と対策

● 大問は4題で，**1** 小問5題，**2** 関数とグラフ，**3** 平面図形，**4** 空間図形という出題が続いている。作図が必ず出題されるほか，解答の途中過程も要求される設問が **2**，**3**，**4** に1つずつあり，全体の記述量はかなり多い。図形問題はよく工夫されていて，一部に難問もある。
● 出題形式が完全に固定されているので，過去の出題を参考にして傾向をつかんでおこう。面積比や体積比の設問が必ず出題される。かなり時間を必要とする設問もあるので，時間配分に注意して手をつけやすい問題から解いていくとよい。

1 基本　次の各問に答えよ。

〔問1〕 よく出る　$\dfrac{4^2 \times (-3)^2}{11^2 - (-13)^2}$ を計算せよ。（5点）

〔問2〕 よく出る　連立方程式
$\begin{cases} \dfrac{x-1}{3} + \dfrac{3y+1}{6} = 0 \\ 0.4(x+4) + 0.5(y-3) = 0 \end{cases}$
を解け。（5点）

〔問3〕 よく出る　1から6までの目が出る2つのさいころ A，B を同時に1回投げる。

さいころ A の出る目の数を a，さいころ B の出る目の数を b とするとき，$4 < \sqrt{ab} < 5$ となる確率を求めよ。

ただし，さいころ A，B のそれぞれについて，どの目が出ることも同様に確からしいものとする。（5点）

〔問4〕 新傾向　右の表は，生徒10人がそれぞれ手作りした紙飛行機を飛ばした距離を度数分布表にまとめたものである。

階級(m)	度数(人)
3.0 以上〜 5.0 未満	3
5.0 〜 7.0	2
7.0 〜 9.0	1
9.0 〜11.0	2
11.0 〜13.0	2
計	10

後に，新たに参加した2人の生徒の結果を加え，度数分布表を作り直した。合計12人の度数分布表を利用した平均値は 8.0 m であった。

後から参加した2人の生徒が飛ばした紙飛行機の距離が同じ階級に含まれるとき，その2人の距離が含まれる階級の階級値を求めよ。

ただし，作り直した度数分布表の階級と，はじめにまとめた度数分布表の階級は，同じ設定であるとする。
（5点）

〔問5〕 よく出る　右の図は，線分 AB を直径とする半円である。点 P は $\overparen{AB}$ 上にあり，$\angle PAB = 30°$ を満たす点である。$\overparen{AB}$ 上にあり，$\angle PAB = 30°$ となる点 P を定規とコンパスを用いて作図によって求め，点 P の位置を示す文字 P も書け。

ただし，作図に用いた線は消さないでおくこと。（5点）

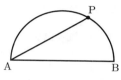

2 よく出る　右の図1で，点 O は原点，曲線 f は関数 $y = \dfrac{1}{2}x^2$ のグラフ，曲線 g は関数 $y = ax^2 (a > 0)$ のグラフを表している。

2点 A，P はともに曲線 f 上にあり，点 Q は曲線 g 上にある。

点 A の x 座標が -2 であり，点 P の x 座標を p，点 Q の x 座標を q とする。

原点から点 $(1, 0)$ までの距離，および原点から点 $(0, 1)$ までの距離をそれぞれ 1 cm として次の各問に答えよ。

図1

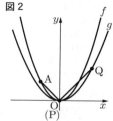

〔問1〕 基本　右の図2は，図1において $a = \dfrac{2}{7}$，$p = 0$ の場合を表している。

点 P と点 A，点 P と点 Q をそれぞれ結ぶ。

このとき，$\angle APQ = 90°$ となるような点 Q の座標を求めよ。
（7点）

〔問2〕 $p > 0$，$q > 0$ のとき，2点 A，P を通る直線を引き，直線 AP と曲線 g の交点を点 Q とする。

次の(1)，(2)に答えよ。

(1) 右の図3は図1において，$p = 1$，点 Q の y 座標が $\dfrac{4}{5}$ となるような場合を表している。

このとき，a の値を求めよ。
（8点）

(2) 思考力　右の図4は図1において，点 Q の y 座標が 6，$(\triangle AOQ \text{ の面積}):(\triangle AOP \text{ の面積}) = 2:3$ となるような場合を表している。

このとき，q の値を求めよ。

ただし，答えだけでなく，答えを求める過程が分かるように，途中の式や計算なども書け。
（10点）

3 右の図1で四角形 ABCD の4つの頂点は，すべて同じ円の周上にあり，AB = AC である。

線分 AD を D の方向へ延ばした直線と線分 BC を C の方向へ延ばした直線の交点を E，線分 AC と線分 BD の交点を F，点 C を通り線分 BD に平行な直線

図1

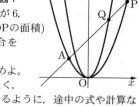

と線分 AE との交点を G とする。
次の各問に答えよ。

〔問1〕 **よく出る** **基本**
(1) 図1において，∠BAC = a°，∠CAE = b° とするとき，∠BEA の大きさは何度か。a, b を用いて表せ。
(7点)
(2) 図1の中に △ACD と相似な三角形がいくつかある。その中から1つを選び，選んだ三角形が △ACD と相似であることを証明せよ。
(10点)

〔問2〕 **難** 図2は図1において BC = CD の場合を表している。
AB = 9 cm，BC = 6 cm のとき，線分 GE の長さは何 cm か。
(8点)

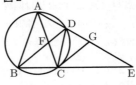

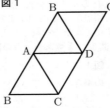

4 **よく出る** 右の図1は1辺の長さが 12 cm の正四面体 ABCD の展開図である。この展開図を組み立てた正四面体 ABCD において，点 P は頂点 A を出発して毎秒 1 cm の速さで辺 AD 上を頂点 D に向かって移動し，頂点 D に到着して止まる。点 Q は点 P が頂点 A を出発してから 2 秒後に頂点 A を出発して毎秒 $\frac{3}{2}$ cm の速さで辺 AC 上を頂点 C に向かって移動し，頂点 C に到着して止まる。
次の各問に答えよ。

図1
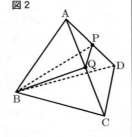

〔問1〕 **基本** 点 P が頂点 A を出発して2秒後の線分 PB の長さは何 cm か。
(7点)

〔問2〕 右の図2で示した立体は，図1を組み立ててできた正四面体であり，頂点 B と点 P，点 P と点 Q，点 Q と頂点 B をそれぞれ結んだ場合を表している。
PQ // DC となるとき，△BQP の面積は何 cm² か。
(8点)

図2

〔問3〕 図1を組み立ててできた正四面体 ABCD の体積を V_1 cm³，点 P が頂点 A を出発して8秒後の四面体 ABQP の体積を V_2 cm³ とする。
$V_1 : V_2$ を最も簡単な整数の比で表せ。
ただし，答えだけでなく，答えを求める過程が分かるように，途中の式や計算なども書け。
(10点)

東京都立　西高等学校

時間 50分　満点 100点　解答 P21　2月21日実施

＊ 注意　答えに根号が含まれるときは，根号を付けたまま，分母に根号を含まない形で表しなさい。また，根号の中を最も小さい自然数にしなさい。

出題傾向と対策

● 大問は4題で，1 基本的な小問5題，2 関数とグラフ，3 図形，4 規則性に関する総合問題という形式が固定されている。1 は無理数の計算，2次方程式，確率，作図が出題される。3 は，図形についての証明が出題されるほか，2，4 にも途中経過を書かせる設問が1つずつある。また，4 のような問題がこの学校の出題の大きな特長である。

● 作図や図形についての証明を練習しておこう。また，4 のような問題についてもしっかり考えることができるように，過去の出題を参考にして練習しておこう。

1 **基本** 次の各問に答えよ。

〔問1〕 **よく出る**
$\dfrac{(\sqrt{10}-1)^2}{5} - \dfrac{(\sqrt{2}-\sqrt{6})(\sqrt{2}+\sqrt{6})}{\sqrt{10}}$ を計算せよ。
(5点)

〔問2〕 **よく出る** 2次方程式
$3(x+3)^2 - 8(x+3) + 2 = 0$ を解け。
(5点)

〔問3〕 **よく出る** 右の図1は正五角形 ABCDE で，点 P は頂点 A の位置にある。

1から6までの目の出る大小1つずつのさいころを同時に1回投げる。

大きいさいころの出た目の数を a，小さいさいころの出た目の数を b とする。

点 P は，頂点 A を出発して，出た目の数の和 $a+b$ だけ正五角形の頂点上を反時計回り（矢印の方向）に移動する。例えば $a+b=6$ のとき，点 P は頂点 B の位置にある。

点 P が頂点 E の位置にある確率を求めよ。

ただし，大小2つのさいころはともに，1から6までのどの目が出ることも同様に確からしいものとする。
(5点)

図1
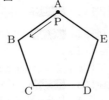

〔問4〕 2つの自然数 x, y は，$x^2 - 4y^2 = 13$ を満たしている。このとき，2つの自然数 x, y の値をそれぞれ求めよ。
(5点)

〔問5〕 **よく出る** 右の図2で，四角形ABCDは，∠ABC = 60°のひし形で，対角線BDを引いたものである。

図3をもとにして，ひし形ABCDを定規とコンパスを用いて作図し，頂点A，頂点Cの位置を示す文字A，Cもそれぞれ書け。 (5点)

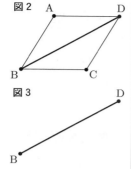

2 **よく出る** 右の図1で，点Oは原点，曲線 f は関数 $y = ax^2$ ($a > 0$) のグラフである。

2点A，Bはともに曲線 f 上にあり，点Aの x 座標は負の数，点Bの x 座標は正の数であり，点Aと点Bの x 座標の絶対値は等しい。

点Aと点Bを結ぶ。

点Oから点 $(1, 0)$ までの距離，および点Oから点 $(0, 1)$ までの距離をそれぞれ1cmとして，次の各問に答えよ。

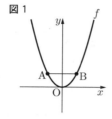

〔問1〕 **基本** 右の図2は，図1において，$a = \frac{1}{2}$，点Aの x 座標を -1 とし，四角形ABCDが正方形となるように y 座標はともに正の数となる点Cと点Dをとり，点Bと点C，点Cと点D，点Dと点Aをそれぞれ結んだ場合を表している。

2点B，Dを通る直線の式を求めよ。 (7点)

〔問2〕 右の図3は，図1において，点Aの x 座標を -1 とし，点Eは曲線 f 上にあり，x 座標が3となる点とし，点Fは曲線 f 上にあり，x 座標が負の数で，y 座標が点Aの y 座標より大きい点とし，点Oと点B，点Bと点E，点Eと点O，点Bと点F，点Fと点Aをそれぞれ結んだ場合を表している。

△BEOと△ABFの面積が等しくなるとき，点Fの x 座標を求めよ。

ただし，答えだけでなく，答えを求める過程が分かるように，途中の式や計算なども書け。 (10点)

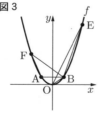

〔問3〕 右の図4は，図1において，点Aを通り，傾きが曲線 f の式における比例定数 a と等しい直線を l とし，点Bから直線 l に引いた垂線と直線 l との交点をGとし，点Bと点Gを結んだ場合を表している。

点Aの x 座標が $-\sqrt{7}$，△ABGの面積が7cm²のとき，a の値を求めよ。 (8点)

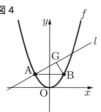

3 右の図1で，△ABCは，∠B = 90°の直角三角形で，辺AC上にあり頂点A，Cと異なる点をDとし，DA ≧ DBとする。点Dと頂点Bを結んだ線分を頂点Bの方向に伸ばした直線上にあり，DA = DEとなる点をEとする。

点Dを中心とし，線分DAの長さを半径とする円D上の2点A，Eを結ぶ $\overset{\frown}{AE}$，線分DA，線分DEで囲まれた図形を，おうぎ形DAEとする。ただし，おうぎ形DAEの中心角は180°より小さいものとする。

次の各問に答えよ。

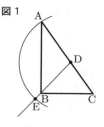

〔問1〕 **基本** 右の図2は，図1において，頂点Bと点Eが一致した場合を表している。

DA = 3cm，BC = $2\sqrt{3}$ cm のとき，△DBCの面積は何cm²か。 (7点)

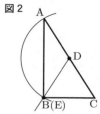

〔問2〕 **よく出る** 右の図3は，図1において，点Dが $AD^2 + BD^2 = AB^2$ を満たし，点Dを通り，辺ABに垂直な直線を引き，線分ABとの交点をF，直線DF上にある点をGとし，点Gと点Eを結んだ直線が円Dの点Eにおける接線となる場合を表している。

AB = DG であることを証明せよ。 (10点)

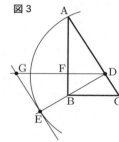

〔問3〕 **難** **思考力** 右の図4は，図1において，∠ADB = 90°の場合を表している。

AB = $4\sqrt{3}$ cm，CD = 2cm のとき，おうぎ形DAEの $\overset{\frown}{AE}$，線分EB，線分BC，線分CAで囲まれた図形を，直線ACを軸として1回転させたときにできる回転体の体積は何cm³か。

ただし，円周率は π とする。 (8点)

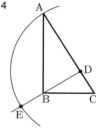

4 **新傾向** Mさんが，自由研究で自然数の性質について図書館で調べたところ，本の中に，次のような操作で，自然数がどのように変わっていくかが書かれていた。

本の内容
操作 ある自然数 a が ① 偶数なら a を2で割る。 ② 奇数なら a を3倍して1を加える。

自然数 a に操作を行い，得られた数を b とし，b に対して操作を行って c を得ることを自然数 a に2回の操作を行うとし，3回，4回，5回，…の操作は同様とする。

例えば，7に3回の操作を行うと 7 → 22 → 11 → 34 となる。

自然数 a が 10000 以下のとき，自然数 a に操作を繰り返し行うと必ず 1 になることは分かっている。

M さんは自然数 a が初めて 1 になるまでの操作の回数に興味を持った。そこで，自然数 a に操作を繰り返し行い，初めて 1 になるまでの操作の回数を $N(a)$ とし，$N(1)=0$ とした。

例えば，10 に操作を繰り返し行うと，6 回の操作で初めて 1 になるので，$N(10)=6$ である。

次の各問に答えよ。

〔問 1〕 **基本** $N(6)$ を求めよ。 (7 点)

〔問 2〕 **思考力** $N(168)-N(8\times d)=3$ を満たす自然数 d を求めよ。

ただし，答えだけでなく，答えを求める過程が分かるように，途中の式や計算なども書け。 (10 点)

M さんは，操作の回数だけでなく，1 になるまでの自然数の変化にも着目してみた。下の表は 2020 に操作を繰り返し行い，2020 が 1 になるまでに現れたすべての自然数を 2020 も含めて左から小さい順に並べたとき，最初から x 番目の自然数を y として，x と y の関係を表したものである。ただし，e, f, g にはそれぞれある自然数があてはまり，表の中の…部分は自然数が省略されている。

x	1	2	3	4	…	$e-2$	$e-1$	e	$e+1$	…	$N(2020)$	$N(2020)+1$
y	1	2	4	5	…	172	f	g	344	…	2020	2752

表の y の値の中央値は 233.5 で，f は 2020 から 37 回操作を行ったときに現れる自然数で，2020 から 38 回操作を行ったときに現れる自然数は 98 であり，
$N(2020)=53+N(160)$ が成り立つ。

〔問 3〕 **思考力** このとき自然数の組 (e, g) を求めよ。 (8 点)

東京都立 立川高等学校

時間 50分 満点 100点 解答 P22 2月21日実施

* 注意 1．答えに根号が含まれるときは，根号を付けたまま，分母に根号を含まない形で表しなさい。また，根号の中は最も小さい自然数にしなさい。
2．円周率は π を用いなさい。

出題傾向と対策

● 大問は 4 題で，1 小問集合，2 放物線と直線，3 平面図形，4 空間図形という構成が続いている。作図が必ず出題されるほか，相似の証明や途中の式や計算を要求される設問もあり，記述量はかなり多い。
● 1 を確実に解答し，2〜4 に進む。基本的な設問 1 と 2，難解な設問 3 とが混在するので，解きやすい問題から手をつけるとよい。作図や相似の証明が出題されやすいので，過去の問題を参考にして，十分な練習を積んでおこう。また，他の進学指導重点校の問題も練習しておこう。

1 **よく出る** **基本** 次の各問に答えよ。

〔問 1〕 $x=\dfrac{\sqrt{5}+1}{\sqrt{2}}, y=\dfrac{\sqrt{5}-1}{\sqrt{2}}$ のとき，x^2-xy+y^2 の値を求めよ。 (5 点)

〔問 2〕 連立方程式 $\begin{cases} \dfrac{x+2}{3}-\dfrac{y-1}{4}=-2 \\ 3x+4y=5 \end{cases}$ を解け。

(5 点)

〔問 3〕 $\sqrt{2020n}$ が整数となるような 9999 以下の自然数 n の個数を求めよ。 (5 点)

〔問 4〕 1 から 6 までの目が出る大小 1 つずつのさいころを同時に 1 回投げる。

大きいさいころの出た目の数を a，小さいさいころの出た目の数を b とするとき，$\dfrac{3b}{a}$ の値が整数となる確率を求めよ。

ただし，大小 2 つのさいころはともに，1 から 6 までのどの目が出ることも同様に確からしいものとする。

(5 点)

〔問 5〕 右の図のように 2 点 A, B と線分 CD がある。

右の図をもとにして，線分 CD 上に $\angle APB=30°$ となる点 P を，定規とコンパスを用いて作図によって求め，点 P の位置を示す文字 P も書け。

ただし，作図に用いた線は消さないでおくこと。 (5 点)

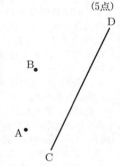

2 右の図 1 で，点 O は原点，四角形 ABCD は正方形である。
頂点 A の座標を $(8, 5)$，頂点 B の座標を $(4, 8)$，頂点 D の座標を $(5, 1)$ とする。
原点から点 $(1, 0)$ までの距離，および原点から点 $(0, 1)$ までの距離をそれぞれ 1 cm として，次の各問に答えよ。

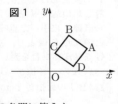

図1

〔問1〕 よく出る 基本　2点 A，C を通る直線の式を求めよ。
(5点)

〔問2〕 基本　右の図2は，図1において，四角形 ABCD の対角線 AC と対角線 BD の交点と原点 O を通る直線を引き，辺 AB，辺 CD との交点をそれぞれ E，F とした場合を表している。

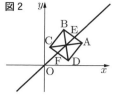

台形 AEFD の面積は何 cm^2 か。(5点)

〔問3〕　右の図3は，図1において，頂点 A を通る関数 $y = ax^2$ のグラフを曲線 f，頂点 D を通る関数 $y = bx^2$ のグラフを曲線 g，曲線 f 上の点を M，曲線 g 上の点を N とし，点 M と点 N の x 座標が等しい場合を表している。

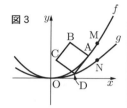

点 M と点 N の x 座標を s とする。

点 M の y 座標と点 N の y 座標の差が $\frac{61}{9}$ であるとき，s の値を求めよ。

ただし，$s > 0$ とする。(5点)

〔問4〕 新傾向　右の図4は，図1において，頂点 B を通る関数 $y = cx^2$ のグラフを曲線 h とし，曲線 h 上にあり，x 座標が6である点を Q，y 軸上にあり，y 座標が t である点を R とし，頂点 B と点 Q，点 Q と点 R，点 R と頂点 B をそれぞれ結んだ場合を表している。

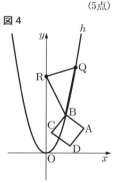

ただし，$t > 0$ とする。

△BQR が直角三角形となるときの t の値をすべて求めよ。

ただし，答えだけでなく，答えを求める過程が分かるように，途中の式や計算なども書け。(10点)

3　右の図1で，四角形 BCDE は，1辺が 2 cm の正方形，△ABE は，AB = AE = $\sqrt{2}$ cm の直角二等辺三角形である。

頂点 A と頂点 C を結ぶ。
次の各問に答えよ。

〔問1〕 基本　右の図2は，図1において，頂点 B と頂点 D を結び，線分 BD と線分 AC の交点を F とした場合を表している。

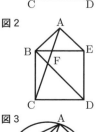

線分 BF の長さは何 cm か。(7点)

〔問2〕 よく出る　右の図3は，図1において，3点 A，C，E を通る円をかき，線分 BE を B の方向に延ばした直線と円との交点を G として，頂点 A と点 G を結んだ場合を表している。

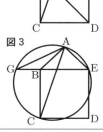

△ABC∽△GBA であることを証明せよ。(11点)

〔問3〕 難 思考力　右の図4は，図3において，辺 ED と円の交点のうち，点 E と異なる点を H とし，円周と弦 AG，円周と弦 AE，円周と弦 EH でそれぞれ囲まれた3つの部分に色をつけた場合を表している。

色をつけた3つの部分の面積の和は何 cm^2 か。(7点)

4　右の図1に示した立体 ABCD － EFGH は，AB = 40 cm，AD = 30 cm，AE = 50 cm の直方体である。

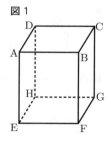

次の各問に答えよ。

〔問1〕 基本　図1において，頂点 D と頂点 F を結び，頂点 B から線分 DF に引いた垂線と線分 DF との交点を I とする。

線分 BI の長さは何 cm か。
(7点)

〔問2〕 よく出る　右の図2は，図1において，辺 AE 上に AJ = 25 cm となるように点 J をとり，点 J を通り，面 ABCD に平行な平面上の点を P とし，辺 AE 上に AQ = 20 cm となるように点 Q をとり，頂点 C と点 P，点 P と点 Q をそれぞれ結んだ場合を表している。

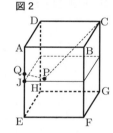

ただし，点 P は立体 ABCD － EFGH の内部にある。

CP + PQ = l cm とする。

l の値が最も小さくなる場合の l の値を求めよ。(7点)

〔問3〕　右の図3は，図1において，頂点 C と頂点 E を結び，辺 AE 上に AK = 30 cm となるように点 K をとり，点 K を通り，面 ABCD に平行な平面と線分 CE との交点を L とし，辺 AE 上に AM = 15 cm となるように点 M をとり，点 M を通り，面 ABCD に平行な平面と線分 CE との交点を N とし，点 M を通り，面 ABCD に平行な平面と辺 BF との交点を R とした場合を表している。

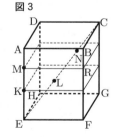

点 R と点 L，点 R と点 M，点 R と点 N，点 L と点 M，点 M と点 N をそれぞれ結んでできる立体 LMNR の体積は何 cm^3 か。

ただし，答えだけでなく，答えを求める過程が分かるように，途中の式や計算なども書け。(11点)

東京都立　国立高等学校

時間 50分　満点 100点　解答 P23　2月21日実施

*注意　答えに根号が含まれるときは，根号を付けたまま，分母に根号を含まない形で表しなさい。また，根号の中を最も小さい自然数にしなさい。

出題傾向と対策

●大問は4題で，**1** 小問集合，**2** 関数とグラフ，**3** 平面図形，**4** 空間図形という出題分野に変化はない。**1** では確率や作図が必ず出題される。**3** で図形の証明が出題されるほか，**2**，**4** でも解答の途中過程の記述を求める設問が1つずつあり，全体の記述量はかなり多い。

●**1** を確実に解き，**2**〜**4** に進む。設問によって難易度の差が大きく記述量にも差があるので，時間配分にも気をつけて解きやすいものから解いてゆく。証明や途中過程の記述は，解答欄にはいりきる程度に詳しく書くように心がける。

---

1 よく出る　基本　次の各問に答えよ。

〔問1〕　$\dfrac{1}{\sqrt{3}}\left(2-\dfrac{5}{\sqrt{3}}\right)-\dfrac{(\sqrt{3}-2)^2}{3}$ を計算せよ。

〔問2〕　連立方程式 $\begin{cases} \dfrac{4x+y-5}{2}=x+0.25y-2 \\ 4x+3y=-6 \end{cases}$ を解け。

〔問3〕　右の図のように，3つの袋A，B，Cがあり，袋Aの中には1，2，3の数字が1つずつ書かれた3個の玉が，袋Bの中には1，2，3，4の数字が1つずつ書かれた4個の玉が，袋Cの中には1，2，3，4，5の数字が1つずつ書かれた5個の玉が入っている。

3つの袋A，B，Cから同時に玉をそれぞれ1つずつ取り出す。

このとき，取り出した3つの玉に書かれた数の和が7になる確率を求めよ。

ただし，3つの袋それぞれにおいて，どの玉が取り出されることも同様に確からしいものとする。

〔問4〕　右の図1に示した立体ABCDは，1辺の長さが6cmの正四面体である。

辺AB上にある点をP，Q，辺CD上にある点をMとする。

点Pと点M，点Qと点Mをそれぞれ結ぶ。

$AP=2$ cm，$BQ=2$ cm，$CM=3$ cm とするとき，次の(1)，(2)に答えよ。

(1) 右の図2は図1において，平面ABM上にある辺ABおよび点P，点Qを表している。

右に示した図をもとにして，図1の平面ABM上にある △PQM を定規とコンパスを用いて作図せよ。

また，頂点Mの位置を示す文字Mも書け。

ただし，作図に用いた線は消さないでおくこと。

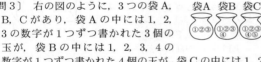

(2) 右の図3は図1において，辺AD上に点Rをとり，点Pと点R，点Rと点Mをそれぞれ結んだ場合を表している。

$PR+RM=l$ cm とする。

l の値が最も小さくなるとき，l の値を求めよ。

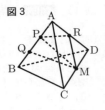

---

2 よく出る　右の図1で，点Oは原点，曲線 f は関数 $y=-\dfrac{1}{2}x^2$ のグラフを表している。

原点から点 $(1, 0)$ までの距離，および原点から点 $(0, 1)$ までの距離をそれぞれ1cmとする。

次の各問に答えよ。

〔問1〕　基本　関数 $y=-\dfrac{1}{2}x^2$ において，x の変域が $-2 \leqq x \leqq 4$ であるとき，y の最大値から最小値を引いた値を求めよ。

〔問2〕　右の図2は図1において，x 軸上にあり，x 座標が正の数である点をA，曲線 f 上にあり，x 座標が正の数である点をPとし，点Oと点P，点Aと点Pをそれぞれ結んだ場合を表している。

$OP=PA$ のとき，次の(1)，(2)に答えよ。

(1) 基本　$\angle OPA=90°$ であるとき，OPの長さは何cmか。

ただし，答えだけではなく，答えを求める過程がわかるように，途中の式や計算なども書け。

(2) 難　右の図3は図2において，点Aを通り x 軸に垂直な直線上にある点で，y 座標が $\dfrac{15}{2}$ である点をQ，直線APと曲線 f との交点のうち，点Pと異なる点をR，点Qと点Rを通る直線と曲線 f との交点のうち点Rと異なる点をSとした場合を表している。

$RS:SQ=3:2$

であるとき，点Pの x 座標を求めよ。

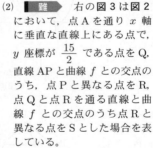

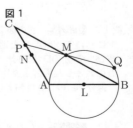

---

3 右の図1において，△ABCは，$\angle BAC$ が鈍角で，$AB=AC$ の二等辺三角形である。

辺AB，BC，CAの中点をそれぞれL，M，Nとする。

点Pは線分CN上にある点で，頂点Cと点Nのいずれにも一致しない。

点Qは線分ABを直径とする円と直線PMとの交点のうちMと異なる点である。

次の各問に答えよ。

〔問1〕 **基本** 右の図2は，図1において，点Mと点L，点Lと点Qをそれぞれ結んだ場合を表している。
∠MLQ = 96°のとき，∠APMの大きさは何度か。

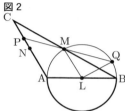
図2

〔問2〕 下の図3は，図1において，直線PQと直線ABの交点をRとし，点Lと点Q，点Mと点Nをそれぞれ結んだ場合を表している。
次の(1)，(2)に答えよ。

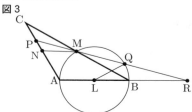
図3

(1) **よく出る** ∠PMC = ∠PMNであるとき，
△CPM ∽ △LQR
であることを次のように証明した。
□の部分では，∠PCM = ∠QLRを示している。
□に当てはまる証明の続きを書き，この証明を完成させなさい。

証明

△CPMと△LQRにおいて

はじめに，∠PMC = ∠QRLであることを示す。
仮定より
　∠PMC = ∠PMN…①
また，△ABCにおいて点Mと点Nはそれぞれ辺BC，辺ACの中点である。
したがって，中点連結定理より
　MN // AB
よって
　MN // AR
平行線の同位角は等しいので
　∠PMN = ∠QRL…②
①，②より
　∠PMC = ∠QRL…(ア)

次に，∠PCM = ∠QLRであることを示す。
ここで，∠PMC = ∠aとおく。

したがって
　∠PCM = ∠QLR…(イ)

(ア)，(イ)より，2組の角がそれぞれ等しいので，
　△CPM ∽ △LQR　終

---

(2) 図3において，CP = PN，∠BAC = 120°，AB = 8cmであるとき，線分PRは何cmか。

4 右の図1に示した立体ABCD － EFGHは，1辺の長さが2cmの立方体である。
立方体ABCD － EFGHにおいて，線分AEをAの方向に伸ばした直線上にあり，AE = AOとなる点をOとする。
点Pは，頂点Aを出発し，正方形ABCDの辺上を頂点A，B，C，D，A，B，C，…の順に通り，毎秒1cmの速さで動く点である。
点Qは，点Pが頂点Aを出発するのと同時に頂点Hを出発し，正方形EFGHの辺上を頂点H，E，F，G，H，E，F，…の順に通り，毎秒2cmの速さで動く点である。
点Oと点P，点Pと点Q，点Qと点Oをそれぞれ結ぶ。
点Pが頂点Aを出発してからの時間をt秒とする。
例えば，図2は図1において，$t = 1$のときの点P，点Qの位置を表している。
次の各問に答えよ。

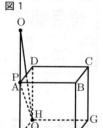
図1

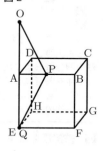
図2

〔問1〕 **基本** tは7以下の自然数とする。
直線PQが直線OEとねじれの位置にあるときのtの値をすべて求めよ。

〔問2〕 円周率をπとする。
$t = 2$のとき，△OPQを直線OEを軸として1回転させてできる立体の体積は何cm^{3}か。
ただし，答えだけではなく，答えを求める過程が分かるように，図や途中の式などもかけ。

〔問3〕 **よく出る** **思考力** $t = 3$のとき，点O，点P，点Q，点Fの4点を頂点とする立体OPQFと立方体ABCD － EFGHが重なる部分の体積をV cm^3，立方体ABCD － EFGHの体積をW cm^{3}とする。
VはWの何倍か。

東京都立　八王子東高等学校

時間 50分　満点 100点　解答 p.24　2月21日実施

* 注意　答えに根号が含まれるときは，根号を付けたまま，分母に根号を含まない形で表しなさい。また，根号の中は最も小さい自然数にしなさい。

出題傾向と対策

- 大問は4題で，**1** 小問5題，**2** 関数とグラフ，**3** 平面図形，**4** 空間図形という出題形式が固定されている。**3** で図形についての証明問題が出題されるほか，**2**，**4** でも解答の途中過程の記述を求める設問が1つずつある。また，**1** で作図が出題され，確率や方程式の解法も出題されやすい。
- 出題分野および出題傾向が固定されているので，過去の出題を参考にして良問をたくさん練習しておこう。図形の証明を含め記述量が多いので，時間配分にも注意しよう。他の進学指導重点校の問題も練習しておくとよい。

1 よく出る 基本　次の各問に答えよ。

〔問1〕 $(\sqrt{6} - \sqrt{2})^2 - \dfrac{\sqrt{27} - 12}{\sqrt{3}}$ を計算せよ。　(5点)

〔問2〕 連立方程式 $\begin{cases} 3x + y = 1 \\ \dfrac{x}{6} - \dfrac{y}{4} = \dfrac{9}{8} \end{cases}$ を解け。　(5点)

〔問3〕 2次方程式 $(x+4)^2 - 6(x+4) + 7 = 0$ を解け。　(5点)

〔問4〕 1から6までの目が出る大小1つずつのさいころを同時に1回投げる。
大きいさいころの出た目の数を a，小さいさいころの出た目の数を b とするとき，$a + 2b$ の値が3で割り切れる確率を求めよ。
ただし，大小2つのさいころはともに，1から6までのどの目が出ることも同様に確からしいものとする。　(5点)

〔問5〕 右の図は，点 O を中心とした半径 OA のおうぎ形 OAB について線分 OA と線分 OB の中点をそれぞれ C，D とし，点 O を中心とした半径 OC のおうぎ形 OCD を描いたものである。
点 P は $\overparen{AB}$ 上の点で，点 A，点 B のいずれにも一致しない。
点 O と点 P を結び，線分 OP と $\overparen{CD}$ の交点を Q とし，おうぎ形 OQD の面積を S，おうぎ形 OAP からおうぎ形 OCQ を除いた部分の面積を T とする。

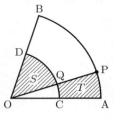

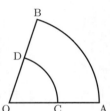

$S = T$ となるような点 P を，図をもとに，定規とコンパスを用いて作図によって求め，点 P の位置を示す文字 P も書け。
ただし，作図に用いた線は消さないでおくこと。　(5点)

2 よく出る　右の図1で，点 O は原点，曲線 f は関数 $y = x^2$ のグラフ，直線 l は $y = mx + n$ ($m \neq 0$, $n \geq 0$) のグラフを表している。
曲線 f と直線 l は異なる2点で交わり，2つの交点のうち，x 座標が小さい方を A，大きい方を B とする。
直線 l と y 軸との交点を C とする。
原点 O から点 $(1, 0)$ までの距離，および原点 O から点 $(0, 1)$ までの距離をそれぞれ 1 cm として，次の各問に答えよ。

図1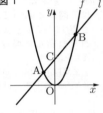

〔問1〕 基本　m を正の数とする。
$-2 \leq x \leq 4$ のときの，曲線 f と直線 l のそれぞれにおける y の変域が等しくなるとき，点 C の座標を求めよ。　(7点)

〔問2〕 右の図2は，図1において，$m = -\dfrac{1}{2}$ とし，点 A の x 座標が負の数，点 B の x 座標が正の数であるとき，直線 l と x 軸との交点を D とし，点 O と点 B を結んだ場合を表している。

図2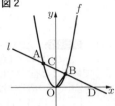

($\triangle$OBD の面積) : ($\triangle$OBC の面積) $= 3 : 1$ となるとき，直線 l の式を求めよ。
ただし，答えだけでなく，答えを求める過程が分かるように，途中の式や計算なども書け。　(10点)

〔問3〕 右の図3は，図1において，点 A が点 O に一致し，点 B の x 座標が正の数であり，点 B を通る関数 $y = \dfrac{a}{x}$ のグラフ ($x > 0$, $a > 0$) を g とし，曲線 g 上に点 B より x 座標が大きい点 P をとり，点 P を通り y 軸に平行な直線 h を引き，直線 h と直線 l の交点を Q，直線 h と x 軸との交点を R とし，点 O と点 P，点 B と点 P をそれぞれ結んだ場合を表している。

図3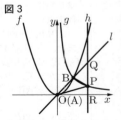

点 B，点 P ともに x 座標と y 座標がいずれも正の整数であり，点 P の y 座標は 1 より大きい場合を考える。
$\triangle$OPR の面積が 4 cm^2 であるとき，$\triangle$BPQ の面積は何 cm^2 か。　(8点)

3 右の図1で，$\triangle$ABC は頂点 A，B，C がこの順に反時計回りに並び，AB = AC で，頂角が鋭角の二等辺三角形である。

図1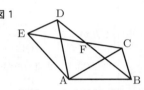

頂点 A を回転の中心とし，$\triangle$ABC を反時計回りに回転させて $\triangle$ADE を作る。
ただし，$\angle$BAE の大きさは $\angle$BAC の2倍より大きく 180° 以下である。
$\triangle$ABC と $\triangle$ADE において，頂点 B と頂点 D，頂点 C と頂点 E をそれぞれ結び，線分 BD と線分 CE の交点を F とする。

次の各問に答えよ。

〔問1〕 **基本** 図2は図1において, AB // ECである場合を表している。
∠BAC = 40° とするとき, ∠CADの大きさは何度か。 (7点)

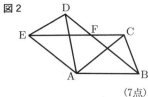
図2

〔問2〕 **よく出る** 図1において, △BCF ≡ △EDFであることを証明せよ。 (10点)

〔問3〕 右の図3は, 図1において3つの頂点B, A, Eが一直線上にあり, 頂点Cと頂点Dを結び, BE // CD とした場合を表している。
AB = 2 cm, ∠BAC = 30° であるとき, 四角形BCDEの面積は何 cm^2 か。 (8点)

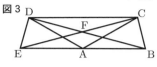
図3

4 右の図1は $A_0A_1 = A_0A_2 = 10$ cm, $A_1A_2 = 12$ cm の二等辺三角形の紙を表している。

3辺 A_1A_2, A_2A_0, A_0A_1 の中点をそれぞれB, C, Dとし, 点Bと点C, 点Cと点D, 点Dと点Bをそれぞれ点線で結ぶ。

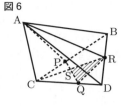
図1

図2で示した立体は, 図1の三角形を点線で折って組み立ててできる立体で, 点 A_0, 点 A_1, 点 A_2 が一致する点をAとし, 辺BC上にあり, 頂点B, Cのいずれにも一致しない点をPとした場合を表している。

次の各問に答えよ。

〔問1〕 **基本** 右の図3は図2において, 点Pと頂点Dを結んだ場合を表している。
∠CDP = ∠BDPであるとき, 線分CPの長さは何cmか。 (7点)

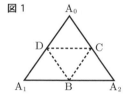
図2

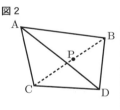
図3

右の図4は図2において, 辺CD上にあり, 頂点C, Dのいずれにも一致しない点をQ, 辺BD上にあり, 頂点B, Dのいずれにも一致しない点をRとした場合を表している。

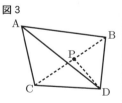
図4

〔問2〕 **難** **思考力**
(1) 右の図5は図4において, CP = CQ = 3 cm であり, 頂点Bと点Q, 点Pと点Rを結び, その交点をEとし, 頂点Aと点Q, 頂点Aと点E, 頂点Cと点R, 頂点Dと点E, 点Pと点Q, 点Qと点Rをそれぞれ結んだ場合を表

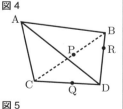
図5

している。
△PQRと△PCRの面積が等しいとき, 立体 AQDEの体積は何 cm^3 か。
ただし, 答えだけでなく, 答えを求める過程が分かるように, 途中の式や計算なども書け。 (10点)

(2) 図6は図4において, CQ : QD = 2 : 1 であり, 頂点Aと点P, 頂点Aと点R, 点Pと点Q, 点Qと点R, 点Rと頂点Cをそれぞれ結び, 線分RCと線分PQの交点をSとした場合を表している。
AR + RC = k, AP + PQ = l とする。
k, l の値がそれぞれ最も小さくなるように点P, Rを動かしたとき, △QRSの面積は何 cm^2 か。 (8点)

図6

東京都立　新宿高等学校

時間	満点	解答	
50分	100点	p26	2月21日実施

* 注意 答えに根号が含まれるときは, 根号を付けたまま, 分母に根号を含まない形で表しなさい。また, 根号の中を最も小さい自然数にしなさい。

出題傾向と対策

● **1** は独立した小問の集合, **2** は $y = ax^2$ のグラフと図形, **3** は平面図形, **4** は空間図形からの出題であった。分野, 分量, 難易度とも例年通りである。
● 基本から標準程度の出題であるが, 証明での適語の選択など独特な出題形式については, 過去問で慣れておくと良い。

1 **よく出る** **基本** 次の各問に答えよ。

〔問1〕 $\left(\dfrac{5}{7} - \dfrac{1}{21}\right) \times \dfrac{3}{\sqrt{6}} - \dfrac{\sqrt{3}}{2} \div \sqrt{\dfrac{9}{8}}$ を計算せよ。
(5点)

〔問2〕 二次方程式 $(2x+3)^2 - 3(x+3) + 2 = 1$ を解け。
(5点)

〔問3〕 $x = \dfrac{5 - 4\sqrt{7}}{2}$, $y = \dfrac{5 + 8\sqrt{7}}{2}$ のとき, $x^2 + 2xy + y^2 + 4x - 4y$ の値を求めよ。 (5点)

〔問4〕 箱の中に, 1, 2, 3, 4, 5, 6の数字を1つずつ書いた6枚のカード ①, ②, ③, ④, ⑤, ⑥ が入っている。
この箱の中にある6枚のカードから, カードを1枚取り出し, 取り出したカードに書いてある数字を a とし, 取り出したカードを箱の中に戻して, もう一度箱の中にある6枚のカードから, カードを1枚取り出し, 取り出したカードに書いてある数字を b とするとき, $\dfrac{2a+b}{\sqrt{ab}}$ が整数となる確率を求めよ。
ただし, どのカードが取り出されることも同様に確からしいものとする。 (5点)

〔問5〕 右の図1のように，円Oの周上に4点A，B，C，Dがある。

点Aと点B，点Aと点D，点Bと点C，点Cと点Dをそれぞれ結ぶ。

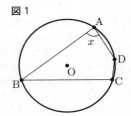
図1

AB = BCとし，点Cを含まない$\overparen{AB}$の長さが，点Bを含まない$\overparen{AD}$の長さの3倍であり，点Cを含まない$\overparen{AB}$の長さが，点Bを含まない$\overparen{CD}$の長さの6倍であるとき，xで示した∠BADの大きさは何度か。（5点）

〔問6〕 消費税8%の商品Aを税込み価格 (a) 円で，消費税10%の商品Bを税込み価格 (b) 円で，それぞれ現金で購入するときに支払う消費税額を計算すると，合計60円であった。

商品AとBを，キャッシュレス決済（現金を使わない支払い方法）で購入するとき，それぞれの税込み価格に対して5%分の金額が，支払い時に値引きされるお店で支払う金額を計算すると，合計722円であった。

(a)，(b) にあてはまる数を求めよ。（8点）

〔問7〕 下の図2で，四角形ABCDの辺AB，辺AD，辺CDにそれぞれ接する円の中心をOとし，辺CDとの接点をEとする。

図3をもとにして，点Eを定規とコンパスを用いて作図によって求め，点Eの位置を示す文字Eも書け。

ただし，作図に用いた線は消さないでおくこと。（7点）

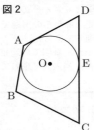
図2

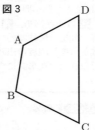
図3

2 よく出る 右の図1で，点Oは原点，点Aの座標は(−2, 4)であり，曲線fは関数$y = \dfrac{1}{4}x^2$のグラフを表している。

曲線f上にあり，x座標が負の数である点をPとする。

原点から点(1, 0)までの距離，および原点から点(0, 1)までの距離をそれぞれ1 cmとして，次の各問に答えよ。

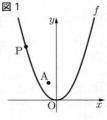
図1

〔問1〕 基本 点Pのx座標をa，直線APの傾きをbとする。

aのとる値の範囲が$-10 \leq a \leq -6$のとき，bのとる値の範囲を不等号を使って，□ $\leq b \leq$ □で表せ。（5点）

〔問2〕 右の図2は，図1において，曲線gは関数$y = \dfrac{8}{x}$の$x > 0$の部分のグラフで，曲線g上にある点をQ，曲線f上にありx座標が正の数である点をRとした場合を表している。

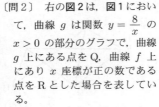
図2

点Aと点Q，点Pと点Rをそれぞれ結んだ場合を考える。

y軸を対称の軸として，点Aと線対称な点をQ，線分PRがx軸に平行で，AQ : PR = 2 : 7のとき，2点A，Rを通る直線の式を求めよ。（5点）

〔問3〕 右の図3は，図2において，点Qと点Rのx座標がともに8であり，点Aと点P，点Aと点Q，点Aと点R，点Pと点R，点Qと点Rをそれぞれ結んだ場合を表している。

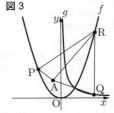
図3

△ARPの面積と△AQRの面積の比が33 : 75で，点Pのy座標が，点Aのy座標より大きいとき，直線PRの傾きを次の □ の中のように求めた。

(a) 〜 (c) にあてはまる数，(d) にあてはまる式をそれぞれ求め，(e) には答えを求める過程が分かるように，途中の式や計算などの続きを書き，答えを完成させよ。（10点）

【答え】
点Pを通り直線ARに平行な直線と，点Aを通りx軸と平行な直線との交点をSとし，点Rと点Sを結ぶ。

△ARPの面積と△ARSの面積は等しいから，点A(−2, 4)，点R(8, 16)より，

△ARP = △ARS = $\dfrac{1}{2}$ × AS × 12 = 6AS…①

点Qの座標は(8, 1)だから，

△AQR = (a) (cm²)…②

△ARPの面積と△AQRの面積の比が33 : 75だから，①，②より，AS = (b) (cm)

したがって，点Sの座標は ((c) , 4) である。

直線PSの傾きは，直線ARの傾きと等しいから，直線PSの式は$y =$ (d) である。

点Pは曲線f上の点だから，点Pの座標は$\left(p, \dfrac{1}{4}p^2\right)$と表せる。

点P$\left(p, \dfrac{1}{4}p^2\right)$は直線PS上の点だから，

(e)

3 よく出る 右の図1で，△ABCはAC = 12 cm，BC = 9 cm，∠ACB = 90°の直角三角形である。

点Pは，辺AB上にある点で，頂点A，頂点Bのいずれにも一致しない。

点Qは，辺AC上にある点で，

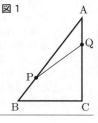
図1

頂点A, 頂点Cのいずれにも一致しない。
点Pと点Qを結ぶ。
次の各問に答えよ。

〔問1〕 **基本** 点Pが辺ABの中点で, 辺ABと線分PQが垂直になるとき, 線分PQの長さは何cmか。(6点)

〔問2〕 右の図2は, 図1において, AP = AC とした場合を表している。

△ABCの面積が, △APQの面積の2倍のとき, △APQがAQ = PQの二等辺三角形になることを, 次の [ ] の中のように証明した。

[(a)]〜[(h)]にあてはまる最も適切なものを, あとのア〜フの中からそれぞれ1つずつ選び, 記号で答えよ。

ただし, 同じものを2度以上用いて答えてはならない。
(8点)

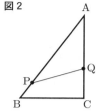
図2

【証明】
点Qから辺ABに垂線を引き, 交点をRとする。
△ABCと△APQの面積はそれぞれ,
△ABC = $\frac{1}{2}$ × [(a)] ×AC…①
△APQ = $\frac{1}{2}$ × AP × QR = $\frac{1}{2}$ × AC × QR…②
である。
△ABCの面積が, △APQの面積の2倍だから, ①, ②より,
QR : BC = 1 : 2…③
△AQRと△ABCにおいて, ∠QARと∠[(b)]は共通,
∠ARQ = ∠[(c)] = [(d)] より, [(e)] から,
△AQR∽△ABCである。
また, ③より, △AQRと△ABCの相似比は1:2である。
よって, AR : AC = AR : AP = 1 : 2
これより, 点Rは線分APの[(f)]だから, 直線QRは線分APの[(g)]である。
以上より, △APQはAQ = [(h)]の二等辺三角形である。

ア	60°	イ	90°	ウ	120°	エ	AB
オ	AC	カ	AP	キ	BC	ク	BP
ケ	BR	コ	PQ	サ	PR	シ	QR
ス	接点	セ	中点	ソ	頂点		
タ	垂直二等分線			チ	角の二等分線		
ツ	平行線	テ	接線	ト	ACB	ナ	AQP
ニ	BAC	ヌ	BPQ	ネ	CQP		
ノ	2組の角がそれぞれ等しい						
ハ	2組の辺の比とその間の角がそれぞれ等しい						
ヒ	1辺とその両端の角がそれぞれ等しい						
フ	2組の辺とその間の角がそれぞれ等しい						

〔問3〕 **思考力** 右の図3は, 図1において, ∠BACの二等分線を引き, 辺BCとの交点をD, 線分PQとの交点をEとした場合を表している。

点Eが線分ADの中点で, 線分ADと線分PQが垂直になるとき, △APQの面積は, △ABCの面積の何倍か。
(6点)

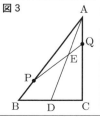
図3

4 **よく出る** 右の図1に示した立体 ABCD − EFGH は, 1辺の長さが4cmの立方体である。

点Pは, 頂点Aを出発し, 正方形ABCDの辺上を頂点A, B, C, D, A, B, C, D, …の順に通り, 毎秒1cmの速さで動き続ける点である。

点Qは, 点Pが頂点Aを出発するのと同時に頂点Eを出発し, 正方形EFGHの辺上を頂点E, F, G, H, E, F, G, H, …の順に通り, 毎秒3cmの速さで動き続ける点である。

次の各問に答えよ。

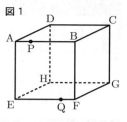
図1

〔問1〕 **基本** 図1において, 点Pと点Qがそれぞれ頂点Aと頂点Eを出発してから3秒後のとき, 点Pと頂点E, 点Pと頂点F, 点Pと点Q, 点Eと頂点Q, 点Fと頂点Qをそれぞれ結んだ場合を考える。

立体 P − EFQ の体積は何 cm^3 か。 (5点)

〔問2〕 図1において, 点Pと点Qがそれぞれ頂点Aと頂点Eを出発してから2秒後のとき, 点Pと頂点H, 点Pと点Q, 点Qと頂点Hをそれぞれ結んだ場合を考える。

△HPQの面積は何 cm^2 か。 (5点)

〔問3〕 右の図2は, 図1において, 点Pが頂点Aを出発してから3秒後, 点Qが頂点Eを出発してから5秒後の位置にそれぞれとどまり, 辺BF上の点をR, 辺CG上の点をS, 辺DH上の点をTとし, 点Pと点R, 点Rと点S, 点Sと点T, 点Tと点Qをそれぞれ結んだ場合を表している。

PR + RS + ST + TQ = l cm とする。

l の値が最も小さくなるとき, RS + ST の長さは何cmか。 (5点)

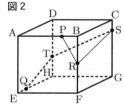
図2

〔問4〕 **思考力** 右の図3は, 図1において, 点Pが頂点Aを出発してから10秒後, 点Qが頂点Eを出発してから14秒後の位置にそれぞれとどまった場合を表している。

点Pが頂点Aを出発してから6秒後の点をU, 点Qが頂点Eを出発してから2秒後の点と, 11秒後の点をそれぞれV, Wとし, 点Pと点Q, 点Pと点U, 点Pと点W, 点Qと点V, 点Qと点W, 点Uと点V, 点Uと点W, 点Vと点Wをそれぞれ結んだ場合を考える。

立体 W − PUVQ の体積は何 cm^3 か。 (5点)

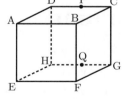
図3

神奈川県

時間 50分 **満点** 100点 **解答** P27 2月14日実施

* 注意 1 答えに無理数が含まれるときは，無理数のままにしておきなさい。根号が含まれるときは，根号の中は最も小さい自然数にしなさい。また，分母に根号が含まれるときは，分母に根号を含まない形にしなさい。
2 答えが分数になるとき，約分できる場合は約分しなさい。

出題傾向と対策

● 大問が1題減って6題となった。**1**，**2**，**3**が小問集合，**4**関数とグラフ，**5**確率，**6**図形は例年どおりである。数値や語句を選択する問題が多い。2020年は大問数は減ったが，1つ1つの設問の難度が上昇した。その結果，全体としてやや解きにくくなった。
● **1**，**2**，**3**を確実に仕上げて，**4**以降の解きやすい設問から手をつける。図形問題や確率の問題の中にやや難しい設問があるので注意しよう。相似や円周角の定理，三平方の定理などを用いる図形の良問を練習しておこう。

1 よく出る 基本 次の計算をした結果として正しいものを，それぞれあとの1〜4の中から1つ選び，その番号を答えなさい。

(ア) $2-(-9)$ (3点)
1. -11 2. -7 3. 7 4. 11

(イ) $52a^2b \div (-4a)$ (3点)
1. $-26b$ 2. $-13ab$ 3. $13ab$ 4. $26b$

(ウ) $\sqrt{28} + \dfrac{49}{\sqrt{7}}$ (3点)
1. $8\sqrt{7}$ 2. $9\sqrt{7}$ 3. $10\sqrt{7}$ 4. $11\sqrt{7}$

(エ) $\dfrac{3x-y}{3} - \dfrac{x-2y}{4}$ (3点)
1. $\dfrac{3x+2y}{4}$ 2. $\dfrac{9x+y}{6}$ 3. $\dfrac{9x-10y}{12}$ 4. $\dfrac{9x+2y}{12}$

(オ) $(\sqrt{2}+1)^2 - 5(\sqrt{2}+1) + 4$ (3点)
1. $2-3\sqrt{2}$ 2. $8-3\sqrt{2}$ 3. $2+3\sqrt{2}$ 4. $12-3\sqrt{2}$

2 よく出る 基本 次の問いに対する答えとして正しいものを，それぞれあとの1〜4の中から1つ選び，その番号を答えなさい。

(ア) 連立方程式 $\begin{cases} ax+by=10 \\ bx-ay=5 \end{cases}$ の解が $x=2, y=1$ であるとき，a, b の値を求めなさい。 (4点)
1. $a=1, b=8$ 2. $a=3, b=4$
3. $a=3, b=16$ 4. $a=7, b=4$

(イ) 2次方程式 $x^2-5x-3=0$ を解きなさい。 (4点)
1. $x=\dfrac{-5\pm\sqrt{13}}{2}$ 2. $x=\dfrac{-5\pm\sqrt{37}}{2}$
3. $x=\dfrac{5\pm\sqrt{13}}{2}$ 4. $x=\dfrac{5\pm\sqrt{37}}{2}$

(ウ) 関数 $y=-\dfrac{1}{3}x^2$ について，x の値が3から6まで増加するときの変化の割合を求めなさい。 (4点)
1. -9 2. -3 3. 3 4. 9

(エ) ある動物園では，大人1人の入園料と子ども1人の入園料より600円高い。大人1人の入園料と子ども1人の入園料の比が 5:2 であるとき，子ども1人の入園料を求めなさい。 (4点)
1. 400円 2. 600円 3. 800円
4. 1000円

(オ) $\dfrac{5880}{n}$ が自然数の平方となるような，最も小さい自然数 n の値を求めなさい。 (4点)
1. $n=6$ 2. $n=10$ 3. $n=30$
4. $n=210$

(カ) 右の図において，線分 AB は円 O の直径であり，3点 C, D, E は円 O の周上の点である。
このとき，∠ODC の大きさを求めなさい。 (4点)
1. $54°$ 2. $63°$
3. $68°$ 4. $72°$

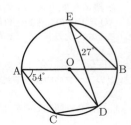

3 次の問いに答えなさい。

(ア) 右の**図1**のように，円 O の周上に3点 A, B, C をとる。
また，点 B を含まない $\overparen{AC}$ 上に，2点 A, C とは異なる点 D をとり，∠CBD の二等分線と円 O との交点のうち，点 B とは異なる点を E とする。
さらに，線分 AE と線分 BD との交点を F とし，線分 AC と線分 BD との交点を G，線分 AC と線分 BE との交点を H とする。
このとき，次の(i), (ii)に答えなさい。

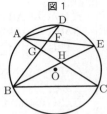

図1

(i) よく出る 基本 三角形 AFD と三角形 BHC が相似であることを次のように証明した。 (a) , (b) に最も適するものをそれぞれ選択肢の1〜4の中から1つ選び，その番号を答えなさい。 (4点)

[証明]
△AFD と △BHC において，
まず， (a) に対する円周角は等しいから，
∠ADB = ∠ACB
よって，∠ADF = ∠BCH ……①
次に，$\overparen{DE}$ に対する円周角は等しいから，
∠DAE = ∠DBE ……②
また，線分 BE は ∠CBD の二等分線であるから，
(b) ……③
②，③より，∠DAE = ∠CBE
よって，∠DAF = ∠CBH ……④
①，④より，2組の角がそれぞれ等しいから，
△AFD∽△BHC

(a)の選択肢
1. $\overparen{AB}$ 2. $\overparen{AD}$ 3. $\overparen{BC}$ 4. $\overparen{CE}$

(b)の選択肢
1. ∠ACB = ∠AEB 2. ∠AHB = ∠CHE
3. ∠CBE = ∠DBE 4. ∠EAC = ∠EBC

(ii) 思考力 8つの点 A, B, C, D, E, F, G, H のうちの2点 A, B を含む4つの点が，円 O とは異なる1つの円の周上にある。この円の周上にある4つの点のうち，点 A と点 B 以外の2点を書きなさい。 (3点)

(イ) 【基本】【新傾向】 神奈川県のある地点における1日の気温の寒暖差（最高気温と最低気温の差）を1年間毎日記録し、月ごとの特徴を調べるため、ヒストグラムを作成した。

次の図2のA～Fのヒストグラムは、1日の気温の寒暖差の記録を月ごとにまとめたものであり、1月と11月を含む6つの月のヒストグラムのいずれかを表している。なお、階級は、2℃以上4℃未満、4℃以上6℃未満などのように、階級の幅を2℃にとって分けられている。

これらの6つの月に関するあとの説明から、(i)1月のヒストグラムと、(ii)11月のヒストグラムとして最も適するものを1～6の中からそれぞれ1つ選び、その番号を答えなさい。 (6点)

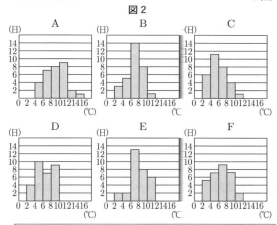

図2

説明
・1月には、寒暖差が10℃以上の日はあったが、寒暖差が12℃以上の日はなかった。
・1月の寒暖差の中央値は、6℃以上8℃未満の階級にあった。
・1月の寒暖差の平均値は、6つの月のヒストグラムから読み取れる寒暖差の平均値の中で2番目に大きかった。
・1月、11月ともに、寒暖差が4℃未満の日は4日以内であった。
・11月には、寒暖差が2.1℃の日があった。
・11月の寒暖差の最頻値は、4℃以上6℃未満の階級の階級値であった。

1．A　　2．B　　3．C　　4．D
5．E　　6．F

(ウ) 右の図3のような平行四辺形 ABCD があり、辺 BC 上に点 E を辺 BC と線分 AE が垂直に交わるようにとり、辺 AD 上に点 F を AB = AF となるようにとる。

また、線分 BF と線分 AE との交点を G、線分 BF と線分 AC との交点を H とする。

AB = 15 cm、AD = 25 cm、∠BAC = 90°のとき、三角形 AGH の面積を求めなさい。 (5点)

図3
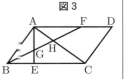

(エ) 【よく出る】【基本】 右の図4のように、かみあってそれぞれ回転する歯車 P と歯車 Q がある。歯数が24である歯車 P を1秒間に6回転させるとき、歯車 Q の1秒間に回転する数が、その歯数によってどう変わるかを考える。

Aさんは、歯車 Q の1秒間に回転する数について、次のようにまとめた。 (i) にあてはまる数を、 (ii) にあてはまる式を、それぞれ書きなさい。 (5点)

図4
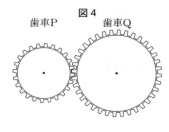

まとめ
　歯車 Q の歯数が48のとき、歯車 Q は1秒間に3回転する。
　また、歯車 Q の歯数が36のとき、歯車 Q は1秒間に (i) 回転する。
　これらのことから、歯車 Q の歯数を x とするとき、歯車 Q の1秒間に回転する数を y として y を x の式で表すと、
(ii)
となる。

【4】 【よく出る】 右の図において、直線①は関数 $y=x$ のグラフ、直線②は関数 $y=-x+3$ のグラフであり、曲線③は関数 $y=ax^2$ のグラフである。

点 A は直線①と曲線③との交点であり、その x 座標は6である。点 B は曲線③上の点で、線分 AB は x 軸に平行であり、点 C は直線②と線分 AB との交点である。点 D は直線①と直線②との交点である。

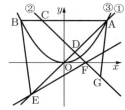

また、原点を O とするとき、点 E は直線①上の点で AO：OE = 4：3 であり、その x 座標は負である。

さらに、点 F は直線②と x 軸との交点であり、点 G は直線②上の点で、その x 座標は5である。

このとき、次の問いに答えなさい。

(ア) 【基本】 曲線③の式 $y=ax^2$ の a の値として正しいものを次の1～6の中から1つ選び、その番号を答えなさい。 (4点)

1．$a=\dfrac{1}{9}$　　2．$a=\dfrac{1}{8}$　　3．$a=\dfrac{1}{6}$
4．$a=\dfrac{2}{9}$　　5．$a=\dfrac{1}{4}$　　6．$a=\dfrac{1}{3}$

(イ) 【基本】 直線 EF の式を $y=mx+n$ とするときの (i) m の値と、(ii) n の値として正しいものを、それぞれ次の1～6の中から1つ選び、その番号を答えなさい。 (5点)

(i) m の値

1．$m=\dfrac{1}{3}$　　2．$m=\dfrac{2}{5}$　　3．$m=\dfrac{4}{7}$
4．$m=\dfrac{3}{5}$　　5．$m=\dfrac{5}{8}$　　6．$m=\dfrac{5}{7}$

(ii) n の値

1．$n=-\dfrac{15}{7}$　　2．$n=-\dfrac{15}{8}$　　3．$n=-\dfrac{9}{5}$
4．$n=-\dfrac{12}{7}$　　5．$n=-\dfrac{6}{5}$　　6．$n=-1$

(ウ) 三角形 ADG の面積を S，四角形 BEDC の面積を T とするとき，S と T の比を最も簡単な整数の比で表しなさい。 (5点)

5 **よく出る** 右の図1のように，正方形 ABCD を底面とし，AE = BF = CG = DH を高さとする立方体がある。

また，図2のように，袋Pと袋Qがあり，その中にはそれぞれ B，C，D，E，F，G の文字が1つずつ書かれた6枚のカードが入っている。袋Pと袋Qからそれぞれ1枚ずつカードを取り出し，次の【ルール】にしたがって，図1の立方体の8個の頂点のうちから2個の点を選ぶ。

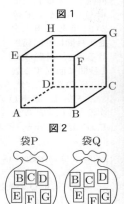

【ルール】
・袋Pと袋Qから取り出したカードに書かれた文字が異なる場合は，それぞれの文字に対応する点を2個の点として選ぶ。
・袋Pと袋Qから取り出したカードに書かれた文字が同じ場合は，その文字に対応する点および点Hを2個の点として選ぶ。

いま，図2の状態で，袋Pと袋Qからそれぞれ1枚ずつカードを取り出すとき，次の問いに答えなさい。ただし，袋Pと袋Qそれぞれについて，袋の中からどのカードが取り出されることも同様に確からしいものとする。

(ア) 選んだ2個の点が，ともに平面 ABCD 上の点となる確率として正しいものを次の1～6の中から1つ選び，その番号を答えなさい。 (5点)

1. $\dfrac{1}{36}$　　2. $\dfrac{1}{18}$　　3. $\dfrac{1}{12}$
4. $\dfrac{1}{9}$　　5. $\dfrac{5}{36}$　　6. $\dfrac{1}{6}$

(イ) 選んだ2個の点および点Aの3点を結んでできる三角形について，その3つの辺の長さがすべて異なる確率を求めなさい。 (5点)

6 右の図の五角形 ABCDE はある三角すいの展開図であり，AB = BC = CD = DE = EA = 6 cm，∠B = ∠C = 90° である。

また，点F は線分 BC の中点であり，2点G，H はそれぞれ線分 AF，DF の中点である。

この展開図を3点 B，C，E が重なるように組み立てたときの三角すいについて，次の問いに答えなさい。

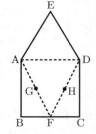

(ア) **よく出る** **基本** この三角すいの表面積として正しいものを次の1～6の中から1つ選び，その番号を答えなさい。 (4点)

1. $(18+3\sqrt{3})$ cm^2　　2. $(18+6\sqrt{3})$ cm^2
3. $(18+9\sqrt{3})$ cm^2　　4. $(36+3\sqrt{3})$ cm^2
5. $(36+6\sqrt{3})$ cm^2　　6. $(36+9\sqrt{3})$ cm^2

(イ) **よく出る** **基本** この三角すいの体積として正しいものを次の1～6の中から1つ選び，その番号を答えなさい。 (5点)

1. $\dfrac{3\sqrt{3}}{2}$ cm^3　　2. $3\sqrt{3}$ cm^3　　3. $\dfrac{9\sqrt{3}}{2}$ cm^3
4. 12 cm^3　　5. $9\sqrt{3}$ cm^3　　6. 18 cm^3

(ウ) **難** **思考力** 3点 B，C，E が重なった点を I とする。この三角すいの表面上に，点 G から辺 AI，辺 DI と交わるように点 H まで，長さが最も短くなるように線を引いたときの線の長さを求めなさい。 (5点)

新 潟 県

時間 50分　満点 100点　解答 P28　3月5日実施

出題傾向と対策

● 大問が6題で，1，2 は基本問題を中心とする小問集合，3 は平面図形の証明問題，4 は平面図形と関数，5 は規則と式の利用，6 は立体図形の総合問題であった。出題構成，分量，難易度は例年と全く同じで，よく工夫された問題が多いが，ほとんどの問題で求め方の記述が要求されている。
● 基礎・基本を問う問題ばかりであるが，文章題や説明が多いので，題意を的確に把握し，問題を解く過程を迅速に記述する練習をしておくことが大切である。

1 **よく出る** **基本** 次の(1)～(10)の問いに答えなさい。
(1) $7 \times 2 - 9$ を計算しなさい。 (3点)
(2) $3(5a+b)+(7a-4b)$ を計算しなさい。 (3点)
(3) $6a^2b \times ab \div 2b^2$ を計算しなさい。 (3点)
(4) 連立方程式 $\begin{cases} x-4y=9 \\ 2x-y=4 \end{cases}$ を解きなさい。 (3点)
(5) $\sqrt{24} \div \sqrt{3} - \sqrt{2}$ を計算しなさい。 (3点)
(6) 2次方程式 $x^2+3x-1=0$ を解きなさい。 (3点)
(7) 関数 $y=\dfrac{3}{x}$ について，x の変域が $1 \leq x \leq 6$ のとき，y の変域を答えなさい。 (3点)
(8) 右の図のような，AD = 2 cm，BC = 5 cm，AD // BC である台形 ABCD があり，対角線 AC，BD の交点を E とする。点 E から，辺 DC 上に辺 BC と線分 EF が平行となる点 F をとるとき，線分 EF の長さを答えなさい。 (3点)

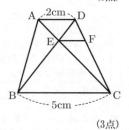

(9) 右の図のように，円 O の円周上に4つの点 A，B，C，D があり，線分 AC は円 O の直径である。∠BOC = 72°，$\overparen{CD}$ の長さが $\overparen{BC}$ の長さの $\dfrac{4}{3}$ 倍であるとき，∠x の大きさを答えなさい。ただし，$\overparen{BC}$，$\overparen{CD}$ は，いずれも小さいほうの弧とする。 (3点)

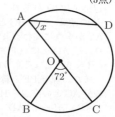

(10) 袋の中に，赤色，青色，黄色，白色のいずれか1色で塗られた，同じ大きさの玉が480個入っている。標本調査を行い，この袋の中にある青色の玉の個数を推定することにした。下の表は，この袋の中から40個の玉を無

作為に取り出して，玉の色を1個ずつ調べ，表にまとめたものである。この袋の中には，およそ何個の青色の玉が入っていると推定されるか，答えなさい。（3点）

玉の色	赤色	青色	黄色	白色	計
玉の個数(個)	17	7	10	6	40

2 よく出る 基本 次の(1)～(4)の問いに答えなさい。

(1) x 枚の空の封筒と y 本の鉛筆がある。封筒の中に鉛筆を，4本ずつ入れると8本足りず，3本ずつ入れると12本余る。このとき，x，y の値を求めなさい。（4点）

(2) 1から6までの目のついた大，小2つのさいころを同時に投げたとき，大きいさいころの出た目の数を a，小さいさいころの出た目の数を b とする。このとき，出た目の数の積 $a \times b$ の値が 25 以下となる確率を求めなさい。（4点）

(3) 右の図のように，関数 $y = x^2$ のグラフ上に，x 座標が -3 となる点Aをとる。点Aを通り，傾きが -1 となる直線と y 軸との交点をBとする。このとき，次の①，②の問いに答えなさい。

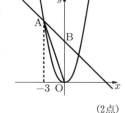

① 2点A，Bを通る直線の式を答えなさい。（2点）
② △OABの面積を求めなさい。（2点）

(4) 右の図のように，直線 l と2つの点A，Bがある。直線 l 上にあって，2つの点A，Bを通る円の中心Pを，定規とコンパスを用いて作図しなさい。ただし，作図に使った線は消さないで残しておくこと。（4点）

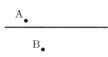

3 よく出る 基本 右の図のように，平行四辺形 ABCD があり，対角線 AC と対角線 BD との交点をEとする。辺 AD 上に点A，Dと異なる点Fをとり，線分 FE の延長と辺 BC との交点をGとする。このとき，△AEF ≡ △CEG であることを証明しなさい。（6点）

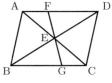

4 思考力 右の図のように，円周の長さが 24 cm である円 O の円周上に，点Aがある。点P，Qは，点Aを同時に出発し，点Pは毎秒 1 cm の速さで ← の向きに，点Qは毎秒 3 cm の速さで ⇒ の向きに，それぞれ円周上を動き，いずれも出発してから 10 秒後に止まるものとする。点P，Qが，点Aを出発してから，x 秒後の $\stackrel{\frown}{PQ}$ の長さを y cm とする。このとき，次の(1)～(3)の問いに答えなさい。ただし，$\stackrel{\frown}{PQ}$ は，180° 以下の中心角 ∠POQ に対する弧とする。また，中心角 ∠POQ = 180° のとき，$\stackrel{\frown}{PQ} = 12$ cm とする。

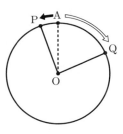

(1) 点P，Qを結んだ線分 PQ が円 O の直径となるとき，x の値をすべて答えなさい。（3点）

(2) 次の①，②の問いに答えなさい。
① 点P，Qが，点Aを同時に出発してから初めて重なるときの x の値を答えなさい。（3点）
② 点P，Qを結んだ線分 PQ が初めて円 O の直径となるときから，点P，Qが重なるときまでの y を x の式で表しなさい。（3点）

(3) $0 \leq x \leq 10$ のとき，y の値が 10 以下となるのは何秒間か，グラフを用いて求めなさい。（6点）

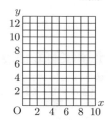

5 右の図1のように，縦の長さが x cm，横の長さが y cm である，白色で縁取られた灰色の長方形の紙がある。この紙を，図2のように，1辺の長さが 1 cm の正方形の紙に切ると，$x \times y$ 枚の正方形に分けられ，2辺が白色の正方形，1辺が白色の正方形，どの辺も灰色の正方形の3種類があり，これらのうち，1辺が白色の正方形の枚数を a 枚，どの辺も灰色の正方形の枚数を b 枚とする。このとき，次の(1)～(3)の問いに答えなさい。ただし，x，y は整数である。また，x は3以上で，y は x より大きいものとする。

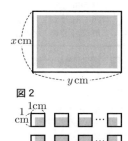

(1) 次の①，②の問いに答えなさい。
① $x = 4$，$y = 5$ のとき，a の値を答えなさい。（3点）
② $x = 12$，$y = 18$ のとき，a の値を答えなさい。（3点）

(2) b を，x，y を用いて表しなさい。（5点）

(3) y が x より 5 大きく，b が a より 20 大きいとき，x，y の値を求めなさい。（5点）

6 右の図のように，1辺の長さが 6 cm の正方形を底面とし，AB = AC = AD = AE = 6 cm の正四角すい ABCDE がある。辺 AC 上に ∠BPC = 90° となる点Pをとり，辺 AB 上に ∠BQP = 90° となる点Qをとる。また，点Qから △APE に引いた垂線と，△APE との交点をHとする。このとき，次の(1)～(3)の問いに答えなさい。

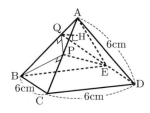

(1) よく出る 基本 次の①，②の問いに答えなさい。
① 線分 BP の長さを答えなさい。（3点）
② △ABC の面積を答えなさい。（3点）

(2) 線分 AQ の長さを求めなさい。（3点）

(3) 次の①，②の問いに答えなさい。
① 線分 QH の長さを求めなさい。（4点）
② 四面体 APEQ の体積を求めなさい。（4点）

富山県

時間 50分　満点 40点　解答 P29　3月6日実施

* 注意　1　答えに√ がふくまれるときは，√ の中の数を最も小さい自然数にしなさい。
　　　　2　答えの分母に√ がふくまれるときは，分母を有理化しなさい。

出題傾向と対策

- 昨年と同様に大問は7題で，**1**は小問集合（10題），**2**は関数，**3**は確率，**4**は規則性，**5**は立体図形の計量，**6**は関数の利用（図形の動点），**7**は円に関わる証明や長さ・面積であった。
- 基礎・基本を問う問題が多いが，**4**，**5**，**6**，**7**のタイプの問題が例年出題されている。教科書レベルの基本問題を繰り返し学習するだけでなく，様々な数学を使って解く必要のある問題に取り組もう。

1 よく出る 基本　次の問いに答えなさい。

(1) $5+(-3)\times 2$ を計算しなさい。

(2) $3xy^2 \div (-2x^2y) \times 4y$ を計算しなさい。

(3) $\sqrt{45} + \sqrt{5} - \sqrt{20}$ を計算しなさい。

(4) $a=\sqrt{6}$ のとき，$a(a+2)-2(a+2)$ の値を求めなさい。

(5) 連立方程式 $\begin{cases} 3x+2y=7 \\ 2x+y=6 \end{cases}$ を解きなさい。

(6) 2次方程式 $x^2+6x-16=0$ を解きなさい。

(7) 定価1500円のTシャツを a 割引で買ったときの代金を，a を使った式で表しなさい。
ただし，消費税については，考えないものとする。

(8) 右の図のような△ABC がある。線分AC 上にあり，∠PAB = ∠PBA となる点Pを，作図によって求め，Pの記号をつけなさい。
ただし，作図に用いた線は残しておくこと。

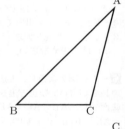

(9) 右の図のように，∠B = 90° である直角三角形ABC がある。
DA = DB = BC となるような点D が辺AC 上にあるとき，∠x の大きさを求めなさい。

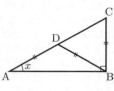

(10) 次の図は，ある中学校3年生男子50人の50m走の記録をヒストグラムに表したものである。
図において，例えば，6.0から6.5の区間は，6.0秒以上6.5秒未満の階級を表したものである。
このとき，最頻値を求めなさい。

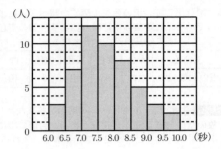

2　右の図のように，関数 $y=x^2$ のグラフ上に2点A，B があり，それぞれの x 座標は1，3 である。また，関数 $y=\frac{1}{3}x^2$ のグラフ上に点Cがあり，x 座標は負である。
このとき，次の問いに答えなさい。

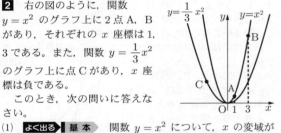

(1) よく出る 基本　関数 $y=x^2$ について，x の変域が $-1 \leqq x \leqq 3$ のときの y の変域を求めなさい。

(2) よく出る 基本　直線AB の式を求めなさい。

(3) 線分AB を，点A を点C に移すように，平行移動した線分を線分CD とするとき，点D の x 座標は -1 であった。
このとき，点D の y 座標を求めなさい。

3 よく出る　右の図のように，縦，横が等しい間隔の座標平面上に2点 A(6, 0)，B(6, 6) がある。
大小2つのさいころを同時に1回投げるとき，大きいさいころの目を a，小さいさいころの目を b とし，点P の座標を (a, b) とする。
例えば，右の図の点Pは，大きいさいころの目が2，小さいさいころの目が4 のときを表したものである。
このとき，次の問いに答えなさい。
ただし，それぞれのさいころの1から6までのどの目が出ることも同様に確からしいものとする。

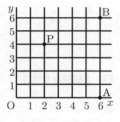

(1) 基本　点P が線分OB 上にある確率を求めなさい。

(2) △OAP が直角二等辺三角形となる確率を求めなさい。

(3) 線分OP の長さが4以下となる確率を求めなさい。

4 よく出る　下の図のように，同じ長さの棒を使って正三角形を1個つくり，1番目の図形とする。1番目の図形の下に，1番目の図形を2個置いてできる図形を2番目の図形，2番目の図形の下に，1番目の図形を3個置いてできる図形を3番目の図形とする。以下，この作業を繰り返して4番目の図形，5番目の図形，…をつくっていく。
このとき，あとの問いに答えなさい。

1番目の図形　2番目の図形　3番目の図形　4番目の図形　…

(1) 基本　6番目の図形は，棒を何本使うか求めなさい。

(2) 10番目の図形に，2番目の図形は全部で何個ふくまれているか求めなさい。

例えば，4番目の図形には，下の①〜③のように，2番目の図形が全部で6個ふくまれている。

ただし，④のように2番目の図形の上下の向きを逆にした図形は数えないものとする。

(3) 基本 棒の総数が234本になるのは，何番目の図形か求めなさい。

5 よく出る 右の図のように，すべての辺が4cmの正四角すいOABCDがあり，辺OCの中点をQとする。

点Aから辺OBを通って，Qまでひもをかける。このひもが最も短くなるときに通過するOB上の点をPとする。

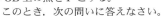

このとき，次の問いに答えなさい。

(1) 基本 △OABの面積を求めなさい。
(2) 線分OPの長さを求めなさい。
(3) 正四角すいOABCDを，3点A，C，Pを通る平面で2つに分けたとき，点Bをふくむ立体の体積を求めなさい。

6 右の図1のように，AB = 4 cm，BC = 8 cmの長方形ABCDがあり，辺BC，CDの中点をそれぞれ点E，Fとする。点Pは，Aを出発し，毎秒1cmの速さで，あともどりすることなく辺AB，BC上をEまで動き，Eで停止する。また，点Qは，Pと同時にAを出発し，毎秒1cmの速さで，あともどりすることなく辺AD，DC上をFまで動き，Fで停止する。

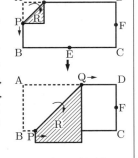

線分PQを折り目として，Aをふくむ図形を折り返し，その図形（図1の斜線部分）をRとする。

P，Qが同時にAを出発してからx秒後のRの面積をy cm²とするとき，次の問いに答えなさい。

(1) よく出る 基本 x = 6のとき，yの値を求めなさい。
(2) よく出る 右の図2は，QがFまで動くときのxとyの関係を表したグラフの一部である。このグラフを完成させなさい。

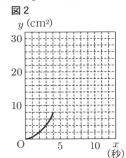

(3) 右の図3のように，図1の図形Rと長方形ABCDとが重なってできる図形をSとする。P，Qが同時にAを出発してからQがFで停止するまでの時間と，図形Sの面積との関係を表すグラフに最も近いものを，下のア〜オの中から1つ選び，記号で答えなさい。

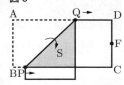

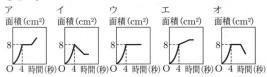

(4) P，Qが同時にAを出発してから，経過した時間毎に図形Rと図形Sの面積を比較したとき，面積比が5:2となるのは，P，Qが同時にAを出発してから何秒後か求めなさい。

7 右の図1のように，線分ABを直径とする円Oがある。また，線分AB上に点A，Bと異なる点Cをとり，線分ACを直径とする円を円O'とする。

点Bから円O'に2つの接線をひき，接点をそれぞれP，Qとする。さらに，2つの直線BP，BQと円Oとの交点で，B以外の点をそれぞれD，Eとする。

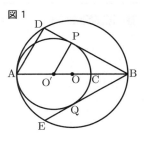

このとき，次の問いに答えなさい。

(1) よく出る △ABD∽△O'BPを証明しなさい。
(2) 思考力 右の図2のように，円Oの半径を3cm，円O'の半径を2cmとするとき，次の問いに答えなさい。

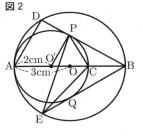

① 線分PEの長さを求めなさい。
② 難 △CPEの面積を求めなさい。

石川県

時間 50分　**満点** 100点　**解答** P31　3月11日実施

出題傾向と対策

● ①小問集合, ②確率, ③関数を中心とした問題, ④文章題, ⑤作図, ⑥平面図形の問題, ⑦立体の問題と例年通りの出題であった。①以外はほぼ記述式で, 説明や式, 証明, 作図と記述重視の出題はここ数年変化はない。

● 中学の全分野から出題されているので, 教科書や問題集の問題を繰り返し勉強するとよい。基本問題が多いが, 立式・計算, 理由説明, 証明, 作図といった記述問題が中心なので, ふだんから文字や式, グラフや図などを用いて簡素で正確な記述の練習をしていないと解答時間が足りなくなる。

---

① よく出る　基本　下の(1)～(5)に答えなさい。

(1) 次のア～オの計算をしなさい。
ア　$-3-6$　(3点)
イ　$7+(-2^3)\times 4$　(3点)
ウ　$(-3ab)^2 \div \dfrac{6}{5}a^2 b$　(3点)
エ　$\dfrac{x+3y}{4} - \dfrac{2x-y}{3}$　(3点)
オ　$\sqrt{60} \times \dfrac{1}{\sqrt{3}} - \sqrt{45}$　(3点)

(2) 次の方程式を解きなさい。　(3点)
$x^2 + 5x - 3 = 0$

(3) 折り紙が a 枚ある。この折り紙を1人に5枚ずつ b 人に配ったら, 20枚以上余った。このときの数量の間の関係を, 不等式で表しなさい。　(4点)

(4) $x = \sqrt{7} + \sqrt{2}$, $y = \sqrt{7} - \sqrt{2}$ のとき, $x^2 - y^2$ の値を求めなさい。　(4点)

(5) 太郎さんのクラス生徒全員について, ある期間に図書室から借りた本の冊数を調べ, 表にまとめた。しかし, 表の一部が右のように破れてしまい, いくつかの数値がわからなくなった。

冊数(冊)	度数(人)	相対度数
0	6	0.15
1	6	0.15
2	12	0.30
3		0.25
4		
計		

このとき, このクラスの生徒がある期間に借りた本の冊数の平均値を求めなさい。　(4点)

② 1から6までの目が出る大小2つのさいころと, 1から6までの数字が1つずつ書かれた6枚のカードがある。
このとき, 下の(1), (2)に答えなさい。ただし, 2つのさいころはともに, どの目が出ることも同様に確からしいとする。

図

(1) 図のように, 6枚のカードを一列に並べる。大きいさいころを1回投げた後, 　　　 の中の規則①にしたがって, カードを操作する。

<規則①>
・出た目の数の約数と同じ数字が書かれたカードをすべて取り除く。

このとき, 残っているカードが4枚になるさいころの目をすべて書きなさい。　(3点)

(2) 図のように, 6枚のカードを一列に並べる。大小2つのさいころを同時に1回投げた後, 　　　 の中の規則②にしたがって, カードを操作する。

<規則②>
・出た目の数が異なるときは, 大小2つのさいころの目と同じ数字が書かれたカードどうしを入れ換える。
・出た目の数が同じときは, 何もしない。

このとき, 右端のカードの数字が偶数となる確率を求めなさい。また, その考え方を説明しなさい。説明においては, 図や表, 式などを用いてよい。　(7点)

③ 図1のように, 関数 $y = x^2$ のグラフがある。A はグラフ上の点で, x 座標が -1 である。また, 2点 P, Q はグラフ上を動くものとする。
このとき, 次の(1)～(3)に答えなさい。ただし, 円周率は π とする。

図1
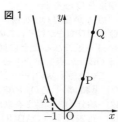

(1) 基本　関数 $y = x^2$ について, x の変域が $-3 \leq x \leq 2$ のときの y の変域を求めなさい。　(3点)

(2) 思考力　2点 P, Q の x 座標をそれぞれ1と3とする。図2のように, △APQ を原点 O を中心として矢印の方向に 360° 回転移動させ, △APQ が回転移動しながら通った部分に色をつけた。
このとき, 色がついている図形の面積を求めなさい。　(4点)

図2
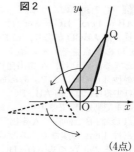

(3) 2点 P, Q の x 座標をそれぞれ3と4とする。直線 OA 上に, 四角形 OPQA と △OPR の面積が等しくなるように点 R をとるとき, R の座標を求めなさい。ただし, R の x 座標は負とする。なお, 途中の計算も書くこと。　(7点)

④ A さんは, 自分の住んでいる町の1人1日あたりのゴミの排出量を調べた。下のグラフは, 燃えるゴミ, 燃えないゴミ, 資源ゴミの排出量の割合をまとめたものである。

1人1日あたりのゴミの排出量の割合
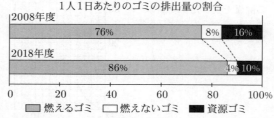

3種類のゴミの排出量の合計を比べると, 2018年度は 2008年度と比べて 225g 少なかった。また, 燃えないゴ

ミの排出量を比べると，2018年度は2008年度と比べて6割減っていた。
　このとき，2008年度と2018年度の3種類のゴミの排出量の合計はそれぞれ何gであったか，方程式をつくって求めなさい。なお，途中の計算も書くこと。(10点)

5 よく出る　右に，四角形ABCDがある。これを用いて，次の□の中の条件①〜③をすべて満たす点Pを作図しなさい。ただし，作図に用いた線は消さないこと。(8点)

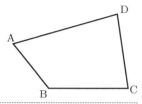

① 点Pは，直線BCに対して点Aと同じ側にある。
② ∠ABP＝∠CBP
③ ∠ADC＝∠APC

6 よく出る　図1〜図3のように，ABを直径とする円Oと，点Bで接する直線 l がある。Cは円周上の点であり，直線COと円周との交点のうち，点C以外の交点をDとする。また，直線COと直線 l との交点をEとする。ただし，$0° < \angle AOC < 90°$ とする。
　このとき，次の(1)〜(3)に答えなさい。ただし，円周率はπとする。

(1) 基本　図1のように，∠ACO＝70°のとき，∠xの大きさを求めなさい。(3点)

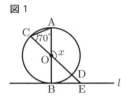

(2) 図2において，AB＝8cm，∠ACO＝60°とする。このとき，$\overset{\frown}{DB}$，線分BE，EDで囲まれた■部分の面積を求めなさい。なお，途中の計算も書くこと。(4点)

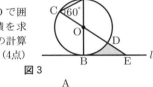

(3) 図3のように，直線ACと直線 l との交点をP，直線ADと直線 l との交点をQとする。このとき，△CPE∽△QDEを証明しなさい。(7点)

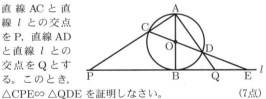

7 よく出る　図1〜図3のように，AB＝BC＝CA＝6cm，OA＝OB＝OCの正三角錐OABCがある。このとき，次の(1)〜(3)に答えなさい。

(1) 基本　図1において，辺OBとねじれの位置にある辺を書きなさい。(3点)

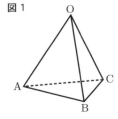

(2) 図2において，OA＝6cmとし，辺BCの中点をDとする。このとき，△OADの面積を求めなさい。なお，途中の計算も書くこと。(4点)

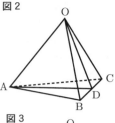

(3) 図3において，OA＝8cmとし，辺OA上に点Eを，辺OC上に点Fを，OF＝2OEとなるようにとる。平面EBFでこの立体を2つに分け，点Aを含むほうの立体の体積が，点Oを含むほうの立体の体積の2倍になるとき，OEの長さを求めなさい。なお，途中の計算も書くこと。(7点)

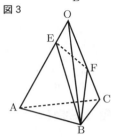

福井県

時間 60分　満点 100点　解答 P33　3月5日実施

* 注意　1　(解)・(作図)・(説明)・(証明)の場所には，求め方や解き方などを丁寧に書きなさい。
　　　2　指示されていない限り，円周率はπを用いなさい。

出題傾向と対策

● A問題は **1** 小問集合，**2** 関数と資料の活用に関する小問，**3** 確率，**4** 連立方程式の応用，**5** 平面図形で，大問数が1問減ったように見えるが，**2** にまとめられただけで，大問数が同じになるように配慮した結果であろう。分量，難易度はこれまで通りであった。B問題は **1** 小問集合，**2** 確率，**3** 連立方程式の応用，**4** 平面図形，**5** は関数の総合問題で，分量，難易度はこれまで通りであった。昨年と同様に，**1** の一部と，A問題 **2** とB問題 **5** 以外の3問は共通の問題であった。

● 各高校・学科の特色に合わせた選択問題が導入されて3年目になる。A問題は「基礎力を問う設問の割合が多い問題」，B問題は「記述・論述型の設問の割合が多い問題」で構成されており，例年通り，ほぼ全問題に途中式や説明を記述する問題なので，志望校に合わせて準備しておくこと。

選択問題A

1 よく出る　基本　次の問いに答えよ。

(1) 次の計算をせよ。
　ア　$3 - 2 \times 3^2$　(4点)
　イ　$\sqrt{12} - \dfrac{6}{\sqrt{3}}$　(4点)
　ウ　$6ab \div 3a \times 2b$　(4点)

(2) $a^2 - 5a - 6$ を因数分解せよ。(5点)

(3) 二次方程式 $(2x+1)(x+2) = 2x+3$ を解け。(5点)

(4) 次のア〜エから正しいものをすべて選んで，その記号を書け。(6点)
　ア　方程式 $x=5$ のグラフは y 軸に平行な直線である。
　イ　関数 $y = x+3$ のグラフは点 $(1, 3)$ を通る。
　ウ　y が x に比例するとき，a を定数として，$y = ax$

と表せる。
エ 反比例の関係 $y=\dfrac{4}{x}$ で x の値が2倍になると、y の値も2倍になる。
(5) 右の図の $\angle x$ の大きさを求めよ。　(6点)

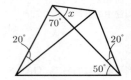

(6) 右の図のように、線分 AB と線分 AC がある。$\angle APB = 30°$ となるような点 P を右の図の線分 AC 上に作図せよ。
(作図に用いた線は消さないこと。)　(6点)

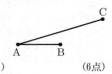

2 よく出る 基本 次の問いに答えよ。
(1) 関数 $y=x^2$ について、x の値が1から4まで増加するときの変化の割合を求めよ。　(5点)
(2) 右の図の $a \sim c$ は、次のア～ウで表される3つの関数のグラフを、同じ座標軸を使ってかいたものである。
a はどの関数のグラフであるかを、ア～ウから、1つ選んで、その記号を書け。(5点)
ア $y=3x^2$　イ $y=-x^2$　ウ $y=\dfrac{1}{3}x^2$

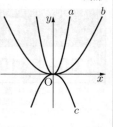

(3) あるクラスの生徒30人について、ある月に読んだ本の冊数を調査した。右の図は、その結果をヒストグラムに表したものである。
このとき、次の問いに答えよ。
ア 読んだ本の冊数の中央値および最頻値を求めよ。　(6点)
イ 読んだ本の冊数が5冊以上の生徒の相対度数を、小数第3位を四捨五入して、小数第2位まで求めよ。　(4点)

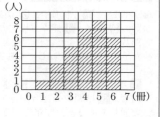

3 図1のように、箱には B, C, D, E, F の文字が書かれたカードが1枚ずつ入っている。この箱からカードを1枚取り出し、文字を記録してから、カードを箱に戻す。これを2回繰り返すとき、次の問いに答えよ。ただし、箱からのカードの取り出し方は同様に確からしいものとする。

(1) 記録した2つの文字が同じである確率を求めよ。(4点)
(2) 図2のように、正三角形 ABC の各辺の中点を D, E, F とする。点 A と、記録した2つの文字と同じ点をすべて結んでできる図形が三角形となる確率を求めよ。
例えば、1回目に C、2回目に F を記録したとき、こ

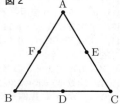

の図形は3点 A, C, F を頂点とする三角形となる。1回目も2回目も F を記録したとき、この図形は2点 A, F を結んだ線分となる。　(6点)

4 ある博物館の入館料は、小学生 260 円、中学生と高校生はともに 410 円、大人 760 円である。ある日の入館者数を調べると、中学生と高校生の合計入館者数は小学生の入館者数の2倍であり、大人の入館者数は小学生、中学生、高校生の合計入館者数よりも 100 人少なかった。この日の小学生の入館者数を x 人、大人の入館者数を y 人とするとき、次の問いに答えよ。
(1) この日の総入館者数を x と y の両方を用いて表せ。
(2点)
(2) さらに、この博物館では1個 550 円のおみやげを売っており、総入館者数の8割の人が購入した。この日の総入館者の入館料の合計とおみやげの売り上げをあわせた金額は 150000 円で、おみやげを2個以上買った人はいなかった。
ア x, y についての連立方程式をつくれ。　(4点)
イ アの連立方程式を解いて、x と y の値を求めよ。
(4点)

5 右の図において、△ABC は AB＝AC＝6cm、BC＝4cm の二等辺三角形であり、△BDE は △ABC と合同である。また、点 C は線分 BD 上にあり、点 F は線分 AC と線分 BE の交点である。
このとき、次の問いに答えよ。
(1) △ABC の面積および、線分 CF の長さを求めよ。　(8点)

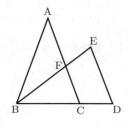

(2) 思考力 さらに点 A と点 E を結び、線分 AE を E の方に延長した直線上に、AE：AG＝5：9 となる点 G をとり、点 C と点 G を結ぶ。
ア △AFE∽△ACG であることを証明せよ。　(8点)
イ △ACG の面積を求めよ。　(4点)

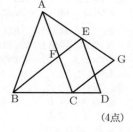

選択問題B
1 よく出る 基本
(1) 選択問題A 1 (1)と同じ
(2) 選択問題A 1 (3)と同じ
(3) ある中学校の全校生徒 400 人の学習状況を調べるために、100 人を対象に標本調査をすることにした。標本の選び方として、3年生全員に通し番号をつけ、乱数表を用いて 100 人を選ぶ方法は適切ではない。その理由を説明せよ。ただし、どの学年も 100 人以上の生徒がいるものとする。　(5点)
(4) 選択問題A 1 (5)と同じ
(5) 一の位が3である2けたの整数がある。この整数を2乗した数を10で割ると余りが9となることを文字式を使って説明せよ。　(6点)
(6) 選択問題A 1 (6)と同じ

2 選択問題A 3 と同じ

3 選択問題A **4** と同じ
4 選択問題A **5** と同じ

5 思考力　関数 $y=x^2$…①，関数 $y=ax^2\ (0<a<1)$…②のグラフがある。直線 $x=2$ と①，②，x 軸との交点をそれぞれ A, P, Q とする。直線 $x=3$ と②，x 軸との交点をそれぞれ C, R とする。また，点 A を通り x 軸に平行な直線と直線 $x=3$ との交点を D, 点 P を通り x 軸に平行な直線と直線 $x=3$ との交点を S とし，点 C を通り x 軸に平行な直線と直線 $x=2$ との交点を B とする。このとき，次の問いに答えよ。

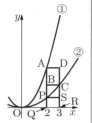

(1) $a=\dfrac{1}{3}$ のとき，線分 CD の長さを求めよ。 (2点)

(2) 長方形 BPSC の面積と長方形 PQRS の面積は等しくならないことを，言葉や数，式などを使って説明せよ。 (5点)

(3) 下の【説明文】は，a の値を変化させたときの2点 C, D の y 座標の大小関係について説明したものである。

【説明文】
　$a=\boxed{\text{ア}}$ のとき，点 C の y 座標と点 D の y 座標は等しい。
　だから，$0<a<\boxed{\text{ア}}$ のとき，点 C の y 座標は点 D の y 座標より $\boxed{\text{イ}}$。
　$\boxed{\text{ア}}<a<1$ のとき，点 C の y 座標は点 D の y 座標より $\boxed{\text{ウ}}$。

【説明文】の中の $\boxed{\text{ア}}$ にあてはまる数を書け。また，$\boxed{\text{イ}}$，$\boxed{\text{ウ}}$ にあてはまる言葉を書け。 (5点)

(4) 長方形 ABCD の面積と長方形 PQRS の面積が等しくなるような a の値をすべて求めよ。 (4点)

(5) 長方形 APSD 全体が，点 B を中心とする半径 $\sqrt{5}$ の円の内側にあるような a の値のうち，最も小さな値と最も大きな値を求めよ。ただし，長方形全体とは長方形の内部と4つの辺をあわせた部分とし，円の内側とは円の内部と円周をあわせた部分とする。 (4点)

山梨県

時間 45分　満点 100点　解答 P34　3月4日実施

出題傾向と対策

●昨年同様大問6題の出題で，**1** が計算の小問集合，**2** が方程式，作図，比例，確率，平面図形からなる小問集合，**3** が資料の利用と標本調査，**4** が規則性の発見と文字式の利用，**5** が関数と図形，**6** が平面図形と空間図形の融合問題であった。難易度にほぼ変化はないが，ほぼ全分野から出題され，思考力の必要な問題も含まれている。

●試験時間が45分と短いわりには，問題量が多く，素早く解いていく処理能力と思考力が問われる。普段の勉強から型を覚えるだけでなく，解答の理由をしっかり考えて練習をしておくことが必要である。

1 基本　次の計算をしなさい。
1　$10-(-4)$ (3点)
2　$\dfrac{7}{15}\times(-3)+\dfrac{4}{5}$ (3点)
3　$(-3)^2+7$ (3点)
4　$\sqrt{24}+8\sqrt{6}$ (3点)
5　$27xy\times x^2\div(-9x^2y)$ (3点)
6　$3(x+6y)-2(x+8y)$ (3点)

2 基本　次の問題に答えなさい。
1　2次方程式 $2x^2-7x+4=0$ を解きなさい。 (3点)
2　右の図において，△ABC の辺 BC 上にあって，2辺 AB, AC までの距離が等しい点を作図によって求めなさい。そのとき，求めた点を • で示しなさい。
　　ただし，作図には定規とコンパスを用い，作図に用いた線は消さずに残しておくこと。 (3点)

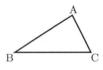

3　y は x に比例し，$x=-3$ のとき $y=36$ である。このとき，y を x の式で表しなさい。 (3点)
4　箱の中に4本のくじがあり，そのうち3本が当たりくじである。箱の中から，A さんが1本ひく。ひいたくじを箱の中に戻した後，同様に B さんが1本ひく。このとき，2人とも当たりくじをひく確率を求めなさい。
　　ただし，どのくじをひくことも同様に確からしいものとする。 (3点)
5　右の図において，5点 A, B, C, D, E は円 O の周上にある。△ABC を点 O を中心として反時計回りに130°だけ回転移動させた図形が △CDE であり，点 A を移動させた点は，点 C に重なっている。また，∠ABC = 115°，∠BCA = 40° である。
　　このとき，次の(1)，(2)に答えなさい。

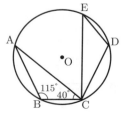

(1) ∠ECD の大きさを求めなさい。 (3点)
(2) 2点 A, E を結ぶとき，∠AED の大きさを，次のア〜エから1つ選び，その記号を書きなさい。 (3点)

ア 100°　イ 105°　ウ 110°　エ 115°

3 |基本| A中学校とB中学校では，校内に回収箱を設置し，ペットボトルのキャップを集めている。このことに関する次の問題に答えなさい。

1　A中学校の春太さんは，キャップの重さが様々であることに興味をもち，これまでに学校で集めた400個のキャップについて，キャップの重さごとに個数を調べ，次のようなグラフにまとめた。グラフからは，例えば，重さが1.7gのキャップは38個あったことがわかる。
　このとき，次の(1),(2)に答えなさい。

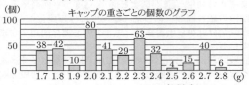

(1)　グラフから，キャップの重さの最頻値（モード）を求めなさい。(3点)
(2)　春太さんは，家にあった2.3gのキャップを24個持参し，学校で集めた400個のキャップに加えた。このとき，これらを合わせた424個のキャップについて，キャップの重さの中央値（メジアン）を，次のア〜エから1つ選び，その記号を書きなさい。(3点)
　ア 2.0g　イ 2.1g　ウ 2.2g　エ 2.3g

2　B中学校生徒会では，集めたキャップを1個ずつ数えて個数を調べているが，数える作業に時間がかかるので，簡単な作業で個数を推測することができないかと考えている。
　このとき，次の(1),(2)に答えなさい。
(1)　キャップの入った回収箱の重さがわかっているとき，キャップ1個の重さがすべて等しいと考えれば，キャップのおよその個数を計算で求めることができる。そのためには，キャップ1個の重さの他に何がわかればよいか。次のア，イから正しいものを1つ選び，その記号を書きなさい。また，それらを使ってキャップのおよその個数を求める方法を説明しなさい。(6点)
　ア　空の回収箱の容積　イ　空の回収箱の重さ
(2)　次の手順で，回収箱の中のキャップの個数を推測することができる。手順の②において，印がついたキャップの個数が4個であるとき，この回収箱の中のキャップの個数はおよそ何個と考えられるか求めなさい。(4点)

手順
①回収箱から取り出した100個のキャップに印をつけ，回収箱に戻してよくかき混ぜる。
②回収箱から無作為に抽出した50個のキャップのうち，印がついたキャップの個数を調べる。
③①と②で，印がついたキャップのふくまれる割合は等しいと考えて推測する。

4 |思考力| 2けたの自然数をa，その数の十の位の数と一の位の数を入れかえた数をbとしたとき，aからbをひいた値がどのような数になるかについて考える。次のメモは，ある生徒が，いくつかの場合について調べ，それをもとに立てた予想である。

メモ	予想
aの値が31のとき，$31-13=18$ 40のとき，$40-4=36$ 19のとき，$19-91=-72$ 55のとき，$55-55=0$	aからbをひいた値は，常に18の倍数になる。

このとき，次の1〜3に答えなさい。

1　aからbをひいた値が-18であるとき，bをaの式で表しなさい。(3点)
2　aの値によっては，aからbをひいた値が，18の倍数にならない場合があり，予想が正しくないことがわかる。予想が正しくないことは，次のように反例をあげることによって説明できる。ア，イ に当てはまる整数をそれぞれ書きなさい。(3点)

説明
aの値が ア のとき，aからbをひいた値は イ であり，18の倍数ではない。したがって，aからbをひいた値は，常に18の倍数になるとは限らない。

3　aの十の位の数をx，一の位の数をyとして，a, bをそれぞれx, yを使った式で表すとき，aからbをひいた値は$9(x-y)$となる。
　このとき，次の(1),(2)に答えなさい。
(1)　aからbをひいた値が54，xの値が8であるとき，bの値を求めなさい。(3点)
(2)　aからbをひいた値が$9(x-y)$であり，$x-y$が整数であることから，aからbをひいた値は，常に9の倍数になるといえる。
　このことをもとにメモを見直すと，$x-y$がある条件を満たしているとき，aからbをひいた値が，常に18の倍数になることがわかる。ある条件とは何か書きなさい。また，この条件を満たすときの$x-y$の最大値を求めなさい。
　ただし，この条件は，aからbをひいた値が，18の倍数になるすべての場合について成り立つものとする。(6点)

5 |よく出る| 右の図1, 2において，①は関数$y=ax^2$のグラフである。2点A，Bは①上の点であり，点Aの座標は$(-2, 2)$，点Bの座標は$\left(3, \dfrac{9}{2}\right)$である。また，①上において，点Cは$x$座標が点Aの$x$座標より1だけ大きい点であり，点Dは$x$座標が点Bの$x$座標より1だけ小さい点である。
　このとき，次の1〜3に答えなさい。

図1
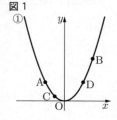

1　aの値を求めなさい。(3点)
2　4点A, C, D, Bを頂点とする四角形ACDBの面積を求めなさい。(4点)
3　図2のように，①上において，x座標が点Aのx座標より1だけ小さい点をEとし，x座標が点Bのx座標より1だけ大きい点をFとする。
　このとき，次の(1), (2)に答えなさい。
(1)　直線EFの式を求めなさ

図2
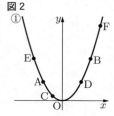

い。　(4点)

(2) 3点 F, E, C を頂点とする △FEC の面積と，3点 F, C, D を頂点とする △FCD の面積の比を，最も簡単な整数の比で表しなさい。　(4点)

6 AB = AC である二等辺三角形 ABC において，頂点 A から辺 BC に垂線をひき，その交点を H とする。線分 AH 上の点 O を中心とする円を円 O とし，円 O は辺 BC と点 H で接するものとする。さらに円 O は辺 AB とも接するものとし，その接点を D とする。

このとき，次の 1〜3 に答えなさい。ただし，円周率は π とする。

1 よく出る 図1のように，2点 O, D を結んだとき，△ABH ∽ △AOD であることを証明しなさい。　(6点)

図1
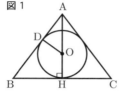

2 よく出る AB = 6 cm, BC = 8 cm である場合について考える。

このとき，次の(1)，(2)に答えなさい。
(1) 線分 AH の長さを求めなさい。　(3点)
(2) 円 O の面積を求めなさい。　(3点)

3 難 AB = AC = BC = 6 cm である場合について考える。図2のように，辺 BC に平行で円 O に接する直線 l をひき，円 O との接点を E とし，直線 CO との交点を F とする。また，■■■ で示した部分は，5つの線分 EF, FD, DB, BO, OE で囲まれた図形であり，この図形を T とする。

図2
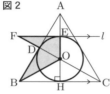

このとき，次の(1)，(2)に答えなさい。
(1) 図形 T の周の長さを求めなさい。　(3点)
(2) 図形 T を，直線 AH を軸として1回転させてできる立体の体積を求めなさい。　(3点)

長野県

時間 50分　満点 100点　解答 p36　3月10日実施

＊注意　分数で答えるときは，それ以上約分できない分数で答えなさい。また，解答に √ を含む場合は，√ の中を最も小さい自然数にして答えなさい。

出題傾向と対策

● 大問は 4 題で，1 は基本問題を中心とする小問集合，2 は統計，投影図，2次方程式の応用，3 は 1 次関数，4 は，円の性質や相似等を利用した総合問題であった。今年度も例年と同様に，表やグラフ，図形から判断して，説明や式を求める幅の広い問題が出題されている。
● 基礎・基本的な問題を中心に全分野から構成された良問が出題されているが，文章題や記述の問題が多いので，短時間で題意を的確に把握し，確実に処理する力を身につけておきたい。過去問で練習するとよいだろう。

1 よく出る 基本 各問いに答えなさい。

(1) $3 - (-5)$ を計算しなさい。　(3点)
(2) -4^2 はどのように計算するか，正しいものを次のア〜エから1つ選び，記号を書きなさい。　(3点)
　ア $(-4) \times 2$　イ $(-4) \times (-4)$　ウ $-(4 \times 4)$　エ $-(4+4)$
(3) 一次方程式 $2(x-1) = -6$ を解きなさい。　(3点)
(4) $\sqrt{75} - \dfrac{9}{\sqrt{3}}$ を計算しなさい。　(3点)
(5) n を整数とするとき，いつでも奇数になる式として正しいものを，次のア〜オからすべて選び，記号を書きなさい。　(3点)
　ア $n+1$　イ $2n$　ウ $2n+1$　エ $2n+3$
　オ $3n$
(6) 豊さんは，展開を利用してノートのように 41×39 を計算した。ノートの計算の仕方を参考にして，

〔ノート〕
$41 \times 39 = (40+1) \times (40-1)$
　　　　$= 40^2 - 1^2$
　　　　$= 1599$

698×702 を計算するとき，次の あ ， い に当てはまる適切な自然数をそれぞれ書きなさい。　(3点)
$698 \times 702 = ($ あ $-$ い $) \times ($ あ $+$ い $)$
　　　　$=$ あ $^2 -$ い ^{2}
　　　　$= 489996$

(7) 表は，y が x に反比例する関係を表したものである。表の う に当てはまる適切な数を書きなさい。　(3点)

表

x	…	0	1	2	3	…
y	…	×	-16	-8	う	…

(8) 図1は，関数 $y = 2x^2$ のグラフである。この関数について，x の変域が $-1 \leqq x \leqq 2$ のとき，y の変域として正しいものを，次のア〜エから1つ選び，記号を書きなさい。　(3点)
　ア $0 \leqq y \leqq 8$
　イ $0 \leqq y \leqq 2$
　ウ $-2 \leqq y \leqq 1$

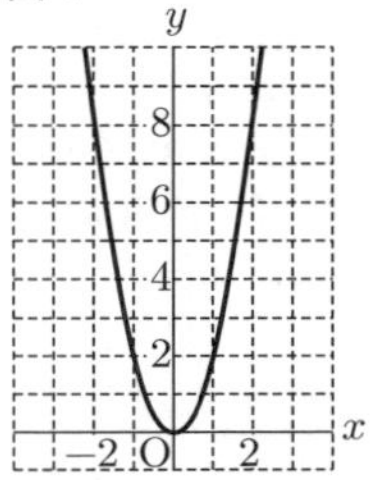

エ　$2 \leqq y \leqq 8$

(9) 図2は，100円，50円，10円の3枚の硬貨を同時に投げるときの表と裏の出方について，表を○，裏を×として，すべての場合を表した樹形図である。このとき，表が出た硬貨の合計金額が，110円以上になる確率を求めなさい。ただし，どの硬貨も表と裏の出方は，同様に確からしいものとする。(3点)

図2

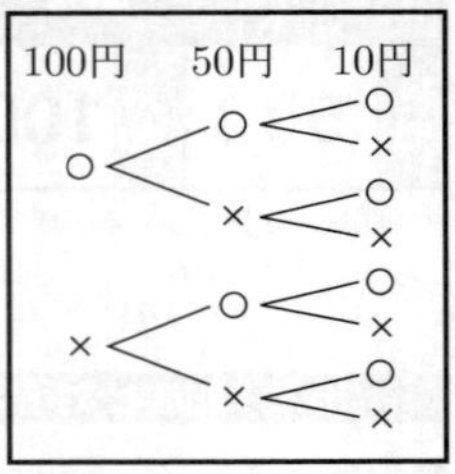

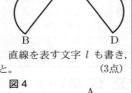

(10) 図3で，線分 CD を直径とする半円は，ある直線 l を対称の軸として，線分 AB を直径とする半円を対称移動したものである。図3に，直線 l を定規とコンパスを使って作図しなさい。ただし，直線を表す文字 l も書き，作図に用いた線は消さないこと。(3点)

図3

(11) 図4は，△ABC の辺 AB，BC の中点を，それぞれ M，N とし，これらを直線で結んだものである。
① $\angle A = 80°$ のとき，$\angle BMN$ の大きさを求めなさい。(3点)
② 点 C を通り，辺 AB に平行な直線をひき，直線 MN との交点を P とし，四角形 AMPC をつくる。
　$AB = 8$ cm，$AC = 6$ cm のとき，四角形 AMPC の周の長さを求めなさい。(3点)

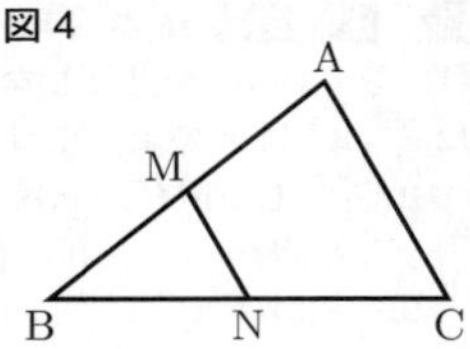

図4

2 よく出る 基本 各問いに答えなさい。

(1) 表は，中学生1000人，高校生1500人について，平日のインターネットの利用時間を調査し，中学生と高校生の利用時間を比較するために整理した度数分布表である。
① 高校生について，度数が最も多い階級を書きなさい。(2点)
② 利用時間が1時間以上2時間未満の階級における，高校生の相対度数を，小数第3位を四捨五入して小数第2位まで求めなさい。(2点)
③ 中学生と高校生について，利用時間が1時間以上2時間未満の生徒の割合を比べたとき，その割合が大きいのは中学生と高校生のどちらか。正しいものを次のア，イから1つ選び，記号を書きなさい。また，それが正しいことの理由を，比較した値を示して説明しなさい。(3点)
ア　中学生の割合の方が大きい
イ　高校生の割合の方が大きい

表

利用時間（時間）	中学生 度数(人)	高校生 度数(人)
以上　未満		
0 ～ 1	401	182
1 ～ 2	262	340
2 ～ 3	178	374
3 ～ 4	68	264
4 ～ 5	41	115
5 ～ 6	50	225
計	1000	1500

(2) 図1の伝票立てを見て，この形に興味をもった桜さんは，底面の円の半径が 2 cm の円柱を，斜めに平面で切った図2の立体 P について考えた。図3は P の投影図である。ただし，$AD = 5$ cm，$AB = BC$ であり，四角形 ABCD は，$\angle B = \angle C = 90°$ の台形であるものとする。
① CD の長さを求めなさい。(3点)
② P の体積を求めなさい。(3点)

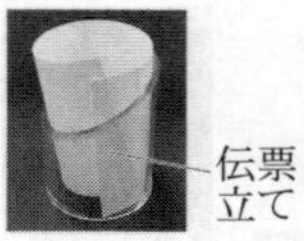

図1 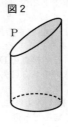 伝票立て

図2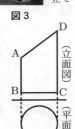

図3（立面図）（平面図）

(3) 「塵劫記」という江戸時代の書物には，日常生活で役立つ様々な計算が紹介されている。図4は，俵の数の求め方を紹介した「俵すぎざんの事」の一部である。学さんは，俵すぎざんに興味をもち，俵の数の求め方を，次のようにまとめた。

図4 「俵すぎざんの事」の一部
（阪本龍門文庫蔵）

〔学さんがまとめたこと〕
　俵すぎざんでは，俵は1段上がるごとに1個ずつ減らして積まれている。
　例えば，図5のように，一番下の俵の数が6個，一番上の俵の数が3個のとき，俵の数を数えると全部で18個とわかる。しかし，数えなくても，図6のように，同じものを逆向きに組み合わせると，全部の俵の数は

図5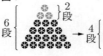
一番上の俵の数
一番下の俵の数

図6
段の数
1列の俵の数

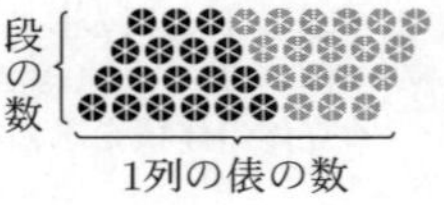

(1列の俵の数) × (段の数) ÷ 2

で求めることができる。
　まず，1列の俵の数は，$6 + 3 = 9$ で9個となる。
　次に，段の数は，図7のように，一番上の俵の数が1個になるまで積み上げたと考えると6段となり，上の2段をひいて，$6 - 2 = 4$ で4段となる。
　だから，$\underline{9 \times 4 \div 2} = 18$ となり，全部の俵の数は18個となる。

図7　2段　6段 → 4段

　この考え方を使うと，一番下の俵の数と一番上の俵の数がわかれば，全部の俵の数を計算で求めることができる。

① 一番下の俵の数が8個で，1段上がるごとに1個ずつ減らして積み，一番上の俵の数が4個になるように積むとき，全部の俵の数を求めるための式を，学さんがまとめたことの下線部の式の形で書きなさい。(3点)
② 60個の俵を，1段上がるごとに1個ずつ減らして積み，一番上の俵の数が4個になるように積むとき，一番下の俵の数は何個か。方程式をつくり，求めなさい。

ただし，用いる文字が何を表すかを最初に示し，方程式と答えを求めるまでの過程を書くこと。　　　（4点）

3 A店とB店では，それぞれ次のようにリボンが売られている。

- A店とB店ともに，1 cm 単位で必要な長さを切って販売している。
- A店では 1 cm 当たり 5 円，B店では 70 cm まで 250 円，70 cm をこえた分については 1 cm 当たり 6 円で販売している。

ただし，消費税については考えないものとし，店によってリボンの品質は変わらないものとする。各問いに答えなさい。

I **よく出る 基本** どちらかの店でリボンをできるだけ安く買いたいと思っている香さんは，2店のリボンの長さと代金の関係について調べた。表は，それぞれの店で x cm のリボンを買うときの代金を y 円とし，y を x の一次関数と考え，x の変域ごとに式に表したものである。図1は，表をもとに，それぞれの店の x と y の関係をグラフに表したものである。

表

店	式（x の変域）
A店	$y=5x$　　（$x>0$）
B店	$y=250$　　（$0<x≦70$）
	$y=\boxed{あ}x-170$　（$x>70$）

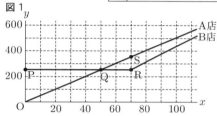

(1) A店とB店のリボンの代金が等しくなるときの長さは，図1におけるグラフ上のどの点の座標からわかるか，最も適切なものを次のア～エから1つ選び，記号を書きなさい。
ただし，リボンの長さは 100 cm 以下とする。（2点）
　ア　点P　　イ　点Q　　ウ　点R　　エ　点S

(2) 30 cm のリボンを買うとき，代金が安いのはA店とB店のどちらの店か，店名を書きなさい。また，いくら安いか，求めなさい。（2点）

(3) 表の あ に当てはまる適切な数を書きなさい。（2点）

(4) メモは，香さんが，50 cm より長いリボンを安く買える店についてまとめたものである。

メモ

$50 < x < \boxed{い}$ のとき，B店の方が安い。
$x = \boxed{い}$ のとき，2店の代金は等しい。
$x > \boxed{い}$ のとき，A店の方が安い。

① い に当てはまる数は，式を用いて求めることができる。その方法を説明しなさい。ただし，用いる式を示して書きなさい。（3点）

② い に当てはまる適切な数を書きなさい。（3点）

II **思考力** A店の店長は，リボンの売り上げを伸ばすために割引きセールの企画を考えた。そこで，A店とB店のリボンの値段や購入者数などを比較したところ，次のことがわかった。

〔わかったこと〕
- 販売するリボンの長さによってはB店の方がA店よりリボンの値段が安い。
- B店の方がA店よりリボンの購入者数が多い。
- A店とB店ともに，リボンの長さが 100 cm 未満の購入者数は少ない。

(1) A店の店長は，わかったことを踏まえ，50 cm より長いリボンの値段を変えて，100 cm より長いリボンの値段をB店より安くする企画案1を考えた。
う ， え に当てはまる適切な数を，それぞれ書きなさい。ただし， え に当てはまる数は整数であるものとする。（6点）

〔企画案1〕
　図2は，x cm のリボンの値段を y 円とし，y を x の一次関数と考え，それぞれの店の x と y の関係をグラフに表し，点 (50, 250) とB店のグラフ上の $x=100$ のときの点を通る直線 l をひいたものである。このとき，直線 l の傾きは う となる。そこで，B店より安い値段で，売り上げが伸びるように 1 cm 当たりの値段が最も高い え 円にする。

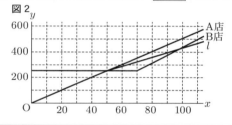

(2) A店の店長は，図2を見て，企画案1のとき売れるリボンの長さが長くなるほど，割引きする前と後では値段の差が大きくなることに気づいた。そこで，A店の店長はB店のように，ある長さまでは値段が一定になる企画案2を考えた。 お に当てはまる適切な数を書きなさい。（3点）

〔企画案2〕
- お cm まで 200 円で販売する。
- お cm をこえた分については，割引きセール前と同じ 1 cm 当たり 5 円で販売する。
- 100 cm のとき，A店の値段がB店の値段と等しくなるようにする。

4 各問いに答えなさい。

I **よく出る 基本** 図1は，2点A，Bで交わる2つの円O，O′において，円O上を動く点Pをとり，直線PBと円O′の交点で点Bと異なる点をQとし，△APQをつくったものである。

図1

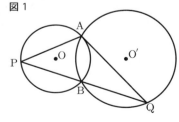

図2は，図1の点Pを点Rの位置に動かし，それにともなって，点Qが点Sの位置に動いたものである。ただし，点P，Rは円O′の外部にある点であり，点Q，Sは円Oの外部にある点とする。

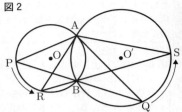
図2

(1) 図2で，∠PAQ = ∠RAS は，次のように証明することができる。証明の あ には当てはまる最も適切な弧を， い には当てはまる最も適切な角を，それぞれ記号を用いて書きなさい。(4点)

〔証明〕
円Oの $\overset{\frown}{PR}$ に対する円周角は等しいので，
∠PAR = ∠PBR…①
また，円O′の あ に対する円周角は等しいので，
∠QAS = ∠QBS…②
対頂角は等しいから，
∠PBR = ∠QBS…③
①，②，③から，∠PAR = ∠QAS…④
④より，∠PAR + い = ∠QAS + い
したがって，∠PAQ = ∠RAS

(2) ∠PAQ = ∠RAS は，△PAQ∽△RAS を示すことでも証明することができる。△PAQ∽△RAS を示し，∠PAQ = ∠RAS を証明しなさい。(5点)

(3) (2)の証明の △PAQ∽△RAS から，∠PAQ = ∠RAS のほかにわかることとして正しいものを，次のア〜ウから1つ選び，記号を書きなさい。(2点)
ア AP : AR = PQ : AS
イ AP : AR = AQ : AS
ウ AP : AR = AS : AQ

II 図3は，図1の2つの円O，O′のそれぞれの半径を変え，AB = BP = PA = BQ = 4 cm としたものである。

(1) ∠BAQ の大きさを求めなさい。(3点)
(2) 円Oの半径を求めなさい。(3点)

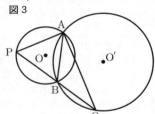
図3

(3) 思考力 図4は，図3において，点P以外に円O上の点Tをとり，直線TBと円O′との交点で点Bと異なる点をUとし，△ATU をつくったものである。点Tが円O上を動くと，△ATU の面積は変化する。△ATU の面積が最大になるとき，その面積を求めなさい。ただし，点Tは円O′の外部にあり，点Uは円Oの外部にある点とする。(3点)

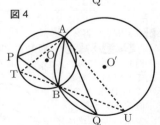
図4

(4) (3)で求めた △ATU の面積は，△APQ の面積の何倍か，求めなさい。(3点)

岐阜県

時間 50分　満点 100点　解答 P37　3月10日実施

出題傾向と対策

● 大問は6問で，**1**は小問集合，**2**は資料の散らばりと代表値，**3**は数・式の利用，**4**は1次関数，**5**は平面図形，**6**は数・式の利用の問題であった。出題構成，分量，難易度は例年通りであった。
● 基礎・基本を理解しているかを問う問題が多い。教科書の内容を理解した上で過去問をたくさん解くとよい。**6**は，例年通り思考力を必要とする問題が出題されている。時間配分を考えて，問題文をよく読むことが重要である。

1 基本　次の(1)〜(6)の問いに答えなさい。
(1) $9 - 6 \div 3$ を計算しなさい。(4点)
(2) $4x + 2y = 6$ を y について解きなさい。(4点)
(3) $\sqrt{27} + \sqrt{3} - \sqrt{12}$ を計算しなさい。(4点)
(4) 関数 $y = 2x^2$ で，x の値が2から5まで増加するときの変化の割合を求めなさい。(4点)
(5) 1から5までの数字を1つずつ書いた5枚のカード 1 2 3 4 5 が，袋の中に入っている。この袋の中からカードを1枚取り出して，そのカードの数字を十の位の数とし，残った4枚のカードから1枚取り出して，そのカードの数字を一の位の数として，2けたの整数をつくる。このとき，つくった整数が偶数になる確率を求めなさい。(4点)
(6) 下の図は，線分ABを2つの線分に分け，それぞれの線分を直径として作った円である。太線は2つの半円の弧をつなげたものである。AB = 10 cm のとき，太線の長さを求めなさい。(円周率は π を用いなさい。) (4点)

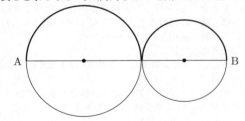

2 基本　右の表は，A中学校の生徒39人とB中学校の生徒100人の通学時間を調べ，度数分布表に整理したものである。
次の(1)〜(3)の問いに答えなさい。

通学時間(分)	A中学校(人)	B中学校(人)
以上　未満		
0 〜 5	0	4
5 〜 10	6	10
10 〜 15	7	16
15 〜 20	8	21
20 〜 25	9	18
25 〜 30	5	15
30 〜 35	4	10
35 〜 40	0	6
計	39	100

(1) A中学校の通学時間の最頻値を求めなさい。(3点)
(2) B中学校の通学時間が15分未満の生徒の相対度数を求めなさい。(4点)
(3) 右の度数分布表について述べた文として正しいものを，次のア〜エの中から全て選び，符号を書きなさい。(4点)
ア A中学校とB中学校の，通学時間の最頻値は同じである。

イ　A中学校とB中学校の，通学時間の中央値は同じ階級にある。
ウ　A中学校よりB中学校の方が，通学時間が15分未満の生徒の相対度数が大きい。
エ　A中学校よりB中学校の方が，通学時間の範囲が大きい。

3 よく出る　右下のカレンダーの中にある3つの日付の数で，次の①〜③の関係が成り立つものを求める。

① 最も小さい数と2番目に小さい数の2つの数は，上下に隣接している。
② 2番目に小さい数と最も大きい数の2つの数は，左右に隣接している。
③ 最も小さい数の2乗と2番目に小さい数の2乗との和が，最も大きい数の2乗に等しい。

日	月	火	水	木	金	土
			1	2	3	4
5	6	7	8	9	10	11
12	13	14	15	16	17	18
19	20	21	22	23	24	25
26	27	28	29	30	31	

次の(1)，(2)の問いに答えなさい。
(1) 2番目に小さい数を x とすると，
　(ア) ①から，最も小さい数を x を使った式で表しなさい。(2点)
　(イ) ②から，最も大きい数を x を使った式で表しなさい。(2点)
　(ウ) ①，②，③から，x についての2次方程式をつくり，$x^2 + ax + b = 0$ の形で表しなさい。(3点)
(2) 3つの数を求めなさい。(4点)

4 よく出る　右の図のように，水平に置かれた直方体状の容器があり，その中には水をさえぎるために，底面と垂直な長方形のしきりがある。しきりで分けられた底面のうち，頂点Qを含む底面をA，頂点Rを含む底面をBとし，Bの面積はAの面積の2倍である。管 a を開くと，A側から水が入り，管 b を開くと，B側から水が入る。a と b の1分間あたりの給水量は同じで，一定である。

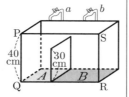

A側の水面の高さは辺QPで測る。いま，a と b を同時に開くと，10分後にA側の水面の高さが30cmになり，20分後に容器が満水になった。管を開いてから x 分後のA側の水面の高さを y cmとすると，x と y との関係は下の表のようになった。ただし，しきりの厚さは考えないものとする。

x(分)	0	…	6	…	10	…	15	…	20
y(cm)	0	…	ア	…	30	…	イ	…	40

次の(1)〜(4)の問いに答えなさい。
(1) 表中のア，イに当てはまる数を求めなさい。(4点)
(2) x と y との関係を表すグラフをかきなさい。($0 \leq x \leq 20$)(4点)
(3) x の変域を次の(ア)，(イ)とするとき，x と y との関係を式で表しなさい。
　(ア) $0 \leq x \leq 10$ のとき (2点)
　(イ) $15 \leq x \leq 20$ のとき (2点)
(4) B側の水面の高さは辺RSで測る。管を開いてから容器が満水になるまでの間で，A側の水面の高さとB側の水面の高さの差が2cmになるときが2回あった。管を開いてから何分何秒後であったかを，それぞれ求めなさい。(6点)

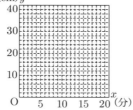

5 よく出る　右の図で，△ABCは∠BAC = 90°の直角二等辺三角形であり，△ADEは∠DAE = 90°の直角二等辺三角形である。また，点Dは辺CBの延長線上にある。

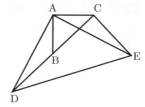

次の(1)，(2)の問いに答えなさい。
(1) △ADB ≡ △AEC であることを証明しなさい。(10点)
(2) $AB = AC = \sqrt{2}$ cm，$AD = AE = 3$ cm のとき，
　(ア) DEの長さを求めなさい。(3点)
　(イ) BDの長さを求めなさい。(5点)

6 よく出る　平面上に，はじめ，白の碁石が1個置いてある。次の操作を繰り返し行い，下の図のように，碁石を正方形状に並べていく。

【操作】　すでに並んでいる碁石の右側に新たに黒の碁石を2列で並べ，次に，下側に新たに白の碁石を2段で並べる。

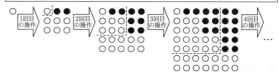

次の(1)〜(4)の問いに答えなさい。
(1) 4回目の操作で，新たに並べる碁石について，
　(ア) 黒の碁石の個数を求めなさい。(2点)
　(イ) 白の碁石の個数を求めなさい。(2点)
(2) n 回目の操作を終えた後に，正方形状に並んでいる碁石の一辺の個数を，n を使った式で表しなさい。(2点)
(3) 思考力　次の文章は，n 回目の操作を終えた後に並んでいる碁石の個数について，花子さんの考えをまとめたものである。アには数を，イ，ウ，エには n を使った式を，それぞれ当てはまるように書きなさい。(8点)

はじめ，白の碁石が1個だけ置いてある。また，1回の操作で新たに並べる白の碁石の個数は，新たに並べる黒の碁石の個数より ア 個多い。
したがって，n 回目の操作を終えた後に並んでいる黒の碁石の個数をA個とすると，白の碁石の個数は，$(1 + A + $ イ $)$ 個と表すことができる。
また，n 回目の操作を終えた後に，正方形状に並んでいる碁石の総数は，ウ 個である。
これらのことから，方程式をつくると，
$$A + (1 + A + \text{イ}) = \text{ウ}$$
となる。これを解くと，A = エ となる。
よって，n 回目の操作を終えた後に並んでいる黒の碁石の個数は，エ 個となる。

(4) 20回目の操作を終えた後に並んでいる白の碁石の個数を求めなさい。(4点)

静岡県

時間 50分　満点 50点　解答 P38　3月4日実施

出題傾向と対策

● 大問は7題で，1は小問集合，2は作図，図形，確率，3は資料の活用，4は連立方程式，5は空間図形，6は $y=ax^2$，7は平面図形の出題であった。大問数は昨年と同じであり，問題の量，難易度ともに例年同様である。
● 分量が多いため，時間内に正確に解く練習が必要である。計算過程や考え方などを記述させる問題も多いので，基本事項を確認してから時間を意識して，多くの過去問を解くこと。その後に類題演習をするとよい。

1 よく出る 基本　次の(1)〜(3)の問いに答えなさい。
(1) 次の計算をしなさい。
　ア　$5+(-3)\times 8$ (2点)
　イ　$(45a^2-18ab)\div 9a$ (2点)
　ウ　$\dfrac{x-y}{2}-\dfrac{x+3y}{7}$ (2点)
　エ　$\dfrac{42}{\sqrt{7}}+\sqrt{63}$ (2点)
(2) $a=\dfrac{7}{6}$ のとき，$(3a+4)^2-9a(a+2)$ の式の値を求めなさい。(2点)
(3) 次の2次方程式を解きなさい。
　　$x^2+x=21+5x$ (2点)

2 よく出る 基本　次の(1)〜(3)の問いに答えなさい。
(1) 図1のように，2つの辺AB，ACと，点Pがある。次の□□□の中に示した条件①と条件②の両方に当てはまる円の中心Oを作図しなさい。

| 条件①　円の中心Oは，点Pを通り辺ACに垂直な直線上の点である。
条件②　円Oは，2つの辺AB，ACの両方に接する。 |

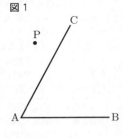
図1

ただし，作図には定規とコンパスを使用し，作図に用いた線は残しておくこと。(2点)

(2) 図2は，半径2cmの円を底面とする円すいの展開図であり，円すいの側面になる部分は半径5cmのおうぎ形である。このおうぎ形の中心角の大きさを求めなさい。(2点)

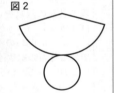
図2

(3) 1から6までの数字を1つずつ書いた6枚のカードがある。図3は，その6枚のカードを示したものである。この6枚のカードをよくきってから同時に2枚引くとき，引いたカードに書いてある2つの数の公約数が1しかない確率を求めなさい。ただし，カードを引くとき，どのカードが引かれることも同様に確からしいものとする。(2点)

図3
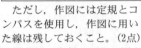

3 よく出る 基本　ある都市の，1月から12月までの1年間における，月ごとの雨が降った日数を調べた。表1は，その結果をまとめたものである。ただし，6月に雨が降った日数を a 日とする。
このとき，次の(1)，(2)の問いに答えなさい。

表1

月	1	2	3	4	5	6	7	8	9	10	11	12
日数(日)	4	6	7	10	7	a	10	15	16	7	13	7

(1) この年の，月ごとの雨が降った日数の最頻値を求めなさい。(1点)
(2) この年の，月ごとの雨が降った日数の範囲は12日であり，月ごとの雨が降った日数の中央値は8.5日であった。このとき，次の□□□に当てはまる数を書き入れなさい。(2点)
　　a がとりうる値の範囲は，□□□ $\leq a \leq$ □□□ である。

4 よく出る 基本　ある中学校の2年生が職場体験活動を行うことになり，Aさんは美術館で活動した。この美術館の入館料は，大人1人が500円，子ども1人が300円であり，大人のうち，65歳以上の人の入館料は，大人の入館料の1割引きになる。美術館が閉館した後に，Aさんがこの日の入館者数を調べたところ，すべての大人の入館者数と子どもの入館者数は合わせて183人で，すべての大人の入館者数のうち，65歳以上の人の割合は20%であった。また，この日の入館料の合計は76750円であった。
このとき，すべての大人の入館者数と子どもの入館者数は，それぞれ何人であったか。方程式をつくり，計算の過程を書き，答えを求めなさい。(5点)

5 図4の立体は，1辺の長さが4cmの立方体である。
このとき，次の(1)〜(3)の問いに答えなさい。

(1) よく出る 基本　辺AEとねじれの位置にあり，面ABCDと平行である辺はどれか。すべて答えなさい。(2点)

図4
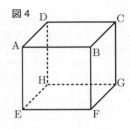

(2) よく出る 基本　この立方体において，図5のように，辺EFの中点をLとする。線分DLの長さを求めなさい。(2点)

図5
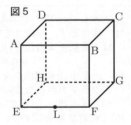

(3) この立方体において，図6のように，辺 AD，BC の中点をそれぞれ M，N とし，線分 MN 上に MP = 1 cm となる点 P をとる。四角形 AFGD を底面とする四角すい PAFGD の体積を求めなさい。 (3点)

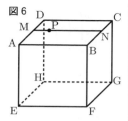
図6

[6] 図7において，点 A の座標は (2, −6) であり，①は，点 A を通り，x の変域が $x > 0$ であるときの反比例のグラフである。また，②は，関数 $y = ax^2$ ($a > 1$) のグラフである。2点 B，C は，放物線②上の点であり，その x 座標は，それぞれ −4，3 である。

このとき，次の(1)〜(3)の問いに答えなさい。

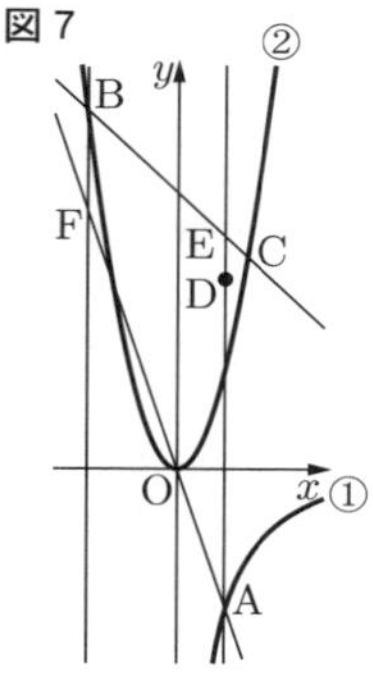

(1) **よく出る** **基本** 曲線①をグラフとする関数について，y を x の式で表しなさい。 (2点)

(2) **よく出る** **基本** 関数 $y = ax^2$ において，x の値が −5 から −2 まで増加するときの変化の割合を，a を用いて表しなさい。 (2点)

(3) 点 D の座標は (2, 8) であり，直線 AD と直線 BC との交点を E とする。点 B を通り y 軸に平行な直線と直線 AO との交点を F とする。直線 DF が四角形 BFAE の面積を二等分するときの，a の値を求めなさい。求める過程も書きなさい。 (4点)

図7

[7] **よく出る** **思考力** 図8において，4点 A，B，C，D は円 O の円周上の点であり，△ACD は AC = AD の二等辺三角形である。また，$\stackrel{\frown}{BC} = \stackrel{\frown}{CD}$ である。$\stackrel{\frown}{AD}$ 上に ∠ACB = ∠ACE となる点 E をとる。AC と BD との交点を F とする。

このとき，次の(1), (2)の問いに答えなさい。

(1) △BCF ∽ △ADE であることを証明しなさい。 (6点)
(2) AD = 6 cm, BC = 3 cm のとき, BF の長さを求めなさい。 (3点)

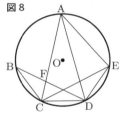
図8

愛知県

Aグループ	時間	45分	満点	22点	解答 P39	3月5日実施
Bグループ		45分		22点	P40	3月9日実施

《Aグループ》

出題傾向と対策

● [1] は基本的な小問9題，[2] は関数とグラフなどの小問4題，[3] は図形の小問3題で，出題傾向や問題数に変化はない。作図は出題されないが，グラフをかかせる設問がある。また，長さ，面積，体積，角度を答えさせる設問のほか，面積や体積の倍率を求めさせる設問が特徴的である。

● 中学の数学のほぼすべての分野から出題される。難易度，分量とも大きな変化はないので，過去の出題を参考に良問を練習しておこう。2020年は図形の証明の穴埋めは出題されなかったが，2021年は復活するつもりで準備しよう。

[1] 次の(1)から(9)までの問いに答えなさい。

(1) **よく出る** **基本** $3 - 4 \times (-2)$ を計算しなさい。

(2) **よく出る** **基本** $\dfrac{2}{3}(2x - 3) - \dfrac{1}{5}(3x - 10)$ を計算しなさい。

(3) **よく出る** **基本** $(\sqrt{10} + \sqrt{5})(\sqrt{6} - \sqrt{3})$ を計算しなさい。

(4) **よく出る** **基本** 方程式 $2x^2 + 5x + 3 = x^2 + 6x + 6$ を解きなさい。

(5) **よく出る** **基本** $5x(x - 2) - (2x + 3)(2x - 3)$ を因数分解しなさい。

(6) **よく出る** **基本** クラスで調理実習のために材料費を集めることになった。1人300円ずつ集めると材料費が2600円不足し，1人400円ずつ集めると1200円余る。
このクラスの人数は何人か，求めなさい。

(7) **よく出る** **基本** ボールが，ある斜面をころがりはじめてから x 秒後までにころがる距離を y m とすると，x と y の関係は $y = 3x^2$ であった。
ボールがころがりはじめて2秒後から4秒後までの平均の速さは毎秒何 m か，求めなさい。

(8) **よく出る** **基本** A の箱には1, 2, 3, 4, 5 の数が書かれたカードが1枚ずつはいっており，B の箱には1, 3, 5, 6 の数が書かれたカードが1枚ずつはいっている。
A，B の箱からそれぞれカードを1枚ずつ取り出したとき，書かれている数の積が奇数である確率を求めなさい。

(9) **思考力** 図で，円 P，Q は直線 l にそれぞれ点 A，B で接している。
円 P，Q の半径がそれぞれ 4 cm, 2 cm で，PQ = 5 cm のとき，線分 AB の長さは何 cm か，求めなさい。
ただし，答えは根号をつけたままでよい。

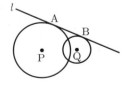

2 次の(1)から(4)までの問いに答えなさい。

(1) **基本** 図の○の中には，三角形の各辺の3つの数の和がすべて等しくなるように，それぞれ数がはいっている。ア，イにあてはまる数を求めなさい。

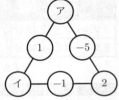

(2) **思考力** 次の文章は，40人で行ったクイズ大会について述べたものである。
文章中の a ， b ， c ， d にあてはまる数を書きなさい。

クイズ大会では，問題を3問出題し，第1問，第2問，第3問の配点は，それぞれ1点，2点，2点であり，正解できなければ0点である。表は，クイズ大会で獲得した点数を度数分布表に表したものである。度数分布表から，獲得した点数の平均値は a 点，中央値は b 点である。

獲得した点数の度数分布表

点数 (点)	5	4	3	2	1	0	計
度数 (人)	9	9	10	6	5	1	40

また，各問題の配点をあわせて考えることで，第1問を正解した人数と正解した問題数の平均値がわかる。第1問を正解した人数は c 人であり，正解した問題数の平均値は d 問である。

(3) **基本** 図で，Oは原点，A，Bは関数 $y = \dfrac{2}{x}$ のグラフ上の点で，x 座標はそれぞれ1, 3である。また，Cは x 軸上の点で，x 座標は正である。
△AOB の面積と △ABC の面積が等しいとき，点Cの座標を求めなさい。

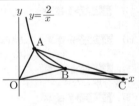

(4) **よく出る** A地点からB地点までの距離が12 km の直線の道がある。A地点とB地点の間には，C地点があり，A地点からC地点までの距離は8 km である。
Sさんは，自転車でA地点を出発してC地点に向かって毎時12 km の速さで進み，C地点で5分間の休憩をとったのち，C地点を出発してB地点に向かって毎時12 km の速さで進み，B地点に到着する。
1台のバスがA地点とB地点の間を往復運行しており，バスはA地点からB地点までは毎時48 km，B地点からA地点までは毎時36 km の速さで進み，A地点またはB地点に到着すると，5分間停車したのち出発する。
SさんがA地点を，バスがB地点を同時に出発するとき，次の①，②の問いに答えなさい。
① SさんがA地点を出発してから x 分後のA地点からSさんまでの距離を y km とする。SさんがA地点を出発してからB地点に到着するまでの x と y の関係を，グラフに表しなさい。

② SさんがA地点を出発してからB地点に到着するまでに，Sさんとバスが最後にすれ違うのは，SさんがA地点を出発してから何分後か，答えなさい。

3 次の(1)から(3)までの問いに答えなさい。
ただし，答えは根号をつけたままでよい。

(1) 図で，C，DはABを直径とする半円Oの周上の点で，Eは線分CBとDOとの交点である。
∠COA = 40°，∠DBE = 36° のとき，∠DEC の大きさは何度か，求めなさい。

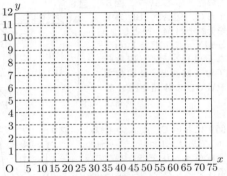

(2) **よく出る** 図で，四角形ABCDは長方形である。E，Fはそれぞれ辺BC，DC上の点で，EC = 2BE，FC = 3DF である。また，Gは線分AEとFBとの交点である。
AB = 4 cm，AD = 6 cm のとき，次の①，②の問いに答えなさい。

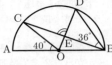

① 線分AGの長さは線分GEの長さの何倍か，求めなさい。
② 3点A，F，Gが周上にある円の面積は，3点E，F，Gが周上にある円の面積の何倍か，求めなさい。

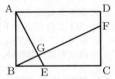

(3) **よく出る** 図で，立体OABCDは，正方形ABCDを底面とする正四角すいである。
OA = 9 cm，AB = 6 cm のとき，次の①，②の問いに答えなさい。

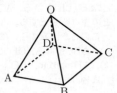

① 正四角すい OABCD の体積は何 cm³ か，求めなさい。
② 頂点Aと平面OBCとの距離は何 cm か，求めなさい。

《Bグループ》

出題傾向と対策

- ① は基本的な小問9題，② は確率や関数とグラフから4題，③ は図形問題3題という出題が続いている。グラフをかかせる問題以外はほとんど数値を答える問題で，作図や証明は出題されない。長さ，面積，体積，角度を答える問題がほとんどで，2020年は面積などの倍率を答える問題がなかった。
- 中学の数学のほぼすべての分野から，基本的な問題が出題されるが，2020年はやや難しい設問が登場した。過去の出題を参考にして，良問をしっかりと練習しておこう。また，図形の証明が復活しても対処できるようにしておこう。

---

1 【よく出る】【基本】 次の(1)から(9)までの問いに答えなさい。

(1) $4 - 6 \div (-2)$ を計算しなさい。

(2) $(2x+1)(3x-1) - (2x-1)(3x+1)$ を計算しなさい。

(3) $(\sqrt{5} - 1)^2 + \sqrt{20}$ を計算しなさい。

(4) 方程式 $(x+1)(x-1) = 3(x+1)$ を解きなさい。

(5) 500円出して，a 円の鉛筆5本と b 円の消しゴム1個を買うと，おつりがあった。
　　この数量の関係を不等式で表しなさい。

(6) 2種類の体験学習A，Bがあり，生徒は必ずA，Bのいずれか一方に参加する。
　　A，Bそれぞれを希望する生徒の人数の比は 1：2 であった。その後，14人の生徒がBからAへ希望を変更したため，A，Bそれぞれを希望する生徒の人数の比は 5：7 となった。
　　体験学習に参加する生徒の人数は何人か，求めなさい。

(7) 関数 $y = x^2$ について正しく述べたものを，次のアからエまでの中からすべて選んで，そのかな符号を書きなさい。
　ア　x の値が増加すると，y の値も増加する。
　イ　グラフが y 軸を対称の軸として線対称である。
　ウ　x の変域が $-1 \leq x \leq 2$ のとき，y の変域は $1 \leq y \leq 4$ である。
　エ　x がどんな値をとっても，$y \geq 0$ である。

(8) 男子生徒6人のハンドボール投げの記録は，右のようであった。　　　　　　　　　　（単位：m）
　　　23, 26, 25, 26, 20, 18
　　6人のハンドボール投げの記録の中央値は何 m か，求めなさい。

(9) 図で，A，B，Cは円Oの周上の点である。
　　$\angle ABO = 31°$，
　　$\angle BOC = 154°$ のとき，
　　$\angle ACO$ の大きさは何度か，求めなさい。

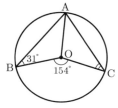

---

2 次の(1)から(4)までの問いに答えなさい。

(1) 【新傾向】 図のように，1から6までの数が書かれたカードが1枚ずつある。
　　1つのさいころを2回続けて投げる。1回目は，出た目の数の約数が書かれたカードをすべて取り除く。2回目は，出た目の数の約数が書かれたカードが残っていれば，そのカードをさらに取り除く。
　　このとき，カードが1枚だけ残る確率を求めなさい。

1	2	3
4	5	6

(2) 【思考力】 次の文章は，自然数の計算について述べたものである。
　　文章中の [a]，[b] にあてはまる数を書きなさい。

> 与えられた自然数を次の規則にしたがって計算する。
> 　奇数ならば，3倍して1を加え，偶数ならば，2で割る。
> 　結果が1となれば，計算を終わり，結果が1とならなければ，上の計算を続ける。

　　例えば，与えられた自然数が3のときは，下のように7回の計算で1となる。

> ① ② ③ ④ ⑤ ⑥ ⑦
> 3 → 10 → 5 → 16 → 8 → 4 → 2 → 1

　　このとき，7回の計算で1となる自然数は，3を含めて4個あり，小さい順に並べると，3，[a]，[b]，128である。

(3) 図で，Oは原点，A，Bはともに直線 $y = 2x$ 上の点，Cは直線 $y = -\frac{1}{3}x$ 上の点であり，点A，B，Cの x 座標はそれぞれ 1，4，-3 である。
　　このとき，点Aを通り，$\triangle OBC$ の面積を二等分する直線と直線BCとの交点の座標を求めなさい。

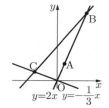

(4) 円柱の容器A，B，Cがあり，3つの容器の底面積は等しく，高さは 80 cm である。また，ポンプP，Qがあり，それぞれ容器AからCへ，容器BからCへ水を移すためのものである。ポンプPによって容器Aにはいっている水の高さは1分間あたり 2 cm ずつ，ポンプQによって容器Bにはいっている水の高さは1分間あたり 1 cm ずつ低くなり，ポンプP，Qは，それぞれ容器A，Bにはいっている水がなくなったら止まる。
　　容器A，Bに水を入れ，容器Cは空の状態で，ポンプP，Qを同時に動かしはじめる。
　　このとき，次の①，②の問いに答えなさい。
　　なお，容器A，Bに入れる水の量は，①，②の問いでそれぞれ異なる。

① ポンプP，Qを動かす前の容器Aの水の高さが 40 cm であり，ポンプP，Qの両方が止まった後の容器Cの水の高さが 75 cm であったとき，先に止まったポンプの何分後にもう一方のポンプは止まったか，答えなさい。

② 【難】 ポンプP，Qを同時に動かしはじめてから x 分後の容器Cの水の高さを y cm とする。ポンプP，Qを動かしはじめてから，25分後，50分後の容器Cの水の高さがそれぞれ 45 cm，65 cm であったとき，$0 \leq x \leq 50$ における x と y の関係を，グラフに表しなさい。

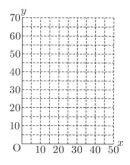

3 次の(1)から(3)までの問いに答えなさい。
ただし，円周率は π とする。また，答えは根号をつけたままでよい。

(1) **よく出る** 図で，四角形
ABCD は平行四辺形である。
E は辺 BC 上の点，F は線
分 AE と ∠ADC の二等分線
との交点で，AE ⊥ DF である。

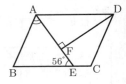

∠FEB = 56° のとき，∠BAF の大きさは何度か，求めなさい。

(2) 図で，四角形 ABCD は，
AD // BC の台形である。E
は辺 AB の中点，F は辺 DC
上の点で，四角形 AEFD と
四角形 EBCF の周の長さが
等しい。

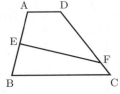

AD = 2 cm，BC = 6 cm，
DC = 5 cm，台形 ABCD の高さが 4 cm のとき，次の①，②の問いに答えなさい。
① 線分 DF の長さは何 cm か，求めなさい。
② 四角形 EBCF の面積は何 cm² か，求めなさい。

(3) 図は，ある立体の展開図で
ある。弧 AB，DC はともに
点 O を中心とする円周の一
部で，直線 DA，CB は点 O
を通っている。また，円 P，
Q はそれぞれ弧 AB，DC に
接している。

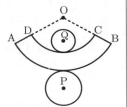

DA = CB = 3 cm，
弧 AB，DC の長さがそれぞれ 6π cm，4π cm のとき，
次の①，②の問いに答えなさい。
① 円 P の面積と円 Q の面積の和は何 cm² か，求めなさい。
② 展開図を組み立ててできる立体の体積は何 cm³ か，求めなさい。

三重県

時間 45分　満点 50点　解答 P41　3月10日実施

出題傾向と対策

- **1** 計算の小問，**2** (1) 1次関数の利用，(2)連立方程式の文章題，(3)確率，**3** 1次関数と2乗に比例した関数を中心とした総合問題，**4** (1)空間図形，(2)作図，**5** 平面図形の総合問題であり，分量・難易度とも例年通りであった。
- 中学の全分野から出題されているので，教科書や問題集の問題を繰り返し勉強するとよい。やさしい問題が多いが，試験時間に対して分量がやや多い。余裕を持って図形問題を解くためには，ある程度の計算力が必要である。代数分野に比べ，図形分野の難易度が高いので，図形分野の準備はしっかりしておくこと。

1 **よく出る** **基本** あとの各問いに答えなさい。
(1) $(-9) \times 7$ を計算しなさい。 (1点)
(2) $\dfrac{4}{5}x - \dfrac{3}{4}x$ を計算しなさい。 (1点)
(3) $7(a-b) - 4(2a-8b)$ を計算しなさい。 (2点)
(4) $(\sqrt{5} - \sqrt{2})^2$ を計算しなさい。 (2点)
(5) $x^2 - 36$ を因数分解しなさい。 (2点)
(6) 二次方程式 $x^2 + 5x - 1 = 0$ を解きなさい。 (2点)
(7) 次の表は，A さんが4月から9月まで，図書館で借りた本の冊数を表したものである。A さんが4月から9月まで，図書館で借りた本の冊数の1か月あたりの平均が 5.5 冊のとき，n の値を求めなさい。 (2点)

月	4月	5月	6月	7月	8月	9月
図書館で借りた本の冊数(冊)	5	4	3	7	n	5

2 **よく出る** あとの各問いに答えなさい。
(1) **思考力** P 中学校で，文集をつくることにした。注文する会社を決めるために，P 中学校の近くにある A 社と B 社それぞれの作成料金を下の表にまとめた。
このとき，次の各問いに答えなさい。

	作成料金
A社	文集1冊あたりの費用は，1250円 ただし，作成冊数に関わらず，初期費用は，無料
B社	文集1冊あたりの費用は，600円 ただし，作成冊数に関わらず，初期費用は，18000円

A社とB社で文集を作成するとき，総費用は，次の式で求められる。
(総費用) = (初期費用) + (文集1冊あたりの費用) × (作成する冊数)

① **基本** B 社で文集を 15 冊作成するとき，総費用はいくらになるか，求めなさい。 (1点)
② B 社で文集を x 冊作成するときの総費用を y 円として，x と y の関係を，次のような一次関数のグラフに表した。
㋐ B 社で文集を総費用4万円以内で作成するとき，最大何冊作成することができるか，求めなさい。

(2点)

㋑ A社で文集を x 冊作成するときの総費用を y 円として，x と y の関係を，グラフに表しなさい。(1点)

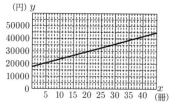

㋒ B社で文集を作成する総費用が，A社で文集を作成する総費用より安くなるのは，文集を何冊以上作成したときか，求めなさい。(2点)

(2) ■基本■ Aさんは家から1800 m 離れた駅まで行くのに，はじめ分速60 m で歩いていたが，途中から駅まで分速160 m で走ったところ，家から出発してちょうど20分後に駅に着いた。

次の □□□ は，Aさんが家から駅まで行くのに，歩いた道のりと，走った道のりを，連立方程式を使って求めたものである。① ～ ④ に，それぞれあてはまる適切なことがらを書き入れなさい。(3点)

歩いた道のりを x m，走った道のりを y m とすると，
$$\begin{cases} \boxed{①} = 1800 \\ \boxed{②} = 20 \end{cases}$$
これを解くと，$x = \boxed{③}$，$y = \boxed{④}$
歩いた道のりは $\boxed{③}$ m，走った道のりは $\boxed{④}$ m となる。

(3) 大小2つのさいころを同時に1回投げ，大きいさいころの出た目の数を十の位の数，小さいさいころの出た目の数を一の位の数としてできる2けたの数を m としたとき，次の各問いに答えなさい。

ただし，さいころの目の出方は，1，2，3，4，5，6 の6通りであり，どの目が出ることも同様に確からしいものとする。

① m が素数となる確率を求めなさい。(2点)
② $\sqrt{m}$ が自然数となる確率を求めなさい。(2点)

3 ■よく出る■ 右の図のように，関数 $y = ax^2 \cdots ㋐$ のグラフと関数 $y = 3x + 7 \cdots ㋑$ のグラフとの交点Aがあり，点Aの x 座標が -2 である。

このとき，あとの各問いに答えなさい。

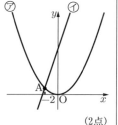

(1) ■基本■ a の値を求めなさい。(2点)

(2) ■基本■ ㋐について，x の変域が $-2 \leqq x \leqq 3$ のときの y の変域を求めなさい。(2点)

(3) ㋑のグラフと y 軸との交点をBとし，㋐のグラフ上に x 座標が6となる点Cをとり，四角形ADCBが平行四辺形になるように点Dをとる。

このとき，次の各問いに答えなさい。

① 点Dの座標を求めなさい。(2点)
② 点Oを通り，四角形ADCBの面積を2等分する直線の式を求めなさい。
ただし，原点をOとする。(2点)

4 あとの各問いに答えなさい。

(1) ■よく出る■ 右の図のような，点A，B，C，Dを頂点とする正四面体ABCDがある。辺ABを1:2に分ける点E，辺CDの中点Fをとり，3点B，E，Fを結んで△BEFをつくる。

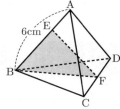

辺ABの長さが6 cm のとき，次の各問いに答えなさい。なお，各問いにおいて，答えに $\sqrt{}$ がふくまれるときは，$\sqrt{}$ の中をできるだけ小さい自然数にしなさい。

① ■基本■ 辺BFの長さを求めなさい。(1点)
② 辺BFを底辺としたときの△BEFの高さを求めなさい。(2点)

(2) 右の図で，中心が四角形ABCDの辺AB上にあり，辺BCと辺ADに接する円と辺BCとの接点Pを，定規とコンパスを用いて作図しなさい。

なお，作図に用いた線は消さずに残しておきなさい。

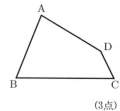

(3点)

5 右の図のように，$\angle BAD > \angle ADC$ となる平行四辺形ABCDがあり，3点A，B，Cを通る円Oがある。辺ADと円Oの交点をE，線分ACと線分BEの交点をF，$\angle BAC$ の二等分線と線分BE，辺BC，円Oとの交点をそれぞれG，H，Iとする。また，線分EIと辺BCの交点をJとする。

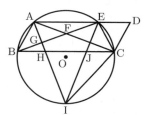

このとき，あとの各問いに答えなさい。
ただし，点Iは点Aと異なる点とする。

(1) ■基本■ 次の □□□ は，△AHC∽△CJI であることを証明したものである。
㋐ ～ ㋒ に，それぞれあてはまる適切なことがらを書き入れなさい。(3点)

〈証明〉 △AHC と △CJI において，
線分AIは∠BACの二等分線だから，
$\angle HAC = \boxed{㋐} \cdots ①$
弧BIに対する円周角は等しいから，
$\boxed{㋐} = \angle JCI \cdots ②$
①，②より，$\angle HAC = \angle JCI \cdots ③$
平行四辺形の向かい合う辺は平行だから，AD // BC となり，錯角は等しいから，$\angle ACH = \boxed{㋑} \cdots ④$
弧CEに対する円周角は等しいから，
$\boxed{㋑} = \angle CIJ \cdots ⑤$
④，⑤より，$\angle ACH = \angle CIJ \cdots ⑥$
③，⑥より，$\boxed{㋒}$ がそれぞれ等しいので，
△AHC∽△CJI

(2) △ADC ≡ △BCE であることを証明しなさい。(4点)

(3) AB = 5 cm，AE = 8 cm，BC = 12 cm のとき，次の各問いに答えなさい。

① 平行四辺形ABCDの面積を求めなさい。
なお，答えに $\sqrt{}$ がふくまれるときは，$\sqrt{}$ の中をできるだけ小さい自然数にしなさい。(2点)

② 線分BGと線分FEの長さの比を，最も簡単な整数の比で表しなさい。 (2点)

滋賀県

時間 50分　満点 100点　解答 p.42　3月10日実施

* 注意　1. 答えに根号が含まれる場合は，根号を用いた形で表しなさい。
　　　2. 円周率は π とします。

出題傾向と対策

● 大問4問の構成で，**1**は9題から成る小問集合，**2**は一次関数と方程式の融合問題，**3**は動点を題材とした相似に関する問題，**4**は図形の基本性質を用いての作図問題であった。学習してきた内容の基礎を生かす応用力が要求されているのも例年通りである。
● 過去問を通じて，その場で考えるトレーニングを積んでおくことも必要だが，日頃から根拠と向き合って作図や証明に取り組み，自分で相似な図形を作ってみる，グラフを利用してみるといった姿勢で試行錯誤してほしい。

1 よく出る 基本　次の(1)から(9)までの各問いに答えなさい。

(1) A市における，3月の1か月間の人口の変化は −11人でした。また，4月の1か月間の人口の変化は +6人でした。3月と4月の2か月間の人口の変化は何人ですか。求めなさい。
　なお，人口の変化は，人口が増えた場合を正の数，減った場合を負の数で表すこととします。(4点)

(2) $\dfrac{7}{4}a - \dfrac{3}{5}a$ を計算しなさい。 (4点)

(3) 次の連立方程式を解きなさい。 (4点)
$$\begin{cases} 2x - 3y = 1 \\ 3x + 2y = 8 \end{cases}$$

(4) $\sqrt{3}(2 - \sqrt{6})$ を計算しなさい。 (4点)

(5) 次の2次方程式を解きなさい。 (4点)
$x^2 - 7x + 12 = 0$

(6) $x^3 \times (6xy)^2 \div (-3x^2 y)$ を計算しなさい。 (4点)

(7) 関数 $y = ax^2$ について，xの変域が $-3 \leqq x \leqq 1$ のとき，yの変域は $0 \leqq y \leqq 1$ である。このとき，aの値を求めなさい。 (4点)

(8) 下の表は，10点満点の小テストにおいて，100人の得点の結果をまとめたものです。小テストの点数の最頻値を求めなさい。 (4点)

表

小テストの点数(点)	0	1	2	3	4	5	6	7	8	9	10	計
人数(人)	0	3	4	4	6	11	19	28	13	7	5	100

(9) 右の図のように，平行四辺形ABCDの辺AB, BC上にAC // EFとなるような点E, Fをとります。次に，C, D, E, Fの文字を1つずつ書いた4枚のカードをよくきって，2枚

図

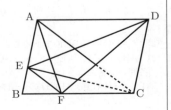

同時に引き，2枚のカードに書かれた文字が表す2つの点と点Aの3点を結んで三角形をつくります。
　その3点を頂点とする三角形が，△DFCと同じ面積になる確率を求めなさい。ただし，どのカードを引くことも同様に確からしいものとします。 (5点)

カード

2 基本　太郎さんは，旅行会社が企画した観光バスツアーの料金について調べました。後の(1)から(4)までの各問いに答えなさい。

調べたこと

○観光バスツアーの参加費　1人あたり　5000円
○観光バスツアーの参加定員　45人
○旅行会社が観光バスツアーを開催するための費用

| ○参加者1人につき
・お弁当代　800円
・お土産代　500円
・美術館の入場料　600円
合計　1900円 | ○バス1台を運行するのに
・燃料費
・高速道路料金
・保険費用など
合計　80000円 |

　観光バスツアーの参加者の人数にかかわらず，バスを運行するための費用として，合計80000円かかるそうです。　太郎さん

○観光バスツアーの参加者をx人とし，旅行会社の売上金額をy円として，yをxの式で表すと，
$y = 5000x$ …①

○観光バスツアーの参加者をx人とし，お弁当代，お土産代，美術館の入場料の合計をy円として，yをxの式で表すと，
$y = 1900x$ …②

○観光バスツアーの参加者をx人とし，旅行会社が観光バスツアーを開催するための費用の合計をy円として，yをxの式で表すと，
$y = 1900x + 80000$ …③

太郎さん　旅行会社の利益は下の式で求めることができます。

式
旅行会社の利益 = 旅行会社の売り上げ金額
　　　　　　　 − 開催するための費用の合計

(1) 参加者が15人のときの旅行会社の売り上げ金額を求めなさい。 (4点)

(2) 旅行会社の利益をプラスにするためには，少なくとも何人の参加者が必要になりますか。求めなさい。 (4点)

(3) 太郎さんは，調べたことの①，②，③の式を右のグラフのように表し，点A, Bをとりました。点Aのx座標が40，点Bのx座標が0であるとき，点Aのy座標と点Bのy座標の差は何を表していますか。次のアからオまでの中から1つ選び，記号

グラフ

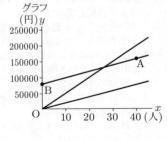

で答えなさい。　　　　　　　　　　　(4点)
ア　参加者が40人のときの，バスを運行するための費用
イ　参加者が40人のときの，旅行会社の売り上げ金額
ウ　参加者が40人のときの，旅行会社の利益
エ　参加者が40人のときの，お弁当代，お土産代，美術館の入場料の合計
オ　参加者が40人のときの，旅行会社が観光バスツアーを開催するための費用の合計

> グラフを見ていると，この観光バスツアーを参加定員いっぱいで開催したとしても，旅行会社の利益が100000円以上にはならないような気がするなあ。
太郎さん

(4)　45人の参加者がいたとき，旅行会社の利益を100000円以上にするためには，1人あたりの参加費を少なくともいくらにする必要がありますか。求めるための方法を説明し，1人あたりの参加費を求めなさい。　(8点)

3　花子さんは，美術館へ行きました。
図1は展示室を真上から見たもので，壁やパネルに作品が展示されています。花子さんは，展示室の中を移動したとき，パネルで隠れて見えなくなる壁面があることに気がつき，下のような考え方をもとに，見えない壁面の範囲がどのように変化するかを考えました。後の(1)から(3)までの各問いに答えなさい。ただし，パネルの厚さは考えないものとします。

図1 展示室

考え方
○図2のように，展示室を長方形ABCD，パネルを線分EFとします。
○長方形ABCDの辺上に点Pをとり，半直線PEと長方形ABCDの各辺との交点をGとします。
○図2のように，点Pにいる人からパネルを見た場合，パネルで隠れて見えない部分を，塗りつぶして（■）表します。

図2

(1)　図3のように，点Pが点Aにあるときの線分CGの長さを求めなさい。
　　また，点Pは辺AB上を点Aから点Bまで移動します。点Gが点Dに重なったときの線分APの長さを求めなさい。
　　　　　　　　　　　(7点)

図3
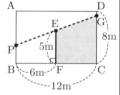

(2)　図4は，点Pが線分BF上を点Bから2m移動したときを示したものです。
　　半直線FEと辺ADの交点をHとしたとき，△PFEと△GHEが相似であることを証明し，線分DGの長さを求めなさい。　　　(10点)

図4
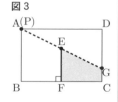

(3)　図5は，点Pが辺CD上を点Cから点Dまで移動するときを示したものです。線分CPの長さが，線分AGの長さと等しくなるとき，線分CPの長さを求めなさい。　(6点)

図5
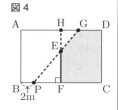

4　思考力　太郎さんは，丸いケーキを三等分に切り分けようとしています。そこで，友達から教えてもらった円の面積を三等分する方法を活用することで，丸いケーキを三等分に切り分けることができました。太郎さんは，面積を三等分することに興味をもち，四角形や三角形の面積を三等分することについても考えました。後の(1)から(3)までの各問いに答えなさい。

円の面積を三等分する方法

①図1のように，円Oの円周上の点Aから，半径OAと長さが等しくなるように，コンパスを使って，点B，Cを円周上にとります。
②同様に点B，Cから半径OAと長さが等しくなるように，点D，Eを円周上にとります。
③点Oと点A，点D，点Eとをそれぞれ結ぶと，円の面積を三等分することができます。

図1
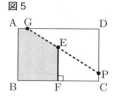

(1)　この円の面積を三等分する方法で，円の面積を三等分することができる理由を説明しなさい。　　(6点)

(2)　図2のように，正方形ABCDの対角線の交点Pを通る線分を使い，面積を三等分します。
　　EB = GC，∠PFD = 90°となるように，辺AB，AD，CD上にそれぞれ点E，F，Gをとります。線分EP，FP，GPで切り分けたときに正方形ABCDの面積が三等分になるような，線分AEと線分EBの長さの比を求めなさい。　(6点)

図2
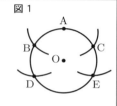

(3)　図3のように，辺の長さがそれぞれ違う△ABCの面積を三等分します。
　　△ABCの内部に各辺から等しい距離にある点Qをとります。次に，辺BC，CA上で頂点とは違うところに，それぞれ点E，Fをとります。線分BQ，EQ，FQで△ABCを切り分けたときに，△ABCの面積が三等分になるような点Q，E，Fと線分BQ，EQ，FQをコンパスと定規を使って作図しなさい。ただし，作図に使った線は消さないこと。　(8点)

図3
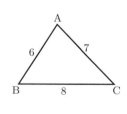

京都府

時間 40分 満点 40点 解答 p.43 3月6日実施

* 注意 1. 円周率は π としなさい。
  2. 答えの分数が約分できるときは，約分しなさい。
  3. 答えが √ を含む数になるときは，√ の中を最も小さい正の整数にしなさい。
  4. 答えの分母が √ を含む数になるときは，分母を有理化しなさい。

出題傾向と対策

● 例年通りの大問 6 題の形式である。**1** は小問集合，**2** は数学的思考と確率，**3** は関数の利用，**4** は空間図形，**5** は平面図形，**6** は思考力の必要な規則性を見つける問題であった。出題順は昨年と異なるが，内容はほぼ変化はない。

● 出題されている問題の大半は基本～標準的な問題で解きやすいものであるが，それゆえミスをしないようにしなければならない。難問はなく，ほとんどが入試定番問題からの出題であるが，思考力の必要な設定の問題が多いので，普段から解法パターンを覚えるだけではなく，なぜそうなるのか？を考えて勉強しておくこと。

---

1 基本　次の問い(1)～(8)に答えよ。

(1) $5 + 4 \times (-3^2)$ を計算せよ。 (2点)

(2) $4(3x+y) - 6\left(\dfrac{5}{6}x - \dfrac{4}{3}y\right)$ を計算せよ。 (2点)

(3) $\sqrt{3} \times \sqrt{32} + 3\sqrt{6}$ を計算せよ。 (2点)

(4) 次の連立方程式を解け。 (2点)
$$\begin{cases} 2x + 5y = -7 \\ 3x + 7y = -9 \end{cases}$$

(5) 一次関数 $y = -\dfrac{4}{5}x + 4$ のグラフをかけ。 (2点)

(6) $5 < \sqrt{n} < 6$ をみたす自然数 n の個数を求めよ。 (2点)

(7) 右の図で，4点 A，B，C，D は円 O の周上にあり，線分 BD は円 O の直径である。このとき，∠x の大きさを求めよ。 (2点)

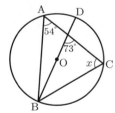

(8) ある工場で同じ製品を 10000 個作った。このうち 300 個の製品を無作為に抽出して検査すると，7 個の不良品が見つかった。この結果から，10000 個の製品の中に含まれる不良品の個数はおよそ何個と考えられるか。一の位を四捨五入して答えよ。 (2点)

---

2 思考力　右の I 図のように，A，B，C，D，E，F，G の文字が書かれた積み木が 1 個ずつあり，この順に下から積まれている。
積まれた 7 個の積み木について，次の 〈操作〉 を行う。

〈操作〉

| 手順① | 1 から 6 までの目があるさいころを 1 回投げる。 |
| 手順② | 手順①で 1 の目が出た場合，下から 1 番目にある積み木を抜き取る。 |

手順①で 2 の目が出た場合，下から 2 番目にある積み木を抜き取る。
手順①で 3 の目が出た場合，下から 3 番目にある積み木を抜き取る。
手順①で 4 の目が出た場合，下から 4 番目にある積み木を抜き取る。
手順①で 5 の目が出た場合，下から 5 番目にある積み木を抜き取る。
手順①で 6 の目が出た場合，下から 6 番目にある積み木を抜き取る。

手順③　手順②で抜き取った積み木を一番上に移動させる。

たとえば，I 図の状態から 〈操作〉 を 2 回続けて行うとき，1 回目の 〈操作〉 の手順①で 2 の目が出た場合，7 個の積み木は I 図の状態から右の II 図の状態になり，2 回目の 〈操作〉 の手順①でも 2 の目が出た場合，7 個の積み木は II 図の状態から右の III 図の状態になる。

このとき，次の問い(1)・(2)に答えよ。ただし，さいころの 1 から 6 までの目の出方は，同様に確からしいものとする。

(1) I 図の状態から 〈操作〉 を 2 回続けて行うとき，〈操作〉 を 2 回続けて行ったあとの一番上の積み木が，G の文字が書かれた積み木となる確率を求めよ。 (2点)

(2) I 図の状態から 〈操作〉 を 2 回続けて行うとき，〈操作〉 を 2 回続けて行ったあとの下から 4 番目の積み木が，E の文字が書かれた積み木となる確率を求めよ。 (2点)

---

3 よく出る　振り子が 1 往復するのにかかる時間は，おもりの重さや振れ幅には関係せず，振り子の長さによって変わる。1 往復するのに x 秒かかる振り子の長さを y m とすると，$y = \dfrac{1}{4}x^2$ という関係が成り立つものとする。

このとき，次の問い(1)・(2)に答えよ。

(1) 1 往復するのに 2 秒かかる振り子の長さを求めよ。また，長さが 9 m の振り子が 1 往復するのにかかる時間を求めよ。 (2点)

(2) 振り子 A と振り子 B があり，振り子 A の長さは振り子 B の長さより $\dfrac{1}{4}$ m 長い。振り子 B が 1 往復するのにかかる時間が，振り子 A が 1 往復するのにかかる時間の $\dfrac{4}{5}$ 倍であるとき，振り子 A の長さを求めよ。 (2点)

---

4 右の図のように，三角錐 ABCD があり，AB = $2\sqrt{7}$ cm，BC = BD = 6 cm，CD = 2 cm，∠ABC = ∠ABD = 90° である。点 P は頂点 A を出発し，辺 AC 上を毎秒 1 cm の速さで頂点 A から頂点 C まで移動する。

このとき，次の問い(1)～(3)に答えよ。

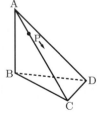

(1) よく出る　点 P が頂点 A を出発してから頂点 C に到着するまでにかかる時間は何秒か求めよ。 (1点)

(2) よく出る　△BCD の面積を求めよ。また，三角錐 ABCD の体積を求めよ。 (2点)

(3) 点 Q は，頂点 A を点 P と同時に出発し，辺 AB 上を

頂点 B に向かって，BC∥QP が成り立つように進む。このとき，三角錐 AQPD の体積が $\dfrac{24\sqrt{5}}{7}$ cm³ となるのは，点 P が頂点 A を出発してから何秒後か求めよ。
(2点)

5 右の図のように，AD∥BC の台形 ABCD があり，AB=CD=6 cm，AC=8 cm，∠BAC=90° である。線分 AC と線分 BD の交点を E とする。また，辺 BC 上に点 F を，BF:FC=3:2 となるようにとり，線分 AC 上に点 G を ∠BFG=90° となるようにとる。

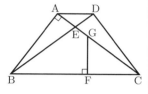

このとき，次の問い(1)～(3)に答えよ。
(1) 点 A と辺 BC との距離を求めよ。また，辺 AD の長さを求めよ。(2点)
(2) AG:GC を最も簡単な整数の比で表せ。(2点)
(3) △DEG の面積を求めよ。(2点)

6 〔思考力〕 右の I 図のような，直角三角形のタイル A とタイル B が，それぞれたくさんある。いずれのタイルも，直角をはさむ 2 辺の長さが 1 cm と 2 cm である。タイル A とタイル B を，次の II 図のように，すき間なく規則的に並べて，1 番目の図形，2 番目の図形，3 番目の図形，…とする。

下の表は，それぞれの図形の面積についてまとめたものの一部である。

	1番目の図形	2番目の図形	3番目の図形	…
面積(cm²)	1	2	4	…

このとき，次の問い(1)・(2)に答えよ。
(1) 7番目の図形と 16 番目の図形の面積をそれぞれ求めよ。(2点)
(2) n を偶数とするとき，n 番目の図形と (2n+1) 番目の図形の面積の差が 331 cm² となるような n を求めよ。(3点)

大阪府

時間 50分　満点 90点　解答 P45　3月11日実施

＊ 注意　発展的問題を実施する高校は 60 分

出題傾向と対策

● 例年通り A 問題は基礎・基本から出題で大問 4 題，B 問題は大問 4 題，C 問題は大問 3 題の構成で，いずれも証明や求め方を記述させる問題が含まれる。特に関数，平面図形，空間図形からの出題傾向が高い。
● 大問は少ないが，幅広い分野から小問が出題されるので，確実に解ける問題から手を付けるとよい。面積や体積の問題は発展的で，複雑な計算を要する問題もあるので正確に解き進めることが大切である。記述問題もあるため，日頃から丁寧に解答を書く練習を積み重ねたい。

A問題

1 〔基本〕 次の計算をしなさい。
(1) $-7-10$ (3点)
(2) $\dfrac{8}{7}\div(-4)$ (3点)
(3) $3\times(-2)^2$ (3点)
(4) $x+4+5(x-3)$ (3点)
(5) $xy\times 2y$ (3点)
(6) $\sqrt{45}+5\sqrt{5}$ (3点)

2 〔よく出る〕〔基本〕 次の問いに答えなさい。
(1) $a=-8$ のとき，$2a+7$ の値を求めなさい。(3点)
(2) 右の表は，ある日の A 市と B 市における午前 8 時の気温を示したものである。A 市の午前 8 時の気温は，B 市の午前 8 時の気温より何℃高いですか。(3点)

	午前8時の気温
A市	4.6℃
B市	−1.3℃

(3) 次のア〜エのうち，y が x に比例するものはどれですか。一つ選び，記号を○で囲みなさい。(3点)
　ア　30 g の箱に 1 個 6 g のビスケットを x 個入れたときの全体の重さ y g
　イ　500 m の道のりを毎分 x m の速さで歩くときにかかる時間 y 分
　ウ　長さ 140 mm の線香が x mm 燃えたときの残りの線香の長さ y mm
　エ　空の水槽に水を毎秒 25 mL の割合で x 秒間ためたときの水槽にたまった水の量 y mL
(4) 連立方程式 $\begin{cases} 5x+y=22 \\ x-y=-4 \end{cases}$ を解きなさい。(3点)
(5) 二次方程式 $x^2+3x-10=0$ を解きなさい。(3点)
(6) 二つのさいころを同時に投げるとき，出る目の数の和が 8 である確率はいくらですか。1 から 6 までのどの目が出ることも同様に確からしいものとして答えなさい。(3点)
(7) バスケットボール部の 1 年生の部員 9 人と 2 年生の部員 11 人の合計 20 人が，練習でシュートを 10 本ずつ打って成功した本数をそれぞれ記録した。図 I，図 II は，それらの記録を学年別にまとめたものである。次のア〜エのうち，図 I，図 II から読み取れることとして正しいものはどれですか。一つ選び，記号を○で囲みなさい。(3点)

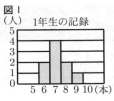

ア 1年生と2年生で，成功したシュートの本数が9本である部員の人数は同じである。
イ 1年生の記録の範囲と2年生の記録の範囲は同じである。
ウ 1年生の記録の中央値と2年生の記録の中央値は同じである。
エ 1年生の記録の最頻値と2年生の記録の最頻値は同じである。

(8) 右図において，m は関数 $y = \dfrac{1}{2}x^2$ のグラフを表す。
A は m 上の点であり，その x 座標は -4 である。

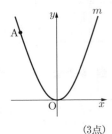

① A の y 座標を求めなさい。(3点)
② 次の文中の ㋐，㋑ に入れるのに適している数をそれぞれ書きなさい。(3点)

関数 $y = \dfrac{1}{2}x^2$ について，x の変域が $-1 \leqq x \leqq 3$ のときの y の変域は ㋐ $\leqq y \leqq$ ㋑ である。

(9) 右図は，直方体の展開図である。面㋕は1辺の長さが a cm の正方形であり，辺 AB の長さは 5 cm である。

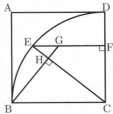

① 右の展開図を組み立てて直方体をつくるとき，次のア～オの面のうち，面㋕と平行になるものはどれですか。一つ選び，記号を○で囲みなさい。(3点)
ア 面㋐ イ 面㋑ ウ 面㋒ エ 面㋓
オ 面㋔

② 右上の展開図を組み立ててできる直方体の体積を a を用いて表しなさい。(3点)

3 よく出る 思考力 D さんのクラスでは，体育祭の写真を使ったスライドショーを上映することになった。担任の先生と一緒にスライドショーを作ることになった D さんは，スライドショーの最初にタイトルを 4 秒間表示し，その後に写真を 1 枚につき 5 秒間表示することにした。右

図は，D さんが考えたスライドショーの構成を示したものである。
「写真の枚数」が x のときの「スライドショーの時間」を y 秒とし，x の値が1増えるごとに y の値は5ずつ増えるものとする。また，$x = 1$ のとき $y = 9$ であるとする。次の問いに答えなさい。

(1) 基本 次の表は，x と y との関係を示した表の一部である。表中の㋐，㋑に当てはまる数をそれぞれ書きなさい。(6点)

x	1	2	…	4	…	7	…
y	9	14	…	(㋐)	…	(㋑)	…

(2) x を自然数として，y を x の式で表しなさい。(5点)
(3) $y = 84$ となるときの x の値を求めなさい。(5点)

4 右図において，四角形 ABCD は1辺の長さが 9 cm の正方形である。図形 CDB は，中心角 $\angle$BCD の大きさが 90° のおうぎ形である。E は，$\stackrel{\frown}{DB}$ 上にあって D，B と異なる点である。E と C とを結ぶ。F は，E から辺 DC にひいた垂線と辺 DC との交点である。G は線分 EF 上にあって E，F と異なる点であり，G と B とを結んでできる線分 GB は線分 EC に垂直である。H は，線分 GB と線分 EC との交点である。このとき，△CHB∽△EHG である。
円周率を π として，次の問いに答えなさい。

(1) 基本 正方形 ABCD の対角線 AC の長さを求めなさい。(3点)
(2) 基本 おうぎ形 CDB の面積を求めなさい。(3点)
(3) 次は，△CHB ≡ △EFC であることの証明である。 ⓐ，ⓑ に入れるのに適している「辺または角を表す文字」をそれぞれ書きなさい。また，ⓒ〔 〕 から適しているものを一つ選び，記号を○で囲みなさい。(9点)

(証 明)
△CHB と △EFC において
　おうぎ形の半径だから　BC = ⓐ ……あ
　GB ⊥ EC，EF ⊥ DC だから
　　∠CHB = ∠EFC = 90° ……い
　△CHB∽△EHG だから　∠BCH = ∠ ⓑ ……う
あ，い，う より，
ⓒ〔 ア 2組の辺とその間の角
　　 イ 直角三角形の斜辺と一つの鋭角
　　 ウ 直角三角形の斜辺と他の1辺 〕
がそれぞれ等しいから
　△CHB ≡ △EFC

(4) EF = 7 cm であるときの線分 GF の長さを求めなさい。途中の式を含めた求め方も書くこと。(8点)

B問題

1 よく出る 基本 次の問いに答えなさい。
(1) $18 \div (-6) + (-5)^2$ を計算しなさい。(3点)
(2) $\dfrac{a-1}{2} + \dfrac{a+7}{4}$ を計算しなさい。(3点)
(3) $2a^2 \div ab \times (-5b^2)$ を計算しなさい。(3点)
(4) $(x+2)^2 - x(x-3)$ を計算しなさい。(3点)
(5) a を 0 でない数とするとき，次のア～オの式のうち，その値の符号がつねに a の符号と同じであるものはどれですか。すべて選び，記号を○で囲みなさい。(3点)
ア $-a$　イ $a+2$　ウ a^2　エ a^3
オ $\dfrac{1}{a}$

(6) n を自然数とするとき，$\sqrt{189n}$ の値が自然数となる

ような最も小さい n の値を求めなさい。（4点）

(7) 文芸部の顧問である S 先生は，文芸部員40人が冬休みに読んだ本の冊数を調べた。右の表は，部員の人数と読んだ本の冊数の平均値とを学年別にまとめたものである。文芸部員40人が読んだ本の冊数の平均値が 3.5 冊であるとき，表中の x の値を求めなさい。（4点）

	1年生	2年生	3年生
部員の人数（人）	20	12	8
読んだ本の冊数の平均値（冊）	3.6	4.0	x

(8) A，B 二つのさいころを同時に投げ，A のさいころの出る目の数を a，B のさいころの出る目の数を b とするとき，$10a+b$ の値が 8 の倍数である確率はいくらですか。1 から 6 までのどの目が出ることも同様に確からしいものとして答えなさい。（4点）

(9) 右図において，m は関数 $y=ax^2$（a は正の定数）のグラフを表し，n は関数 $y=-\dfrac{3}{8}x^2$ のグラフを表す。A は n 上の点であり，その x 座標は負である。B は，直線 AO と m との交点のうち O と異なる点である。C は，A を通り x 軸に平行な直線と B を通り y 軸に平行な直線との交点である。C の座標は $(7,-6)$ である。a の値を求めなさい。（4点）

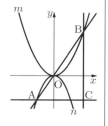

2 よく出る D さんのクラスでは，体育祭の写真と文化祭の写真を使ったスライドショーを上映することになった。担任の先生と一緒にスライドショーを作ることになった D さんは，スライドショーの構成を考えてみた。

【スライドショーの構成】
・前半を体育祭のスライドショーとし，後半を文化祭のスライドショーとする。
・体育祭のスライドショーについては，最初にタイトルを 4 秒間表示し，その後に写真を 1 枚につき 5 秒間表示する。
・文化祭のスライドショーについては，最初にタイトルを 4 秒間表示し，その後に写真を 1 枚につき 8 秒間表示する。

「体育祭の写真の枚数」が 1 増えるごとに「体育祭のスライドショーの時間」は 5 秒ずつ長くなるものとし，「体育祭の写真の枚数」が 1 のとき「体育祭のスライドショーの時間」は 9 秒であるとする。

「文化祭の写真の枚数」が 1 増えるごとに「文化祭のスライドショーの時間」は 8 秒ずつ長くなるものとし，「文化祭の写真の枚数」が 1 のとき「文化祭のスライドショーの時間」は 12 秒であるとする。

次の問いに答えなさい。

(1) 基本 体育祭のスライドショーについて，「体育祭の写真の枚数」が x のときの「体育祭のスライドショーの時間」を y 秒とする。

① 次の表は，x と y との関係を示した表の一部である。表中の(ア)，(イ)に当てはまる数をそれぞれ書きなさい。（6点）

x	1	2	…	4	…	7	…
y	9	14	…	(ア)	…	(イ)	…

② x を自然数として，y を x の式で表しなさい。（3点）
③ $y=84$ となるときの x の値を求めなさい。（3点）

(2) D さんと担任の先生は，D さんが考えた【スライドショーの構成】のとおりに，体育祭の写真と文化祭の写真を合計 50 枚使って 300 秒のスライドショーを作った。
「体育祭の写真の枚数」を s とし，「文化祭の写真の枚数」を t とする。「体育祭の写真の枚数」と「文化祭の写真の枚数」との合計が 50 であり，「体育祭のスライドショーの時間」と「文化祭のスライドショーの時間」との合計が 300 秒であるとき，s,t の値をそれぞれ求めなさい。途中の式を含めた求め方も書くこと。ただし，s,t はともに自然数であるとする。（6点）

3 図Ⅰ，図Ⅱにおいて，△ABC は BA＝BC＝6 cm の二等辺三角形であり，頂角 ∠ABC は鋭角である。円 O は，辺 BC を直径とする円である。
円周率を π として，次の問いに答えなさい。

(1) 基本 図Ⅰは，二等辺三角形 △ABC の頂角 ∠ABC の大きさが 30° であるときの状態を示している。
図Ⅰにおいて，D は辺 AB と円 O との交点のうち B と異なる点である。E は，A から辺 BC にひいた垂線と辺 BC との交点である。

図Ⅰ
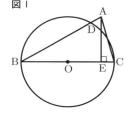

① 線分 BE の長さを求めなさい。（3点）
② 半周より短い弧 BD の長さを求めなさい。（3点）

(2) 基本 図Ⅱにおいて，F は辺 AC と円 O との交点のうち C と異なる点である。F と B とを結ぶ。G は，C を通り辺 AB に平行な直線と円 O との交点のうち C と異なる点である。G と B，G と F をそれぞれ結ぶ。

図Ⅱ
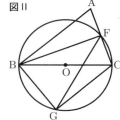

① △ABC∽△BFG であることを証明しなさい。（7点）
② FC＝2 cm であるとき，
  ㋐ 線分 BG の長さを求めなさい。（5点）
  ㋑ △FGC の面積を求めなさい。（5点）

4 図Ⅰ，図Ⅱにおいて，立体 A－BCD は三角すいであり，∠ABC＝∠ABD＝90°，AB＝10 cm，BC＝9 cm，BD＝7 cm，CD＝8 cm である。E は，辺 AC 上にあって A，C と異なる点である。F は，E を通り辺 CD に平行な直線と辺 AD との交点である。
次の問いに答えなさい。

(1) 図Ｉにおいて，AE < EC である。Gは，Eを通り辺ABに平行な直線と辺BCとの交点である。Hは，Fを通り辺ABに平行な直線と辺BDとの交点である。GとHとを結ぶ。このとき，四角形EGHFは長方形である。Iは，Eを通り辺BCに平行な直線と辺ABとの交点である。IとFとを結ぶ。AI = x cm とし，0 < x < 5 とする。

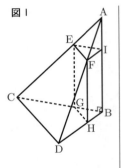

図Ｉ

① [基本] 次のア～エのうち，線分FIと平行な面はどれですか。一つ選び，記号を○で囲みなさい。(3点)
ア 面 ACB　イ 面 ACD　ウ 面 BCD
エ 面 EGHF

② 四角形 EGHF の面積が 16 cm² であるときの x の値を求めなさい。(5点)

(2) 図Ⅱは，Eが辺ACの中点であるときの状態を示している。
図Ⅱにおいて，JはBから辺CDにひいた垂線と辺CDとの交点である。Kは辺AB上の点であり，KB = 3 cm である。KとC，KとDをそれぞれ結ぶ。Lは，Eを通り線分CKに平行な直線と辺ABとの交点である。LとFとを結ぶ。このとき，立体A－EFLと立体A－CDKは相似である。

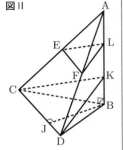

図Ⅱ

① 線分 BJ の長さを求めなさい。(5点)
② [思考力] 立体 EFL－CDK の体積を求めなさい。(5点)

[Ｃ問題]

1 [よく出る] 次の問いに答えなさい。

(1) [基本] $\frac{3}{8}a^2b \div \frac{9}{4}ab^2 \times (-3b)^2$ を計算しなさい。(4点)

(2) [基本] $\frac{6-\sqrt{18}}{\sqrt{2}} + \sqrt{2}(1+\sqrt{3})(1-\sqrt{3})$ を計算しなさい。(4点)

(3) [基本] 二次方程式 $(x-1)^2 - 7(x-1) - 8 = 0$ を解きなさい。(4点)

(4) [基本] 関数 $y = \frac{a}{x}$ (a は定数) について，x の値が3から5まで増加するときの変化の割合が1であるとき，a の値を求めなさい。(4点)

(5) 三つの袋A，B，Cがあり，袋Aには玉が8個，袋Bには玉が10個，袋Cには玉が4個入っている。また，二つの箱P，Qがあり，箱Pには自然数の書いてある3枚のカード ②，③，④ が入っており，箱Qには奇数の書いてある3枚のカード ①，③，⑤ が入っている。P，Qそれぞれの箱から同時にカードを1枚ずつ取り出し，次の操作を行った後に，袋Aに入っている玉の個数を a，袋Bに入っている玉の個数を b，袋Cに入っている玉の個数を c とする。このとき，$a < b < c$ となる確率はいくらですか。P，Qそれぞれの箱において，どのカードが取り出されることも同様に確からしいものとして答えなさい。(6点)

操作：箱Pから取り出したカードに書いてある数と同じ個数の玉を袋Aから取り出して袋Cに入れ，箱Qから取り出したカードに書いてある数と同じ個数の玉を袋Bから取り出して袋Cに入れる。

(6) タケシさんは，過去10年間のY市の4月1日における最高気温を調べてその平均値を求めたが，10年のうちのある2年の最高気温が 2.6 ℃と 16.2 ℃であり，他の年の最高気温と大きく異なっていることに気が付いた。そこで，この2年を除いた8年の最高気温の平均値を求めたところ，新しく求めた平均値は，初めに求めた10年の最高気温の平均値より 0.3 ℃高くなった。次の文中の □ に入れるのに適している数を書きなさい。(6点)

タケシさんが初めに求めた10年の最高気温の平均値は □ ℃であった。

(7) 次の二つの条件を同時に満たす自然数 n の値を求めなさい。(6点)
・$2020 - n$ の値は93の倍数である。
・$n - 780$ の値は素数である。

(8) a, b を正の定数とする。
右図において，m は関数 $y = ax^2$ のグラフを表し，l は関数 $y = bx + 4$ のグラフを表す。n は l と平行な直線であり，その切片は -3 である。四角形 ABCD は正方形であり，辺 AB は x 軸に平行であって，辺 AD は y 軸に平行である。A は m 上にあり，その x 座標は 4 である。B は l 上にあり，D は n 上にある。C の x 座標は -2 であり，C の y 座標は B の y 座標より小さい。a, b の値をそれぞれ求めなさい。途中の式を含めた求め方も書くこと。ただし，座標軸の1めもりの長さは 1 cm であるとする。(8点)

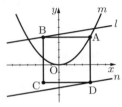

2 図Ⅰ，図Ⅱにおいて，△ABC は内角 ∠BAC が鈍角の三角形であり，AB < AC である。△DAE ≡ △ABC であり，D は辺 AC 上にあって，E は直線 AC について B と反対側にある。このとき，AB ∥ ED である。B と D とを結ぶ。このとき，△ABD は AB = AD の二等辺三角形である。F は，E を通り辺 AC に平行な直線と直線 BD との交点である。F と C とを結ぶ。
次の問いに答えなさい。

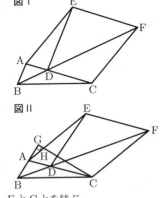

(1) 図Ｉにおいて，四角形 EACF は平行四辺形であることを証明しなさい。(8点)

(2) 図Ⅱにおいて，AB = 2 cm，AC = 6 cm である。G は C から直線 AB にひいた垂線と直線 AB との交点であり，GA = 2 cm である。H は，線分 GC と辺 EA との交点である。

① **基本** 辺BCの長さを求めなさい。 (4点)
② 線分EHの長さを求めなさい。 (6点)
③ **難** 四角形EHCFの面積を求めなさい。 (6点)

3 **思考力** 図Ⅰ，図Ⅱにおいて，立体ABCD－EFGHは四角柱である。四角形ABCDはAD∥BCの台形であり，AD＝4 cm，BC＝8 cm，AB＝DC＝5 cmである。四角形EFGH≡四角形ABCDである。四角形FBCGは1辺の長さが8 cmの正方形であり，四角形EFBA，EADH，HGCDは長方形である。このとき，平面EADHと平面FBCGは平行である。
次の問いに答えなさい。

(1) 図Ⅰにおいて，Iは辺DC上の点であり，DI＝3 cmである。Jは，辺HD上にあって線分EJの長さと線分JIの長さとの和が最も小さくなる点である。IとBとを結ぶ。Kは，Hを通り線分IBに平行な直線と辺EFとの交点である。

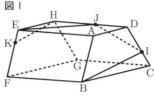
図Ⅰ

① **よく出る** △EJHの面積を求めなさい。 (4点)
② △IBCの内角∠IBCの大きさを$a°$，△EKHの内角∠EKHの大きさを$b°$とするとき，四角形ABIDの内角∠BIDの大きさをa，bを用いて表しなさい。 (4点)
③ 線分KFの長さを求めなさい。 (4点)

(2) 図Ⅱにおいて，DとFとを結ぶ。Lは，Dを通り辺EFに平行な直線と辺BCとの交点である。FとLとを結ぶ。このとき，△DFLの内角∠DLFは鈍角である。Mは，Aから平面DFLにひいた垂線と平面DFLとの交点である。このとき，Mは△DFLの内部にある。

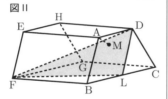
図Ⅱ

① 線分DFの長さを求めなさい。 (6点)
② 線分AMの長さを求めなさい。 (6点)

兵庫県

時間 50分　満点 100点　解答 P48　3月12日実施

* 注意 全ての問いについて，答えに$\sqrt{}$が含まれる場合は，$\sqrt{}$を用いたままで答えなさい。

出題傾向と対策

● 大問は6題で，**1**は基本問題の小問集合，**2**は立体の体積に関する問題，**3**は平面図形と証明，**4**は資料の活用，**5**は関数と図形，**6**は新傾向の思考力を必要とする問題である。
● 基本問題から応用問題まで幅広く出題されるので，まずは易しい問題を解いてしまうと良いだろう。**6**(2)は，最後まできちんと考えるのは難しかったかも知れない。関数，確率，証明などは毎年出題されているので，過去問をしっかりと解いて，傾向をつかんでおこう。

1 **基本** 次の問いに答えなさい。
(1) $6÷(-3)$を計算しなさい。 (3点)
(2) $(3x-2y)-(x-5y)$を計算しなさい。 (3点)
(3) $\sqrt{8}+\sqrt{18}$を計算しなさい。 (3点)
(4) 連立方程式 $\begin{cases} 3x+y=4 \\ x-2y=13 \end{cases}$ を解きなさい。 (3点)
(5) 2次方程式 $x^2+3x-2=0$ を解きなさい。 (3点)
(6) 次の**表**が，yがxに反比例する関係を表しているとき，**表**の ア にあてはまる数を求めなさい。ただし，**表**の×印は，$x=0$を除いて考えることを示している。 (3点)

表

x	…	-2	-1	0	1	2	…	4	…
y	…	8	16	×	-16	-8	…	ア	…

(7) 袋の中に，赤玉2個と白玉1個が入っている。この袋の中から玉を1個取り出し，色を調べて袋の中に戻してから，もう一度，玉を1個取り出すとき，2回とも赤玉が出る確率を求めなさい。 (3点)

(8) 図のように，円Oの周上に4点A，B，C，Dがあり，BDは円Oの直径である。∠xの大きさは何度か，求めなさい。 (3点)

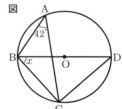
図

2 図1のように，底面が1辺100 cmの正方形である直方体の水そうXが水平に置いてあり，1分間に12 Lの割合で水を入れると，水を入れ始めてから75分で満水になった。
次の問いに答えなさい。
ただし，水そうの厚さは考えないものとする。

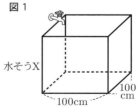
図1

(1) 水そうXの高さは何cmか，求めなさい。 (3点)
(2) 図2のような直方体のおもりYがある。図3のように，水そうXの底におもりYを置き，水そうXが空の状態

から水を入れると，55分で満水になった。図4は，水を入れ始めてからの時間と水面の高さの関係を表したグラフである。ただし，おもりYは水に浮くことはない。

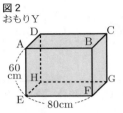

図2 おもりY

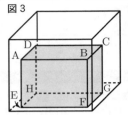

図3

① おもりYの辺FGの長さは何cmか，求めなさい。(3点)
② 図4の ⌊ I ⌋ にあてはまる数を求めなさい。(3点)

図4

③ おもりYの3つの面 EFGH，AEFB，AEHD のうち，いずれかの面を底面にして，水そうXの底におもりYを置き，水そうXが空の状態から水を入れる。おもりYのどの面を底面にすれば，一番早く水面の高さが20cmになるか，次のア〜エから1つ選んで，その符号を書きなさい。また，そのときにかかる時間は何分何秒か，求めなさい。(6点)

ア 面EFGH　イ 面AEFB
ウ 面AEHD　エ すべて同じ

3 図1のような平行四辺形ABCDの紙がある。この紙を図2のように，頂点Bが頂点Dに重なるように折ったとき，頂点Aが移った点をGとし，その折り目をEFとする。このとき，CD = CF = 2 cm，∠GDC = 90°となった。あとの問いに答えなさい。

図1

図2

(1) △GDE ≡ △CDF を次のように証明した。⌊(i)⌋と⌊(ii)⌋にあてはまるものを，あとのア〜カからそれぞれ1つ選んでその符号を書き，この証明を完成させなさい。(4点)

＜証明＞
△GDEと△CDFにおいて，
仮定から，平行四辺形の対辺は等しく，折り返しているので，
⌊(i)⌋…①
平行四辺形の対角は等しく，折り返しているので，
∠EGD = ∠FCD…②，∠GDF = ∠CDE…③
ここで，∠GDE = ∠GDF − ∠EDF…④
　　　　∠CDF = ∠CDE − ∠EDF…⑤
③，④，⑤より，∠GDE = ∠CDF…⑥
①，②，⑥より，⌊(ii)⌋がそれぞれ等しいので，
△GDE ≡ △CDF

ア DE = DF　イ GD = CD
ウ GE = CF　エ 3組の辺
オ 2組の辺とその間の角
カ 1組の辺とその両端の角

(2) ∠EDFの大きさは何度か，求めなさい。(3点)
(3) 線分DFの長さは何cmか，求めなさい。(4点)
(4) 五角形GEFCDの面積は何cm²か，求めなさい。(4点)

4 2つの畑A，Bがあり，同じ品種のたまねぎを，同じ時期に栽培し収穫した。畑Aから500個，畑Bから300個をそれぞれ収穫することができ，標本としてそれぞれ10%を無作為に抽出した。図1のように，横方向の一番長い部分の長さを測り，たまねぎの大きさを決める。図2は，畑Aから抽出した50個のたまねぎの大きさを調べ，ヒストグラムに表したものである。例えば，4.5 cm以上5.5 cm未満のたまねぎが6個あったことを表している。

図1

図2

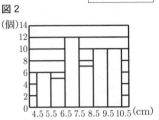

次の問いに答えなさい。

(1) 畑Aから抽出した50個のたまねぎの大きさについて，最頻値(モード)と平均値をそれぞれ求めなさい。(6点)
(2) 畑Bについても，抽出した30個のたまねぎの大きさを調べ，ヒストグラムに表したところ，次の①〜③が分かった。

① 畑Bのたまねぎの大きさの最頻値は，畑Aのたまねぎの大きさの最頻値と等しい。
② 畑Bのたまねぎの大きさの中央値(メジアン)がふくまれる階級は，畑Aのたまねぎの大きさの中央値がふくまれる階級と同じである。
③ 畑Aと畑Bのたまねぎの大きさでは，階級値が6 cmである階級の相対度数が同じである。

畑Bから抽出した30個のたまねぎの大きさについてまとめたヒストグラムは，次のア〜カのいずれかである。畑Bから抽出した30個のたまねぎの大きさについてまとめたヒストグラムとして適切なものを，ア〜カから1つ選んで，その符号を書きなさい。(4点)

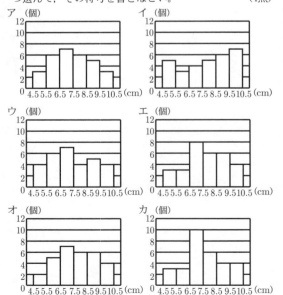

(3) 次の Ⅰ に入る記号を，A，Bから1つ選び，その記号を書きなさい。また， Ⅱ にあてはまる数を求めなさい。ただし，畑Bについては，(2)の適切なヒストグラムを利用する。 (4点)

> 標本として抽出したたまねぎについて，大きさが6.5cm以上であるたまねぎの個数の割合が大きい畑は，畑 Ⅰ である。また，そのとき，畑 Ⅰ から収穫することができたたまねぎのうち，大きさが6.5cm以上であるたまねぎの個数は，およそ Ⅱ 個と推定される。

5 新傾向

コンピュータ画面上に，3つの関数 $y=\frac{1}{8}x^2$，$y=\frac{1}{4}x^2$，$y=\frac{1}{2}x^2$ のグラフを表示する。画面1〜3のア〜ウのグラフは，$y=\frac{1}{8}x^2$，$y=\frac{1}{4}x^2$，$y=\frac{1}{2}x^2$ のいずれかである。

次の問いに答えなさい。

画面1
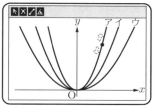

(1) 関数 $y=\frac{1}{8}x^2$ のグラフをア〜ウから1つ選んで，その符号を書きなさい。 (4点)

(2) 画面1は，次の操作1を行ったときの画面である。

> 操作1：アのグラフ上に点を表示し，グラフ上を動かす。

画面2は，操作1のあと，次の操作2を行ったときの画面である。

画面2
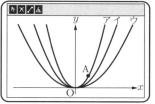

> 操作2：x座標とy座標の値が等しくなったときの点をAとする。

点Aのx座標をaとするとき，aの値を求めなさい。ただし，$a>0$とする。 (4点)

(3) 画面3は，(2)の操作1，2のあと，次の操作3〜9を順に行ったときの画面である。

画面3
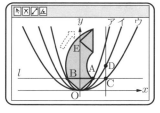

操作3：点Aを通り，x軸に平行な直線lを表示する。
操作4：直線lとアのグラフとの交点のうち，点Aと異なる点をBとする。
操作5：直線lとウのグラフとの交点のうち，x座標が正である点をCとする。
操作6：点Cを通り，y軸に平行な直線を表示し，イのグラフとの交点をDとする。
操作7：原点Oと点A，点Bをそれぞれ結び，△AOBを作る。
操作8：点Dを回転の中心として時計まわりに△AOBを回転移動させ，△AOBが移動した部分を塗りつぶしていく。

操作9：点Oがy軸上に移るように，△AOBを時計まわりに回転移動させたとき，点Oが移動した点をEとする。

① 点Eの座標を求めなさい。 (4点)
② △AOBが移動し，塗りつぶされた部分の面積は何cm^2か，求めなさい。ただし，座標軸の単位の長さは1cmとし，円周率はπとする。 (4点)

6 思考力 新傾向 図1のように，1辺が1cmの立方体の3つの面に5, a, bを書き，それぞれの向かい合う面には同じ数を書いたものを立方体Xとする。ただし，a, bは$a+b=10$，$a<b$となる自然数とする。

図1
立方体X

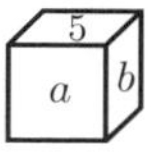

1目盛り1cmの方眼紙を，図2のように，縦$(2x+1)$cm，横$(2x+2)$cmの長方形に切ったものを長方形Yとし，長方形Yの左上端のます目をP，Pの右隣のます目をQとする。ただし，xは自然数とする。

図2
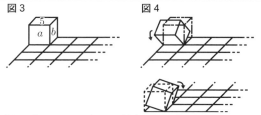

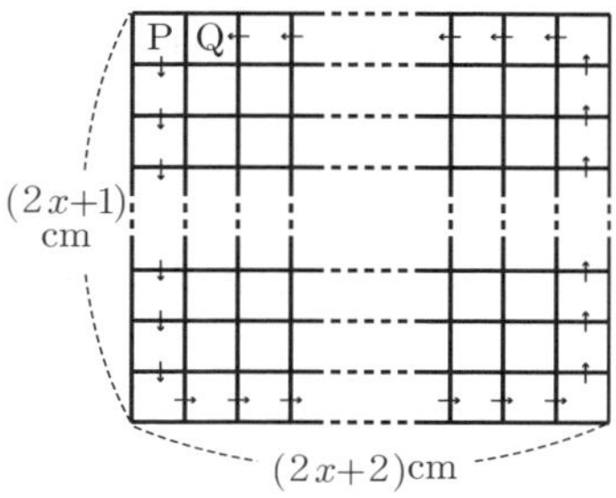

長方形Yを用いて，次のルールにしたがって，立方体Xを転がす。

<ルール>
・最初に，立方体XをPに，図3の向きで置く。次に，立方体XをPから，矢印(↓→↑←)の向きに，図4のように，すべらないように転がして隣のます目に移す操作を繰り返す。
・Pには5を記録し，立方体Xを転がすたびに，上面に書かれた数を長方形Yのます目に記録していく。

図3   図4

例えば，$x=1$のとき，長方形Yは図5のようになり，$a=2$, $b=8$のときの立方体Xを，図5の長方形の上に置いて，PからQまで転がすと，図6のように，数が記録される。

図5

図6

5	8	5	8
2			2
5	8	5	8

次の問いに答えなさい。

(1) 立方体XをPからQまで転がし，数を記録する。

① $a=3$, $b=7$のときの立方体Xを，図5の長方形の上に置いて転がしたとき，長方形のます目に記録された数を，図8の長方形のます目に全て記入しなさい。 (4点)

図8

② 立方体 X を，図 5 の長方形の上に置いて転がしたとき，長方形のます目に記録された数の和が最も小さくなるような a, b の値を求めなさい。　　　　　　(4点)

③ ②で定まる立方体 X を立方体 Z とする。立方体 Z を，図 2 の長方形 Y の上に置いて転がしたとき，長方形のます目に記録された数の和が 2020 となるような x の値を求めなさい。　　　　　　(4点)

(2) (1)③の立方体 Z を，長方形 Y の上に置いて，図 7 のように，P から Q まで転がし，Q からさらに矢印の向きに転がして移動させていく。長方形 Y のすべてのます目に数が記録されたとき，立方体 Z を転がすことをやめる。x は(1)③の値とするとき，最後に記録された数を求めなさい。また，その数の書かれたます目の位置は何行目で何列目か，求めなさい。　　　　　　(4点)

図 7

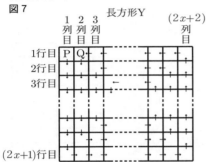

奈 良 県

時間 50分　満点 50点　解答 P50　3月11日実施

出題傾向と対策

● 例年と同様，大問が 4 題であった。**1** は小問集合，**2** は作図と相似に関する問題，**3** は関数に関する問題，**4** は平面図形に関する問題であった。**2** のような会話を読みとる問題は例年出題されており，今年は相似に関する問題であった。

● 基本的な問題から標準的な問題まで幅広い分野から出題されている。また，作図や証明の問題は例年出題されており，関数と平面図形に関する問題もよく出題されるため，しっかりと準備しておくとよいだろう。

1 **よく出る** **基本**　次の各問いに答えよ。

(1) 次の①〜④を計算せよ。
　① $5 - 8$　　　　　　　　　　　　　　(1点)
　② $-4 \times (-3)^2$　　　　　　　　　　(1点)
　③ $(4a^3b + 6ab^2) \div 2ab$　　　　　　(1点)
　④ $(x+y)^2 - 5xy$　　　　　　　　　　(1点)

(2) 絶対値が 4 より小さい整数は何個あるか。　(2点)

(3) 2 次方程式 $x^2 + 5x + 2 = 0$ を解け。　(2点)

(4) y が x に反比例し，x と y の値が**表 1** のように対応しているとき，**表 1** の A に当てはまる数を求めよ。　(2点)

表 1

x	…	-3	-2	-1	…
y	…	-4	A	-12	…

(5) 図 1 は，円すいの展開図で，底面の半径は 5 cm，側面のおうぎ形の半径は 12 cm である。∠x の大きさを求めよ。　(2点)

図 1

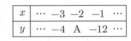

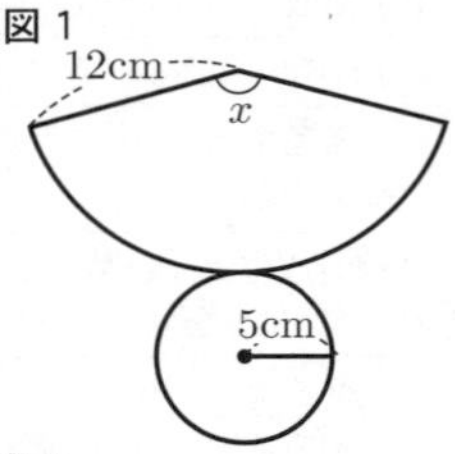

(6) **表 2** は，ある市における，7 月の日ごとの最高気温を度数分布表にまとめたものである。この表から読み取ることができることがらとして適切なものを，次のア〜オからすべて選び，その記号を書け。　(2点)

表 2

階級(℃)	度数(日)
以上　未満	
24.0 〜 26.0	1
26.0 〜 28.0	8
28.0 〜 30.0	5
30.0 〜 32.0	7
32.0 〜 34.0	5
34.0 〜 36.0	5
計	31

ア　32.0℃以上 34.0℃未満の階級の相対度数は，0.16 より大きい。
イ　階級の幅は，12.0℃である。
ウ　最高気温が 28.0℃以上の日は，5 日である。
エ　最頻値（モード）は，27.0℃である。
オ　30.0℃以上 32.0℃未満の階級の階級値は，30.0℃である。

(7) 次の □ 内の【A】,【B】の文章は，確率について述べたものである。これを読み，①，②の問いに答えよ。

【A】図2のように，袋の中に，1，2，3，4，5の数字を1つずつ書いた5個の玉が入っている。この袋から，同時に2個の玉を取り出すとき，奇数の数字が書かれた玉と偶数の数字が書かれた玉を1個ずつ取り出す確率を p とする。

図2

【B】図3のように，袋の中に，赤玉が3個，白玉が2個入っている。この袋から，同時に2個の玉を取り出すとき，異なる色の玉を取り出す確率を q とする。

図3

① p の値を求めよ。 (1点)
② p の値と q の値の関係について正しく述べているものを，次のア〜ウから1つ選び，その記号を書け。 (1点)

ア p の値は q の値より大きい。
イ p の値は q の値より小さい。
ウ p の値と q の値は等しい。

(8) 一の位の数が0でない2桁の自然数 A がある。A の十の位の数と一の位の数を入れかえてできる数を B とする。①，②の問いに答えよ。
① A の十の位の数を x，一の位の数を y とするとき，B を x，y を使った式で表せ。 (1点)
② A の十の位の数は一の位の数の2倍であり，B は A より36小さい。このとき，A の値を求めよ。 (2点)

2 [思考力] 花子さんと太郎さんが，クラスの文集をつくるときに，紙には，A判やB判とよばれる規格があることを知り，A判とB判の紙について調べた。次の □ 内は，2人が調べたことをまとめたものである。後の問いに答えよ。

【A判の紙について調べたこと】
1 A0判の紙は，面積が $1\,\text{m}^2$ の長方形であり，短い方の辺の長さと長い方の辺の長さの比は，$1:\sqrt{2}$ である。
2 図1のように，A0判の紙を，長い方の辺を半分にして切ると，A1判の紙になり，A0判の紙とA1判の紙は，相似になっている。
3 図2のように，次々と長い方の辺を半分にして切っていくと，A2判，A3判，A4判，A5判，…の紙になり，それらの紙はすべて相似になっている。

【B判の紙について調べたこと】
1 B0判の紙は，面積が $1.5\,\text{m}^2$ の長方形であり，短い方の辺の長さと長い方の辺の長さの比は，$1:\sqrt{2}$ である。
2 B0判の紙を，A判のときと同じように，次々と長い方の辺を半分にして切っていくと，B1判，B2判，B3判，B4判，B5判，…の紙になり，それらの紙はすべて相似になっている。

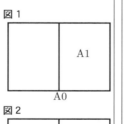

図1

図2

【A判の紙とB判の紙の関係について調べたこと】
1 図3のように，A0判の紙の対角線の長さとB0判の紙の長い方の辺の長さは，等しくなっている。
2 A1判とB1判，A2判とB2判，A3判とB3判，…のように，A判とB判の数字が同じとき，A判の紙の対角線の長さとB判の紙の長い方の辺の長さは，等しくなっている。

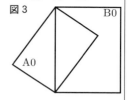

図3

(1) [基本] 図4の四角形 ABCD は，A判の規格の紙と相似な長方形である。辺 BC は，辺 AB を1辺とする正方形 ABEF の対角線の長さと等しい。線分 AB をもとに，点 C を，定規とコンパスを使って作図せよ。なお，作図に使った線は消さずに残しておくこと。 (3点)

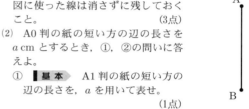

図4

(2) A0判の紙の短い方の辺の長さを $a\,\text{cm}$ とするとき，①，②の問いに答えよ。
① [基本] A1判の紙の短い方の辺の長さを，a を用いて表せ。 (1点)
② A3判の紙の面積を，a を用いて表せ。 (1点)

(3) 花子さんは，A3判の資料を，コピー機でB6判に縮小して文集に使用することにした。次の □ 内は花子さんと太郎さんの会話である。この会話を読んで，①，②の問いに答えよ。ただし，$\sqrt{2}=1.414$，$\sqrt{3}=1.732$，$\sqrt{6}=2.449$ とする。

花子：コピー機で，資料を拡大したり縮小したりしてコピーをするときには，倍率を指定するよね。
太郎：そうだね。例えば，ある長方形を縮小するとき，対応する辺の長さを0.7倍に縮小したいのなら，倍率を70%にすればいいよ。
花子：A3判の資料を，B6判に縮小するには，倍率を何%にすればいいのかな。
太郎：まず，A3判とB3判の関係に着目してみようよ。B3判の紙の短い方の辺の長さは，A3判の紙の短い方の辺の長さの □あ 倍になるね。

① □あ に当てはまる数を，小数第3位を四捨五入した値で答えよ。 (2点)
② A3判の資料をB6判に縮小するには，何%の倍率にすればよいか。小数第1位を四捨五入した値で答えよ。 (3点)

3 右の図の放物線は，関数 $y=2x^2$ のグラフである。3点 A，B，C は放物線上の点であり，その座標はそれぞれ $(1,\,2)$，$(2,\,8)$，$(-2,\,8)$ である。また，点 P は x 軸上を，点 Q は放物線上をそれぞれ動く点であり，2点 P，Q の x 座標はどちらも正の数である。原点を O として，各問いに答えよ。

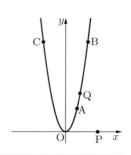

奈良県・和歌山県　　　　　　　数学｜76

(1) 基本　2点 A, Cを通る直線の式を求めよ。(2点)
(2) 基本　関数 $y = 2x^2$ について、次のア〜エのうち、変化の割合が最も大きくなるものを1つ選び、その記号を書け。また、そのときの変化の割合を求めよ。(2点)
　ア　x の値が1から2まで増加するとき
　イ　x の値が -2 から0まで増加するとき
　ウ　x の値が0から2まで増加するとき
　エ　x の値が -2 から2まで増加するとき
(3) $\angle OPA = 45°$ となるとき、$\triangle OPA$ を、x 軸を軸として1回転させてできる立体の体積を求めよ。ただし、円周率は π とする。(3点)
(4) 四角形 APQC が平行四辺形となるとき、点 P の x 座標を求めよ。(3点)

4 右の図で、3点 A, B, C は円 O の周上にある。点 D は線分 BC 上の点であり、$\angle ADB = 90°$ である。点 E は線分 AC 上の点であり、$\angle AEB = 90°$ である。また、点 F は線分 AD と線分 BE との交点であり、点 G は、直線 AD と円 O との交点のうち点 A 以外の点である。各問いに答えよ。

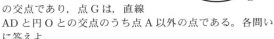

(1) $\triangle AFE \backsim \triangle BCE$ を証明せよ。(4点)
(2) $\angle AFE = a°$ のとき、$\angle OAB$ の大きさを a を用いて表せ。(2点)
(3) $BC = 10$ cm, $AF = 2$ cm, $DF = 3$ cm のとき、①、②の問いに答えよ。
　① 線分 AG の長さを求めよ。(2点)
　② 円 O の面積を求めよ。ただし、円周率は π とする。(3点)

出題傾向と対策

● 大問は5題で全体の構成は例年通りである。**1**と**2**は小問集合、**3**は立方体の箱の配置に関する数の規則性の問題、**4**は関数と図形の融合問題、**5**は平面図形に関わる証明や長さ・面積等に関する総合問題であった。
● 基礎から標準的な問題が、幅広い分野から出題されている。規則性に関わる問題、図形の証明問題、答えを求める過程を記述する問題も毎年出題されている。教科書レベルの基本問題を繰り返し学習するだけでなく、考えたことを順序立ててかく練習をしておこう。

1 よく出る　基本　次の〔問1〕〜〔問5〕に答えなさい。
〔問1〕次の(1)〜(5)を計算しなさい。
　(1) $-8 + 5$ (3点)
　(2) $1 + 3 \times \left(-\dfrac{2}{7}\right)$ (3点)
　(3) $2(a + 4b) + 3(a - 2b)$ (3点)
　(4) $\sqrt{27} - \dfrac{6}{\sqrt{3}}$ (3点)
　(5) $(x+1)^2 + (x-4)(x+2)$ (3点)
〔問2〕次の式を因数分解しなさい。(3点)
　$9x^2 - 4y^2$
〔問3〕$\sqrt{10-n}$ の値が自然数となるような自然数 n を、すべて求めなさい。(3点)
〔問4〕右の図のように、長方形 ABCD を対角線 AC を折り目として折り返し、頂点 B が移った点を E とする。
$\angle ACE = 20°$ のとき、$\angle x$ の大きさを求めなさい。(4点)

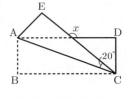

〔問5〕和夫さんと花子さんが、それぞれ1個のさいころを同時に投げて、自分の投げたさいころの出た目の数と同じ数だけ階段を上るゲームをしている。
　右の図は、和夫さんと花子さんの現在の位置を示している。
　この後、2人がさいころを1回だけ投げて、花子さんが和夫さんより上の段にいる確率を求めなさい。
　ただし、さいころの1から6までのどの目が出ることも同様に確からしいものとする。(4点)

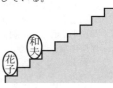

2 よく出る　次の〔問1〕〜〔問4〕に答えなさい。
〔問1〕基本　右の図は、円錐の投影図である。この円錐の立面図は1辺の長さが 6 cm の正三角形である。
　このとき、この円錐の体積を求めなさい。
　ただし、円周率は π とする。(4点)

〔問2〕 **基本** 右の図のように，2点 A(2, 6)，B(8, 2)がある。次の文中の(ア)，(イ)にあてはまる数を求めなさい。

直線 $y=ax$ のグラフが，線分 AB 上の点を通るとき，a の値の範囲は，(ア)$\leqq a \leqq$(イ)である。 (4点)

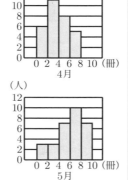

〔問3〕 **基本** 右の図は，あるクラスの生徒30人が4月と5月に図書室で借りた本の冊数をそれぞれヒストグラムに表したものである。

たとえば，借りた本の冊数が 0 冊以上 2 冊未満の生徒は，4月では6人，5月では3人であることを示している。

このとき，次の(1)，(2)に答えなさい。

(1) 4月と5月のヒストグラムを比較した内容として正しいものを，次のア～オの中からすべて選び，その記号をかきなさい。 (3点)
　ア 階級の幅は等しい。
　イ 最頻値は4月の方が大きい。
　ウ 中央値は5月の方が大きい。
　エ 4冊以上6冊未満の階級の相対度数は5月の方が大きい。
　オ 借りた冊数が6冊未満の人数は等しい。

(2) 5月に借りた本の冊数の平均値を求めなさい。 (3点)

〔問4〕 右の図は，ある中学校における生徒会新聞の記事の一部である。この記事を読んで，先月の公園清掃ボランティアと駅前清掃ボランティアの参加者数はそれぞれ何人か，求めなさい。

ただし，答えを求める過程がわかるようにかきなさい。 (6点)

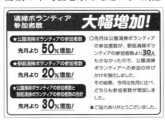

3 図1のように，同じ大きさの立方体の箱をいくつか用意し，箱を置くための十分広い空間のある倉庫に箱を規則的に置いていく。倉庫の壁Aと壁Bは垂直に交わり，2つの壁の面と床の面もそれぞれ垂直に交わっている。

各順番における箱の置き方は，まず1番目として，1個の箱を壁Aと壁Bの両方に接するように置く。

2番目は，4個の箱を2段2列に壁Aと壁Bに接するように置く。このように，3番目は9個の箱を3段3列に，4番目は16個の箱を4段4列に置いていく。なお，いずれの順番においても箱の面と面をきっちり合わせ，箱と壁や床との間にすき間がないように置いていくものとする。

このとき，次の〔問1〕，〔問2〕に答えなさい。

図1

〔問1〕 各順番において，図1のように，置いた箱をすべて見わたせる方向から見たとき，それぞれの箱は1面が見えるもの，2面が見えるもの，3面が見えるもののいずれかである。

表1は，上の規則に従って箱を置いたときの順番と，1面が見える箱の個数，2面が見える箱の個数，3面が見える箱の個数，箱の合計個数についてまとめたものである。

下の(1)～(3)に答えなさい。

表1

順番（番目）	1	2	3	4	5	6	…	n	$n+1$	…
1面が見える箱の個数（個）	0	1	4	9	*	*		*	*	
2面が見える箱の個数（個）	0	2	4	6	ア	*		*	*	
3面が見える箱の個数（個）	1	1	1	1	*	*		*	*	
箱の合計個数（個）	1	4	9	16	*	イ		*	*	

*は，あてはまる数や式を省略したことを表している。

(1) **基本** 表1中の ア ，イ にあてはまる数をかきなさい。 (4点)

(2) **基本** 8番目について，1面が見える箱の個数を求めなさい。 (2点)

(3) $(n+1)$ 番目の箱の合計個数は，n 番目の箱の合計個数より何個多いか，n の式で表しなさい。 (3点)

〔問2〕 図2は，図1の各順番において，いくつかの箱を壁Bに接するように移動して，壁Aと壁Bにそれぞれ接する階段状の立体に並べかえたものを表している。

このとき，下の(1)，(2)に答えなさい。

図2

(1) **基本** 6番目について，移動した箱の個数を求めなさい。 (3点)

(2) **思考力** 階段状の立体には，壁や他の箱に囲まれて見えない箱もある。

表2は，各順番における階段状の立体の見えない箱の個数，見えている箱の個数，箱の合計個数についてまとめたものである。

x 番目のとき，見えている箱の個数が111個であった。x の値を求めなさい。

ただし，答えを求める過程がわかるようにかきなさい。 (6点)

和歌山県・鳥取県　　　　　　　　　　　　数学 | 78

表2

順番（番目）	1	2	3	4	5	…	x	…
見えない箱の個数（個）	0	1	2	3	*	…	*	…
見えている箱の個数（個）	1	3	7	13	*	…	111	…
箱の合計個数（個）	1	4	9	16	*	…	*	…

*は，あてはまる数や式を省略したことを表している。

4 よく出る　図1のように，関数 $y = -\frac{1}{4}x^2 \cdots$ ①のグラフ上に点 A (4, −4) があり，x 軸上に点 P がある。また，点 B (−2, −4) がある。
次の〔問1〕～〔問4〕に答えなさい。

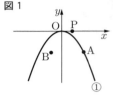
図1

〔問1〕 基本　関数 $y = -\frac{1}{4}x^2$ について，x の変域が $-6 \leqq x \leqq 1$ のとき，y の変域を求めなさい。（3点）

〔問2〕 △PAB が二等辺三角形となる P はいくつあるか，求めなさい。（4点）

〔問3〕 図2のように，①のグラフと直線 AP が，2点 A，C で交わっている。C の x 座標が −2 のとき，P の座標を求めなさい。（4点）

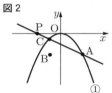
図2

〔問4〕 図3のように，関数 $y = ax^2 (a > 0) \cdots$ ②のグラフ上に，x 座標が −3 である点 D がある。P の x 座標が 4 のとき，四角形 PABD の面積が 50 となるような a の値を求めなさい。（5点）

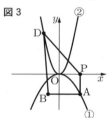
図3

5 図1のように，点 O を中心とし線分 AB を直径とする半径 3cm の半円がある。$\overset{\frown}{AB}$ 上に2点 P，Q があり，A に近い方を P，B に近い方を Q とする。また，線分 BP と線分 OQ の交点を R とする。
次の〔問1〕～〔問3〕に答えなさい。

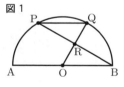
図1

〔問1〕 基本　PQ = 3 cm，PQ // AB のとき，線分 QR の長さを求めなさい。（3点）

〔問2〕 図2のように，∠QPB = 36°のとき，おうぎ形 OBQ の面積を求めなさい。ただし，円周率は π とする。（3点）

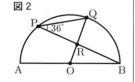
図2

〔問3〕 図3のように，線分 AQ と線分 BP の交点を S とする。
次の(1)，(2)に答えなさい。
(1) △RQS∽△RPQ を証明しなさい。（6点）

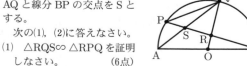
図3

(2) 図4のように，∠QOB = 90°，OS // BQ となるとき，線分 BR の長さを求めなさい。（5点）

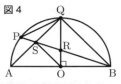
図4

鳥取県

時間 50分　満点 50点　解答 P53　3月5日実施

* 注意　1　答えが分数になるときは，それ以上約分できない分数で答えなさい。
2　答えに $\sqrt{}$ が含まれるときは，$\sqrt{}$ をつけたままで答えなさい。なお，$\sqrt{}$ の中の数は，できるだけ小さい自然数にしなさい。また，分数の分母に $\sqrt{}$ が含まれるときは，分母を有理化しなさい。
3　円周率は，π を用いなさい。

出題傾向と対策

●大問は5題で，**1**は小問集合，**2**は確率，**3**は連立方程式の応用，**4**は1次関数，**5**は平面図形であった。大問数は6題から5題に減り，2年前と同じに戻った。問題量，難易度ともに例年同様である。
●小問は頻出問題であり，計算，方程式，作図，証明問題が頻出問題であり，全範囲の知識が必要である。教科書で基本事項を確認してから数年分の過去問を解くこと。標準問題集で類題を正確に早く解く練習をするとよい。

1 よく出る　基本　次の各問いに答えなさい。
問1　次の計算をしなさい。
(1) $2 − (−5)$ （1点）
(2) $\frac{2}{3} \div \left(-\frac{2}{15}\right)$ （1点）
(3) $6\sqrt{3} − \sqrt{27} − \sqrt{12}$ （1点）
(4) $3(2x − y) − 2(x + y)$ （1点）
(5) $3a^2b \times 4ab^2 \div 2ab$ （1点）

問2　$(2a − 3)^2$ を展開しなさい。（1点）
問3　$a = −2$ のとき，$-a^2 − 2a − 1$ の値を求めなさい。（1点）
問4　$x^2 − 3x − 10$ を因数分解しなさい。（1点）
問5　次の表は，y が x に反比例する関係を表したものである。y を x の式で表しなさい。また，表のアにあてはまる数を答えなさい。（2点）

表
x	…	−1	0	1	2	…
y	…	−12	×	12	ア	…

問6　二次方程式 $x^2 − 3x − 1 = 0$ を解きなさい。（1点）

問7　右の図Ⅰのように，底面の半径が 3cm，母線の長さが 6cm である円錐の側面積を求めなさい。（1点）

図Ⅰ

問8　ある養殖池にいるニジマスの総数を調べるために，次の実験をした。
　　網ですくうと50匹とれ，その全部に印をつけて池にもどした。数日後，再び同じ網ですくうと48匹とれ，印のついたニジマスが6匹いた。

この池にいるニジマスの総数を推測しなさい。（1点）

問9　右の図Ⅱにおいて，3点A，B，Cを通る円の中心Oを作図しなさい。
ただし，作図に用いた線は明確にして，消さずに残しておき，作図した円の中心Oには記号Oを書き入れなさい。（2点）

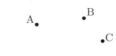

問10　右の図Ⅲのように，平行四辺形ABCDがある。点Eは辺ADの中点とし，直線BAと直線CEの交点をFとする。
このとき，△AEF≡△DECであることを次のように証明した。□に証明の続きを書き，証明を完成しなさい。（3点）

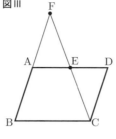

（証明）△AEFと△DECで，

△AEF≡△DEC　　　（証明終）

問11　ある中学校では，次のルールで行われる的当て大会が開催される。

ルール
・右の図Ⅳのような的に向かって，ボールを1人が3回ずつ投げる。
・ボールが的に当たった場合，当たった場所の数を得点とする。
・ボールが的に当たらなかった場合，得点は0点とする。
・3回のうちの最高得点を競い，最も高い得点であった人の勝ちとする。

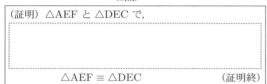

3年1組では，クラス代表1名を決めるため，1人が10回ずつ的に向かってボールを投げ，その得点を計測した。その結果，そらさんとあずまさんのどちらかを選ぶことになった。2人の得点分布は次の図Ⅴ，図Ⅵのとおりであった。
あずまさんを代表として選ぶとき，その理由を平均値，中央値，最頻値のいずれかを根拠として使い，説明しなさい。（2点）

図Ⅴ　そらさんの得点分布（平均値5.9点）

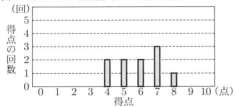

図Ⅵ　あずまさんの得点分布（平均値5.9点）

2　右の図Ⅰのように，立方体の6つの面に，1の目が1面，2の目が2面，3の目が3面ある特殊なさいころが，大小2つある。次の会話は，みほさんとゆういちさんが，これらの2つのさいころを同時に投げたとき，出た目の数の和について話し合ったものである。
このとき，あとの各問いに答えなさい。
ただし，これらの2つのさいころは，6つのどの面が出ることも同様に確からしいものとする。

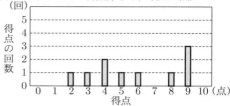

会話
みほさん：これらの2つのさいころを投げたとき，出た目の数の和は，2，3，4，5，6のいずれかだね。
ゆういちさん：そうだね。その中で，出た目の数の和が□ア□になる確率が最も小さく，その確率は□イ□だね。
みほさん：それでは，出た目の数の和がいくらになる確率が最も大きいのかな。
ゆういちさん：出た目の数の和が6になる確率が最も大きいと思うよ。
これらの2つのさいころは，両方とも3の目が出やすいよね。だから，出た目の数の和は6になりやすいはずだよ。

問1　よく出る　基本　会話のア，イにあてはまる数を，それぞれ求めなさい。（2点）

問2　よく出る　基本　会話の下線部の予想は誤っている。その理由を，確率を使って説明しなさい。（2点）

問3　これらの2つのさいころを同時に投げたとき，大きいさいころの出た目の数をm，小さいさいころの出た目の数をnとする。右の図Ⅱのように，平面上に点$A(m, n)$をとり，点Aを通るような関数$y = ax^2$のグラフをかくとき，aが整数である確率を求めなさい。（2点）

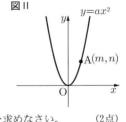

3　こういちさんは，池の周りを1周する1周10kmのコースを使って運動を行っている。次の各問いに答えなさい。

問1　よく出る　基本　こういちさんが時速6kmで15分歩いたとき，歩いた道のりは何kmか求めなさい。（1点）

問2　よく出る　基本　こういちさんがこのコースを1周するとき，最初は時速6kmで歩き，途中から時速10kmで走ると，あわせて$\frac{6}{5}$時間かかった。このとき，次の(1)，(2)に答えなさい。

(1) こういちさんが，このときの走った道のりと時間を求めようと考えたところ，次の考え1，考え2のように2通りの連立方程式をつくることができた。

次の①，②にあてはまるものを，あとのア～オからそれぞれひとつ選び，記号で答えなさい。　　　（2点）

考え1

こういちさんが

①

とおくと，次の連立方程式が得られる。
$$\begin{cases} x + y = 10 \\ \dfrac{x}{6} + \dfrac{y}{10} = \dfrac{6}{5} \end{cases}$$

考え2

こういちさんが

②

とおくと，次の連立方程式が得られる。
$$\begin{cases} 6x + 10y = 10 \\ x + y = \dfrac{6}{5} \end{cases}$$

ア　走った道のりを x km，走った時間を y 時間
イ　歩いた道のりを x km，走った道のりを y km
ウ　走った道のりを x km，歩いた道のりを y km
エ　歩いた時間を x 時間，走った時間を y 時間
オ　走った時間を x 時間，歩いた時間を y 時間

(2)　こういちさんが走った道のりと時間を求めなさい。
　　　　　　　　　　　　　　　　　　　　　　　　（2点）

問3　こういちさんは，このコースを時速 10 km で1周走ることにした。

スタート地点にいるお父さんは，こういちさんが走り始めてから t 時間後に，自動車に乗って時速 40 km でこういちさんの様子を見に行くこととする。このとき，次の(1)，(2)に答えなさい。

(1)　お父さんがこのコースをこういちさんと同じ向きに進むとき，お父さんが出発してからこういちさんに会うまでの時間を a 時間とする。このとき，こういちさんが進んだ道のりとお父さんが進んだ道のりの関係を，a, t を用いて表しなさい。　　　　　（1点）

(2)　お父さんがこのコースをこういちさんと同じ向きに進んだときの方が，反対の向きに進んだときよりもこういちさんに早く会えるのは，こういちさんが走り始めてから何時間後までにお父さんが出発したときか，求めなさい。　　　　　　　　　　　　　（2点）

4　あかりさんは，夏休みの研究で，家庭の電気使用料金を調べることにした。電力会社のホームページをみると，次のような3つのプランをみつけた。また，あかりさんの家庭の電気使用量を調べたところ，6月の電気使用量は 220 kWh であった。なお，電気使用料金は，基本料金と電気使用量によって定まる料金をあわせたものである。

このとき，あとの各問いに答えなさい。

プラン1

1か月あたりの電気使用料金	
○ 基本料金　2500円	
○ 電気使用量0kWh から100kWh まで	0円
○ 電気使用量100kWh を超えた分の電気使用量　1kWhあたり	25円

プラン2

1か月あたりの電気使用料金	
○ 基本料金　1000円	
○ 電気使用量0kWh から50kWh まで	0円
○ 電気使用量50kWh を超えた分の 200kWh までにおける電気使用量　1kWhあたり	20円
○ 電気使用量200kWh を超えた分の電気使用量　1kWhあたり	35円

プラン3

1か月あたりの電気使用料金	
○ 基本料金　500円	
○ 土日祝日における電気使用量	1kWhあたり　15円
○ 平日昼以外における電気使用量	1kWhあたり　15円
○ 平日昼における電気使用量	1kWhあたり　35円
※　昼：9時から21時まで	

問1　**基本**　あかりさんの家庭の6月の電気使用料金について，プラン1の場合とプラン2の場合で，それぞれいくらになるか求めなさい。　　　　　（2点）

問2　**基本**　右の図は，電気使用量を x kWh，電気使用料金を y 円として，プラン2の電気使用量が 0 kWh から 50 kWh までの x と y の関係を表すグラフである。プラン2の電気使用量が 50 kWh を超えるときの x と y の関係を表すグラフをかき入れ，プラン2のグラフを完成しなさい。　　　　　（2点）

問3　プラン1とプラン2を比較したとき，プラン2の方が電気使用料金が安いのは，電気使用量が何 kWh 未満のときか求めなさい。　　　　　（2点）

問4　あかりさんの家庭の6月の電気使用量 220 kWh について，平日昼の電気使用量が a kWh だったとき，プラン2を選んだときよりもプラン3を選んだときの方が電気使用料金が安くなった。このとき，プラン2とプラン3の電気使用料金の関係を不等式で表しなさい。ただし，この不等式は，必ずしも整理する必要はありません。　　　　　（2点）

5　右の図において，4点 A，B，C，D を通る円があり，直線 DA と直線 CB は点 E で，直線 AB と直線 DC は点 F で，それぞれ交わっている。

また，∠BCD = 90°，BC = CD = 2 cm，EB : BC = 2 : 1 とする。

このとき，次の各問いに答えなさい。

問1　**よく出る**　**基本**　この円の直径を求めなさい。（1点）

問2　∠ABE と大きさが等しい角を，次のア～オから2つ選び，記号で答えなさい。　　　　　（1点）
ア　∠DAB　　イ　∠ABD　　ウ　∠EDC
エ　∠DBC　　オ　∠CBF

問3　線分 AB の長さを求めなさい。　　　（2点）

問4　図の色のついた部分（▨部分）を，直線 BD を回転の軸として1回転させてできる立体の体積を求めなさい。　　　（2点）

問5　**思考力**　3点 A，C，E を通る円を円 P とする。円 P の直径を求めなさい。　　　（2点）

旺文社　2021 全国高校入試問題正解

島根県

時間 50分　満点 50点　解答 P54　3月5日実施

＊注意　$\sqrt{\ }$ や π が必要なときは，およその値を用いないで $\sqrt{\ }$ や π のままで答えること

出題傾向と対策

● 例年と同様，大問5題であった。**1** は小問集合，**2** は確率と関数の問題，**3** は数・式の利用と連立方程式の文章題，**4** は平面図形の問題，**5** は関数に関する問題であった。

● 基本的な問題を中心に，幅広い分野から出題されている。そのため，基本的な問題を中心に標準的な問題まで勉強するとよいだろう。また，作図，証明，グラフをかく問題は例年出題されており，問題数も多いためしっかりと練習しておくとよいだろう。

1 よく出る 基本　次の問1～問10に答えなさい。

問1　$5 - 2 \times (-3)$ を計算しなさい。(1点)

問2　$\dfrac{2a+5}{3} - \dfrac{a}{2}$ を計算しなさい。(1点)

問3　$\sqrt{45} + 2\sqrt{5} - \sqrt{125}$ を計算しなさい。(1点)

問4　1個 a 円のみかんと1個 b 円のりんごがある。このとき，不等式 $5a + 3b \leqq 1000$ は，金額についてどんなことを表しているか，説明しなさい。(1点)

問5　$a^2 + 8a - 20$ を因数分解しなさい。(1点)

問6　方程式 $3x^2 - 5x + 1 = 0$ を解きなさい。(1点)

問7　y は x に反比例し，$x = 3$ のとき $y = -4$ である。$x = -2$ のときの y の値を求めなさい。(1点)

問8　右の**表**は，あるクラスの生徒30人の1週間の読書時間を調べ，度数分布表に整理したものである。ただし，一部が汚れて度数が見えなくなっている。この度数分布表について，次の1，2に答えなさい。

表

階級(分)	度数(人)
0以上 ～ 30未満	2
30 ～ 60	4
60 ～ 90	（汚れ）
90 ～ 120	5
120 ～ 150	10
150 ～ 180	3
計	30

1　最頻値を，次のア～オから1つ選び，記号で答えなさい。(1点)

　ア　90分　　イ　105分　　ウ　120分
　エ　135分　　オ　150分

2　度数が見えなくなっているところを補って，**図1**にヒストグラムをかきなさい。(1点)

図1
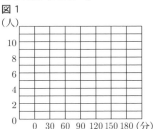

問9　図2において，2つの直線 l，m は平行である。次の1，2に答えなさい。

1　$\angle x$ の大きさを求めなさい。(1点)

2　$\angle y$ の大きさを求めなさい。(1点)

図2
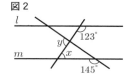

問10　図3のように，1辺の長さが 2cm の正方形 ABCD がある。次の1，2に答えなさい。

1　対角線 AC の長さを求めなさい。(1点)

2　正方形 ABCD を，直線 AC を軸として回転させてできる立体の体積を求めなさい。(1点)

図3
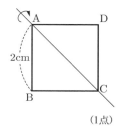

2　次の問1，問2に答えなさい。

問1　次の1，2に答えなさい。

1　あるスポーツ大会で，A，B，C の3種類の観戦チケットが販売されることになった。申し込みの数がチケットの数より多い場合は抽選によって当選が決まる。申し込み期間終了後，申し込み状況を確認したところ，**表**のとおりであった。
　当選しやすいチケットの順に A，B，C を左から並べなさい。(2点)

表

チケットの種類	チケットの数	申し込みの数
A	1000	15000
B	1000	20000
C	1500	20000

2　大小2つのさいころを同時に投げ，大きいさいころの出た目の数を a，小さいさいころの出た目の数を b とする。次の(1)，(2)に答えなさい。ただし，さいころは1から6までのどの目が出ることも同様に確からしいものとする。

(1)　$a = b$ となる確率を求めなさい。(1点)

(2)　$10a + b$ の値が9の倍数となる確率を求めなさい。(2点)

問2　次の1～3に答えなさい。

1　基本　y は x の2乗に比例し，$x = -1$ のとき $y = 5$ である。y を x の式で表しなさい。(1点)

2　x の値が -3 から -1 まで増加するとき，y の値が8減少する関数 $y = ax^2$ のグラフを，図のア～オから1つ選び，記号で答えなさい。(2点)

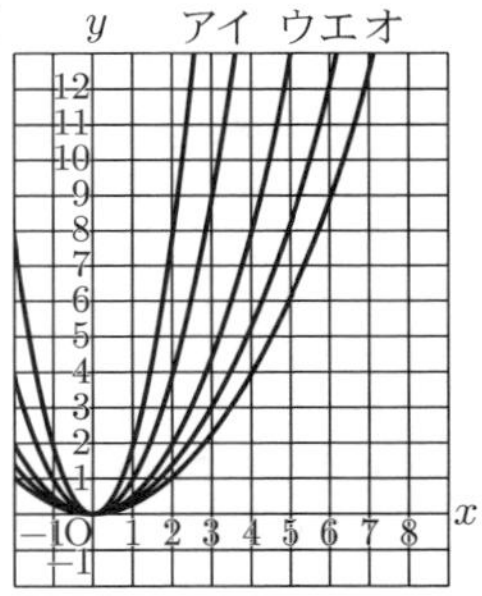

3　y は x の2乗に比例し，x の変域が $-2 \leqq x \leqq 3$ のとき，y の変域が $-3 \leqq y \leqq 0$ となる。y を x の式で表しなさい。(2点)

3 たろうさんのクラス30人は，遠足で遊園地に行った。次の問1〜問3に答えなさい。

問1 【基本】 遊園地の入場料は1人あたり300円で，20人以上の団体ならば，1人あたり20%引きとなる。
このとき，30人の団体であるたろうさんのクラス1人あたりの入場料はいくらか，求めなさい。 (1点)

問2 遊園地にはジェットコースターと観覧車の乗りものがあった。たろうさんのクラス30人のうち，ジェットコースターに乗った生徒は24人，どちらにも乗らなかった生徒は1人だけであった。
表1は，ジェットコースターと観覧車の両方に乗った人数を x 人，ジェットコースターには乗って観覧車には乗らなかった人数を y 人とおき，ジェットコースター，観覧車のそれぞれに乗った人数，乗らなかった人数を表したものである。下の1，2に答えなさい。

表1

	ジェットコースターに乗った	ジェットコースターに乗らなかった	合計
観覧車に乗った	x 人	ア 人	
観覧車に乗らなかった	y 人	1 人	
合計	24 人	イ 人	30 人

1 【基本】 表1の ア ， イ にあてはまる値を求めなさい。 (1点)

2 表2は，ジェットコースター，観覧車の料金表である。ジェットコースターと観覧車の両方に乗った人の料金はセット料金で支払ったので，このクラス全員分の乗りものの料金の合計は14700円であった。下の(1)，(2)に答えなさい。

表2

料 金 表（1人あたり）	
セット料金（ジェットコースターと観覧車の両方に乗ることができる）	600 円
ジェットコースター	400 円
観 覧 車	300 円

(1) このクラス全員分の乗りものの料金の合計についての関係を表す式を，x，y を用いて表しなさい。 (1点)

(2) x と y の値を求めなさい。 (2点)

問3 遊園地にある売店でアイスクリームを売っていた。アイスクリームは1個150円で，4個買うごとにさらに1個無料でついてくるサービスがある。次の1，2に答えなさい。ただし，1人あたり1個のアイスクリームを食べるものとする。

1 【基本】 たろうさんが，このサービスを利用して6人分のアイスクリームをこの売店で買った。売店に支払った金額を求めなさい。 (1点)

2 たろうさんは，このサービスを利用してアイスクリームを買った場合，売店に支払った金額を人数で割ったときの1人あたりの金額は，人数が5の倍数であるときに必ず120円になることが分かった。このことを自然数 n を用いて，以下のように説明した。
ウ ， エ に適する言葉，数や式などを入れ，説明を完成させなさい。 (3点)

説明
この売店のサービスを利用してアイスクリームを買うとき，
10人分買うと，そのうち2個が無料
15人分買うと，そのうち3個が無料
︙
n を自然数として
$5n$ 人分買うと，そのうち ウ 個が無料でついてくる。
よって，$5n$ 人分のアイスクリームを買うときの1人あたりの金額の求め方は，自然数 n を用いて次のように表すことができる。

エ

したがって，1人あたりの金額は120円になる。

4 次の問1，問2に答えなさい。

問1 図1の △ABC の3つの頂点を通る円の中心Oの位置を定規とコンパスを用いた作図により求め，中心を示す文字Oを書きなさい。ただし，作図に用いた線は消さないでおくこと。 (1点)

図1
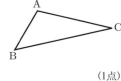

問2 図2のように，△ABCと，中心をOとして3点A, B, Cを通る円Oがある。
△ABCにおいて，AB = AC = 5 cm，BC = 8 cm とする。直線AOと円Oの交点で点Aでない方の点をDとし，ADとBCの交点をEとすると，点Eは辺BCの中点になった。次の1〜4に答えなさい。

図2
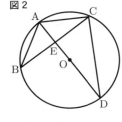

1 △ABE∽△CDE であることを証明しなさい。 (2点)
2 線分CDの長さを求めなさい。 (2点)
3 円Oの半径を求めなさい。 (2点)
4 図3のように，点Dを中心として，点Cを通る円を円Dとする。円Oと円Dの面積比を最も簡単な整数の比で答えなさい。 (2点)

図3

5 【思考力】 さやかさんは，9時00分に自転車で家を出発し，家からの道のりが20 km の道の駅に向かってサイクリングをした。家を出発して道の駅に到着するまでの途中で，家からの道のりが12 km の公園で休憩をとり，道の駅に到着後は2時間滞在した。

さやかさんが家を出発してからの時間を x 分，家からの道のりを y km とする。図1は，さやかさんが家を出発してから道の駅での滞在時間が終わるまでの x と y の関係をグラフで表したものである。下の問1～問4に答えなさい。ただし，自転車の速さは一定とする。

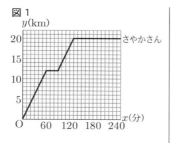
図1

問1　[基本]　さやかさんが道の駅に到着したのは何時何分か，答えなさい。　　　　　　(1点)

問2　さやかさんが，もし途中の公園で休憩をとらずに，そのまま道の駅に向かったとすると，家を出発してから何分後に道の駅に到着していたか，求めなさい。　(1点)

問3　さやかさんの兄のこうたさんは，9時50分にバイクで家を出発し，さやかさんと同じ道を通って公園に向かった。公園に向かう途中の10時00分には家からの道のりが5kmの場所を通過し，その後，公園でさやかさんに合流した。

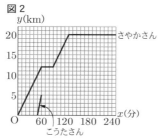
図2

図2は，図1に，9時50分から10時00分までのこうたさんの進んだようすを太線のグラフで書き加えたものである。下の1～3に答えなさい。ただし，バイクの速さは一定とし，こうたさんは途中で休憩しないものとする。

1　こうたさんのバイクの速さは分速何kmか，求めなさい。　　(1点)

2　こうたさんの進んだようすを示す太線のグラフを表す式を，x，y を用いて表しなさい。ただし，x の変域は求めなくてよい。　　(2点)

3　こうたさんが，公園でさやかさんに合流したのは何時何分か，求めなさい。　　(2点)

問4　公園で合流した後，こうたさんは一度家に帰った。その後，再度バイクで家を出発し，さやかさんと同じ道を通って，今度は道の駅に向かった。こうたさんが道の駅に到着した時刻は，12時30分から13時00分の間であった。

こうたさんが家を出発したのは，何時何分から何時何分の間か，求めなさい。ただし，バイクの速さは，問3の1で求めた速さと同じで一定とし，こうたさんは途中で休憩しないものとする。　　(2点)

* 注意　1　答えに $\sqrt{\ }$ が含まれるときは，$\sqrt{\ }$ をつけたままで答えなさい。また，$\sqrt{\ }$ の中の数は，できるだけ小さい自然数にしなさい。
　　　　2　円周率は π を用いなさい。

出題傾向と対策

●大問は5題で，**1**は基本的な小問10題，**2**～**5**は関数とグラフ，平面図形，空間図形，方程式の応用などの分野から出題され，問題文の途中の空欄を埋める設問が多い。基本的な作図が必ず出題されるほか，数や図形についての証明も出題されやすい。

●**1**を確実に仕上げ，**2**～**5**の解きやすい問題に進む。題意に沿って空欄にあてはまる数値や式や証明を記述する設問が多いので，解法の流れを正しくつかむことが重要である。証明の書き方についても十分に練習しておこう。

1　[よく出る]　[基本]　次の①～⑤の計算をしなさい。⑥～⑩は指示に従って答えなさい。

① $4+(-8)$

② $(-18)\div(-3)$

③ $4(2a-b)-(-3a+b)$

④ $6ab\times\left(-\dfrac{3}{2}a\right)$

⑤ $(1-\sqrt{5})^2$

⑥ 方程式 $x^2-x-3=0$ を解きなさい。

⑦ 右の図のように，円Oの円周上に3点 A, B, C がある。四角形 OABC について，対角線の交点を P とする。$\angle AOB=70°$，$\angle OBC=65°$ のとき，$\angle APB$ の大きさを求めなさい。

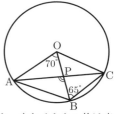

⑧ 3枚の硬貨を同時に投げるとき，少なくとも1枚は表となる確率を求めなさい。ただし，表と裏の出方は同様に確からしいものとする。

⑨ 次の図1，図2のような，底面の半径が r cm で高さが $2r$ cm の円柱（図1）と，半径が r cm の球（図2）がある。☐ に当てはまる適当な数は，ア～エのうちではどれですか。一つ答えなさい。

図1の円柱の体積は，図2の球の体積の ☐ 倍である。

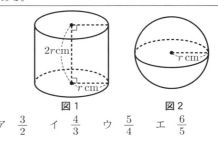

図1　　　　　　図2

ア $\dfrac{3}{2}$　　イ $\dfrac{4}{3}$　　ウ $\dfrac{5}{4}$　　エ $\dfrac{6}{5}$

⑩ 右の度数分布表は，ある中学校のバスケットボール部が行った15試合の練習試合について，1試合ごとの得点の記録を整理したものである。(1), (2)を求めなさい。

得点(点)	度数(試合)
0 以上 ～ 20 未満	0
20 ～ 40	1
40 ～ 60	6
60 ～ 80	4
80 ～100	3
100 ～120	1
計	15

(1) 80点以上100点未満の階級の相対度数
(2) 度数分布表からわかる得点の平均値

2 基本 大輝さんと桃子さんは，町内会の夏祭りでボールすくいを計画している。2人は，町内会の人から模様入りと単色の2種類のボールが合計500個入っている袋を1つ受け取った。その人に聞いてみたところ，ボール500個の消費税込みの価格は 2,000 円であることがわかった。2人は，袋の中に入っている模様入りボールと単色ボールの個数を調べる方法について，次のように考えた。①，②に答えなさい。ただし，ボールの大きさは，すべて同じものとする。

【大輝さんの考え】
　標本調査を行えば，それぞれのおよその個数がわかる。

【桃子さんの考え】
　それぞれのボールの1個あたりの価格がわかれば，連立方程式を利用して，それぞれの正確な個数を求めることができる。

① 大輝さんがこの袋の中から25個のボールを無作為に抽出したところ，抽出したボールのうち模様入りボールは6個だった。はじめに袋の中に入っていた模様入りボールのおよその個数として最も適当なのは，ア～エのうちではどれですか。一つ答えなさい。
　ア　およそ100個　　イ　およそ120個
　ウ　およそ140個　　エ　およそ160個

② 桃子さんが調べたところ，消費税込みの価格で模様入りボールは1個7円，単色ボールは1個3円であることがわかった。(1), (2)に答えなさい。
(1) 模様入りボールを x 個，単色ボールを y 個として，連立方程式をつくりなさい。
(2) ボール500個のうち，模様入りボールと単色ボールはそれぞれ何個ずつあるかを求めなさい。

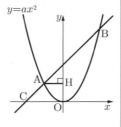

3 右の図のように，x の値が -2 から 4 まで増加するときの変化の割合が 1 である関数 $y = ax^2$ について，グラフ上に2点 A, B があり，点 A の x 座標は -2，点 B の x 座標は 4 である。また，直線 AB と x 軸との交点を C とする。①，②は指示に従って答えなさい。③，④は ☐ に適当な数を書きなさい。

① 基本 変化の割合が正になるのは，ア～エのうちではどれですか。当てはまるものをすべて答えなさい。

ア　関数 $y = 2x$ で，x の値が0から4まで増加するとき。
イ　関数 $y = -3x + 4$ で，x の値が1から3まで増加するとき。
ウ　関数 $y = \dfrac{6}{x}$ で，x の値が3から6まで増加するとき。
エ　関数 $y = -x^2$ で，x の値が -3 から1まで増加するとき。

② a の値は，次のように求めることができる。☐(1)には適当な式を書きなさい。また，☐(2)には a の値を求めなさい。ただし，☐(2)は答えを求めるまでの過程も書きなさい。

関数 $y = ax^2$ について，
$x = -2$ のとき，$y = 4a$ である。
また，$x = 4$ のとき，$y = $ ☐(1) である。
よって，変化の割合について，
☐(2)

③ 点 C の座標は (☐, 0) である。
④ 点 A から y 軸にひいた垂線と y 軸との交点を H とする。台形 OHAC を，直線 OH を回転の軸として1回転させてできる立体の体積は ☐(1) cm³ であり，表面積は ☐(2) cm² である。ただし，原点 O から点 $(1, 0)$ までの距離，原点 O から点 $(0, 1)$ までの距離をそれぞれ1cm とする。

4 新傾向 太郎さんは，道路側が斜めに切り取られたような建物を見て，興味をもち調べると，その建物は，周辺の日当たりなどを確保するためのきまりにもとづいて建てられていることがわかった。そのきまりについて，次のように，真横から見た模式図をかいてまとめた。①～④に答えなさい。

＜太郎さんのまとめ1＞
　直線 l を平らな地面とみなす。また，2点 O, A は直線 l 上の点で，線分 OA を道路とし，線分 OA の長さを道路の幅とみなす。

きまりⅠ
　建物は，道路側に（直線 AB から）はみ出さないようにする。
　あわせて建物は，図1で，OA : AB = 4 : 5 となる直線 OB を越えてはいけない。

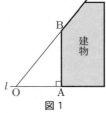
図1

きまりⅡ
　建物は，きまりⅠにもとづいて建てなければならない。ただし，道路の幅が 12m 以上のときは，図2で，直線 OB を越えてもよいが，OC = 1.25 × OA, OC : CD = 2 : 3 となる直線 OD を越えてはいけない。これは，直線 CD より道路から遠い部分に適用される。

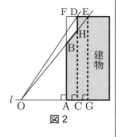
図2

【図1，2の説明】
・色 (▨) のついた図形を建物とみなし，点 B は図

1と図2の，点 D, E, H は図2の建物とみなす図形の周上の点
・点 C, G は，半直線 OA 上の点
・$l \perp AB$, $l \perp CD$, $l \perp GE$
・点 E は，点 D を通り，直線 l に平行な直線と直線 OB の交点
・点 F は，直線 AB と直線 DE の交点
・点 H は，直線 OE と直線 CD の交点

① **基本** 点 A を通り，直線 l に垂直な直線を定規とコンパスを使って作図しなさい。作図に使った線は残しておきなさい。

② **基本** 図1において，OA = 12 m のとき，線分 AB の長さを求めなさい。

③ 太郎さんは，道路の幅が 12 m できまりⅡが適用されたとき，図2をもとに図3を作成し，点 C, D の特徴について考えた。(1)，(2) には適当な数または式を書きなさい。また，(3) には点 E の x 座標を求める過程の続きを書き，＜太郎さんのまとめ2＞を完成させなさい。

＜太郎さんのまとめ2＞
図3のように，点 O を原点に，直線 l を x 軸にしたグラフを考える。
直線 OB の式を $y = \frac{5}{4}x$ とすると，直線 OD の式は $y = \boxed{(1)}$ である。
OA = 12 のとき，
OC = 1.25 × OA = 15 となるので，点 A の x 座標を 12 とすると，点 C, D の x 座標はともに 15 である。
このとき，点 E の x 座標を求める。
点 D, E の y 座標はともに $\boxed{(2)}$ である。また，

(3)

である。よって，線分 AC と線分 CG の長さが等しいので，AC : CG = 1 : 1 である。つまり，点 C は線分 AG の中点であり，点 D は線分 FE の中点である。

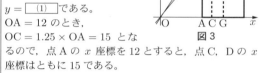

④ **思考力** 太郎さんは，③の図3をもとに図4を作成し，建物 X と道路をはさんで向かいあう建物 Y の壁面にできる建物 X の影について考えた。□ に適当な数を書き，＜太郎さんのまとめ3＞を完成させなさい。

＜太郎さんのまとめ3＞
図4について，点 P は，点 F を通り直線 OD に平行な直線と y 軸との交点とする。
道路の幅（線分 OA の長さ）が 12 m のとき，きまりⅠ，Ⅱの制限いっぱいに建てられた建物 X の影の部分が，ちょうど道路の幅と同じになるときを考える。南中高度で調べると，春分・秋分の日のころだとわかった。太陽の光線は平行に進むと考えることができるので，直線 OD と直線 PF を太陽の光線とみなすことにする。

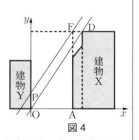

このとき，線分 OP はきまりⅠが適用されていない場合に，建物 Y の壁面にできる影の部分とみなすことができる。
よって，きまりⅠが適用されていない場合，線分 OP の長さが □ m であることより，建物 Y の壁面にできる影の部分は，この高さまであるとわかる。
きまりによって，建物 Y の日当たりがより確保されていることがわかった。

5 次の図のように，∠DAB が鋭角の平行四辺形 ABCD について，線分 AD を 2 : 1 に分ける点を E とする。線分 AB の延長線上に，点 A とは異なる点 F を AB = BF となるようにとり，点 B と点 F，点 E と点 F をそれぞれ結ぶ。線分 EF と線分 BC の交点を G，線分 EF と平行四辺形 ABCD の対角線 BD の交点を H とする。また，点 H から線分 AD にひいた垂線と線分 AD との交点を P とする。①，②は指示に従って答えなさい。③は □ に適当な数を書きなさい。

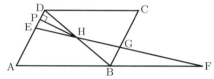

① **基本** 四角形が平行四辺形にならない場合があるのは，ア〜エのうちではどれですか。一つ答えなさい。
ア 1組の向かいあう辺が，長さが等しくて平行であるとき。
イ 2本の対角線が，それぞれの中点で交わるとき。
ウ 2本の対角線が，長さが等しくて垂直に交わるとき。
エ 2組の向かいあう角が，それぞれ等しいとき。

② **よく出る** BG = ED は，次のように導くことができる。(1) には，△AFE ∽ △BFG の証明の過程を書きなさい。また，(2) には適当な数を書きなさい。

△AFE と △BFG において，

(1)

△AFE ∽ △BFG である。
よって，この結果より，BG = $\boxed{(2)}$ AE となるので，
BG = ED である。

③ AD = 15 cm，DH = EH，△BFG の面積が $20\sqrt{6}$ cm² のとき，線分 HP の長さは $\boxed{(1)}$ cm であり，線分 AB の長さは $\boxed{(2)}$ cm である。

広島県

時間 50分　満点 50点　解答 P56　3月5日実施

出題傾向と対策

● **1** 基本問題が中心の小問，**2** 標準問題が中心の小問，**3** 資料の散らばりと代表値の問題，**4** 式の利用の問題，**5** 直角三角形の合同の証明問題，**6** 関数を利用した総合問題であった。全体の分量，出題内容，難易度いずれも例年通りであった。

● 中学の全分野から出題されているので，教科書や問題集の問題を繰り返し勉強するとよい。設問はやさしいが，時間に対して分量がやや多めで，記述問題が証明問題を含めて3問あり，作図問題がない分だけ他の公立高校と比べて多めである。また，グラフをかく問題，作図問題なども含め記述問題への対策をしっかりしておきたい。

1 よく出る　基本　次の(1)～(8)に答えなさい。

(1) $4+6\div(-3)$ を計算しなさい。 (2点)
(2) $4(2x-y)-(7x-3y)$ を計算しなさい。 (2点)
(3) $x^2+3x-28$ を因数分解しなさい。 (2点)
(4) $(\sqrt{2}+\sqrt{7})^2$ を計算しなさい。 (2点)
(5) 方程式 $4x^2+7x+1=0$ を解きなさい。 (2点)
(6) 右の図は，ある立体の投影図です。この立体の展開図として適切なものを，下の①～④の中から選び，その番号を書きなさい。 (2点)

立面図
平面図

① 　②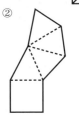

③ 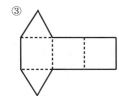　④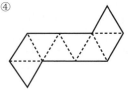

(7) 1辺の長さが x cm の正三角形があります。この正三角形の周の長さを y cm とすると，y は x に比例します。その比例定数を答えなさい。 (2点)
(8) 正しく作られた大小2つのさいころを同時に1回投げるとき，出る目の数の和が10になる確率を求めなさい。 (2点)

2 次の(1)～(3)に答えなさい。

(1) ある国語辞典があります。右の図は，この国語辞典において，見出し語が掲載されているページの一部です。Aさんは，この国語辞典に掲載されている見出し語の総数を，下の【手順】で標本調査をして調べました。

見出し語

【手順】
〔1〕 見出し語が掲載されている総ページ数を調べる。
〔2〕 コンピュータの表計算ソフトを用いて無作為に10ページを選び，選んだページに掲載されている見出し語の数を調べる。
〔3〕〔2〕で調べた各ページに掲載されている見出し語の数の平均値を求める。
〔4〕〔1〕と〔3〕から，この国語辞典に掲載されている見出し語の総数を推測する。

Aさんが，上の【手順】において，〔1〕で調べた結果は，1452ページでした。また，〔2〕で調べた結果は，下の表のようになりました。

選んだページ	763	176	417	727	896	90	691	573	1321	647
見出し語の数	57	43	58	54	55	58	53	55	67	60

Aさんは，〔3〕で求めた見出し語の数の平均値を，この国語辞典の1ページあたりに掲載されている見出し語の数と考え，この国語辞典の見出し語の総数を，およそ ☐ 語と推測しました。
☐ に当てはまる数として適切なものを，下の①～④の中から選び，その番号を書きなさい。 (3点)
① 65000　② 73000　③ 81000　④ 89000

(2) 右の図のように，1辺の長さが3cmの正方形ABCDと，1辺の長さが5cmの正方形ECFGがあり，点Dは辺EC上にあります。7つの点A，B，C，D，E，F，Gから2点を選び，その2点を結んでできる線分の中で，長さが $\sqrt{73}$ cm になるものを答えなさい。 (3点)

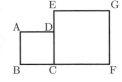

(3) よく出る　Aさんは，P地点から5200m離れたQ地点までウォーキングとランニングをしました。P地点から途中のR地点までは分速80mでウォーキングをし，R地点からQ地点までは分速200mでランニングをしたところ，全体で35分かかりました。P地点からR地点までの道のりとR地点からQ地点までの道のりは，それぞれ何mですか。なお，答えを求める過程も分かるように書きなさい。 (4点)

3 基本　中学生の結衣さんが住んでいる町には，遊園地があります。その遊園地には多くの人が来場し，人気があるアトラクション（遊園地の遊戯設備）にはいつも行列ができています。結衣さんは，姉で大学生の彩花さんと，次の日曜日又は学校行事の振替休日である次の月曜日のどちらかに，その遊園地に一緒に遊びに行くことについて話をしています。

結衣さん「遊園地に遊びに行くのは，日曜日と月曜日のどちらがいいかな？」
彩花さん「私はどちらでもいいよ。」

結衣さん「できるだけ多くの人気アトラクションを楽しみたいから，待ち時間が少しでも短い方がいいな。だから平日の月曜日の方がいいんじゃないかな。」
彩花さん「そうだね。休日の方が遊園地に来場している人の数が多そうだから，平日の方が待ち時間が短そうだね。実際にどうなのか調べてみたらいいと思うよ。」

結衣さんは，遊園地についての情報が掲載されているウェブページから，過去1年間の休日と平日における人気アトラクションの平均待ち時間について調べ，下のように【まとめⅠ】を作成しました。

【まとめⅠ】過去1年間の休日と平日における人気アトラクションの平均待ち時間について

度数分布表

階級（分）	休日 度数(日)	休日 相対度数	平日 度数(日)	平日 相対度数
以上　未満				
0 ～ 20	1	0.01	2	0.01
20 ～ 40	8	0.07	65	0.27
40 ～ 60	29	0.24	108	0.44
60 ～ 80	30	0.25	40	0.16
80 ～ 100	38	0.31	18	0.07
100 ～ 120	12	0.10	9	0.04
120 ～ 140	3	0.02	2	0.01
計	121	1.00	244	1.00

度数分布多角形（度数折れ線）

結衣さん「【まとめⅠ】の度数分布多角形から，やっぱり平日の方が休日に比べると待ち時間が短そうだよ。」
彩花さん「そうだね。でも，天気予報によると次の日曜日は雨で，次の月曜日は雨が降らないようだよ。雨が降ったら休日でも待ち時間が短くなるんじゃない？」
結衣さん「そうかもしれないね。遊びに行くのには雨が降らない方がいいけれど，私は待ち時間が少しでも短くなるのなら雨でもいいわ。」
彩花さん「だったら，雨が降った休日と雨が降らなかった平日の平均待ち時間についても同じように調べた上で，どうするかを考えたらいいと思うよ。」

結衣さんは，過去1年間の雨が降った休日と雨が降らなかった平日における人気アトラクションの平均待ち時間についても同じように調べ，下のように【まとめⅡ】を作成しました。

【まとめⅡ】過去1年間の雨が降った休日と雨が降らなかった平日における人気アトラクションの平均待ち時間について

度数分布表

階級（分）	雨が降った休日 度数(日)	雨が降った休日 相対度数	雨が降らなかった平日 度数(日)	雨が降らなかった平日 相対度数
以上　未満				
0 ～ 20	1	0.03	0	0.00
20 ～ 40	8	0.26	31	0.17
40 ～ 60	14	0.45	91	0.49
60 ～ 80	4	0.13	37	0.20
80 ～ 100	3	0.10	15	0.08
100 ～ 120	1	0.03	9	0.05
120 ～ 140	0	0.00	2	0.01
計	31	1.00	185	1.00

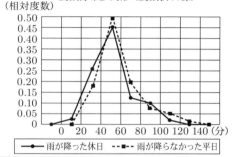
度数分布多角形（度数折れ線）
―●―雨が降った休日　--■--雨が降らなかった平日

次の(1)・(2)に答えなさい。

(1) 【まとめⅠ】において，過去1年間の休日における人気アトラクションの平均待ち時間の最頻値は何分ですか。（3点）

(2) 結衣さんは，【まとめⅡ】の度数分布多角形からは，はっきりとした違いが分からないと判断しました。そこで，人気アトラクションの平均待ち時間が40分未満の2つの階級の相対度数に着目し，下のように考えました。

【結衣さんが考えたこと】

人気アトラクションの平均待ち時間が40分未満の2つの階級の相対度数の合計を求めると，雨が降った休日は ア で，雨が降らなかった平日は イ であるから，天気予報どおりなら，次の ウ の方が人気アトラクションの待ち時間が短くなりそうである。

【結衣さんが考えたこと】の ア ・ イ に当てはまる数をそれぞれ求めなさい。また， ウ に当てはまる言葉を，下の①・②の中から選び，その番号を書きなさい。（3点）
① 日曜日　② 月曜日

4 佐藤さんは，数学の授業で，連続する2つの整数や連続する3つの整数について成り立つ性質を学習し，そのことをきっかけに，連続する4つの整数についても何か性質が成り立つのではないかと考え，調べています。

2, 3, 4, 5について，
　$5 \times 4 - 2 \times 3 = 14$，$2 + 3 + 4 + 5 = 14$
7, 8, 9, 10について，
　$10 \times 9 - 7 \times 8 = 34$，$7 + 8 + 9 + 10 = 34$
13, 14, 15, 16について，
　$16 \times 15 - 13 \times 14 = 58$，$13 + 14 + 15 + 16 = 58$

佐藤さんは，これらの結果から下のことを予想しました。
【予想】
> 連続する4つの整数について，大きい方から1番目の数と大きい方から2番目の数の積から，小さい方から1番目の数と小さい方から2番目の数の積を引いたときの差は，その連続する4つの整数の和に等しくなる。

次の(1)・(2)に答えなさい。
(1) 佐藤さんは，この【予想】がいつでも成り立つことを，下のように説明しました。
【説明】
> 連続する4つの整数のうち，小さい方から1番目の数を n とすると，連続する4つの整数は，n, $n+1$, $n+2$, $n+3$ と表される。
>
>
> したがって，連続する4つの整数について，大きい方から1番目の数と大きい方から2番目の数の積から，小さい方から1番目の数と小さい方から2番目の数の積を引いたときの差は，その連続する4つの整数の和に等しくなる。

【説明】の □ に説明の続きを書き，説明を完成させなさい。 (4点)

(2) **思考力** 佐藤さんは，連続する4つの整数について，ほかにも成り立つ性質がないかを調べたところ，下の【性質Ⅰ】が成り立つことが分かりました。
【性質Ⅰ】
> 連続する4つの整数について，小さい方から2番目の数と大きい方から1番目の数の積から，小さい方から1番目の数と大きい方から2番目の数の積を引いたときの差は，□ の和に等しくなる。

さらに，佐藤さんは，連続する5つの整数についても，小さい方から2番目の数と大きい方から1番目の数の積から，小さい方から1番目の数と大きい方から2番目の数の積を引いたときの差がどうなるのかを調べたところ，下の【性質Ⅱ】が成り立つことが分かりました。
【性質Ⅱ】
> 連続する5つの整数について，小さい方から2番目の数と大きい方から1番目の数の積から，小さい方から1番目の数と大きい方から2番目の数の積を引いたときの差は，□ の和に等しくなる。

【性質Ⅰ】・【性質Ⅱ】の □ には同じ言葉が当てはまります。□ に当てはまる言葉を書きなさい。(3点)

5 右の図のように，半径OA，OBと $\overset{\frown}{AB}$ で囲まれたおうぎ形があり，∠AOB = 90°です。$\overset{\frown}{AB}$ 上に，2点C，Dを $\overset{\frown}{AC} = \overset{\frown}{BD}$ となるようにとります。点C，Dから半径OAに垂線CE，DFをそれぞれ引きます。このとき，△COE ≡ △ODF であることを証明しなさい。 (5点)

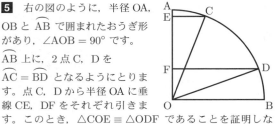

6 よく出る 右の図のように，関数 $y = x^2$ のグラフ上に点 A (2, 4)，y 軸上に y 座標が4より大きい範囲で動く点Bがあります。点Bを通り x 軸に平行な直線と，関数 $y = x^2$ のグラフとの2つの交点のうち，x 座標が小さい方をC，大きい方をDとします。また，直線CAと x 軸との交点をEとします。
次の(1)・(2)に答えなさい。
(1) **基本** 点Eの x 座標が5となるとき，△AOE の面積を求めなさい。 (3点)
(2) CA = AE となるとき，直線DE の傾きを求めなさい。 (3点)

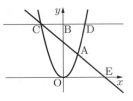

山口県

時間 50分　満点 50点　解答 P57　3月5日実施

* 注意　学校指定教科検査問題は15分

出題傾向と対策

●大問数は昨年と同じく50分で9題と多い。**1**，**2** は小問集合，**3** 以降は各単元での出題。解答の過程や証明の記述も含まれており，その対策も必要となる。**3** 以降の大問はそれぞれ分量は多くないとはいえ，試験時間が50分しかないので，要領よくこなす必要がある。また，学校指定教科検査問題は思考力の必要な問題で構成されている。

●全体的には基礎力を問う問題が多いが，問題数が多いので，処理能力で大きな差が出るといえる。そのため，基本事項を徹底的に理解し，使いこなす練習が必要である。思考力を問う問題や図形問題では標準〜応用レベルの出題もあるのでその対策は必要である。

学力検査問題

1 **基本** 次の(1)〜(5)に答えなさい。
(1) $3 + (-5)$ を計算しなさい。 (1点)
(2) $6^2 \div 8$ を計算しなさい。 (1点)
(3) $-2a + 7 - (1 - 5a)$ を計算しなさい。 (1点)
(4) $(9a - b) \times (-4a)$ を計算しなさい。 (1点)
(5) $x = -1$, $y = \dfrac{7}{2}$ のとき，$x^3 + 2xy$ の値を求めなさい。 (1点)

2 **基本** 次の(1)〜(4)に答えなさい。
(1) y は x に比例し，$x = 6$ のとき $y = -9$ である。y を x の式で表しなさい。 (2点)
(2) $\sqrt{45n}$ が整数になるような自然数 n のうち，最も小さい数を求めなさい。 (2点)
(3) 家から公園までの800 mの道のりを，毎分60 mで a 分間歩いたとき，残りの道のりが b mであった。残りの道のり b を，a を使った式で表しなさい。 (2点)

(4) 右の図のような長方形 ABCD がある。辺 CD を軸として, この長方形を1回転させてできる立体の体積を求めなさい。ただし, 円周率は π とする。(2点)

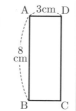

3 基本 ある中学校の生徒 30 人を対象として,「インターネットを学習に利用する時間が平日1日あたりにどのくらいあるか」についてアンケート調査を行った。表は, その結果をまとめたものであり, 図は表をもとに作成した度数分布多角形（度数折れ線）である。

表

階級(分)	度数(人)
以上　未満	
0 ～ 20	6
20 ～ 40	10
40 ～ 60	8
60 ～ 80	4
80 ～ 100	0
100 ～ 120	2
計	30

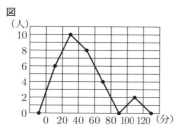

次の(1), (2)に答えなさい。

(1) 表や図から読み取れることとして正しいものを, 次のア～エから1つ選び, 記号で答えなさい。(2点)
　ア　階級の幅は 120 分である。
　イ　最頻値は 10 人である。
　ウ　利用する時間が 40 分以上 120 分未満の生徒は全体の半数以下である。
　エ　度数が 2 人以下の階級は 4 つである。

(2) 表や図をもとに, アンケート調査の対象となった生徒 30 人の利用する時間の平均値を, 階級値を用いて求めなさい。(2点)

4 関数 $y = \frac{1}{4}x^2$ のグラフについて, 次の(1), (2)に答えなさい。

(1) 関数 $y = \frac{1}{4}x^2$ のグラフ上に, y 座標が 5 である点は 2 つある。この 2 つの点の座標をそれぞれ求めなさい。(2点)

(2) 右の図のように, 関数 $y = \frac{1}{4}x^2$ のグラフと正方形 ABCD がある。2 点 A, D の y 座標はいずれも 24 であり, 2 点 B, C は x 座標上の点で, x 座標はそれぞれ -12, 12 である。
　関数 $y = \frac{1}{4}x^2$ のグラフ上にある点のうち, 正方形 ABCD の内部および辺上にあり, x 座標, y 座標がともに整数である点の個数を求めなさい。(2点)

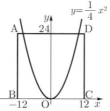

5 よく出る 自然数 a, b, c, m, n について, 2 次式 $x^2 + mx + n$ が $(x+a)(x+b)$ または $(x+c)^2$ の形に因数分解できるかどうかは, m, n の値によって決まる。
　例えば, 次のように, 因数分解できるときと因数分解できないときがある。
　・$m = 6, n = 8$ のとき, 2 次式 $x^2 + 6x + 8$ は $(x+a)(x+b)$ の形に因数分解できる。
　・$m = 6, n = 9$ のとき, 2 次式 $x^2 + 6x + 9$ は $(x+c)^2$ の形に因数分解できる。
　・$m = 6, n = 10$ のとき, 2 次式 $x^2 + 6x + 10$ はどちらの形にも因数分解できない。
　次の(1), (2)に答えなさい。

(1) 2 次式 $x^2 + mx + n$ が $(x+a)(x+b)$ の形に因数分解でき, $a = 2, b = 5$ であったとき, m, n の値を求めなさい。(2点)

(2) 右の図のような, 1 から 6 までの目が出るさいころがある。
　このさいころを 2 回投げ, 1 回目に出た目の数を m, 2 回目に出た目の数を n とするとき, 2 次式 $x^2 + mx + n$ が $(x+a)(x+b)$ または $(x+c)^2$ の形に因数分解できる確率を求めなさい。ただし, 答えを求めるまでの過程もかきなさい。なお, このさいころは, どの目が出ることも同様に確からしいものとする。(3点)

6 基本 右の図のように, 円周上に 4 点 A, B, C, D があり, $\angle ABC = 80°$, $\angle ACD = 30°$ である。線分 CD 上にあり, $\angle CBP = 25°$ となる点 P を, 定規とコンパスを使って作図しなさい。ただし, 作図に用いた線は消さないこと。(3点)

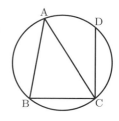

7 思考力 Aさんと Bさんは, ある遊園地のアトラクションに入場するため, 開始時刻前にそれぞれ並んで待っている。このアトラクションを開始時刻前から待つ人は, 図のように, 6 人ごとに折り返しながら並び, 先頭の人から順に 1, 2, 3, …の番号が書かれた整理券を渡される。並んでいる人の位置を図のように行と列で表すと, 例えば, 整理券の番号が 27 の人は, 5 行目の 3 列目となる。

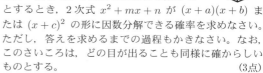

次の(1), (2)に答えなさい。

(1) Aさんの整理券の番号は 75 であった。Aさんは, 何行目の何列目に並んでいるか。求めなさい。(1点)

(2) 自然数 m, n を用いて偶数行目のある列を $2m$ 行目の n 列目と表すとき, $2m$ 行目の n 列目に並んでいる人の整理券の番号を, m, n を使った式で表しなさい。
　また, 偶数行目の 5 列目に並んでいる Bさんの整理券の番号が, 4 の倍数であることを, この式を用いて説明しなさい。(4点)

8 右の図のように，正方形ABCDと正三角形BCEがあり，線分CEと線分BDの交点をF，線分BAの延長と線分CEの延長の交点をG，線分ADと線分CGの交点をHとする。
　このとき，次の説明により∠AEG＝45°であることがわかる。

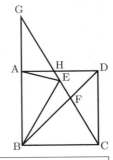

説明

正方形や正三角形の性質より，△BCGで，∠CBG＝90°，∠BCG＝60°だから∠BGC＝30°である。また，△BAEはBA＝BEの二等辺三角形であり，∠ABE＝30°だから，∠BAE＝75°である。
　△AEGにおいて，三角形の　a　は，それととなり合わない2つの　b　の和に等しいので，△AEGで，30°＋∠AEG＝75°
となる。よって，∠AEG＝45°である。

次の(1)～(3)に答えなさい。
(1) 説明の下線部が表す性質は，どんな三角形においても成り立つ。
　　a ， b にあてはまる語句の組み合わせとして正しいものを，次のア～エから1つ選び，記号で答えなさい。(1点)
　ア　a：内角　　b：内角
　イ　a：外角　　b：外角
　ウ　a：内角　　b：外角
　エ　a：外角　　b：内角
(2) △AEG≡△FDCを証明しなさい。その際，説明の中にかかれていることを使ってよい。(4点)
(3) BC＝2cmのとき，線分FHの長さを求めなさい。(2点)

9 今年開催される東京オリンピック・パラリンピックにT中学校出身の選手が出場することになり，その選手が出場する競技のテレビ中継を，中学校のある地域の人たちとT中学校の体育館を会場として観戦することになった。
　そこで，T中学校では，オリンピック・パラリンピックについての調べ学習や，観戦のための準備をすることにした。
次の(1)，(2)に答えなさい。
(1) Aさんのクラスでは，調べ学習を行う時間に，オリンピック・パラリンピックのメダルについて考えることになった。
　次の(ア)，(イ)に答えなさい。
(ア) 今回の東京オリンピック・パラリンピックの際に授与されるメダルについて調べたところ，不要となって回収された小型家電から金属を取り出して作られることがわかった。表1は，小型家電のうち，携帯電話とノートパソコンのそれぞれ1台あたりにふくまれる金と銀の平均の重さを示したものである。
　また，T市で回収された携帯電話とノートパソコンから，合計で金190g，銀700gが取り出されたことがわかった。

表1

	金	銀
携帯電話	0.05g	0.26g
ノートパソコン	0.30g	0.84g

　このとき，T市で回収された携帯電話をx台，ノートパソコンをy台として連立方程式をつくり，携帯電話，ノートパソコンの台数をそれぞれ求めなさい。(3点)

(イ) 過去のオリンピックにおける日本のメダル獲得数を調べたところ，金メダルの獲得数が10個以上であった大会が6回あることがわかった。
　表2は，その6回の大会①～⑥における金，銀，銅メダルの獲得数についてまとめたものである。
　表2中の　a ，　b にあてはまる数を求めなさい。(2点)

表2

	①	②	③	④	⑤	⑥	最大値	中央値	最小値
金メダル	12	16	10	a	13	11	16	12.5	10
銀メダル	8	9	8	5	8	7	9	8	5
銅メダル	21	12	14	b	8	7	21	10	7
合計	41	37	32	29	29	25			

(2) Aさんのクラスでは，会場づくりについて考えることになった。
次の(ア)，(イ)に答えなさい。
(ア) 体育館に設置する大型スクリーンを白い布で作ることを考えた。
　教室にある長方形のスクリーンを調べたところ，横と縦の長さの比が16：9で，横の長さが2mであった。
　教室にある長方形のスクリーンと形が相似で，面積が8倍の大型スクリーンを作るとき，縦の長さは何mにすればよいか。求めなさい。(2点)
(イ) 体育館で観戦する人に応援用のうちわを配ることを考えた。うちわを販売しているP社，Q社の2つの会社の販売価格を調べたところ，P社は購入枚数にかかわらず1枚あたり125円であり，Q社は購入枚数に応じて価格が5種類設定されており，例えば，80枚購入すれば80枚すべてが200円で購入できる。図は，400枚以下の購入枚数と1枚あたりの価格の関係をグラフに表したものである。
　3万円でできるだけ多くのうちわを購入することを考える。図をもとに，より多くのうちわを購入できるのはP社，Q社のどちらか答え，そのときに購入できるうちわの最大枚数を求めなさい。(2点)

図

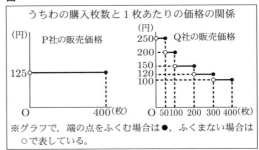

※グラフで，端の点をふくむ場合は●，ふくまない場合は○で表している。

学校指定教科検査問題

1 校庭に「山口」の人文字をつくることになった。
　図1のように，「山」の文字は，BC＝FE＝am，AD＝CE＝$2a$m とし，点Dは線分CEの中点で，線分BC，AD，FEはそれぞれ線分CEに垂直であり，「口」の文字は1辺の長さがbmの正方形である。

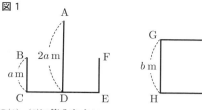

次の(1), (2)に答えなさい。

(1) 長さ a, b を自然数とし，校庭にかいた文字の上に，次のルールにしたがって生徒が立ち，人文字をつくる。

ルール
・点A～Jに1人ずつ立つ。
・点A～Jに立っている生徒から1mごとに1人ずつ立つ。

例えば，図2は $a=2$, $b=3$ として生徒が立つ位置を●で表したものであり，「山」と「口」の人文字をつくるのに必要な人数は，それぞれ13人と12人である。

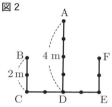
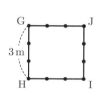

次の(ア), (イ)に答えなさい。

(ア) $a=3$ とするとき，「山」の人文字をつくるのに必要な人数を求めなさい。(2点)

(イ) 「山」と「口」の人文字をつくるのに必要な人数をそれぞれ a, b を使った式で表しなさい。(4点)

(2) 思考力　人文字をつくるために，校庭に円を2つかき，その円の中に1文字ずつ「山」と「口」をできるだけ大きくかくことにする。

次の(ア), (イ)に答えなさい。

(ア) 「口」の文字を円の中にできるだけ大きくかくと，図3のように4点G, H, I, Jが円の周上になる。円の半径を r m とするとき，r を b を使った式で表しなさい。また，r と b の関係を表したグラフとして，最も適切なものを次のア～エの中から選び，記号で答えなさい。(3点)

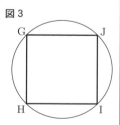

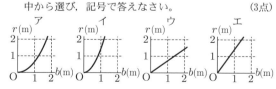

(イ) 「山」の文字を円の中にできるだけ大きくかくと，3点A, C, Eが円の周上になる。線分CEの長さを8mとするとき，円の半径を求めなさい。

また，図4のように，円Oの周上に点Aをとったとき，点Cを定規とコンパス

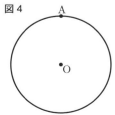

を用いて作図しなさい。ただし，作図に用いた線は消さないこと。(6点)

徳島県

時間 45分　満点 100点　解答 P58　3月10日実施

* 注意　答えに無理数が含まれるときは，無理数のままで示しなさい。

出題傾向と対策

● **1** 小問集合，**2** 数・式を中心とした総合問題，**3** 文章題（独立小問），**4** 2乗に比例した関数を中心とした総合問題，**5** 平面図形を中心とした総合問題であった。分量は例年通りであった。

● 例年，中学の全分野から基本問題が出題されているので，教科書や問題集の問題を繰り返し勉強するとよい。記述問題が出るので途中式や証明をかく練習も忘れずにしておこう。特に，作図は図をかくだけでなく，手順の説明も要求されているので準備をしておこう。

1 よく出る　基本　次の(1)～(10)に答えなさい。

(1) $3 \times (-5)$ を計算しなさい。(3点)

(2) $2(3a-2b) - 3(a-2b)$ を計算しなさい。(3点)

(3) 二次方程式 $x^2 - 3x - 4 = 0$ を解きなさい。(4点)

(4) 右の図は立方体ABCDEFGHである。辺ABとねじれの位置にある辺はどれか，すべて書きなさい。(4点)

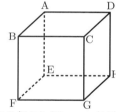

(5) 方程式 $x - y = -x + 4y = 3$ を解きなさい。(4点)

(6) ある数 a の小数第1位を四捨五入した近似値が10であるとき，a の範囲を，不等号を使って表しなさい。(4点)

(7) $x = \sqrt{2} + 1$, $y = \sqrt{2} - 1$ のとき，$x^2 + 2xy + y^2$ の値を求めなさい。(4点)

(8) 1往復するのに x 秒かかるふりこの長さを y m とすると，$y = \frac{1}{4}x^2$ という関係が成り立つものとする。長さ1mのふりこは，長さ9mのふりこが1往復する間に何往復するか，求めなさい。(4点)

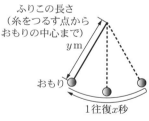

(9) 1から6までの目が出るさいころを2回投げて，最初に出た目の数を x，2回目に出た目の数を y とする。このとき，$2x - y - 5 = 0$ が成り立つ確率を求めなさい。ただし，さいころはどの目が出ることも同様に確からしいものとする。(5点)

(10) 右の図は，おうぎ形OABである。$\overparen{AB}$ 上にあり，$\overparen{AP}$ の長さが，$\overparen{PB}$ の長さの3倍となる点Pを，定規とコンパスの両方を使って作図しなさ

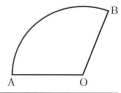

い。ただし，作図に使った線は消さずに残しておくこと。また，定規やコンパスを持っていない場合は，作図の方法を文章で書きなさい。 (5点)

2 よく出る 基本 図1のような同じ大きさの正方形の白と黒のタイルがたくさんある。これらのタイルをすき間なく並べて，図2のように，1番目，2番目，3番目，4番目，……と一定の規則にしたがって正方形をつくっていく。あゆむさんとかなでさんは，1番目，2番目，3番目，4番目，……の正方形をつくるときに必要なタイルの枚数について話し合っている。2人の話し合いの一部を読んで，(1)・(2)に答えなさい。

図1

白のタイル　黒のタイル

図2
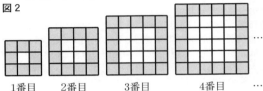
1番目　2番目　3番目　4番目　…

【話し合いの一部】

あゆむさん	1番目の正方形をつくるには，白のタイルが1枚と黒のタイルが8枚必要ですね。
かなでさん	そうですね。2番目の正方形をつくるには，白のタイルが4枚と黒のタイルが12枚必要です。それでは，5番目の正方形をつくるには，タイルが何枚必要なのでしょうか。
あゆむさん	5番目の正方形をつくるには，白のタイルが（　ア　）枚と黒のタイルが（　イ　）枚必要です。このような正方形をつくるときに必要な白と黒のタイルの枚数には，規則性がありますね。
かなでさん	なるほど。例えば，n 番目の正方形をつくるときに必要な黒のタイルの枚数は，n を用いて（　ウ　）枚と表すことができますね。

(1) 【話し合いの一部】の（　ア　）・（　イ　）にあてはまる数を，　ウ　にはあてはまる式を，それぞれ書きなさい。 (8点)
(2) 白のタイルの枚数が，黒のタイルの枚数より92枚多くなるのは何番目の正方形か，求めなさい。 (5点)

3 ゆうとさんは，1泊2日の野外活動に参加した。(1)〜(3)に答えなさい。
(1) 基本 野外活動に参加する40人で，テントと寝袋を借りることになった。1泊分のテントと寝袋の利用料金は，8人用テントが1張2000円，4人用テントが1張1200円，寝袋が1人分500円である。8人用テントを a 張，4人用テントを b 張，寝袋を40人分借り，それらの利用料金の合計を40人で均等に割って支払うとき，1人あたりの支払う金額を a，b を用いて表しなさい。ただし，消費税は考えないものとする。 (4点)
(2) ゆうとさんは，図1のような8人用テントを使うことになった。8人用テントの底面のシートは，図2のように正八角形で，対角線ABの長さは5mである。テントの底面のシートを，図2のように対角線で分けて8人で使うとき，1人分の面積は何 m² か，求めなさい。 (4点)

図1　図2
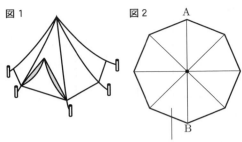
テントの底面のシート

(3) ゆうとさんは，夕食の準備のときに計量カップの代わりに，図3のような自分の持っているコップを使うことにした。このコップは，図4のような AD = 4 cm，BC = 3 cm，CD = 9 cm である台形 ABCD を，辺 CD を回転の軸として1回転させてできる立体であると考えると体積は何 cm³ か，求めなさい。ただし，円周率は π とし，コップの厚さは考えないものとする。 (5点)

図3　図4
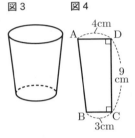

4 よく出る 右の図のように，2つの関数 $y = -3x^2$ と $y = \dfrac{3}{x}$ のグラフが，x 座標が -1 である点Aで交わっている。直線OAと，関数 $y = \dfrac{3}{x}$ のグラフとの交点のうち，点Aと異なる点をBとする。また，点Cの座標は $(0, 4)$ であり，点Pは線分OB上の点である。
(1)〜(4)に答えなさい。

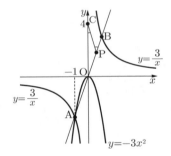

(1) 基本　点Aの y 座標を求めなさい。 (3点)
(2) 基本　関数 $y = -3x^2$ について，x の変域が $-2 \leqq x \leqq 1$ のときの y の変域を求めなさい。 (4点)
(3) 点Pが線分OBの中点のとき，2点C，Pを通る直線の式を求めなさい。 (5点)
(4) $\angle BPC = 2\angle OCP$ のとき，点Pの座標を求めなさい。 (5点)

5 右の図のように，半径が 15 cm の円Oの周上に4点 A, B, C, D があり，AC = AD である。また，弦ACは $\angle BAD$ の二等分線であり，弦ACと弦BDの交点をEとする。(1)〜(3)に答えなさい。ただし，円周率は π とする。

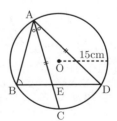

(1) $\angle BAD = 80°$ のとき，(a)・(b)に答えなさい。
  (a) $\angle ABD$ の大きさを求めなさい。 (3点)
  (b) 点Aを含まないおうぎ形 OBC の面積を求めなさい。 (4点)
(2) $\triangle ABC \equiv \triangle AED$ を証明しなさい。 (5点)

(3) **思考力** 点Cを含まない $\overset{\frown}{AB}$ の長さが 8π cm のとき，点Bを含まない $\overset{\frown}{AD}$ の長さを求めなさい。 (5点)

香川県

時間 50分　満点 50点　解答 P59　3月10日実施

出題傾向と対策

●大問5問からなる構成は例年通りである。1は計算中心の小問集合，2は図形の小問集合，3は確率・資料・関数など数量分野の小問集合，4は整数・動点と2次方程式，5は平面図形の証明問題であった。分量・難易度ともに例年並である。
●基本から標準レベルの問題を中心として，全ての単元から出題されている。方程式の応用・証明問題といった記述形式で解答する問題も出題されるので，日頃から答案作成の練習にも取り組んでおこう。

1 **よく出る** **基本**　次の(1)～(7)の問いに答えなさい。
(1) $10 \div (-2) + 4$ を計算せよ。 (1点)
(2) $a = -3$ のとき，$a^2 - 4$ の値を求めよ。 (2点)
(3) $9 \times \dfrac{2x-1}{3}$ を計算せよ。 (2点)
(4) $(x-1) : x = 3 : 5$ が成り立つとき，x の値を求めよ。 (2点)
(5) $(3\sqrt{2}+1)(3\sqrt{2}-1)$ を計算せよ。 (2点)
(6) $x(x+1) - 3(x+5)$ を因数分解せよ。 (2点)
(7) $\sqrt{180a}$ が自然数となるような自然数 a のうち，最も小さい数を求めよ。 (2点)

2 **よく出る**　次の(1)～(3)の問いに答えなさい。
(1) 右の図のような，正方形 ABCD がある。辺 CD 上に，2点 C，D と異なる点 E をとり，点 B と点 E を結ぶ。線分 BE 上に，点 B と異なる点 F を，AB = AF となるようにとり，点 A と点 F を結ぶ。
∠DAF = 40° であるとき，∠EBC の大きさは何度か。 (2点)

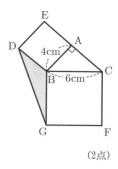

(2) 右の図のような三角柱があり，AB = 6 cm，BC = 3 cm，CF = 7 cm，∠DEF = 90° である。辺 AD 上に点 P をとり，点 P と点 B，点 P と点 C をそれぞれ結ぶ。三角すい PABC の体積が 15 cm³ であるとき，次のア，イの問いに答えよ。

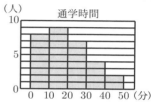

ア　次の㋐～㋓の辺のうち，辺 BC とねじれの位置にある辺はどれか。正しいものを1つ選んで，その記号を書け。 (2点)
　㋐ 辺 EF　㋑ 辺 DF　㋒ 辺 AC
　㋓ 辺 BE
イ　線分 PB の長さは何 cm か。 (2点)

(3) 右の図のように，∠BAC = 90° の直角三角形 ABC があり，辺 AB を1辺にもつ正方形 ABDE と，辺 BC を1辺にもつ正方形 BCFG を，それぞれ直角三角形 ABC の外側につくる。また，点 D と点 G を結ぶ。
AB = 4 cm，BC = 6 cm であるとき，△BDG の面積は何 cm² か。 (2点)

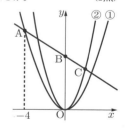

3 **よく出る**　次の(1)～(4)の問いに答えなさい。
(1) 1から6までのどの目が出ることも，同様に確からしい2つのさいころ A，B がある。この2つのさいころを同時に投げるとき，2つの目の数の積が9以下になる確率を求めよ。 (2点)

(2) 右の図は，花子さんのクラスの生徒30人について，通学時間をヒストグラムに表したものである。このヒストグラムでは，たとえば，通学時間が30分以上40分未満である生徒が4人いることを表している。このヒストグラムから，この30人の通学時間の最頻値を求めると何分になるか。 (2点)

(3) 右の図で，点 O は原点であり，放物線①は関数 $y = \dfrac{1}{2}x^2$ のグラフで，放物線②は関数 $y = x^2$ のグラフである。
点 A は放物線①上の点で，その x 座標は -4 である。点 B は y 軸上の点で，その y 座標は正の数である。また，直線 AB をひき，放物線②との交点のうち，x 座標が正の数である点を C とする。
これについて，次のア，イの問いに答えよ。
ア　関数 $y = x^2$ について，x の値が1から4まで増加するときの変化の割合を求めよ。 (2点)
イ　AB : BC = 2 : 1 であるとき，直線 AB の式を求めよ。 (2点)

(4) 太郎さんの所属するバレーボール部が，ある体育館で練習することになり，この練習に参加した部員でその利用料金を支払うことにした。その体育館の利用料金について，バレーボール部の部員全員から1人250円ずつ集金すれば，ちょうど支払うことができる予定であったが，その体育館で練習する日に，3人の部員が欠席したため，練習に参加した部員から1人280円ずつ集金して，利用料金を支払ったところ120円余った。このとき，バレーボール部の部員全員の人数は何人か。バレーボール部の部員全員の人数を x 人として，x の値を求めよ。x の値を求める過程も，式と計算を含めて書け。 (3点)

4 次の(1)，(2)の問いに答えなさい。
(1) 平方数とは，自然数の2乗で表すことができる数である。たとえば，25は，5^2 と表すことができるので平方

数である。下の表は，1から20までの自然数 n を左から順に並べ，平方数 n^2 と差 $n^2-(n-1)^2$ のそれぞれの値をまとめようとしたものである。あとの文は，この表についての花子さんと太郎さんの会話の一部である。
これについて，あとのア，イの問いに答えよ。

自然数n	1	2	3	4	5	6	7	‥	16	‥	20
平方数n^2	1	4	9	16	25	36	49	‥	256	‥	400
差$n^2-(n-1)^2$	1	3	5	7	9	11	13	‥	a	‥	39

花子：表の1番下の段には，奇数が並んでいるね。
太郎：それは，差 $n^2-(n-1)^2$ を計算すると，$2n-1$ になるからだね。
花子：ところで，その差の中には，たとえば9のように，平方数が含まれているね。
太郎：その9は $25-16=9$ で求めたね。
花子：そう，$5^2-4^2=3^2$ であることから，$3^2+4^2=5^2$ が成り立つよね。つまり，三平方の定理の逆から，3辺の長さが3, 4, 5の直角三角形が見つかるね。
太郎：そうか。その場合，$2n-1$ が9のときの n の値は5で，$n-1$ の値は4だから，3辺の長さが3, 4, 5の直角三角形が見つかるということだね。このようにすれば，他にも3辺の長さがすべて自然数の直角三角形を見つけることができそうだよ。
花子：差の $2n-1$ が平方数になっているところに注目すればいいから，次は $2n-1$ が25のときを考えてみようよ。このとき，n の値は13だから，$5^2+12^2=13^2$ が成り立つことがわかるから，3辺の長さが5, 12, 13の直角三角形が見つかるね。
太郎：この方法で，その次に見つかる3辺の長さがすべて自然数の直角三角形は，$2n-1$ が49のときだから，その場合は3辺の長さが $\boxed{\text{P}}$ の直角三角形だね。

ア 表中の a の値を求めよ。 (2点)
イ 会話文中のPの $\boxed{}$ 内にあてはまる3つの自然数を求めよ。 (2点)

(2) 右の図のような
$\triangle ABC$ があり，
$AB=10$ cm，
$BC=20$ cm で，$\triangle ABC$
の面積は 90 cm^2 である。
点Pは，点Aを出発して，毎秒 1 cm の速さ

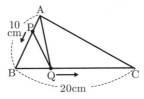

で，辺 AB 上を点Bまで動く点である。点Qは，点Pが点Aを出発するのと同時に点Bを出発して，毎秒 2 cm の速さで，辺 BC 上を点Cまで動く点である。
これについて，次のア〜ウの問いに答えよ。
ア 点Pが点Aを出発してから3秒後にできる $\triangle ABQ$ の面積は何 cm^2 か。 (2点)
イ 点Pが点Aを出発してから x 秒後にできる $\triangle APQ$ の面積は何 cm^2 か。x を使った式で表せ。 (2点)
ウ $0<x\leqq 9$ とする。点Pが点Aを出発してから x 秒後にできる $\triangle APQ$ の面積に比べて，その1秒後にできる $\triangle APQ$ の面積が3倍になるのは，x の値がいくらのときか。x の値を求める過程も，式と計算を含めて書け。 (3点)

5 思考力 右の図のような，線分 AB を直径とする円 O がある。点Cは円周上の点で，∠AOC は鈍角である。円 O の円周上で，点 C と異なる点 D を，BC = BD となるようにとる。点 C を通り，直線 AD に垂線をひき，その交点

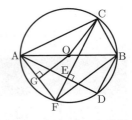

を E とし，直線 CE と円 O との交点のうち，点 C と異なる点を F とする。また，点 O を通り，直線 AF に垂線をひき，その交点を G とする。点 B と点 F を結ぶ。
このとき，次の(1), (2)の問いに答えなさい。
(1) △AGO∽△AFB であることを証明せよ。 (3点)
(2) 直線 AF と直線 BD の交点を H とするとき，△ABC≡△AHD であることを証明せよ。 (4点)

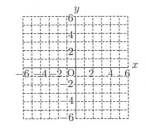

* 注意 答えに $\sqrt{}$ が含まれるときは，$\sqrt{}$ を用いたままにしておくこと。また，$\sqrt{}$ の中は最も小さい整数にすること。

出題傾向と対策

●大問5題で，分量，内容ともに例年通りの出題であったといえる。**1** 計算問題，**2** 小問集合，**3** 数・式の利用が中心の問題，**4** 関数の総合問題，**5** 平面図形の問題であった。
●中学の全分野から基本的な問題を中心に出題されているので，教科書や問題集の問題を繰り返し勉強するとよい。文章題の途中式，作図，グラフ，証明といった記述問題が毎年出題されるので，普段からノートにしっかり解答を書く練習をするとよい。

1 よく出る 基本 次の計算をして，答えを書きなさい。
1 $-5+2$
2 $3(4a-3b)-6\left(a-\dfrac{1}{3}b\right)$
3 $4x^2y\times 3y\div 6x^2$
4 $(2\sqrt{5}+1)(2\sqrt{5}-1)+\dfrac{\sqrt{12}}{\sqrt{3}}$
5 $(x-4)(x-3)-(x+2)^2$

2 よく出る 基本 次の問いに答えなさい。
1 $a=2$，$b=-3$ のとき，$-\dfrac{12}{a}-b^2$ の値を求めよ。
2 二次方程式 $x^2+2x-35=0$ を解け。
3 y は x に反比例し，比例定数は -6 である。x と y の関係を式に表し，そのグラフをかけ。

4　右の表は，あるみかん農園でとれたみかん8000個から，無作為に抽出したみかん40個の糖度を調べ，その結果を度数分布表に表したものである。

抽出したみかん40個の糖度

階級(度)	度数(個)
以上　　未満	
9 ～ 10	2
10 ～ 11	ア
11 ～ 12	13
12 ～ 13	12
13 ～ 14	9
計	40

(1) 表のアに当てはまる数を書け。
(2) この結果をもとにすると，このみかん農園でとれたみかん8000個のうち，糖度が11度以上13度未満のみかんの個数は，およそ何個と推測されるか。

5　右の図のように，箱の中に，-3，-2，0，1，2，3の数字が1つずつ書かれた6枚のカードが入っている。この箱の中から同時に2枚のカードを取り出すとき，2枚のカードに書かれた数の和が正の数となる確率を求めよ。ただし，どのカードが取り出されることも同様に確からしいものとする。

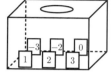

6　右の図のように，3点A，B，Cがある。2点A，Bから等しい距離にある点のうち，点Cから最も近い点Pを作図せよ。ただし，作図に用いた線は消さずに残しておくこと。

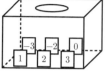

7　太郎さんは1日の野菜摂取量の目標値の半分である175gのサラダを作った。

	100g当たりのエネルギー(kcal)
大根	18
レタス	12
赤ピーマン	30

このサラダの材料は，大根，レタス，赤ピーマンだけであり，入っていた赤ピーマンの分量は50gであった。また，上の表をもとに，このサラダに含まれるエネルギーの合計を求めると33kcalであった。このサラダに入っていた大根とレタスの分量は，それぞれ何gか求めよ。ただし，用いる文字が何を表すかを最初に書いてから連立方程式をつくり，答えを求める過程も書くこと。

3　思考力　ある遊園地で，太郎さんたちは右の図1のような観覧車に乗った。その観覧車には，ゴンドラ24台が，半径20mの円の円周上に等間隔で設置されており，ゴンドラは，一定の速さで円周上を動き，16分かけて1周する。右下の図2は，この観覧車を模式的に表したものである。乗客は，地面からの高さが5mである点Pからゴンドラに乗り，ゴンドラが1周したのち，点Pで降りる。また，点Pは，円周上の最も低い位置にある。

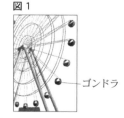
図1　ゴンドラ

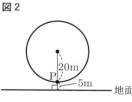
図2

このとき，次の問いに答えなさい。ただし，ゴンドラの大きさは考えないものとする。(円周率はπを用いること。)

1　基本　太郎さんがゴンドラに乗ってからの4分間で，太郎さんが乗っているゴンドラが円周上を動いてできる弧の長さを求めよ。

2　花子さんは，太郎さんが乗っているゴンドラの8台あとのゴンドラに乗った。
(1)　基本　花子さんがゴンドラに乗ったのは，太郎さんがゴンドラに乗ってから何分後か求めよ。
(2)　しばらくして，太郎さんが乗っているゴンドラと花子さんが乗っているゴンドラの，地面からの高さが同じになった。このときの地面からの高さを求めよ。

3　まことさんは，太郎さんが乗っているゴンドラのn台あとのゴンドラに乗った。太郎さんがゴンドラに乗ってからt分後に，太郎さんが乗っているゴンドラとまことさんが乗っているゴンドラの，地面からの高さが同じになった。このとき，tをnの式で表せ。ただし，nは24より小さい自然数とする。

4　よく出る　右の図のような1辺が6cmの正方形ABCDがある。点P，Qは，点Aを同時に出発して，点Pは毎秒2cmの速さで正方形の辺上を反時計回りに動き，点Qは毎秒1cmの速さで正方形の辺上を時計回りに動く。また，点P，Qは出会うまで動き，出会ったところで停止する。

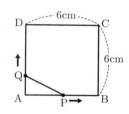

点P，Qが点Aを出発してからx秒後の△APQの面積をy cm²とするとき，次の問いに答えなさい。ただし，$x=0$のときと，点P，Qが出会ったときは，$y=0$とする。

1　$x=1$のときと，$x=4$のときの，yの値をそれぞれ求めよ。

2　点P，Qが出会うのは，点P，Qが点Aを出発してから何秒後か求めよ。

3　下のア〜エのうち，xとyの関係を表すグラフとして，最も適当なものを1つ選び，その記号を書け。

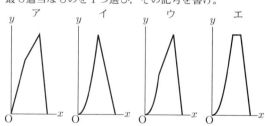

4　$y=6$となるときのxの値を全て求めよ。

5　よく出る　線分ABを直径とする半円Oがある。右の図のように，$\stackrel{\frown}{AB}$上に点Cを，$AC=BC$となるようにとり，$\stackrel{\frown}{BC}$上に点Dを，点B，Cと異なる位置にとる。また，直線ACと直線BDの交点をE，線分ADと線分BCの交点をFとする。

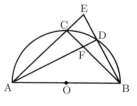

このとき，次の問いに答えなさい。

1　基本　次の会話文は，花子さんと太郎さんが，上の図を見ながら話をしたときのものである。

花子さん：太郎さん，線分 AF と同じ長さの線分があるよね。
太郎さん：線分 ア のような気がするけど，この2つの線分の長さが等しいことを証明するには，どうすればよいのか分からないな。
花子さん：線分 AF と線分 ア を，それぞれ1辺にもつ2つの三角形が合同であることを示せばいいのよ。合同な図形では，対応する辺の長さは等しいからね。
太郎さん：なるほど。つまり △AFC と △BEC が合同であることを示すことができれば，線分 AF の長さと線分 ア の長さが等しいことを証明することができるんだね。

(1) 会話文中のアに当てはまるものを書け。
(2) △AFC ≡ △BEC であることを証明せよ。

2 △ABE の面積が $40\,cm^2$，△ABF の面積が $20\,cm^2$ であるとき，線分 AF の長さを求めよ。

高知県

時間 50分　満点 50点　解答 P61　3月4日実施

出題傾向と対策

● 大問数は6問のままであるが，例年，大問 1 で見られた計算問題が小問集合に組み込まれた。2 の数式を用いての説明問題，6 の図形の証明問題に加えて，3 でも図形の証明問題が出題されたことで，記述形式の答案を作成する力が例年以上に要求されている。4 や 6 では思考力を試す問題も見られる。
● 全体的には基本から標準レベルの問題を中心に出題されている。記述形式で答える問題が増えているので，日頃からトレーニングを積んでおこう。

1 **よく出る** **基本** 次の(1)～(8)の問いに答えなさい。
(1) 次の①～④を計算せよ。
　① $-5-4+7$　(2点)
　② $\dfrac{2x+y}{4}-\dfrac{x-2y}{6}$　(2点)
　③ $24a^2b^2 \div (-6b^3) \div 2ab$　(2点)
　④ $\sqrt{75}-\dfrac{9}{\sqrt{3}}$　(2点)
(2) 周の長さが $a\,cm$ の長方形において，縦の長さを $5\,cm$ としたときの横の長さを $b\,cm$ とする。このとき，b を a の式で表せ。　(2点)
(3) 4%の食塩水と9%の食塩水がある。この2つの食塩水を混ぜ合わせて，6%の食塩水を $600\,g$ つくりたい。4%の食塩水は何 g 必要か。　(2点)
(4) 2次方程式 $2x^2+7x+1=0$ を解け。　(2点)
(5) 関数 $y=-x^2$ について，x の変域が $-2 \leqq x \leqq 3$ のとき，y の変域は $a \leqq y \leqq b$ である。このときの a，b の値を求めよ。　(2点)
(6) 右の図のように，1辺の長さが $12\,cm$ の立方体のすべての面に接している球がある。この球の体積を求めよ。ただし，円周率は π を用いること。　(2点)

(7) 右のグラフは，ある中学校の学級の生徒40人について通学距離を調べ，その結果をヒストグラムで表したものである。このヒストグラムでは，例えば，通学距離が $2\,km$ 以上 $3\,km$ 未満の生徒が7人いることがわかる。また，この生徒40人の通学距離の平均値は $3.3\,km$ であった。
このヒストグラムにおいて，平均値である $3.3\,km$ を a，中央値を b，最頻値を c とするとき，a，b，c の大小を，不等号を使って表せ。　(2点)

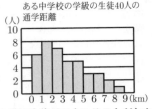

ある中学校の学級の生徒40人の通学距離

(8) 右の図のような，三角形 ABC がある。∠B の二等分線上にあって，点 A からの距離が最も短い点 P を，定規とコンパスを使い，作図によって求めよ。ただし，定規は直線をひくときに使い，長さを測ったり角度を利用したりしないこととする。なお，作図に使った線は消さずに残しておくこと。　(2点)

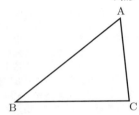

2 あすかさんは，規則的に並んだ整数の和で，いろいろな整数を表すことを考えた。例えば，48は，$15+16+17=48$ のように，連続する3つの整数の和で表すことができる。このことについて，次の(1)～(3)の問いに答えなさい。

(1) 48は，連続する4つの奇数の和でも表すことができる。次の【あすかさんのノート】は，あすかさんが文字式を使って，和が48になる連続する4つの奇数を求める問題を，正しく解いたノートの一部である。【あすかさんのノート】中の ア，イ，ウ に当てはまる文字式を，それぞれ書け。　(2点)

【あすかさんのノート】
〔解答〕
n を整数とする。連続する4つの奇数のうち，最も小さい奇数を $2n+1$ とおくと，連続する4つの奇数は，小さい順に $2n+1$，ア，イ，ウ と，それぞれ n を使って表すことができる。
この4つの奇数の和が48なので，
$(2n+1)+(ア)+(イ)+(ウ)=48$
$8n+16=48$
$n=4$
したがって，和が48になる連続する4つの奇数は，9，11，13，15である。

(2) 280は，連続する5つの整数の和で表すことができる。このとき，和が280になる連続する5つの整数のうち，最も小さい整数を求めよ。　(2点)
(3) 280は，連続する3つの偶数の和では表すことができない。その理由を，n を使った文字式を用いて，言葉と式を使って説明せよ。ただし，n は整数とする。　(3点)

3 図1のように，円Oの周上に3点A，B，Cをとり，三角形ABCをつくる。半径OBと辺BCでできる∠OBCを∠xとする。また，弧BCに対する円周角∠BACを∠yとする。このとき，下の(1)・(2)の問いに答えなさい。

(1) ∠yは鋭角とする。このとき，∠xと∠yの関係は，∠x+∠y=90°という式で表すことができる。このことを説明するために，図2のように，線分BDが直径となるような点Dを円Oの周上にとり，点Cと点Dを結ぶ。
∠x+∠y=90°が成り立つ理由を，図2を用いて言葉と式で説明せよ。 (3点)

(2) ∠yを鈍角とすると，図1の三角形ABCは，図3のようになる。このとき，∠xと∠yの関係は，どのような式で表すことができるか。∠xと∠yを使った式で答えよ。 (2点)

4 思考力 図1のような，一方の面が白色，もう一方の面が黒色の円盤状のこまが6枚ある。この6枚のこまを，六角形ABCDEFの各頂点上に，図2のように白色の面を上にして1枚ずつ置き，頂点Aから順に，こまA，こまB，こまC，こまD，こまE，こまFとする。1つのさいころを2回投げ，下の【手順】にしたがって，さいころの出た目の数だけこまをうら返す。このとき，下の(1)・(2)の問いに答えなさい。

【手順】
① 1回目に出た目の数だけ，こまAから左回りに，順にこまをうら返す。
② 2回目に出た目の数だけ，こまFから右回りに，順にこまをうら返す。

〔例〕 1回目に出た目の数が3，2回目に出た目の数が5のときは，次のように各頂点上のこまをうら返し，こまA，D，E，Fの上の面が黒色，こまB，Cの上の面が白色となる。

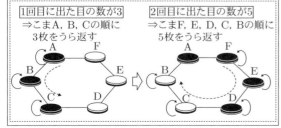

(1) 6枚のこまの上の面がすべて黒色となる確率を求めよ。 (2点)

(2) こまEの上の面が白色となる確率を求めよ。 (2点)

5 右の図は，関数 $y=\dfrac{1}{4}x^2$ のグラフで，点A，Bはこのグラフ上の点であり，点A，Bのx座標はそれぞれ-6，2である。y軸上に点Cをとり，点Aと点C，点Bと点Cをそれぞれ結ぶ。このとき，次の(1)～(3)の問いに答えなさい。

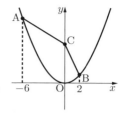

(1) 点Aの座標を求めよ。 (2点)

(2) 線分ACと線分BCの長さの和 AC+CB を考える。AC+CB が最小となる点Cの座標を求めよ。 (2点)

(3) 2点A，Bからy軸へそれぞれ垂線をひき，y軸との交点をそれぞれD，Eとする。ただし，点Cは線分DE上の点とする。
　三角形ACDと三角形CEBについて，y軸を軸として1回転させたときにできる立体の体積をそれぞれ考える。三角形ACDを1回転させてできる立体の体積が，三角形CEBを1回転させてできる立体の体積の7倍となるときの線分CEの長さを求めよ。 (3点)

6 思考力 右の図のように，AB=AC，AB>BCの二等辺三角形ABCがある。この二等辺三角形の辺AB上にBC=BDとなる点Dをとり，線分BDを1辺とするひし形BCEDをつくる。辺AC上にAD=CFとなる点Fをとり，点Bと点F，点Aと点Eをそれぞれ結ぶ。このとき，次の(1)・(2)の問いに答えなさい。

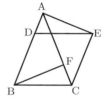

(1) △ADE≡△FCB を証明せよ。 (3点)

(2) 線分BFを点Fの方向へ延長し，線分CEとの交点をGとする。AB=7cm，BC=5cm のとき，ひし形BCEDの面積は，三角形CGFの面積の何倍か。 (2点)

福岡県

時間 50分　満点 60点　解答 P63　3月10日実施

* 注意　・答えが数または式の場合は、最も簡単な数または式にすること。
　　　　・答えに根号を使う場合は、√ の中を最も小さい整数にすること。
　　　　・答えに円周率を使う場合は、π で表すこと。

出題傾向と対策

●大問が6題で，**1** は小問集合，**2** は方程式，**3** は確率，**4** は関数とグラフ，**5** は平面図形と証明，**6** は空間図形であった。出題形式，分量ともに変化はないが，問題文が読み易くなっている。出題分野は，ほとんど全ての分野からの出題で変わらない。

●難問は無いが，問題文に沿って考える問題や，指定された内容を含む答案を書く問題がある。基本事項を確認し，問題文を正確に早く読み取り，問われた内容に答える必要がある。過去問演習を行い，長い問題文にも慣れておくこと。そして，時間を意識した勉強をすること。

1 よく出る 基本　次の(1)〜(9)に答えよ。

(1) $8 + 2 \times (-7)$ を計算せよ。 (2点)

(2) $2(a + 4b) - (5a + b)$ を計算せよ。 (2点)

(3) $\sqrt{75} - \dfrac{9}{\sqrt{3}}$ を計算せよ。 (2点)

(4) 1次方程式 $3(2x - 5) = 8x - 1$ を解け。 (2点)

(5) 等式 $2a + 3b = 1$ を，a について解け。 (2点)

(6) 右の表は，y が x に反比例する関係を表したものである。

x	…	-2	-1	0	1	2	…
y	…	6	12	×	-12	-6	…

　　$x = 3$ のときの y の値を求めよ。 (2点)

(7) 関数 $y = \dfrac{1}{3}x^2$ のグラフをかけ。 (2点)

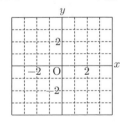

(8) 下の表は，A中学校とB中学校の1年生の生徒を対象に，テレビの1日あたりの視聴時間を調査し，その結果を度数分布表に整理したものである。

　この表をもとに，A中学校とB中学校の1年生の「30分以上60分未満」の階級の相対度数のうち，大きい方の相対度数を四捨五入して小数第2位まで求めよ。(2点)

階級(分)	度数(人)	
	A中学校	B中学校
以上　未満		
0 〜 30	16	28
30 〜 60	25	32
60 〜 90	19	31
90 〜 120	15	27
120 〜 150	10	18
計	85	136

(9) ペットボトルのキャップがたくさん入っている箱から，30個のキャップを取り出し，全てに印をつけて箱に戻す。その後，この箱から30個のキャップを無作為に抽出したところ，印のついたキャップは2個であった。

　この箱の中に入っているペットボトルのキャップの個数は，およそ何個と推定できるか答えよ。 (2点)

2 よく出る 基本　横の長さが縦の長さの2倍である長方形の土地がある。この土地の縦の長さを x m とする。

次の(1)，(2)に答えよ。

(1) この土地について，$2(x + 2x)$ と表されるものは何か。次のア〜オから正しいものを1つ選び，記号で答えよ。 (2点)

ア　土地の周の長さ　　　イ　土地の周の長さの2倍
ウ　土地の面積　　　　　エ　土地の面積の2倍
オ　土地の対角線の長さ

(2) この土地に，図のような，幅2mの道を縦と横につくり，残りを花だんにしたところ，花だんの面積が 264 m^2 になった。
ただし，道が交差する部分は正方形である。

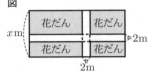

　次のア，イのどちらかを選び，選んだ記号とそれを満たす x についての方程式をかき，この土地の縦の長さを求めよ。
　ア，イのどちらを選んでもかまわない。 (4点)

ア	左辺と右辺のどちらもが，花だんの面積を表している方程式
イ	左辺と右辺のどちらもが，道の面積を表している方程式

3 よく出る　下の図のような，A，B，C，Dの4つのマスがある。また，箱の中に，[1]，[2]，[3]，[4]，[5]の5枚のカードが入っている。次の手順を1回行いコマを動かす。

手順

① コマをAのマスに置く。
② 箱から，同時に2枚のカードを取り出す。
③ 取り出した2枚のカードの数の和だけ，Aから，B，C，D，A，…と矢印の向きにコマを1マスずつ動かす。

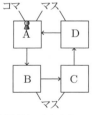

ただし，どのカードを取り出すことも同様に確からしいとする。

次の(1)，(2)に答えよ。

(1) この手順でコマを動かすとき，コマがDのマスに止まる場合の2枚のカードの組は全部で3通りある。そのうちの1通りは，2枚のカードが[1]，[2]の組で，これを (1, 2) と表すこととする。残りの2通りについて，2枚のカードの組をかけ。 (2点)

(2) この手順でコマを動かすとき，AのマスとCのマスでは，コマの止まりやすさは同じである。そこで，箱の中の5枚のカードを，[1]，[2]，[3]，[3]，[5]の5枚のカードに変えて，手順を1回行いコマを動かす。

　このとき，AのマスとCのマスでは，コマが止まりやすいのはどちらのマスであるかを説明せよ。
　説明する際は，樹形図または表を示し，コマがAの

マスに止まる場合とCのマスに止まる場合のそれぞれについて，2枚のカードの組を全てかき，確率を求め，その数値を使うこと。 (4点)

4 ある電話会社には，携帯電話の1か月の料金プランとして，Aプラン，Bプラン，Cプランがある。どのプランも，電話料金は，基本使用料と通話時間に応じた通話料を合計した料金である。
次の**表**は，3つのプランを示したものである。

表

	電話料金	
	基本使用料	通話時間に応じた通話料
Aプラン	1200円	60分までの時間は，1分あたり40円 60分をこえた時間は，1分あたり30円
Bプラン	(ア) 円	(イ)分までの時間は，無料 (イ)分をこえた時間は，1分あたり(ウ)円
Cプラン	3900円	60分までの時間は，無料 60分をこえた時間は，1分あたり一定の料金がかかる。

1か月に x 分通話したときの電話料金を y 円とするとき，図1は，Aプランについて，通話時間が0分から90分までの x と y の関係をグラフに表したものである。

図1

次の(1)〜(3)に答えよ。

(1) **よく出る** **基本** Aプランについて，電話料金が3000円のときの通話時間を求めよ。 (2点)

(2) **よく出る** **基本**
図2は，Bプランについて，通話時間が0分から90分までの x と y の関係を表したグラフを，図1にかき入れたものである。下の□内は，Bプランのグラフについて，x と y の関係を表した式である。
図2をもとに，表の(ア)，(イ)，(ウ)にあてはまる数を，それぞれ答えよ。 (2点)

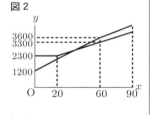

x の変域が $0 \leq x \leq 20$ のとき，$y = 2300$ であり，x の変域が $20 \leq x \leq 90$ のとき，$y = ax + b$ （a, b は定数）である。
ただし，$x = 60$ のとき，$y = 3300$ である。

(3) Cプランの電話料金は，通話時間が90分のとき4350円である。
通話時間が60分から90分までの間で，Cプランの電話料金がAプランの電話料金より安くなるのは，通話時間が何分をこえたときからか求めよ。
次の□内の条件Ⅰ，Ⅱにしたがってかけ。 (5点)

条件Ⅰ　AプランとCプランのそれぞれについて，グラフの傾きやグラフが通る点の座標を示し，x と y の関係を表す式をかくこと。
条件Ⅱ　条件Ⅰで求めた2つの式を使って答えを求める過程をかくこと。

5 香さんと孝さんは，次の方法で，∠ABCの二等分線を図1のように作図できる理由について，話し合っている。下の会話文は，その内容の一部である。
方法
① 点Bを中心として，適当な半径の円をかき，線分AB，BCとの交点をそれぞれ点M，Nとする。
② ①でかいた円の半径より長い半径で，点Mを中心として円をかく。
③ 点Nを中心として，②でかいた円の半径と等しい半径の円をかき，②の円との交点の1つを点Pとする。
④ 直線BPをひく。

図1

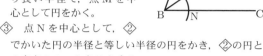

この方法で直線BPをひくと，∠ABP＝∠CBPになるのは，どうしてかな。
香さん

点Pと点M，Nをそれぞれ結んでできる四角形PMBNが（ ① ）な図形だからだよ。

孝さん

なるほど。△MBP≡△NBPになっているからだね。

そうだよ。方法の①から（ ② ），②と③から（ ③ ）がわかり，共通な辺もあるので，△MBP≡△NBPが示せるね。

次の(1)〜(4)に答えよ。

(1) **よく出る** **基本** 会話文の（ ① ）には，四角形PMBNがもつ，ある性質があてはまる。（ ① ）にあてはまるものを次のア〜エから1つ選び，記号で答えよ。 (1点)

ア　点Bを対称の中心とする点対称
イ　線分BPの中点を対称の中心とする点対称
ウ　直線BPを対称の軸とする線対称
エ　点Mと点Nを結ぶ直線を対称の軸とする線対称

(2) **よく出る** **基本** 会話文の（ ② ），（ ③ ）には，△MBPと△NBPの辺や角の関係のうち，いずれかがあてはまる。（ ② ），（ ③ ）にあてはまる関係を，記号＝を使って答えよ。 (2点)

(3) 図2は，図1の∠ABCにおいて，∠ABC＜90°，3点A，B，Cが円Oの周上にある場合を表しており，∠ABCの二等分線と線分AC，円Oとの交点をそれぞれD，Eとし，点Aと点Eを線分で結び，点Eを通り線分ABに平行な直線と線分AC，BCとの交点をそれぞれF，Gとしたものである。
このとき，△ABD∽△FAEであることを証明せよ。 (5点)

図2

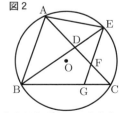

(4) 図3は，図2において，∠ABC = 60°，線分 BE が円 O の直径となる場合を表している。
△ABC の面積が 15 cm² のとき，四角形 BGFD の面積を求めよ。 (4点)

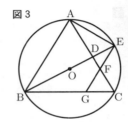
図3

6 図1は，AB = 6 cm，BC = 4 cm，AE = 3 cm の直方体 ABCDEFGH を表している。
次の(1)〜(3)に答えよ。

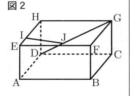
図1

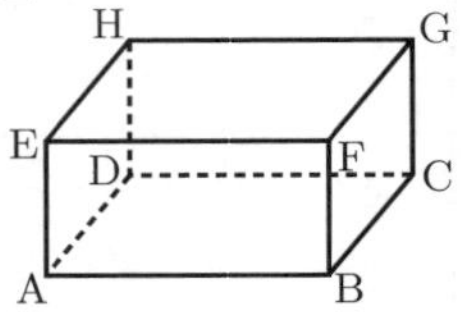

(1) **よく出る** **基本** 図1に示す立体において，辺や面の位置関係を正しく述べているものを次のア〜エから全て選び，記号で答えよ。 (2点)
　ア　面 ABFE と辺 DH は垂直である。
　イ　辺 AB と辺 AD は垂直である。
　ウ　面 ADHE と面 BCGF は平行である。
　エ　辺 CD と辺 EF はねじれの位置にある。

(2) **よく出る** 図1に示す立体において，辺 EF の中点を M，辺 FG の中点を N とする。直方体 ABCDEFGH を 4 点 A，C，N，M を通る平面で分けたときにできる 2 つの立体のうち，頂点 F をふくむ立体の体積を求めよ。 (3点)

(3) **思考力** 図2は，図1に示す立体において，辺 EH 上に点 I を EI = 1 cm，線分 DG 上に点 J を DJ : JG = 1 : 2 となるようにとり，点 I と点 J を結んだものである。
このとき，線分 IJ の長さを求めよ。 (4点)

図2

佐賀県

時間 **50**分　満点 **50**点　解答 p.**64**　3月5日実施

* 注意　1　答えに √ が含まれるときは，√ を用いたままにしておきなさい。また，√ の中は最も小さい整数にしなさい。
　　　　2　円周率は π を用いなさい。

出題傾向と対策

● 大問5題の出題は例年通りだが，今回，追加問題は出題されていない。**1** は小問集合，**2** は方程式，関数の2題，**3** は場合の数・確率と数の性質の2題，**4** は関数の融合問題，**5** は相似の問題2題。問題数，難易度ともに例年通りである。

● 基礎・基本問題を中心に，幅広い分野にわたって出題されている。図形の証明や計算の過程を記述する問題もほぼ毎年出題されている。過去問にあたって傾向をつかんだ上で，しっかりと練習しておこう。

1 **基本** 次の(1)〜(7)の各問いに答えなさい。

(1) **よく出る** (ア)〜(エ)の計算をしなさい。
　(ア)　$6 - 17$ (1点)
　(イ)　$6 \div \left(-\dfrac{2}{3}\right)$ (1点)
　(ウ)　$2x + 3y - \dfrac{x + 5y}{2}$ (1点)
　(エ)　$(\sqrt{3} + 1)(\sqrt{3} - 3)$ (1点)

(2) **よく出る** $x^2 + 9x - 36$ を因数分解しなさい。 (1点)

(3) **よく出る** 次の数量の関係を不等式で表しなさい。

　　a m のリボンから b cm 切り取ると，残りのリボンの長さは 2 m より短い。

(1点)

(4) 右の図のように，1辺の長さが 4 cm の立方体にちょうど入る大きさの球がある。この球の体積を求めなさい。 (1点)

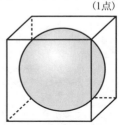

(5) **よく出る** 二次方程式 $x^2 + 3x - 1 = 0$ を解きなさい。 (1点)

(6) 右の図のような，平行四辺形 ABCD がある。このとき，∠x の大きさを求めなさい。 (1点)

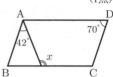

(7) 生徒をそれぞれ 10 人ずつの A グループ，B グループに分けてクイズ大会を行った。その結果について，得点の様子をヒストグラムに表すと次の図のようになった。このヒストグラムから，例えば，A グループでは 20 点以上 40 点未満の生徒が 1 人いたことがわかる。
このとき，次の①〜④の中から正しいものをすべて選び，番号を書きなさい。 (1点)

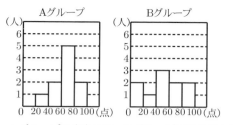

① Aグループの中央値は，Bグループの中央値よりも大きい。
② Bグループの最頻値は，Aグループの最頻値よりも大きい。
③ 40点以上60点未満の階級の相対度数は，Aグループの方がBグループよりも大きい。
④ 60点以上の点数をとった生徒の人数は，Aグループの方がBグループよりも多い。

2 次の(1)，(2)の問いに答えなさい。

(1) **よく出る** **基本** ある小学校で，工場の見学に行くために電車を利用することになった。通常は児童15人と先生2人が支払う運賃の合計が9100円になる。しかし，児童が10人以上いるとき，児童の運賃のみが4割引きになる。このため，児童15人と先生2人の運賃との合計は6100円になった。
　このとき，(ア)，(イ)の問いに答えなさい。

(ア) 割引きされる前の児童1人分の運賃を x 円，先生1人分の運賃を y 円として，x，y についての連立方程式を次のようにつくった。
　このとき，①，②にあてはまる式を x，y を用いてそれぞれ表しなさい。(2点)

$$\begin{cases} \boxed{①} = 9100 \\ \boxed{②} = 6100 \end{cases}$$

(イ) 割引きされた後の児童1人分の運賃を求めなさい。(1点)

(2) **基本** 右の図のように，AB = 6 cm，AD = 12 cm の長方形 ABCD がある。点Pは頂点Aから毎秒1 cm の速さで辺 AD を頂点Dに向かって移動する。点Qは頂点Aから毎秒2 cm の速さで辺 AB，辺 BC，辺 CD の順に頂点Dに向かって移動する。
　ただし，点P，点Qはそれぞれ頂点Aを同時に出発し，頂点Dに到着したときに止まるものとする。
　このとき，(ア)～(ウ)の各問いに答えなさい。

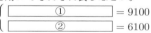

(ア) 点P，点Qが頂点Aを出発して，2秒後と4秒後の△APQ の面積をそれぞれ求めなさい。(1点)

(イ) 点Qが頂点Aを出発して，11秒後の線分 DQ の長さを求めなさい。(1点)

(ウ) 点P，点Qが頂点Aを出発して，点Qが x 秒後に辺 CD 上にあるとき，(a)，(b)の問いに答えなさい。
　(a) 線分 DQ の長さを x を用いて表しなさい。(1点)
　(b) △APQ の面積が 20 cm² となるのは，点P，点Qが頂点Aを出発して何秒後か求めなさい。
　ただし，x についての方程式をつくり，答えを求めるまでの過程も書きなさい。(3点)

3 次の(1)，(2)の問いに答えなさい。

(1) **よく出る** A，B，Cの3人が，それぞれ3枚のカードを持っており，3枚のカードの表には，1，2，3の数字が1つずつ書かれている。裏返したカードをよく混ぜて1枚のカードを出し合うカードゲームを行う。
　ただし，カードに書かれた数字が一番大きい人を勝ちとし，数字が全て同じ場合は，引き分けとする。
　このとき，(ア)，(イ)の問いに答えなさい。

(ア) **基本** A，Bの2人でカードゲームを行う。このとき，(a)～(c)の各問いに答えなさい。
　(a) 2人が出したカードに書かれている数字の出かたは全部で何通りあるか，求めなさい。(1点)
　(b) 引き分けとなる確率を求めなさい。(1点)
　(c) Aが勝つ確率を求めなさい。(1点)

(イ) A，B，Cの3人でカードゲームを行うとき，Aのみが勝つ確率を求めなさい。(2点)

(2) **基本** **新傾向** 百の位の数が3，十の位の数が b，一の位の数が6である3けたの数が8の倍数となるような b の数を求めたい。そこで，次の［文字式の表し方］及び［求め方］をもとにして b の数を求める。
　このとき，(ア)～(ウ)の各問いに答えなさい。

［文字式の表し方］
　十の位の数が a，一の位の数が b である数は，$10a + b$ と表すことができる。
　百の位の数が a，十の位の数が b，一の位の数が c である数は，$\boxed{①}$ と表すことができる。

［求め方］
　百の位の数が3，十の位の数が b，一の位の数が6である数は，$300 + 10b + 6$ と表すことができる。
　$300 + 10b + 6$ が8の倍数となればよいので，$10b$ を $8b + 2b$ として，
　$300 + 10b + 6 = 8(38 + \boxed{②}) + \boxed{③}$
と変形すると，
　$38 + \boxed{②}$ は整数だから，$8(38 + \boxed{②})$ は8の倍数となる。
　このとき，$\boxed{③}$ が8の倍数となれば，$8(38 + \boxed{②})$ と $\boxed{③}$ の和は8の倍数となるので，$300 + 10b + 6$ は8の倍数となることがわかる。
　したがって，b は0から9までの整数より，$b = \boxed{④}$，$\boxed{⑤}$ となる。

(ア) ① にあてはまる式を書きなさい。(1点)
(イ) ②，③ にあてはまる式をそれぞれ書きなさい。(2点)
(ウ) ④，⑤ にあてはまる数をそれぞれ書きなさい。(2点)

4 右の図のように，関数 $y = \dfrac{a}{x}$ …①のグラフ，関数 $y = \dfrac{1}{4}x^2$ …②のグラフ，3点 A，B，C がある。点Aの座標は (2, 3)，点Bの座標は (6, 1)，点Cの x 座標は2であり，関数①のグラフは2点 A，B を，関数②のグラフは点Cを通る。
　このとき，下の(1)～(6)の各問いに答えなさい。

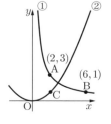

(1) **よく出る** **基本** a の値を求めなさい。(1点)

(2) **よく出る** **基本** 点Cのy座標を求めなさい。(1点)
(3) **よく出る** **基本** △ABCの面積を求めなさい。(2点)
(4) **よく出る** **基本** 2点A, Bを通る直線の式を求めなさい。(2点)
(5) **よく出る** 点Pが関数②のグラフ上を動くものとする。△ABCと△ACPの面積が等しくなるとき, 点Pの座標を2つ求めなさい。(2点)
(6) 点Qをx軸上にとり, △ABQが辺ABを底辺とする二等辺三角形になるとき, 点Qの座標を求めなさい。(2点)

5 次の(1), (2)の問いに答えなさい。

(1) **基本** 右の図のように, 底面の直径が12 cm, 高さが12 cmの円錐の容器を, 頂点を下にして底面が水平になるように置き, この容器に頂点からの高さが6 cmのところに水面がくるまで水を入れた。ただし, 容器の厚さは考えないものとする。
このとき, (ア), (イ)の問いに答えなさい。

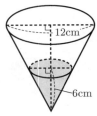

(ア) 水面のふちでつくる円の半径を求めなさい。(1点)
(イ) 容器の中の水をさらに増やし, 容器の底面までいっぱいに水を入れた。このときの体積は, 水を増やす前に比べて何倍になったか求めなさい。(2点)

(2) 右の図のような, 正方形ABCDがあり, 辺CD上に点Eをとり, 頂点B, Dからそれぞれ線分AEに垂線をひき, その交点をF, Gとする。
AF = DG = 3 cm, BF = 9 cm のとき, (ア)〜(ウ)の各問いに答えなさい。

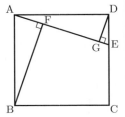

(ア) △ABF ≡ △DAG であることを証明しなさい。(4点)
(イ) **基本** 辺ABの長さを求めなさい。(1点)
(ウ) **思考力** 直線DFと辺ABとの交点をPとするとき, △AFPの面積を求めなさい。(2点)

長崎県

時間 50分　満点 100点　解答 P65　3月11日実施

＊ 注意　答えは, 特別に指示がない場合は最も簡単な形にしなさい。なお, 計算の結果に$\sqrt{\ }$またはπをふくむときは, 近似値に直さないでそのまま答えなさい。

出題傾向と対策

● A問題, B問題ともに大問が6題で, **1**は小問集合, **2**は確率, 資料, 整数, **3**は関数と図形, **4**は立体図形, **5**は平面図形, **6**は速さ・時間・距離の問題である。AとBの共通問題は, **1**(2), (7), **2**問2, 問3, **4**, **6**である。また, 難易度, 分量は例年通りであった。
● 基本問題が中心であるが, 全分野からの出題なので, 教科書で総復習をすること。出題傾向には大きな変化が見られないので, 過去問をできるだけ多く解いた方がよい。その上で, 類題演習や過去問にない問題演習をしよう。

A問題

1 **よく出る** **基本** 次の(1)〜(10)に答えなさい。

(1) $6 + 4 \times (-2)$ を計算せよ。(3点)
(2) $\dfrac{3}{5} - \dfrac{1}{2}$ を計算せよ。(3点)
(3) $3\sqrt{5} - \sqrt{80}$ を計算せよ。(3点)
(4) 本体価格(税抜価格)980円の商品を1つだけ購入する。10％の消費税がかかるとき, 支払う金額(税込価格)を求めよ。(3点)
(5) ある科学館の入館料は, おとな1人a円, 子ども1人b円である。おとな3人と子ども4人の入館料の合計は3000円より安い。この数量の間の関係を不等式で表せ。(3点)
(6) $a(x+y) + 2(x+y)$ を因数分解せよ。(3点)
(7) 2次方程式 $x^2 - 3x - 2 = 0$ を解け。(3点)
(8) 図1のような円Oにおいて, ∠xの大きさを求めよ。(3点)

図1
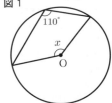

(9) 箱の中に同じ大きさの赤玉と白玉が合わせて500個入っている。この箱の中の玉をよくかき混ぜてから30個の玉を無作為に抽出すると, 赤玉24個, 白玉6個がふくまれていた。はじめに箱の中に入っていた白玉の個数はおよそ何個と考えられるか。(3点)

(10) 図2において, 線分ABの垂直二等分線を定規とコンパスを用いて作図せよ。ただし, 作図に用いた線は消さずに残しておくこと。(3点)

図2

2 よく出る 基本 次の問いに答えなさい。

問1 大小2つのさいころを同時に1回投げる。ただし、それぞれのさいころの目は1から6までであり、どの目が出ることも同様に確からしいとする。このとき、次の(1)、(2)に答えよ。
(1) 目の出方は全部で何通りあるか。 (2点)
(2) 大小2つのさいころの出る目の数の積が奇数になる確率を求めよ。 (3点)

問2 令子さんと和男さんと二郎さんは、職場体験で、あるコンビニエンスストアに行った。右の表は、このコンビニエンスストアで先週1週間に売れたおにぎりの個数を価格別にまとめたものである。このとき、次の(1)、(2)に答えよ。

表

価格(円)	個数(個)
100	80
120	155
150	75
180	105
200	85
合計	500

(1) 100円のおにぎりの個数の相対度数を求めよ。 (3点)
(2) 次の会話を読んで、二郎さんはなぜ下線部のような発言をしたのか、その理由を、最も適切な代表値を用いて説明せよ。 (3点)

> 店長：この表をもとに、来週のおにぎりの仕入れについて3人で話し合ってみてください。
> 令子：資料の特徴を調べるときは、代表値を用いればいいことを数学の授業で学んだよね。売上総額を売れた個数で割った平均値を計算すると147.5円になるよ。だから、私は、150円のおにぎりをたくさん仕入れたほうがいいと思うな。
> 和男：僕も150円のおにぎりをたくさん仕入れたほうがいいと思うよ。中央値が150円だからね。
> 二郎：そうとも言い切れないよ。僕は120円のおにぎりをたくさん仕入れたほうがいいと思うな。

問3 2つの続いた奇数3、5について、$5^2 - 3^2$ を計算すると16になり、8の倍数となる。このように、「2つの続いた奇数では、大きい奇数の平方から小さい奇数の平方を引いた差は、8の倍数となる。」ことを文字 n を使って証明せよ。ただし、証明は「n を整数とし、小さい奇数を $2n-1$ とすると、」に続けて完成させよ。 (3点)

3 よく出る 基本

図1、図2のように、関数 $y=x^2$ のグラフ上に2点 A、B があり、x 座標はそれぞれ2、-1 である。また、点 A から x 軸にひいた垂線と x 軸との交点を C とする。原点を O として、次の問いに答えなさい。

図1

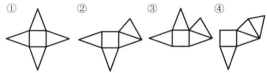

問1 点 B の y 座標を求めよ。 (2点)
問2 関数 $y=x^2$ について、x の値が -1 から 2 まで増加するときの変化の割合を求めよ。 (3点)
問3 △ABC の面積を求めよ。 (3点)

図2

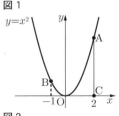

問4 図2のように、線分 AB 上に点 P、線分 AC 上に点 Q をそれぞれ AP = AQ となるようにとる。△APQ の面積が $\sqrt{2}$ となるとき、次の(1)、(2)に答えよ。
(1) AP = AQ = t として、t の値を求めよ。ただし、$t > 0$ とする。 (3点)
(2) 点 P の x 座標を求めよ。 (3点)

4 よく出る

図1、図2のように、底面が1辺の長さ 6 cm の正方形 ABCD で、側面がすべて合同な二等辺三角形である正四角錐 OABCD がある。また、正四角錐 OABCD の高さは $3\sqrt{6}$ cm である。このとき、次の問いに答えなさい。

図1

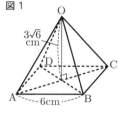

問1 基本 図1の正四角錐の展開図として適切でないものを、次の①～④の中から1つ選び、その番号を書け。 (2点)

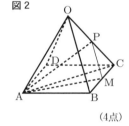

問2 正四角錐 OABCD の体積は何 cm^3 か。 (3点)
問3 △OAC はどのような三角形か。次の①～④の中から最も適切なものを1つ選び、その番号を書け。 (3点)
① 直角三角形　　② 二等辺三角形
③ 直角二等辺三角形　　④ 正三角形

問4 図2のように、辺 OC の中点を P、辺 BC の中点を M とする。このとき、次の(1)、(2)に答えよ。

図2

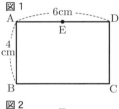

(1) 三角錐 PACM の体積は何 cm^3 か。 (3点)
(2) △PAC を底面とするとき、三角錐 PACM の高さは何 cm か。 (4点)

5 よく出る 基本

図1～図3のように、長方形 ABCD があり、AB = 4 cm, AD = 6 cm である。辺 AD の中点を E とするとき、次の問いに答えなさい。

図1

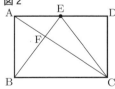

問1 線分 BE の長さは何 cm か。 (2点)

問2 図2のように、線分 AC と線分 BE との交点を F とする。このとき、次の(1)～(3)に答えよ。

図2

(1) △AEF∽△CBF を示せ。 (4点)
(2) △BCF の面積は何 cm^2 か。 (2点)
(3) △ABF と面積が等しい三角形を、次の①～④の中から1つ選び、その番号を書け。 (2点)
① △CDE　　② △AEF
③ △ACE　　④ △CEF

問3 図3のように,図1の長方形 ABCD を線分 BE と線分 CE を折り目として,線分 AE と線分 DE が重なるように折る。そして,点 A と点 D が重なった点を O とするとき,4つの点 O,B,C,E を頂点とする三角錐 OBCE の表面積は何 cm² か。
(3点)

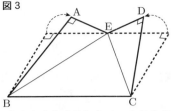
図3

6 よく出る
図1のような,1周 400 m のランニングコースがある。このコース上に A 地点と B 地点があり,これらの地点はちょうど半周だけ離れている。

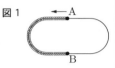
図1

桜さんと昇さんは A 地点を同時にスタートし,矢印の方向に5周走り,同時にゴールした。桜さんはスタートからゴールまで一定の速さで走った。また,昇さんはスタートしてから分速 200 m でしばらく走った後,走るのをやめて,その場で数分間休憩した。その後,分速 100 m で走り,最後に分速 200 m で走った。図2の2つのグラフは桜さんと昇さんがスタートしてから x 分間に走った距離を y m として,それぞれがゴールするまでの x と y の関係を表したものである。このとき,次の問いに答えなさい。

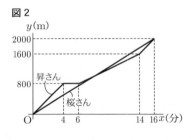
図2

問1 **基本** 昇さんが休憩した時間は何分間か。(2点)
問2 桜さんの走った速さは分速何 m か。(3点)
問3 桜さんが昇さんに追いつくのはスタートしてから何分後か。(3点)
問4 桜さん,昇さんと友だちの千代さんは,同じコースを A 地点から2人と同時にスタートし,分速 100 m で矢印と反対の方向に4周走り,2人と同時にゴールした。このとき,千代さんは,次のルールにしたがって2人とハイタッチをした。

ルール
・すれ違うごとに1回だけ行う。
・休憩中に通り過ぎるときも1回だけ行う。
・スタート時とゴール時は行わない。

このことについて,生徒が先生と話をしている。2人の会話を読んで,あとの(1),(2)に答えよ。

先生:千代さんは,桜さんや昇さんと全部で何回ハイタッチをするのかな。
生徒:図2で考えるのは難しそうです。
先生:図3を見てごらん。400 m 進むごとに同じ地点を通ることに注目し,昇さんのスタートしてからの時間と A 地点から矢印の方向に測った距離の関係を表したものだよ。では,桜さんと千代さんの場合はどのように表されるのかな。千代さんは矢印と反対の方向に走っているから,右下がりでかくとわかりやすいよ。

(数分後)
生徒:桜さんの5周分と千代さんの1周分をかくと図4のようになりました。これを使えば<u>ハイタッチの回数</u>もわかりますよね。
先生:そうだね。続きをかいて考えてごらん。
生徒:はい,やってみます。

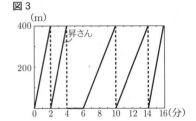
図3

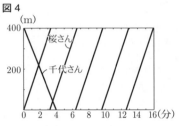
図4

(1) 下線部に関して,千代さんがスタートしてからゴールするまでに,2人とハイタッチをした回数を求めよ。
(3点)
(2) (1)のうち,図1の A 地点から B 地点までの部分(網掛け部分)で千代さんが2人とハイタッチをした回数を求めよ。ただし,網掛け部分には A 地点と B 地点をふくむ。
(3点)

B問題

1 基本
次の(1)~(8)に答えなさい。

(1) よく出る $(\sqrt{2}-1)^2 - \sqrt{50} + \dfrac{14}{\sqrt{2}}$ を計算せよ。
(3点)

(2) A問題 1 (5)と同じ。 (3点)

(3) よく出る $(x+y)^2 + 7(x+y) + 12$ を因数分解せよ。
(3点)

(4) よく出る 2次方程式 $(x-2)(x+3) = -2x$ を解け。
(3点)

(5) よく出る 箱の中に赤玉だけがたくさん入っている。その箱の中に,赤玉と同じ大きさの白玉 100 個を入れ,よくかき混ぜた後,その中から 20 個の玉を無作為に抽出すると,白玉がちょうど4個ふくまれていた。はじめに箱の中に入っていた赤玉の個数はおよそ何個と考えられるか。
(3点)

(6) よく出る 2020 を素因数分解すると,$2020 = 2^2 \times 5 \times 101$ である。$\dfrac{2020}{n}$ が偶数となる自然数 n の個数を求めよ。
(3点)

(7) A問題 1 (8)と同じ。

(8) 図2において,線分 PQ は直線 l と平行である。2点 P,Q を通り,直線 l に接する円の中心 O を定規とコンパスを

図2

用いて図2に作図して求め，その位置を点•で示せ。ただし，作図に用いた線は消さずに残しておくこと。(3点)

2 よく出る 基本 次の問いに答えなさい。

問1 大小2つのさいころを同時に1回投げる。ただし，それぞれのさいころの目は1から6までありどの目が出ることも同様に確からしいとする。このとき，次の(1)，(2)に答えよ。

(1) 大小2つのさいころの出る目の数が同じになる確率を求めよ。(3点)

(2) 右の図のような正六角形ABCDEFがある。大小2つのさいころを同時に投げ，1の目が出たら点A，2の目が出たら点B，3の目が出たら点C，4の目が出たら点D，5の目が出たら点E，6の目が出たら点Fをそれぞれ選ぶ。選んだ2点と点Aを頂点とする三角形を作りたい。例えば，2，3の目が出たら△ABCができ，1，2の目が出たら三角形はできない。このとき，次の(ア)，(イ)に答えよ。

図
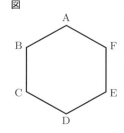

(ア) 三角形ができない確率を求めよ。(3点)
(イ) 直角三角形ができる確率を求めよ。(3点)

問2 A問題 **2** 問2と同じ。
問3 A問題 **2** 問3と同じ。

3 図1〜図3のように，関数 $y=x^2$ のグラフ上に3点A，B，Cがあり，A，Bの x 座標はそれぞれ2，-1で，CはAと y 座標が等しく，x 座標が異なる点である。原点をOとして，次の問いに答えなさい。

問1 よく出る 基本 直線ABの式を求めよ。(3点)

問2 よく出る △ABCの面積を求めよ。(3点)

問3 図2，図3のように，関数 $y=-\frac{1}{2}x^2$ のグラフ上に y 座標が等しい2点P，Qをとる。△OPQが直角二等辺三角形になるとき，次の(1)，(2)に答えよ。ただし，点Pの x 座標は正とする。

(1) 点Pの座標を求めよ。(3点)

(2) 図3のように，点Cを通り，直線AQと平行な直線と y 軸との交点をDとする。また，x 軸上に，x 座標が正である点Rをとる。四角形ACQPの面積と四角形ADQRの面積が等しくなるとき，点Rの x 座標を求めよ。(4点)

図1
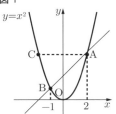

図2
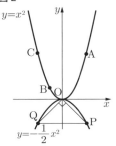

図3
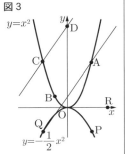

4 A問題 **4** と同じ。

5 図1のように，1辺の長さが 8cm の正方形ABCDの折り紙がある。図2のように，この折り紙の頂点Bを辺ADの中点と重なるように折ったとき，頂点B，Cが移動した点をそれぞれP，Qとする。また，折り目となる直線と辺AB，辺CDとの交点をそれぞれE，Fとし，線分PQと線分DFとの交点をGとする。このとき，次の問いに答えなさい。

図1
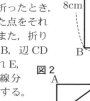

図2
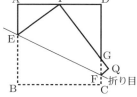

問1 よく出る 基本
AE = x cm とするとき，次の(1)，(2)に答えよ。

(1) BEの長さを x を用いて表せ。(2点)
(2) EB = EP となることを利用して，x の値を求めよ。(3点)

問2 よく出る 基本 △APE∽△DGP であることを証明せよ。(4点)

問3 よく出る 思考力 線分FQの長さは何 cm か。(3点)

問4 △CFQの面積は何 cm^2 か。(4点)

6 A問題 **6** と同じ。

熊本県

時間 50分 / 満点 50点 / 解答 p67 / 3月11日実施

出題傾向と対策

● 大問の構成は昨年と同様6題で問題Aと問題Bがあり，1，2の一部，3，4は共通問題である。1，2は小問集合，3は資料の活用，4は空間図形，5は関数，6は平面図形であり，昨年度よりも易しくなった。
● 基本から標準的なレベルの問題が出題されるが，作図，文字式・図形の証明，記述式の問題も出題される。問題Bは計算量や思考力を問う問題が多い。時間配分を意識して過去問に取組み，類似の問題を解いておきたい。

選択問題A

1 よく出る 基本 次の計算をしなさい。
(1) 600×1.1 (1点)
(2) $6 + (-3)^2$ (1点)
(3) $\dfrac{9x+5y}{8} - \dfrac{x-y}{2}$ (2点)
(4) $(8a^3b^2 + 4a^2b^2) \div (2ab)^2$ (2点)
(5) $(3x+7)(3x-7) - 9x(x-1)$ (2点)
(6) $(\sqrt{5}+1)^2 - \sqrt{45}$ (2点)

2 よく出る 次の各問いに答えなさい。
(1) 基本 一次方程式 $x - 4 = 5x + 16$ を解きなさい。(2点)
(2) 基本 二次方程式 $x^2 - 3x - 1 = 0$ を解きなさい。(2点)
(3) 基本 次のア〜オから，y が x の関数であるものをすべて選び，記号で答えなさい。(2点)
　ア　1辺の長さが x cm である正方形の面積 y cm^2
　イ　頂点が x 個である正多角形の1つの外角の大きさ y 度
　ウ　降水確率が x ％の日の最高気温 y ℃
　エ　3％の食塩水 x g にとけている食塩の量 y g
　オ　自然数 x の倍数 y
(4) 基本 次は，健太さんと優子さんが，数学の授業で，並んでいる3つの数の和について，カレンダーを見ながら会話をしている場面である。会話文中の □ に説明の続きを書いて，会話文を完成しなさい。(2点)

健太：前回の数学の授業では，3，4，5のように，連続する3つの数の和が中央の数の3倍であることを学んだね。3つの数字が規則的に並んでいれば，3つの数の和は中央の数の3倍になっているのかな。
優子：そうね。例えば，図1で，斜めに並んでいる7，15，23の和は45で，中央の数15の3倍になっているね。

図1
日	月	火	水	木	金	土
			1	2	3	4
5	6	7	8	9	10	11
12	13	14	15	16	17	18
19	20	21	22	23	24	25
26	27	28	29	30		

健太：本当だ。2，10，18や12，20，28も，7，15，23と同じように斜めに並んでいる数で，3つの数の和は中央の数の3倍になっているね。
優子：図1のように斜めに並んでいる3つの数は，選ぶ場所が変わっても，数が8ずつ増えているから，文字を使って次のように説明が書けるね。

〈説明〉
図1のように斜めに並んでいる3つの数のうち，一番小さな数を n とおくと，残りの2つの数は $n+8$, $n+16$ と表される。3つの数の和は，
$n + (n+8) + (n+16) = 3n + 24 = 3(n+8)$
$n+8$ は中央の数だから，$3(n+8)$ は中央の数の3倍である。
したがって，図1のように斜めに並んでいる3つの数の和は，中央の数の3倍である。

健太：それでは，図2の9，15，21のように斜めに並んでいる数も，和が中央の数15の3倍になっているね。図2のように斜めに並んでいる3つの数も，選ぶ場所が変わっても，和は中央の数の3倍になっているのかな。

図2
日	月	火	水	木	金	土
			1	2	3	4
5	6	7	8	9	10	11
12	13	14	15	16	17	18
19	20	21	22	23	24	25
26	27	28	29	30		

優子：そうね。今度は，中央の数を n とおいて説明を書いてみるね。

〈説明〉
図2のように斜めに並んでいる3つの数のうち，中央の数を n とおくと，

　　　　　　（空欄）

したがって，図2のように斜めに並んでいる3つの数の和は，中央の数の3倍である。

健太：規則的に並んでいる数字は興味深いね。

(5) 基本 右の図は，線分 AB を直径とする半円で，点 C は $\overset{\frown}{AB}$ 上にあり，点 D は線分 AB 上にあって，CD ⊥ AB である。$\overset{\frown}{AC}$ 上に点 P を，△ADP の面積が △ADC の面積の半分となるようにとりたい。点 P を，定規とコンパスを使って作図しなさい。なお，作図に用いた線は消さずに残しておくこと。(2点)

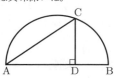

(6) 基本 下の図のように，1，2，3，4，5の数字が1つずつ書かれた5枚のカードがあり，これらの5枚のカードを箱に入れた。この箱から1枚カードを取り出し，取り出したカードに書かれている数を確認してから箱にもどすことを2回行う。

① カードの取り出し方は全部で何通りあるか，求めなさい。(1点)
② 1回目に取り出したカードに書かれている数を a，2回目に取り出したカードに書かれている数を b とする。このとき，$a - b$ の値が1以上になる確率を求めなさい。ただし，どのカードが取り出されることも同様に確からしいものとする。(2点)

(7) 駅からスタジアムまでの8 kmの路線を，一定の速さで往復運行しているバスがある。このバスは，駅を出発

して16分後にスタジアムに到着し，スタジアムで4分間停車して，再びスタジアムから駅へと走る。

下の図は，バスが駅を出発してからの時間と，駅からの道のりとの関係をグラフに表したものである。

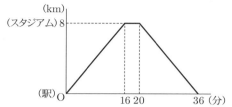

① **基本** バスは，駅からスタジアムまで時速何kmで走るか，求めなさい。(1点)

② ある日，大輔さんは，自転車に乗って駅を出発し，バスと同じ路線をスタジアムに向かって時速15kmで走った。大輔さんがバスと同時に駅を出発したところ，スタジアムに向かう途中でこのバスとすれちがった。

大輔さんは，駅を出発してから何分後にこのバスとすれちがったのか，求めなさい。(2点)

3 **よく出る** サッカーが好きな航平さんは，日本のチームに所属しているプロのサッカー選手の中から100人を無作為に抽出し，身長や靴のサイズ，出身地についての標本調査を行った。表1は身長について，表2は靴のサイズについて，その結果をそれぞれ度数分布表に表したものである。また，表3は抽出した選手について，熊本県出身の選手と熊本県以外の出身の選手の人数をそれぞれ表したものである。

このとき，次の各問いに答えなさい。

表1

身長(cm)	度数(人)
以上 未満	
160～165	2
165～170	10
170～175	22
175～180	25
180～185	24
185～190	13
190～195	4
計	100

表2

靴のサイズ(cm)	度数(人)
24.5	2
25	6
25.5	8
26	14
26.5	18
27	17
27.5	16
28	11
28.5	6
29	2
計	100

(1) **基本** 航平さんの身長は，177cmである。表1において，航平さんの身長と同じ身長の選手が含まれる階級の階級値を求めなさい。(1点)

(2) **基本** 表2において，靴のサイズの最頻値を答えなさい。(1点)

(3) 次の ア には平均値，中央値のいずれかの言葉を，イ には数を入れて，文を完成しなさい。(2点)

> 表2において，靴のサイズの平均値と中央値を比較すると， ア の方が イ cm大きい。

(4) この標本調査を行ったとき，日本のチームに所属しているプロのサッカー選手のうち，熊本県出身の選手は36人いた。表3から，日本のチームに所属しているプロのサッカー選手のうち，熊本県以外の出身の選手は何人いたと推定されるか，求めなさい。(2点)

表3

出身地	度数(人)
熊本県	2
熊本県以外	98
計	100

4 **よく出る** 右の図1のように，頂点をAとし，底面の直径BCが4cm，母線ABが6cmの円すいと，この円すいの中にぴったり入った球がある。円すいの底面の中心をMとすると，底面と線分AMは垂直に交わっている。

図1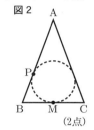

この円すいに，糸を，母線ABと球との接点Pから，側面を一回りして点Bまで，糸の長さが最も短くなるように巻きつける。

このとき，次の各問いに答えなさい。ただし，根号がつくときは，根号のついたままで答えること。また，糸の伸び縮みおよび太さは考えないものとする。

(1) **基本** 円すいの高さAMを求めなさい。(1点)

(2) 右の図2は，図1の立面図である。線分APの長さを求めなさい。(1点)

図2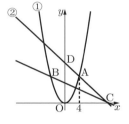

(3) 図1の円すいの側面の展開図はおうぎ形である。

① **基本** おうぎ形の面積を求めなさい。ただし，円周率はπとする。(2点)

② 点Pから点Bまでの糸の長さを求めなさい。(2点)

5 **よく出る** 右の図のように，2つの関数
$y = ax^2$（aは定数）…①
$y = -x + 12$ …② のグラフがある。

点Aは関数①，②のグラフの交点で，Aのx座標は4であり，点Bは，y軸についてAと対称な点である。また，点Oは原点，点Cは関数②のグラフとx軸との交点，点Dは関数②のグラフとy軸との交点である。

このとき，次の各問いに答えなさい。

(1) **基本** 点Cのx座標を求めなさい。(1点)

(2) **基本** aの値を求めなさい。(1点)

(3) **基本** 直線BCの式を求めなさい。(2点)

(4) 線分BC上に2点B，Cとは異なる点Pをとる。△POCと△PCDの面積の和が80となるときのPの座標を求めなさい。(2点)

6 **思考力** 右の図は，線分ABを直径とする半円で，点Oは$\overarc{AB}$の中点である。点Cは$\overarc{AB}$上にあり，点Dは$\overarc{AC}$上にあって，$\overarc{AD} = \overarc{DC}$である。

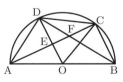

また，線分ACと線分OD，線分BDとの交点をそれぞれE，Fとする。

このとき，次の各問いに答えなさい。

(1) 美咲さんは，△AFD∽△CDEであることを証明するため，次のように，最初に△OAE≡△OCEを示し，それをもとにして証明した。 ア には当てはまる言葉を書き， イ には証明の続きを書いて，証明を完成しなさい。(4点)

証明
　△OAE と △OCE において
　共通な辺だから
　　　　OE = OE ………①
　OA, OC はともに円の半径だから
　　　　OA = OC ………②
　∠AOE と ∠COE は，それぞれ $\overparen{AD}$ と $\overparen{DC}$ に対する中心角で，$\overparen{AD} = \overparen{DC}$ だから
　　　　∠AOE = ∠COE ………③
　①，②，③より，｜　　　ア　　　｜がそれぞれ等しいから
　　　　△OAE ≡ △OCE ………④
　よって，∠AEO = ∠CEO であり，
　∠AEO + ∠CEO = 180° だから
　　　　∠AEO = ∠CEO = 90° ………⑤
　ここで，△AFD と △CDE において

｜　　　　　　　　　イ　　　　　　　　　｜

　よって，△AFD ∽ △CDE

(2) AB = 7 cm，BC = 3 cm のとき，△AFD の面積は，△CDE の面積の何倍であるか，求めなさい。 (2点)

選択問題B
1 選択問題A **1** と同じ

2 選択問題A **2** (1)(2)(3)(4)と同じ

(5) **よく出る** **基本** 右の図のように，円があり，円の周上に3点 A, B, C がある。A を含まない $\overparen{BC}$ 上に点 P を，△BPC の面積が △ABC の面積と等しくなるようにとりたい。点 P を，定規とコンパスを使って1つ作図しなさい。なお，作図に用いた線は消さずに残しておくこと。 (2点)

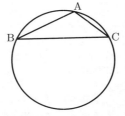

(6) **よく出る** 2つのさいころA, B と，右の図のような，方眼紙に座標軸をかいた平面があり，点 O は原点である。さいころ A, B を投げて，それぞれのさいころの出る目の数を a, b として，次のルールで点 P の x 座標と y 座標をそれぞれ決める。ただし，さいころの1から6までのどの目が出ることも同様に確からしいものとする。

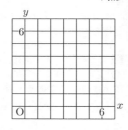

〈ルール〉
・点 P の x 座標は，a の値が奇数のとき a，偶数のとき $\dfrac{a}{2}$ とする。
・点 P の y 座標は，b の値が奇数のとき b，偶数のとき $\dfrac{b}{2}$ とする。

　例えば，$a = 1$, $b = 6$ のとき，P (1, 3) となり，$a = 2$, $b = 4$ のとき，P (1, 2) となる。

① **基本** 点 P が関数 $y = x$ のグラフ上の点となる確率を求めなさい。 (1点)

② 点 P と原点 O との距離が4以下となる確率を求めなさい。 (2点)

(7) 駅からスタジアムまでの 9 km の路線を，3台のバスが一定の速さで往復運行している。それぞれのバスは，駅とスタジアムの間を15分で運行し，スタジアムでは5分間，駅では10分間停車する。

① **よく出る** ある日，大輔さんは，午前10時10分に自転車に乗って駅を出発し，バスと同じ路線をスタジアムに向かって時速 18 km で走った。

　下の図は，午前10時から午前11時までにおける時間と，それぞれのバスの駅からの道のりとの関係をグラフに表したものに，大輔さんが駅からスタジアムに向かって進んだようすをかき入れたものである。

　グラフから，大輔さんは，スタジアムに到着するまでに，スタジアムを出発したバスと3回すれちがい（○印），駅を出発したバスに1回追いこされた（□印）ことがわかる。

　大輔さんが2回目にバスとすれちがったのは午前10時何分何秒か，求めなさい。 (1点)

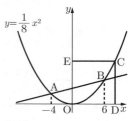

② 次の日に大輔さんは，午前10時10分に自転車に乗って駅を出発し，バスと同じ路線をスタジアムに向かって時速 a km で走った。大輔さんはスタジアムに到着するまでに，スタジアムを出発したバスと4回すれちがい，駅を出発したバスに2回追いこされた。なお，このときのバスの運行状況は前の日と同じであった。
　a の値の範囲を求めなさい。 (2点)

3 選択問題A **3** と同じ

4 選択問題A **4** と同じ

5 右の図のように，関数 $y = \dfrac{1}{8}x^2$ のグラフ上に3点 A, B, C がある。A の x 座標は -4，B の x 座標は6である。また，C の x 座標は正であり，C から x 軸，y 軸にひいた垂線と x 軸，y 軸との交点をそれぞれ D, E とすると，原点 O と3点 D, C, E を頂点とする四角形 ODCE は正方形である。
　このとき，次の各問いに答えなさい。

(1) **よく出る** **基本** 直線 AB の式を求めなさい。 (2点)

(2) 美咲さんは，直線 AB が正方形 ODCE の面積を2等分することを，次のように説明した。｜ア｜，｜イ｜に当てはまる座標を入れて，説明を完成しなさい。 (2点)

〔説明〕
正方形は，4つの辺の長さが等しく，4つの角が直角である四角形だから，点Cの座標は ア である。また，正方形は点対称な図形であり，対称の中心の座標は イ である。直線ABは， イ を通る直線だから，正方形を合同な2つの図形に分けている。よって，直線ABは正方形ODCEの面積を2等分する。

(3) よく出る　線分AB上に2点A，Bとは異なる点Pをとる。△OPAの面積が△PCEの面積と等しくなるときのPの座標を求めなさい。（2点）

6 思考力　右の図は，線分ABを直径とする半円で，点Cは $\overparen{AB}$ 上にある。$\overparen{BC}$ 上に点Dを，$\overparen{BD} = \overparen{DC}$ となるようにとり，線分ADと線分BCとの交点をEとする。また，Dから直線ACにひいた垂線と直線ACとの交点をFとする。

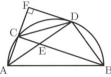

このとき，次の各問いに答えなさい。
(1) △CDF∽△EAC であることを証明しなさい。（3点）
(2) 図において，△CDFと相似な三角形を，△EAC以外に3つ答えなさい。（1点）
(3) AB = 9 cm，AC = 3 cm のとき，点Cが線分AFの中点になることを，次のように説明した。次の　　　　に説明の続きを書いて，説明を完成しなさい。（2点）

〔説明〕
△ABCで三平方の定理を利用すると，
BC = $6\sqrt{2}$ cm となる。
ここで，線分AEは∠BACの二等分線だから，

よって，AC = CF である。
つまり，点Cは線分AFの中点である。

大分県

時間 50分　満点 60点　解答 P70　3月10日実施

出題傾向と対策

● 例年同様，大問6題の出題である。1は小問集合，2は確率と資料の整理，3は関数 $y = ax^2$，4は一次関数，5は空間図形，6は平面図形である。出題内容，分量，難易度ともに，おおむね例年と同様である。
● 基本から標準レベルの問題が，ほぼ全ての分野から出題されている。先ずは基本問題でしっかりと基礎を固めていこう。その上で，じっくりと解いていく独特な問題も出題されるので，過去問でその対応にも慣れておこう。

1 よく出る　次の(1)～(6)の問いに答えなさい。
(1) 基本　次の①～⑤の計算をしなさい。
① $2 - 6$ （2点）
② $-3 \times (-2^2)$ （2点）
③ $\dfrac{2a+b}{3} + \dfrac{a-b}{2}$ （2点）
④ $xy^2 \times x^2 \div xy$ （2点）
⑤ $\dfrac{6}{\sqrt{3}} + \sqrt{15} \times \sqrt{5}$ （2点）

(2) 基本　2次方程式 $x^2 + 7x - 18 = 0$ を解きなさい。（2点）

(3) 基本　右の図のように，$l \parallel m$ のとき，∠xの大きさを求めなさい。（2点）

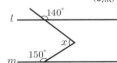

(4) $a = \sqrt{5} + 3$ のとき，$a^2 - 6a + 9$ の値を求めなさい。（2点）

(5) 基本　右の図は，底面の半径が3cm，側面になるおうぎ形の半径が5cmの円錐の展開図である。これを組み立ててできる円錐の体積を求めなさい。（2点）

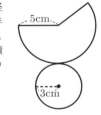

(6) 右の図のように，△ABCの紙がある。∠Aの二等分線と辺BCの交点をPとし，頂点Aが点Pに重なるように折るとき，折り目となる線を作図しなさい。
ただし，作図には定規とコンパスを用い，作図に使った線は消さないこと。（2点）

2 よく出る　次の(1)，(2)の問いに答えなさい。
(1) 500円，100円，50円の硬貨が1枚ずつある。この3枚を同時に1回投げる。
ただし，3枚の硬貨のそれぞれについて，表と裏の出方は同様に確からしいものとする。
このとき，次の①，②の問いに答えなさい。
① 基本　表と裏の出方は，全部で何通りあるか求

めなさい。 (2点)
② 表が出た硬貨の合計金額が，500円以下になる確率を求めなさい。 (2点)

(2) 右の〔図〕は，あるクラスの生徒40人について，ある期間に図書室から借りた本の冊数を調べ，その結果を表したヒストグラムである。例えば，借りた本の冊数が6冊以上9冊未満の生徒は2人いたことを表している。

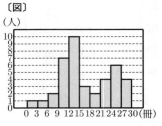

次の①，②の問いに答えなさい。

① 基本 12冊以上15冊未満の階級の相対度数を求めなさい。 (2点)

② 新傾向 図書室から借りた本の冊数の調査から，クラスの生徒40人の平均値を求めると，17.0冊であった。借りた本の冊数が16冊だったはなこさんは，次のように考えた。

〔はなこさんの考え〕
私が借りた本の冊数は，平均値より少ない。だから，私は，クラスの生徒40人の中で，借りた本の冊数が多い方の上位20人に入っていない。

〔はなこさんの考え〕は正しくありません。正しくない理由を〔図〕をもとに説明しなさい。 (2点)

3 よく出る 右の〔図1〕のように，関数 $y=ax^2$ のグラフ上に2点A, Bがあり，点Aの座標は (3, 3)，点Bの x 座標は5である。

次の(1)〜(3)の問いに答えなさい。

(1) 基本 a の値を求めなさい。 (2点)

(2) 基本 関数 $y=ax^2$ について，x の値が3から5まで増加するときの変化の割合を求めなさい。 (3点)

(3) 右の〔図2〕のように，四角形ABCDが平行四辺形となるように，y 軸上に点C，関数 $y=ax^2$ のグラフ上に x 座標が負となる点Dをとる。
点Cの y 座標を求めなさい。 (3点)

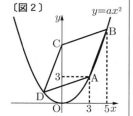

4 新傾向 一定量の水を98℃まで沸かすことができ，沸いたお湯を常に98℃のまま保温できる電気ポットがある。
はなこさんは，この電気ポットで98℃まで沸かしたお湯を，数時間後に98℃の温度で使う2つの方法とそれぞれにかかる電気代について，次の〔表1〕にまとめた。

〔表1〕

	方法	電気代
A	お湯が98℃になった時点で，電気ポットで98℃のまま保温してお湯を使う方法	お湯を保温するのにかかる電気代 1時間あたり0.9円
B	お湯が98℃になった時点で，電気ポットの電源を切り，必要なときに再び電源を入れて98℃まで沸かしてお湯を使う方法	お湯を沸かすのにかかる電気代 1分間あたり0.4円

さらに，下の〔図1〕のように，〔Aの方法〕と〔Bの方法〕について，「お湯が98℃になった時点」(O)から「98℃の温度でお湯を使う時点」(P)までを，「お湯を使うまでの時間」として整理した。

〔図1〕

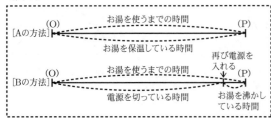

また，下の〔表2〕のように，〔Bの方法〕の時間の関係について調べたことをまとめた。

〔表2〕

お湯を使うまでの時間	1時間	2時間	3時間	4時間
お湯を沸かしている時間	3分間	4分間	5分間	6分間

例えば，お湯を使うのが1時間後であるとき，「お湯を使うまでの時間」は1時間であり，〔図1〕，〔表2〕より，(O)から57分後に再び電源を入れて，98℃になるまで「お湯を沸かしている時間」が3分間であることがわかる。

なお，〔表2〕から，2つの数量の関係は，「お湯を使うまでの時間」が1時間以上において，一次関数とみなすことができる。

「お湯を使うまでの時間」を x 時間としたときの電気代を y 円として，〔Aの方法〕と〔Bの方法〕を比較することにした。

右の〔図2〕は，〔Aの方法〕について，x と y の関係をグラフに表したものである。

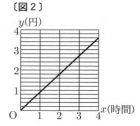

次の(1)〜(3)の問いに答えなさい。

(1) 基本 〔Aの方法〕について，y を x の式で表しなさい。 (2点)

(2) 基本 〔Bの方法〕について x の変域を $x \geq 1$ とするとき，〔Bの方法〕の x と y の関係を表すグラフを〔図2〕にかき入れなさい。 (3点)

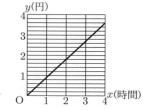

(3) $x \geq 1$ のとき，〔Aの方法〕でかかる電気代が，〔Bの方法〕でかかる電気代より高くなるのは，「お湯を使うまでの時間」が何時間何分を超えたときか，求めなさい。 (3点)

5 たろうさんは，街灯の光でできる自分の影が，立つ位置によって変化することに興味を持ち，街灯の光でできる影について調べることにした。

右の〔図1〕は，点Pを光源とする街灯の支柱PQが地面に対して垂直に立っており，点Pからまっすぐに進んだ光が，地面に垂直に立てた長方形ABCDの板にあたるときに，四角形ABEFの影ができるようすを表したものである。

このとき，PQ = 4 m，AD = 1 m，CD = 2 m である。
線分ABの中点をRとするとき，∠ARQの角度と，線分QRの長さを変えてできる四角形ABEFの長さや面積について考える。

次の(1)，(2)の問いに答えなさい。

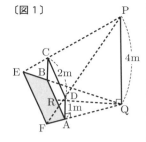

〔図1〕

(1) ∠ARQ を直角にするとき，線分QRの長さによって変化する四角形ABEFについて考える。

右の〔図2〕のように，直線QRと線分EFの交点をSとし，線分PSと辺CDの交点をTとする。

次の①，②の問いに答えなさい。

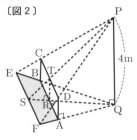

〔図2〕

① 基本 線分QRの長さを3mとするとき，△PQS∽△TRS であることを利用して，線分RSの長さを求めなさい。 (2点)

② 線分QRの長さを a m とするとき，四角形ABEFの面積を a を使って表しなさい。 (3点)

(2) 右の〔図3〕のように，∠ARQ が鋭角のとき，線分EFの長さを求めなさい。 (3点)

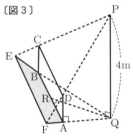

〔図3〕

6 右の〔図〕のように，線分ABを直径とする半円の弧の上に点C，Dをとり，直線ADと直線BCの交点をEとする。また，線分BDと線分ACの交点をFとし，線分EFと線分CDの交点をGとする。

次の(1)，(2)の問いに答えなさい。

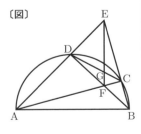

〔図〕

(1) △ADF∽△BCF であることを証明しなさい。 (3点)

(2) AD = 5 cm，DE = 3 cm，BC = 2 cm とする。
次の①，②の問いに答えなさい。
① 線分CEの長さを求めなさい。 (2点)
② 難 思考力 線分EGの長さを求めなさい。 (3点)

宮崎県

時間 50分　満点 100点　解答 P72　3月5日実施

出題傾向と対策

● 1 は独立した基本問題の集合，2 は資料の整理と数の規則性，3 は関数，4 は平面図形，5 は空間図形からの出題であった。大問の分野は年によりかわるが，全体の分野，分量，難易とも大きな変化はないと思われる。
● 全範囲から基本から標準程度を中心に出題される。基本事項をきちんと身につけ，標準的なもので練習すること。

1 よく出る 基本 次の(1)～(8)の問いに答えなさい。

(1) $-9 + (-8)$ を計算しなさい。

(2) $\dfrac{3}{4} \div \left(-\dfrac{5}{6}\right)$ を計算しなさい。

(3) $2(a + 4b) - (-3a + 7b)$ を計算しなさい。

(4) $\sqrt{12} \times \sqrt{2} \div \sqrt{6}$ を計算しなさい。

(5) 連立方程式 $\begin{cases} 2x + 3y = 20 \\ 4y = x + 1 \end{cases}$ を解きなさい。

(6) 二次方程式 $3x^2 - x - 1 = 0$ を解きなさい。

(7) 2つのさいころを同時に投げるとき，出る目の数の和が8にならない確率を求めなさい。ただし，2つのさいころの1から6の目は，どの目が出ることも同様に確からしいとする。

(8) 右の図のように，線分OA，OBがある。
∠AOBの二等分線上にあり，2点O，Bから等しい距離にある点Pを，コンパスと定規を使って作図しなさい。作図に用いた線は消さずに残しておくこと。

2 よく出る 後の1，2の問いに答えなさい。

1 基本 智花さんと啓太さんは，宮崎県が読書県づくりに取り組んでいることを知った。そこで，2人は，智花さんの所属する1年生30人と，啓太さんの所属する2年生40人について，ある期間に読んだ本の冊数を調べた。次の表は，その結果を度数分布表に整理したものである。

このとき，下の(1)～(3)の問いに答えなさい。

読んだ本の冊数

階級(冊)	1年生 度数(人)	2年生 度数(人)
0以上 ～ 4未満	2	4
4 ～ 8	3	□
8 ～ 12	7	7
12 ～ 16	10	11
16 ～ 20	6	6
20 ～ 24	2	2
計	30	40

(1) 度数分布表の中の □ に当てはまる数を求めなさい。

(2) 智花さんと啓太さんは，度数分布表を見て，1年生と2年生を比較し，次のような【意見】を出し合った。

【意見】
ア　読んだ本の冊数が16冊以上の度数は，ともに等しい。
イ　読んだ本の冊数の最頻値は，1年生よりも2年生の方が大きい。
ウ　読んだ本の冊数の最大値がふくまれる階級の度数は，ともに等しい。
エ　読んだ本の冊数の中央値がふくまれる階級の階級値は，1年生よりも2年生の方が大きい。

　　このとき，2人の【意見】の中で正しいものを，上のア〜エからすべて選び，記号で答えなさい。

(3) 啓太さんは，度数分布表を見て，1年生と2年生を比較し，12冊以上16冊未満の生徒の割合が大きいのは，1年生であると判断した。啓太さんがそのように判断した理由を，相対度数を使って説明しなさい。ただし，相対度数は四捨五入して小数第2位まで求めることとする。

2　美咲さんと悠真さんは，次のような【課題】について考えた。下の【会話】は，2人が話し合っている場面の一部である。
　このとき，下の(1), (2)の問いに答えなさい。

【課題】
　右の図は，自然数をある規則にしたがって，1から小さい順に書き並べたものである。ただし，図は途中から省略してある。また，上から a 番目で，左から b 番目の位置にある自然数を (a, b) で表すことにする。
　例えば，$(4, 2) = 15$ である。

1	2	5	10	…
4	3	6	11	
9	8	7	12	
16	15	14	13	
⋮	⋮	⋮	⋮	⋱

　このとき，$(3, 6), (31, 1), (n, n)$ はどのような自然数になるか調べてみよう。

【会話】
美咲：おもしろそうな課題だね。
悠真：そうだね。一緒に考えてみようか。
美咲：この課題では，$(4, 2) = 15$ となっているので，$(3, 6) = $ ① となるね。
悠真：なるほど。じゃあ，$(31, 1)$ はどのような自然数になるかな。
美咲：$(31, 1)$ は，上から31番目で，左から1番目の位置にある自然数だね。でも，書き並べて調べるのはたいへんそうだし，何かいい方法はないかな。
悠真：あっ！自然数の並び方に規則性を見つけたよ。左端に並んでいる自然数に着目すれば，$(31, 1) = $ ② となるよ。
美咲：規則性に気づくとはやく求めることができるね。じゃあ，$(1, 1) = 1, (2, 2) = 3, (3, 3) = 7, (4, 4) = 13, …$ となっているけれど，$\underline{(n, n)}$ はどのような自然数になるかな。

(1) 基本　【会話】の中の ① , ② に当てはまる自然数を求めなさい。
(2) 思考力　【会話】の中の下線部について，(n, n) はどのような自然数であるか，n を用いて表しなさい。

3　よく出る　右の図のように，1辺の長さが6cmの正方形ABCDがあり，辺BC上にBE = 4cm となる点Eをとる。点PはBを出発し，毎秒1cmの速さで正方形の周上をA，Dの順に通ってCまで動き，Cで停止する。点Qは点Pと同時にBを出発し，毎秒1cmの速さで辺BC上を動き，点Eにはじめて到達した時点で停止する。また，2点P，QがBを同時に出発してから x 秒後の△PBQの面積を y cm² とする。ただし，△PBQができないときは，$y = 0$ とする。

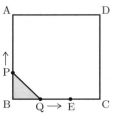

　このとき，次の1〜4の問いに答えなさい。

1　基本　$x = 1$ のとき，y の値を求めなさい。

2　$0 \leq x \leq 4$ における x と y の関係について，正しいものを，次のア〜エから1つ選び，記号で答えなさい。
ア　y は x に比例し，$x = 2$ のとき $y = 2$ である。
イ　y は x に比例し，$x = 2$ のとき $y = 4$ である。
ウ　y は x の2乗に比例し，$x = 2$ のとき $y = 2$ である。
エ　y は x の2乗に比例し，$x = 2$ のとき $y = 4$ である。

3　$4 \leq x \leq 18$ における x と y の関係について，次の ① 〜 ⑤ に当てはまる数または式を書き，【説明】を完成させなさい。
【説明】
　△PBQ の面積 y は，x の変域によって，次のように表される。
　　$4 \leq x \leq $ ① のとき，$y = $ ② となり，
　　① $\leq x \leq $ ③ のとき，$y = $ ④ で一定となり，
　　③ $\leq x \leq 18$ のとき，$y = $ ⑤ となる。

4　△PBQ の面積が正方形ABCDの面積の $\frac{1}{8}$ となるとき，x の値をすべて求めなさい。

4　よく出る　右の図のように，四角形ABCDの4点A，B，C，Dが円Oの円周上にあり，対角線ACは円Oの直径である。点Eは，線分ACと線分BDの交点であり，点Fは，直線ABと直線CDの交点である。また，AB = 4cm，CD = 7cm，DF = 5cm とする。
　このとき，次の1〜4の問いに答えなさい。

1　∠ABD = 24°，∠CED = 100° のとき，∠ACB の大きさを求めなさい。
2　△FBD ∽ △FCA であることを証明しなさい。
3　線分AFの長さを求めなさい。
4　思考力　△ADE の面積は，△ADF の面積の何倍になりますか。

5　図Ⅰのような，直方体がある。
AB = 8cm，AD = 4cm，AE = 3cm のとき，次の1〜4の問いに答えなさい。
1　基本　図Ⅰに

図Ⅰ

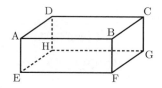

おいて，辺を直線とみたとき，直線 AD とねじれの位置にある直線を，次のア〜オの中からすべて選び，記号で答えなさい。
ア　直線 AB　　イ　直線 BF　　ウ　直線 CG
エ　直線 FG　　オ　直線 GH

2 よく出る　図Ⅱ
図Ⅱは，図Ⅰにおいて，辺 EF 上に AI = 6 cm となる点 I，辺 GH 上に DJ = 6 cm となる点 J をとり，直方体を面 AIJD で切り離し，2つの立体①（三角柱），立体②（四角柱）に分けたものである。
このとき，立体①の表面積を求めなさい。

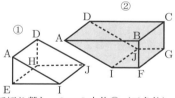

3 よく出る　図Ⅲ
図Ⅲは，図Ⅱの立体②において，辺 AB，AD 上にそれぞれ点 P，Q を，線分 FP，PQ，QJ の長さの和が最も小さくなるようにとったものである。
このとき，線分 PQ の長さを求めなさい。

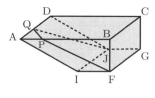

4 よく出る　思考力　図Ⅳは，図Ⅱの立体①を平らな面の机の上に置き，辺 IJ を回転の軸として机の面に固定し，辺 AD が机の面上にくるまで回転させたものである。
このとき，長方形の面 AEHD（▨）が動いてできる立体の体積を求めなさい。ただし，円周率は π とする。

図Ⅳ

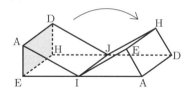

鹿児島県

時間 50分　満点 90点　解答 P73　3月6日実施

出題傾向と対策

● 例年通り大問5題の出題である。**1**は計算が主の小問集合，**2**は文章題が中心の小・中問集合，**3**は資料の活用，**4**は円周角の証明を中心とした平面図形，**5**は関数 $y = ax^2$ と一次関数の総合問題である。
● 問題の数，難易度ともに，例年ほとんど変化はない。基礎・基本の問題が多く，標準レベルまでの出題であるが，証明や考え方を記述する問題や独自のユニークな問題も毎回出題されるので，基礎・基本をマスターした上で過去問や類題にもあたって対策をたてていこう。

1 よく出る　基本　次の1〜5の問いに答えなさい。

1　次の(1)〜(5)の問いに答えよ。
(1) $8 \div 4 + 6$ を計算せよ。(3点)
(2) $\dfrac{1}{2} + \dfrac{9}{10} \times \dfrac{5}{3}$ を計算せよ。(3点)
(3) $2\sqrt{3} + \sqrt{27} - \dfrac{3}{\sqrt{3}}$ を計算せよ。(3点)
(4) 3つの数 a，b，c について，$ab < 0$，$abc > 0$ のとき，a，b，c の符号の組み合わせとして，最も適当なものを右のア〜エの中から1つ選び，記号で答えよ。(3点)

	a	b	c
ア	+	+	−
イ	+	−	+
ウ	−	−	+
エ	−	+	−

(5) 右の図のような三角柱がある。この三角柱の投影図として，最も適当なものを下のア〜エの中から1つ選び，記号で答えよ。(3点)

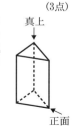

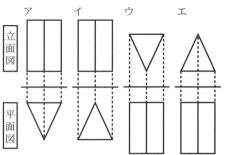

2　y は x に反比例し，$x = 2$ のとき $y = -3$ である。このとき，y を x の式で表せ。(3点)

3　$\sqrt{7}$ より大きく，$\sqrt{31}$ より小さい整数をすべて書け。(3点)

4　次のように，1から6までの数字がくり返し並んでいる。左から100番目の数字は何か。(3点)
　　1, 2, 3, 4, 5, 6, 1, 2, 3, 4, 5, 6, 1, 2, 3, 4, 5, 6, …

5 国土地理院のまとめた「日本の山岳標高一覧（1003山）」に掲載されている鹿児島県の標高1000 m以上の山〈山頂〉は8つある。8つの中で最も高いものは屋久島にある宮之浦岳であり，その標高は1936 mである。下の表は，残り7つの山〈山頂〉の標高を示したものである。標高を1.5倍したときに，宮之浦岳の標高を上回るものはどれか，下のア～キの中からあてはまるものをすべて選び，記号で答えよ。 (3点)

	山名〈山頂名〉	標高(m)
ア	紫尾山	1067
イ	霧島山〈韓国岳〉	1700
ウ	霧島山〈新燃岳〉	1421
エ	御岳	1117
オ	高隈山〈大箆柄岳〉	1236
カ	高隈山〈御岳〉	1182
キ	永田岳	1886

（国土地理院「日本の山岳標高一覧（1003山）」から作成）

2 次の1～5の問いに答えなさい。

1 右の図のように，AB = ACである二等辺三角形ABCと，頂点A，Cをそれぞれ通る2本の平行な直線 l, m がある。このとき，∠x の大きさは何度か。(3点)

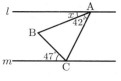

2 **よく出る** 硬貨とくじを用いて，次のルールでポイントがもらえるゲームを行う。

① 硬貨を2枚投げて，表が出た枚数を数える。
② 当たりが1本，はずれが1本入っているくじがあり，その中から1本ひく。
③ ②で当たりをひいた場合は，(①の表が出た枚数)×200ポイント，はずれをひいた場合は，(①の表が出た枚数)×100ポイントがもらえる。

たとえば，硬貨は表が2枚出て，くじは当たりをひいた場合は400ポイントもらえる。
このゲームを1回行うとき，ちょうど200ポイントもらえる確率を求めよ。 (3点)

3 次の比例式で，xの値を求めよ。 (3点)
$$x : (4x-1) = 1 : x$$

4 **よく出る** 右の図のように，3点A，B，Cがある。この3点A，B，Cを通る円周上において，点Bを含まない$\overarc{AC}$上に∠ABD = ∠CBDとなる点Dを，定規とコンパスを用いて作図せよ。ただし，点Dの位置を示す文字Dを書き入れ，作図に用いた線も残しておくこと。 (4点)

5 **よく出る** AさんとBさんの持っている鉛筆の本数を合わせると50本である。Aさんの持っている鉛筆の本数の半分と，Bさんの持っている鉛筆の本数の $\frac{1}{3}$ を合わせると23本になった。AさんとBさんが最初に持っていた鉛筆はそれぞれ何本か。ただし，Aさんが最初に持っていた鉛筆の本数とBさんが最初に持っていた鉛筆の本数をそれぞれ x 本，y 本として，その方程式と計算過程も書くこと。 (4点)

3 A～Dの各組で同じ100点満点のテストを行ったところ，各組の成績は右の表のような結果となった。ただし，A組の点数の平均値は汚れて読み取れなくなっている。また，このテストでは満点の生徒はいなかった。なお，表の数値はすべて正確な値であり，四捨五入などはされていない。次の1～3の問いに答えなさい。

表

組	人数	平均値	中央値
A	30		59.0
B	20	54.0	49.0
C	30	65.0	62.5
D	20	60.0	61.5

1 **基本** B組とC組を合わせた50人の点数の平均値を求めよ。 (3点)

2 下の図は，各組の点数について階級の幅を10点にしてヒストグラムに表したものである。たとえば，A組のヒストグラムでは50点以上60点未満の生徒は5人いたことを表している。B～Dの各組のヒストグラムは，それぞれ①～③の中のどれか1つとなった。次の(1)，(2)の問いに答えよ。

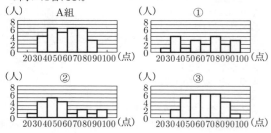

(1) C組のヒストグラムは ア ，D組のヒストグラムは イ である。 ア ， イ にあてはまるものを，①～③の中から1つずつ選べ。 (4点)

(2) **基本** A組のヒストグラムから，A組の点数の平均値を求めよ。ただし，小数第2位を四捨五入して答えること。 (3点)

3 **思考力** B組の生徒のテストの点数を高い方から並べると，10番目と11番目の点数の差は4点であった。B組には欠席していた生徒が1人いたので，この生徒に後日同じテストを行ったところ，テストの点数は76点であった。この生徒を含めたB組の21人のテストの点数の中央値を求めよ。 (3点)

4 **新傾向** 次の会話文は「課題学習」におけるグループ活動の一場面である。ひろしさんとよしこさんのグループは，写真の観覧車を題材に数学の問題をつくろうと考えた。以下の会話文を読んで，次の1～3の問いに答えなさい。

写真

ひろし：この観覧車は直径60 m，ゴンドラの数は36台で，1周するのにちょうど15分かかるんだって。この観覧車を題材に，円に関する問題がつくれそうな気がするけど。

よしこ：まず，観覧車を円と考え，ゴンドラを円周上の点としてみよう。また，観覧車の軸を中心Oとすると，36個の点が円周上に等間隔に配置されている図1の

図1

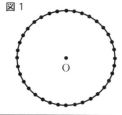

ように表されるね。ここで隣り合う2つのゴンドラを、2点X, Yとすると…。

ひろし：まず、角の大きさが求められそうだね。∠XOYの大きさはいくらかな。

よしこ：図をかいて、計算してみるね。……わかった。∠XOYの大きさは ア 度だね。

ひろし：いいね。じゃあ点Oを対称の中心として、点Yと点対称となるように点Zをとるときを考えてみよう。このとき∠XZYの大きさはいくらかな。

よしこ：実際に図をかいて角の大きさを測ってみたら、さっきの∠XOYの半分になったよ。そういえば、1つの弧に対する円周角は、その弧に対する中心角の半分であるって習ったよね。

ひろし：つまり、式で表すと∠XZY = $\frac{1}{2}$∠XOY となるんだね。

よしこ：面白いね。では次はどこか2つのゴンドラの距離を求めてみようよ。いま、最高地点にあるものをゴンドラ①、5分後に最高地点にあるものをゴンドラ②とする。この2つのゴンドラの距離を求めよ、なんてどうかな。さっきの図1だとどうなるかな。

ひろし：2点間の距離だね。1周15分だから。……できた。2点間の距離は イ mだ。

先　生：ひろしさんとよしこさんのグループはどんな問題を考えましたか。なるほど、観覧車を円と考え、角の大きさや距離を求める問題ですね。答えも合っていますね。次はどんな問題を考えてみますか。

よしこ：はい。面積を求める問題を考えてみます。点Oを対称の中心として、ゴンドラ②と点対称の位置にあるゴンドラをゴンドラ③とするとき、ゴンドラ①、②、③で三角形ができるから…。

ひろし：せっかくだから観覧車の回転する特徴も問題に取り入れたいな。でもゴンドラが移動するとごちゃごちゃしそうだし、先生、こんなときはどうしたらいいんですか。

先　生：図形の回転ですか。たとえば、ある瞬間のゴンドラ①の位置を点Pとし、t分後のゴンドラ①の位置を点P'とするなど、文字でおいてみてはどうですか。もちろん、観覧車は一定の速さで、一定の方向に回転していますね。

ひろし：わかりました。ゴンドラ②、③も同様に考えて、問題をつくってみます。

1　**基本**　 ア ， イ に適当な数を入れ、会話文を完成させよ。(6点)

2　会話文中の下線部について、次の問いに答えよ。

図2は、線分BCを直径とする円Oの周上に点Aをとったものである。図2において、∠ACB = $\frac{1}{2}$∠AOBが成り立つことを証明せよ。(4点)

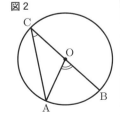

図2

3　会話文中に出てきたゴンドラ①、②、③について、ひろしさんとよしこさんは次の問題をつくった。

ある瞬間のゴンドラ①、②、③の位置をそれぞれ点P, Q, Rとする。観覧車が回転し、ある瞬間からt分後のゴンドラ①、②、③の位置をそれぞれ点P', Q', R'とする。線分QRとP'R'が初めて平行になるとき、3点P, O, P'を結んでできる三角形の∠POP'の大きさとtの値をそれぞれ求めよ。また、そのときの△PP'Qの面積を求めよ。

この問題について、次の(1), (2)の問いに答えよ。

(1) 3点P, O, P'を結んでできる三角形の∠POP'の大きさとtの値をそれぞれ求めよ。(3点)

(2) △PP'Qの面積は何m²か。(4点)

5 **よく出る**　右の図は、2つの関数 $y = \frac{1}{2}x^2$ …①と $y = -x^2$ …②のグラフである。点Pはx軸上を動き、点Pのx座標をtとする。ただし、$t > 0$とする。図のように、点Pを通りx軸に垂直な直線が関数①のグラフと交わる点をQ、関数②のグラフと交わる点をRとする。また、点Oは原点である。次の1～3の問いに答えなさい。

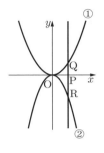

1　**基本**　$t = 2$のとき、点Qの座標を求めよ。(3点)

2　**基本**　QR = $\frac{27}{8}$になるとき、tの値を求めよ。(3点)

3　点Rを通り、x軸に平行な直線が関数②のグラフと交わる点のうち、Rでない点をSとする。△OSRが直角二等辺三角形となるとき、次の(1), (2)の問いに答えよ。

(1) 点Rの座標を求めよ。(4点)

(2) 直線ORと関数①のグラフの交点のうち、Oでない点をTとする。△QTRを直線TRを軸として1回転させてできる立体の体積を求めよ。ただし、円周率はπとし、求め方や計算過程も書くこと。(6点)

沖縄県

時間 50分　**満点** 60点　**解答** P74　3月5日実施

* 注意
  1. 答えは、最も簡単な形で表しなさい。
  2. 答えは、それ以上約分できない形にしなさい。
  3. 答えに $\sqrt{}$ が含まれるときは、$\sqrt{}$ の中をできるだけ小さい自然数にしなさい。
  4. 答えが比のときは、最も簡単な整数の比にしなさい。

出題傾向と対策

- 大問10題で、1 は計算の小問集合、2 は方程式や因数分解などの小問集合、3 は確率、4 は作図、5 は数・式の利用、6 と 7 は関数のグラフと図形、8 は平面図形、9 は立体図形、10 は規則性に関する問題で、問題数、出題傾向は例年通りであった。
- 小問の数が多く、証明問題や思考力を要する問題も出題されるが、1 ～ 4 で配点の半分を占めている。基本的な問題を素早く正確に解き、後半に備えられるように、時間配分を意識して、過去問に取り組んで練習しておこう。

---

1 よく出る 基本　次の計算をしなさい。

(1) $-7 + 5$　(1点)

(2) $6 \div \left(-\dfrac{2}{3}\right)$　(1点)

(3) $1 - 0.39$　(1点)

(4) $\sqrt{2} + \sqrt{18}$　(1点)

(5) $4a \times (-3a)^2$　(1点)

(6) $3(2x + y) - 2(x - y)$　(1点)

2 よく出る 基本　次の □ に最も適する数または式、記号を入れなさい。

(1) 一次方程式 $3x - 5 = x + 3$ の解は、$x = $ □ である。(2点)

(2) 連立方程式 $\begin{cases} 2x + y = 11 \\ x + 3y = 3 \end{cases}$ の解は、$x = $ □、$y = $ □ である。(2点)

(3) $(x - 6)(x + 3)$ を展開して整理すると、□ である。(2点)

(4) $x^2 - 36$ を因数分解すると、□ である。(2点)

(5) 二次方程式 $x^2 + 5x - 1 = 0$ の解は、$x = $ □ である。(2点)

(6) 右の図において、4点 A、B、C、D は円 O の周上にあり、線分 AC は円 O の直径である。$\angle ADB = 25°$ であるとき、$\angle x = $ □°、$\angle y = $ □° である。(2点)

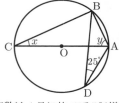

(7) ある観光地で、5月の観光客数は4月に比べて5％増加し、8400人であった。このとき、4月の観光客数は □ 人である。(2点)

(8) 生徒9人を対象に10点満点のテストを行い、9人のテストの得点を小さい順に並べると以下のようになった。

2, 4, 6, 7, 8, 8, 9, 9, 10 (点)

このとき、9人のテストの得点の平均値は □ 点、中央値は □ 点である。(2点)

(9) 次のア～エのうち、標本調査を行うのが適当であるものは □ である。
ア～エのうちからすべて選び、記号で答えなさい。(2点)

ア　けい光灯の寿命調査
イ　学校での健康診断
ウ　新聞社などが行う世論調査
エ　湖にすむ、ある魚の数の調査

3 よく出る 基本　袋の中に、$\boxed{1}$, $\boxed{2}$, $\boxed{3}$, $\boxed{4}$, $\boxed{5}$ の5種類のカードが1枚ずつある。この袋の中からカードを1枚取り出し、取り出したカードはもとに戻さずにもう1枚カードを取り出す。取り出した2枚のカードのうち、1枚目に取り出したカードに書かれた数を十の位、2枚目に取り出したカードに書かれた数を一の位として2けたの整数をつくる。

このとき、次の各問いに答えなさい。

ただし、どのカードの取り出し方も、同様に確からしいとする。

問1　つくられる2けたの整数は、全部で何通りあるか求めなさい。(1点)

問2　つくられる2けたの整数が、偶数になる確率を求めなさい。(1点)

問3　つくられる2けたの整数について正しいものを、次のア～ウのうちから1つ選び、記号で答えなさい。(1点)

ア　偶数よりも奇数になりやすい。
イ　奇数よりも偶数になりやすい。
ウ　奇数のなりやすさと偶数のなりやすさは同じである。

4 次の各問いに答えなさい。

問1　基本　図1において、直線 l に対して点 A と対称な点 P を、定規とコンパスを使って作図して示しなさい。

ただし、点を示す記号 P をかき入れ、作図に用いた線は消さずに残しておくこと。(1点)

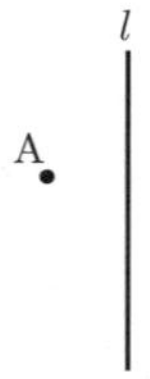

図1

問2　図2のように、直線 l に対して点 A と同じ側に点 B をとる。また、直線 l に対して点 A と対称な点を P とする。

線分 BP と直線 l との交点を Q とするとき、線分 AQ、QB、BP の長さの関係について正しいものを、次のア～ウのうちから1つ選び、記号で答えなさい。(2点)

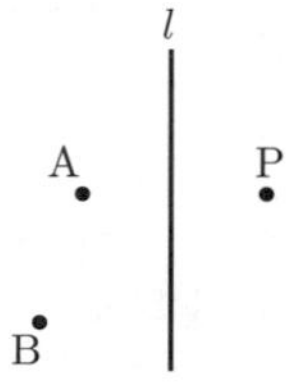

ア　AQ + QB は BP より大きい。
イ　AQ + QB は BP と等しい。
ウ　AQ + QB は BP より小さい。

図2

5 図1のカレンダーにおいて、図2のように配置された5つの数は、小さい順に a, b, c, d, e となる。図3は、図1において、$a = 9$, $b = 16$, $c = 17$, $d = 18$, $e = 25$ となる例である。

このとき、次の各問いに答えなさい。

ただし、a, b, c, d, e のすべてに数が入っている場合のみ考えるものとする。

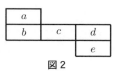

図2

	2020年	3月				
日	月	火	水	木	金	土
			1	2	3	4	5	6	7
8	9	10	11	12	13	14
15	16	17	18	19	20	21
22	23	24	25	26	27	28
29	30	31				

図 1

	2020年	3月				
日	月	火	水	木	金	土
1	2	3	4	5	6	7
8	**9**	10	11	12	13	14
15	**16**	**17**	**18**	19	20	21
22	23	24	**25**	26	27	28
29	30	31				

図 3

問1　$e=20$ であるとき，a の値を求めなさい。(1点)

問2　$a+b+c+d+e$ は5の倍数であることを，次のように説明した。①〜⑤ に最も適する数を入れ，説明を完成させなさい。(2点)

[説明]
自然数 a を用いて，b, c, d, e はそれぞれ
$b=a+$ ① ，$c=a+$ ② ，$d=a+$ ③ ，
$e=a+$ ④ と表せる。5つの数の和は
$a+b+c+d+e = a+(a+$ ① $)+(a+$ ② $)$
　　　　　　　　　　　$+(a+$ ③ $)+(a+$ ④ $)$
　　　　　　　　　　$= 5(a+$ ⑤ $)$
$a+$ ⑤ は自然数であるから，$5(a+$ ⑤ $)$ は5の倍数である。
したがって，$a+b+c+d+e$ は5の倍数である。

問3　次のア〜エのうちから正しくないものを1つ選び，記号で答えなさい。(1点)
　ア　$b+d$ は c の2倍と等しい。
　イ　$a+c+e$ は c の3倍と等しい。
　ウ　$a+b+c+d$ は c の4倍と等しい。
　エ　$a+b+c+d+e$ は c の5倍と等しい。

6 よく出る　右の図の $\triangle ABC$ は，$AB=12$ cm，$BC=8$ cm，$\angle B=90°$ の直角三角形である。点 P は，$\triangle ABC$ の辺上を，毎秒 1 cm の速さで，A から B を通って C まで動くとする。点 P が A を出発してから x 秒後の $\triangle APC$ の面積を y cm² とするとき，次の各問いに答えなさい。

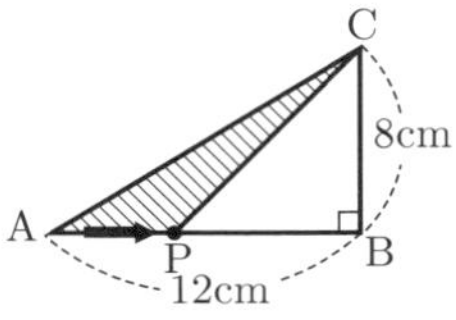

問1　点 P が A を出発してから4秒後の y の値を求めなさい。(1点)

問2　点 P が辺 AB 上を動くとき，y を x の式で表しなさい。(1点)

問3　x と y の関係を表すグラフとして最も適するものを，次のア〜エのうちから1つ選び，記号で答えなさい。(1点)

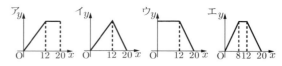

問4　$\triangle APC$ の面積が 36 cm² となるのは，点 P が A を出発してから何秒後と何秒後であるか求めなさい。(2点)

7 基本　関数 $y=\dfrac{4}{x}$ のグラフ上に2点 A，B がある。点 A の x 座標は -4 である。点 B は，x 座標が正で，x 軸と y 軸の両方に接している円の中心である。

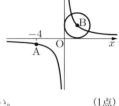

このとき，次の各問いに答えなさい。
問1　点 A の y 座標を求めなさい。(1点)
問2　点 B の座標を求めなさい。(1点)
問3　2点 A，B を通る直線の式を求めなさい。(1点)
問4　点 B を中心として x 軸と y 軸の両方に接している円の周上の点で，点 A から最も離れた位置にある点を P とする。線分 AP の長さを求めなさい。
　ただし，原点 O から点 $(0, 1)$，$(1, 0)$ までの長さを，それぞれ 1 cm とする。(2点)

8 よく出る　基本　右の図のように，平行四辺形 ABCD の対角線 AC，BD の交点を O とする。辺 AB 上に点 E をとり，直線 EO と辺 CD との交点を F とする。

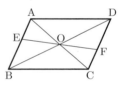

このとき，次の各問いに答えなさい。
問1　$\triangle AOE \equiv \triangle COF$ となることを次のように証明した。□ をうめて証明を完成させなさい。
ただし，証明の中に根拠となることがらを必ず書くこと。(3点)

【証明】
$\triangle AOE$ と $\triangle COF$ において，
平行四辺形の対角線はそれぞれの中点で交わるから
　　　　$AO = CO$　　　…①
平行線の □ から
　　　　$\angle OAE = \angle OCF$　　　…②

　　　　　　　　　　　　　　　　…③

①，②，③より
□ 組の辺 □ から
$\triangle AOE \equiv \triangle COF$

問2　次のア〜エのうちから正しくないものを1つ選び，記号で答えなさい。(1点)
　ア　点 E を辺 AB 上のどこにとっても $\triangle AOE \equiv \triangle COF$ である。
　イ　点 E を辺 AB 上のどこにとっても $\angle AEO = \angle CFO$ である。
　ウ　点 E を辺 AB 上のどこにとっても $OE = OF$ である。
　エ　点 E を辺 AB 上のどこにとっても OE の長さは変わらない。

問3 AE＝2cm，EB＝3cmのとき，△AOEと△ABDの面積の比を求めなさい。 (2点)

9 図1のように，底面の半径が$\sqrt{3}$ cmの円錐の内部で，半径が1 cmの球が円錐の側面と底面の中心Oにぴったりとくっついている。円錐の頂点をA，底面の周上のある1点をBとし，母線AB上で球と接している点をPとする。
このとき，次の各問いに答えなさい。
ただし，円周率はπとする。

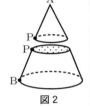
図1

問1 図1の円錐について，側面の展開図であるおうぎ形の弧の長さを求めなさい。 (1点)
問2 線分BPの長さを求めなさい。 (2点)
問3 図2のように，図1の円錐を，点Pを通り底面と平行な平面で切り，2つの立体に分ける。このとき，点Bを含む立体の体積を求めなさい。 (2点)

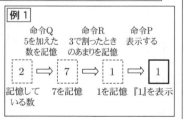
図2

10 [思考力] 数を1つ記憶し，命令P，Q，Rを与えると，その命令通りに計算処理や画面表示ができるコンピュータがある。命令P，Q，Rの内容は下の表の通りである。
ただし，このコンピュータは数を1つしか記憶できないものとする。

命令	内容
P	記憶している数を，画面に表示する。
Q	記憶している数に5を加えて，その和を記憶する。
R	記憶している数を3で割ったときのあまりを記憶する。ただし，3で割りきれるときは0を記憶する。

例1 のように，コンピュータが記憶している数が2のとき，「Q，R，P」の順に命令した場合，画面には『1』が表示される。

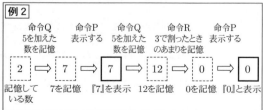

例2 のように，コンピュータが記憶している数が2のとき，「Q，P，Q，R，P」の順に命令した場合，画面には，はじめに『7』，次に『0』と表示される。

例2
命令Q　　命令P　　命令Q　　命令R　　命令P
5を加えた　表示する　5を加えた　3で割ったとき　表示する
数を記憶　　　　　　数を記憶　のあまりを記憶
 2 ⇒ 7 ⇒ 7 ⇒ 12 ⇒ 0 ⇒ 0
記憶して　7を記憶　『7』を表示　12を記憶　0を記憶　『0』と表示
いる数

このとき，次の各問いに答えなさい。
問1 コンピュータが記憶している数が1のとき，「Q，Q，R，P」の順に命令した場合，画面に表示される数を求めなさい。 (1点)
問2 次の □ は，コンピュータが記憶している数が1のとき，『0』と『1』を交互に画面に表示させるための命令である。□ の中にQ，Rのいずれかを1つずつ入れて命令を完成させなさい。 (2点)

「□，□，P，□，□，□，P」を繰り返す。

問3 コンピュータが記憶している数が3のとき，「Q，R，Q，P」の順に命令することを32回繰り返す。このとき，これまで画面に表示された32個の数の和を求めなさい。
ただし，コンピュータが最初に記憶している数3は画面に表示されていない。 (1点)
問4 コンピュータがある数を記憶しているとき，「Q，Q，R，Q，R，P」の順に命令すると，画面に『2』と表示された。コンピュータが最初に記憶していた数として考えられる10以下の自然数をすべて答えなさい。 (1点)

国立大学附属高等学校・高等専門学校

東京学芸大学附属高等学校

時間 50分　満点 100点　解答 P77　2月13日実施

出題傾向と対策

- 大問数は5題で，1 は小問集合，2 と 4 が座標と図形，3 が図形と論証，5 が三平方の定理という出題で，本年も例年と同じく図形の比重が高い出題になっている。
- 2020年は易化したものの，例年図形分野では難しい出題が多い。本年も途中の考え方を記述させる設問は無かったが，複雑な思考力を要求される図形問題が多いので，基礎をしっかり固めた上で，図形問題の難問対策をしておくとよい。

---

1 次の各問いに答えなさい。

〔1〕 **よく出る**

$$\frac{(5\sqrt{2}-2\sqrt{3})(2\sqrt{6}+7)}{\sqrt{2}} - \frac{(3\sqrt{2}+2\sqrt{3})(5-\sqrt{6})}{\sqrt{3}}$$

を計算しなさい。 (5点)

〔2〕 大小1つずつのさいころを同時に1回投げるとき，2つのさいころの出た目の数の最大公約数が1より大きくなる確率を求めなさい。ただし，大小2つのさいころは1から6までのどの目が出ることも同様に確からしいものとする。 (5点)

〔3〕 **よく出る** 10人の生徒が，1, 2, 3, 4, 5, 6, 7, 8, 9, 10 のうち，いずれかの点数が得られるゲームを行った。
10人の生徒の点数はそれぞれ
　3, 1, 8, 10, 3, 9, 5, 2, 8, x
であり，点数の平均値と中央値が等しくなった。
このとき，x の値を求めなさい。 (5点)

〔4〕 **新傾向** 図のように，平面上に5点 O(0, 0), A(10, 10), B(7, 3), C(0, 10), D(7, 0) がある。
線分 OC 上に点 P，線分 OD 上に点 Q を
∠APC = ∠QPO,
∠PQO = ∠BQD となるようにとる。
このとき，点 P の座標を求めなさい。 (5点)

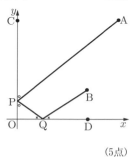

---

2 右の図のように，点 A(−1, 0)，点 B(3, 0) がある。また，関数 $y = 8x$ のグラフ上に点 P があり，その x 座標を t とする。ただし，$t > 0$ とする。
このとき，次の各問いに答えなさい。

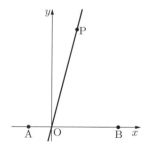

〔1〕 PA = PB であるときの t の値を求めなさい。 (6点)

〔2〕 ∠APB = 90° であるときの t の値を求めなさい。 (7点)

〔3〕 ∠APB = 45° であるときの t の値を求めなさい。 (7点)

---

3 **思考力** リョウさんとタエコさんが次の【問題】に取り組んでいる。2人の会話を読んで，それに続く各問いに答えなさい。

【問題】右の図の △ABC において，AB > AC であり，点 D は ∠A の二等分線と辺 BC の交点である。点 B を通って直線 AD に垂直な直線を引き，直線 AD との交点を E とする。
　AB = 9 cm, AC = 6 cm, AE = 7 cm であるとき，線分 DE の長さを求めなさい。

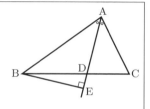

リョウ：この図だけから求めるのは難しそうだから，補助線を引いて考えてみよう。

タエコ：そうだね。直線 AC と直線 BE の交点を F，線分 CF の中点を M として線分 EM を引くと，(i)線分 EM と線分 BC は平行になるよ。

リョウ：なるほど。EM ∥ BC であることを使うと，DE = 　(a)　 cm と求まるね。

タエコ：ところで，DE の長さを求める過程を振り返ると，AB = 9 cm, AC = 6 cm, AE = 7 cm でなくても，線分 AB と線分 AC の長さが決まっていて，AB > AC であれば，△ABC の形によらず線分 AE の長さから線分 DE の長さを求めることができそうだよ。

リョウ：そのようだね。さらに言えば，△ABC で線分 AB と線分 AC の長さの比が与えられていれば，線分 AE と線分 DE の長さの比が決まるということだね。

タエコ：確かにそうだね。では，t が1より大きいとして，線分 AB と線分 AC の長さの比を $t:1$ とおくと，線分 AE と線分 DE の長さの比はどうなるだろう。

リョウ：【問題】を解いたときと同様に考えると，
　AE : DE = 　(b)　:　(c)　になることがわかるよ。

〔1〕下線部(i)に関して，EM ∥ BC であることは，次のようなタエコさんの構想をもとに証明できる。次の(ア)〜

(ウ)にあてはまる最も適切なものを，それぞれ①〜⑥から1つずつ選び，その番号を答えなさい。　（完答で6点）

タエコさんの構想
仮定より CM = MF である。
また，[ア] がそれぞれ等しいから [イ] であるので，[ウ] が成り立つ。
これらを用いると EM ∥ BC が証明できる。

(ア) ① 2組の辺の比とその間の角
　　② 2組の角
　　③ 2組の辺とその間の角
　　④ 1組の辺とその両端の角
　　⑤ 直角三角形の斜辺と1つの鋭角
　　⑥ 直角三角形の斜辺と他の1辺
(イ) ① △ABD∽△ACD　② △ABD∽△ECD
　　③ △ABE∽△ACE　④ △ABD≡△AME
　　⑤ △ABE≡△ACE　⑥ △ABE≡△AFE
(ウ) ① AB = AF　② BE = EF
　　③ BC = 2EM　④ AB : AC = BD : DC
　　⑤ ∠FEM = ∠FBC　⑥ ∠FEM = ∠BCA

[2] [a] にあてはまる数を答えなさい。　（7点）
[3] [b], [c] にあてはまる t の式をそれぞれ答えなさい。　（完答で7点）

4 よく出る　右の図のように，関数 $y = kx^2$ ($k > 0$) のグラフ上に4点 A, B, C, D がある。点 A の x 座標は $-2\sqrt{3}$ であり，線分 AB は x 軸と平行である。また，∠BAC = ∠CAD = 30° であり，△OAB は正三角形である。ただし，点 B, C, D の x 座標をそれぞれ b, c, d とするとき，$b < c < d$ である。
このとき，次の各問いに答えなさい。
[1] k の値を求めなさい。　（6点）
[2] 点 C の座標を求めなさい。　（7点）
[3] △ACD の面積を求めなさい。　（7点）

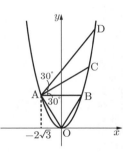

5 よく出る　AB = 4，BC = 5，CA = 3 の直角三角形 ABC がある。
右の図は，△ABC を点 A が辺 BC 上の点に重なるように折って，もとにもどした図である。そのとき，点 A が重なった辺 BC 上の点を P とし，折り目を線分 QR とする。ただし，点 Q は辺 AB 上，点 R は辺 AC 上の点である。
このとき，次の各問いに答えなさい。
[1] ∠ARP = 90° であるとき，線分 CR の長さを求めなさい。　（6点）
[2] CR = 1 であるとき，線分 CP の長さを求めなさい。　（7点）
[3] CP = 2 であるとき，線分 CR の長さを求めなさい。　（7点）

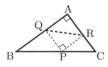

お茶の水女子大学附属高等学校

時間 50分　満点 100点　解答 P78　2月13日実施

*注意　根号 $\sqrt{\ }$ や円周率 π は小数に直さず，そのまま使いなさい。

出題傾向と対策

●大問が5題にもどった。**1**は小問集合で，**2**〜**5**は関数とグラフや図形についての問題である。2020年は，方程式の文章題と空間図形が消えて，確率の大問が出題された。なお，解答用紙には，計算や説明なども簡潔に記入するようにとの指示がある。
●平面図形，空間図形，関数とグラフなどの大問が出題されるほか，作図が必ず出題される。2021年は，方程式の文章題や空間図形の大問が復活する可能性もある。頻出分野を中心に，良問をしっかりと練習しておこう。

1 基本　次の各問いに答えなさい。
(1) よく出る　次の計算をしなさい。
$$\left\{\left(\frac{1}{2}\right)^3 - \frac{1}{3}\right\} \times \frac{6}{2^2 - 3^2}$$

(2) 1次関数 $y = -\frac{3}{2}x + a$ において，x の変域が $-3 \leqq x \leqq 2$ のとき，y の変域は $-2 \leqq y \leqq b$ となる。このとき，a, b の値を求めなさい。
(3) 2つの自然数の和と差の積が21となるときの2つの自然数の組 (m, n) をすべて求めなさい。ただし，$m > n$ とする。

2 x についての2次方程式
$$x^2 + (a+2)x - a^2 + 2a - 1 = 0 \cdots ①$$
について次の問いに答えなさい。
(1) 基本　①の解の1つが0であるときの a の値と，もう1つの解を求めなさい。
(2) ①の解の1つが a であるときの a の値を求めなさい。ただし，$a > 0$ とする。また，このとき2次方程式①は
$$x^2 + [ア]x + [イ] = 0$$
となる。[ア]，[イ] にあてはまる値をそれぞれ求めなさい。

3 よく出る　図のように，関数 $y = x^2$ のグラフの $x \geqq 0$ の部分を①，関数 $y = \frac{1}{4}x^2$ のグラフの $x \geqq 0$ の部分を②とする。①上に y 座標が a である点 A をとり，点 A を通り x 軸に平行な直線と②の交点を B，点 A を通り x 軸に垂直な直線と②の交点を C とする。ただし，$a > 0$ とする。このとき，次の問いに答えなさい。

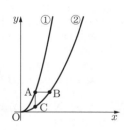

(1) 基本　点 B の座標，点 C の座標を a を用いて表しなさい。
(2) 基本　AB = AC となるとき，a の値を求めなさい。
さらに関数 $y = \frac{1}{n^2}x^2$ のグラフの $x \geqq 0$ の部分を③とする。①上に y 座標が b である点 D をとり，点 D を通り x 軸に平行な直線と③の交点を E，点 D を通り x 軸に垂直な直線と③の交点を F とする。

ただし，$n > 1$，$b > 0$ とする。
(3) DE，DF の長さをそれぞれ b，n を用いて表しなさい。
(4) DE = DF となるとき，b を n を用いて表しなさい。

4 一辺の長さが 1 である正六角形がある。この正六角形の 6 つの角を図のように削り取って正十二角形をつくる。このとき，次の問いに答えなさい。

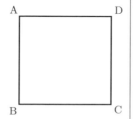

(1) できた正十二角形の一辺の長さを求めなさい。
(2) **よく出る** (1)で求めた一辺の長さの線分を作図しなさい。作図に用いた線は消さずに残しておくこと。また，作図して求めた線分がわかるように，線分 AB と記しなさい。
(3) 正十二角形の面積は，もとの正六角形の面積の何倍であるか求めなさい。

5 **思考力** **新傾向** A，B，C，D の 4 人が，右図のように，正方形の頂点のところに内側を向いて立ち，キャッチボールをすることになった。ただし，次のルールに従ってキャッチボールを行う。

① どちらか隣の頂点にいる相手から正方形の辺にそって飛んできたボールは，キャッチしたあと対角線上の頂点にいる相手に投げる。
② 対角線上の頂点にいる相手から飛んできたボールは，キャッチしたあと正方形の辺にそってどちらか隣の頂点にいる相手に投げる。
③ A が投げることからスタートし，最初に A に戻ってくるまでを 1 ラウンドと考える。
④ 各ラウンドは A が C にボールを投げることからはじまるものとする。
このとき，次の問いに答えなさい。
(1) **基本** 1 ラウンドのボールの動きについて右の樹形図の続きを記入し，完成させなさい。　　A ——— C
(2) **基本** 1 ラウンド中に行われると考えられるキャッチボールの回数をすべて答えなさい。ただし，1 人が投げたボールを相手がキャッチしたら，1 回のキャッチボールと数えるものとする。
(3) **難** 3 ラウンド中に行われるキャッチボールの回数がちょうど 13 回になる確率を求めなさい。ただし，条件②でどちらの隣に投げるかは，ともに確率 $\dfrac{1}{2}$ であるとする。

筑波大学附属高等学校

時間 50分　満点 60点　解答 P79　2月13日実施

＊注意　円周率を必要とする計算では，円周率は π で表しなさい。

出題傾向と対策

● 大問 5 題で，**1** は確率，**2** は 1 次関数，**3** は平面図形，**4** は空間図形，**5** は数の性質からの出題であった。**1** が小問集合ではなかったが，全体としての分野，分量，難易度はほぼ例年通りと思われる。
● 工夫された問題が小問により誘導されながら出題されている。標準以上の問題でしっかり練習しておくこと。

1 2 個以上のさいころを投げたとき，出た目すべての積の値を a とし，a の正の約数の個数について考える。
このとき，次の①〜③の □ にあてはまる数を求めなさい。
(1) 2 個のさいころを投げるとき，a の正の約数の個数が □①-ア 個となる確率が最も大きく，その確率は □①-イ である。
また，a の正の約数の個数が奇数個となる確率は □② である。
(2) 3 個のさいころを投げるとき，a の正の約数の個数が 3 個となるような a の値をすべて求めると，
$a =$ □③
である。

2 AB = 3 cm，BC = 4 cm，CA = 5 cm である △ABC がある。3 点 P，Q，R はそれぞれ頂点 A，B，C を同時に出発して，
点 P は毎秒 3 cm の速さで，A → B → C → A → ⋯
点 Q は毎秒 2 cm の速さで，B → C → A → B → ⋯
点 R は毎秒 1 cm の速さで，C → A → B → C → ⋯
のようにすべて同じ向きに進み，3 点がそれぞれの最初の位置に同時に戻ったとき，3 点とも止まる。
3 点が出発してからの時間を x 秒とするとき，次の④〜⑥の □ にあてはまる数または式を求めなさい。
(1) **基本** $x > 0$ のとき，3 点が動いている間に P，Q，R がつくる三角形が △ABC と合同になるときの x の値と，3 点が止まるときの x の値を求めると，
$x =$ □④
である。
(2) **よく出る** 3 点 P，Q，R のうち，2 つの点が重なることは □⑤ 回ある。
(3) **よく出る** 3 点 P，Q，R が三角形をつくらない時間すべてを，x についての等式または不等式で表すと，
□⑥ である。

3 右の図のように，線分 BC 上に点 D を BD : DC = 2 : 3 となるようにとり，線分 BC に垂直な線分 DA を ∠BAC = 45° となるように引く。

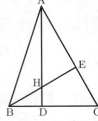

このようにしてできた △ABC に対して頂点 B から辺 AC に垂直な線分 BE を引き，AD と BE の交点を H とする。

このとき，次の⑦〜⑨の □ にあてはまる三角形または数を求めなさい。

(1) **基本** △BCE と相似な三角形のうち，△BCE 以外のものを 2 つあげると， ⑦ である。

(2) **よく出る** 線分 AH の長さは，線分 BD の長さの ⑧ 倍である。

(3) **よく出る** AH = 10 cm であるとき，△ABC の面積は， ⑨ cm² である。

4 ふたがついた大きさの異なる 2 つの直方体の箱 X, Y がある。X には半径 r cm の球が 5 個，Y には半径 4 cm の球が 4 個，底面に接するように入っている。

下の図 1 の長方形 ABCD，EFGH はそれぞれ X, Y の平面図であり，AD = EH である。

図 1 のように，隣り合う球は互いに接しており，それぞれの箱の 4 個の球は側面にも接している。

このとき，次の⑩〜⑫の □ にあてはまる数または辺を求めなさい。

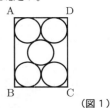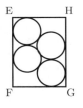

（図 1）

(1) **基本** $r =$ ⑩ cm である。

(2) **よく出る** 辺 AB と辺 EF の長さを比べると，辺 ⑪-ア の方が ⑪-イ cm だけ長い。

(3) **よく出る** 下の図 2 のように，X には半径 r cm の球，Y には半径 4 cm の球をそれぞれの 3 個の球と接するように 1 個ずつ置き，ふたをして直方体にしたところ，どちらのふたも置いた球と接した。

このとき，X の体積は，Y の体積の ⑫ 倍である。

（図 2）

5 「1 + 2 × 3 + 4 =」と入力すると，計算結果が 11 となる電卓を使用する。

このとき，次の⑬，⑭の □ にあてはまる数または数の組を求めなさい。ただし，1 から 10 までの連続する自然数の和 1 + 2 + 3 + …… + 10 は，55 である。

(1) **よく出る** 11 から 20 までの連続する 10 個の自然数を小さい方から順に入力して和を計算しようとしたところ，自然数 n の次の「+」を「×」と押し間違えてしまい，計算結果が 364 となった。

このとき，
$n =$ ⑬
である。

(2) **思考力** 自然数 m から $m + 9$ までの連続する 10 個の自然数を小さい方から順に入力して和を計算しようとしたところ，自然数 n の次の「+」を「×」と押し間違えてしまい，計算結果が 94 となった。

このような自然数の組 (m, n) をすべて求めると， ⑭ である。なお，答えを求めるまでの過程や考え方も書きなさい。

筑波大学附属駒場高等学校

時間 45分　満点 100点　解答 P80　2月13日実施

* 注意　1. 答えに根号を用いる場合，√ の中の数はできるだけ簡単な整数で表しなさい。
　　　　2. 円周率は π を用いなさい。

出題傾向と対策

- 大問4題で，**1** は $y = ax^2$ のグラフと図形，**2** は数の性質，**3** は平面図形，**4** は空間図形からの出題であった。分野，分量，難易度とも例年通りであるが，**2**(3)，**3**(3)，**4**(3)の計算が繁雑であった。
- 各大問とも小問で誘導されている。(1)，(2)はミスなく解きたい。標準以上の問題で，十分練習すること。

1 よく出る　O を原点，a を正の数とし，関数 $y = ax^2$ のグラフを①とします。図のように，一辺の長さが $2\sqrt{3}$ cm の正六角形を x 軸より上の部分に隙間なくかきました。このとき，最も下段にあるすべての正六角形は，ひとつの頂点がすべて x 軸上にあり，そのうちのひとつは O です。

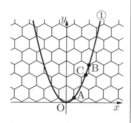

①上に図のような3点 A，B，C をとります。A，B は正六角形の頂点で，C は正六角形の辺上にあります。

座標の一目盛りを 1 cm として，次の問いに答えなさい。

(1) 基本　a の値を求めなさい。
(2) 基本　点 B の y 座標を求めなさい。
(3) 点 C の x 座標を求めなさい。
(4) ①上にある正六角形の頂点について考えます。これらの点のうち，y 座標が 100 以下であるものは全部で何個ありますか。

2 4桁の正の整数があります。この整数に以下の操作を行い，5桁の整数にすることを考えます。

操作
① 4桁の整数を7で割った余りを求める。
② 7から①で求めた余りを引く。
③ もとの4桁の整数の末尾に②の結果を書き加え，5桁の整数にする。

この操作でできた5桁の整数を《コード》と呼ぶことにします。

例えば，1000 を 7 で割った余りは 6 なので，末尾に 1 を書き加え，1000 の《コード》は 10001 です。

また，1001 を 7 で割った余りは 0 なので，末尾に 7 を書き加え，1001 の《コード》は 10017 です。

次の問いに答えなさい。

(1) 基本　2020 の《コード》を求めなさい。
(2) 思考力　85214 は《コード》ではありませんが，5桁のうちの1桁だけを別の数字に直すことで，《コード》にできます。このように直して得られる《コード》として，考えられるものは全部で何個ありますか。
(3) 思考力　4桁の正の整数は 9000 個あります。これらの整数の《コード》9000 個のうち，《コード》を 9 で割った余りが a であるものの個数を $N(a)$ とします。なお，$a = 0, 1, 2, \cdots, 8$ です。
　$N(a)$ が最も小さくなる a の値と，そのときの $N(a)$ の値を求めなさい。

3 平面上に長さが 1 m の線分 OA があります。点 P は，この平面上を次のように動いて線を描きます。

はじめに，P は O を出発し，A まで 1 m 直進します。

次に，P は，進行方向に対し反時計回りにある角度だけ向きを変えて，1 m 直進します。

以後，P はこのように，向きを変えて 1 m 直進することを繰り返します。

ただし，向きを変える角度は一定とは限りません。

例えば，向きを変える角度を順に 10°，20°，30° とすると，P は右の図のような長さ 4 m の折れ線を描きます。

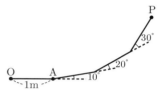

次の問いに答えなさい。

(1) 基本　向きを変える角度を常に 15° とすると，P は再び O に戻ってきます。O に戻るまでに P が描く図形は正何角形ですか。
(2) よく出る　向きを変える角度を順に 30°，60°，90°，120°，150° とし，P が 6 m の折れ線を描いたときを考えます。線分 OP の長さを x m とするとき，x^2 の値を求めなさい。
(3) 向きを変える角度を順に 15°，30°，45°，……のように 15° から 15° ずつ増やしていくと，P が描く折れ線は交わります。P が描く折れ線がはじめて交わったときにできる多角形の面積を求めなさい。

4 すべての辺の長さが 6 cm である正四角すい O − PQRS と，一辺 6 cm の正方形 ABCD を底面とし，正四角すい O − PQRS と高さが同じである直方体 ABCD − EFGH があります。

2つの立体を，正方形 PQRS と正方形 ABCD が1つの平面上にあるようにして，図1，図2，図3のように重ねた場合を考えます。次の問いに答えなさい。

(1) 基本　図1では，頂点 A と P，B と Q，C と R，D と S がそれぞれ一致しています。2つの立体の共通部分の体積を求めなさい。

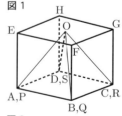

図1

(2) よく出る　図2では，4点 P，A，S，D がこの順で1つの直線上にあり，PA = 1.5 cm です。2つの立体の共通部分の体積を求めなさい。

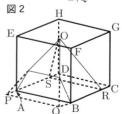

図2

(3) **難** 図3では，正方形 ABCD の対角線の交点と，正方形 PQRS の対角線の交点が T で一致していて，∠ATP = 30° です。2つの立体の共通部分の体積を求めなさい。

図3
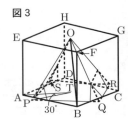

東京工業大学附属科学技術高等学校

時間 **70**分　満点 **150**点　解答 P**81**　2月13日実施

* 注意　答に円周率をふくむときは，π で表しておきなさい。

出題傾向と対策

● 大問数は6題，**1** が小問集合で，ほぼ全範囲から出題されている。例年やや面倒な作業や難しい思考力を要する問題が出題されている。
● 基本問題も多く，バランスよく出題されているので，教科書を中心に，入試標準問題でしっかりと学習すること。思考力を要する問題に対しては，過去に出題された問題などで十分に練習を積んでおくとよい。

1 基本

〔1〕 $a = \sqrt{3}$, $b = -\sqrt{5}$ のとき，次の式の値を求めなさい。
$(2a)^2 b^3 \div (-ab)^2 \times (-a)$

〔2〕 次の方程式を解きなさい。
$(x-2)^2 - (x-2) = 30$

〔3〕 比例式 $x : y = 3 : 2$ が成り立ち，$x + y = 4$ であるとき，x と y の値をそれぞれ求めなさい。

〔4〕 y は x に反比例し，$x = 7$ のとき $y = \frac{15}{14}$ である。$x = -5$ のときの y の値を求めなさい。

〔5〕 4点 P$(-1, 4)$, Q$(-3, a)$, R$(5, 6)$, S$(1, 3)$ について，直線 PQ と直線 RS が平行であるとき，a の値を求めなさい。

〔6〕 10円，50円，100円の硬貨の重さはそれぞれ 4.5 g，4.0 g，4.8 g である。10円硬貨の枚数は，50円硬貨の枚数の2倍であり，すべての硬貨を合わせると枚数は120枚，重さは 541 g であった。このとき，50円硬貨の枚数を求めなさい。

〔7〕 図において，4点 A, B, C, D は円 O の周上にある。弧 BC の長さが弧 CD の長さの2倍であるとき，∠BOC の大きさを求めなさい。

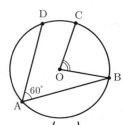

〔8〕 図において，$l \parallel m$ であり，∠BCD の二等分線と直線 AB の交点を E とする。このとき，∠x の大きさを求めなさい。

〔9〕 展開図が図のようになる三角柱の体積を求めなさい。

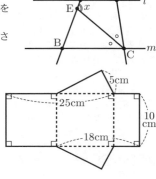

〔10〕 1から24までの整数を1つずつ記入した24枚のカードがある。このカードをよくきってから1枚をひくとき，カードに書かれた数が24の約数でない確率を求めなさい。

2 よく出る 図のように，AB = 1 cm，BC = 2 cm の長方形 ABCD がある。対角線 AC を対称の軸として，点 B を対称移動させた点を E，線分 CE と AD の交点を F とする。このとき，次の問いに答えなさい。

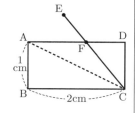

〔1〕 3点 A，C，E を通る円の面積を求めなさい。
〔2〕 線分 DF の長さを求めなさい。
〔3〕 △DEF の面積を求めなさい。

3 思考力 x についての方程式
$$ax + 4 = 2a \cdots ①$$
を考える。以下の操作をくり返して，ある数 p から次々に数を求めていこう。

＜1回目の操作＞
$a = p$ として，x についての方程式①を解く。

＜2回目の操作＞
1回目の操作で得られた解を a として，x についての方程式①を解く。

＜3回目の操作＞
2回目の操作で得られた解を a として，x についての方程式①を解く。

同様にして，この操作をくり返していく。
たとえば，$p = 1$ のときは，次のようになる。

＜1回目の操作＞
$a = 1$ として，方程式①
$$1 \times x + 4 = 2 \times 1$$
を解くと，解は -2 である。

＜2回目の操作＞
1回目の操作で得られた解は -2 であるから，$a = -2$ として，方程式①
$$(-2) \times x + 4 = 2 \times (-2)$$
を解くと，解は 4 である。

このとき，次の問いに答えなさい。

〔1〕 $p = 1$ のとき，3回目の操作で得られる解を求めなさい。
〔2〕 $p = 3$ のとき，2020回目の操作で得られる解を求めなさい。
〔3〕 $p = 3$ のとき，1回目から10回目までの操作で得られた解について，それら10個の解の積を求めなさい。

4 思考力 図のように，1辺の長さが 6 cm の 4 つの正三角形 ABC，CDE，EFG，GHI があり，5点 A，C，E，G，I は一直線上にある。2点 P，Q は A を同時に出発し，P は A → B → C → D → E → F → G → H → I，Q は A → C → E → G → I → G → E → C → A の順に，それぞれ毎秒 2 cm の速さで辺上を動く。

出発してから 0 秒後，6 秒後，12 秒後，18 秒後，24 秒後のとき以外にできる △APQ について，次の問いに答えなさい。

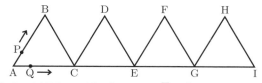

〔1〕 △APQ の面積が初めて $5\sqrt{3}$ cm^2 となるのは，出発してから何秒後かを求めなさい。
〔2〕 △APQ の面積が2回目に $4\sqrt{3}$ cm^2 となるのは，出発してから何秒後かを求めなさい。
〔3〕 △APQ の面積が7回目に $6\sqrt{3}$ cm^2 となるのは，出発してから何秒後かを求めなさい。

5 【図1】は辺の長さが 2 cm の正六角形，正方形，正三角形をつなげたもので，【図2】の立体の展開図である。この立体について，次の問いに答えなさい。

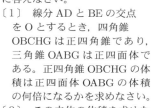
【図1】

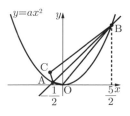
【図2】

〔1〕 線分 AD と BE の交点を O とするとき，四角錐 OBCHG は正四角錐であり，三角錐 OABG は正四面体である。正四角錐 OBCHG の体積は正四面体 OABG の体積の何倍になるかを求めなさい。
〔2〕 この立体の体積を求めなさい。
〔3〕 面 CFIH で，この立体を 2 つに分ける。辺 AB をふくむ側の立体の体積を U cm^3，辺 DE をふくむ側の立体の体積を V cm^3 とするとき，$U : V$ をもっとも簡単な整数の比で表しなさい。

6 よく出る a を正の定数とし，関数 $y = ax^2$ のグラフ上に 2 点 A，B をとる。A，B の x 座標はそれぞれ $-\dfrac{1}{2}$，$\dfrac{5}{2}$ であり，直線 AB を対称の軸として，原点 O を対称移動させた点を C とする。関数 $y = ax^2$ で，x の値が $-\dfrac{1}{2}$ から $\dfrac{5}{2}$ まで増加するときの変化の割合が 1 であるとき，次の問いに答えなさい。

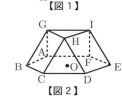

〔1〕 a の値を求めなさい。
〔2〕 点 C の座標を求めなさい。
〔3〕 点 D は線分 OB 上にあり，直線 CD は四角形 OBCA の面積を 2 等分する。このとき，D の座標を求めなさい。

3 関数 $y=ax^2\cdots$① について，x の値が -4 から 6 まで増加するときの変化の割合および，x の値が b から $b+6$ まで増加するときの変化の割合がともに $\frac{1}{2}$ となるとき，次の問いに答えなさい。

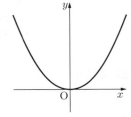

(1) **よく出る** **基 本** 定数 a，b の値を求めなさい。

(2) x 座標が -4，6，b，$b+6$ である関数①のグラフ上の点をそれぞれ A，B，C，D とする。
　(ア) **よく出る** **基 本** 直線 AB の式を求めなさい。
　(イ) 点 D を通り，四角形 CDBA の面積を二等分する直線の式を求めなさい。

4 1辺の長さが $10\sqrt{3}$ cm の正方形の紙 ABCD の辺 AD 上に AE = 10 cm である点 E がある。辺 BC を辺 AD と平行になるように 4 cm 以下の幅で折り，図1のように，その折り目を FG，点 B が移った点を H とする。次に紙を戻し，点 B が直線 FG 上，かつ点 H が直線 BE 上に重なるように折る。

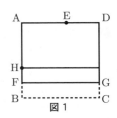

このとき，図2のように，折り目を JK，点 B，F，H が移った点をそれぞれ B'，F'，H' とする。
紙を戻したとき，次の問いに答えなさい。

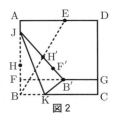

(1) **基 本** ∠EBC の大きさを求めなさい。

(2) **よく出る** ∠BB'F = ∠HB'F であることを証明しなさい。

(3) **難** ∠B'BF' の大きさを求めなさい。

5 ∠A が直角である直角三角形 ABC がある。頂点 A から辺 BC にひいた垂線と BC との交点を D とする。また，点 D から辺 AC にひいた垂線と AC との交点を E とし，点 D から辺 AB にひいた垂線と AB との交点を F とするとき，次の問いに答えなさい。

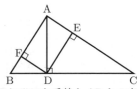

(1) **よく出る** △DEF と △ECD が相似であることを証明しなさい。

(2) AB = a cm，AC = b cm とするとき，BF : CE を a，b を用いて表しなさい。

大阪教育大学附属高等学校 池田校舎

時間 **60**分　満点 **100**点　解答 P**83**　2月10日実施

出題傾向と対策

●大問は5題で，**1** 小問4題，**3** 関数とグラフ，**4** 平面図形，**5** 平面図形という出題が続いている。**2** は新傾向の問題が出題されることが多い。2020年も作図は出題されなかった。図形についての証明問題が複数あるほか，途中の求め方の記述も要求される問題も複数ある。
●図形についての証明が必ず出題されるので，準備しておこう。作図も出題されやすいので，過去の出題を参考にして練習しておこう。証明や求め方は，解答欄にはいりきる程度になるべく詳しく書くように心がけるとよい。

1 次の問いに答えなさい。

(1) **よく出る** **基 本** 2次方程式
$(x-3)^2+3(x-3)+2=0$ を解きなさい。

(2) **よく出る** **基 本** 次の連立方程式を解きなさい。
$$\begin{cases} \dfrac{2x+y}{2}=\dfrac{x-y}{3} \\ \dfrac{2}{3}(x+1)=y-3 \end{cases}$$

(3) **基 本** $a=\dfrac{2\sqrt{3}+3\sqrt{7}}{2}$，$b=\dfrac{\sqrt{3}-3\sqrt{7}}{2}$ のとき，a^2-b^2 の値を求めなさい。

(4) **思考力** **新傾向** 1以上20以下のどの整数 n についても，分数 $\dfrac{a}{n}$ を約分すると正の整数となる最小の a を求める。a は1以上20以下の素数すべての積の何倍になるかを答えなさい。

2 **新傾向** 三角形 ABC の各頂点から対辺に n 本ずつ直線を引く。どの3本の直線も1点で交わらないものとするとき，三角形がいくつの部分に分割されるかを調べよう。
$n=1$ のとき，右図のように三角形 ABC は7個の部分に分割される。

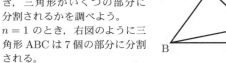

$n=0$ のとき，三角形 ABC は1個に分割されると考える。次の ☐ に適当な数値を入れなさい。

(1) $n=2$ のとき，三角形 ABC は ☐ 個の部分に分割される。

(2) 一般に，三角形 ABC は $an(n+b)+1$ 個の部分に分割される。定数 a，b は $a(b+1)=$ ☐ かつ $a(b+2)=$ ☐ を満たす。

(3) $n=$ ☐ のとき，三角形 ABC は169個の部分に分割される。

(4) $n=0$，1，2，$\cdots$，9 のとき，三角形 ABC が分割される部分の個数の平均値は ☐ 個である。

大阪教育大学附属高等学校　平野校舎

時間 60分　満点 100点　解答 p84　2月12日実施

＊ 注意　特に指示のない問題は，答のみを書きなさい。根号を含む形で答える場合には，根号内に現れる自然数が最小となる形で答えなさい。

出題傾向と対策

● **1** 小問集合，**2** 方程式の応用（文章題），**3** 確率，**4** 空間図形，**5** 平面図形であった。過去2年大問は6問であったが，2017年と同じ5問になった。いずれにせよ，時間を加味した分量，難易度ともに例年レベルであった。

● 難しくないが，わかっていないと答えられない問題が多いのが特徴で，過去問を使ってじっくり勉強するのが一番の対策といえる。**1**(2)のような基礎・基本の確認も忘れないこと。**1**(3)のような教科書で学ぶ定義，性質に関する問題は受験勉強一色だと見落としやすい。今年は「関数」に関する問題は**1**(2)以外になかったが，グラフから読み取る問題はよく出題されるので勉強しておくこと。

---

1 基本　次の問いに答えなさい。

(1) $-2^2 + \left\{4 - \left(-\dfrac{1}{5}\right)^2\right\} \div 0.04$ を計算しなさい。

(2) 関数 $y = x^2$ について x の変域が $-1 \leqq x \leqq 2$ のとき y の変域を求めなさい。

(3) (ア) 2つの方程式を組にしたものを連立方程式といいます。この連立方程式の解とは何ですか。説明しなさい。

(イ) 連立方程式 $\begin{cases} 2x - y = 1 \\ -4x + 2y = 5 \end{cases}$ について，$(x, y) = (2, 3)$ はこの連立方程式の解であるかどうかを，理由とともに答えなさい。

2 次の問いに答えなさい。

(1) 外周が 1500 m の池があります。この外周を A さんは分速 70 m，B さんは分速 80 m で歩きます。2人が同じ地点から逆向きに出発して，2人が再び出会うのは何分後ですか。

(2) 別の池の外周を1周するのに C さんは 10 分，D さんは 15 分かかります。この外周を2人が同じ地点から逆向きに出発して，2人が再び出会うのは何分後ですか。

3 1辺が 3 cm の立方体のさいころの，ある辺上に，角から 1 cm の位置に点 A をとります。このさいころを机の上で投げるとき，次の確率を求めなさい。

(1) さいころを1回投げたとき，点 A の高さが机の面から 1 cm になる確率

(2) さいころを1回投げたとき，点 A の高さが机の面から 3 cm になる確率

(3) さいころを2回投げたとき，点 A の高さが机の面から等しくなる確率

4 よく出る　1辺の長さが 1 cm の正四面体 ABCD があります。△ABC の重心を G とし，辺 AB，AC 上に点 P，Q をとるとき，

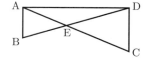

(1) 線分 DP と PC の長さの和が最小になるときの，線分 DP と PC の長さの和を求めなさい。

(2) 線分 DP，PG，GQ，QD の長さの和が最小になるときの，線分 DP，PG，GQ，QD の長さの和を求めなさい。

5 右の図において，∠BAD = ∠CDA = 90°，AB = 3 cm，CD = x cm（ただし，$x > 3$），AD = 14 cm とし，線分 BD と AC の交点を E とするとき，

(1) 相似な三角形の組を見つけ，その2つの三角形が相似であることを証明しなさい。

(2) 思考力　△ADE = 12 cm² のとき，x の値を求めなさい。

広島大学附属高等学校

時間 50分　満点 100点　解答 P84　2月4日実施

* 注意　1. 分数は，約分した形で答えること。
　　　 2. 根号を含む値は，できるだけ簡単な形になおし，根号のままで答えること。

出題傾向と対策

● 大問は5題で，**1**は独立した小問集合，**2**は確率，**3**は平面図形，**4**は式を利用した整数の性質，**5**は図形とグラフからの出題で，小問数はやや多めであったが，以前よりも解きやすく易しい傾向は今回も見られた。

● 状況が変化していく問題や1つ1つていねいに調べていく問題がよく出題されるので，時間配分を意識して過去問などで練習しておこう。答えのみの出題形式であるが，今年出題された式による証明の他，図形の証明も出題された年もあるので，基本的な記述力もつけておこう。

---

1 よく出る　基本　次の問いに答えよ。

問1　次の計算をせよ。
$$\frac{(-2\sqrt{3})^3}{\sqrt{2}} - (2-\sqrt{7})(2+\sqrt{7}) - (-6^2) \div (-3)$$

問2　次の方程式を解け。
$(x-2)^2 + (x-1)^2 + x - 6 = 0$

問3　図のような四角形 ABCD があり，2つの対角線 AC と BD の交点を E とする。∠BAC = 68°，∠ACB = 52°，∠ACD = 32°，∠BEC = 100° であるとき，∠CAD の大きさを求めよ。

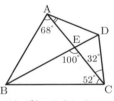

問4　ある中学校で A 班と B 班のそれぞれ 10 人に小テストを行った。この小テストは 10 問あり，1問につき1点で満点は 10 点である。下の表は，それぞれの班の小テストの点数をまとめたものである。次の問いに答えよ。

| A班（点） | 7 | 9 | 2 | 4 | 5 | 8 | 9 | 7 | 2 | 3 |
| B班（点） | 4 | 8 | 3 | 8 | 3 | 7 | 6 | 4 | 8 | a |

(1) A 班の小テストの点数の範囲と B 班の小テストの点数の範囲が等しくなるような a の値として考えられるものをすべて求めよ。

(2) A 班の小テストの点数の中央値と B 班の小テストの点数の中央値が等しくなるような a の値を求めよ。

問5　0.2%の食塩水 100g に，0.3%と 0.6%の食塩水をそれぞれ何 g かずつ加えて，0.5%の食塩水 A を作った。さらに，食塩水 A の水をすべて蒸発させると食塩が 5g 残った。このとき，0.6%の食塩水を何 g 加えたか求めよ。

---

2 思考力　立方体の各面に1から6の数字が1つずつ書かれたサイコロが1つある。このサイコロの各面に書かれた数字は書きかえることができる。このサイコロを使って，次の【操作】を繰り返し行う。

【操作】このサイコロを投げて出た目を確認する。
　　　　出た目が1から6のとき，出た目の約数にあたる数字をすべて0に書きかえる。
　　　　出た目が0のとき，数字は書きかえない。
1回目の【操作】では出た目が0になることはない。

例えば，1回目の【操作】で出た目が6のとき，6の約数である1，2，3，6の数字をすべて0に書きかえる。その結果，2回目の【操作】では，各面に0，0，0，4，5，0の数字が書かれたサイコロを使う。

次の問いに答えよ。ただし，サイコロのどの面が出ることも同様に確からしいとする。

問1　【操作】を3回行うとき，各回の【操作】で出た目の数の和として考えられる値のうち，最大の値と，2番目に大きな値を求めよ。

問2　【操作】を2回行うとき，各回の【操作】で出た目の数の和が5となる確率を求めよ。

問3　【操作】を2回行った後，各面に書かれた数字のうち，0がちょうど4つになる確率を求めよ。

---

3 よく出る　図1の △ABC は，AB = AC = 9cm，BC = 6cm の二等辺三角形である。∠ABC の二等分線上に AD ∥ BC となる点 D をとり，辺 AC と線分 BD との交点を E とする。また，点 E から辺 AB にひいた垂線と辺 AB との交点を F とする。このとき，次の問いに答えよ。

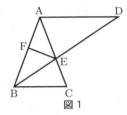

図1

問1　基本　線分 AD の長さを求めよ。
問2　線分 EF の長さを求めよ。
問3　図2は，図1において点 D を通り辺 AB に平行な直線と直線 BC との交点を G とし，さらに線分 CD をひいたものである。このとき，△DCG の面積は △DCE の面積の何倍であるか求めよ。

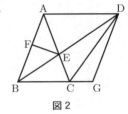

図2

---

4 x と y はともに1けたの自然数で $x > y$ とする。十の位が x で，一の位が y である2けたの自然数を A とする。また，十の位が y で一の位が x である2けたの自然数を B とする。次の問いに答えよ。

問1　$A^2 - B^2$ が 99 の倍数であることを証明せよ。
問2　思考力　$A^2 - B^2 = 4752$ となるような自然数 A をすべて求めよ。
問3　思考力　$A^2 - B^2 = C$ とする。C として考えられる数のうち，千の位が5であるものは全部で何個あるか求めよ。

---

5 図1，図2，図4は，1目もりが 1cm の方眼の中に数直線をかきこんだものであり，数直線には方眼の目もりに合わせて数を対応させている。また，図2，図4では，図1のような1辺が 2cm の正方形 ABCD が，辺 AB と数直線が重なるように動いている。数直線で点 A に対応する数を x とするとき，次の問いに答えよ。

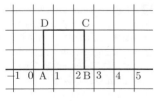

図1

問1　図2のように方眼に斜線をつけた。斜線をつけた部分は2つの長方形である。正方形ABCDと斜線をつけた部分が重なるところの面積を $y\,\mathrm{cm}^2$ とする。x の変域が $0 \leqq x \leqq 4$ のときの x と y の関係を表すグラフを図3にかけ。

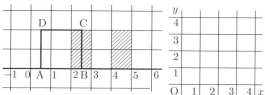

図2　　　　図3

問2　図4のように方眼に斜線をつけた。斜線をつけた部分は直角二等辺三角形である。正方形ABCDと斜線をつけた部分が重なるところの面積を $y\,\mathrm{cm}^2$ とする。x の変域が $0 \leqq x \leqq 1$ のときに $y = \dfrac{5}{2}$ となるような x の値を求めよ。

図4

問3　[思考力]　方眼のある部分に斜線をつけた。正方形ABCDと斜線をつけた部分が重なるところの面積を $y\,\mathrm{cm}^2$ とすると、x の変域が $-2 \leqq x \leqq 2$ のときの x と y の関係を表すグラフが図5のような放物線の一部になった。このとき、斜線をつけた部分として考えられるものはたくさんある。そのうちの1つの例を、図6の太線で囲んだ枠の中の方眼に斜線をつけて示せ。

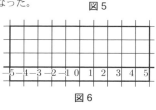

図5

図6

出題傾向と対策

- マークシート方式の大問が4題、小問の分量はほぼ例年通りであった。**1**は小問集合、**2**は関数の総合問題、**3**は数と式の総合問題、**4**は平面図形の総合問題で出題内容、問題の難易度ともに例年通りであった。
- 基本から標準の問題を中心に出題内容に偏りがない。**1**のような小問は教科書の章末問題を全範囲もれなく勉強することが一番の対策である。**2**はグラフを読む問題（ダイヤグラムの問題）であるが、このような「工科系らしい問題」が出題される。また、**3**のように少し考えさせる問題（思考力をみる問題）が出題される。

1 [よく出る]　次の各問いに答えなさい。

(1) $\dfrac{1}{\sqrt{3}} \div \left(-\dfrac{1}{2}\right)^2 - \sqrt{6} \times \dfrac{\sqrt{2}}{4}$ を計算すると $\dfrac{\boxed{ア}\sqrt{\boxed{イ}}}{\boxed{ウ}}$ である。 (5点)

(2) x についての2次方程式 $x^2 + ax - 6 = 0$ の解の1つが -3 であるとき、a の値は $\boxed{エ}$ であり、もう1つの解は $\boxed{オ}$ である。 (5点)

(3) 関数 $y = -\dfrac{1}{4}x^2$ について、x の値が -3 から 7 まで増加するときの変化の割合は $\boxed{カキ}$ である。 (5点)

(4) 右の図のように、関数 $y = ax^2$ のグラフ上に2点A、Bがあり、関数 $y = -x^2$ のグラフ上に2点C、Dがある。線分ABと線分CDは x 軸に平行である。A、Dの x 座標はそれぞれ2、1であり、台形ABCDの面積は11である。このとき、$a = \dfrac{\boxed{ク}}{\boxed{ケ}}$ である。ただし、$a > 0$ である。

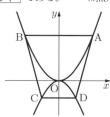

(5点)

(5) 箱の中に、1、2、3、4、5、6の数字を1つずつ書いた6枚のカードが入っている。この箱の中から、カードを同時に2枚取り出すとき、この2枚のカードの数字の和が素数となる確率は $\dfrac{\boxed{コ}}{\boxed{サシ}}$ である。ただし、どのカードが取り出されることも同様に確からしいものとする。 (5点)

(6) 右の図は、ある中学3年生40人が行った10点満点の試験の点数をヒストグラムで表したものである。平均値を x、中央値（メジアン）を y、最頻値（モード）を z とするとき、x、y、z の関係を正しく表している不等

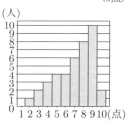

式を，下の@から①までの中から選ぶと ス である。
(5点)

ⓐ $x<y<z$ ⓑ $x<z<y$ ⓒ $y<x<z$
ⓓ $y<z<x$ ⓔ $z<x<y$ ⓕ $z<y<x$

(7) 右の図において，△ABC の辺 AB，AC の中点をそれぞれ D，E とする。線分 BC 上に BF : FC = 1 : 3 となる点 F をとり，線分 AF と線分 DE の交点を G とする。このとき，△ADG の面積を S，四角形 EGFC の面積を T として $S:T$ を最も簡単な自然数比で表すと セ ： ソ である。
(5点)

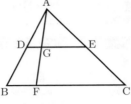

(8) 右の図のように，AB = 6 cm，BC = 8 cm の長方形 ABCD を底面とし，OA = OB = OC = OD の四角錐がある。この四角錐の体積が 192 cm³ であるとき，OA = タチ cm である。
(5点)

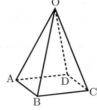

2 A さんと B さんは，公園内にある P 地点と Q 地点を結ぶ 1 km のコースを走った。下の図は，A さんと B さんがそれぞれ 9 時 x 分に P 地点から y km 離れているとして，グラフに表したものである。

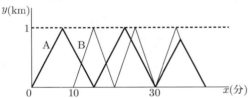

・9 時から 9 時 30 分まで
　A さんは 9 時に P 地点を出発し，一定の速さで走った。そして P 地点と Q 地点の間を 2 往復し，9 時 30 分に P 地点に戻った。
　B さんは 9 時 10 分に P 地点を出発し，A さんより速い一定の速さで走った。そして P 地点と Q 地点の間を 2 往復し，9 時 30 分に A さんと同時に P 地点に戻った。
・9 時 30 分より後
　9 時 30 分に 2 人は同時に，それぞれそれまでと同じ速さで P 地点を出発した。
　B さんは Q 地点で折り返して，A さんと出会ってからは A さんと同じ速さで走って P 地点に戻った。
　A さんは B さんと出会うと，そこから引き返し，それまでと同じ速さで B さんと一緒に走って同時に P 地点に戻った。そこで，2 人は走り終えた。
このとき，次の各問いに答えなさい。

(1) A さんが初めて Q 地点で折り返してから P 地点に戻るまでの x と y の関係を式で表すと
$y = -\dfrac{ア}{イウ}x + エ$ である。また，B さんが 9 時 10 分に P 地点を出発してから Q 地点で折り返すまでの x と y の関係を式で表すと $y = \dfrac{オ}{カ}x - キ$ で

ある。
(6点)

(2) A さんが 9 時に P 地点を出発した後，初めて 2 人が出会うのは，P 地点から ク ． ケ km 離れている地点である。
(4点)

(3) 2 人が最後に P 地点に戻ったのは 9 時 コサ 分である。
(5点)

(4) A さんは合計で シ ． ス km 走った。
(5点)

3 思考力　図 1 のように，横にとなり合う 2 つの正方形の中に書かれた数の和が，その 2 つの正方形の真上にある正方形の中の数になるようにする。このとき，次の各問いに答えなさい。

図 1

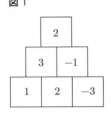

(1) 図 2 において，$a = $ ア ，
$b = p + $ イ $q + $ ウ $r + s$，
$c = \dfrac{エオ}{カ}$ である。
(8点)

図 2

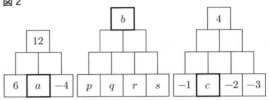

(2) 図 3 において，どの正方形の中にも，絶対値が 6 以下の整数しか入らないこととする。このとき，どのように数を入れても，$d = $ キ である。よって，条件を満たす e は，全部で ク 個ある。
(6点)

図 3

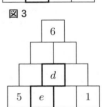

(3) 図 4 において，
$f = $ ケコ ，
$g = $ サ である。
(6点)

図 4

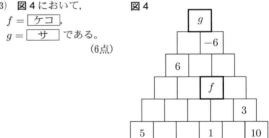

4 図 1 のように，長さ 2 の線分 AB を直径とする円 O の周上に点 C をとる。点 C から線分 AB に垂線を引き，その交点を H とすると，AH : CH = 2 : 1 である。
このとき，次の各問いに答えなさい。

図 1

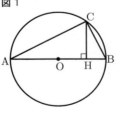

(1) AH = $\dfrac{ア}{イ}$ である。
(5点)

(2) 図2のように、弧ABの点Cのある側に AD = AH となるように点Dをとり、∠ADBの二等分線と線分ABの交点をEとする。このとき、

∠ADE = ウエ °

AE = オ/カ

である。

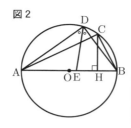

図2

(10点)

(3) 図3のように、図2の線分DEをEの方向に延ばした直線と円Oの交点をFとする。このとき、

EF = (キ√ク)/ケ

である。

(5点)

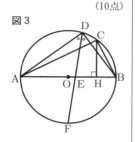

図3

東京都立産業技術高等専門学校

時間 50分　満点 100点　解答 P87　2月14日実施

※ 注意　答えに根号が含まれるときは、根号を付けたままで表しなさい。
　円周率はπを用いなさい。
　答えに分数が含まれるときは、それ以上約分できない形で表しなさい。

出題傾向と対策

● 1 は計算中心の小問集合、2 は方程式の文章題などの小問集合、3 はグラフと図形、4 は平面図形、5 は空間図形で、大問数5、小問数20であり、難易度、分量ともに例年通りであった。
● 基本的な問題を中心にして、計算分野、図形分野などバランスよく出題される傾向に変わりはない。今年は確率や資料の活用からの出題はないが、全分野について、教科書でしっかり復習しておこう。同じ題材を使っての問題がよく見られるので、過去問にもしっかり取り組もう。

1 よく出る 基本　次の各問に答えよ。

〔問1〕 $\left(\dfrac{3}{4} - \dfrac{5}{6}\right) \times \dfrac{-2+4+6}{2-3+4}$ を計算せよ。

〔問2〕 $3 \times 2^3 \times \left(-\dfrac{1}{6}\right)^2$ を計算せよ。

〔問3〕 $a + \dfrac{b}{3} - \dfrac{5a+2b}{5}$ を計算せよ。

〔問4〕 連立方程式 $\begin{cases} 2x + 3y = 42 \\ x - 2y = -7 \end{cases}$ を解け。

〔問5〕 $a = \dfrac{\sqrt{3}}{2}$, $b = \dfrac{1}{2}$ のとき、$(2a+b)^2 + (a-2b)^2$ の値を求めよ。

〔問6〕 2次方程式 $(x+3)^2 - 5(x+4) - 1 = 0$ を解け。

〔問7〕 次の等式が成り立つように、①、② に当てはまる正の数を求めよ。
　$x^2 - 6x - 7 = (x - ①)^2 - ②$

2 よく出る 基本　次の各問に答えよ。

〔問1〕 2020を素因数分解せよ。

〔問2〕 Tさんは、A地点からB地点までの上り坂を時速3.3 kmで歩き、続けてB地点からC地点までの下り坂を時速4.2 kmで歩いたところ合計1時間かかった。A地点からB地点までの道のりとB地点からC地点までの道のりの合計は3.6 kmであった。
　B地点からC地点まで歩くのにかかった時間は何分か。

〔問3〕 5%の食塩水 x g と10%の食塩水 y g を混ぜると、7%の食塩水が120 g できる。
　x の値を求めよ。

〔問4〕 関数 $y = ax^2$ について、x の値が1から3まで増加するときの変化の割合は -2 である。
　a の値を求めよ。

3 右の図で，点Oは原点，曲線 l は関数 $y = \dfrac{8}{x}$ のグラフを表している。

点Aと点Pは曲線 l 上にあり，x 座標はそれぞれ -2，t である。ただし，$t > 2$ とする。点Aと点Pを結び，線分APと x 軸および y 軸との交点をそれぞれQ，Rとする。さらに，点Aを通り y 軸に平行な直線と x 軸との交点をBとし，点Aと点Bを結ぶ。

次の各問に答えよ。

〔問1〕 **基本** 点Pの y 座標が2のとき，線分APの中点の x 座標を求めよ。

〔問2〕 $t = 8$ のとき，点Bと点Pを結ぶ。直線 $y = x + k$ が △ABP の3辺 AB, AP, BP のいずれかと必ず交わるとき，k のとる値の範囲を不等号を使って，$\boxed{} \leq k \leq \boxed{}$ で表せ。

〔問3〕 $t = 6$ のとき，△ABQ の面積を S_1，△ROQ の面積を S_2 とし，S_1 と S_2 の比を最も簡単な整数の比で表せ。

4 **よく出る** 右の図で，点Oは長さ 12 cm の線分ABを直径とする半円の中心である。点Pは線分AO上にあり，点A，点Oのいずれにも一致しない。

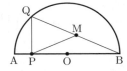

点Pを通り線分AOに垂直に交わる直線と $\overset{\frown}{AB}$ との交点をQとし，点Pと点Q，点Qと点Bをそれぞれ結ぶ。線分QBの中点をMとし，点Mと点Pを結ぶ。

次の各問に答えよ。

〔問1〕 $\overset{\frown}{AQ}$ の長さと $\overset{\frown}{QB}$ の長さの比が $2:3$ のとき，∠PQB は何度か。

〔問2〕 AP : PO = 1 : 2 のとき，△PQM の面積は何 cm² か。

〔問3〕 △PQM が正三角形になるとき，線分 PM の長さは何 cm か。

5 右の図に示した立体は，底面が点Oを中心とする半径 3 cm の円であり，頂点をAとする円すいを表している。線分ABは円すいの母線であり，長さは 5 cm である。点Pは母線AB上にあり，点A，点Bのいずれにも一致しない。点Qは円Oの周上にあり，点Bに一致しない。

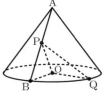

点Bと点O，点Pと点O，点Qと点O，点Pと点Qをそれぞれ結ぶ。

次の各問に答えよ。

〔問1〕 **基本** 円すいの体積は何 cm³ か。

〔問2〕 **思考力** PB = PO, ∠BOQ = 90° のとき，線分 PQ の長さは何 cm か。

〔問3〕 頂点Aと点Qを結ぶ。$\overset{\frown}{BQ}$ に対する中心角 ∠BOQ が 60° のとき，円すいの側面のうち母線AB，母線AQおよび $\overset{\frown}{BQ}$ で囲まれた図形の面積は何 cm² か。

私立高等学校

愛光高等学校
時間 60分　満点 100点　解答 P89　1月18日実施

* 注意　**1** は答だけでよいが，**2 3 4 5 6** は式と計算を必ず書くこと。

出題傾向と対策

● 大問は6題で，**1** の小問集合を含めて，例年どおりの傾向と分量を保っている。2020年も方程式の文章題の比重が大きい。**1** のように，答の数値のみを要求する問題もあるが，大部分の設問は証明も含めて途中経過の記述も要求されている。

● **1** の小問を仕上げてから，他の大問に進む。方程式の文章題，放物線と直線，図形の計量と証明，確率などが毎年必ず出題される。記述量，計算量がやや多いので，時間配分にも注意して得意分野の問題から解くとよい。

---

1 よく出る　次の(1)～(5)の [　] に適する数または式を記入せよ。

(1) 基本　$x^3y - 5x^2y - 6xy$ を因数分解すると [①] である。

(2) 基本　$(3ab)^3 \times \left(-\dfrac{2a}{b^2}\right)^3 \div \left(-\dfrac{3a^5}{b^3}\right) \times \dfrac{ab}{18}$ = [②]

(3) 基本　$\sqrt{1.08} \times \left(\dfrac{2}{\sqrt{18}} + \sqrt{18}\right) + (\sqrt{2} - \sqrt{3})^2$ = [③]

(4) 思考力　2020に3桁の整数 [④] をかけると平方数になる。また，2020に2020以外の4桁の整数 [⑤] または [⑥] をかけると平方数になる。

(5) 右の図は正七十二角形の一部で，A, B, C, D, E はとなり合う頂点である。2つの対角線 AC, BE の交点をFとするとき，∠ABC = [⑦]°，∠BFC = [⑧]° である。

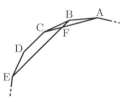

---

2 よく出る　ある電力会社では，1ヶ月の電気料金を次のア，イ，ウのように定めている。

ア．使用した電力量が 120 kWh（キロワット時）を超えないときは，使用した電力量に関係なく基本料金 x 円だけである。

イ．使用した電力量が 120 kWh を超えて 300 kWh までは，その超えた分 1 kWh につき，y 円を基本料金に加える。

ウ．使用した電力量が 300 kWh を超えるときは，その超えた分 1 kWh につき，1.25y 円を 300 kWh のときの電気料金に加える。

ある家庭では，8月に 376 kWh 使用し，6340 円の料金を支払った。しかし，このあと10月に基本料金だけが 5% 値上がりしたので，12月には 294 kWh 使用し，4362 円の料金を支払った。このとき，x, y の値を求めよ。

3 よく出る　縦 10 cm，横 14 cm の長方形の紙がある。この紙の四隅から，同じ大きさの正方形を切り取って折り曲げてふたのない直方体の容器を作ったが，誤って予定していたよりも切り取る正方形の1辺の長さを 1 cm だけ小さくしてしまったため，予定より容積が 24 cm³ だけ増えた。はじめに切り取る予定だった正方形の1辺の長さを求めよ。

4 よく出る　右の図のように，放物線 $y = 2x^2$ と直線 $y = x + 3$ が2点 A, B で交わっている。このとき，次の問いに答えよ。

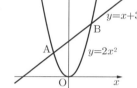

(1) 2点 A, B の座標を求めよ。

(2) 思考力　AB を1辺とする正方形 ABCD を作る。ただし，2点 C, D の y 座標はともに正である。原点を通り，この正方形の面積を2等分する直線の方程式を求めよ。答だけでよい。

(3) $y = 2x^2$ 上に点 E をとる。三角形 ABE の面積が，(2)の正方形 ABCD の面積の半分になるとき，点 E の x 座標をすべて求めよ。

5 正六角形 ABCDEF がある。大小2つのさいころを同時に投げて，出た目の数をそれぞれ a, b とする。このとき，次の問いに答えよ。

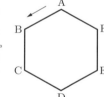

(1) よく出る　基本　点 P は最初頂点 A にあり，$a + b$ の値の分だけ
A → B → C →…→ F → A → B →…
のように頂点を順に移動する。このとき，点 P が頂点 C にある確率を求めよ。

(2) 点 P は最初頂点 A にあり，$a(b+1)$ の値の分だけ(1)と同じように移動する。このとき，点 P が頂点 D にある確率を求めよ。

6 右の図のように AB を直径とする円の周上に，AC = 2，AD = $2\sqrt{7}$，CD = 6 となるように2点 C, D をとる。A から線分 CD に垂線 AH を引く。このとき，次の問いに答えよ。

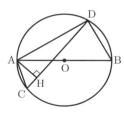

(1) CH の長さを求めよ。

(2) よく出る　△ACH∽△ABD を証明せよ。

(3) 2つの線分 AB, AD と A を含まない弧 BD で囲まれた部分の面積を求めよ。

青山学院高等部

時間 50分　満点 100点　解答 P90　2月12日実施

＊注意 π, $\sqrt{\ }$ はそのままでよい。

出題傾向と対策

●大問8問で，**1**は平方根の計算，**2**は確率，**3**は関数 $y = ax^2$，**4**は連立方程式，**5**は平面図形，**6**は空間図形，**7**，**8**は平面図形の問題であった。昨年の大問**1**が**1**と**2**に分かれて大問の数は増えたが，分量は変わらない。難易度，問題構成も例年通りであった。

●大問の数は多いが全体の問題数はそれほど多くない。過去問を活用して時間配分の練習をしておくとよい。また平面図形の分野からの出題が多いので，広範囲での練習をするとよいだろう。

1 よく出る 次の計算をせよ。

$$\sqrt{\frac{(22^2 - 11^2) \times (26^2 - 13^2)}{11 \times 22 \times 39 \times 52}}$$

2 よく出る 図のように，正六角形が無限に続く格子がある。点Pは，はじめ点Aにあり，1回くじを引くたびに正六角形の辺上を移動し，隣接する頂点へ移動する。点Pの進む方向は，くじによって決まり，どの方向に進む確率も $\frac{1}{3}$ である。次の確率を求めよ。

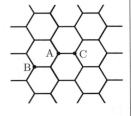

(1) くじを2回引いたとき，
　(ア) 点Pが点Bにある確率
　(イ) 点Pが点Aにある確率
(2) くじを3回引いたとき，点Pが点Cにある確率

3 よく出る 図のように，関数 $y = ax^2$ ($a > 0$) のグラフと直線 l が2点A，Bで交わり，A，Bの x 座標はそれぞれ -2 と 4 である。また，直線 l と y 軸との交点をCとすると，Cの y 座標は2である。

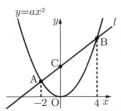

(1) a の値を求めよ。
(2) 直線 OB 上に点Dがあり，直線 CD は △OAB の面積を2等分する。点Dの座標を求めよ。
(3) $y = ax^2$ のグラフ上に点Pをとる。△OAB と △PAB の面積が等しくなるような点Pの x 座標をすべて求めよ。ただし，0は除く。

4 思考力 2000年のシドニーオリンピックからトライアスロンがオリンピック競技に加わった。トライアスロンとは，水泳 1.5 km，自転車 40 km，ランニング 10 km の3種目をこなす競技である。この競技にAとBの2人が挑戦した。水泳では，Aの速さは時速 2 km，Bの速さは時速 3 km であった。自転車では，Aの速さはBの速さの 1.25 倍であり，ランニングではBの速さがAの速さの 1.25 倍であった。また，Bが自転車とランニングにかかった時間は合わせて2時間40分であった。3種類の種目を終えてゴールしたとき，Bの方がAより1分早くゴールした。以下の問いに答えよ。ただし，次の種目に移る時間は考えないものとする。

(1) 水泳にかかった時間は A，B それぞれ何分か。
(2) Aの自転車にかかった時間とBのランニングにかかった時間はそれぞれ何分か。

5 よく出る 1辺の長さが 6 cm の正三角形 ABC があり，辺 AB，AC の中点をそれぞれ M，N とする。図のように，1辺の長さが 3 cm の正三角形 DEF を辺 DF が線分 AM に重なるように置く。次に，正三角形 ABC の辺上にない正三角形 DEF の頂点が，正三角形 ABC の頂点または各辺の中点に重なるように，時計まわりに次々と回転させる。正三角形 DEF の1辺が線分 AN と重なるまでに正三角形 DEF の頂点Dが動いてできる曲線の長さを求めよ。

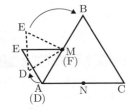

6 よく出る 1辺の長さが 1 cm の正方形がある。図のように，正方形の各辺を底辺とする高さが x cm の二等辺三角形を切り取り，残りを図の破線に沿って折り曲げて，四角すいを作る。ただし，$0 < x < \frac{1}{2}$ とする。

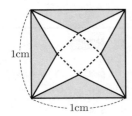

(1) この四角すいの底面となる正方形の面積を x を用いて表せ。
(2) この四角すいの高さを x を用いて表せ。

7 よく出る 図のように，AB = 1 cm，AD = 2 cm の長方形 ABCD と $\angle CAE = 90°$ の直角三角形 CAE がある。線分 ED と AB，AC の交点をそれぞれ F，G とする。

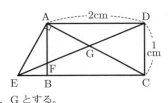

(1) AE の長さを求めよ。
(2) FG : GD を最も簡単な整数の比で表せ。
(3) 四角形 FBCG の面積を求めよ。

8 よく出る 図のように，円 O に内接している △ABC がある。AB は円の直径で，AB = 5 cm，AC = 4 cm である。また，∠BAC の二等分線と円の交点を D，辺 BC との交点を E とする。

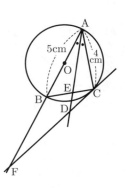

(1) AE の長さを求めよ。
(2) DE の長さを求めよ。
(3) 点Cにおける円の接線と直線 AB との交点を F とする。BF の長さを求めよ。

市川高等学校

時間 50分　満点 100点　解答 P91　1月17日実施

* 注意　比を答える場合には，最も簡単な整数の比で答えること。

出題傾向と対策

● **1** 平面図形，**2** 数の性質，**3** 場合の数，**4** 空間図形，**5** 関数と順番は昨年と変わっているが出題範囲は変わらず，分量も例年通りである。

● 今年の記述問題も証明であった。2年連続で基本的な証明問題が出題されている。**1** の(2)～(4)のように，中高一貫校向けの副教材，教科書の発展事項で扱っている性質を用いると見通しがよい問題もよく出題されるので準備をしておくこと。今年は高校入学以降に学習する内容を中学生でも解けるようにアレンジした積極的な問題が多数出題された。初見の問題を手際よく解く訓練もしておいた方がよい。

1 よく出る　次の問いに答えよ。

(1) 基本　図1において，円Oは線分PQを直径とする円である。また，点Rは円Oの周上の点であり，2点P，Qと異なる点である。このとき，∠PRQ = 90°であることを示せ。ただし，『1つの弧に対する円周角は，その弧に対する中心角の半分である（円周角の定理）』を用いてはならない。

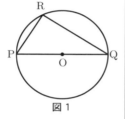

図1

ここで，図2のように，AB > ACである△ABCの∠Aの内角の二等分線と直線BCとの交点をD，∠Aの外角の二等分線と直線BCとの交点をEとする。

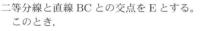

図2

このとき，
　　AB : AC = BD : DC = BE : EC
が成り立つことが分かっている。AB = 5，BC = a，CA = $2\sqrt{2}$ とするとき，次の問いに答えよ。

(2) BDの長さを a を用いて表せ。
(3) CEの長さを a を用いて表せ。
(4) 3点A，D，Eを通る円の中心をFとするとき，BF : FCを求めよ。

2 思考力　4で割って1余る素数は，必ず自然数の平方数の和で表すことができることが分かっている。例えば，$13 = 2^2 + 3^2$ である。このとき，次の問いに答えよ。

(1) 2020を素因数分解せよ。
(2) $(ac + bd)^2 + (ad - bc)^2$ を因数分解せよ。
(3) 2020を2つの自然数の平方数の和で2通り表せ。

3 よく出る　1辺の長さが1の立方体を積み重ねて直方体を作り，この直方体に含まれる様々な大きさの立方体の個数について考える。

例えば，右の図のような，3辺の長さがそれぞれ2，3，2の直方体に含まれる立方体の個数は，1辺の長さが1の立方体が12個，1辺の長さが2の立方体が2個，1辺の長さが3以上の立方体が0個であるから，全部で14個である。

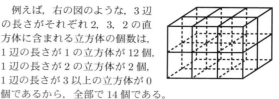

(1) 3辺の長さがそれぞれ n，n，4の直方体について，次の問いに答えよ。ただし，n は4以上の自然数とする。
　① この直方体に含まれる1辺の長さが2の立方体の個数を n を用いて表せ。
　② この直方体に含まれる様々な大きさの立方体の個数が全部で500個であるとき，n の値を求めよ。

(2) 一般に，n が自然数のとき，
$$1^3 + 2^3 + 3^3 + \cdots + n^3 = \left\{\frac{1}{2}n(n+1)\right\}^2$$
が成り立つことが分かっている。

例えば，$n = 5$ のとき，
$$1^3 + 2^3 + 3^3 + 4^3 + 5^3 = \left\{\frac{1}{2} \times 5 \times (5+1)\right\}^2 = 225$$
である。

ここで，3辺の長さがそれぞれ n，n，n の立方体について，この立方体に含まれる様々な大きさの立方体の個数が全部で44100個であるとき，n の値を求めよ。

4 よく出る　1辺の長さが2の立方体 ABCD − EFGH がある。3点A，C，Fを通る平面でこの立方体を切断したときにできる2つの立体のうち，点Dを含む立体について考える。このとき，次の問いに答えよ。

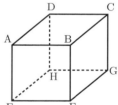

(1) 点Dから点Fまで糸をかける。かける糸の長さが最も短くなるときの，糸の長さを求めよ。
(2) 点Dから切断面を通って点Gまで糸をかける。かける糸の長さが最も短くなるときの，糸の長さを求めよ。

5 原点をOとする座標平面上に，関数 $y = \dfrac{1}{x}$ のグラフがある。$A\left(\sqrt{2}, \dfrac{1}{\sqrt{2}}\right)$，$B(-\sqrt{2}, -\sqrt{2})$，$C(\sqrt{2}, \sqrt{2})$ として，次の問いに答えよ。

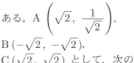

(1) $AB - AC$ の値を求めよ。
(2) 2点B，Cからの距離の差が，(1)で求めた値と等しくなるような点の座標として，適するものを次の中からすべて選び，記号で答えよ。なお，適するものがないときは「なし」と答えよ。

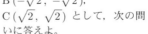

　① $\left(\dfrac{1}{\sqrt{2}}, \sqrt{2}\right)$　② $\left(-\sqrt{2}, -\dfrac{1}{\sqrt{2}}\right)$
　③ $(-1, -1)$

(3) 3点A，B，Cを通る円の中心Dの座標を求めよ。
(4) 3点A，B，Cを通る円周上に点Eをとるとき，△ABEの面積の最大値を求めよ。

江戸川学園取手高等学校

時間 60分　満点 100点　解答 P92　1月15日実施

* 注意
  ・分数は，分母を有理化し，既約分数にすること。また，小数に直さないこと。
  ・答えに $\sqrt{}$ が含まれる場合は，$\sqrt{}$ を用いたままにし，小数に直さないこと。
  ・$\sqrt{}$ の中は最も小さい正の整数にすること。
  ・円周率は π を用いること。

出題傾向と対策

● 例年通り，大問4問からなる構成であった。**1** は5題の小問集合，**2** は確率，**3** は新傾向の関数のグラフと図形に関する問題，**4** は空間図形であった。
● **2** ～ **4** には，答えだけでなく解答手順の記述を求められる問題が含まれているので，記述の練習をしっかりとしておこう。
● 計算がやや面倒な問題が出題されているので，標準レベル以上の問題集と過去問を参考に準備をしよう。

---

1 次の各問いに答えなさい。[いずれも解答のみを示しなさい。]

(1) $\left(\dfrac{-1+\sqrt{5}}{2}\right)^2 + \dfrac{-1+\sqrt{5}}{2} - 1$ を計算しなさい。

(2) 連立方程式 $\begin{cases} 2x + \dfrac{3+4y}{3} = 2 \\ \dfrac{-2x+1}{4} = y - 1 \end{cases}$ を解きなさい。

(3) 長さ 4 cm のひもが2本ある。1本のひもで正方形Aを作り，もう1本のひもで長方形Bを作った。AとBの面積比は 7 : 5 である。このとき，長方形Bの短い方の辺の長さを求めなさい。

(4) Oを中心とする半径 6 cm の円周上の4点 A，B，C，D の間に，$\stackrel{\frown}{AB} : \stackrel{\frown}{BC} : \stackrel{\frown}{CD} : \stackrel{\frown}{DA} = 2 : 4 : 3 : 3$ の関係が成り立つ。
  ① $\angle AOB$ の大きさを求めなさい。
  ② 四角形 ABCD の面積を求めなさい。

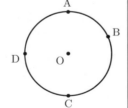

(5) **よく出る** 右図において2点 A，B の座標をそれぞれ (8, 0)，(0, 6) とする。線分AB上（ただし両端A，Bを除く）に1点Pをとり，Pから x 軸に下ろした垂線と x 軸の交点をQ，Pから y 軸に下ろした垂線と y 軸の交点をRとする。
  ① 直線 AB の式を求めなさい。
  ② 点Qの座標を $(a, 0)$ とする。$\triangle OPQ$ の面積が6となるような a の値を求めなさい。($0 < a < 8$)
  ③ Q，Rを通る直線が直線ABと平行になるとき，直線QRの式を求めなさい。

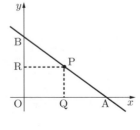

---

2 右図の正五角形 ABCDE 上の頂点AにPさんがいます。
  Pさんが振って出たサイコロの目の数の和だけ，Pさんは時計と反対方向に隣の頂点に移動します。
  例えばサイコロを2回振ってサイコロの目が1回目3，2回目4のとき，目の数の和は7となるので，Pさんは A → B → C → D → E → A → B → C と移動し，移動後の頂点はCとなります。[(1)，(2)は解答のみを示しなさい。(3)は解答手順を記述しなさい。]

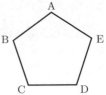

(1) **基本** Pさんがサイコロを1回振ったとき，Pさんが頂点Bにいる確率を求めなさい。

(2) Pさんがサイコロを2回振ったとき，次の確率を求めなさい。
  ① Pさんが頂点Bにいる確率。
  ② Pさんが頂点Eにいる確率。

(3) Pさんがサイコロを3回振ったとき，Pさんが頂点Aにいる確率を求めなさい。

---

3 **思考力** **新傾向** ある日太郎君と花子さんのクラスでは数学の授業で次の問題が宿題として出された。

宿題
  放物線 $y = x^2$ …① がある。
  放物線①と直線 $x = a (a > 0)$ と x 軸とで囲まれた部分（**図1**の斜線部分）の面積は $\dfrac{a^3}{3}$ …② で与えられることが分かっている。次の問いに答えなさい。

(1) 放物線①と直線 $x = 2$ と x 軸とで囲まれた部分の面積を求めなさい。
(2) 放物線①と直線 $y = 16$ とで囲まれた部分の面積を求めなさい。
(3) 放物線①と直線 $y = x + 2$ とで囲まれた部分の面積を求めなさい。

図1

太郎君と花子さんはこの宿題に対し，次のような会話をしている。
$\boxed{ア}$ ～ $\boxed{カ}$ に適当な数を入れなさい。ただし同一の記号のところには同一の数が入ります。

太郎：(1)は②で $a = \boxed{ア}$ とすれば求まるね。
花子：そうだね。そうなると(1)の答えは $\boxed{イ}$ となるね。
太郎：(2)の面積を求める部分は，**図2**の斜線部分になるね。

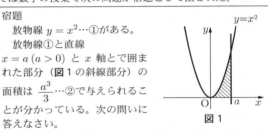

図2

花子：まず**図2**にある，放物線①と直線 $y = 16$ の交点A，Bの座標を求めてみよう。
A ($\boxed{ウ}$, 16)，B ($\boxed{エ}$, 16) となるね。($\boxed{ウ} < \boxed{エ}$)
次に直線 $x = \boxed{ウ}$ と x 軸の交点をC，直線 $x = \boxed{エ}$ と x 軸の交点をDとしたとき，長方形 ACDB の面積は $\boxed{オ}$ となるね。
この長方形 ACDB の面積から余分な部分の面積を引けば(2)の答えが出せるね。
太郎：なるほど。(2)の答えは $\boxed{カ}$ となるね。

花子：それでは太郎君(3)を解いてみよう。
面積を求める部分は**図3**の斜線部分になるね。
太郎君に代わり(3)の問題を解きなさい。
解答手順も記述しなさい。

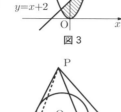
図3

4 図のように，1辺の長さが6の正方形を底面とし，PA = PB = PC = PD = 9 である正四角錐 PABCD がある。
また球 Q はこの正四角錐 PABCD のすべての面に接する内接球である。

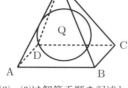

[(1)は解答のみを示しなさい。(2)，(3)は解答手順を記述しなさい。]
(1) △PAB の面積を求めなさい。
(2) 頂点 P から正方形 ABCD に下ろした垂線と，正方形 ABCD の交点を H とするとき線分 PH の長さを求めなさい。
(3) 球 Q の半径を求めなさい。

大阪星光学院高等学校

時間 60分　満点 120点　解答 p93　2月10日実施

出題傾向と対策

●例年と同様に，大問5題の出題である。**1**は小問の集合，**2**は関数 $y = ax^2$，**3**は確率，**4**は平面図形・空間図形，**5**は平面図形であり，例年とさほど変わっていない。また，今回も証明の記述が出題されている。
●**1**の小問集合では，標準以上の出題もなされている一方，大問のはじめには基本的な内容の出題もみうけられる。出題傾向は安定しているので，基礎・基本をしっかりと身につけた上で，過去問にもあたって，標準以上の入試問題でしっかりと練習していこう。

次の □ の中に正しい答えを入れなさい。

1 (36点)
(1) 基本　次の式を因数分解せよ。
$(x - 2y)^2 + (x + y)(x - 5y) + 7y^2 = \boxed{}$
(2) よく出る　$a = \dfrac{1}{\sqrt{5}+1}$, $b = \dfrac{1}{\sqrt{5}-1}$ のとき，
$(a - 4b)(b - 4a) = \boxed{}$
(3) 基本　右の図のように，円 O は直角三角形 ABC の2辺 AC, BC に接していて，中心 O は斜辺 AB 上にある。AC = 24，BC = 8 のとき，斜線部分の面積の和は □ である。

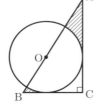

(4) $x^2 - y^2 = 80$ となる正の整数 x, y の組 (x, y) をすべて求めると，
$(x, y) = \boxed{}$ である。
(5) 右の図において，∠x の大きさは □ 度である。
ただし，l は円 O の接線である。

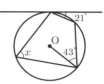

(6) 基本　次の①から④の文のうち，正しいものをすべて選ぶと， □ である。
① 4つの辺の長さが等しい四角形をひし形という。
② 4つの角の大きさが等しい四角形を長方形という。
③ 6つの辺の長さが等しい六角形を正六角形という。
④ 6つの角の大きさが等しい六角形を正六角形という。

2 よく出る　右の図のように，面積18の正方形 OABC がある。点 O，A，C は関数 $y = ax^2$ のグラフ上にあり，点 B は y 軸上にある。直線 BC と放物線の交点のうち C と異なる点を D とする。(20点)

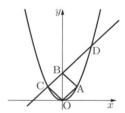

(1) 直線 BC の式は
$y = \boxed{}$ で，$a = \boxed{}$ である。
(2) △OCD の面積は □ である。
(3) 放物線上に点 P があり，△OCP の面積は △OCD の面積の2倍である。このとき，点 P の x 座標は □ または □ である。

3 1から6までの番号が書かれた6つの箱があり，1から6までの番号が書かれた6つの玉が袋に入っている。袋の中から無作為に玉を取り出して，箱に1つずつ玉を入れていく。(18点)
(1) 基本　1番の玉が1番の箱に入る確率は □ である。
(2) 偶数の番号の玉がすべて偶数の番号の箱に入る確率は □ である。
(3) 思考力　箱と玉に書かれた番号の組がすべて互いに素となる確率は □ である。ここで，互いに素とは，2つの整数の最大公約数が1であることをさす。

4 右の図のように，AB = 7, BC = 8, CA = 5 である △ABC の外接円の中心を O とし，直線 AO と外接円の交点を D とする。また，頂点 A から辺 BC に垂線 AH を下ろす。(25点)

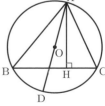

(1) AH の長さは □ である。
(2) △ABD ∽ △AHC を証明せよ。
(3) OA の長さは □ である。
(4) △ABC を底面とし，PA = PB = PC = 7 を満たす点 P をとるとき，四面体 PABC の体積は □ である。

5 右の図のように，1辺の長さが 10 の正方形 ABCD の辺 BC 上に，点 E を EC = 2 となるようにとり，対角線 AC 上に，点 F を FB = FE となるようにとる。 (21点)

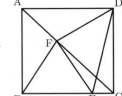

(1) ∠FBE = $a°$ とするとき，∠DFC，∠EFC の大きさをそれぞれ a を用いて表すと，
∠DFC = □ 度，∠EFC = □ 度である。
また，∠DFE，∠FDE の大きさを求めると，
∠DFE = □ 度，∠FDE = □ 度である。

(2) △CEF の外接円の半径は □ である。

開成高等学校

時間 60分　満点 100点　解答 P95　2月10日実施

＊ 注意　答えの根号の中はできるだけ簡単な数にし，分母に根号がない形で表すこと。
　　　　円周率は π を用いること。

出題傾向と対策

● 大問は4題で，**1** 小問2題のほか **2** 放物線と直線，**3** 場合の数，**4** 空間図形という出題であった。問題の質・量ともほぼ例年どおりであるが，**4**(4)が難しく，時間がかかる。また，図形についての証明が復活したが，それは連立方程式を解いた結果を考察するものであった。
● 平面図形，空間図形，放物線と直線，確率などの分野から総合的な思考力，応用力を試す問題が出題される。これらの頻出分野を中心に，良質の問題を十分に練習しておこう。また，証明問題についてもしっかりと準備しておこう。

1 次の問いに答えよ。ただし，答えのみ書くこと。
(1) 次の式を因数分解せよ。
$(x-21)^4 - 13(x-21)^2 + 36$
(2) **基本** 次の連立方程式を解け。
$\begin{cases} \sqrt{3}x + \sqrt{5}y = \sqrt{7} \\ \dfrac{1}{\sqrt{3}}x + \dfrac{1}{\sqrt{5}}y = \dfrac{1}{\sqrt{7}} \end{cases}$

2 **よく出る** O を原点，P の座標を $\left(-\dfrac{3}{2}, 0\right)$ とする。右図のように，$y = \dfrac{\sqrt{3}}{6}x^2$ のグラフ上に3点 A, B, C がある。ただし，∠OPA = ∠OPB = 30°，∠ABC = 60° である。このとき，次の問いに答えよ。ただし，(1)から(3)までは答えのみ書くこと。

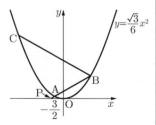

(1) **基本** 3点 A, B, C それぞれの座標を求めよ。
(2) 3点 A, B, C を通る円の中心の座標を求めよ。
(3) 点 B を接点とする(2)の円の接線の式を求めよ。

(4) $y = \dfrac{\sqrt{3}}{6}x^2$ のグラフ上にも(3)で求めた直線上にもある点は，点 B のみであることを証明せよ。

3 **新傾向** A, B はともに一の位が0ではない2桁の自然数であり，A と B の一の位の数は等しい。このとき，次の条件をみたす A, B の組は何組あるか。ただし，$A = 11, B = 21$ と $A = 21, B = 11$ のような組は異なる組と数えるものとする。
(1) A, B の一の位がともに 7 であり，積 AB が 7 で割り切れる。
(2) A, B の一の位がともに 6 であり，積 AB が 6 で割り切れる。
(3) 積 AB が A, B の一の位の数で割り切れる。

4 AB = AC = AD = 6, BC = BD = CD = 4 である四面体 ABCD がある。辺 AB の中点を P とし，辺 AC，AD 上にそれぞれ点 Q, R を AQ > AR となるようにとる。このとき，次の問いに答えよ。

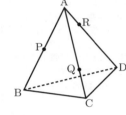

(1) **基本** △ABC の面積を求めよ。
(2) **基本** 辺 AC 上の点 H を ∠PHA = 90° となるようにとるとき，線分 AH の長さを求めよ。
(3) AQ = 4，PQ = PR のとき，線分 AR の長さを求めよ。
(4) **難** **思考力** △PQR が二等辺三角形であり，四面体 APQR の体積が四面体 ABCD の体積の $\dfrac{1}{324}$ となるような線分 AQ, AR の長さの組をすべて求めよ。

関西学院高等部

時間 60分 | 満点 100点 | 解答 P96 | 2月10日実施

＊ 注意　採点の対象になるので途中経過も必ず書くこと。

出題傾向と対策

- 大問は7問で、1は計算3題、2は計算2題、3は2次方程式の応用、4は関数 $y = ax^2$、5は連立方程式の応用、6は平面図形の証明問題、7は場合の数であった。全体の構成、分量ともに例年通りであった。
- 際立った難問は見当たらないが、着実に力をつけておかないと、はね返されてしまうセットである。1〜5では高いレベルの数式を処理する力が要求されている。ラスト2問の証明問題、数え上げは毎年出題されているので、しっかり準備しておこう。

1 よく出る 基本　次の式を計算せよ。

(1) $\left\{\dfrac{(x^2y^4)^3}{3} - \dfrac{(6x^3y^6)^2}{24}\right\} \div \left(-\dfrac{x^3y}{2}\right)^3 \times \dfrac{x^4}{28y^7}$

(2) $(\sqrt{2} + \sqrt{12})(10 - \sqrt{6}) - \dfrac{(\sqrt{6} - \sqrt{18})^2}{\sqrt{18}}$

(3) $\dfrac{(a-b)^2}{2} - \dfrac{(3a+b)(a-b)}{3} + \dfrac{(a+3b)(a-b)}{6}$

2 よく出る 基本　次の問いに答えよ。

(1) $a^3 + 2a^2b - 4ab^2 - 8b^3$ を因数分解せよ。

(2) 連立方程式
$\begin{cases} 3\left(\dfrac{5}{6}x + \dfrac{14}{3}\right) - 5\left(\dfrac{1}{3}y - \dfrac{14}{5}\right) = 33 \\ 2\left(\dfrac{5}{6}x + \dfrac{14}{3}\right) - 5\left(\dfrac{14}{5} - \dfrac{1}{3}y\right) = -3 \end{cases}$
を解け。

3 よく出る　x に関する2つの2次方程式
$x^2 - 4x + 3 = 0$ …①
$x^2 - a^2x + 6a = 0$ …②
がある。方程式①の大きい方の解が、方程式②の小さい方の解に等しいとき、定数 a の値を求めよ。

4　右図のように、放物線 $y = \dfrac{1}{2}x^2$ と直線 $y = ax + a (a > 0)$ が2点 A、B で交わっている。放物線上に y 座標が a である点 P をとると、その x 座標も a となる。このとき、△OAB の面積を求めよ。

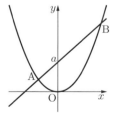

5　十の位の数が9である3桁の整数があり、百の位の数と一の位の数の和は9である。この整数の百の位と一の位の数を入れ替えてできる数は、もとの整数から200をひいた数の3倍に105を加えた数に等しい。このとき、もとの整数を求めよ。

6　同じ大きさの2つの円が2点で交わり、そのうちの1点をAとする。右図のように直線を引き、2円と交わる点を B, C, D, E とする。AB = AE が成立するとき、△ABC ≡ △AED となることを証明せよ。

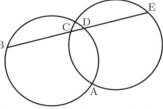

7 思考力　次の問いに答えよ。

(1) 1から5までの整数が一つずつ書かれた5枚のカードがある。2枚以上のカードを左から一列に並べて整数をつくるとき、254より小さいものはいくつできるか。

(2) 0から6までの整数が一つずつ書かれた7枚のカードがある。2枚以上のカードを左から一列に並べて整数をつくるとき、435より小さい5の倍数はいくつできるか。ただし、0は先頭に並べないものとする。

近畿大学附属高等学校

時間 50分 | 満点 100点 | 解答 P98 | 2月10日実施

出題傾向と対策

- 大問5題の出題で1計算の小問集合、2いろいろな分野からの小問集合、3整数の性質と場合の数、4関数の総合問題、5平面図形の問題であった。例年通りの出題順、出題内容である。
- 出題される問題は、高校入試としては定番の良問が多いので、普段の勉強でも入試によく出る良問を集めた問題集などで練習をしておくとよい。ただ、思考力の必要な問題も混ざっているので、普段からなぜそうなるのかと理由を考えながら問題を解いておくこと。

1 よく出る　次の問いに答えよ。

(1) $\dfrac{4x - 3y}{7} - \dfrac{3x - 2y}{5}$ を計算せよ。

(2) $\left\{(-2\sqrt{3})^3 + \dfrac{2}{\sqrt{3}}\right\} \times \sqrt{0.3}$ を計算せよ。

(3) $\dfrac{x^2}{6} - \dfrac{xy}{3} - \dfrac{y^2}{2}$ を因数分解せよ。

(4) 2次方程式 $(x+1)(x-5) = 4$ を解け。

2 よく出る　次の問いに答えよ。

(1) $\sqrt{\dfrac{72}{n}}$ が自然数となるような自然数 n の個数を求めよ。

(2) 2つの関数 $y = \dfrac{a}{x}$ と $y = 3x + b$ は、x の変域が $1 \leq x \leq 4$ のとき、y の変域が一致する。このとき、定数 a、b の値を求めよ。ただし、$a > 0$ とする。

(3) 2人でじゃんけんをしたとき、2人の出した手の指の本数の合計が奇数になる確率を求めよ。ただし、出した手の指の本数は、グーの場合0本、チョキの場合2本、パーの場合5本とし、グー・チョキ・パーの出し方は2人とも同様に確からしいものとする。

(4) 連立方程式 $\begin{cases} ax - y = b \\ x - ay = -2 \end{cases}$ の解が $\begin{cases} x = c \\ y = 1 \end{cases}$,

$\begin{cases} ax - 7y = 10 \\ x + y = b + 1 \end{cases}$ の解が $\begin{cases} x = 6 \\ y = c \end{cases}$ である。

このとき, a, b, c の値を求めよ。

(5) 1周 3m の線路を一定の速さで走る全長 25cm の鉄道模型 A と, 全長 35cm の鉄道模型 B がある。A の最後尾と B の最後尾を接触させて同時に反対の方向に走らせると, 16秒後に A と B の先頭同士が接触し, A の最後尾に B の先頭を接触させて同時に同じ方向に走らせると, 1分20秒後に A の先頭が B の最後尾に接触する。このとき, A, B の速さはそれぞれ秒速何 cm か求めよ。

3 思考力 次の文を読んで ア ～ キ に適する数を求めよ。

N を 3 桁の自然数とし, 百の位の数を a, 十の位の数を b, 一の位の数を c とおく。また,
$A = a + b$, $B = b + c$, $C = c + a$ とする。

(1) $A = 1$, $B = 2$, $C = 3$ とき, $N = $ ア である。
(2) $A = B = C$ となる N は全部で イ 個ある。
(3) $A + B + C = 8$ のとき, $a + b + c =$ ウ となる。
したがって, $A + B + C = 8$ となる N は全部で エ 個ある。
(4) $B = 5$, N が 5 の倍数となる N は全部で オ 個ある。
(5) $A = 9$, $C = 9$, N が 4 の倍数となる N は小さい順に カ , キ , 900 である。

4 よく出る 図のように, 放物線 $y = x^2$ と原点 O を通る直線 l_1 があり, その 2 つの交点のうち O 以外の点を A_1 とする。点 A_1 を通り直線 l_1 に垂直な直線を l_2 とし, l_2 と放物線 $y = x^2$ との交点のうち, 点 A_1 以外の点を A_2 とする。さらに点 A_2 を通り l_2 に垂直な直線を l_3 とし, l_3 と放物線 $y = x^2$ との交点のうち, 点 A_2 以外の点を A_3 とする。また, 3 点 O, A_1, A_2 を通る円を C_1, 3 点 A_1, A_2, A_3 を通る円を C_2 とする。点 A_1, A_2 の x 座標をそれぞれ 1, -2 とするとき, 次の問いに答えよ。

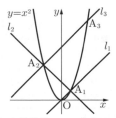

(1) 直線 l_1 の式を求めよ。
(2) 点 A_3 の座標を求めよ。
(3) 円 C_1 の中心の座標を求めよ。
(4) 円 C_2 の面積を求めよ。
(5) 円 C_1 の中心からの距離が最大となるような円 C_2 上の点の座標を求めよ。

5 よく出る 図のように, 円 O の円周上の 4 点 A, B, C, D を頂点とする四角形 ABCD がある。辺 AB は円 O の直径であり, AB = 10, BD = 6 である。また, OC // AD で, 直線 AB と直線 CD の交点を E とし, BD と OC の交点を F とする。このとき, 次の問いに答えよ。

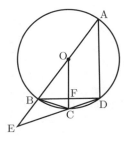

(1) 線分 AD の長さを求めよ。
(2) 線分 BC の長さを求めよ。
(3) 線分 BE の長さを求めよ。
(4) △BEC の面積を求めよ。

久留米大学附設高等学校

時間 60分 満点 100点 解答 p99 1月26日実施

出題傾向と対策

● 小問集合, 放物線と直線に関する問題, 確率, 平面図形 (証明問題あり), 立体の問題と出題内容はほぼ例年通りであった。
● 例年に比べて取り組みやすい問題が多かったが, その代わりに計算が大変であった。今年も 2 直線の直交条件 (傾きの積が -1) や接弦定理といった中高一貫校の中学生であれば学習する性質を使う問題が出題された。難関校向けの問題集などでそうした部分を補いながら全範囲を学習しよう。また, 毎年考えさせる問題が 1 問以上出題される。普段からじっくり考えて解く習慣をつけていないと太刀打ちできない。

1 次の各問いに答えよ。

(1) よく出る 連立方程式
$\begin{cases} (x + 3y) : (4x - 2y) = 3 : 5 \\ 3x - 5y = 12 \end{cases}$ を解け。

(2) よく出る $a = \sqrt{3} + \sqrt{15}$, $b = \sqrt{3} - \sqrt{15}$ のとき, $\dfrac{a^2 - ab + b^2}{a^2 + ab + b^2}$ の値を求めよ。

(3) よく出る 図のように, 線分 AB, CB を直径とする大小 2 つの半円があり, 小さい方の半円に点 A から接線を引き, 2 つの半円との接点と交点をそれぞれ D, E とする。2 つの半円のそれぞれの中心を O, O' とする。
$\angle AOE = 100°$ であるとき, $\angle BDE$ の大きさを求めよ。

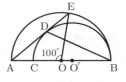

(4) $p + q = 20$, $p > q > 0$ を満たす異なる 2 つの正の整数 p, q の組は 9 組ある。この 9 組のうち, $\sqrt{p} + \sqrt{q}$ の値が大きいほうから 3 番目となる組を求めよ。

(5) $4m^3 + n^2 = 2020$ を満たす正の整数 m, n の組は 2 組ある。その 2 組を求めよ。

2 a を正の定数とする。
放物線 $C : y = ax^2$ と反比例のグラフ $D : y = \dfrac{a}{x}$ $(x > 0)$ の交点を A とする。右図のように C 上で A より左側に点 P, 右側に点 Q をとり, 直線 PQ と D の交点を R とする。点 P, Q の x 座標を p, q とする。
直線 PQ の傾きが C, D の比例定数 a と等しく, R が線分 PQ の中点となるとき, 次の問いに答えよ。

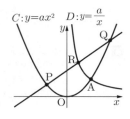

(1) 点 A の座標を a を用いて表せ。
(2) $p + q$ の値を求めよ。
(3) 点 R の座標を a を用いて表せ。

(4) p, q の値をそれぞれ求めよ。
(5) $AP = AQ$ となるとき，a の値を求めよ。

3 1から6までのどの目が出ることも同様に確からしいさいころを3回投げ，出た目を順に a, b, c とし，直線 $y = ax + b \cdots$ ① と放物線 $y = cx^2 \cdots$ ② のグラフを考える。次の問いに答えよ。
(1) 直線①が点 $(-1, 2)$ を通るような a, b の組は何通りあるか。
(2) $P(-2, 8)$，$Q(2, 16)$ とするとき，放物線②と線分 PQ が共有点を持つ c の値は何通りあるか。
(3) 点 $(2, 8)$ で直線①と放物線②が交わる確率を求めよ。
(4) 直線 $x = 2$ 上の点で直線①と放物線②が交わる確率を求めよ。
(5) 直線①と放物線②は，必ず $x < 0$ の部分と $x > 0$ の部分で1回ずつ交わる。$c = 1$ のとき，直線①と放物線②の2つの交点の x 座標がともに整数となるような a, b の組は何通りあるか。

4 直径5の円 O の円周上に $AB = 4$ となるように2点 A, B をとる。弧 AB のうち長い方の円弧上に動点 P をとり，線分 AP の中点を M とし，M から線分 PB に垂線 MN を引く。次の問いに答えよ。

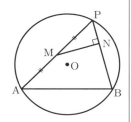

(1) PA が円 O の直径となるとき，MN の長さを求めよ。
(2) PB が円 O の直径となるとき，三角形 PMN の面積を求めよ。
(3) [思考力] 点 C を BC が円 O の直径となる点と定める。
「点 P が点 A を含まない円弧 BC 上にあるとき，直線 MN は点 P の位置に関わらず定点 Q を通る。ただし，点 P は点 B とは異なる点とする。」
定点 Q を図示した上で，このことを証明せよ。

5 右図のような正四角錐 P − ABCD があり，すべての辺は球面 S に接している。球面 S の中心 O は，頂点 P から底面 ABCD に引いた垂線 PH 上にある。辺 PA と球面 S の接点を Q とする。
球面 S の半径が1，OH の長さが $\dfrac{\sqrt{2}}{4}$ のとき，次の問いに答えよ。

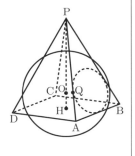

(1) 線分 AH の長さを求めよ。
(2) 線分 OA, QA の長さをそれぞれ求めよ。
(3) 線分 PO, PQ の長さを x, y とする。x, y の値を求めよ。
(4) 二等辺三角形 PAB の内接円の半径 r を求めよ。

慶應義塾高等学校

時間 **60**分　満点 **100**点　解答 P100　2月10日実施

* 注意　1.【答えのみでよい】と書かれた問題以外は，考え方や途中経過をていねいに記入すること。
2. 答には近似値を使用しないこと。答の分母は有理化すること。円周率は π を用いること。
3. 図は必ずしも正確ではない。

出題傾向と対策
●昨年と同じ7題である。**1**は小問集合，**2**は関数と図形，**3**は速さ時間距離の関係，**4**は連立方程式の応用，**5**は平面図形，**6**は立体図形の展開図，**7**は関数であった。
●全分野の復習をすること。数学用語を正しく理解して計算力を向上させること。そして，時間を意識しながら考え方や途中経過をまとめて書く練習も重要である。できれば高校数学の数Ⅰ及び数Aの本を一通り読むと良い。

1 次の空欄をうめよ。【答えのみでよい】
(1) [よく出る] $\sqrt{24}$ の小数部分を a とするとき，$a^2 + 8a =$ □ である。
(2) $\dfrac{3007}{3201}$ を既約分数に直すと，□ である。
(3) $3x^2 − 15x + 7 = 0$ のとき，$3x^4 − 15x^3 + 35x − 16$ の値は □ である。
(4) [よく出る] 50人の生徒がA，B 2つの問いに答えたところ，Aを正解した生徒が32人，Bを正解した生徒が28人だった。このとき，A，Bともに不正解となった生徒の人数は最大で □ 人，また，A，Bともに正解した生徒の人数は最小で □ 人である。
(5) 長さも太さも色も同じひもが3本ある。ひもをすべて半分に折り，折った箇所を袋の中に隠し，ひもの両端が袋から出た状態のくじを作った。A，B，C，D 4人の生徒が順に6本のひもの端から1つずつ選んだとき，同じひもの両端を選ぶペアが2組となる確率は □ である。
(6) [よく出る] 箱の中に入ったビー玉のうち，125個を取り出して印をつけ，元に戻した。よくかきまぜて x 個取り出して調べたところ，印のついたビー玉が35個含まれていたため，箱に入ったビー玉は全部で1万個と推定した。$x =$ □ である。

2 [よく出る] 座標平面上に放物線 $y = \dfrac{1}{2}x^2 \cdots$ ① と直線 $y = -\dfrac{1}{2}x + 3 \cdots$ ② がある。点 A，A′ は①と②の交点，点 B，C はそれぞれ①と②の上の点であり，四角形 BCDE は，辺 BC が y 軸に平行な正方形である。

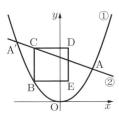

4点 A，A′，C，D を x 座標の小さい順に並べると A′，C，D，A である。次の問いに答えよ。
(1) [基本] 点 A の座標を求めよ。
(2) 点 B の x 座標を t とおくとき，点 D の座標を t の式で表せ。
(3) [思考力] 直線 AD の傾きが -2 であるとき，t の値を求めよ。

3 よく出る 基本 2地点A，Bを結ぶ一本道がある。P君は地点Aから地点Bへ，Q君は地点Bから地点Aへ向かって同時に出発した。P君，Q君はそれぞれ一定の速さで動き，出発してから2時間30分後に地点Bから20kmの地点ですれ違い，P君が地点Bに到着してから3時間45分後にQ君が地点Aに到着した。
このとき，2地点A，B間の距離を求めよ。

4 よく出る 基本 2つの店A，Bへ順に行き，それぞれの店で2種類の商品X，Yをいくつか買った。
①商品Xについて，店Aでは定価から10％引き，店Bでは定価から5％引きされていた。
②商品Yについて，店Aでは定価で売られていたが，店Bでは1つあたり50円引きされていた。
③店Aでは9,600円，店Bでは8,600円を支払ったが，合計は商品をすべて定価で買った場合より1,600円少なかった。
④2つの店で買ったものをすべて数えると，商品Xは20個，商品Yは28個あった。
⑤商品Xと商品Yの1個ずつの定価の合計は850円である。
消費税は考えないものとし，支払った金額は四捨五入されていないものとして次の問いに答えよ。
(1) 商品Xの定価を求めよ。
(2) 店Aで買った商品Xと商品Yの個数を求めよ。

5 次の問いに答えよ。
(1) 図1の円は点Oを中心としABを直径とする半径 r の円である。点Cは円周上の点であり，点CからABにおろした垂線をCDとし，点OからACにおろした垂線をOEとする。$AE = a$，$OE = b$ のとき，CDの長さ x を a，b，r の式で表せ。平方根は用いないこと。
(2) 図1において，$\angle OAE = 15°$ であるとき，ab の値を r の式で表せ。平方根は用いないこと。
(3) 思考力 図2において，FH，LJはともに長さが $2r$ で，それぞれ長方形FGHI，長方形LIJKの対角線である。また，$FI = FL$ である。LI，IJの長さ y，z をそれぞれ r の式で表せ。

6 思考力 右の図は，1辺の長さ $6a$ の正多角形の面のみでできた立体の展開図である。完成した立体の表面に沿って点Pと点Qを最短経路でつないだとき，最短経路の長さを求めよ。

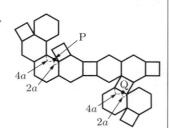

7 新傾向 座標平面上を3つの動点P，Q，Rが原点Oを同時に出発し，以下のような経路で毎秒1の速さで動く。ただし，点と点の間は最短経路を進むものとする。
動点P：原点O→点(0, 4)→点(2, 4)→点(2, 6)→点(0, 6)

動点Q：原点O→点(-2, 0)→点(-2, 2)→点(0, 2)→点(0, 4)→点(2, 4)
動点R：原点O→点(6, 0)→点(2, 0)
原点を出発してから t 秒後の△PQRの面積を y とするとき，次の問いに答えよ。
(1) $0 < t \leq 2$ のとき，y を t の式で表せ。
(2) $0 < t \leq 8$ のとき，y と t の関係を表すグラフを右の図にかけ。
(3) 難 思考力 $8 \leq t \leq 10$ のとき，$t = a$ で3つの動点P，Q，Rが一直線上に並ぶ。a の値を求めよ。

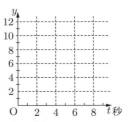

慶應義塾志木高等学校

時間 60分　満点 100点　解答 P102　2月6日実施

* 注意 図は必ずしも正確ではない。

出題傾向と対策

● 昨年までと比べて **1** の小問数が減ったかわりに大問が1題増えたが，全体の分量に大きな変化はない。出題分野もだいたい昨年までと同様で，特に **4**，**6** は昨年の問題と題材が共通している。
● 例年，高校で習う内容が出題されるが，今年は **1**(1)がややその傾向があるくらいで，その点は穏やかである。ただし分量が多く難易度も高いのは，例年通りである。
● 基礎事項の完全な理解，そして標準的演習がまず必須。その後，ハイレベルな問題にどんどん当たり，考えよう。

1 次の問いに答えよ。
(1) Tokyo2020 の9文字を1列に並べる。T，k，yがこの順に並ぶ並べ方は何通りあるか。
(2) 思考力 $18 \times 19 \times 20 \times 21 + 1 = m^2$ を満たす正の整数 m を求めよ。

2 よく出る 座標平面上に2点 $A(-3, 0)$，$B(1, 4)$ があり，直線ABと y 軸との交点をCとする。次の問いに答えよ。
(1) x 軸上の点Pと△BCPを作り，その周の長さが最小となるとき，点Pの x 座標を求めよ。
(2) y 軸上の点Qと△BCQを作り，その面積が(1)の△BCPと同じ面積となるとき，直線BQの方程式を求めよ。

3 ある洋菓子店では，シュークリームとプリンを売っている。今月は両方とも先月よりも多く売れた。今月は先月に対して，シュークリームは10％，プリンは15％，売り上げ個数がそれぞれ増加し，プリンの増加個数はシュークリームの増加個数の2倍となった。また，今月のシュークリームとプリンの売り上げ個数は合計3239個であった。先月のシュークリームとプリンの売り上げ個数をそれぞれ求めよ。

4 正三角形 PQR が円に内接している。図のように辺 QR 上に点 S をとり，直線 PS と円との交点を T とする。PT = 3, QT = 2, TR = 1 であるとき, 次の問いに答えよ。

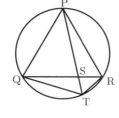

(1) 正三角形 PQR の 1 辺の長さを求めよ。
(2) △RST の面積を求めよ。

5 よく出る　放物線
$y = ax^2 (a > 0)$ 上に 2 点
$A(-1, a)$, $B(2, 4a)$ があり，
y 軸上に点 $C(0, 8)$ があって，
△ABC は AB = AC の二等辺三角形である。辺 AB と y 軸との交点を D とし，また，辺 BC 上に点 E があって，直線 DE が △ABC の面積を二等分している。次の問いに答えよ。

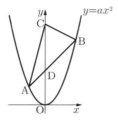

(1) a の値を求めよ。
(2) BE : EC を求めよ。
(3) 点 E の座標を求めよ。

6 図のように，1 辺の長さが a の正方形 ABCD を底面とする正四角柱を平面 EFGH で切った立体がある。AE = $2a$, BF = a, CG = $3a$ であるとき，次のものを a を用いて表せ。

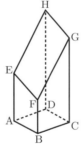

(1) この立体の体積 V
(2) 四角形 EFGH の面積 S

7 新傾向　次の問いに答えよ。
(1) 分数 $\dfrac{1}{998}$ を小数で表したとき，小数第 13 位から小数第 15 位までと，小数第 28 位から小数第 30 位までの，3 桁の数をそれぞれ書け。
(2) 分数 $\dfrac{5}{99997}$ を小数で表したとき，小数点以下で 0 でない数が初めて 5 個以上並ぶのは，小数第何位からか。また，そこからの 0 でない 5 個の数を順に書け。

慶應義塾女子高等学校

時間 60分　満点 非公表　解答 P103　2月10日実施

＊ 注意　図は必ずしも正確ではありません。

出題傾向と対策

● 大問 5 題で，**1** は独立した小問の集合，**2** は数の性質，**3** は平面図形，**4** は $y = ax^2$ のグラフと図形，**5** は空間図形からの出題であった。分野，分量，難易度とも例年通りであるが，例年よりやや易しい。
● 各大問とも小問が誘導になっている。標準的なもので練習すること。

1 次の問いに答えなさい。

[1] よく出る　次の式を計算しなさい。
$$\left(1 + 2\sqrt{3}\right)\left(\dfrac{\sqrt{98}}{7} + \dfrac{6}{\sqrt{54}} - \dfrac{\sqrt{3}}{\sqrt{2}}\right)$$

[2] 自然数 N の約数は 3 個で，その和は 183 である。N の値を求めなさい。

[3] 2 地点 A, B からそれぞれ姉と妹が向かい合って同時に出発したところ，2 人は x 分後に C 地点ですれ違った。そのまま歩き続けて，すれ違ってから y 分後に姉は B 地点に，24 分後に妹は A 地点にそれぞれ到着した。
(1) AC : BC を x を用いて表しなさい。
(2) y を x を用いて表しなさい。
(3) BC 間にかかる時間が，姉は妹より 6 分短かったとき，x, y の値を求めなさい。

2 思考力　新傾向　次の文の（あ）～（す）に当てはまる数を答えなさい。（く），（こ），（し）にあてはまる数は小さい方から順に答えること。

数字が書かれたカードが入っている箱から 1 枚以上のカードを選ぶ。1 枚だけを選んだ場合はそのカードに書かれた数字を，複数枚を選んだ場合はそれらのカードに書かれた数字の合計を S とする。最初に箱の中には 1 と書かれたカード ① が 2 枚だけ入っている。
このとき，カードの選び方は次の 2 通りで，S の値は，
① が 1 枚で S = 1
① と ① の 2 枚で S = 1 + 1 = 2
となる。S の値として作れるのは 1, 2 だけであるが，数字の書かれたカードを箱に追加すれば S の値として 3 以上の数を作ることができる。そこで，カードを次の規則に従って箱に追加する。
＜規則＞
(a) カード 2 枚に同じ自然数を記入して追加する。
(b) それまでに S の値として箱の中のカードで作ることのできた数字を追加のカードに記入してはいけない。
(c) S の値が 1, 2, 3, …と連続して作れるようにする。
2 はすでに S の値として作ることができたから，規則(b) より追加するカードに 2 は記入できない。次に追加するカードは規則(c) よりカード ③ が 2 枚である。箱の中はカード ① と ③ がそれぞれ 2 枚ずつになる。S の値はカード ① が 2 枚だけの場合に加えて，
③ が 1 枚で S = 3
① と ③ の 2 枚で S = 1 + 3 = 4

①と①と③の3枚でS＝1＋1＋3＝5（あ）と書かれたカード（い）枚でS＝6…のようにして，Sの値を1から連続して（う）まで作ることができる。さらにカードを追加する場合，次のカード2枚には（え）と記入することになる。このようにSの値を調べてカードを追加することを続けると，数字が（え）のカードの次に追加するカード2枚に記入する数字は（お）で，Sの値として（か）個の数字を新しく作ることができる。Sの値として162個の数字を新しく作ることができるのは（き）と記入したカード2枚を追加したときである。また，S＝172となる場合のカードは，数字が（く）のカード（け）枚，（こ）のカード（さ）枚，（し）のカード（す）枚を箱から選んだときである。

3 よく出る　図のように点Tで直線TEに接する円がある。4点A，B，C，Dは円周上の点で，∠ATDは弦BT，CTにより3等分されている。線分ACとBTの交点をFとし，AF＝2，∠TAB＝75°，∠TCD＝45°として，次の問いに答えなさい。

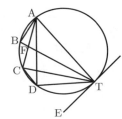

[1]　∠DTE，∠ATDの大きさを求めなさい。
[2]　AT：CTを求めなさい。
[3]　FCの長さを求めなさい。
[4]　円の半径rの長さを求めなさい。

4 よく出る　図のような放物線$y＝kx^2$上の2点A$(a, 4)$，B$(b, 9)$を通る直線ABとy軸との交点をCとする。また，2点D，Eも放物線上の点で，直線ABと直線DEは平行である。点D，Eのx座標をそれぞれd，eとし，$a < 0$，$b > 0$として次の問いに答えなさい。

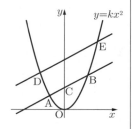

[1]　AC：CBを求めなさい。
[2]　△AOC＝24のとき，k，a，bの値を求めなさい。
[3]　[2]でAB：DE＝5：7のとき，直線DEの式を求めなさい。

5 よく出る　正四角錐O－ABCDはどの辺も長さが8である。頂点Oから底面ABCDに垂線をひき，その交点をEとする。辺OA，OB，OC上にそれぞれ点P，Q，Rをとり，この3点を通る平面と辺OD，線分OEとの交点をそれぞれS，Fとする。OP＝3，OQ＝4，OR＝6，OS＝sとして次の問いに答えなさい。

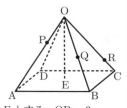

[1]　△OPRの面積を求めなさい。
[2]　点Fから辺OAに垂線をひき，その交点をHとする。FHの長さをhとして，△OFP，△OPRの面積をhを用いて表しなさい。
[3]　hの値を求めなさい。
[4]　sの値を求めなさい。

國學院大學久我山高等学校

時間 50分　満点 100点　解答 P104　2月12日実施

※ 注意　円周率はπとする。

出題傾向と対策

● 大問4題で，分量は例年通りであった。**1**は小問集合，**2**は関数の総合問題，**3**は数の性質と資料の活用に関する問題，**4**は平面図形の総合問題で，出題内容，問題の難易度ともにほぼ例年通りであった。
● 難関高校受験問題集や中高一貫校用問題集などでしっかり勉強するのがよい。また，記述問題があるので普段から答案を書く練習をしておくこと。大きく傾向が変わらないので過去問の研究は効果的である。

1 よく出る　次の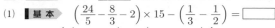を適当にうめなさい。（40点）

(1) 基本　$\left(\dfrac{24}{5} － \dfrac{8}{3} － 2\right) \times 15 － \left(\dfrac{1}{3} － \dfrac{1}{2}\right) ＝ \boxed{}$

(2) $\sqrt{2} \times \left\{\left(1 + \dfrac{1}{\sqrt{2}}\right) － \left(－\dfrac{1}{\sqrt{2}} － 1\right)\right\} ＝ \boxed{}$

(3) $\left(\dfrac{2}{3}xy^2\right)^3 \div \left(－\dfrac{2}{9}x^2y^5\right) \times \dfrac{3}{4xy} ＝ \boxed{}$

(4) $9ax^3y － 54ax^2y^2 + 81axy^3$ を因数分解すると $\boxed{}$ である。

(5) $x ＝ \dfrac{11\sqrt{2} － 6}{12}$，$y ＝ \dfrac{6 － 7\sqrt{2}}{12}$ のとき，$x^2 － y^2 + x + y ＝ \boxed{}$ である。

(6) 基本　関数 $y ＝ \dfrac{2}{3}x^2$ について，x の変域が $－1 \leqq x \leqq \sqrt{2}$ のとき，y の変域は $\boxed{}$ である。

(7) 基本　2直線 $y ＝ ax － 6$ と $y ＝ －\dfrac{3}{2}x + 5$ のグラフが x 軸の同じ点で交わるとき，a の値は $\boxed{}$ である。

(8) 図のように，一辺の長さが2cmの立方体の，各辺の中点を結んでできる立体（太線部分）の表面積は $\boxed{}$ cm^2 である。

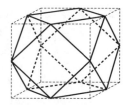

(9) 底面の半径が2cmと3cmの円すいが図のように重なっている。それぞれの頂点は互いの底面の中心と一致している。どちらの円すいの高さも5cmのとき，2つの円すいに共通している部分の体積は $\boxed{}$ cm^3 である。

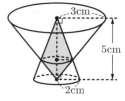

(10) さいころを2回ふって最初に出た目の数をa，2回目に出た目の数をbとする。このとき，$\dfrac{a+b}{1+ab}$ の値が1になる確率は $\boxed{}$ である。

2 よく出る 図のように，2つの放物線 $y = ax^2 (a > 0)\cdots①$, $y = \frac{1}{2}x^2\cdots②$と直線 $l : y = x + 2$ がある。①と直線 l の交点を，x 座標の小さい方から順に A，B とし，②と直線 l の交点を，x 座標の小さい方から順に P，Q とする。点 A の x 座標が -1 のとき，次の問いに答えなさい。

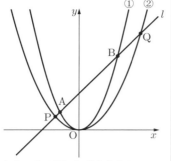

(17点)

(1) a の値を求めなさい。
(2) △POB の面積を求めなさい。
(3) 放物線①上に点 O，A，B とは異なる点 C をとって，△PCB の面積が △POB の面積と等しくなるようにしたい。このような点 C の座標をすべて求めなさい。

3 思考力 最初の数を 2 に決めて，それを 2 倍して 100 で割った余りは 4 となります。その 4 を 2 倍して 100 で割った余りは 8 となります。この操作を繰り返すと，以下のような数の列が得られます。 (16点)

番号	1	2	3	4	5	6	7	8	9	10	11	12	13	14	15	16	17	18	19	20	21	22	23	24
数	2	4	8	16	32	64	28	56	12	24	48	96	92	84	68	36	72	44	88	76	52	4	8	16

(1) 基本 この数の列の 25 番目の数を求めなさい。

次に，最初の数を 1 に決めて，それを 2 倍して 101 で割った余りは 2 となります。その 2 を 2 倍して 101 で割った余りは 4 となります。この操作を繰り返して得られる数の列を 100 番目まで表にしました。

《表》

番号	1	2	3	4	5	6	7	8	9	10
数	1	2	4	8	16	32	64	27	54	7
番号	11	12	13	14	15	16	17	18	19	20
数	14	28	56	11	22	44	88	75	49	98
番号	21	22	23	24	25	26	27	28	29	30
数	95	89	77	53	5	10	20	40	80	59
番号	31	32	33	34	35	36	37	38	39	40
数	17	34	68	35	70	39	78	55	9	18
番号	41	42	43	44	45	46	47	48	49	50
数	36	72	43	86	71	41	82	63	25	50
番号	51	52	53	54	55	56	57	58	59	60
数	100	99	97	93	85	69	37	74	47	94
番号	61	62	63	64	65	66	67	68	69	70
数	87	73	45	90	79	57	13	26	52	3
番号	71	72	73	74	75	76	77	78	79	80
数	6	12	24	48	96	91	81	61	21	42
番号	81	82	83	84	85	86	87	88	89	90
数	84	67	33	66	31	62	23	46	92	83
番号	91	92	93	94	95	96	97	98	99	100
数	65	29	58	15	30	60	19	38	76	51

(2) 基本 表の 1 番から 100 番に対応する 100 個の数を資料の値として平均値を求めたい。直接求めるのは大変そうなので，標本調査を用いることにしました。標本の集め方は，乱数表に並んでいた次の 10 個の数字を利用することにします。

11, 14, 40, 44, 41, 7, 64, 80, 27, 54

この 10 個を番号として，その番号に対応する 10 個の数の平均値を求めなさい。

(3) (2)において，100 個の資料の値では標本調査を用いましたが，表の 1 番から 100 番に対応する 100 個の数に関しては，正確な中央値と正確な平均値を求めることができます。
① 100 個の数の中央値を求めなさい。
② 100 個の数の平均値を求めなさい。

4 よく出る 右の図において，直線 AB，BC，CA はそれぞれ点 P，Q，R で円 O に接している。このとき，次の問いに答えなさい。ただし，(2)の(ⅲ)については，途中経過も記しなさい。 (27点)

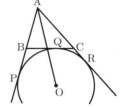

(1) 基本 AP = AR であることを次のように証明した。以下の □ を適当にうめなさい。ただし，ウについては解答群のaからiの中から1つ選び記号で答えなさい。

△OAP と △OAR において
OP = [ア] ···①
∠OPA = ∠[イ] = 90°···②
OA は共通···③
①，②，③より
　　　　　[ウ]　　　　　　ので
△OAP ≡ △OAR
合同な図形では，対応する辺の長さはそれぞれ等しいので
AP = AR···④

〈ウの解答群〉
a．3組の辺がそれぞれ等しい
b．2組の辺とその間の角がそれぞれ等しい
c．1組の辺とその両端の角がそれぞれ等しい
d．直角三角形の斜辺と他の1辺がそれぞれ等しい
e．直角三角形の斜辺と1つの鋭角がそれぞれ等しい
f．直角三角形の2つの鋭角がそれぞれ等しい
g．3組の辺の比がすべて等しい
h．2組の辺の比とその間の角がそれぞれ等しい
i．2組の角がそれぞれ等しい

(2) AB = 5，BC = 7，CA = 8 のとき，
(ⅰ) BP，CR の長さを次のように求めた。以下の □ を適当にうめなさい。
BP = x，CR = y として，AP，AR を x，y を用いて表すと
AP = [エ]，AR = [オ]
④より，[エ] = [オ] だから
　　　$x - y$ = [カ] ···⑤
一方，$x + y$ = [キ] ···⑥
⑤，⑥より，BP = [ク]，CR = [ケ]

(ⅱ) △ABC の面積を次のように求めた。以下の □ を適当にうめなさい。
A から辺 BC に垂線 AH をひき，BH = k とする。
△ABH に着目し，AH^2 を k を用いて表すと
AH^2 = [コ] ···⑦
また，△ACH に着目し，AH^2 を k を用いて表すと
AH^2 = [サ] ···⑧
⑦，⑧より
k = [シ]
よって，AH の長さは [ス] となるから

△ABC の面積は セ である。
(iii) 円 O の半径を求めなさい。

渋谷教育学園幕張高等学校
時間 60分　満点 100点　解答 P105　1月19日実施

出題傾向と対策

● 大問数は5題で，1 は小問集合，2 は場合の数，3 は $y = ax^2$ のグラフと図形の問題，4 は平面図形，5 は空間図形であり，昨年に続き，難関校の入試に見られる題材をもとにした問題で，全体的にレベルの高い出題傾向にある。
● 答えのみの出題形式であるが，思考力や分析力だけでなく，計算力も必要とする問題が多いので，時間配分に気をつけ，過去問などにしっかり取り組んで対策を立てておこう。

1 次の各問いに答えなさい。
(1) 次の □ の中にあてはまる式を求めなさい。
$$-\frac{(-4x^2y^3)^3}{3} \div \left(\frac{3y^4}{-2x^3}\right)^2 \div \boxed{} = \left(-\frac{4x^2}{3y^3}\right)^4$$
(2) $x + \dfrac{1}{x} = 5 - \sqrt{5}$ のとき，次の値を求めなさい。
① $x^2 + \dfrac{1}{x^2}$
② $\dfrac{\sqrt{x^4 - 10x^3 + 25x^2 - 10x + 1}}{x}$
(3) 右の図のように AB を直径とする円 O において，OA = 3，BC = 4，BD = 2 であるとき，△BCD の面積を求めなさい。

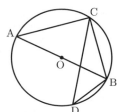

(4) 2つの2次方程式 $2x^2 - kx - 8 = 0$，$x^2 - x - 2k = 0$ が共通の解をもつとき，その解を求めなさい。

2 思考力 ①，②，③の3つの部屋がある。①の部屋にA君とB君が，②の部屋にC君とD君が，③の部屋にE君とF君がいる。各部屋で，勝負がつくまでじゃんけんを行い，その結果によって次の(ア)〜(ウ)のルールで部屋の移動を行う。これを繰り返す。

(ア) ①の部屋でじゃんけんに勝った人は②の部屋に移動し，負けた人は①の部屋にとどまる。
(イ) ②の部屋でじゃんけんに勝った人は③の部屋に移動し，負けた人は①の部屋に移動する。
(ウ) ③の部屋でじゃんけんに勝った人は③の部屋にとどまり，負けた人は②の部屋に移動する。

A君とB君は下の図のような「勝敗記録表」に，勝ったときは○，負けたときは×をつけて記録する。

「勝敗記録表」

	1回目	2回目	3回目	4回目	5回目	・・・
A君						
B君						

このとき，次の各問いに答えなさい。
(1) 3回目のじゃんけんでA君が勝ち，B君が負けて部屋を移動したところ，A君とB君は同じ部屋になった。このとき，1回目と2回目の勝敗を答えなさい。

	1回目	2回目	3回目
A君			○
B君			×

(2) 3回目のじゃんけんを行い，その結果，部屋を移動したところ，A君とB君は同じ部屋になった。このとき，A君とB君の「勝敗記録表」の○×のつき方は何通り考えられるか。
(3) 4回目のじゃんけんを行い，その結果，部屋を移動したところ，A君とB君は同じ部屋になった。このとき，A君とB君の「勝敗記録表」の○×のつき方は何通り考えられるか。

3 原点をOとする座標平面上において，放物線 $y = ax^2$ ($a > 0$) と，傾きが正である直線 l が2点で交わっている。この2点のうち x 座標の小さい方からA，Bとする。また，直線 l と x 軸との交点をCとし，A，Bから x 軸にひいた垂線と x 軸との交点をそれぞれD，Eとする。
CD : DO = 2 : 1であるとき，次の各問いに答えなさい。
(1) CO : OE を求めなさい。
(2) 直線 l と，原点Oを通る直線 m の交点をFとする。直線 m が △BCE の面積を2等分するとき，AF : FB を求めなさい。
(3) 点Eの座標を E(3, 0) とするとき，OA ⊥ AB となるような a の値を求めなさい。

4 右の図のように1辺の長さが1の正十二角形があり，6つの頂点をA，B，C，D，E，Fとする。正十二角形の内部に正三角形 ADG，BEH，CFI をかき，IとGを結ぶ。BHとIGの交点をJ，BHとFIの交点をK，EHとAGの交点をL，EHとIGの交点をM，AGとFIの交点をNとする。このとき次の各問いに答えなさい。

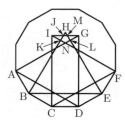

(1) 基本 BE の長さを求めなさい。
(2) LG の長さを求めなさい。
(3) 五角形 JKNLM の面積を求めなさい。

5 1辺の長さが a である5つの立方体をすきまなく重ねて右の図のような立体を作る。立方体 ABCD − EFGH は，線分 EG が線分 IK 上にあり，線分 EG の中点と線分 IK の中点が一致する位

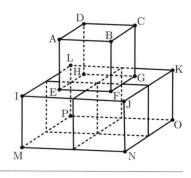

置にある。この立体を3点D, M, Oを通る平面で切り，2つに分ける。

このとき，次の各問いに答えなさい。
(1) 切り口の面積を求めなさい。
(2) 2つに分けた立体のうち，体積の大きい方の立体の体積を求めなさい。

時間 **60**分　満点 **100**点　解答 P**107**　2月11日実施

＊ 注意　円周率はπを用いて表しなさい。

出題傾向と対策

- 例年同様，大問5題の出題である。**1**は数量に関する小問の集合，**2**は図形に関する小問の集合，**3**は二次方程式の応用，**4**は関数 $y=ax^2$，**5**は空間図形であり，出題傾向も変化ない。
- 小問について，問題数は多くないが，易しい問題というわけでもない。やや難しい問題も解いていこう。大問については，出題のテーマに変化はないようなので，標準以上の問題に多くあたっておくとともに，過去問にもしっかりと目を通しておこう。

1 次の各問いに答えよ。
(1) 基本　$(-3a^2b)^3 \times (2ab^2)^2 \div (-6a^2b^3)^2$ を計算せよ。
(2) よく出る　$a=\sqrt{13}+\sqrt{11}$, $b=\sqrt{13}-\sqrt{11}$, $c=2\sqrt{13}$ のとき，$a^2+b^2-c^2+2ab$ の値を求めよ。
(3) 基本　2つの自然数 m, n がある。2つの数の和は2020であり，m を99で割ると商も余りも n になる。
　このとき，2つの自然数 m, n を求めよ。
(4) 図のような立方体の辺上を，同じ頂点を通ることなく頂点Aから頂点Gまで進む方法は全部で何通りあるか求めよ。

2 次の各問いに答えよ。
(1) 右の図で，Gは△ABCの重心，BG＝CE，∠BEF＝∠CEFである。線分の比 BD：DF：FC を最も簡単な整数で求めよ。

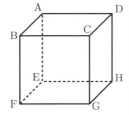

(2) 右の図の四角形ABCDにおいて，E, F, GはそれぞれAD, BD, BCの中点である。AB＝DC, ∠ABD＝20°, ∠BDC＝56°とするとき，∠FEGの大きさを求めよ。

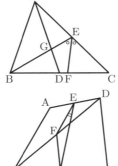

(3) 図のように，円に内接する四角形ABCDがあり，AC∥DEである。AD＝$6\sqrt{3}$, BC＝4, CE＝6, DE＝5のとき，次の問いに答えよ。
① BDの長さを求めよ。
② △ABDの面積を求めよ。

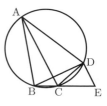

3 家から8km離れたところに公園がある。弟は時速4kmで家から公園へ，兄は時速 x km で公園から家へ向かう。今，2人が同時に出発したところ，y 時間後に出会った。
(1) 基本　x と y の関係を表す式を1つ求めよ。
　2人が出会った後，20分で兄は家に着いた。
(2) x の値を求めよ。

4 右の図で
放物線 $y=ax^2$ ($x \geq 0$)…①，
放物線 $y=\dfrac{8}{3}ax^2$ ($x \leq 0$)…②，
直線 $l:y=x+2$ であり，点Aの y 座標は1である。
　次の各問いに答えよ。
(1) よく出る　基本　a の値を求めよ。
(2) よく出る　基本　点Bの座標を求めよ。
(3) 点Cを通り，直線OAに平行な直線と放物線①，②との交点をそれぞれD, Eとするとき，四角形ODEAの面積を求めよ。

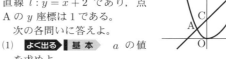

5 一辺の長さが12である立方体 ABCD－EFGH を次の条件を満たす平面で切るとき，切り口の面積を求めよ。
(1) 3点E, P, Qを通る平面
ただし，点Pは対角線AG上にあり，AP：PG＝1：4を満たす点，点QはAB上にあり，AQ：QB＝1：1を満たす点である。

(2) 思考力　3点E, R, Sを通る平面
ただし，点Rは対角線AG上にあり，AR：RG＝2：3を満たす点，点SはBC上にあり，BS：SC＝1：2を満たす点である。

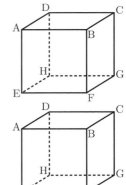

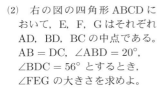

巣鴨高等学校

時間 50分 満点 100点 解答 P109 2月10日実施

＊ 注意 円周率が必要な場合は π を用い，解答に $\sqrt{\ }$ が含まれる場合は $\sqrt{\ }$ のままできるだけ簡単な形にすること。

出題傾向と対策

● 大問は5題で，**1** 小問3題，**2** 確率，**3** 関数とグラフ，**4** 平面図形，**5** 空間図形という出題分野が完全に固定されている。問題の分量，難易度についても変化はない。解答用紙に途中経過の記述を要求する設問が多いので，式や図や説明を簡潔に添えるよう心がけるとよい。
● **1** を確実に解き，**2** ～ **5** の解きやすい問題に進む。出題分野が完全に固定され，整数や確率が出題される一方で，作図や証明は出題されない。図形問題に難問があるので，良問を十分に練習しておこう。

1 よく出る 基本 次の各問いに答えよ。
(1) $(x+y)^2 - 4(x+y) - 5$ を因数分解せよ。
(2) $x = 1 + \sqrt{2} + \sqrt{3}$, $y = 1 + \sqrt{2} - \sqrt{3}$ のとき，$x^2 - xy + y^2$ の値を求めよ。
(3) 2020 の正の約数は全部で 12 個ある。2020 の正の約数すべての和を求めよ。

2 よく出る 3つの袋 A, B, C があり，どの袋にも1から10までの数が1つずつ書かれた10個の球が入っている。袋 A, B, C から球を1個ずつ取り出し，取り出した球に書かれた数をそれぞれ a, b, c とするとき，次の確率を求めよ。
(1) 基本 a, b, c がすべて異なる確率
(2) $a + b + c = 10$ かつ $a \leq b \leq c$ である確率
(3) a, b, c の最大値が7である確率

3 よく出る 右図のように，放物線 $y = x^2 \cdots$ ① と直線 $y = x + 2 \cdots$ ② があり，①と②の交点を A, B とし，点 C $(-3, 9)$，点 D $(0, 12)$ とする。
さらに，直線 $y = -2x + k \cdots$ ③ が四角形 ABCD の辺 AB, CD と交わる点をそれぞれ S, T とおくと，四角形 BCTS の面積は四角形 ABCD の面積の半分になった。
また，線分 BC の中点を E とし，線分 BS 上に点 U をとると，△STU の面積は四角形 BETS の面積の半分になった。このとき，次の各問いに答えよ。
(1) 基本 2点 A, B の座標をそれぞれ求めよ。
(2) k の値を求めよ。
(3) 難 2点 S, U の x 座標をそれぞれ求めよ。

4 右図のように，1辺の長さが $\sqrt{6}$ の正三角形 ABC があり，その外接円 O の周上に点 D を $\angle ABD = 15°$ となるようにとる。ただし，点 D は B を含まない弧 AC 上にとる。
2直線 BA と CD の交点を E とし，線分 CE の中点を F とする。点 F を通り線分 CE に垂直な直線と C を含まない弧 AB との交点を G とする。このとき，次の各問いに答えよ。

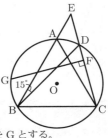

(1) よく出る 基本 外接円 O の半径 r を求めよ。
(2) $\angle BEC$ の大きさと線分 CE の長さをそれぞれ求めよ。
(3) 難 線分 FG の長さを求めよ。

5 次の各問いに答えよ。
(1) 基本 図1のような，1辺の長さが3の正八面体の体積を求めよ。

図1

次に，図2のような，1辺の長さが1の正六角形8枚と正方形6枚とで囲まれた立体 A を考える。

(2) 新傾向 立体 A の辺の本数，および，頂点の個数を求めよ。
(3) 思考力 立体 A の体積を求めよ。

図2

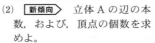

駿台甲府高等学校

時間 60分　満点 100点　解答 P109　2月11日実施

* 注意　1. 答えに分数を用いるときは、既約分数で答えること。
　　　　2. 答えに $\sqrt{}$ を用いるときは、$\sqrt{}$ の中をできるだけ簡単にすること。また、分母は有理化すること。
　　　　3. 円周率は π を用いること。
　　　　4. 比で答えるときは、できるだけ簡単な比（可能なら整数比）で答えること。

出題傾向と対策

●大問は4題で、**1**は11問の小問集合である。中学校で学習したほぼすべての分野から出題されている。基本的な計算力を問う設問の他に、図形問題が多く出題される。2020年は、放物線と直線の問題が復活した。また、穴埋め形式の問題が消滅した。

●**1**を確実に仕上げて、**2**、**3**、**4**に進む。時間配分に気をつけて、解きやすい設問から手をつける。図形問題にやや難しいものがあり、確率の問題の復活や、新傾向の出題も考えられる。過去問を参考に準備しておこう。

---

1 **基本** 次の各問に答えよ。

(1) **よく出る** $-6 - 3 \times (-7)$ を計算せよ。

(2) **よく出る** $\sqrt{27} + \sqrt{12} - \sqrt{3}$ を計算せよ。

(3) $x(x-9) + 2(x-4)$ を因数分解せよ。

(4) **よく出る** 2次方程式 $x^2 - 3x - 1 = 0$ を解け。

(5) **よく出る** 2直線 $y = 2x + 3$ と $y = x + 4$ の交点の座標を求めよ。

(6) 3%の食塩水 300 g に 7%の食塩水を混ぜて 4%の食塩水を作りたい。7%の食塩水は何g混ぜたらよいか求めよ。

(7) **よく出る** 関数 $y = \dfrac{a}{x}$ において、x の変域が $b \leqq x \leqq 4$ のとき、y の変域は $3 \leqq y \leqq 6$ であった。このとき、定数 b の値を求めよ。

(8) 右図のように、3×3 のマス目の縦の列、横の列のそれぞれに1, 2, 3の数字を必ず1つずつ入れる方法は何通りあるか。

3	1	2
2	3	1
1	2	3

(9) 右図の4つの角、$\angle a$, $\angle b$, $\angle c$, $\angle d$ の大きさの和を求めよ。

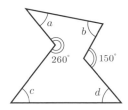

(10) 右図は、$AD = DC = 6$ cm, $AE = 7$ cm の直方体を A, C, F を含む平面で切断して残った立体である。
この立体の体積を求めよ。

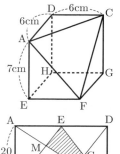

(11) **よく出る** 右図の長方形 ABCD において、$AB = 20$ cm, $BC = 30$ cm である。辺 AD, BC の中点をそれぞれ E, F とする。
対角線 AC と線分 BE, DF の交点をそれぞれ M, N, 線分 DF, CE の交点を G とする。
このとき、四角形 EMNG の面積を求めよ。

2 右図のように点 (6, 9) を通る放物線 $y = ax^2$ と x 軸に平行な直線 $y = k$ が2点 A, B で交わっている。
このとき、以下の問いに答えよ。

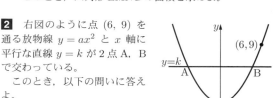

(1) **よく出る** **基本** a の値を求めよ。

(2) $k = 5$ のとき、△OAB の面積を求めよ。

(3) △OAB が正三角形になるとき、k の値を求めよ。

3 右図のような $AB = 8$ cm, $AD = 5$ cm である平行四辺形 ABCD において、$\angle BAE = \angle DAE$ となる点 E を辺 BC を延長した直線上にとる。
辺 BC の中点を M とし、線分 AE, DM の交点を N とする。
線分 AE と対角線 BD, 辺 CD の交点をそれぞれ F, G とする。
このとき、以下の問いに答えよ。

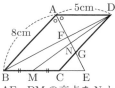

(1) **基本** 線分 CE の長さを求めよ。

(2) $GE = 3$ cm のとき、線分 AE の長さを求めよ。

(3) **難** **思考力** (2)のとき、線分 FN の長さを求めよ。

4 **新傾向** 右図のような立方体 $ABCD - EFGH$ がある。この8個の頂点から異なる3点を選び、それらを頂点とする三角形をつくる。
このとき、以下の問いに答えよ。

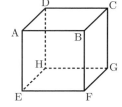

(1) **基本** 正三角形は何個できるか答えよ。

(2) △ABC と合同である三角形は、△ABC を含めて何個できるか答えよ。

(3) 3辺の長さが異なる三角形は何個できるか答えよ。

青雲高等学校

時間 70分　満点 100点　解答 P110　1月12日実施

* 注意　円周率は π, その他の無理数は, たとえば $\sqrt{12}$ は $2\sqrt{3}$ とせよ。

出題傾向と対策

- 大問5題で, **1** は独立した小問の集合, **2** は連立方程式の応用, **3** は $y = ax^2$ のグラフと図形, **4** は平面図形, **5** は空間図形の問題であった。分野, 分量, 難易度とも昨年と大きな変化はないが, **2** と **4** は苦労したものもいたであろう。
- 基本から応用まで出題される。整数や図形については標準以上のもので練習しておくこと。

1 基本　次の問いに答えよ。

(1) $\dfrac{-1^2}{7} \div \left(-\dfrac{3}{5} + \dfrac{5}{14}\right) \times \left(\dfrac{1}{2} - 1\right)$ を計算せよ。

(2) $\dfrac{\sqrt{8} + \sqrt{44}}{\sqrt{32}} - \dfrac{\sqrt{11} - \sqrt{18}}{\sqrt{8}} - \sqrt{(-2)^2}$ を計算せよ。

(3) $x^2 y - x^2 - 4y + 4$ を因数分解せよ。

(4) 方程式 $2x + 5y - 7 = x - y + 9 = -3x - 27$ を解け。

(5) 2次方程式 $x^2 + (a-1)x + a^2 + 3a + 4 = 0$ が $x = 2$ を解にもつような, a の値を求めよ。

(6) n を1以上9以下の整数とするとき, $\sqrt{\dfrac{72(n+4)}{n}}$ が整数になる n の値を求めよ。

(7) 座標平面上の2点 A $(2a+5, 4b+3)$, B $(3b+2, 2a+7)$ は, x 軸に関して対称である。このとき a, b の値を求めよ。

(8) 大, 小2つのさいころを同時に投げて, 出る目をそれぞれ a, b とする。このとき, $a + b$ の値が3の倍数になる確率を求めよ。

(9) 右の図において, PA, PB は円の接線である。このとき, 角 x の大きさを求めよ。

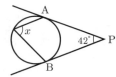

(10) 右の表はあるクラスの小テストの結果をまとめたものである。この表からわかるテストの点数の平均値を a, 中央値を b, 最頻値を c とする。a, b, c を小さい順に左から並べよ。

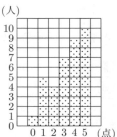

2 思考力　ある映画館では, 通常大人1人2000円, 子ども1人1600円料金がかかるが, 1つの団体で大人だけまたは子どもだけで11人以上になる場合, 団体割引を使うことができ, 10人を超えた人数分の料金が x%引きになる。次の問いに答えよ。ただし, $0 < x < 50$ とする。

(1) 大人の団体15人で入館したとき, 料金の合計は26000円であった。このとき, x の値を求めよ。

(2) 大人と子どもの料金の合計が15600円であったとき, 割引はされていなかった。このとき, 考えられる大人の人数をすべて求めよ。

(3) 大人だけの団体と子どもだけの団体が入館した。この2つの団体の合計の人数は20人で, 大人の団体の料金と子どもの団体の料金のそれぞれの合計は5600円違っていた。このとき, 考えられる x の値を求めよ。

3 よく出る　放物線 $y = x^2$ 上に x 座標がそれぞれ -2, 1 である点 A, B をとる。点 A を通り, 傾き1の直線を l とし, 直線 l と放物線 $y = x^2$ の交点のうち A でない点を C とする。次の問いに答えよ。

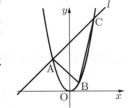

(1) 直線 AB の式を求めよ。
(2) 点 C の座標を求めよ。
(3) 3点 A, B, C を通る円と y 軸の交点の y 座標を求めよ。
(4) △ABC を直線 BC を軸として1回転してできる立体の体積を求めよ。

4 よく出る　AB = 12, BC = 10, CA = 8 である △ABC において, 辺 BC 上に BD = 6 となる点 D をとり, 辺 AC 上に AE = 3 となる点 E をとる。AD と BE の交点を F とするとき, 次の問いに答えよ。

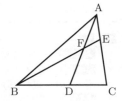

(1) DE の長さを求めよ。
(2) AF : FE を求めよ。
(3) AF の長さを求めよ。

5 よく出る　右の図1は, 正四角すい O − ABCD を真上から見たときのものである。底面 ABCD は一辺の長さが10の正方形であり, 側面は4面ともすべて合同な二等辺三角形で, 辺 OA の長さが $5\sqrt{5}$ であるとき, 次の問いに答えよ。

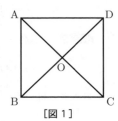

[図1]

(1) この正四角すいの体積と表面積を求めよ。

(2) さらに, この正四角すいを底面に平行な平面で切ってできる2つの立体のうち, 四角すいではない方の立体を①とする。①を真上から見た図が右の図2である。切り口の四角形が, 一辺の長さが8の正方形 EFGH であるとき, 次の問いに答えよ。

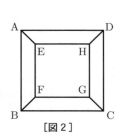

[図2]

(ア) 立体①の体積を求めよ。
(イ) 辺 AB の中点を M とする。図2の立体①の表面上で点 M と点 H を結んだとき, 最も短くなるときの長さを求めよ。

成蹊高等学校

時間 60分　満点 100点　解答 p111　2月10日実施

※ 注意　円周率は π として計算すること。

出題傾向と対策

- 例年同様，大問5題の出題で，**1** 小問集合，**2** 連立方程式の文章題，**3** 確率，**4** 関数と図形，**5** 空間図形であり，昨年と全く同じ出題順・出題分野であった。
- 入試問題定番の良問が揃っており受験に向けて勉強してきたかどうかがきっちり測れる出題内容となっている。過去問を学習し，対策することである程度の準備はできるが，きちんと実力を付けなければ高得点は取れないだろう。

1 よく出る　次の各問いに答えよ。

(1) $\left(\dfrac{1}{\sqrt{2}}+\dfrac{\sqrt{3}}{2}\right)(\sqrt{3}-\sqrt{12})-\left(\dfrac{6}{\sqrt{24}}-2\right)$ を簡単にせよ。

(2) a^2+ac-b^2+bc を因数分解せよ。

(3) 方程式 $(x-3)(x+1)=4(x+1)$ を解け。

(4) 右の図の円 O において，$\angle BDC = 38°$，$\overparen{AB}=\overparen{BC}$ とする。このとき，$\angle CAO$ の大きさを求めよ。

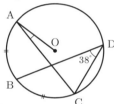

(5) 右の図において，AD は $\angle BAC$ の二等分線で，$AB=3$，$AD=CD=4$ である。$BD=x$ とするとき，x の値を求めよ。

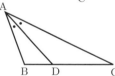

2 基本　白い砂 x g と赤い砂 y g を空の容器 A に入れて均一になるまでよくかき混ぜた。次に，容器 A から2割の砂を取り出して空の容器 B に移した。さらに，容器 A には容器 B に移した砂全体と同じ重さの赤い砂を入れ，容器 B には 12 g の赤い砂を入れた。次の各問いに答えよ。

(1) 上記の操作を行った後の，容器 A に入っている白い砂，赤い砂の重さをそれぞれ x，y を用いて表せ。

(2) 上記の操作を行った後の，容器 B に入っている白い砂，赤い砂の重さをそれぞれ x，y を用いて表せ。

(3) 上記の操作を行った結果，容器 A，B ともにそれぞれの容器内で，赤い砂と白い砂の重さが等しくなったとする。このとき，x，y の値を求めよ。

3 思考力　1つのさいころを何回か投げて，次の規則により合計点が決まるゲームを行う。

[規則]

- 合計点は 0 点から始める。
- 「6」の目が出たら合計点に 3 点を加える。
- 「5」または「4」の目が出たら合計点に 2 点を加える。
- 「3」または「2」の目が出たら合計点に 1 点を加える。
- 「1」の目が出たらそれまでの経過に関係なく，合計点は 0 点となる。

例えば，さいころを 2 回投げたとき，1 回目に「6」，2 回目に「3」の目が出たときの合計点は 4 点である。また，さいころを 3 回投げたとき，1 回目に「4」，2 回目に「1」，3 回目に「2」の目が出たときの合計点は 1 点である。次の各問いに答えよ。

(1) さいころを 2 回投げたとき，合計点が 3 点となる確率を求めよ。

(2) さいころを 3 回投げたとき，合計点が 3 点となる確率を求めよ。

4 よく出る　放物線 $y=\dfrac{3}{4}x^2\cdots$① 上に点 A がある。ただし，A の x 座標は負であり，y 座標は 27 である。

A を通り x 軸と平行な直線と，y 軸および放物線 $y=ax^2\cdots$② との交点を，図のようにそれぞれ B，C とすると，$AB:BC=2:3$ が成り立つ。さらに，放物線②上で x 座標が 6 である点を D とする。次の各問いに答えよ。

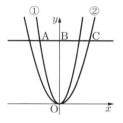

(1) A の座標および a の値を求めよ。

(2) 直線 AD の式を求めよ。

(3) △OAD の面積を求めよ。

(4) 点 P は，放物線①上を A から O まで動く。△PAD と △OAD の面積が等しくなるときの P の座標を求めよ。ただし，このとき P は O と異なる点とする。

5 図1のような円 O を底面とする円錐があり，$OB=2$，$AB=6$ である。また，C は AB 上の点で $AC=2\sqrt{3}$ である。次の各問いに答えよ。

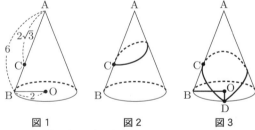

図1　　図2　　図3

(1) この円錐の側面積を求めよ。

(2) 図2のように，C からこの円錐の側面をひと回りして C に戻ってくるようにひもをかける。ひもの長さが最短になるようにかけたときのひもの長さを求めよ。

(3) 図3において点 D は底面の円周上の点で $\angle BOD=90°$ である。C から D を通り，円錐の側面をひと回りして C に戻ってくるようにひもをかける。ひもの長さが最短になるようにかけたときのひもの長さを求めよ。

(4) (3)のとき，ひものちょうど真ん中の点を E とする。AE の長さを求めよ。

専修大学附属高等学校

時間 50分　満点 100点　解答 P112　2月10日実施

出題傾向と対策

- 例年よりも大問が1題増え，6題となった。**1**は小問集合，**2**は関数 $y=ax^2$ に関する問題，**3**は方程式の問題，**4**は1次関数と平面図形に関する問題，**5**は資料の散らばりと代表値に関する問題，**6**は平面図形に関する問題であった。
- 大問が1題増えたが，昨年の**2**の小問集合が大問2題になったため，分量については例年並である。基本事項をしっかりと身に付けるとともに，標準的な問題や思考力を問われる問題を練習するとよいだろう。

1 　よく出る　基本　次の各問いに答えなさい。

(1) $\sqrt{(-2)^2}$ を根号を使わずに表しなさい。

(2) $(1+\sqrt{3})(1-\sqrt{3})$ を計算しなさい。

(3) 連立方程式 $\begin{cases} a-2b=5 \\ 3a+5b=4 \end{cases}$ を解きなさい。

(4) 2次方程式 $x^2-4x-4=0$ を解きなさい。

(5) 50円玉3枚を投げて，表が出た硬貨の金額の合計が100円となる確率を求めなさい。

(6) 1辺が3の正方形を底面とする高さが h の正四角錐と，1辺が a の正方形を底面とする高さが $3h$ の正四角柱がある。この正四角錐と正四角柱の体積が等しいとき，a の値を求めなさい。

(7) 線分 AB を直径とする半円 O があり，$\stackrel{\frown}{AB}$ 上に A，Bと異なる2点 C，D がある。$\angle ADC = 100°$ で，$AB=1$ のとき，$\stackrel{\frown}{BC}$ の長さを求めなさい。ただし，円周率を π とする。

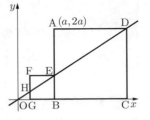

2 　よく出る

$y=\dfrac{1}{2}x^2$ のグラフと直線 l が2点 A，B で交わっており，それぞれの x 座標が -3，4 である。また，直線 l と x 軸との交点を C とする。さらに $y=\dfrac{1}{2}x^2$ のグラフ上に x 座標が3の点 D をとる。次の各問いに答えなさい。

(1) 基本　直線 l の方程式を求めなさい。

(2) △BCD の面積を求めなさい。

3 　税金が8％から10％に変わったことで，ある商品の税込み価格が550円増加した。なお，どちらの税金の計算でも小数点以下の四捨五入や切り捨ては生じていない。次の各問いに答えなさい。

(1) 基本　この商品の税抜き価格はいくらか。

(2) この商品を増税前と同じ税込み価格で売るには，税抜き価格をいくらにすればよいか。

4 　図のように，点 A$(a, 2a)$ がある。ただし，$a>0$ とする。A から x 軸にひいた垂線と x 軸の交点を B とし，線分 AB を一辺とする正方形 ABCD を AB の右側につくる。また，直線 OD と線分 AB の交点を E とし，線分 EB を一辺とする正方形 EFGB を EB の左側につくる。さらに，直線 OD と線分 FG の交点を H とする。次の各問いに答えなさい。

(1) 直線 OD の傾きを求めなさい。

(2) OH : HE : ED を最も簡単な整数の比で表しなさい。

(3) 四角形 BCDE の面積が 216 のとき a の値を求めなさい。

5 　9名の生徒に 20点満点の数学の小テストを行った。この9名を A グループとする。下の表は，各生徒の得点を表したものである。

出席番号	1	2	3	4	5	6	7	8	9
得点	x	y	15	14	6	13	8	15	12

なお，A グループの平均値は 12 点であった。さらに A グループ全員の中央値と，出席番号2番の生徒を除いた8名の中央値は同じであった。

このとき，次の各問いに答えなさい。

(1) $x+y$ の値を求めなさい。

(2) x, y の値をそれぞれ求めなさい。

別の生徒9名にも同じ小テストを行った。この9名を B グループとする。B グループの平均値は 12 点，中央値も 12 点であった。

(3) 次の①〜④のうち，起こり得るものをすべて選びなさい。

① A グループと B グループを合わせた 18 名の平均値は 12 点であった。

② A グループと B グループを合わせた 18 名の中央値は 12 点であった。

③ 12 点以下の生徒は A グループの方が多かった。

④ 12 点以上の生徒は A グループの方が多かった。

6 　思考力　四角形 ABCD は，$AB=16$，$AD=12\sqrt{3}$ の長方形である。この長方形で囲まれた平面内を，点 P が次のように移動する。

① 点 P は A から移動を始める。

② 点 P はまっすぐ進み，辺に到達すると入射角と反射角が等しくなるように反射し，その後も移動を続ける。

③ 点 P は頂点に到達すると移動を終える。

④ 点 P の通ったあとに線を引く。

なお，④で引いた線が，長方形で囲まれた平面内で交わっている点を交点と呼ぶことにする。

例）図1は，点 P が B で移動を終える例のひとつである。この例では反射が3回，交点が1個である。

次の各問いに答えなさい。

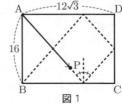

図1

(1) 図2のように，点Pが線分ABと60°の角度で移動を始めた。点Pが移動を終えるまでに反射する回数を答えなさい。
点Pの通ったあとによって，長方形ABCDが何個の平面に分かれるかを調べる。例えば，図1では長方形は6個の平面に分かれている。

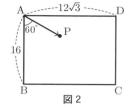
図2

(2) 図3のように，辺DC上にDQ = $\frac{32}{5}$ となるような点Qをとり，点PがQに向かって移動を始めた。点Pが移動を終えたとき，長方形ABCDは何個の平面に分かれるかを求めなさい。

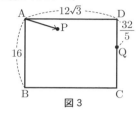
図3

(3) 点Pが移動を始めてから終えるまでに，反射が s 回，交点が t 個であった。このとき，長方形ABCDは何個の平面に分かれるか。s, t を用いて表しなさい。

中央大学杉並高等学校

時間 50分　満点 100点　解答 P113　2月10日実施

出題傾向と対策

● **1** の小問が10題から，4題に減り，大問が2題から，5題に増えた。**1** は基本問題の小問集合，**2**, **3** は関数，**4** は確率，**5** は式の計算や方程式を組み合わせた総合問題であった。解答の方法は答えのみを問う出題が多いが，式や考え方を記述させる問題が1題あることに注意したい。
● 大問が増えたことにより，全分野から基本問題，応用問題，新傾向問題等が出題されているので，教科書，過去問を中心にしっかり取り組んでおこう。

1 次の問に答えなさい。

(問1) **よく出る** **基本**
$(2x-5)(x+1)-(x+\sqrt{7})(x-\sqrt{7})$ を因数分解しなさい。

(問2) **基本** $x = \frac{1}{5}$, $y = -\frac{1}{4}$ のとき，
$(2x^2+4xy)^2 \div \left(\frac{6x+9y}{15} - \frac{2x+6y}{10}\right)$ の値を求めると，$\left(\frac{a}{b}\right)^2$ の値と一致します。素数 a と b の値を求めなさい。

(問3) **よく出る** **基本**
図のように，円周上の点A, B, C, D, Eを頂点とする星型の図形があります。∠ACEの大きさを求めなさい。ただし，線分BDは円の中心を通り ∠DBE = 31°，$\overset{\frown}{AB} = \overset{\frown}{ED}$ とします。

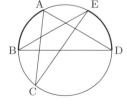

(問4) **思考力** 図のような正四面体ABCDがあります。点Gは辺ADの中点です。辺BC上に点E，辺BD上に点Fを，AE + EF + FG の長さが最も短くなるようにとります。正四面体の1辺の長さが2のとき，AE + EF + FG の値を求めなさい。

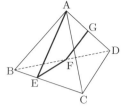

2 図において，点Aは反比例のグラフと直線 l の交点であり，点Bは直線 m と x 軸の交点です。△OABは正三角形であり，2直線 l と m は平行です。点Aの座標が $(1, \sqrt{3})$ であるとき，次の問に答えなさい。

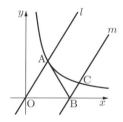

(問1) **基本** 直線 m の式を求めなさい。

(問2) 直線 m と反比例のグラフとの交点のうち，x 座標が正の方をCとします。点Cの x 座標を求めなさい。

3 図のように，放物線 $y = 2x^2$ …①，$y = x^2$ …② があります。①上には x 座標が a である点A，x 座標が $a+1$ である点B，②上には x 座標が $a+1$ である点Cがあるとき，次の問に答えなさい。ただし，$a > 0$ とします。

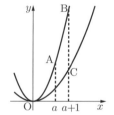

(問1) **基本** 直線ACの傾きを，a を用いて表しなさい。

点Bを通り，直線ACと平行な直線を引き，②との交点のうち，x 座標が大きい方をDとします。直線ACの傾きが -2 であるとき，次の問に答えなさい。

(問2) **よく出る** 直線BDの式を求めなさい。

(問3) **よく出る** 四角形ACDBの面積を求めなさい。

4 **よく出る** 袋の中に，1から5までの数字が1つずつ書かれた5個の球が入っています。袋から球を1個ずつ2回続けて取り出すとき，1回目に取り出した球に書かれた数を a, 2回目に取り出した球に書かれた数を b とします。1回目に取り出した球は，袋に戻さないものとするとき，次の問に答えなさい。

(問1) x についての1次方程式 $ax + b = 0$ の解が整数となる確率を求めなさい。

(問2) $a^2 = 4b$ となる確率を求めなさい。

(問3) x についての2次方程式 $x^2 + ax + b = 0$ の解が整数となる確率を求めなさい。

5 **新傾向** 正方形の台紙に正方形の色紙を少しずつずらした位置にはって，模様を作ることにしました。図において，四角形ABCDは1辺の長さが18 cm の正方形の台紙を示しています。点Pは線分AB上の点であり，点Qは線分AD上の点です。AP = AQ = 6 cm とします。

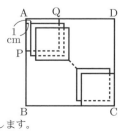

まず，1辺の長さが 6 cm の正方形の色紙をその3つの頂点が A, P, Q の位置にくるように台紙にはります。次に，その位置から右に 1 cm，下に 1 cm ずつずらした位置に同じ大きさの別の色紙を図のようにはります。同様に，右に 1 cm，下に 1 cm ずつずらした位置に同じ大きさの別の色紙をはり続け，色紙の右下の頂点が C と一致したとき，はり終えるとします。このとき，次の問に答えなさい。

(問1) 台紙に色紙をはり終えたとき，はった色紙の枚数を求めなさい。（答のみ解答）

(問2) (問1) のとき，正方形 ABCD は色紙をはった部分と，色紙をはっていない部分とに分けられます。正方形 ABCD のうち，色紙をはった部分の面積を求めなさい。（答のみ解答）

次に，1辺の長さが a cm の正方形 A′B′C′D′ を台紙にした場合を考えます。先ほどと同様にして，1辺が 6 cm の正方形の色紙を台紙にはり続けるとき，次の問に答えなさい。

ただし，a は 6 より大きい整数とします。

(問3) 台紙に色紙をはり終えたとき，はった枚数を n とするとき，n を a で表しなさい。（答のみ解答）

(問4) (問3) のとき，正方形A′B′C′D′ のうち，色紙をはった部分の面積を S cm²，色紙をはらなかった部分の面積を T cm² とします。S : T = 1 : 2 のとき，a の値を求めなさい。

中央大学附属高等学校

時間 60分　満点 100点　解答 P115　2月10日実施

* 注意　1. 答の $\sqrt{\ }$ の中はできるだけ簡単にしなさい。
　　　　2. 円周率は π を用いなさい。

出題傾向と対策

●大問4題で，**1**は独立した小問の集合，**2**は数の性質，**3**は $y = ax^2$ のグラフと図形，**4**は空間図形からの出題であった。大問の分野は年により変化するが，**1**を含めて考えれば，分野，分量，難易度とも例年通りである。

●基本から標準程度のものが出題される。標準的なもので練習すること。

1 よく出る　次の問いに答えなさい。

(1) 基本　次の□にあてはまる式を答えなさい。

$$\boxed{} \times \left(\frac{x}{4}\right)^3 y \div \left\{-\frac{(x^2y)^2}{16}\right\} = -\frac{1}{2}$$

(2) $\dfrac{(\sqrt{12}+\sqrt{2})^2}{(3\sqrt{2}-2\sqrt{3})(\sqrt{18}+\sqrt{12})} - \dfrac{\sqrt{2}(\sqrt{3}-\sqrt{2})^2-\sqrt{18}}{\sqrt{3}}$ を計算しなさい。

(3) 基本　$ax + b - 1 - x + a + bx$ を因数分解しなさい。

(4) 基本　連立方程式 $\begin{cases} 0.6x + 0.5y = -3.8 \\ \dfrac{1}{12}x - \dfrac{3}{8}y = \dfrac{5}{4} \end{cases}$ を解きなさい。

(5) 基本　2次方程式 $\dfrac{1}{3}(x^2-1) = \dfrac{1}{2}(x+1)^2 - 1$ を解きなさい。

(6) 基本　関数 $y = -x^2$ について，x の変域が $a \leqq x \leqq a+3$ のとき，y の変域が $-4 \leqq y \leqq 0$ となるような定数 a の値をすべて求めなさい。

(7) 大中小3つのさいころを投げて，出た目の和が 12 となる確率を求めなさい。

(8) 基本　図の $\angle x$，$\angle y$ の大きさを求めなさい。ただし，図の円周上の点は円周を 12 等分した点とする。

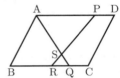

(9) 図の平行四辺形 ABCD において，
AP : PD = BQ : QC = 3 : 1，
CQ = k，QR = 1，△RQS の面積を 1 とするとき，
△ASP の面積は ア k^2，
五角形 CDPSQ の面積は イ k^2 ＋ ウ k と表せる。
ア ～ ウ にあてはまる数を答えなさい。

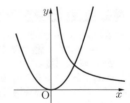

2 連続する3つの整数を p, q, r ($p < q < r$) とする。

(1) $p + q + r = 2019$ を満たす p を求めなさい。

(2) 3つの数 p, q, r のうち，1つを4倍したものを s とするとき，$p + q + r + s = 2020$ を満たす p を求めなさい。

3 よく出る　双曲線 $y = \dfrac{a}{x} (a > 0)$ と放物線 $y = \dfrac{1}{4}x^2$ が点 A で交わっている。点 A から x 軸に下ろした垂線と x 軸の交点を点 B とし，双曲線 $y = \dfrac{a}{x}$ 上に点 C，放物線 $y = \dfrac{1}{4}x^2$ 上に点 D をとる。点 A の x 座標が 4 のとき，次の問いに答えなさい。

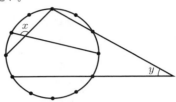

(1) a の値を求めなさい。

(2) △ABC の面積が 8 になるとき，点 C の座標を求めなさい。

(3) (2)のとき，△ABC と △BCD の面積が等しくなるような点 D の座標を求めなさい。ただし，2点 A, D は異なる点とする。

4 図1のように，円錐を底面に平行な平面で切り，小円錐の部分を除いた立体図形を「円錐台」という。図1のような，上底（上方にある円形の面）の半径，下底（下方にある円形の面）の半径，高さが順に a, b, h である円錐台の体積 V は $V = \dfrac{\pi h}{3}(a^2 + ab + b^2)$ で求めることができる。

(1) 図2の円錐台の体積を求めなさい。

(2) 図2の円錐台の表面積を求めなさい。

(3) 思考力　図2の円錐台を高さが半分になるように下底に平行な平面で切り，体積の小さい方を A，大きい方を B とするとき，A と B の体積比を最も簡単な整数の比で表しなさい。

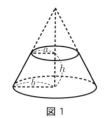
図1

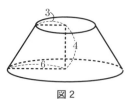
図2

土浦日本大学高等学校

時間 50分　満点 100点　解答 P116　1月18日実施

＊ 注意　分数で答える場合は必ず約分し，比で答える場合は最も簡単な整数比で答えなさい。また，根号の中はできるだけ小さい自然数で答えなさい。

出題傾向と対策

- 大問は5問，全問マークシート方式で，**1**，**2** は小問集合，**3** は連立方程式，**4** は関数 $y = ax^2$，**5** は平面図形の問題であった。問題構成，分量，難易度はどれも例年通りであった。
- 基礎・基本を理解しているかを問う問題が多い。教科書の内容を理解したうえで，過去問に取り組むとともに，マークシートにも慣れておくとよいだろう。

1 基本　次の □ をうめなさい。

(1) $\left(\dfrac{3}{2}\right)^2 - \dfrac{2}{3} \div \dfrac{4}{5} = \dfrac{\boxed{アイ}}{\boxed{ウエ}}$

(2) $(\sqrt{5} + \sqrt{2})^2 - \dfrac{20}{\sqrt{10}} = \boxed{オ}$

(3) 方程式 $2x + y = x - 5y - 4 = 3x - y$ を解くと，$x = -\boxed{カ}$，$y = -\dfrac{\boxed{キ}}{\boxed{ク}}$ である。

(4) $624^2 - 623 \times 625 = \boxed{ケ}$

(5) 次の⓪〜③のうち，正しいものは $\boxed{コ}$ と $\boxed{サ}$ である。（$\boxed{コ}$ と $\boxed{サ}$ については，順番は問わない）
  - ⓪ 円周の長さは半径の6倍より長い。
  - ① 正七角形の内角の和は 630° である。
  - ② 素数の中で偶数は2だけである。
  - ③ 合同な正方形6個からなる右の図形は，立方体の展開図である。

2 基本　次の □ をうめなさい。

(1) 図のように，2直線 $y = ax + 1 \cdots ①$，$y = \dfrac{1}{2}x + 1 \cdots ②$ がある。四角形 ABCD は正方形であり，頂点 A は①上に，頂点 D は②上にある。また，E は辺 AB と②の交点である。点 B の座標が $(2, 0)$ であるとき
  (i) E の座標は $(\boxed{ア}, \boxed{イ})$ である。
  (ii) $a = \dfrac{\boxed{ウ}}{\boxed{エ}}$ である。

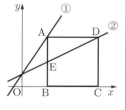

(2) 大小2個のさいころを同時に投げるとき，2個のさいころの目の和が8になる確率は $\dfrac{\boxed{オ}}{\boxed{カキ}}$ で，目の和が3で割って2余る確率は $\dfrac{\boxed{ク}}{\boxed{ケ}}$ である。

(3) 右の投影図で，四角形 ABCD が正方形であるとき
  (i) 次の⓪〜③の立体のうち，この立体と考えられるものは $\boxed{コ}$ である。
    - ⓪ 四面体
    - ① 三角柱
    - ② 四角柱
    - ③ 四角すい
  (ii) (i)で考えた立体の体積は $\boxed{サシ}$ cm³ である。

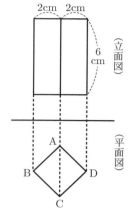

3 よく出る　あめ玉とチョコがそれぞれ何個かずつあり，これらを x 人の子どもたちに分けることにした。子ども1人に分ける量をあめ玉を $3a$ 個，チョコを $4a$ 個にすると，あめ玉もチョコも3個ずつ余る。また，子ども1人に分ける量をあめ玉を $2b$ 個，チョコを $3b$ 個にすると，あめ玉は3個余り，チョコは9個不足する。ただし，x，a，b はすべて自然数である。このとき，次の □ をうめなさい。

(1) 次の⓪〜⑦のうち，あめ玉の個数を表す式は $\boxed{ア}$ と $\boxed{イ}$，チョコの個数を表す式は $\boxed{ウ}$ と $\boxed{エ}$ である。（$\boxed{ア}$ と $\boxed{イ}$，$\boxed{ウ}$ と $\boxed{エ}$ については，それぞれ順番は問わない）
  - ⓪ $3ax + 3$
  - ① $3ax - 3$
  - ② $4ax + 3$
  - ③ $4ax - 3$
  - ④ $2bx + 3$
  - ⑤ $2bx - 3$
  - ⑥ $3bx + 9$
  - ⑦ $3bx - 9$

(2) $ax = \boxed{オカ}$，$bx = \boxed{キク}$ だから，あめ玉は $\boxed{ケコ}$ 個，チョコは $\boxed{サシ}$ 個ある。

(3) 子どもたちは最も多くて $\boxed{スセ}$ 人いると考えられる。

4 よく出る　図において，①は $y = ax^2$ のグラフである。2点 A $(4, 8)$，B $(2, b)$ は①上の点で，点 C $(0, c)$ は y 軸上の点である。また，∠ACB の二等分線と①の交点のうち，x 座標が正である点を D とする。このとき，次の □ をうめなさい。

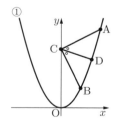

(1) $a = \dfrac{\boxed{ア}}{\boxed{イ}}$，$b = \boxed{ウ}$ である。

(2) $c = \dfrac{11}{2}$ のとき，△ACB の面積は $\dfrac{\boxed{エオ}}{\boxed{カ}}$ である。

(3) AC + CB が最小になるとき，$c = \boxed{キ}$ であり，CD $= \boxed{ク}\sqrt{\boxed{ケ}}$ である。

5 **よく出る** 図において、点Oを中心とする円周上に5点A, B, C, D, Eがある。ACとBDはこの円の直径であり、AE∥BDである。ADとCEの交点をF、BDとCEの交点をGとする。円の半径が5、AE = 6 であるとき、次の□をうめなさい。

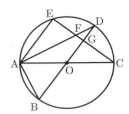

(1) CE = ｱ であり、OG = ｲ である。
(2) FG = ｳ である。
(3) **思考力** △ACFと△ODAの面積比は ｴ : ｵ である。

桐蔭学園高等学校

時間 60分 満点 100点 解答 P117 2月11日実施

(プログレスコースは150点)

* 注意 (1) 図は必ずしも正確ではありません。
  (2) 分数は約分して答えなさい。
  (3) 根号の中は、最も簡単な整数で答えなさい。

出題傾向と対策

● 大問は5問で、1 は計算など小問6題、2 は4題からなる場合の数、3 は関数 $y = ax^2$、4 はオイラー線を題材とした平面図形、5 は八面体とその内接球を題材とした立体図形であった。2 〜 5 が関数・平面図形・立体図形・数式単元（場合の数・文章題など）という構成は例年通りである。
● 前半 1 〜 3 では標準的な問題が並ぶのに対して、後半 4 と 5 は難度の高い出題が見られる。応用問題レベルの典型題でしっかりトレーニングを積んでいこう。

1 **よく出る** **基本** 次の□に最も適する数字を答えよ。

(1) $(\sqrt{3} + 2)^2 - (\sqrt{3} - 1)^2 = $ ｱ $+$ ｲ $\sqrt{ｳ}$ である。
(2) $(2ab^2)^3 \div (ab^2)^2 = $ ｴ ab ｵ である。
(3) $a^2 - 4 + (a - 2)$ を因数分解すると、$(a - $ ｶ $)(a + $ ｷ $)$ である。
(4) 右の図のように円周上に3点A, B, Cがあり、$\overparen{AB} : \overparen{BC} : \overparen{CA} = 9 : 4 : 7$ である。このとき、∠ABC = ｸｹ である。

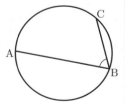

(5) 右の図の三角形の面積は ｺ$\sqrt{ｻ}$ である。

(6) 大中小の3つのさいころを同時に投げたとき、少なくとも2つの目が同じになる確率は $\dfrac{ｼ}{ｽ}$ である。

2 **よく出る** 1から9の数字が書かれたカードが1枚ずつある。この9枚のカードから3枚を選んで左から並べて3けたの整数を作る。このとき、次の□に最も適する数字を答えよ。

(1) 整数は全部で ｱｲｳ 個できる。
(2) 偶数は ｴｵｶ 個できる。
(3) 4の倍数は ｷｸｹ 個できる。
(4) 3の倍数は ｺｻｼ 個できる。

3 **よく出る** **基本** 右の図のように、$y = x^2$ のグラフがあり、直線 l は関数 $y = 2x + 3$ のグラフである。2つのグラフの交点をA, Bとする。点Aを通り x 軸に平行な直線と点Bを通り y 軸に平行な直線の交点をCとする。また、点Cから直線 l に垂線を引き、交点をDとする。

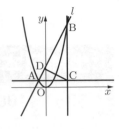

円周率を π として、次の□に最も適する数字を答えよ。

(1) 2点A, Bの座標はA$(-$ｱ$,$ ｲ$)$、B$($ｳ$,$ ｴ$)$ である。
(2) 三角形ABCの面積は ｵｶ である。
(3) 線分CDの長さは $\dfrac{ｷ\sqrt{ｸ}}{ｹ}$ である。
(4) 三角形ABCを l の周りに1回転させてできる立体の体積は $\dfrac{ｺｻｼ\sqrt{ｽ}}{ｾｿ}\pi$ である。

4 **難** **思考力** 右の図のように、∠ABC = 60°、AB = 10、BC = 8 の三角形ABCが円Oに内接している。点A, Cからそれぞれの対辺に下ろした2つの垂線の交点をHとし、辺BCの中点をMとする。このとき、次の□に最も適する数字を答えよ。ただし、比は最も簡単な整数比で答えよ。

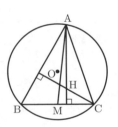

(1) 円O上にBDが円Oの直径になるよう点Dをとると、
∠BAD = ∠BCD = ｱｲ …①
Mは弦BCの中点であるから、∠OMB = 90°…②
また、AH⊥BC…③
①、②、③より、OM∥DC、AH∥DC…④
ゆえに、OM : DC = ｳ : ｴ …⑤
また、①と HC⊥AB より、AD∥HC…⑥
よって、④、⑥より四角形AHCDは平行四辺形である。
ゆえに、AH : DC = ｵ : ｶ …⑦
④、⑤、⑦から、AH : OM = ｷ : ｸ …⑧
OHとAMの交点をNとすると、
④、⑧から、AN : AM = ｹ : ｺ が成り立つ。

(2) (1)のとき、Aから辺BCに下ろした垂線をAEとする。
AE = ｻ$\sqrt{ｼ}$、ME = ｽ なので、AM = ｾ$\sqrt{ｿｿ}$ ｾ$\sqrt{ｿﾀ}$ である。よって、AN = $\dfrac{ﾁ\sqrt{ﾂﾃ}}{ﾄ}$ である。

5　右の[図Ⅰ]のような八面体ABCDEFがあり，AB = AC = AD = AE = BF = CF = DF = EF = $3\sqrt{15}$，BC = CD = DE = EB = $6\sqrt{3}$ である。このとき，次の □ に最も適する数字を答えよ。

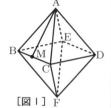
[図Ⅰ]

(1) 辺BCの中点をMとするとき，AMの長さは ア$\sqrt{イ}$ である。

(2) 四角すい ABCDE に内接する球の半径は ウ である。

(3) [図Ⅱ]のように，八面体ABCDEFに，(2)で求めた半径の球が2つ互いに接して入っている。この2つの球に外接し，面ABC，面FBCに接する最小の球の半径は エオ − カキ$\sqrt{ク}$ である。

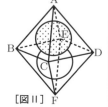
[図Ⅱ]

東海高等学校

時間 50分　満点 100点　解答 P119　2月4日実施

出題傾向と対策

●大問5題で，1 は独立した小問の集合，2 は数の性質，3 は $y = ax^2$ のグラフと図形，4 は平面図形，5 は空間図形の出題であった。昨年より大問が1題減り，1 が小問集合となったが，分野，分量，難易度ともほぼ例年通りである。
●図形を中心に標準的なもので練習しておくこと。

各問題の □ にあてはまる答えを記入せよ。

1 ｜基本｜

(1) 2次方程式 $\frac{1}{2}(x-2)(x+3) = \frac{1}{3}(x^2-3)$ の解は，$x =$ ア である。

(2) 赤球3個，白球2個，青球2個が入っている袋がある。この袋から同時に2個球を取り出すとき，同じ色の球を取り出す確率は イ である。

(3) ある岩石の重さを量り，その小数第2位を四捨五入した近似値が25.7gになった。この岩石の真の値を a g とするとき，この a の範囲を不等号を使って表すと ウ である。

2 ｜思考力｜　n を自然数とする。3を n 回かけた数を 3^n と表す。例えば，$3^1 = 3$, $3^2 = 3 \times 3$, $3^3 = 3 \times 3 \times 3$, … である。次の表の上の段にはこれらを小さいものから順に123個並べたもの，下の段にはその上の数を5で割った余りが書かれている。

3^1	3^2	3^3	……	3^{121}	3^{122}	3^{123}
3	4	2	……	3	4	2

このとき，
(1) 下の段の数のうち最も大きい数は エ である。
(2) 下の段の数を左端から順に足して得られる数を考える。例えば，1番目から2番目まで足した数は $3 + 4 = 7$ であり，1番目から3番目まで足した数は $3 + 4 + 2 = 9$ である。このとき，1番目から123番目まで足した数は オ である。
(3) 上の段の数のうち，(2)のように下の段の数を左端から順に足して得られる122個の数7, 9, ……, オ に現れないものは カ 個ある。ただし，オ は，(2)の オ と同じ数である。
(4) n は123以下の自然数とする。このとき，$3^n + 1$ が5の倍数となる n は キ 個ある。

3 ｜よく出る｜　図のように，x 軸上にあり x 座標が負である点Aを通り，傾き $\frac{3}{2}$ の直線 l が，y 軸と点Bで交わっている。この直線 l は，放物線 $y = \frac{1}{2}x^2$ と異なる2点で交わっており，x 座標の大きいものから順にそれぞれ点C, Dとする。また，線分OC上に点Eがある。AB = BC であるとき，

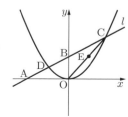

(1) 点Aの座標は ク である。
(2) 点Dの座標は ケ である。
(3) △COD と △AEC の面積が等しいとき，点Eの座標は コ である。

4 ｜よく出る｜　図のように，円Oの円周上に4点A, B, C, Dがある。ACは∠BADの二等分線であり，ACとBDの交点をEとする。また，∠BAD = 2∠ADB, BE = 2, ED = 3 である。このとき，

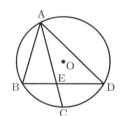

(1) EC = サ である。
(2) AB = シ である。
(3) OA = ス である。

5 ｜よく出る｜　図の立体 ABCD − EFGH は，正方形ABCDを底面とし，AB = 4 cm，AE = 8 cm の直方体である。図のように，辺EF上を動く点Pは，頂点Eを出発して，毎秒1 cmの速さで点Fに到達するまで動き，辺FG上を動く点Qは，頂点Fを出発して，毎秒1 cmの速さで点Gに到達するまで動き，辺FB上を動く点Rは，頂点Fを出発して，毎秒2 cmの速さで点Bに到達するまで動く。3点P, Q, Rが同時に出発するとき，

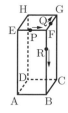

(1) △PQR が二等辺三角形となるのは，セ 秒後と ソ 秒後である。
(2) 1秒後のときの四面体FPQRの頂点Fから底面PQRに下ろした垂線の長さは タ cmである。

東海大学付属浦安高等学校

時間 **50**分　満点 **100**点　解答 P**120**　1月17日実施

出題傾向と対策

● 昨年度と同様に，大問5題である。**1**, **2** は小問集合，**3** は関数 $y = ax^2$ に関する問題であり，例年通りの出題であった。**4** は平面図形に関する問題，**5** は空間図形に関する問題であった。

● 小問集合については，例年同じような内容の出題が多いため，過去問を使って練習しておくとよいだろう。また標準的な問題が多いため，関数，図形を中心に問題の練習をするとともに，マークシートにも慣れておくとよいだろう。

---

1 よく出る　基本　次の各問いに答えなさい。

(1) $9 + 3^4 \div (-3)^2$ を計算すると ア になります。
① -10　② 7　③ 10　④ 11　⑤ 18
⑥ その他

(2) $16a^3 b^4 \div 2a^2 b \times (-b^2)$ を計算すると イ になります。
① $-8ab$　② $8ab$　③ $8ab^5$　④ $-8ab^5$
⑤ $-4ab^5$　⑥ その他

(3) $\sqrt{18} + \sqrt{45} + 4\sqrt{5} - 4\sqrt{2}$ を計算すると ウ になります。
① $\sqrt{111}$　② $7\sqrt{5} - \sqrt{2}$　③ $7\sqrt{5} + 7\sqrt{2}$
④ $3\sqrt{7} + 4\sqrt{3}$　⑤ $5\sqrt{7}$　⑥ その他

(4) $\dfrac{4x+2y}{3} - \dfrac{x-y}{4}$ を計算すると エ になります。
① $\dfrac{13x+11y}{12}$　② $\dfrac{13x+5y}{12}$　③ $\dfrac{19x+11y}{12}$
④ $-3x-y$　⑤ $-3x-3y$　⑥ その他

(5) 連立方程式 $\begin{cases} 2x+y=5 \\ x-3y=2 \end{cases}$ を解いて，$3x - 2y$ の値を求めると オ になります。
① -7　② -1　③ 7　④ 1　⑤ 0
⑥ その他

(6) 2次方程式 $2(x-1)(x+1) = (x+1)^2$ を解くと，$x =$ カ になります。
① 1　② 3　③ $-1, -3$　④ $1, 3$
⑤ $-1, 3$　⑥ その他

---

2 よく出る　次の各問いに答えなさい。

(1) x についての2次方程式 $x^2 + Ax - 10 = 0$ の解が $x = -5, 2$ のとき，A の値は ア になります。
① -10　② -7　③ -3　④ 3　⑤ 7
⑥ その他

(2) 等式 $2a - 3b - 5 = 0$ を b について解くと，$b =$ イ になります。
① $\dfrac{2a+5}{3}$　② $\dfrac{2a-5}{3}$　③ $\dfrac{-2a+5}{3}$
④ $\dfrac{a-5}{3}$　⑤ $\dfrac{-a+5}{3}$　⑥ その他

(3) $x \div 3 = 0.2$ を満たす x について，$3 \div x$ の値は ウ になります。
① 5　② $\dfrac{1}{2}$　③ 0.2　④ 0.5　⑤ 1

(4) 全校生徒320人の学校で，バス通学をしているのは全男子生徒の5%，全女子生徒の10%います。バス通学の生徒の人数は男女合わせて23人です。この学校の全男子生徒の人数は エ 人になります。
① 46　② 140　③ 180　④ 274
⑤ 280　⑥ その他

(5) 4%の食塩水 500 g に10%の食塩水 オ g を混ぜると6%の食塩水になります。
① 96　② 60　③ 440　④ 250　⑤ 560
⑥ その他

(6) さいころを2回投げたとき，1回目に出た目の数を a，2回目に出た目の数を b とします。このとき，$a \leqq b$ となる確率は カ になります。
① $\dfrac{5}{12}$　② $\dfrac{7}{12}$　③ $\dfrac{17}{36}$　④ 15　⑤ 21
⑥ その他

---

3 よく出る　図のように放物線 $y = x^2$ 上に点 A，B，C があり，その x 座標はそれぞれ $-2, 3, -1$ です。このとき，次の問いに答えなさい。

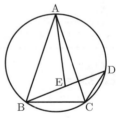

(1) 基本　直線 AB の切片は ア になります。

(2) △ABC の面積は イ ウ になります。

(3) 点 P は y 軸上にあり，△PAB = △ABC となる点 P の座標は (エ , オ), (カ , キ ク) になります。

---

4 $AB = AC$ である二等辺三角形 ABC の3点 A，B，C を通る円があります。図のように，$\overset{\frown}{AC}$ 上に，$\overset{\frown}{AD} : \overset{\frown}{DC} = 2 : 1$ となる点 D をとり，BD 上に $BE = CD$ となる点 E をとります。$\angle BAC = 36°$ のとき，次の問いに答えなさい。

(1) $\angle BAD$ の大きさは ア イ ° になります。

(2) 思考力　$\angle EAC$ の大きさは ウ エ ° になります。

---

5 図のように，すべての辺の長さが 4 cm の正四角すい O − ABCD があります。このとき，次の問いに答えなさい。

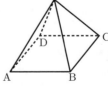

(1) 正四角すい O − ABCD の表面積は
ア イ $+$ ウ エ $\sqrt{\boxed{オ}}$ cm² になります。

(2) 正四角すい O − ABCD の体積は
$\dfrac{\boxed{カ}\boxed{キ}\sqrt{\boxed{ク}}}{\boxed{ケ}}$ cm³ になります。

(3) 辺 OA，OB，OC，OD の中点をそれぞれ P，Q，R，S とする。このとき，正四角すい O − PQRS と立体 ABCD − PQRS の体積比は コ ： サ になります。

東京電機大学高等学校

時間 50分　満点 100点　解答 P121　2月10日実施

出題傾向と対策

●大問は5題で，1は基本問題の小問集合，2は連立方程式の応用，3は関数と図形，4，5は平面図形，立体図形であった。出題形式や問題構成は例年通りであったが，難易度は，複雑な計算もなく，比較的易しめであった。

●出題傾向はこのところあまり変化していないので，来年もこの傾向が続くと見て，基礎・基本をしっかりおさえておこう。特に，連立方程式の応用問題には，題意を把握し，問題を解決しようとするチャレンジ精神を持ってあたることが大切である。

1 よく出る 基本　次の問いに答えなさい。

(1) 方程式 $\dfrac{3x-1}{2} - \dfrac{x-4}{3} = 5x - 3$ を解きなさい。

(2) $2x^2y - x^2 - 2y + 1$ を因数分解しなさい。

(3) 図において $\angle x$ の大きさを求めなさい。ただし，AB = AC とします。

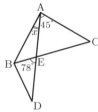

(4) A，B，C，D の4人の中から2人を選ぶとき，A が含まれる確率を求めなさい。

(5) 次は，生徒20人が受けた漢字テストの得点のデータと，それを度数分布表に整理したものです。このデータの最頻値が含まれる階級は，度数分布表のどの階級か。その階級の階級値を求めなさい。

20人の漢字テストの得点

階級(点)	度数
0 以上 2 未満	1
2 ～ 4	6
4 ～ 6	3
6 ～ 8	3
8 ～ 10	7
計	20

20人の漢字テストの得点（点）
2, 8, 9, 5, 2, 3, 9, 8, 6, 2,
7, 2, 4, 7, 8, 4, 2, 9, 9, 1

2 150段の階段があります。次の移動のルールにしたがって階段の一番下から太郎君が上り，階段の一番上から花子さんが下りてきます。

太郎君と花子さんはそれぞれ赤，青，白が塗られた3本のくじを持っていて，2人同時にくじを1本ずつ引き，色を確認してからもとに戻します。

移動のルール
[1] どちらかが赤でどちらかが白を引いたとき，赤を引いた人だけが3段移動します。
[2] どちらかが青でどちらかが白を引いたとき，青を引いた人だけが6段移動します。
[3] どちらも白を引かない，または2人とも白を引いたときは移動しません。

2回目以降もこれを繰り返します。

何回かくじを引いた後，2人とも96段目にいました。
このとき，花子さんが赤を引いて移動した回数は，太郎君が青を引いて移動した回数と同じです。また，花子さんが青を引いて移動した回数は，太郎君が赤を引いて移動した回数の半分です。
太郎君が赤を引いて移動した回数を x 回，青を引いて移動した回数を y 回としたとき，式と計算過程を書いて，x と y の値を求めなさい。

3 よく出る 基本　2つの放物線 $y = 2x^2 \cdots$ ①，$y = ax^2 \cdots$ ② があります。①は点 P を通り，②は点 Q(4, 4) を通ります。P を通り y 軸と平行な直線と②との交点を R，x 軸との交点を S とし，Q を通り y 軸と平行な直線と x 軸との交点を T とします。

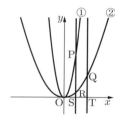

次の問いに答えなさい。ただし，P の x 座標は4より小さいものとします。

(1) a の値を求めなさい。
(2) PR = 7 となるような P の x 座標をすべて求めなさい。
(3) 三角形 PST が直角二等辺三角形となるような P の x 座標をすべて求めなさい。

4 図のように3点 A，B，C は円 O の周上の点で，線分 AB は円 O の直径であり，AB = 2 cm，AC = 1 cm です。また，点 C を含まない方の弧 AB 上に，三角形 ADB の面積が最大となるように点 D をとり，四角形 ADBC の対角線の交点を E とします。次の問いに答えなさい。

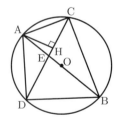

(1) よく出る 基本　$\angle$ADC の大きさを求めなさい。
(2) よく出る 基本　点 A から線分 CD に垂線 AH をひくとき，AH の長さを求めなさい。
(3) 思考力　$\dfrac{BE}{AE}$ の値を求めなさい。

5 よく出る　図は AB = BC = 6 cm，BF = 3 cm である直方体 ABCD － EFGH です。次の問いに答えなさい。

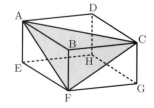

(1) 基本　三角錐 F － ABC の体積を求めなさい。
(2) 基本　△AFC の面積を求めなさい。
(3) 頂点 B から △AFC に垂線 BI をひくとき，BI の長さを求めなさい。

同志社高等学校

時間 50分　満点 100点　解答 P122　2月10日実施

出題傾向と対策

● 大問数は例年通り4題で，**1**は独立した小問集合，**2**は場合の数，**3**は $y=ax^2$ のグラフと図形，**4**は立方体の問題であった。分量は例年通りであるが，毎年出題されていた証明問題は出題されなかった。昨年に続き，難易度は易しめであった。

● 標準レベルで問題数も多くはないが，すべての問題について考え方や途中式を書く必要があるため，時間配分や記述力を高めることを意識して過去問題などで問題演習をし，対策を立てておこう。

1 よく出る　基本　次の問いに答えよ。

(1) $\left(\dfrac{1}{2}xy^2\right)^2 \div \left(-\dfrac{1}{3}x^2y\right) \times \left(\dfrac{1}{3}xy\right)^3$ を計算せよ。

(2) $x=\sqrt{3}+\sqrt{2}$, $y=\sqrt{3}-\sqrt{2}$ のとき，x^2-y^2 の値を求めよ。

(3) 連立方程式 $\begin{cases} 2x-3y=-17 \\ 4x-5y=-27 \end{cases}$ を解け。

(4) 2次方程式 $(x-2)^2=-x+3$ を解け。

(5) 2次方程式 $x^2+ax-12=0$ の解のひとつが -3 であるとき，定数 a の値とこの方程式のもうひとつの解を求めよ。

(6) 点 O を中心とする円がある。右の図のように，AB を円の直径とし，円周上に3点 C, D, E を
$\overset{\frown}{BC}=3\,\text{cm}$, $\overset{\frown}{CD}=1\,\text{cm}$,
$\overset{\frown}{DE}=2\,\text{cm}$
となるようにとり，さらに OD と AC の交点を P とする。
$\angle DOE=44°$ のとき，$\angle CPD$ の大きさを求めよ。

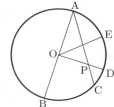

2 A市とB市を結ぶ道が3本，B市とC市を結ぶ道が2本，A市とC市を結ぶ道が1本ある。A市を出発して，次のように移動する道の選び方はそれぞれ何通りあるか。ただし，一度通った道を再び通ることはできず，また移動の途中でA市に立ち寄ることはできないものとする。

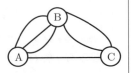

(1) 基本　A市を出発して，まずB市へ行き，次にC市へ行く道の選び方

(2) 基本　A市を出発してB市を経由した後C市へ行き，再びB市を経由してA市に戻る道の選び方

(3) 思考力　A市を出発して，最後にA市に戻る道の選び方（ただし，B市とC市に少なくとも1度ずつは立ち寄るものとする）

3 よく出る　2つの放物線
$y=ax^2\ (a>0)$…① と
$y=-\dfrac{2}{3}x^2$…② がある。図1のように，点 (2, 0) を通り y 軸に平行な直線と①，②との交点をそれぞれ A, B とする。さらに，点 C を②上に，点 D を①上にそれぞれとったところ，四角形 ABCD は正方形になった。次の問いに答えよ。

図1

(1) 基本　a の値を求めよ。

(2) 図2のように，y 軸に平行な直線と①，②との交点をそれぞれ P, Q とする。ただし，P, Q の x 座標はいずれも正とする。いま，y 軸上に点 R をとったところ，△PQR は正三角形になった。点 P の座標を求めよ。

図2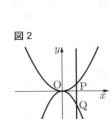

4 図のように1辺の長さが 3 cm の立方体がある。辺 BF 上に点 P を，辺 CG 上に点 Q を $BP=GQ=1\,\text{cm}$ となるようにとる。次の問いに答えよ。

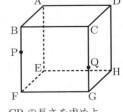

(1) 基本　AQ の長さを求めよ。

(2) 頂点 C から AQ に引いた垂線と AQ の交点を R とする。CR の長さを求めよ。

(3) 3点 A, P, Q を通る平面でこの立方体を切る。このときにできる切り口の図形の面積を求めよ。

東大寺学園高等学校

時間 **60分** 満点 **100点** 解答 **P122** 2月6日実施

出題傾向と対策

- 大問5題で，**1**は独立した小問の集合，**2**は $y=ax^2$ のグラフと図形，**3**は数の性質，**4**は平面図形，**5**は空間図形からの出題であった。分野，分量，難易度ともほぼ例年通りである。
- 図形を中心に，標準以上のもので十分練習しておくこと。

1 次の問いに答えよ。

(1) **よく出る** $\dfrac{1}{\sqrt{2}-\sqrt{3}+\sqrt{5}} + \dfrac{1}{\sqrt{2}-\sqrt{3}-\sqrt{5}}$ を計算せよ。

(2) **よく出る** $4(a+b)(a-b)+c(4b-c)$ を因数分解せよ。

(3) **よく出る** 1から5までの数字が書かれたカードがそれぞれ2枚ずつ合計10枚ある。これらのカードを袋に入れて，その中から同時に2枚を取り出すとき，取り出したカードに書かれた数字の積が偶数となる確率を求めよ。

(4) n を3以上の自然数とする。$\dfrac{4}{\sqrt{n}-\sqrt{2}}$ の整数部分が2であるとき，n として考えられる値をすべて求めよ。ただし，正の数 x の整数部分とは，x 以下の整数のうち最大のものを表す。

2 **よく出る** 図のように，原点Oを通り傾きが正の直線が，放物線 $y=x^2$ とO以外の点Aで交わり，放物線 $y=ax^2$ $(0<a<1)$ とO以外の点Bで交わっている。また，y 軸上に点 C(0, 6) をとる。OA：AB＝1：3で，三角形ABCの面積が18であるとき，次の問いに答えよ。

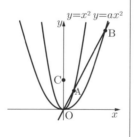

(1) a の値を求めよ。
(2) 直線ACと放物線 $y=x^2$ とのA以外の交点をDとし，直線BCと放物線 $y=ax^2$ とのB以外の交点をEとする。
  ① Dの x 座標を求めよ。
  ② 直線DEに平行な直線 l で三角形ABCを2つの部分に分けたとき，Cを含む側の面積とBを含む側の面積の比が2：1になったとする。l と x 軸との交点の x 座標を求めよ。

3 **思考力** 3つの整数 p, q, r は $1<p<q<r$ を満たし，$\dfrac{2p-1}{r}$, $\dfrac{2r-1}{q}$ の値はともに整数であるとする。このとき，次の問いに答えよ。

(1) $\dfrac{2p-1}{r}$ の値を求めよ。
(2) $\dfrac{2r-1}{q}$ の値を求めよ。
(3) $\dfrac{2q-1}{p}$ の値を3倍すると整数になるとする。このとき，p の値を求めよ。

4 **よく出る** 図のように，AB＝5，BC＝6，CA＝4の三角形ABCにおいて，∠BACの二等分線が辺BCと交わる点をDとする。辺AB上に点Gをとり，3点A，D，Gを通る円を描いたところ，辺BCとD以外の点Eで，辺CAとA以外の点Fで交わった。ただし，Eは線分BD上にあるものとする。このとき，次の問いに答えよ。

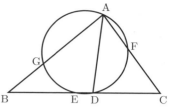

(1) BDの長さを求めよ。
(2) BG：BE を最も簡単な整数の比で表せ。
(3) BG＝CF のとき，
  ① BE の長さを求めよ。
  ② 五角形AGEDFの面積を求めよ。

5 **よく出る** 図のように，AB＝2 である立方体 ABCD-EFGH と，線分AGの中点を中心とする半径1の球 S がある。辺BCの中点をMとするとき，次の問いに答えよ。

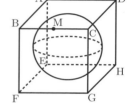

(1) 3点 G, H, M を通る平面で球 S を切ったときの切り口の円の半径を求めよ。
(2) 3点 A, C, F を通る平面で球 S を切ったときの切り口の円の半径を求めよ。
(3) 3点 D, G, M を通る平面で球 S を切ったときの切り口の円の半径を求めよ。

桐朋高等学校

時間 50分　満点 100点　解答 P124　2月10日実施

* 注意　答えが無理数となる場合は，小数に直さずに無理数のままで書いておくこと。また，円周率はπとすること。

出題傾向と対策

- 例年と同様に大問が6題で，**1**が数と式を中心とした小問集合，**2**が小問集合，**3**が文章題，**4**が関数と図形，**5**が証明を含む平面図形，**6**が空間図形の問題で，出題傾向，難易度に大きな変化はなかった。
- 前半で出題される計算，小問，文章題を確実に得点できるようにしよう。後半には，図形中心の応用問題が出題されているので，日頃から難度の高い問題にも挑戦して思考力を養おう。文章題の記述，証明問題が例年出題されるので，記述力にも磨きをかけておこう。

1 基本　次の問いに答えよ。

(1) $9x^3y \times \left(-\dfrac{1}{10}xy^4\right) \div \left(-\dfrac{3}{5}x^2y\right)^2$ を計算せよ。

(2) $(\sqrt{5}-2)(\sqrt{5}+3) - \dfrac{(\sqrt{7}-\sqrt{2})(\sqrt{7}+\sqrt{2})}{\sqrt{20}}$ を計算せよ。

(3) 2次方程式 $(x-5)^2 + 3(x-5) - 9 = 0$ を解け。

2 よく出る　次の問いに答えよ。

(1) 座標平面上に2点 A(1, 7)，B(6, −2) がある。直線 $y = ax + 2$ と線分 AB が共有する点をもつように，a の値の範囲を定めよ。ただし，線分 AB は点A と点Bを含むものとする。

(2) 大，小2つのさいころを投げ，大きなさいころの出た目を a，小さなさいころの出た目を b とする。このとき，$\dfrac{b}{a}$ の値が整数となる確率を求めよ。

(3) x についての2次方程式 $ax^2 - 3a^2x - 18 = 0$ の解が $x = -3$ だけであるとき，a の値を求めよ。

3 右の表は，Tスポーツクラブの1月から4月までの会員数を表したものである。この表で次のことが分かった。

月	1月	2月	3月	4月
会員数(人)	a	368	356	347

2月，3月，4月の会員数は，それぞれ，その前の月の会員の x % の人がやめ，y 人が新しく会員に加わった人数になっている。

(1) x，y の連立方程式をつくり，x，y の値を求めよ。答えのみでなく求め方も書くこと。

(2) 表の a の値を求めよ。

4 よく出る　右の図のように，放物線 $y = ax^2$ ($a > 0$) 上に4点 A，B，C，D があり，C，D の x 座標はそれぞれ 2, 6 である。四角形 ABCD は AD と BC が x 軸と平行な台形で，その面積は 64 である。

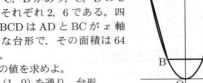

(1) a の値を求めよ。

(2) 点 (1, 0) を通り，台形 ABCD の面積を2等分する直線の方程式を求めよ。

(3) 点 P(0, t) とする。点 P を台形 ABCD = △PAC となるようにとるとき，t の値を求めよ。ただし，$t > 0$ とする。

5 右の図の四角形 ABCD において，∠ABC = ∠CDA = 90° である。辺 AB 上に点 E，辺 BC の延長線上に点 F があり，∠EDF = 90° である。

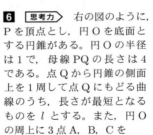

(1) △AED∽△CFD であることを証明せよ。

(2) AE = 6，EB = 5，BC = 2，CF = 8 のとき，次のものを求めよ。
① AC の長さ
② AD の長さ
③ DF の長さ
④ 四角形 ABFD の面積

6 思考力　右の図のように，P を頂点とし，円 O を底面とする円錐がある。円 O の半径は1で，母線 PQ の長さは4である。点 Q から円錐の側面上を1周して点 Q にもどる曲線のうち，長さが最短となるものを l とする。また，円 O の周上に3点 A，B，C を
$\overparen{AB} : \overparen{BC} : \overparen{CQ} : \overparen{QA} = 2 : 2 : 1 : 1$

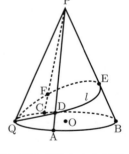

となるようにとり，3つの母線 PA, PB, PC と l との交点をそれぞれ D, E, F とする。

(1) 次のものを求めよ。
① PE の長さ
② PD の長さ

(2) △PDE，△PEF，△PFD，△ODE，△OEF，△OFD で囲まれた六面体について，次のものを求めよ。
① DF の長さ
② 六面体 ODEFP の体積

豊島岡女子学園高等学校

時間 50分　満点 100点　解答 P125　2月11日実施

* 注意　1. 円周率は特に断りのない限り π を用いること。
　　　2. 分母に根号を含むものは，分母を有理化してから答えること。
　　　3. 比を答えるものは，最も簡単な自然数の比で答えること。

出題傾向と対策

● 大問構成は6題で，**1**と**2**は小問集合，**3**は放物線と図形の面積，**4**は方程式の利用，**5**は平面図形と円，**6**は空間図形の計量であった。難易度は昨年同様であり，基本から応用までバランスよく出題される。
● **1**と**2**は素早く解き進め，**3**〜**6**に時間をかけるようにしたい。例年，方程式，関数 $y=ax^2$，平面図形，空間図形が頻出なので，過去問題を中心に標準より少し難しめの問題を素早く解く練習を積み重ねよう。

---

1 よく出る 基本 次の各問いに答えなさい。

(1) $\left(-\dfrac{2}{3}x^2y\right)^3 \times 3x^2y \div \left(-\dfrac{1}{3}xy^2\right)^2$ を計算しなさい。

(2) $(2\sqrt{2}-\sqrt{12})^2 - \dfrac{\sqrt{48}-9\sqrt{2}}{\sqrt{3}}$ を計算しなさい。

(3) $ax^2 - 3axy - 4ay^2$ を因数分解しなさい。

(4) 関数 $y=\dfrac{1}{2}x^2$ と $y=\dfrac{a}{x}$ について，$x=\dfrac{1}{2}$ から $x=3$ までの変化の割合が等しいとき，定数 a の値を求めなさい。

2 次の各問いに答えなさい。

(1) よく出る　2次方程式 $x^2-5x-3=0$ の正の解の小数部分を a とするとき，$a(a+5)$ の値を求めなさい。

(2) よく出る　$2m-1 \leqq \sqrt{n} \leqq 2m$ を満たす自然数 n が 2020 個あるとき，自然数 m の値を求めなさい。

(3) よく出る　大小2つのさいころを振り，出た目をそれぞれ a，b とします。このとき，$11a+8b$ の値が7の倍数となる確率を求めなさい。

(4) 難　右の図のように，平行四辺形 ABCD の辺 AB，BC，CD，DA を 2:3 に分ける点をそれぞれ E，F，G，H とします。線分 AF と線分 ED，BG の交点をそれぞれ P，Q とし，線分 HC と線分 BG，ED の交点をそれぞれ R，S とします。このとき，四角形 PQRS の面積は平行四辺形 ABCD の面積の何倍ですか。

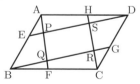

3 よく出る　右の図のように，2つの関数 $y=x^2 \cdots$①と $y=x+2 \cdots$②のグラフの交点のうち，x座標が負であるものを A，x座標が正であるものを B とします。さらに，直線 $y=1$ を軸として点 B と対称な点を C とします。このとき，次の各問いに答えなさい。

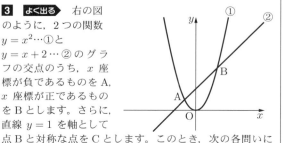

(1) 基本 点 B の座標を求めなさい。

(2) 基本 点 C を通り，②のグラフと平行な直線の式を求めなさい。

(3) 点 P が①のグラフ上を動くとき，△ABP の面積が △ABC の面積と等しくなるような点 P の x 座標をすべて求めなさい。

4 ある中学校の合唱部の 2017 年の部員数は，女子が x 人，男子が 64 人でした。2018 年の部員数は，2017 年と比べて女子が y ％ 減り，男子が y ％ 増えました。2019 年の部員数は，2018 年と比べて女子が 40 ％ 増え，男子が y ％ 減りました。このとき，次の各問いに答えなさい。ただし，$y>0$ とします。

(1) 2019 年の女子の部員数を x，y を用いて表しなさい。

(2) 2019 年の部員数が，女子が 63 人，男子が 60 人であるとき，x の値を求めなさい。

5 思考力　右の図の正三角形 ABC において，△BDE ≡ △GDE，AG = CF = 1，AD = 2 となるように，辺 AB，BC 上にそれぞれ点 D，E を，辺 CA 上に2点 F，G をとります。このとき，次の各問いに答えなさい。

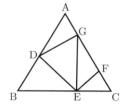

(1) ∠DEG の大きさを求めなさい。

(2) FG の長さを求めなさい。

(3) 3点 E，F，G を通る円の半径を求めなさい。

6 思考力　右の図のように，1辺の長さが6の立方体 ABCD−EFGH の中に，2つの球が入っています。大きい球は，立方体のすべての面に接しており，小さい球は，大きい球と立方体の3つの面 AEHD，AEFB，EFGH に接しています。小さい球の中心を O とするとき，次の各問いに答えなさい。

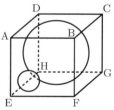

(1) 小さい球が面 EFGH と接する点を P とするとき，$\dfrac{EP}{OP}$ の値を求めなさい。

(2) 2つの球の接点を Q とするとき，四角錐 Q−EFGH の体積を求めなさい。

灘高等学校

時間 110分　満点 100点　解答 P127　2月11日実施

* 注意　**1**, **5**(1)は答えのみでよい。それ以外は途中の式や文章も記入すること。問題にかいてある図は必ずしも正しくはない。

出題傾向と対策

● 大問数は6題。**1** は結果のみを答える形だが、小問集合に見えても簡単な問題ではなく、かえって解きづらいものが集まっている。**2**～**6** の多くは証明を含む途中の考え方や計算過程を記述するスタイルで、出題形式や傾向に変化はない。難化した昨年の反動か易化し、一昨年並みの難易度に戻った。いずれの問題も、計算力、数学的思考力を試す良質の問題である。

● 試験時間が110分と長く、思考力を要する記述式なので、本校に応じた対策が必要である。計算力、思考力、記述力の3点に注意し、速く正確に答案が書けるように、問題練習を積むこと。証明問題は必出である。

---

1 次の □ 内に適する数を記入せよ。

(1) $a-b=2\sqrt{3}$, $b+d=2\sqrt{5}$, $b+c=2\sqrt{7}$, $a-d=2\sqrt{7}$ がすべて成り立つとき、$a=$ □, $abcd=$ □ である。

(2) a, b, c は互いに異なる整数の定数で、$abc>0$ である。x の方程式 $x^2-ax-2=0$ が $x=b$ を解にもち、x の方程式 $x^2-bx-2=0$ が $x=c$ を解にもつとき、$c=$ □ である。

(3) 1から6までの整数が書かれたカードがそれぞれ1枚ずつある。これら6枚のカードを3枚ずつ2つのグループに分ける。そして、それぞれのグループの中で書かれた数が最大であるカードを1枚ずつ取り出す。このとき、5が書かれたカードが取り出される確率は □, 4が書かれたカードが取り出される確率は □ である。

(4) **難** 右の図のように、AB=9, AC=6, ∠A=90°の直角三角形 ABC がある。辺 AB 上に AD=6 となる点 D をとり、辺 AC 上に AE=2 となる点 E をとる。3点 A, D, E を通る円と辺 BC の交点を、Bに近い方から順に P, Q とするとき、線分 BP の長さは □, 線分 CQ の長さは □ である。

---

2 **よく出る** a, t を正の定数とする。
Oを原点とする座標平面上に点 A (0, 3) がある。
関数 $y=ax^2$ のグラフを C とする。A を通る直線 m と C が2点 P $(-2t, 4at^2)$, Q $(3t, 9at^2)$ で交わっている。次の問いに答えよ。

(1) at^2 の値を求めよ。

(2) △OPQ の面積が15であるとき、a と t の値をそれぞれ求めよ。

(3) (2)のとき、△OPR の面積と四角形 OQRA の面積が

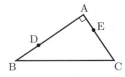

等しくなるように、点 R を C 上にとる。R の x 座標を求めよ。ただし、R の x 座標は Q の x 座標より大きいとする。

---

3 **よく出る** サイコロを3回投げる。1回目、2回目、3回目に出た目の数をそれぞれ百の位、十の位、一の位の数字とする整数を作る。

(1) この整数が、2の倍数または5の倍数となる確率を求めよ。

(2) この整数が、2の倍数または5の倍数または9の倍数となる確率を求めよ。

---

4 右の図のように、同じ平面上に半径1の円板と正六角形 ABCDEF がある。円板の中心が正六角形 ABCDEF の周上を1周するように円板を動かすとき、円板が通過する部分の面積を、次の2つの場合についてそれぞれ求めよ。

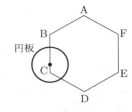

(1) 正六角形 ABCDEF の一辺の長さが1の場合

(2) 正六角形 ABCDEF の一辺の長さが2の場合

---

5 **思考力** 右の図のような、1辺の長さが2の正六角形を底面にもつ正六角柱 ABCDEF－GHIJKL の形をした針金の枠がある。辺 AG は底面と垂直である。点 O を中心とする球 S があり、球 S は正六角形 GHIJKL のすべての辺に接し、さらに辺 AG, BH, CI, DJ, EK, FL にも接している。ただし、針金の太さは考えないものとする。

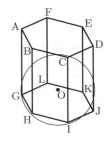

(1) 球 S の半径は □ である。
また、正六角形 GHIJKL を含む平面と点 O との距離は □ である。

(2) 辺 AG 上に AM=2 となる点 M があり、球 S は3点 D, E, M を通る平面に接している。辺 AG の長さを求めよ。

---

6 右の図のように、中心が O, 半径が1の円 K の周上に点 P をとり、円 K の内部に点 A をとる。半直線 OA 上に、線分 OA の長さと線分 OB の長さの積が1となるような点 B をとる。

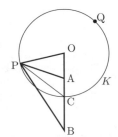

(1) △OPB∽△OAP となることを証明せよ。

(2) 半直線 OA と円 K の交点を C とおくと、∠APC = ∠BPC となることを証明せよ。

(3) 図のように円 K の周上に点 Q をとり、直線 PQ に関して点 A と線対称である点を D とおくと、△DPB∽△QOB となることを証明せよ。

西大和学園高等学校

時間 60分　満点 100点　解答 P128　2月6日実施

出題傾向と対策

- 今年も例年通り大問4題の構成であった。**1**は5題の数量関連の小問集合，**2**は4題の図形の小問集合，**3**は関数のグラフと図形の問題，**4**は空間図形である。分量もやや多めで，証明問題の記述もあるので，手際よく解いていくことが重要である。
- 過去問を解いて傾向をつかんでおこう。標準レベルから上級レベルの問題集を解いて，しっかりとした計算力をつけておくとよいだろう。

1 次の各問いに答えよ。

(1) $a = 5 - 2\sqrt{3}$ のとき，$a^2 - 10a + 25$ の値を求めよ。

(2) x, y を整数とし，$x > y$ をみたすものとする。
$x^2 = 25 + y^2$ を満たす整数の組 (x, y) をすべて求めよ。

(3) [基本] 2次方程式 $3x^2 - ax - b = 0$ が1と-2を解にもつとき，定数 a, b の値を求めよ。

(4) ある試験に受験者の25%が合格した。合格者の平均点は，合格基準点より4点高く，不合格者の平均点は合格基準点より8点低かった。全受験者の平均点が60点のとき，この試験の合格基準点は何点かを求めよ。

(5) [思考力] 右の図のように，番号1～6をつけた6つの白玉と2つの黒玉を線分で結んだ立方体がある。 ア ～ ウ にあてはまる数を求めよ。

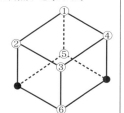

(i) 1つのさいころを振り，出た目の番号と同じ番号の白玉を黒く塗る。このとき，3つの黒玉を線分で結んでできる三角形が正三角形となる確率は ア である。

(ii) 同時に2つのさいころを振り，出た目の番号と同じ番号の白玉をそれぞれ黒く塗る。ただし，同じ目が出たときは，出た目の番号と同じ番号の白玉を1つ塗る。
　このとき，すべての黒玉を線分で結んで図形Tを作る。例えば，2つのさいころの出た目が同じであったとき，図形Tは三角形となる。図形Tが正四面体となる確率は イ ，図形Tが正三角形の面を少なくとも1つ含む四面体となる確率は ウ である。

2 次の各問いに答えよ。

(1) 右の図のように，線分 AF を直径とする半円上に4点 B, C, D, E を $\stackrel{\frown}{AB} = \stackrel{\frown}{BC} = \stackrel{\frown}{CD} = \stackrel{\frown}{DE} = \stackrel{\frown}{EF}$ を満たすようにとる。$\angle x$ の大きさを求めよ。

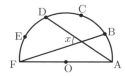

(2) 右の図のように，一辺の長さが2である立方体 ABCD - EFGH がある。辺 BC の中点を M，辺 CD の中点を N とする。

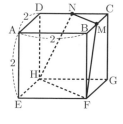

(ア) 立体 MCN - FGH の体積を求めよ。

(イ) G から面 MNHF に下ろした垂線の長さを求めよ。

(3) 右の図のように，線分 AB を直径とする半円をかき，線分 AB 上に AP : PB = 4 : 9 となるような点 P をとる。また，P を通り線分 AB に垂直な直線を引き，半円との交点を C とする。いま，P を中心とし，半径 PA の円をかき線分 PC との交点を Q とするとき，CQ : QP を求めよ。

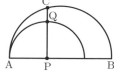

(4) [よく出る] 右の図のように，正方形 ABCD の紙を，EF を折り目として頂点 A が辺 DC 上にくるように折る。線分 AB と線分 CF との交点を G とするとき，△FBG∽△EDA となることを証明せよ。

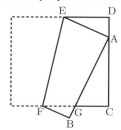

3 右の図のように，y 軸上に点 A(0, 2) をとり，放物線 $y = 3x^2$ 上に x 座標が $-\dfrac{\sqrt{3}}{3}$ である点 B をとる。2点 A, B を通る直線 l と放物線 $y = 3x^2$ の交点のうち，点 B でない方を点 C とするとき，次の各問いに答えよ。

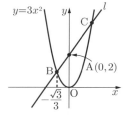

(1) [基本] 直線 l の式を求めよ。

(2) 放物線上に点 P をとったとき，PA = PB となった。点 P の座標を求めよ。ただし，点 P の x 座標は正とする。

(3) 半直線 AC 上に点 D，放物線上に点 Q をとったとき，△ABP∽△DAQ となった。

(ア) 点 D の座標を求めよ。

(イ) △ABP と △DAQ の面積比を求めよ。

(4) 四角形 BPQD の面積を求めよ。

4 右の図において，立体 ABC - DEF は三角柱である。△ABC は AB = AC，BC = 6，∠BAC = 120° の二等辺三角形で △DEF と合同である。また，四角形 ABED，四角形 ACFD は長方形で，BE = $2\sqrt{6}$ である。さらに，辺 AD 上に ∠ERF = 90° となるように点 R をとり，線分 ER と線分 BD の交点を P，線分 FR と線分 CD の交点を Q とする。このとき，次の各問いに答えよ。

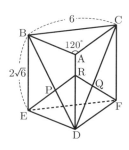

(1) 立体 ABC - DEF の体積を求めよ。

(2) △PBE と △PDR の面積比を求めよ。

(3) 線分 PF の長さを求めよ。
(4) 立体 BCFEPQ の体積を求めよ。

日本大学第二高等学校

時間 50分　満点 100点　解答 P130　2月11日実施

* 注意　1. 分数はできるところまで約分して答えなさい。
　　　 2. 比は最も簡単な整数比で答えなさい。
　　　 3. $\sqrt{\ }$ の中の数はできるだけ小さな自然数で答えなさい。
　　　 4. 解答の分母に根号を含む場合は，有理化して答えなさい。
　　　 5. 円周率は π を用いなさい。

出題傾向と対策

● 例年通り，大問4題の出題である。**1**は小問の集合，**2**は確率，**3**は空間図形，**4**は関数 $y = ax^2$ の出題である。今回は大問としての平面図形の出題はなかったが，小問で出題されており，分量・内容ともに例年通りである。

● 出題傾向はあまり変化していないので，ひと通り基礎・基本をおさえ，その後は過去問にあたって問題を解いておこう。関数 $y = ax^2$ に関する問題，空間図形に関する問題，三平方の定理に関する問題はよく出題されている。十分に練習を積んでおくとよい。

1 よく出る　基本　次の各問いに答えよ。

(1) $1.5^3 \times \left\{ 0.25 - \left(\dfrac{1}{3} - 0.5\right)^2 \right\}$ を計算せよ。

(2) $(-2a^3b^2)^2 \times \left(-\dfrac{1}{a^2b}\right) + (ab)^2 \div \dfrac{1}{a^2b}$ を計算せよ。

(3) $(x^2 + 3)^2 - 16x^2$ を因数分解せよ。

(4) 自然数 a に対して，$\sqrt{162 - 3a}$ が最も大きな整数となるような a の値を求めよ。

(5) 放物線 $y = -\dfrac{2}{3}x^2$ と直線 l が2点 A, B で交わっており，A, B の x 座標はそれぞれ -3 と 1 である。直線 l の方程式を求めよ。

(6) 右の図において，A を通る2つの半直線が B, D で円 O と接している。BC が円 O の直径であるとき，∠BAD の大きさを求めよ。

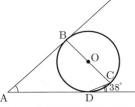

(7) 右の表はあるクラスで実施した数学のテストの得点を度数分布表にまとめたものである。中央値が含まれる階級の階級値を求めよ。

階級(点)	度数
以上　　未満	
40 ～ 50	4
50 ～ 60	13
60 ～ 70	11
70 ～ 80	4
80 ～ 90	3
90 ～ 100	5
計	40

2 袋の中に1から9までの数字が1つずつ書かれた9個の球が入っている。この袋の中から1個ずつ3個の球を取り出し，1個目の球の数字を a，2個目の球の数字を b，3個目の球の数字を c とする。ただし，一度取り出した球は袋に戻さない。このとき，次の問いに答えよ。

(1) 3つの数字 a, b, c の積 abc が奇数になる確率を求めよ。

(2) $a + b + c = 9$ となる確率を求めよ。

3 一辺の長さが 12 cm の立方体 ABCD − EFGH について，次の問いに答えよ。

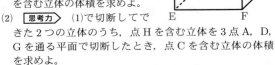

(1) 基本　立方体 ABCD − EFGH を3点 A, C, F を通る平面で切断したとき，点 B を含む立体の体積を求めよ。

(2) 思考力　(1)で切断してできた2つの立体のうち，点 H を含む立体を3点 A, D, G を通る平面で切断したとき，点 C を含む立体の体積を求めよ。

(3) (2)で体積を求めた立体の表面積を求めよ。

4 よく出る　右の図で①は関数 $y = ax^2 (a > 0)$ のグラフ，②は関数 $y = bx^2 (b < 0)$ のグラフである。面積が 32 の四角形 ABCD において，2点 A, D の x 座標をともに $t (t > 0)$ とするとき，次の問いに答えよ。

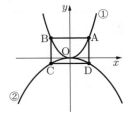

(1) 四角形 ABCD が AD = 2AB の長方形になるとき，t の値を求めよ。

(2) 四角形 ABCD が正方形になるとき，$a - b$ の値を求めよ。

(3) 都合により省略

日本大学第三高等学校

時間 50分　満点 100点　解答 P131　2月10日実施

* 注意　円周率は π とする。

出題傾向と対策

●大問の構成は昨年と同様6題で，**1**は小問集合（10題），**2**は確率，**3**は連立方程式の利用，**4**は関数と図形の融合問題，**5**は空間図形（正四面体）に関する問題，**6**は平面図形（正三角形）に関する問題であった。
●**1**を素早く確実に解いて，残りの問題に時間をかけたい。毎年，確率，方程式の利用，関数と図形の融合問題，空間図形が出題される。**2**以降の(1)は基本的な問題であり，(2)以降のヒントになっているので，確実に解いておきたい。

1 よく出る　次の問いに答えなさい。

(1) 基本　$\left\{\left(-\dfrac{1}{2}\right)^2 \div 0.5 - \left(-\dfrac{2}{3}\right)^2\right\} \times (-3^2)$ を計算しなさい。

(2) 基本　$\dfrac{3x-7}{5} - \dfrac{2(x-1)}{3}$ を計算しなさい。

(3) 基本　$\sqrt{18} - \sqrt{8} + \dfrac{3}{\sqrt{72}}$ を計算しなさい。

(4) 基本　$(3x+1)^2 - 7(3x+1) + 10$ を因数分解しなさい。

(5) 基本　x についての方程式
$2(x-2)(x+3) + 1 = (x-3)^2$ を解きなさい。

(6) 等式 $a(a-b) = b$ を b について解きなさい。ただし，$a \neq -1$ とする。

(7) 関数 $y = -\dfrac{1}{2}x^2$ の x の変域が $-3 \leqq x \leqq 2+\sqrt{2}$ のとき，y の変域を求めなさい。

(8) 基本　右の図において，l と m はそれぞれ円 O に接しており，$l \parallel m$ である。このとき，$\angle x$ の大きさを求めなさい。

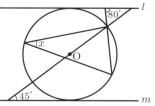

(9) ある商品に原価の50%増しの定価をつけた。しかし，売れないので定価の30%引きで売ったところ，150円の利益を得た。この商品の原価を求めなさい。

(10) 基本　下の表はある中学校のクラスの生徒の身長を調べて作ったものである。ア〜エにあてはまる数を求めなさい。

階級(cm)	度数(人)	相対度数
以上　　未満		
140 〜 145	4	0.10
145 〜 150	ア	イ
150 〜 155	10	0.25
155 〜 160	14	ウ
160 〜 165	2	0.05
165 〜 170	2	0.05
計	エ	1.00

2 よく出る　大小2つのさいころを投げ，大きいさいころの出た目を a，小さいさいころの出た目を b とする。このとき，次の問いに答えなさい。

(1) 基本　ab が6の倍数になる確率を求めなさい。

(2) $\dfrac{ab}{2020}$ をそれ以上約分できない分数として表したとき，分子が1になる確率を求めなさい。

3 1秒間に x 回転して転がる半径 2 cm の円 A と，1秒間に y 回転して転がる半径 3 cm の円 B がある。いま，右の図のように半径 42 cm の円 O 上の点 P から時計回りに滑ることなく円 A を転がして，途中で円 B に入れ替え，再び時計回りに滑ることなく点 P まで転がす。このとき，次の問いに答えなさい。ただし，x, y はともに整数である。

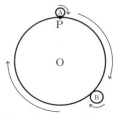

(1) 円 A を9秒間転がした後，円 B を2秒間転がすと点 P にちょうど戻ってきたとき，x, y の関係式が次のようになった。空欄 ア ，イ に入る数を答えなさい。
ア $x + y =$ イ

(2) (1)の次に，今度は円 A を3秒間転がした後，円 B を10秒間転がしてもちょうど点 P に戻ってきたとき，x, y の値を求めなさい。

4 よく出る　右の図のように，放物線 $y = ax^2$ ($a > 0$) 上に2点 A, B があり，直線 AB と y 軸との交点を C とする。点 A の座標を $(-2, 8)$，点 B の x 座標を3とするとき，次の問いに答えなさい。ただし，座標の1目盛を 1 cm とする。

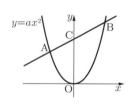

(1) 基本　a の値を求めなさい。

(2) 基本　直線 AB の式を求めなさい。

(3) 基本　x 座標が -1 である点 P を放物線上にとる。点 P を通り，直線 AB に平行な直線を引き，放物線との交点のうち P でないものを Q とする。このとき，直線 PQ の式を求めなさい。

(4) (3)のとき，△PAC と △QBC の面積の和を求めなさい。

5 よく出る　右の図のように，1辺の長さが 6 cm の正四面体 O − ABC がある。点 A から点 B まで，辺 OC を通るように糸をかけ，その糸が最も短くなるときに辺 OC 上を通る点を P とする。さらに正四面体 O − ABC を平面 PAB で切断し，新たに四面体 P − ABC をつくる。このとき，次の問いに答えなさい。

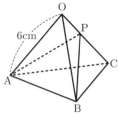

(1) 基本　OP : PC を，最も簡単な整数の比で表しなさい。

(2) 基本　△ABC の面積を求めなさい。

(3) 思考力　四面体 P − ABC の体積を求めなさい。

(4) 四面体 P − ABC において，△PAB を底面としたときの四面体 C − PAB の高さを求めなさい。

6 右の図のように，正三角形の中に正方形Aと正方形Bが接している。正方形Bの1辺の長さが $\sqrt{3}$ cm のとき，次の問いに答えなさい。

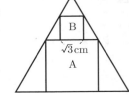

(1) 正方形Aの1辺の長さを求めなさい。
(2) 正三角形の1辺の長さを求めなさい。
(3) 正三角形から正方形Aと正方形Bを抜いた部分の面積を求めなさい。

日本大学習志野高等学校

時間 50分　満点 100点　解答 P132　1月17日実施

* 注意　1. 答が分数のときは，約分した形で表しなさい。
　　　　2. 根号の中は最も簡単な形で表しなさい。例えば，$2\sqrt{8}$ は $4\sqrt{2}$ のように表しなさい。

出題傾向と対策

●例年同様，大問4題のマークシート形式であり，1 は小問集合形式，2 は関数と図形の融合問題，3 は紙の折り曲げを題材とした平面図形，4 は立方体を題材とした立体図形の問題であった。出題分野・傾向・難易度に大きな変化はない。

●例年，出題される問題に難問奇問はないが，受験者層を考えると，やや苦戦するであろう問題も含まれている。昨年とほぼ同じ難易度だが，点数の差は広がりやすいと思われる。定型問題が多いからといって油断してはいけない。

1 よく出る 次の □ をうめなさい。

(1) $(2\sqrt{3}-\sqrt{5})^2+(\sqrt{5}+4\sqrt{3})(\sqrt{5}-2\sqrt{3})+(2\sqrt{3}+\sqrt{5})(2\sqrt{3}-\sqrt{5}) = \boxed{ア}-\boxed{イ}\sqrt{\boxed{ウ}\boxed{エ}}$ である。

(2) n を2桁の自然数とする。$\sqrt{2020+n^2}$ が正の整数となるとき，$n = \boxed{オ}\boxed{カ}$ である。

(3) 正方形の土地の縦を 2 m 長くし，横を 7 m 長くしたところ，その長方形の土地の対角線の長さが $5\sqrt{13}$ m となった。このとき，もとの土地の対角線の長さは $\boxed{キ}\sqrt{\boxed{ク}}$ m である。

(4) 10%の食塩水 300 g から食塩水 x g を取り出した後，残された食塩水に x g の水を加えると 4.8%の食塩水になった。このとき，$x = \boxed{ケ}\boxed{コ}\boxed{サ}$ である。

(5) 右図のように，円Oの周上に4点 A，B，C，D があり，直線 AD と BC の交点を P とする。AB = AC，$\stackrel{\frown}{AD} : \stackrel{\frown}{DC} = 2 : 1$，∠APB = 50° のとき，∠$x$ = $\boxed{シ}\boxed{ス}$ 度である。

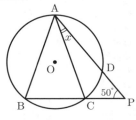

(6) 2枚の10円硬貨と3枚の100円硬貨があり，これら5枚の硬貨を同時に投げる。表の出た100円硬貨の枚数が，表の出た10円硬貨の枚数よりも多くなる確率は $\dfrac{\boxed{セ}}{\boxed{ソ}}$ である。

2 よく出る 右図のように，2つの放物線 $y = x^2 \cdots$①，$y = ax^2 (a > 1) \cdots$② がある。2点 A(1, 1)，B(−1, 1) は放物線①上にある。点Aを通り，y 軸に平行な直線と放物線②との交点をCとする。△ACBの面積が4であるとき，次の問いに答えなさい。

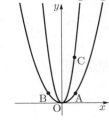

(1) a の値を求めなさい。
答 $a = \boxed{ア}$

(2) 直線 BC と放物線①の点B以外の交点をDとするとき，点Dの座標を求めなさい。
答 D($\boxed{イ}$, $\boxed{ウ}$)

(3) (2)のとき，直線 $y = bx$ が四角形 OADB の面積を2等分している。このとき，b の値を求めなさい。
答 $b = \dfrac{\boxed{エ}}{\boxed{オ}}$

3 長方形 ABCD の紙を図1，図2の順に折った。図1は，線分 EF を折り目として折り曲げ，点Bが辺 AD 上の点Pに重なった図である。このとき，AE = $(\sqrt{3}+1)$ cm，3AE = AB である。図2は，図1の紙を線分 DG を折り目として折り曲げ，辺 CD が線分 PD と重なり，点Fが点Qに移った図である。

次の問いに答えなさい。

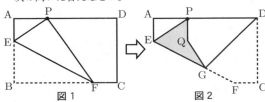

図1　図2

(1) 図1の線分 AP の長さを求めなさい。
答 $(\sqrt{\boxed{ア}}+\boxed{イ})$ cm

(2) 図2の線分 PQ の長さを求めなさい。
答 $\boxed{ウ}\sqrt{\boxed{エ}}$ cm

(3) 思考力 図2の ▨ 部分の面積を求めなさい。
答 $(\boxed{オ}\sqrt{\boxed{カ}}+\boxed{キ})$ cm²

4 よく出る 右図のように，1辺の長さが 2 cm の立方体 ABCD − EFGH がある。4点 A，C，F，H を頂点とする四面体について，次の問いに答えなさい。

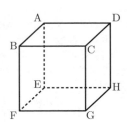

(1) この四面体の表面積を求めなさい。
答 $\boxed{ア}\sqrt{\boxed{イ}}$ cm²

(2) 頂点Aから平面 CFH に垂線をひくとき，この垂線の長さを求めなさい。
答 $\dfrac{\boxed{ウ}\sqrt{\boxed{エ}}}{\boxed{オ}}$ cm

(3) 4点 A，C，F，H が球の表面上にある。この球の体積を求めなさい。

答 カ√キ π cm³

函館ラ・サール高等学校

時間 60分　満点 100点　解答 P134　2月18日実施

* 注意　・分数で答える場合は,それ以上約分ができない数で答えなさい。
　　　　・円周率はπとします。

出題傾向と対策

● 大問4問で,1 は計算が中心の小問が8題,2 はやや重めの小問が2題,3 は平面図形,4 は関数のグラフを使った新傾向の問題である。
● 出題数もほぼ例年通りであるが,新傾向の問題の出題が続いているので,注意しておきたい。問題の中に答えを導き出すヒントが隠れているので,それを読み解くことがポイントである。標準レベルからやや上級レベルの問題集などでしっかりと練習し,計算力をつけておくと良いだろう。

1

(1) 基本　$\left(3-\dfrac{15}{2}\right)^2 \div \left\{\left(\dfrac{3}{2}\right)^4 - \left(\dfrac{3}{4}\right)^2\right\}$ を計算しなさい。

(2) 基本　$\left(-\dfrac{1}{2a^2b}\right)^3 \div \left(-\dfrac{3}{4a^6}\right) \times \dfrac{b^5}{3a}$ を計算しなさい。

(3) 関数 $y = ax^2$ について,x の変域が $-1 \leqq x \leqq \dfrac{8}{7}$ のとき,y の変域が $-\dfrac{16}{7} \leqq y \leqq 0$ である。a の値を求めなさい。

(4) x, y の連立方程式 $\begin{cases} 4x - ay = 2b \\ bx + 3y = a \end{cases}$ の解が $x = -1, y = 1$ である。このとき,$a = \boxed{ア}$,$b = \boxed{イ}$ である。

(5) 大,中,小3つのさいころを同時に投げる。出た目をそれぞれ a, b, c とする。このとき,$3a - 2b - c = 0$ となる確率を求めなさい。

(6) $a^2 - 9b^2 - 4a + 4$ を因数分解しなさい。

(7) $N = 2020 - \sqrt{218x}$ とする。N が整数となるとき,N の絶対値の最小値を求めなさい。ただし,x は自然数とする。

(8) よく出る　右の図は1辺の長さが 6 cm の立方体 ABCD － EFGH である。辺 AB,辺 AD の中点をそれぞれ P,Q とする。この立体を平面 PFHQ で切ったとき,立体 APQ － EFH の体積を求めなさい。

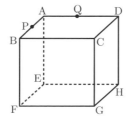

2

(1) 1辺の長さが $2\sqrt{3}$ cm の正方形がある。図のように3つの頂点を中心とする半径 $2\sqrt{3}$ cm の円の一部をそれぞれ描き,正方形をあからかの6つの部分に分ける。このとき次の問いに答えなさい。

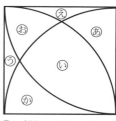

① 図のいの部分とうの部分とえの部分の周りの長さの和を求めなさい。
② 図のいの部分の面積を求めなさい。
③ 図のあからかの6つの部分を,曲線を境に隣り合う部分が異なる色になるように,赤,青,黄,緑の4色の色で塗り分ける。いとうとえは隣り合っていないので,いとうとえには同じ色を塗ることにする。このときの塗り方は全部で何通りあるか求めなさい。ただし,4色すべてを使うこと。

(2) A君は毎月1日に 2000 円のお小遣いをもらっています。1月から毎月10日にお小遣いの一部を貯金し始め,その年の12月10日まで毎月同じ額だけ貯金し,8%の消費税を見込んで12月24日におもちゃを買う予定を立てました。しかし,ある月に,このままでは 1440 円足りないことに気づき,残りの何か月間は貯金額を 240 円多くしました。さらに,消費税が8%から10%に上がっていたことに11月30日に気づき,12月10日はお小遣いをすべて貯金しましたが,100 円足りず,そのおもちゃを買うことができませんでした。

① 1月10日にいくら貯金したか求めなさい。
② 消費税が10%のときのおもちゃの代金(税込み価格)はいくらですか。

3

AD // BC,AB = CD で,AD = $2\sqrt{2}$ cm,BC = 4 cm,高さが $2\sqrt{2}$ cm である台形 ABCD において,線分 AB,BC,CD の中点をそれぞれ E,O,F とする。$\overparen{OG}$ と $\overparen{OH}$ は,それぞれ点 B,C を中心とする半径 2 cm の円の一部である。

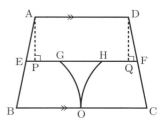

また,点 A,D から線分 EF に垂線を下ろし,それぞれの垂線と線分 EF との交点をそれぞれ P,Q とする。次の問いに答えなさい。

(1) GH と PH の長さを求めなさい。

(2) 点 P を中心とし,半径が PH の円と,点 Q を中心とし,半径が QG の円の交点のうち,線分 EF に関して線分 AD と同じ側にある方を R とする。点 R の位置について,正しいものを次の中から1つ選び記号で答えなさい。

ア　点 R は,線分 AD に関して線分 EF と同じ側にある。
イ　点 R は,線分 AD 上にある。
ウ　点 R は,線分 AD に関して線分 EF と反対側にある。

(3) (2)の点 R について,4つの $\overparen{RG}$,$\overparen{GO}$,$\overparen{OH}$,$\overparen{HR}$ で囲まれた部分の面積を求めなさい。

4 [思考力] [新傾向]

右の図はある街全体の地図である。この街には，東西にのびる東西大通りと南北にのびる南北大通りがあり，この2本の大通りと平行に等間隔で道路が引かれている。また，この街では大通り以外の道路の名前と，道路と道路の交差点を以下のように名付けている。

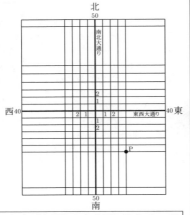

- n を自然数とする。東西大通りから北側に数えて n 番目の道路を北 n 通り，南側に数えて n 番目の道路を南 n 通りと呼ぶ。また，$1 \leqq n \leqq 50$ である。

- m を自然数とする。南北大通りから東側に数えて m 番目の道路を東 m 通り，西側に数えて m 番目の道路を西 m 通りと呼ぶ。また，$1 \leqq m \leqq 40$ である。

- 北 n 通りと東 m 通りの交差点を北 n 東 m と呼び，これを交差点の住所とよぶ。同様に北 n 通りと西 m 通りの交差点の住所を北 n 西 m，南 n 通りと東 m 通りの交差点の住所を南 n 東 m，南 n 通りと西 m 通りの交差点の住所を南 n 西 m と呼ぶ。また，東西大通り上の交差点の住所は，東 m 通りとの交差点の住所を大通り東 m，西 m 通りとの交差点の住所を大通り西 m と呼び，南北大通り上の交差点の住所は，北 n 通りとの交差点の住所を大通り北 n，南 n 通りとの交差点の住所を大通り南 n と呼ぶ。さらに，東西大通りと南北大通りの交差点の住所は中央と呼ぶ。

ただし，道路の幅は考えないものとする。次の問いに答えなさい。

(1) 地図中の点Pの住所を答えなさい。

(2) この街に，次のような形で鉄道を開通させることにした。ただし，道路の幅は考えないものとする。

- 南北大通りより西側で東西大通りより南側のエリアでは，中央が頂点で対称の軸が南北大通りに一致し，中央と南2西2と南18西6を通る放物線の形。

- 南北大通りより東側で東西大通りより北側のエリアでは，中央が頂点で対称の軸が南北大通りに一致し，中央と北4東2と北25東5を通る放物線の形。

- 線路は，南50通り上の点から北50通り上の点までつながっている。

① $\frac{1}{2}(m+1)^2 - \frac{1}{2}m^2$ を計算しなさい。

② この線路が通過する地域は何か所あるか。ただし，ここでいう地域とは地図上で四方を道路で囲まれた部分（地図上の直線で囲まれた面積が最も小さい正方形の内部）をいう。

(3) (2)の鉄道とは別に，次のような地下鉄を開通させることにした。ただし，線路の幅は考えないものとする。

北31西30から南11西2まで直線で結び，南11西2から南12東40まで直線で結び，南12東40からは大通り東4を通るような直線で南北大通り上の点まで結ぶ。

このとき，この地下鉄から(2)の鉄道に乗り換えることのできる点（地図上で鉄道と地下鉄の線路が交わる点）の住所をすべて求めなさい。

福岡大学附属大濠高等学校

時間 50分　満点 100点　解答 P135　1月31日実施

* 注意　(1) 根号 $\sqrt{\ }$ が含まれるときは，$\sqrt{\ }$ を用いたままにしておくこと。また，$\sqrt{\ }$ の中は，最も小さい整数にすること。
(2) 分数は，それ以上約分できない分数で表し，分母は有理化しておくこと。
(3) 円周率は，π を用いること。

出題傾向と対策

● 大問5題，小問数25問で，1，2は小問集合，3は関数に関する総合問題，4は平面図形の問題，5は立体の問題と，分量，内容ともに例年通りの出題である。
● 本校の特徴として私立難関校の入試問題の基本的・典型的問題がよく出題される。どれだけ誠実に受験勉強をしてきたかが点数に反映するよい出題である。教科書で巻末の課題学習で扱っている，解と係数の関係や角の二等分線の性質といった中高一貫校の中学生であれば必ず学習している内容に関する問題がよく出題されるので勉強しておきたい。

1 [よく出る] 次の各問いに答えよ。

(1) $(-3ab^2)^3 \times \left(-\frac{1}{3ab^2}\right)^2 \div \left(-\frac{ab^2}{3}\right)$ を計算し，簡単にすると ① である。

(2) $\dfrac{(\sqrt{3}+2)(3+\sqrt{3})(9-5\sqrt{3})}{\sqrt{3}}$ を計算し，簡単にすると ② である。

(3) x，y についての連立方程式 $\begin{cases} 3x+2y=4 \\ 6x-7y=3a \end{cases}$ の解の比が $x:y=2:3$ であるとき，定数 a の値は ③ である。

(4) $x^2y^2 - 4x^2 - 9y^2 + 36$ を因数分解すると ④ である。

(5) 2次方程式 $x^2+ax+b=0$ の2つの解が，2次方程式 $x^2+6x+5=0$ の2つの解よりそれぞれ2だけ大きいとき，定数 a，b の値は ⑤ である。

2 [よく出る] 次の各問いに答えよ。

(1) 2020以下の自然数 a と36の最大公約数が6であるとき，最も大きい自然数 a は ⑥ である。

(2) ある公園の遊歩道のスタート地点に，太郎君と30人のグループがいる。
太郎君は，分速60mの速さで歩き，30人のグループは，全員分速150mの速さで，20m間隔で1人ずつ走り出す。今，太郎君と30人のグループの先頭が同時に出発した。スタート地点から100m離れたところにP地点があり，太郎君がこのP地点を通過するまでに，30人のグルー

プのうち ⑦ 人がP地点を通過することができる。

(3) 右の図のように，辺BCを共有する三角形ABCと三角形DBCがあり，辺BCをCの方向に延ばした直線上に点Eがある。
∠DBC = 4∠ABD，
∠DCE = 4∠ACD，
∠BDC = 28° であるとき，
∠BAC は ⑧ 度である。

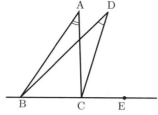

(4) **思考力** 右の【図Ⅰ】のように，辺ACを斜辺とし，AB = BC = 1 cm の直角二等辺三角形ABCと，1辺の長さが 1 cm の正方形PQRSがあり，2つの図形の辺BC，QRは直線 l 上にある。三角形ABCを直線 l にそって矢印の方向に移動させ，辺ACと辺PQが交わったときの交点をDとする。次の各問いに答えよ。

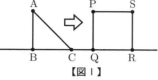
【図Ⅰ】

(ア) 右の【図Ⅱ】のように，点Cが辺QRの中点にきたとき，三角形CSDの面積は ⑨ cm² である。

【図Ⅱ】

(イ) 右の【図Ⅲ】のように，∠CSD = 60° になったとき，線分CDの長さは ⑩ cm である。

【図Ⅲ】

3 **よく出る** 右の図のように，放物線 $y = ax^2$ 上に3点A，B，Cがある。点Aの座標は $(-2, 1)$ で，点B，Cの x 座標はそれぞれ4，8である。次の各問いに答えよ。ただし，座標の1目盛りは 1 cm である。

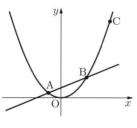

(1) **基本** a の値は ⑪ である。
(2) 直線ABの方程式は ⑫ である。
(3) 三角形OABの面積は ⑬ cm² である。
(4) 三角形OABと三角形ABCの面積比を最も簡単な整数で表すと ⑭ である。
(5) x 軸上の正の部分に点Dをとる。三角形ABDの面積と三角形ABCの面積が等しくなるとき，点Dの x 座標は ⑮ である。

4 **よく出る** 右の図のように，線分ABを直径とする半円があり，弧AB上に点Cがある。点Dは線分AC上の点で，

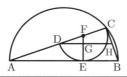

線分CDを直径とする半円は，点Eで線分ABに接している。
線分CDの中点をFとし，点Dを通り線分ABに平行な直線が線分EF，線分BCと交わる点をそれぞれG，Hとする。また，AB = 30 cm，BC = 10 cm である。
次の各問いに答えよ。

(1) **基本** 線分ACの長さは ⑯ cm である。
(2) 線分EFの長さは ⑰ cm である。
(3) 線分DHの長さは ⑱ cm である。
(4) 三角形AEFの面積は ⑲ cm² である。
(5) 三角形DGFの面積は ⑳ cm² である。

5 **よく出る** 右の【図Ⅰ】のように，底面の半径が 3 cm で，母線の長さが 9 cm の円錐がある。次の各問いに答えよ。

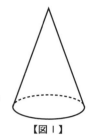
【図Ⅰ】

(1) **基本** この円錐の高さは ㉑ cm である。

(2) 下の【図Ⅱ】のように，この円錐を，切り口が底面と平行になるように切り離し，円錐⑦と円錐台④の2つの立体を作ると，円錐⑦と円錐台④の体積比が 1 : 26 となった。
円錐台④の体積は ㉒ cm³ である。
また，円錐台④の上面の円周上に点P，底面の円周上に点Qをとり，線分PQを引く。線分PQが最も長くなるときの長さは ㉓ cm である。

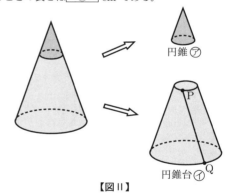
【図Ⅱ】

(3) 下の【図Ⅲ】は，円錐台④の線分ABで切ったときの側面の展開図で，点C，Dは組み立てたときに，それぞれ点A，Bと重なる点である。
線分ACの長さは ㉔ cm であり，線分ADの長さは ㉕ cm である。

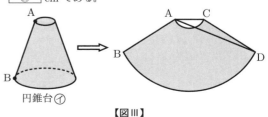
【図Ⅲ】

法政大学高等学校

時間 50分 / 満点 100点 / 解答 P.136 / 2月10日実施

出題傾向と対策

● 大問が4題で、1は基本問題の小問集合、2は2次方程式の応用、3は関数と図形、4は平面図形の問題であった。出題形式や分野は例年通りであったが、難易度はやや易しめになったようである。

● 出題傾向は、ほぼ固定化しているので、数年間の過去問題を整理し、基本的な問題を中心に標準的な問題まで、しっかり解く力を身につけておこう。立体図形の問題にも注意したい。

---

1 よく出る 次の各問いに答えなさい。

(1) $(-2)^2 \div \left(-\dfrac{2^4}{15}\right) \times 1.2 - 2^2 \times (-1.5)^3$ を計算しなさい。 (5点)

(2) $\left(-\dfrac{4}{3}a^2b\right)^2 \times \left(-\dfrac{1}{2}a^2b^3\right)^3 \div \dfrac{1}{9}a^5b^4$ を計算しなさい。 (5点)

(3) $\dfrac{3x+2y}{6} + \dfrac{4x-5y}{3} - \dfrac{9x-7y}{2}$ を計算しなさい。 (5点)

(4) $2xy - 3x + 8y - 12$ を因数分解しなさい。 (5点)

(5) 連立方程式 $\begin{cases} 2(x+y) - 5(x-y) = -1 \\ x+y = 4(x-y) - 5 \end{cases}$ を解きなさい。 (5点)

(6) 2次方程式 $(2x-1)(x+3) = 2(x-1)$ を解きなさい。 (5点)

(7) $\sqrt{15}$ の整数部分を a、小数部分を b とするとき、$a^2 - b^2$ の値を求めなさい。 (5点)

(8) 思考力 1から100までの自然数の積 $1 \times 2 \times \cdots \times 100$ を計算すると、末尾には0が連続して何個並ぶか答えなさい。 (5点)

(9) a, a, b, b, c の5文字から3文字を選んで文字列をつくるとき、何種類の文字列をつくることができるか答えなさい。 (5点)

(10) 大小2個のさいころを同時に投げるとき、目の数の積が偶数になる確率を求めなさい。 (5点)

(11) 2直線 $y = \dfrac{3}{4}x + 6$、$y = ax + b$ は平行であり、その間の距離は4である。このとき、b の値をすべて求めなさい。 (5点)

(12) 関数 $y = x^2$ のグラフ上に異なる2点A、Bがある。△OABが正三角形となるとき、この正三角形の1辺の長さを求めなさい。ただし、点Oは原点とします。 (5点)

(13) 右の図の平行四辺形ABCDにおいて、$\angle x$ の大きさを求めなさい。 (5点)

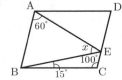

(14) 右の図は1辺の長さが2 cmの立方体である。辺ADの中点をPとし、PQ+QR+RGが最小となるように、辺AE上に点Q、辺BF上に点Rをとる。
このとき、AQ:BRをもっとも簡単な整数の比で表しなさい。 (5点)

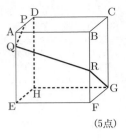

2 基本 2次方程式
$a(x+3)(x+5) - b(x+4)(x+6) = 0$ の解の1つが $x = 0$ であるとき、次の問いに答えなさい。
(1) $a:b$ をもっとも簡単な整数の比で表しなさい。 (5点)
(2) この方程式の残りの解を求めなさい。 (5点)

3 傾きが2の直線と放物線 $y = x^2$ が2点A、Bで交わっている。点Aの x 座標を a、点Bの x 座標を b とするとき、次の問いに答えなさい。ただし、$a < b$ とします。
(1) よく出る b を a の式で表しなさい。 (5点)
(2) AB = 10 のとき、a の値を求めなさい。 (5点)

4 右の図のように、線分ABを直径とする円の周上に3点C、D、Eがある。AB = 10、AC = 6、AB⊥DE であり、ADは∠CABの二等分線である。ADとBCの交点をPとするとき、次の問いに答えなさい。
(1) 線分APの長さを求めなさい。 (5点)
(2) 線分DEの長さを求めなさい。 (5点)

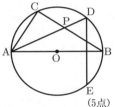

法政大学国際高等学校

時間 50分　満点 100点　解答 P137　2月12日実施

出題傾向と対策

● 大問が4題で，**1**は基本問題の小問集合，**2**は関数と図形，**3**は立体図形，**4**は関数と図形を組み合わせた総合問題であった。出題形式や問題構成は例年通りであるが難易度はやや高めになった。**2**，**3**，**4**の最後の設問は比較的思考力や複雑な計算を必要とする出題になっているので，注意したい。

● 基本事項を整理し，過去問や標準的な問題にあたり，確かな計算力と思考力を身につけておきたい。複雑な計算問題にも習熟しておくことが大切である。

1 よく出る　基本　次の各問いに答えよ。

(1) $x = \sqrt{5}$，$y = -\sqrt{15}$ のとき，$6x^3y \times \dfrac{y^2}{x} \div \dfrac{3}{2}xy^2$ の値を求めよ。(6点)

(2) 連立方程式 $\begin{cases} 3x - 4y = a \\ -2ax + 17y = -2a \end{cases}$ の解の比が $x : y = 3 : 2$ であるとき，a の値を求めよ。ただし，a は0でない数とする。(6点)

(3) $y = \dfrac{7x + 5}{2x - 3}$ を x について解け。(6点)

(4) $4a^2 - 9b^2 + 6bc - c^2$ を因数分解せよ。(6点)

(5) 3人でじゃんけんの勝負を2回行う。2回ともあいこになる確率を求めよ。ただし，3人がグー，チョキ，パーのどれを出すことも，同様に確からしいとする。(6点)

(6) $\sqrt{58 - 6n}$ が整数となるような正の整数 n の値をすべて求めよ。(6点)

2 図のように，放物線 $y = \dfrac{1}{2}x^2 \cdots$ ①と，直線 $y = \dfrac{1}{2}x + 3 \cdots$ ②が2点 A，Bで交わっている。ただし，点 A の x 座標は，点 B の x 座標より小さいとする。このとき，次の各問いに答えよ。

(1) 基本　2点 A，B の座標をそれぞれ求めよ。(8点)

(2) よく出る　点 B を通り，△OAB の面積を2等分する直線の方程式を求めよ。(6点)

(3) よく出る　思考力　放物線①上の $x < 0$ の部分に点 C をとる。△ABC の面積が △OAB の面積の3倍となるとき，点 C の x 座標を求めよ。(6点)

3 図1のような，高さが $6\sqrt{2}$，体積が $18\sqrt{2}\pi$ である円錐がある。このとき，次の各問いに答えよ。

(1) よく出る　基本　この円錐の底面の半径を求めよ。(6点)

(2) よく出る　この円錐の側面の展開図である扇形の半径と中心角を求めよ。(8点)

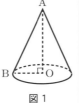
図1

(3) 母線 AB の中点を C とする。点 C から，この円錐の側面を一周させて点 B まで糸をかけた（図2）。このとき，最短となるような糸の長さを求めよ。(6点)

図2

4 △ABC と △DEF があり，∠C = 90°，△ABC ∽ △DEF である。辺 AC，DF は直線 l 上にあり，頂点 C と頂点 D が重なっている（図1）。その状態から △ABC が直線 l に沿って，頂点 F に向かって毎秒1の速さで，頂点 C が頂点 F に重なるまで進んでいく（図2）。

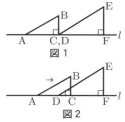
図1
図2

出発してから x 秒後の，△ABC と △DEF の重なった部分の面積を y とする。AC = 4，BC = 3，DF = a（ただし，$a > 4$），EF = b とするとき，次の各問いに答えよ。

(1) よく出る　基本　b を a の式で表せ。(6点)

(2) $0 \leqq x < 4$ のとき，y を x の式で表せ。(6点)

(3) $a = 6$ のとき，x と y の関係を表すグラフはどれか。図3の(ア)〜(エ)から選べ。(6点)

(4) 思考力　図3の(エ)のグラフを，x 軸を中心に1回転させてできる容器の容積を求めよ。(6点)

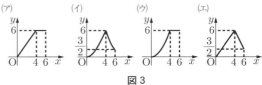
図3

法政大学第二高等学校

時間 50分　満点 100点　解答 P138　2月11日実施

* 注意　1. 必要ならば，円周率は π を用いること。
　　　　2. 答えは分母に根号を含まない形で答えること。

出題傾向と対策

● 大問は6題で，[1]と[2]は小問集合，[3]は確率，[4]は関数 $y = ax^2$，[5]は円と平面図形の性質，[6]は空間図形の計量であった。出題形式や分野，難易度とも昨年同様であり，大問には基本的な問題も含まれている。

● 出題傾向はここ数年変化はないので，特に，場合の数・確率，関数 $y = ax^2$，円と相似，空間図形の計量の問題が頻出である。過去の類似問題を中心に，教科書の基本から標準的な入試問題を正確に解く練習を積み重ねよう。

---

1 よく出る　基本　次の各問に答えなさい。

問1．$\dfrac{\sqrt{8} + \sqrt{3}}{\sqrt{2}} - \dfrac{\sqrt{24} - 3}{\sqrt{6}}$ を計算しなさい。

問2．x, y についての連立方程式 $\begin{cases} 2x - y = 13 \\ 0.3x - 0.7y = 1.4 \end{cases}$ を解きなさい。

問3．x についての2次方程式 $\dfrac{x^2 + 1}{3} = \dfrac{x(x-2)}{2} - 1$ を解きなさい。

問4．$x + y = -2$，$xy = -\dfrac{45}{4}$ であるとき，$P = x^2 + 3xy + y^2$ の値を求めなさい。（途中式も書くこと）

2 よく出る　次の各問に答えなさい。

問1．$\sqrt{\dfrac{378}{n}}$ が2以上の自然数となるような自然数 n を求めなさい。

問2．原価250円のパンフレットを販売するのに，間違えて28冊多く仕入れてしまった。これらに原価の20%の利益を見込んで定価をつけ販売したところ，40冊売れ残った。そこで売れ残った分を定価の半額にしたところ，全て売り切れ，全体で29,000円の利益が得られた。はじめに仕入れる予定であったパンフレットの冊数を求めなさい。

問3．定義域がともに $-1 \leqq x \leqq 3$ である2つの関数 $y = \dfrac{4}{3}x^2$ と $y = ax + b (a < 0)$ について，値域が一致するような a, b の値を求めなさい。

問4．面積が 24π cm²，弧の長さが 6π cm の扇形の中心角の大きさを求めなさい。

問5．底面が半径 3 cm の円，母線の長さが 9 cm である円錐の体積を求めなさい。

問6．右の図のように平行四辺形 ABCD において，BE:EC = 2:1，CF:FD = 3:1，G は AD の中点である。AE が BG，BF と交わる点をそれぞれ H，I とするとき，AE:HI を最も簡単な整数の比で表しなさい。

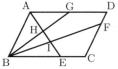

3 サイコロを3回投げ，次の規則にしたがって白と黒の碁石を左から順に並べる。

規則
・出た目の数が 1, 2, 3 のときは，黒の碁石を置く。
・出た目の数が 4, 5 のときは，白の碁石を置く。
・出た目の数が 6 のときは，何も置かない。

サイコロを3回投げ終わったときの白と黒の碁石の並びについて，次の各問に答えなさい。

問1．基本　碁石の並びが，左から順に黒・白・黒となる確率を求めなさい。

問2．碁石の個数がちょうど1個となる確率を求めなさい。

4 よく出る　右の図のように，放物線 $C : y = \dfrac{1}{2}x^2$ と直線 $l : y = -x + 12$ が点 A で交わっている。ただし，点 A の x 座標は正とする。放物線 C 上の原点 O と点 A の間に点 P をとり，点 P から y 軸に平行な線を引き，x 軸との交点を Q とする。

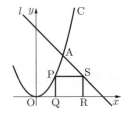

四角形 PQRS が長方形となるように x 軸上に点 R，直線 l 上に点 S をとる。このとき，次の各問に答えなさい。

問1．基本　点 P の x 座標を a とするとき，点 S の x 座標を a を用いて表しなさい。

問2．長方形 PQRS が正方形になるとき，点 P の座標を求めなさい。

5 右の図のように長方形 ABCD と正方形 ABFE がある。円 O は正方形 ABFE に内接している。辺 AB，辺 DC の中点をそれぞれ L，M とし，LM と EF の交点を N とする。円 O の周上に点 P をとり，直線 LP と辺 ED との交点を Q とすると，PN // QM となった。AE = 4 cm，ED = 2 cm であるとき，次の各問に答えなさい。

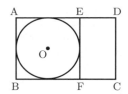

問1．基本　∠LQM の大きさを求めなさい。

問2．面積比 △LQM : △MDQ : △QAL を分数を含まない形で表しなさい。

6 思考力　右の図の直方体 ABCD - EFGH は，底面が1辺 $\sqrt{2}$ cm の正方形で，高さが 6 cm である。辺 EH，辺 EF の中点をそれぞれ P，Q とするとき，次の各問に答えなさい。

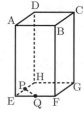

問1．△EQP と △EFH において，中点連結定理 $PQ = \dfrac{1}{2}HF$，PQ // HF が，成り立つことを相似の考え方を利用して証明しなさい。

問2．△CPQ の面積を求めなさい。

問3．三角錐 C - GPQ において，頂点 G から △CPQ に垂線を下ろしたときの交点を I とする。このとき，線分 GI の長さを求めなさい。

明治学院高等学校

時間 50分　**満点** 100点　**解答** P140　2月10日実施

出題傾向と対策

●昨年同様大問は5題で，1は基本問題の小問集合，2は確率と1次関数，平方根，3は1次関数と平面図形，4は立体図形，5は関数の総合問題であった。出題形式や問題の構成，難易度に変化はないが，5は関数と図形を組み合わせた思考力を問う問題が出題されているので注意したい。

●出題傾向は，ほぼ固定化しているので，数年間の過去問を整理すると共に，関数と平面図形の融合問題を重視して，学習しておくとよいだろう。

---

1 よく出る　基本　次の各問いに答えよ。

(1) $-4^2 - \boxed{} \div (3-5) \times (-3)^2 - 5^2 = 4$ が成り立つとき，$\boxed{}$にあてはまる数を求めよ。

(2) $\dfrac{2x+3y}{2} - \dfrac{x+2y}{3} - x + y$ を計算せよ。

(3) 次の数の中で整数はいくつあるか答えよ。
$(0.5)^2$, $\sqrt{2^2}$, π, 0, -3, $\sqrt{144}$, $-\sqrt{215}$,
$\dfrac{5}{2}$, $\sqrt{0.25}$

(4) $2(x-2)^2 - 32$ を因数分解せよ。

(5) $\dfrac{5}{7}$ を小数で表すとき，小数第2020位の数を求めよ。

(6) N, x を自然数とする。$N \leq \sqrt{x} \leq N+1$ を満たす x が14個あるとき，N の値を求めよ。

(7) 2桁の自然数がある。一の位の数は十の位の数の2倍より1大きく，一の位の数と十の位の数を入れかえた数は，もとの数の2倍より4小さい。もとの2桁の自然数を求めよ。

(8) ひし形 ABCD の辺 AB 上に点 P をとると，$\angle A$, $\angle B$, $\angle CPD$ の大きさの比が $11:4:5$ になった。

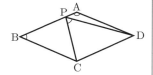

① $\angle CPD$ の大きさを求めよ。
② $\angle ACP + \angle BDP$ の大きさを求めよ。

(9) $\triangle ABC$ において，DE ∥ BC, AD : DB = 2 : 1 である。$\triangle ABC$ と $\triangle DEF$ の面積比を求めよ。

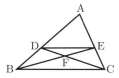

---

2 よく出る　大小2つのさいころを投げ，大きいさいころの出た目を a, 小さいさいころの出た目を b とするとき，次の問いに答えよ。

(1) 2直線 $y = \dfrac{b}{a}x + 3$ と $y = 2x + 1$ が交わらない確率を求めよ。

(2) $\sqrt{3ab}$ が自然数となる確率を求めよ。

---

3 よく出る　図1は，AB ∥ DC の台形 ABCD である。点 P は，点 A を出発して毎秒 2cm の速さで，台形の辺上を反時計回りに点 D まで動く。図2は，点 P が点 A を出発してから x 秒後の $\triangle APD$ の面積を $y\,\text{cm}^2$ としたときの x と y の関係を表したグラフである。次の問いに答えよ。

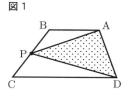

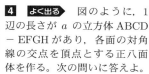

(1) 図2における a の値を求めよ。
(2) 辺 AD の長さを求めよ。

---

4 よく出る　図のように，1辺の長さが a の立方体 ABCD-EFGH があり，各面の対角線の交点を頂点とする正八面体を作る。次の問いに答えよ。

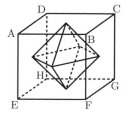

(1) 正八面体の1辺の長さを求めよ。
(2) 正八面体の体積を求めよ。
(3) 正八面体の表面積を求めよ。

---

5 図のように，放物線 $y = -\dfrac{1}{18}x^2$ 上に点 A，放物線 $y = ax^2$ ($a > 0$) 上に点 B と点 C がある。点 A と点 B の x 座標が -6，点 C の x 座標が 2，AB = 20 である。次の問いに答えよ。

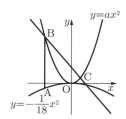

(1) よく出る　基本　a の値を求めよ。
(2) よく出る　直線 BC の式を求めよ。
(3) 思考力　放物線 $y = ax^2$ 上に x 座標が p である点 P をとる。$\triangle ABC$ と $\triangle PBC$ の面積比が $4:1$ となるような，p の値をすべて求めよ。ただし，$-6 < p < 2$ とする。

明治大学付属中野高等学校

時間 50分　満点 100点　解答 p141　2月12日実施

出題傾向と対策

● 大問は6問で，1 は計算を中心に小問4題，2 は6題からなる小問集合，3 は記述形式の立体図形，4 は関数 $y = ax^2$，5 は連立方程式の応用問題，6 は2次方程式を用いて解く文章題（食塩水）であった。2 で図形の出題があったせいか 3 以降，大問での図形の出題が少なくなった。

● 例年，標準以上のレベルの問題が，あらゆる単元から出題されている。対策としては，応用レベルの典型題に数多く触れて，自分の力で解ききれるようにしておきたい。記述答案の練習も日頃から取り組んでおきたい。

1 よく出る 基本　次の問いに答えなさい。

(1) $\dfrac{\sqrt{10}-2}{\sqrt{6}} \times \dfrac{\sqrt{10}+2}{\sqrt{3}} - \sqrt{2} - (\sqrt{3}+\sqrt{2})(\sqrt{2}-\sqrt{3})$ を計算しなさい。

(2) $(-2x-4y+3)(2x-4y+3)$ を展開しなさい。

(3) $a^2 - 3a - 2ab + b^2 + 3b - 10$ を因数分解しなさい。

(4) $\sqrt{9a}$ が5より大きく，7より小さくなるような整数 a を，すべて求めなさい。

2 次の問いに答えなさい。

(1) 思考力　-24 を3つの整数の積で表すとき，その3つの整数の組は何通りありますか。

(2) よく出る　連立方程式 $\begin{cases} 6x - 5y = 3 \\ 4x - y = a \end{cases}$ の解の x，y の値を入れ替えると
連立方程式 $\begin{cases} 4x - 3y = 12 \\ bx + 2y = 25 \end{cases}$ の解になります。a，b の値を求めなさい。

(3) よく出る 基本　右の図のように，$AB = 8$ cm，$AD = 10$ cm の長方形ABCDの紙を，頂点Bが，辺AD上の点Fと重なるように折ったときの折り目をCEとするとき，線分CEの長さを求めなさい。

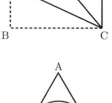

(4) 右の図のように，円Iは1辺が6 cmの正三角形ABCの3辺と，3点D，E，Fで接しています。点Cを中心とし，CEを半径とする円をかいたとき，斜線部分の面積を求めなさい。ただし，円周率は π とします。

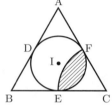

(5) 座標平面上に3点 $A(-1, 2)$，$B(1, 1)$，$C(2, 3)$ をとります。このとき，3点A，B，Cを通る円の中心の座標を求めなさい。

(6) 12 km離れているA地点とB地点の間を往復しました。上り坂では時速3 km，下り坂では時速5 km，平地では時速4 kmで歩きました。行きは3時間14分，帰りは2時間58分かかりました。A地点とB地点の間に平地は何kmありますか。

3 右の図のように，球Oと正四角錐 $P-ABCD$ があります。正四角錐の5つの頂点は球面上にあり，四角形ABCDは，1辺が 12 cm の正方形です。$PA = PB = PC = PD = 6\sqrt{6}$ cm のとき，次の問いに答えなさい。ただし，円周率は π とします。

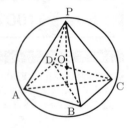

(1) 正四角錐 $P-ABCD$ の高さを求めなさい。

(2) 球Oの半径を求めなさい。
【(2)は途中式や考え方を書きなさい。】

4 右の図のように2つの放物線 $y = 2x^2 \cdots$ ①，$y = \dfrac{1}{2}x^2 \cdots$ ② があります。放物線①上に点Aをとり，Aを通り y 軸に平行な直線と放物線②との交点をB，Aを通り x 軸に平行な直線と放物線②との交点をDとし，線分AB，ADを2辺とする長方形ABCDをつくります。ただし，2点A，Dの x 座標は正の数とします。このとき，次の問いに答えなさい。

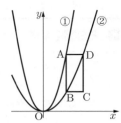

(1) 点Aの x 座標を a とするとき線分ABの長さを a を用いて表しなさい。

(2) 長方形ABCDの辺の長さが，$AB : BC = 5 : 2$ となるときの点Cの座標を求めなさい。

5 基本 思考力　40人が10点満点のテストを受けました。問題は3問あり，1 は2点，2 は3点，3 は5点です。下の表はその結果を表しています。1 を正解した人が26名のとき，3 を正解した人数を求めなさい。

得点	0	2	3	5	7	8	10	計
人数	0	3	4	10	14	6	3	40

6 よく出る　容器に，12%の食塩水400 gが入っています。この容器の中から，$2x$ gの食塩水を取り出し，かわりに水を $2x$ g加えよくかき混ぜました。次にもう一度，この容器から $2x$ gの食塩水を取り出し，かわりに水を $2x$ g加えよくかき混ぜました。この2回の操作で容器の中の食塩水の濃度は，4.32%になりました。このとき，次の問いに答えなさい。

(1) この2回の操作で食塩水の中に含まれている食塩の量は □ 倍になりました。
□ に当てはまる数を求めなさい。

(2) x の値を求めなさい。

明治大学付属明治高等学校

時間 50分　満点 100点　解答 P142　2月12日実施

* 注意　1. 解答は答えだけでなく，式や説明も書きなさい。（ただし，**1**は答えだけでよい。）
　　　2. 無理数は分母に根号がない形に表し，根号内はできるだけ簡単にして表しなさい。
　　　3. 円周率は π を使用しなさい。

出題傾向と対策

● 大問5題で，**1**は独立した小問の集合，**2**は2次方程式，**3**は平面図形，**4**と**5**は $y = ax^2$ のグラフと図形からの出題であった。大問の分野は年によって変化するが，**1**を含めた分量，難易度は例年通りと思われる。

● 定型的なものが多く出題される。標準的なもので十分練習すること。

1 よく出る　次の□にあてはまる数や式を求めよ。

(1) $\begin{cases} 2x - \sqrt{3}y = 1 \\ \sqrt{3}x + 2y = 1 \end{cases}$ のとき，$x + y = $ □ である。

(2) $(x - 6y + 3z)(x + 2y - z) + 5z(4y - z) - 20y^2$ を因数分解すると，□ である。

(3) ある商品1つの定価を x %値下げすると，売上個数は $\dfrac{x}{4}$ %増加する。この商品の売上総額が16%減少したとき，$x = $ □ である。ただし，$x > 0$ とする。

(4) 5個の数字 1, 2, 3, 4, 5 から異なる3つの数字を使って3桁の3の倍数をつくるとき，小さい方から14番目の数は □ である。

(5) 右の図のように，1辺の長さが a の正三角形 ABC を，辺 BC の中点 O を中心として1回転させる。このとき，三角形全体が通過する部分の面積を S，辺 AB が通過する部分の面積を T とすると，$\dfrac{S}{T} = $ □ である。

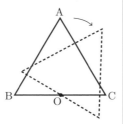

2 よく出る　x についての2次方程式
$x^2 - (a^2 - 4a + 5)x + 5a(a - 4) = 0$ において，a が正の整数であるとき，次の各問いに答えよ。

(1) この2次方程式の解が1つになるような a の値を求めよ。

(2) この2次方程式の2つの解の差の絶対値が8になるような a の値をすべて求めよ。

3 よく出る　右の図のように，円周上に3点 A, B, C がある。点 A を含まない $\stackrel{\frown}{BC}$ を2等分する点を D とし，AD と BC との交点を E とする。AB = 5，AC = 8，AE : ED = 2 : 3 であるとき，次の各問いに答えよ。

(1) AE の長さを求めよ。

(2) BC の長さを求めよ。

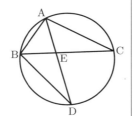

4 よく出る　右の図のように，放物線 $y = x^2$ 上に2点 A, B があり，x 座標はそれぞれ -2, 1 である。線分 AB 上に点 C があり，$AC = \sqrt{2}$ である。放物線上の点 A から原点 O までの部分に点 D を，線分 AD 上に点 E をとって，BD // CE にすると台形 CEDB の面積が $\dfrac{56}{27}$ になった。このとき，次の各問いに答えよ。

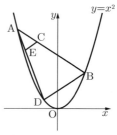

(1) 点 C の座標を求めよ。

(2) 点 D の座標を求めよ。

5 よく出る　右の図のように，放物線 $y = -x^2$ と直線 l との交点を A, B とする。また，直線 l と x 軸との交点を C，点 A を通る y 軸に平行な直線と x 軸との交点を D とする。点 A の x 座標を $a \left(\dfrac{1}{2} < a < 1 \right)$ とすると，直線 l の傾きは $-2a + 1$ となった。このとき，次の各問いに答えよ。ただし，原点を O とする。

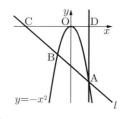

(1) 点 B の x 座標を a の式で表せ。

(2) 点 B が線分 AC の中点となるとき，a の値を求めよ。

(3) 思考力　(2)のとき，△CAD の面積は △OBA の面積の何倍か。

洛南高等学校

時間 60分　満点 100点　解答 P143　2月10日実施

* 注意　$\sqrt{}$ は最も簡単にして無理数のまま，分数は既約分数になおして答えよ。

出題傾向と対策

● 大問は5問で，**1**は小問集合，**2**は確率，**3**は関数 $y = ax^2$ と平面図形，**4**は平面図形，**5**は空間図形の問題であった。問題構成，分量はほとんど昨年と同じ。難易度は少し下がっている。

● 基礎・基本を理解した上で，問題をよく読み，出題者の意図を読み解く練習が必要である。難しい問題は，その小問の前後の問題文をよく読むと，解法の方向性が見えてくる。過去問をたくさん解くことで，応用力を高めておくとよいだろう。

1 基本　次の問いに答えよ。

(1) $1 - \left(-\dfrac{1}{2}\right)^2 - 3 \div (-15)$ を計算せよ。

(2) $a(a - 3b) + 2b^2$ を因数分解せよ。

(3) $(1 + \sqrt{2} - \sqrt{3})(\sqrt{2} + \sqrt{4} + \sqrt{6})$ を計算せよ。

(4) 300 の正の約数のうち，一の位の数が 5 であるものすべての和を求めよ。

2 よく出る　大，中，小3個のサイコロを1回ずつ振り，大のサイコロの出た目の数を a，中のサイコロの出た目の数を b，小のサイコロの出た目の数を c とする。このとき，

洛南高・ラ・サール高   数学 | 178

次のようになる確率を求めよ。
(1) $a = b = c$
(2) $ab = c$
(3) $a - c = c - b$
(4) $a + b > c$

3 よく出る　図のように、放物線 $y = ax^2 \cdots$ ① があり、$A(-4, 4)$ は①上の点である。A を通り傾きが $\frac{1}{2}$ の直線と①との交点のうち、A でない方を C とする。また、図の四角形 ABCD は正方形である。このとき、次の問いに答えよ。

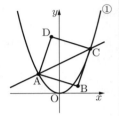

(1) a の値を求めよ。
(2) C の座標を求めよ。
(3) 思考力　B の座標を求めよ。
(4) 正方形 ABCD を y 軸によって 2 つの部分に分けるとき、(左側にある部分の面積):(右側にある部分の面積) を、最も簡単な整数の比で表せ。

4 よく出る　図のように、AB を直径とする円周上に3点 C, D, P があり、AB = 8, $\angle DAB = 60°$, $\angle ABC = 75°$, $\angle CDP = 75°$ である。円の中心を O とする。このとき、次の問いに答えよ。

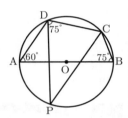

(1) $\angle COD$ を求めよ。
(2) 四角形 ABCD の面積を求めよ。
(3) $\triangle CDP$ の面積を求めよ。
(4) 四角形 ABCD と $\triangle CDP$ の重なっている部分の面積を求めよ。

5 よく出る　図のように、1辺の長さが4の立方体 ABCD－EFGH がある。辺 EF を 1:3 に分ける点を P とし、辺 BC の中点を Q とする。このとき、次の問いに答えよ。

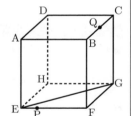

(1) P から EG に引いた垂線の長さを求めよ。
(2) Q から EG に引いた垂線の長さを求めよ。
(3) 線分 EG の中点を M とする。線分 PM の長さと線分 QM の長さの和を求めよ。
(4) 思考力　点 R が線分 EG 上を動くとき、線分 PR の長さと線分 QR の長さの和の最小値を求めよ。

ラ・サール高等学校

時間 **90**分　満点 **100**点　解答 P**145**　1月26日実施

出題傾向と対策

● 大問は6題で、**1** 基本的な小問、**2** やや難しい小問、**3**～**6** は平面図形、空間図形、確率などの大問である。2020年は **4** の確率に途中の説明が復活し、放物線と直線の扱いが軽くなった。全体の難易度や分量に大きな変化はないが、**6** がかなり難しく解きにくい。

● **1**, **2** を確実に仕上げて **3**～**6** に進む。**2** の中にも解きにくい問題があるので注意する。全体として計算量が多いが、90分間を有効に利用しよう。昨年、記述問題復活の可能性ありと書いたが、今後も記述問題の出題が続くと考えて準備しよう。

1 よく出る　基本　次の各問に答えよ。（16点）
(1) $142^2 + 283^2 + 316^2 - 117^2 - 158^2 - 284^2$ を計算せよ。
(2) $(2x + y)(3x + 1) - (3y + 1) - 3$ を因数分解せよ。
(3) 連立方程式 $\begin{cases} \dfrac{x}{2} + \dfrac{y}{15} = 2 \\ \dfrac{x}{8} - \dfrac{y}{3} = -3 \end{cases}$ を解け。
(4) 2次方程式 $6(2x + 1)^2 - 2x - 16 = 0$ を解け。

2 次の各問に答えよ。（32点）
(1) 座標平面上に2点 $A(1, 0)$, $B(0, 2)$ があり、直線 $y = \dfrac{1}{4}x + k$ と x 軸との交点を C とする。直線 $y = \dfrac{1}{4}x + k$ が $\angle ACB$ を二等分するとき、定数 k の値を求めよ。

(2) よく出る　基本　放物線 $y = \dfrac{1}{3}x^2$ と直線 $y = \dfrac{1}{3}x + k$ が右図のように2点 A, B で交わっている。直線 $y = \dfrac{1}{3}x + k$ と y 軸との交点を C とし、原点を O とする。AC : CB = 5 : 3 のとき、定数 k の値、および三角形 OAB の面積 S を求めよ。

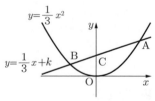

(3) 新傾向　12, 330, 1221 のように2種類の数字のみからなる正の整数について、次に答えよ。
(ア) このような整数で2けたのものはいくつあるか。
(イ) このような整数を小さい順に並べたとき、2020 は何番目か。

(4) 思考力　右図のように、長方形 ABCD の各辺を直径とする半円との交点で作られる長方形 EFGH の面積は、長方形 ABCD の面積の何倍か。ただし、BC, AD を直径とする半円は、それぞれ辺 AD, BC と接している。

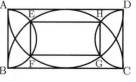

3 思考力 A，B 2人が P 地を出発して Q 地へ向かい，Q 地に到着するとすぐ P 地へ引き返す。A は B より 15 分遅れて出発したが，Q 地より 2 km 手前の地点で追いつき，その 9 分後に Q 地に向かう B と再び出会った。その後，A が P 地に到着したとき，B は P 地より 4 km 手前の地点を P 地に向かっていた。A，B 2人の速さは毎時何 km か。また，PQ 間は何 km か。 (14点)

4 よく出る さいころを 4 個ふって出た目の数の積を N とする。このとき，次の問に答えよ。 (12点)
(1) N の正の約数が 2 個となる確率を求めよ。
(2) N の正の約数が 4 個となる確率を求めよ。ただし，途中の説明もかくこと。

5 $AB = 8$，$BC = 7$，$CA = 6$ の三角形 ABC がある。∠BAC の二等分線と辺 BC の交点を D として，三角形 ABD，三角形 ACD の内接円の中心をそれぞれ P，P′，半径をそれぞれ r，r' とする。このとき，次の問に答えよ。 (14点)

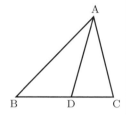

(1) 三角形 ACD の面積を求めよ。
(2) r，r' の値を求めよ。
(3) 線分 PP′ の長さを求めよ。

6 難 右図のような一辺の長さ 12 の正八面体 ABCDEF があり，AB，AC それぞれの中点を P，Q とし，FD，FE それぞれを 5：1 に内分する点を R，S とする。このとき，次の問に答えよ。 (12点)

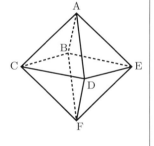

(1) PQ の中点を T，RS の中点を U とするとき，TU の長さを求めよ。
(2) 4 点 P，Q，R，S を通る平面で，この正八面体を切ったときの切り口の面積を求めよ。

立教新座高等学校

時間 60分　満点 100点　解答 P147　2月1日実施

※ 注意　答はできるだけ簡単にし，根号のついた数は，根号内の数をできるだけ簡単にしなさい。また，円周率は π を用いなさい。

出題傾向と対策

● 大問は 5 問，**1** は小問集合，**2** は確率，**3** は平面図形，**4** は空間図形，**5** は関数 $y = ax^2$ と平面図形の複合問題であった。問題構成は少々入れかわりがあり，難易度は少し下がっている。**2** から **5** に関しては，(1)の内容が，それ以降の問題を解く手がかりになっている。
● 教科書等を活用して，基礎・基本をしっかり身につけたうえで，応用問題をたくさん解くとよい。過去問を繰り返し解き，解説を理解する努力を通じて，応用力の向上とともに，時間配分の練習をするとよいだろう。

1 よく出る 以下の問いに答えなさい。
(1) 2次方程式 $(x - \sqrt{2})^2 + 6(x - \sqrt{2}) + 7 = 0$ を解きなさい。
(2) 右の図において，円周上の点は円周を 12 等分した点です。∠x，∠y の大きさをそれぞれ求めなさい。

(3) 右の図は，自然数をある規則に従って書き並べたものです。図の中の $\dfrac{1}{3}$ のように上下に隣り合う 2 つの自然数の組 $\dfrac{a}{b}$ について，次の問いに答えなさい。ただし，$a < b$ とします。

1段目　2段目　3段目　…

① $ab = 875$ となる a，b をそれぞれ求めなさい。
② a が 8 段目にあるとき，$ab = 3780$ となる a，b をそれぞれ求めなさい。

(4) 次の図において，影のついた部分の図形を，直線 l を軸として 1 回転させてできる立体の体積を求めなさい。

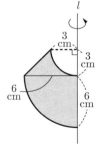

(5) 大小 2 個のさいころを投げ，出た目の数をそれぞれ a，b とします。直線 l の式を $y = ax - 1$，直線 m の式を $y = -bx + 5$ とするとき，次の問いに答えなさい。
① 2 直線 l，m の交点の x 座標が整数になる確率を求めなさい。
② 2 直線 l，m と y 軸で囲まれた部分の面積が整数に

なる確率を求めなさい。
(6) 4点 O (0, 0), A (6, 0), B $\left(\dfrac{16}{3}, 4\right)$, C (2, 6) を頂点とする四角形 OABC があります。次の問いに答えなさい。
① 点 B を通り, 直線 AC に平行な直線の式を求めなさい。
② 点 P は辺 AB 上にあります。△OPC の面積が四角形 OABC の面積の $\dfrac{5}{8}$ となるとき, 点 P の座標を求めなさい。

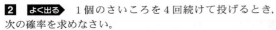

2 よく出る 1個のさいころを4回続けて投げるとき, 次の確率を求めなさい。
(1) 1回目, 2回目, 3回目, 4回目の順に, 出る目が大きくなる。
(2) すべて異なる目が出る。
(3) 1の目と2の目がそれぞれ2回ずつ出る。
(4) 1回だけ異なる目が出る。

3 よく出る AB = 3 cm, BC = 6 cm, ∠ABC = 90° の直角三角形 ABC があります。
図1のように, 辺 BC 上に点 P をとり, 辺 BC と線分 PQ が垂直になるように, 辺 AC 上に点 Q をとります。次に, 図2のように, この三角形を線分 PQ を折り目として折り返しました。このとき, 点 C が移る点を R とします。また, 線分 QR と辺 AB との交点を S とします。次の問いに答えなさい。ただし, 線分 BP の長さは 3 cm 未満とします。

図1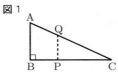

図2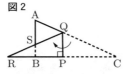

(1) 図2について, 次の問いに答えなさい。
① 線分 BP の長さが 1.5 cm のとき, △ASQ と四角形 BPQS の面積の比を求めなさい。
② △ASQ と四角形 BPQS の面積が等しくなるとき, 線分 BP の長さを求めなさい。
(2) 図3のように, 線分 BP の中点を T とし, 線分 BP と線分 TU が垂直になるように, 線分 AQ 上に点 U をとります。次に, 図4のように, 図3の図形を線分 TU を折り目として折り返しました。図4について, 次の問いに答えなさい。
① 線分 BT の長さが 1 cm のとき, 影のついた部分の面積の和を求めなさい。
② 影のついた部分の面積の和が 1 cm² のとき, 線分 BT の長さを求めなさい。

図3, 図4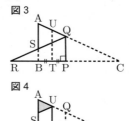

4 よく出る 円錐を底面に平行な平面で切断したとき, 円錐の頂点を含まない方の立体を「円錐台」といいます。上の面の円の半径が 4 cm, 下の面の円の半径が 6 cm の円錐台の中に球 O があります。球 O は, 図のように, 円錐台の上の面, 下の面, および側面と, それぞれ接しています。このとき, 次の問いに答えなさい。
(1) 球 O の半径を求めなさい。
(2) 円錐台の表面積を求めなさい。
(3) 球 O と円錐台の体積の比を求めなさい。

5 よく出る 図のように, 2直線 ①, ② は点 A で交わり, 放物線 $y = ax^2$ は点 A を通るものとします。また, 直線①と放物線との交点のうち点 A 以外の点を B, 直線②と x 軸との交点を C とします。点 A の座標を (2, 2), 点 B, C の x 座標をそれぞれ -4, -2 とするとき, 次の問いに答えなさい。
(1) 直線①の式を求めなさい。
(2) △ABC の面積を求めなさい。
(3) 思考力 直線①と y 軸との交点を D とするとき, 点 D を通り, △ABC の面積を2等分する直線の式を求めなさい。
(4) 原点 O から直線②に垂線を引き, この垂線と直線②との交点を H とするとき, 線分 OH の長さを求めなさい。
(5) △ABC を, 原点 O を回転の中心として 360° 回転移動させたとき, △ABC が通過した部分の面積を求めなさい。

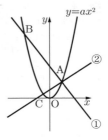

立命館高等学校

時間 50分　満点 100点　解答 p.149　2月10日実施

＊注意　円周率 π や $\sqrt{\ }$ は近似値を用いないで，そのまま答えなさい。

出題傾向と対策

- 大問5問から成る構成は例年通りである。**1**は数式・計算4題から成る小問集合，**2**は4題から成る小問集合，**3**は平面図形と規則性，**4**は立体図形，**5**は座標幾何であった。分量・難易度ともに例年並であった。
- 全体的に，オーソドックスな問題で構成されている。**2**や**4**〔3〕のように，高い応用力を求められる問題も出題されており，標準レベル以上の問題でしっかりトレーニングを積むことが必要である。

1 よく出る 基本　次の各問いに答えなさい。

〔1〕 $\dfrac{3}{2} \div \left(-\dfrac{1}{2}\right)^2 + (-3)^2 \times \left(-\dfrac{1}{4}\right)^3 \div 0.75^2 + (0.5-1)^2$ を計算しなさい。

〔2〕 $a^2 + ab - 3ac - 2b^2 + 3bc$ を因数分解しなさい。

〔3〕 $x = 3+\sqrt{2}$, $y = 1-2\sqrt{2}$ のとき，次の式の値を求めなさい。
$(2x+3y)^2 - (x+y)(3x-y) - y(10x+9y)$

〔4〕 次の連立方程式を解きなさい。
$\dfrac{x+3y}{2} = \dfrac{2x+6y+2}{3} = -\dfrac{2}{5}(4x+5y)$

2 次の各問いに答えなさい。

〔1〕 2点 A$(-2, 4)$, B$(4, 0)$ に対して，$\angle APB = 90°$ となるような y 軸上の点 P の y 座標を求めなさい。ただし，点 P の y 座標は正とする。

〔2〕 点 P は座標平面上の原点から出発し，大小2つのさいころを同時に投げ，大きいさいころで奇数の目が出た場合は x 軸の正の方向に出た目の数だけ移動し，偶数の目が出た場合は x 軸の負の方向に出た目の数だけ移動するものとする。また，小さいさいころで奇数の目が出た場合は y 軸の正の方向に，偶数の目が出た場合は y 軸の負の方向にそれぞれ出た目の数だけ移動するものとする。大小2つのさいころを同時に1回投げた結果，点 P が直線 $y = \dfrac{1}{2}x + \dfrac{5}{2}$ 上にある確率を求めなさい。

〔3〕 記号★を，$a ★ b = a^2 - b^2 + 2ab$ と定める。このとき，方程式 $x ★ (x+4) = 0$ を解きなさい。

〔4〕 難　△ABC において，辺 AB 上に点 D，辺 AC 上に点 E がある。右の図のように BE と CD の交点を F とする。△BDF の面積を 1，△BCF の面積を 3，△CEF の面積を 2 とするとき，四角形 ADFE の面積を求めなさい。

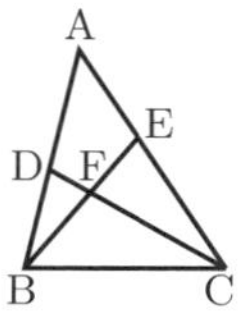

3 新傾向　図1のような1辺が 2cm の正三角形の紙がたくさんある。図2のように，1枚目の正三角形と2枚目の正三角形の紙を重ね，重なった部分は1辺が 1cm の正三角形となるようにする。図3のように，3枚目以降も同じように繰り返す。こうしてできた図形について，紙が重なっているすべての部分の面積の和を A cm^2，紙が重なっていないすべての部分の面積の和を B cm^2 とする。

このとき，次の各問いに答えなさい。

[図1] 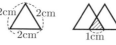　[図2] 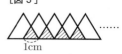　[図3]

〔1〕 正三角形を5枚重ねたとき，A の値を求めなさい。

〔2〕 正三角形を n 枚重ねたとき，A の値を n を用いて表しなさい。ただし，n は2以上の自然数とする。

〔3〕 正三角形を n 枚重ねたとき，A : B を最も簡単な形で答えなさい。ただし，n は2以上の自然数とする。

〔4〕 $A = \dfrac{49\sqrt{3}}{2}$ のとき，正三角形を何枚重ねたことになるか答えなさい。また，そのときの B の値を答えなさい。

4 よく出る 基本　図のような直方体 ABCD－EFGH があり，AB $= 8$，BC $= 4$，BF $= 6$ である。このとき，あとの各問いに答えなさい。

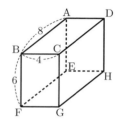

〔1〕 四面体 C－BGD の体積を求めなさい。

〔2〕 △BGD の面積を求めなさい。

〔3〕 点 C から △BGD へ下ろした垂線の長さを求めなさい。

5 右の図のように，点 $(1, 4)$ を通る放物線 $y = ax^2$ がある。この放物線上に異なる2点 A, B をとる。点 A は，x 座標と y 座標がともに正であり，2点 A, B は y 軸について対称である。また，BC // AD で y 座標がともに 12 となる2点 C, D をとる。点 A の y 座標が 12 より小さいとき，次の各問いに答えなさい。

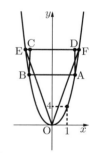

〔1〕 点 A の x 座標を p とするとき，点 B の座標を p を用いて表しなさい。

〔2〕 四角形 ABCD が正方形となるとき，点 A の座標を求めなさい。

〔3〕 思考力　〔2〕のとき放物線と直線 CD の交点のうち，x 座標が負である点を E，x 座標が正である点を F とする。正方形 ABCD と △OEF の重なる部分の面積を求めなさい。

早稲田大学系属早稲田実業学校高等部

時間 60分　満点 100点　解答 P.150　2月10日実施

* 注意　1. 答えは，最も簡単な形で書きなさい。
   2. 分数は，これ以上約分できない分数の形で答えなさい。
   3. 根号のつく場合は，$\sqrt{12} = 2\sqrt{3}$ のように根号の中を最も小さい正の整数にして答えなさい。

出題傾向と対策

● 出題形式は例年とほぼ同じで，**1** が小問集合，**2**(1)が作図，(2)が空間図形，**3** が連立方程式と解，**4** が関数を中心とする総合問題，**5** が図形の移動と面積だった。
● すべての問題が標準以上で，複雑な計算や論理的思考力が必要な上，図形的要素を含んだ出題が多いので，適確な解法を選び，短時間で正答にたどりつく能力も必要である。図形問題を中心に数多くの問題に触れておこう。

1 **よく出る** 次の各問いに答えよ。

(1) $(x^2 - 4x)(x^2 - 4x - 2) - 15$ を因数分解せよ。

(2) 1から9までの整数が1つずつ書かれた9枚のカードがある。このカードから同時に3枚取り出すとき，3枚のカードに書かれた整数の和が偶数となる確率を求めよ。

(3) p, q を異なる2つの素数とする。2次方程式 $x^2 - px + q^2 = 0$ が異なる2つの整数解をもつとき，p, q の値をそれぞれ求めよ。

(4) 次の ア ， イ にあてはまる言葉を漢字で書け。
   ① 標本調査において，調査の対象全体を ア という。
   ② 度数の合計に対する各階級の度数の割合を，その階級の イ という。

(5) 右の図の2つの円 O と O' は2点 A, B で交わっている。A, B, C, D, E は円 O の円周を5等分する点，A, B, F, G, H, I, J, K は円 O' の円周を8等分する点で，直線 DA と円 O' との交点のうち，A でないものを L とする。直線 AB と直線 LG との交点を M とするとき，∠AML の大きさを求めよ。

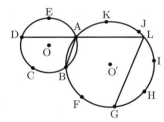

2 次の各問いに答えよ。

(1) 点 O を中心とし，線分 AB を直径とする半円がある。コンパスと三角定規を用いて，$\stackrel{\frown}{AB}$ 上に ∠AOP = 105° となる点 P を作図せよ。ただし，作図に用いた線は消さず，三角定規の角を利用して作図しないこと。

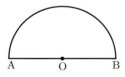

(2) 右の図のような三角錐 ABCD がある。
   辺 BC 上に点 E をとり，面 ACD と面 GEF，面 AED と面 GHF がそれぞれ平行になるように，辺 BD 上に点 F，辺 BA 上に点 G，線分 BE 上に点 H

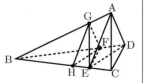

をとる。
   このとき，次の①，②に答えよ。
   ① △CDE∽△EFH であることを証明せよ。
   ② ∠ACB = ∠ACD = ∠DCB = 90°，∠AEC = 45°，∠DEC = 60°，BH = 9 cm，HE = 6 cm のとき，三角錐 ABCD の体積を求めよ。

3 **思考力** 次の各問いに答えよ。

(1) x, y についての連立方程式 $\begin{cases} y = ax + 2 \\ y = bx - 3 \end{cases}$ が解をもたないための条件を，定数 a, b を用いて表せ。

(2) A, B, C, D, E を定数とする。x, y についての4つの方程式
   $Ax + By = -12$ …(ア)
   $Bx - Ay = 16$ …(イ)
   $6x - 8y = C$ …(ウ)
   $Dx - 6y = E$ …(エ)
   は，以下の条件をすべて満たすとする。
   条件Ⅰ：(ア)と(ウ)を連立方程式として解いても，解はない。
   条件Ⅱ：(ア)と(エ)を連立方程式として解くと，解は $x = 8, y = 9$ である。
   条件Ⅲ：(ウ)と(エ)を連立方程式として解いた解は，(ア)と(イ)を連立方程式として解いた解より，x の値は6大きく，y の値は2大きい。
   このとき，次の①，②に答えよ。
   ① A, B の値をそれぞれ求めよ。
   ② C, E の値をそれぞれ求めよ。

4 右の図のように，放物線 $y = 3x^2$ と直線 $y = mx (m < 0)$，直線 $y = nx (n > 0)$ との交点のうち，原点 O と異なる点をそれぞれ P, Q とする。
   このとき，次の各問いに答えよ。

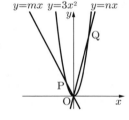

(1) 直線 PQ の傾きを m, n を用いて表せ。

(2) 点 P の x 座標が -2，直線 PQ の傾きが -1 のとき，n の値を求めよ。

(3) 整数 m, n を変化させたとき，傾きが10，切片が40以下の整数となるような直線 PQ は何本かくことができるか。

5 右の図のように，長方形 ABCD の3辺 AB, BC, DA と接する半径 1 cm の円 O がある。∠OED = 90°，線分 OE 上に OF = FD となる点 F をとると ∠FDE = 60° であった。
   円周率を π として，次の各問いに答えよ。

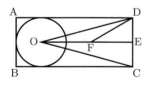

(1) ∠DOC の大きさと，OD^2 の値をそれぞれ求めよ。

(2) 長方形 ABCD を，点 B を中心に 90° 回転させたとき，長方形 ABCD が動いたあとにできる図形の面積を求めよ。

(3) 長方形 ABCD を，点 O を中心に 90° 回転させたとき，長方形 ABCD が動いたあとにできる図形の面積を求めよ。

和洋国府台女子高等学校

時間 50分　満点 100点　解答 P151　1月17日実施

* 注意
  1. 円周率は、π を用いて計算しなさい。
  2. 根号（$\sqrt{}$）を含む形で解答する場合、$\sqrt{}$ の中の数は最小の自然数で答えなさい。
  3. 解答が分数になる場合、それ以上約分できない形で答えなさい。

出題傾向と対策

● 昨年と同様、大問が11題であった。**1**は計算問題の小問集合、**2**は因数分解、**3**は連立方程式、**4**は2次方程式、**5**は確率、**6**は1次関数、**7**は因数分解を用いた数の性質、**8**は関数、**9**は円周角の定理、**10**は平面図形、**11**は空間図形であった。

● 例年通りの出題傾向であるが、関数の問題が1題増えた。基本的な問題を中心に標準的な問題まで、幅広い分野を学習しておくとよいだろう。また、記述式の問題も例年出題されているため、練習しておくとよいだろう。

1 [よく出る][基本]　次の式を計算せよ。
(1) $-3^2 \times (-2)^3 - \dfrac{1}{9} \times (-3)^3 - 2 \times (-3)^2$
(2) $\left(\dfrac{2}{5} - \dfrac{3}{2}\right) \div \left(-\dfrac{1}{2}\right)^2 \div \left(\dfrac{5}{4} - \dfrac{1}{3}\right)$
(3) $(2x - 3y)^2 - (x - 2y)(x + y)$
(4) $\left(\sqrt{32} - \sqrt{6} - \sqrt{2}\right)\left(\sqrt{18} + \dfrac{2\sqrt{6}}{3} + \sqrt{\dfrac{2}{3}}\right)$
(5) $(-ab^2)^2 \times a^2 b^5 \div (-ab^3)^3$
(6) $\dfrac{3a - 7}{4} - \dfrac{2a - 5}{3}$

2 [よく出る]　次の式を因数分解せよ。
(1) $4x^3 y + 4x^2 y^2 + xy^3$
(2) $3ab - 12a - b + 4$

3 [よく出る]　連立方程式 $\begin{cases} 5ax + by = 3a \\ bx + 2y = a + 1 \end{cases}$ の解が $x = 1$, $y = 3$ のとき、a, b の値を求めよ。

4 [よく出る]　次の2次方程式を解け。
$3x^2 - 5x + 1 = 0$

5　Aの袋には1～4の数が1つずつ書かれた玉が4個、Bの袋には1～7の数が1つずつ書かれた玉が7個入っている。A, Bの袋から1個ずつ玉を取り出すとき、次の確率を求めよ。
(1) 玉に書かれている2つの数の和が3の倍数である確率
(2) 玉に書かれている2つの数の積が4の倍数である確率

6　2直線 $y = ax + 8$ と $y = -3x + 3$ の交点が、方程式 $x - 2y - 1 = 0$ のグラフ上にあるとき、a の値を求めよ。

7 [思考力]　和子さんと洋子さんは授業で、整数の2乗から1を引いた数がどんな数になるかを調べた。

和子さんは、奇数の2乗から1を引いた数がどんな数になるかを調べた。

$1^2 - 1 = (1 + 1)(1 - 1) = 2 \times 0 = 0$
$3^2 - 1 = (3 + 1)(3 - 1) = 4 \times 2 = 8$
$5^2 - 1 = (5 + 1)(5 - 1) = 6 \times 4 = 24$

これらの結果から和子さんは、次のように予想した。

【予想】
奇数の2乗から1を引いた数は8の倍数である。

さらに、この予想が常に成り立つことを次のように説明した。

【説明】
n を整数とすると、奇数は $2n + 1$ と表されるから、奇数の2乗から1を引いた数は
$(2n + 1)^2 - 1 = \{(2n + 1) + 1\}\{(2n + 1) - 1\}$
$= 2n(2n + 2)$
$= 4n(n + 1)$

したがって、奇数の2乗から1を引いた数は8の倍数である。

(1) このとき、$\boxed{}$ に説明の続きを書け。

洋子さんは、偶数の2乗から1を引いた数がどんな数になるか調べた。
$2^2 - 1 = (2 + 1)(2 - 1) = 3 \times 1 = 3$
$4^2 - 1 = (4 + 1)(4 - 1) = 5 \times 3 = 15$

これらの結果から洋子さんは、次のように予想した。

【予想】
偶数の2乗から1を引いた数は3の倍数である。

さらに調べ、計算した結果を順に並べると
$\underline{3, \ 15, \ 35, \ 63, \ \cdots\cdots}$
となり、3の倍数でない数があるので、この予想は正しくないことがわかった。

(2) 下線___部分の数の列において、3の倍数でないもののうち小さい方から10番目の数を素因数分解した形で表せ。

8 [よく出る]　右の図のように、関数 $y = x^2$ と $y = x$ のグラフの交点のうち原点以外の点をA、関数 $y = -\dfrac{1}{2}x^2$ と $y = x$ のグラフの交点のうち原点以外の点をBとする。このとき、次の問いに答えよ。

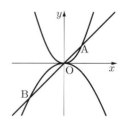

(1) [基本]　点Bの座標を求めよ。
(2) 点Aを通り y 軸に平行な直線と関数 $y = -\dfrac{1}{2}x^2$ のグラフの交点をCとするとき、△ABCの面積を求めよ。

9　右の図のような、ABを直径とする円Oがある。円周上に2点C, Dを $\angle$CBD $= 82°$, $\angle$CDB $= 74°$ になるようにとる。ABとCDの交点をPとするとき、$\angle$BPDの大きさを求めよ。

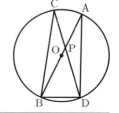

10 1辺の長さが 8 cm の正三角形 ABC と，1辺の長さが x cm の正三角形 PQR がある。右の図のように，辺 AC を 3：1 に分ける点を D とし，頂点 P を線分 AD 上にとり，直線 BD 上に辺 QR が重なるようにおく。DQ ＝ 4 cm のとき，次の問いに答えよ。

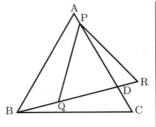

(1) x の値を求めよ。
(2) 四角形 ABQP の面積を求めよ。

11 右の図のような，1辺の長さが 6 cm の立方体 ABCD － EFGH がある。辺 AB，BC の中点をそれぞれ P，Q とするとき，次の問いに答えよ。

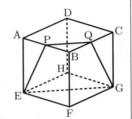

(1) 立体 PBQ － EFG の体積を求めよ。
(2) 点 F から面 PEGQ に垂線 FI を引いたとき，線分 FI の長さを求めよ。

═〔**数学　問題**〕　終わり═

MEMO

MEMO

MEMO

MEMO

MEMO

MEMO

MEMO

MEMO

CONTENTS

2020解答／数学

公立高校

北海道	2
青森県	3
岩手県	4
宮城県	5
秋田県	6
山形県	8
福島県	9
茨城県	10
栃木県	12
群馬県	13
埼玉県	14
千葉県	16
東京都	17
東京都立日比谷高	18
東京都立青山高	20
東京都立西高	21
東京都立立川高	22
東京都立国立高	23
東京都立八王子東高	24
東京都立新宿高	26
神奈川県	27
新潟県	28
富山県	29
石川県	31
福井県	33
山梨県	34
長野県	36
岐阜県	37
静岡県	38
愛知県（A・Bグループ）	39
三重県	41
滋賀県	42
京都府	43
大阪府	45
兵庫県	48
奈良県	50
和歌山県	51
鳥取県	53
島根県	54

岡山県	55
広島県	56
山口県	57
徳島県	58
香川県	59
愛媛県	60
高知県	61
福岡県	63
佐賀県	64
長崎県	65
熊本県	67
大分県	70
宮崎県	72
鹿児島県	73
沖縄県	74

国立高校

東京学芸大附高	77
お茶の水女子大附高	78
筑波大附高	79
筑波大附駒場高	80
東京工業大附科技高	81
大阪教育大附高（池田）	83
大阪教育大附高（平野）	84
広島大附高	84

私立高校

愛光高	89
青山学院高等部	90
市川高	91
江戸川学園取手高	92
大阪星光学院高	93
開成高	95
関西学院高等部	96
近畿大附高	98
久留米大附設高	99
慶應義塾高	100
慶應義塾志木高	102
慶應義塾女子高	103
國學院大久我山高	104
渋谷教育学園幕張高	105

城北高	107
巣鴨高	109
駿台甲府高	109
青雲高	110
成蹊高	111
専修大附高	112
中央大杉並高	113
中央大附高	115
土浦日本大高	116
桐蔭学園高	117
東海高	119
東海大付浦安高	120
東京電機大高	121
同志社高	122
東大寺学園高	122
桐朋高	124
豊島岡女子学園高	125
灘高	127
西大和学園高	128
日本大第二高	130
日本大第三高	131
日本大習志野高	132
函館ラ・サール高	134
福岡大附大濠高	135
法政大高	136
法政大国際高	137
法政大第二高	138
明治学院高	140
明治大付中野高	141
明治大付明治高	142
洛南高	143
ラ・サール高	145
立教新座高	147
立命館高	149
早実高等部	150
和洋国府台女子高	151

高等専門学校

国立工業高専・商船高専・高専	86
都立産業技術高専	87

公立高等学校

北 海 道

問題 P.1

解 答

1 正負の数の計算，平方根，数の性質，資料の散らばりと代表値，空間図形の基本，比例・反比例，円周角と中心角，三平方の定理 ▎ 問1．(1) -15
(2) -27 (3) $5\sqrt{2}$ 問2．4，-4 問3．$25.9\,℃$
問4．辺 OC 問5．$y=9$ 問6．$\sqrt{21}$ cm

2 因数分解，場合の数，平面図形の基本・作図，2次方程式の応用 ▎ 問1．-3 問2．8 通り
問3．右図
問4．(1) $\dfrac{7}{5}a$ cm
(2)（例）
（方程式）$x \times \dfrac{3}{2}x = 9000$
（計算）$x^2 = 6000$
$x > 0$ より，$x = \sqrt{6000}$
$x = 20\sqrt{15}$ （答）$20\sqrt{15}$ cm

3 数の性質 ▎ 問1．ア．7 イ．91 ウ．13
問2．2048 年，2076 年

4 1次関数，関数 $y = ax^2$ ▎ 問1．$D(-t, -t^2)$
問2．$y = -3x - 4$
問3．(例) 点 B から点 C までの x の増加量は $2t$，y の増加量は $-\dfrac{3}{2}t^2$，直線 BC の傾きは -2 より，
$-\dfrac{3}{2}t^2 = (-2) \times 2t$　よって，$3t^2 - 8t = 0$
$t(3t-8) = 0$ であり，$t > 0$ より，$t = \dfrac{8}{3}$
したがって，点 A の座標は $\left(\dfrac{8}{3}, \dfrac{32}{9}\right)$
（答）$A\left(\dfrac{8}{3}, \dfrac{32}{9}\right)$

5 図形と証明，円周角と中心角，相似 ▎ 問1．35 度
問2．(証明)（例）
△ABC と △EBD において，
$\angle ACB = \angle DCE + \angle ACD$，$\angle EDB = \angle DAE + \angle AED$…①
仮定より，$\angle DCE = \angle DAE$…②
$\angle BAE = \angle BCD$ より4点 A，C，D，E は1つの円周上にあるので，$\angle ACD = \angle AED$…③
よって，①，②，③より $\angle ACB = \angle EDB$…④
共通な角なので，$\angle ABC = \angle EBD$…⑤
④，⑤から，2組の角がそれぞれ等しいので
△ABC∽△EBD

裁量問題

5 1次方程式の応用，1次関数，連立方程式の応用，資料の散らばりと代表値，立体の表面積と体積，三平方の定理 ▎
問1．(1) 1800 m
(2) 毎分 108 m
問2．(1) 6 冊
(2) 右図
問3．(1) $\dfrac{4\sqrt{3}}{3}$ cm
(2)（例）
△BCD において，BD = CD より，
$\angle CBD = \angle BCD = 30°$ であるから，$\angle CDA = 60°$
点 C から線分 AB に垂線をひき，線分 AB との交点を点 F とすると，CF $= 2\sqrt{3}$，DF $= 2$
△BCF を，線分 AB を軸として1回転させてできる立体の体積は，$\dfrac{1}{3} \times \pi \times (2\sqrt{3})^2 \times 6 = 24\pi$
△CDF を，線分 AB を軸として1回転させてできる立体の体積は，$\dfrac{1}{3} \times \pi \times (2\sqrt{3})^2 \times 2 = 8\pi$
したがって，求める体積は，$24\pi - 8\pi = 16\pi$
（答）16π cm^3

解き方

1 問3．数値を小さい順に並べると
21.6，22.2，24.2，25.9，31.1，32.0，34.2

2 問1．(与式) $= (x+2y)(3x+y) = (-3) \times 1 = -3$

3 問1．9月，10月，11月の日数の合計は
$30 + 31 + 30 = 91 = 7 \times 13$
問2．28 年毎に曜日が同じになる。

4 問1．D の x 座標は $-t$
問2．C $(4, -16)$
問3．**別解** 2点 B $\left(-t, \dfrac{1}{2}t^2\right)$，C $(t, -t^2)$ を通る
直線の傾きは $\dfrac{-t^2 - \dfrac{1}{2}t^2}{t-(-t)} = -\dfrac{3}{4}t$
これが -2 と一致する。

5 問1．$\angle ABC + 40° + 40° = 115°$
問2．$\angle ABC = \angle EBD$（共通）のほかに，もう1組の等しい角をみつける。

裁量問題

5 問1．(2) 全体の所要時間は $50 + 30 = 80$（分）
往路の速さを毎分 x m とすると，復路の速さは
毎分 $\dfrac{1}{2}x$ m となるから，$\dfrac{1800}{x} + \dfrac{1800}{\dfrac{1}{2}x} = 80 - 30$

問2．(1) 本の冊数の合計は 150 冊
(2) 冬の中央値が 8 冊であるから，冬の 7 冊の度数は 1 人である。よって，冬の 8 冊の度数を x 人，9 冊の度数を y 人とすると，$x + y = 9$，$8x + 9y = 76$
よって，$x = 5$，$y = 4$

〈K. Y.〉

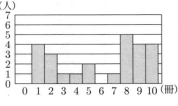

青森県

問題 P.3

解答

1 正負の数の計算，式の計算，多項式の乗法・除法，平方根，数・式の利用，連立方程式，比例・反比例，標本調査，平行と合同，立体の表面積と体積
(1) ア．2 イ．-5 ウ．$\frac{4}{5}y$ エ．$-4a^2+18$ オ．$-\sqrt{3}$
(2) $100a+50b=10c$ (3) $2\times 3\times 5^2$ (4) $x=-1$, $y=4$
(5) エ (6) 750 個 (7) 41 度 (8) 108π cm^2

2 1 次方程式の応用，円周角と中心角，確率 (1) ア．13 イ．12 ウ．14 エ．6 オ．8 (2) ア．45 度 イ．$\frac{1}{9}$

3 立体の表面積と体積，平行四辺形，相似，平行線と線分の比，三平方の定理 (1) ア．8 cm イ．168π cm^3
ウ．216 度 (2) ア．あ ∠BCD ⓘ $\sqrt{3}$ ⓒ CB ⓔ 比
イ．$\frac{9}{5}$ 倍

4 1 次関数，2 次方程式，関数 $y=ax^2$ (1) $0\leq y\leq 3$
(2) $y=x-4$ (3) ア．$\frac{1}{3}t^2$ イ．$(6, 12)$

5 関数を中心とした総合問題
(1) $a=12$
(2) あ 3 ⓘ 3 ⓒ 12
(3) 右図の通り。
(4) 18 cm

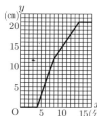

解き方

1 (1) イ．先に分配するとよい。
(与式) $=3-8=-5$
ウ．(与式) $=4x\times\dfrac{2xy}{5}\times\dfrac{1}{2x^2}=\dfrac{4}{5}y$
エ．(与式) $=-4a^2+9+9=-4a^2+18$
オ．(与式) $=\sqrt{\dfrac{24}{8}}-\sqrt{12}=\sqrt{3}-2\sqrt{3}=-\sqrt{3}$
(4) 第 1 式を第 2 式に代入すると，
$6x-4(x+2)=-10$　$x=-1$
よって，$y=4(-1+2)=4$
(5) $y=\dfrac{a}{x}$ のグラフは x 軸とは交わらない。
(6) 箱の中の白玉の個数を x 個とする。
抽出した標本における黒玉の比率は $\dfrac{4}{34}=\dfrac{2}{17}$
箱の中の黒玉の個数は 100 個であるから，
$(x+100)\times\dfrac{2}{17}=100$　$x=750$
(7) 二等辺三角形 ABC において，$\angle CAB=28°$
C を通り l に平行な直線と AB の交点を D とすると，
$\angle ABC=\angle ACB=\angle x+35°$
よって，$28+2(x+35)=180$　$x=41$
(8) $4\pi\times 6^2\div 2+\pi\times 6^2=108\pi$ (cm^2)

2 (1) ア．$150=2\times 3+7d+2\times 7+3d$
イ〜オ．$168=3b+9c+3c+9b$
$12(b+c)=168$　$b+c=14$
$3<b<c<9$ より，$b=6$, $c=8$
(2) ア．$\angle PAQ=\angle POQ\div 2=90°\div 2=45°$
イ．P と Q が直径の両端に位置するとき，$\angle PAQ=90°$ になる。さいころの目に注意すると，$(x, y)=(1, 3)$, $(2, 2)$, $(3, 1)$, $(6, 6)$ の 4 通りある。すべての場合の数

は 36 通りであるから，$\dfrac{4}{36}=\dfrac{1}{9}$

3 (1) ア．△HBC は直角二等辺三角形より，BH = 6 cm
△ABH において，三平方の定理より，
AH = $\sqrt{10^2-6^2}=8$ (cm)
イ．できた立体は底面が半径 6 cm の円で高さが 8 cm, 6 cm の 2 つの円すいからできている。
$(\pi\times 6^2)\times 8\div 3+(\pi\times 6^2)\times 6\div 3=168\pi$ (cm^3)
ウ．求める中心角を $x°$ とする。
(側面のおうぎ形の周) = (底面の円周) より，
$2\pi\times 10\times\dfrac{x}{360}=2\pi\times 6$　$x=216$
(2) イ．△BCF∽△DEF より，BC : DE = 3 : 2
F から AD, BC に垂線 FG, FH をひくと，
FG : FH = 2 : 3
GH : FH = 5 : 3 より，GH = $5h$, FH = $3h$ とすると，
$\dfrac{\triangle BCF}{\triangle ABE}=\dfrac{3\times 3h\div 2}{1\times 5h\div 2}=\dfrac{9}{5}$

4 (1) $x=-3$ のとき $y=3$, $x=1$ のとき $y=\dfrac{1}{3}$ であるから，グラフより，$0\leq y\leq 3$
(2) 直線 AB を $y=ax+b$ とすると，
A $(-4, -8)$, B $(2, -2)$ より，
$-8=-4a+b$, $-2=2a+b$
$a=1$, $b=-4$ より，$y=x-4$
(3) イ．P $\left(t, \dfrac{1}{3}t^2\right)$, C $\left(0, \dfrac{1}{3}t^2\right)$ より，
OC + CP = $\dfrac{1}{3}t^2+t=18$
$t^2+3t-54=0$　$(t+9)(t-6)=0$
$t>0$ より，$t=6$　P $(6, 12)$

5 3 つの底面がすべて等積であることに着目して高さの変化をみる。
まず，図 4 より，底面 A 上の水面は 1 分あたり 3 cm 高くなる。
底面 A の高さが 12 cm になったところで底面 B に水が入り始め，底面 B の高さが 12 cm になった後は底面 A, B 両方の高さが 1 分あたり 1.5 cm 高くなる。
底面 A, B 両方の高さが 21 cm になったところで底面 C に水が入り始め，底面 C の高さが 21 cm になった後はすべての底面の高さが 1 分あたり 1 cm 高くなる。
(1) 図 4 より，高さ 12 cm のところで 4 分間高さが一定になるので，仕切り①の高さが 12 cm とわかる。
(2) あ 図 4 より，1 分後の水面の高さは 3 cm である。
ⓘ 底面 B に水が入り始めて 1 分後であるから，底面 B の高さは 3 cm である。
ⓒ 高さが 12 cm から 21 cm になるまでは 1 分あたり 1.5 cm 高くなる。
18 cm になるのは水を入れ始めてから，
$8+(18-12)\div 1.5=12$ (分後)
(3) 底面 B 上の水面の高さが 12 cm になるのは，底面 B に水が入り始めてから $(12\div 3=)$ 4 分後である。
$4\leq x\leq 8$ のとき，底面 B のみに水が入るから，底面 B 上の水面は 1 分あたり 3 cm 高くなる。底面 B 上の水面の高さを式で表すと，$y=3(x-4)$ になる。
底面 A, B 上の水面の高さが 21 cm になるのは，仕切り①を超えてから $((21-12)\div 1.5=)$ 6 分後である。
$8\leq x\leq 14$ のとき，底面 A, B 両方に水が入るから，底面 A, B 上の水面は 1 分あたり 1.5 cm 高くなる。底面 B 上の水面の高さを式で表すと，$y-12=1.5(x-8)$ になる。
(4) 底面 C 上の水面の高さが 21 cm になるのは，底面 C に

水が入り始めてから $(21 \div 3 =) 7$ 分後である。
$14 \leqq x \leqq 21$ のとき，底面 C のみに水が入るから，底面 C 上の水面は 1 分あたり 3 cm 高くなる。
水を入れ始めてから 20 分後は底面 C に水が入り始めてから $(20 - 14 =) 6$ 分後である。
よって，水面の高さは $(3 \times 6 =)18$ cm である。
（コメント）せっかくなので最後まで確認してみよう。
まず，$14 \leqq x \leqq 21$ のとき，底面 C 上の水面の高さを式で表すと，$y = 3(x - 14)$ になる。
すべての底面の高さが 30 cm になるのは，仕切り②を超えてから $((30 - 21) \div 1 =) 9$ 分後である。
$21 \leqq x \leqq 30$ のとき，底面 C 上の水面の高さを式で表すと，$y - 21 = 1(x - 21)$ になる。

〈O. H.〉

岩 手 県　問題 P.5

解答

1 正負の数の計算，式の計算，平方根，連立方程式，2 次方程式 (1) -3 (2) $4a + 2$
(3) 6 (4) $x = -1, y = 5$ (5) $x = \dfrac{3 \pm \sqrt{17}}{2}$

2 比例・反比例，1 次関数，関数 $y = ax^2$
$y = 4x$ ア

3 数・式の利用 団体 X
（理由）（例）団体 X の入館料の合計は，$a \times 34 = 34a$ 円
団体 Y の入館料の合計は，$a \times (1 - 0.2) \times 40 = 32a$ 円
したがって，団体 X のほうが多くかかる。

4 円周角と中心角，平面図形の基本・作図，平行四辺形
(1) 52 度
(2)

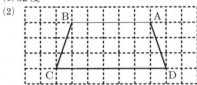

5 平面図形の基本・作図

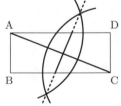

6 確率 （例）・出る目の数が等しい。
・出る目の数の合計が 7。
・大のさいころの目が 1。

7 相似 （求める過程）（例）当時の身長を x cm とすると，$x : 208 = 3.5 : 6.5$
$6.5x = 728$　$x = 112$　（答）当時の身長 112 cm

8 図形と証明 （証明）（例）△ADF と △ECF において，仮定より $AD = EC$…①
平行線の錯角は等しいから，AD // CE より，
$\angle FAD = \angle FEC$…②　$\angle FDA = \angle FCE$…③
①，②，③より，1 組の辺とその両端の角がそれぞれ等しいから，△ADF ≡ △ECF　したがって，DF = CF
点 F は辺 CD 上の点だから，点 F は辺 CD の中点である。

9 資料の散らばりと代表値，標本調査
・（A を選んだ場合）

（理由）（例）・中央値が大きいから。
・9 m 以上の階級の度数の合計が多いから。
・（B を選んだ場合）
（理由）（例）・最頻値が大きいから。
・4 m 未満の階級の度数の合計が少ないから。

10 1 次関数 (1) 140 (2) 2 分

11 関数 $y = ax^2$ (1) 4 (2) $\left(\dfrac{8}{3}, \dfrac{64}{9}\right)$

12 空間図形の基本，立体の表面積と体積，三平方の定理
(1) 3 杯分 (2) $24\sqrt{3}$ cm³

解き方 **4** (1) $\angle AOB = 2\angle ACB = 76°$
△OAB は $OA = OB$ の二等辺三角形だから，
$\angle OAB + \angle OBA + \angle AOB = 180°$
$2x + 76° = 180°$　$x = 52°$
(2) AB // CD の等脚台形も $AD = BC$ となる。

6 大小 2 つのさいころを投げるとき，目の出方は $6 \times 6 = 36$（通り）。この中で 6 通りとなる場合を求める。

9 語群の中の用語（中央値，最頻値，度数の合計）について，A と B で比較する。

10 (1) 2 点 $(20, 0)$，$(25, 700)$ を通るグラフの傾きだから，
$\dfrac{700 - 0}{25 - 20} = 140$
(2) 妹のグラフの傾きは，$\dfrac{1500 - 0}{25 - 0} = 60$
妹のグラフの式は，$y = 60x$
妹が図書館に着いた $y = 2310$ のときの x の値は，
$60x = 2310$　$x = \dfrac{77}{2}$
このグラフ上の点は $\left(\dfrac{77}{2}, 2310\right)$
兄が立ち止まった時間を s 分間とすると，立ち止まった後に再度一定の速さで進んだときのグラフは，
2 点 $(25 + s, 700)$，$\left(\dfrac{77}{2}, 2310\right)$ を両端とする線分になる。
このグラフの傾きは，$\dfrac{2310 - 700}{\dfrac{77}{2} - (25 + s)} = 140$
$2310 - 700 = 140\left\{\dfrac{77}{2} - (25 + s)\right\}$
$1610 = 140\left(\dfrac{27}{2} - s\right)$
よって，$s = 2$（分）

11 (1) $x = -4$ のとき，$y = \dfrac{1}{4} \times (-4)^2 = 4$
(2) 点 P の x 座標を p とすると，$P(p, p^2)$，$Q(-p, p^2)$，
$S\left(p, \dfrac{1}{4}p^2\right)$　$PQ = 2p$，$PS = p^2 - \dfrac{1}{4}p^2 = \dfrac{3}{4}p^2$
$PQ = PS$ より，$2p = \dfrac{3}{4}p^2$　$p(3p - 8) = 0$
$p > 0$ より，$p = \dfrac{8}{3}$

12 (1) 半球 A の容積は，$\dfrac{1}{2} \times \left(\dfrac{4}{3}\pi \times 3^3\right) = 18\pi$ (cm³)
円柱 B の容積は，$\pi \times 3^2 \times 6 = 54\pi$ (cm³)
よって，$54\pi \div 18\pi = 3$　3 杯分
(2) 立方体の対角線 AG は立方体に外接する球の直径だから，AG = $3 \times 2 = 6$ (cm)
立方体の一辺の長さを x cm とすると，三平方の定理から，
$AG^2 = AC^2 + CG^2 = AB^2 + BC^2 + CG^2 = 3x^2$
よって，$3x^2 = 6^2$　$x = \dfrac{6}{\sqrt{3}} = 2\sqrt{3}$

したがって，立方体の体積は，
$x^3 = (2\sqrt{3})^3 = 24\sqrt{3}$ (cm^3)

〈Y. K.〉

宮城県

問題 P.7

解答

1 正負の数の計算，式の計算，平方根，2次方程式，円周角と中心角，三平方の定理

1. -5 2. $-\dfrac{18}{25}$ 3. $3y+2$ 4. $4ab$ 5. $2\sqrt{2}$
6. $x = -3, 8$ 7. ウ，オ 8. $\left(4\sqrt{3} - \dfrac{4}{3}\pi\right)$ cm^2

2 1次方程式の応用，確率，1次関数，関数 $y = ax^2$，立体の表面積と体積 1. (1) $(x-4)$ 歳 (2) 25 歳

2. (1) 27 通り (2) $\dfrac{19}{27}$

3. (1) $y = -x - 1$ (2) $-\dfrac{27}{4} \leq y \leq 0$

4. (1) 50π cm^3 (2) (Pの体積):(Qの体積) $= 9:128$

3 資料の散らばりと代表値，1次関数 1. (1) 0.2
(2) (例) 度数の合計に対する，記録が5分30秒未満の人の割合は，A組が0.35，B組が0.32であり，A組の方が高いから。
2. (1) 600 m
(2)(ア) 右図
(イ) 320 m

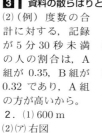

4 図形と証明，円周角と中心角，相似，平行線と線分の比，三平方の定理 1. $\sqrt{7}$ cm
2. (1)(証明)(例) AD = 2DC より，AD : DC = 2 : 1 …①
AB = 4 cm, BE = 2 cm より AB : BE = 2 : 1 …②
①，②より AD : DC = AB : BE であるから DB // CE
したがって，四角形 BECD は台形である。
(2) $\dfrac{9\sqrt{7}}{4}$ cm^2 (3) $\dfrac{3\sqrt{43}}{5}$ cm

解き方

1 3. (与式) $= 12x + 3y - 12x + 2 = 3y + 2$
4. (与式) $= \dfrac{12a^2b^2}{3ab} = 4ab$
5. (与式) $= 4\sqrt{2} - 3\sqrt{2} + \sqrt{2} = 2\sqrt{2}$
6. 与式より，$(x-8)(x+3) = 0$ $x = 8, -3$
8. △ADE − 扇形 ACE $= \dfrac{1}{2} \times 4\sqrt{3} \times 2 - 16\pi \times \dfrac{30}{360}$
$= 4\sqrt{3} - \dfrac{4}{3}\pi$

2 1. (2) Cさんの年齢は $2(x + x - 4) = 4x - 8$
18年後の条件より $x + 18 + x - 4 + 18 = 4x - 8 + 18$
$x = 11$
Cさんは 36 より $36 - 11 = 25$
2. (1) $3^3 = 27$
(2) A，Bが交互に並ぶ場合は次の8通り。

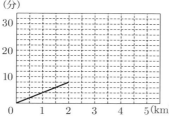

したがって，求める確率は $\dfrac{27-8}{27} = \dfrac{19}{27}$
3. (1) A$(2, -3)$ であるから，l の式は $y = -x - 1$

(2) $y = -x - 1$ で $x = a$ のとき $y = 2$ だから，
$-a - 1 = 2$ $a = -3$
$y = -\dfrac{3}{4}x^2$ で $x = -3$ のとき $y = -\dfrac{27}{4}$ だから，求める y の変域は $-\dfrac{27}{4} \leq y \leq 0$

4. (1) $\dfrac{1}{3} \times 5^2\pi \times 6 = 50\pi$
(2) (Pの体積):(Qの体積)
$= 50\pi : \left(25\pi \times \dfrac{16}{9}\right) \times \left(6 \times \dfrac{8}{3}\right) = 9:128$

3 1. (1) $\dfrac{4}{20} = 0.2$
2. (1) $\{(3.9 - 1.4) - 1.4 - 0.9\} \div 2 = 0.1$
よって，$(0.9 - 0.4) + 0.1 = 0.6$ 600 m
(2)(ア) $\dfrac{6}{1.5} = 4$ (分/km)
$y = 4x$ で $x = 1.4 + 0.6 = 2$ のとき $y = 8$
(イ) 傾き 6 で $(2, 8)$ を通るとき $y = 6x - 4$
傾き 3.5 で $(4.8, 24)$ を通るとき $y = 3.5x + 7.2$
2式より，$6x - 4 = 3.5x + 7.2$ これを解いて $x = 4.48$
したがって，$4800 - 4480 = 320$ (m)

4 1. △ABD で三平方の定理より，
BD $= \sqrt{4^2 - 3^2} = \sqrt{7}$
2. (2) △ACE $=$ △ADB $\times \left(\dfrac{3}{2}\right)^2 = \dfrac{3\sqrt{7}}{2} \times \dfrac{9}{4}$
$= \dfrac{27\sqrt{7}}{8}$
よって，△AED $= \dfrac{27\sqrt{7}}{8} \times \dfrac{2}{3} = \dfrac{9\sqrt{7}}{4}$
(3) D，F から AE に垂線 DH，FG を引く。
AH $= x$ とすると
DH$^2 = 9 - x^2$
$= 7 - (4-x)^2$
これより，
$x = \dfrac{9}{4}$

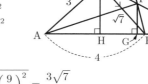

DH $= \sqrt{9 - \left(\dfrac{9}{4}\right)^2} = \dfrac{3\sqrt{7}}{4}$
HE $= 6 - \dfrac{9}{4} = \dfrac{15}{4}$
△FDB∽△FEC より
DF : EF = DB : EC = AD : AC = 2 : 3
よって，GE $= \dfrac{15}{4} \times \dfrac{3}{5} = \dfrac{9}{4}$ AG $= 6 - \dfrac{9}{4} = \dfrac{15}{4}$
FG $= \dfrac{3\sqrt{7}}{4} \times \dfrac{3}{5} = \dfrac{9\sqrt{7}}{20}$
△AFG で三平方の定理より
AF $= \sqrt{\left(\dfrac{15}{4}\right)^2 + \left(\dfrac{9\sqrt{7}}{20}\right)^2} = \dfrac{3\sqrt{43}}{5}$

〈SU. K.〉

秋田県

問題 P.9

解答

1 正負の数の計算，平方根，式の計算，1 次方程式，連立方程式，2 次方程式，数・式の利用，図形と証明，数の性質，因数分解，平行と合同，空間図形の基本，立体の表面積と体積，三平方の定理，相似，平行線と線分の比

(1) 0.6　(2) $3\sqrt{2}$　(3) -9　(4) $3a+2b \geqq 20$　(5) $x=4$
(6) $x=-1$, $y=1$　(7) $x=-3$　(8) 72　(9) ア　(10) 4 個
(11) 129 度　(12) 134 度　(13) 8 本　(14) $\dfrac{4\sqrt{21}}{3}\pi\,\mathrm{cm}^3$　(15) 5 倍

2 比例・反比例，関数 $y=ax^2$，平面図形の基本・作図，相似　(1) イ，エ
(2)① (過程) (例) 点 P は $y=ax^2$ 上にあるから，
$x=6$, $y=9$ を代入すると，$9=a\times 6^2$　$a=\dfrac{1}{4}$
よって，⑦の式は $y=\dfrac{1}{4}x^2\cdots$①
点 Q は①上にあるから，$x=-2$, $y=b$ を代入すると，
$b=\dfrac{1}{4}\times(-2)^2$　$b=1$　　　(答) $b=1$
② $c=-4$, $d=0$
(3) (例)

(4) $\dfrac{2}{15}$ 倍

3 連立方程式，1 次関数　(1)① ⓐ 1000
②

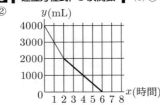

(2)① ⓑ (例) 直線 PQ と直線 RS の交点の x 座標
② ⓒ $-800x+4000$　ⓓ $-500x+3500$　ⓔ 1　ⓕ 40

4 資料の散らばりと代表値，確率
(1) ア．14.2　イ．14.4　ウ．A さん　(2)① $\dfrac{5}{12}$　② $\dfrac{2}{9}$

5 平面図形の基本・作図，図形と証明，三角形，円周角と中心角，三平方の定理　Ⅰ (1) 135 度
(2) (証明) (例) △FAB において，
仮定から，$\overparen{AC}=\overparen{BE}$ より，
等しい弧に対する円周角は等しいので，$\angle ABC=\angle BAE$
よって，$\angle ABF=\angle BAF$
したがって，2 つの角が等しいので，△FAB は二等辺三角形である。
(3) $8\,\mathrm{cm}^2$
Ⅱ (1) (証明) (例) △HOB において，
仮定から，$\overparen{BG}=\dfrac{1}{6}\overparen{AB}$
おうぎ形の中心角は弧の長さに比例するから，
$\angle BOG=\angle BOH=\dfrac{1}{6}\times 180°=30°\cdots$①
また，仮定から，$\overparen{AD}=\dfrac{1}{3}\overparen{AB}$
おうぎ形の中心角は弧の長さに比例するから

$\angle AOD=\dfrac{1}{3}\times 180°=60°$
円周角の定理から，
$\angle ABD=\dfrac{1}{2}\angle AOD=\angle OBH=30°\cdots$②
①，②より，$\angle BOH=\angle OBH$
したがって，2 つの角が等しいので，△HOB は二等辺三角形である。
(2) $(6-2\sqrt{3})$ cm　(3) $6\pi\,\mathrm{cm}^2$

解き方　**1** (1) $1-0.4=0.6$
(2) $\dfrac{6\times\sqrt{2}}{\sqrt{2}\times\sqrt{2}}=\dfrac{6\sqrt{2}}{2}=3\sqrt{2}$
(3) $3a-6b-15a+5b=-12a-b$
$a=\dfrac{1}{2}$, $b=3$ を代入して，$-12\times\dfrac{1}{2}-3=-6-3=-9$
(5) 両辺に 3 をかけると，$\dfrac{2x+4}{3}\times 3=4\times 3$
$2x+4=12$　$2x=8$　$x=4$
(6) 上の式を①，下の式を②とする。②を①に代入すると，
$2(-5y+4)-3y=-5$　$-13y=-13$　$y=1$
$y=1$ を②に代入すると，$x=-5\times 1+4=-1$
(7) $x=-1$ を $x^2-2ax+3=0$ に代入すると，
$(-1)^2-2a\times(-1)+3=0$　$a=-2$
よって，$x^2-2\times(-2)\times x+3=0$　$x^2+4x+3=0$
$(x+1)(x+3)=0$　$x=-1, -3$
よって，もう 1 つの解は，$x=-3$
(8) 行きにかかった時間は $\dfrac{a}{60}$ 分，帰りにかかった時間は $\dfrac{a}{90}$ 分より，往復の平均の速さは，
$2a\div\left(\dfrac{a}{60}+\dfrac{a}{90}\right)=2a\div\dfrac{5a}{180}=\dfrac{2a\times 180}{5a}=72\,(\mathrm{m/分})$
(9) ア〜エのことがらの逆は，次のようになる。
ア：すべての内角が等しい三角形は正三角形である。
　　　(正しい。)
イ：対角線がそれぞれの中点で交わる四角形は長方形である。(正しくない。例：ひし形)
ウ：$x>4$ ならば $x\geqq 5$ である。
　　　(正しくない。例：$x=4.5$)
エ：$x^2=1$ ならば $x=1$ である。
　　　(正しくない。例：$x=-1$)
(10) A を整数として，$A=\sqrt{120+a^2}\cdots$①とおく。
①の両辺を 2 乗すると，$A^2=120+a^2$
$A^2-a^2=120$
$(A+a)(A-a)=120$
120 を 2 つの因数に分ければよい。ただし，A が整数，a が自然数になるためには，2 つの因数とも偶数になる必要がある。

○ $120=60\times 2$ のとき，$\begin{cases} A+a=60 \\ A-a=2 \end{cases}$
　これを解いて，$A=31$, $a=29$

○ $120=30\times 4$ のとき，$\begin{cases} A+a=30 \\ A-a=4 \end{cases}$
　これを解いて，$A=17$, $a=13$

○ $120=20\times 6$ のとき，$\begin{cases} A+a=20 \\ A-a=6 \end{cases}$
　これを解いて，$A=13$, $a=7$

○ $120=12\times 10$ のとき，$\begin{cases} A+a=12 \\ A-a=10 \end{cases}$
　これを解いて，$A=11$, $a=1$
よって，自然数 a は 4 個ある。

(11) 右図で，$l \parallel m$ より
∠ACB = ∠CED = 75°
△ABC で，∠DBC は外角
だから，
∠x = ∠BAC + ∠ACB
= 54° + 75° = 129°

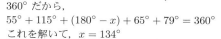

(12) 多角形の外角の和は
360° だから，
$55° + 115° + (180° - x) + 65° + 79° = 360°$
これを解いて，$x = 134°$
(13) 辺 AB とねじれの位置にある辺は，
辺 CI，DJ，EK，FL，HI，IJ，KL，LG の 8 本。
(14) 円錐の高さは，三平方の定理より，
$\sqrt{5^2 - 2^2} = \sqrt{21}$ (cm)
よって，体積は，$\pi \times 2^2 \times \sqrt{21} \times \dfrac{1}{3} = \dfrac{4\sqrt{21}}{3}\pi$ (cm³)
(15) 三角錐 A − BCD の底面 BCD の面積を S，高さを h とする。
△BPQ∽△BCD で相似比は 1：2 より，
面積比は 1：4　よって，△BPQ $= \dfrac{1}{4}S$ …①
また，BR：BA = 4：5 より，
三角錐 R − BPQ の高さは $\dfrac{4}{5}h$ …②
①，②より，
$\left(S \times h \times \dfrac{1}{3}\right) \div \left(\dfrac{1}{4}S \times \dfrac{4}{5}h \times \dfrac{1}{3}\right) = 5$ （倍）

2 (2) ② $y = -\dfrac{1}{2}x^2$ に $x = 2$ を代入すると，
$y = -\dfrac{1}{2} \times 2^2 = -2$ だから，
$x = c\,(c < 0)$ のとき，y は最小値 -8 となる。
よって，$-8 = -\dfrac{1}{2}c^2$　$c^2 = 16$　$c < 0$ より，$c = -4$
また，$x = 0$ のとき y は最大値 0 となるから，$d = 0$
(3) 手順1：点 O を通り，直線 l に対する垂線を作図する。
(この直線上で，直線 l の上側に点 A をおく。)
手順2：∠POA の二等分線を作図する。
手順3：点 O を中心として，半径 OP の円をかき，手順2の角の二等分線との交点を Q とする。
(4) 平行四辺形 ABCD の面積を S とする。
△AED において，AD を底辺とみると，DE：DC = 2：3 より，高さは平行四辺形 ABCD の $\dfrac{2}{3}$ だから，
△AED $= \dfrac{1}{2}S \times \dfrac{2}{3} = \dfrac{1}{3}S$ …①
また，△AFB∽△EFD より，
AF：EF = AB：ED = 3：2 …②
①，②より，
△DFE $= \dfrac{2}{5}$ △AED $= \dfrac{2}{5} \times \dfrac{1}{3}S = \dfrac{2}{15}S$
したがって，$\dfrac{2}{15}$ 倍。

3 (1) ① $4000 \div 4 = 1000$ (mL/時)
4 (2) すべての場合の数は 36 通りである。
① 条件にあてはまる (a, b) の組は，
$(1, 4)$，$(2, 2)$，$(2, 4)$，$(2, 6)$，$(3, 4)$，$(4, 1)$，$(4, 2)$，$(4, 3)$，$(4, 4)$，$(4, 5)$，$(4, 6)$，$(5, 4)$，$(6, 2)$，$(6, 4)$，$(6, 6)$ の 15 通り。
したがって，$\dfrac{15}{36} = \dfrac{5}{12}$
② 条件にあてはまる (a, b) の組は，
$(1, 1)$，$(1, 3)$，$(2, 3)$，$(3, 1)$，$(4, 1)$，$(4, 3)$，$(5, 3)$，$(6, 1)$ の 8 通り。

したがって，$\dfrac{8}{36} = \dfrac{2}{9}$

5 I (1) $\overset{\frown}{AE} = \dfrac{3}{4}\overset{\frown}{AB}$ で，おうぎ形の中心角は弧の長さに比例するから，$180° \times \dfrac{3}{4} = 135°$
(3) △OCE で，∠COE = 90°，OC = OE より
CE $= \sqrt{2}$OC $= 4\sqrt{2}$ (cm)
点 O から辺 CE に垂線 OH を引くと，
OH = CH $= \dfrac{1}{2}$CE $= 2\sqrt{2}$ (cm)
△ACE = △OCE $= \dfrac{1}{2} \times 4\sqrt{2} \times 2\sqrt{2} = 8$ (cm²)
II (2) 点 H から線分 AB に垂線 HI を引く。
△HOI で，∠HOI = 30° より，
HO $= \dfrac{2}{\sqrt{3}}$OI $= \dfrac{2}{\sqrt{3}} \times 3 = 2\sqrt{3}$ (cm)
よって，GH = GO − HO $= 6 - 2\sqrt{3}$ (cm)
(3) まず，求める部分の面積以外を考える。
OD と AF の交点を点 J とすると，△JDA ≡ △JOF より，
$\overset{\frown}{DF}$，線分 AD，AF に囲まれた部分の面積は，$\overset{\frown}{DF}$，線分 OD，OF に囲まれた中心角 60° のおうぎ形の面積に等しい。…①
次に，△AOG と △OBC は，底辺を AO，OB とみると高さが等しいので，△AOG = △OBC = △AOC
よって，△AOG と，$\overset{\frown}{AC}$，線分 AC で囲まれた面積の和は，$\overset{\frown}{AC}$，線分 OA，OC に囲まれた中心角 30° のおうぎ形の面積に等しい。…②
$\overset{\frown}{GB}$，線分 OG，OB に囲まれた部分は，中心角 30° のおうぎ形である。…③
①，②，③より，求める面積は，
$\pi \times 6^2 \times \dfrac{180 - (60 + 30 + 30)}{360} = 6\pi$ (cm²)

〈M. S.〉

山形県

問題 P.12

解答

1 正負の数の計算，式の計算，平方根，2次方程式，確率，空間図形の基本，資料の散らばりと代表値
1．(1) -1 (2) $\dfrac{7}{6}$ (3) $-24a^2b$ (4) $8+2\sqrt{3}$
2．(例) $(2x-1)(x-4)+2(2x-1)=0$
$(2x-1)\{(x-4)+2\}=0$ $(2x-1)(x-2)=0$
$2x-1=0,\ x-2=0$ $x=\dfrac{1}{2},\ x=2$
(答) $x=\dfrac{1}{2},\ x=2$
3．$\dfrac{8}{9}$ 4．ウ 5．エ

2 比例・反比例，関数 $y=ax^2$，三平方の定理，数・式の利用，1次方程式の応用，連立方程式の応用，平面図形の基本・作図
1．(1) -3 (2) 15
2．(例) $1000a+100b+10a+b$ と表される。このとき，$1000a+100b+10a+b=1010a+101b=101(10a+b)$
$10a+b$ は整数だから，$101(10a+b)$ は 101 の倍数である。
3．(1)【1次方程式の例】観戦する人数を x 人とする。
$3300x-4400=2700x+400$
【連立方程式の例】
観戦する人数を x 人，最初に持っていた金額を y 円とする。
$\begin{cases} 3300x=y+4400 \\ 2700x=y-400 \end{cases}$
(2) 22000 円
4．右図

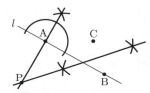

3 関数を中心とした総合問題
1．(1) 9
(2) ア．6 イ．x^2
ウ．$-4x+40$
グラフは右図の通り。
2．$\dfrac{14}{3}$

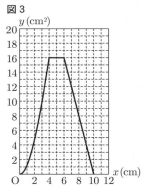

図3

4 図形を中心とした総合問題
1．(証明)(例) △ACG と △ADE において
仮定より，$AB=AC$，$AB=AD$ だから，
$AC=AD\cdots$①
共通だから，$\angle CAG=\angle DAE\cdots$②
弧 AF に対する円周角は等しいから，
$\angle ACG=\angle ABF\cdots$③
△ABD は $AB=AD$ の二等辺三角形だから，
$\angle ADE=\angle ABF\cdots$④
③，④より，$\angle ACG=\angle ADE\cdots$⑤
①，②，⑤より，1組の辺とその両端の角がそれぞれ等しいので，
△ACG ≡ △ADE (証明終わり)
2．(1) 4 cm (2) $5:2$

解き方

1 1．(2) (与式)$=\dfrac{14}{15}\times\dfrac{5}{4}=\dfrac{7}{6}$
(3) (与式)$=-\dfrac{9a^2\times16ab^2}{6ab}=-24a^2b$
(4) (与式)$=8+6\sqrt{3}-4\sqrt{3}=8+2\sqrt{3}$
2．$2x^2-5x+2=0$ と展開整理して解の公式でもよい。
3．すべて赤玉が出る確率は，$\dfrac{1\times2\times1}{2\times3\times3}=\dfrac{1}{9}$
よって，求める確率は，$1-\dfrac{1}{9}=\dfrac{8}{9}$
4．側面の展開図の中心角は，$360°\times\dfrac{5}{10}=180°$
5．ア．両組の最頻値は等しい。イ．1組は $7.0\sim7.5$，2組は $7.5\sim8.0$ の階級に含まれる。ウ．1組は7人，2組は11人。エ．1組は $\dfrac{21}{32}=0.65\cdots$，2組は $\dfrac{21}{33}=0.63\cdots$

2 1．(1) $x=1$ のとき $y=12$，$x=4$ のとき $y=3$ より，
$\dfrac{3-12}{4-1}=-3$
(2) A $(3,4)$ より，②の式は，$y=\dfrac{4}{9}x^2$
B の x 座標が -6 より，B $(-6,16)$
よって，$AB=\sqrt{\{3-(-6)\}^2+(4-16)^2}=15$
3．(2)【1次方程式の例】(1)の式を整理すると，
$600x=4800$ $x=8$
よって，求める金額は，$2700\times8+400=22000$ (円)
【連立方程式の例】(1)の式の辺々引くと，
$600x=4800$ $x=8$
よって，$y=2700\times8+400=22000$
4．点 P は点 A を通る直線 l の垂線と線分 BC の垂直二等分線との交点である。

3 1．(1) 1辺 3 cm の正方形であるから，$y=9$
(2)(i) $0\le x\le4$ のとき，重なっている部分は1辺 x cm の正方形であるから，$y=x^2$
(ii) $4\le x\le6$ のとき，正方形 ABCD は長方形 PQRS の内部にあるから，$y=4^2=16$
(iii) $6\le x\le10$ のとき，重なっている部分は
縦 $4-(x-6)=10-x$ (cm)，横 4 cm の長方形であるから，$y=4(10-x)=-4x+40$
2．辺 PQ を △APQ の底辺とすると，高さは $10-x$ (cm)であるから，面積は，$y=6(10-x)\div2=-3x+30$ (cm^2)
このグラフを図3の上にかくと，$y=16$ と $y=-4x+40$ と交わるが，$y=-4x+40$ と交わるのは高さが 0 cm，すなわち直線 m と辺 PQ が重なるときである。
よって，$-3x+30=16$ より求める。

4 2．(1) △ADE∽△CBE であるから，
$AE:CE=AD:CB=6:3=2:1$
よって，$AE=\dfrac{2}{3}AC=4$ (cm)
(2) △ABE∽△FCE であるから，
$EF=4x$ cm，$CF=6x$ cm とする。
また，$CE=AC-AE=2$ (cm)
△CEF∽△BCF であるから，
$CF:BF=CE:BC$ $6x:BF=2:3$
よって，$BF=9x$ cm，$BE=5x$ cm
△ABE：△CBE $=AE:CE=2:1=10:5$
△CEF：△CBE $=EF:BE=4x:5x=4:5$
よって，△ABE：△CEF $=10:4=5:2$
[別解] △ADE∽△CBE より，$DE:BE=2:1$
△BCF∽△DGF より，$BF:FD=3:2$
よって，$BE:EF:FD=5:4:6$ (以下上と同じ。)
ちょっと強引だが，次のようにもできる。

Bから AC に垂線 BH を引くと，BH = $\frac{3\sqrt{15}}{4}$ cm
よって，BE = $\sqrt{10}$ cm
△ABE∽△FCE であるから，
△ABE : △CEF = BE² : CE² = 10 : 4 = 5 : 2
〈O. H.〉

福島県

問題 P.14

解答

1 正負の数の計算，式の計算，平方根，比例・反比例 (1)① −6 ② −9 ③ $5x + 2y$
④ $3\sqrt{5}$ (2) $y = -5x$

2 式の計算，1 次方程式，1 次関数，空間図形の基本，平面図形の基本・作図
(1) イ
(2) $\frac{4}{5}a$ 個
(3) 2 回
(4) 16π cm²
(5) 右図

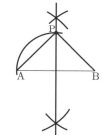

3 場合の数，確率，標本調査 (1)① 6 通り ② $\frac{23}{36}$
(2)① 20 個 ②（答）ア
〔理由〕(例)
＜実験＞を 5 回行った結果から白球の個数の平均値は 20 個であるので，取り出した 60 個のうち赤玉と白球の個数の比はおよそ 赤玉：白玉 = 40：20 = 2：1 とわかる。
したがって，初めに袋の中に入っていた赤玉の個数を x 個とすると，白球が 400 個なので，$x : 400 = 2 : 1$
すなわち，$x = 400 \times 2 = 800$ より，初めに袋の中に入っていた赤玉は 800 個と推測できる。

4 連立方程式の応用
(1)〔求める過程〕(例)
50 円硬貨を x 枚，10 円硬貨を y 枚とすると，
12 回目の貯金をした時にたまった硬貨の枚数は全部で 80 枚なので，$x + y + 8 = 80$…①
また，10 円硬貨の枚数は 50 円硬貨の枚数の 2 倍より 6 枚多いので，$y = 2x + 6$…②
①，②を連立方程式として解いて，
$x = 22$，$y = 50$
（答）$\begin{cases} 50\text{円硬貨の枚数：22枚} \\ 10\text{円硬貨の枚数：50枚} \end{cases}$
(2) 500 円

5 平行と合同，図形の証明，平行四辺形，相似
〔証明〕(例) △CEF と △CBA において，
∠ECF = ∠BCA（共通）…①
EF // BA より，平行線の同位角は等しいので，
∠CEF = ∠CBA…②
①，②より，2 組の角がそれぞれ等しいので，
△CEF∽△CBA
よって，対応する辺の比は等しく
EF : BA = CE : CB = 1 : 3…③
また，仮定より，EG = 3EF なので，
EF : EG = 1 : 3…④
③，④より，BA = EG とわかり，仮定より BA // EG なので，四角形 ABEG は 1 組の対辺が平行かつ等しいことから平行四辺形といえる。
よって，AG // BE…⑤かつ BE = AG…⑥
さらに，BD = DE = EC より，BE = DC…⑦
⑥，⑦より，AG = DC…⑧
したがって，⑤，⑧より，AG // DC かつ AG = DC とわかり，四角形 ADCG は 1 組の対辺が平行かつ等しいことから平行四辺形といえる。

6 1 次関数，関数 $y = ax^2$ (1) 1
(2)① 10 ② $\frac{1+\sqrt{5}}{2}$

7 空間図形の基本，立体の表面積と体積，中点連結定理，三平方の定理 (1) 4 cm (2) $12\sqrt{10}$ cm² (3) 36 cm³

解き方

1 (1)④（与式）= $2\sqrt{5} + \sqrt{5} = 3\sqrt{5}$
(2) $y = ax$ に $x = 3$，$y = -15$ を代入して，
$-15 = 3a$　　$a = -5$　　よって，$y = -5x$

2 (2) 先月作られた製品の個数を x 個とすると，
$x \times \left(1 + \frac{25}{100}\right) = a$ となるので，x について解くと，
$x = \frac{4}{5}a$
(3) 追い越した回数を求める問題なので，すれ違う回数を入れないことに注意。
(4) $8^2 \times \pi \times \frac{2 \times 2 \times \pi}{8 \times 2 \times \pi} = 16\pi$ (cm²)
(5) 次の手順で作図すればよい。
① 線分 AB の垂直二等分線をひく。(垂直二等分線と AB との交点を C とする。)
② 点 C を中心として，半径 AC の円を描き，①でひいた垂直二等分線との交点を P とする。

3 (1)① A の箱から「0」のカードを取り出せばよく，B の箱は何が出てもよいので，$1 \times 6 = 6$（通り）
② $\sqrt{ab}$ が整数となるのは，ab が平方数となればよい。
$(a, b) = (0, 1), (0, 2), (0, 3), (0, 4), (0, 5), (0, 6), (1, 1), (1, 4), (2, 2), (3, 3), (4, 1), (4, 4), (5, 5)$ の 13 通りある。
したがって，整数とならないのは，$36 - 13 = 23$ 通り。
よって，求める確率は，$\frac{23}{36}$
(2)① 仮平均を 20 とすると，$\frac{+2-3-2+3+0}{5} = 0$ より，平均値も 20 個とわかる。

4 (2) ゆうとさんは(1)より，12 回目の貯金を終えた後に
$100 \times 8 + 50 \times 22 + 10 \times 50 = 800 + 1100 + 500 = 2400$（円）
ためたことになる。したがって，1 回の貯金額は，
$2400 \div 12 = 200$（円）
とわかる。よって，4000 円貯金するためには，
$4000 \div 200 = 20$（日）必要。
姉は，$20 - 12 = 8$（日）でこの金額をためることになるので，1 回の貯金額は，
$4000 \div 8 = 500$（円）
とわかる。

6 (1) 点 A $(-1, 1)$，B $(3, 9)$ であり，これらは $y = ax^2$ のグラフ上にもあるので，A $(-1, 1)$ を代入すると，
$a = 1$
(2)① $t = 1$ のとき，P $(1, 5)$，Q $(1, 1)$，S $(0, 5)$，T $(0, 1)$ となり，長方形 STQP の周の長さは，
$4 \times 2 + 1 \times 2 = 10$
② P $(t, 2t+3)$，Q (t, t^2)，S $(0, 2t+3)$，T $(0, t^2)$ なので，PQ $= 2t + 3 - t^2$，PS $= t$ より，長方形 STQP の周

の長さは，
$2(2t+3-t^2)+2t = -2t^2+6t+6$
また，$QR = t^2$ より，線分 QR を1辺とする正方形の周の長さは $4t^2$ なので，
$-2t^2+6t+6 = 4t^2$ となればよい．したがって，
$6t^2-6t-6 = 0$　　$t^2-t-1 = 0$　　$t = \dfrac{1\pm\sqrt{5}}{2}$
となり，$0 < t < 3$ より，$t = \dfrac{1+\sqrt{5}}{2}$

7 (1) △APQ は $AP = AQ = 2\sqrt{2}$ cm の直角二等辺三角形なので，$PQ = 2\sqrt{2}\times\sqrt{2} = 4$ (cm)
(2) 四角形 PFHQ は右図のように等脚台形になるので，点 P，Q から辺 FH に垂線 PM，QN を下ろしたとすると，
$FM = HN = 2$ cm であり，
△PFM ≡ △QHN
ここで，△PFM にて三平方の定理より，
$PM = \sqrt{(2\sqrt{11})^2-2^2} = 2\sqrt{10}$ (cm)
なので四角形 PFHQ の面積は，
$(4+8)\times 2\sqrt{10}\times\dfrac{1}{2} = 12\sqrt{10}$ (cm²)

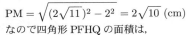

(3) 右図のように直方体の断面である長方形 AEGC を考える．点 I は線分 AC の4等分点の点 A に最も近い点であり，線分 AC の中点を L とおく．点 R は線分 EG の中点となり，点 C，S からそれぞれ線分 IR に垂線 CJ，SK を下ろしたとすると，線分 SK が求める立体の高さとなる．
したがって，△IRC の面積より，
$IC\times LR\times\dfrac{1}{2} = IR\times CJ\times\dfrac{1}{2}$ なので，
$6\times 6\times\dfrac{1}{2} = 2\sqrt{10}\times CJ\times\dfrac{1}{2}$
よって，$CJ = \dfrac{9\sqrt{10}}{5}$ cm
点 S は線分 RC の中点であり，SK // CJ より，
$SK = \dfrac{1}{2}CJ = \dfrac{9\sqrt{10}}{10}$ (cm)
よって求める体積は
(四角形 PFHQ)$\times SK\times\dfrac{1}{3} = 12\sqrt{10}\times\dfrac{9\sqrt{10}}{10}\times\dfrac{1}{3}$
$= 36$ (cm³)

〈Y. D.〉

茨城県

問題 P.16

解答

1 正負の数の計算，2次方程式，数・式の利用，平面図形の基本・作図
(1) -5℃
(2) $5\sqrt{2}$ cm
(3) ア
(4) 右図

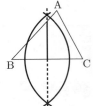

2 数・式の利用，連立方程式の応用，1次関数，関数 $y = ax^2$，確率
(1) ア．$100a+10b+5$　イ．$20a+2b+1$
(2) ア．$x+y$　イ．$0.8x+y-800$　(3) $(6, 0)$　(4) $\dfrac{7}{36}$

3 平行と合同，図形と証明，三角形，円周角と中心角，相似
(1) 50度
(2) ① (証明) (例) △ABE と △ACD で
仮定より，$AB = AC$…①
$\angle BAE = \angle CAD$…②
$\overset{\frown}{AD}$ に対する円周角は等しいから，
$\angle ABE = \angle ACD$…③
①，②，③より，1組の辺とその両端の角がそれぞれ等しいから
△ABE ≡ △ACD　　(証明終)
② $\dfrac{5}{3}$ cm

4 1次関数，関数を中心とした総合問題
(1) $y = 100x+3000$　(2) B店が500円安い
(3) 51枚以上59枚以下のとき

5 資料の散らばりと代表値　(1) 21 m　(2) 14%
(3) (例) 中央値がふくまれる階級は 24 m 以上 26 m 未満であり，太郎さんの記録 23.5 m は中央値より小さいため，25番目以内といえないから．

6 空間図形の基本，立体の表面積と体積，三平方の定理
(1) ア，エ　(2) $2\sqrt{5}$ cm²　(3) $\dfrac{8}{3}$ cm³

解き方 **1** (1) 前日より $+2$℃ 高くなり，-3℃ になったので，$-3-(+2) = -3-2 = -5$ (℃)
(2) 正方形の1辺の長さを x cm とおくと，
$x\times x = 50$　　$x^2 = 50$
$x > 0$ より，$x = \sqrt{50} = 5\sqrt{2}$ (cm)
(3) 封筒と便せんの重さ $(a+5b)$ g が 60 g より重いので
$a+5b > 60$
(4) 2点 B，C が重なるように折るので，折り目を作図するには，線分 BC の垂直二等分線を作図すればよい．

2 (1) ア．3桁の自然数で百の位が a，十の位が b，一の位が 5 より，$100a+10b+5$
イ．5の倍数であることを示すため，$5\times$(イ) の形に直すので，$100a+10b+5 = 5(20a+2b+1)$
よって，当てはまる式は $20a+2b+1$
(2) ア．ポロシャツとトレーナーを定価で買うので，
$x+y = 6300$
イ．ポロシャツを定価の2割引，トレーナーを 800 円安く買うので，
$(x-0.2x)+(y-800) = 5000$
$0.8x+y-800 = 5000$
(3) 2点 A，B は $y = x^2$ 上の点であるから，

A $(-3, 9)$, B $(2, 4)$
2点 A, B を通る直線の式を $y = ax + b$ とおくと,
A $(-3, 9)$ を通るから $-3a + b = 9 \cdots$ ①
B $(2, 4)$ を通るから $2a + b = 4 \cdots$ ②
①, ②を解くと, $a = -1$, $b = 6$
よって, $y = -x + 6$
この直線と x 軸の交点 C について, $-x + 6 = 0$　　$x = 6$
点 C の座標は $(6, 0)$
(4) 2つのさいころの目の出方は全部で 36 通り。
点 P が頂点 E に移動するには, 目の和が 4 または 9 になればよい。
目の和が 4: (1, 3), (2, 2), (3, 1) の 3 通り
目の和が 9: (3, 6), (4, 5), (5, 4), (6, 3) の 4 通り
したがって, 求める確率は $\dfrac{3+4}{36} = \dfrac{7}{36}$

3 (1) △ABC は二等辺三角形で, 底角は等しいから,
∠ABC = ∠ACB = $\dfrac{180° - 40°}{2} = 70° \cdots$ ①
$\stackrel{\frown}{CD}$ に対する円周角は等しいから,
∠CBD = ∠CAD = $20° \cdots$ ②
①, ②より,
∠ABE = $70° - 20° = 50°$
(2) ② △ABE ≡ △ACD より AE = AD だから,
△AED は二等辺三角形 …①
よって, ∠AED = ∠ADE …②
対頂角は等しいから, ∠AED = ∠BEC …③
$\stackrel{\frown}{AB}$ に対する円周角は等しいから, ∠ADE = ∠BCE …④
②, ③, ④より, ∠BCE = ∠BEC
よって, 2つの角が等しいから △BCE は二等辺三角形。
いま, △ABC と △BCE は, 二等辺三角形で, 底角は等しいから,
△ABC∽△BCE
AB : BC = BC : CE より, 3 : 2 = 2 : CE　　CE = $\dfrac{4}{3}$
①より, AD = AC - CE = $3 - \dfrac{4}{3} = \dfrac{5}{3}$ (cm)

4 (1) 初期費用が 3000 円だから, y 切片は 3000
タオル 1 枚につき 100 円かかるから, y と x の関係式は直線で, 傾きは 100
よって, $y = 100x + 3000$
(2) A 店で 30 枚作る費用は, グラフより 6500 円
B 店で 30 枚作る費用は, (1)より, $x = 30$ を代入して
$y = 100 \times 30 + 3000 = 6000$ (円)
よって, B 店が 500 円安い。
(3) 右のグラフより
$40 \leqq x \leqq 80$ で, B 店で作る方が安いのは, 太線に対応する x の範囲。
A 店の費用 9000 円と B 店の費用が一致するとき, (1)より,
$9000 = 100x + 3000$
これを解くと, $x = 60$
したがって, B 店の方が安くなる x の範囲は $50 < x < 60$
B 店の方が安くなるのは, 作る枚数が 51 枚以上 59 枚以下のとき。

5 (1) 最頻値 (モード) は最も度数が多い階級の階級値を求めればよいから, $\dfrac{20+22}{2} = 21$ (m)
(2) 記録が 20 m 未満の生徒は, $3 + 2 + 2 = 7$ (人)

全部で 50 人いるから,
$\dfrac{7}{50} = 0.14$　　全体の 14%

6 (1) 右の図のように, 2つの方向から見るとア, エ
(2) 点 N から DH に下ろした垂線との交点を I とおく。
△DNI で
DN = $\sqrt{DI^2 + IN^2}$
　　= $\sqrt{1^2 + 2^2} = \sqrt{5}$
四角形 AMND は長方形であるから, 求める面積は
$2 \times \sqrt{5} = 2\sqrt{5}$ (cm^2)
(3) 点 E から MA に下ろした垂線との交点を J とおく。
△EFM で,
EM = $\sqrt{EF^2 + FM^2}$
　　= $\sqrt{2^2 + 1^2} = \sqrt{5}$
AJ = x とおくと, (2)より,
AM = DN = $\sqrt{5}$ であるから
△EMJ で, EJ^2 = EM^2 - MJ^2 = $(\sqrt{5})^2 - (\sqrt{5} - x)^2$
$= -x^2 + 2\sqrt{5}x \cdots$ ①
△EAJ で, EJ^2 = EA^2 - AJ^2 = $2^2 - x^2 = 4 - x^2 \cdots$ ②
①, ②より, $-x^2 + 2\sqrt{5}x = 4 - x^2$　　$2\sqrt{5}x = 4$
$x = \dfrac{2}{\sqrt{5}}$
これを②に代入すると, EJ^2 = $4 - \dfrac{4}{5} = \dfrac{16}{5}$
EJ > 0 より, EJ = $\dfrac{4}{\sqrt{5}}$
求める立体の体積は,
$\dfrac{1}{3} \times$ (四角形 AMND) $\times$ EJ = $\dfrac{1}{3} \times 2\sqrt{5} \times \dfrac{4}{\sqrt{5}}$
$= \dfrac{8}{3}$ (cm^3)

〈S. Y.〉

栃木県

問題 P.18

解答

1 正負の数の計算，式の計算，平方根，多項式の乗法・除法，1次方程式，円周角と中心角，2次方程式，確率，立体の表面積と体積，平行線と線分の比，1次関数，標本調査

1. -9 2. $-2x+7y$
3. $-\dfrac{2}{3}a^3b^2$ 4. $15\sqrt{2}$ 5. x^2-64 6. $a=16$
7. $100-6x=y$ 8. 51 度 9. $x=0, 9$ 10. $\dfrac{6}{7}$
11. 54π cm^3 12. $x=\dfrac{8}{5}$ 13. ウ 14. およそ90個

2 平面図形の基本・作図，数・式の利用，比例・反比例，関数 $y=ax^2$

1. 右図
2. ① 6 ② 12 ③ 36
3. $a=3$

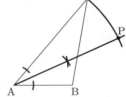

3 連立方程式の応用，資料の散らばりと代表値

1. (例) $\begin{cases} x+y=1225 & \cdots ① \\ \dfrac{4}{100}x-\dfrac{2}{100}y=4 & \cdots ② \end{cases}$

②より，$4x-2y=400$ から $2x-y=200\cdots③$
①＋③より，$3x=1425$ よって，$x=475$
①に代入して，$475+y=1225$ したがって，$y=750$
この解は問題に適している。
(答え) A 中学校 475 人，B 中学校 750 人

2. (1) $28.65 \leqq a < 28.75$ (2) 32.5 ℃
(3)(例) 表1において 35.0℃以上 40.0℃未満の日が1日あり，表2において 36.0℃以上の日がないから。

4 図形と証明，三平方の定理

1. (証明) (例) △ADF と △BFE において
四角形 ABCD は平行四辺形なので
AD // BC より，同位角は等しいから
$\angle DAF = \angle FBE\cdots①$ 仮定より，$AB = CE\cdots②$
$BF = BC\cdots③$ ここで，$AF = BF - AB\cdots④$
$BE = BC - CE\cdots⑤$
②，③，④，⑤より，$AF = BE\cdots⑥$
平行四辺形の対辺は等しいから
$AD = BC\cdots⑦$ ③，⑦より，$AD = BF\cdots⑧$
①，⑥，⑧より，2組の辺とその間の角がそれぞれ等しいから，△ADF ≡ △BFE

2. (1) $\sqrt{3}$ cm^2 (2) $\sqrt{10}$ cm^2

5 1次関数

1. 1.5倍 2. 1000 m
3. (例) 明さんの長距離走の区間のグラフの傾きは
$\dfrac{8400-6300}{26-16} = 210$ であるから，x と y の関係の式は
$y = 210x + b$ と表される。グラフは点 $(16, 6300)$ を通るから $6300 = 210 \times 16 + b$ よって，$b = 2940$
したがって，求める式は $y = 210x + 2940$
(答え) $y = 210x + 2940$
4. 2分12秒

6 数・式を中心とした総合問題 1. 11番目 2. 6個
3. (例) 最も外側にある輪の面積は
$\pi n^2 - \pi (n-1)^2 = \pi (2n-1)$
これが 77π cm^2 になるから $\pi (2n-1) = 77\pi$

$2n = 78$ よって，$n = 39$
この解は問題に適している。
(答え) $n = 39$
4. ① $b = \dfrac{9a-2}{5}$ ② $a = 8$

解き方

1 2. (与式) $= 4x + 4y - 6x + 3y$
$= -2x + 7y$
6. $x = 7$ を代入して，$14 - a = -7 + 5$ $a = 16$
8. $\angle OCA = \angle OAC = 39°$ したがって，
$\angle x = 90° - 39° = 51°$
9. $x(x-9) = 0$ $x = 0, 9$
10. すべての場合の数は，$9 + 2 + 3 = 14$ (通り)
白玉が出ないのは，$9 + 3 = 12$ (通り)
よって，求める確率は $\dfrac{12}{14} = \dfrac{6}{7}$
11. $\pi \times 3^2 \times 6 = 54\pi$ (cm^3)
12. $x : 4 = 2 : 5$ $5x = 8$ $x = \dfrac{8}{5}$
13. 傾きは負だから $a < 0$ 切片は正だから $b > 0$
14. $4500 \times \dfrac{2}{100} = 90$ (個)

2 1. 直線 AP は，$\angle CAB$ の二等分線となる。
2. $b^2 - ac = (a+6)^2 - a(a+12)$
$= a^2 + 12a + 36 - a^2 - 12a = 36$
3. A $(1, a)$, B $(1, -4)$, C $(4, 16a)$, D $(4, -1)$ より，
$\{a - (-4)\} : \{16a - (-1)\} = 1 : 7$
$16a + 1 = 7(a+4)$ $9a = 27$ $a = 3$

3 2. (2) $\dfrac{30.0 + 35.0}{2} = \dfrac{65.0}{2} = 32.5$ (℃)

4 2. (1) 点Aから辺BCに垂線
AI を引くと，△ABI は 30°, 60°, 90° の直角三角形となるので，
AI : 2 = $\sqrt{3}$: 2 AI = $\sqrt{3}$ cm
よって，△ABC = $\dfrac{1}{2} \times 2 \times \sqrt{3}$
= $\sqrt{3}$ (cm^2)
(2) 点Hから辺BEに垂線 HJ を引くと，△GHJ において三平方の定理より，$GH^2 = 1^2 + 2^2 = 5$
$GH > 0$ より $GH = \sqrt{5}$ cm
△ACH において三平方の定理より，
$AH^2 = 2^2 + 3^2 = 13$ $AH > 0$ より $AH = \sqrt{13}$ cm
△ABG は直角二等辺三角形より，
$AG : 2 = \sqrt{2} : 1$ $AG = 2\sqrt{2}$ cm
△AGH において，$(2\sqrt{2})^2 + (\sqrt{5})^2 = (\sqrt{13})^2$ より，
△AGH は直角三角形である。
よって，△AGH = $\dfrac{1}{2} \times \sqrt{5} \times 2\sqrt{2} = \sqrt{10}$ (cm^2)

5 1. 明さんが泳いだ速さは，$300 \div 4 = 75$ (m/分)
拓也さんが泳いだ速さは，$300 \div 6 = 50$ (m/分)
よって，$75 \div 50 = 1.5$ (倍)
2. 明さんが自転車で進んだ速さは，
$6000 \div 12 = 500$ (m/分) より，6分後に明さんは A 地点から $500 \times (6-4) = 1000$ (m) の地点にいる。
よって，2人の道のりの差は，1000 m
4. 拓也さんがパンク前に進んだ自転車の速さは，明さんと同じなので，500 m/分
よって，A 地点からパンクした地点までかかった時間は
$(2700 - 300) \div 500 = 4.8$ (分)
パンク後から B 地点までかかった時間は
$(6300 - 2700) \div 600 = 6$ (分)

したがって, パンクの修理にかかった時間を x 分として

$6 + 4.8 + x + 6 + 10 = 26 + 3$ 　　$x = 2.2$ (分)

ここで, $0.2 = \dfrac{12}{60}$ より, 2 分 12 秒

6 1. 初めて 1 個できるのは, 2 番目。その後, 3 番目ごとに灰色の輪となるので, $2 + 3 \times 3 = 11$ (番目)

2. $20 \div 3 = 6 \cdots 2$ より, 6 個

4. ① $n = a$, $m = 5$ の「1 ピース」の周の長さは

$\dfrac{2\pi a}{5} + \dfrac{2\pi (a-1)}{5} + 2$

$n = b$, $m = 9$ の「1 ピース」の周の長さは

$\dfrac{2\pi b}{9} + \dfrac{2\pi (b-1)}{9} + 2$

となるので,

$\dfrac{2\pi a}{5} + \dfrac{2\pi (a-1)}{5} + 2 = \dfrac{2\pi b}{9} + \dfrac{2\pi (b-1)}{9} + 2$

$18\pi a + 18\pi (a-1) = 10\pi b + 10\pi (b-1)$

$36\pi a - 18\pi = 20\pi b - 10\pi$　　$20\pi b = 36\pi a - 8\pi$

$b = \dfrac{36a - 8}{20} = \dfrac{9a - 2}{5}$

② $b = \dfrac{9a - 2}{5}$ より, $9a - 2$ が 5 の倍数のときに, それぞれの「1 ピース」の長さが等しくなる。

$n = a, m = 5$ の「1 ピース」を A, $n = b, m = 9$ の「1 ピース」を B として, 表にまとめると,

a	3	8
b	5	14
Aの色	黒	灰
Bの色	灰	灰

となるので, $a = 8$ のときに b の値は最小となる。

〈A. H.〉

群馬県

問題
P.21

解答 **1** 正負の数の計算, 式の計算, 数の性質, 因数分解, 連立方程式, 確率, 2 次方程式, 円周角と中心角, 標本調査, 平行と合同 ▌ (1)① -7　② $\dfrac{5}{2}x$

③ $4ab^2$　(2) イ　(3) $(x-5)^2$　(4) $x = -1$, $y = 2$　(5) $\dfrac{7}{8}$

(6) $x = \dfrac{5 \pm 3\sqrt{2}}{2}$　(7) 52 度　(8) ウ　(9) $\angle c$ と $\angle e$

2 比例・反比例, 関数 $y = ax^2$ ▌
(1) エ, オ　(2) ア, エ

3 数の性質 ▌

(証明の続き) (例) $1000a + 100b + 10b + a$ となる。

$1000a + 100b + 10b + a$

$= 1001a + 110b$

$= 11(91a + 10b)$

$91a + 10b$ は整数であるから, $11(91a + 10b)$ は 11 の倍数である。

4 空間図形の基本, 三平方の定理 ▌ (1) $\sqrt{29}$ m

(2)① (記号) ア, (長さ) $\sqrt{41}$ m　② $\dfrac{6\sqrt{5}}{5}$ m

5 1 次方程式の応用, 1 次関数, 相似 ▌ (1) 160 cm

(2)① $y = -\dfrac{4}{5}x + 240$　② $96 \le y \le 200$　(3) $x = 120$

6 平面図形の基本・作図, 図形と証明, 円周角と中心角, 三平方の定理 ▌

(1)① 右図

② (説明) (例) 半径は等しいので, AO = PO…①

手順の ii より, AO = AP…②

①, ②より, △AOP は正三角形となるから

∠AOP = 60°, ∠BOP = 120°

弧の長さは中心角の大きさに比例するので

弧 AP : 弧 PB = 60 : 120 = 1 : 2

したがって, 手順 i, ii によって,

弧 AP : 弧 PB = 1 : 2 となる点 P をとることができる。

(2)① 6π cm²　② $\left(\dfrac{9}{2}\pi + 18 - 9\sqrt{2}\right)$ cm²

解き方 **1** (6) $2x - 5 = \pm 3\sqrt{2}$ から x を求める。

または, $4x^2 - 20x + 7 = 0$ を解く。

4 (1) $\sqrt{2^2 + 4^2 + 3^2} = \sqrt{29}$ (m)

(2)① アの長さは, $\sqrt{4^2 + (2+3)^2} = \sqrt{41}$ (m)

イの長さは, $\sqrt{3^2 + (2+4)^2} = \sqrt{45} = 3\sqrt{5}$ (m)

② 求める距離を d m とする。△AGC の面積を 2 通りに表して, $\dfrac{1}{2} \times (2+4) \times 3 = \dfrac{1}{2} \times 3\sqrt{5} \times d$

$d = \dfrac{6 \times 3}{3\sqrt{5}} = \dfrac{6}{\sqrt{5}} = \dfrac{6\sqrt{5}}{5}$

5 (1) $8 \times \dfrac{300 - 100}{10} = 160$ (cm)

(2)① $y = 8 \times \dfrac{300 - x}{10} = \dfrac{4}{5}(300 - x) = -\dfrac{4}{5}x + 240$

(3) ライト B が照らしてできる円の直径は,

$y = 6 \times \dfrac{300 - \frac{x}{2}}{10} = \dfrac{3}{5}\left(300 - \dfrac{x}{2}\right) = -\dfrac{3}{10}x + 180$ (cm)

2 つのライトが照らしてできる円の直径が等しければよい

から，$-\frac{4}{5}x+240=-\frac{3}{10}x+180$ より，$x=120$

6 (2)① 折り返した弧の中心 J は，$\stackrel{\frown}{PB}$ の中点であり，弧は円の中心 O を通る。また，$\angle OJP=60°$ である。
[解1] 重なった部分を線分 OP で分割する。
弓形の面積は，おうぎ形 JPO $-\triangle$JPO
$=\pi\times 6^2\times\frac{60}{360}-\frac{1}{2}\times 6\times 3\sqrt{3}=6\pi-9\sqrt{3}$ (cm^2)
また，$\triangle POB=\frac{1}{2}\times 6\times 3\sqrt{3}=9\sqrt{3}$ (cm^2)
ゆえに，求める面積は，$(6\pi-9\sqrt{3})+9\sqrt{3}=6\pi$ (cm^2)
[解2] $\triangle POB=\triangle POJ$ であるから，
求める面積はおうぎ形 JPO の面積に等しく，
$\pi\times 6^2\times\frac{60}{360}=6\pi$ (cm^2)

② 折り返した半円の中心を K とすると，四角形 OBKQ はひし形である。また，$\stackrel{\frown}{AB}$ の中点を M とし，折り返した弧と直径 AB との交点を N とすると，M と N は直線 QB に関して対称である。

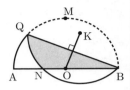

[解1] 重なった部分を線分 OQ で分割する。
$\angle NKQ=\angle QOM=45°$ であるから，
弓形の面積は，
$\pi\times 6^2\times\frac{45}{360}-\frac{1}{2}\times 6\times\frac{6}{\sqrt{2}}=\frac{9}{2}\pi-9\sqrt{2}$ (cm^2)
BN = BM であるから，
$\triangle QNB=\frac{1}{2}\times 6\sqrt{2}\times\frac{6}{\sqrt{2}}=18$ (cm^2)
ゆえに，求める面積は，
$\frac{9}{2}\pi-9\sqrt{2}+18$ (cm^2)

[解2] 重なった部分を線分 OQ で分割する。
OQ // BK であるから，
$\triangle OBQ=\triangle OKQ$
よって，求める面積は
右の図の色をつけた部分の面積に等しい。

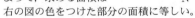

これを線分 KN で分割すると，
おうぎ形 KQN $=\pi\times 6^2\times\frac{45}{360}=\frac{9}{2}\pi$ (cm^2)
$\triangle KNO=\frac{1}{2}\times NO\times\frac{NK}{\sqrt{2}}=\frac{1}{2}\times(6\sqrt{2}-6)\times\frac{6}{\sqrt{2}}$
$=3(6-3\sqrt{2})=18-9\sqrt{2}$ (cm^2)
ゆえに，求める面積は，
$\frac{9}{2}\pi+18-9\sqrt{2}$ (cm^2)

〈K. Y.〉

埼玉県

問題 P.22

解答 学力検査問題

1 式の計算，正負の数の計算，1次方程式，平方根，因数分解，連立方程式，2次方程式，平行と合同，関数 $y=ax^2$，空間図形の基本，比例・反比例，立体の表面積と体積，三平方の定理，確率，資料の散らばりと代表値，標本調査
(1) $2x$ (2) 13 (3) $4x^2$ (4) $x=1$ (5) $-3\sqrt{2}$
(6) $(x-2)(x+6)$ (7) $x=1$, $y=5$ (8) $x=\frac{5\pm\sqrt{13}}{6}$
(9) 77度 (10) 12 (11) エ (12) ウ
(13) 高さ 4 cm，体積 12π cm^3 (14) $\frac{5}{12}$
(15) 平均値 6 回，中央値 5 回
(16) (記号) イ，(説明) (例) 標本を母集団から偏りなく選んでいるから。

2 平面図形の基本・作図，平行と合同，図形と証明
(1) 右図
(2) (証明) (例)
$\triangle$ABE と $\triangle$CDF において，
仮定から，
$\angle$AEB $=\angle$CFD $=90°$…①
平行四辺形の対辺はそれぞれ
等しいので，
AB $=$ CD…②
また，AB // DC から錯角は等しいので，
$\angle$ABE $=\angle$CDF…③
①，②，③から，$\triangle$ABE と $\triangle$CDF は
直角三角形で，斜辺と1つの鋭角がそれぞれ等しいので，
$\triangle$ABE $\equiv\triangle$CDF

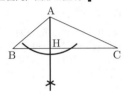

3 三角形，相似，三平方の定理 (1) 6.4 m (2) 26.5 m

4 2次方程式，1次関数，関数 $y=ax^2$
(1) $y=-x+12$
(2)① (説明) (例) 点 P の x 座標を t とおくと，座標は
P $\left(t, \frac{1}{2}t^2\right)$, Q $\left(12-\frac{1}{2}t^2, \frac{1}{2}t^2\right)$, R $(t, 0)$ となる。
正方形は辺の長さが等しいので，PQ $=$ PR
$12-\frac{1}{2}t^2-t=\frac{1}{2}t^2$ $t^2+t-12=0$
$(t-3)(t+4)=0$ $t=3, -4$
t の値はどちらも問題に適している。
$t=3$ のとき，$\left(3, \frac{9}{2}\right)$
$t=-4$ のとき，$(-4, 8)$
(答え) $\left(3, \frac{9}{2}\right)$, $(-4, 8)$
② (6, 6), (0, 12)

学校選択問題

1 式の計算，平方根，2次方程式，連立方程式，確率，比例・反比例，立体の表面積と体積，三平方の定理，資料の散らばりと代表値，標本調査 (1) $\frac{x-y}{6}$ (2) 6 (3) $x=3, \frac{5}{2}$
(4) $a=\frac{3}{2}$, $b=-\frac{13}{8}$ (5) $\frac{5}{6}$ (6) ウ (7) 24π cm^2
(8) 7回 (9) (記号) イ，(説明) (例) 標本を母集団から偏りなく選んでいるから。

2 平面図形の基本・作図，円周角と中心角，平行と合同，図形と証明，平行四辺形

(1) 右図
(2) (証明) (例)
△ABE と △CDF において，仮定から，
∠AEB = ∠CFD
= 90°…①
平行四辺形の対辺はそれぞれ等しいので，
AB = CD…②
また，AB // DC から錯角は等しいので，
∠ABE = ∠CDF…③
①，②，③から，△ABE と △CDF は直角三角形で，斜辺と1つの鋭角がそれぞれ等しいので，
△ABE ≡ △CDF
よって，AE = CF…④
また，∠AEF = ∠CFE = 90° から錯角等しいので，
AE // FC…⑤
④，⑤から，1組の対辺が平行でその長さが等しいので，四角形 AECF は平行四辺形である。

3 三角形，相似，三平方の定理　(1) 6.4 m　(2) 26.5 m
4 学力検査問題　**4** と同じ。
5 空間図形の基本，立体の表面積と体積，相似，三平方の定理　(1) $\left(8 + \dfrac{4\sqrt{2}}{3}\right)$ cm³　(2) 6本

(3) (証明) (例) 平面 PAEGC において，EQ の延長と GC の延長の交点を R，AC の中点を I とすると，ER は点 I を通るので，CR = 2 となる。
また，△PQI と △CQR において，対頂角は等しいので，
∠PQI = ∠CQR…①
平行線の錯角は等しいので，
∠PIQ = ∠CRQ…②
①，②から，2組の角がそれぞれ等しいので，
△PQI ∽ △CQR
したがって，PQ : QC = PI : CR = $\sqrt{2}$: 2 = 1 : $\sqrt{2}$
(答え) PQ : QC = 1 : $\sqrt{2}$

解き方　学力検査問題

1 (14) $a = b$ となるのは 6 通りであるから，
$a > b$ となるのは $(6^2 - 6) \div 2 = 15$ (通り)
3 (1) 電柱の高さを x m とすると，1.6 : 2 = x : 8
(2) ∠B'PA' = 30° − 15° = 15° より，A'B' = PB'
よって，PB' = 50 m
したがって，PQ = $50 \times \dfrac{1}{2} + 1.5 = 26.5$ (m)
4 (2) ② 辺 PQ が共通であるから，Q の y 座標について考えればよい。点 Q の y 座標を y とすると，辺 PQ に対して，O と B が反対側にあるとき，
$(8 - y) : y = 1 : 3$　　$y = 6$　　よって，Q (6, 6)
辺 PQ に対して，O と B が同じ側にあるとき，
$(y - 8) : y = 1 : 3$　　$y = 12$　　よって，Q (0, 12)

学校選択問題

1 (2) $\dfrac{1}{x} = \dfrac{1}{2 + \sqrt{3}} = 2 - \sqrt{3}$，$\dfrac{1}{y} = \dfrac{1}{2 - \sqrt{3}} = 2 + \sqrt{3}$
(4) $ax = \dfrac{9}{2}$，$by = \dfrac{13}{2}$
(5) $\dfrac{a}{b} < \dfrac{1}{3}$ となるのは $(a, b) = (1, 4), (1, 5), (1, 6)$
$3 < \dfrac{a}{b}$ となるのは $(a, b) = (4, 1), (5, 1), (6, 1)$

よって，$\dfrac{6^2 - (3+3)}{6^2} = \dfrac{30}{36} = \dfrac{5}{6}$

(7) 底面積 9π cm² と側面積 15π cm² とを加える。
(8) H の回数を x 回とすると，平均値は $\dfrac{53 + x}{8}$ 回
一方，H 以外の 7 人の回数を小さい順に並べると
5，6，7，8，8，9，10
$x \leqq 6$ のとき，中央値は 7.5 回で，
平均値は，$\dfrac{53 + x}{8} \leqq \dfrac{53 + 6}{8} = \dfrac{59}{8} < 7.5$ となり，不適。
$x = 7$ のとき，中央値は 7.5 回で，
平均値は $\dfrac{53 + 7}{8} = \dfrac{60}{8} = 7.5$ となり，適する。
$x \geqq 8$ のとき，中央値は 8 回で，
平均値は，$\dfrac{53 + x}{8} \leqq \dfrac{53 + 10}{8} = \dfrac{63}{8} < 8$ となり，不適。

3 (1) 電柱の高さを x m とすると，1.6 : 1.8 = x : 7.2
(2) A，B の目の高さまでを AA'，BB'，鉄塔の高さを PQ とすると，
PB' = A'B' = AB = 50 m
PQ = PQ' + Q'Q
= $50 \times \dfrac{1}{2} + 1.5 = 26.5$ (m)

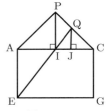

5 (1) 四角錐の高さは $\sqrt{2}$ cm
(2) PB，PD，BC，CD，FG，GH の 6 本
(3) 右の図で，
PQ : QC = IJ : JC…①
△QJC は直角二等辺三角形であるから，JC = QJ…②
①，②より，
PQ : QC = IJ : QJ…③
△QIJ ∽ △EIA より，
IJ : QJ = IA : EA…④
③，④より，PQ : QC = AI : AE = 1 : $\sqrt{2}$

〈K. Y.〉

千葉県

問題 P.26

解答

1 正負の数の計算, 式の計算, 1次方程式, 平方根, 因数分解 (1) 7　(2) -13
(3) $\frac{1}{2}x + 9y$　(4) $x = -12$　(5) $4\sqrt{2}$　(6) $2(x+4)(x-4)$

2 関数 $y = ax^2$, 資料の散らばりと代表値, 立体の表面積と体積, 三平方の定理, 数の性質, 平方根, 確率, 平面図形の基本・作図 (1) エ　(2) 0.25　(3) $15\sqrt{11}$ cm³　(4) $\frac{2}{9}$

(5)
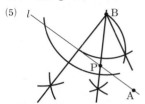

3 1次関数, 関数 $y = ax^2$, 相似 (1) $a = \frac{4}{9}$
(2) ① $y = \frac{1}{2}x + \frac{5}{2}$　② $\left(\frac{15}{4}, \frac{25}{4}\right)$

4 図形と証明, 相似, 円周角と中心角 (1)(a) ウ　(b) カ
(c)(例) △EAD と △EFB において,
④より, ∠AOD = ∠BOD…⑤
円周角と中心角の関係より,
∠AED = $\frac{1}{2}$∠AOD…⑥, ∠FEB = $\frac{1}{2}$∠BOD…⑦
⑤, ⑥, ⑦より, ∠AED = ∠FEB…⑧
$\overset{\frown}{AE}$ の円周角は等しいから, ∠ADE = ∠FBE…⑨
⑧, ⑨より, 2組の角がそれぞれ等しいから,
△EAD∽△EFB
(2) $\frac{24}{13}$ cm²

5 2次方程式, 場合の数, 確率 (1) 450 個　(2) 4 個
(3)(例) 1個のビー玉から, 箱 A を2回, 箱 B を1回, 箱 X を2回使った結果, ビー玉の個数は $540x$ 個となったから,
$1 \times 3^2 \times 5 \times x^2 = 540x$　　$x^2 = 12x$
$x(x-12) = 0$　　$x = 0, 12$
x は自然数だから, $x = 12$
(4) $\frac{5}{16}$

解き方

2 (1) $y = 0$ のとき, $-x^2 = 0$　　$x = 0$
よって, $a \leq x \leq b$ は 0 を含む。…①
$y = -9$ のとき, $-x^2 = -9$　　$x = \pm 3$
よって, $a = -3$ または $b = 3$…②
①, ②より, エ
(2) $\frac{9}{36} = 0.25$
(3) 三平方の定理から,
BC = $\sqrt{AC^2 - AB^2} = \sqrt{6^2 - 5^2} = \sqrt{11}$ (cm)
求める体積は,
$\frac{1}{2} \times$ AB $\times$ BC $\times$ CF $= \frac{1}{2} \times 5 \times \sqrt{11} \times 6 = 15\sqrt{11}$ (cm³)
(4) $ab = X^2$ となる場合だから,
$(a, b) = (1, 4), (4, 1), (1, 1), (2, 2), \cdots, (6, 6)$ の
8 通り。求める確率は, $\frac{8}{6 \times 6} = \frac{2}{9}$

(5) 点 B から l に垂線 BH を下ろす。線分 BH を1辺とする正三角形 BHC を, BH の点 A 側につくる。∠HBC の二等分線と l との交点が P。

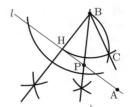

3 (1) $y = ax^2$ に代入して,
$4 = a \times 3^2$　　$a = \frac{4}{9}$
(2) 三平方の定理から,
OB = OA = $\sqrt{3^2 + 4^2} = 5$
よって, 点 B $(-5, 0)$
① 2点 A $(3, 4)$, B $(-5, 0)$
より, AB : $y = \frac{1}{2}x + \frac{5}{2}$
② 点 D の x 座標を d とおく。△AOC∽△EOF だから,
面積比は, △AOC : △EOF = 16 : (16 + 9) = $4^2 : 5^2$
相似比は, OA : OE = 4 : 5　　3 : d = 4 : 5
よって, $d = \frac{15}{4}$　　y 座標は, $y = \frac{4}{9} \times \left(\frac{15}{4}\right)^2 = \frac{25}{4}$
点 D $\left(\frac{15}{4}, \frac{25}{4}\right)$

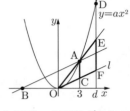

4 (2) △EAD∽△EFB より
AD : DE = FB : BE
1 : 3 = FB : 6　　FB = 2 cm
CF : FB = 1 : 8
CF : 2 = 1 : 8　　CF = $\frac{1}{4}$ cm
△FCD∽△FBE,
△FBE∽△ADE より,
△FCD∽△ADE
FC : CD = AD : DE
$\frac{1}{4}$: CD = 1 : 3　　CD = $\frac{3}{4}$ cm
OC = $\frac{1}{2}$EB = 3 cm
OD = OC + CD = $3 + \frac{3}{4} = \frac{15}{4}$ (cm)
△GOD∽△GBE より, GO : GB = OD : BE
GO : GB = $\frac{15}{4}$: 6 = 5 : 8
OB : GB = (OG + GB) : GB = (5 + 8) : 8 = 13 : 8
△GFB = $\frac{1}{2} \times$ FB $\times \left($OC $\times \frac{GB}{OB}\right)$
$= \frac{1}{2} \times 2 \times \left(3 \times \frac{8}{13}\right) = \frac{24}{13}$ (cm²)

5 (1) $2 \times 3^2 \times 5^2 = 450$ (個)
(2) $2700 = 4 \times 3^3 \times 5^2$ だから,
はじめに用意したビー玉の個数は, 4 個。
(4) 箱 A, 箱 B を合計 4 回使うとき, 使う順に箱を一列に並べると, 並べ方は, $2 \times 2 \times 2 \times 2 = 16$ (通り)。
これらの並べ方は, 全て同様に確からしい。
最後に取り出したビー玉の個数は,
・箱 B を 4 回使うとき, $4 \times 5^4 = 2500 > 1000$
このときの並べ方は, BBBB の 1 通り…①
・箱 B を 3 回使うとき, 箱 A を 1 回使うから,
$4 \times 3 \times 5^3 = 1500 > 1000$　　このときの並べ方は,
ABBB, BABB, BBAB, BBBA の 4 通り…②
・箱 B を 2 回使うとき, 箱 A を 2 回使うから,
$4 \times 3^2 \times 5^2 = 900 < 1000$ で, 条件にあわない。
・箱 B の使用回数が 1 回以下の場合も, 最後に取り出したビー玉の個数は 1000 個以下だから, 条件にあわない。

よって，求める確率は，①，②より，$\dfrac{1+4}{16}=\dfrac{5}{16}$

〈Y. K.〉

東京都

問題 P.27

解答

1 正負の数の計算，式の計算，平方根，1次方程式，連立方程式，2次方程式，資料の散らばりと代表値，円周角と中心角，平面図形の基本・作図

〔問1〕 -7
〔問2〕 $8a+b$
〔問3〕 $-4+\sqrt{6}$
〔問4〕 $x=9$
〔問5〕 $x=3$, $y=5$
〔問6〕 $x=\dfrac{-9\pm\sqrt{21}}{6}$
〔問7〕 あい…65
〔問8〕 うえ…26
〔問9〕 右図

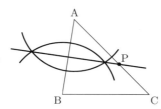

2 数・式の利用，立体の表面積と体積 〔問1〕ア
〔問2〕（証明）（例）四角形 ABGH において，
AD $=2\pi a$, EH $=2\pi b$ より，
AH $=$ AD $+$ EH $=2\pi a+2\pi b=2\pi(a+b)$…①
底面の半径を r cm とすると，底面の円周は $2\pi r$ cm
①より，$2\pi r=2\pi(a+b)$　　$r=a+b$
底面の半径は $(a+b)$ cm
よって，Z $=\pi(a+b)^2 h$…②
また，W $=$ X $+$ Y $=\pi a^2 h+\pi b^2 h$…③
②，③より，Z $-$ W $=\pi(a+b)^2 h-(\pi a^2 h+\pi b^2 h)$
$=\pi a^2 h+2\pi abh+\pi b^2 h-\pi a^2 h-\pi b^2 h$
$=2\pi abh$
したがって，Z $-$ W $=2\pi abh$

3 2次方程式の応用，1次関数，関数 $y=ax^2$
〔問1〕①…ウ，②…キ　〔問2〕③…エ，④…イ
〔問3〕8

4 平行と合同，図形と証明，相似，三平方の定理
〔問1〕ウ
〔問2〕①（証明）（例）△ABP と △EDQ において，仮定から，∠ABP $=$ ∠ADQ $=90°$
∠EDQ は ∠ADQ の外角で $90°$
よって，∠ABP $=$ ∠EDQ $=90°$…①
仮定から，AB $=$ AD，AD $=$ ED
よって，AB $=$ ED…②
また，BP $=$ CB $-$ CP，DQ $=$ CD $-$ CQ
仮定から，CB $=$ CD，CP $=$ CQ より，BP $=$ DQ…③
①，②，③より，2組の辺とその間の角がそれぞれ等しい。したがって，△ABP $\equiv$ △EDQ
② おか：き $=25:7$

5 立体の表面積と体積，三平方の定理
〔問1〕くけ$\sqrt{\text{こ}}$…$24\sqrt{5}$　〔問2〕さしす…144

解き方

1 〔問1〕 $9-8\times 2=-7$
〔問2〕 $15a-3b-7a+4b=8a+b$
〔問3〕 $2+\sqrt{6}-6=-4+\sqrt{6}$
〔問4〕 $9x+4=5x+40$　　$4x=36$　　$x=9$
〔問5〕 ①式＋②式×3 より，$10x=30$　　$x=3$
これを②式に代入して，$3+y=8$　　$y=5$
〔問6〕 解の公式より，

$x=\dfrac{-9\pm\sqrt{9^2-4\times 3\times 5}}{2\times 3}=\dfrac{-9\pm\sqrt{21}}{6}$

〔問7〕 15分未満の人数は $12+14=26$（人）
よって，$\dfrac{26}{40}=\dfrac{13}{20}=\dfrac{65}{100}$　65%

〔問8〕 仮定より，∠AOC $=$ ∠BDC　$\overparen{\text{BC}}$ に対する円周角は等しいので，∠OAC $=$ ∠BDC
よって，∠OAC $=$ ∠OAC…①
半径は等しいので，OA $=$ OC
よって，∠OAC $=$ ∠OCA…②
①，②より，△OAC は正三角形で，∠ACO $=60°$…③
$\overparen{\text{AD}}$ に対する円周角は等しいので，∠ACD $=$ ∠ABD $=34°$
よって，∠$x=$ ∠ACO $-$ ∠ACD $=60°-34°=26°$

2 〔問1〕 X $=\pi a^2 h$，Y $=\pi b^2 h$ である。
よって，X $-$ Y $=\pi a^2 h-\pi b^2 h=\pi(a^2-b^2)h$

3 〔問1〕 b の最大値は $a=-8$ のときで，
$y=\dfrac{1}{4}\times(-8)^2=16$
b の最小値は $a=0$ のときで，$y=\dfrac{1}{4}\times 0^2=0$
よって，$0\leq b\leq 16$

〔問2〕 P の x 座標が -6 なので，$y=\dfrac{1}{4}\times(-6)^2=9$
P $(-6, 9)$
A の x 座標が 4 なので，$y=\dfrac{1}{4}\times 4^2=4$　A $(4, 4)$
求める直線の傾きは，$\dfrac{4-9}{4-(-6)}=-\dfrac{1}{2}$
$y=-\dfrac{1}{2}x+b$ とすると，$4=-\dfrac{1}{2}\times 4+b$　　$b=6$
よって，$y=-\dfrac{1}{2}x+6$

〔問3〕 P の x 座標を t とおくと，P $\left(t, \dfrac{1}{4}t^2\right)$，Q $(t, 0)$
と表せる。ここで，△OAQ において，
△OAQ $=\dfrac{1}{2}\times$（Q の x 座標）$\times$（A の y 座標）
$=\dfrac{1}{2}\times t\times 4=2t$…①
四角形 OAPB において，A $(4, 4)$，B $(-4, 4)$ より，
AB $=4-(-4)=8$
△OAB $=\dfrac{1}{2}\times$ AB $\times$（A の y 座標）$=\dfrac{1}{2}\times 8\times 4=16$…②
△PAB $=\dfrac{1}{2}\times$ AB $\times$（P の y 座標 $-$ A の y 座標）
$=\dfrac{1}{2}\times 8\times\left(\dfrac{1}{4}t^2-4\right)=t^2-16$…③
①，②，③より，$2t\times 4=16+t^2-16$　　$t^2-8t=0$
$t=0$, $t=8$
$t>4$ より，$t=8$　点 P の x 座標は 8

4 〔問1〕 △CPQ は直角二等辺三角形なので，
∠QPC $=45°$
∠BAP $=a°$ より，
∠BPA $=180°-(\angle$ABP$+\angle$BAP$)=(90-a)$ 度
∠APQ $=180°-(\angle$BPA$+\angle$QPC$)$
$=180°-(90°-a°+45°)=(45+a)$ 度

〔問2〕② △EDQ と △ERA において，AE // BC より，平行線の錯角は等しいので，
∠APB $=$ ∠EAR…①
△ABP $\equiv$ △EDQ より，

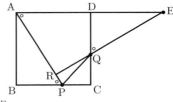

∠APB＝∠EQD…②
①，②より，∠EQD＝∠EAR…③
共通な角より，∠QED＝∠AER…④
③，④より，2組の角がそれぞれ等しいので，
△EDQ∽△ERA
ここで，DE＝AB＝4 cm，AE＝4＋4＝8 (cm)，
DQ＝BP＝3 cm
△QED において，EQ＝$\sqrt{DE^2＋QD^2}$＝5 (cm)
よって，DE：RE＝QE：AE　4：RE＝5：8
RE＝$\frac{32}{5}$ cm
QR＝RE－QE＝$\frac{32}{5}$－5＝$\frac{7}{5}$ (cm)
よって，求める比は，5：$\frac{7}{5}$＝25：7

5 〔問1〕求める三角形は，4点 D，A，F，G を通る長方形を半分にしたものである。△AEF について，
AF＝$\sqrt{AE^2＋EF^2}$＝$6\sqrt{5}$ (cm)　よって，
△DQP＝$\frac{1}{2}$×AD×AF＝$\frac{1}{2}$×8×$6\sqrt{5}$＝$24\sqrt{5}$ (cm²)
〔問2〕△CBF において，
PI⊥BC となる点 I をとる。
CP：CF＝CI：CB
CP：(CP＋PF)＝CI：CB
3：(3＋5)＝CI：8
CI＝3 cm
IB＝CB－CI＝8－3＝5 (cm)
右下の平面図で考える。
IJ⊥DQ となる点 J をとる。
△DAQ において，
DQ＝$\sqrt{DA^2＋AQ^2}$
＝$4\sqrt{5}$ (cm)
ここで，
△DQI＝四角形 ABCD－(△AQD＋△BQI＋△CDI)
＝DA×DC－($\frac{1}{2}$×AQ×AD＋$\frac{1}{2}$×BQ×BI＋$\frac{1}{2}$×CD×CI)
＝8×6－($\frac{1}{2}$×4×8＋$\frac{1}{2}$×2×5＋$\frac{1}{2}$×6×3)
＝18 (cm²)
求める立体の高さは，平面図の IJ と等しい。△DQI において，底辺を DQ と考えると，
△DQI＝$\frac{1}{2}$×DQ×IJ
18＝$\frac{1}{2}$×$4\sqrt{5}$×IJ
IJ＝$\frac{9\sqrt{5}}{5}$ cm
よって，求める体積は，
$\frac{1}{3}$×DQ×QR×IJ
＝$\frac{1}{3}$×$4\sqrt{5}$×12×$\frac{9\sqrt{5}}{5}$＝144 (cm³)

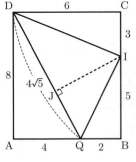

〈Y. K.〉

東京都立　日比谷高等学校

問題 P.29

解答

1 平方根，因数分解，1次関数，関数 $y＝ax^2$，確率，平面図形の基本・作図

〔問1〕$\frac{7\sqrt{2}}{4}$
〔問2〕$(x－3)(x－8)$
〔問3〕$a＝3$
〔問4〕$\frac{5}{18}$
〔問5〕右図

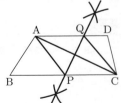

2 1次関数，関数 $y＝ax^2$，相似

〔問1〕$y＝－\frac{3}{4}x＋\frac{5}{2}$
〔問2〕(1)（途中の式や計算）（例）
△BFG＝4S とすると △BCH＝13S
△BCG＝△BFG＝4S
よって，△CGH＝△BCH－△BCG＝13S－4S＝9S
点 B，H から直線 m に引いた垂線との交点をそれぞれ J，K とする。
FG＝GC より，△CGH：△FGB＝HK：BJ
よって，HK：BJ＝9：4
△GHK と △GBJ において，
対頂角は等しいので，∠HGK＝∠BGJ…①
また，∠HKG＝∠BJG＝90°…②
①，②より，2組の角がそれぞれ等しいから
△GHK∽△GBJ
よって，KG：JG＝HK：BJ
すなわち，KG：JG＝9：4
ゆえに，点 H の座標は $\left(－\frac{9}{4}t,\ \frac{81}{16}t^2\right)$…③
直線 n の傾きが $－\frac{5}{3}$，点 B の座標が $(t,\ t^2)$ であるから，
点 G の座標は $\left(0,\ t^2＋\frac{5}{3}t\right)$
よって，点 H の y 座標は
$\left(t^2＋\frac{5}{3}t\right)＋\frac{9}{4}t×\frac{5}{3}＝t^2＋\frac{65}{12}t$…④ となるから，
③，④より，$\frac{81}{16}t^2＝t^2＋\frac{65}{12}t$　$t\left(\frac{65}{16}t－\frac{65}{12}\right)＝0$
$t＞0$ より $t＝\frac{4}{3}$ となる。
（答）$t＝\frac{4}{3}$
(2) $－\frac{10}{7}$

3 図形と証明，円周角と中心角，相似，三平方の定理

〔問1〕10 度
〔問2〕(1)（証明）（例）△HCD と △AFI において
CH∥BD より，平行線の錯角は等しいので
∠HCD＝∠BDC…①
点 A と点 C を結ぶ。
$\overgroup{BC}$ に対する円周角は等しいので
∠BDC＝∠BAC…②
AB∥GC より，平行線の錯角は等しいので
∠BAC＝∠GCA…③
$\overgroup{AG}$ に対する円周角は等しいので
∠GCA＝∠AFG
すなわち，∠GCA＝∠AFI…④
①～④より，∠HCD＝∠AFI…⑤

ここで，線分 CG を，点 G の方向へ延長した直線上に点 J をとる。
点 C と点 F，点 D と点 G をそれぞれ結ぶ。
$\overparen{CG}$ に対する円周角は等しいので ∠CDG = ∠CFG
$\overparen{FG}$ に対する円周角は等しいので ∠FDG = ∠FCG
よって，∠CDG + ∠FDG = ∠CFG + ∠FCG …⑥
∠FGJ は △CFG の外角であるから
∠CFG + ∠FCG = ∠FGJ …⑦
一方，∠CDF = ∠CDG + ∠FDG …⑧
⑥，⑦，⑧より，∠CDF = ∠FGJ
すなわち，∠CDH = ∠FGJ …⑨
AB // GC より，平行線の同位角は等しいので
∠FGJ = ∠FIA …⑩
⑨，⑩より，∠CDH = ∠FIA …⑪
⑤，⑪より，2組の角がそれぞれ等しいから
△HCD∽△AFI（証明終）

(2) $\dfrac{10\sqrt{19}}{9}$ cm

4 空間図形の基本，立体の表面積と体積，平行線と線分の比，三平方の定理

〔問1〕 $\dfrac{3\sqrt{2}}{2}$ cm

〔問2〕（途中の式や計算）（例）
OA ⊥ OB，OA ⊥ OC より
OA ⊥ 平面 OBC
よって，∠AOG = 90°
△OAG の底辺を OA とすると線分 OG が高さである。
△OAG の面積が最も小さくなるのは，線分 OG の長さが最も短くなったときで，それは OG ⊥ BC のときである。
△BOC と △BGO において
∠BOC = ∠BGO = 90° …①
∠CBO = ∠OBG（共通）…②
①，②より，2組の角がそれぞれ等しいから
△BOC∽△BGO
よって，BC : BO = CO : OG
また，BC = $\sqrt{8^2 + 6^2}$ = 10 より
10 : 6 = 8 : OG   OG = $\dfrac{24}{5}$
すなわち，△OAG の面積は $6 × \dfrac{24}{5} × \dfrac{1}{2} = \dfrac{72}{5}$ (cm²)
（答）$\dfrac{72}{5}$ cm²

〔問3〕 V : W = 3 : 5

解き方

1 〔問3〕2直線の交点は (2, a+1)

〔問4〕

a\b	1	2	3	4	5	6
1						
2	○		○		○	
3	○		○			
4	○				○	
5	○					
6	○					

〔問5〕線分 AC の垂直二等分線と辺 BC，辺 AD との交点を作図する。

2 〔問1〕OD : OE = 3 : 2 より，OD : OA = 3 : 4
よって，l の傾きは $-\dfrac{3}{4}$ である。
さらに，B $\left(\dfrac{5}{4}, \dfrac{25}{16}\right)$ であるから，l の式は，
$y - \dfrac{25}{16} = -\dfrac{3}{4}\left(x - \dfrac{5}{4}\right)$ $y = -\dfrac{3}{4}x + \dfrac{5}{2}$

〔問2〕(1) **別解** △BCH : △BFG = 13 : 4 と
△BGC = △BFG より △BCH : △BGC = 13 : 4
よって，△HCG : △BGC = 9 : 4
したがって，HG : GB = 9 : 4
B の x 座標が t であるから，H の x 座標は $-\dfrac{9}{4}t$ となる。
さらに，n の傾きが $-\dfrac{5}{3}$ であることから，
$t + \left(-\dfrac{9}{4}t\right) = -\dfrac{5}{3}$
ゆえに，$t = \dfrac{4}{3}$

(2) △ABI∽△CBG であるから，
AI : CG = AB : CB = 4 : 5
よって，CG = AI × $\dfrac{5}{4}$ = $\dfrac{48}{35} × \dfrac{5}{4}$ = $\dfrac{12}{7}$ (cm)
したがって，C $\left(-\dfrac{12}{7}, \dfrac{144}{49}\right)$ より G $\left(0, \dfrac{144}{49}\right)$ となる。
このことから，B の y 座標 = $\dfrac{144}{49} × \dfrac{4}{5+4}$ = $\dfrac{64}{49}$
したがって，B $\left(\dfrac{8}{7}, \dfrac{64}{49}\right)$
ゆえに，直線 n の傾きは，
$\left(\dfrac{144}{49} - \dfrac{64}{49}\right) ÷ \left(0 - \dfrac{8}{7}\right) = -\dfrac{10}{7}$

3 〔問1〕△ADB は正三角形である。
∠BDC = $\dfrac{1}{2}$∠BOC = $\dfrac{1}{2} × \left(\text{∠BOD} × \dfrac{1}{6}\right)$
= $\dfrac{1}{2} × \left(120° × \dfrac{1}{6}\right) = 10°$

〔問2〕(2)(1)より，HC : AF = CD : FI
すなわち，HC : AF = 9 : FI …①
また，(1)と CE ⊥ DF より，∠IAF = 90°
よって，AF = $\sqrt{BF^2 - AB^2}$ = $\sqrt{10^2 - 9^2}$ = $\sqrt{19}$ (cm)
さらに，OH = h とおくと，直角三角形 OFH において，
FH = $\sqrt{OF^2 - OH^2}$ = $\sqrt{5^2 - h^2}$
直角三角形 CHD において，
HD = $\sqrt{CD^2 - CH^2}$ = $\sqrt{9^2 - (5+h)^2}$
FH = HD であるから，$5^2 - h^2 = 9^2 - (5+h)^2$
$h = \dfrac{31}{10}$ したがって，HC = 5 + $\dfrac{31}{10}$ = $\dfrac{81}{10}$
これらと①より，$\dfrac{81}{10}$: $\sqrt{19}$ = 9 : FI
ゆえに，FI = $\dfrac{10\sqrt{19}}{9}$ (cm)

4 〔問1〕F は線分 OD の中点であるから，
OF = OD × $\dfrac{1}{2}$ = $\left(\text{OA} × \dfrac{1}{\sqrt{2}}\right) × \dfrac{1}{2}$
= $6 × \dfrac{1}{\sqrt{2}} × \dfrac{1}{2}$ = $\dfrac{3\sqrt{2}}{2}$ (cm)

〔問3〕右の図のように座標軸を定める。直線 OL の式は
$y = \dfrac{5}{4}x$，直線 AB の式は
$x + y = 6$ であるから，
交点 L の x 座標は，$\dfrac{8}{3}$
よって，
OL : JL = $\dfrac{8}{3}$: $\left(\dfrac{8}{3} - 2\right)$ = 4 : 1
したがって，JK = $8 × \dfrac{1}{4}$ = 2 (cm)

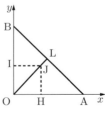

ゆえに, $\dfrac{V}{W} = \dfrac{\frac{1}{3} \times \left(\frac{1}{2} \times 6 \times 6\right) \times 2}{\frac{1}{3} \times \left(\frac{1}{2} \times 6 \times 8\right) \times \frac{5}{2}} = \dfrac{6 \times 2}{8 \times \frac{5}{2}} = \dfrac{3}{5}$

〈K. Y.〉

東京都立 青山高等学校

問題 P.31

解 答

1 正負の数の計算, 連立方程式, 確率, 資料の散らばりと代表値, 平面図形の基本・作図

〔問1〕 -3
〔問2〕 $x = -4$, $y = 3$
〔問3〕 $\dfrac{1}{6}$
〔問4〕 10.0 m
〔問5〕 右図

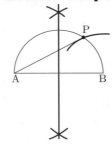

2 1次関数, 関数 $y = ax^2$ 〔問1〕 $Q\left(\dfrac{7}{2}, \dfrac{7}{2}\right)$

〔問2〕(1) $a = 5$
(2)(途中の式や計算)(例)
点 P と点 Q から x 軸に垂線を引き, 点 A を通り x 軸と平行な直線との交点をそれぞれ点 R と点 S とする。
△AOQ と △AOP において, 高さが等しく,
(△AOQ の面積) : (△AOP の面積) $= 2 : 3$ である。
よって, AQ : AP $= 2 : 3$
また, △ASQ∽△ARP から,
AS : AR $= 2 : 3$, QS : PR $= 2 : 3$
AS : AR $= 2 : 3$ より, $(q+2) : (p+2) = 2 : 3$
$2p - 3q = 2 \cdots$①
QS : PR $= 2 : 3$ より, $(6-2) : \left(\dfrac{1}{2}p^2 - 2\right) = 2 : 3$
$p^2 = 16$ $p > 0$ より, $p = 4$
①に代入すると, $q = 2$ (答) $q = 2$

3 図形と証明, 円周角と中心角, 相似

〔問1〕(1) $\left(90 - \dfrac{1}{2}a - b\right)$ 度
(2)(△BED を選んだ場合の解答)(例)
△ACD と △BED において, $\overparen{CD}$ に対する円周角は等しいから, ∠DAC = ∠DBE…①
$\overparen{AB}$ に対する円周角は等しいから, ∠ADB = ∠ACB
さらに, AB = AC より, ∠ABC = ∠ACB だから,
∠ADB = ∠ABC
△ACD で三角形の外角の性質より,
∠CDE = ∠ACD + ∠DAC
また, $\overparen{AD}$ に対する円周角は等しいから, ∠ABD = ∠ACD
∠ABC = ∠ABD + ∠DBC = ∠ACD + ∠DAC
よって, ∠CDE = ∠ABC
したがって, ∠ADB = ∠CDE
∠BDC は共通だから
∠ADC = ∠ADB + ∠BDC = ∠CDE + ∠BDC = ∠BDE…②
①, ②より 2 組の角がそれぞれ等しいから,
△ACD∽△BED

〔問2〕 $\dfrac{36}{5}$ cm

4 立体の表面積と体積, 三平方の定理

〔問1〕 $2\sqrt{31}$ cm 〔問2〕 $9\sqrt{11}$ cm²
〔問3〕(途中の式や計算)(例)
点 P が頂点 A を出発してから 8 秒後なので, AP $= 8$
また, AQ $= \dfrac{3}{2}(8-2) = 9$
ここで, △ACP $= \dfrac{8}{12}$△ACD   △AQP $= \dfrac{9}{12}$△ACP
よって, △AQP $= \dfrac{9}{12}$△ACP $= \dfrac{9}{12} \times \dfrac{8}{12} \times$△ACD
$= \dfrac{1}{2}$△ACD
△ACD と △AQP を底面とする四面体 V_1 と V_2 の高さは等しい。したがって,
$V_1 : V_2 =$ (△ACD の面積) : (△AQP の面積) $= 2 : 1$
(答) $V_1 : V_2 = 2 : 1$

解き方

1 〔問2〕$\begin{cases} 2x + 3y = 1 \\ 4x + 5y = -1 \end{cases}$

〔問3〕 $16 < ab < 25$ となるのは $(a, b) = (3, 6)$, $(4, 5)$, $(4, 6)$, $(5, 4)$, $(6, 3)$, $(6, 4)$ の 6 通り。
〔問4〕10 人の距離の合計は, 76 m
12 人の距離の合計は, 96 m
〔問5〕右のような方法でもよい。

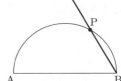

2 〔問1〕 A$(-2, 2)$ であるから, 直線 OQ の式は $y = x$
〔問2〕(1) P$\left(1, \dfrac{1}{2}\right)$ より,
直線 AP の式は, $y = -\dfrac{1}{2}x + 1$
$y = \dfrac{4}{5}$ を代入して, $x = \dfrac{2}{5}$ よって, Q$\left(\dfrac{2}{5}, \dfrac{4}{5}\right)$
(2) 別解 条件より AQ : AP $= 2 : 3$
よって, P の y 座標を y とすると,
$(6-2) : (y-2) = 2 : 3$ より, $y = 8$
したがって, P$(4, 8)$
よって, $\{q-(-2)\} : \{4-(-2)\} = 2 : 3$ より, $q = 2$

3 〔問1〕(1) ∠ABC $= 180° - 90° - \dfrac{1}{2}a° = 90° - \dfrac{1}{2}a°$
∠BEA $= 180° - (a°+b°) - \left(90° - \dfrac{1}{2}a°\right)$
$= 90° - \dfrac{1}{2}a° - b°$
(2) △AEC あるいは △BED について考える。
〔問2〕右の図において,
△ACD∽△CEG より
DC : GE $=$ AD : CG
$6 :$ GE $= 5 : 6$
よって, GE $= \dfrac{36}{5}$ (cm)

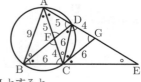

4 〔問1〕辺 AD の中点を M とすると,
PB $= \sqrt{\text{PM}^2 + \text{BM}^2} = \sqrt{4^2 + (6\sqrt{3})^2} = 2\sqrt{31}$ (cm)
〔問2〕PQ // DC となるのは点 P が出発してから 6 秒後で, AP = AQ = 6 cm 辺 PQ の中点を N とすると,
BN $= \sqrt{\text{BP}^2 - \text{NP}^2} = \sqrt{(6\sqrt{3})^2 - 3^2} = 3\sqrt{11}$ (cm)
よって,
△BQP $= \dfrac{1}{2} \times$ PQ $\times$ BN $= \dfrac{1}{2} \times 6 \times 3\sqrt{11} = 9\sqrt{11}$ (cm²)
〔問3〕AP $= 8$, AQ $= 9$ のときで,
$\dfrac{V_1}{V_2} = \dfrac{\triangle \text{ADC}}{\triangle \text{APQ}} = \dfrac{\text{AD} \times \text{AC}}{\text{AP} \times \text{AQ}} = \dfrac{12 \times 12}{8 \times 9} = \dfrac{2}{1}$

〈K. Y.〉

東京都立　西高等学校

問題 P.32

解答

1 平方根，2次方程式，確率，連立方程式，平面図形の基本・作図

〔問1〕 $\dfrac{11}{5}$

〔問2〕 $x = \dfrac{-5 \pm \sqrt{10}}{3}$

〔問3〕 $\dfrac{7}{36}$

〔問4〕 $x = 7, y = 3$

〔問5〕 右図

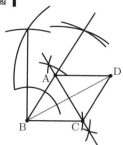

2 1次関数，関数 $y = ax^2$，三平方の定理

〔問1〕 $y = -x + \dfrac{3}{2}$

〔問2〕 (途中の式や計算など) (例)
点 B の x 座標が 1，点 E の x 座標が 3 なので，点 B の座標は $(1, a)$，点 E の座標は $(3, 9a)$
点 E から x 軸にひいた垂線と x 軸との交点を H とすると，H の座標は $(3, 0)$ となる。
したがって，
(△BEO の面積) = (△OHE の面積) - (△OHB の面積) - (△BHE の面積) より
(△BEO の面積) $= \dfrac{1}{2} \times 3 \times 9a - \dfrac{1}{2} \times 3 \times a - \dfrac{1}{2} \times 9a \times 2$
$= 3a \text{ (cm}^2)$
条件より，△ABF の面積も $3a$ cm² となる。…①
△ABF において，辺 AB の長さは 2 cm である。
よって，辺 AB を底辺としたときの △ABF の高さを h cm とおくと，①より $\dfrac{1}{2} \times 2 \times h = 3a$　　$h = 3a$
よって，点 F の y 座標は $a + 3a = 4a$ となる。
点 F の x 座標を t とすると，点 F は曲線 $y = ax^2$ 上の点なので，$4a = at^2$
$a \neq 0$ より両辺を a で割ると，$4 = t^2$
点 F の x 座標は負より，$t = -2$
点 F の x 座標は -2
(答) -2

〔問3〕 $a = 1$

3 立体の表面積と体積，図形と証明，相似，三平方の定理

〔問1〕 $3\sqrt{2}$ cm²

〔問2〕(証明) (例) △ABD と △DGE において，
仮定より DA = ED…①
$AD^2 + BD^2 = AB^2$ より，
三平方の定理の逆を用いて，
△ABD は辺 AB を斜辺とする直角三角形である。
よって，$\angle ADB = 90°$…②
線分 GE が，円 D の点 E における接線なので，
$\angle DEG = 90°$…③
②，③より，$\angle ADB = \angle DEG = 90°$…④
$\angle AFD = \angle ABC = 90°$ より，FD // BC…⑤
⑤より，同位角は等しいので，
$\angle ACB = \angle ADF$…⑥
△ABC の内角の和と $\angle ABC = 90°$ より，
$\angle BAC = 180° - (90° + \angle ACB) = 90° - \angle ACB$
$\angle BAD = 90° - \angle ACB$…⑦

②より，$\angle GDE = 90° - \angle ADF$…⑧
⑥，⑦，⑧より，$\angle BAD = \angle GDE$…⑨
①，④，⑨より，
一組の辺とその両端の角がそれぞれ等しいので，
△ABD ≡ △DGE
合同な図形の対応する辺の長さは等しいので，
AB = DG
(証明終)

〔問3〕 152π cm³

4 数の性質，資料の散らばりと代表値，数・式を中心とした総合問題

〔問1〕 8

〔問2〕(途中の式や計算など) (例)
$8 = 2^3 = 2 \times 2 \times 2$ で
$2 \times 2 \times 2 \to 2 \times 2 \to 2 \to 1$ なので，
$N(8) = N(2^3) = 3$…① となる。
また $8 \times d \to 4 \times d \to 2 \times d \to d \to \cdots \to 1$ なので
$N(8 \times d) = N(8) + N(d)$…② となる。
①，②より $N(8 \times d) = 3 + N(d)$
①，②と同様にして，
$N(168) = N(2^3 \times 21) = N(2^3) + N(21) = 3 + N(21)$
ここで，$21 \to 64 \to \cdots \to 1$ となるので
$N(21) = 1 + N(64) = 1 + N(2^6)$
ここで①と同様にして，$N(2^6) = 6$ となる。
したがって，$N(21) = 1 + 6 = 7$
ゆえに，$N(168) = 3 + 7 = 10$
したがって，$N(168) - N(8 \times d) = 3$ は
$10 - \{3 + N(d)\} = 3$ となるので，$N(d) = 4$…③
ここで自然数の変化を 1 から逆にたどっていくと，
$1 \leftarrow 2 \leftarrow 4 \leftarrow 8 \leftarrow 16$ または $1 \leftarrow 2 \leftarrow 4 \leftarrow 1 \leftarrow 2$
となり，初めて 1 になるまでの操作の回数を $N(a)$ としたので，③を満たす自然数 d は 1 個しかなく，$d = 16$ である。
(答) $d = 16$

〔問3〕 $(e, g) = (33, 271)$

解き方

1 〔問3〕 $a + b = 4$ のとき，3 通り。
$a + b = 9$ のとき，4 通り。
よって，$\dfrac{3 + 4}{6^2} = \dfrac{7}{36}$

〔問4〕 $(x + 2y)(x - 2y) = 13$
より，$\begin{cases} x + 2y = 13 \\ x - 2y = 1 \end{cases}$

〔問5〕右図のように考えてもよい。

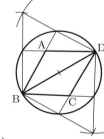

2 〔問1〕 B $\left(1, \dfrac{1}{2}\right)$, D $\left(-1, \dfrac{5}{2}\right)$

〔問3〕 △ABG $= \dfrac{1}{2} \times$ AG $\times$ BG
$= \dfrac{1}{2} \times \dfrac{2\sqrt{7}}{\sqrt{a^2+1}} \times \dfrac{2\sqrt{7}a}{\sqrt{a^2+1}} = \dfrac{14a}{a^2+1}$
よって，$\dfrac{14a}{a^2+1} = 7$ より，$a = 1$

3 〔問1〕辺 BC の中点を M とすると，DM ⊥ BC,
DM $= \sqrt{6}$ cm　　よって，
△DBC $= \dfrac{1}{2} \times$ BC $\times$ DM $= \dfrac{1}{2} \times 2\sqrt{3} \times \sqrt{6} = 3\sqrt{2}$ (cm²)

〔問2〕 $\angle ADB = \angle DEG = 90°$, AD = DE,
$\angle DAB = \angle EDG$ を示す。

〔問3〕 DA = DE = r cm とする。
△ABC∽△ADB より，AB : AD = AC : AB
$4\sqrt{3} : r = (r + 2) : 4\sqrt{3}$　　$r^2 + 2r = 48$

$r^2 + 2r - 48 = 0$
$(r-6)(r+8) = 0$ $r > 0$ より, $r = 6$
このとき, $BD = \sqrt{(4\sqrt{3})^2 - 6^2} = 2\sqrt{3}$ (cm)
回転体は, 半径 6 の半球と, 底面の半径 BD, 高さ CD の円錐を合わせたもので, その体積は
$\left(\dfrac{4}{3}\pi \times 6^3\right) \times \dfrac{1}{2} + \dfrac{1}{3} \times \{\pi \times (2\sqrt{3})^2\} \times 2$
$= 144\pi + 8\pi = 152\pi$ (cm³)

4 〔問1〕 $6 \to 3 \to 10 \to 5 \to 16 \to 8 \to 4 \to 2 \to 1$
〔問2〕 $N(168) = 10$ より $N(8 \times d) = 10 - 3 = 7$
ここで, $8d \to 4d \to 2d \to d \to \cdots \to 1$ であり,
ちょうど 4 回の操作で 1 になる d は, $d = 16$ である.
〔問3〕 まず, $N(160) = 10$ より,
$N(2020) = 53 + 10 = 63$
次に, $f \to 98$ となる f は, $f = 196$
さらに, 64 個のデータの中央値が 233.5 であることから, 32 番目の値と 33 番目の値の和が $233.5 \times 2 = 467$ となる.
この条件を満たすのは, $e = 33$, $f + g = 467$ のときだけである.
よって, $g = 467 - 196 = 271$

〈K.Y.〉

東京都立 立川高等学校 問題 P.34

解答

1 平方根, 連立方程式, 確率, 平面図形の基本・作図
〔問1〕 4
〔問2〕 $x = -5$, $y = 5$
〔問3〕 4 個
〔問4〕 $\dfrac{5}{9}$
〔問5〕 右図

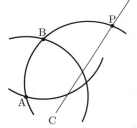

2 2 次方程式, 1 次関数, 関数 $y = ax^2$, 三平方の定理
〔問1〕 $y = \dfrac{1}{7}x + \dfrac{27}{7}$ 〔問2〕 $\dfrac{25}{2}$ cm²
〔問3〕 $s = \dfrac{40}{3}$
〔問4〕(途中の計算や式)(例)
$y = cx^2$ のグラフは点 B を通るから $8 = c \times 4^2$
ゆえに, $c = \dfrac{1}{2}$
$y = \dfrac{1}{2}x^2$ に $x = 6$ を代入すると $y = 18$
ゆえに, Q (6, 18)
点 B を通り x 軸に平行な直線と, 点 Q を通り y 軸に平行な直線の交点を E とするとき, △BQE は直角三角形になり, $BE = 6 - 4 = 2$, $QE = 18 - 8 = 10$ だから, 三平方の定理より $BQ^2 = BE^2 + QE^2 = 2^2 + 10^2 = 104$
点 R を通り x 軸に平行な直線と, 点 Q を通り y 軸に平行な直線の交点を F とするとき, △QRF は直角三角形になり, $RF = 6$, $QF = 18 - t$ または $QF = t - 18$ だから
$QF^2 = (t - 18)^2$
三平方の定理より
$QR^2 = RF^2 + QF^2 = 6^2 + (t - 18)^2 = t^2 - 36t + 360$
点 B を通り x 軸に平行な直線と, y 軸との交点を G とするとき, △RBG は直角三角形になり, $BG = 4$, $RG = t - 8$ または $RG = 8 - t$ だから $RG^2 = (t - 8)^2$
三平方の定理より
$RB^2 = BG^2 + RG^2 = 4^2 + (t - 8)^2 = t^2 - 16t + 80$
三平方の定理の逆より, △BQR が直角三角形となるのは次の 3 通りである.
(ア) BQ が斜辺のとき
$BQ^2 = QR^2 + RB^2$ が成り立てばよいから
$104 = (t^2 - 36t + 360) + (t^2 - 16t + 80)$
$t^2 - 26t + 168 = 0$
$(t - 12)(t - 14) = 0$
ゆえに, $t = 12$, 14
(イ) QR が斜辺のとき
$QR^2 = RB^2 + BQ^2$ が成り立てばよいから
$t^2 - 36t + 360 = (t^2 - 16t + 80) + 104$
ゆえに, $t = \dfrac{44}{5}$
(ウ) RB が斜辺のとき
$RB^2 = BQ^2 + QR^2$ が成り立てばよいから
$t^2 - 16t + 80 = 104 + (t^2 - 36t + 360)$
ゆえに, $t = \dfrac{96}{5}$
(ア)〜(ウ)より t の値は $\dfrac{44}{5}$, 12, 14, $\dfrac{96}{5}$
(答) $t = \dfrac{44}{5}$, 12, 14, $\dfrac{96}{5}$

3 平行と合同, 図形と証明, 円周角と中心角, 相似, 平行線と線分の比, 三平方の定理 〔問1〕 $\dfrac{\sqrt{2}}{2}$ cm
〔問2〕(証明)(例)
頂点 C と頂点 E を結ぶ.
△ABE と △BCE は直角二等辺三角形であるから
$\angle ABE = \angle BEC = 45°$
よって, 錯角が等しいから AB // EC
△ABC と △GBA において,
AB // EC より平行線の錯角は等しいから,
$\angle BAC = \angle ACE \cdots$ ①
$\overparen{AE}$ に対する円周角より,
$\angle ACE = \angle BGA \cdots$ ②
①, ②より, $\angle BAC = \angle BGA \cdots$ ③
また, $\angle ABC = 90° + 45° = 135°$
$\angle GBA = 180° - 45° = 135°$
よって, $\angle ABC = \angle GBA \cdots$ ④
③, ④より, 2 組の角がそれぞれ等しいから,
△ABC ∽ △GBA
〔問3〕 $\dfrac{5\pi - 12}{4}$ cm²

4 立体の表面積と体積, 平行線と線分の比, 三平方の定理
〔問1〕 $25\sqrt{2}$ cm 〔問2〕 $l = 10\sqrt{34}$
〔問3〕(途中の計算や式)(例)
線分 EC を対角線とする四角形 AEGC を考える.
△ADC において,
$AC^2 = AD^2 + DC^2 = 30^2 + 40^2 = 2500$
$AC > 0$ より, $AC = 50$
$AE = 50$ であるから, 四角形 AEGC は正方形となる.
△AEC は, $AC = 50$, $AE = 50$ の直角二等辺三角形であるから, △MEN も直角二等辺三角形であり, $AM = 15$ であるから,
$MN = ME = AE - AM = 50 - 15 = 35$
点 M を通り底面に平行な平面と辺 CG との交点を S とす

ると，△MRS は，MR = 40，SR = 30，MS = 50 の直角三角形である。
よって，△MNR において，辺 MR を底辺とすると高さは，
SR × $\frac{MN}{MS}$ = 30 × $\frac{35}{50}$ = 21
MR = 40 であるから，△MNR の面積は
$\frac{1}{2}$ × 40 × 21 = 420
よって，立体 LMNR の体積は，△MNR を底面とすると高さが，MK = AK − AM = 30 − 15 = 15 であるから
$\frac{1}{3}$ × 420 × 15 = 2100 (cm³)
(答) 2100 cm³

解き方 **1**〔問1〕$x^2 = 3 + \sqrt{5}$, $xy = 2$, $y^2 = 3 - \sqrt{5}$
〔問2〕第 1 式より，$4x − 3y = −35$
〔問3〕$2020 = 2^2 × 5 × 101$　よって，k を自然数として $n = 5 × 101 × k^2$ と表すことができる。条件より，
$5 × 101 × k^2 ≦ 9999$　よって，$k^2 ≦ 19.8$
$k = 1, 2, 3, 4$
〔問4〕

a＼b	1	2	3	4	5	6
1	○	○	○	○	○	○
2		○	○	○	○	○
3	○	○	○	○	○	○
4				○		
5					○	
6						○

〔問5〕まず，点 A を中心として点 B を通る円と，点 B を中心として点 A を通る円との交点を E とする。
このとき，△ABE は正三角形である。
次に，点 E を中心として点 A，点 B を通る円と線分 CD との交点を作図し，その交点を P とする。
∠APB = $\frac{1}{2}$∠AEB = 30° である。

2〔問1〕C (1, 4)
〔問2〕直線は正方形 ABCD の面積を二等分する。正方形 ABCD の一辺の長さは 5 cm である。
〔問3〕$f : y = \frac{5}{64}x^2$，$g : y = \frac{1}{25}x^2$ より
$\frac{5}{64}s^2 - \frac{1}{25}s^2 = \frac{61}{9}$　　$\frac{61}{1600}s^2 = \frac{61}{9}$
〔問4〕$h : y = \frac{1}{2}x^2$，Q (6, 18) である。
(ア) ∠QRB = 90°　(イ) ∠RBQ = 90°　(ウ) ∠BQR = 90°
の 3 つの場合に分けて三平方の定理を用いる。

3〔問1〕辺 BE の中点を M とすると，AM = BM = 1 cm
辺 BE と線分 AC との交点を K とすると，
BK : KM = BC : AM = 2 : 1 であるから，
BK = BM × $\frac{2}{2+1}$ = $\frac{2}{3}$ (cm)
よって，BF : FD = BK : CD = $\frac{2}{3}$: 2 = 1 : 3
〔問2〕点 C と点 E を結ぶ。AB ∥ CE である。
∠BAC = ∠BGA，∠ABC = ∠GBA を示す。
〔問3〕∠AEC = ∠HEG = 90° であるから，線分 AC，線分 GH はともに円の直径であり，それらの交点 O が円の中心である。また，辺 CD の中点 N は円周上にあるので，
AC = $\sqrt{CN^2 + AN^2}$ = $\sqrt{1^2 + 3^2}$ = $\sqrt{10}$

さらに，〔問2〕より GB = 1 cm となるので，
EH = $\sqrt{GH^2 - GE^2}$ = $\sqrt{(\sqrt{10})^2 - 3^2}$ = 1 (cm)
求める面積は，
半円 − 四角形 AGHE = 半円 − (△AGH + △AHE)
= $\frac{5}{4}\pi - \left(\frac{5}{2} + \frac{1}{2}\right) = \frac{5\pi - 12}{4}$ (cm²)

4〔問1〕△BDF は直角二等辺三角形である。
〔問2〕辺 AE 上で，点 J に関して点 Q と対称な点を Q′ とすると，CP + PQ = CP + PQ′ ≧ CQ′
〔問3〕求める体積は，$\frac{1}{3}$ × △MRN × MK
また，EN : NC = (15 + 20) : 15 = 7 : 3 より，
点 N から辺 MR に引いた垂線の長さは，
30 × $\frac{7}{7+3}$ = 21 (cm)
よって，△MRN = $\frac{1}{2}$ × 40 × 21 = 420 (cm²)
また，MK = 15 cm

〈K. Y.〉

東京都立　国立高等学校　問題 P.36

解答

1 平方根，連立方程式，確率，空間図形の基本，三平方の定理
〔問1〕$-4 + 2\sqrt{3}$
〔問2〕$x = \frac{3}{2}$，$y = -4$
〔問3〕$\frac{11}{60}$
〔問4〕(1) 右図
(2) $l = \sqrt{31}$

2 1 次関数，関数 $y = ax^2$，三平方の定理
〔問1〕8
〔問2〕(1)（途中の式や計算など）（例）
点 P の x 座標を p とすると点 P の y 座標は $-\frac{1}{2}p^2$ である。
OP = PA であるから，△OPA は直角二等辺三角形である。
よって，∠AOP = 45°
このとき，点 P の x 座標と y 座標の絶対値は等しくなるから $\frac{1}{2}p^2 = p$
よって，$p^2 - 2p = 0$　　$p > 0$ であるから $p = 2$
したがって，P (2, −2)
よって，OP = $\sqrt{2^2 + (-2)^2} = 2\sqrt{2}$
(答) $2\sqrt{2}$
(2) $\frac{5}{2}$

3 図形と証明，円周角と中心角，相似，中点連結定理，三平方の定理　〔問1〕42 度
〔問2〕(1)（証明）（例）
次に，∠PCM = ∠QLR であることを示す。
ここで，∠PMC = ∠a とおく。
仮定より，∠CMN = 2∠PMC
すなわち，∠CMN = 2∠a
MN ∥ AR より，平行線の同位角は等しいので
∠CMN = ∠CBA
また，△ABC は二等辺三角形なので ∠CBA = ∠BCA
よって，∠BCA = 2∠a

すなわち，∠PCM = 2∠a…③
対頂角は等しいので，∠PMC = ∠QMB = ∠a
円周角の定理より，∠QMB = $\frac{1}{2}$∠QLB
したがって，∠QLB = 2∠QMB = 2∠a
すなわち，∠QLR = 2∠a…④
③，④より，∠PCM = ∠QLR
したがって，∠PCM = ∠QLR…(イ)
(2) $6\sqrt{7}$ cm

4 空間図形の基本，立体の表面積と体積

〔問1〕$t = 3$，4，6，7
〔問2〕（途中の式や計算など）（例）
△OAP を直線 OE を軸として 1 回転させてできる円すいの体積を V_1 cm^3 とする。
正方形 AEQP を直線 OE を軸として 1 回転させてできる円柱の体積を V_2 cm^3 とする。
△OEQ を直線 OE を軸として 1 回転させてできる円すいの体積を V_3 cm^3 とする。
$V_1 = \frac{1}{3} \times \pi \times AP^2 \times OA = \frac{8}{3}\pi$
$V_2 = \pi \times EQ^2 \times PQ = 8\pi$
$V_3 = \frac{1}{3} \times \pi \times EQ^2 \times OE = \frac{16}{3}\pi$
よって，求める体積は，
$V_1 + V_2 - V_3 = \frac{8}{3}\pi + 8\pi - \frac{16}{3}\pi = \frac{16}{3}\pi$
(答) $\frac{16}{3}\pi$ cm^3
〔問3〕$\frac{1}{8}$ 倍

解き方

1 〔問3〕1 + 1 + 5，1 + 2 + 4，1 + 3 + 3，1 + 4 + 2，2 + 1 + 4，2 + 2 + 3，2 + 3 + 2，2 + 4 + 1，3 + 1 + 3，3 + 2 + 2，3 + 3 + 1 の 11 通り。
〔問4〕(1) AM = BM = $3\sqrt{3}$ cm となる点 M を作図する。そのためには，正三角形 LAB と辺 AB の中点 N を作図する。LN = $3\sqrt{3}$ cm となる。
(2) 右の図で，MS = 2 cm となる点 S を定めると，四角形 ASMP は平行四辺形になるので，PM = AS
また，AM ⊥ CD であるから
$l = \sqrt{(3\sqrt{3})^2 + 2^2} = \sqrt{31}$

2 〔問2〕(2) P $\left(p, -\frac{1}{2}p^2\right)$ とすると，
A $(2p, 0)$，Q $\left(2p, \frac{15}{2}\right)$
直線 AP の式は，$y = \frac{1}{2}px - p^2$　これと $y = -\frac{1}{2}x^2$ より，
$x = p$，$-2p$　よって，R $(-2p, -2p^2)$
RS : SQ = 3 : 2 より，S $\left(\frac{2}{5}p, \frac{9}{2} - \frac{4}{5}p^2\right)$
これが $y = -\frac{1}{2}x^2$ 上にあるから，
$\frac{9}{2} - \frac{4}{5}p^2 = \left(-\frac{1}{2}\right) \times \left(\frac{2}{5}p\right)^2$
$p > 0$ であるから，$p = \frac{5}{2}$

3 〔問1〕∠APM = ∠LMQ = $\frac{180° - 96°}{2}$ = 42°
〔問2〕(2) AP = 6 cm より
AH = 3 cm,
PH = $3\sqrt{3}$ cm
PR = $\sqrt{PH^2 + HR^2}$

= $\sqrt{(3\sqrt{3})^2 + 15^2} = 6\sqrt{7}$ (cm)

4 〔問3〕右の図で，
四面体 OPQF の体積から
四面体 OPNM の体積を引いて
$V = \frac{1}{3} \times 2 \times 2 - \frac{1}{3} \times \frac{1}{2} \times 2$
$= \frac{4}{3} - \frac{1}{3} = 1$

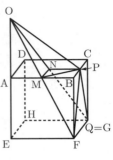

⟨K. Y.⟩

東京都立　八王子東高等学校

問題 P.38

解答

1 平方根，連立方程式，2 次方程式，確率，平面図形の基本・作図

〔問1〕5
〔問2〕$x = \frac{3}{2}$，$y = -\frac{7}{2}$
〔問3〕$x = -1 \pm \sqrt{2}$
〔問4〕$\frac{1}{3}$
〔問5〕右図

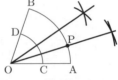

2 比例・反比例，1 次関数，関数 $y = ax^2$，平行線と線分の比
〔問1〕C $\left(0, \frac{16}{3}\right)$
〔問2〕（途中の式や計算など）（例）
点 B の座標を (b, b^2) と表す。$(b > 0)$
点 B から x 軸，y 軸にそれぞれ垂線を引き，x 軸，y 軸との交点をそれぞれ E，F とする。
(△OBD の面積) : (△OBC の面積) = 3 : 1 より，
DB : BC = 3 : 1 から DB : DC = 3 : 4 より
BE : CO = 3 : 4
よって，点 C の座標は $\left(0, \frac{4}{3}b^2\right)$ と表せる。
直線 l の傾きが $-\frac{1}{2}$ より，FB : CF = 2 : 1 から
$(b - 0) : \left(\frac{4}{3}b^2 - b^2\right) = 2 : 1$　　$\frac{2}{3}b^2 = b$
$2b^2 - 3b = 0$　　$b(2b - 3) = 0$　　$b \neq 0$ より，$b = \frac{3}{2}$
よって，C $(0, 3)$ より，直線 l の式は $y = -\frac{1}{2}x + 3$
(答) $y = -\frac{1}{2}x + 3$
〔問3〕6 cm^2

3 平行と合同，図形と証明，三平方の定理　〔問1〕60 度
〔問2〕(証明)（例）△BCF と △EDF において，
対頂角は等しいから ∠BFC = ∠EFD…①
△ABC と △ADE は合同だから BC = ED…②
また，AB = AC = AD = AE であり，B，C，D，E は点 A を中心とする一つの円の周上にあるから，円周角の定理を用いて ∠CBF = ∠DEF…③
①，③および三角形の内角の和は 180° であるから，残りの角も等しいので ∠BCF = ∠EDF…④
②，③，④より一組の辺とその両端の角がそれぞれ等しいから △BCF ≡ △EDF
〔問3〕$(2 + \sqrt{3})$ cm^2

4 | 立体の表面積と体積，相似，平行線と線分の比，三平方の定理 | 〔問 1〕 $\dfrac{30}{11}$ cm

〔問 2〕(1)（途中の式や計算など）（例）

△PQR と △CPR の面積が等しく，PR が共通より
PR // CD が成り立つ．
よって，BE : EQ = BP : PC = 2 : 3 …①
また，CQ = 3 cm より，点 Q は CD の中点であり，
△BCD は BC = BD の二等辺三角形より，∠BQC = 90°
であるから，BQ² = BC² − CQ² = 16
よって，BQ = 4 cm
また，∠AQC = 90°，AQ = 4 cm である．
辺 AB 上に ∠QHA = 90° となるように点 H をとると，三平方の定理から，QH = $\sqrt{4^2 - 3^2} = \sqrt{7}$ (cm)
よって，△QAB = $\dfrac{1}{2} \times 6 \times \sqrt{7} = 3\sqrt{7}$ (cm²)

①より，△AQE = $3\sqrt{7} \times \dfrac{3}{5} = \dfrac{9\sqrt{7}}{5}$ (cm²)

DQ は △AQE に垂直だから，立体 AQDE の体積は
△AQE × DQ × $\dfrac{1}{3} = \dfrac{9\sqrt{7}}{5} \times 3 \times \dfrac{1}{3} = \dfrac{9\sqrt{7}}{5}$ (cm³)

（答） $\dfrac{9\sqrt{7}}{5}$ cm³

(2) 2 cm²

解き方 1 〔問 4〕

a\b	1	2	3	4	5	6
1	○		○			
2		○		○		
3	○				○	
4		○				
5			○			
6		○			○	

〔問 5〕∠AOB = 4∠AOP となるように P を定める．

2 〔問 1〕 $-2 \leqq x \leqq 4$ において，$y = x^2$ の変域は
$0 \leqq y \leqq 16$，$y = mx + n$ の変域は
$-2m + n \leqq y \leqq 4m + n$
よって，$-2m + n = 0$，$4m + n = 16$

〔問 2〕△OBD : △OBC = 3 : 1 より CD = 4CB
点 B の x 座標を b とすると，B(b, b^2)，D$(4b, 0)$ がともに l 上にあるから，
$b^2 = -\dfrac{1}{2}b + n$，$0 = \left(-\dfrac{1}{2}\right) \times 4b + n$
$b \neq 0$ であるから，$b = \dfrac{3}{2}$，$n = 3$

〔問 3〕P$\left(p, \dfrac{a}{p}\right)$ とすると，△OPR = $\dfrac{1}{2} \times p \times \dfrac{a}{p} = \dfrac{1}{2}a$
よって，$\dfrac{1}{2}a = 4$ $a = 8$
$y = \dfrac{8}{x}$ と $y = x^2$ より，$x = 2$ よって，B(2, 4)
したがって，点 P の y 座標は 1 より大きく 4 より小さい 8 の約数であるから，P(4, 2)
また，直線 l の式は $y = 2x$ であるから，Q(4, 8)
ゆえに，△BPQ = $\dfrac{1}{2} \times (8 - 2) \times (4 - 2) = 6$ (cm²)

3 〔問 1〕∠AEC = ∠ACE = ∠EAD = 40° より，
∠CAD = 180° − 40° × 3 = 60°

〔問 2〕BC = ED，∠CBF = ∠DEF，∠BCF = ∠EDF を示す．

〔問 3〕点 C から辺 EB に垂線 CH を引くと，
AH = $\sqrt{3}$，CH = 1
よって，求める面積は

$\dfrac{DC + EB}{2} \times CH = \dfrac{2\sqrt{3} + 4}{2} \times 1 = 2 + \sqrt{3}$ (cm²)

4 〔問 1〕∠CDP = ∠BDP より
CP : BP = DC : DB = 6 : 5
よって，CP = CB × $\dfrac{6}{6 + 5} = 5 \times \dfrac{6}{11} = \dfrac{30}{11}$ (cm)

〔問 2〕(1) 四面体 ABCD は，右の図の直方体 AZBW − YDXC に埋め込むことができる．

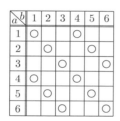

直方体の体積は，
$3\sqrt{2} \times 3\sqrt{2} \times \sqrt{7}$
$= 18\sqrt{7}$ (cm³)
四面体 ZADB の体積は，
$\dfrac{1}{3} \times \left(\dfrac{1}{2} \times 3\sqrt{2} \times 3\sqrt{2}\right) \times \sqrt{7} = 3\sqrt{7}$ (cm³)
四面体 XBCD，四面体 YACD，四面体 WABC の体積も同じであるから，
四面体 ABCD = $18\sqrt{7} - 3\sqrt{7} \times 4 = 6\sqrt{7}$ (cm³)
また，△PQR = △PCR より，PR // CD であるから，
$\dfrac{\text{立体 AQDE}}{\text{四面体 ABCD}} = \dfrac{\triangle EQD}{\triangle BCD} = \dfrac{QD}{CD} \times \dfrac{PC}{BC} = \dfrac{3}{6} \times \dfrac{3}{5} = \dfrac{3}{10}$
ゆえに，求める体積は，
$6\sqrt{7} \times \dfrac{3}{10} = \dfrac{9\sqrt{7}}{5}$ (cm³)

(2) k が最小になるのは，R が辺 BD の中点のときである．
また，l が最小になるのは，CP = 2 のときである．
右の図のように平行線を引くことにより，CS = SR
よって，
△QRS = △QRC × $\dfrac{1}{2}$
= △RCD × $\dfrac{2}{3} \times \dfrac{1}{2}$
= △BCD × $\dfrac{1}{2} \times \dfrac{2}{3} \times \dfrac{1}{2}$
= △BCD × $\dfrac{1}{6}$

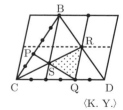

ここで，△BCD = $\dfrac{1}{2} \times$ CD $\times$ BM = $\dfrac{1}{2} \times 6 \times 4 = 12$ (cm²)
であるから，△QRS = $12 \times \dfrac{1}{6} = 2$ (cm²)

（参考）右の図のように平行四辺形をえがくと
12△QRS = 2△BCD
がわかるので，
△QRS = $\dfrac{1}{6}$△BCD
となる．

〈K. Y.〉

東京都立　新宿高等学校

問題 P.39

解答

1 平方根，2次方程式，多項式の乗法・除法，確率，円周角と中心角，連立方程式の応用，平面図形の基本・作図

〔問1〕 0

〔問2〕 $\dfrac{-9 \pm \sqrt{65}}{8}$

〔問3〕 $53 - 4\sqrt{7}$

〔問4〕 $\dfrac{7}{36}$

〔問5〕 84 度

〔問6〕 (a) 540　(b) 220

〔問7〕 右図

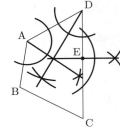

2 1次関数，比例・反比例，関数 $y = ax^2$

〔問1〕 $-\dfrac{21}{8} \leqq b \leqq -\dfrac{5}{4}$　〔問2〕 $y = \dfrac{11}{12}x + \dfrac{35}{6}$

〔問3〕 (a) 75　(b) $\dfrac{11}{2}$　(c) $-\dfrac{15}{2}$　(d) $\dfrac{6}{5}x + 13$

(e)（途中の式や計算）（例）$\dfrac{1}{4}p^2 = \dfrac{6}{5}p + 13$ より

$5p^2 - 24p - 260 = 0$　$(5p + 26)(p - 10) = 0$

点 P の x 座標は負だから $p = -\dfrac{26}{5}$

よって，P $\left(-\dfrac{26}{5}, \dfrac{169}{25}\right)$

R $(8, 16)$ より直線 PR の傾きは，$\dfrac{16 - \dfrac{169}{25}}{8 + \dfrac{26}{5}} = \dfrac{7}{10}$

（答）$\dfrac{7}{10}$

3 相似，三平方の定理　〔問1〕 $\dfrac{45}{8}$ cm　〔問2〕(a) キ

(b) ニ　(c) ト　(d) イ　(e) ノ　(f) セ　(g) タ　(h) コ

〔問3〕 $\dfrac{20}{81}$ 倍

4 立体の表面積と体積，相似，三平方の定理

〔問1〕 $\dfrac{32}{3}$ cm³　〔問2〕 $2\sqrt{29}$ cm²　〔問3〕 $\dfrac{8\sqrt{10}}{3}$ cm

〔問4〕 $\dfrac{40}{3}$ cm³

解き方

1 〔問1〕（与式）

$= \dfrac{2}{3} \times \dfrac{\sqrt{6}}{2} - \dfrac{\sqrt{3}}{2} \times \dfrac{2\sqrt{2}}{3} = 0$

〔問2〕与式より，$4x^2 + 9x + 1 = 0$

よって，$x = \dfrac{-9 \pm \sqrt{65}}{8}$

〔問3〕 $x^2 + 2xy + y^2 + 4x - 4y = (x+y)^2 + 4(x-y)$
$= (5 + 2\sqrt{7})^2 + 4 \times (-6\sqrt{7})$
$= 25 + 20\sqrt{7} + 28 - 24\sqrt{7} = 53 - 4\sqrt{7}$

〔問4〕 $\sqrt{ab}$ が整数となる場合は
$(a, b) = (1, 1),\ (1, 4),\ (2, 2),\ (3, 3),\ (4, 1),\ (4, 4),$
$(5, 5),\ (6, 6)$ の 8 通。このうち条件をみたすものは
$(4, 1)$ 以外の 7 通。

〔問5〕 $\angle \text{COD} = 360° \times \dfrac{1}{6+6+2+1} = 24°$

よって，$x = \angle \text{BOD} \times \dfrac{1}{2} = 24° \times 7 \times \dfrac{1}{2} = 84°$

〔問6〕消費税の金額より

$\dfrac{8}{108}a + \dfrac{10}{110}b = 60$　　$\dfrac{2}{27}a + \dfrac{1}{11}b = 60 \cdots$①

キャッシュレス決済の金額より，

$\dfrac{95}{100}(a+b) = 722$　　$a + b = 760 \cdots$②

② − ① × 11 より，$\left(1 - \dfrac{22}{27}\right)a = 760 - 660$

これより，$a = 540$

②に代入して，$b = 760 - 540 = 220$

〔問7〕 $\angle$A の 2 等分線と $\angle$D の 2 等分線の交点が O であり，O を通り CD に垂直な直線と CD の交点が E である。

2 〔問1〕 $a = -10$ のとき P $(-10, 25)$，$b = -\dfrac{21}{8}$

$a = -6$ のとき P $(-6, 9)$，$b = -\dfrac{5}{4}$

よって，$-\dfrac{21}{8} \leqq b \leqq -\dfrac{5}{4}$

〔問2〕 Q $(2, 4)$ であり，R の x 座標を r とすると

AQ : PR $= 2 : r = 2 : 7$ より，$r = 7$　　R $\left(7, \dfrac{49}{4}\right)$

AR の傾きは，$\dfrac{\dfrac{49}{4} - 4}{9} = \dfrac{11}{12}$

A $(-2, 4)$ を通ることを考えて直線 AR は，

$y = \dfrac{11}{12}x + \dfrac{35}{6}$

〔問3〕(a) $\triangle$AQR $= \dfrac{1}{2} \times 10 \times 15 = 75$

(b) $\triangle$ARP $= 33 = 6$AS より，AS $= \dfrac{11}{2}$

(c) S の x 座標は，$-2 - \dfrac{11}{2} = -\dfrac{15}{2}$

(d) AR の傾きは，$\dfrac{12}{10} = \dfrac{6}{5}$

S $\left(-\dfrac{15}{2}, 4\right)$ を通ることを考えて直線 PS は，

$y = \dfrac{6}{5}x + 13$

3 〔問1〕 AB $= \sqrt{9^2 + 12^2} = 3\sqrt{9+16} = 15$

$\triangle$ABC ∽ $\triangle$AQP より，PQ $= \dfrac{15}{2} \times \dfrac{3}{4} = \dfrac{45}{8}$

〔問3〕 BD : CD $=$ AB : AC $= 5 : 4$
より，CD $= 4$

$\triangle$ACD で三平方の定理より，
AD $= \sqrt{12^2 + 4^2} = 4\sqrt{10}$

$\triangle$AEQ ∽ $\triangle$ACD より，
$\triangle$AEQ : $\triangle$ACD $=$ AE² : AC²
$= (2\sqrt{10})^2 : 12^2 = 5 : 18$

よって，$\dfrac{\triangle \text{APQ}}{\triangle \text{ABC}} = \dfrac{5 \times 2}{18 \times \dfrac{9}{4}} = \dfrac{20}{81}$

4 〔問1〕 P は AB 上にあり，Q は HG 上にあるので
（立体 P − EFQ）$= \dfrac{1}{3} \times 8 \times 4 = \dfrac{32}{3}$

〔問2〕P は AB 上で AP $= 2$，Q は FG 上で GQ $= 2$

$\triangle$PAH で三平方の定理より，PH $= \sqrt{2^2 + (4\sqrt{2})^2} = 6$

$\triangle$PBQ で三平方の定理より，
PQ $= \sqrt{2^2 + (4^2 + 2^2)} = 2\sqrt{6}$

$\triangle$HGQ で三平方の定理より，HQ $= \sqrt{4^2 + 2^2} = 2\sqrt{5}$

$\triangle$PQH で Q から PH へ垂線
QR を引き，RH $= x$ とすると，
QR² $= (2\sqrt{6})^2 - (6-x)^2$
$= (2\sqrt{5})^2 - x^2$

これより，$x = \dfrac{8}{3}$

QR $= \dfrac{2\sqrt{29}}{3}$

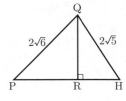

よって，$\triangle \text{HPQ} = \frac{1}{2} \times 6 \times \frac{2\sqrt{29}}{3} = 2\sqrt{29}$

〔問3〕右の展開図でPB = 1，QE = 1
$PQ = \sqrt{12^2 + 4^2} = 4\sqrt{10}$
右図で $\triangle \text{PQU} \backsim \triangle \text{RTV}$ より
$RS + ST = 4\sqrt{10} \times \frac{8}{12} = \frac{8\sqrt{10}}{3}$

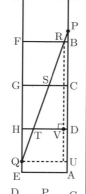

〔問4〕右図でP，Q，U，Vはそれぞれ辺の中点，また EW = 1 である。
AB 上に AX = 1 の点 X をとると
(三角柱 XPU – WQV)
$= \frac{1}{2}\{(3+2) \times 4 - 2 \times 2 - 3 \times 2\}$
$\times 4 = 20$
(三角すい W – XPU) = (三角すい W – QUV)
= (三角すい W – PQU)
であるから
(立体 W – PUVQ) $= 20 \times \frac{2}{3} = \frac{40}{3}$

〈SU. K.〉

神奈川県

問題 P.42

解答

1 正負の数の計算，式の計算，平方根
(ア) 4　(イ) 2　(ウ) 2　(エ) 4　(オ) 1

2 連立方程式，2次方程式，関数 $y = ax^2$，1次方程式の応用，数の性質，円周角と中心角
(ア) 2　(イ) 4　(ウ) 2　(エ) 1　(オ) 3　(カ) 2

3 図形と証明，相似，円周角と中心角，資料の散らばりと代表値，平行四辺形，平行線と線分の比，三平方の定理，比例・反比例
(ア)(i)(a) 1　(b) 3　(ii) 点 F と点 H　(イ)(i) 5　(ii) 4
(ウ) $\frac{45}{2}$ cm^2　(エ)(i) 4　(ii) $y = \frac{144}{x}$

4 1次関数，関数 $y = ax^2$，三平方の定理　(ア) 3
(イ)(i) 4　(ii) 3　(ウ) $S : T = 7 : 19$

5 空間図形の基本，確率　(ア) 6　(イ) $\frac{4}{9}$

6 立体の表面積と体積，中点連結定理，三平方の定理
(ア) 6　(イ) 5　(ウ) $\frac{6 + 3\sqrt{3}}{2}$ cm

解き方

2 (ア) $\begin{cases} 2a + b = 10 \\ 2b - a = 5 \end{cases}$

(エ) 大人1人の入園料を $5x$ 円，子ども1人の入園料を $2x$ 円とすると，$5x - 2x = 600$

(オ) $\frac{5880}{6} = 980$，$\frac{5880}{10} = 588$ は自然数の平方ではない。
$\frac{5880}{30} = 196 = 14^2$

(カ) $\angle DOC = \angle BOC - \angle BOD = 54° \times 2 - 27° \times 2 = 54°$
$\angle ODC = \frac{180° - 54°}{2} = 63°$

3 (ア)(ii) $\angle AFB = \angle ADB + \angle DAE = \angle ADB + \angle DBE$
$\angle AHB = \angle AEB + \angle EAC = \angle AEB + \angle EBC$
ここで，$\angle ADB = \angle AEB$ であり，
条件より $\angle DBE = \angle EBC$ であるから，
$\angle AFB = \angle AHB$ となる。
よって，4点 A, B, F, H は同一円周上にある。

(イ) 大の月（31日の月）は，A，B，E であり，この中から1月を選ぶ。
小の月（30日の月）は，C，D，F であり，この中から11月を選ぶ。

(ウ) $AC = \sqrt{BC^2 - AB^2} = \sqrt{25^2 - 15^2} = 20$ (cm)
$\triangle ABE \backsim \triangle CBA$ より
$AE = AB \times \frac{20}{25} = 15 \times \frac{4}{5} = 12$ (cm)
$BE = AB \times \frac{15}{25} = 15 \times \frac{3}{5} = 9$ (cm)
よって，$AG : GE = AF : BE = 15 : 9 = 5 : 3$ となるので，
$AG = AE \times \frac{5}{5+3} = 12 \times \frac{5}{8} = \frac{15}{2}$ (cm)
よって，$\triangle AGF = \frac{1}{2} \times \frac{15}{2} \times 15 = \frac{225}{4}$ (cm^2)
さらに，$BG : GH : HF = 3 : 2 : 3$ となるので，
$\triangle AGH = \triangle AGF \times \frac{2}{2+3} = \frac{225}{4} \times \frac{2}{5} = \frac{45}{2}$ (cm^2)

4 (ウ) $\angle ADG = 90°$ より
$S = \frac{1}{2} \times AD \times DG = \frac{1}{2} \times \frac{9\sqrt{2}}{2} \times \frac{7\sqrt{2}}{2} = \frac{63}{4}$ (cm^2)
$\angle BOA = 90°$ より
$\triangle ABE = \frac{1}{2} \times AE \times OB = \frac{1}{2} \times \frac{21\sqrt{2}}{2} \times 6\sqrt{2} = 63$ (cm^2)
$\angle ADC = 90°$ より

$\triangle ACD = \dfrac{1}{2} \times AD \times CD = \dfrac{1}{2} \times \dfrac{9\sqrt{2}}{2} \times \dfrac{9\sqrt{2}}{2}$
$= \dfrac{81}{4}$ (cm^2)
$T = \triangle ABE - \triangle ACD = 63 - \dfrac{81}{4} = \dfrac{171}{4}$ (cm^2)
ゆえに, $S:T = \dfrac{63}{4} : \dfrac{171}{4} = 7 : 19$
なお, 次のように考えてもよい。
$\triangle ADG : \triangle ACD = DG : CD = \dfrac{7}{2} : \dfrac{9}{2} = 7 : 9$
$\triangle ABE : \triangle ACD = (AB \times AE) : (AC \times AD)$
$= \left(12 \times \dfrac{21}{2}\right) : \left(9 \times \dfrac{9}{2}\right) = 28 : 9$
ゆえに, $S:T = 7 : (28-9) = 7 : 19$

5 (ア) P から B, C, D のいずれかが取り出され, Q からそれとは異なる B, C, D のいずれかが取り出されるときであるから, $\dfrac{3 \times 2}{6 \times 6} = \dfrac{1}{6}$

(イ) B と G, C と E, C と G, D と F, D と G, E と C, E と G, F と D, F と G, G と B, G と C, G と D, G と E, G と F の 14 通りおよび B と B, G と G の 2 通りがあるので $\dfrac{14+2}{6 \times 6} = \dfrac{16}{6 \times 6} = \dfrac{4}{9}$

6 (イ) 正三角形 EAD を底面とする高さ EF の三角錐ができるので
$\dfrac{1}{3} \times 9\sqrt{3} \times 3 = 9\sqrt{3}$ (cm^3)

(ウ) あらためて, 右のような展開図をかくと, $\angle F_1 I F_2 = 120°$ より
$GH = \dfrac{AD + F_1F_2}{2}$
$= \dfrac{6 + 3\sqrt{3}}{2}$ (cm)

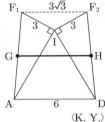

⟨K. Y.⟩

新潟県

問題 P.44

1 正負の数の計算, 式の計算, 連立方程式, 平方根, 2次方程式, 比例・反比例, 平行線と線分の比, 円周角と中心角, 標本調査
(1) 5 (2) $22a - b$
(3) $3a^3$ (4) $x=1, y=-2$ (5) $\sqrt{2}$ (6) $x = \dfrac{-3 \pm \sqrt{13}}{2}$
(7) $\dfrac{1}{2} \leqq y \leqq 3$ (8) $\dfrac{10}{7}$ cm (9) $\angle x = 48$ 度
(10) およそ 84 個

2 連立方程式の応用, 確率, 1次関数, 関数 $y=ax^2$, 平面図形の基本・作図
(1) (求め方)(例) 封筒の中に鉛筆を, 4本ずつ入れると 8 本足りないから, $4x - 8 = y$…①
また, 3本ずつ入れると鉛筆が 12 本余るから,
$3x + 12 = y$…②
①, ②を解いて $x = 20$, $y = 72$ (答) $x = 20$, $y = 72$
(2) (求め方)(例) 大, 小 2 つのさいころの目の出方は, 全部で 36 通りある。このうち, 出た目の数の積が 26 以上となるのは 3 通りある。よって, 求める確率は,
$1 - \dfrac{3}{36} = \dfrac{11}{12}$ (答) $\dfrac{11}{12}$
(3) ① $y = -x + 6$
② (求め方)(例) 辺 OB を底辺とすると, 求める △OAB の面積は, $\dfrac{1}{2} \times 6 \times 3 = 9$
(答) 9
(4) 右図

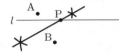

3 平行と合同, 図形と証明
(証明)(例) △AEF と △CEG において,
AD // BC より, $\angle EAF = \angle ECG$…①
また, 対頂角より, $\angle AEF = \angle CEG$…②
四角形 ABCD は平行四辺形だから AE = CE…③
①, ②, ③より, 1組の辺とその両端の角がそれぞれ等しいから, △AEF ≡ △CEG

4 1次関数 (1) $x = 3, 9$
(2) ① $x = 6$ ② $y = -4x + 24$
(3) (求め方)(例) $0 \leqq x \leqq 10$ の範囲で y をグラフに表すと右のようになる。$0 \leqq x \leqq 3$ のとき, $y = 4x$ となる。$y = 4x$ に $y = 10$ を代入すると $x = \dfrac{5}{2}$ となる。
よって, グラフから y の値が 10 以下となるのは $\dfrac{5}{2} \times 3 + \dfrac{1}{2} = 8$
(秒間) である。 (答) 8 秒間

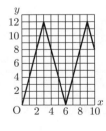

5 数・式の利用, 2次方程式の応用
(1) ① $a = 10$ ② $a = 52$
(2) (求め方)(例) 正方形は全部で $x \times y$ 枚になり, 2辺が白色の正方形は 4 枚, 1 辺が白色の正方形の枚数は,
$a = 2x + 2y - 8$
よって, $b = xy - (2x + 2y - 8) - 4 = xy - 2x - 2y + 4$
(答) $b = xy - 2x - 2y + 4$
(3) (求め方)(例) b が a より 20 大きいから, $b - a = 20$
よって, $xy - 4x - 4y + 12 = 20$…①
y が x より 5 大きいので, $y = x + 5$…②
②を①に代入すると, $x^2 - 3x - 28 = 0$
因数分解すると $(x-7)(x+4) = 0$

x は 3 以上だから, $x=7$　これを②に代入して,
$y=12$　(答) $x=7$, $y=12$

6 立体の表面積と体積, 三角形, 三平方の定理

(1)① $3\sqrt{3}$ cm　② $9\sqrt{3}$ cm^2
(2)(求め方)(例) BP は ∠ABC の二等分線だから, P は AC の中点である。よって, AP = 3 cm
また, ∠AQP = 90° で, ∠BAC = 60° より,
AQ : AP = 1 : 2　よって, AQ : 3 = 1 : 2　AQ = $\dfrac{3}{2}$
(答) $\dfrac{3}{2}$ cm
(3)①(求め方)(例) CE と BD の交点を I とする。
∠AIB = 90° で BD⊥CE より BI ∥ QH
よって, △ABI∽△AQH
AQ : AB = $\dfrac{3}{2}$: 6 = 1 : 4　BD = $6\sqrt{2}$ だから,
BI = $\dfrac{1}{2}$ × BD = $3\sqrt{2}$
QH : BI = AQ : AB より, QH : $3\sqrt{2}$ = 1 : 4
よって, QH = $\dfrac{3\sqrt{2}}{4}$　(答) $\dfrac{3\sqrt{2}}{4}$ cm
②(求め方)(例) 三平方の定理より, AI^2 = AB^2 − BI^2
よって, AI = $3\sqrt{2}$
△ACE の面積は, $\dfrac{1}{2}$ × CE × AI = 18
また, 点 P は AC の中点だから, △APE の面積は 9
よって, 四面体 APEQ の体積は $\dfrac{1}{3}$ × 9 × $\dfrac{3\sqrt{2}}{4}$ = $\dfrac{9\sqrt{2}}{4}$
(答) $\dfrac{9\sqrt{2}}{4}$ cm^3

解き方　**1**(1)(与式) = 14 − 9 = 5
(2)(与式) = 15a + 3b + 7a − 4b = 22a − b
(3)(与式) = $\dfrac{6a^2b × ab}{2b^2}$ = $3a^3$
(4) $x − 4y = 9$ …①　$2x − y = 4$ …②
① − ② × 4 から　$-7x = -7$　$x = 1$ …③
③を②に代入して, $2 × 1 − y = 4$　$y = -2$
(5)(与式) = $2\sqrt{6} ÷ \sqrt{3} − \sqrt{2} = 2\sqrt{2} − \sqrt{2} = \sqrt{2}$
(6) $x = \dfrac{-3 ± \sqrt{3^2 - 4 × 1 × (-1)}}{2 × 1} = \dfrac{-3 ± \sqrt{13}}{2}$
(7) $y = \dfrac{3}{x}$ …①　①に $x=1$ を代入すると, $y=3$
①に $x=6$ を代入すると, $y = \dfrac{1}{2}$
したがって, $\dfrac{1}{2} ≦ y ≦ 3$
(8) AD ∥ EF だから, EF : AD = CE : CA
EF : 2 = 5 : (5 + 2)　EF = $\dfrac{10}{7}$
(9) ∠$x = \dfrac{1}{2}$ ∠COD = $\dfrac{1}{2}$ × $\dfrac{4}{3}$ × 72° = 48°
(10) 480 × $\dfrac{7}{40}$ = 84　およそ 84 個の青色の玉が入っていると推定される。
2(3)① 求める直線の式を $y = ax + b$ …①とおく。
①は点 A (−3, 9) を通り, 傾きが −1 だから,
$9 = -1 × (-3) + b$　$b = 6$
よって, 2 点 A, B を通る直線の式は, $y = -x + 6$
4(1) 点 P と Q が x 秒間に 12 cm 進むと PQ は直径になるから, $x + 3x = 12$　$x = 3$
更に 24 cm 進むと直径になるから,
$x + 3x = 12 + 24$　$x = 9$
(2)① 点 P と Q が x 秒間に 24 cm 進むと P, Q は重なるから, $x + 3x = 24$　$x = 6$

② 1 周は 24 cm あるから, 1 秒間に点 P, Q は 4 cm ずつ弧の長さが短くなるから, $y = 24 − 4x$
5(1)① $a = (4-2) × 2 + (5-2) × 2 = 10$
② $a = (12-2) × 2 + (18-2) × 2 = 52$
6(1)① △BPC は, BC = 6 cm, 30°, 60°, 90° の直角三角形であるから, BP = $3\sqrt{3}$ cm
② (△ABC の面積) = $\dfrac{\sqrt{3}}{4}$ × 6^2 = $9\sqrt{3}$ (cm^2)
〈K. M.〉

富山県　問題 P.46

解答　**1** 正負の数の計算, 式の計算, 平方根, 多項式の乗法・除法, 連立方程式, 2 次方程式, 数・式の利用, 平面図形の基本・作図, 三角形, 資料の散らばりと代表値
(1) −1　(2) $-\dfrac{6y^2}{x}$
(3) $2\sqrt{5}$　(4) 2
(5) $x=5$, $y=-4$
(6) $x=-8$, $x=2$
(7) $(1500 − 150a)$ 円
(8) 右図
(9) 30 度　(10) 7.25 秒

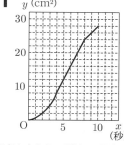

2 1 次関数, 平面図形の基本・作図, 関数 $y = ax^2$
(1) $0 ≦ y ≦ 9$　(2) $y = 4x − 3$　(3) 11
3 三角形, 確率, 三平方の定理　(1) $\dfrac{1}{6}$　(2) $\dfrac{1}{18}$　(3) $\dfrac{2}{9}$
4 数の性質　(1) 63 本　(2) 45 個　(3) 12 番目
5 立体の表面積と体積, 相似, 三平方の定理
(1) $4\sqrt{3}$ cm^2　(2) $\dfrac{4}{3}$ cm　(3) $\dfrac{32\sqrt{2}}{9}$ cm^3
6 1 次関数, 関数 $y = ax^2$
(1) $y = 16$
(2) 右図
(3) オ
(4) 7 秒後

7 平面図形の基本・作図, 円周角と中心角, 相似, 三平方の定理　(1) 〔証明〕(例) △ABD と △O′BP において,
共通な角だから, ∠ABD = ∠O′BP …①
半円の弧に対する円周角は直角だから,
∠ADB = 90° …②
また, 円の接線は, その接点を通る半径に垂直だから,
∠O′PB = 90° …③
②, ③より, ∠ADB = ∠O′PB …④
①, ④より, 2 組の角がそれぞれ等しいので,
△ABD∽△O′BP
(2)① $\sqrt{21}$ cm　② $2\sqrt{3}$ cm^2

解き方　**1**(1) 5 − 6 = −1
(2) $-\dfrac{3xy^2 × 4y}{2x^2y} = -\dfrac{6y^2}{x}$
(3) $3\sqrt{5} + \sqrt{5} − 2\sqrt{5} = 2\sqrt{5}$
(4) $a^2 + 2a − 2a − 4 = a^2 − 4$

$a^2 - 4$ に $a = \sqrt{6}$ を代入して，$(\sqrt{6})^2 - 4 = 6 - 4 = 2$
(5) 上の式を①，下の式を②として，
① − ② ×2 より，
$$\begin{array}{r} 3x + 2y = 7 \\ -)\ 4x + 2y = 12 \\ \hline -x = -5 \\ x = 5 \end{array}$$
②に $x = 5$ を代入して，
$2 \times 5 + y = 6$ $y = -4$
(6) $(x+8)(x-2) = 0$ $x = -8, 2$
(7) $1500 \times \left(1 - \dfrac{1}{10}a\right) = 1500 - 150a$（円）
(8) ∠PAB = ∠PBA とするためには，△PAB が二等辺三角形になればよい。二等辺三角形の頂角の二等分線は，底辺を垂直に2等分するので，辺 AB の垂直二等分線を作図し，辺 AC との交点を P とすればよい。
(9) △DAB で，DA = DB より，∠DBA = ∠DAB = ∠x
△DAB で，∠BDC は外角だから，
∠BDC = ∠DBA + ∠DAB = 2∠x
また，△DBC で，DB = BC より，
∠BCD = ∠BDC = 2∠x
△ABC は直角三角形より，∠BAC + ∠BCA = 90°
よって，∠x + 2∠x = 90° ∠x = 30°
(10) 一番度数の多い階級は 7.0 秒以上 7.5 秒未満で，その階級値 7.25 秒が最頻値となる。
2 (1) y が最小になるのは $x = 0$ のときで，$y = 0^2 = 0$
y が最大になるのは $x = 3$ のときで，$y = 3^2 = 9$
したがって，y の変域は，$0 \leqq y \leqq 9$
(2) A (1, 1), B (3, 9) より，直線 AB の傾きは，
$\dfrac{9-1}{3-1} = 4$ 求める式を $y = 4x + b$ として，
$x = 1$，$y = 1$ を代入すると，$1 = 4 \times 1 + b$ $b = -3$
したがって，$y = 4x - 3$
(3)
(Cの x 座標) − (Dの x 座標) = (Aの x 座標) − (Bの x 座標)
(Cの x 座標) − (−1) = 1 − 3
(Cの x 座標) = −3
$y = \dfrac{1}{3}x^2$ に $x = -3$ を代入すると，$y = \dfrac{1}{3} \times (-3)^2 = 3$
より C (−3, 3)
(Cの y 座標) − (Dの y 座標) = (Aの y 座標) − (Bの y 座標)
$3 - (\text{Dの } y \text{ 座標}) = 1 - 9$
よって，(Dの y 座標) = 11
3 すべての場合の数は 36 通りである。
(1) 条件を満たす場合は，
$(a, b) = (1, 1), (2, 2), (3, 3), (4, 4), (5, 5), (6, 6)$
の 6 通りだから，$\dfrac{6}{36} = \dfrac{1}{6}$
(2) ・OP = OA の直角二等辺三角形の場合はない。
・AP = OA の直角二等辺三角形の場合は，$(a, b) = (6, 6)$
・PO = PA の直角二等辺三角形の場合は，$(a, b) = (3, 3)$
よって，2 通りだから，$\dfrac{2}{36} = \dfrac{1}{18}$
(3) 条件を満たす場合は，三平方の定理を利用して $a^2 + b^2$ が 16 以下のときだから，
$(a, b) = (1, 1), (1, 2), (1, 3), (2, 1), (2, 2), (2, 3),$
$(3, 1), (3, 2)$ の 8 通りだから，$\dfrac{8}{36} = \dfrac{2}{9}$
4 規則性を見つけて，使う棒の本数を表にすると次のようになる。
(1)(3)

番目	1	2	3	4	5	6	7	8	9	10	11	12
本数	3	9	18	30	45	63	84	108	135	165	198	234
増加する本数	3×2	3×3	3×4	3×5	3×6	3×7	3×8	3×9	3×10	3×11	3×12	

よって，(1)の答えは 63 本，(3)の答えは 12 番目。
(2) 例の 4 番目の図形のときの，2 番目の図形の 1 番上の頂点の個数は，$1 + 2 + 3 = 6$（個）
同様に 10 番目の図形でも考えて，
$1 + 2 + 3 + 4 + 5 + 6 + 7 + 8 + 9 = 45$（個）
(3) **別　解**
n 番目の図形の棒の数を考えると，横におかれている棒の総数 l は，$l = 1 + 2 + 3 + 4 + \cdots + n \cdots$ ①
①と，①の右辺の式を入れかえた辺々をたすと，
$$\begin{array}{r} l = 1 + 2 + 3 + 4 + \cdots + n \\ +)\ l = n + (n-1) + (n-2) + (n-3) + \cdots + 1 \\ \hline 2l = (1+n) \times n \\ l = \dfrac{n(1+n)}{2} \end{array}$$
右ななめ上，左ななめ上におかれている棒の総数もそれぞれ同じだから，n 番目の図形の棒の総数は，
$\dfrac{n(1+n)}{2} \times 3$（本）となる。
したがって，$\dfrac{n(1+n)}{2} \times 3 = 234$ $n(1+n) = 156$
$(n+13)(n-12) = 0$ $n = -13, 12$
$n > 0$ より，$n = 12$ したがって，12 番目。
5 (1) 点 O から辺 AB に引いた垂線を OM とすると，
OM : OA = $\sqrt{3}$: 2 OM : 4 = $\sqrt{3}$: 2
OM = $2\sqrt{3}$ (cm)
よって，△OAB = $\dfrac{1}{2} \times 4 \times 2\sqrt{3} = 4\sqrt{3}$ (cm²)
(2) 面 OAB，OBC を展開すると，右の図のようになり，
△PAB ∽ △PQO より，
BP : OP = AB : QO
= 4 : 2 = 2 : 1
OP = $\dfrac{1}{3}$ OB = $\dfrac{4}{3}$ (cm)

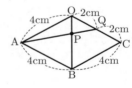

(3) 点 P から面 ABCD に垂線 PN をひくと，点 B をふくむ立体は，底面が △ABC で高さが PN の三角錐である。
点 O から面 ABCD に垂線 OF をひくと，点 F は底面の対角線 AC, BD の交点となるから，
AF = $\dfrac{1}{2}$ AC = $\dfrac{1}{2} \times \sqrt{2}$ AB = $2\sqrt{2}$ (cm)
△OFA で，三平方の定理より，
OF = $\sqrt{4^2 - (2\sqrt{2})^2} = 2\sqrt{2}$ (cm)
また，PN // OF より，OF : PN = BO : BP
$2\sqrt{2}$: PN = 4 : $\dfrac{8}{3}$ PN = $\dfrac{4\sqrt{2}}{3}$ (cm)
したがって，求める面積は，
$\dfrac{1}{2} \times 4 \times 4 \times \dfrac{4\sqrt{2}}{3} \times \dfrac{1}{3} = \dfrac{32\sqrt{2}}{9}$ (cm³)
6 (1) R は台形だから，$(2+6) \times 4 \div 2 = 16$ (cm²)
(2) $0 \leqq x \leqq 4$ のとき，R は直角二等辺三角形だから，
$y = \dfrac{1}{2} \times x \times x = \dfrac{1}{2}x^2$
$4 < x \leqq 8$ のとき，R は台形だから，
$y = \{x + (x-4)\} \times 4 \div 2 = 4x - 8$
$8 < x \leqq 10$ のとき，

$y =$ 台形 ABED $+ \triangle$DEQ
$= (8+4) \times 4 \div 2 + \dfrac{1}{2} \times (x-8) \times 4$
$= 2x + 8$
(3) $4 < x \leqq 8$ のとき，S は合同な直角二等辺三角形が動いていくので面積は変わらない。
$8 < x \leqq 10$ のとき，S は $\triangle$EQC で，x の増加にともなって QC の長さは短くなるので，面積は減少する。
以上のことから，オ．
(4) $0 \leqq x \leqq 4$ のとき，R : S $= 1 : 1$
(2)と(3)から，R : S $= 5 : 2$ になるときは，$4 < x \leqq 10$ のうち 1 回だけである。
$4 < x \leqq 8$ のとき，
R : S $= (4x-8) : \dfrac{1}{2} \times 4 \times 4 = 5 : 2$
$(x-2) : 2 = 5 : 2$
$2(x-2) = 10 \qquad x = 7$（秒後）

7 (2)① $\triangle$PO'B で，$\angle$O'PB $= 90°$，PO' $= 2$ cm，BO' $= 4$ cm より，$\angle$PBO' $= 30° (= \angle$QBO')，$\angle$PO'B $= 60°$ となる。
よって，BP $= 2\sqrt{3}$ cm
(1)より，BP : BD $=$ BO' : BA
$2\sqrt{3}$: BD $= 4 : 6 \qquad$ BD $= 3\sqrt{3}$ cm
点 E から BD に垂線 EF を引く。
$\triangle$EBF は，$\angle$FBE $= 60°$，BE $=$ BD $= 3\sqrt{3}$ (cm) より，
EF $= \dfrac{9}{2}$ cm，BF $= \dfrac{3}{2}\sqrt{3}$ cm
$\triangle$PEF で，三平方の定理より，
PE $= \sqrt{\left(\dfrac{9}{2}\right)^2 + \left(2\sqrt{3} - \dfrac{3}{2}\sqrt{3}\right)^2} = \sqrt{21}$ (cm)

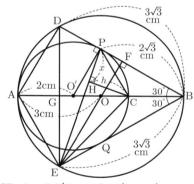

② $\triangle$O'CP で，$\angle$PO'C $= 60°$，O'P $=$ O'C $= 2$ (cm) より，
PC $= 2$ cm
ここで，線分 AB と線分 DE の交点を G とすると，
$\triangle$ABE∽$\triangle$AEG より，
BE : EG $=$ AB : AE
$3\sqrt{3}$: EG $= 6 : 3 \qquad$ EG $= \dfrac{3\sqrt{3}}{2}$ cm
同様にして，AG $= \dfrac{3}{2}$ cm
$\triangle$ECG で，三平方の定理より，
CE $= \sqrt{\left(\dfrac{3\sqrt{3}}{2}\right)^2 + \left(4 - \dfrac{3}{2}\right)^2} = \sqrt{13}$ (cm)
$\triangle$CPE の頂点 C から，辺 PE に垂線 CH を引き，CH $= h$，PH $= x$ とおく。
$\triangle$CHE で，三平方の定理より，
$(\sqrt{13})^2 = h^2 + (\sqrt{21} - x)^2$ …①
$\triangle$CPH で，$2^2 = h^2 + x^2$ …②

①－②より，$9 = 21 - 2\sqrt{21}\,x \qquad x = \dfrac{6}{\sqrt{21}}$ (cm)
これを②に代入して，$4 = h^2 + \left(\dfrac{6}{\sqrt{21}}\right)^2$
$h > 0$ より $h = \dfrac{4\sqrt{3}}{\sqrt{21}}$ (cm)
したがって，
$\triangle$CPE $= \dfrac{1}{2} \times$ PE $\times$ CH
$= \dfrac{1}{2} \times \sqrt{21} \times \dfrac{4\sqrt{3}}{\sqrt{21}}$
$= 2\sqrt{3}$ (cm^2)

〈M. S.〉

石川県 問題 P.48

解答

1 正負の数の計算，式の計算，平方根，2 次方程式，数・式の利用，資料の散らばりと代表値

(1) ア．-9　イ．-25　ウ．$\dfrac{15}{2}b$　エ．$\dfrac{-5x+13y}{12}$
オ．$-\sqrt{5}$　(2) $x = \dfrac{-5 \pm \sqrt{37}}{2}$　(3) $a - 5b \geqq 20$
(4) $4\sqrt{14}$　(5) 2.1 冊

2 確率　(1) 2, 3, 5
(2) [確率] $\dfrac{5}{6}$
[考え方]（例）すべての場合の数は，$6 \times 6 = 36$（通り）
奇数になる場合は（大，小）$= (1, 6), (3, 6), (5, 6), (6, 1), (6, 3), (6, 5)$ の 6 通り。
よって，偶数となる場合は $36 - 6 = 30$（通り）
求める確率は，$\dfrac{30}{36} = \dfrac{5}{6}$

3 関数を中心とした総合問題　(1) $0 \leqq y \leqq 9$　(2) 89π
(3) [計算]（例）四角形 OPQA $= \triangle$OPA $+ \triangle$APQ
R の x 座標は負より，$\triangle$OPR $= \triangle$OPA $+ \triangle$APR
よって，$\triangle$APQ $= \triangle$APR となる R の座標を求める。
（直線 AP の傾き）$= 2$ より，
傾きが 2 で，Q $(4, 16)$ を通る
直線の式は，$y = 2x + 8$
また，直線 OA の式は，
$y = -x$
この 2 直線の交点が求める R
だから，
$2x + 8 = -x \qquad x = -\dfrac{8}{3}$
ゆえに，R $\left(-\dfrac{8}{3}, \dfrac{8}{3}\right)$
[答] $\left(-\dfrac{8}{3}, \dfrac{8}{3}\right)$

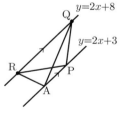

4 連立方程式の応用
[方程式と計算]（例）2008 年度，2018 年度の 3 種類のゴミの排出量の合計をそれぞれ x g，y g とする。
$\begin{cases} x - y = 225 & \cdots ① \\ \dfrac{4}{100}y = \dfrac{8}{100}x \times (1-0.6) & \cdots ② \end{cases}$
②を整理すると，$y = 0.8x$ …③
③を①に代入すると，$0.2x = 225 \qquad x = 1125$
これを③に代入すると，$y = 900$
[答] $\begin{cases} 2008 \text{年度の 3 種類のゴミの排出量の合計 } 1125 \text{ g} \\ 2018 \text{年度の 3 種類のゴミの排出量の合計 } 900 \text{ g} \end{cases}$

解 答

5 平面図形の基本・作図 下図

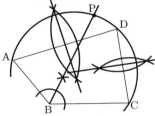

6 図形を中心とした総合問題 (1) 140度
(2) [計算] (例) 途中式において単位は省略する。
色がついている図形は，△OBE からおうぎ形 OBD を取り除いた部分である。
△OBE は ∠EOB = 60° の直角三角形より，
BE = $\sqrt{3}$ OB = $4\sqrt{3}$
△OBE = $4\sqrt{3} \times 4 \div 2 = 8\sqrt{3}$
(おうぎ形 OBD) $= \pi \times 4^2 \times \dfrac{60}{360} = \dfrac{8}{3}\pi$
求める面積は，$8\sqrt{3} - \dfrac{8}{3}\pi$ [答] $\left(8\sqrt{3} - \dfrac{8}{3}\pi\right)$ cm²

(3) [証明] (例) △CPE と △QDE において，
∠CEP = ∠QED（共通）…①
∠ABP = ∠CAD = 90° より，
∠APB = 180° − 90° − ∠PAB = 90° − ∠PAB
∠OAD = 90° − ∠CAO = 90° − ∠PAB
よって，∠APB = ∠OAD…②
△OAD は二等辺三角形より，∠OAD = ∠ODA…③
対頂角は等しいから，∠ODA = ∠QDE…④
②，③，④より，∠CPE = ∠QDE…⑤
①，⑤より，2組の角がそれぞれ等しいから，
△CPE∽△QDE   （証明終わり）

7 空間図形の基本，立体の表面積と体積，三平方の定理
(1) 辺 AC
(2) [計算] (例) (途中式において単位は省略する。)
OA = 6 よりこの三角錐は1辺が6の正四面体である。
各面は正三角形であるから，AD = OD = $3\sqrt{3}$
二等辺三角形 DAO の底辺は6より，
高さは，$\sqrt{(3\sqrt{3})^2 - 3^2} = 3\sqrt{2}$
求める面積は，$6 \times 3\sqrt{2} \div 2 = 9\sqrt{2}$ [答] $9\sqrt{2}$ cm²

(3) [計算] (例) (途中式において単位は省略する。)
△OEF，四角形 ACFE をそれぞれ底面とすれば，三角錐 BOEF と四角錐 BACFE の高さは共通である。
(三角錐 BOEF) : (四角錐 BACFE)
= △OEF : (四角形 ACFE) = 1 : 2
よって，△OEF : △OAC = 1 : 3
OE = x とすると，OF = $2x$ である。
△OEF : △OAF = $x : 8 = x^2 : 8x$
△OAF : △OAC = $2x : 8 = 8x : 32$
よって，△OEF : △OAC = $x^2 : 32$
$x^2 : 32 = 1 : 3$ より，$3x^2 = 32$
$x > 0$ より，$x = \dfrac{4\sqrt{6}}{3}$ [答] $\dfrac{4\sqrt{6}}{3}$ cm

解き方

1 (1) イ. (与式) = 7 + (−8) × 4
= 7 + (−32) = −25
ウ. (与式) = $9a^2b^2 \times \dfrac{5}{6a^2b} = \dfrac{15}{2}b$
エ. (与式) = $\dfrac{3(x+3y) - 4(2x-y)}{12}$
= $\dfrac{3x + 9y - 8x + 4y}{12} = \dfrac{-5x + 13y}{12}$
オ. (与式) = $\sqrt{\dfrac{60}{3}} - \sqrt{45} = 2\sqrt{5} - 3\sqrt{5} = -\sqrt{5}$

(2) $x = \dfrac{-5 \pm \sqrt{5^2 - 4 \times 1 \times (-3)}}{2 \times 1} = \dfrac{-5 \pm \sqrt{37}}{2}$

(4) $x + y = 2\sqrt{7}$，$x - y = 2\sqrt{2}$ より，
(与式) = $(x+y)(x-y) = 2\sqrt{7} \times 2\sqrt{2} = 4\sqrt{14}$

(5) 4冊の相対度数は，
$1 - (0.15 + 0.15 + 0.30 + 0.25) = 0.15$
よって，平均値は，
$0 \times 0.15 + 1 \times 0.15 + 2 \times 0.30 + 3 \times 0.25 + 4 \times 0.15$
= 0 + 0.15 + 0.6 + 0.75 + 0.6 = 2.1（冊）

3 (1) $x = -3$ のとき $y = 9$，$x = 2$ のとき $y = 4$
グラフより，$0 \leq y \leq 9$

(2) A $(-1, 1)$，P $(1, 1)$，
Q $(3, 9)$ より，
辺 AP は x 軸に平行である。
O から AP に垂線 OH をひくと，
OH = 1
△APQ の周上および内部の点で O から最も遠い点は Q であり，OQ = $\sqrt{3^2 + 9^2} = 3\sqrt{10}$
よって，点 O を中心に △APQ を1回転してできる図形は右図のドーナツ状の図形である。
求める面積は，$\pi \times (3\sqrt{10})^2 - \pi \times 1^2 = 89\pi$

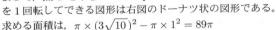

5 点 P は，①，②より ∠ABC の二等分線上の点であり，③より △ACD の外接円周上にある。

6 (1) ∠AOD = 2∠ACD = 140°

〈O. H.〉

福井県

問題 P.49

解答

[選択問題A]

1 正負の数の計算，平方根，式の計算，因数分解，2次方程式，1次関数，円周角と中心角，平面図形の基本・作図
(1)ア．(与式) $= 3 - 18 = -15$
イ．(与式) $= 2\sqrt{3} - 2\sqrt{3} = 0$
ウ．(与式) $= \dfrac{6ab \times 2b}{3a} = 4b^2$
(2) (与式) $= (a+1)(a-6)$
(3) $2x^2 + 5x + 2 = 2x + 3$
$2x^2 + 3x - 1 = 0$
解の公式より，
$x = \dfrac{-3 \pm \sqrt{3^2 - 4 \times 2 \times (-1)}}{2 \times 2}$
$x = \dfrac{-3 \pm \sqrt{17}}{4}$
(4) ア，ウ
(5) 右上図より，
$70° + (x + 20°) + 50° = 180°$
$x + 140° = 180°$ $x = 40$ 度
(6) 右下図

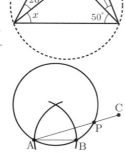

2 関数 $y = ax^2$，資料の散らばりと代表値
(1) $x = 1$ のとき $y = 1$，$x = 4$ のとき $y = 16$ より，
$\dfrac{16 - 1}{4 - 1} = 5$
(2) $0 < \dfrac{1}{3} < 3$ より，a はアのグラフ．
(3) ア．中央値は大きさの順に並べたときの15番目と16番目の真ん中の値であるから，$(4+4) \div 2 = 4$（冊）
また，最頻値は度数が最も大きい5冊．
イ．$(8+6) \div 30 = 0.466\cdots$ より，0.47

3 確率
右図において，2回とも同じカードを引いた場合が●，問題の図2で三角形ができる場合が△である．
(1) 右図より，$\dfrac{5}{25} = \dfrac{1}{5}$
(2) 右図より，$\dfrac{16}{25}$

2回目＼1回目	B	C	D	E	F
B	●	△	△	△	
C	△	●	△		△
D	△	△		△	△
E	△		△	●	△
F		△	△	△	●

4 連立方程式の応用
(1) 中学生と高校生の合計入場者数は $2x$ 人であるから，
$x + 2x + y$ より，$(3x + y)$ 人
(2) ア．
$\begin{cases} y = 3x - 100 &\cdots ① \\ 260x + 410 \times 2x + 760y + 550(3x+y) \times 0.8 = 150000 &\cdots ② \end{cases}$
イ．②を整理すると，$2x + y = 125$
これに①を代入すると，
$5x - 100 = 125$ $x = 45 \cdots ③$
③を①に代入すると，$y = 135 - 100 = 35$
よって，$\begin{cases} x = 45 \\ y = 35 \end{cases}$

5 相似，三平方の定理
(1) 二等辺三角形の高さは，$\sqrt{6^2 - 2^2} = 4\sqrt{2}$ (cm)
よって，$\triangle ABC = 4 \times 4\sqrt{2} \div 2 = 8\sqrt{2}$ (cm²)
$\triangle BCF \backsim \triangle BDE$ より，$CF : DE = BC : BD$
$\triangle BDE \equiv \triangle ABC$ より，$BD = AB$，$DE = BC$

よって，$CF : 4 = 4 : 6$ $CF = \dfrac{8}{3}$ cm
(2)ア．(証明) (例) $\triangle AFE$ と $\triangle ACG$ で，
$\angle FAE$ と $\angle CAG$ は共通だから，$\angle FAE = \angle CAG \cdots ①$
(1)から $CF = \dfrac{8}{3}$ cm だから，$AF = 6 - \dfrac{8}{3} = \dfrac{10}{3}$ (cm)
よって，$AF : AC = \dfrac{10}{3} : 6 = 5 : 9 \cdots ②$
また，仮定より，$AE : AG = 5 : 9 \cdots ③$
②，③から，$AF : AC = AE : AG \cdots ④$
①，④から，2組の辺の比とその間の角がそれぞれ等しいので，
$\triangle AFE \backsim \triangle ACG$ （証明終わり）
イ．$\triangle ABC : \triangle ABF = AC : AF = 9 : 5 = 90 : 50$
$BF = BC = 4$ cm より，$FE = 6 - 4 = 2$ (cm)
$\triangle ABF : \triangle AFE = BF : FE = 2 : 1 = 50 : 25$
アより，$\triangle AFE : \triangle ACG = 5^2 : 9^2 = 25 : 81$
よって，$\triangle ACG : \triangle ABC = 81 : 90 = 9 : 10$
$\triangle ACG = \dfrac{9}{10} \triangle ABC = \dfrac{9}{10} \times 8\sqrt{2} = \dfrac{36\sqrt{2}}{5}$ (cm²)

[選択問題B]

1 正負の数の計算，平方根，式の計算，2次方程式，標本調査，円周角と中心角，多項式の乗法・除法，平面図形の基本・作図
(1) [選択問題A] **1** (1) 参照．
(2) [選択問題A] **1** (3) 参照．
(3) (説明) (例) 全校生徒を対象とした調査であるにも関わらず，3年生だけを無作為抽出しており，3年生と1，2年生との間で傾向に違いがあった場合には適切な結果が得られないから，この方法は適切ではない．
(4) [選択問題A] **1** (5) 参照．
(5) (説明) (例) 10の位を a とすると，この整数は $10a + 3$ と表される．2乗すると，
$(10a + 3)^2 = 100a^2 + 60a + 9 = 10(10a^2 + 6a) + 9$
となる．$10a^2 + 6a$ は整数だから，
$(10a + 3)^2$ を10で割ると余りが9である．
(6) [選択問題A] **1** (6) 参照．

2 確率 [選択問題A] **3** 参照．

3 連立方程式の応用 [選択問題A] **4** 参照．

4 相似，三平方の定理 [選択問題A] **5** 参照．

5 関数を中心とした総合問題
(1) A (2, 4) より，点 D の y 座標は4である．
C (3, 3) より，$CD = 4 - 3 = 1$
(2) (説明) (例) C (3, 9a) より，点 B の y 座標は $9a$ である．P (2, 4a) より，$BP = 9a - 4a = 5a$
また，Q (2, 0) より，$PQ = 4a - 0 = 4a$
よって，(長方形 BPSC) $= BP \times PS = 5a \times 1 = 5a$
(長方形 PQRS) $= PQ \times QR = 4a \times 1 = 4a$
$0 < a < 1$ において，面積比はつねに，
(長方形 BPSC) : (長方形 PQRS) $= 5 : 4$
よって，面積は等しくならない．
(3) ア．$\dfrac{4}{9}$　イ．小さい　ウ．大きい
(4)(ア) $0 < a < \dfrac{4}{9}$ のとき
(長方形 ABCD) $= AB \times BC = (4 - 9a) \times 1 = 4 - 9a$
(長方形 PQRS) $= PQ \times QR = 4a \times 1 = 4a$
よって，$4 - 9a = 4a$ $a = \dfrac{4}{13}$
(イ) $a = \dfrac{4}{9}$ のとき

点 C の y 座標と点 D の y 座標が等しいので，長方形 ABCD はできない。
(ウ) $\frac{4}{9} < a < 1$ のとき
(長方形 ABCD) $= AB \times BC = (9a - 4) \times 1 = 9a - 4$
(長方形 PQRS) $= PQ \times QR = 4a \times 1 = 4a$
よって，$9a - 4 = 4a$　　$a = \frac{4}{5}$
(5) a の値が最も小さくなるのは，点 B が線分 AP 上にあり，BD $= \sqrt{5}$ のときである。
BC $= 1$ より，CD $= \sqrt{(\sqrt{5})^2 - 1^2} = 2$
(D の y 座標) $-$ (C の y 座標) $= 2$ より，
$4 - 9a = 2$, $a = \frac{2}{9}$
a の値が最も大きくなるのは，点 B が直線 AP 上で点 A より上にあり，BS $= \sqrt{5}$ のときである。
BC $= 1$ より，CS $= \sqrt{(\sqrt{5})^2 - 1^2} = 2$
(C の y 座標) $-$ (S の y 座標) $= 2$ より，
$9a - 4a = 2$　　$a = \frac{2}{5}$
(答) 最も小さな値は $\frac{2}{9}$, 最も大きな値は $\frac{2}{5}$

解き方　選択問題 A
1 (5) 四角形の頂点が同じ円周上にあることに気が付くこと。
(6) $\angle APB = 30°$ を円周角にもつ円 O を考えれば，中心角が $\angle AOB = 60°$ となるように作図すればよい。
選択問題 B
5 (3) ア．点 C の y 座標と点 D の y 座標が等しいということは，点 C の y 座標と点 A の y 座標が等しいということであるから，
$9a = 4$
イ．$0 < a < \frac{4}{9}$ のとき，
$0 < 9a < 4$ より，点 C の y 座標は点 D の y 座標より小さい。
ウ．$\frac{4}{9} < a < 1$ のとき，
$4 < 9a < 9$ より，点 C の y 座標は点 D の y 座標より大きい。
(5) 解答では唐突に最も小さいときと大きいときを示したが，きちんと議論すると次のようになる。
中心 B, 半径 $\sqrt{5}$ の円を円 B とする。
(ア) BP $\leq$ BA のとき
PS $=$ BC $= 1$ より，BS $\leq$ BD
よって，長方形 APSD が円 B の内側にあるためには，BD $\leq \sqrt{5}$ でなければならない。
BD $= \sqrt{5}$ のとき，BA $= \sqrt{(\sqrt{5})^2 - 1^2} = 2$
BP $\leq$ BA となるのは，A, B, P の位置関係より，B が線分 AP 上にあるときに限るから，BA $= 4 - 9a$
よって，$4 - 9a = 2$　　$a = \frac{2}{9}$
BD $\leq \sqrt{5}$ より，BA ≤ 2 であるから，$\frac{2}{9} \leq a$
(イ) BA $<$ BP のとき
BC $=$ PS $= 1$ より，BD $<$ BS
よって，長方形 APSD が円 B の内側にあるためには，BS $\leq \sqrt{5}$ でなければならない。
BS $= \sqrt{5}$ のとき，BP $= \sqrt{(\sqrt{5})^2 - 1^2} = 2$

BP $= 5a$ より，$5a = 2$　　$a = \frac{2}{5}$
BS $\leq \sqrt{5}$ より，BP ≤ 2 であるから，$a \leq \frac{2}{5}$
以上より，$\frac{2}{9} \leq a \leq \frac{2}{5}$

〈O. H.〉

山梨県　問題 P.51

解答

1 正負の数の計算，平方根，式の計算
1. 14　2. $-\frac{3}{5}$　3. 16　4. $10\sqrt{6}$
5. $-3x$　6. $x + 2y$

2 2 次方程式，平面図形の基本・作図，比例・反比例，確率，円周角と中心角
1. $x = \frac{7 \pm \sqrt{17}}{4}$
2. 右図
3. $y = -12x$
4. $\frac{9}{16}$
5. (1) 25 度　(2) イ

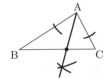

3 資料の散らばりと代表値，標本調査
1. (1) 2.0 g　(2) ウ
2. (1) 記号：イ，説明：(例) キャップと回収箱を合わせた全体の重さから，空の回収箱の重さを引いて，キャップ 1 個の重さで割ればよい。(2) およそ 1250 個

4 数の性質，数・式の利用　1. $b = a + 18$
2. ア．21　イ．9 (他の組み合わせもある。)
3. (1) $b = 28$
(2) 条件：$(x - y)$ が 2 の倍数である。最大値：$x - y = 8$

5 1 次関数, 関数 $y = ax^2$　1. $a = \frac{1}{2}$　2. 8
3. (1) $y = \frac{1}{2}x + 6$　(2) $\triangle FEC : \triangle FCD = 7 : 3$

6 平面図形の基本・作図，立体の表面積と体積，図形と証明，相似，中点連結定理，三平方の定理
1. (証明) (例) $\triangle ABH$ と $\triangle AOD$ において
$\angle BAH = \angle OAD$ (共通) …①
また，辺 AB は円 O の接線なので，
$\angle AHB = \angle ADO = 90°$ …②
以上，①, ②より，2 組の角がそれぞれ等しいので，
$\triangle ABH \backsim \triangle AOD$
2. (1) $2\sqrt{5}$ cm　(2) $\frac{16}{5}\pi$ cm^2
3. (1) $(4\sqrt{3} + 6)$ cm　(2) $\frac{15\sqrt{3}}{2}\pi$ cm^3

解き方　1 2. (与式) $= \left(-\frac{7}{5}\right) + \frac{4}{5} = -\frac{3}{5}$
3. (与式) $= 9 + 7 = 16$
4. (与式) $= 2\sqrt{6} + 8\sqrt{6} = 10\sqrt{6}$
2 1. 解の公式を利用して，
$x = \frac{-(-7) \pm \sqrt{(-7)^2 - 4 \times 2 \times 4}}{2 \times 2} = \frac{7 \pm \sqrt{17}}{4}$
2. $\angle BAC$ の二等分線を作図し，その二等分線と辺 BC の交点が求める点となる。
3. $y = ax$ に $x = -3$, $y = 36$ を代入して，$36 = -3a$
$a = -12$　　したがって，$y = -12x$
5. (1) $\angle ECD = \angle CAB = 180° - (40° + 115°) = 25°$
(2) $\angle AOC = 130°$ より，$\angle AEC = 65°$

また，∠CED = ∠ACB = 40°なので，
∠AED = ∠AEC + ∠CED = 65° + 40° = 105°となり，イ

3 1．(1)最もキャップの個数の多い 2.0ｇが最頻値。
(2) 424個のキャップの重さの中央値は，小さい方から212番目と213番目の重さの平均値となる。
したがって，グラフより，
1.7ｇから 2.1ｇまでで 38 + 42 + 10 + 80 + 41 = 211（個）あることから，小さい方から212番目と213番目はともに重さが 2.2ｇとわかる。したがって，中央値は 2.2ｇ
2．(2)キャップ全体の個数を x 個とすると，
$x : 100 = 50 : 4$　　これを解いて，$x = 1250$（個）

4 1．$a - b = -18$ より，$b = a + 18$
2．解答にあげた $a = 21$ 以外にも，
$a = 45$ のとき，$a - b = 45 - 54 = -9$ などがある。
3．(1) $9(8 - y) = 54$ より，$y = 2$　　よって，$b = 28$
(2) $9(x - y)$ が 18 の倍数となるには，$x - y$ が 2 の倍数となればよい。これを満たす，$x - y$ の最大値は，
$9 - 1 = 8$ となる。（$8 - 0 = 8$ でもよい。）

5 1．$y = ax^2$ のグラフ上に A$(-2, 2)$ があるので，
$2 = 4a$　　$a = \dfrac{1}{2}$
2．C$\left(-1, \dfrac{1}{2}\right)$，D$(2, 2)$ であることより，
（四角形 ACDB） = △ACD + △ABD
= AD × (B, C の y 座標の差) × $\dfrac{1}{2}$
= $4 \times \left(\dfrac{9}{2} - \dfrac{1}{2}\right) \times \dfrac{1}{2} = 8$
3．(1) E$\left(-3, \dfrac{9}{2}\right)$，F$(4, 8)$ なので，

直線 EF の傾きは $\dfrac{8 - \dfrac{9}{2}}{4 - (-3)} = \dfrac{1}{2}$，$y$ 切片は 6

よって，$y = \dfrac{1}{2}x + 6$
(2) EF // CD より，
△FEC : △FCD = EF : CD = (4 - (-3)) : (2 - (-1))
= 7 : 3

6 2．(1) BC = 8 cm より，BH = CH = 4 cm
したがって，△ABH にて三平方の定理より，
AH = $\sqrt{AB^2 - BH^2} = \sqrt{6^2 - 4^2} = 2\sqrt{5}$ (cm)
(2) 円 O の半径を r cm とする。
BH = BD = 4 cm より，AD = 2 cm であり，
△ABH ∽ △AOD より，AH : AD = BH : OD
すなわち，$2\sqrt{5} : 2 = 4 : r$
これを解くと，$r = \dfrac{4\sqrt{5}}{5}$ cm
よって，円 O の面積は，$\left(\dfrac{4\sqrt{5}}{5}\right)^2 \pi = \dfrac{16}{5}\pi$ (cm²)
3．(1) △ABC は 1 辺 6 cm の正三角形であり，点 O は △ABC の重心であるので，
∠OBH = 30°となり，
BH = 3 cm より，
OB = $2\sqrt{3}$ cm
同様に，90°，60°，30° の 3 つの角を持つ直角三角形の 3 辺の比が $1 : 2 : \sqrt{3}$ であることを用いれば右図のように辺の長さが決まる。
したがって，$(6 + 4\sqrt{3})$ cm

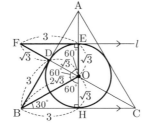

(2) 右の図①，②の斜線部をそれぞれ OE，AH を軸として回転させてできる立体の体積の和が求める体積である。

まず図①で，点 D が線分 OF の中点であることから，点 D を通り線分 FE に平行な直線を引き，OE との交点を I とすると，△ODI ∽ △OFE でありその相似比は 1 : 2　　したがって，（△ODI を回転させてできる円すい）と（△OFE を回転させてできる円すい）の体積比は
$1^3 : 2^3 = 1 : 8$
よって，（斜線部を回転させてできる立体）の体積は，
$\left(3^2 \times \pi \times \sqrt{3} \times \dfrac{1}{3}\right) \times \dfrac{7}{8} = \dfrac{21\sqrt{3}}{8}\pi$ (cm³)

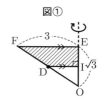

次に図②で，点 D が辺 AB の中点であり，D から AH に垂線 DJ をひくと，△ADJ ∽ △ABH でありその相似比は 1 : 2　　したがって，
（△ADJ を回転させてできる円すい）と（△ABH を回転させてできる円すい）の体積比は，$1^3 : 2^3 = 1 : 8$
よって，（斜線部を回転させてできる立体の体積）は，
$\left(3^2 \times \pi \times 3\sqrt{3} \times \dfrac{1}{3}\right) \times \dfrac{7}{8} - 3^2 \times \pi \times \sqrt{3} \times \dfrac{1}{3}$
$= \dfrac{63\sqrt{3}}{8}\pi - 3\sqrt{3}\pi = \dfrac{39\sqrt{3}}{8}\pi$ (cm³)

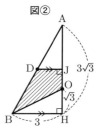

以上より，求める体積は，
$\dfrac{21\sqrt{3}}{8}\pi + \dfrac{39\sqrt{3}}{8}\pi = \dfrac{15\sqrt{3}}{2}\pi$ (cm³)

〈Y. D.〉

長野県

問題 P.53

解答

1 正負の数の計算，1次方程式，平方根，数・式の利用，多項式の乗法・除法，比例・反比例，関数 $y=ax^2$，確率，平面図形の基本・作図，平行四辺形，中点連結定理　(1) 8　(2) ウ　(3) $(x=)-2$　(4) $2\sqrt{3}$
(5) ウ，エ
(6) あ．700　い．2
(7) $-\dfrac{16}{3}$
(8) ア
(9) $\dfrac{3}{8}$
(10) 右図
(11) ① 80度　② 20 cm

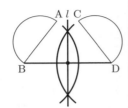

2 資料の散らばりと代表値，立体の表面積と体積，2次方程式の応用　(1)① 2（時間以上）　3（時間未満の階級）
② 0.23
③ (記号) ア　(理由) (例) 利用時間が1時間以上2時間未満の階級の相対度数は，中学生が 0.26，高校生が 0.23 であり，0.26 は 0.23 より大きいので，中学生の割合の方が大きい。
(2)① 7 cm　② 22π cm^3　③ ① (例) $12 \times 5 \div 2$
② (例) 一番下の俵の数を x 個とすると，
$\dfrac{(x+4)(x-3)}{2} = 60$　　$x^2 + x - 132 = 0$
$(x+12)(x-11) = 0$　　$x = -12, 11$
x は正の数だから，$x = -12$ は問題にあわない。$x = 11$ は問題にあっている。(答) (求める俵の数は，) 11個

3 1次関数　Ⅰ (1) イ　(2) 店名 A店　金額 100円
(3) 6　(4)① (例) 直線 $y = 5x$ と直線 $y = 6x - 170$ の2つの式を連立方程式とみて，それを解いて，x の値を求める。
② 170
Ⅱ (1) う．$\dfrac{18}{5}$　え．3（円）　(2) 54 (cm)

4 図形と証明，円周角と中心角，相似，三平方の定理
Ⅰ (1) あ．QS　い．RAQ
(2) (証明) (例) △PAQ と △RAS について，
円 O の $\overset{\frown}{AB}$ に対する円周角は等しいので，
∠APQ = ∠ARS…①
円 O' の $\overset{\frown}{AB}$ に対する円周角は等しいので，
∠AQP = ∠ASR…②
①，②より，2組の角が，それぞれ等しいので，
△PAQ∽△RAS
相似な図形では，対応する角の大きさは等しいので，
∠PAQ = ∠RAS
(3) イ
Ⅱ (1) 30度　(2) $\dfrac{4\sqrt{3}}{3}$ cm　(3) $\dfrac{32\sqrt{3}}{3}$ cm^2　(4) $\dfrac{4}{3}$ 倍

解き方

1 (4) (与式) $= 5\sqrt{3} - 3\sqrt{3} = 2\sqrt{3}$
(7) $xy = -16$　　$3y = -16$　　$y = -\dfrac{16}{3}$
(9) 表が出た硬貨の合計の金額が110円以上になる場合は
$(100, 50, 10) = 100 + 50 + 10 = 160$（円），
$(100, 50, \times) = 100 + 50 = 150$（円），
$(100, \times, 10) = 100 + 10 = 110$（円）の3通り。
硬貨の表と裏の全ての出方は8通り。求める確率は $\dfrac{3}{8}$
(11)① 中点連結定理より，AC // MN

同位角は等しいから，∠BMN = ∠A = 80°
② 四角形 AMPC は，2組の対辺がそれぞれ平行だから，平行四辺形である。平行四辺形の対辺はそれぞれ等しいので，周の長さは，$(4 + 6) \times 2 = 20$ (cm)

2 (2)① 台形 ABCD で，点 A から DC に垂線を引き，その交点を E とすると，△ADE は，AD = 5，AE = 4 の直角三角形であるから，AE^2 + DE^2 = AD^2
$4^2 + $ DE$^2 = 5^2$　　DE = 3
したがって，CD = DE + EC = 3 + 4 = 7 (cm)
② (Pの体積) $= \pi \times 2^2 \times 4 + \dfrac{1}{2} \pi \times 2^2 \times 3 = 22\pi$ (cm^3)

3 Ⅰ (2) A店の30 cmのリボンの代金は，
$y = 5 \times 30 = 150$（円）
B店の代金は250円だから，A店の方が100円安い。
Ⅱ (1) $y = 6x - 170$ で $x = 100$ のとき
$y = 6 \times 100 - 170 = 430$ だから，
(l の傾き) $= (430 - 250) \div (100 - 50) = \dfrac{180}{50} = \dfrac{18}{5}$
$\dfrac{18}{5}$ (円) より少なく，最も近い整数は3だから，(え) は3となる。
(2) x cm まで 200 円で販売すると，
$5(100 - x) = 430 - 200$　　これを解くと，$x = 54$

4 Ⅱ (1) △BAQ は BA = BQ の二等辺三角形だから，
∠BAQ = ∠BQA = $a°$ …① とおく。
また，△APB は正三角形だから，∠ABP = 60°…②
したがって，①，②より，$2a° = 60°$　　$a = 30$
(2) 直線 AO と PB の交点を H とすると，△APH は，
AP = 4 cm，30°，60°，90° の直角三角形であるから，
AH = $2\sqrt{3}$ cm
円 O の半径を r cm とすると，△OPH は OP = r cm，
OH = $(2\sqrt{3} - r)$ cm，PH = 2 cm の 30°, 60°, 90° の直角三角形だから，
$r : (2\sqrt{3} - r) = 2 : 1$　　$r = \dfrac{4\sqrt{3}}{3}$ (cm)
(3) AT が円 O，AU が円 O' の直径になるとき，△ATU の面積が最大になる。
△ATU において，
AB = 4 cm，
BT = $\dfrac{1}{2} \times$ AT
$= \dfrac{1}{2} \times \dfrac{8\sqrt{3}}{3} = \dfrac{4\sqrt{3}}{3}$ (cm)
BU = AB $\times \sqrt{3} = 4\sqrt{3}$ (cm) だから，
(△ATUの面積) $= \dfrac{1}{2} \times \left(\dfrac{4\sqrt{3}}{3} + 4\sqrt{3}\right) \times 4$
$= \dfrac{32\sqrt{3}}{3}$ (cm^2)
(4) △APQ は，AP = 4 cm，
PQ = PB + BQ = 4 + 4 = 8 (cm)，AQ = $4\sqrt{3}$ cm
∠PAQ = 90°の直角三角形だから，
(△APQの面積) $= \dfrac{1}{2} \times 4 \times 4\sqrt{3} = 8\sqrt{3}$ (cm^2)
よって，$\dfrac{\triangle ATU}{\triangle APQ} = \dfrac{32\sqrt{3}}{3} \div 8\sqrt{3} = \dfrac{4}{3}$（倍）

別解 AP : AT $= 4 : \dfrac{8\sqrt{3}}{3} = 3 : 2\sqrt{3}$
△APQ∽△ATU

相似な 2 つの三角形の面積比は相似比の 2 乗に等しいから，
(△APQ の面積) : (△ATU の面積) = $3^2 : (2\sqrt{3})^2$
= 9 : 12 = 3 : 4
したがって，△ATU の面積は △APQ の面積の $\frac{4}{3}$ 倍になる。

〈K. M.〉

岐 阜 県
問題 P.56

解 答

1 正負の数の計算，式の計算，平方根，関数 $y = ax^2$，確率，平面図形の基本・作図
(1) 7　(2) $y = -2x + 3$　(3) $2\sqrt{3}$　(4) 14　(5) $\frac{2}{5}$
(6) 5π cm

2 資料の散らばりと代表値　(1) 22.5 分　(2) 0.3
(3) イ，エ

3 数・式の利用，2 次方程式の応用　(1)(ア) $x - 7$
(イ) $x + 1$　(ウ) $x^2 - 16x + 48 = 0$　(2) 5，12，13

4 1 次関数
(1) ア．18　イ．30
(2) 右図
(3)(ア) $y = 3x$
(イ) $y = 2x$
(4) 1 分 20 秒後，14 分 20 秒後

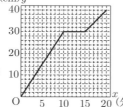

5 2 次方程式の応用，平行と合同，円周角と中心角，三平方の定理　(1)(証明) (例) △ADB と △AEC において
仮定より，AD = AE…①　　AB = AC…②
∠DAE = ∠BAC = 90°…③
また，∠DAB = ∠DAE - ∠BAE…④
∠EAC = ∠BAC - ∠BAE…⑤
③を④，⑤に代入すると，∠DAB = 90° - ∠BAE…⑥
∠EAC = 90° - ∠BAE…⑦
⑥，⑦より，∠DAB = ∠EAC…⑧
①，②，⑧より，2 組の辺とその間の角がそれぞれ等しいので，△ADB ≡ △AEC
(2)(ア) $3\sqrt{2}$ cm　(イ) $(-1 + 2\sqrt{2})$ cm

6 数・式の利用，多項式の乗法・除法，2 次方程式の応用
(1)(ア) 14 個　(イ) 18 個　(2) $(2n + 1)$ 個
(3) ア．4　イ．4n　ウ．$(2n + 1)^2$　エ．$2n^2$　(4) 881 個

解き方 **1** (1) $9 - 6 \times \frac{1}{3} = 9 - 2 = 7$
(2) $2y = -4x + 6$　　$y = -2x + 3$
(3) $3\sqrt{3} + \sqrt{3} - 2\sqrt{3} = 2\sqrt{3}$
(4) $x = 2$ のとき $y = 8$，$x = 5$ のとき $y = 50$
(変化の割合) = $\frac{50 - 8}{5 - 2} = 14$
(5) ⑫，13，⑭，15，21，23，㉔，25，31，㉜，㉞，35，41，㊷，43，45，51，㊾，53，㊾ の 20 個の整数の中で，偶数は○をつけた 8 個。よって，$\frac{8}{20} = \frac{2}{5}$
(6) 左の円の直径を x cm とすると，右の円の直径は $10 - x$ (cm) と表せる。それぞれの円の円周は左が πx cm 右が $\pi(10 - x) = 10\pi - \pi x$ (cm)
求める長さは 2 つの円の円周の和の半分なので，
$\frac{\pi x + 10\pi - \pi x}{2} = \frac{10\pi}{2} = 5\pi$ (cm)

2 (1) A 中学校の度数が最も大きい階級は 20 分以上 25 分未満なので，最頻値は，その階級の階級値の 22.5 分
(2) $\frac{4 + 10 + 16}{100} = 0.3$
(3) ア．B 中学校の最頻値は 17.5 分。よって，×
イ．A 中学校の中央値は 20 番目で，その階級は 15 分以上 20 分未満。B 中学校の中央値は 50 番目と 51 番目の平均値で，その階級は 15 分以上 20 分未満。よって，○
ウ．A 中学校の 15 分未満の生徒の相対度数は
$\frac{13}{39} = 0.33\cdots$ で，B 中学校より大きい。よって，×
エ．B 中学校は 0 分以上 5 分未満の階級と，35 分以上 40 分未満の階級にそれぞれ生徒がいるので，範囲が大きい。よって，○
以上より，イ，エ

3 (1)(ア) 最も小さい数は x の 1 つ上にあるので $x - 7$
(イ) 最も大きい数は x の 1 つ右にあるので $x + 1$
(ウ) $(x - 7)^2 + x^2 = (x + 1)^2$
$x^2 - 14x + 49 + x^2 = x^2 + 2x + 1$　　$x^2 - 16x + 48 = 0$
(2)(1)(ウ)の 2 次方程式を解くと，$x = 4$，$x = 12$
$x = 4$ の場合 -3，4，5　日付は自然数なので不可。
$x = 12$ の場合 5，12，13　すべて自然数なので可。
よって，求める 3 つの数は 5，12，13

4 (1) $y = 30$ までは y は x に比例する。
$y = ax$ より，$30 = 10a$　　$a = 3$　$y = 3x$
$x = 6$ のとき，$y = 3 \times 6 = 18$　よって，ア…18
$10 \leq x \leq 15$ で水は B に流れ込むため y は一定で $y = 30$
よって，イ…30
(3)(ア)(1)より，$y = 3x$
(イ) $y = bx + c$ とする。$b = \frac{40 - 30}{20 - 15} = \frac{10}{5} = 2$
$40 = 2 \times 20 + c$　　$c = 0$　よって，$y = 2x$
(4) x 分後の B 側の水面の高さを z cm とする。
$0 \leq x \leq 10$ で z は x に比例していて，B の面積は A の面積の 2 倍なので，変化の割合は A 側の $\frac{1}{2}$ 倍。
つまり，$z = \frac{3}{2}x$　　y と z の差が 2 cm なので，
$y - z = 2$　　$3x - \frac{3}{2}x = 2$　　$6x - 3x = 4$　　$x = \frac{4}{3}$
つまり，1 分 20 秒後。
$10 \leq x \leq 15$ で，y が一定で $y = 30$ のとき，z は増加し，差が 2 cm になる場合を調べる。
$x = 10$ のとき $z = 15$，$x = 15$ のとき $z = 30$ になる。
$z = dx + e$ とすると，$d = \frac{30 - 15}{15 - 10} = \frac{15}{5} = 3$
$30 = 3 \times 15 + e$　　$e = -15$
つまり，$z = 3x - 15$ と表せる。
$y - z = 2$ より，$30 - (3x - 15) = 2$　　$-3x = -43$
$x = \frac{43}{3}$　つまり，14 分 20 秒後。

5 (2)(ア) △ADE において，DE = $\sqrt{2} \times$ AD = $3\sqrt{2}$
(イ)(1)より，∠ADC = ∠AEC　つまり，4 点 A，D，E，C は同一円周上にある。よって，∠DCE = ∠DAE = 90°
また，(1)より，BD = CE　さらに CB = $\sqrt{2} \times$ AB = 2
△CDE において，三平方の定理より，$DE^2 = CD^2 + CE^2$
$DE^2 = (CB + BD)^2 + BD^2$　　$18 = (2 + BD)^2 + BD^2$
$18 = 4 + 4BD + BD^2 + BD^2$　　$BD^2 + 2BD - 7 = 0$
$BD = \frac{-2 \pm \sqrt{4 + 28}}{2} = \frac{-2 \pm 4\sqrt{2}}{2} = -1 \pm 2\sqrt{2}$
$BD > 0$ より，$BD = -1 + 2\sqrt{2}$

6 (1)(ア) $7 \times 2 = 14$ (個)　(イ) $9 \times 2 = 18$ (個)

(2) 1辺の個数は，1回目で3個，2回目で5個，3回目で7個，…になっているので，$2n+1$（個）
(3) イ．右図のように3回目の操作を終えた後で考えると，3回目の白の碁石の数は
$\{1+A+(4\times3)\}$ 個と表すことができる。よって，n 回目の操作を終えた後の白の碁石の個数は $(1+A+4n)$ 個と表せる。
ウ．(2)より，$(2n+1)^2$ 個。
エ．$A+(1+A+4n)=(2n+1)^2$
$A+1+A+4n=4n^2+4n+1$
$2A=4n^2$ $A=2n^2$
(4) 全体の碁石の数は $(2n+1)^2=(2\times20+1)^2=1681$（個）
黒い碁石の数は $2n^2=2\times20^2=800$（個）
よって，白い碁石の数は $1681-800=881$（個）
〈YM. K.〉

静岡県   問題 P.58

解答

1 正負の数の計算，式の計算，平方根，多項式の乗法・除法，2次方程式
(1) ア．-19 イ．$5a-2b$ ウ．$\dfrac{5x-13y}{14}$ エ．$9\sqrt{7}$
(2) 23 (3) $x=-3, x=7$

2 平面図形の基本・作図，円周角と中心角，確率
(1) 右図
(2) 144 度
(3) $\dfrac{11}{15}$

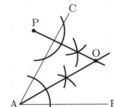

3 資料の散らばりと代表値 (1) 7日 (2) $10\leqq a\leqq 16$

4 連立方程式の応用
（方程式と計算の過程）（例）
65歳以上の入館者数を x 人，子どもの入館者数を y 人とすると，65歳未満の大人の入館者数は $4x$ 人である。
$\begin{cases} x+4x+y=183 &\cdots① \\ 450x+500\times4x+300y=76750 &\cdots② \end{cases}$
①，②をそれぞれ整理すると，
$y=183-5x\cdots③$，$49x+6y=1535\cdots④$
③を④に代入して整理すると，
$49x+6(183-5x)=1535$ $49x+1098-30x=1535$
$19x=437$ $x=23$ $5x=5\times23=115$
③より，$y=183-5\times23=183-115=68$
（答）すべての大人の入館者数は 115 人
　　　子どもの入館者数は 68 人

5 空間図形の基本，立体の表面積と体積，三角形，平行線と線分の比，三平方の定理 (1) 辺FG，辺GH (2) 6 cm
(3) $\dfrac{16}{3}$ cm³

6 比例・反比例，1次関数，関数 $y=ax^2$，平行線と線分の比   (1) $y=-\dfrac{12}{x}$ (2) $-7a$
(3) （求める過程）（例） $x=-4$ より B $(-4, 16a)$，$x=3$ より C $(3, 9a)$ だから，直線BCの傾きは

$\dfrac{9a-16a}{3-(-4)}=\dfrac{-7a}{7}=-a$

よって，直線BCの方程式は，$y=-ax+c$ とおける。
この直線が点Cを通るので，$9a=-a\times3+c$ $c=12a$
直線BCの方程式は，$y=-ax+12a$
A $(2, -6)$，D $(2, 8)$ だから直線ADの式は，$x=2$
2直線BC，ADの交点がEなので，
$x=2$ のとき，$y=-2a+12a=10a$ だから，
点 E $(2, 10a)$
また，直線OAの傾きは $\dfrac{-6}{2}=-3$ だから，直線OAの方程式は，$y=-3x$
$x=-4$ のとき，$y=-3\times(-4)=12$ だから，
点 F $(-4, 12)$
四角形BFAEの面積は
$(AE+BF)\times(2+4)\div2=(10a+6+16a-12)\times6\div2$
$=(26a-6)\times3=78a-18$
△ADFの面積は，$(8+6)\times6\div2=14\times3=42$
条件より，$(78a-18)\div2=42$ これを解くと
$a=\dfrac{42+9}{39}=\dfrac{51}{39}=\dfrac{17}{13}$
（答）$a=\dfrac{17}{13}$

7 図形と証明，三角形，円周角と中心角，相似
(1) （証明）（例）
△BCFと△ADEにおいて
仮定より ∠ACB = ∠ACE
だから
$\stackrel{\frown}{AB}=\stackrel{\frown}{AE}\cdots①$，
∠BCF = ∠ACE $\cdots②$
$\stackrel{\frown}{AE}$ に対する円周角は等しいから ∠ACE = ∠ADE $\cdots③$
②，③より ∠BCF = ∠ADE $\cdots④$
△ACDは ∠ADC = ∠ACD の二等辺三角形だから
$\stackrel{\frown}{AC}=\stackrel{\frown}{AD}\cdots⑤$
①，⑤より $\stackrel{\frown}{BC}=\stackrel{\frown}{DE}$
これと，$\stackrel{\frown}{BC}=\stackrel{\frown}{CD}$ により $\stackrel{\frown}{CD}=\stackrel{\frown}{DE}$ だから
∠CBF = ∠DAE $\cdots⑥$
④，⑥より2組の角がそれぞれ等しいので
△BCF∽△ADE（証明終）
(2) $\dfrac{9}{4}$ cm

解き方 **1** (1) ア．$5+(-3)\times8=5-24=-19$
イ．$(45a^2-18ab)\div9a=\dfrac{45a^2}{9a}-\dfrac{18ab}{9a}$
$=5a-2b$
ウ．$\dfrac{x-y}{2}-\dfrac{x+3y}{7}=\dfrac{7x-7y-(2x+6y)}{14}=\dfrac{5x-13y}{14}$
エ．$\dfrac{42}{\sqrt{7}}+\sqrt{63}=6\sqrt{7}+3\sqrt{7}=9\sqrt{7}$
(2) $(3a+4)^2-9a(a+2)=9a^2+24a+16-9a^2-18a$
$=6a+16=6\times\dfrac{7}{6}+16=7+16=23$
(3) $x^2+x=21+5x$ $x^2-4x-21=0$
$(x+3)(x-7)=0$ よって，$x=-3, x=7$

2 (1)①点Pから辺ACへ垂線を引く。② ∠BACの二等分線を引く。③①と②との交点がOである。
(2) おうぎ形の中心角を x（度）とすると，
$\dfrac{x}{360}=\dfrac{2\times2\pi}{2\times5\pi}$ $x=\dfrac{2\times360}{5}=144$

(3) カードの引き方は右の樹形図より15通りある。このうち、2つの数の公約数が1以外にもある場合は

{2, 4}, {2, 6}, {3, 6}, {4, 6} の4通りである。
よって、求める確率は、$\dfrac{15-4}{15} = \dfrac{11}{15}$

3 (1) 日数を見て、最も多い頻度（4回）で現れている数は7である。よって、最頻値は7日
(2) 日数の範囲は12日より、$4 \leqq a \leqq 16$ である。日数を小さい順に並べると、
4, 6, 7, 7, 7, 7, 10, 10, 13, 15, 16
また、日数の中央値は $8.5 = \dfrac{7+10}{2}$（日）であるから、小さい方から6番目と7番目の日数は、それぞれ7と10となる。
よって、$10 \leqq a$ である。
2つの不等式をともに満たす範囲を考えて、$10 \leqq a \leqq 16$

5 (1) 辺 AE とねじれの位置にある辺は、辺 BC, 辺 FG, 辺 CD, 辺 GH である。このうち、面 ABCD と平行である辺は、辺 FG, 辺 GH
(2) 線分 DL の長さは、3辺の長さが、4, 4, 2 である直方体の対角線の長さに等しいので、
$\sqrt{4^2+4^2+2^2} = \sqrt{16+16+4} = \sqrt{36} = 6$ (cm)
(3) 四角すいの底面を AFGD とすると、その面積は、
$4 \times 4\sqrt{2} = 16\sqrt{2}$ (cm²)
である。
MN = 4 cm, MP = 1 cm だから、四角すいの高さは、点 N から面 AFGD におろした垂線の長さの $\dfrac{MP}{MN} = \dfrac{1}{4}$ に等しい。
ここで、垂線の長さは、
BE ($= 4\sqrt{2}$ cm) の長さの半分に等しいことから、高さは、
$4\sqrt{2} \times \dfrac{1}{2} \times \dfrac{1}{4} = \dfrac{\sqrt{2}}{2}$ (cm)
である。
よって、求める体積は、
$16\sqrt{2} \times \dfrac{\sqrt{2}}{2} \times \dfrac{1}{3} = \dfrac{16}{3}$ (cm³)

6 (1) ①のグラフの式を $xy = b$ とおくと、点 A $(2, -6)$ を通るので、$b = 2 \times (-6) = -12$
よって、求める式は $y = -\dfrac{12}{x}$
(2) 求める変化の割合は
$\dfrac{a \times (-2)^2 - a \times (-5)^2}{-2 - (-5)} = \dfrac{4a - 25a}{3} = \dfrac{-21a}{3} = -7a$

7 (2) BF $= x$ cm とすると、
(1)より、DE = BC = 3 cm
また、△BCF と △ADE の相似比は BC : AD = 3 : 6 = 1 : 2 だから、
AE $= 2x$ cm, FC $= \dfrac{3}{2}$ cm
ここで、一辺とその両端の角がそれぞれ等しいから
△AFD ≡ △AED であり、AF = AE $= 2x$ cm
仮定より AC = AD = 6 cm だから

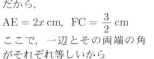

AF + FC = AC　　$2x + \dfrac{3}{2} = 6$　　$x = \dfrac{9}{4}$ (cm)

〈T. E.〉

愛知県

問題 P.59

《Aグループ》

解答

1 正負の数の計算、式の計算、平方根、2次方程式、因数分解、1次方程式の応用、関数 $y = ax^2$, 確率、三平方の定理 ｜ (1) 11 (2) $\dfrac{11}{15}x$
(3) $\sqrt{15}$ (4) $x = \dfrac{1 \pm \sqrt{13}}{2}$ (5) $(x-1)(x-9)$ (6) 38人
(7) 毎秒 18 m (8) $\dfrac{9}{20}$ (9) $\sqrt{21}$ cm

2 連立方程式、資料の散らばりと代表値、比例・反比例、1次関数 ｜
(1) ア. 0 イ. -4
(2) a. 3.2 b. 3
c. 24 d. 1.9
(3) C (8, 0)
(4) ① 右図
② 50分後

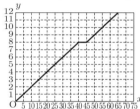

3 円周角と中心角、相似、三平方の定理、立体の表面積と体積 ｜ (1) 92度 (2) ① 4倍 ② $\dfrac{37}{25}$ 倍
(3) ① $36\sqrt{7}$ cm³ ② $\dfrac{3\sqrt{14}}{2}$ cm

解き方 **1** (3)（与式）
$= \sqrt{5}(\sqrt{2}+1) \times \sqrt{3}(\sqrt{2}-1)$
$= \sqrt{5} \times \sqrt{3} \times \{(\sqrt{2})^2 - 1^2\} = \sqrt{15}$
(8) A から 1, 3, 5 のどれかが取り出され、B から 1, 3, 5 のどれかが取り出されたときで、$3 \times 3 = 9$（通り）
(9) 半径 PA に中心 Q から垂線を引き、交点を H とすると、
AB = QH $= \sqrt{PQ^2 - PH^2} = \sqrt{5^2 - (4-2)^2} = \sqrt{21}$ (cm)
2 (1) ア、イにあてはまる数をそれぞれ x, y とすると、
$x + 1 + y = x + (-5) + 2 = y + (-1) + 2$
すなわち、$x + y + 1 = x - 3 = y + 1$
(2) 第1問を正解した人の点数は、5点、3点、1点のどれかである。
(3) 直線 AB の式は、$y = -\dfrac{2}{3}x + \dfrac{8}{3}$ これと x 軸との交点は $(4, 0)$ で、この点が線分 OC の中点になる。
(4)

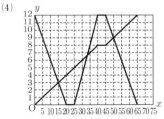

3 (1) ∠COD $= 36° \times 2 = 72°$
∠ODB $= \dfrac{1}{2}$∠AOD $= \dfrac{1}{2}(40° + 72°) = 56°$
∠DEC $=$ ∠EBD $+$ ∠BDE $= 36° + 56° = 92°$
(2) ① AE ⊥ FB である。
直線 AD と直線 BF の交点を H とすると、

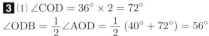

△AGH∽△EGB より，
AG：GE＝AH：BE＝(6＋2)：2＝4：1
② 2つの円の面積比は，
$\dfrac{AF^2}{EF^2} = \dfrac{(\sqrt{37})^2}{5^2} = \dfrac{37}{25}$

(3)① 正四角錐の高さは，$\sqrt{9^2-(3\sqrt{2})^2} = 3\sqrt{7}$ (cm)
② 辺 AD の中点を M，辺 BC の中点を N とする。
△OMN において，M から辺 ON に垂線を引き，交点を H とすると，求める距離は MH に等しい。
△OMN の面積を考えて，
$\dfrac{1}{2} \times 6 \times 3\sqrt{7} = \dfrac{1}{2} \times ON \times MH$ より，
$MH = \dfrac{6 \times 3\sqrt{7}}{ON} = \dfrac{18\sqrt{7}}{6\sqrt{2}} = \dfrac{3\sqrt{14}}{2}$ (cm)

〈K. Y.〉

《B グループ》

解答

1 正負の数の計算，多項式の乗法・除法，平方根，2次方程式，式の計算，1次方程式の応用，関数 $y=ax^2$，資料の散らばりと代表値，円周角と中心角

(1) 7　(2) $2x$　(3) 6　(4) $x=-1, 4$　(5) $5a+b<500$
(6) 168人　(7) イ，エ　(8) 24 m　(9) 46度

2 確率，数の性質，1次関数

(1) $\dfrac{1}{9}$
(2) a. 20　b. 21
(3) $\left(-\dfrac{2}{3}, \dfrac{10}{3}\right)$
(4)① 15分後
② 右図

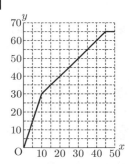

3 平行四辺形，平面図形の基本・作図，立体の表面積と体積，三平方の定理
(1) 56度　(2)① $\dfrac{9}{2}$ cm　② $\dfrac{34}{5}$ cm²
(3)① 13π cm²　② $\dfrac{38\sqrt{2}}{3}\pi$ cm³

解き方 **1** (6) はじめの A, B それぞれの希望者を x 人，$2x$ 人とすると
$(x+14):(2x-14) = 5:7$　　$5(2x-14) = 7(x+14)$
$10x - 70 = 7x + 98$　　$3x = 168$
(8) 小さい順に並べると 18, 20, 23, 25, 26, 26
(9) ∠ACO＝∠CAO＝$x°$ とおくと，
∠OAB＝∠ABO＝31° であるから
$31° + x° = 154° \times \dfrac{1}{2}$　　$x = 77 - 31 = 46$

2 (1) 4 と 6，6 と 4，5 と 6，6 と 5 の 4 通り。
(2) $20 \to 10 \to 5 \to 16 \to 8 \to 4 \to 2 \to 1$
$21 \to 64 \to 32 \to 16 \to 8 \to 4 \to 2 \to 1$
(3) A $(1, 2)$，B $(4, 8)$，C $(-3, 1)$
交点を D とし，その x 座標を d とすると，
$\dfrac{AB}{OB} \times \dfrac{BD}{BC} = \dfrac{1}{2}$ より　$\dfrac{4-1}{4-0} \times \dfrac{4-d}{4-(-3)} = \dfrac{1}{2}$
$\dfrac{3}{4} \times \dfrac{4-d}{7} = \dfrac{1}{2}$　　$4-d = \dfrac{14}{3}$　　$d = -\dfrac{2}{3}$
また，直線 BC の式は $y = x + 4$
(4)① はじめの B の水の高さは $75 - 40 = 35$ (cm)

A が空になるのは $40 \div 2 = 20$（分後）
B が空になるのは $35 \div 1 = 35$（分後）であるから，
$35 - 20 = 15$（分後）
② ポンプ P が x 分間動いていたとすると $2x + 25 = 45$
$x = 10$　また，25分後から50分後の25分間に C の水の高さが 20 cm 上昇していることから，25分後から，ポンプ Q が 20 分間動いていたことがわかる。
よって，$0 \leqq x \leqq 10$ のとき，$y = 3x$
$10 \leqq x \leqq 45$ のとき，$y = x + 20$
$45 \leqq x \leqq 50$ のとき，$y = 65$

3 (1) ∠DAF＝∠FEB＝56° より
∠ADF＝$180° - 90° - 56° = 34°$
∠ABE＝∠CDA＝2∠ADF＝$2 \times 34° = 68°$
ゆえに，∠BAF＝$180° - $∠FEB$ - $∠ABE
　　　　　　＝$180° - 56° - 68° = 56°$
なお，∠BAF＝$x°$，∠DAF＝$y°$，∠ADF＝∠CDF＝$z°$
とおくと，$x + y + 2z = 180 \cdots ①$　　$y + z = 90 \cdots ②$
①$- ② \times 2$ より $x - y = 0$　　$x = y$
ゆえに，∠BAF＝∠DAF＝∠FEB＝56°
さらに，直線 AE と直線 CD の交点を G とすると，
△DAG は二等辺三角形になるから
∠BAF＝∠AGD＝∠DAG＝∠FEB＝56°
と考えることもできる。
(2)① DF＝x cm，FC＝y cm とすると
$x + y = 5$　　$x + 2 = y + 6$
よって，$x = \dfrac{9}{2}$，$y = \dfrac{1}{2}$
② 台形 ABCD＝16 cm²，△AED＝2 cm²，
△EBC＝6 cm² より，△DEC＝$16 - 2 - 6 = 8$ (cm²)
DF：FC＝$\dfrac{9}{2}:\dfrac{1}{2} = 9:1$ であるから，
△ECF＝△DEC$\times \dfrac{1}{9+1} = 8 \times \dfrac{1}{10} = \dfrac{4}{5}$ (cm²)
ゆえに，四角形 EBCF＝△EBC＋△ECF
　　　　　　　　　　＝$6 + \dfrac{4}{5} = \dfrac{34}{5}$ (cm²)
(3)① 円 P の半径は 3 cm，円 Q の半径は 2 cm
② 円錐 X：底面の半径 3 cm，高さ $6\sqrt{2}$ cm
円錐 Y：底面の半径 2 cm，高さ $4\sqrt{2}$ cm
X の体積から Y の体積を引いて
$18\sqrt{2}\pi - \dfrac{16}{3}\sqrt{2}\pi = \dfrac{38\sqrt{2}}{3}\pi$ (cm³)

〈K. Y.〉

三　重　県

問題 P.62

解答

1 正負の数の計算，式の計算，平方根，因数分解，2次方程式，資料の散らばりと代表値

(1) -63　(2) $\dfrac{1}{20}x$　(3) $-a+25b$　(4) $7-2\sqrt{10}$

(5) $(x+6)(x-6)$　(6) $x=\dfrac{-5\pm\sqrt{29}}{2}$　(7) $n=9$

2 1次関数，連立方程式の応用，確率

(1)① 27000円　②㋐ 36冊

㋑下図

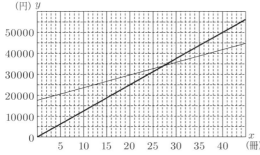

㋒ 28冊以上　(2)① $x+y$　② $\dfrac{x}{60}+\dfrac{y}{160}$　③ 840

④ 960　(3)① $\dfrac{2}{9}$　② $\dfrac{1}{9}$

3 関数を中心とした総合問題　(1) $a=\dfrac{1}{4}$

(2) $0\leqq y\leqq \dfrac{9}{4}$　(3)① D$(4,3)$　② $y=\dfrac{5}{2}x$

4 空間図形の基本，三平方の定理，平面図形の基本・作図

(1)① $3\sqrt{3}$ cm

② $\dfrac{4\sqrt{6}}{3}$ cm

(2) 右図

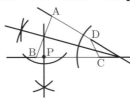

5 図形を中心とした総合問題

(1)(ア) $\angle$HAB　(イ) $\angle$CAE　(ウ) 2組の角

(2)(証明)(例) △ADC と △BCE において，
平行四辺形の向かい合う辺はそれぞれ等しいから，
AD = BC…①
弧 EC に対する円周角は等しいから，
$\angle$CAD = $\angle$EBC…②
AB // DC より，錯角は等しいから，
$\angle$ACD = $\angle$BAC…③
弧 BC に対する円周角は等しいから，
$\angle$BAC = $\angle$BEC…④
③，④より，$\angle$ACD = $\angle$BEC…⑤
三角形の内角の和が180°であることと，②，⑤より，
$\angle$ADC = $\angle$BCE…⑥
①，②，⑥より，
1組の辺とその両端の角がそれぞれ等しいので，
△ADC ≡ △BCE　　　　　　　　　(証明終わり)

(3)① $12\sqrt{21}$ cm^2　② BG : FE = 75 : 94

解き方

1 (2) (与式) $= \dfrac{16}{20}x - \dfrac{15}{20}x = \dfrac{1}{20}x$

(3) (与式) $= 7a - 7b - 8a + 32b = -a + 25b$

(4) (与式) $= (\sqrt{5})^2 - 2\times\sqrt{5}\times\sqrt{2} + (\sqrt{2})^2 = 7 - 2\sqrt{10}$

(5) (与式) $= x^2 - 6^2 = (x+6)(x-6)$

(6) $x = \dfrac{-5\pm\sqrt{5^2 - 4\times 1\times(-1)}}{2\times 1} = \dfrac{-5\pm\sqrt{29}}{2}$

(7) $(5+4+3+7+n+5)\div 6 = 5.5$

$n + 24 = 5.5\times 6$　　$n = 9$

2 (1)① $18000 + 600\times 15 = 27000$（円）

②㋐ 40000円で x 冊作成できるとすると，

$600x + 18000 = 40000$　　$x = 36\dfrac{2}{3}$

よって，最大36冊作成できる。（なぜかはコメント参照，以下同様。）

㋑ $y = 1250x\ (x\geqq 0)$ のグラフをかけばよい。

㋒ x 冊作成したとき，両社の総費用が同じになるとすると，

$1250x = 600x + 18000$　　$x = 27\dfrac{9}{13}$

よって，28冊以上作成したときB社の方が安くなる。

（コメント）解答は立式して，計算に頼ったが，本問は「グラフの役割」を実感する良問である。問題の順番にストーリーができていることに気づいただろうか？今後のために詳しくコメントしておこう。

㋐ 問題で与えられたグラフにおいて，$y=40000$ のときの x 座標の値を読むと，$36 < x < 37$ であることがわかる。$y=40000$ より下で最大の整数 x は36と読み取れる。よって，最大36冊作成できる。

㋒ 与えられたグラフと㋑でかいたグラフの交点の x 座標の値を読むと，$27 < x < 28$ であることがわかる。2つのグラフは，はじめB社のグラフが上，すなわち，B社の方が高く，交点を境に，B社のグラフが下，すなわち，B社の方が安くなることが読み取れる。よって，28冊以上作成したときB社の方が安くなる。

(2) 第2式を $8x + 3y = 9600$ と変形して解く。

(3) すべての場合の数は，$6\times 6 = 36$（通り）である。

① 一の位が1から6のうち，素数となりうるのは1か3のみであり，実際に数え上げていくと，11，31，41，61，13，23，43，53 の8通りある。

② $m = 16$，25，36，64 の4通りある。

3 (1) A は㋑のグラフ上の点より，A$(-2, 1)$

A は㋐のグラフ上の点より，$1 = a\times(-2)^2$　　$a = \dfrac{1}{4}$

(2) $x = -2$ のとき $y = 1$，$x = 3$ のとき $y = \dfrac{9}{4}$

㋐のグラフより，$0\leqq y\leqq \dfrac{9}{4}$

(3) C$(6, 9)$ であるから，線分 AC の中点は M$(2, 5)$ である。

① B$(0, 7)$ であるから，D(d, e) とすると，

$\dfrac{0+d}{2} = 2$，$\dfrac{7+e}{2} = 5$　　D$(4, 3)$

② 直線 OM が平行四辺形 ADCB の面積を2等分する。

4 (1)① BF = $\sqrt{3}$CF = $3\sqrt{3}$ (cm)

② A から △BCD に垂線をひくと，△BCD の重心 G を通る。

BG : GF = 2 : 1 より，BG = $\dfrac{2}{3}$BF = $2\sqrt{3}$ (cm)

よって，AG = $\sqrt{\text{AB}^2 - \text{BG}^2} = 2\sqrt{6}$ (cm)

E から BF に垂線 EH をひく。

EH : AG = BE : BA = 2 : 3

よって，EH = $\dfrac{2}{3}$AG = $\dfrac{4\sqrt{6}}{3}$ (cm)

(2) 直線 BC と AD の交点を O とする。$\angle$AOB の二等分線と辺 AB との交点 Q が条件を満たす円の中心である。Q から辺 BC にひいた垂線と辺 BC との交点が P である。

5 (3)①(2)より，CE = CD であるから，△CDE は二等辺三角形である．仮定より，CD = AB = 5 cm
DE = AD − AE = 12 − 8 = 4 (cm) であるから，
二等辺三角形 CDE の高さは，$\sqrt{5^2 - 2^2} = \sqrt{21}$ (cm)
この高さは平行四辺形 ABCD の高さでもあるから，面積は，$12 × \sqrt{21} = 12\sqrt{21}$ (cm²)
② AC = $\sqrt{(\sqrt{21})^2 + (8+2)^2} = 11$ (cm)
△AFE∽△CFB より，
EF : BF = AF : CF = AE : CB = 2 : 3
AC = 11 cm より，AF = $\frac{2}{5}$AC = $\frac{22}{5}$ (cm)
△ABF において，線分 AG は ∠BAF の二等分線であるから，角の二等分線の性質より，
BG : GF = AB : AF = 5 : $\frac{22}{5}$ = 25 : 22
よって，BG = $\frac{25}{47}$BF = $\frac{25}{47} × \frac{3}{2}$FE = $\frac{75}{94}$FE
したがって，BG : FE = 75 : 94
〈O. H.〉

滋 賀 県　問題 P.64

解答

1 正負の数の計算，式の計算，連立方程式，平方根，2 次方程式，関数 $y = ax^2$，資料の散らばりと代表値，確率　(1) −5 人　(2) $\frac{23}{20}a$
(3) $x = 2$, $y = 1$　(4) $2\sqrt{3} − 3\sqrt{2}$　(5) $x = 3$, 4
(6) $−12x^3y$　(7) $a = \frac{1}{9}$　(8) 7　(9) $\frac{1}{2}$

2 1 次方程式の応用，1 次関数
(1) 75000 円　(2) 26 人　(3) エ
(4)（例）一人あたりの参加費を a 円とする
$45a = 1900 × 45 + 80000 + 100000$
$a = 5900$
よって，5900 円

3 2 次方程式の応用，相似　(1) CG…2 m，AP…6 m
(2)（証明）（例）△PFE と △GHE について，
対頂角は等しいので，∠FEP = ∠HEG…①
AD // BC より，平行線の錯角は等しいので，
∠EPF = ∠EGH…②
①，②より，2 組の角がそれぞれ等しいので
△PFE∽△GHE が成り立つ．
DG = $\frac{18}{5}$ m
(3) $\frac{11 − \sqrt{73}}{2}$ m

4 平面図形の基本・作図
(1)（例）点 A から半径 OA と長さが等しい点 B，また，点 B からも半径 OA と長さが等しい点 D をとるので，
△AOB，△BOD は正三角形である．したがって，
∠AOB = 60°，∠BOD = 60°
∠AOD = ∠AOB + ∠BOD = 60° + 60° = 120°…①
同様にして，∠AOE = 120°…②
①，②より，∠DOE = 360° − 120° × 2 = 120°…③
①，②，③より，3 つのおうぎ形の中心角はいずれも 120° になるので，それぞれの面積は円の面積の $\frac{120}{360} = \frac{1}{3}$ になり等しくなる．
(2) AE : EB = 5 : 1

(3)
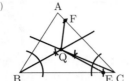

解き方

1 (1) $−11 + 6 = −5$
(2)（与式）= $\frac{35a − 12a}{20} = \frac{23}{20}a$
(3) $\begin{cases} 2x − 3y = 1 & \cdots ① \\ 3x + 2y = 8 & \cdots ② \end{cases}$
① ×2＋ ② ×3…$13x = 26$　$x = 2$
(4)（与式）= $2\sqrt{3} − \sqrt{3×6} = 2\sqrt{3} − 3\sqrt{2}$
(5) $(x − 3)(x − 4) = 0$　$x = 3$, 4
(6)（与式）= $x^3 × 36x^2y^2 ÷ (−3x^2y)$
= $−\frac{36}{3}x^{3+2−2}y^{2−1} = −12x^3y$
(7) y の変域が $0 ≦ y ≦ 1$ より，
a は正．
x の変域が $−3 ≦ x ≦ 1$ のとき，
y の変域を a を用いて表すと
$0 ≦ y ≦ 9a$ になることから，
$9a = 1$　$a = \frac{1}{9}$
(9) 2 枚のカードの引き方は
$\frac{4 × 3}{2 × 1} = 6$ (通り)
AD // BC より，△DFC = △AFC…①
AC // EF より，△AFC = △AEC…②
AB // DC より，△AEC = △AED…③
①，②，③より，△DFC と同じ面積の三角形は
△AFC, △AEC, △AED の 3 個作ることができる．
求める確率は $\frac{3}{6} = \frac{1}{2}$

2 (1) $5000 × 15 = 75000$ (円)
(2) 旅行会社の利益が 0 円になるとき
$5000x = 1900x + 80000$
$3100x = 80000$
$x = 25.8\cdots$
したがって，旅行会社の利益がプラスになるためには，少なくとも 26 人の参加者が必要である．
(3)〔点 B の y 座標〕
＝参加者が 0 人のときの開催費用の合計…④
〔点 A の y 座標〕
＝参加者が 40 人のときの開催費用の合計…⑤
⑤ − ④
＝ (40 人分のお弁当代，お土産，美術館の入場料の合計)

3 (1)
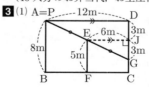
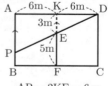

DJ = JG = 3 m であるから　　AP = 2KE = 6 m
CG = 8 − 3 × 2 = 2 (m)
(2) GH = x m とおく．
△PFE∽△GHE より
4 : x = 5 : 3　$x = \frac{12}{5}$
DG = $6 − \frac{12}{5} = \frac{18}{5}$ (m)

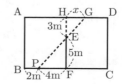

(3) 右の図において，
△GEK∽△EPL
CP＝AG＝y m とおくと
$(6-y):6=3:(5-y)$
整理すると，
$y^2-11y+12=0$
$y=\dfrac{11\pm\sqrt{73}}{2}$
$0<y<2$ より，$y=\dfrac{11-\sqrt{73}}{2}$

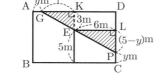

4 (2) 正方形 ABCD の一辺の長さを a，辺 BC の中点を M とする。台形 AEPF と台形 EBMP の面積比が $2:1$ になればよい。
AE＝x とおくとき
$(AE+FP):(EB+PM)=2:1$
$\left(x+\dfrac{1}{2}a\right):\left(a-x+\dfrac{1}{2}a\right)=2:1$
$2\left(\dfrac{3}{2}a-x\right)=\dfrac{1}{2}a+x$　　$x=\dfrac{5}{6}a$
AE:EB＝$\dfrac{5}{6}a:\left(a-\dfrac{5}{6}a\right)=\dfrac{5}{6}a:\dfrac{1}{6}a=5:1$

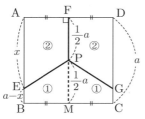

(3) 点 Q は，△ABC の内部にある点で各辺からの距離が等しいので，△ABC の内角 A, B, C それぞれの 2 等分線が交わる点である。

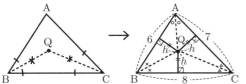

△QAB，△QBC，△QCA は高さ（＝h）の等しい三角形で，底辺の長さの和は $6+8+7=21$
線分 BQ，EQ，FQ で △ABC を切り分けるとき，高さ h，底辺が $21\div 3=7$ の三角形もしくは高さ h の三角形を組み合わせた図形で底辺の和が 7 となるものを 3 つ作ればよい。この条件を満たす E, F の位置は右の図のようになる。

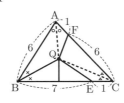

〈A. T.〉

京都府

問題 P.66

解答

1 正負の数の計算，式の計算，平方根，連立方程式，1 次関数，円周角と中心角，標本調査

(1) -31
(2) $7x+12y$
(3) $7\sqrt{6}$
(4) $x=4$, $y=-3$
(5) 右図
(6) 10 個
(7) $\angle x=71$ 度
(8) およそ 230 個

2 確率　(1) $\dfrac{1}{6}$　(2) $\dfrac{1}{3}$

3 2 次方程式，関数 $y=ax^2$

(1) 長さ：1 m，時間：6 秒　(2) $\dfrac{25}{36}$ m

4 立体の表面積と体積，三角形，相似，平行線と線分の比，三平方の定理　(1) 8 秒

(2) 面積：$\sqrt{35}$ cm^2，体積：$\dfrac{14\sqrt{5}}{3}$ cm^3　(3) $\dfrac{48}{7}$ 秒後

5 平面図形の基本・作図，相似，平行線と線分の比，三平方の定理　(1) 距離：$\dfrac{24}{5}$ cm，AD＝$\dfrac{14}{5}$ cm

(2) AG:GC＝$3:5$　(3) $\dfrac{21}{20}$ cm^2

6 数・式を中心とした総合問題

(1) 7 番目の図形の面積：16 cm^2
　　16 番目の図形の面積：72 cm^2
(2) $n=20$

解き方

1 (1) (与式)＝$5+4\times(-9)=5-36=-31$
(2) (与式)＝$12x+4y-5x+8y=7x+12y$
(3) (与式)＝$\sqrt{3}\times 4\sqrt{2}+3\sqrt{6}=7\sqrt{6}$
(6) $25<n<36$ より，$n=26, 27, 28, \cdots, 35$ の 10 個。
(7) $\angle BAD=90°$ より，$\angle CAD=90°-54°=36°$
円周角の定理より，$\angle CBD=\angle CAD=36°$ なので，AC と BD の交点を P とすると，△PBC の内角の和が $180°$ であることから，$\angle x=180°-(73°+36°)=71°$
(8) $10000\times\dfrac{7}{300}=233.33\cdots$ より，およそ 230 個

2 (1) 1 回目はどの目でもよく，2 回目に「6 の目」が出ればよいので，その確率は $\dfrac{1}{6}$

(2) 次の 2 パターンを考えることができる。
(i) 1 回目に「1～4 のいずれかの目」が出て，2 回目に「5 か 6 のいずれかの目」が出るとき。
このときの確率は，$\dfrac{4\times 2}{6\times 6}=\dfrac{2}{9}$
(ii) 1 回目に「6 の目」が出て，2 回目に「1～4 のいずれかの目」が出るとき。
このときの確率は，$\dfrac{1\times 4}{6\times 6}=\dfrac{1}{9}$
(i), (ii)は同時に起こりえないので，求める確率は，
$\dfrac{2}{9}+\dfrac{1}{9}=\dfrac{1}{3}$

3 (1) 1 往復するのに 2 秒かかる振り子の長さは，
$y=\dfrac{1}{4}x^2$ に $x=2$ を代入すると，$y=1$ より，1 m となる。
また，長さが 9 m の振り子が 1 往復するのにかかる時間は，
$y=\dfrac{1}{4}x^2$ に $y=9$ を代入すると，$x^2=36$

$x > 0$ より，$x = 6$ なので，6秒となる。

(2) 振り子 A が1往復するのにかかる時間を a 秒とすると，振り子 B が1往復するのにかかる時間は $\dfrac{4}{5}a$ 秒となる。

振り子 A の長さは，振り子 B の長さより $\dfrac{1}{4}$ m 長いことから，

$\dfrac{1}{4}a^2 = \dfrac{1}{4}\left(\dfrac{4}{5}a\right)^2 + \dfrac{1}{4}$　これを解いて，$a > 0$ より，$a = \dfrac{5}{3}$

よって，振り子 A の長さは，$\dfrac{1}{4} \times \left(\dfrac{5}{3}\right)^2 = \dfrac{25}{36}$ (m)

4 (1) △ABC にて三平方の定理より，$AC^2 = AB^2 + BC^2$

すなわち，$AC = \sqrt{(2\sqrt{7})^2 + 6^2} = \sqrt{64} = 8$ (cm) となるので，8秒。

(2) △BCD は右図のような $BC = BD$ の二等辺三角形なので，頂点 B から辺 CD に垂線 BM を下ろしたとすると，$CM = DM = 1$ cm となる。したがって，△BCM にて三平方の定理より，

$BM = \sqrt{6^2 - 1^2} = \sqrt{35}$ (cm)

ゆえに，△BCD の面積は，

$\dfrac{1}{2} \times CD \times BM = \dfrac{1}{2} \times 2 \times \sqrt{35}$

$= \sqrt{35}$ (cm²)

また，三角錐 ABCD の体積は，

$\dfrac{1}{3} \times △BCD \times AB = \dfrac{1}{3} \times \sqrt{35} \times 2\sqrt{7} = \dfrac{14\sqrt{5}}{3}$ (cm³)

(3) 三角錐 ABCD と三角錐 AQPD はそれぞれ底面を △ABC と △AQP と考えると，立体の高さは等しいことから，

(三角錐 ABCD の体積) : (三角錐 AQPD の体積)
$= △ABC : △AQP$

といえる。ここで，右図のように △ABC を考えると，$BC /\!/ QP$ であり，$AP = x$ とすれば，△ABC∽△AQP より，

$△ABC : △AQP = AC^2 : AP^2$
$= 64 : x^2$

よって，

$\dfrac{14\sqrt{5}}{3} : \dfrac{24\sqrt{5}}{7} = 64 : x^2$　　$49 : 36 = 64 : x^2$

これを解いて，$x^2 = \dfrac{36 \times 64}{49}$　　$x > 0$ より，$x = \dfrac{48}{7}$

よって，$\dfrac{48}{7}$ 秒後

5 (1) △ABC にて三平方の定理より，$BC = 10$ cm とわかる。したがって，点 A から辺 BC に垂線 AH を引いたとすると，AH の長さが点 A と辺 BC との距離であり，△ABC の面積から，

$\dfrac{1}{2} \times 6 \times 8 = \dfrac{1}{2} \times 10 \times AH$　　よって，$AH = \dfrac{24}{5}$ cm

また，四角形 ABCD は $AB = CD$ の等脚台形であることから，

$AD = BC - 2 \times BH = 10 - 2 \times \dfrac{18}{5} = \dfrac{14}{5}$ (cm)

(2) $AH /\!/ GF$ より，

$AG : GC = HF : FC = \left(6 - \dfrac{18}{5}\right) : 4 = 3 : 5$

(3) △EAD∽△ECB より，

$AE : CE = AD : CB = \dfrac{14}{5} : 10 = 7 : 25$

また，(2)より，$AG : GC = 3 : 5$ なので，

$AE : EG : GC = 7 : 5 : 20$ となり，

$△DEG = △ACD \times \dfrac{5}{7 + 5 + 20}$

$= \left(\dfrac{1}{2} \times \dfrac{14}{5} \times \dfrac{24}{5}\right) \times \dfrac{5}{32} = \dfrac{21}{20}$ (cm²)

6 (1) n を自然数として，奇数番目と偶数番目の面積を区分して書き出してみると，

1番目：1 cm²　　　　　2番目：2 cm²
3番目：4 cm²　　　　　4番目：6 cm²
5番目：9 cm²　　　　　6番目：12 cm²
7番目：16 cm²　　　　 8番目：20 cm²
　⋮　　　　　　　　　　⋮

$(2n - 1)$ 番目：n^2 cm²　　 $2n$ 番目：$(n^2 + n)$ cm²

と表せる。

よって，7番目の図形は 16 cm²

16番目の図形は 72 cm²

(2) n を偶数とするとき，

n 番目の図形の面積は，$\left(\dfrac{n}{2}\right)^2 + \dfrac{n}{2} = \dfrac{n^2}{4} + \dfrac{n}{2}$ (cm²)

$(2n + 1)$ 番目の図形の面積は，$(n + 1)^2$ cm² なので，その差が 331 cm² となるとき，

$(n + 1)^2 - \left(\dfrac{n^2}{4} + \dfrac{n}{2}\right) = 331$　　これを解いて，

$\dfrac{3}{4}n^2 + \dfrac{3}{2}n - 330 = 0$　　$n^2 + 2n - 440 = 0$

$(n - 20)(n + 22) = 0$

n は正の偶数なので，$n = 20$

〈Y. D.〉

大 阪 府

問題 P.67

解 答　A問題

1 正負の数の計算，式の計算，平方根

(1) -17　(2) $-\dfrac{2}{7}$　(3) 12　(4) $6x-11$　(5) $2xy^2$　(6) $8\sqrt{5}$

2 式の計算，正負の数の計算，比例・反比例，連立方程式，2 次方程式，確率，資料の散らばりと代表値，関数 $y=ax^2$，空間図形の基本　(1) -9　(2) 5.9 ℃　(3) エ

(4) $x=3,\ y=7$　(5) $x=-5,\ x=2$　(6) $\dfrac{5}{36}$　(7) ウ

(8) ① 8　② ⑦ 0　⑦ $\dfrac{9}{2}$　(9) ① イ　② $5a^2$ cm³

3 1 次方程式，1 次関数　(1)(⑦)24　(イ)39

(2) $y=5x+4$　(3) 16

4 平面図形の基本・作図，図形と証明，三角形，相似，三平方の定理　(1) $9\sqrt{2}$ cm　(2) $\dfrac{81}{4}\pi$ cm²

(3) ⓐ CE　ⓑ CEF　ⓒ イ

(4)（求め方）（例）△CHB ≡ △EFC より，

CH = EF = 7 (cm)

よって，EH = CE − CH = 9 − 7 = 2 (cm)

△CHB∽△EHG であるから，

CB : EG = CH : EH = 7 : 2

よって，EG = $\dfrac{2}{7}$CB = $\dfrac{2}{7}$ × 9 = $\dfrac{18}{7}$ (cm)

したがって，GF = EF − EG = 7 − $\dfrac{18}{7}$ = $\dfrac{31}{7}$ (cm)

（答）$\dfrac{31}{7}$ cm

B問題

1 正負の数の計算，式の計算，多項式の乗法・除法，数・式の利用，平方根，資料の散らばりと代表値，確率，関数 $y=ax^2$　(1) 22　(2) $\dfrac{3a+5}{4}$　(3) $-10ab$　(4) $7x+4$

(5) エ，オ　(6) 21　(7) 2.5　(8) $\dfrac{5}{36}$　(9) $\dfrac{3}{14}$

2 1 次方程式，連立方程式の応用，1 次関数

(1) ①(⑦)24　(イ)39　② $y=5x+4$　③ 16

(2)（求め方）（例）使った写真の合計が 50 枚であるから

$s+t=50\cdots⑦$

スライドショーの合計が 300 秒であるから

$(5s+4)+(8t+4)=300$

$5s+8t=292\cdots①$

⑦，①を解くと $s=36,\ t=14$

（答）s の値は 36，t の値は 14

3 平面図形の基本・作図，平行と合同，三角形，円周角と中心角，相似，三平方の定理　(1)① $3\sqrt{3}$ cm　② 2π cm

(2)①（証明）（例）△ABC と △BFG において

$\overset{\frown}{\text{BF}}$ に対する円周角は等しいから ∠ACB = ∠BGF$\cdots⑦$

AB // CG で，平行線の錯角は等しいから

∠ABC = ∠BCG$\cdots①$

$\overset{\frown}{\text{BG}}$ に対する円周角は等しいから ∠BFG = ∠BCG$\cdots⑦$

①，⑦より ∠ABC = ∠BFG$\cdots㋐$

⑦，㋐より，2 組の角がそれぞれ等しいから

△ABC∽△BFG　（終）

② ⑦ $\dfrac{8\sqrt{2}}{3}$ cm　④ $\dfrac{28\sqrt{2}}{9}$ cm²

4 空間図形の基本，立体の表面積と体積，平行四辺形，平行線と線分の比，三平方の定理　(1)① ウ　② $5-\sqrt{5}$

(2)① $3\sqrt{5}$ cm　② $\dfrac{49\sqrt{5}}{2}$ cm³

C問題

1 式の計算，平方根，2 次方程式，比例・反比例，確率，資料の散らばりと代表値，数の性質，関数 $y=ax^2$

(1) $\dfrac{3}{2}ab$　(2) $-3+\sqrt{2}$　(3) $x=0,\ x=9$　(4) -15　(5) $\dfrac{4}{9}$

(6) 10.6　(7) 811

(8)（求め方）（例）点 A は $y=ax^2$ 上の点で，x 座標は 4 であるから A $(4,\ 16a)$

点 B は $y=bx+4$ 上の点で，x 座標は -2 であるから B $(-2,\ -2b+4)$

2 点 A，B の y 座標は一致するから $16a=-2b+4$

$8a+b=2\cdots⑦$

l // n で，y 切片は -3 であるから，n の式は $y=bx-3$

D は n 上の点で，x 座標は 4 であるから D $(4,\ 4b-3)$

四角形 ABCD は正方形であるから AD = AB より

$16a-(4b-3)=4-(-2)$

$16a-4b=3\cdots①$

⑦，①を解くと $a=\dfrac{11}{48},\ b=\dfrac{1}{6}$

（答）a の値は $\dfrac{11}{48}$，b の値は $\dfrac{1}{6}$

2 平行と合同，三角形，平行四辺形，相似，平行線と線分の比，三平方の定理

(1)（証明）（例）仮定より EF // AC$\cdots⑦$

△ABD は AB = AD の二等辺三角形であるから

∠ABD = ∠ADB$\cdots①$

AB // ED で，平行線の同位角は等しいから

∠ABD = ∠EDF$\cdots⑦$

AD // EF で，平行線の同位角は等しいから

∠ADB = ∠EFD$\cdots㋐$

①，⑦，㋐より ∠EDF = ∠EFD

2 つの角が等しいから △EDF は二等辺三角形

よって，ED = EF$\cdots㋑$

仮定より △DAE ≡ △ABC であるから ED = CA$\cdots㋒$

㋑，㋒より EF = CA$\cdots㋓$

⑦，㋓より 1 組の対辺が平行でその長さが等しいから，

四角形 EACF は平行四辺形である。（終）

(2)① $4\sqrt{3}$ cm　② $\dfrac{14\sqrt{3}}{5}$ cm　③ $\dfrac{102\sqrt{2}}{5}$ cm²

3 空間図形の基本，立体の表面積と体積，平行と合同，三角形，平行四辺形，相似，平行線と線分の比，三平方の定理

(1)① $\dfrac{64}{7}$ cm²　② $(2a+b)$ 度　③ $\dfrac{15}{4}$ cm

(2)① 11 cm　② $\dfrac{8\sqrt{21}}{11}$ cm

解き方　A問題

1 (2)（与式）$= \dfrac{8}{7} \times \left(-\dfrac{1}{4}\right) = -\dfrac{2}{7}$

(3)（与式）$= 3 \times 4 = 12$

(4)（与式）$= x+4+5x-15 = 6x-11$

(6)（与式）$= 3\sqrt{5}+5\sqrt{5} = 8\sqrt{5}$

2 (1) $2a+7 = 2 \times (-8)+7 = -9$

(2) A 市と B 市の気温の差は，

$4.6 - (-1.3) = 5.9$ （℃）

(3) ア〜エの式について，

ア．$y=6x+30$　イ．$y=\dfrac{500}{x}$　ウ．$y=-x+140$

エ．$y=25x$

y が x に比例するとき $y=ax$ の式の形になるので，エ

旺文社　2021 全国高校入試問題正解

(4) $\begin{cases} 5x + y = 22 & \cdots① \\ x - y = -4 & \cdots② \end{cases}$

①＋②より，$6x = 18$　$x = 3$

これを①に代入して，$15 + y = 22$　$y = 7$

(5) $x^2 + 3x - 10 = 0$　$(x + 5)(x - 2) = 0$

$x = -5, 2$

(6) 2つのさいころの目の出方は全部で36通り。

目の和が8になるのは $(2, 6)$，$(3, 5)$，$(4, 4)$，$(5, 3)$，

$(6, 2)$ の5通り。

求める確率は $\dfrac{5}{36}$

(7) ア．1年生が1人，2年生が0人より，×

イ．1年生の範囲は $9 - 6 = 3$ (本)，2年生の範囲は

$10 - 5 = 5$ (本) より，×

ウ．1年生の中央値は7本，2年生の中央値は7本より，○

エ．1年生の最頻値は7本，2年生の最頻値は8本より，×

よって，ウ

(8)① 点Aの x 座標は -4 で，$y = \dfrac{1}{2}x^2$ 上の点であるから，

$y = \dfrac{1}{2} \times (-4)^2 = 8$

② $y = \dfrac{1}{2}x^2$ の x の変域が原点をまたぐから，y の最小値

は0

原点から離れるほど y の値が大きくなるから，y の最大値

は $\dfrac{1}{2} \times 3^2 = \dfrac{9}{2}$

y の変域は $0 \leqq y \leqq \dfrac{9}{2}$

(9)② 求める直方体の体積は，$a \times 5 \times a = 5a^2$ (cm³)

3 (1) 表で x の値が1増えると，y の値が5増えるので，

(ア) $9 + 5 + 5 + 5 = 24$

(イ) $24 + 5 + 5 + 5 = 39$

(2) 表の関係より，$y = 9 + 5(x - 1)$　よって，$y = 5x + 4$

(3) (2)より，$y = 84$ のとき，$84 = 5x + 4$　$5x = 80$

$x = 16$

4 (1) △ABC で

$AC = \sqrt{AB^2 + BC^2} = \sqrt{9^2 + 9^2} = 9\sqrt{2}$ (cm)

(2) $\angle BCD = 90°$ で，半径 9 cm のおうぎ形であるから，

求める面積は，$9 \times 9 \times \pi \times \dfrac{90}{360} = \dfrac{81}{4}\pi$ (cm²)

B問題

1 (1) (与式) $= 18 \times \left(-\dfrac{1}{6}\right) + 25 = 22$

(2) (与式) $= \dfrac{2a - 2}{4} + \dfrac{a + 7}{4} = \dfrac{3a + 5}{4}$

(3) (与式) $= 2a^2 \times \dfrac{1}{ab} \times (-5b^2) = -10ab$

(4) (与式) $= x^2 + 4x + 4 - (x^2 - 3x) = 7x + 4$

(5) $a \neq 0$ のとき a^3，$\dfrac{1}{a}$ の符号は変わらず，他は $a = -1$

が反例となる。よって，エとオ

(6) $\sqrt{189n} = \sqrt{3^3 \times 7 \times n}$

$\sqrt{189n}$ が自然数となるには $3^3 \times 7 \times n$ が平方数になれば

よい。

最小の n の値は，$3 \times 7 = 21$

(7) 全体の平均値が 3.5 冊であるから，

$\dfrac{3.6 \times 20 + 4.0 \times 12 + 8x}{40} = 3.5$

$72 + 48 + 8x = 140$

x について解くと，$x = 2.5$

(8) 2つのさいころの目の出方は全部で36通り。

$10a + b$ が 8 の倍数になるのは，16，24，32，56，64 の 5

通り。求める確率は $\dfrac{5}{36}$

(9) 点Bの x 座標は7で，$y = ax^2$ 上の点であるから

$B(7, 49a)\cdots①$

点Aの y 座標は -6 で $y = -\dfrac{3}{8}x^2$ 上の点であるから，

$-6 = -\dfrac{3}{8}x^2$　$x^2 = 16$　$x < 0$ より，$x = -4$

よって，$A(-4, -6)$

直線 AO の式は，傾きが $\dfrac{6}{4} = \dfrac{3}{2}$ より，$y = \dfrac{3}{2}x\cdots②$

①，②より，点Bは直線 AO 上の点であるから，

$49a = \dfrac{21}{2}$　$a = \dfrac{3}{14}$

2 (1) A問題 の **3** と同じ

3 (1)① △ABE は $\angle ABE = 30°$ の直角三角形であるから，

$AB : BE = 2 : \sqrt{3}$ より，$6 : BE = 2 : \sqrt{3}$

よって，$BE = 3\sqrt{3}$ (cm)

② △OBD は $OB = OD$ の二等辺三角形となるから，

$\angle OBD = \angle ODB = 30°$

よって，$\angle BOD = 180° - 2 \times 30° = 120°$

BC は円の直径で，弧の長さは中心角の大きさに比例する

から，求める $\overset{\frown}{BD}$ の長さは，$6\pi \times \dfrac{120}{360} = 2\pi$ (cm)

(2)② ⑦ BC は円の直径であるから，$\angle BFC = 90°$

△ABC は $BA = BC$ の二等辺三角形であるから，点Fは

AC の中点。

よって，$AC = 2FC = 4$ (cm)$\cdots$ⓐ

△BFC で

$BF = \sqrt{BC^2 - FC^2} = \sqrt{6^2 - 2^2} = \sqrt{32} = 4\sqrt{2}\cdots$ⓑ

△ABC∽△BFG であるから，$AB : BF = AC : BG$

ⓐ，ⓑより，$6 : 4\sqrt{2} = 4 : BG$　$6BG = 16\sqrt{2}$

$BG = \dfrac{8\sqrt{2}}{3}$ (cm)

④ ⑦より，△BCG で

$CG = \sqrt{BC^2 - BG^2} = \sqrt{6^2 - \left(\dfrac{8\sqrt{2}}{3}\right)^2} = \dfrac{14}{3}$

△ABC∽△BFG より，

$△ABC : △BFG = 6^2 : (4\sqrt{2})^2 = 9 : 8$

したがって，$△FGC = (四角形 BGCF) - △BFG$

$= (△BCF + △BCG) - \dfrac{8}{9}△ABC$

$= \left(\dfrac{1}{2} \times 2 \times 4\sqrt{2} + \dfrac{1}{2} \times \dfrac{8\sqrt{2}}{3} \times \dfrac{14}{3}\right)$

$\qquad - \dfrac{8}{9} \times \left(\dfrac{1}{2} \times 4 \times 4\sqrt{2}\right)$

$= 4\sqrt{2} + \dfrac{56\sqrt{2}}{9} - \dfrac{64\sqrt{2}}{9}$

$= \dfrac{28\sqrt{2}}{9}$ (cm²)

4 (1)① EF // CD，EI // CB より，面 EFI // 面 CDB

よって，FI と平行な面は面 BCD

② ①より，点Aは相似の中心で三角すい A−EFI と三角

すい A−CDB は相似。

$AI : AB = EF : CD$ より，$x : 10 = EF : 8$

$EF = \dfrac{4}{5}x\cdots$⑦

また $FH = IB = 10 - x\cdots$④

⑦，④より，四角形の面積が 16 cm² であるから，

$\dfrac{4}{5}x(10 - x) = 16$

x について整理すると $x^2 - 10x + 20 = 0$　　$x = 5 \pm \sqrt{5}$
$0 < x < 5$ より，$x = 5 - \sqrt{5}$
(2)① DJ $= y$ cm とおく。
△BDJ で
$BJ^2 = 7^2 - y^2 = 49 - y^2 \cdots ㋐$
△BCJ で
$BJ^2 = 9^2 - (8-y)^2$
$= -y^2 + 16y + 17 \cdots ㋑$
㋐，㋑より，$49 - y^2 = -y^2 + 16y + 17$　　$16y = 32$
$y = 2$
これを㋐に代入して，$BJ^2 = 49 - 2^2 = 45$
$BJ > 0$ より，$BJ = 3\sqrt{5}$ (cm)
② 三角すい $A - BCD$ の体積は
$\dfrac{1}{3} \times △BCD \times AB = \dfrac{1}{3} \times \left(\dfrac{1}{2} \times 8 \times 3\sqrt{5} \right) \times 10$
$= 40\sqrt{5} \cdots ㋐$
三角すい $K - BCD$ の体積は
$\dfrac{1}{3} \times △BCD \times KB = \dfrac{1}{3} \times \left(\dfrac{1}{2} \times 8 \times 3\sqrt{5} \right) \times 3$
$= 12\sqrt{5} \cdots ㋑$
仮定より，$EF \parallel CD$，$EL \parallel CK$ であるから，
面 $EFL \parallel$ 面 CDK
点 A を相似の中心として，三角すい $A-EFL$ と三角すい
$A-CDK$ は相似で，相似比は $1:2$ より，体積比は
$1^3 : 2^3 = 1 : 8 \cdots ㋒$
㋐，㋑，㋒より，求める体積は，
$(40\sqrt{5} - 12\sqrt{5}) \times \dfrac{8-1}{8} = 28\sqrt{5} \times \dfrac{7}{8} = \dfrac{49\sqrt{5}}{2}$ (cm³)

C問題

1 (1) (与式) $= \dfrac{3}{8} a^2 b \times \dfrac{4}{9ab^2} \times 9b^2 = \dfrac{3}{2}ab$
(2) (与式) $= 3\sqrt{2} - 3 + \sqrt{2} \times (1 - 3) = -3 + \sqrt{2}$
(3) $\{(x-1) - 8\}\{(x-1) + 1\} = 0$　　$x(x-9) = 0$
$x = 0, 9$
(4) x の値が 3 から 5 まで増加するときの変化の割合が 1 であるから，
$\dfrac{\dfrac{a}{5} - \dfrac{a}{3}}{5 - 3} = 1$　　$-\dfrac{2}{15}a = 2$　　$a = -15$
(5) カードの取り出し方は全部で 9 通り。
箱 P から ② を取り出すとき，条件を満たす Q のカードは ③
箱 P から ③ を取り出すとき，条件を満たす Q のカードは ③
箱 P から ④ を取り出すとき，条件を満たす Q のカードは ③ と ⑤
よって，4 通り。求める確率は $\dfrac{4}{9}$
(6) 初めの最高気温の平均値を x ℃とおくと，
新しく求めた平均値について，
$\dfrac{10x - (2.6 + 16.2)}{8} = x + 0.3$
x について解くと，$x = 10.6$ (℃)
(7) $2020 - n$ の値は 93 の倍数であるから，$2020 - n = 93k$
(k は自然数) と表せる。
$n = 2020 - 93k$ より，$n - 780 = (2020 - 93k) - 780$
$= 1240 - 93k = 31(40 - 3k)$
$n - 780$ の値は素数であるから，$40 - 3k = 1$　　$k = 13$
求める自然数 n は，$2020 - 93 \times 13 = 811$
2 (2)① △ACG で，

$CG = \sqrt{AC^2 - AG^2} = \sqrt{6^2 - 2^2} = 4\sqrt{2}$
△BCG で，
$BC = \sqrt{BG^2 + CG^2} = \sqrt{4^2 + (4\sqrt{2})^2} = 4\sqrt{3}$ (cm)
② $AB \parallel ED$ で，$AB \perp CG$ より，
$ED \perp CG$
ED と CG の交点を I とおく。
△CDI ∽ △CAG で，
$CD : CA = DI : AG$ より，
$(6-2) : 6 = DI : 2$　　$DI = \dfrac{4}{3} \cdots ㋐$
△DAE ≡ △ABC より，
$DE = AC = 6 \cdots ㋑$
㋐，㋑より，$EI = DE - DI = 6 - \dfrac{4}{3} = \dfrac{14}{3}$
右上の図で，△AHG ∽ △EHI より，
$AH : EH = 2 : \dfrac{14}{3} = 3 : 7 \cdots ㋒$
①と △DAE ≡ △ABC より，$AE = BC = 4\sqrt{3} \cdots ㋓$
㋒，㋓より，$EH = 4\sqrt{3} \times \dfrac{7}{10} = \dfrac{14\sqrt{3}}{5}$ (cm)
③(1)より，四角形 $EACF$ は
平行四辺形であるから，
(四角形 $EHCF$)
$= 2△ACE - △ACH$
$= 2 \times \left(\dfrac{10}{3} △ACH \right) - △ACH$
$= \dfrac{17}{3} △ACH \cdots ㋔$
②㋐より，$DI = \dfrac{4}{3}$ であるから，△CDI で
$CI = \sqrt{CD^2 - DI^2} = \sqrt{4^2 - \left(\dfrac{4}{3} \right)^2} = \dfrac{8\sqrt{2}}{3}$
①で $CG = 4\sqrt{2}$ より，
$GI = CG - CI = 4\sqrt{2} - \dfrac{8\sqrt{2}}{3} = \dfrac{4\sqrt{2}}{3}$
②㋒より，△AHG ∽ △EHI で，相似比が $3:7$ であるから，
$HG = \dfrac{3}{10} GI = \dfrac{2\sqrt{2}}{5}$
△ACH の面積について
$△ACH = △ACG - △AHG$
$= \dfrac{1}{2} \times 4\sqrt{2} \times 2 - \dfrac{1}{2} \times \dfrac{2\sqrt{2}}{5} \times 2 = \dfrac{18\sqrt{2}}{5} \cdots ㋕$
㋔，㋕より，求める面積は，
$\dfrac{17}{3} △ACH = \dfrac{17}{3} \times \dfrac{18\sqrt{2}}{5} = \dfrac{102\sqrt{2}}{5}$ (cm²)
3 (1)① $EJ + JI$ が最小になるので，
3 点 E, J, I は一直線上にある。
右の図で，△EJH ∽ △IJD より，
$JH : JD = EH : ID = 4 : 3$
よって，
$JH = \dfrac{4}{7} DH = \dfrac{4}{7} \times 8 = \dfrac{32}{7}$
△EJH の面積は
$\dfrac{1}{2} \times 4 \times \dfrac{32}{7} = \dfrac{64}{7}$ (cm²)
② $KH \parallel BI$ で四角形 $EFGH$ と四角形 $ABCD$ は合同であるから，AB 上に $\angle APD = \angle EKH = b°$ となる点 P がとれる。$PD \parallel BI$ で，平行線の同位角が等しいから，
$\angle ABI = \angle APD = b°$
よって，$\angle ABC = \angle ABI + \angle IBC = a° + b°$
四角形 $ABCD$ は等脚台形であるから，

旺文社 2021 全国高校入試問題正解

$\angle DCB = \angle ABC = a° + b°$

$\triangle BCI$ の外角より，$\angle BID = \angle IBC + \angle DCB = 2a° + b°$

③②で，KF $=$ PB より，PB の
長さを求める。
BC の中点を Q とし，AQ と PD，
BI との交点をそれぞれ R，S とおく。
AD $/\!/$ QC，AD $=$ QC より，
四角形 AQCD は平行四辺形。
よって，AQ $=$ DC $= 5\cdots$㋐
RS $/\!/$ DI，RD $/\!/$ SI より，四角形 RSID は平行四辺形。
よって，RS $=$ DI $= 3\cdots$㋑
QS $/\!/$ CI より，$\triangle BQS \backsim \triangle BCI$
よって，QS $= \dfrac{1}{2}$CI $= \dfrac{1}{2} \times 2 = 1\cdots$㋒
㋐，㋑，㋒より，
AR $=$ AQ $-$ (RS $+$ QS) $= 5 - (3 + 1) = 1$
PR $/\!/$ BS より，$\triangle APR \backsim \triangle ABS$ で，
AP : PB $=$ AR : RS $= 1 : 3$
したがって，KF $=$ PB $= \dfrac{3}{1+3}$AB $= \dfrac{3}{4} \times 5 = \dfrac{15}{4}$ (cm)

(2)① EF $/\!/$ AB $/\!/$ DL より，四角形 ABLD は平行四辺形。
よって，点 L は BC の中点。
$\triangle DLC$ は DL $=$ DC $= 5$，LC $= 4$ の二等辺三角形となるから，点 D から LC に下ろした垂線との交点を T とおくと，
$\triangle DLT$ で，DT $= \sqrt{DL^2 - LT^2} = \sqrt{5^2 - 2^2} = \sqrt{21}\cdots$㋐
$\triangle BTF$ で，FT $= \sqrt{BT^2 + BF^2} = \sqrt{(4+2)^2 + 8^2} = 10\cdots$㋑
㋐，㋑より，$\triangle DFT$ で，
DF $= \sqrt{DT^2 + FT^2} = \sqrt{21 + 100} = 11$ (cm)

②①㋐より，三角すい D $-$ FBL の体積は，
$\dfrac{1}{3} \times \triangle FBL \times DT = \dfrac{1}{3} \times \left(\dfrac{1}{2} \times 8 \times 4\right) \times \sqrt{21}$
$= \dfrac{16\sqrt{21}}{3}\cdots$㋒

$\triangle FBL$ で，FL $= \sqrt{FB^2 + BL^2}$
$= \sqrt{8^2 + 4^2} = 4\sqrt{5}$
①より，右の $\triangle DFL$ で，点 L から
DF に下ろした垂線との交点を U とおく。
DU $= x$ とおくと，
$\triangle DLU$ で，
LU$^2 = 5^2 - x^2 = 25 - x^2\cdots$㋓
$\triangle FLU$ で，LU$^2 = (4\sqrt{5})^2 - (11 - x)^2$
$= -x^2 + 22x - 41\cdots$㋔
㋓，㋔より，$25 - x^2 = -x^2 + 22x - 41$ $22x = 66$
$x = 3$
これを㋓に代入して，LU$^2 = 16$ LU > 0 より，LU $= 4$
$\triangle FDL = \dfrac{1}{2} \times DF \times LU = \dfrac{1}{2} \times 11 \times 4 = 22\cdots$㋕
㋒，㋕より，三角すい D $-$ FBL の体積について，
$\dfrac{1}{3} \times \triangle FDL \times AM = \dfrac{16\sqrt{21}}{3}$
$\dfrac{1}{3} \times 22 \times AM = \dfrac{16\sqrt{21}}{3}$
よって，AM $= \dfrac{8\sqrt{21}}{11}$ (cm)

〈S. Y.〉

兵 庫 県

問題 P.71

解答

1 ┃ **正負の数の計算，式の計算，平方根，連立方程式，2 次方程式，比例・反比例，確率，円周角と中心角** ┃ (1) -2 (2) $2x + 3y$ (3) $5\sqrt{2}$

(4) $x = 3$，$y = -5$ (5) $x = \dfrac{-3 \pm \sqrt{17}}{2}$ (6) -4 (7) $\dfrac{4}{9}$

(8) 48 度

2 ┃ **立体の表面積と体積** ┃ (1) 90 cm

(2)① 50 cm ② 30 ③ イ，8 分 40 秒

3 ┃ **平面図形の基本・作図，平行と合同，図形と証明，平行四辺形，三平方の定理** ┃ (1)(i) イ (ii) カ (2) 30 度

(3) $2\sqrt{3}$ cm (4) $(3 + 2\sqrt{3})$ cm^2

4 ┃ **資料の散らばりと代表値，標本調査** ┃

(1) 最頻値 7 cm 平均値 7.8 cm (2) エ

(3) Ⅰ．B，Ⅱ．240 個

5 ┃ **関数 $y = ax^2$，平面図形の基本・作図，三平方の定理** ┃

(1) ウ (2) $a = 2$ (3)① E (0, 8) ② $(8\pi + 4)$ cm^2

6 ┃ **数・式を中心とした総合問題** ┃

(1)①

5	7	5	7
3			3
5	7	5	7

② $a = 4$，$b = 6$ ③ $x = 49$

(2) 記録された数 5，50 行目 51 列目

解き方 **1** (3) $2\sqrt{2} + 3\sqrt{2} = 5\sqrt{2}$

(6) $y = \dfrac{a}{x}$ より $xy = a$ 表より $xy = -16$
となるので $4y = -16$ より $y = -4$

(7) 赤玉が出る確率は $\dfrac{2}{3}$ なので
$\left(\dfrac{2}{3}\right)^2 = \dfrac{4}{9}$

(8) 右図のように線分 AD をひく。
直径に対する円周角により
$\angle BAD = 90°$
また $\overset{\frown}{CD}$ に対する円周角により $\angle CAD = \angle CBD$
よって，$\angle x = 90° - 42° = 48°$

2 (1) 12 L $= 12000$ cm^3 だから
$12000 \times 75 \div 100^2 = 900000 \div 10000 = 90$ (cm)

(2)① おもり Y の体積は $75 - 55 = 20$（分間）で入れる水の体積と等しい。
よって，$12000 \times 20 \div (60 \times 80) = 240000 \div 4800$
$= 50$ (cm)

② 水面の高さ 60 cm までに入る水の体積は
$(100^2 - 80 \times 50) \times 60 = 6000 \times 60 = 360000$ (cm^3)
よって，$360000 \div 12000 = 30$

③ おもり Y の 3 つの辺の長さはどれも 20 cm よりも長いので，面積が最も大きい面を底面にすれば一番早く水面の高さが 20 cm になる。よって，面 AEFB を底面にすれば良い。
そのときにかかる時間は
$(100^2 - 60 \times 80) \times 20 \div 12000$
$= 104000 \div 12000 = \dfrac{26}{3} = 8\dfrac{2}{3}$ より 8 分 40 秒

3 (2) CD $=$ CF だから $\triangle CDF$ は二等辺三角形である。
よって，$\angle CDF = \angle CFD$
また，錯角により $\angle CFD = \angle EDF$

よって，(1)より∠GDE = ∠CDF = ∠EDF
∠GDC = 90° = 3∠EDF となるから∠EDF = 30°
(3) C から対辺 DF に垂線 CH
を下ろすと右図のようになる。
よって，

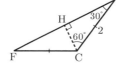

$DF = 2DH = 2 \times \left(2 \times \dfrac{\sqrt{3}}{2}\right)$
$= 2\sqrt{3}$ (cm)
(4) (3)で CH = 1 だから
$\triangle CDF = \triangle GDE = 2\sqrt{3} \times 1 \times \dfrac{1}{2} = \sqrt{3}$ (cm^2)
また，△CDF と △EDF は CF と ED を底辺と考えると
高さが等しいので，その面積比は
CF : ED = 2 : $2\sqrt{3}$ = 1 : $\sqrt{3}$
五角形 GEFCD = 2△CDF + △EDF
$= 2 \times \sqrt{3} + \sqrt{3} \times \sqrt{3} = 3 + 2\sqrt{3}$ (cm^2)

4 (1)① 最も多いのが 6.5 cm 以上 7.5 cm 未満のたまねぎ
なので最頻値は階級値で答えて 7 cm となる。
平均値は
$(5 \times 6 + 6 \times 5 + 7 \times 12 + 8 \times 7 + 9 \times 10 + 10 \times 10) \times \dfrac{1}{50}$
$= 390 \times \dfrac{1}{50} = 7.8$ (cm)
(2)①より最頻値が 7 cm でないのでイが除かれる。
畑 A のたまねぎの大きさの中央値は 8 cm である。
よって，②より中央値が 8 cm でないア，ウ，カが除かれる。
畑 A の階級値が 6 cm である階級の相対度数は $\dfrac{5}{50} = 0.1$
である。エ，オでの同じ階級の相対度数は $\dfrac{3}{30} = 0.1$，
$\dfrac{5}{30} = 0.16\cdots$ となるので③よりエだと分かる。
(3) I．大きさが 6.5 cm 以上である割合は畑 A が
$\dfrac{39}{50} = 0.78$
畑 B が $\dfrac{24}{30} = 0.8$ なので B だと分かる。
II．$300 \times 0.8 = 240$（個）

5 (1) $\dfrac{1}{8} < \dfrac{1}{4} < \dfrac{1}{2}$ なので最も開いているグラフよりウ
だと分かる。
(2) アのグラフは $y = \dfrac{1}{2}x^2$ である。$x = y = a$ とすると
$a = \dfrac{1}{2}a^2$ より $a^2 - 2a = 0$　　$a(a - 2) = 0$
$a > 0$ より $a = 2$
(3)① 与えられた条件より A (2, 2)，B (−2, 2) である。
また，$y = \dfrac{1}{8}x^2$ に $y = 2$ を代入することにより C (4, 2)
$y = \dfrac{1}{4}x^2$ に $x = 4$ を代入することにより D (4, 4) が求まる。
E は y 軸上の点であり DO = DE なので対称性により
E (0, 8) である。
② 点 O を点 D を回転の中心として 90°回転したものが点 E である。
また，右図の斜線部分は面積が等しい。
よって，求める面積は半径が DB の円の $\dfrac{1}{4}$ から半径が DA の円の $\dfrac{1}{4}$ をひいたものと △AOB の面

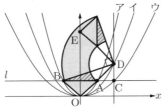

積の和である。
$DB = \sqrt{6^2 + 2^2} = 2\sqrt{10}$，$DA = \sqrt{2^2 + 2^2} = 2\sqrt{2}$
なので
$\pi \times (2\sqrt{10})^2 \times \dfrac{1}{4} - \pi \times (2\sqrt{2})^2 \times \dfrac{1}{4} + 4 \times 2 \times \dfrac{1}{2}$
$= 8\pi + 4$ (cm^2)

6 (1)① $a = 3$，$b = 7$ なので図6の2を3に，8を7に置き換えれば良い。
② 数は右図のように記録されるので，数の和は $2a + 4b + 20$ となる。
$a + b = 10$ より $b = 10 − a$ なので和は
$2a + 4(10 − a) + 20 = 60 − 2a$ である。

5	b	5	b
a			a
5	b	5	b

これを最も小さくするのは $a < b$ の条件より $a = 1$，2，3，4なので $a = 4$ である。このとき $a + b = 10$ より $b = 6$ となる。
③ Ⓐの部分には5が $(x+1)$ 個，4が x 個，Ⓑの部分には 6と5が x 個ずつ，Ⓒの部分には6が $(x+1)$ 個，4が x 個，Ⓓの部分には6と5が x 個ずつ記録される。
よって，数の和は
$5(x+1) + 4x + 6x + 5x + 6(x+1) + 4x + 6x + 5x$
$= 41x + 11$ である。
$41x + 11 = 2020$ より $41x = 2009$　　$x = 49$
(2) 長方形 Y は行が 99 行，列が 100 列となる。長方形 Y の1番外側を立方体が1周するときに通過する行と列は右のようになる。
50 行目では立方体は左から右に移動するため，最後となるます目は 50 行 51 列目である。

	行	列
1周目	1, 99	1, 100
2周目	2, 98	2, 99
⋮	⋮	⋮
49周目	49, 51	49, 52
50周目	50	50, 51

(1)③で用いた図より1行1列目の数は5で1行2列目の数は6である。すると，2行2列目の数は4であることが分かる。この4から始めると2周目の最後2行3列目の数は5なので3行3列目の数は6となる。この6から始めると3周目の最後3行4列目の数は4となる。これを繰り返して行くと n 行 $(n+1)$ 列目の数が 6, 5, 4, 6, 5, 4, … となっていることが分かる。よって，50行51列目の数は
$50 \div 3 = 16$ 余り 2 より 5 である。

〈A. S.〉

奈良県

問題 P.74

解答

1 正負の数の計算，多項式の乗法・除法，数の性質，2次方程式，比例・反比例，立体の表面積と体積，資料の散らばりと代表値，確率，連立方程式の応用

(1) ① -3 ② -36 ③ $2a^2+3b$ ④ $x^2-3xy+y^2$

(2) 7個 (3) $x=\dfrac{-5\pm\sqrt{17}}{2}$ (4) -6 (5) 150度

(6) ア，エ (7) ① $\dfrac{3}{5}$ ② ウ (8) ① $10y+x$ ② 84

2 平面図形の基本・作図，相似，三平方の定理

(1) 右図

(2) ① $\dfrac{\sqrt{2}}{2}a$ cm

② $\dfrac{\sqrt{2}}{8}a^2$ cm²

(3) ① 1.22 ② 43%

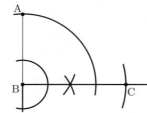

3 1次関数，立体の表面積と体積，平行四辺形，関数 $y=ax^2$

(1) $y=-2x+4$ (2) (記号) ア (変化の割合) 6 (3) 4π

(4) $3+\sqrt{3}$

4 2次方程式，図形と証明，円周角と中心角，相似，三平方の定理 (1) (証明) (例) △AFE と △BCE において，
仮定から，∠AEF = ∠BEC = 90°…①
△ACD において，仮定から，
∠CAD = 180° − 90° − ∠ACD…②
△BCE において，仮定から，
∠CBE = 180° − 90° − ∠BCE
よって，∠CBE = 180° − 90° − ∠ACD…③
②，③より，∠CAD = ∠CBE
よって，∠FAE = ∠CBE…④
①，④より，2組の角がそれぞれ等しいから，
△AFE∽△BCE

(2) $(90-a)$ 度 (3) ① 8 cm ② 26π cm²

解き方

1 (1) ② (与式) $= -4\times 9 = -36$
④ (与式) $= x^2+2xy+y^2-5xy$
$= x^2-3xy+y^2$

(2) -3，-2，-1，0，1，2，3 の7個。

(3) 解の公式より，$x=\dfrac{-5\pm\sqrt{5^2-4\times 1\times 2}}{2\times 1}$
$=\dfrac{-5\pm\sqrt{17}}{2}$

(4) $y=\dfrac{a}{x}$ に $x=-1$，$y=-12$ を代入して，$-12=\dfrac{a}{-1}$
$a=12$ より，$y=\dfrac{12}{x}$
$x=-2$ を代入して，$y=\dfrac{12}{-2}=-6$

(5) 側面のおうぎ形の弧の長さと底面の円周の長さは等しいので，$2\pi\times 12\times\dfrac{x}{360}=2\pi\times 5$　　$x=150$

(6) ア．$\dfrac{5}{31}=0.161\cdots$

イ．$26.0-24.0=2.0$ (℃)

ウ．$5+7+5+5=22$ (日)

エ．$\dfrac{26.0+28.0}{2}=27.0$ (℃)

オ．$\dfrac{30.0+32.0}{2}=31.0$ (℃)

(7) ① 同時に2個の玉を取り出すときの樹形図をかくと，

起こりうるすべての場合の数は10通り。求める確率は○印をつけた6通りだから，$\dfrac{6}{10}=\dfrac{3}{5}$

② [B] の赤玉に 1, 3, 5，白玉に 2, 4 の数字を書けば [A] と同じように考えられる。

(8) ② $x=2y\cdots$①
$10y+x=10x+y-36$ より，$x-y=4\cdots$②
①を②に代入して，$2y-y=4$　　$y=4$
①に代入して，$x=2\times 4=8$
したがって，$A=84$

2 (1) 直線 AB から点 B を通る垂線をひく。この垂線上に AB = BE となる点 E をとり，さらに AE = BC となる点 C をとる。

(2) ① $\sqrt{2}a\times\dfrac{1}{2}=\dfrac{\sqrt{2}}{2}a$ (cm)

② A0 判の紙の面積は，$a\times\sqrt{2}a=\sqrt{2}a^2$
A1 判の紙になると長さは $\dfrac{1}{\sqrt{2}}$ 倍となるので，面積は，
$\left(\dfrac{1}{\sqrt{2}}\right)^2=\dfrac{1}{2}$ (倍) となる。
同じように考えて，A3 判の紙の面積は，
$\sqrt{2}a^2\times\left(\dfrac{1}{2}\right)^3=\dfrac{\sqrt{2}}{8}a^2$ (cm²)

(3) ① A3 判と B3 判の相似比は，A0 判と B0 判の相似比と同じになる。
B0 判の紙の長い方の辺の長さは，三平方の定理より，
$\sqrt{a^2+(\sqrt{2}a)^2}=\sqrt{3a^2}=\sqrt{3}a$
短い方の辺の長さは，$\sqrt{3}a\times\dfrac{1}{\sqrt{2}}=\dfrac{\sqrt{3}}{\sqrt{2}}a=\dfrac{\sqrt{6}}{2}a$
よって，B 判の紙は A 判の紙の
$\dfrac{\sqrt{6}}{2}a\div a=\dfrac{\sqrt{6}}{2}=\dfrac{2.449}{2}=1.2245\fallingdotseq 1.22$ (倍)

② $\dfrac{\sqrt{6}}{2}\times\left(\dfrac{1}{\sqrt{2}}\right)^3=\dfrac{\sqrt{3}}{4}=\dfrac{1.732}{4}=0.433$ より，
43.3%
したがって，43%

3 (1) 傾きは，$\dfrac{2-8}{1-(-2)}=\dfrac{-6}{3}=-2$ より，
$y=-2x+b$ とおき，$x=1$，$y=2$ を代入して，
$2=-2\times 1+b$　　$b=4$
したがって，$y=-2x+4$

(2) ア．$\dfrac{8-2}{2-1}=6$
同じように，イ．-4　　ウ．4　　エ．0

(3) D (1, 0) とすると，∠OPA = 45° より，
AD = PD となるので，点 P の x 座標は，1 + 2 = 3
したがって，求める立体の体積は，$\dfrac{1}{3}\times\pi\times 2^2\times 3=4\pi$

(4) P $(a, 0)$, Q $(b, 2b^2)$
とし，図のように点 E，F
をとる。
△CFQ ≡ △AEP
となるので，
FQ = EP より，
$b - (-2) = a - 1$
$a - b = 3$ …①
CF = AE より，$8 - 2b^2 = 2$
$b^2 = 3$
$b > 0$ より，$b = \sqrt{3}$
①に代入して，$a - \sqrt{3} = 3$　　$a = 3 + \sqrt{3}$

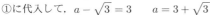

4 (2) ∠AEB = ∠ADC = 90° より，∠ACD = ∠AFE = $a°$
となるので，円周角の定理より，∠AOB = $2a°$
OA = OB より，∠OAB = $(180° - 2a°) \times \dfrac{1}{2} = 90° - a°$

(3)① 円周角の定理より，∠BGA = ∠BCA
また，∠BDG = ∠BEC = 90° より，∠GBD = ∠CBE
よって，△BGD ≡ △BFD となるので，DG = DF = 3
したがって，AG = 2 + 3 + 3 = 8 (cm)

② DC = x とすると，
BD = $10 - x$
△ACD∽△BFD より，
AD : BD = CD : FD
$5 : (10 - x) = x : 3$
$10x - x^2 = 15$
$x^2 - 10x + 15 = 0$
解の公式より，
$x = \dfrac{-(-10) \pm \sqrt{(-10)^2 - 4 \times 1 \times 15}}{2 \times 1}$
$= \dfrac{10 \pm \sqrt{40}}{2} = \dfrac{10 \pm 2\sqrt{10}}{2} = 5 \pm \sqrt{10}$
HC = $10 \times \dfrac{1}{2} = 5$ より，$x < 5$ となるので，
$x = 5 - \sqrt{10}$
点 O から線分 AG に垂線 OI をひくと，
OI = HD = $5 - (5 - \sqrt{10}) = \sqrt{10}$
また，AI = $8 \times \dfrac{1}{2} = 4$ より，△AOI について三平方の定
理より，OA$^2 = (\sqrt{10})^2 + 4^2 = 26$
したがって，円 O の面積は，26π cm^2
〈A. H.〉

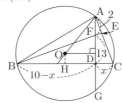

和歌山県

問題 P.76

解答

1 正負の数の計算，式の計算，平方根，多項式の乗法・除法，因数分解，平行と合同，確率

〔問1〕(1) -3　(2) $\dfrac{1}{7}$　(3) $5a + 2b$　(4) $\sqrt{3}$　(5) $2x^2 - 7$

〔問2〕$(3x + 2y)(3x - 2y)$　〔問3〕1，6，9

〔問4〕140 度　〔問5〕$\dfrac{1}{6}$

2 空間図形の基本，立体の表面積と体積，三平方の定理，比例・反比例，資料の散らばりと代表値，連立方程式の応用

〔問1〕$9\sqrt{3}\pi$ cm^3　〔問2〕(ア) $\dfrac{1}{4}$　(イ) 3

〔問3〕(1) ア，ウ　(2) 6 冊

〔問4〕(例) 先月の公園清掃ボランティア参加者数を x 人，先月の駅前清掃ボランティア参加者数を y 人とする。
$\begin{cases} y - x = 30 \\ 0.5x + 0.2y = 0.3(x + y) \end{cases}$
これを解いて，$x = 30$，$y = 60$
(答) 先月の公園清掃ボランティア参加者数 30 人
　　先月の駅前清掃ボランティア参加者数 60 人

3 数の性質，数・式の利用，多項式の乗法・除法，因数分解，2 次方程式の応用

〔問1〕(1) ア．8　イ．36　(2) 49 個
(3) $(2n + 1)$ 個　〔問2〕(1) 15 個
(2) (例) x 番目について，箱の合計個数は x^2 個，見えない箱の個数は $(x - 1)$ 個である。
(見えている箱の個数)
= (箱の合計個数) − (見えない箱の個数)
より，$x^2 - (x - 1) = 111$
$x^2 - x - 110 = 0$
$(x + 10)(x - 11) = 0$
$x = -10$，11
x は自然数だから，$x = -10$ は問題にあわない。
$x = 11$ は問題にあっている。
したがって，$x = 11$　　(答) $x = 11$

4 1 次方程式の応用，1 次関数，三角形，関数 $y = ax^2$

〔問1〕$-9 \leqq y \leqq 0$　〔問2〕5 個　〔問3〕P $(-4, 0)$

〔問4〕$a = \dfrac{8}{9}$

5 平面図形の基本・作図，平行と合同，三角形，円周角と中心角，相似，平行線と線分の比，三平方の定理

〔問1〕$\dfrac{3}{2}$ cm　〔問2〕$\dfrac{9}{5}\pi$ cm^2

〔問3〕(1)（証明）(例) △RQS と △RPQ で，
共通な角だから，∠QRS = ∠PRQ …①
△OQA は OQ = OA の二等辺三角形だから，
∠OAQ = ∠OQA …②
$\overset{\frown}{BQ}$ に対する円周角だから，
∠BAQ = ∠BPQ …③
②，③より，∠RQS = ∠RPQ …④
①，④から，2 組の角がそれぞれ等しいので，
△RQS∽△RPQ
(2) $\sqrt{10}$ cm

解き方

1 〔問1〕(2) $1 - \dfrac{6}{7} = \dfrac{7 - 6}{7} = \dfrac{1}{7}$
(3) $2a + 8b + 3a - 6b = 5a + 2b$
(4) $3\sqrt{3} - \dfrac{6 \times \sqrt{3}}{\sqrt{3} \times \sqrt{3}} = 3\sqrt{3} - 2\sqrt{3} = \sqrt{3}$
(5) $x^2 + 2x + 1 + x^2 - 2x - 8 = 2x^2 - 7$

〔問2〕$(3x)^2 - (2y)^2 = (3x+2y)(3x-2y)$

〔問3〕・$n=1$ のとき $\sqrt{10-1} = \sqrt{9} = 3$

・$n=6$ のとき $\sqrt{10-6} = \sqrt{4} = 2$

・$n=9$ のとき $\sqrt{10-9} = \sqrt{1} = 1$

〔問4〕仮定より，$\angle ACB = \angle ACE = 20°$

AD // BC より，$\angle DAC = \angle ACB = 20°$

線分 AD と線分 CE の交点を F とすると，$\triangle FAC$ で

$\angle AFC = 180° - 20° \times 2 = 140°$

対頂角は等しいから，$\angle x = \angle AFC = 140°$

〔問5〕花子さんの目の数を a，和夫さんの目の数を b とする。現在の段の差は 2 段だから，条件にあてはまる場合は，$a-b > 2$ のときである。すなわち，

$(a, b) = (4, 1)，(5, 1)，(5, 2)，(6, 1)，(6, 2)，(6, 3)$

の 6 通り。すべての場合の数は 36 通りだから，

$\dfrac{6}{36} = \dfrac{1}{6}$

2 〔問1〕円錐の高さを h とすると，三平方の定理より，

$h = \sqrt{6^2 - 3^2} = 3\sqrt{3}$ (cm)

底面の半径は 3 cm だから，

$\dfrac{1}{3} \times \pi \times 3^2 \times 3\sqrt{3} = 9\sqrt{3}\pi$ (cm³)

〔問2〕$y = ax$ が点 A を通るとき，$x=2$，$y=6$ を代入すると，$6 = 2a$　$a = 3 \cdots$①

$y = ax$ が点 B を通るとき，$x=8$，$y=2$ を代入すると，$2 = 8a$　$a = \dfrac{1}{4} \cdots$②

①，②より，$\dfrac{1}{4} \leqq a \leqq 3$

〔問3〕ア：4 月，5 月とも階級の幅は 2 冊で等しい。

イ：4 月の最頻値は 3 冊，5 月の最頻値は 7 冊。

ウ：中央値は小さい方から 15 人目と 16 人目がどの階級に入っているかを考える。

4 月は，2 冊未満の人数が 6 人で，4 冊未満の人数が $6+11 = 17$（人）より，中央値は 2 冊または 3 冊。

5 月は，6 冊未満の人数が $3+3+7 = 13$（人）で，8 冊未満の人数が $13+10 = 23$（人）より，中央値は 6 冊または 7 冊。

エ：4 月は $8 \div 30 = \dfrac{4}{15}$，5 月は $7 \div 30 = \dfrac{7}{30}$

（4 月と 5 月の合計は同じなので，度数で比べてもよい。）

オ：4 月は，$6+11+8 = 25$（人）

5 月は，$3+3+7 = 13$（人）

(2)それぞれの生徒が階級値の冊数で借りたとすると，

（たとえば，0 冊以上 2 冊未満の生徒は 1 冊借りたとすると）

$(1 \times 3 + 3 \times 3 + 5 \times 7 + 7 \times 10 + 9 \times 7) \div 30 = 6$（冊）

（この値は，おおよその平均値である。）

3 〔問1〕(1)ア：$(5-1) \times 2 = 8$（個）　イ：$6^2 = 36$（個）

(2)$(8-1)^2 = 49$（個）

(3)$(n+1)^2 - n^2 = 2n+1$（個）

〔問2〕(1)$1+2+3+4+5 = 15$（個）

4 〔問1〕$x=0$ のとき最大となり，$y = -\dfrac{1}{4} \times 0^2 = 0$

$x=-6$ のとき最小となり，$y = -\dfrac{1}{4} \times (-6)^2 = -9$

よって，$-9 \leqq y \leqq 0$

〔問2〕・PA = PB のとき…1 個

・AP = AB のとき…2 個（$\angle BAP$ が鋭角のときと鈍角のとき）

・BP = BA のとき…2 個（$\angle ABP$ が鋭角のときと鈍角のとき）

$1+2+2 = 5$（個）

〔問3〕$x=-2$ を $y = -\dfrac{1}{4}x^2$ に代入すると，

$y = -\dfrac{1}{4} \times (-2)^2 = -1$　　C$(-2, -1)$

直線 AP の傾き $= \dfrac{-4-(-1)}{4-(-2)} = -\dfrac{1}{2}$

直線 AP の式を $y = -\dfrac{1}{2}x + b$ とおき，$x=4$，$y=-4$ を代入すると，$-4 = -\dfrac{1}{2} \times 4 + b$　　$b = -2$

直線 AP：$y = -\dfrac{1}{2}x - 2$ に $y = 0$ を代入すると，

$0 = -\dfrac{1}{2}x - 2$　　$x = -4$　　よって，P$(-4, 0)$

〔問4〕点 D から x 軸にひいた垂線と，直線 AB との交点を E とする。点 D$(-3, 9a)$

四角形 PABD = 台形 PAED - 三角形 BED より，

$\{4 + (9a+4)\} \times (6+1) \times \dfrac{1}{2} - (9a+4) \times 1 \times \dfrac{1}{2} = 50$

これを解いて，$a = \dfrac{8}{9}$

5 〔問1〕$\triangle ROB \equiv \triangle RQP$ より，QR = OR

よって，QR $= \dfrac{1}{2}$OQ $= \dfrac{3}{2}$ (cm)

〔問2〕円周角の定理より，$\angle QOB = 2\angle QPB = 72°$

よって，$\pi \times 3^2 \times \dfrac{72}{360} = \dfrac{9}{5}\pi$ (cm²)

〔問3〕(2)$\triangle AOS \backsim \triangle ABQ$ で相似比は $1:2$ より

OS : BQ $= 1:2$

また，$\triangle RSO \backsim \triangle RBQ$ より

RO : RQ = OS : QB $= 1:2$

よって，RO $= \dfrac{1}{3}$OQ $= 1$ (cm)

$\triangle ROB$ で三平方の定理より

BR $= \sqrt{3^2 + 1^2} = \sqrt{10}$ (cm)

〈M. S.〉

鳥取県

問題 P.78

解答

1 正負の数の計算，平方根，式の計算，多項式の乗法・除法，因数分解，比例・反比例，2次方程式，立体の表面積と体積，標本調査，平面図形の基本・作図，図形と証明，資料の散らばりと代表値 ▎問1．(1) 7　(2) -5
(3) $\sqrt{3}$　(4) $4x - 5y$　(5) $6a^2b^2$
問2．$4a^2 - 12a + 9$　問3．-1　問4．$(x+2)(x-5)$
問5．式 $y = \dfrac{12}{x}$，ア．6
問6．$x = \dfrac{3 \pm \sqrt{13}}{2}$
問7．18π cm^2
問8．およそ 400 匹
問9．右図
問10．（証明）（例）（△AEF と △DEC で，）
仮定より，点 E は辺 AD の中点だから，AE = DE…①
対頂角は等しいから，∠AEF = ∠DEC…②
BF ∥ CD から，平行線の錯角は等しいので，
∠EAF = ∠EDC…③
①，②，③から，1 組の辺とその両端の角がそれぞれ等しいので，(△AEF ≡ △DEC)
問11．（例）最頻値を比べると，そらさんが 7 点，あずまさんが 9 点である。そらさんよりもあずまさんの方が最頻値が大きいから。

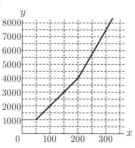

2 確率 ▎問1．ア．2　イ．$\dfrac{1}{36}$
問2．（例）出た目の数の和が 6 になる確率は $\dfrac{9}{36} = \dfrac{1}{4}$ であり，出た目の数の和が 5 になる確率 $\dfrac{12}{36} = \dfrac{1}{3}$ よりも小さいから。問3．$\dfrac{1}{6}$

3 連立方程式の応用 ▎問1．$\dfrac{3}{2}$ km
問2．(1) ① イ　② エ　(2) 道のり 7 km，$\dfrac{7}{10}$ 時間
問3．(1) $10(t+a) = 40a$　(2) $\dfrac{3}{8}$ 時間後まで

4 比例・反比例，1次関数 ▎
問1．プラン1．5500 円
プラン2．4700 円
問2．右図
問3．300 kWh 未満のとき
問4．（例）
$500 + 35a + 15(220 - a)$
< 4700

5 立体の表面積と体積，円周角と中心角，相似，三平方の定理 ▎問1．$2\sqrt{2}$ cm　問2．ウ，オ　問3．$\dfrac{2\sqrt{10}}{5}$ cm
問4．$\dfrac{4\sqrt{2}}{3}\pi$ cm^3　問5．$6\sqrt{2}$ cm

解き方

1 問1．(2) $\dfrac{2}{3} \div \left(-\dfrac{2}{15}\right) = \dfrac{2}{3} \times \left(-\dfrac{15}{2}\right)$
$= -5$
(3) $6\sqrt{3} - \sqrt{27} - \sqrt{12} = 6\sqrt{3} - 3\sqrt{3} - 2\sqrt{3} = \sqrt{3}$
(4) $3(2x - y) - 2(x + y) = 6x - 3y - 2x - 2y = 4x - 5y$
(5) $3a^2b \times 4ab^2 \div 2ab = \dfrac{3a^2b \times 4ab^2}{2ab} = 6a^2b^2$
問2．$(2a - 3)^2 = 4a^2 - 12a + 9$
問3．(与式) $= -(-2)^2 - 2 \times (-2) - 1 = -4 + 4 - 1$
$= -1$
問4．$x^2 - 3x - 10 = (x+2)(x-5)$
問5．比例定数を a とすると，$a = xy = 1 \times 12 = 12$
よって，式は $y = \dfrac{12}{x}$，アは $y = \dfrac{12}{x} = \dfrac{12}{2} = 6$
問6．$x^2 - 3x - 1 = 0$
$x = \dfrac{-(-3) \pm \sqrt{(-3)^2 - 4 \times 1 \times (-1)}}{2} = \dfrac{3 \pm \sqrt{13}}{2}$
問7．底面の円周の長さは，$2 \times 3 \times \pi = 6\pi$ (cm) であり，これが側面であるおうぎ形の弧の長さに等しいので，
求める面積は，$6 \times 6\pi \div 2 = 18\pi$ (cm^2)
問8．ニジマスの総数を x 匹とすると，
$\dfrac{50}{x} = \dfrac{6}{48}$　　$x = 50 \times \dfrac{48}{6} = 50 \times 8 = 400$（匹）

2 問3．関数 $y = ax^2$ のグラフは，点 A(m, n) を通るので，$n = am^2$　　$a = \dfrac{n}{m^2}$
また，$n = 1, 2, 2, 3, 3, 3$，$m^2 = 1, 4, 4, 9, 9, 9$
だから，a が整数となるのは，n の値に関係なく，$m^2 = 1$ のときである。よって，求める確率は $\dfrac{1}{6}$

3 問1．$6 \times \dfrac{15}{60} = \dfrac{3}{2}$ (km)
問2．(1) ① $\dfrac{6}{5}$ は時間であるから，$\dfrac{x}{6} + \dfrac{y}{10}$ が時間を表すとき，x は歩いた道のり，y は走った道のりである。よって，イ
② $\dfrac{6}{5}$ は時間であるから，$x + y$ が時間を表すとき，x と y は時間を表す。このとき，$6x + 10y = 10$ は道のりの式となるから，x は歩いた時間，y は走った時間である。よって，エ
(2)(1)より，$x + y = 10$…①，$\dfrac{x}{6} + \dfrac{y}{10} = \dfrac{6}{5}$…②
② $\times 6$：$x + \dfrac{3}{5}y = \dfrac{36}{5}$…②′
① $-$ ②′：$\dfrac{2}{5}y = 10 - \dfrac{36}{5}$　　$y = \dfrac{5}{2} \times \dfrac{50 - 36}{5} = 7$
よって，道のり 7 km，$\dfrac{7}{10}$ 時間
問3．(1) こういちさんが時速 10 km で $(t+a)$ 時間に進んだ道のりと，お父さんが時速 40 km で a 時間進んだ道のりが等しいので，$10(t+a) = 40a$
(2) 同じ向きの場合は，(1)より $t + a = 4a$　　$a = \dfrac{t}{3}$
反対の向きの場合は，2 人の進んだ道のりの和が 10 km だから，$10(t+a) + 40a = 10$　　$t + a + 4a = 1$
$a = \dfrac{1-t}{5}$
同じ向きのときの方が，反対の向きのときよりも早いのは，
$\dfrac{t}{3} < \dfrac{1-t}{5}$　　$5t < 3 - 3t$　　$t < \dfrac{3}{8}$
よって，$\dfrac{3}{8}$ 時間後まで

4 問1．プラン1のとき，
$2500 + 25 \times (220 - 100) = 2500 + 3000 = 5500$（円）
プラン2のとき，
$1000 + 20 \times 150 + 35 \times (220 - 200) = 1000 + 3000 + 700$
$= 4700$（円）

問2．プラン2のグラフは，点 (0, 1000)，(50, 1000)，(200, 4000)，(300, 7500) を結ぶ折れ線になる。
よって，右図のようになる。

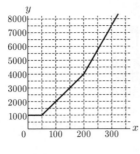

問3．プラン1のグラフは，点 (0, 2500)，(100, 2500)，(300, 7500) を結ぶ折れ線になる。これを問2のグラフと比較すると，300 kWh 未満のときとわかる。
問4．$500 + 35a + 15 \times (220 - a) < 4700$
5 問1．三平方の定理により，$\sqrt{2^2 + 2^2} = 2\sqrt{2}$ (cm)
問2．対頂角は等しいから，∠ABE = ∠CBF
よって，オ
また，円に内接する四角形の1つの外角はその内角の対角に等しいから，∠ABE = ∠EDC　　よって，ウ
問3．三平方の定理により，DE = $\sqrt{2^2 + 6^2} = 2\sqrt{10}$ (cm)
問2の結論と 90° の角に着目する。
2組の角がそれぞれ等しいから，△ABE∽△CDE
AB : CD = BE : DE　　AB : 2 = 4 : $2\sqrt{10}$
AB = $\dfrac{8}{2\sqrt{10}} = \dfrac{4\sqrt{10}}{10} = \dfrac{2\sqrt{10}}{5}$ (cm)
問4．求める立体の体積は，球の体積から2つの円すいの体積を除いたものに等しいから，
$\dfrac{4}{3}\pi \times (\sqrt{2})^3 - 2 \times \dfrac{1}{3} \times \pi \times (\sqrt{2})^2 \times \sqrt{2}$
$= \dfrac{4}{3}\sqrt{2}\pi$ (cm³)
問5．三角形 AEF，CEF はともに EF を斜辺とする直角三角形であるから，4点 A, E, F, C は EF を直径とする円周上にある。また，三角形 CEF は，CE = CF = 6 cm，∠ECF = 90° の直角二等辺三角形なので，EF = $6\sqrt{2}$ cm
これが，求める円の直径に等しいので，$6\sqrt{2}$ cm
〈T. E.〉

島根県
問題 P.81

解答

1 正負の数の計算，式の計算，平方根，数・式の利用，因数分解，2次方程式，比例・反比例，資料の散らばりと代表値，平行と合同，立体の表面積と体積，三平方の定理　問1．11　問2．$\dfrac{a+10}{6}$　問3．0
問4．（証明）（例）みかん5個とりんご3個の金額の合計が 1000 円以下であること（を表している。）
問5．$(a+10)(a-2)$　問6．$x = \dfrac{5 \pm \sqrt{13}}{6}$
問7．$y = 6$
問8．1．エ　2．右図
問9．1．$\angle x = 57$ 度
2．$\angle y = 92$ 度
問10．1．$2\sqrt{2}$ cm
2．$\dfrac{4\sqrt{2}}{3}\pi$ cm³
2 確率，関数 $y = ax^2$　問1．1．C → A → B
2．(1) $\dfrac{1}{6}$　(2) $\dfrac{1}{9}$
問2．1．$y = 5x^2$　2．イ　3．$y = -\dfrac{1}{3}x^2$
3 数・式の利用，連立方程式の応用　問1．240 円
問2．1．ア．5　イ．6
2．(1)（例）$600x + 400y + 300 \times 5 = 14700$
(2) $x = 18$, $y = 6$
問3．1．750 円　2．ウ．n　エ．（例）$\dfrac{150 \times 4n}{5n} = 120$
4 平面図形の基本・作図，円周角と中心角，相似，三平方の定理
問1．右図
問2．1．（証明）（例）
△ABE と △CDE において，
対頂角は等しいから，
∠AEB = ∠CED…①
円周角の定理より，
∠BAE = ∠DCE…②
①，②より，2組の角がそれぞれ等しいので，
△ABE∽△CDE
2．$\dfrac{20}{3}$ cm　3．$\dfrac{25}{6}$ cm　4．25 : 64
5 関数を中心とした総合問題　問1．11時10分
問2．100分後
問3．1．分速 0.5 km　2．$y = \dfrac{1}{2}x - 25$　3．10時14分
問4．11時50分から12時20分

解き方 **1** 問1．(与式) = 5 + 6 = 11
問2．(与式) = $\dfrac{2(2a+5) - 3a}{6}$
$= \dfrac{4a + 10 - 3a}{6} = \dfrac{a+10}{6}$
問3．(与式) = $3\sqrt{5} + 2\sqrt{5} - 5\sqrt{5} = 0$
問6．解の公式より，
$x = \dfrac{-(-5) \pm \sqrt{(-5)^2 - 4 \times 3 \times 1}}{2 \times 3} = \dfrac{5 \pm \sqrt{13}}{6}$
問7．$y = \dfrac{a}{x}$ とおき，$x = 3$, $y = -4$ を代入すると，
$-4 = \dfrac{a}{3}$　$a = -12$ となるので，$y = -\dfrac{12}{x}$ となる。
$x = -2$ を代入して，$y = -\dfrac{12}{-2} = 6$

問8．1．60分以上90分未満の度数は，
$30 - (2 + 4 + 5 + 10 + 3) = 6$（人）　したがって，
最頻値は，120分以上150分未満となるので，
$\frac{120 + 150}{2} = 135$（分）
問9．1．$\angle x = 180° - 123° = 57°$
2．$180° - 145° = 35°$　したがって，
$\angle y = 57° + 35° = 92°$
問10．1．三角形 ABC は，45°，45°，90°の直角二等辺三角形なので，AC : 2 = $\sqrt{2}$: 1　AC = $2\sqrt{2}$ cm
2．$\frac{1}{3} \times \pi \times (\sqrt{2})^2 \times 2\sqrt{2} = \frac{4\sqrt{2}}{3}\pi$ (cm³)
2 問1．1．当選する確率はそれぞれ，
A : $\frac{1000}{15000} = \frac{1}{15}$，B : $\frac{1000}{20000} = \frac{1}{20}$，C : $\frac{1500}{20000} = \frac{3}{40}$
となり，通分すると，A : $\frac{8}{120}$，B : $\frac{6}{120}$，C : $\frac{9}{120}$ となるので，C → A → B の順となる。
2．(1) 目の出方は全部で，$6 \times 6 = 36$（通り）
$a = b$ となるのは，1から6までの6通りなので，求める確率は，$\frac{6}{36} = \frac{1}{6}$
(2) $(a, b) = (3, 6), (4, 5), (5, 4), (6, 3)$ の4通りなので，求める確率は，$\frac{4}{36} = \frac{1}{9}$
問2．1．$y = ax^2$ とおき，$x = -1$，$y = 5$ を代入すると，$5 = a \times (-1)^2$　$a = 5$ より，$y = 5x^2$
2．グラフは y 軸に関して対称なので，x の値が1から3まで増加するとき，y の値は8増加する。したがって，イとなる。
3．$x = -2$ と $x = 3$ では，$x = 3$ の方が $x = 0$ から離れているので，$x = 3$ のとき $y = -3$ となる。
よって，$y = ax^2$ に $x = 3$，$y = -3$ を代入して，
$-3 = a \times 3^2$　$a = -\frac{1}{3}$　したがって，$y = -\frac{1}{3}x^2$
3 問1．$300 \times \left(1 - \frac{20}{100}\right) = 300 \times \frac{80}{100} = 240$（円）
問2．1．イ．$30 - 24 = 6$（人）　ア．$6 - 1 = 5$（人）
2．(2) $x + y = 24 \cdots$①　(1)より，$600x + 400y = 13200$
$3x + 2y = 66 \cdots$②　② - ①×2 より，$x = 18$
①に代入して，$18 + y = 24$　$y = 6$
問3．1．$150 \times (6 - 1) = 750$（円）
4 問1．点 A，B，C からの距離が等しい点となるので，線分 AB の垂直二等分線と線分 AC の垂直二等分線の交点である。
問2．2．$AB = AC$，$BE = EC$ より，$\angle AEB = 90°$ となる。
△ABE において三平方の定理より，
$AE^2 + 4^2 = 5^2$　$AE^2 = 9$　$AE > 0$ より，$AE = 3$
したがって，$CD : 5 = 4 : 3$　$3CD = 20$
$CD = \frac{20}{3}$ cm
3．$ED : 4 = 4 : 3$　$3ED = 16$　$ED = \frac{16}{3}$ cm
したがって，$AO = \left(3 + \frac{16}{3}\right) \times \frac{1}{2} = \frac{25}{3} \times \frac{1}{2}$
$= \frac{25}{6}$ (cm)
4．円O : 円D
$= \left(\frac{25}{6}\right)^2 : \left(\frac{20}{3}\right)^2$
$= 25 : 64$

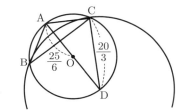

5 問1．130分後つまり2時間10分後に到着する。
問2．休憩をとったのは，$90 - 60 = 30$（分）なので，道の駅に到着するのは，$130 - 30 = 100$（分後）
問3．1．$5 \div 10 = 0.5$ (km/分)
2．$y = \frac{1}{2}x + b$ とおいて，点 (50, 0) を通るので，
$0 = \frac{1}{2} \times 50 + b$　$b = -25$
したがって，$y = \frac{1}{2}x - 25$
3．2の式に $y = 12$ を代入して，
$12 = \frac{1}{2}x - 25$　$\frac{1}{2}x = 37$
$x = 74$（分）より，1時間14分後に合流する。
問4．家から公園まで，$20 \div 0.5 = 40$（分）かかる。
12時30分 − 40分 = 11時50分
13時00分 − 40分 = 12時20分 より，
11時50分から12時20分の間に出発した。
〈A. H.〉

岡　山　県　問題 P.83

解答

1 正負の数の計算，式の計算，平方根，2次方程式，円周角と中心角，確率，立体の表面積と体積，資料の散らばりと代表値
① -4　② 6　③ $11a - 5b$
④ $-9a^2b$　⑤ $6 - 2\sqrt{5}$　⑥ $x = \frac{1 \pm \sqrt{13}}{2}$　⑦ 100度
⑧ $\frac{7}{8}$　⑨ ア　⑩ (1) 0.2　(2) 66点

2 標本調査，連立方程式の応用　① イ
② (1) $\begin{cases} x + y = 500 \\ 7x + 3y = 2000 \end{cases}$　(2) $\begin{cases} 模様入りボール 125 個 \\ 単色ボール 375 個 \end{cases}$

3 1次関数，立体の表面積と体積，関数 $y = ax^2$
① ア，エ　② (1) $16a$
(2)（例）$\frac{16a - 4a}{4 - (-2)} = 1$ が成り立つ。
$\frac{12a}{6} = 1$　$2a = 1$
よって，$a = \frac{1}{2}$ である。
③ -4　④ (1) $\frac{56}{3}\pi$　(2) $(20 + 12\sqrt{2})\pi$

4 平面図形の基本・作図，1次関数
① 右図
② 15 m　③ (1) $\frac{3}{2}x$　(2) $\frac{45}{2}$
(3)（例）点 E は，直線 $y = \frac{5}{4}x$
上の点であることから，
$\frac{45}{2} = \frac{5}{4}x$ が成り立つ。
よって，$x = 18$ であるから，点 E の x 座標は 18
④ $\frac{9}{2}$

5 図形と証明，平行四辺形，相似，中点連結定理，三平方の定理　① ウ
②(1)（例）$AE \parallel BG$ から，平行線の同位角は等しいので，$\angle EAF = \angle GBF \cdots$(i)
$\angle F$ は共通な角なので，$\angle AFE = \angle BFG \cdots$(ii)
(i)，(ii)から，2組の角がそれぞれ等しいので
(2) $\frac{1}{2}$　③ (1) $4\sqrt{6}$　(2) 22

解 答 　　数学 | 56

解き方 ■1■ ⑦ $\angle \text{BCA} = 70° \times \dfrac{1}{2} = 35°$
　$\angle \text{APB} = 65° + 35° = 100°$

⑨ $2\pi r^3 \div \dfrac{4}{3}\pi r^3 = \dfrac{3}{2}$

■3■ ③ 直線 AB の式は $y = x + 4$
④ D $(0, 4)$ とする。直線 OH のまわりに $\triangle$DCO を 1 回転させてできる円錐の体積から，$\triangle$DAH を 1 回転させてできる円錐の体積を引いて
$\dfrac{1}{3} \times 16\pi \times 4 - \dfrac{1}{3} \times 4\pi \times 2 = \dfrac{64}{3}\pi - \dfrac{8}{3}\pi = \dfrac{56}{3}\pi \ (\text{cm}^3)$
また，半径 HA の円の面積，半径 OC の円の面積はそれぞれ $4\pi \ \text{cm}^2$，$16\pi \ \text{cm}^2$ であり，側面積は $12\sqrt{2}\pi \ \text{cm}^2$ であるから，
$4\pi + 16\pi + 12\sqrt{2}\pi = (20 + 12\sqrt{2})\pi \ (\text{cm}^2)$

■4■ ③(3) $\dfrac{5}{4}x = \dfrac{45}{2}$ より，$x = 18$
④ 直線 PF の式は，$y = \dfrac{3}{2}x + \dfrac{9}{2}$

■5■ ③(1) $\triangle \text{DEH} = 20\sqrt{6} \times \dfrac{1}{2} = 10\sqrt{6} \ (\text{cm}^2)$
よって，$\dfrac{1}{2} \times \text{DE} \times \text{HP} = 10\sqrt{6}$
$\text{HP} = \dfrac{20\sqrt{6}}{5} = 4\sqrt{6} \ (\text{cm})$
(2) 辺 AD の中点を M とすると，
$\text{MH} = \sqrt{\text{PM}^2 + \text{HP}^2} = \sqrt{5^2 + (4\sqrt{6})^2} = 11 \ (\text{cm})$
H は対角線 DB の中点であるから，中点連結定理より，
$\text{AB} = 2\text{MH} = 22 \ (\text{cm})$
　　　　　　　　　　　　　　　　　　　　　〈K. Y.〉

広島県

問題 **P.86**

解 答 ■1■ 正負の数の計算，式の計算，因数分解，平方根，2 次方程式，空間図形の基本，比例・反比例，確率 ┃ (1) 2 　(2) $x - y$ 　(3) $(x + 7)(x - 4)$ 　(4) $9 + 2\sqrt{14}$
(5) $x = \dfrac{-7 \pm \sqrt{33}}{8}$ 　(6) ② 　(7) 3 　(8) $\dfrac{1}{12}$

■2■ 資料の散らばりと代表値，標本調査，三平方の定理，連立方程式の応用 ┃ (1) ③ 　(2) 線分 AF
(3) (例) P 地点から R 地点までの道のりを x m，R 地点から Q 地点までの道のりを y m とすると，
$\begin{cases} x + y = 5200 & \cdots① \\ \dfrac{x}{80} + \dfrac{y}{200} = 35 & \cdots② \end{cases}$
②から，$5x + 2y = 14000 \cdots③$
③ $-$ ① $\times 2$ より，$x = 1200$
$x = 1200$ を①に代入して解くと，$y = 4000$
これらは問題に適している。
(答) P 地点から R 地点までの道のり 1200 m
　　　R 地点から Q 地点までの道のり 4000 m

■3■ 資料の散らばりと代表値 ┃ (1) 90 分
(2) ア．0.29　イ．0.17　ウ．①

■4■ 多項式の乗法・除法 ┃ (1) (例) 大きい方から 1 番目の数と大きい方から 2 番目の数の積から，小さい方から 1 番目の数と小さい方から 2 番目の数の積を引いたときの差は，
$(n+3)(n+2) - n(n+1) = n^2 + 5n + 6 - n^2 - n = 4n + 6$
連続する 4 つの整数の和は，
$n + (n+1) + (n+2) + (n+3) = 4n + 6$
(2) (例) 小さい方から 1 番目の数と大きい方から 1 番目の

数
■5■ 図形と証明，三角形 ┃
(証明) (例) $\triangle$COE と $\triangle$ODF において，
線分 CO，OD は半径より，CO $=$ OD$\cdots①$
仮定より，$\angle \text{CEO} = \angle \text{OFD} = 90°\cdots②$
②より，$\angle \text{OCE} = 90° - \angle \text{AOC}\cdots③$
$\angle \text{AOB} = 90°$ より，$\angle \text{DOF} = 90° - \angle \text{BOD}\cdots④$
$\overset{\frown}{\text{AC}} = \overset{\frown}{\text{BD}}$ より，$\angle \text{AOC} = \angle \text{BOD}\cdots⑤$
③，④，⑤より，$\angle \text{OCE} = \angle \text{DOF}\cdots⑥$
①，②，⑥より，直角三角形の斜辺と 1 つの鋭角がそれぞれ等しいから，
$\triangle \text{COE} \equiv \triangle \text{ODF}$ 　　　　　　　(証明終わり)

■6■ 関数を中心とした総合問題 ┃ (1) 10 　(2) -2

解き方 ■1■ (1) (与式) $= 4 + (-2) = 2$
(2) (与式) $= 8x - 4y - 7x + 3y = x - y$
(4) (与式) $= (\sqrt{2})^2 + 2\sqrt{2}\sqrt{7} + (\sqrt{7})^2 = 9 + 2\sqrt{14}$
(5) $x = \dfrac{-7 \pm \sqrt{7^2 - 4 \times 4 \times 1}}{2 \times 4} = \dfrac{-7 \pm \sqrt{33}}{8}$
(6) 投影図は四角錐で，与えられた展開図は①三角錐，②四角錐，③三角柱，④正八面体である。
(8) すべての場合の数は $(6^2 =)$ 36 通りで，和が 10 になる場合は (大，小) $= (4, 6)$，$(5, 5)$，$(6, 4)$ の 3 通り。

■2■ (1) $(57 + 43 + \cdots + 60) \div 10 = 560 \div 10 = 56$ (語)
1 ページあたり 56 語と推測できるから，
$56 \times 1452 = 81312 \fallingdotseq 81000$ (語)
(2) $73 = 64 + 9 = 8^2 + 3^2$ より，直角をはさむ辺が 8 cm，3 cm の直角三角形を探せば斜辺が求める線分である。

■3■ (1) 度数分布表にまとめられたデータの最頻値は最も度数の大きい階級の階級値である。
(2) ア．$0.03 + 0.26 = 0.29$，イ．$0.00 + 0.17 = 0.17$
ウ．$0.29 > 0.17$ より，40 分未満の待ち時間で比べる限りでは雨の降った休日の方が短いといえる。

■4■ (2) $(n+1)(n+3) - n(n+2) = 2n + 3 = n + (n+3)$

■6■ (1) $\triangle \text{AOE} = 5 \times 4 \div 2 = 10$
(2) 点 A は線分 CE の中点であるから，
(C の y 座標) $= 2 \times$ (A の y 座標) $= 8$
よって，B $(0, 8)$
点 B は線分 CD の中点であるから，$\triangle$CDE において中点連結定理より，DE // BA である。
(DE の傾き) $=$ (BA の傾き) $= \dfrac{4 - 8}{2 - 0} = -2$
　　　　　　　　　　　　　　　　　　　　　〈O. H.〉

● 旺文社　2021 全国高校入試問題正解

山口県

問題 P.88

解答　学力検査問題

1 正負の数の計算, 式の計算, 数・式の利用
(1) -2　(2) $\dfrac{9}{2}$　(3) $3a+6$　(4) $-36a^2+4ab$　(5) -8

2 比例・反比例, 平方根, 数・式の利用, 立体の表面積と体積
(1) $y=-\dfrac{3}{2}x$　(2) 5　(3) $b=800-60a$　(4) 72π cm³

3 資料の散らばりと代表値　(1) ウ　(2) 42分

4 関数 $y=ax^2$　(1) $(2\sqrt{5},\ 5),\ (-2\sqrt{5},\ 5)$
(2) 9個

5 因数分解, 確率　(1) $m=7,\ n=10$
(2)（例）さいころを2回投げて出る目は全部で36通りある。その中で, 2次式 x^2+mx+n が $(x+a)(x+b)$ または $(x+c)^2$ の形に因数分解できるのは,
$(m,\ n)=(2,\ 1),\ (3,\ 2),\ (4,\ 3),\ (4,\ 4),\ (5,\ 4),\ (5,\ 6),\ (6,\ 5)$ の7通りある。
したがって, 求める確率は, $\dfrac{7}{36}$ である。　　（答）$\dfrac{7}{36}$

6 平面図形の基本・作図
右図

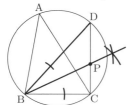

7 数の性質, 数・式の利用　(1) 13行目の3列目
(2) 式：$12m-n+1$
（説明）（例）5列目に並んでいるので, $12m-n+1$ に $n=5$ を代入すると,
$12m-5+1=12m-4=4(3m-1)$
$3m-1$ は整数なので, $4(3m-1)$ は4の倍数となり, Bさんの整理券の番号は4の倍数である。

8 平面図形の基本・作図, 平行と合同, 図形と証明, 三角形, 三平方の定理　(1) エ
(2)（証明）（例）△AEG と △FDC において,
問題文の説明より, ∠AEG = 45°
また, 線分 BD は正方形の対角線なので, ∠FDC = 45°
よって, ∠AEG = ∠FDC = 45°…①
また, BG // CD より, ∠EGA = ∠DCF（錯角）…②
仮定より, CD = CE = BC であり,
△BCG は 3 つの角が 90°, 60°, 30° の直角三角形であることから, BC : CG : BG = 1 : 2 : $\sqrt{3}$ の3辺の比を持つので,
GE = CG − CE = 2 × BC − CE = 2 × CE − CE = CE = CD
となり, GE = CD…③
よって, ①, ②, ③より, 1組の辺とその両端の角がそれぞれ等しいことから, △AEG ≡ △FDC
(3) $\dfrac{6-2\sqrt{3}}{3}$ cm

9 連立方程式の応用, 資料の散らばりと代表値, 相似, 関数を中心とした総合問題　(1)(ア) 式：$\begin{cases} 0.05x+0.30y=190 \\ 0.26x+0.84y=700 \end{cases}$
携帯電話：1400台, ノートパソコン：400台

(イ) $\boxed{a}$ 16　$\boxed{b}$ 8
(2)(ア) $\dfrac{9\sqrt{2}}{4}$ m　(イ) Q社, 最大 250 枚

学校指定教科検査問題

1 数の性質, 数・式の利用, 比例・反比例, 平面図形の基本・作図, 三平方の定理
(1)(ア) 19人
(イ)「山」の人文字をつくるのに必要な人数：$(6a+1)$ 人
「口」の人文字をつくるのに必要な人数：$4b$ 人

(2)(ア) 式：$r=\dfrac{\sqrt{2}}{2}b$,
グラフ　ウ
(イ) 5 m　作図　右図

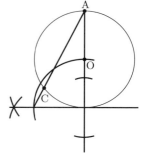

解き方　学力検査問題

1 (1) $3+(-5)=3-5=-2$
(2) $6^2 \div 8 = 36 \div 8 = \dfrac{9}{2}$
(3)（与式）$=-2a+7-1+5a=3a+6$
(4)（与式）$=-36a^2+4ab$
(5) $x^3+2xy=x(x^2+2y)=-\left\{(-1)^2+2\times\dfrac{7}{2}\right\}$
$=-(1+7)=-8$

2 (1) $y=ax$ に $x=6,\ y=-9$ を代入して,
$-9=6a \quad a=-\dfrac{3}{2}$
(2) $\sqrt{45n}=\sqrt{3^2 \times 5 \times n}$ となるので, $n=5$ が最小である。
(4) $3^2 \times \pi \times 8 = 72\pi$ (cm³)

3 (2) $\dfrac{10\times 6+30\times 10+50\times 8+70\times 4+110\times 2}{30}$
$=42$（分）

4 (1) $y=\dfrac{1}{4}x^2$ に $y=5$ を代入して,
$x^2=20 \quad x=\pm 2\sqrt{5}$
したがって, $(2\sqrt{5},\ 5),\ (-2\sqrt{5},\ 5)$
(2) $y=\dfrac{1}{4}x^2$ に $y=24$ を代入すると,
$x^2=96 \quad x=\pm\sqrt{96}$
$9<\sqrt{96}<10$ より, 考えられるのは $-9\leqq x \leqq 9$ しかない。この中で $y=\dfrac{1}{4}x^2$ に代入して, y の値も整数になるのは, x が偶数のときだけである。よって, 条件を満たす x の値は, $-8,\ -6,\ -4,\ -2,\ 0,\ 2,\ 4,\ 6,\ 8$ の9個。

5 (1) $(x+2)(x+5)=x^2+7x+10$ なので, $m=7,\ n=10$

6 次の手順で作図する。
① 2点 B, D を結ぶ。円周角の定理より,
∠ABD = ∠ACD = 30°　よって, ∠DBC = 50° となる。
② ∠CBD の二等分線を引く。

7 (1) $75 \div 6 = 12$ あまり 3　なので, 75番は13行目。さらに, 13行目は奇数行目なので, 左から順に並んでいく。したがって, 13行目の3列目となる。

8 (3) △BCG と △DHC はともに 1 : 2 : $\sqrt{3}$ の3辺の比を持つので,
BG = $2\sqrt{3}$ cm, CG = 4 cm, DH = $\dfrac{2}{\sqrt{3}}$ cm,

CH = $\frac{4}{\sqrt{3}} = \frac{4\sqrt{3}}{3}$ (cm)

また，AB = BC = 2 cm なので，AG = $2\sqrt{3} - 2$ (cm)
よって，(2)より △AEG ≡ △FDC なので，
AG = CF = $2\sqrt{3} - 2$ (cm) となり，
FH = CH − CF = $\frac{4\sqrt{3}}{3} - (2\sqrt{3} - 2) = 2 - \frac{2\sqrt{3}}{3}$
= $\frac{6 - 2\sqrt{3}}{3}$ (cm)

9 (1)(ア)金メダルについて，中央値 12.5 なので，a は 13 以上。最大値 16 であることから，$a = 13, 14, 15, 16$ のいずれか。
さらに，銅メダルについて，中央値 10 より，b は 8 以下。最小値 7 なので，$b = 7, 8$ のいずれか。
また，$a + 5 + b = 29$ より，$a + b = 24$ なので，
$b = 7$ なら，$a = 17$ となり不適。
したがって，$b = 8$　よって，$a = 16$ も決まる。
(2)(ア)面積が 8 倍という事は，辺の長さは $\sqrt{8} = 2\sqrt{2}$ (倍)
したがって，大型スクリーンの縦の長さは，
$2 \times \frac{9}{16} \times 2\sqrt{2} = \frac{9\sqrt{2}}{4}$ (m)
(イ) P 社：30000 ÷ 125 = 240（枚）購入できる。
Q 社：30000 ÷ 150 = 200（枚）
30000 ÷ 120 = 250（枚）より，1 枚 120 円で購入することも可能。したがって，250 枚購入できる。
以上より，Q 社の方が多く購入でき，その枚数は 250 枚

<u>学校指定教科検査問題</u>
1 (1)(ア) 3 + 6 + 3 + 7 = 19（人）
(イ)「山」は，$a + 2a + a + (2a + 1) = 6a + 1$（人）
「口」は，$b \times 4 = 4b$（人）
(2)(ア)「口」の文字は正方形なので，$2r = \sqrt{2}b$
すなわち，$r = \frac{\sqrt{2}}{2}b$ である。これは，比例の関係を示すので，そのグラフは原点を通る直線で，傾き $\frac{\sqrt{2}}{2} < 1$ なので，ウとなる。
(イ) 図のように直角三角形 OCD にて三平方の定理より，
$r^2 = (8 - r)^2 + 4^2$
これを解いて，$r = 5$ m
また，作図は次の手順で行えばよい。
①直線 AO を引く。点 A でない円 O との交点を P とする。
②点 P を通り，直線 AO に垂直な直線を引く。
③点 P を中心とし，半径 PO の円を描き，②で引いた垂線との交点を Q とする。2 点 AQ を結び，円 O との交点を C とする。(△AQP∽△ACD となるように作図している。)

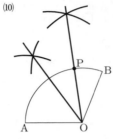

〈Y. D.〉

徳島県　問題 P.91

解答

1 正負の数の計算，式の計算，2 次方程式，空間図形の基本，連立方程式，資料の散らばりと代表値，平方根，関数 $y = ax^2$，確率，平面図形の基本・作図
(1) -15　(2) $3a + 2b$　(3) $x = -1, 4$
(4) 辺 CG，辺 DH，辺 EH，辺 FG　(5) $(x, y) = (5, 2)$
(6) $9.5 \leq a < 10.5$　(7) 8　(8) 3 往復　(9) $\frac{1}{12}$
(10)
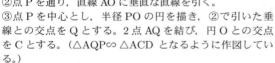

（文章記述）（例）
① 2 点 A，B を，それぞれ中心として，等しい半径の円をかき，その交点と点 O を通る直線をひき，$\overset{\frown}{AB}$ との交点を C とする。
② 同様に，2 点 C，B を，それぞれ中心として，等しい半径の円をかき，その交点と点 O を通る直線をひくと，$\overset{\frown}{AB}$ との交点が P である。

2 数・式を中心とした総合問題
(1) ア．25　イ．24　ウ．$4n + 4$　(2) 12 番目
3 数・式の利用，三平方の定理，立体の表面積と体積，相似
(1) $(50a + 30b + 500)$ 円　(2) $\frac{25\sqrt{2}}{16}$ m²　(3) 111π cm³
4 関数を中心とした総合問題　(1) -3　(2) $-12 \leq y \leq 0$
(3) $y = -5x + 4$　(4) P $\left(\frac{2}{3}, 2\right)$
5 図形を中心とした総合問題　(1)(a) 70 度　(b) 50π cm²
(2)(証明)（例）△ABC と △AED において，
仮定より，AC = AD…①
弦 AC は ∠BAD の二等分線であるから，
∠BAC = ∠EAD…②
$\overset{\frown}{AB}$ に対する円周角であるから，∠ACB = ∠ADE…③
①，②，③より，1 組の辺とその両端の角がそれぞれ等しいから，
△ABC ≡ △AED　　　　　　　　（証明終わり）
(3) $\frac{38}{3}\pi$ cm

解き方 **1** (1) (与式) = $-(3 \times 5) = -15$
(2) (与式) = $6a - 4b - 3a + 6b$
(3) $(x + 1)(x - 4) = 0$ より，$x = -1, 4$
(5) $x - y = 3$…①，$-x + 4y = 3$…②
① + ②より，$3y = 6$　　$y = 2$…③
③を①に代入して，$x - 2 = 3$　　$x = 5$
(7) $x + y = (\sqrt{2} + 1) + (\sqrt{2} - 1) = 2\sqrt{2}$
(与式) = $(x + y)^2 = (2\sqrt{2})^2 = 8$
(8) 1 往復にかかる時間は，
1 m のふりこは，$x^2 = 4 \times 1 = 4$ より，$x = 2$（秒）
9 m のふりこは，$x^2 = 4 \times 9 = 36$ より，$x = 6$（秒）
(9) すべての場合の数は，$(6 \times 6 =)36$ 通り。条件を満たす場合は，$(x, y) = (3, 1), (4, 3), (5, 5)$ の 3 通り。
2 (1) ア．$5^2 = 25$（枚）
イ．$(5 + 2)^2 - 5^2 = 49 - 25 = 24$（枚）
ウ．$(n + 2)^2 - n^2 = 4n + 4$（枚）
(2) n 番目とすると，$n^2 - (4n + 4) = 92$
$n^2 - 4n - 96 = 0$　　$(n + 8)(n - 12) = 0$
$n > 0$ より，$n = 12$（番目）

3 (1) $(2000a + 1200b) \div 40 + 500 = 50a + 30b + 500$ (円)

(2) 1 人分は右図の通り。

求める面積は，

$\dfrac{1}{2} \times \dfrac{5}{2} \times \dfrac{5\sqrt{2}}{4} = \dfrac{25\sqrt{2}}{16}$ (m²)

(3) 直線 AB，DC の交点を E とする。

△EAD，△EBC を 1 回転させてできる
立体の体積をそれぞれ V，W とすると，
求める体積は，$V - W$ である。

EC : ED = BC : AD = 3 : 4   CD = 9 cm より，

EC = 27 cm   ED = 36 cm

$V - W = (\pi \times 4^2) \times 36 \div 3 - (\pi \times 3^2) \times 27 \div 3$

$= 192\pi - 81\pi = 111\pi$ (cm³)

4 (1) $y = -3 \times (-1)^2 = -3$

(2) $x = -2$ のとき $y = -12$，$x = 1$ のとき $y = -3$

グラフより，$-12 \leqq y \leqq 0$

(3) A と B は原点対称より，B (1, 3)

P は線分 OB の中点より，P $\left(\dfrac{1}{2}, \dfrac{3}{2}\right)$

直線 CP の傾きは，$\left(\dfrac{3}{2} - 4\right) \div \left(\dfrac{1}{2} - 0\right) = -5$

切片は 4 より，$y = -5x + 4$

(4) $\angle$OCP + $\angle$COP = $\angle$BPC より，$\angle$OCP = $\angle$COP

△POC は二等辺三角形より，P から線分 OC に垂線をひ
くと中点を通る。

よって，(P の y 座標) = 2 であり，P は 直線 OB：$y = 3x$
上の点より，x 座標を求める。

5 (1)(a) 二等辺三角形 ACD において，仮定より，

$\angle$CAD = 40°

よって，$\angle$ACD = $(180° - 40°) \div 2 = 70°$

円周角の定理より，$\angle$ABD = $\angle$ACD = 70°

(1)(b) 中心角 $\angle$BOC = $2\angle$BAC = 80° より，

$\pi \times 15^2 \times \dfrac{80}{360} = 50\pi$ (cm²)

(3) $\overset{\frown}{BC} = \overset{\frown}{CD} = x$ cm とする。

円 O において，AC = AD より，

$\overset{\frown}{AD} = \overset{\frown}{AC} = \overset{\frown}{AB} + \overset{\frown}{BC} = x + 8\pi$ (cm)

円周について，$2(x + 8\pi) + x = 30\pi$ $x = \dfrac{14}{3}\pi$ (cm)

〈O. H.〉

香川県 問題 P.93

解答

1 | 正負の数の計算，数・式の利用，式の計算，
1 次方程式，平方根，因数分解 | (1) −1　(2) 5

(3) $6x - 3$　(4) $x = \dfrac{5}{2}$　(5) 17　(6) $(x + 3)(x - 5)$

(7) $a = 5$

2 | 三角形，空間図形の基本，立体の表面積と体積，平行と合
同 | (1) 25 度　(2) ア．④　イ．$\sqrt{61}$ cm　(3) $4\sqrt{5}$ cm²

3 | 確率，資料の散らばりと代表値，関数 $y = ax^2$，1 次方
程式 | (1) $\dfrac{17}{36}$　(2) 15 分　(3) ア．5　イ．$y = -\dfrac{2}{3}x + \dfrac{16}{3}$

(4) (例) 体育館の利用料金を x の式で表す。

部員全員から 250 円集金すると，ちょうど支払えるので，
250x（円）…①と表せる。

体育館で練習する日に集金した金額では 120 円余るので
280$(x - 3)$ − 120（円）…②

①，②より，$250x = 280(x - 3) - 120$

これを解くと，$x = 32$

（答）x の値　32

4 | 多項式の乗法・除法，三平方の定理，2 次方程式の応用 |

(1) ア．$a = 31$　イ．7，24，25

(2) ア．27 cm²　イ．$\dfrac{9}{10}x^2$ cm²

ウ．（例）$(x + 1)$ 秒後の △APQ の面積は

$90 \times \dfrac{2(x + 1)}{20} \times \dfrac{x + 1}{10} = \dfrac{9}{10}(x + 1)^2$ (cm²)

これが，x 秒後の △APQ の面積の 3 倍になることから，

$\dfrac{9}{10}x^2 \times 3 = \dfrac{9}{10}(x + 1)^2$

整理すると，$2x^2 - 2x - 1 = 0$

これを解くと，$x = \dfrac{1 \pm \sqrt{3}}{2}$

$0 < x \leqq 9$ より，$x = \dfrac{1 + \sqrt{3}}{2}$

（答）x の値　$\dfrac{1 + \sqrt{3}}{2}$

5 | 平行と合同，図形と証明，円周角と中心角，相似 |

(1) (証明) (例) △AGO と △AFB において

共通な角だから，$\angle$GAO = $\angle$FAB…①

仮定より，$\angle$AGO = 90°

AB は直径であるから，半円の弧に対する円周角より，

$\angle$AFB = 90°

よって，$\angle$AGO = $\angle$AFB…②

①，②より，2 組の角がそれぞれ等しいので，

△AGO ∽ △AFB

(2) (証明) (例) △ABC と △ABD において，

AB 共通，仮定より BC = BD，

半円の弧に対する円周角より，$\angle$ACB = $\angle$ADB = 90°

直角三角形の斜辺と他の一辺がそれぞれ等しいから，

△ABC ≡ △ABD

よって，AC = AD…①

△ABC と △AHD において，

$\angle$ADH = 180° − $\angle$ADB = 180° − 90° = 90°

よって，$\angle$ACB = $\angle$ADH…②

円周角の定理より，$\angle$ABC = $\angle$AFC

$\angle$AFC = $\angle$AFE より，$\angle$ABC = $\angle$AFE…③

仮定より，$\angle$AEF = 90° であるから，$\angle$ACB = $\angle$AEF…④

$\angle$BAC = 180° − $\angle$ACB − $\angle$ABC

数学 | 59　解答

旺文社 2021 全国高校入試問題正解

∠HAD＝∠FAE＝180°－∠AEF－∠AFE
③，④より，∠BAC＝∠HAD…⑤
①，②，⑤より，1組の辺とその両端の角がそれぞれ等しいので，△ABC≡△AHD

解き方

1 (4) $5(x-1)=3x$　　$2x=5$　　$x=\dfrac{5}{2}$
(5) （与式）＝$(3\sqrt{2})^2-1^2=18-1=17$
(6) （与式）＝$x^2+x-3x-15=x^2-2x-15$
　　＝$(x+3)(x-5)$
(7) $\sqrt{180a}=6\sqrt{5a}$ が自然数となるためには
$a=5\times$（平方数）であればよい。最も小さい数は5

2 (1) ∠FAB＝90°－40°＝50°
∠ABF＝∠AFB＝(180°－50°)÷2＝65°
∠EBC＝90°－65°＝25°
(2) イ．（三角すいPABC）＝$3\times 6\times\dfrac{1}{2}\times PA\times\dfrac{1}{3}=15$
$PA=5$
$PB=\sqrt{PA^2+AB^2}=\sqrt{5^2+6^2}=\sqrt{61}$ (cm)
(3) 右図のように，
△ABC と合同な直角三角形 PGB，QFG，RCF を補う。
$AC=\sqrt{6^2-4^2}=2\sqrt{5}$
四角形 APQR は一辺
$4+2\sqrt{5}$ の正方形である。
△BDG＝$4\times 2\sqrt{5}\times\dfrac{1}{2}$
＝$4\sqrt{5}$ (cm²)

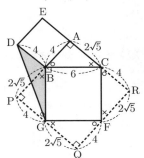

3 (1) 右表の17通り。
求める確率は，$\dfrac{17}{36}$
(2) 10分以上20分未満の階級値であるから，
$\dfrac{10+20}{2}=15$（分）
(3) ア．$\dfrac{4^2-1^2}{4-1}=\dfrac{15}{3}=5$
イ．C の x 座標を c とする。
AB：BC＝|A と B の x 座標の差|：|B と C の x 座標の差|
＝$\{0-(-4)\}:(c-0)=4:c$
この比が 2：1 になるので，$c=2$
A$(-4, 8)$，C$(2, 4)$ を通る直線の式を求めると，
$y=-\dfrac{2}{3}x+\dfrac{16}{3}$

A＼B	1	2	3	4	5	6
1	○	○	○	○	○	
2		○	○	○		
3						
4		○	○			
5						
6		○				

4 (1) ア．$n^2-(n-1)^2=n^2-(n^2-2n+1)=2n-1$
n に16を代入して，$a=2\times 16-1=31$
イ．$2n-1=49$ のとき，$n=25$
$n-1=24$
$\sqrt{49}=7$ より，右図のような直角三角形になる。
(2) ア．△ABQ＝$90\times\dfrac{6}{20}$
＝27
イ．△ABQ＝$90\times\dfrac{2x}{20}=9x$
△APQ＝△ABQ×$\dfrac{AP}{AB}$
＝$9x\times\dfrac{x}{10}=\dfrac{9}{10}x^2$

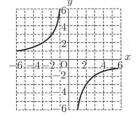

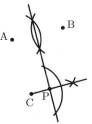

5 (2) **別　解**…CF // BH を利用する解法。

（△ABC≡△ABD…(*)）を示した後）
CF⊥AD（仮定），半円の弧に対する円周角より
∠ADB＝90°になることから BD⊥AD
よって，CF // BD
平行線の錯角は等しいので
∠CFB＝∠DBF
円周角が等しいので弧の長さについても等しくなるので
$\overset{\frown}{BC}=\overset{\frown}{FD}$
円周角の定理より ∠BAC＝∠DAF＝∠DAH…(ア)
(*)より AC＝AD…(イ)，∠ACB＝∠ADH＝90°…(ウ)
(ア)，(イ)，(ウ)より，1組の辺とその両端の角がそれぞれ等しいので △ABC≡△AHD
〈A. T.〉

愛媛県　問題 P.94

解　答

1 正負の数の計算，式の計算，平方根，多項式の乗法・除法　1．-3　2．$6a-7b$
3．$2y^2$　4．21　5．$-11x+8$

2 数・式の利用，2次方程式，比例・反比例，資料の散らばりと代表値，標本調査，確率，平面図形の基本・作図，連立方程式の応用
1．-15
2．$x=5, -7$
3．式：$y=-\dfrac{6}{x}$
グラフ：右図
4．(1) 4
(2) およそ 5000 個
5．$\dfrac{7}{15}$
6．右図

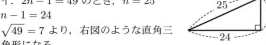

7．（例）大根の分量を x g，レタスの分量を y g とすると，
$\begin{cases} x+y+50=175 & \cdots① \\ \dfrac{18}{100}x+\dfrac{12}{100}y+\dfrac{30}{100}\times 50=33 & \cdots② \end{cases}$
①から，$x+y=125$…③
②から，$3x+2y=300$…④
④－③×2 から，$x=50$
$x=50$ を③に代入して解くと，$y=75$
これらは問題に適している。
（答）大根の分量 50 g，レタスの分量 75 g

3 数・式の利用，三平方の定理　1．10π m
2．(1) $\dfrac{16}{3}$ 分後　(2) 35 m　3．$t=\dfrac{1}{3}n+8$

4 関数を中心とした総合問題
1．$x=1$ のとき $y=1$，$x=4$ のとき $y=12$
2．8 秒後　3．ウ　4．$x=\sqrt{6}, \dfrac{22}{3}$

5 図形と証明，三平方の定理　1．(1) BE
(2)（証明）（例）△AFC と △BEC において，
仮定より，AC＝BC…①

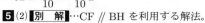

$\overparen{CD}$ に対する円周角より，∠CAF = ∠CBE…②
線分 AB は直径より，∠ACF = 90°…③
∠BCE = 180° − ∠ACF = 90°…④
③，④より，∠ACF = ∠BCE…⑤
①，②，⑤より，2つの三角形は，1組の辺とその両端の角がそれぞれ等しいから，
△AFC ≡ △BEC　　　　　　　　　　　　　（証明終わり）

2．$\dfrac{10\sqrt{6}}{3}$ cm

解き方 **1** 2．(与式) = $12a - 9b - 6a + 2b$
= $6a - 7b$

3．(与式) = $\dfrac{4x^2y \times 3y}{6x^2} = 2y^2$

4．(与式) = $(2\sqrt{5})^2 - 1^2 + \dfrac{2\sqrt{3}}{\sqrt{3}} = 20 - 1 + 2 = 21$

5．(与式) = $(x^2 - 7x + 12) - (x^2 + 4x + 4)$
= $x^2 - 7x + 12 - x^2 - 4x - 4 = -11x + 8$

2 1．(与式) = $-\dfrac{12}{2} - (-3)^2 = -6 - 9 = -15$

2．$(x-5)(x+7) = 0$ より，$x = 5, -7$

4．(1) ア = $40 - (2 + 13 + 12 + 9) = 40 - 36 = 4$
(2) 抽出した標本における糖度が 11 度以上 13 度未満のみかんの比率は，$\dfrac{13+12}{40} = 0.625$ である。このことから，母集団（このみかん農園）における糖度が 11 度以上 13 度未満のみかんの比率も 0.625 であると推定することができるから，およそ，$8000 \times 0.625 = 5000$（個）

5．すべての場合は次の 15 通りあり，そのうち和が正になるのは下線をひいた 7 通り。$(-3, -2), (-3, 0),$
$(-3, 1), (-3, 2), (-3, 3), (-2, 0), (-2, 1), (-2, 2),$
$\underline{(-2, 3)}, \underline{(0, 1)}, \underline{(0, 2)}, \underline{(0, 3)}, \underline{(1, 2)}, \underline{(1, 3)}, \underline{(2, 3)}$

6．点 P は，2 点 A，B から等距離より線分 AB の垂直二等分線 l 上で，点 C から最短より直線 l にひいた垂線上にある。

3 1．$\dfrac{4}{16}$ 周したから，$2\pi \times 20 \times \dfrac{4}{16} = 10\pi$ (m)

2．(1) $\dfrac{8}{24}$ 周したから，$16 \times \dfrac{8}{24} = \dfrac{16}{3}$（分後）
(2) 右上の図のとき同じ高さで，
∠HOT = $360° \times \dfrac{8}{24} = 120°$
よって，
$5 + 20 + 10 = 35$ (m)

3．$\dfrac{16}{24} = \dfrac{2}{3}$（分）で
1 台分動くから，
まことさんは $\dfrac{2}{3}n$ 分後に乗る。
右下の図のとき同じ高さで，$\left(16 - \dfrac{2}{3}n\right) \div 2 = 8 - \dfrac{1}{3}n$（分後）
よって，$t = \dfrac{2}{3}n + \left(8 - \dfrac{1}{3}n\right) = \dfrac{1}{3}n + 8$

（コメント）松山市にある大観覧車「くるりん」は直径 45 m，ゴンドラ 32 台，1 周約 15 分ですから，本問のモデルかもしれないと考えると数学も楽しくなりませんか。

4 1．$x = 1$ のとき，$y = 1 \times 2 \div 2 = 1$
$x = 4$ のとき，P は BC 上より，$y = 4 \times 6 \div 2 = 12$

2．t 秒後とすると，$2t + t = 6 \times 4$　$t = 8$（秒後）

3．$0 \leqq x \leqq 3$ のとき，$y = x^2$

$3 \leqq x \leqq 6$ のとき，$y = 3x$
$6 \leqq x \leqq 8$ のとき，$y = 3(24 - 3x)$
4．$0 \leqq x \leqq 3$ のとき，$0 \leqq y \leqq 9$
$3 \leqq x \leqq 6$ のとき，$9 \leqq y \leqq 18$
$6 \leqq x \leqq 8$ のとき，$0 \leqq y \leqq 18$
よって，$6 = x^2$ より，$x = \sqrt{6}$
また，$6 = 3(24 - 3x)$ より，$x = \dfrac{22}{3}$

5 2．△AFC ≡ △BEC と仮定より，
△AFC = △BEC = 10 (cm²)
CF = x cm とすると，
△AFC : △AFB = 10 : 20 = 1 : 2 より，BF = $2x$ cm
よって，AC = BC = $2x + x = 3x$ (cm)
直角三角形 AFC において，AF² = $x^2 + (3x)^2 = 10x^2$
△AFC = $x \times 3x \div 2 = 10$ より，$10x^2 = \dfrac{200}{3}$
ゆえに，AF = $\sqrt{\dfrac{200}{3}} = \dfrac{10\sqrt{6}}{3}$ (cm)

〈O. H.〉

高知県

問題 P.96

解答 **1** 正負の数の計算，式の計算，平方根，数・式の利用，1 次方程式の応用，2 次方程式，関数 $y = ax^2$，立体の表面積と体積，資料の散らばりと代表値，平面図形の基本・作図　(1)① -2　② $\dfrac{4x + 7y}{12}$　③ $-\dfrac{2a}{b^2}$
④ $2\sqrt{3}$　(2) $b = \dfrac{a - 10}{2}$　(3) 360 g　(4) $x = \dfrac{-7 \pm \sqrt{41}}{4}$
(5) $a = -9, b = 0$　(6) 288π cm³　(7) $c < b < a$
(8)

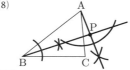

2 数の性質，数・式の利用
(1) ア．$2n + 3$　イ．$2n + 5$　ウ．$2n + 7$　(2) 54
(3)（例）連続する 3 つの偶数のうち，最も小さい偶数を $2n$ とおくと，連続する 3 つの整数は $2n, 2n+2, 2n+4$ と表せる。
この 3 つの偶数の和は 280 であるから，
$2n + (2n + 2) + (2n + 4) = 280$
これを解くと，$n = \dfrac{137}{3}$
このとき，$2n, 2n + 2, 2n + 4$ はいずれも偶数にならない。
したがって，280 は連続する 3 つの偶数の和で表すことができない。

3 円周角と中心角
(1)（例）$\overparen{BC}$ に対する円周角は等しいので，
∠BDC = ∠BAC = $\angle y$…①
半円の弧に対する円周角より，∠BCD = 90°…②
△BCD において，内角の和は 180° であるから，
②より，∠DBC + ∠BDC = 90°…③
①，③より，$\angle x + \angle y = 90°$
(2) ∠y − ∠x = 90 度

4 確率　(1) $\dfrac{5}{36}$　(2) $\dfrac{7}{18}$

5 関数 $y = ax^2$　(1) $(-6, 9)$　(2) $(0, 3)$　(3) $\dfrac{9}{2}$

6 図形と証明，相似

(1)(証明)(例) △ADE と △FCB において，
仮定より，AD = FC…①
ひし形 BCED の辺の長さは等しいので，DE = CB…②
△ABC は二等辺三角形であるから，
∠ABC = ∠ACB…③
ひし形 BCED の向かい合う辺は平行で，その同位角は等しいので，∠ADE = ∠ABC…④
③，④より，∠ADE = ∠FCB…⑤
①，②，⑤より，2組の辺とその間の角がそれぞれ等しいので，△ADE ≡ △FCB

(2) $\dfrac{25}{2}$ 倍

解き方

1 (1)② (与式) = $\dfrac{3(2x+y) - 2(x-2y)}{12}$
= $\dfrac{4x + 7y}{12}$

③ (与式) = $-\dfrac{24a^2b^2}{6b^3 \times 2ab} = -\dfrac{2a}{b^2}$

④ (与式) = $5\sqrt{3} - 3\sqrt{3} = 2\sqrt{3}$

(3) 4%の食塩水を x g 準備すると，
$\dfrac{4}{100}x + \dfrac{9}{100}(600-x) = \dfrac{6}{100} \times 600$　　$x = 360$

(5) $x = 3$ のとき，y は最小となり $a = -9$
$x = 0$ のとき，y は最大となり $b = 0$

(6) 半径は 6 cm であるから，$\dfrac{4}{3}\pi \times 6^3 = 288\pi$ (cm³)

(7) $a = 3.3$，$b = 2.5$，$c = 1.5$ より，$c < b < a$

2 (2) 連続する 5 つの整数を $n-2, n-1, n, n+1, n+2$ とおく。
$n-2+n-1+n+n+1+n+2 = 280$
$5n = 280$　　$n = 56$
最も小さい整数は，$n - 2 = 54$

3 (2) 右図において，半円の弧に対する円周角より，
∠DCB = 90°
外角の定理より，
∠CDE = ∠x + 90°…①
四角形 ABDC は円に内接するので，
∠CDE = ∠CAB = ∠y…②
①，②より，∠y = ∠x + 90°
したがって，∠y - ∠x = 90°

4 (1) 1回目と2回目の出た目の和が 6 になればよい。
(1回目, 2回目) = (1, 5), (2, 4), (3, 3), (4, 2), (5, 1)
の 5 通りが考えられる。求める確率は $\dfrac{5}{36}$

(2) 2回目に出る目が 1 のとき
　　…1回目に出る目は 1, 2, 3, 4
2回目に出る目が 2, 3, 4, 5, 6 のとき
　　…1回目に出る目は 5 か 6
考えられる目の出方は，$1 \times 4 + 5 \times 2 = 14$ (通り)
したがって，求める確率は，$\dfrac{14}{36} = \dfrac{7}{18}$

5 (2) AC + CB が最小となるのは 3 点 A, C, B が一直線に並ぶときである。2 点 A(−6, 9), B(2, 1) を通る直線の式は $y = -x + 3$
点 C の座標は (0, 3)

(3) △ACD，△CEB をそれぞれ y 軸を軸として1回転させると円すいができる。
(A と B の y 座標の差) = 9 − 1 = 8
より，CE = t とおくと，
DC = 8 − t
$\pi \times 6^2 \times (8-t) \times \dfrac{1}{3}$
$= 7 \times \pi \times 2^2 \times t \times \dfrac{1}{3}$
$36(8-t) = 28t$
$-64t = -288$　　$t = \dfrac{9}{2}$

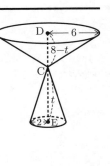

6 (2) △CGF の面積を S とする。
BC = BD = 5 (cm)
AB = AC = 7 (cm)
△ADE ≡ △FCB より，
CF = AD = 7 − 5 = 2 (cm)
AF = AC − CF = 7 − 2
= 5 (cm)
△CGF∽△ABF で，相似比は，CF : AF = 2 : 5
△BCF = △CGF × $\dfrac{FB}{FG}$ = $S \times \dfrac{5}{2} = \dfrac{5}{2}S$
△BAF = △CGF × $\left(\dfrac{5}{2}\right)^2$ = $S \times \dfrac{25}{4} = \dfrac{25}{4}S$
△ABC = △BAF + △BCF = $\dfrac{25}{4}S + \dfrac{5}{2}S = \dfrac{35}{4}S$
△ABC : (ひし形 BCED) = AB : (DB + CE)
= 7 : (5 + 5) = 7 : 10
(ひし形 BCED) = $\dfrac{35}{4}S \times \dfrac{10}{7} = \dfrac{25}{2}S$

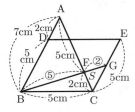

〈A. T.〉

福岡県

問題 P.98

解答

1 正負の数の計算，式の計算，平方根，1次方程式，比例・反比例，関数 $y = ax^2$，資料の散らばりと代表値，標本調査

(1) -6
(2) $-3a + 7b$
(3) $2\sqrt{3}$
(4) $x = -7$
(5) $a = \dfrac{1-3b}{2}$
(6) $y = -4$
(7) 右図
(8) 0.29
(9) およそ 450 個

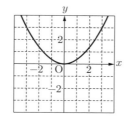

2 2次方程式の応用 (1) ア
(2)（例）（記号）ア （方程式）$(x-2)(2x-2) = 264$
または（記号）イ
（方程式）$x \times 2x - 264 = 2 \times x + 2 \times 2x - 2 \times 2$
（土地の縦の長さ）13 m

3 場合の数，確率 (1) (2, 5), (3, 4)
(2)（説明）（例）確率では，2つの3を区別して考えることから，5枚のカードを 1, 2, 3, ③, 5 と表すことにする。コマが A のマスに止まるのは，2枚のカードの和が，4, 8 の場合であり，(1, 3), (1, ③), (3, 5), (③, 5) の場合が考えられるから，
確率は，$\dfrac{4}{10} = \dfrac{2}{5}$
コマが C のマスに止まるのは，2枚のカードの和が 6 の場合であり，(1, 5), (3, ③) が考えられるから，確率は，$\dfrac{2}{10} = \dfrac{1}{5} < \dfrac{2}{5}$
よって，コマが止まりやすいのは A のマスである。

4 1次方程式，連立方程式，1次関数 (1) 45 分
(2) ア. 2300 イ. 20 ウ. 25
(3)（例）A プランは，$60 \leqq x \leqq 90$ のとき 1 分あたり 30 円だから，グラフは傾きが 30，点 (60, 3600) を通る。
よって，関係式は $y = 30x + 1800 \cdots$ ①
C プランは，$60 \leqq x \leqq 90$ のときの関係式のグラフをかくと，2 点 (60, 3900), (90, 4350) を通る。
よって，関係式は，$y = 15x + 3000 \cdots$ ②
①，②を連立方程式として解く。
①－②より，$0 = 15x - 1200$　　$x = \dfrac{1200}{15} = 80$
これは $60 \leqq x \leqq 90$ をみたし，$y = 30 \times 80 + 1800 = 4200$
よって，通話時間が 80 分をこえたときから

5 平行と合同，図形と証明，円周角と中心角，相似
(1) ① ウ　(2) ② BM = BN　③ MP = NP
(3)（証明）（例）△ABD と △FAE において
BE は ∠ABC の二等分線だから，∠ABD = ∠CBD …①
$\overparen{CE}$ に対する円周角は等しいから，∠CBD = ∠FAE …②
①，②より，∠ABD = ∠FAE …③
平行線の錯角は等しいから，AB ∥ EG より
∠BAD = ∠AFE …④
③，④より，2組の角がそれぞれ等しいので
△ABD ∽ △FAE
(4) $\dfrac{35}{6}$ cm²

6 空間図形の基本，立体の表面積と体積，相似，三平方の定理 (1) イ, ウ　(2) 21 cm³　(3) $\sqrt{17}$ cm

解き方

1 (1)（与式）$= 8 - 14 = -6$
(2)（与式）$= 2a + 8b - 5a - b = -3a + 7b$
(3)（与式）$= 5\sqrt{3} - \dfrac{9}{\sqrt{3}} \times \dfrac{\sqrt{3}}{\sqrt{3}} = 5\sqrt{3} - 3\sqrt{3} = 2\sqrt{3}$
(4) $3(2x - 5) = 8x - 1$　　$6x - 15 = 8x - 1$
$6x - 8x = -1 + 15$　　$-2x = 14$　　$x = -7$
(5) $2a + 3b = 1$　　$2a = 1 - 3b$　　$a = \dfrac{1-3b}{2}$
(6) 比例定数を a とすると，$a = xy = -2 \times 6 = -12$
$y = -\dfrac{12}{x}$　　$x = 3$ のとき，$y = -\dfrac{12}{3} = -4$
(8) A では $\dfrac{25}{85} = 0.294\cdots$，B では $\dfrac{32}{136} = 0.235\cdots$ だから，大きい方の相対度数は 0.29
(9) x 個とすると，条件より $\dfrac{2}{30} = \dfrac{30}{x}$　　$x = 450$
よって，およそ 450 個

2 (1) この土地の縦の長さを x m とすると，横の長さは $2x$ m であるから，この土地の周の長さは $2(x + 2x)$ m である。よって，選択肢はア
(2) ア，イともに方程式を整理すると，$x^2 - 3x - 130 = 0$
$(x - 13)(x + 10) = 0$　　$2 < x$ より，$x = 13$
よって，土地の縦の長さは 13 m

3 (1) コマが D のマスに止まるのは，2枚のカードの和が 3, 7 の場合であるから
(1, 2), (2, 5), (3, 4) のときである。
よって，残りの 2 通りは (2, 5), (3, 4)

4 (1) 通話料金が 3000 円のときの通話時間を x 分とすると，図 1 のグラフより，

x	0	15	30	45	60
y	1200	1800	2400	3000	3600

$\dfrac{3600 - 1200}{60} = \dfrac{3000 - 1200}{x}$
$x = 1800 \times \dfrac{60}{2400} = 45$（分）
(2) 図 2 のグラフより，B プランの基本料金は 2300 円，20 分までの時間は通話料無料，20 分をこえた時間は，
$\dfrac{3300 - 2300}{60 - 20} = \dfrac{1000}{40} = 25$（円／分）により，
1 分当たり 25 円である。

5 (4) 四角形 BGFD の面積は，正三角形 ABC の面積の半分から正三角形 CFG の面積を引いたものに等しい。右図のように点 H, I を定めると，CI = IO = OH であるから，正三角形 CFG の高さは，正三角形 ABC の高さの $\dfrac{1}{3}$ である。
よって，四角形 BGFD の面積は，
$15 \div 2 - 15 \times \left(\dfrac{1}{3}\right)^2 = \dfrac{15 \times 7}{6} = \dfrac{35}{6}$（cm²）

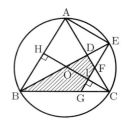

6 (1) ア．面 ABFE と辺 DH は平行である。イ．辺 AB と辺 AD は垂直である。ウ．面 ADHE と面 BCGF は平行である。エ．辺 CD と辺 EF は平行である。

よって，位置関係を正しく述べているものはイ，ウ
(2) 図のように，AM, BF, CN をそれぞれ延長すると，三角すいが作られる。求める体積は，2つの相似な三角すいの体積の差に等しく，相似比は 2：1 だから，
$\frac{1}{3} \times \frac{1}{2} \times 6 \times 4 \times 6 \times \left(1 - \frac{1}{8}\right)$
$= \frac{4 \times 6 \times 7}{8} = 21 \text{ (cm}^3)$
(3) 線分 IJ は，3辺の長さが 2 cm, 3 cm, 2 cm の直方体の対角線の長さに等しいので，
$IJ = \sqrt{2^2 + 3^2 + 2^2}$
$= \sqrt{4 + 9 + 4} = \sqrt{17}$ (cm)

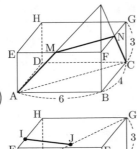

〈T. E.〉

佐賀県

問題 P.100

解答

1 正負の数の計算，式の計算，平方根，因数分解，数・式の利用，立体の表面積と体積，2次方程式，三角形，平行四辺形，資料の散らばりと代表値

(1)(ア) -11 (イ) -9 (ウ) $\frac{3x+y}{2}$ (エ) $-2\sqrt{3}$
(2) $(x+12)(x-3)$ (3) $a - \frac{b}{100} < 2$ (4) $\frac{32}{3}\pi \text{ cm}^3$
(5) $x = \frac{-3 \pm \sqrt{13}}{2}$ (6) 112 度 (7) ①, ④

2 連立方程式の応用，1次関数，2次方程式の応用

(1)(ア) ① $15x+2y$ ② $15x \times 0.6 + 2y$ (イ) 300 円
(2)(ア) 2 秒後：4 cm^2，4 秒後：12 cm^2 (イ) 2 cm
(ウ)(a) $(24-2x)$ cm
(b) (過程)(例) △APQ の面積は，
$\frac{1}{2} \times x \times (24-2x) = 20$　$x^2 - 12x + 20 = 0$
$(x-2)(x-10) = 0$　$x = 2, 10$
点 Q は辺 CD 上にあるから，$9 \leqq x \leqq 12$ より，$x = 10$
(答) 10 秒後

3 場合の数，確率，数の性質，数・式の利用

(1)(ア)(a) 9 通り (b) $\frac{1}{3}$ (c) $\frac{1}{3}$ (イ) $\frac{5}{27}$
(2)(ア) ① $100a + 10b + c$ (イ) ② b ③ $2b + 2$
(ウ) ④ 3 ⑤ 7

4 1次方程式，比例・反比例，1次関数，関数 $y = ax^2$，三角形，三平方の定理　(1) $a = 6$ (2) 1 (3) 4
(4) $y = -\frac{1}{2}x + 4$ (5) $(-2, 1), (6, 9)$ (6) $(3, 0)$

5 立体の表面積と体積，相似，図形と証明，平行線と線分の比，三平方の定理 (1)(ア) 3 cm (イ) 8 倍
(2)(ア) (証明)(例) △ABF と △DAG において，
$BF \perp AE, DG \perp AE$ だから，
$\angle AFB = \angle DGA = 90° \cdots$①
仮定から，$AF = DG \cdots$②
四角形 ABCD は正方形だから，$AB = DA \cdots$③
①，②，③から，直角三角形の斜辺と他の1辺がそれぞれ等しいので，△ABF ≡ △DAG
(イ) $3\sqrt{10}$ cm (ウ) $\frac{27}{14}$ cm²

解き方 **1**(6) $\angle x = \angle AEC$
$= \angle BAE + \angle ABE$
$= 42° + \angle ADC$
$= 42° + 70° = 112°$
(7) ①中央値：A 70 点, B 50 点
②最頻値：A 70 点，B 50 点
③条件の階級の相対度数：A 0.2，B 0.3
④条件の生徒の人数：A 7 人，B 4 人
よって，①，④
2(1)(イ) $x = 500$ より，割引き後の児童1人分の運賃は，$500 \times 0.6 = 300$ (円)
(2)(ア)・2秒後，点 Q は辺 AB 上にあるから，
$\triangle APQ = \frac{1}{2} \times AP \times AQ = \frac{1}{2} \times 2 \times 4 = 4 \text{ (cm}^2)$
・4秒後，点 Q は辺 BC 上にあるから，
$\triangle APQ = \frac{1}{2} \times AP \times AB = \frac{1}{2} \times 4 \times 6 = 12 \text{ (cm}^2)$
(イ) 11 秒後，点 Q が頂点 A を出発してからの移動距離は 22 cm で，点 Q は辺 CD 上にある。
$AB + BC + CQ = 22$　$6 + 12 + CQ = 22$　$CQ = 4$
よって，$DQ = CD - CQ = 6 - 4 = 2$ (cm)
(ウ)(a) x 秒後，点 Q が頂点 A を出発してからの移動距離は $2x$ cm で，点 Q は辺 CD 上にあるから，
$AB + BC + CQ = 2x$　$6 + 12 + CQ = 2x$
$CQ = 2x - 18$
よって，$DQ = CD - CQ = 6 - (2x - 18) = 24 - 2x$ (cm)
3(1)(ア)(a) A, B それぞれのカードの出し方は3通りだから，$3 \times 3 = 9$（通り）
(b) A, B が同じ数字のカードを出す場合だから，3 通り。
求める確率は，$\frac{3}{9} = \frac{1}{3}$
(c) A, B 2 人の出す数字を a, b とする。A が勝つ場合は，
$(a, b) = (3, 1), (3, 2), (2, 1)$ の 3 通りだから，
求める確率は，$\frac{3}{9} = \frac{1}{3}$
(イ) 3 人の数字の出し方は，全部で $3 \times 3 \times 3 = 27$（通り）
A のみが勝つ場合は，C の出す数字を c として，
$(a, b, c) = (3, 1, 1), (3, 1, 2), (3, 2, 1), (3, 2, 2), (2, 1, 1)$ の 5 通りだから，
求める確率は，$\frac{5}{27}$
4(3) $A(2, 3)$, $C(2, 1)$, $B(6, 1)$ だから，△ABC は $\angle ACB = 90°$ の直角三角形。
$\triangle ABC = \frac{1}{2} \times AC \times BC = \frac{1}{2} \times 2 \times 4 = 4$
(5) △ABC と △ACP は辺 AC が共通。
点 P の x 座標を p とおくと，2 点 A, C の x 座標は等しく，ともに 2 だから，
$p - 2 = BC$　または，$2 - p = BC$
$BC = 4$ だから，$p - 2 = 4$, $2 - p = 4$　$p = 6, -2$
点 P の y 座標は $\frac{1}{4}p^2$ だから，$(6, 9), (-2, 1)$
(6) △ABQ は $AQ = BQ$ の二等辺三角形。
点 Q の x 座標を q, A′ と B′ を右図のようにおくと，
三平方の定理から，
$AQ^2 = A'Q^2 + AA'^2$
$= (q-2)^2 + 3^2$
$BQ^2 = QB'^2 + BB'^2 = (6-q)^2 + 1^2$

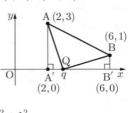

AQ² = BQ² より, $(q-2)^2 + 3^2 = (6-q)^2 + 1^2$
$8q = 24$　よって, $q = 3$
点 Q は x 軸上の点だから, y 座標は 0
したがって, Q$(3, 0)$

5 (1)(ア)水面のふちでつくる円の半径を r cm とする。
水面のふちでつくる円を底面とする円錐と, 底面の直径が 12 cm, 高さが 12 cm の円錐は相似だから,
$2r : 12 = 6 : 12$　よって, $r = 3$ (cm)
(イ)この 2 つの円錐の相似比は $1 : 2$
よって, 体積の比は $1^3 : 2^3 = 1 : 8$　したがって, 8 倍
(2)(イ)三平方の定理から,
AB = $\sqrt{\text{AF}^2 + \text{BF}^2}$
= $\sqrt{90} = 3\sqrt{10}$ (cm)

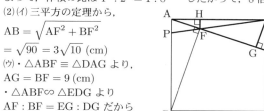

(ウ)・△ABF ≡ △DAG より,
AG = BF = 9 (cm)
・△ABF ∽ △EDG より,
AF : BF = EG : DG だから
$3 : 9 = \text{EG} : 3$
EG = 1 (cm)
AE = AG + GE = 9 + 1 = 10 (cm)
AB : BF = ED : DG だから, $3\sqrt{10} : 9 = \text{ED} : 3$
ED = $\sqrt{10}$ (cm)
・点 F から辺 AD に垂線 FH を下ろすと, FH // ED だから,
FH : ED = AF : AE　FH : $\sqrt{10}$ = 3 : 10
FH = $\dfrac{3\sqrt{10}}{10}$ (cm)
・HF : AP = DH : DA = EF : EA
$\dfrac{3\sqrt{10}}{10}$: AP = $(10-3) : 10$,　AP = $\dfrac{3\sqrt{10}}{7}$ (cm)
・AH : AD = AF : AE,　AD = AB = $3\sqrt{10}$ (cm) より
AH : $3\sqrt{10}$ = 3 : 10
AH = $\dfrac{9\sqrt{10}}{10}$ (cm)
・△AFP = $\dfrac{1}{2}$ × AP × AH = $\dfrac{1}{2}$ × $\dfrac{3\sqrt{10}}{7}$ × $\dfrac{9\sqrt{10}}{10}$
= $\dfrac{27}{14}$ (cm²)

〈Y. K.〉

長崎県

問題 P.102

解答　A問題

1 正負の数の計算, 平方根, 数の性質, 数・式の利用, 因数分解, 2 次方程式, 円周角と中心角, 標本調査, 平面図形の基本・作図　(1) -2　(2) $\dfrac{1}{10}$　(3) $-\sqrt{5}$
(4) 1078 円　(5) $3a + 4b < 3000$
(6) $(a+2)(x+y)$
(7) $x = \dfrac{3-\sqrt{17}}{2}$, $x = \dfrac{3+\sqrt{17}}{2}$
(8) ∠x = 140 度
(9) およそ 100 個
(10) 右図

2 場合の数, 確率, 資料の散らばりと代表値, 数の性質
問 1. (1) 36 通り　(2) $\dfrac{1}{4}$　問 2. (1) 0.16
(2) (例) 最頻値（モード）が 120 円だから。
問 3. (例)(n を整数とし, 小さい奇数を $2n-1$ とすると,）大きい奇数は $2n+1$ と表されるので, 大きい奇数の平方から小さい奇数の平方を引いた差は,
$(2n+1)^2 - (2n-1)^2 = 4n^2 + 4n + 1 - (4n^2 - 4n + 1)$
= $8n$
n は整数より, $8n$ は 8 の倍数である。よって, 2 つの続いた奇数では, 大きい奇数の平方から小さい奇数の平方を引いた差は, 8 の倍数となる。

3 1 次関数, 関数 $y = ax^2$, 三角形, 三平方の定理
問 1. 1　問 2. 1　問 3. 6　問 4. (1) $t = 2$　(2) $2 - \sqrt{2}$

4 空間図形の基本, 立体の表面積と体積, 三角形, 三平方の定理　問 1. ③　問 2. $36\sqrt{6}$ cm³　問 3. ④
問 4. (1) $\dfrac{9\sqrt{6}}{2}$ cm³　(2) $\dfrac{3\sqrt{2}}{2}$ cm

5 立体の表面積と体積, 相似, 三平方の定理
問 1. 5 cm
問 2. (1) (証明) (例) △AEF と △CBF において,
∠AEF = ∠CBF（平行線の錯角は等しい）…①
∠AFE = ∠CFB（対頂角は等しい）…②
①, ②より, 2 組の角がそれぞれ等しいので,
△AEF ∽ △CBF
(2) 8 cm²　(3) ④　問 3. $(24 + 3\sqrt{7})$ cm²

6 1 次関数　問 1. 2 分間　問 2. 分速 125 m
問 3. 8 分後　問 4. (1) 16 回　(2) 9 回

B問題
1 平方根, 数・式の利用, 因数分解, 2 次方程式, 標本調査, 数の性質, 円周角と中心角, 平面図形の基本・作図　(1) 3
(2) A問題 の **1** の(5)と同じ
(3) $(x+y+3)(x+y+4)$
(4) $x = \dfrac{-3-\sqrt{33}}{2}$,
$x = \dfrac{-3+\sqrt{33}}{2}$
(5) およそ 400 個
(6) 8 個
(7) A問題 の **1** の(8)と同じ
(8) 右図

2 確率, 資料の散らばりと代表値, 数の性質
問 1. (1) $\dfrac{1}{6}$　(2)(ア) $\dfrac{4}{9}$　(イ) $\dfrac{1}{3}$

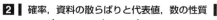

問2．A問題の2の問2と同じ
問3．A問題の2の問3と同じ
3 2次方程式, 1次関数, 三角形, 平行四辺形, 関数 $y=ax^2$
問1．$y=x+2$　問2．6　問3．(1) P$(2, -2)$　(2) $\dfrac{10}{3}$
4 A問題の4と同じ
5 2次方程式, 三角形, 相似, 三平方の定理
問1．(1) $(8-x)$ cm　(2) $x=3$
問2．(証明)（例）△APE と △DGP において,
∠EAP = ∠PDG = 90°（正方形の内角は 90°）…①
∠EPG = 90° より
∠APE = 180° − (90° + ∠DPG) = 90° − ∠DPG…②
△DGP において, ∠DGP = 90° − ∠DPG…③
②，③より, ∠APE = ∠DGP…④
①，④より, 2組の角がそれぞれ等しいので,
△APE∽△DGP
問3．1 cm　問4．$\dfrac{2}{5}$ cm²
6 A問題の6と同じ

解き方　A問題
1 (1) $6 + 4 \times (-2) = 6 - 8 = -2$
(2) $\dfrac{3}{5} - \dfrac{1}{2} = \dfrac{6-5}{10} = \dfrac{1}{10}$
(3) $3\sqrt{5} - \sqrt{80} = 3\sqrt{5} - 4\sqrt{5} = -\sqrt{5}$
(4) $980 \times 1.1 = 1078$（円）
(6) $a(x+y) + 2(x+y) = (x+y)(a+2)$
(7) $x^2 - 3x - 2 = 0$　$x = \dfrac{3 \pm \sqrt{9+8}}{2} = \dfrac{3 \pm \sqrt{17}}{2}$
(8) ∠$x = 360° - 110° \times 2 = 140°$
(9) 白玉の個数を x とすると, $\dfrac{x}{500} = \dfrac{6}{30}$　$x = 100$
2 問1．(1) $6 \times 6 = 36$（通り）
(2) 2つのさいころの出る目の積が奇数になるのは, どちらも奇数の目が出るときであり, $3 \times 3 = 9$（通り）ある。
よって, 求める確率は, $\dfrac{9}{36} = \dfrac{1}{4}$
問2．(1) 100 円の相対度数は, $\dfrac{80}{500} = 0.16$
(2) 最頻値に注目すれば, 価格が 120 円のおにぎりの個数が 155 個と最大である。
3 問1．点 B の y 座標は, $y = (-1)^2 = 1$
問2．変化の割合は, $\dfrac{4-1}{2-(-1)} = 1$
問3．点 A $(2, 4)$ だから, △ABC の面積は,
$4 \times 3 \div 2 = 6$
問4．(1) 問2より, ∠PAQ = 45° である。点 P から AQ におろした垂線を PH とすると, △APH は直角二等辺三角形だから, AP : PH = $\sqrt{2} : 1$
PH = $\dfrac{1}{\sqrt{2}}$AP = $\dfrac{t}{\sqrt{2}}$
△APQ の面積が $\sqrt{2}$ なので, $t \times \dfrac{t}{\sqrt{2}} \div 2 = \sqrt{2}$.
$t^2 = 4$　$t > 0$ より, $t = 2$
(2) 点 P の x 座標は, 点 A の x 座標から $\dfrac{t}{\sqrt{2}}$ を引いたものに等しいから, $x = 2 - \dfrac{t}{\sqrt{2}} = 2 - \dfrac{2}{\sqrt{2}} = 2 - \sqrt{2}$
4 問1．③は, 2つの側面が重なり正四角錐ができない。
問2．$6 \times 6 \times 3\sqrt{6} \div 3 = 36\sqrt{6}$ (cm³)
問3．AC = $6\sqrt{2}$ cm, AC の中点を M とすると,
AM = $3\sqrt{2}$ cm だから, 三平方の定理により,

OA = $\sqrt{(3\sqrt{6})^2 + (3\sqrt{2})^2} = \sqrt{54+18} = \sqrt{72}$
$= 6\sqrt{2}$ (cm)
OA = OC = AC なので, △OAC は正三角形である。④
問4．(1) 三角錐 PACM の体積は, 正四角錐 OABCD の高さを半分, 底面積を四分の一にしたものの体積に等しいから, $36\sqrt{6} \div 2 \div 4 = \dfrac{9\sqrt{6}}{2}$ (cm³)
(2) △PAC は, 1辺の長さが $6\sqrt{2}$ cm の正三角形の面積の半分に等しいから, $\dfrac{\sqrt{3}}{4} \times (6\sqrt{2})^2 \div 2 = 9\sqrt{3}$ (cm²)
三角錐 PACM の高さを h とすると,
$9\sqrt{3} \times h \div 3 = \dfrac{9\sqrt{6}}{2}$　$h = \dfrac{\sqrt{6}}{2} \times \sqrt{3} = \dfrac{3\sqrt{2}}{2}$ (cm)
5 問1．AE = 3 cm だから, 三平方の定理により,
BE = $\sqrt{3^2 + 4^2} = \sqrt{25} = 5$ (cm)
問2．(2)(1)の相似より, AF : CF = 1 : 2 だから, △BCF の面積は, 長方形 ABCD の面積の半分の 3 分の 2 である。
よって, $4 \times 6 \div 2 \times \dfrac{2}{3} = 8$ (cm²)
(3) △ABF = $4 \times 6 \div 2 \div 3 = 4$ (cm²), △CDE > △ABF,
△AEF < △ABF, △ACE > △ABF,
△CEF = $4 \times 6 \div 2 \div 3 = 4$ (cm²)　よって, ④
問3．三角錐 OBCE の 3 つの面の面積の和は,
長方形 ABCD の面積に等しい。残りの面 △OBC は,
OB = OC = AB = 4 cm であり, BC = 6 cm の二等辺三角形である。
辺 BC を底辺としたときの高さは, 三平方の定理により,
$\sqrt{4^2 - 3^2} = \sqrt{7}$ (cm) である。よって, 求める表面積は,
$4 \times 6 + 6 \times \sqrt{7} \div 2 = 24 + 3\sqrt{7}$ (cm²)
6 問1．図2のグラフより, $6 - 4 = 2$（分間）
問2．$2000 \div 16 = 125$ (m/分)　よって, 分速 125 m
問3．t 分後に追いついたとすると, 2人の進んだ距離は等しいので, $200 \times 4 + 100(t-6) = 125t$　両辺を 25 で割ると, $32 + 4t - 24 = 5t$　$t = 8$　よって, 8 分後
問4．(1) 図4, 図3に千代さんの移動の様子を書き込むと, 図A, 図Bのようになる。ハイタッチの回数は, 黒丸の数に等しく全部で 16 回である。

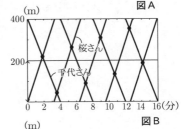
図A

(2) 0 m から 200 m の部分が A 地点から B 地点までの部分であることに注目すると, ハイタッチの回数は全部で 9 回である。

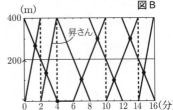
図B

B問題
1 (1) (与式) = $2 - 2\sqrt{2} + 1 - 5\sqrt{2} + 7\sqrt{2} = 3$
(3) $x + y = a$ とおくと, (与式) = $a^2 + 7a + 12$
$= (a+3)(a+4) = (x+y+3)(x+y+4)$
(4) $(x-2)(x+3) = -2x$　$x^2 + x - 6 + 2x = 0$
$x^2 + 3x - 6 = 0$　$x = \dfrac{-3 \pm \sqrt{9+24}}{2} = \dfrac{-3 \pm \sqrt{33}}{2}$
(5) 赤玉の個数を x とすると, $\dfrac{100}{x+100} = \dfrac{4}{20}$　$x = 400$

よって，およそ400個

(6) $\dfrac{2^2 \times 5 \times 101}{n}$ が偶数となるのは，$n = 2^a \times 5^b \times 101^c$ (ただし，a, b, c は 0 または 1) の形のときだから，
$2 \times 2 \times 2 = 8$ （個）

2 問 1．(1) 目の出方は，全部で $6 \times 6 = 36$（通り）ある。このうち，同じ目となるのは 6 通りである。よって，求める確率は，$\dfrac{6}{36} = \dfrac{1}{6}$

(2)(ア) 三角形ができないのは，1 の目が出た場合または同じ目が出た場合なので，$6 + 6 + 6 - 2 = 16$（通り）
よって，求める確率は，$\dfrac{16}{36} = \dfrac{4}{9}$

(イ) 直角三角形ができるのは，AD，BE，CF を辺に持つ場合である。AD のときは，$4 \times 2 = 8$（通り）
BE のときは 2 通り，CF のときは 2 通りである。
よって，求める確率は，$\dfrac{8 + 2 + 2}{36} = \dfrac{1}{3}$

3 問 1．A (2, 4)，B (−1, 1) だから，AB の傾きは，
$\dfrac{4 - 1}{2 - (-1)} = 1$ となり，直線 AB の式は，$y = x + a$
とおくことができる。これが点 A を通るので，$4 = 2 + a$
$a = 2$ よって，直線 AB の式は，$y = x + 2$

問 2．C (−2, 4) だから，△ABC の面積は，
$4 \times 3 \div 2 = 6$

問 3．(1) 条件より，点 P は直線 $y = -x$ 上にある。
この式と放物線 $y = -\dfrac{1}{2}x^2$ の式を連立させて解くと，
$-\dfrac{1}{2}x^2 = -x$ 　$x^2 - 2x = 0$ 　$x(x - 2) = 0$
$x > 0$ より，$x = 2$，$y = -\dfrac{1}{2} \times (-2)^2 = -2$
よって，P (2, −2)

(2) AQ // DC だから，△ADQ の面積と △ACQ の面積は等しい。これより，四角形 ACQP の面積と四角形 ADQR の面積が等しくなるのは，△AQP の面積と △AQR の面積が等しい場合である。つまり，AQ // RP であればよい。
次に，条件と(1)より，Q (−2, −2) だから，AQ の傾きは
$\dfrac{4 - (-2)}{2 - (-2)} = \dfrac{3}{2}$ となる。これより，直線 RP の式は，
$y = \dfrac{3}{2}x + b$ とおくことができる。これが点 P を通るので，
$-2 = \dfrac{3}{2} \times 2 + b$ 　$b = -2 - 3 = -5$
よって，直線 RP の式は，$y = \dfrac{3}{2}x - 5$ となる。この直線と x 軸 ($y = 0$) との交点が R であるから，
$0 = \dfrac{3}{2}x - 5$ 　$x = \dfrac{10}{3}$ これが点 R の x 座標である。

5 問 1．(1) BE = AB − AE = $8 - x$ (cm)
(2) AE = x cm，AP = 4 cm，EP = EB = $8 - x$ (cm)
だから，△AEP に三平方の定理を用いると，
$(8 - x)^2 = x^2 + 4^2$ 　$x^2 - 16x + 64 = x^2 + 16$
$x = \dfrac{48}{16} = 3$ (cm)

問 3．問 2 と同様に考えると，
△DGP ∽ △QGF である。
また，この直角三角形の 3 辺
の比は，3 : 4 : 5 である。
PD = 4 より，
PG = $4 \times \dfrac{5}{3} = \dfrac{20}{3}$ (cm)
GQ = $8 - \text{PG} = 8 - \dfrac{20}{3} = \dfrac{4}{3}$ (cm)
FQ = GQ $\times \dfrac{3}{4} = 1$ (cm)

問 4．△CFQ の面積は，CF = FQ = 1 cm であり，CF を底辺とみなしたときの高さは，問 3 と同様に比を考えて，FQ $\times \dfrac{4}{5} = \dfrac{4}{5}$ (cm) である。よって，求める面積は，
$1 \times \dfrac{4}{5} \div 2 = \dfrac{2}{5}$ (cm²)

〈T. E.〉

熊本県　問題 P.106

解答　選択問題A

1 正負の数の計算，式の計算，多項式の乗法・除法，平方根 (1) 660　(2) 15　(3) $\dfrac{5x + 9y}{8}$　(4) $2a + 1$
(5) $9x - 49$　(6) $6 - \sqrt{5}$

2 1 次方程式，2 次方程式，比例・反比例，関数 $y = ax^2$，数・式の利用，平面図形の基本・作図，場合の数，確率，連立方程式の応用，1 次関数　(1) $x = -5$　(2) $x = \dfrac{3 \pm \sqrt{13}}{2}$
(3) ア，イ，エ
(4)（例）残りの 2 つの数は $n - 6$，$n + 6$ と表される。
3 つの数の和は，
$(n - 6) + n + (n + 6) = 3n$
n は中央の数だから，
$3n$ は中央の数の 3 倍である。
(5) 右図
(6) ① 25 通り　② $\dfrac{2}{5}$
(7) ① 時速 30 km
② 24 分後

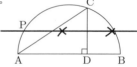

3 資料の散らばりと代表値，標本調査　(1) 177.5 cm
(2) 26.5 cm　(3) ア．中央値　イ．0.2　(4) 1764 人

4 1 次方程式の応用，平面図形の基本・作図，空間図形の基本，相似，三平方の定理　(1) $4\sqrt{2}$ cm　(2) 4 cm
(3) ① 12π cm²　② $2\sqrt{19}$ cm

5 1 次関数，関数 $y = ax^2$　(1) 12　(2) $a = \dfrac{1}{2}$
(3) $y = -\dfrac{1}{2}x + 6$　(4) $\left(-\dfrac{4}{3}, \dfrac{20}{3}\right)$

6 図形と証明，円周角と中心角，相似，三平方の定理
(1) ア．2 組の辺とその間の角
イ．（例）対頂角は等しく，⑤より
∠CED = ∠AEO = 90°…⑥
AB は半円の直径だから，
∠ADF = 90°…⑦
⑥，⑦より
∠ADF = ∠CED…⑧
∠DAF と ∠ECD は，それぞれ $\overparen{DC}$ と $\overparen{AD}$
に対する円周角で，$\overparen{DC} = \overparen{AD}$ だから，
∠DAF = ∠ECD…⑨
⑧，⑨より 2 組の角がそれぞれ等しい。
(2) $\dfrac{7}{5}$ 倍

選択問題B

1 正負の数の計算，式の計算，多項式の乗法・除法，平方根
選択問題A の **1** と同じ

2 1 次方程式，2 次方程式，比例・反比例，関数 $y = ax^2$，数・式の利用，平面図形の基本・作図，確率，連立方程式の応用，1 次関数

解　答　　　　　　　　　　　　　　　　　　　　　数学｜68

(1) 選択問題A の **2**(1)と同じ
(2) 選択問題A の **2**(2)と同じ
(3) 選択問題A の **2**(3)と同じ
(4) 選択問題A の **2**(4)と同じ
(5)右図
(6)① $\dfrac{5}{18}$　② $\dfrac{7}{12}$
(7)① 午前 10 時 26 分 40 秒
② $10.8 \leqq a < 13.5$

3 資料の散らばりと代表値，標本調査 ▌
選択問題A の **3** と同じ

4 1 次方程式の応用，平面図形の基本・作図，空間図形の基本，相似，三平方の定理 ▌
選択問題A の **4** と同じ

5 1 次方程式の応用，1 次関数，関数 $y = ax^2$ ▌
(1) $y = \dfrac{1}{4}x + 3$　(2)ア．$(8, 8)$　イ．$(4, 4)$
(3) $\left(\dfrac{28}{5}, \dfrac{22}{5} \right)$

6 図形と証明，円周角と中心角，相似，三平方の定理 ▌
(1)(証明) (例) △CDF と △EAC において，
仮定より，∠DFC $= 90°\cdots$①
AB は半円の直径だから，∠ACE $= 90°\cdots$②
①，②より，∠DFC $=$ ∠ACE$\cdots$③
また，∠ACE $= 90°$ だから，
∠DCF $= 90° -$ ∠DCE$\cdots$④
∠AEC $= 90° -$ ∠CAE$\cdots$⑤
∠DCE と ∠CAE は，それぞれ $\overset{\frown}{BD}$ と $\overset{\frown}{DC}$ に対する円周角で，$\overset{\frown}{BD} = \overset{\frown}{DC}$ だから，
∠DCE $=$ ∠CAE$\cdots$⑥
④，⑤，⑥より，∠DCF $=$ ∠AEC$\cdots$⑦
③，⑦より，2 組の角がそれぞれ等しいから，
△CDF∽△EAC
(2)△DAF，△BAD，△EBD
(3) (例) BE：EC = AB：AC = 9：3 = 3：1
よって，EC $= \dfrac{3\sqrt{2}}{2}$ cm
△EAC において，三平方の定理より，AE $= \dfrac{3\sqrt{6}}{2}$ cm
△EAC∽△BAD だから，
AE：AB = AC：AD　$\dfrac{3\sqrt{6}}{2}$：9 = 3：AD
AD $= 3\sqrt{6}$ cm
また，△EAC∽△DAF だから，
AC：AF = AE：AD $= \dfrac{3\sqrt{6}}{2}$：$3\sqrt{6}$ = 1：2

解き方 選択問題A
1 (2) 6 + 9 = 15
(3) $\dfrac{9x + 5y - 4(x - y)}{8} = \dfrac{9x + 5y - 4x + 4y}{8} = \dfrac{5x + 9y}{8}$
(4) $\dfrac{8a^3b^2}{4a^2b^2} + \dfrac{4a^2b^2}{4a^2b^2} = 2a + 1$
(5) $9x^2 - 49 - 9x^2 + 9x = 9x - 49$
(6) $(\sqrt{5})^2 + 2\sqrt{5} + 1 - 3\sqrt{5} = 6 - \sqrt{5}$
2 (1) $x - 5x = 16 + 4$　$-4x = 20$　$x = -5$
(2)解の公式より，
$x = \dfrac{-(-3) \pm \sqrt{(-3)^2 - 4 \times 1 \times (-1)}}{2 \times 1} = \dfrac{3 \pm \sqrt{13}}{2}$
(3)ア．$y = x^2$　関数である。

イ．$y = \dfrac{360}{x}$　関数である。
ウ．x の値を決めても，y の値はただ 1 つに決まらないので，関数ではない。(例：降水確率が 10％であっても，最高気温は 1 つに決まらない。)
エ．$y = \dfrac{3}{100}x$　関数である。
オ．関数ではない。(例：自然数 3 の倍数は，1 つに決まらない。)
(5) △ADP と △ADC は辺 AD が共通だから，
点 P から線分 AB に引いた垂線を PE としたとき，
PE $= \dfrac{1}{2}$CD になればよい。
よって，線分 CD の垂直二等分線を作図し，$\overset{\frown}{AC}$ との交点を P とすればよい。
(6)① $5 \times 5 = 25$（通り）
② 条件を満たす (a, b) の組は，
$(a, b) = (2, 1), (3, 1), (3, 2), (4, 1), (4, 2), (4, 3),$
$(5, 1), (5, 2), (5, 3), (5, 4)$ の 10 通り。
よって，$\dfrac{10}{25} = \dfrac{2}{5}$
(7)① 8 km の路線を $\dfrac{16}{60}$ 時間で運行しているから，
$8 \div \dfrac{16}{60} = 30$（km/時）
② x 分で y km 進むとする。
自転車：バスの速さの半分だから，16 分で 4 km 進むので，
$y = \dfrac{1}{4}x\cdots$①
スタジアムを出発するバス：傾き $= \dfrac{0 - 8}{36 - 20} = -\dfrac{1}{2}$
求める式を $y = -\dfrac{1}{2}x + b$ とおき，$x = 36$，$y = 0$ を代入すると，$0 = -\dfrac{1}{2} \times 36 + b$　$b = 18$
$y = -\dfrac{1}{2}x + 18\cdots$②
①と②を連立させて解くと，
$\dfrac{1}{4}x = -\dfrac{1}{2}x + 18$　$x = 24$（分）
3 (2)度数が最も多い（18 人），26.5 cm が最頻値。
(3)・中央値（小さい方から 50 番目と 51 番目の平均値）
26.5 cm 以下の人数は，2 + 6 + 8 + 14 + 18 = 48（人）
27 cm 以下の人数は，48 + 17 = 65（人）
よって，小さい方から 50 番目と 51 番目の靴のサイズは 27 cm より，中央値は 27 cm
・平均値
仮の平均値を 27 cm とすると，平均値は，
$27 + (-2.5 \times 2 - 2 \times 6 - 1.5 \times 8 - 1 \times 14 - 0.5 \times 18$
$+ 0 \times 17 + 0.5 \times 16 + 1 \times 11 + 1.5 \times 6 + 2 \times 2) \div 100$
$= 26.8$ (cm)
以上のことから，中央値の方が，27 - 26.8 = 0.2 (cm) 大きい。
(4) 求める人数を x とおくと，
2：100 = 36：(36 + x)
2(36 + x) = 3600
x = 1764（人）
4 (1)△AMC で，三平方の定理より，
AM $= \sqrt{6^2 - 2^2} = 4\sqrt{2}$ (cm)
(2)球の中心を O，半径の長さを r cm とすると，
△APO∽△AMB より，
PO：MB = AO：AB だから，
r：2 = $(4\sqrt{2} - r)$：6　$6r = 2(4\sqrt{2} - r)$　$8r = 8\sqrt{2}$
$r = \sqrt{2}$ (cm)

● 旺文社 2021 全国高校入試問題正解

数学 | 69

また，AP : AM = PO : MB だから，
AP : $4\sqrt{2}$ = $\sqrt{2}$: 2
AP = 4 cm
(3)① $\pi \times 6^2 \times \dfrac{2\pi \times 2}{2\pi \times 6} = 12\pi$ (cm²)
② 線分 AB で側面を切り開く
と右の図のようになり，線分
PB が糸の長さとなる。
おうぎ形の中心角は，
$360° \times \dfrac{2\pi \times 2}{2\pi \times 6} = 120°$
図のように，点 B から直線
B'A に垂線 BD を引くと，
∠BAD = 60° より，
BD = $\dfrac{\sqrt{3}}{2}$AB = $3\sqrt{3}$ (cm)
AD = $\dfrac{1}{2}$AB = 3 (cm)
△PBD で，三平方の定理より，
PB = $\sqrt{(3+4)^2 + (3\sqrt{3})^2} = 2\sqrt{19}$ (cm)
5 (1) $y = 0$ を②に代入すると，$0 = -x + 12$　　$x = 12$
(2) $x = 4$ を②に代入すると，$y = -4 + 12 = 8$
$x = 4$，$y = 8$ を①に代入すると，
$8 = a \times 4^2$　　$a = \dfrac{1}{2}$
(3)点 B は y 軸について点 A と対称な点だから，
B (−4, 8) となる。C (12, 0) だから，
直線 BC の傾き $= \dfrac{0-8}{12-(-4)} = -\dfrac{1}{2}$
直線 BC の式を $y = -\dfrac{1}{2}x + b$ とおき，$x = 12$，$y = 0$ を
代入すると，
$0 = -\dfrac{1}{2} \times 12 + b$　　$b = 6$
よって，$y = -\dfrac{1}{2}x + 6$
(4) △OCD $= \dfrac{1}{2} \times 12 \times 12 = 72$
よって，P の x 座標は負であり，△POD $= 80 - 72 = 8$
を満たす。
点 P から，線分 OD に引いた垂線の長さを h とすると，
OD = 12 より，
$\dfrac{1}{2} \times 12 \times h = 8$　　$h = \dfrac{4}{3}$
よって，P の x 座標は $-\dfrac{4}{3}$ となる。
(3)で求めた $y = -\dfrac{1}{2}x + 6$ に，$x = -\dfrac{4}{3}$ を代入して
$y = -\dfrac{1}{2} \times \left(-\dfrac{4}{3}\right) + 6 = \dfrac{20}{3}$　　よって，P $\left(-\dfrac{4}{3}, \dfrac{20}{3}\right)$
6 (2) △ABC で，三平方の定理より，
AC = $\sqrt{7^2 - 3^2} = 2\sqrt{10}$ (cm)
(1)より，CE = $\dfrac{1}{2}$AC = $\sqrt{10}$ (cm)
また，△EOC で，三平方の定理より，
OE = $\sqrt{\left(\dfrac{7}{2}\right)^2 - (\sqrt{10})^2} = \dfrac{3}{2}$ (cm)
ED = OD − OE = $\dfrac{7}{2} - \dfrac{3}{2} = 2$ (cm)
△DAE で，三平方の定理より，
AD = $\sqrt{(\sqrt{10})^2 + 2^2} = \sqrt{14}$ (cm)
したがって，△AFD と △CDE の相似比は，
AD : CE = $\sqrt{14}$: $\sqrt{10}$ = $\sqrt{7}$: $\sqrt{5}$
面積比は，$(\sqrt{7})^2 : (\sqrt{5})^2 = 7 : 5$ より，

$7 \div 5 = \dfrac{7}{5}$ （倍）
選択問題B
2 (5) △BPC = △ABC で，辺 BC を底辺とみたとき，高
さが等しくなればよい。
よって，点 A から線分 BC に垂線 AH を作図する。
半直線 AH の点 H の延長上に点 I を AH = IH となるよう
に決める。点 I を通り，直線 AI に対して垂線を作図し，
円との交点を P とすればよい。
(6)すべての場合の数は 36 通りである。
① 条件を満たす (a, b) の組は，
(a, b) = (1, 1)，(1, 2)，(2, 1)，(2, 2)，(3, 3)，(3, 6)，
(4, 4)，(5, 5)，(6, 3)，(6, 6) の 10 通り。
よって，$\dfrac{10}{36} = \dfrac{5}{18}$
② P (c, d) とすると，条件を満たす点 P は，
三平方の定理より，$c^2 + d^2 \leqq 4^2$ のときである。
・P (1, 1) のとき
(a, b) = (1, 1)，(1, 2)，(2, 1)，(2, 2)
・P (1, 2) のとき
(a, b) = (1, 4)，(2, 4)
・P (1, 3) のとき
(a, b) = (1, 3)，(1, 6)，(2, 3)，(2, 6)
・P (2, 1) のとき
(a, b) = (4, 1)，(4, 2)
・P (2, 2) のとき
(a, b) = (4, 4)
・P (2, 3) のとき
(a, b) = (4, 3)，(4, 6)
・P (3, 1) のとき
(a, b) = (3, 1)，(3, 2)，(6, 1)，(6, 2)
・P (3, 2) のとき
(a, b) = (3, 4)，(6, 4)
以上の 21 通りがあるから，$\dfrac{21}{36} = \dfrac{7}{12}$
(7)① 大輔さんと 2 回目にすれちがうバスと，大輔さんの
動きを表す直線の式をそれぞれ求める。
10 時 x 分のときの駅からの道のりを y km とする。
バス：速さは $9 \div 15 = \dfrac{3}{5}$ (km/分) より，
$y = -\dfrac{3}{5}x + b$ とおき，$x = 35$，$y = 0$ を代入すると，
$0 = -\dfrac{3}{5} \times 35 + b$　　$b = 21$
$y = -\dfrac{3}{5}x + 21$…①
大輔さん：速さは $\dfrac{18}{60} = \dfrac{3}{10}$ (km/分) より，
$y = \dfrac{3}{10}x + c$ とおき，$x = 10$，$y = 0$ を代入すると，
$0 = \dfrac{3}{10} \times 10 + c$　　$c = -3$
$y = \dfrac{3}{10}x - 3$…②
①，②を連立させて解くと，$-\dfrac{3}{5}x + 21 = \dfrac{3}{10}x - 3$
$x = \dfrac{80}{3}$　　これは $26 + \dfrac{40}{60}$ と変形できるので，
10 時 26 分 40 秒にすれちがう。
② 条件から，大輔さんがスタジアムに到着する時刻の範
囲は，10 時 50 分より遅く 11 時以下であればよい。
10 時 50 分に到着するときの速さは，
$9 \div \dfrac{40}{60} = 13.5$ (km/時)
11 時に到着するときの速さは，

$9 \div \dfrac{50}{60} = 10.8$ (km/時)

よって，$10.8 \leqq a < 13.5$

5 (1) A$(-4, 2)$，B$\left(6, \dfrac{9}{2}\right)$ より，

直線の傾きは，$\left(\dfrac{9}{2} - 2\right) \div \{6 - (-4)\} = \dfrac{1}{4}$

$y = \dfrac{1}{4}x + b$ として，$x = -4$，$y = 2$ を代入すると，

$2 = \dfrac{1}{4} \times (-4) + b$　　$b = 3$　　よって，$y = \dfrac{1}{4}x + 3$

(2) ア：C$\left(a, \dfrac{1}{8}a^2\right)$ とおくと，CE = CD より，

$a = \dfrac{1}{8}a^2$　　$a^2 - 8a = 0$　　$a(a-8) = 0$

$a = 0, 8$　　$a > 0$ より，$a = 8$　　よって，C$(8, 8)$

イ：対称の中心は正方形 ODCE の対角線の交点だから，$(4, 4)$

(3) P$\left(t, \dfrac{1}{4}t + 3\right)$ とおく。

△PCE = △OPA になるためには，$t > 0$ であるから，

△PCE $= \dfrac{1}{2} \times 8 \times \left\{8 - \left(\dfrac{1}{4}t + 3\right)\right\} = 20 - t$…①

△OPA $= \dfrac{1}{2} \times 3 \times 4 + \dfrac{1}{2} \times 3 \times t = 6 + \dfrac{3}{2}t$…②

①，②より，$20 - t = 6 + \dfrac{3}{2}t$　　$t = \dfrac{28}{5}$

$y = \dfrac{1}{4}x + 3$ に $x = \dfrac{28}{5}$ を代入して，

$y = \dfrac{1}{4} \times \dfrac{28}{5} + 3 = \dfrac{22}{5}$　　よって，P$\left(\dfrac{28}{5}, \dfrac{22}{5}\right)$

〈M. S.〉

大分県

問題 P.109

解答

1 正負の数の計算，式の計算，平方根，2次方程式，平面図形の基本・作図，因数分解，立体の表面積と体積，三平方の定理

(1) ① -4　② 12　③ $\dfrac{7a-b}{6}$

④ x^2y　⑤ $7\sqrt{3}$

(2) $x = -9, 2$

(3) 70 度

(4) 5

(5) 12π cm^3

(6) 右図

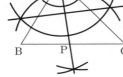

2 場合の数，確率，資料の散らばりと代表値

(1) ① 8 通り　② $\dfrac{5}{8}$　(2) ① 0.25

② (例) 16 冊は 15 冊以上 18 冊未満の階級に含まれる。15 冊以上本を借りた生徒数は 19 人だから，はなこさんは借りた本の冊数が多い方の上位 20 人に入っているので正しくない。

3 平行四辺形，関数 $y = ax^2$　(1) $a = \dfrac{1}{3}$　(2) $\dfrac{8}{3}$

(3) $\dfrac{20}{3}$

4 連立方程式，1 次関数

(1) $y = 0.9x$

(2) 右図

(3) 1 時間 36 分

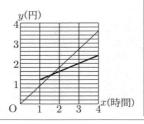

5 相似　(1) ① 1 m　② $\dfrac{7}{9}a$ m^2　(2) $\dfrac{8}{3}$ m

6 図形と証明，円周角と中心角，相似，三平方の定理

(1)（証明）（例）△ADF と △BCF において，

対頂角は等しいから，∠AFD = ∠BFC…①

半円の弧に対する円周角は 90° だから，

∠ADF = 90°…②　　∠BCF = 90°…③

②，③より，∠ADF = ∠BCF…④

①，④より，2 組の角がそれぞれ等しい。

よって，△ADF ∽ △BCF

(2) ① 4 cm　② $\dfrac{12\sqrt{39}}{23}$ cm

解き方

1 (1) ② (与式) $= -3 \times (-4) = 12$

③ (与式) $= \dfrac{4a + 2b}{6} + \dfrac{3a - 3b}{6} = \dfrac{7a - b}{6}$

④ (与式) $= \dfrac{xy^2 \times x^2}{xy} = x^2y$

⑤ (与式) $= \dfrac{2 \times \sqrt{3} \times \sqrt{3}}{\sqrt{3}} + (\sqrt{3} \times \sqrt{5}) \times \sqrt{5}$

$= 2\sqrt{3} + 5\sqrt{3} = 7\sqrt{3}$

(3)

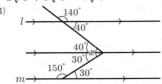

(4) $a - 3 = \sqrt{5}$，

$a^2 - 6a + 9 = (a-3)^2 = (\sqrt{5})^2 = 5$

(5) この円錐の高さは，

$\sqrt{5^2 - 3^2} = 4$ (cm)

体積は，$\dfrac{1}{3} \times (\pi \times 3^2) \times 4 = 12\pi$ (cm^3)

(6) 求める折り目となる線は，線分 AP の垂直二等分線。

2 (1)

① 上の樹形図から，8 通り。(これらは同様に確からしい。)

② 上の樹形図から，合計が 500 円以下になる場合は 5 通り。

求める確率は，$\dfrac{5}{8}$

(2) ① 12 冊以上 15 冊未満の階級の度数は 10

相対度数は，$\dfrac{10}{40} = 0.25$

② **別解** (例) 中央値を求めるための第 20 位，第 21 位の階級値は，ともに，12 冊以上 15 冊未満の階級の階級値である。はなこさんが借りた本の冊数 16 冊は，15 冊以上 18 冊未満の階級に含まれるので，多い方の上位 20 位に入っている。したがって，正しくない。

3 (1) $y = ax^2$ に A$(3, 3)$ を代入して，

$3 = a \times 3^2$　　$a = \dfrac{1}{3}$

(2) A $(3, 3)$, B $\left(5, \dfrac{25}{3}\right)$ より，
求める変化の割合は，
$\left(\dfrac{25}{3} - 3\right) \div (5 - 3) = \dfrac{8}{3}$ …①
(3) DH $=$ CI $= 5 - 0 = 5$ より，
点 D の x 座標は，$3 - 5 = -2$
y 座標は，$\dfrac{1}{3} \times (-2)^2 = \dfrac{4}{3}$
よって，D $\left(-2, \dfrac{4}{3}\right)$
点 C の座標を C $(0, c)$ とおくと，直線 DC の傾きは，
$\left(c - \dfrac{4}{3}\right) \div (0 - (-2)) = \dfrac{c}{2} - \dfrac{2}{3}$ …②
DC // AB，直線 AB の傾きは(2)の変化の割合に等しいから，
①，②より，$\dfrac{c}{2} - \dfrac{2}{3} = \dfrac{8}{3}$　$c = \dfrac{20}{3}$（点 C の y 座標）

4 (1) お湯を保温するのにかかる電気代は 1 時間あたり 0.9 円だから，お湯を使うまでの時間を x 時間としたときの電気代 y 円は，$y = 0.9x$

(2)

x（お湯を使うまでの時間）	1	2	3	4
t（沸かしている時間）	3	4	5	6
y（電気代）　$0.4t$	1.2	1.6	2.0	2.4

$x \geq 1$ において，求めるグラフは
点 $(1, 1.2)$，$(2, 1.6)$，$(3, 2.0)$，$(4, 2.4)$ を通るグラフ。
(3)(2)より［B の方法］について，y を x の式で表すと，
$y = 0.4x + 0.8$ $(x \geq 1)$
求める時間は，(2)のグラフとの交点の x 座標だから，
$y = 0.9x$，$y = 0.4x + 0.8$ を連立させて y を消去すると，
$0.9x = 0.4x + 0.8$　$x = \dfrac{8}{5} = 1 + \dfrac{3}{5} = 1 + \dfrac{36}{60}$
したがって，1 時間 36 分（を超えたとき。）

5 (1)① △PQS∽△TRS より，
QS : PQ = RS : TR，
(QR + RS) : PQ = RS : TR
…(*)
$(3 + \text{RS}) : 4 = \text{RS} : 1$
$4\text{RS} = 3 + \text{RS}$　RS $= 1$ m
② ①の(*) より，
QR $= a$ だから
$(a + \text{RS}) : 4 = \text{RS} : 1$
$4\text{RS} = a + \text{RS}$
RS $= \dfrac{a}{3}$ m
△QAB∽△QFE より，
AB // FE
AB : FE = QA : QF
$2 : \text{FE} = 3 : (3 + 1)$
FE $= \dfrac{8}{3}$ (m)
四角形 ABEF は AB // FE の台形で，その面積は，
$\dfrac{1}{2} \times (\text{AB} + \text{FE}) \times \text{RS}$
$= \dfrac{1}{2} \times \left(2 + \dfrac{8}{3}\right) \times \dfrac{a}{3} = \dfrac{7}{9}a$ (m²)
(2)(1)②と同様に
△QAB∽△QFE だから，
EF $= \dfrac{8}{3}$ (m)

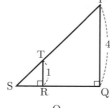

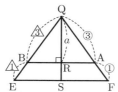

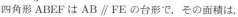

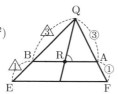

6 (2)① 2 組の角がそれぞれ等しいから，
△ACE∽△BDE
AE : CE = BE : DE
CE $= x$ とおくと，
$(5 + 3) : x = (2 + x) : 3$
$x(2 + x) = 24$
$(x + 6)(x - 4) = 0$
$x > 0$ だから，$x = 4$
CE $= 4$ cm
② ・△BDE は ∠BDE $= 90°$ の直角三角形。
三平方の定理から，BD² $+$ DE² $=$ BE²　BD² $+ 3^2 = 6^2$
BD² $= 27$　BD $= 3\sqrt{3}$
よって，DE : EB : BD $= 3 : 6 : 3\sqrt{3} = 1 : 2 : \sqrt{3}$
だから，∠EBD $= 30°$，∠BED $= 60°$
・△BCF∽△BDE より，BC : CF = BD : DE
$2 : \text{CF} = \sqrt{3} : 1$　CF $= \dfrac{2}{\sqrt{3}}$
・△ECF は ∠ECF $= 90°$ の直角三角形だから，
EF² $=$ CF² $+$ CE² $= \dfrac{4}{3} + 16 = \dfrac{52}{3}$
EF $= \sqrt{\dfrac{52}{3}} = \dfrac{2\sqrt{39}}{3}$
・点 D から AC に垂線 DH を下ろすと，△DAH は，
∠DAH $=$ ∠DBC $= 30°$ の直角三角形だから，
DH : DA $= 1 : 2$　DH : 5 $= 1 : 2$　DH $= \dfrac{5}{2}$
・点 D から BE に垂線 DI を下ろすと，DI // AC より，
△EDI は，∠EDI $=$ ∠DAH $= 30°$ の直角三角形だから，
DE : DI $= 2 : \sqrt{3}$　$3 : \text{DI} = 2 : \sqrt{3}$　DI $= \dfrac{3\sqrt{3}}{2}$
△CDE と △CDF には辺 CD が共通だから，
EG : GF $=$ △CDE : △CDF
$= \dfrac{1}{2} \times \text{CE} \times \text{DI} : \dfrac{1}{2} \times \text{CF} \times \text{DH}$
$= \dfrac{1}{2} \times 4 \times \dfrac{3\sqrt{3}}{2} : \dfrac{1}{2} \times \dfrac{2\sqrt{3}}{3} \times \dfrac{5}{2}$
$= 3\sqrt{3} : \dfrac{5\sqrt{3}}{6} = 18 : 5$
したがって，
EG $=$ EF $\times \dfrac{18}{18 + 5} = \dfrac{2\sqrt{39}}{3} \times \dfrac{18}{23} = \dfrac{12\sqrt{39}}{23}$

〈Y. K.〉

宮崎県

問題 P.111

解答

1 正負の数の計算，式の計算，平方根，連立方程式，2次方程式，確率，平面図形の基本・作図

(1) -17
(2) $-\dfrac{9}{10}$
(3) $5a+b$
(4) 2
(5) $(x, y) = (7, 2)$
(6) $x = \dfrac{1\pm\sqrt{13}}{6}$
(7) $\dfrac{31}{36}$
(8) 右図

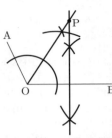

2 資料の散らばりと代表値，数の性質，多項式の乗法・除法

1．(1) 10　(2) ア，ウ
(3)（説明）（例）12冊以上16冊未満の階級の相対度数は，1年生が 0.33，2年生が 0.28 であり，1年生の方が大きいから。

2．(1)① 28　② 961　(2) n^2-n+1

3 比例・反比例，1次関数，関数 $y=ax^2$

1．$y=\dfrac{1}{2}$　2．ウ　3．① 6　② $2x$　③ 12　④ 12
⑤ $-2x+36$　4．$x=3, \dfrac{63}{4}$

4 2次方程式，図形と証明，三角形，円周角と中心角，相似，三平方の定理

1．$\angle ACB = 34$ 度
2．（証明）（例）△FBD と △FCA で
∠F は共通なので，∠BFD = ∠CFA…①
$\overset{\frown}{AD}$ に対する円周角なので，∠FBD = ∠FCA…②
①，②より，2組の角がそれぞれ等しいので，
△FBD ∽ △FCA

3．6 cm　4．$\dfrac{14}{45}$ 倍

5 空間図形の基本，立体の表面積と体積，相似，三平方の定理

1．イ，ウ，オ　2．$(36+21\sqrt{3})$ cm²
3．$\sqrt{5}$ cm　4．15π cm³

解き方

1 (3)（与式）$= 2a+8b+3a-7b = 5a+b$

(4)（与式）$= \dfrac{2\sqrt{3}\times\sqrt{2}}{\sqrt{6}} = 2$

(5) 第2式より，$y=\dfrac{1}{4}(x+1)$…①
第1式に代入して，$2x+\dfrac{3}{4}(x+1) = 20$　$\dfrac{11}{4}x = \dfrac{77}{4}$
よって，$x=7$　①に代入して，$y=\dfrac{1}{4}\times 8 = 2$

(6) 解の公式より，$x = \dfrac{1\pm\sqrt{1+12}}{6} = \dfrac{1\pm\sqrt{13}}{6}$

(7) 目の出方は $6^2=36$（通り）。このうち，和が8となる場合は $(2,6), (3,5), (4,4), (5,3), (6,2)$ の5通り。
したがって，求める確率は $\dfrac{36-5}{36} = \dfrac{31}{36}$

2 1．(1) $40-(4+7+11+6+2) = 10$
(2) イ：最頻値は，どちらも12〜16冊の階級である。
エ：中央値が含まれる階級の階級値は，1年生は14冊，2年生は10冊である。

2．(1)① $(1,6) = 5^2+1 = 26$ より，
$(3,6) = (1,6)+2 = 28$
② $(31,1) = 31^2 = 961$

(2) $n \geqq 2$ のとき $(n,n) = 1+2(1+2+\cdots+n-1)$
$= 1+2\times\dfrac{n}{2}\times(n-1) = n^2-n+1$
これは $n=1$ のときも成り立つ。

3 1．$y = \dfrac{1}{2}\times 1\times 1 = \dfrac{1}{2}$

2．$0 \leqq x \leqq 4$ のとき $y = \dfrac{1}{2}x^2$

3．$4 \leqq x \leqq 6$ のとき $y = \dfrac{1}{2}\times 4\times x = 2x$
$6 \leqq x \leqq 12$ のとき $y = \dfrac{1}{2}\times 4\times 6 = 12$
$12 \leqq x \leqq 18$ のとき $y = \dfrac{1}{2}\times 4\times(18-x) = -2x+36$

4．条件をみたすとき $\triangle PBQ = 36\times\dfrac{1}{8} = \dfrac{9}{2}$
$0 \leqq x \leqq 4$ のとき $\dfrac{1}{2}x^2 = \dfrac{9}{2}$ より，$x=3$
$12 \leqq x \leqq 18$ のとき $-2x+36 = \dfrac{9}{2}$ より，$x=\dfrac{63}{4}$

4 1．$\angle EBC = 90°-\angle ABD = 90°-24° = 66°$
△BCE で ∠ACB = ∠DEC − ∠EBC = 100°−66° = 34°

3．△FBD ∽ △FCA より FD : FB = FA : FC
AF $= x$ として $5 : (x+4) = x : 12$　$x(x+4) = 60$
$x^2+4x-60 = 0$　$(x+10)(x-6) = 0$
$x>0$ より $x=6$

4．△ADF で三平方の定理より AD $= \sqrt{6^2-5^2} = \sqrt{11}$
△ADC で三平方の定理より
AC $= \sqrt{(\sqrt{11})^2+7^2} = 2\sqrt{15}$
△ABC で三平方の定理より
BC $= \sqrt{(2\sqrt{15})^2-4^2} = 2\sqrt{11}$
よって，AD : BC $= 1:2$
△ABE ∽ △DCE より AE : DE $=$ AB : DC $= 4:7$
△ADE ∽ △BCE より
DE : CE $=$ AD : BC $= 1:2 = 7:14$
よって，AE : EC $= 4:14 = 2:7$
したがって，$\triangle ADE = \triangle ADF \times \dfrac{CD}{DF} \times \dfrac{AE}{AC}$
$= \triangle ADF \times \dfrac{7}{5} \times \dfrac{2}{2+7} = \triangle ADF \times \dfrac{14}{45}$

5 2．△AEI は内角が 30°, 60°, 90° であり EI $= 3\sqrt{3}$
したがって，
$3\times 3\sqrt{3}+4\times 3\sqrt{3}+3\times 4+4\times 6 = 21\sqrt{3}+36$

3．右の展開図で
IP $= (6+8)\times\dfrac{4}{4+3} = 8$
より，AP $= 8-6 = 2$
EQ $= (4+3)\times\dfrac{8}{6+8} = 4$
より，AQ $= 4-3 = 1$
△APQ で三平方の定理より，PQ $= \sqrt{2^2+1^2} = \sqrt{5}$

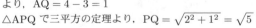

4．右図で斜線部の面積は，
$\{6^2-(3\sqrt{3})^2\}\pi\times\dfrac{150}{360}$
$= \dfrac{15}{4}\pi$
したがって，求める体積は，
$\dfrac{15}{4}\pi\times 4 = 15\pi$

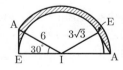

〈SU. K.〉

鹿児島県

問題 P.113

解答

1 正負の数の計算，平方根，数の性質，空間図形の基本，比例・反比例　1．(1) 8　(2) 2
(3) $4\sqrt{3}$　(4) エ　(5) ア　2．$y = -\dfrac{6}{x}$　3．3, 4, 5
4．4　5．イ，ウ，キ

2 平面図形の基本・作図，確率，2次方程式，連立方程式の応用　1．22度　2．$\dfrac{3}{8}$　3．$x = 2 \pm \sqrt{3}$

4．

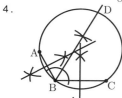

5．(例) $\begin{cases} x + y = 50 & \cdots ① \\ \dfrac{1}{2}x + \dfrac{1}{3}y = 23 & \cdots ② \end{cases}$

② × 6　　$3x + 2y = 138 \cdots ③$
① × 2　　$2x + 2y = 100 \cdots ④$
③ − ④　　$x = 38 \cdots ⑤$
⑤を①に代入して，$38 + y = 50$　$y = 12$
答　Aさんが最初に持っていた鉛筆 38 本
　　Bさんが最初に持っていた鉛筆 12 本

3 資料の散らばりと代表値　1．60.6点
2．(1) ア．③　イ．①　(2) 59.3点　3．51点

4 平面図形の基本・作図，図形と証明，円周角と中心角，三平方の定理　1．ア．10　イ．$30\sqrt{3}$
2．(証明) (例)
△OACはOA = OCの二等辺三角形だから，
∠OAC = ∠OCA = ∠ACB
∠AOBは△AOCの外角だから，
∠AOB = ∠OAC + ∠OCA = 2∠ACB
よって，∠AOB = 2∠ACB
したがって，∠ACB = $\dfrac{1}{2}$∠AOB
3．(1) ∠POP′ = 120度，$t = 5$　(2) $675\sqrt{3}$ m^2

5 2次方程式，1次関数，立体の表面積と体積，関数 $y = ax^2$
1．Q(2, 2)　2．$\dfrac{3}{2}$　3．(1) R(1, −1)
(2) (求め方や計算) (例)
(1)から，$t = 1$ だから，Q$\left(1, \dfrac{1}{2}\right)$，R(1, −1)
よって，QR = $\dfrac{3}{2}$
直線TRは2点O(0, 0)，R(1, −1)を通るから，$y = -x$
直線TRと関数①のグラフの交点の x 座標は，
$\dfrac{1}{2}x^2 = -x$　$x(x + 2) = 0$ から，$x = -2, 0$
Tの x 座標は，$x = -2$　したがって，T(−2, 2)
このことから，TR = $\sqrt{3^2 + 3^2} = 3\sqrt{2}$
点Qから辺TRへ垂線QHをひくと，
△QHRは∠HQR = 45°の直角二等辺三角形だから，
QH : QR = 1 : $\sqrt{2}$　　QH : $\dfrac{3}{2}$ = 1 : $\sqrt{2}$
よって，QH = $\dfrac{3}{2\sqrt{2}}$
求める立体の体積は，

$\dfrac{1}{3} \times$ QH$^2 \times \pi \times$ TH $+ \dfrac{1}{3} \times$ QH$^2 \times \pi \times$ HR
$= \dfrac{1}{3} \times$ QH$^2 \times \pi \times$ (TH + HR) $= \dfrac{1}{3} \times$ QH$^2 \times \pi \times$ TR
$= \dfrac{1}{3} \times \left(\dfrac{3}{2\sqrt{2}}\right)^2 \times \pi \times 3\sqrt{2} = \dfrac{9\sqrt{2}}{8}\pi$

(答) $\dfrac{9\sqrt{2}}{8}\pi$

解き方　**1**　1．(1) (与式) = 2 + 6 = 8
(2) (与式) = $\dfrac{1}{2} + \dfrac{3}{2} = 2$
(3) (与式) = $2\sqrt{3} + 3\sqrt{3} - \sqrt{3} = 4\sqrt{3}$
(4) $ab < 0$ より，イ，エ…①
$ab < 0$，$(ab) \times c > 0$ より $c < 0$ で，ア，エ…②
①，②から，エ
(5) 正面から矢印の方向にみると，立面図のア，イ…①
正面を下にして，真上から矢印の方向にみると，
平面図のア…②　　①，②から，ア
2．$y = \dfrac{a}{x}$ に代入して，$-3 = \dfrac{a}{2}$　$a = -6$
よって，$y = -\dfrac{6}{x}$
3．$2^2 < (\sqrt{7})^2 = 7 < 3^2 < 4^2 < 5^2 < (\sqrt{31})^2 = 31 < 6^2$
より，3, 4, 5
4．$100 = 6 \times 16 + 4$ ($100 \div 6 = 16 \cdots 4$) だから，
1〜6の6個の数字の4番目で，4
5．$1236 \times 1.5 = 1854 < 1936$
$1421 \times 1.5 = 2131.5 > 1936$
したがって，イ，ウ，キ

2　1．∠BAD + ∠BDA = ∠ABC
∠BAD = x，∠BDA = 47°
∠ABC = $\dfrac{1}{2} \times (180° - 42°)$
= 69°
$x + 47° = 69°$　$x = 22°$
2．①硬貨の出方は，
(表, 表)，(表, 裏)，(裏, 表)，(裏, 裏)
の4通り。
このおのおのに対して，②くじの出方は，2通りだから，
全部で，$4 \times 2 = 8$ (通り)　これらは同様に確からしい。
これらのうち，ちょうど200ポイントもらえる場合は，
表が1枚で当たり…2通り
表が2枚ではずれ…1通り
のときだから，合計3通り。求める確率は，$\dfrac{3}{8}$
3．比例式から，$x^2 = 4x - 1$　$x^2 - 4x + 1 = 0$
よって，$x = \dfrac{-(-4) \pm \sqrt{(-4)^2 - 4 \times 1 \times 1}}{2} = 2 \pm \sqrt{3}$
4．3点A，B，Cを通る円の中心は，線分AB，BCのそれぞれの垂直二等分線の交点。
半直線BDは，∠ABCの二等分線。

3　1．$\dfrac{54.0 \times 20 + 65.0 \times 30}{50} = \dfrac{303}{5} = \dfrac{606}{10} = 60.6$ (点)
2．(1) C組の人数は30，B，Dの人数はそれぞれ20だから，C組のヒストグラムは③
D組の人数は20で中央値が61.5だから，第10位と11位の得点の平均が61.5
第10位と11位が属する階級は，①のヒストグラムでは，ともに60〜70の階級，②のヒストグラムは，40〜50と，50〜60の階級だから，中央値が61.5であるヒストグラムは①
よって，D組のヒストグラムは①

解 答

したがって，ア．③，イ．①
(2) $(35 \times 4 + 45 \times 6 + 55 \times 5 + 65 \times 6 + 75 \times 6 + 85 \times 3)$
$\div 30 = \dfrac{1780}{30} = \dfrac{178}{3} = 59.33\cdots ≒ 59.3$ (点)

3．B組20人の中で，高い方から10番目（低い方から11番目）の点数を x，高い方から11番目（低い方から10番目）の点数を y とすると，差が4より，$x - y = 4$…①
中央値が49.0より，$\dfrac{x+y}{2} = 49.0$…②
①，②より，$x = 51$，$y = 47$
76点の生徒を含めた21人の中央値は，高い方から11番目（低い方から11番目）の点数である。49.0 < 76 だから，元の20人の点数では，高い方から10番目（低い方から11番目）の点数 $x = 51$ (点) が，21人の点数の中央値となる。
したがって，51点

4 1．ア．$\angle \text{XOY} = \dfrac{360°}{36} = 10°$
イ．3で定めるように，ゴンドラ①を P，ゴンドラ②を Q とする。
△OPQ において，辺 PQ の中点を M とすると，OM ⊥ PQ
OP = OQ = 30 m

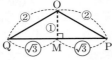

$\angle \text{POM} = \angle \text{QOM} = \dfrac{1}{2} \angle \text{POQ} = \dfrac{1}{2} \times \left(360° \times \dfrac{5}{15}\right) = 60°$
だから，求める2点間の距離 PQ は，
PQ = 2PM = $2 \times (\sqrt{3} \times \text{OM}) = (\text{2OM}) \times \sqrt{3}$
= OP $\times \sqrt{3} = 30\sqrt{3}$ (m)

3．(1) 観覧車が左回りに回転するように見るとき，はじめて QR // P'R' となる場合の点の位置関係は，右図のようになる。
したがって，
$\angle \text{POP}' = \angle \text{QOP} = 120$ (度)
$t = 5$ (分)

(2) △PP'Q は，一辺の長さが $30\sqrt{3}$ m の正三角形
△PP'Q = $\dfrac{1}{2} \times$ P'Q $\times$ PN = $\dfrac{1}{2} \times$ P'Q $\times \left(\text{PQ} \times \dfrac{\sqrt{3}}{2}\right)$
$= \dfrac{1}{2} \times (30\sqrt{3})^2 \times \dfrac{\sqrt{3}}{2} = 675\sqrt{3}$ (m²)

5 1．点Q の x 座標は2だから，y 座標は，
$y = \dfrac{1}{2} \times 2^2 = 2$ よって，Q (2, 2)

2．Q $\left(t, \dfrac{1}{2}t^2\right)$，R $(t, -t^2)$ より
QR $= \dfrac{1}{2}t^2 - (-t^2) = \dfrac{3}{2}t^2 = \dfrac{27}{8}$ $t^2 = \dfrac{9}{4} = \left(\dfrac{3}{2}\right)^2$
$t > 0$ だから，$t = \dfrac{3}{2}$

3．(1) 直線 SR は x 軸と平行だから，△OSR は OS = OR の直角二等辺三角形。よって，直線 OR の傾きは -1
点 R $(t, -t^2)$ より $\dfrac{-t^2 - 0}{t - 0} = -1$ $-t = -1$ $t = 1$
したがって，R $(1, -1)$

〈Y. K.〉

沖縄県

問題 P.116

解 答

1 | 正負の数の計算，平方根，式の計算 |
(1) -2 (2) -9 (3) 0.61 (4) $4\sqrt{2}$ (5) $36a^3$
(6) $4x + 5y$

2 | 1次方程式，連立方程式，多項式の乗法・除法，因数分解，2次方程式，円周角と中心角，1次方程式の応用，資料の散らばりと代表値，標本調査 | (1) $x = 4$ (2) $x = 6$，$y = -1$
(3) $x^2 - 3x - 18$ (4) $(x+6)(x-6)$ (5) $x = \dfrac{-5 \pm \sqrt{29}}{2}$
(6) $\angle x = 25$ 度，$\angle y = 65$ 度 (7) 8000人
(8) (平均値) 7点 (中央値) 8点 (9) ア，ウ，エ

3 | 数の性質，場合の数，確率 | 問1．20通り
問2．$\dfrac{2}{5}$ 問3．ア

4 | 平面図形の基本・作図 |
問1．   問2．イ

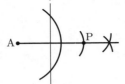

5 | 数の性質，数・式の利用 | 問1．$a = 4$
問2．① 7 ② 8 ③ 9 ④ 16 ⑤ 8 問3．ウ

6 | 平面図形の基本・作図，1次関数 | 問1．$y = 16$
問2．$y = 4x$ 問3．イ 問4．9秒後と14秒後

7 | 比例・反比例，1次関数，平面図形の基本・作図，三平方の定理 | 問1．$y = -1$ 問2．B (2, 2)
問3．$y = \dfrac{1}{2}x + 1$ 問4．$(3\sqrt{5} + 2)$ cm

8 | 平面図形の基本・作図，平行と合同，図形と証明，平行四辺形 | 問1．(例) (平行線の) 錯角は等しい (から)
対頂角は等しいから $\angle \text{AOE} = \angle \text{COF}$ (…③)
1 (組の辺) とその両端の角がそれぞれ等しい (から)
問2．エ 問3．△AOE：△ABD = 1：5

9 | 空間図形の基本，立体の表面積と体積，三平方の定理 |
問1．$2\sqrt{3}\pi$ cm 問2．$\sqrt{3}$ cm 問3．$\dfrac{21}{8}\pi$ cm³

10 | 数の性質 | 問1．2
問2．Q, R, (P), Q, Q, R, (P) 問3．192
問4．2, 5, 8

解き方 **1** (2) (与式) $= 6 \times \left(-\dfrac{3}{2}\right) = -9$
(4) (与式) $= \sqrt{2} + 3\sqrt{2} = 4\sqrt{2}$
(5) (与式) $= 4a \times 9a^2 = 36a^3$
(6) (与式) $= 6x + 3y - 2x + 2y = 4x + 5y$

2 (1) $2x = 8$ より，$x = 4$
(2) 第1式を①，第2式を②とすると，
① $-$ ② $\times 2$ より，$-5y = 5$ よって，$y = -1$
②に代入して，$x - 3 = 3$ より，$x = 6$
(3) (与式) $= x^2 + (-6 + 3)x - 6 \times 3 = x^2 - 3x - 18$
(4) (与式) $= x^2 - 6^2 = (x+6)(x-6)$
(5) 解の公式より，
$x = \dfrac{-5 \pm \sqrt{5^2 - 4 \times 1 \times (-1)}}{2 \times 1} = \dfrac{-5 \pm \sqrt{29}}{2}$
(6) $\angle x = \angle \text{ADB} = 25°$ で，$\angle \text{ABC} = 90°$ だから，
$\angle y = 180° - (90° + 25°) = 65°$

(7) 4月の観光客数を x 人とすると，
$x \times \left(1 + \dfrac{5}{100}\right) = 8400$
$\dfrac{21}{20} x = 8400$ より，$x = 8400 \times \dfrac{20}{21} = 8000$（人）
(8) 平均値は，
$\dfrac{2+4+6+7+8+8+9+9+10}{9} = \dfrac{63}{9} = 7$（点）
であり，中央値は小さい方から 5 番目の得点だから，8 点。
(9) イは 1 人 1 人全員の調査が必要である。

3 問 1．十の位は 5 通り，一の位は残り 4 通りずつだから，
$5 \times 4 = 20$（通り）
問 2．一の位は 2 または 4 の 2 通り，十の位は残り 4 通りずつだから，$2 \times 4 = 8$（通り）
よって，求める確率は，$\dfrac{8}{20} = \dfrac{2}{5}$
問 3．つくられる 2 けたの整数が，奇数になる確率は，
$1 - \dfrac{2}{5} = \dfrac{3}{5}$ だから，ア

4 問 1．点 A を通る直線 l の垂線を作図する。その垂線上に，直線 l について点 A と反対側にあって，直線 l からの距離が点 A と等しくなる点をとり，その点を P とすればよい。

別 解

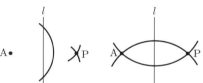

問 2．AQ = PQ だから，
AQ + QB = PQ + QB = PB = BP　　よって，イ

5 問 1．図 2 の e の位置を図 1 の「20」の位置に重ねると，a の位置に図 1 の「4」が重なるから，$a = 4$
問 2．① $b = a + 7$ より，7
② $c = a + 7 + 1 = a + 8$
より，8
③ $d = a + 7 + 1 + 1 = a + 9$
より，9
④ $e = a + 7 + 1 + 1 + 7 = a + 16$ より，16
⑤ $a + (a+7) + (a+8) + (a+9) + (a+16)$
$= 5a + 40 = 5(a+8)$　　よって，8

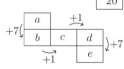

問 3．ア．$b + d = 2a + 16 = 2(a+8)$ で正しい。
イ．$a + c + e = 3a + 24 = 3(a+8)$ で正しい。
ウ．$a + b + c + d = 4a + 24 = 4(a+6)$ で正しくない。
エ．問 2 より正しい。したがって，ウ

6 問 1．AP = 4 cm より，$y = \dfrac{1}{2} \times 4 \times 8 = 16$
問 2．AP = x cm より，$y = \dfrac{1}{2} \times x \times 8 = 4x$
問 3．問 2 より，
$0 \leqq x \leqq 12$ のとき，
$y = 4x$
$12 < x \leqq 20$ のとき，
PC = (AB + BC)
　　$-$(AB + BP) = 20 $- x$
　　$= -x + 20$ (cm)
よって，$y = \dfrac{1}{2} \times (-x + 20) \times 12 = -6x + 120$
$0 \leqq x \leqq 12$ では傾きが正，$12 < x \leqq 20$ では傾きが負の一次関数だから，グラフはイ
問 4．$0 \leqq x \leqq 12$ のとき，$36 = 4x$ より，$x = 9$（秒後）

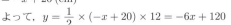

$12 < x \leqq 20$ のとき，$36 = -6x + 120$ より，$x = 14$（秒後）

7 問 1．$y = \dfrac{4}{x}$ に $x = -4$ を代入して，$y = \dfrac{4}{-4} = -1$
問 2．点 B の x 座標と y 座標の値は円の半径と等しいから，
B (b, b) とおくと，$b = \dfrac{4}{b}$ より，$b^2 = 4$
$b > 0$ より，$b = 2$　　よって，B $(2, 2)$
問 3．求める直線の式を $y = px + q$ とおくと，
点 A を通るから，$-1 = -4p + q$ …①
点 B を通るから，$2 = 2p + q$ …②
①$-$②より，$-3 = -6p$　　よって，$p = \dfrac{1}{2}$
②に代入して，$2 = 1 + q$ より，$q = 1$
よって，$y = \dfrac{1}{2} x + 1$
問 4．AB = $\sqrt{\{2-(-4)\}^2 + \{2-(-1)\}^2}$
$= \sqrt{6^2 + 3^2} = \sqrt{45} = 3\sqrt{5}$
線分 BP の長さは円の半径と等しいから，
AP = AB + BP = $3\sqrt{5} + 2$ (cm)

8 問 2．問 1 より，アは正しい。また，2 つの合同な図形において対応する辺の長さや角の大きさはそれぞれ等しいから，イとウは正しい。正しくないものはエ
問 3．△AOE : △AOB = AE : AB = 2 : (2+3) = 2 : 5
また，△AOB : △ABD = BO : BD = 1 : 2 = 5 : 10
よって，△AOE : △ABD = 2 : 10 = 1 : 5

9 問 1．底面の円周の長さと等しいから，
$\sqrt{3} \times 2 \times \pi = 2\sqrt{3}\pi$ (cm)
問 2．球の中心を Q とすると，△BOQ と △BPQ において，
∠BOQ = ∠BPQ = 90°，BQ 共通，OQ = PQ より，
直角三角形の斜辺と他の一辺がそれぞれ等しいから，
△BOQ ≡ △BPQ　　よって，BP = BO = $\sqrt{3}$ cm
問 3．BO = $\sqrt{3}$ cm，OQ = 1 cm，∠BOQ = 90° より，
∠BQO = 60° だから，∠BQP = 60°
△APQ と △BPQ において，PQ 共通，
∠APQ = ∠BPQ (= 90°)，∠AQP = ∠BQP (= 60°)
より，一辺とその両端の角がそれぞれ等しいから，
△APQ ≡ △BPQ　　よって，AP = BP
2 つの立体に分けた点 A を含む立体を㋐，点 B を含む立体を㋑とすると，㋐ともとの円錐の相似比は 1 : 2 だから，体積比は，$1^3 : 2^3 = 1 : 8$
AO = AQ + QO = 2 + 1 = 3 (cm) より，もとの円錐の体積は，$\dfrac{1}{3} \times (\sqrt{3})^2 \pi \times 3 = 3\pi$ (cm^3) だから，
求める体積は，$3\pi \times \dfrac{8-1}{8} = 3\pi \times \dfrac{7}{8} = \dfrac{21}{8}\pi$ (cm^3)

10 問 1．$\boxed{1} \xrightarrow[+5]{Q} \boxed{6} \xrightarrow[+5]{Q} \boxed{11} \xrightarrow[\substack{11 \div 3 \\ = 3 \cdots 2}]{R} \boxed{2} \xrightarrow[\text{表示}]{P} \boxed{2}$　　よって，2

問 2．「$\boxed{①}, \boxed{②}, P, \boxed{③}, \boxed{④}, \boxed{⑤}, P$」
$\underbrace{}_{\boxed{0} \text{を表示}} \quad \underbrace{}_{\boxed{1} \text{を表示}}$
②で 0 を記憶するために Q はあり得ないから，②は R
また，①で 3 の倍数を記憶すればよいから，①は Q
同じように考えて，⑤は R で，③と④を Q とすれば，
$\boxed{1} \xrightarrow[+5]{Q} \boxed{6} \xrightarrow[\substack{6 \div 3 \\ = 0}]{R} \boxed{0} \xrightarrow[\text{表示}]{P} \boxed{0} \xrightarrow[+5]{Q} \boxed{5} \xrightarrow[+5]{Q} \boxed{10} \xrightarrow[\substack{10 \div 3 \\ = 3 \cdots 1}]{R} \boxed{1} \xrightarrow[\text{表示}]{P} \boxed{1}$
となる。
問 3．次の図より，画面に表示される数は，7，5，6 の 3 つの数の繰り返しになる。

$$\boxed{3} \xoverset{Q}{\Rightarrow} \boxed{8} \xoverset{R}{\Rightarrow} \boxed{2} \xoverset{Q}{\Rightarrow} \boxed{7} \xoverset{P}{\Rightarrow} \boxed{7}$$
$+5$ $\quad 8\div3$ $\quad +5$
$\qquad =2\cdots2$

$$\boxed{7} \xoverset{Q}{\Rightarrow} \boxed{12} \xoverset{R}{\Rightarrow} \boxed{0} \xoverset{Q}{\Rightarrow} \boxed{5} \xoverset{P}{\Rightarrow} \boxed{5}$$
$+5$ $\quad 12\div3$ $\quad +5$
$\qquad =4$

$$\boxed{5} \xoverset{Q}{\Rightarrow} \boxed{10} \xoverset{R}{\Rightarrow} \boxed{1} \xoverset{Q}{\Rightarrow} \boxed{6} \xoverset{P}{\Rightarrow} \boxed{6}$$
$+5$ $\quad 10\div3$ $\quad +5$
$\qquad =3\cdots1$

$$\boxed{6} \xoverset{Q}{\Rightarrow} \boxed{11} \xoverset{R}{\Rightarrow} \boxed{2} \xoverset{Q}{\Rightarrow} \boxed{7} \xoverset{P}{\Rightarrow} \boxed{7}$$
$+5$ $\quad 11\div3$ $\quad +5$
$\qquad =3\cdots2$

$32 \div 3 = 10\cdots2$ より，10 回繰り返してあと 2 回だから，求める和は，

$(7+5+6) \times 10 + 7 + 5 = 18 \times 10 + 12 = 192$

問 4．最初に記憶していた数を 1 から順に調べると，

$$\boxed{1} \xoverset{Q}{\Rightarrow} \boxed{6} \xoverset{Q}{\Rightarrow} \boxed{11} \xoverset{R}{\Rightarrow} \boxed{2} \xoverset{Q}{\Rightarrow} \boxed{7} \xoverset{R}{\Rightarrow} \boxed{1} \xoverset{P}{\Rightarrow} \boxed{1}$$
$+5$ $\quad +5$ $\quad 11\div3$ $\quad +5$ $\quad 7\div3$ $\quad$ 表示
$\qquad\qquad =3\cdots2$ $\qquad =2\cdots1$

$$\boxed{2} \xoverset{Q}{\Rightarrow} \boxed{7} \xoverset{Q}{\Rightarrow} \boxed{12} \xoverset{R}{\Rightarrow} \boxed{0} \xoverset{Q}{\Rightarrow} \boxed{5} \xoverset{R}{\Rightarrow} \boxed{2} \xoverset{P}{\Rightarrow} \boxed{2}$$
$+5$ $\quad +5$ $\quad 12\div3$ $\quad +5$ $\quad 5\div3$ $\quad$ 表示
$\qquad\qquad =4$ $\qquad =1\cdots2$

$$\boxed{3} \xoverset{Q}{\Rightarrow} \boxed{8} \xoverset{Q}{\Rightarrow} \boxed{13} \xoverset{R}{\Rightarrow} \boxed{1} \xoverset{Q}{\Rightarrow} \boxed{6} \xoverset{R}{\Rightarrow} \boxed{0} \xoverset{P}{\Rightarrow} \boxed{0}$$
$+5$ $\quad +5$ $\quad 13\div3$ $\quad +5$ $\quad 6\div3$ $\quad$ 表示
$\qquad\qquad =4\cdots1$ $\qquad =2$

よって，1 回目の命令 R で 0 を記憶すればよいことがわかるから，最初に記憶する数は 10 を加えて 3 の倍数になる数で，10 以下の自然数では，2，5，8

〈H. S.〉

数学｜77 解答

国立高校・高専

東京学芸大学附属高等学校

問題 **P.119**

解答

1 平方根，確率，資料の散らばりと代表値，1次関数 〔1〕19 〔2〕$\dfrac{13}{36}$ 〔3〕6
〔4〕$P\left(0, \dfrac{40}{17}\right)$

2 1次関数，円周角と中心角，三平方の定理
〔1〕$t = 1$ 〔2〕$t = \dfrac{3}{13}$ 〔3〕$t = \dfrac{3}{5}$

3 図形と証明，中点連結定理，平行線と線分の比
〔1〕(ア)④ (イ)⑥ (ウ)② 〔2〕$\dfrac{7}{5}$
〔3〕(b)$t+1$ (c)$t-1$

4 関数を中心とした総合問題 〔1〕$k = \dfrac{1}{2}$
〔2〕$C\left(\dfrac{8\sqrt{3}}{3}, \dfrac{32}{3}\right)$ 〔3〕$28\sqrt{3}$

5 相似，三平方の定理 〔1〕$\dfrac{9}{7}$ 〔2〕$\dfrac{3+2\sqrt{21}}{5}$
〔3〕$\dfrac{25}{18}$

解き方

1 〔1〕(与式)
$$= \frac{6\sqrt{3} + 23\sqrt{2}}{\sqrt{2}} - \frac{9\sqrt{2} + 4\sqrt{3}}{\sqrt{3}}$$
$$= 3\sqrt{6} + 23 - (3\sqrt{6} + 4) = 19$$

〔2〕最大公約数が2となるのは，$(2, 2)$，$(2, 4)$，$(2, 6)$，$(4, 2)$，$(4, 6)$，$(6, 2)$，$(6, 4)$
最大公約数が3となるのは，$(3, 3)$，$(3, 6)$，$(6, 3)$
残りは，$(4, 4)$，$(5, 5)$，$(6, 6)$

〔3〕平均は，$4.9 + \dfrac{1}{10}x$ で，資料を小さい順に並べると
$1, 2, 3, 3, 5, 8, 8, 9, 10$
であるから，$x = 6$ とわかる。

〔4〕A を y 軸に関して線対称移動した点を $A'(-10, 10)$，B を x 軸に関して線対称移動した点を $B'(7, -3)$ とおくとき，A'，P，Q，B' が一直線上に並ぶ。直線 $A'B'$ の式は，$y = -\dfrac{13}{17}x + \dfrac{40}{17}$ となるので，$P\left(0, \dfrac{40}{17}\right)$

2 〔1〕線分 AB の垂直二等分線上にあればよいので，$t = 1$

〔2〕線分 AB の中点 $M(1, 0)$ $\angle APB = 90°$ のとき，$PM = AM = BM = 2$ となる。$P(t, 8t)$ で，三平方の定理より，$2^2 = (t-1)^2 + (8t)^2$
これを解いて，$t = \dfrac{3}{13}, -\dfrac{1}{5}$
$t > 0$ より，$t = \dfrac{3}{13}$

〔3〕$Q(1, 2)$ とおくと，$\triangle QAB$ は $QA = QB$ の直角二等辺三角形で，Q を中心とする半径 $QA = 2\sqrt{2}$ の円周上に P があるとき，$\angle APB = \dfrac{1}{2}\angle AQB = 45°$ となる。
$QA^2 = (2\sqrt{2})^2 = (t-1)^2 + (8t-2)^2$
これを解いて，$t = \dfrac{3}{5}, -\dfrac{1}{13}$ $t > 0$ より $t = \dfrac{3}{5}$

3 〔2〕$CF = 9 - 6 = 3$ $CM = \dfrac{3}{2}$

$DE = AE \times \dfrac{CM}{AM} = 7 \times \dfrac{3}{2} \div \left(6 + \dfrac{3}{2}\right) = \dfrac{7}{5}$

〔3〕$CF = t - 1$ $CM = \dfrac{1}{2}(t-1)$
$AE : DE = AM : CM = \left\{1 + \dfrac{1}{2}(t-1)\right\} : \dfrac{1}{2}(t-1)$
$= (t+1) : (t-1)$

4 〔1〕$A(-2\sqrt{3}, 6)$，$B(2\sqrt{3}, 6)$
$6 = k \times (2\sqrt{3})^2$ $k = \dfrac{1}{2}$

〔2〕直線 AC の傾きは $\dfrac{1}{\sqrt{3}}$ で，A を通るので，直線 AC の式は，$y = \dfrac{1}{\sqrt{3}}x + 8$
この式と，$y = \dfrac{1}{2}x^2$ を連立して y を消去すると
$\dfrac{1}{2}x^2 = \dfrac{1}{\sqrt{3}}x + 8$ これを解いて，$x = -2\sqrt{3}, \dfrac{8\sqrt{3}}{3}$

〔3〕直線 AD の傾きは $\sqrt{3}$ で，A を通るので，直線 AD の式は，$y = \sqrt{3}x + 12$
この式と，$y = \dfrac{1}{2}x^2$ を連立して y を消去すると，
$\dfrac{1}{2}x^2 = \sqrt{3}x + 12$ これを解いて，$x = -2\sqrt{3}, 4\sqrt{3}$
よって，$D(4\sqrt{3}, 24)$
ここで，C を通り y 軸に平行な直線を引き，直線 AD との交点を E とすると，$E\left(\dfrac{8\sqrt{3}}{3}, 20\right)$
よって，$\triangle ACD = \dfrac{1}{2} \times CE \times$ (D と A の x 座標の差)
$= \dfrac{1}{2} \times \left(20 - \dfrac{32}{3}\right) \times (4\sqrt{3} + 2\sqrt{3}) = 28\sqrt{3}$

5 〔1〕$CR = x$ とおくと，$PR = AR = 3 - x$
$\angle ARP = 90°$ だから $\triangle CRP \backsim \triangle CAB$ で
$CR : RP = CA : AB = 3 : 4$ だから
$x : (3 - x) = 3 : 4$ $x = \dfrac{9}{7}$

〔2〕R から辺 BC に垂線 RH を引く。$PR = AR = 2$
$CR : RH : HC = 5 : 4 : 3$ なので，$RH = \dfrac{4}{5}$，$HC = \dfrac{3}{5}$
$\triangle PRH$ で三平方の定理により，
$PH = \sqrt{2^2 - \left(\dfrac{4}{5}\right)^2} = \dfrac{2\sqrt{21}}{5}$
よって，$CP = \dfrac{3 + 2\sqrt{21}}{5}$

〔3〕$CR = x$ とおく。〔2〕と同様に，
$RH = \dfrac{4}{5}x$，$HC = \dfrac{3}{5}x$，$PR = AR = 3 - x$
$\triangle PRH$ で三平方の定理により，
$(3 - x)^2 = \left(\dfrac{4}{5}x\right)^2 + \left(2 - \dfrac{3}{5}x\right)^2$ $x = \dfrac{25}{18}$

〈IK. Y.〉

旺文社 2021 全国高校入試問題正解

お茶の水女子大学附属高等学校

問題 P.120

解答

1 正負の数の計算，1次関数，連立方程式の応用
(1) $\frac{1}{4}$ (2) $a=1$, $b=\frac{11}{2}$
(3) $(m, n) = (5, 2), (11, 10)$

2 2次方程式 (1) $a=1$, もう1つの解 -3
(2) $a = -2+\sqrt{5}$ ア．$\sqrt{5}$ イ．$6\sqrt{5}-14$

3 関数 $y=ax^2$ (1) B$(2\sqrt{a}, a)$, C$\left(\sqrt{a}, \frac{1}{4}a\right)$
(2) $a=\frac{16}{9}$ (3) DE$=(n-1)\sqrt{b}$, DF$=\left(1-\frac{1}{n^2}\right)b$
(4) $b=\dfrac{n^4}{(n+1)^2}$

4 平面図形の基本・作図，三平方の定理
(1) $2\sqrt{3}-3$
(2) 右図
(3) $2\sqrt{3}(2-\sqrt{3})$ 倍

5 場合の数，確率

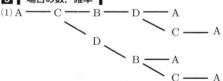

(2) 4回，5回 (3) $\dfrac{3}{8}$

解き方

1 (3) $\begin{cases} m+n=7 \\ m-n=3 \end{cases}$, $\begin{cases} m+n=21 \\ m-n=1 \end{cases}$

2 (2) ①に $x=a$ を代入して，$a^2+4a-1=0$
$a=-2\pm\sqrt{5}$ $a>0$ より，$a=-2+\sqrt{5}$

3 (1) ②に $y=a$ を代入して，$a=\frac{1}{4}x^2$ $x=\pm 2\sqrt{a}$
よって，B の x 座標は $2\sqrt{a}$
また，A の x 座標は $\sqrt{a}$ であるから，これを②に代入して $y=\frac{1}{4}\times(\sqrt{a})^2=\frac{1}{4}a$
(2) AB$=\sqrt{a}$, AC$=\frac{3}{4}a$
(3) E$(n\sqrt{b}, b)$, F$\left(\sqrt{b}, \frac{b}{n^2}\right)$ であるから，
DE$=(n-1)\sqrt{b}$, DF$=\left(1-\frac{1}{n^2}\right)b$
(4) $(n-1)\sqrt{b}=\dfrac{(n-1)(n+1)}{n^2}b$ より，$\sqrt{b}=\dfrac{n^2}{n+1}$
したがって，$b=\dfrac{n^4}{(n+1)^2}$

4 (1) 右の図で，$1-2x=\sqrt{3}x$
より $x=\dfrac{1}{2+\sqrt{3}}=2-\sqrt{3}$
ゆえに，1辺の長さは
$\sqrt{3}(2-\sqrt{3})=2\sqrt{3}-3$

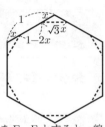

(2) 長さ1の線分の両端を C, D とする．まず，C を中心とする半径1の円と D を中心とする半径1の円との2つの交点を作図し，それらを E, F とすると，線分 EF の長さが $\sqrt{3}$ である．次に，その線分の長さを2倍に伸ばし，長さ $2\sqrt{3}$ の線分を作図する．さらに，その長さ $2\sqrt{3}$ の線分から長さ1の線分を3つ切り取り，残った線分の長さが $2\sqrt{3}-3$ となる．
(3) 正六角形の面積は
$\left(\dfrac{1}{2}\times 1 \times \dfrac{\sqrt{3}}{2}\right)\times 6 = \dfrac{\sqrt{3}}{4}\times 6 = \dfrac{3\sqrt{3}}{2}$
正十二角形の面積は
$\left\{\dfrac{1}{2}\times(2\sqrt{3}-3)\times \dfrac{\sqrt{3}}{2}\right\}\times 12$
$=\dfrac{\sqrt{3}(2\sqrt{3}-3)}{4}\times 12 = 3\sqrt{3}(2\sqrt{3}-3)$

5 (3) 4回のラウンドが2回，5回のラウンドが1回行われる．
4回のラウンドの確率は，
A−C−B−D−A : $1\times\frac{1}{2}\times 1\times\frac{1}{2}=\frac{1}{4}$ ⎫
A−C−D−B−A : $1\times\frac{1}{2}\times 1\times\frac{1}{2}=\frac{1}{4}$ ⎭ $\frac{1}{2}$
5回のラウンドの確率は，
A−C−B−D−C−A : $1\times\frac{1}{2}\times 1\times\frac{1}{2}\times 1=\frac{1}{4}$ ⎫
A−C−D−B−C−A : $1\times\frac{1}{2}\times 1\times\frac{1}{2}\times 1=\frac{1}{4}$ ⎭ $\frac{1}{2}$
したがって，
4回，4回，5回の確率は，$\frac{1}{2}\times\frac{1}{2}\times\frac{1}{2}=\frac{1}{8}$
4回，5回，4回の確率，5回，4回，4回の確率も同様であるから，求める確率は，
$\frac{1}{8}\times 3 = \frac{3}{8}$

〈K. Y.〉

筑波大学附属高等学校

問題 P.121

解答

1 数の性質，場合の数，確率
(1)①-ア．4個 ①-イ．$\frac{5}{18}$ ②$\frac{2}{9}$
(2)③ $a = 4, 9, 25$

2 1次方程式の応用，1次関数 (1)④ $x = 8, 12$
(2)⑤ 4回 (3)⑥ $\frac{7}{3} \leq x \leq 4, x = 5, \frac{19}{2}$

3 2次方程式の応用，相似
(1)⑦ △BHD，△ACD（又は△AHE）
(2)⑧ $\frac{5}{2}$ 倍 (3)⑨ $60\ \text{cm}^2$

4 立体の表面積と体積，三平方の定理
(1)⑩ $r = 2 + \sqrt{3}$ cm (2)⑪-ア．辺 AB
⑪-イ．$(6\sqrt{3} - 10)$ cm (3)⑫ $\frac{19 + 11\sqrt{3}}{40}$ 倍

5 2次方程式の応用，数の性質 (1)⑬ $n = 15$
(2)⑭ $(m, n) = (2, 6), (3, 5)$

解き方

1(1) さいころの目の出方は全部で36通りで，これらは同様に確からしい。a の値，36通りの中の度数，及び約数の個数は次の通り。

a	1	2	3	4	5	6	8	9	10	12
度数	1	2	2	3	2	4	2	1	2	4
約数	1	2	2	3	2	4	4	3	4	6

15	16	18	20	24	25	30	36	計
2	1	2	2	2	1	2	1	36
4	5	6	6	8	3	8	9	

したがって，約数の個数とその確率は次の通り。

約数	1	2	3	4	6	8	9
確率	$\frac{1}{36}$	$\frac{6}{36}$	$\frac{5}{36}$	$\frac{10}{36}$	$\frac{1}{36}$	$\frac{8}{36}$	$\frac{4}{36}$	$\frac{1}{36}$

(2) 約数の個数が3個のとき $a = p^2$（p は素数）と表される。

2(1) A からの道のりを y として，P，Q，R の動きをグラフで表すと下のようになる。

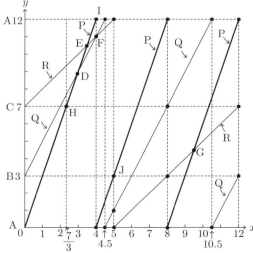

P，Q，R が同時に A，B，C の位置，即ち $y = 0, 3, 7$
(, 12) となる場合より，$x = 8, 12$

(2) P，Q，R のグラフが交わる点の個数であり，D，E，F，G の 4 回
(3)(2)の交点及び，3点が同時に1つの辺上にある場合であり，グラフで，H から I までと，J，G のときである。
H は $x = \frac{7}{3}$，I は $x = 4$，J は $x = 5$
G は $3x - 24 = 7 + x - 12$ より，$x = \frac{19}{2}$
したがって，$\frac{7}{3} \leq x \leq 4, x = 5, \frac{19}{2}$

3(2) △ABE は直角二等辺三角形なので，BE = AE
よって，△BCE ≡ △AHE であり，AH = BC
したがって，$\frac{AH}{BD} = \frac{BC}{BD} = \frac{2+3}{2} = \frac{5}{2}$

(3) AH = BC = 10 より，BD = $10 \times \frac{2}{5} = 4$
DH = x とすると △BHD∽△ACD より，
BD : DH = AD : DC
$4 : x = (10 + x) : 6$ 　　$x^2 + 10x - 24 = 0$
$(x + 12)(x - 2) = 0$ 　よって，$x = 2$
したがって，△ABC = $\frac{1}{2} \times 10 \times 12 = 60$

4(1) AD = EH より，$4r = 8 + 4\sqrt{3}$ 　　$r = 2 + \sqrt{3}$
(2) AB = $2(r + \sqrt{3}r) = 2(1 + \sqrt{3})r = 2(5 + 3\sqrt{3})$，
EF = 20
$\sqrt{3} = 1.73\cdots$ であるから AB > EF であり，
AB − EF = $6\sqrt{3} - 10$
(3) 半径 t，中心が P，Q，R，S の4つの球が互いに接しているとき，立体 PQRS は一辺 $2t$ の正四面体である。RS の中点を T，QT 上に QU : UT = 2 : 1 の点 U をとると，PU ⊥ △QRS である。

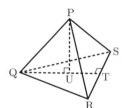

QT = $\sqrt{3}t$，QU = $\frac{2\sqrt{3}}{3}t$，
PU = $\sqrt{(2t)^2 - \left(\frac{2\sqrt{3}}{3}t\right)^2} = \frac{2\sqrt{6}}{3}t$
(X の体積) = $4r \times 2(5 + 3\sqrt{3})$
$\times \left\{\frac{2\sqrt{6}}{3}(2 + \sqrt{3}) + 2(2 + \sqrt{3})\right\}$
(Y の体積) = $4r \times 20 \times \left(\frac{2\sqrt{6}}{3} \times 4 + 2 \times 4\right)$

したがって，
$\frac{(\text{X の体積})}{(\text{Y の体積})} = \frac{(5 + 3\sqrt{3})(2 + \sqrt{3})}{40} = \frac{19 + 11\sqrt{3}}{40}$

5(1) $11 + 12 + \cdots + 20 = 155$ より，
$364 - 155 = n(n+1) - (n+n+1)$ より，
$n^2 - n - 210 = 0$
$(n - 15)(n + 14) = 0$ 　　$n > 0$ だから，$n = 15$
(2) $m + (m+1) + \cdots + (m+9)$
$= \frac{10}{2}(m + m + 9) = 10m + 45$
よって，$n(n+1) - (n+n+1) = 94 - (10m+45)$
$10m = 50 - n(n-1)$
(右辺) > 0 より $n \leq 7$ であり，m が自然数であることを考えて，$n = 5, 6$
$(m, n) = (3, 5), (2, 6)$

〈SU. K.〉

筑波大学附属駒場高等学校

問題 P.123

解答

1 | 1次関数，三平方の定理，関数 $y=ax^2$ |
(1) $\dfrac{\sqrt{3}}{9}$　(2) $9\sqrt{3}$　(3) $\dfrac{3+3\sqrt{17}}{2}$
(4) 15個

2 | 数の性質 | (1) 20203　(2) 8個
(3) a の値 2，$N(a)$ の値 995

3 | 三平方の定理 | (1) 正二十四角形　(2) $x^2=8-2\sqrt{3}$
(3) $\dfrac{3-\sqrt{3}}{4}$ m^2

4 | 立体の表面積と体積，三平方の定理 | (1) $36\sqrt{2}$ cm^3
(2) $\dfrac{243\sqrt{2}}{8}$ cm^3　(3) $(180\sqrt{2}-84\sqrt{6})$ cm^3

解き方 **1** (1) $OA=2\sqrt{3}$，OA と x 軸の作る角は $30°$ であるから，$A(3,\sqrt{3})$

A は $y=ax^2$ 上にあるので $\sqrt{3}=9a$　$a=\dfrac{\sqrt{3}}{9}$

(2) B の x 座標は 9 なので，$y=\dfrac{\sqrt{3}}{9}\times 9^2=9\sqrt{3}$

(3) C を含む辺は $y=\dfrac{1}{\sqrt{3}}x+4\sqrt{3}$ 上にある。

$\dfrac{\sqrt{3}}{9}x^2=\dfrac{1}{\sqrt{3}}x+4\sqrt{3}$ より，$x^2-3x-36=0$

$x>0$ であるから，$x=\dfrac{3+3\sqrt{17}}{2}$

(4) 条件をみたす頂点の x 座標は，$x=0,\pm3,\pm6,\pm9,\cdots$

$\dfrac{\sqrt{3}}{9}\times(3k)^2\leqq 100$ のとき，$k^2\leqq\dfrac{100\sqrt{3}}{3}=57.7\cdots$

よって，$k\leqq 7$　したがって，求める個数は，
$1+7\times 2=15$

2 (1) $2020=7\times 288+4$ より，20203
(2)「$8521x$」がコードのとき，$8521=7\times 1217+2$ より，
$x=5$
「$852x4$」がコードのとき「$852x$」は 7 で割って 3 余る数であり，8522，8529 が適するので，$x=2,9$
「$85x14$」がコードのとき「$85x1$」は 7 で割って 3 余る数であり，$8522+49=8571$，8501 が適するので，$x=0,7$
「$8x214$」について同様に考えて，
$8501+420=8921$，8221 が適するので，$x=2,9$
「$x5214$」について同様に考えて，
$8221+6300=14521$ より 7521 が適するので，$x=7$
以上より，8個
(3) $1001=7\times 11\times 13$ であり，9 で割った余りが x のとき⑳で表すと，
1000 のコードは 10001 で②
1001 のコードは 10017 で⓪ ⎫
1002 のコードは 10026 で⓪ ⎬ 7個
　　…………　　　　　　　　⎪
1007 のコードは 10071 で⓪ ⎭
1008 のコードは 10087 で⑦
　　…………　　　　　　　　⎫
1057 のコードは 10577 で② ⎬ 6個
　　…………　　　　　　　　⎭
1062 のコードは 10622 で②
以下，9 で割った余りについて，$7\times 9=63$（個）ずつ繰り返す。

$9000=63\times 143-9$ より，求める a の値は 2 で，
$N(2)=7\times 143-6=995$

3 (1) 多角形の外角の和は $360°$ なので，
$360\div 15=24$ より，正二十四角形
(2) 右図のようになっているので，

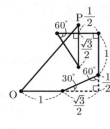

$x^2=\left(1+\dfrac{\sqrt{3}}{2}-\dfrac{1}{2}\right)^2$
　　$+\left(1+\dfrac{1}{2}+1-\dfrac{\sqrt{3}}{2}\right)^2$
　$=\left(\dfrac{1+\sqrt{3}}{2}\right)^2+\left(\dfrac{5-\sqrt{3}}{2}\right)^2$
　$=8-2\sqrt{3}$

(3) 右図のようになっている。
右図で $FH=x$ とすると，
$DH=x$

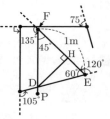

$HE=DH\times\dfrac{1}{\sqrt{3}}=\dfrac{x}{\sqrt{3}}$

$x+\dfrac{x}{\sqrt{3}}=1$ より，

$x=\dfrac{\sqrt{3}}{\sqrt{3}+1}=\dfrac{\sqrt{3}(\sqrt{3}-1)}{2}$

求める面積は，$\dfrac{1}{2}\times 1\times\dfrac{\sqrt{3}(\sqrt{3}-1)}{2}=\dfrac{3-\sqrt{3}}{4}$

4 (1) PR の中点を M とすると，
$OM=\sqrt{6^2-(3\sqrt{2})^2}=3\sqrt{2}$
よって，求める体積は，
(正四角すい $O-PQRS$)$=\dfrac{1}{3}\times 36\times 3\sqrt{2}=36\sqrt{2}$

(2) OP，OQ と面 ABFE の交点を L，M
L，M から AB に引いた垂線を LI，MJ，
L，M から PQ に引いた垂線を LN，LK とすると，

L，M は OP，OQ の中点であり，$LI=MJ=\dfrac{3\sqrt{2}}{2}$

また，$NI=KJ=\dfrac{3}{2}$，$PN=QK=\dfrac{3}{2}$

よって，
(四角すい $L-APNI$)$=\dfrac{1}{3}\times\left(\dfrac{3}{2}\right)^2\times\dfrac{3\sqrt{2}}{2}=\dfrac{9\sqrt{2}}{8}$

(三角柱 $LNI-MKJ$)$=\left(\dfrac{1}{2}\times\dfrac{3}{2}\times\dfrac{3\sqrt{2}}{2}\right)\times 3=\dfrac{27\sqrt{2}}{8}$

したがって，求める体積は，
$36\sqrt{2}-\dfrac{9\sqrt{2}}{8}\times 2-\dfrac{27\sqrt{2}}{8}=\dfrac{243\sqrt{2}}{8}$

(3) OP と面 ABFE の交点を X，PT と AB の交点を U とすると
$XU\perp AB$
また，$\triangle OPT$ は直角二等辺三角形であり，
$XU=PU$
PS，PQ と AB の交点をそれぞれ V，W とすると，底面は右図のようになっている。
$TU=x$ とすると，
$AT=3\sqrt{2}=\dfrac{\sqrt{3}}{2}x+\dfrac{1}{2}x$ より，

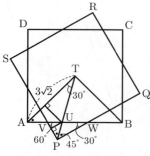

数学 | 81　　解　答

$$x = \frac{6\sqrt{2}}{\sqrt{3}+1} = 3\sqrt{2}(\sqrt{3}-1) = 3\sqrt{6} - 3\sqrt{2}$$

$$PU = 3\sqrt{2} - (3\sqrt{6} - 3\sqrt{2}) = 6\sqrt{2} - 3\sqrt{6}$$

$$PV = (6\sqrt{2} - 3\sqrt{6}) \times \frac{1}{\sqrt{2}} + (6\sqrt{2} - 3\sqrt{6}) \times \frac{1}{\sqrt{2}} \times \frac{1}{\sqrt{3}}$$
$$\quad = 3 - \sqrt{3}$$

$$PW = \sqrt{3}\,PV = 3\sqrt{3} - 3$$

$$\triangle PVW = \frac{1}{2}(3 - \sqrt{3})(3\sqrt{3} - 3) = 6\sqrt{3} - 9$$

よって,

$$(三角すい\ X - PVW) = \frac{1}{3}(6\sqrt{3} - 9)(6\sqrt{2} - 3\sqrt{6})$$
$$\qquad\qquad\qquad = 21\sqrt{6} - 36\sqrt{2}$$

求める体積は,

$$36\sqrt{2} - (21\sqrt{6} - 36\sqrt{2}) \times 4 = 180\sqrt{2} - 84\sqrt{6}$$

〈SU. K.〉

東京工業大学附属科学技術高等学校　問題 P.124

解答　**1** 平方根，2 次方程式，連立方程式，比例・反比例，1 次関数，1 次方程式の応用，円周角と中心角，平行と合同，三平方の定理，確率 ▌〔1〕$4\sqrt{15}$

〔2〕$x = 8,\ -3$　〔3〕$x = \dfrac{12}{5},\ y = \dfrac{8}{5}$　〔4〕$y = -\dfrac{3}{2}$

〔5〕$a = \dfrac{5}{2}$　〔6〕25 枚　〔7〕80 度　〔8〕111 度

〔9〕$300\ \text{cm}^3$　〔10〕$\dfrac{2}{3}$

2 三平方の定理 ▌〔1〕$\dfrac{5}{4}\pi\ \text{cm}^2$　〔2〕$\dfrac{3}{4}\ \text{cm}$

〔3〕$\dfrac{9}{40}\ \text{cm}^2$

3 数・式を中心とした総合問題 ▌〔1〕$x = 1$

〔2〕$x = \dfrac{2}{3}$　〔3〕$-\dfrac{1024}{3}$

4 図形を中心とした総合問題 ▌〔1〕$\sqrt{5}$ 秒後

〔2〕$(3 + \sqrt{5})$ 秒後　〔3〕$(21 - \sqrt{3})$ 秒後

5 立体の表面積と体積，三平方の定理 ▌〔1〕2 倍

〔2〕$\dfrac{20\sqrt{2}}{3}\ \text{cm}^3$　〔3〕$3:2$

6 関数を中心とした総合問題 ▌〔1〕$a = \dfrac{1}{2}$

〔2〕$\left(-\dfrac{5}{8},\ \dfrac{5}{8}\right)$　〔3〕$\left(\dfrac{7}{6},\ \dfrac{35}{24}\right)$

解き方　**1**〔1〕(与式) $= -4ab = 4\sqrt{15}$
　　　　　〔2〕$x - 2 = a$ とおく。$a^2 - a - 30 = 0$
$a = 6,\ -5$　　$x - 2 = 6,\ -5$
〔3〕$x = 3k,\ y = 2k$ とおけて，これを $x + y = 4$ に代入する。$k = \dfrac{4}{5}$
〔4〕$xy = 7 \times \dfrac{15}{14} = \dfrac{15}{2}$　　この式に $x = -5$ を代入する。
〔5〕直線 PQ の傾きは，$\dfrac{a-4}{-3-(-1)} = -\dfrac{a-4}{2}$
直線 RS の傾きは，$\dfrac{3-6}{1-5} = \dfrac{3}{4}$
PQ ∥ RS より，$-\dfrac{a-4}{2} = \dfrac{3}{4}$　　$a = \dfrac{5}{2}$
〔6〕50 円硬貨の枚数を x とおくと，10 円硬貨の枚数は $2x$ 枚，100 円硬貨の枚数は $(120 - x - 2x)$ 枚となるので，
$4.5 \times 2x + 4.0 \times x + 4.8 \times (120 - 3x) = 541$
これを解いて，$x = 25$
〔7〕$\angle COD = x$ とおくと，$\overset{\frown}{BC} : \overset{\frown}{CD} = 2 : 1$ より，
$\angle BOC = 2x$　　$\angle BOD = 3x = 2\angle BAD = 2 \times 60°$
よって，$x = 40°$　　$\angle BOC = 80°$
〔8〕$\angle BCD = 180° - 98° = 82°$
よって，$\angle BCE = 41°$
$\angle EBC = 180° - 110° = 70°$
$\angle x = \angle EBC + \angle ECB = 111°$
〔9〕三角柱の底面は，三辺の長さが 5 cm，12 cm，13 cm の直角三角形になる。
〔10〕24 の約数は，1，2，3，4，6，8，12，24 の 8 個だから，24 の約数でないのは 16 個ある。よって求める確率は，
$\dfrac{16}{24} = \dfrac{2}{3}$
2〔1〕$\angle AEC = \angle ABC = 90°$ だから円の中心は斜辺 AC の中点。したがって円の半径は，
$\dfrac{1}{2}AC = \dfrac{1}{2}\sqrt{1^2 + 2^2} = \dfrac{\sqrt{5}}{2}$ (cm)

旺文社 2021 全国高校入試問題正解

よって，求める円の面積は，$\left(\dfrac{\sqrt{5}}{2}\right)^2 \pi = \dfrac{5}{4}\pi\,(\text{cm}^2)$

〔2〕$\angle$ACB $=$ $\angle$ACF で，平行線の錯角から
$\angle$ACB $=$ $\angle$FAC となるので，$\angle$FAC $=$ $\angle$ACF
したがって，△FAC は二等辺三角形で，FA $=$ FC
ここで，DF $= x$ cm とおくと，FC $=$ AF $= (2-x)$ (cm)
となる。△CDF で三平方の定理により，
$(2-x)^2 = x^2 + 1^2$　　$x = \dfrac{3}{4}$

〔3〕△AEF は三辺の比が $3:4:5$ の直角三角形なので，E から辺 AF に下ろした垂線の長さは，
EF $\times \dfrac{4}{5} = \dfrac{3}{5}$ (cm)

△DEF $= \dfrac{1}{2} \times \dfrac{3}{4} \times \dfrac{3}{5} = \dfrac{9}{40}$ (cm^2)

3 n（n は自然数）回目の操作で得られる方程式の解を x_n で表す。
〔1〕$x_1 + 4 = 2$　　$x_1 = -2$
$-2x_2 + 4 = 2 \times (-2)$　　$x_2 = 4$
$4x_3 + 4 = 2 \times 4$　　$x_3 = 1$（$= p$，元に戻る）
〔2〕$3x_1 + 4 = 2 \times 3$　　$x_1 = \dfrac{2}{3}$
$\dfrac{2}{3}x_2 + 4 = 2 \times \dfrac{2}{3}$　　$x_2 = -4$
$-4x_3 + 4 = 2 \times (-4)$　　$x_3 = 3$（$= p$，元に戻る）
となるので，$x_1 = x_4 = x_7 = \cdots = x_{2020} = \dfrac{2}{3}$
〔3〕$\left\{\dfrac{2}{3} \times (-4) \times 3\right\} \times \left\{\dfrac{2}{3} \times (-4) \times 3\right\}$
$\quad \times \left\{\dfrac{2}{3} \times (-4) \times 3\right\} \times \dfrac{2}{3} = -\dfrac{1024}{3}$

4 x 秒後，$0 \leqq x \leqq 12$ のとき AQ $= 2x$，$12 \leqq x \leqq 24$ のとき AQ $= 48 - 2x$ となる。

〔1〕$0 < x \leqq 3$ で，△APQ $= \dfrac{1}{2} \times 2x \times \left(2x \times \dfrac{\sqrt{3}}{2}\right)$
$\sqrt{3}x^2 = 5\sqrt{3}$ を解いて，$x = \pm\sqrt{5}$
〔2〕(i) $0 < x \leqq 3$ で，$\sqrt{3}x^2 = 4\sqrt{3}$ を解くと $x = 2$ が 1 回目の条件を満たす。
(ii) $3 \leqq x < 6$ で，△APQ $= \dfrac{1}{2} \times 2x \times (12 - 2x) \times \dfrac{\sqrt{3}}{2}$
$\sqrt{3}x(6-x) = 4\sqrt{3}$ を解いて，$x = 3 + \sqrt{5}$ が 2 回目の条件を満たす。
〔3〕(i) $0 < x \leqq 3$　　$\sqrt{3}x^2 = 6\sqrt{3}$
$x = \sqrt{6}$ が満たす。
(ii) $3 \leqq x < 6$　　$\sqrt{3}x(6-x) = 6\sqrt{3}$
$x = 3 + \sqrt{3}$ が満たす。
(iii) $6 < x \leqq 9$　　$\sqrt{3}x(x-6) = 6\sqrt{3}$
$x = 3 + \sqrt{15}$ が満たす。
(iv) $9 \leqq x < 12$　　$\sqrt{3}x(12-x) = 6\sqrt{3}$
$x = 6 + \sqrt{30}$ が満たす。
(v) $12 < x \leqq 15$
△APQ $= \dfrac{1}{2} \times (48 - 2x) \times \left\{\dfrac{\sqrt{3}}{2}(2x - 24)\right\}$
$= \sqrt{3}(24-x)(x-12) = 6\sqrt{3}$
$x = 18 - \sqrt{30}$ が満たす。
(vi) $15 \leqq x < 18$
△APQ $= \sqrt{3}(24-x)(18-x) = 6\sqrt{3}$
$x = 21 - \sqrt{15}$ が満たす。
(vii) $18 < x \leqq 21$

△APQ $= \sqrt{3}(24-x)(x-18) = 6\sqrt{3}$
$x = 21 - \sqrt{3}$ が満たす。これが 7 回目。

5 〔1〕H から底面 ABCDEF へ下ろした垂線の長さを h とおくと，三角錐 HOCD と三角錐 HOBC は，底面積が △OBC，△OCD が共に 1 辺 2 cm の正三角形で等しく，高さが h で同じなので，体積が等しい。一方，三角錐 HOBC の体積は正四角錐 OBCHG の体積の半分なので，求める比率は 2 倍とわかる。
〔2〕△OBH は，等辺が 2 cm の直角二等辺三角形なので，O から正方形 BCHG へ下ろした垂線の長さは $\sqrt{2}$ cm
よって，正四角錐 OBCHG の体積は，
$\dfrac{1}{3} \times 2^2 \times \sqrt{2} = \dfrac{4\sqrt{2}}{3}$ (cm^3)
したがって，求める体積は，
$\dfrac{4\sqrt{2}}{3} \times \left(3 + \dfrac{1}{2} \times 4\right) = \dfrac{20\sqrt{2}}{3}$ (cm^3)

6 〔1〕A $\left(-\dfrac{1}{2}, \dfrac{a}{4}\right)$，B $\left(\dfrac{5}{2}, \dfrac{25a}{4}\right)$
$1 = \dfrac{\dfrac{25a}{4} - \dfrac{a}{4}}{\dfrac{5}{2} - \left(-\dfrac{1}{2}\right)} = 2a$　　$a = \dfrac{1}{2}$

〔2〕直線 AB は x 軸の正の向きと $45°$ の角をなし，OC と AB は直交しているので，C $(-c, c)$ とおける。
A $\left(-\dfrac{1}{2}, \dfrac{1}{8}\right)$，B $\left(\dfrac{5}{2}, \dfrac{25}{8}\right)$ だから，AB の式は
$y = x + \dfrac{5}{8}$ で，OC の中点 $\left(-\dfrac{c}{2}, \dfrac{c}{2}\right)$ がこの直線上の点なので，$\dfrac{c}{2} = -\dfrac{c}{2} + \dfrac{5}{8}$　　$c = \dfrac{5}{8}$

〔3〕△ACB は四角形 OBCA の面積の半分だから，A を通り，直線 BC に平行な直線を引き，直線 OB との交点を D とすると，△DCB $=$ △ACB となり，問題の条件をみたす。直線 BC の傾きは，
$\dfrac{\dfrac{25}{8} - \dfrac{5}{8}}{\dfrac{5}{2} - \left(-\dfrac{5}{8}\right)} = \dfrac{4}{5}$ だから，直線 AD の式は，

$y = \dfrac{4}{5}x + \dfrac{21}{40}$　　この式と OB の式 $y = \dfrac{5}{4}x$ を連立して，
D $\left(\dfrac{7}{6}, \dfrac{35}{24}\right)$

〈IK. Y.〉

大阪教育大学附属高等学校 池田校舎

問題 P.126

解答

1 2次方程式，連立方程式，平方根，数の性質
(1) $x = 1, 2$　(2) $x = -\dfrac{5}{2}, y = 2$
(3) $\dfrac{9 + 18\sqrt{21}}{4}$　(4) 24倍

2 数・式を中心とした総合問題 (1) 19　(2) 6, 9　(3) 7
(4) 100

3 1次関数，関数 $y = ax^2$ (1) $a = \dfrac{1}{4}, b = -2$
(2)(ア) $y = \dfrac{1}{2}x + 6$
(イ)（例）四角形 CDBA の面積を二等分する直線と辺 AB
との交点を P とする。
AB // CD であるから，AP + CD = BP となればよい。
したがって，P の x 座標を p とすると，
$\{p - (-4)\} + \{4 - (-2)\} = 6 - p$
$p + 10 = 6 - p$ 　$p = -2$
よって，P$(-2, 5)$
また，D$(4, 4)$ であるから，求める式は，$y = -\dfrac{1}{6}x + \dfrac{14}{3}$

4 平行と合同，図形と証明，平行四辺形，三平方の定理
(1) 60度
(2)（証明）（例）$\triangle BB'F$ と $\triangle HB'F$ において，
FB = FH　　FB' は共通
$\angle BFB' = \angle HFB'$
よって，対応する 2 組の辺とその間の角がそれぞれ等しい
から $\triangle BB'F \equiv \triangle HB'F$　　ゆえに，$\angle BB'F = \angle HB'F$
(3)（例）(2)より，$\angle B'BF = \angle HB'F$
また，線分 JK と線分 FG との交点を L とすると，
四角形 LBKB' はひし形であるから，
$\angle LBB' = \angle B'BK$
したがって，線分 BB'，線分 BF' は $\angle EBC$ を 3 等分する
ので $\angle B'BF = 60° \div 3 = 20°$

5 図形と証明，相似，三平方の定理
(1)（証明）（例）まず，四角形 AFDE において，
$\angle FDE = 360° - 90° \times 3 = 90°$
よって，$\angle FDE = \angle DEC$ …①
次に，$\angle EAF = \angle FDE = 90°$ より，四角形 AFDE は円に
内接する。よって，$\angle DEF = \angle DAF$ …②
ここで，$\angle CAD = \alpha$ とおくと，$\angle DAF = 90° - \alpha$ …③
$\triangle ADC$ において，$\angle ECD = 180° - 90° - \alpha = 90° - \alpha$ …④
②，③，④より，$\angle DEF = \angle ECD$ …⑤
$\triangle DEF$ と $\triangle ECD$ において，①，⑤より対応する 2 組の
角がそれぞれ等しいから，$\triangle DEF \sim \triangle ECD$
(2)（例）BC = c cm とおくと，$a^2 + b^2 = c^2$
$\triangle ABC$ の面積について，$\dfrac{1}{2} \times BC \times AD = \dfrac{1}{2} \times AB \times AC$
よって，$AD = \dfrac{ab}{c}$
ここで，四角形 AFDE は長方形であるから，EF = AD
よって，$EF = \dfrac{ab}{c}$
また，$\triangle ECD \sim \triangle ACB$
これと(1)より，$\triangle DEF \sim \triangle ACB$
したがって，
$DE = EF \times \dfrac{b}{c} = \dfrac{ab}{c} \times \dfrac{b}{c} = \dfrac{ab^2}{c^2}$

$DF = EF \times \dfrac{a}{c} = \dfrac{ab}{c} \times \dfrac{a}{c} = \dfrac{a^2 b}{c^2}$
$BF = AB - AF = a - \dfrac{ab^2}{c^2} = \dfrac{a(c^2 - b^2)}{c^2} = \dfrac{a^3}{c^2}$
$CE = AC - AE = b - \dfrac{a^2 b}{c^2} = \dfrac{b(c^2 - a^2)}{c^2} = \dfrac{b^3}{c^2}$
ゆえに，$BF : CE = a^3 : b^3$

解き方

1 (4) 素数 2 については，$16 = 2^4$ の 4 個が
最大，素数 3 については，$9 = 3^2$ の 2 個が最
大である。他の素数については，高々 1 個含まれるだけで
あるから，$2^{4-1} \times 3^{2-1} = 2^3 \times 3^1 = 24$（倍）

2 (4) 分割される部分の個数は $(n+1)^3 - n^3$ 個であるか
ら，
$n = 0, 1, 2, \cdots, 9$ のときの平均値は，
$\dfrac{(1^3 - 0^3) + (2^3 - 1^3) + (3^3 - 2^3) + \cdots + (10^3 - 9^3)}{10}$
$= \dfrac{10^3 - 0^3}{10} = 100$（個）

3 (2) A$(-4, 4)$, B$(6, 9)$, C$(-2, 1)$, D$(4, 4)$

4 (3)
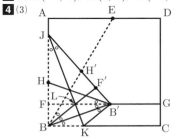

〈K. Y.〉

大阪教育大学附属高等学校　平野校舎 問題 P.127

解答

1 正負の数の計算，関数 $y=ax^2$，連立方程式
(1) 95　(2) $0 \leqq y \leqq 4$
(3)(ア)(例) 連立方程式の2つの方程式のどちらも成り立たせる文字（未知数）の値の組を連立方程式の解という。
(イ)(例) $2x-y=1\cdots$①，$-4x+2y=5\cdots$②とする。
x に2，y に3を代入すると，
①で，（左辺）$=2\times 2-3=1$，（右辺）$=1$
②で，（左辺）$=-4\times 2+2\times 3=-2$，（右辺）$=5$
①は成り立つが，②は成り立たないので，$(x, y)=(2, 3)$ はこの連立方程式の解ではない。

2 1次方程式の応用　(1) 10分後　(2) 6分後

3 確率　(1) $\dfrac{1}{6}$　(2) $\dfrac{1}{3}$　(3) $\dfrac{5}{18}$

4 三平方の定理　(1) $\sqrt{3}$ cm　(2) $\dfrac{4\sqrt{3}}{3}$ cm

5 相似，平行線と線分の比
(1) 相似な三角形：△ABE，△CDE
（証明）（例）△ABEと△CDEにおいて，
∠BAD = ∠CDA = 90° より，AB // DC
平行線の錯角は等しいから，
∠ABE = ∠CDE…①，∠EAB = ∠ECD…②
①，②より，2組の角がそれぞれ等しいから，
△ABE ∽ △CDE　　　　　　　（証明終わり）
(2) $x=4$

解き方

1 (1)（与式）$=-4+(4-0.04)\div 0.04$
$=-4+100-1=95$
(2) この関数のグラフは，
右図の放物線の実線部分になる。
グラフより，$-1 \leqq x \leqq 0$ では，
y の値は1から0まで減少
$0 \leqq x \leqq 2$ では，
y の値は0から4まで増加
よって，y の変域は，$0 \leqq y \leqq 4$

2 (1) 2人が再び t 分後に出会うとすると，
$70t+80t=1500$　　$t=10$
(2) 外周を a m とすると，
Cさんの分速は $\dfrac{a}{10}$ m，Dさんの分速は $\dfrac{a}{15}$ m で歩く。
2人が再び t 分後に出会うとすると，
$\dfrac{a}{10}t+\dfrac{a}{15}t=a$　　$\dfrac{a}{6}t=a$
$a>0$ より，$\dfrac{1}{6}t=1$　　$t=6$

3 出た目と点Aの高さをまとめると次の通り。

出た目の数	1	2	3	4	5	6
点Aの高さ(cm)	3	1	3	0	2	0

(3) さいころを2回投げたとき，目の出方は $(6\times 6=)36$ 通りある。そのうち点Aの高さが等しくなる組は次の10通りある。
(1回目, 2回目)$=(1, 1), (1, 3), (2, 2), (3, 1), (3, 3),$
$(4, 4), (4, 6), (5, 5), (6, 4), (6, 6)$

4 側面の展開図は右図の通り。
(1) 2点C, Dを結んだ線分CDと線分ABの交点をPとすると，
DP + PC が最小になる。
DP + PC = 2DP

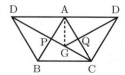

$=2\times \dfrac{\sqrt{3}}{2}=\sqrt{3}$ (cm)
(2) 重心Gは定点なので，2点D, Gを結んだ線分DGと線分ABの交点をPとすると，DP + PG が最小になる。
同様に線分DGと線分ACの交点をQとすると，
DQ + QG が最小になる。
よって，DP + PG + DQ + QG = 2DG
$=2\times \dfrac{2}{\sqrt{3}}$DA $=\dfrac{4\sqrt{3}}{3}$ (cm)

5 (2) 点Eから線分ADに垂線EHを引く。
△ADE $=12$ cm^2 より，EH $=12\times 2\div$ AD $=\dfrac{12}{7}$ (cm)
AB // EH より，DA : DH $=3:\dfrac{12}{7}=7:4=7x:4x$
CD // EH より，AD : AH $=x:\dfrac{12}{7}=7x:12$
AH + HD = AD より，$(12+4x):7x=1:1$　　$x=4$
〈O. H.〉

広島大学附属高等学校 問題 P.128

解答

1 平方根，2次方程式，円周角と中心角，資料の散らばりと代表値，連立方程式の応用
問1．$-12\sqrt{6}-9$　問2．$x=\dfrac{5\pm\sqrt{33}}{4}$　問3．28度
問4．(1) $a=1, 10$　(2) $a=6$　問5．700 g

2 数の性質，確率　問1．(最大) 15　(2番目) 14
問2．$\dfrac{5}{36}$　問3．$\dfrac{11}{36}$

3 平面図形の基本・作図，平行四辺形，相似，三平方の定理
問1．9 cm　問2．$\dfrac{12}{5}\sqrt{2}$ cm　問3．$\dfrac{5}{6}$ 倍

4 数の性質，数・式の利用，多項式の乗法・除法
問1．（証明）（例）$A=10x+y$, $B=10y+x$ より，
$A^2-B^2=(A+B)(A-B)$
$=\{(10x+y)+(10y+x)\}\{(10x+y)-(10y+x)\}$
$=11(x+y)\times 9(x-y)=99(x+y)(x-y)$
よって，$(x+y)(x-y)$ は自然数だから，A^2-B^2 は99の倍数である。
問2．$A=71, 84$　問3．3個

5 2次方程式，1次関数，平面図形の基本・作図，関数 $y=ax^2$
問1．

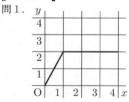

問2．$x=\dfrac{2-\sqrt{2}}{2}$

問3．(例)

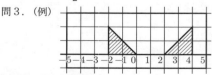

解き方

1 問1．（与式）
$=\dfrac{-8\times 3\sqrt{3}}{\sqrt{2}}-(4-7)-(-36)\div(-3)$

$= \dfrac{-24\sqrt{6}}{2} + 3 - 12 = -12\sqrt{6} - 9$

問2．$x^2 - 4x + 4 + x^2 - 2x + 1 + x - 6 = 0$ より，
$2x^2 - 5x - 1 = 0$　　よって，解の公式から，
$x = \dfrac{-(-5) \pm \sqrt{(-5)^2 - 4 \times 2 \times (-1)}}{2 \times 2} = \dfrac{5 \pm \sqrt{33}}{4}$

問3．$\angle EBC = 180° - (100° + 52°) = 28°$
$\angle ABE = 100° - 68° = 32°$
よって，$\angle ABD = \angle ACD$ より，4点A，B，C，Dは同一円周上にある点だから，$\angle CAD = \angle CBD = 28°$

問4．(1) A班を点数の低い順に並べると，
2，2，3，4，5，7，7，8，9，9
点数の範囲は，$9 - 2 = 7$
B班でa点以外を点数の低い順に並べると，
3，3，4，4，6，7，8，8，8
点数の範囲が7になるのは，次の2通りである。
aが最低点のとき，$8 - a = 7$ より，$a = 1$
aが最高点のとき，$a - 3 = 7$ より，$a = 10$
よって，$a = 1$，10

(2) A班の中央値は，$(5 + 7) \div 2 = 6$
よって，B班の中央値が6になるのは，$a = 6$ のとき。

問5．0.3%，0.6%の食塩水をそれぞれ x g，y g 加えるとする。食塩の量に着目して方程式をたてると，
$100 \times \dfrac{2}{1000} + \dfrac{3}{1000}x + \dfrac{6}{1000}y = \dfrac{5}{1000}(100 + x + y) = 5$
よって，$200 + 3x + 6y = 5(100 + x + y) = 5000$
$\begin{cases} 200 + 3x + 6y = 5000 & \cdots ① \\ 5(100 + x + y) = 5000 & \cdots ② \end{cases}$
①より，$3x + 6y = 4800$ だから，$x + 2y = 1600 \cdots ①'$
②より，$100 + x + y = 1000$ だから，$x + y = 900 \cdots ②'$
$①' - ②'$ より，$y = 700$　　よって，700 g

2 問1．1回出た目は0に書きかえられるから，0以外に同じ目が2回以上出ることはない。
出た目の数の和が最大となるのは，4と5と6が1回ずつ出る(ア)のような場合で，その和は，$4 + 5 + 6 = 15$
出た目の数の和が2番目に大きくなるのは，3と5と6が1回ずつ出る(イ)のような場合で，その和は，$3 + 5 + 6 = 14$
(ア) 1回目 $\to$ (サイコロの6つの目) $\to$ 2回目 $\to$ (サイコロの6つの目) $\to$ 3回目
　　4 $\to$ (0,0,3,0,5,6) $\to$ 5 $\to$ (0,0,3,0,0,6) $\to$ 6
(イ) 3 $\to$ (0,2,0,4,5,6) $\to$ 5 $\to$ (0,2,0,4,0,6) $\to$ 6

問2．サイコロを2回投げるので，面の出かたは全部で，$6 \times 6 = 36$（通り）
このうち，目の和が5になるのは，(表1)の5通りあるから，求める確率は，$\dfrac{5}{36}$

問3．(表2)の11通りあるから，求める確率は，$\dfrac{11}{36}$

（表1）

1回目	2回目
1	4
2	3
3	2
5	0 (1)
	0 (5)

（表2）

1回目	2回目	0に書きかえられる目
1	6	1,2,3,6
2	6	1,2,3,6
3	4	1,2,3,4
	6	1,2,3,6
4	3	1,2,3,4
	5	1,2,4,5
5	4	1,2,4,5
6	0 (1)	
	0 (2)	
	0 (3)	1,2,3,6
	0 (6)	

3 問1．$\angle ABD = \angle ADB (= \angle CBD)$ より，$\triangle ABD$ は二等辺三角形だから，$AD = AB = 9$ (cm)

問2．点Aから辺BCに垂線AHをひくと，

$BH = CH = 3$ (cm) だから，
$AH = \sqrt{9^2 - 3^2} = \sqrt{72} = 6\sqrt{2}$ (cm) より，
$\triangle ABC = \dfrac{1}{2} \times 6 \times 6\sqrt{2} = 18\sqrt{2}$ (cm^2)
$\triangle AED \infty \triangle CEB$ で，相似比は，
$AD : CB = 9 : 6 = 3 : 2$ より，$AE : CE = 3 : 2$
$\triangle ABE$ の面積に着目すると，
$\dfrac{1}{2} \times 9 \times EF = 18\sqrt{2} \times \dfrac{3}{3+2}$ より，$\dfrac{9}{2}EF = \dfrac{54}{5}\sqrt{2}$
よって，$EF = \dfrac{12}{5}\sqrt{2}$ cm

問3．四角形ABGDは平行四辺形だから，$AD = BG$ より，$BG : CG = 3 : (3-2) = 3 : 1$
よって，$\triangle DCG = \triangle DBG \times \dfrac{1}{3}$
また，$DE : DB = 3 : (3+2) = 3 : 5$ より，
$\triangle DCE = \triangle DBC \times \dfrac{DE}{DB} = \triangle DBG \times \dfrac{BC}{BG} \times \dfrac{DE}{DB}$
$= \triangle DBG \times \dfrac{2}{3} \times \dfrac{3}{5} = \triangle DBG \times \dfrac{2}{5}$ だから，
$\triangle DCG : \triangle DCE = \dfrac{1}{3} : \dfrac{2}{5} = 5 : 6$
よって，$\triangle DCG$ の面積は $\triangle DCE$ の面積の $\dfrac{5}{6}$ 倍。

4 問2．$99(x+y)(x-y) = 4752$ より，
$(x+y)(x-y) = 48$
x，y が1けたの自然数で $x > y$ より，$x+y$ と $x-y$ はどちらも偶数かどちらも奇数で，$17 \geqq x+y > x-y \geqq 1$
よって，次の2通りが考えられる。
$x+y = 12$，$x-y = 4$ のとき，$x = 8$，$y = 4$　　$A = 84$
$x+y = 8$，$x-y = 6$ のとき，$x = 7$，$y = 1$　　$A = 71$

問3．$5000 \div 99 = 50.5\cdots$，$6000 \div 99 = 60.6\cdots$ より，
$(x+y)(x-y)$ は 51以上60以下の自然数でそれぞれの場合を調べると，下表の○をつけた場合が考えられる。

$(x+y)$ $(x-y)$	51	52	53	54	55	56	57	58	59	60
$(x+y)$ $\times$ $(x-y)$	51×1 ⓘ17×3	52×1 26×2 13×4	53×1	54×1 27×2 18×3 9×6	55×1 ⓘ11×5	56×1 28×2 ⓘ14×4 8×7	57×1 19×3	58×1 29×2	59×1	60×1 30×2 20×3 15×4 12×5 ⓘ10×6

$x+y = 17$，$x-y = 3$ のとき，$x = 10$，$y = 7$　　不適
$x+y = 11$，$x-y = 5$ のとき，$x = 8$，$y = 3$　　適する。
$x+y = 14$，$x-y = 4$ のとき，$x = 9$，$y = 5$　　適する。
$x+y = 10$，$x-y = 6$ のとき，$x = 8$，$y = 2$　　適する。
よって，全部で3個ある。

5 問1．$0 \leqq x \leqq 1$ のとき，$y = 2 \times x = 2x$
$1 < x \leqq 2$ のとき，$y = 2 \times 1 = 2$
$2 < x \leqq 3$ のとき，重なるところの2つの部分を合わせるとちょうど方眼2つ分になるから，
$y = 2 \times 1 = 2$
$3 < x \leqq 4$ のとき，$y = 2 \times 1 = 2$
よって，グラフは解答のようになる。

($0 \leqq x \leqq 1$ のとき)　　　　　　　　($1 < x \leqq 2$ のとき)

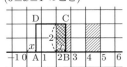 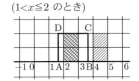

(2<x≦3 のとき)

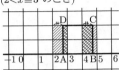

(3<x≦4 のとき)

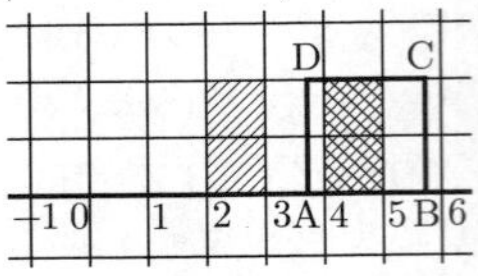

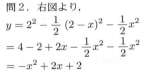

問2．右図より，
$y = 2^2 - \frac{1}{2}(2-x)^2 - \frac{1}{2}x^2$
$= 4 - 2 + 2x - \frac{1}{2}x^2 - \frac{1}{2}x^2$
$= -x^2 + 2x + 2$
よって，$-x^2 + 2x + 2 = \frac{5}{2}$
より，$2x^2 - 4x + 1 = 0$
$x = \frac{-(-4) \pm \sqrt{(-4)^2 - 4 \times 2 \times 1}}{2 \times 2}$
$= \frac{4 \pm \sqrt{8}}{4} = \frac{2 \pm \sqrt{2}}{2}$
$0 \leqq x \leqq 1$ より，$x = \frac{2-\sqrt{2}}{2}$

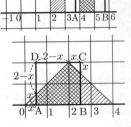

問3．図5のグラフの式を $y = ax^2$ とおくと，
$x = 2$ のとき $y = 2$ だから，$2 = 4a$
よって，$a = \frac{1}{2}$ だから，$y = \frac{1}{2}x^2$
図①において，
$x = -2$ のとき $y = 2$ より，枠⑧内の斜線部分の面積は2，
$x = 0$ のとき $y = 0$ より，枠⑤内の斜線部分の面積は0，
$x = 2$ のとき $y = 2$ より，枠⑤内の斜線部分の面積は2
だから，解答例のような図を考えると，図②，図③より，
(ア) $-2 \leqq x \leqq 0$ のとき，$y = \frac{1}{2} \times (-x)^2 = \frac{1}{2}x^2$
(イ) $0 < x \leqq 2$ のとき，$y = \frac{1}{2}x^2$ となり，適することが確認できる。

(図①)

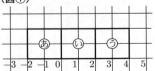

(図②)　(ア) $-2 \leqq x \leqq 0$ のとき 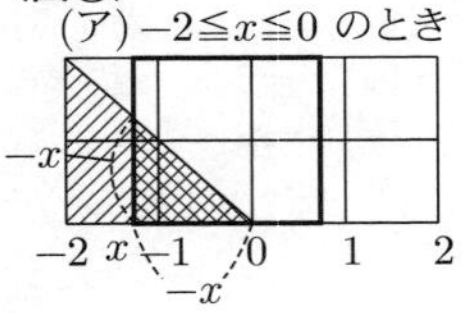
(図③)　(イ) $0 < x \leqq 2$ のとき

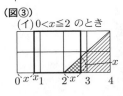

〈H. S.〉

国立工業高等専門学校
国立商船高等専門学校
国立高等専門学校

問題 P.129

解答

1 平方根，2次方程式，関数 $y = ax^2$，確率，資料の散らばりと代表値，中点連結定理，三平方の定理
(1) $\frac{ア\sqrt{イ}}{ウ} \cdots \frac{5\sqrt{3}}{6}$　(2) エ…1，オ…2
(3) カキ…-1　(4) $\frac{ク}{ケ} \cdots \frac{2}{3}$　(5) $\frac{コ}{サシ} \cdots \frac{7}{15}$
(6) ス…ⓐ　(7) セ：ソ…1：9　(8) タチ…13

2 関数を中心とした総合問題
(1) $\frac{ア}{イウ} \cdots \frac{2}{15}$，エ…2，$\frac{オ}{カ} \cdots \frac{1}{5}$，キ…2　(2) ク．ケ…0.4
(3) コサ…42　(4) シ．ス…5.6

3 数・式を中心とした総合問題
(1) ア…5，イ…3，ウ…3，$\frac{エオ}{カ} \cdots \frac{14}{3}$　(2) キ…0，ク…7
(3) ケコ…-3，サ…0

4 図形を中心とした総合問題　(1) $\frac{ア}{イ} \cdots \frac{8}{5}$
(2) ウエ…45，$\frac{オ}{カ} \cdots \frac{8}{7}$　(3) $\frac{キ\sqrt{ク}}{ケ} \cdots \frac{5\sqrt{2}}{7}$

解き方
1 (1) (与式) $= \frac{4\sqrt{3}}{3} - \frac{\sqrt{3}}{2} = \frac{5\sqrt{3}}{6}$
(2) $(-3)^2 + a \times (-3) - 6 = 0$ より，$a = 1$
$x^2 + x - 6 = 0$　$(x+3)(x-2) = 0$　$x = -3, 2$
(3) $x = -3$ のとき $y = -\frac{9}{4}$，$x = 7$ のとき $y = -\frac{49}{4}$
よって，$\left\{-\frac{49}{4} - \left(-\frac{9}{4}\right)\right\} \div \{7 - (-3)\} = -1$
(4) A $(2, 4a)$，B $(-2, 4a)$，C $(-1, -1)$，D $(1, -1)$ より，
AB = 4，CD = 2，(台形の高さ) = $4a + 1$
面積は，$(4 + 2)(4a + 1) \div 2 = 11$　$a = \frac{2}{3}$
(5) すべての組合せは次の15組で，下線がある7組が「和が素数」になる組である。
(1, 2), (1, 3), (1, 4), (1, 5), (1, 6), (2, 3), (2, 4),
(2, 5), (2, 6), (3, 4), (3, 5), (3, 6), (4, 5), (4, 6),
(5, 6)
(6) $x = (2 \times 1 + 3 \times 2 + 4 \times 3 + 5 \times 4 + 6 \times 4 + 7 \times 6$
$+ 8 \times 8 + 9 \times 10 + 10 \times 2) \div 40 = 280 \div 40 = 7$
中央値は大きさの順に並べて20番目と21番目の真ん中の値より，$y = (7 + 8) \div 2 = 7.5$
度数が最も多いのは9点より，$z = 9$
(注意) 一般に，山が1つの分布で，左に裾が長い分布のときは，「平均値 < 中央値 < 最頻値」になる。
(7) 点 G は線分 AF の中点より，
△ADG：△EFG = DG：EG = 1：3
中点連結定理より，EG：CF = 1：2
よって，△EFG：△CEF = EG：CF = 1：2 = 3：6
ゆえに，△ADG：四角形 EGFC
= △ADG：(△EFG + △CEF) = 1：(3 + 6) = 1：9
(8) 頂点 O から底面に垂線をひくと線分 AC の中点 M を通る。OM = h (cm) とすると，体積は，
$(6 \times 8) \times h \div 3 = 16h = 192$　$h = 12$ (cm)
よって，OA = $\sqrt{5^2 + 12^2} = 13$ (cm)

2 Aさんは 1 km を $\frac{15}{2}$ 分で，Bさんは 1 km を 5 分で走る。

(1) A さんが Q から P に向かうので，$y = -\dfrac{2}{15}x + a$ とおける。P 地点：$(x, y) = (15, 0)$ より，$a = 2$
B さんが P から Q に向かうので，$y = \dfrac{1}{5}x + b$ とおける。
P 地点：$(x, y) = (10, 0)$ より，$b = -2$
(2) A：$y = -\dfrac{2}{15}x + 2$，B：$y = \dfrac{1}{5}x - 2$
これを連立して解くと，$(x, y) = (12, 0.4)$
(3) 9 時 30 分より後に A さんと B さんが出会った時刻と地点を求める。
A：$y = \dfrac{2}{15}x - 4$，B：$y = -\dfrac{1}{5}x + 8$
これを連立して解くと，$(x, y) = (36, 0.8)$
$(36 - 30) \times 2 = 12$ より，$x = 30 + 12 = 42$（分）
(4) 1 往復目，2 往復目はともに 2 km，
3 往復目は $0.8 \times 2 = 1.6$ (km) 走った。

3 (1) $12 = (a + 6) + (a - 4)$ より，$a = 5$
$b = \{(p + q) + (q + r)\} + \{(q + r) + (r + s)\}$ より，
$b = p + 3q + 3r + s \cdots ①$
①より，$4 = (-1) + 3c + 3 \times (-2) + (-3)$
(2) d が下の 2 数の和であることに注目して，①より，
$6 = 5 + 3d + 1 \qquad d = 0$
e の右となりは $-e$ であり，$-6 \leqq e \leqq 6$ に注意すると，
$-6 \leqq e + 5 \leqq 6$ より，$-6 \leqq e \leqq 1$
$-6 \leqq 1 - e \leqq 6$ より，$-5 \leqq e \leqq 6$
よって，$e = -5, -4, -3, -2, -1, 0, 1$ の 7 個。
(3) 図 5 の網掛け部分は図 3 と同じである。
また，図 6 の網掛け部分において，①より，
$-6 = 0 + 3f + 3 \qquad f = -3$
10 の左となりから順に正方形の中に数を入れていくと図 7 の通り。

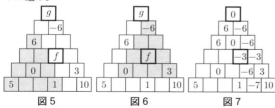

図 5　　　図 6　　　図 7

4 (1) △AHC∽△CHB，AH : CH $= 2 : 1$ より，
CH : BH $= 2 : 1$　よって，AH : BH $= 4 : 1$
ゆえに，AH $= \dfrac{4}{5}$AB $= \dfrac{8}{5}$
(2) 点 E から線分 AD に垂線 EI をひく。直角三角形 ABD において，AB : AD $= 5 : 4$ より，AB : BD $= 5 : 3$
△ABD∽△AEI より，AE $= 5x$ とすると，
AI $= 4x$，EI $= 3x$
∠ADE $= 45°$ より，△DIE は直角二等辺三角形である。
よって，ID $= $ EI $= 3x$
AD $= $ AI $+ $ ID $= 4x + 3x = \dfrac{8}{5}$ より，$5x = \dfrac{8}{7}$
(3) ∠BAF $= $ ∠BDE $= 45°$ より，△AOF は直角二等辺三角形である。よって，AF $= \sqrt{2}$AO $= \sqrt{2}$
AB : BD $= 5 : 3$ より，DB $= \dfrac{3}{5}$AB $= \dfrac{6}{5}$
BE $= $ AB $- $ AE $= \dfrac{6}{7}$
△AEF∽△DEB より，EF : AF $= $ EB : DB
EF : $\sqrt{2} = \dfrac{6}{7} : \dfrac{6}{5} = 5 : 7$　より，EF $= \dfrac{5\sqrt{2}}{7}$

〈O. H.〉

東京都立産業技術高等専門学校

問題 P.131

解答

1 正負の数の計算，式の計算，連立方程式，多項式の乗法・除法，平方根，2 次方程式

〔問 1〕$-\dfrac{2}{9}$　〔問 2〕$\dfrac{2}{3}$　〔問 3〕$-\dfrac{b}{15}$
〔問 4〕$x = 9, y = 8$　〔問 5〕5　〔問 6〕$x = -4, 3$
〔問 7〕① 3　② 16

2 数の性質，連立方程式の応用，関数 $y = ax^2$
〔問 1〕$2^2 \times 5 \times 101$　〔問 2〕20 分　〔問 3〕$x = 72$
〔問 4〕$a = -\dfrac{1}{2}$

3 比例・反比例，1 次関数，相似　〔問 1〕$x = 1$
〔問 2〕$-7 \leqq k \leqq 2$　〔問 3〕$9 : 4$

4 円周角と中心角，相似，三平方の定理　〔問 1〕54 度
〔問 2〕$5\sqrt{5}$ cm²　〔問 3〕$3\sqrt{3}$ cm

5 平面図形の基本・作図，空間図形の基本，立体の表面積と体積，平行線と線分の比，三平方の定理　〔問 1〕12π cm³
〔問 2〕$\dfrac{\sqrt{61}}{2}$ cm　〔問 3〕$\dfrac{5}{2}\pi$ cm²

解き方

1〔問 1〕（与式）$= \left(\dfrac{9}{12} - \dfrac{10}{12}\right) \times \dfrac{8}{3}$
$= -\dfrac{1}{12} \times \dfrac{8}{3} = -\dfrac{2}{9}$
〔問 2〕（与式）$= 3 \times 8 \times \dfrac{1}{36} = \dfrac{2}{3}$
〔問 3〕（与式）$= \dfrac{15a + 5b - 3(5a + 2b)}{15}$
$= \dfrac{15a + 5b - 15a - 6b}{15} = -\dfrac{b}{15}$
〔問 4〕第 1 式を①，第 2 式を②とすると，
① $-$ ② $\times 2$ より，$7y = 56$　よって，$y = 8$
②に代入して，$x - 16 = -7$ より，$x = 9$
〔問 5〕（与式）$= 4a^2 + 4ab + b^2 + a^2 - 4ab + 4b^2$
$= 5a^2 + 5b^2 = 5(a^2 + b^2) = 5\left(\dfrac{3}{4} + \dfrac{1}{4}\right) = 5 \times 1 = 5$
〔問 6〕$x^2 + 6x + 9 - 5x - 20 - 1 = 0$
$x^2 + x - 12 = 0$ より，$(x + 4)(x - 3) = 0$
よって，$x = -4, 3$
〔問 7〕$(x - a)^2 - b = x^2 - 2ax + a^2 - b$ より，両辺の係数を比べて，
$-2a = -6 \cdots ㋐，a^2 - b = -7 \cdots ㋑$
㋐より，$a = 3$　㋑に代入して，$9 - b = -7$
よって，$b = 16$ より，① 3　② 16

2〔問 1〕右図より，$2020 = 2^2 \times 5 \times 101$
〔問 2〕A 地点から B 地点まで x 時間，B 地点から C 地点まで y 時間歩いたとすると，
$3.3x + 4.2y = 3.6 \cdots ①$，$x + y = 1 \cdots ②$
① $\times \dfrac{10}{3}$ より，$11x + 14y = 12 \cdots ①'$
①$' - ② \times 11$ より，$3y = 1$
よって，$y = \dfrac{1}{3}$ だから，$\dfrac{1}{3}$ 時間 $= 20$ 分

$\begin{array}{r}2\,\underline{)\,2020}\\2\,\underline{)\,1010}\\5\,\underline{)\,505}\\101\end{array}$

〔問 3〕$\dfrac{5}{100}x + \dfrac{10}{100}y = 120 \times \dfrac{7}{100} \cdots ①$，
$x + y = 120 \cdots ②$
② $\times 10 -$ ① $\times 100$ より，$5x = 360$　よって，$x = 72$
〔問 4〕$x = 1$ のとき，$y = a \times 1^2 = a$
$x = 3$ のとき，$y = a \times 3^2 = 9a$
よって，$\dfrac{9a - a}{3 - 1} = -2$ より，$4a = -2 \qquad a = -\dfrac{1}{2}$

3 〔問1〕点 P の x 座標は，$2 = \dfrac{8}{x}$ より，$x = 4$
よって，線分 AP の中点の x 座標は，$x = \dfrac{-2+4}{2} = 1$

〔問2〕点 P の y 座標は，
$y = \dfrac{8}{8} = 1$
$y = x + k$ は傾きが1，
y 切片が k の直線だから，
右図より，点 P を通るとき，
k は最小値をとる。
$1 = 8 + k$ より，$k = -7$
また，点 B を通るとき，
k は最大値をとる。
$0 = -2 + k$ より，$k = 2$　　よって，$-7 \leqq k \leqq 2$

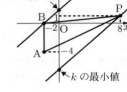

〔問3〕点 P の y 座標は，
$y = \dfrac{8}{6} = \dfrac{4}{3}$
直線 AP の式を $y = ax + b$ とおくと，
点 P を通るから，$\dfrac{4}{3} = 6a + b$
より，$18a + 3b = 4$…①
点 A を通るから，$-4 = -2a + b$
より，$2a - b = 4$…②

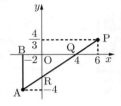

①＋②×3 より，$24a = 16$　　よって，$a = \dfrac{2}{3}$
①に代入して，$12 + 3b = 4$ より，$b = -\dfrac{8}{3}$
よって，直線 AP の式は，$y = \dfrac{2}{3}x - \dfrac{8}{3}$
$y = 0$ とすると，$0 = \dfrac{2}{3}x - \dfrac{8}{3}$ より，$x = 4$
つまり，点 Q の x 座標は 4 である。
△ABQ∽△ROQ で，相似比は，
$\{4 - (-2)\} : (4 - 0) = 6 : 4 = 3 : 2$ だから，
面積比は，$S_1 : S_2 = 3^2 : 2^2 = 9 : 4$

4 〔問1〕$\angle AOQ = 180° \times \dfrac{2}{2+3} = 180° \times \dfrac{2}{5} = 72°$
より，$\angle ABQ = 72° \times \dfrac{1}{2} = 36°$
よって，$\angle PQB = 180° - (90° + 36°) = 54°$

〔問2〕$AP = 6 \times \dfrac{1}{1+2} = 6 \times \dfrac{1}{3} = 2$ (cm) で，
$PB = 10$ cm
△APQ と △QPB において，$\angle APQ = \angle QPB(= 90°)$，
$\angle AQP = \angle QBP(= 90° - \angle PQB)$ より，2組の角がそれぞれ等しいから，△APQ∽△QPB
$PQ = x$ cm とすると，$AP : QP = PQ : PB$ より，
$2 : x = x : 10$　　よって，$x^2 = 20$
$x > 0$ より，$x = \sqrt{20} = 2\sqrt{5}$ (cm)
$QM : QB = 1 : 2$ だから，
△PQM $= \dfrac{1}{2}$△PQB $= \dfrac{1}{2} \times \dfrac{1}{2} \times 10 \times 2\sqrt{5}$
$= 5\sqrt{5}$ (cm²)

〔問3〕△PQM が正三角形だから，PM = PQ = QM = MB
$\angle ABQ = 30°$，$\angle AQB = 90°$
より，△ABQ で，
$QB = AB \times \dfrac{\sqrt{3}}{2}$
$= 12 \times \dfrac{\sqrt{3}}{2} = 6\sqrt{3}$ (cm)
よって，$PM = QM = \dfrac{1}{2}QB = \dfrac{1}{2} \times 6\sqrt{3} = 3\sqrt{3}$ (cm)

5 〔問1〕$\angle AOB = 90°$ より，
$AO = 4$ cm だから，体積は，
$\dfrac{1}{3} \times 3^2 \pi \times 4 = 12\pi$ (cm³)

〔問2〕△PBO は PB = PO の二等辺三角形だから，点 P から線分 BO に垂線 PH をひくと，HB = HO
PH // AO より，PB = PA = $\dfrac{5}{2}$ cm で，PO = $\dfrac{5}{2}$ cm
$\angle AOQ = 90°$，$\angle BOQ = 90°$ より，
面 AOB ⊥ OQ だから，$\angle POQ = 90°$
よって，△POQ で，
$PQ = \sqrt{\left(\dfrac{5}{2}\right)^2 + 3^2} = \sqrt{\dfrac{25}{4} + 9} = \sqrt{\dfrac{61}{4}} = \dfrac{\sqrt{61}}{2}$ (cm)

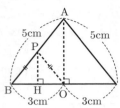

〔問3〕$\overset{\frown}{BQ} = 3 \times 2 \times \pi \times \dfrac{60°}{360°} = 6\pi \times \dfrac{1}{6} = \pi$ (cm)
半径 5 cm の円の面積は，
$5^2\pi = 25\pi$ (cm²)
円周の長さは，
$5 \times 2 \times \pi = 10\pi$ (cm)
よって，求める面積は右図の斜線部分で，
$25\pi \times \dfrac{\pi}{10\pi} = \dfrac{5}{2}\pi$ (cm²)

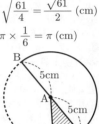

〈H. S.〉

数学 ｜ 89

私立高等学校

愛光高等学校

問題
P.133

解答

1 因数分解，式の計算，平方根，数の性質，円周角と中心角

(1)① $xy(x-6)(x+1)$　(2)② $4a^2b$　(3)③ 5

(4)④ 505　⑤ 4545　⑥ 8080　(5)⑦ 175　⑧ 172.5

2 連立方程式の応用　　$x=840$，$y=20$

3 2次方程式の応用　　3 cm

4 1次関数，関数 $y=ax^2$

(1) A $(-1,\ 2)$，B $\left(\dfrac{3}{2},\ \dfrac{9}{2}\right)$　(2) $y=-\dfrac{9}{2}x$　(3) $\dfrac{1\pm\sqrt{65}}{4}$

5 確率　(1) $\dfrac{1}{6}$　(2) $\dfrac{5}{36}$

6 図形と証明，円周角と中心角，相似，三平方の定理

(1) 1　(2) △ACH と △ABD において，

円周角の定理より，∠ACD = ∠ABD

すなわち，∠ACH = ∠ABD…①

AB は直径であるから，∠ADB = 90°

よって，∠AHC = ∠ADB…②

①，②より，対応する 2 組の角がそれぞれ等しいから

△ACH∽△ABD

(3) $\dfrac{7\sqrt{3}}{3}+\dfrac{14}{9}\pi$

解き方

1 (4) $2020 = 2^2 \times 5 \times 101$

　　　よって，2020 に $N = 5 \times 101 \times n^2$（$n$ は整数）

をかけると，$2020N$ が平方数になる。

$n=1$ のとき，$N=505$　これが，④である。

$n=2$ のとき，$N=2020$　これは，不適。

$n=3$ のとき，$N=4545$　これが，⑤である。

$n=4$ のとき，$N=8080$　これが，⑥である。

なお，⑤，⑥を入れかえて答えても正解である。

また $n\geqq5$ のとき，$N\geqq12625$ となり，N は 5 桁以上の

整数になる。

(5) $360° \div 72 = 5°$　　$180° - 5° = 175°$…⑦

また，∠BFC = 180° - (∠BCF + ∠FBC)

∠BCF = ∠BCA = 5° ÷ 2 = 2.5°

∠FBC = ∠EBC = ∠EBD + ∠DBC = 2.5° + 2.5° = 5°

2 8月の料金について，

$x + (300-120)y + (376-300) \times 1.25y = 6340$

$x + 180y + 95y = 6340$　　よって，$x + 275y = 6340$…①

12 月の料金について，

$(1+0.05)x + (294-120)y = 4362$

よって，$1.05x + 174y = 4362$…②

② × 20 より，$21x + 3480y = 87240$

① × 21 より，$21x + 5775y = 133140$

辺々引いて，$2295y = 45900$　　$y = 20$

①に代入して，$x = 840$

このとき，$1.05x = 1.05 \times 840 = 882$ は整数である。

3 はじめに切り取る予定であった正方形の 1 辺の長さを

x cm とすると

$(10-2x)(14-2x) \times x + 24$

$= \{10-2(x-1)\}\{14-2(x-1)\} \times (x-1)$

$4x(5-x)(7-x) + 24 = 4(x-1)(6-x)(8-x)$…①

ただし，$x-1>0$，$5-x>0$ より，$1<x<5$…②

①より，$x(5-x)(7-x) + 6 = (x-1)(6-x)(8-x)$

$x^3 - 12x^2 + 35x + 6 = x^3 - 15x^2 + 62x - 48$

$3x^2 - 27x + 54 = 0$　　$x^2 - 9x + 18 = 0$

$(x-3)(x-6) = 0$

$x = 3,\ 6$　　②より，$x = 3$

4 (1) $y = 2x^2$ と $y = x+3$ より，$2x^2 - x - 3 = 0$

$(x+1)(2x-3) = 0$　　よって，$x = -1,\ \dfrac{3}{2}$

(2) 正方形 ABCD の対角線の交点は $\left(-1,\ \dfrac{9}{2}\right)$

この点と原点を通る直線の式を求めればよい。

(3) C $(-1,\ 7)$ を通り直線 $y = x+3$ に平行な直線は，

$y = x+8$　　これと $y = 2x^2$ より $2x^2 - x - 8 = 0$

$x = \dfrac{1\pm\sqrt{65}}{4}$

5 (1) $a+b = 2,\ 8$ のときであるから，

$\begin{pmatrix}a\\b\end{pmatrix} = \begin{pmatrix}1\\1\end{pmatrix},\ \begin{pmatrix}2\\6\end{pmatrix},\ \begin{pmatrix}3\\5\end{pmatrix},\ \begin{pmatrix}4\\4\end{pmatrix},\ \begin{pmatrix}5\\3\end{pmatrix},\ \begin{pmatrix}6\\2\end{pmatrix}$ の 6 通り

(2) $\begin{pmatrix}a\\b\end{pmatrix} = \begin{pmatrix}1\\2\end{pmatrix},\ \begin{pmatrix}3\\2\end{pmatrix},\ \begin{pmatrix}3\\4\end{pmatrix},\ \begin{pmatrix}3\\6\end{pmatrix},\ \begin{pmatrix}5\\2\end{pmatrix}$ の 5 通り

6 (1) CH = x とおくと，

△ACH において，$AH^2 = 2^2 - x^2$

△AHD において，$AH^2 = (2\sqrt{7})^2 - (6-x)^2$

よって，$4 - x^2 = 28 - (6-x)^2$　　$x = 1$

(3)(1)より，AC = 2，AH = $\sqrt{3}$，∠ACH = 60°

これと(2)より，AC : AB = AH : AD

$2 : AB = \sqrt{3} : 2\sqrt{7}$　　$AB = \dfrac{4\sqrt{7}}{\sqrt{3}} = \dfrac{4\sqrt{21}}{3}$

$OA = \dfrac{2\sqrt{21}}{3}$　　また，∠DOB = 60°

求める面積は，△ODA + おうぎ形 OBD

$\triangle ODA = \dfrac{1}{2} \times \dfrac{2\sqrt{21}}{3} \times \left(\dfrac{2\sqrt{21}}{3} \times \dfrac{\sqrt{3}}{2}\right) = \dfrac{7\sqrt{3}}{3}$

おうぎ形 $OBD = \pi \times \left(\dfrac{2\sqrt{21}}{3}\right)^2 \times \dfrac{60°}{360°} = \dfrac{14}{9}\pi$

〈K. Y.〉

旺文社　2021 全国高校入試問題正解

青山学院高等部

問題 P.134

解答

1 平方根，因数分解 ｜ $\dfrac{\sqrt{6}}{4}$

2 確率 ｜ (1)(ア) $\dfrac{1}{9}$ (イ) $\dfrac{1}{3}$ (ウ) $\dfrac{5}{27}$

3 1次関数，関数 $y = ax^2$ ｜ (1) $a = \dfrac{1}{4}$ (2) D(1, 1)
(3) $x = 2, 1 \pm \sqrt{17}$

4 連立方程式の応用 ｜ (1) A…45分，B…30分
(2) Aの自転車96分 Bのランニング40分

5 平面図形の基本・作図 ｜ 12π cm

6 空間図形の基本，三平方の定理 ｜
(1) $\left(2x^2 - 2x + \dfrac{1}{2}\right)$ cm² (2) $\sqrt{x}$ cm

7 相似，平行線と線分の比，三平方の定理 ｜ (1) $\dfrac{\sqrt{5}}{2}$ cm
(2) $4 : 5$ (3) $\dfrac{29}{45}$ cm²

8 円周角と中心角，相似，三平方の定理 ｜ (1) $\dfrac{4\sqrt{10}}{3}$ cm
(2) $\dfrac{\sqrt{10}}{6}$ cm (3) $\dfrac{45}{7}$ cm

解き方

1 $\sqrt{\dfrac{(22+11)(22-11)(26+13)(26-13)}{11 \times 22 \times 39 \times 52}}$
$= \sqrt{\dfrac{33 \times 11 \times 39 \times 13}{11 \times 22 \times 39 \times 52}} = \sqrt{\dfrac{3}{8}} = \dfrac{\sqrt{6}}{4}$

2 (1) 全部の場合の数は $3^2 = 9$ (通り)
(ア) 点Bにあるためには (左下→左) の1通り。
よって，$\dfrac{1}{9}$
(イ) 点Aにあるためには (左上→右下)，(右→左)，(左下→右上) の3通り。よって，$\dfrac{3}{9} = \dfrac{1}{3}$
(2) 全部の場合の数は $3^3 = 27$ (通り) 3回目に点Cにあるためには (左上→右下→右)，(右→左→右)，(左下→上→右)，(右→右上→左下)，(右→右下→左上) の5通り。
よって，$\dfrac{5}{27}$

3 (1) A$(-2, 4a)$，B$(4, 16a)$ と表せる。
ABの式を $y = bx + 2$ とする。
$b = \dfrac{16a - 4a}{4 - (-2)} = 2a$　$16a = 2a \times 4 + 2$
$16a = 8a + 2$　$a = \dfrac{1}{4}$
(2) $\triangle OAB = \dfrac{1}{2} \times 2 \times \{4 - (-2)\} = 6$
四角形 ODCA $= \triangle DCB = \dfrac{1}{2} \triangle OAB = 3$ になればよい。
$\triangle OAC = \dfrac{1}{2} \times 2 \times 2 = 2$ より，
$\triangle OCD =$ 四角形 ODCA $- \triangle OAC$
$\triangle OCD = 3 - 2 = 1$ になればよい。
ここで $\triangle OCD$ の面積 $= \dfrac{1}{2} \times 2 \times ($Dの x 座標$) = 1$ より
Dの x 座標は1
DBの式は $y = x$ なのでDの y 座標は $y = 1$
よって，D(1, 1)

(3) 原点を通り l と平行な直線を m，点E(0, 4) を通り l と平行な直線を n とする。求める点Pは右図のように原点以外3つある。

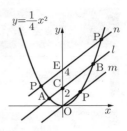

m の式は $y = \dfrac{1}{2}x$，n の式は $y = \dfrac{1}{2}x + 4$ である。
m 上の点は，$\dfrac{1}{4}x^2 = \dfrac{1}{2}x$
$x(x-2) = 0$　$x = 0, x = 2$…①
n 上の点は $\dfrac{1}{4}x^2 = \dfrac{1}{2}x + 4$　$x^2 - 2x - 16 = 0$
$x = 1 \pm \sqrt{17}$…②
①，②より，求める x 座標は，$x = 2, 1 \pm \sqrt{17}$

4 (1) Aについて，$1.5 \div 2 \times 60 = \dfrac{3}{2} \times \dfrac{1}{2} \times 60 = 45$ (分)
Bについて，$1.5 \div 3 \times 60 = \dfrac{3}{2} \times \dfrac{1}{3} \times 60 = 30$ (分)
(2) Aの自転車の速さを分速 x kmとすると，Bの自転車の速さは分速 $\dfrac{4}{5}x$ km と表せる。Aのランニングの速さを分速 y km とすると，Bのランニングの速さは分速 $\dfrac{5}{4}y$ km と表せる。(1)より，Bは全体で $160 + 30 = 190$ (分) かかっている。Aは全体で $190 + 1 = 191$ (分) かかっている。よってAは自転車とランニングで $191 - 45 = 146$ (分) かかっている。以上よりAの水泳以外にかかった時間を式にすると，
$\dfrac{40}{x} + \dfrac{10}{y} = 146$…①
Bについては $40 \div \dfrac{4}{5}x + 10 \div \dfrac{5}{4}y = 160$
$\dfrac{50}{x} + \dfrac{8}{y} = 160$…②　$\dfrac{1}{x} = X$，$\dfrac{1}{y} = Y$ とすると
$40X + 10Y = 146$…①'　$50X + 8Y = 160$…②'
①'，②' を連立させて解くと $X = \dfrac{12}{5}$　$Y = 5$
よってAの自転車にかかった時間は $40 \times \dfrac{12}{5} = 96$ (分)
Bのランニングにかかった時間は $8 \times 5 = 40$ (分)

5 始めの点Dの位置を D_0，右図のように $D_1 \sim D_4$ をとる。
$\overparen{D_0 D_1} = 2\pi \times 3 \times \dfrac{120}{360} = 2\pi$，
$\overparen{D_1 D_2} = 2\pi \times 3 \times \dfrac{240}{360} = 4\pi$，
$\overparen{D_2 D_3} = 2\pi \times 3 \times \dfrac{240}{360} = 4\pi$，
$\overparen{D_3 D_0} = 2\pi \times 3 \times \dfrac{120}{360} = 2\pi$
よって，求める曲線の長さは
$2\pi + 4\pi + 4\pi + 2\pi = 12\pi$ (cm)

6 (1) 底面の正方形について，
対角線の長さは $(1 - 2x)$ cm
よって，求める面積は，
$\dfrac{1}{2} \times (1 - 2x)^2 = 2x^2 - 2x + \dfrac{1}{2}$ (cm²)

(2) 四角すいを組み立てる前後で，各部の長さは右図の通りである。求める四角すいの高さは

$$\sqrt{\left(\sqrt{x^2+\frac{1}{4}}\right)^2-\left\{\frac{1}{2}(1-2x)\right\}^2}$$
$$=\sqrt{\left(\sqrt{x^2+\frac{1}{4}}\right)^2-\left(\frac{1}{2}-x\right)^2}$$
$$=\sqrt{x^2+\frac{1}{4}-\frac{1}{4}+x-x^2}$$
$$=\sqrt{x}\ (\text{cm})$$

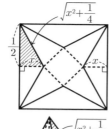
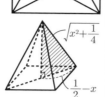

7 (1) △ADC と △ABE において，
$AC = \sqrt{AD^2 + DC^2} = \sqrt{5}$
△ADC∽△ABE より，AD : AB = AC : AE
$2 : 1 = \sqrt{5} : AE$　　$AE = \frac{\sqrt{5}}{2}$ cm

(2) △ADC と △ABE において，CD : EB = AD : AB
$1 : EB = 2 : 1$　　$EB = \frac{1}{2}$
△AFD∽△BFE より，AF : BF = AD : BE
AF : BF = 2 : $\frac{1}{2}$　　AF : (1 − AF) = 4 : 1
AF = $\frac{4}{5}$，BF = $1 - \frac{4}{5} = \frac{1}{5}$
△AFG∽△CDG より，FG : DG = AF : CD
FG : DG = $\frac{4}{5}$: 1　　FG : DG = 4 : 5

(3) GH ⊥ BC となる点を H とする。(2)より，
CG : CA = GD : DF
CG : CA = 5 : (5 + 4)
CG : CA = 5 : 9
△CGH と △CAB において，GH : AB = CG : CA
GH : 1 = 5 : 9　　GH = $\frac{5}{9}$　また，BH : HC = 4 : 5 より，BH = $\frac{4}{4+5} \times BC = \frac{8}{9}$，HC = $2 - BH = \frac{10}{9}$

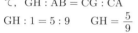

四角形 FBHG は台形なので，面積は
$\frac{1}{2} \times (FB + GH) \times BH$
$= \frac{1}{2} \times \left(\frac{1}{5} + \frac{5}{9}\right) \times \frac{8}{9} = \frac{136}{405}$
△GHC = $\frac{1}{2} \times GH \times HC = \frac{1}{2} \times \frac{5}{9} \times \frac{10}{9} = \frac{25}{81}$
四角形 FBCG = 四角形 FBHG + △GHC = $\frac{136}{405} + \frac{25}{81}$
$= \frac{29}{45}$ (cm²)

8 (1) △ABC において，$BC = \sqrt{AB^2 - AC^2} = 3$
BE : EC = AB : AC　　(3 − EC) : EC = 5 : 4
EC = $\frac{4}{3}$　　BE = $3 - \frac{4}{3} = \frac{5}{3}$
△ACE において，$AE = \sqrt{AC^2 + CE^2} = \frac{4\sqrt{10}}{3}$ (cm)

(2) △DEB∽△CEA より，
DE : CE = BE : AE　　$DE : \frac{4}{3} = \frac{5}{3} : \frac{4\sqrt{10}}{3}$
$3DE : 4 = 5 : 4\sqrt{10}$　　$12\sqrt{10}\,DE = 20$

$DE = \frac{\sqrt{10}}{6}$ cm

(3) △AFC∽△CFB より，
AC : CB = CF : BF　　4 : 3 = CF : BF
CF = $\frac{4}{3}$BF ···①
AC : CB = AF : CF　　4 : 3 = (5 + BF) : CF
4CF = 15 + 3BF ···②　　①を②に代入すると，
$4 \times \frac{4}{3}$BF = 15 + 3BF　　16BF − 9BF = 45
BF = $\frac{45}{7}$ cm

〈YM. K.〉

市川高等学校 問題 P.135

解答

1 図形を中心とした総合問題
(1)（証明）（例）点 R と円の中心 O とを結ぶ。線分 OP，OQ，OR は円 O の半径であるから，
OP = OR ···①，OQ = OR ···②
①より，△OPR は二等辺三角形である。
よって，∠OPR = ∠ORP ···③
②より，△OQR は二等辺三角形である。
よって，∠OQR = ∠ORQ ···④
△PQR において，∠PQR + ∠QRP + ∠RPQ = 180°
③，④より，
∠PQR + ∠RPQ = ∠ORQ + ∠ORP = ∠QRP
よって，∠QRP + ∠QRP = 180°
ゆえに，∠PRQ = 90°　　（証明終わり）

(2) $\frac{5a}{17}(5-2\sqrt{2})$　(3) $\frac{2\sqrt{2}a}{17}(5+2\sqrt{2})$　(4) 25 : 8

2 数・式を中心とした総合問題　(1) $2^2 \times 5 \times 101$
(2) $(a^2+b^2)(c^2+d^2)$　(3) 42^2+16^2，38^2+24^2

3 場合の数，2次方程式　(1)① $3(n-1)^2$　② 8　(2) 20

4 三平方の定理　(1) $\sqrt{6}+\sqrt{2}$　(2) $\sqrt{6}+\sqrt{2}$

5 関数を中心とした総合問題　(1) $2\sqrt{2}$　(2) ①，②，③
(3) $\left(-\frac{3\sqrt{2}}{4}, \frac{3\sqrt{2}}{4}\right)$　(4) $\frac{25}{8}(\sqrt{2}+1)$

解き方　**1** (2) $BD = \frac{5}{5+2\sqrt{2}}a$
(3) BC : CE = $(5-2\sqrt{2}) : 2\sqrt{2}$ より，
$CE = \frac{2\sqrt{2}}{5-2\sqrt{2}}a$
(4) ∠DAE = 90° より，線分 DE の中点が F である。
DC : CE = $2\sqrt{2}(5-2\sqrt{2}) : 2\sqrt{2}(5+2\sqrt{2})$
DF : FE = 1 : 1 = $10\sqrt{2} : 10\sqrt{2}$
よって，DC : CF = $2\sqrt{2}(5-2\sqrt{2}) : 8$
また，BC : DC = $(5+2\sqrt{2}) : 2\sqrt{2}$
= $(5+2\sqrt{2})(5-2\sqrt{2}) : 2\sqrt{2}(5-2\sqrt{2})$
= $17 : 2\sqrt{2}(5-2\sqrt{2})$
ゆえに，BF : FC = (17 + 8) : 8 = 25 : 8
（コメント）(4)の円を「アポロニウスの円」という。(4)の結果は $5^2 : (2\sqrt{2})^2$ になっているが，アポロニウスの円の中心に関する事実である。

2 (2) (与式) = $a^2c^2 + b^2d^2 + a^2d^2 + b^2c^2$
= $a^2(c^2+d^2) + b^2(c^2+d^2)$
よって，$(ac+bd)^2 + (ad-bc)^2 = (a^2+b^2)(c^2+d^2)$ ···①

(3)(ア) $2^2 \times 5 = 4^2 + 2^2$, $101 = 10^2 + 1^2$
$a = 4$, $b = 2$, $c = 10$, $d = 1$ を①に代入すると，
$(ac+bd)^2 + (ad-bc)^2 = 42^2 + (-16)^2 = 42^2 + 16^2$
(イ) $2^2 \times 5 = 4^2 + (-2)^2$, $101 = 10^2 + 1^2$
$a = 4$, $b = -2$, $c = 10$, $d = 1$ を①に代入すると，
$(ac+bd)^2 + (ad-bc)^2 = 38^2 + 24^2$
（コメント）①を「ブラーマグプタの二平方恒等式」という。
(3)において，$2^2 \times 5 = 4^2 + 2^2$ は見つけやすいと思うが，確認すると，$2^2 = 2^2 + 0^2$, $5 = 2^2 + 1^2$ より，
$(ac+bd)^2 + (ad-bc)^2 = 4^2 + 2^2$
リード文にある「4で割って1余る整数は2つの平方数の和で表される」という事実を「フェルマーの二平方和定理」という。2年連続でフェルマーに関係した整数問題が出題されている。

3 (1)① $(n-1) \times (n-1) \times 3 = 3(n-1)^2$
② 1辺が1の立方体は $4n^2$ 個，2は $3(n-1)^2$ 個，3は $2(n-2)^2$ 個，4は $(n-3)^2$ 個含まれているから，
$4n^2 + 3(n-1)^2 + 2(n-2)^2 + (n-3)^2 = 500$
$n^2 - 2n - 48 = 0$　　$(n+6)(n-8) = 0$
$n > 0$ より，$n = 8$
(2) 1辺が1の立方体は n^3 個，2は $(n-1)^3$ 個，…，n は 1^3 個含まれているから，
$n^3 + (n-1)^3 + \cdots + 1^3 = 44100$
$\left\{\dfrac{1}{2}n(n+1)\right\}^2 = 44100 = 210^2$
$n > 0$ より，$n(n+1) = 420$　　明らかに，$20 \times 21 = 420$

4 展開図の一部である五角形 AFGCD を考える。
(1) 五角形の対角線 DF の長さが求める糸の長さである。
DF と AC の交点を M とする。M は AC の中点である。
DF = DM + MF = $\sqrt{2} + \sqrt{3} \times \sqrt{2} = \sqrt{6} + \sqrt{2}$
(2) 点 D, G から直線 AF に垂線 DI, GJ をひく。
AI = FJ = x とする。
△DIF において，$DI^2 = (\sqrt{6}+\sqrt{2})^2 - (x+2\sqrt{2})^2$
△DIA において，$DI^2 = 2^2 - x^2$
よって，$4 - x^2 = 4\sqrt{3} - 4\sqrt{2}x - x^2$
$2x = \sqrt{6} - \sqrt{2}$
ゆえに，DG = IJ = $2x + 2\sqrt{2} = \sqrt{6} + \sqrt{2}$

5 (1) AB $-$ AC $= \dfrac{5\sqrt{2}}{2} - \dfrac{\sqrt{2}}{2} = 2\sqrt{2}$
(2) ①, ②, ③の点をそれぞれ P, Q, R とする。
① PB $= \dfrac{5\sqrt{2}}{2}$, PC $= \dfrac{\sqrt{2}}{2}$ より，差は $2\sqrt{2}$
② QB $= \dfrac{\sqrt{2}}{2}$, QC $= \dfrac{5\sqrt{2}}{2}$ より，差は $2\sqrt{2}$
③ RB $= 2 - \sqrt{2}$, RC $= 2 + \sqrt{2}$ より，差は $2\sqrt{2}$
(3) 円 D の弦 AC の垂直二等分線 $y = \dfrac{3\sqrt{2}}{4}$ と，弦 BC の垂直二等分線 $y = -x$ の交点が中心 D である。
(4) 辺 AB を底辺とみると，底辺は一定であるから，高さが最大値をとるとき，面積も最大をとる。高さが最大となるのは，△ABE が AE = BE の二等辺三角形になるときである。
直線 BC は $y = x$，直線 AC は y 軸に平行であるから，
∠AEB = ∠ACB = 45°　　よって，∠ADB = 90°
（半径）= $\dfrac{1}{\sqrt{2}}$AB $= \dfrac{5}{2}$
また，線分 AB の中点を M とすると，

DM $= \dfrac{1}{\sqrt{2}}$DA $= \dfrac{5\sqrt{2}}{4}$
ゆえに，△ABE $= \dfrac{1}{2} \times \dfrac{5\sqrt{2}}{2} \times \dfrac{10+5\sqrt{2}}{4}$
（コメント）関数 $y = \dfrac{1}{x}$ …①のグラフは（直角）双曲線という曲線であり，点 B, C はこの双曲線の「焦点」と呼ばれる定点である。双曲線とは「2定点からの距離の差が一定」である点の集合のことである。点 P, Q, R は①を満たすので，点 A と同じ双曲線上にある。つまり，すべての点で距離の差は(1)の値と一致する。
〈O. H.〉

江戸川学園取手高等学校　問題 P.136

解答

1 平方根，連立方程式，2次方程式の応用，三平方の定理，1次関数　(1) 0
(2) $x = -\dfrac{1}{2}$, $y = \dfrac{3}{2}$　(3) $\dfrac{7 - \sqrt{14}}{7}$ cm
(4)① 60°　②$(18\sqrt{3}+36)$ cm^2
(5)① $y = -\dfrac{3}{4}x + 6$　② $a = 4$　③ $y = -\dfrac{3}{4}x + 3$

2 確率　(1) $\dfrac{1}{3}$　(2)① $\dfrac{7}{36}$　② $\dfrac{7}{36}$
(3) サイコロの目の数の和が 5 か 10 か 15 になればよい。
3つの数の組み合わせを (A, B, C)（ただし，$A \leqq B \leqq C$）と表す。サイコロの目の出る順番を変えると，A, B, C が全て異なるときは6通り，A, B, C のうちの2つが等しいときは3通り，A, B, C が全て等しいときは1通りある。
5…(1, 1, 3), (1, 2, 2) の $3 + 3 = 6$（通り）
10…(1, 3, 6), (1, 4, 5), (2, 2, 6), (2, 3, 5), (2, 4, 4), (3, 3, 4) の $6+6+3+6+3+3 = 27$（通り）
15…(3, 6, 6), (4, 5, 6), (5, 5, 5) の
$3 + 6 + 1 = 10$（通り）
よって，求める確率は，$\dfrac{6+27+10}{6^3} = \dfrac{43}{216}$

3 平面図形の基本・作図，関数 $y = ax^2$　ア．2
イ．$\dfrac{8}{3}$　ウ．-4　エ．4　オ．128　カ．$\dfrac{256}{3}$
(3) $y = x^2$ と $y = x + 2$ の交点は
$x^2 = x + 2$ より，$x^2 - x - 2 = 0$
$(x+1)(x-2) = 0$　　$x = -1, 2$
よって，$(-1, 1), (2, 4)$ となる。
右の図のように A$'(-1, 1)$,
B$'(2, 4)$, C$'(-1, 0)$,
D$'(2, 0)$ とする。
台形 A$'$C$'$D$'$B$'$ の面積は
$(1+4) \times 3 \times \dfrac{1}{2} = \dfrac{15}{2}$
(2)と同様に，余分な部分の
面積は $\dfrac{1^3}{3} + \dfrac{2^3}{3} = \dfrac{9}{3} = 3$
よって，求める面積は，$\dfrac{15}{2} - 3 = \dfrac{9}{2}$

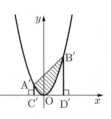

4 空間図形の基本，三平方の定理

(1) $18\sqrt{2}$

(2) AD の中点を E，BC の中点を F とする。
右の図から，
$PH = \sqrt{(6\sqrt{2})^2 - 3^2} = 3\sqrt{7}$

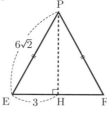

(3) 球 Q の中心を O とし，半径を r とおく。
△PEF の面積から
$\frac{1}{2}r(6\sqrt{2} + 6\sqrt{2} + 6)$
$= 6 \times 3\sqrt{7} \times \frac{1}{2}$
$(2\sqrt{2} + 1)r = 3\sqrt{7}$
$r = \frac{3\sqrt{7}}{2\sqrt{2}+1} \times \frac{2\sqrt{2}-1}{2\sqrt{2}-1}$
$= \frac{6\sqrt{14} - 3\sqrt{7}}{7}$

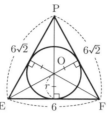

解き方 **1** (1) $\frac{-1+\sqrt{5}}{2}\left(\frac{-1+\sqrt{5}}{2} + 1\right) - 1$
$= \frac{\sqrt{5}-1}{2} \times \frac{\sqrt{5}+1}{2} - 1$
$= \frac{5-1}{4} - 1 = 0$

(2) 与式の分母を払って整理すると，
$\begin{cases} 6x + 4y = 3 \\ 2x + 4y = 5 \end{cases}$ これを解くと，$(x, y) = \left(-\frac{1}{2}, \frac{3}{2}\right)$

(3) A は 1 辺が 1 cm の正方形だから面積は 1 cm²。
B の短い方の辺の長さを x cm とすると長い方の辺は $(2-x)$ cm となる。$x < 2-x$ より $x < 1$ である。
面積は $x(2-x)$ cm² となるので，$1 : x(2-x) = 7 : 5$
$7x(2-x) = 5$ より，$7x^2 - 14x + 5 = 0$
これを解くと $x = \frac{7 \pm \sqrt{14}}{7}$
$x < 1$ より，$x = \frac{7-\sqrt{14}}{7}$

(4) ① $360° \div (2+4+3+3) \times 2 = 60°$
② 四角形 ABCD は右の図のようになる。
AC = 12 だから，AB = 6，
BC = $6\sqrt{3}$，AD = CD = $6\sqrt{2}$
なので，求める面積は，
$6 \times 6\sqrt{3} \times \frac{1}{2} + (6\sqrt{2})^2 \times \frac{1}{2}$
$= 18\sqrt{3} + 36$ (cm²)

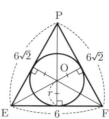

(5) ① 傾きは $\frac{0-6}{8-0} = -\frac{3}{4}$，$y$ 切片が 6 だから，
$y = -\frac{3}{4}x + 6$
② P $\left(a, -\frac{3}{4}a + 6\right)$ だから，
$\triangle OPQ = \frac{1}{2}a\left(-\frac{3}{4}a + 6\right) = 6$
$a^2 - 8a + 16 = 0$ $(a-4)^2 = 0$ より，$a = 4$
③ OA : OB = OQ : OR となればよいから，
$4 : 3 = a : \left(-\frac{3}{4}a + 6\right)$
$4\left(-\frac{3}{4}a + 6\right) = 3a$ より，$a = 4$
このとき R の座標は R (0, 3) なので，直線 QR は，
$y = -\frac{3}{4}x + 3$

2 (1) 1 か 6 の目が出ればよいから，$\frac{2}{6} = \frac{1}{3}$

(2) ① サイコロの目の数の和が 6 か 11 になればよい。
6 … (1, 5), (2, 4), (3, 3), (4, 2), (5, 1) の 5 通り
11 … (5, 6), (6, 5) の 2 通り
よって，$\frac{5+2}{6^2} = \frac{7}{36}$

② ① と同様に和が 4 か 9 になるのは
4 … (1, 3), (2, 2), (3, 1) の 3 通り
9 … (3, 6), (4, 5), (5, 4), (6, 3) の 4 通り
よって，$\frac{3+4}{6^2} = \frac{7}{36}$

3 (1) 与えられた式より，$a = 2$ のとき面積は，$\frac{2^3}{3} = \frac{8}{3}$

(2) $x^2 = 16$ より $x = \pm 4$ だから，A $(-4, 16)$，B $(4, 16)$
AB = 8，AC = 16 だから，長方形 ACDB = $8 \times 16 = 128$
余分な部分の面積は，$2 \times \frac{4^3}{3} = \frac{128}{3}$
よって，$128 - \frac{128}{3} = \frac{256}{3}$

4 (1) △PAB の高さは，
$\sqrt{9^2 - 3^2} = 6\sqrt{2}$
よって，面積は，
$6 \times 6\sqrt{2} \times \frac{1}{2} = 18\sqrt{2}$

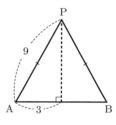

〈A. S.〉

大阪星光学院高等学校　問題 P.137

解答

1 因数分解，平方根，相似，数の性質，連立方程式，円周角と中心角，平面図形の基本・作図

(1) $2(x-3y)(x-y)$　(2) $\frac{5}{4}$　(3) $60 - 9\pi$
(4) (9, 1), (12, 8), (21, 19)　(5) 68　(6) ①，②

2 1 次関数，平行四辺形，関数 $y = ax^2$

(1) $x + 6$，$\frac{1}{3}$　(2) 27　(3) -12, 9

3 確率　(1) $\frac{1}{6}$　(2) $\frac{1}{20}$　(3) $\frac{1}{45}$

4 空間図形の基本，立体の表面積と体積，図形と証明，相似，三平方の定理　(1) $\frac{5\sqrt{3}}{2}$

(2) (証明) (例) △ABD と △AHC において，
弧 AB に対する円周角が等しいから，∠ADB = ∠ACH
AD は円の直径だから，∠ABD = 90°
AH は BC の垂線だから，∠AHC = 90°
したがって，∠ABD = ∠AHC
対応する 2 角が相等しいから，△ABD∽△AHC

(3) $\frac{7\sqrt{3}}{3}$　(4) $\frac{70\sqrt{2}}{3}$

5 平面図形の基本・作図，平行と合同，三角形，三平方の定理　(1) $135 - a$，$a - 45$，90，45　(2) $\sqrt{26}$

解き方 **1** (1) (与式) = $2x^2 - 8xy + 6y^2$
$= 2(x-3y)(x-y)$

(2) $a = \frac{\sqrt{5}-1}{4}$，$b = \frac{\sqrt{5}+1}{4}$ より，

$a+b=\frac{\sqrt{5}}{2}$, $ab=\frac{1}{4}$

(与式) $= 17ab - 4(a^2+b^2) = -4(a^2+2ab+b^2) + 25ab$

$= -4(a+b)^2 + 25ab = -4 \times \left(\frac{\sqrt{5}}{2}\right)^2 + 25 \times \frac{1}{4} = \frac{5}{4}$

(3) △AOD∽△ABC より,
AD:AC = OD:BC
$(24-r):24 = r:8$ $r=6$
求める面積は,
△ABC−正方形 OECD−扇形 ODF
$= \frac{1}{2} \times 24 \times 8 - 6^2 - \frac{1}{4} \times 6^2 \pi$
$= 60 - 9\pi$

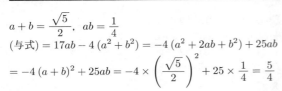

(4) $x^2 - y^2 = (x-y)(x+y)$,
x, y は正の整数, $x-y < x+y$
$80 = 1\times 80$, 2×40, 4×20, 5×16, 8×10
・$x-y=1$, $x+y=80$, $(x,y)=×$
・$x-y=2$, $x+y=40$, $(x,y)=(21, 19)$
・$x-y=4$, $x+y=20$, $(x,y)=(12, 8)$
・$x-y=5$, $x+y=16$, $(x,y)=×$
・$x-y=8$, $x+y=10$, $(x,y)=(9, 1)$
よって, $(x,y)=(9, 1), (12, 8), (21, 19)$

(5) $x = \angle BAD = \angle BED$
$= \angle BEC + \angle CED$
・$\angle BEC = \frac{1}{2}\angle BOC$
  $= \frac{1}{2} \times (180° - 2\times 43°) = 47°$
・$\angle CED = 21°$
よって, $x = 47° + 21° = 68°$

(6) 6つの辺の長さが等しいことと, 6つの角の大きさが等しいことが同時になりたつときに正六角形となる。

2 (1) 正方形 OABC の面積から
$\frac{1}{2} \times OB^2 = 18$
$OB = 6$
よって, B(0, 6)
BC の傾きは 1
よって, BC は $y = x+6$
また, A(3, 3) (, C(−3, 3))
より, $3 = a \times 3^2$ $a = \frac{1}{3}$

(2) $y = \frac{1}{3}x^2$ と $y = x+6$ の交点 C, D の x 座標は,
$\frac{1}{3}x^2 = x+6$ $x^2 - 3x - 18 = 0$ $(x+3)(x-6) = 0$
より, $x = -3, 6$ C(−3, 3), D(6, 12)
△OCD $= \frac{1}{2} \times OB \times (3+6) = \frac{1}{2} \times 6 \times 9 = 27$

(3) 点 D を通って OC に平行な直線は, $y = -x + 18$
y 切片は 18
したがって, 点 P は, OC に平行で y 切片が $2 \times 18 = 36$ の直線 $y = -x + 36$ 上の点でもある。
よって, 点 P の x 座標は, $\frac{1}{3}x^2 = -x + 36$
$x^2 + 3x - 108 = 0$
$(x+12)(x-9) = 0$ $x = -12, 9$

3 箱に 1 つずつ玉を入れる入れ方は全部で,
$6\times 5\times 4\times 3\times 2\times 1$ 通りで, これらは同様に確からしい。
(1) 1 番の箱には 1 番の玉, 2〜6 番の箱には 1 番以外の玉が入るから, 入り方は, $1\times 5\times 4\times 3\times 2\times 1$ 通り。
求める確率は, $\frac{1\times 5\times 4\times 3\times 2\times 1}{6\times 5\times 4\times 3\times 2\times 1} = \frac{1}{6}$

(2) 偶数番の箱には偶数番の玉, 残りの奇数番の箱には残りの奇数番の玉が入るから, 入り方は,
$(3\times 2\times 1) \times (3\times 2\times 1)$ 通り。
求める確率は,
$\frac{(3\times 2\times 1) \times (3\times 2\times 1)}{6\times 5\times 4\times 3\times 2\times 1} = \frac{3\times 2\times 1}{6\times 5\times 4} = \frac{1}{20}$

(3) 1 番の箱 ① から 6 番の箱 ⑥ に入りうる玉の番号は,
① 1, 2, 3, 4, 5, 6
② 1, 3, 5
③ 1, 2, 4, 5
④ 1, 3, 5
⑤ 1, 2, 3, 4, 6
⑥ 1, 5
である。したがって, 箱 ⑥ に 1 の玉が入る場合は
箱 ⑥ ② ④ ③ ⑤ ①

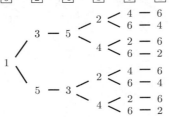

の 8 通り。
箱 ⑥ に, 5 の玉が入る場合も同様にして 8 通り。
求める確率は, $\frac{2\times 8}{6\times 5\times 4\times 3\times 2\times 1} = \frac{1}{45}$

4 (1) CH = x とおくと, BH = $8-x$ 三平方の定理から,
△ABH で, $AB^2 - BH^2 = AH^2$ $7^2 - (8-x)^2 = AH^2$
△ACH で, $AC^2 - CH^2 = AH^2$ $5^2 - x^2 = AH^2$
$7^2 - (8-x)^2 = 5^2 - x^2$ $16x = 40$ $x = \frac{5}{2}$
よって, $AH = \sqrt{5^2 - x^2} = \sqrt{5^2 - \left(\frac{5}{2}\right)^2} = \frac{5\sqrt{3}}{2}$

(3) (2)から, △ABD∽△AHC
AB:AD = AH:AC $7:AD = \frac{5\sqrt{3}}{2}:5$
$AD = \frac{14}{\sqrt{3}}$
$OA = \frac{1}{2}AD = \frac{1}{2} \times \frac{14}{\sqrt{3}} = \frac{7}{\sqrt{3}} = \frac{7\sqrt{3}}{3}$

(4) 四面体 PABC において, △ABC を底面とすると, 高さは PO となる。
三平方の定理から,
$PO = \sqrt{PA^2 - OA^2} = \sqrt{7^2 - \left(\frac{7}{\sqrt{3}}\right)^2} = \frac{7\sqrt{2}}{\sqrt{3}}$
四面体 PABC $= \frac{1}{3} \times △ABC \times PO$
$= \frac{1}{3} \times \left(\frac{1}{2} \times BC \times AH\right) \times PO$
$= \frac{1}{3} \times \frac{1}{2} \times 8 \times \frac{5\sqrt{3}}{2} \times \frac{7\sqrt{2}}{\sqrt{3}} = \frac{70\sqrt{2}}{3}$

5 (1) △FBG ≡ △FDH より，
∠DFH = $90° - a°$
・∠DFC = ∠DFH + ∠HFC
　　　 = $(90° - a°) + 45°$
　　　 = $135° - a°$
・∠EFC = ∠GFC − ∠GFE
　　　 = $45° - (90° - a°)$
　　　 = $a° - 45°$
・∠DFE = ∠DFC + ∠CFE
　　　 = $(135° - a°) + (a° - 45°) = 90°$
△FDE は，FD = FE，∠DFE = $90°$ の二等辺三角形だから，∠FDE = $45°$

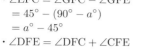

(2) 外接円の中心 O は，辺 CE の垂直二等分線と，辺 CF の垂直二等分線の交点。
辺 CE の中点を M とおく。
外接円の半径を R とおくと，
R = OC = OE = OF
三平方の定理から，
R = OC = $\sqrt{CM^2 + OM^2}$
　　 = $\sqrt{1^2 + 5^2} = \sqrt{26}$

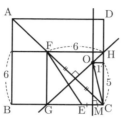

〈Y. K.〉

開成高等学校

問題 P.138

解 答

1 │ 因数分解，連立方程式 │
(1) $(x-18)(x-19)(x-23)(x-24)$
(2) $x = -\dfrac{\sqrt{21}}{7}$，$y = \dfrac{2\sqrt{35}}{7}$

2 │ 連立方程式，1 次関数，図形と証明，三平方の定理，関数 $y=ax^2$ │
(1) A $\left(-1, \dfrac{\sqrt{3}}{6}\right)$，B $\left(3, \dfrac{3\sqrt{3}}{2}\right)$，C $\left(-5, \dfrac{25\sqrt{3}}{6}\right)$
(2) $\left(-1, \dfrac{17\sqrt{3}}{6}\right)$ (3) $y = \sqrt{3}x - \dfrac{3\sqrt{3}}{2}$
(4) (証明)(例) $y = \dfrac{\sqrt{3}}{6}x^2$ と $y = \sqrt{3}x - \dfrac{3\sqrt{3}}{2}$ より
$\dfrac{\sqrt{3}}{6}x^2 - \sqrt{3}x + \dfrac{3\sqrt{3}}{2} = 0$
$x^2 - 6x + 9 = 0$　$(x-3)^2 = 0$　$x = 3$
このとき，$y = \sqrt{3} \times 3 - \dfrac{3\sqrt{3}}{2} = \dfrac{3\sqrt{3}}{2}$
ゆえに，$y = \dfrac{\sqrt{3}}{6}x^2$ のグラフ上にも
直線 $y = \sqrt{3}x - \dfrac{3\sqrt{3}}{2}$ の上にもある点は，
$\left(3, \dfrac{3\sqrt{3}}{2}\right)$ のみ，すなわち，点 B のみである。

3 │ 場合の数 │ (1) 17 組　(2) 45 組　(3) 508 組

4 │ 空間図形の基本，立体の表面積と体積，相似，三平方の定理 │ (1) $8\sqrt{2}$　(2) AH = $\dfrac{7}{3}$　(3) AR = $\dfrac{2}{3}$
(4) AQ = $\dfrac{7+\sqrt{47}}{3}$，AR = $\dfrac{7-\sqrt{47}}{3}$
AQ = 2，AR = $\dfrac{1}{9}$

AQ = 3，AR = $\dfrac{2}{27}$

解き方　**1** (1) $x - 21 = A$ とおくと，
(与式) = $A^4 - 13A^2 + 36 = (A^2 - 4)(A^2 - 9)$
= $(A-2)(A+2)(A-3)(A+3)$

2 (1) $y = \dfrac{\sqrt{3}}{6}x^2$ …①
直線 AB の式は，$y = \dfrac{1}{\sqrt{3}}x + \dfrac{\sqrt{3}}{2}$ …②
①，②より，$\dfrac{\sqrt{3}}{6}x^2 - \dfrac{1}{\sqrt{3}}x - \dfrac{\sqrt{3}}{2} = 0$
$x^2 - 2x - 3 = 0$　$x = -1, 3$
よって，A $\left(-1, \dfrac{\sqrt{3}}{6}\right)$，B $\left(3, \dfrac{3\sqrt{3}}{2}\right)$
直線 BC の式は，$y = -\dfrac{1}{\sqrt{3}}x + \dfrac{5\sqrt{3}}{2}$ …③
①，③より，$\dfrac{\sqrt{3}}{6}x^2 + \dfrac{1}{\sqrt{3}}x - \dfrac{5\sqrt{3}}{2} = 0$
$x^2 + 2x - 15 = 0$　$x = 3, -5$
よって，C $\left(-5, \dfrac{25\sqrt{3}}{6}\right)$

(2) 直線 AC の傾きは $-\sqrt{3}$ である。したがって，△ABC は ∠BCA = $30°$，∠CAB = $90°$ の直角三角形である。
ゆえに，3 点 A，B，C を通る円の中心は，斜辺 BC の中点である。
(3) 求める接線は③と垂直であるから，その傾きは $\sqrt{3}$ である。

3 $A = 10a + k$，$B = 10b + k$ とおく。
ただし，a，b，k は 1，2，3，4，5，6，7，8，9 のいずれかの値をとる。
(1) $k = 7$ のときであるから，
$AB = (10a+7)(10b+7) = 100ab + 7(10a+10b+7)$
積 AB が 7 で割り切れるのは，積 ab が 7 で割り切れるときであり，$9^2 - 8^2 = 17$（組）
(2) $k = 6$ のときであるから，
$AB = (10a+6)(10b+6) = 100ab + 6(10a+10b+6)$
積 AB が 6 で割り切れるのは，積 ab が 3 で割り切れるときであり，$9^2 - 6^2 = 45$（組）
(3) $AB = (10a+k)(10b+k) = 100ab + k(10a+10b+k)$
積 AB が k で割り切れるのは，$100ab$ が k で割り切れるときである。
(ア) $k = 1$ のとき，$9^2 = 81$（組）
(イ) $k = 2$ のとき，$9^2 = 81$（組）
(ウ) $k = 3$ のとき，積 ab が 3 で割り切れるときであり
$9^2 - 6^2 = 45$（組）
(エ) $k = 4$ のとき，$9^2 = 81$（組）
(オ) $k = 5$ のとき，$9^2 = 81$（組）
(カ) $k = 6$ のとき，(2)より 45 組
(キ) $k = 7$ のとき，(1)より 17 組
(ク) $k = 8$ のとき，積 ab が 2 で割り切れるときであり
$9^2 - 5^2 = 56$（組）
(ケ) $k = 9$ のとき，積 ab が 9 で割り切れるときであり，
a，b の少なくとも一方が 9 のとき，$9^2 - 8^2 = 17$（組）
a，b がともに 9 と異なるとき，$2^2 = 4$（組）
よって，$17 + 4 = 21$（組）　ゆえに，
$81 + 81 + 45 + 81 + 81 + 45 + 17 + 56 + 21 = 508$（組）

4 (1) 辺 BC の中点を M とすると，
AM $= \sqrt{6^2 - 2^2} = 4\sqrt{2}$

(2) $\triangle ABC = \dfrac{1}{2} \times AC \times BJ$

$8\sqrt{2} = \dfrac{1}{2} \times 6 \times BJ$

$BJ = \dfrac{8\sqrt{2}}{3}$

$PH = \dfrac{1}{2} BJ = \dfrac{4\sqrt{2}}{3}$

AH $= \sqrt{AP^2 - PH^2} = \sqrt{3^2 - \left(\dfrac{4\sqrt{2}}{3}\right)^2} = \dfrac{7}{3}$

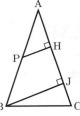

(3) 辺 AD 上の点 K を $\angle PKA = 90°$ となるようにとると，
(2)と同様に，AK $= \dfrac{7}{3}$

ここで，PQ ＝ PR, PH ＝ PK より QH ＝ RK

AQ ＝ q, AR ＝ r とおくと，$q > r$ より，

QH $= q - \dfrac{7}{3}$, RK $= \dfrac{7}{3} - r$ これらが等しいから

$q - \dfrac{7}{3} = \dfrac{7}{3} - r$ $q + r = \dfrac{14}{3}$ …①

$q = 4$ のとき，$r = \dfrac{14}{3} - 4 = \dfrac{2}{3}$

(4) $\dfrac{\text{四面体 APQR}}{\text{四面体 ABCD}} = \dfrac{AP}{AB} \times \dfrac{AQ}{AC} \times \dfrac{AR}{AD}$

$= \dfrac{3}{6} \times \dfrac{q}{6} \times \dfrac{r}{6} = \dfrac{qr}{72}$

よって，$\dfrac{qr}{72} = \dfrac{1}{324}$ より，$qr = \dfrac{2}{9}$ …②

(ア) PQ ＝ PR のとき，(3)より，$q + r = \dfrac{14}{3}$ …①

①, ②より，q, r は 2 次方程式 $t^2 - \dfrac{14}{3}t + \dfrac{2}{9} = 0$ の解

である。$t = \dfrac{7 \pm \sqrt{47}}{3}$ と $q > r$ より，

$q = \dfrac{7 + \sqrt{47}}{3}$, $r = \dfrac{7 - \sqrt{47}}{3}$

(イ) QP ＝ QR のとき，辺 AB 上の点 S および辺 AD 上の点 T を $\angle QSA = \angle QTA = 90°$ となるようにとる。
(2)より

AP : AH $= 3 : \dfrac{7}{3} = 9 : 7$ であるから，AS ＝ AT $= \dfrac{7}{9}q$ である。

このとき，QP ＝ QR となるのは PS ＝ RT となるとき，すなわち r ＝ AP ＝ 3 または $\dfrac{3+r}{2} = \dfrac{7}{9}q$ となるときである。

$r = 3$ のとき，②より $q = \dfrac{2}{27}$ となるが，これは $q > r$ に反する。

$\dfrac{3+r}{2} = \dfrac{7}{9}q$ のとき，$r = \dfrac{14}{9}q - 3$

②に代入して，$q\left(\dfrac{14}{9}q - 3\right) = \dfrac{2}{9}$ $14q^2 - 27q - 2 = 0$

$q > 0$ より，$q = 2$ このとき②より，$r = \dfrac{1}{9}$
これは $q > r$ を満たす。

(ウ) RP ＝ RQ のとき，辺 AB 上の点 U および辺 AC 上の点 V を $\angle RUA = \angle RVA = 90°$ となるようにとると，(イ)と同様に
AU ＝ AV $= \dfrac{7}{9}r$ である。

このとき，RP ＝ RQ となるのは PU ＝ QV となるとき，すなわち，q ＝ AP ＝ 3 または

$\dfrac{3+q}{2} = \dfrac{7}{9}r$ となるときである。

$q = 3$ のとき，②より $r = \dfrac{2}{27}$ これは $q > r$ を満たす。

$\dfrac{3+q}{2} = \dfrac{7}{9}r$ のとき，$q = \dfrac{14}{9}r - 3$

②に代入して，$\left(\dfrac{14}{9}r - 3\right)r = \dfrac{2}{9}$ $r > 0$ より，$r = 2$
このとき，②より $q = \dfrac{1}{9}$ これは $q > r$ に反する。

〈K. Y.〉

関西学院高等部 問題 P.139

解 答

1 式の計算，平方根，多項式の乗法・除法

(1) $\dfrac{1}{3}xy^2$ (2) $2\sqrt{6} + 18\sqrt{3}$ (3) $\dfrac{-a^2 + b^2}{3}$

2 因数分解，連立方程式 (1) $(a+2b)^2(a-2b)$

(2) $x = \dfrac{8}{5}$, $y = -\dfrac{3}{5}$

3 2 次方程式の応用 $a = 3$

4 関数 $y = ax^2$ $4\sqrt{2}$

5 連立方程式の応用 396

6 図形と証明，円周角と中心角

(証明) (例) [右図のように太線で示した $\overset{\frown}{AB}$ と $\overset{\frown}{AE}$ の長さが等しい場合]
仮定より，AB ＝ AE…①
△AEB は AB ＝ AE の二等辺三角形であるから，
∠ABC ＝ ∠AED…②
①より，$\overset{\frown}{AB} = \overset{\frown}{AE}$
長さの等しい弧に対する円周角は等しいので，
∠ACE ＝ ∠ADB…③
外角の定理より，
∠BAC ＝ ∠ACE − ∠ABC, ∠EAD ＝ ∠ADB − ∠AED
②, ③より，∠BAC ＝ ∠EAD…④
①, ②, ④より，1 組の辺とその両端の角がそれぞれ等しいので △ABC ≡ △AED

7 場合の数 (1) 43 個 (2) 47 個

解き方 **1** (1) (与式) $= \left\{\dfrac{x^6y^{12}}{3} - \dfrac{36x^6y^{12}}{24}\right\}$

$\div \left(-\dfrac{x^9y^3}{8}\right) \times \dfrac{x^4}{28y^7}$

$= -\dfrac{7x^6y^{12}}{6} \times \left(-\dfrac{8}{x^9y^3}\right) \times \dfrac{x^4}{28y^7}$

$= \dfrac{7}{6} \times 8 \times \dfrac{1}{28} \times x^{6-9+4}y^{12-3-7} = \dfrac{1}{3}xy^2$

数学 | 97　解　答

(2) (与式)
$= 10\sqrt{2} - 2\sqrt{3} + 20\sqrt{3} - 6\sqrt{2} - \dfrac{24 - 12\sqrt{3}}{3\sqrt{2}}$
$= 4\sqrt{2} + 18\sqrt{3} - (4\sqrt{2} - 2\sqrt{6}) = 2\sqrt{6} + 18\sqrt{3}$

(3) (与式)
$= \dfrac{3(a-b)^2 - 2(3a+b)(a-b) + (a+3b)(a-b)}{6}$
$= \dfrac{(a-b)\{3(a-b) - 2(3a+b) + a+3b\}}{6}$
$= \dfrac{(a-b)(-2a-2b)}{6} = -\dfrac{1}{3}(a-b)(a+b) = \dfrac{-a^2+b^2}{3}$

2 (1) (与式) $= a^2(a+2b) - 4b^2(a+2b)$
$= (a+2b)(a^2 - 4b^2)$
$= (a+2b)(a+2b)(a-2b) = (a+2b)^2(a-2b)$

(2) $\dfrac{5}{6}x + \dfrac{14}{3} = A$, $\dfrac{1}{3}y - \dfrac{14}{5} = B$ とおく。
$\begin{cases} 3A - 5B = 33 & \cdots ① \\ 2A - 5(-B) = -3 & \cdots ② \end{cases}$
① + ②…$5A = 30$　　$A = 6$
①に代入して，$3 \times 6 - 5B = 33$　　$B = -3$
$(A =) \dfrac{5}{6}x + \dfrac{14}{3} = 6$ を解いて，$x = \dfrac{8}{5}$
$(B =) \dfrac{1}{3}y - \dfrac{14}{5} = -3$ を解いて，$y = -\dfrac{3}{5}$

3 ①を解くと，$(x-1)(x-3) = 0$ より，$x = 1, 3$
方程式②が $x = 3$ を解としてもつので，
$x^2 - a^2 x + 6a = 0$ に $x = 3$ を代入して，$9 - 3a^2 + 6a = 0$
辺々を整理すると，$a^2 - 2a - 3 = 0$
$(a+1)(a-3) = 0$　　$a = -1, 3$
[$a = -1$ のとき]
方程式②は $x^2 - x - 6 = 0$
$(x+2)(x-3) = 0$　　$x = -2, 3$
$x = 3$ は方程式②の大きい方の解となり不適。
[$a = 3$ のとき]
方程式②は $x^2 - 9x + 18 = 0$
$(x-3)(x-6) = 0$　　$x = 3, 6$
$x = 3$ は方程式②の小さい方の解となり，条件を満たす。
答えは，$a = 3$

4 放物線 $y = \dfrac{1}{2}x^2$ 上に
点 P(a, a) があることから，
$a = \dfrac{1}{2}a^2$　　$a^2 - 2a = 0$
$a(a-2) = 0$　　$a = 0, 2$
$a > 0$ より，$a = 2$
C$(0, 2)$ とする。 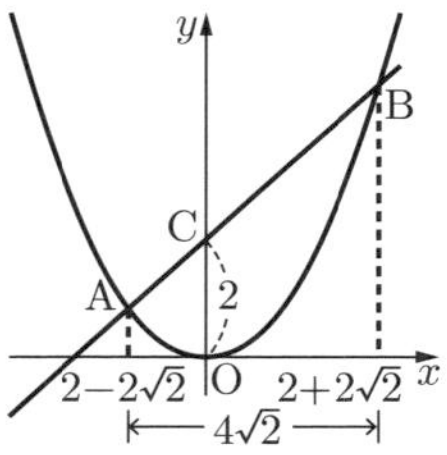
$y = \dfrac{1}{2}x^2$ と $y = 2x + 2$ の交点
A，B の x 座標を求める。
$\dfrac{1}{2}x^2 = 2x + 2$　　$x^2 - 4x - 4 = 0$
これを解くと，$x = 2 \pm 2\sqrt{2}$
△OAB = OC × (A と B の x 座標の差) × $\dfrac{1}{2}$
$= 2 \times \{(2 + 2\sqrt{2}) - (2 - 2\sqrt{2})\} \times \dfrac{1}{2} = 4\sqrt{2}$

5 もとの整数の百の位，一の位の数を x, y とする。
$x + y = 9 \cdots ①$
もとの整数，百の位と一の位の数を入れかえてできる数は
それぞれ $100x + 90 + y$，$100y + 90 + x$ と表せる。
$100y + 90 + x = 3(100x + 90 + y - 200) + 105 \cdots ②$
①より，$y = 9 - x \cdots ①'$
①' を②に代入して，

$990 - 99x = 3(99x - 101) + 105$
$-396x = -1188$　　$x = 3$
①' に代入して，$y = 6$
したがって，もとの整数は，396

6 1つの円について，円周上の1点か 図1
らは直径とは異なる長さの等しい弦を
2本引くことができる。（図1） 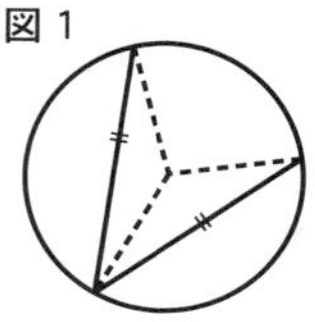
同じ大きさの2つの円が2点A，Fで
交わっているとき，直径とは異なる長
さの等しい弦を4本（AP，AQ，AR,
AS）引くことができる。

(図2)
本問では線分 BE が2つ 図2
の円と2点C，Dで交わ
るという設定であるから，
図2のPとSの位置にB
とEをとったと考えるの
が自然だろう。
Q = B，R = E の場合，線分 BE は2つの円のどちらとも
交わらない。
ちなみにBとEをPとR 図3
の位置に，あるいはQと
Sの位置にとった場合，
図3のように線分 BE は
点Fを通るため，2点C，
Dが一致してしまう。

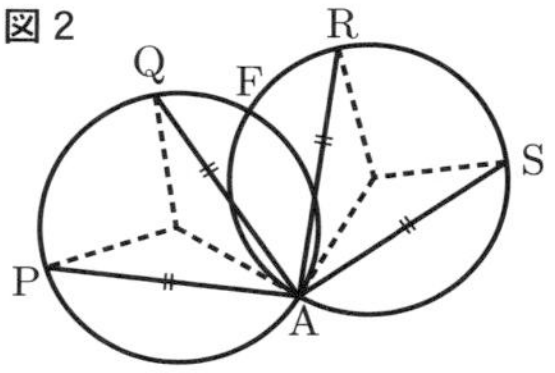

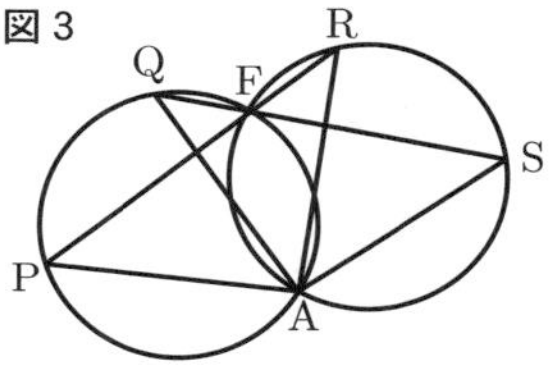

7 (1) 2ケタの整数…$5 \times 4 = 20$（個）
3ケタの整数
$\boxed{1}\boxed{\ }\boxed{\ }$…$4 \times 3 = 12$（個）
$\boxed{2}\boxed{1}\boxed{\ }$，$\boxed{2}\boxed{3}\boxed{\ }$，$\boxed{2}\boxed{4}\boxed{\ }$…$3 \times 3 = 9$（個）
$\boxed{2}\boxed{5}\boxed{\ }$…251，253 の 2 個
したがって，$20 + 12 + 9 + 2 = 43$（個）
(2) 2ケタの整数
$\boxed{\ }\boxed{0}$…6個　　$\boxed{\ }\boxed{5}$…5個
3ケタの整数
$\boxed{1}\boxed{\ }\boxed{0}$…5個　　$\boxed{1}\boxed{\ }\boxed{5}$…5個
$\boxed{2}\boxed{\ }\boxed{0}$…5個　　$\boxed{2}\boxed{\ }\boxed{5}$…5個
$\boxed{3}\boxed{\ }\boxed{0}$…5個　　$\boxed{3}\boxed{\ }\boxed{5}$…5個
$\boxed{4}\boxed{\ }\boxed{0}$…3個　　$\boxed{4}\boxed{\ }\boxed{5}$…3個
$(6 + 5) + (5 \times 6 + 3 \times 2) = 11 + 36 = 47$（個）

〈A. T.〉

解 答 　　　　　　　数学 | 98

近畿大学附属高等学校　　問題 P.139

解 答

1 　式の計算，平方根，因数分解，2 次方程式

(1) $-\dfrac{x+y}{35}$ 　(2) $-7\sqrt{10}$

(3) $\dfrac{1}{6}(x+y)(x-3y)$ 　(4) $x=2\pm\sqrt{13}$

2 　平方根，1 次関数，確率，連立方程式，連立方程式の応用

(1) 4 個 　(2) $a=12$, $b=0$ 　(3) $\dfrac{4}{9}$

(4) $a=4$, $b=7$, $c=2$ 　(5) A：秒速 9 cm，B：秒速 6 cm

3 　数・式を中心とした総合問題 　ア．102 　イ．9

ウ．4 　エ．10 　オ．18 　カ．188 　キ．544

4 　関数 $y=ax^2$，円周角と中心角，三平方の定理

(1) $y=x$ 　(2) $(3, 9)$ 　(3) $(-1, 2)$ 　(4) 17π

(5) $\left(\dfrac{4+\sqrt{34}}{2}, \dfrac{10+\sqrt{34}}{2}\right)$

5 　平面図形の基本・作図，円周角と中心角，相似，平行線と線分の比，三平方の定理 　(1) 8 　(2) $\sqrt{10}$ 　(3) $\dfrac{10}{3}$ 　(4) 5

解き方

1 (1) (与式) $=\dfrac{5(4x-3y)-7(3x-2y)}{35}$

$\qquad =\dfrac{-x-y}{35}=-\dfrac{x+y}{35}$

(2) (与式) $=\left(-8\times 3\sqrt{3}+\dfrac{2\sqrt{3}}{3}\right)\times\sqrt{\dfrac{3}{10}}$

$=\left(-24\sqrt{3}+\dfrac{2\sqrt{3}}{3}\right)\times\dfrac{\sqrt{30}}{10}$

$=-\dfrac{70\sqrt{3}}{3}\times\dfrac{\sqrt{30}}{10}=-7\sqrt{10}$

(3) (与式) $=\dfrac{1}{6}(x^2-2xy-3y^2)=\dfrac{1}{6}(x+y)(x-3y)$

(4) 式を展開して整理すると，$x^2-4x-9=0$

解の公式から，$x=-(-2)\pm\sqrt{(-2)^2-(-9)}=2\pm\sqrt{13}$

2 (1) $72=2^3\times 3^2$ より，$\sqrt{\dfrac{72}{n}}=\sqrt{\dfrac{2^3\times 3^2}{n}}$

これが自然数となる n の値は，$n=2$, 2^3, 2×3^2, $2^3\times 3^2$ の 4 個

(2) $1\leqq x\leqq 4$ のときの y の変域は，$a>0$ より，

$y=\dfrac{a}{x}$ では，$\dfrac{a}{4}\leqq y\leqq a$

$y=3x+b$ では，$3+b\leqq y\leqq 12+b$ となる。

これらが一致するので，

$\dfrac{a}{4}=3+b\cdots$① 　かつ $a=12+b\cdots$②

①，②を解いて，$a=12$, $b=0$

(3) 合計が奇数になるのは，(奇数) ＋ (偶数) しかないので，じゃんけんをする 2 人を A 君と B 君とすると，1 人が偶数，もう 1 人が奇数の指の本数を出せばよい。

したがって，指の本数は

(A 君，B 君) $=(0, 5)$, $(2, 5)$, $(5, 0)$, $(5, 2)$ の 4 組のみ。

手の出し方は全部で，$3\times 3=9$ (通り) なので，求める確率は，$\dfrac{4}{9}$

(4) $\begin{cases} ax-y=b \\ x-ay=-2 \end{cases}$ の解が $\begin{cases} x=c \\ y=1 \end{cases}$ なので，x, y にそれぞれ代入すると，$\begin{cases} ac-1=b & \cdots① \\ c-a=-2 & \cdots② \end{cases}$

$\begin{cases} ax-7y=10 \\ x+y=b+1 \end{cases}$ の解が $\begin{cases} x=6 \\ y=c \end{cases}$ なので，x, y にそれ

ぞれ代入すると，$\begin{cases} 6a-7c=10 & \cdots③ \\ 6+c=b+1 & \cdots④ \end{cases}$

②，③を解くと，$a=4$, $c=2$

これらを①に代入して，$b=7$

(5) A，B の速さをそれぞれ毎秒 a (cm)，b (cm) とすると，

$16a+16b=300-(25+35)$

すなわち，$a+b=15\cdots$①

また，$80(a-b)=300-(25+35)$

すなわち，$a-b=3\cdots$②

よって，①，②より，$a=9$, $b=6$

3 (1) $a+b=1\cdots$①，$b+c=2\cdots$②，$c+a=3\cdots$③とすると，①＋②＋③より，$2(a+b+c)=6$

$a+b+c=3$

よって，①，②，③をそれぞれ代入して，

$a=1$, $b=0$, $c=2$ 　ゆえに，$N=102$

(2) $a+b=b+c=c+a$ より，

$\begin{cases} a+b=b+c & \cdots④ \\ a+b=c+a & \cdots⑤ \end{cases}$ 　とできるので，

④より，$a=c$，⑤より，$b=c$ 　したがって，$a=b=c$

よって，a は $1\leqq a\leqq 9$ を満たす整数であることから，

$N=111$, 222, 333, 444, 555, 666, 777, 888, 999 の 9 個ある。

(3) $A+B+C=8$ のとき，$2(a+b+c)=8$

すなわち，$a+b+c=4$

0 以上の整数で和が 4 になる 3 つの数字の組み合わせは，

(大，中，小) $=(4, 0, 0)$, $(3, 1, 0)$, $(2, 2, 0)$, $(2, 1, 1)$ の 4 組ある。

a, b, c はそれぞれ $1\leqq a\leqq 9$, $0\leqq b\leqq 9$, $0\leqq c\leqq 9$ を満たす整数なので，

$(4, 0, 0)$ のとき，$N=400$ の 1 個

$(3, 1, 0)$ のとき，$N=310$, 301, 130, 103 の 4 個

$(2, 2, 0)$ のとき，$N=220$, 202 の 2 個

$(2, 1, 1)$ のとき，$N=211$, 121, 112 の 3 個

以上，合計 $1+4+2+3=10$ (個)

(4) $B=5$ より，$b+c=5$

これを満たし，N が 5 の倍数となるには，下 2 桁が 05 か 50 しかない。a は 1 から 9 までの整数が考えられるので，N は $9\times 2=18$ (個) ある。

(5) $A=9$ より，$a+b=9$

$C=9$ より，$c+a=9$

これらの差を考えると，$b-c=0$ 　すなわち，$b=c$ となる。よって，下 2 桁の数字は同じである。

この条件を満たし，N が 4 の倍数となるのは，下 2 桁が 00 か 44 か 88 の 3 通りしかない。

よって，$a+b=9$ も考えると，N の値は，

$N=900$, 544, 188 の 3 つあるので，小さい順に並べると，

188, 544, 900

4 (1) 点 $A_1(1, 1)$ より，直線 l_1 の式は $y=x$

(2) 点 $A_2(-2, 4)$ より，直線 l_3 の式は，$y=x+6$

これと $y=x^2$ の交点を求めればよいので，連立して，

$x^2=x+6$ これを解いて，$x=-2$, 3

よって，点 A_3 の座標は $(3, 9)$

(3) $\angle OA_1A_2=90°$ より，円 C_1 の中心は線分 OA_2 の中点となる。したがって，$(-1, 2)$

(4) $\angle A_1A_2A_3=90°$ より，円 C_2 の直径は線分 A_1A_3 とわかる。ここで，2 点 $A_1(1, 1)$，$A_3(3, 9)$ より三平方の定理を用いると，

$A_1A_3=\sqrt{(3-1)^2+(9-1)^2}=\sqrt{4+64}=2\sqrt{17}$

よって，半径は $\sqrt{17}$ となり，円 C_2 の面積は

旺文社 2021 全国高校入試問題正解

$(\sqrt{17})^2\pi = 17\pi$
(5) 右図のように考える。
円 C_1 の中心 $(-1, 2)$ であり，
円 C_2 の中心 $(2, 5)$ なので，
この2点を結ぶ直線は
$y = x + 3$
したがって，求める点は直線
$y = x + 3$ と円 C_2 の交点となり，円 C_2 の半径が $\sqrt{17}$ であることから，求める座標は
$\left(2 + \dfrac{\sqrt{17}}{\sqrt{2}},\ 5 + \dfrac{\sqrt{17}}{\sqrt{2}}\right)$
有理化して整理すると，
$\left(\dfrac{4 + \sqrt{34}}{2},\ \dfrac{10 + \sqrt{34}}{2}\right)$ となる。

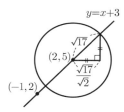

5 適宜，右図を参照すること。
(1) 線分 AB は円の直径なので，
$\angle ADB = 90°$ したがって，
$\triangle ABD$ にて三平方の定理より，
$AB^2 = BD^2 + AD^2$ なので，
$AD = \sqrt{10^2 - 6^2} = 8$
(これは 3:4:5 の辺の比を用いてもよい。)
(2) $OC \parallel AD$ より，
$\angle OFB = \angle ADB = 90°$
また，$OB = OC = 5$，$BF = FD = 3$ より，$OF = 4$ なので，
$FC = 5 - 4 = 1$
よって，$\triangle BCF$ にて三平方の定理より，
$BC^2 = BF^2 + CF^2$ なので，$BC = \sqrt{3^2 + 1^2} = \sqrt{10}$
(3) $BE = x$ とする。$\triangle EOC \backsim \triangle EAD$ より，その相似比は $OC:AD = 5:8$ したがって，$EO:EA = 5:8$ となるので，$(x+5):(x+10) = 5:8$
これを解いて，$x = \dfrac{10}{3}$
(4)(3)より，$EB:EA = \dfrac{10}{3}:\left(\dfrac{10}{3} + 10\right) = 1:4$
$EC:ED = OC:AD = 5:8$
となるので，
$\triangle BEC = \triangle AED \times \dfrac{EB}{EA} \times \dfrac{EC}{ED}$
$= \left(\triangle ABD \times \dfrac{AE}{AB}\right) \times \dfrac{1}{4} \times \dfrac{5}{8}$
$= \left(\dfrac{1}{2} \times 6 \times 8 \times \dfrac{4}{3}\right) \times \dfrac{5}{32} = 5$

〈Y. D.〉

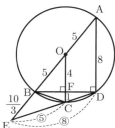

久留米大学附設高等学校

問題 P.140

解答

1 連立方程式，平方根，円周角と中心角，数の性質
(1) $x = 9$，$y = 3$ (2) 2
(3) $\angle BDE = 65$ 度 (4) $(p, q) = (13, 7)$
(5) $(m, n) = (4, 42),\ (6, 34)$

2 関数を中心とした総合問題 (1) $A(1, a)$
(2) $p + q = 1$ (3) $R\left(\dfrac{1}{2}, 2a\right)$
(4) $p = \dfrac{1-\sqrt{7}}{2}$，$q = \dfrac{1+\sqrt{7}}{2}$ (5) $a = \dfrac{\sqrt{2}}{2}$

3 1次関数，関数 $y = ax^2$，場合の数，確率
(1) 4通り (2) 5通り (3) $\dfrac{1}{72}$ (4) $\dfrac{1}{24}$ (5) 6通り

4 円周角と中心角，中点連結定理，三平方の定理
(1) $MN = 2$ (2) $\triangle PMN = \dfrac{27}{50}$
(3) 線分 AC の中点が点 Q である。(図は右の通り。)
(証明)(例) 直径に対する円周角より，$\angle BPC = 90°$ …①
仮定より，$\angle BNM = 90°$ …②
①，②より，同位角が等しいから，$CP \parallel MN$
点 M は線分 AP の中点であるから，中点連結定理の逆より，直線 MN は線分 AC の中点 Q を通る。
ところで，2点 A，B を定めると $\triangle ABC$ も定まるから，線分 AC の中点は定点である。
以上より，直線 MN は点 P の位置に関わらず，定点 Q を通る。
(証明終わり)

5 相似，三平方の定理 (1) $AH = \dfrac{\sqrt{7}}{2}$
(2) $OA = \dfrac{\sqrt{30}}{4}$，$QA = \dfrac{\sqrt{14}}{4}$
(3) $x = \dfrac{3\sqrt{2}}{2}$，$y = \dfrac{\sqrt{14}}{2}$ (4) $r = \dfrac{\sqrt{7}}{4}$

解き方

1 (1) 第1式より，$x = 3y$
第2式と連立して解く。
(2) $a + b = 2\sqrt{3}$，$ab = -12$ を，
(与式) $= \dfrac{(a+b)^2 - 3ab}{(a+b)^2 - ab}$ に代入する。
(3) $\triangle OAE$ において，$\angle OAE = 40°$
$\triangle BDC$ において，$\angle BDC = 90°$
線分 AE は円 O' の接線であるから，$\angle CDA = \angle CBD$
$\triangle ABD$ において，$\angle ABD = x°$ とすると，
$40 + x + (x + 90) = 180$ $x = 25$
よって，$\angle BDE = 180° - \angle BDA = 180° - 115° = 65°$
(4) $(\sqrt{p} + \sqrt{q})^2 = 2\sqrt{pq} + 20$ より，pq の値の大小と $\sqrt{p} + \sqrt{q}$ の大小は一致する。
$p > q > 0$ より，pq の値の大きい順に3個並べると，
$(p, q) = (11, 9),\ (12, 8),\ (13, 7)$
(5) $n^2 = 4(505 - m^3)$
$8^3 = 512$ より，$1 \leqq m \leqq 7$
この条件の下ですべて調べると下の通り。

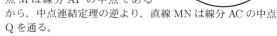

m	1	2	3	4	5	6	7
$\dfrac{n^2}{4}$	504	497	478	21^2	380	17^2	162

2 (2) (直線 PQ の傾き) $=\dfrac{aq^2-ap^2}{q-p}=a(p+q)$

$a(p+q)=a$ より，$p+q=1$

(4) 直線 PQ の式は，$y=ax+\dfrac{3}{2}a$

p, q は放物線 C と直線 PQ の交点の x 座標であるから，

$ax^2=y=ax+\dfrac{3}{2}a \quad 2x^2-2x-3=0$

解の公式より，$x=\dfrac{1\pm\sqrt{7}}{2}$

(5) 点 R は △APQ の底辺の中点であるから，AR⊥PQ

(直線 AR の傾き) $=(a-2a)\div\left(1-\dfrac{1}{2}\right)=-2a$

AR⊥PQ のとき，(傾きの積) $=-1$ より，$-2a\times a=-1$

3 (1) 仮定より，$y=ax+(a+2) \quad b=a+2$

$(a, b)=(1, 3), (2, 4), (3, 5), (4, 6)$

(2) 点 P を通るとき，$8=4c$ より，$c=2$

点 Q を通るとき，$16=4c$ より，$c=4$

比例定数 c の値が大きいほど放物線の開き方は小さくなるから，$c\geqq 2$ で線分 PQ と共通点を持つ。

(3) すべての場合の数は $6\times 6\times 6$ (通り)

仮定より，$2a+b=8, c=2$

a, b の組を数えればよい。

$(a, b)=(1, 6), (2, 4), (3, 2)$

(4) $x=2$ と①の交点の

y 座標は，$y=2a+b$

$x=2$ と②の交点の

y 座標は，$y=4c$

よって，$2a+b=4c$

これを満たす組は右の通り。

```
        c   a   b
                3 ― 6
    1 ― 1 ― 2   4 ― 4
                5 ― 2
        1 ― 6
    2 ― 2 ― 4   5 ― 6
        3 ― 2   6 ― 4
            4 ―
```

(5) 交点の x 座標を $p, q (p<0<q)$ とすると，$a=p+q$，$b=-pq$ であるから，p, q の組を数えればよい。$(p, q)=$
$(-1, 2), (-1, 3), (-1, 4), (-1, 5), (-1, 6), (-2, 3)$

4 (1) MN // AB，点 M は線分 AP の中点であるから，

$MN=\dfrac{1}{2}AB=2$

(2) △PMN∽△PBA，PM:PB=1.5:5=3:10

$\triangle PMN=\left(\dfrac{3}{10}\right)^2 \triangle PBA=\dfrac{9}{100}\times 6=\dfrac{27}{50}$

5 (1) 線分 AB の中点を M とすると，$AH=\sqrt{2}HM$

$HM=\sqrt{OM^2-OH^2}$

(2) $OA=\sqrt{AH^2+OH^2}$，$QA=\sqrt{OA^2-OQ^2}$

(3) △POQ∽△PAH より，

PO:PA=OQ:AH，PQ:PH=OQ:AH

$x:\left(y+\dfrac{\sqrt{14}}{4}\right)=1:\dfrac{\sqrt{7}}{2}, y:\left(x+\dfrac{\sqrt{2}}{4}\right)=1:\dfrac{\sqrt{7}}{2}$

この 2 式を連立方程式とみなして解けばよい。

(4) 直角三角形 PAM において，PA:AM=3:1 より，

PM:AM=$2\sqrt{2}$:1

内接円の中心を R とすると，△PRQ∽△PAM より，

PQ:RQ=$2\sqrt{2}$:1 　$\dfrac{\sqrt{14}}{2}:r=2\sqrt{2}:1$

〈O. H.〉

慶應義塾高等学校

問題 P.141

解答

1 平方根，数の性質，2 次方程式，場合の数，確率，標本調査 ┃ (1) 8 (2) $\dfrac{31}{33}$ (3) $\dfrac{1}{3}$

(4) 18, 10 (5) $\dfrac{1}{5}$ (6) 2800

2 ┃ 2 次方程式，関数 $y=ax^2$ ┃ (1) A (2, 2)

(2) D $\left(-\dfrac{1}{2}t^2+\dfrac{1}{2}t+3, -\dfrac{1}{2}t+3\right)$ (3) $t=-\dfrac{3}{2}$

3 ┃ 連立方程式の応用，2 次方程式の応用 ┃ 60 km

4 ┃ 連立方程式の応用 ┃ (1) 500 円

(2) 商品 X を 12 個，商品 Y を 12 個

5 ┃ 三角形，円周角と中心角，相似，三平方の定理 ┃

(1) $x=\dfrac{2ab}{r}$ (2) $ab=\dfrac{1}{4}r^2$ (3) $y=r, z=\sqrt{3}r$

6 ┃ 空間図形の基本，三平方の定理 ┃ $2\sqrt{82+24\sqrt{3}}\,a$

7 ┃ 関数を中心とした総合問題 ┃

(1) $y=t^2$

(2) 右図

(3) $a=\dfrac{28}{3}$

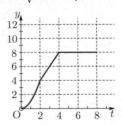

解き方

1 (1) $16<24<25$ より $4<\sqrt{24}<5$ だから，$\sqrt{24}$ の整数部分は 4 であり，小数部分 $a=\sqrt{24}-4$ となる。$(a+4)^2=(\sqrt{24})^2$ より，$a^2+8a=24-16=8$

(2) $\dfrac{3007}{3201}=\dfrac{31\times 97}{3\times 11\times 97}=\dfrac{31}{33}$

(3) $3x^2-15x+7=0$ のとき，$3x^2-15x=-7$ と変形できるから

$3x^4-15x^3+35x-16=x^2(3x^2-15x)+35x-16$
$=-7x^2+35x-16=-\dfrac{7}{3}(3x^2-15x)-16$
$=-\dfrac{7}{3}\times(-7)-16=\dfrac{1}{3}$

(4) 条件より A を不正解となった生徒は 18 人，B を不正解となった生徒は 22 人である。正解を○，不正解を×で表した表を作り，それぞれの人数を a, b, c, d とすると，

$b=0$ のとき $d=18, a=28, c=4$

$d=0$ のとき $b=18, a=10, c=22$

となる。これより $0\leqq d\leqq 18$，$10\leqq a\leqq 28$ となることから，A，B ともに不正解となった生徒の人数は最大で 18 人。また，A，B ともに正解した生徒の人数は最小で 10 人である。

	B○	B×	計
A○	a	c	32
A×	b	d	18
計	28	22	50

	B○	B×	計
A○	28	4	32
A×	0	18	18
計	28	22	50

	B○	B×	計
A○	10	22	32
A×	18	0	18
計	28	22	50

(5) 右図のようにひもの両端にア，イ，ウ，エ，オ，カと名前をつける。A，B，C，D の順にア，イ，ウ，エ，オ，カを選ぶ選び方は，$6\times 5\times 4\times 3$ 通りある。

そのうち，2 本にして選ぶ選び方は，$4\times 3\times 2\times 1$ 通りあり，2 本の選び方は 3 通りある。よって，求める確率は，

$$\frac{(4\times 3\times 2\times 1)\times 3}{6\times 5\times 4\times 3}=\frac{1}{5}$$

(6) 条件より，$\dfrac{125}{10000}=\dfrac{35}{x}$　　$x=\dfrac{35\times 10000}{125}=2800$

2 (1) $y=\dfrac{1}{2}x^2\cdots$① と $y=-\dfrac{1}{2}x+3\cdots$② とを連立させて，
$\dfrac{1}{2}x^2=-\dfrac{1}{2}x+3$　　$x^2+x-6=0$　　$(x+3)(x-2)=0$
$x=-3,2$　　A′ の x 座標は -3，A の x 座標は 2 だから
$y=-1+3=2$　　よって，A $(2,2)$

(2) B $\left(t,\dfrac{1}{2}t^2\right)$ とおくと C $\left(t,-\dfrac{1}{2}t+3\right)$ だから，条件より，各点の位置関係は問題文の図のようになるので
CB $=-\dfrac{1}{2}t+3-\dfrac{1}{2}t^2$ となる。
$y_D=y_C=-\dfrac{1}{2}t+3$
$x_D=x_C+\text{CB}=t-\dfrac{1}{2}t+3-\dfrac{1}{2}t^2$
$=-\dfrac{1}{2}t^2+\dfrac{1}{2}t+3$
よって，D $\left(-\dfrac{1}{2}t^2+\dfrac{1}{2}t+3,-\dfrac{1}{2}t+3\right)$

(3) 直線 AD の傾きが -2 のとき，直線 AD の方程式は
$y=-2x+6$ である。点 D がこの直線上にあるので，
$-\dfrac{1}{2}t+3$
$=-2\left(-\dfrac{1}{2}t^2+\dfrac{1}{2}t+3\right)+6$
これを整理して，
$2t^2-t-6=0$
$t=\dfrac{1\pm\sqrt{1+4\times 2\times 6}}{2\times 2}=\dfrac{1\pm\sqrt{49}}{4}$　　$t=-\dfrac{3}{2},2$
$t=2$ のとき，2 点 B，C が一致するので，題意を満たさず不適。
よって，$t=-\dfrac{3}{2}$

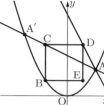

【参考】たすきがけを用いた因数分解
$2t^2-t-6=0$　　$(2t+3)(t-2)=0$　　$t=-\dfrac{3}{2},2$

3 P 君の速さを v km/h とすると，Q 君の速さは，
$\dfrac{20}{2.5}=8$ (km/h) だから，$\dfrac{2.5v}{8}=\dfrac{20}{v}+3.75$
これを整理すると，$v^2-12v-64=0$
$(v-16)(v+4)=0$　　$v>0$ より，$v=16$ (km/h)
よって，2 地点 A，B 間の距離は $16\times 2.5+20=60$ (km)

4 (1) 商品 X，Y の定価をそれぞれ x 円，y 円とすると
$x+y=850\cdots$①
値引きなしの購入金額に着目すると
$20x+28y=9600+8600+1600=19800\cdots$②
② $\div 4$ より　$5x+7y=4950$
① $\times 5$ より　$5x+5y=4250$
$y=700\div 2=350$, $x=500$
よって，商品 X の定価は 500 円

(2)

	X 500円	Y 350円	計
A	10%引き c個	定価 d個	9600
B	5%引き $20-c$個	50円引き $28-d$個	8600
計	20個	28個	18200

店 A で買った商品 X，Y の個数をそれぞれ c 個，d 個とすると，店 A での購入金額は
$500\times 0.9c+350d=9600$　　$450c+350d=9600$
$9c+7d=192\cdots$③

値引きされた金額は
$500\times 0.1c+500\times 0.05(20-c)+50(28-d)=1600$
$50c+25(20-c)+50(28-d)=1600$
これを整理すると $c=2d-12\cdots$④
④を③に代入して
$9(2d-12)+7d=192$　　$25d=192+108=300$
$d=12$, $c=24-12=12$
よって，商品 X を 12 個，商品 Y を 12 個買った。

5 (1) AB が直径だから $\angle\text{ACB}=90°$ である。
二組の角がそれぞれ等しいから △OAE∽△BAC である。
相似比は AE : AC = 1 : 2 であるから BC = $2b$
二組の角がそれぞれ等しいから △OAE∽△BCD である。
よって，OA : BC = AE : CD　　$r:2b=a:x$
$x=\dfrac{2ab}{r}$

｜別　解｜ △ABC の面積を 2 通りに表すと，
AB × CD ÷ 2 = AC × BC ÷ 2 であるから，$rx=2ab$

(2) $\angle\text{OAE}=15°$ のとき，円周角の定理により $\angle\text{DOC}=30°$
だから，△OCD は 3 辺の比が $1:2:\sqrt{3}$ の直角三角形である。
よって，CD : OC = 1 : 2
$x:r=1:2$　　$2x=r$
これを(1)の結果に代入して
$r=\dfrac{4ab}{r}$　　$ab=\dfrac{1}{4}r^2$

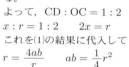
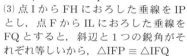

(3) 点 I から FH におろした垂線を IP とし，点 F から IL におろした垂線を FQ とすると，斜辺と 1 つの鋭角がそれぞれ等しいから，△IFP ≡ △IFQ
IQ = IP = $\dfrac{1}{2}r$
よって，$y=2\text{IQ}=r$
次に，直角三角形 IJL に三平方の定理を用いると，
$z^2+y^2=(2r)^2$
$z^2=4r^2-r^2=3r^2$
$z>0$ より $z=\sqrt{3}r$

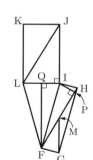

6 図 1 において，同じ数字の辺を合わせて立体を完成させると，図 2 のようになる。
完成した立体の表面に沿って点 P と点 Q を結ぶと，図 3 〜図 5 の場合が考えられる。
PQ の最短経路は，図 4 の場合であるから，直角をはさむ 2 辺の長さが，$10a$，$(6+8\sqrt{3})a$
である直角三角形の斜辺の長さを考えて，

図 1

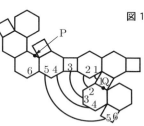

図 2

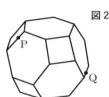

$PQ = \sqrt{(10a)^2 + \{(6+8\sqrt{3})a\}^2}$
$= \sqrt{328 + 96\sqrt{3}}\, a$
$= 2\sqrt{82 + 24\sqrt{3}}\, a$

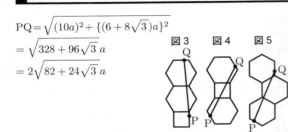
図3　図4　図5

7 (1) P$(0, t)$, Q$(-t, 0)$, R$(t, 0)$ であるから,
$y = 2t \times t \div 2 = t^2$
(2) $2 \leqq t \leqq 4$ のとき, PQ $= 2\sqrt{2}$, PR $= \sqrt{2}t$,
∠QPR $= 90°$ だから,
$y = 2\sqrt{2} \times \sqrt{2}t \div 2 = 2t$
$4 \leqq t \leqq 6$ のとき, PQ $= 2\sqrt{2}$,
PR $= 4\sqrt{2}$, ∠QPR $= 90°$ だから, $y = 2\sqrt{2} \times 4\sqrt{2} \div 2 = 8$
$6 \leqq t \leqq 8$ のとき, △PQR の底辺は PQ $= 2\sqrt{2}$ で一定, 高さは $4\sqrt{2}$ で一定だから,
$y = 2\sqrt{2} \times 4\sqrt{2} \div 2 = 8$

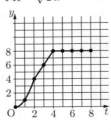

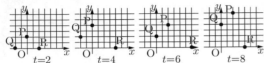
$t=2$　$t=4$　$t=6$　$t=8$

(3) $8 \leqq t \leqq 10$ のとき, P$(10-t, 6)$, Q$(t-8, 4)$, R$(12-t, 0)$ である.
PR の傾きと QR の傾きが等しくなる場合を考えて,
$\dfrac{6}{(10-t)-(12-t)} = \dfrac{4}{(t-8)-(12-t)}$
これを整理すると $-3 = \dfrac{2}{t-10}$　$t-10 = -\dfrac{2}{3}$
$t = 10 - \dfrac{2}{3} = \dfrac{28}{3}$　これは $8 \leqq t \leqq 10$ を満たす.
よって, $a = \dfrac{28}{3}$

別解 $8 \leqq t \leqq 10$ のとき,
P$(10-t, 6)$, Q$(t-8, 4)$,
R$(12-t, 0)$ である. 3点P, Q, R
が一直線に並ぶとき,
$10 - t + \dfrac{2}{3} = t - 8$ より $t = \dfrac{28}{3}$
よって, $a = \dfrac{28}{3}$

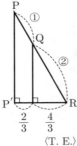
⟨T. E.⟩

慶應義塾志木高等学校

問題 P.142

解答

1 場合の数, 因数分解　(1) 7560 通り
(2) $m = 379$

2 平面図形の基本・作図, 1次関数　(1) $x = \dfrac{3}{7}$
(2) $y = -\dfrac{17}{7}x + \dfrac{45}{7}$, $y = \dfrac{31}{7}x - \dfrac{3}{7}$

3 連立方程式の応用
シュークリーム 1230 個, プリン 1640 個

4 円周角と中心角, 相似, 三平方の定理　(1) $\sqrt{7}$
(2) $\dfrac{\sqrt{3}}{6}$

5 1次関数, 平面図形の基本・作図, 関数 $y = ax^2$
(1) $a = -1 + 2\sqrt{2}$　(2) BE : EC $= 3 : 1$
(3) E$\left(\dfrac{1}{2}, 2\sqrt{2} + 5\right)$

6 空間図形の基本, 立体の表面積と体積, 平行四辺形, 三平方の定理　(1) $V = \dfrac{5}{6}a^3$　(2) $S = \sqrt{6}a^2$

7 数・式の利用　(1) 小数第13位から15位 016, 小数第28位から30位 513　(2) 小数第32位から, 36451

解き方 **1** (1) まず9か所のうち3か所を T, k, y の場所とし, 残り6か所に o, o, 2, 2, 0, 0 を割り振る. $\dfrac{9 \times 8 \times 7}{3 \times 2 \times 1} \times \dfrac{6 \times 5 \times 4 \times 3 \times 2 \times 1}{2 \times 1 \times 2 \times 1 \times 2 \times 1}$ (通り)
(2) $19 + \dfrac{1}{2} = x$ とおくと,
$m^2 = \left(x - \dfrac{3}{2}\right)\left(x - \dfrac{1}{2}\right)\left(x + \dfrac{1}{2}\right)\left(x + \dfrac{3}{2}\right) + 1$
であり, 因数分解により $m^2 = \left(x^2 - \dfrac{5}{4}\right)^2$ が得られる.

2 (1) C$(0, 3)$ である. x 軸について C と対称である点 C$'(0, -3)$ をとると, BC + BP + CP $=$ BC + BP + PC$'$ で, これを最小にするには, P を直線 BC$'$ 上に置けばよい. 直線 BC$'$ の方程式は $y = 7x - 3$ である.
(2) R$\left(0, -\dfrac{3}{7}\right)$ とする. BC // PR より △BCR $=$ △BCP であるから, △BCQ $=$ △BCR とすればよく, それには CQ $=$ CR とすればよい. Q$(0, q)$ とすると
$q - 3 = \pm\left\{3 - \left(-\dfrac{3}{7}\right)\right\}$
よって, $q = \dfrac{45}{7}$ または $q = -\dfrac{3}{7}$ である.

3 先月のシュークリームとプリンの売り上げ個数をそれぞれ x 個, y 個とする. 連立方程式
$\begin{cases} 0.15y = 0.1x \times 2 \\ 1.1x + 1.15y = 3239 \end{cases}$
を解く.

4 (1) △PQT で, PT $= 3$, QT $= 2$, ∠T $= 60°$
(円周角の定理より, 正三角形の内角 ∠PRQ に等しい) である. P から QT へ下ろした垂線の足を H とすると, △PTH が三角定規型なので,
PH $=$ PT $\times \dfrac{\sqrt{3}}{2} = \dfrac{3\sqrt{3}}{2}$
QH $=$ QT $-$ HT $= 2 -$ PT $\times \dfrac{1}{2} = \dfrac{1}{2}$
がわかる. そして, PQ $= \sqrt{PH^2 + QH^2}$ である.
(2) △PRS と △QTS は 2 組の角がそれぞれ等しい (円周角の定理より) ので相似であり, 相似比は
PR : QT $= \sqrt{7} : 2$ である.

よって，PS $= \sqrt{7}x$，RS $= \sqrt{7}y$，QS $= 2x$，TS $= 2y$
とおける。そこで PT と QR の長さを考えて，連立方程式
$$\begin{cases} \sqrt{7}x + 2y = 3 \\ 2x + \sqrt{7}y = \sqrt{7} \end{cases}$$
を得る。$x = \dfrac{\sqrt{7}}{3}$，$y = \dfrac{1}{3}$ がわかる。面積比が
$\triangle PQS : \triangle PQR = QS : QR = 2 : 3$
$\triangle RST : \triangle PSQ = TS^2 : QS^2 = 1 : 7$
であることから，
$$\triangle RST = \triangle PQR \times \frac{2}{3} \times \frac{1}{7} = \frac{\sqrt{3}}{4}(\sqrt{7})^2 \times \frac{2}{3} \times \frac{1}{7}$$
とわかる。

5 (1) BC の中点 M の座標は $(1, 2a+4)$ である。AM と BC は垂直だから，2直線の傾きの積は -1，すなわち
$$\frac{(2a+4)-a}{1-(-1)} \times \frac{4a-8}{2-0} = -1$$
である。これを解いて $a = -1 \pm 2\sqrt{2}$ を得るが，$a > 0$ より，$a = -1 + 2\sqrt{2}$ である。
(2) D $(0, 2a)$ なので，A，B，D の x 座標を見て，$\dfrac{BD}{BA} = \dfrac{2}{3}$ がわかる。これと条件 $\triangle BED = \dfrac{1}{2}\triangle BCA$ より，$\dfrac{2}{3} \times \dfrac{BE}{BC} = \dfrac{1}{2}$，すなわち $\dfrac{BE}{BC} = \dfrac{3}{4}$ がわかる。
(3) (2) の結果より，E は MC の中点であるから，その座標は $\left(\dfrac{1+0}{2}, \dfrac{(2a+4)+8}{2}\right)$ である。これに (1) の結果を代入して，結果を得る。

6 4点 E，F，G，H が同じ平面上にあることから，AE と CG の平均と，BF と DH の平均とが等しい。このことから DH $= 4a$ がわかる。
(1) この立体と合同な立体 A'B'C'D' – E'F'G'H' を作り，2つの立体の E と G'，F と H'，G と E'，H と F' を合わせると，高さが $5a$ の正四角柱になる。この体積は $a \times a \times 5a = 5a^3$ であり，求める体積 V はこの半分である。
(2) EF，FG，EG を斜辺とし，底面 ABCD と垂直な辺と平行な辺とを1つずつ持つ，3つの直角三角形を考えることによって，
$$EF = \sqrt{(2a-a)^2 + a^2} = \sqrt{2}a$$
$$FG = \sqrt{(3a-a)^2 + a^2} = \sqrt{5}a$$
$$EG = \sqrt{(3a-2a)^2 + (\sqrt{2}a)^2} = \sqrt{3}a$$
がわかる。したがって，$FG^2 = EF^2 + EG^2$ だから，$\angle GEF = 90°$ である。四角形 EFGH は平行四辺形である（正四角柱の向かい合う側面は平行で，そこにできる平面の切り口の辺は平行だから）ので，$S = EF \times EG$ である。

7 (1) $1 \div 998$ の筆算を実行し観察すると，3ケタずつ 001，002，004，008，016，…と，2の累乗が現れることがわかる。これは
$1 = 998 \times 0.001 + 0.002$
$= 998 \times 0.001 + 2 \times 0.001 \times 1$
$= 998 \times 0.001 + 2 \times 0.001 \times (998 \times 0.001 + 0.002)$
$= 998 \times 0.001 + 2 \times 998 \times 0.001^2 + 2 \times 0.001^2 \times 2$
$= 998 \times 0.001 + 2 \times 998 \times 0.001^2 + 4 \times 0.001^2 \times 1$
$= 998 \times 0.001 + 2 \times 998 \times 0.001^2$
$+ 4 \times 0.001^2 \times (998 \times 0.001 + 0.002)$
$= 998 \times 0.001 + 2 \times 998 \times 0.001^2 + 4 \times 998 \times 0.001^3$
$+ 8 \times 0.001^3 \times 1$
$= \cdots$
なので，

$\dfrac{1}{998} = 1 \times 0.001 + 2 \times 0.001^2 + 4 \times 0.001^3$
$+ 8 \times 0.001^4 + \cdots$
となるからである。
小数第 13 〜 15 位は，16×0.001^5 が作る，016 である。
小数第 28 〜 30 位は，512×0.001^{10} が作る 512 と，その下のケタの 1024×0.001^{11} からくり上がってたされる 1 の和で，513 である。
(2) (1) と同様にして，まず，$\dfrac{1}{99997}$ では5ケタずつ 3 の累乗が並ぶことがわかる。よってその 5 倍を考えて，
$\dfrac{5}{99997} = 0.00005\ 00015\ 00045\ 00135$
$\qquad\qquad 00405\ 01215\ 03645\ 10935\cdots$
である。下線部にはじめて 0 でない数が 5 個以上並ぶ。
【注】 上記 (1) の説明では，$1 = \cdots$ を式変形しているが，この計算を中学生が実行するのは難しい。実際には，$1 \div 998$ を筆算で計算して小数展開の規則性を発見し，それを証明なしで用いて解答した受験生が多かっただろうと推測する。そして，中学生としてはそのような答案になるのはやむを得ないだろう。

〈M. Y.〉

慶應義塾女子高等学校 問題 P.143

解答

1 | 平方根，数の性質，2次方程式の応用 |
[1] $\dfrac{11\sqrt{6}}{6}$ [2] $N = 169$
[3] (1) AC : BC $= 24 : x$ (2) $y = \dfrac{1}{24}x^2$
(3) $x = 12$，$y = 6$

2 | 数の性質 | （あ）3 （い）2 （う）8 （え）9 （お）27
（か）54 （き）81 （く）1 （け）1 （こ）9 （さ）1
（し）81 （す）2

3 | 円周角と中心角，三平方の定理 |
[1] $\angle$DTE $= 45$ 度，$\angle$ATD $= 45$ 度
[2] AT : CT $= 2 : \sqrt{3}$ [3] FC $= \sqrt{3}$
[4] $r = 2 + \sqrt{3}$

4 | 1次関数，相似，関数 $y = ax^2$ |
[1] AC : CB $= 2 : 3$ [2] $k = \dfrac{1}{16}$，$a = -8$，$b = 12$
[3] $y = \dfrac{1}{4}x + 12$

5 | 立体の表面積と体積，相似，三平方の定理 |
[1] $\triangle$OPR $= 9$ [2] $\triangle$OFP $= \dfrac{3}{2}h$，$\triangle$OPR $= \dfrac{9}{2}h$
[3] $h = 2$ [4] $s = 4$

解き方 **1** [1] （与式）
$$= (1 + 2\sqrt{3})\left(\sqrt{2} + \frac{\sqrt{6}}{3} - \frac{\sqrt{6}}{2}\right)$$
$$= (1 + 2\sqrt{3})\left(\sqrt{2} - \frac{\sqrt{6}}{6}\right)$$
$$= \sqrt{2} - \frac{\sqrt{6}}{6} + 2\sqrt{6} - \sqrt{2} = \frac{11\sqrt{6}}{6}$$
[2] 約数が3個なので $N = p^2$（p は素数）
よって，$1 + p + p^2 = 183$ $\qquad p^2 + p - 182 = 0$
$(p + 14)(p - 13) = 0$
$p = 13$ $\qquad N = 13^2 = 169$

数学｜103

解　答　　　　　　　　　　　　　　　　数学 | 104

[3](1) 妹の速さを a m/分とすると,
AC : BC = $24a : xa = 24 : x$

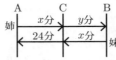

(2) 姉の速さは, $\dfrac{24a}{x}$ m/分

BC 間に注目して, $\dfrac{24a}{x} \times y = ax$　　$y = \dfrac{1}{24}x^2$

(3) $6 = x - y = x - \dfrac{1}{24}x^2$　　$x^2 - 24x + 144 = 0$

$(x-12)^2 = 0$　　$x = 12$, $y = \dfrac{1}{24} \times 12^2 = 6$

2　$3+3 = 6$ より, （あ）3, （い）2

$3+3+1=7$, $3+3+1+1=8$ より, （う）8, （え）9

1, 1, 3, 3, 9, 9 で $8+9+9=26$ まで作ることができるので, （お）27

1, 1, 3, 3, 9, 9, 27, 27 で $26+27+27=80$ まで作ることができるので, （か）54

また（き）は, $27 \times 3 = 81$

$172 = 81+81+9+1$ より, （く）〜（す）は順に 1, 1, 9, 1, 81, 2

3　[1] $\angle$DTE = $\angle$DAT = $\angle$DCT = 45°

$\angle$BAD = 75° − 45° = 30° = $\angle$BTD

よって, $\angle$ATD = 30° × $\dfrac{3}{2}$ = 45°

[2] $\angle$CAD = $\angle$BAD ÷ 2 = 15° より,

$\angle$CAT = 15° + 45° = 60°

したがって, △ACT は内角が 30°, 60°, 90° であり, AT : CT = 2 : $\sqrt{3}$

[3] AF = 2, AF : FC = AT : CT = 2 : $\sqrt{3}$ より, FC = $\sqrt{3}$

[4] $\angle$ACT = 90° より, r = AT × $\dfrac{1}{2}$ = $2 + \sqrt{3}$

4　[1] A $(a, 4)$, B $(b, 9)$ は $y = kx^2$ 上にあるので,

$4 = ka^2$, $9 = kb^2$　　2 式より, $k = \dfrac{4}{a^2} = \dfrac{9}{b^2}$

これより, $b^2 = \dfrac{9}{4}a^2$　　$b > 0$, $a < 0$ だから, $b = -\dfrac{3}{2}a$

したがって, AC : CB = $(-a) : b = (-a) : \left(-\dfrac{3}{2}a\right) = 2 : 3$

[2] C $(0, c)$ とすると [1] より,

$(c - 4) : (9 - c) = 2 : 3$

これより, $c = 6$

△AOC = 24 より, $24 = \dfrac{1}{2} \times 6 \times (-a)$　　$a = -8$

$b = -\dfrac{3}{2}a = 12$　　$k = \dfrac{4}{(-8)^2} = \dfrac{1}{16}$

[3] x 座標に注目して, $e - d = (b - a) \times \dfrac{7}{5}$ より,

$e - d = 28$　…①

D $\left(d, \dfrac{1}{16}d^2\right)$, E $\left(e, \dfrac{1}{16}e^2\right)$ より, DE の傾きは,

$\dfrac{\dfrac{1}{16}e^2 - \dfrac{1}{16}d^2}{e - d} = \dfrac{(e-d)(e+d)}{16(e-d)} = \dfrac{e+d}{16}$

DE ∥ AB だから, $\dfrac{e+d}{16} = \dfrac{9-4}{12+8} = \dfrac{1}{4}$

$e + d = 4$　…②

①, ② より, $e = 16$, $d = -12$　　E $(16, 16)$

直線 DE の式は, $y = \dfrac{1}{4}x + 12$

5　[1] △OAC は直角二等辺三角形であるから,

△OPR = $\dfrac{1}{2} \times 3 \times 6 = 9$

[2] F は OE と PR の交点。よって,

△OFP = $\dfrac{1}{2} \times 3 \times h = \dfrac{3}{2}h$

また, △OPR = $\dfrac{1}{2} \times (3+6) \times h = \dfrac{9}{2}h$

[3] [1], [2] より, $\dfrac{9}{2}h = 9$　　$h = 2$

[4] △OHF ∽ △OEA より, OF = $8 \times \dfrac{2}{4\sqrt{2}} = 2\sqrt{2}$

よって, OF : FE = OQ : QB = 1 : 1 であり,
OS : SD = 1 : 1

したがって, $s = 8 \times \dfrac{1}{2} = 4$

〈SU. K.〉

國學院大學久我山高等學校

問題 P.144

解　答

1 | 正負の数の計算，平方根，式の計算，因数分解，関数 $y = ax^2$，1 次関数，三平方の定理，相似，確率 | (1) $\dfrac{13}{6}$　(2) $2 + 2\sqrt{2}$　(3) -1

(4) $9axy(x - 3y)^2$　(5) 1　(6) $0 \leq y \leq \dfrac{4}{3}$　(7) $\dfrac{9}{5}$

(8) $12 + 4\sqrt{3}$　(9) $\dfrac{12}{5}\pi$　(10) $\dfrac{11}{36}$

2 | 関数を中心とした総合問題 | (1) $a = 1$　(2) $1 + \sqrt{5}$

(3) $(1, 1)$, $\left(\dfrac{1-\sqrt{17}}{2}, \dfrac{9-\sqrt{17}}{2}\right)$,

$\left(\dfrac{1+\sqrt{17}}{2}, \dfrac{9+\sqrt{17}}{2}\right)$

3 | 数の性質，資料の散らばりと代表値，標本調査 | (1) 32
(2) 47.4　(3) ① 50.5　② 50.5

4 | 三平方の定理，三角形，円周角と中心角 | (1) ア. OR
イ. ORA　ウ. d　(2)(i) エ. $x + 5$　オ. $y + 8$　カ. 3
キ. 7　ク. 5　ケ. 2　(ii) コ. $25 - k^2$
サ. $15 + 14k - k^2$　シ. $\dfrac{5}{7}$　ス. $\dfrac{20\sqrt{3}}{7}$　セ. $10\sqrt{3}$

(iii) (例) 円 O の半径を r とする。
面積に着目すると, △ABC = △OAB + △OCA − △OBC
(2)(ii)の　セ　より, △ABC = $10\sqrt{3}$ であるから,

$10\sqrt{3} = \dfrac{1}{2} \times 5r + \dfrac{1}{2} \times 8r - \dfrac{1}{2} \times 7r$

$3r = 10\sqrt{3}$　　$r = \dfrac{10\sqrt{3}}{3}$　　（答）$\dfrac{10\sqrt{3}}{3}$

解き方　**1** (1) 最初の (　) は中を計算せず, 先に 15 をかけると簡単になる。

(与式) = $72 - 40 - 30 - \left(-\dfrac{1}{6}\right) = \dfrac{13}{6}$

(2) (与式) = $\sqrt{2}\left(2 + \dfrac{2}{\sqrt{2}}\right) = 2 + 2\sqrt{2}$

(3) (与式) = $-\dfrac{8x^3y^6}{27} \times \dfrac{9}{2x^2y^5} \times \dfrac{3}{4xy} = -1$

(4) (与式) = $9axy(x^2 - 6xy + 9y^2) = 9axy(x - 3y)^2$

(5) $x + y = \dfrac{\sqrt{2}}{3}$, $x - y = \dfrac{3\sqrt{2}}{2} - 1$ より,

(与式) $= (x+y)(x-y) + (x+y) = (x+y)(x-y+1)$

$= \dfrac{\sqrt{2}}{3} \times \dfrac{3\sqrt{2}}{2} = 1$

(6) $x = -1$ のとき $y = \dfrac{2}{3}$, $x = \sqrt{2}$ のとき $y = \dfrac{4}{3}$

$x = 0$ のとき $y = 0$ に注意する。

(7) $y = -\dfrac{3}{2}x + 5$ と x 軸との交点は $\left(\dfrac{10}{3}, \ 0 \right)$

$0 = a \times \dfrac{10}{3} - 6$ より, $a = \dfrac{9}{5}$

(8) 立体は, 一辺が $\sqrt{2}$ cm の正方形 6 枚, 一辺が $\sqrt{2}$ cm の正三角形 8 枚でできている。

(表面積) $= (\sqrt{2})^2 \times 6 + \dfrac{\sqrt{3}}{4} \times (\sqrt{2})^2 \times 8$

(9) 共通部分は共通な底面をもつ 2 つの円すいからできている。底面の半径を $6r$ cm とすると, 上の円すいは底面の半径が 2 cm の円すいと相似であるから高さは $15r$ cm, 下の円すいは底面の半径が 3 cm の円すいと相似であるから高さは $10r$ cm である。

$15r + 10r = 5$　　$r = \dfrac{1}{5}$

体積は,

$\dfrac{1}{3} \times \pi (6r)^2 \times 15r + \dfrac{1}{3} \times \pi (6r)^2 \times 10r = 300\pi r^3$

(10) $\dfrac{a+b}{1+ab} = 1$ より, $(a-1)(b-1) = 0$

$a = 1$ または $b = 1$ となる場合は 11 通りある。

2 (1) A $(-1, 1)$ より, $1 = a \times (-1)^2$

(2) $y = x^2$ と $y = x + 2$ より, B $(2, 4)$

$y = \dfrac{1}{2}x^2$ と $y = x + 2$ より, $\dfrac{1}{2}x^2 = x + 2$

$x^2 - 2x - 4 = 0$　　$x = 1 \pm \sqrt{5}$

P $(1 - \sqrt{5}, \ 3 - \sqrt{5})$, Q $(1 + \sqrt{5}, \ 3 + \sqrt{5})$

$\triangle POB = \{2 - (1 - \sqrt{5})\} \times 2 \div 2 = 1 + \sqrt{5}$

(3) 直線 l と y 軸との交点を R とし, S $(0, 4)$ とする。

OR $=$ RS より, 条件を満たす点 C は, ①と $y = x$ との点 O と異なる交点, ①と $y = x + 4$ との 2 交点の 3 点ある。

前者は, $y = x^2$ と $y = x$ を連立して求める。

後者は, $y = x^2$ と $y = x + 4$ を連立して求める。

3 (1) 周期性から 32 とわかるが, 計算で確認してみると, 24 番目が 16 であるから, $16 \times 2 = 32$

(2) 次の表より, $474 \div 10 = 47.4$

番号	11	14	40	44	41	7	64	80	27	54	合計
数	14	11	18	86	36	64	90	42	20	93	474

(3) 100 番目が 51 であるから, $51 \times 2 = 102$

よって, 101 番目の数は 1 である。1 番目の数と一致するので, 周期が 100 の数の列であることがわかる。《表》には 1 から 100 までの数が 1 つずつ含まれている。

① 中央値は 50 番目と 51 番目の真ん中の値であるから,

$(50 + 51) \div 2 = 50.5$

② 1 から 100 までの数の和は, $(1 + 100) \times 100 \div 2 = 5050$

よって, 平均値は, $5050 \div 100 = 50.5$

(コメント) 乱数のように見える数列（擬似乱数）を生成する方法の 1 つに「線形合同法」という方法がある。本問はその方法に従って擬似乱数を生成して《表》にしたものである。

4 (2)(i)⑥は, BP $=$ BQ, CR $=$ CQ

BQ $+$ CQ $=$ BC より, $x + y = 7$

(コメント) 円 O を $\triangle$ABC の傍接円といい, 中心 O を傍心という。円 O 以外に辺 AB, CA と接する傍接円があと 2 つある。

---

(2)(ii)は, 頂点 C から辺 AB に垂線 CI をひき, AI $= h$ とし, 誘導のように解くと, $h = 4$ より, CI $= 4\sqrt{3}$

しかも, $\angle$CAB $= 60°$ であることもわかる。

〈O. H.〉

渋谷教育学園幕張高等学校

問題 P.146

解答

1 式の計算, 平方根, 相似, 三平方の定理, 2 次方程式 (1) $3x^4 y^{13}$ (2)① $28 - 10\sqrt{5}$

② $\sqrt{3}$　(3) $\dfrac{16\sqrt{2} + 4\sqrt{5}}{9}$　(4) $x = 4, \ \dfrac{1 \pm \sqrt{17}}{2}$

2 場合の数

(1)

	1回目	2回目	3回目
A君	$\times$	$\times$	$\bigcirc$
B君	$\bigcirc$	$\bigcirc$	$\times$

(2) 6 通り　(3) 22 通り

3 1 次関数, 関数 $y = ax^2$, 平行線と線分の比

(1) CO : OE $= 2 : 1$ (2) AF : FB $= 11 : 9$ (3) $a = \dfrac{\sqrt{2}}{2}$

4 三平方の定理 (1) BE $= 1 + \sqrt{3}$

(2) LG $= \dfrac{\sqrt{3} - 1}{2}$　(3) $\dfrac{2 - \sqrt{3}}{4}$

5 空間図形の基本, 立体の表面積と体積, 三平方の定理

(1) $3a^2$　(2) $\dfrac{41}{12}a^3$

解き方

1 (1) $-\dfrac{(-4x^2 y^3)^3}{3} \div \left(\dfrac{3y^4}{-2x^3} \right)^2$

$\div \left(-\dfrac{4x^2}{3y^3} \right)^4$

$= -\dfrac{-4^3 x^6 y^9}{3} \times \dfrac{4x^6}{3^2 y^8} \times \dfrac{3^4 y^{12}}{4^4 x^8} = 3x^4 y^{13}$

(2)① $\left(x + \dfrac{1}{x} \right)^2 = (5 - \sqrt{5})^2$ より,

$x^2 + 2 + \dfrac{1}{x^2} = 25 - 10\sqrt{5} + 5$

よって, $x^2 + \dfrac{1}{x^2} = 28 - 10\sqrt{5}$

② (与式) $= \sqrt{\dfrac{x^4 - 10x^3 + 25x^2 - 10x + 1}{x^2}}$

$= \sqrt{x^2 - 10x + 25 - \dfrac{10}{x} + \dfrac{1}{x^2}}$

$= \sqrt{\left(x^2 + \dfrac{1}{x^2} \right) - 10 \left(x + \dfrac{1}{x} \right) + 25}$

$= \sqrt{(28 - 10\sqrt{5}) - 10(5 - \sqrt{5}) + 25} = \sqrt{3}$

(3) $\angle$ACB $= 90°$ より, AC $= \sqrt{6^2 - 4^2} = \sqrt{20} = 2\sqrt{5}$

$\angle$ADB $= 90°$ より, AD $= \sqrt{6^2 - 2^2} = \sqrt{32} = 4\sqrt{2}$

四角形 ADBC $= \triangle$ADB $+ \triangle$ABC

$= \dfrac{1}{2} \times 4\sqrt{2} \times 2 + \dfrac{1}{2} \times 2\sqrt{5} \times 4$

$= 4\sqrt{2} + 4\sqrt{5} = 4(\sqrt{2} + \sqrt{5})$

AB と CD の交点を E とすると, $\triangle$ADE ∞ $\triangle$CBE より,

DE : BE $= 4\sqrt{2} : 4 = \sqrt{2} : 1 \cdots$①

また, $\triangle$ACE ∞ $\triangle$DBE より,

AE : DE $= 2\sqrt{5} : 2 = \sqrt{5} : 1 = \sqrt{10} : \sqrt{2} \cdots$②

①, ②より, AE : BE $= \sqrt{10} : 1$

旺文社 2021 全国高校入試問題正解

よって，$\triangle BCD = 4(\sqrt{2}+\sqrt{5}) \times \dfrac{1}{\sqrt{10}+1}$
$= 4(\sqrt{2}+\sqrt{5}) \times \dfrac{\sqrt{10}-1}{10-1}$
$= \dfrac{4}{9}(2\sqrt{5}-\sqrt{2}+5\sqrt{2}-\sqrt{5})$
$= \dfrac{4}{9}(4\sqrt{2}+\sqrt{5}) = \dfrac{16\sqrt{2}+4\sqrt{5}}{9}$
(4) 第1式を①，第2式を②とする。共通の解を $x=a$ とすると，①より，$2a^2-ka-8=0\cdots$①′
②より，$a^2-a-2k=0\cdots$②′
②′×2−①′より，$(k-2)a-4k+8=0$
$(k-2)a-4(k-2)=0$ より，$(k-2)(a-4)=0$
よって，$k=2$ または $a=4$
$k=2$ のとき，①と②は同じ方程式 $x^2-x-4=0$ となり，共通の解は，解の公式より，
$x = \dfrac{-(-1)\pm\sqrt{(-1)^2-4\times1\times(-4)}}{2\times1} = \dfrac{1\pm\sqrt{17}}{2}$
$a=4$ のとき，共通の解は $x=4$
（このとき，②より，$16-4-2k=0$ より，$k=6$
①は，$2x^2-6x-8=0$ より，
$2(x-4)(x+1)=0$　よって，$x=4, -1$
②は，$x^2-x-12=0$ より，
$(x-4)(x+3)=0$　よって，$x=4, -3$ となる。）

2 (1) 勝ちを○，負けを×とすると，1回目，2回目のAの勝ち負けは次の(ア)〜(エ)の4通りあり，それぞれBの勝ち負けを調べると，

(ア) A ①○→②○→③→③ 　(イ) A ①○→②×→①→②
　　B ①×→②○→③→①　 　　 B ①×→②○→②→①
(ウ) A ①×→①○→②→③ 　(エ) A ①×→①×→①→①
　　B ①○→②→③→①　　　　 B ①○→②×→③→①○

よって，3回目のじゃんけんで2人が同じ部屋になるのは，(エ)の○印をつけた場合だけである。
(2) 1回目にAが勝った場合，2回目，3回目のAの勝ち負けは次の(オ)〜(ク)の4通りあり，それぞれBの勝ち負けを調べると，

(オ) A ①○→②○→③→③ 　(カ) A ①○→②○→③→②
　　B ①×→①→②→③→① 　 　B ①×→①→②→③→①○
(キ) A ①○→②×→①→② 　(ク) A ①○→②×→①→①
　　B ①×→①→②→③→①　　 B ①×→①→②→③→①○

よって，3回目のじゃんけんで2人が同じ部屋になるのは，○印をつけた3通りある。1回目にAが負けた場合もAとBの勝ち負けが逆になる3通りあるから，
$3+3=6$（通り）
(3) 3回目のじゃんけんで2人が同じ部屋になるときは，4回目のじゃんけんで2人が同じ部屋になることはない。3回目のじゃんけんで2人がちがう部屋になるときは，4回目のじゃんけんで2人が同じ部屋になる場合が1通りずつある。（2人が①，②の部屋のときは2人とも負けで①の部屋，2人が②，③の部屋のときは2人とも勝ちで③の部屋，2人が①，③の部屋のときは①の方が勝ちで③の方が負けで②の部屋で同じになる。）

よって，1回目にAが勝った場合，4回目のじゃんけんで2人が同じ部屋になるのは，(2)で○印をつけていない11通りあり，1回目にAが負けた場合も同様に11通りあるから，$11+11=22$（通り）

3 (1) $t>0$ として，D $(-t, 0)$ とすると，C $(-3t, 0)$，A $(-t, at^2)$ だから，直線 l の傾きは，
$\dfrac{at^2-0}{-t-(-3t)} = \dfrac{at^2}{2t} = \dfrac{1}{2}at$
よって，点E $(b, 0)$ とすると，
$a(-t+b) = \dfrac{1}{2}at$
$-t+b = \dfrac{1}{2}t$ より，$b = \dfrac{3}{2}t$ だから，
CO : OE $= \{0-(-3t)\} : \dfrac{3}{2}t = 3 : \dfrac{3}{2} = 2 : 1$

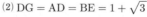

(2) Fの x 座標を s とする。
$\dfrac{\triangle FCO}{\triangle BCE} = \dfrac{CF}{CB} \times \dfrac{CO}{CE}$ より，$\dfrac{1}{2} = \dfrac{CF}{CB} \times \dfrac{2}{2+1}$
よって，$\dfrac{CF}{CB} \times \dfrac{2}{3} = \dfrac{1}{2}$ より，$\dfrac{CF}{CB} = \dfrac{3}{4}$ だから，
$\{s-(-3t)\} : \left\{\dfrac{3}{2}t-(-3t)\right\} = 3 : 4$
$(s+3t) : \dfrac{9}{2}t = 3 : 4$
よって，$4s+12t = \dfrac{27}{2}t$ より，$s = \dfrac{3}{8}t$ だから，
AF : FB $= \left\{\dfrac{3}{8}t-(-t)\right\} : \left(\dfrac{3}{2}t-\dfrac{3}{8}t\right)$
$= \dfrac{11}{8}t : \dfrac{9}{8}t = 11 : 9$
(3) $\dfrac{3}{2}t = 3$ より，$t=2$ だから，D $(-2, 0)$，A $(-2, 4a)$，B $(3, 9a)$
直線 l の傾きは，$\dfrac{1}{2}a \times 2 = a$
直線 OA の傾きは，$a(-2+0) = -2a$
よって，$a \times (-2a) = -1$ より，$-2a^2 = -1$
$a^2 = \dfrac{1}{2}$ で，$a>0$ より，$a = \dfrac{1}{\sqrt{2}} = \dfrac{\sqrt{2}}{2}$

4 (1) 図のように点P, Q, R, S, T をとる。
$\triangle BCP$ など，$30°$, $60°$ の直角三角形を見つけ，3辺の比 $1:2:\sqrt{3}$ を利用する。
BE $=$ BP $+$ PQ $+$ QE
$= \dfrac{\sqrt{3}}{2} + 1 + \dfrac{\sqrt{3}}{2}$
$= 1+\sqrt{3}$
(2) DG $=$ AD $=$ BE $= 1+\sqrt{3}$
RG $=$ DG $-$ DR $=$ DG $-$ 2DE $= (1+\sqrt{3})-2$
$= \sqrt{3}-1$
よって，LG $= \dfrac{1}{2}$RG $= \dfrac{\sqrt{3}-1}{2}$
(3) LM $= \dfrac{1}{\sqrt{3}}$LG $= \dfrac{1}{\sqrt{3}} \times \dfrac{\sqrt{3}-1}{2} = \dfrac{3-\sqrt{3}}{6}$,
MG $= 2$LM $= \dfrac{3-\sqrt{3}}{3}$,
SL $= \dfrac{\sqrt{3}}{2}$LM $= \dfrac{3\sqrt{3}-3}{12} = \dfrac{\sqrt{3}-1}{4}$,
IG $= 1$, NT $= \dfrac{1}{\sqrt{3}}$TG $= \dfrac{1}{2\sqrt{3}} = \dfrac{\sqrt{3}}{6}$

よって，五角形 JKNLM の面積は，
△NGI − △LGM × 2
$= \frac{1}{2} \times 1 \times \frac{\sqrt{3}}{6} - \frac{1}{2} \times \frac{3-\sqrt{3}}{3} \times \frac{\sqrt{3}-1}{4} \times 2$
$= \frac{\sqrt{3}}{12} - \frac{3\sqrt{3}-3-3+\sqrt{3}}{12} = \frac{6-3\sqrt{3}}{12} = \frac{2-\sqrt{3}}{4}$

[5](1)右図のように，点 Q, R, S, T をとる。切り口は，二等辺三角形 DRS と等脚台形 QMOT をつなげた形になる。
HR = HS = $\frac{1}{2}a$ より，
RS = $\frac{\sqrt{2}}{2}a$
DR = $\sqrt{a^2 + \left(\frac{1}{2}a\right)^2}$
$= \sqrt{\frac{5}{4}a^2} = \frac{\sqrt{5}}{2}a$

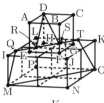

辺 RS を底辺とみたときの △DRS の高さは，
$\sqrt{\left(\frac{\sqrt{5}}{2}a\right)^2 - \left(\frac{\sqrt{2}}{4}a\right)^2}$
$= \sqrt{\frac{9}{8}a^2} = \frac{3}{2\sqrt{2}}a$
$= \frac{3\sqrt{2}}{4}a$ で，等脚台形の高さと等しいから，切り口の面積は
縦 $\frac{3\sqrt{2}}{4}a$，横 $2\sqrt{2}a$ の長方形の面積と等しい。
よって，
$\frac{3\sqrt{2}}{4}a \times 2\sqrt{2}a = 3a^2$

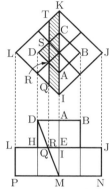

(2)頂点 P を含む体積の小さい方の立体の体積を求めて，全体の体積からひいて求める。
三角すい D − HRS
$= \frac{1}{3} \times \frac{1}{2} \times \left(\frac{1}{2}a\right)^2 \times a = \frac{1}{24}a^3$
右図のように点 U をとると，
三角すい U − MOP と
三角すい U − QTL は相似で，
相似比は，$2a : \frac{3}{2}a = 4 : 3$ より，
UP = $4a$, UL = $3a$ だから，
三角すい台 QTL − MOP
$= \frac{1}{3} \times \frac{1}{2} \times (2a)^2 \times 4a \times \frac{4^3 - 3^3}{4^3}$
$= \frac{8}{3}a^3 \times \frac{37}{64} = \frac{37}{24}a^3$
よって，求める体積は，
$5a^3 - \left(\frac{1}{24}a^3 + \frac{37}{24}a^3\right) = 5a^3 - \frac{19}{12}a^3 = \frac{41}{12}a^3$

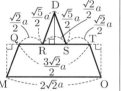

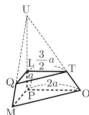

〈H. S.〉

城北高等学校

問題 P.147

解答

[1] 式の計算，因数分解，平方根，数の性質，場合の数 (1) $-3a^4b$ (2) 0
(3) $m = 2000$, $n = 20$ (4) 18 通り
[2] 平面図形の基本・作図，中点連結定理，相似，三平方の定理 (1) $5 : 1 : 4$ (2) 18 度 (3)① $5\sqrt{3}$ ② $\frac{45}{2}\sqrt{3}$
[3] 連立方程式，2 次方程式の応用 (1) $4y + xy = 8$
(2) $x = 8$
[4] 関数 $y = ax^2$ (1) $a = \frac{3}{8}$ (2) B $(4, 6)$ (3) $\frac{13}{3}$
[5] 空間図形の基本，相似，三平方の定理 (1) 54
(2) $28\sqrt{34}$

解き方

[1] (2) (与式) $= (a + b)^2 - c^2$
$= (2\sqrt{13})^2 - (2\sqrt{13})^2 = 0$
(3) $m + n = 2020$ ···①
$m \div 99 = n \cdots n$ より，$m = 99n + n = 100n$ ···②
①，②から，$m = 2000$, $n = 20$
(4) A から B を経て G まで進む方法は，以下の 6 通り。
A → B → C → D → H → E → F → G。
 ↘G。 ↘G。
F → E → H → D → C → G。
 ↘G。 ↘G。
A から D を経て G，A から E を経て G まで進む場合も，同じようにしてそれぞれ 6 通りだから，$6 \times 3 = 18$（通り）

[2] (1) BF : FC = BE : EC
$= \frac{3}{2}$BG : BG $= 3 : 2$
BF : DF = $3 : x$ とおくと，
BD = DC だから，
$3 - x = x + 2$ $x = \frac{1}{2}$
BD : DF : FC
$= (3 - x) : x : 2$
$= \left(3 - \frac{1}{2}\right) : \frac{1}{2} : 2 = 5 : 1 : 4$
(2) EF // AB，FG // DC
・AB = DC より，EF = FG
∠FEG = ∠FGE
・∠EFD = ∠ABD = 20°
・∠BFG = ∠BDC = 56° より，
∠DFG = 180° − ∠BFG = 124°
∠EFG = ∠EFD + ∠DFG = 144°
∠FEG($= ∠FGE$) $= \frac{1}{2} \times (180° - ∠EFG) = 18°$
(3)① AC と BD の交点を F とする。
・FC // DE より，
FC : DE = BC : BE,
FC : 5 = 4 : 10   FC = 2
・△FAD∽△FBC より，
FD : FC = AD : BC,
FD : 2 = $6\sqrt{3}$: 4   FD = $3\sqrt{3}$
・FC // DE より，
BF : FD = BC : CE   BF : $3\sqrt{3}$ = 4 : 6   BF = $2\sqrt{3}$
よって，BD = BF + FD = $5\sqrt{3}$
② △FAD∽△FBC, FC : BC : BF = 1 : 2 : $\sqrt{3}$ より，

△FBC は ∠F = 90° の直角三角形だから，△FAD も，
FD : AD : AF = $3\sqrt{3} : 6\sqrt{3} :$ AF = $1 : 2 : \sqrt{3}$，
AF = $3\sqrt{3} \times \sqrt{3} = 9$，また，AF ⊥ BD だから，
△ABD = $\frac{1}{2} \times$ BD $\times$ AF = $\frac{1}{2} \times 5\sqrt{3} \times 9 = \frac{45\sqrt{3}}{2}$

3 (1) $4y + xy = 8$ ···①
(2) 兄は 20 分で $4y$ km 進むから，
$x \times \dfrac{20}{60} = 4y$ $\quad y = \dfrac{x}{12}$···②
②を①に代入して整理すると，$(x+12)(x-8) = 0$
$x > 0$ より，$x = 8$

4 (1) A $(x, 1)$ は l 上の点より，
$x = -1$ $\quad$ A $(-1, 1)$
A は②上の点より，
$1 = \dfrac{8}{3}a \times (-1)^2$
$a = \dfrac{3}{8}$

(2) ①は $y = \dfrac{3}{8}x^2$ $(x \geqq 0)$
①と l の交点は，y を消去して
$\dfrac{3}{8}x^2 = x + 2$
$(3x+4)(x-4) = 0$
$x > 0$ より，$x = 4$ $\quad$ このとき，$y = 6$ $\quad$ B $(4, 6)$

(3) OA の傾きは -1 $\quad$ 直線 DE は，$y = -x + 2$···③
点 D の x 座標は，①と③より，$\dfrac{3}{8}x^2 = -x + 2$
$(3x-4)(x+4) = 0$
$x > 0$ より，$x = \dfrac{4}{3}$ $\quad$ D $\left(\dfrac{4}{3}, \dfrac{2}{3}\right)$

点 E は，② $y = x^2$ $(x \leqq 0)$ と③より，$x^2 = -x + 2$,
$(x+2)(x-1) = 0$ $\quad x < 0$ より，$x = -2$
このとき $y = 4$ $\quad$ E $(-2, 4)$
直線 AE は $y = -3x - 2$，AE と y 軸との交点 F の y 座標は -2
四角形 ODEA = △ODC + 四角形 OCEA
△ODC = $\dfrac{1}{2} \times 2 \times \dfrac{4}{3} = \dfrac{4}{3}$
四角形 OCEA = △FCE − △FOA
= $\dfrac{1}{2} \times 4 \times 2 - \dfrac{1}{2} \times 2 \times 1 = 3$
したがって，求める面積は，$\dfrac{4}{3} + 3 = \dfrac{13}{3}$

5 (1) ・EP の延長と面 ABCD の交点 P′ は，対角線 AC 上の点で，
AP′ : P′C = 1 : (4−1) = 1 : 3
AP′ = $\dfrac{1}{4}$AC = $\dfrac{1}{4} \times 12\sqrt{2}$
= $3\sqrt{2}$
・P′Q の延長と辺 AD との交点 Q′ は，AQ′ : Q′D = 1 : 1
・切り口は二等辺三角形 EQQ′ で，EP′ ⊥ QQ′
QQ′ = $\dfrac{1}{2}$BD = $\dfrac{1}{2} \times 12\sqrt{2} = 6\sqrt{2}$
EP′² = AE² + AP′² = 12² + $(3\sqrt{2})^2 = (9\sqrt{2})^2$
EP′ = $9\sqrt{2}$
切り口の面積は，
$\dfrac{1}{2} \times$ QQ′ $\times$ EP′ = $\dfrac{1}{2} \times 6\sqrt{2} \times 9\sqrt{2} = 54$

(2) ・ER の延長と平面 ABCD の交点 R′ は，対角線 AC 上の点で
AR′ : R′C = 2 : (3−2) = 2 : 1
・ER′ の延長と CG の延長の交点 E′ は，
GC : CE′ = AR′ : R′C = 2 : 1
E′G = $\dfrac{3}{2}$CG = $\dfrac{3}{2} \times 12 = 18$
E′E² = EG² + E′G²
= $(12\sqrt{2})^2 + 18^2 = (6\sqrt{17})^2$ $\quad$ EE′ = $6\sqrt{17}$
・切り口と辺 BF，DH の交点 T，T′ は，
TT′ = FH = $12\sqrt{2}$
線分 E′E と TT′ は直交し，互いに他を二等分するから，
四角形 ETE′T′ はひし形で，このひし形の面積は，
$\dfrac{1}{2} \times$ TT′ $\times$ E′E = $\dfrac{1}{2} \times 12\sqrt{2} \times 6\sqrt{17} = 36\sqrt{34}$
SS′ : TT′ = CS : CB = 2 : 3 だから，
△E′S′S = $\dfrac{4}{9}$△E′T′T = $\dfrac{4}{9} \times \dfrac{1}{2}$(ひし形 ETE′T′)
= $\dfrac{2}{9} \times 36\sqrt{34}$
・切り口は，ひし形 ETE′T′ から △E′S′S を除いたもので，その面積は，
$36\sqrt{34} - \dfrac{2}{9} \times 36\sqrt{34} = \left(1 - \dfrac{2}{9}\right) \times 36\sqrt{34} = 28\sqrt{34}$

〈Y. K.〉

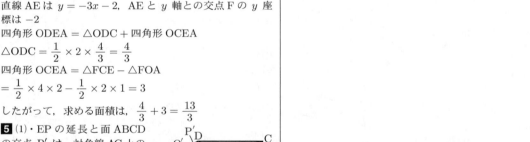

巣鴨高等学校　問題 P.148

解答

1 因数分解, 平方根, 数の性質
(1) $(x+y+1)(x+y-5)$　(2) $12+2\sqrt{2}$
(3) 4284

2 確率　(1) $\dfrac{18}{25}$　(2) $\dfrac{1}{125}$　(3) $\dfrac{127}{1000}$

3 1次関数, 関数 $y=ax^2$　(1) A (2, 4), B (−1, 1)
(2) $k=\dfrac{11}{2}$　(3) S の x 座標: $\dfrac{7}{6}$, U の x 座標: $-\dfrac{1}{8}$

4 円周角と中心角, 相似, 三平方の定理　(1) $r=\sqrt{2}$
(2) $\angle BEC=45$ 度, $CE=3$　(3) $FG=\dfrac{\sqrt{7}}{2}+1$

5 立体の表面積と体積, 相似, 三平方の定理　(1) $9\sqrt{2}$
(2) 辺の本数: 36 本, 頂点の個数: 24 個　(3) $8\sqrt{2}$

解き方

1 (2) $1+\sqrt{2}=z$ とおくと,
$$x^2-xy+y^2$$
$$=(z+\sqrt{3})^2-(z+\sqrt{3})(z-\sqrt{3})+(z-\sqrt{3})^2$$
$$=z^2+9=(1+\sqrt{2})^2+9$$
(3) $2020=2^2\times5\times101$
求める和は,
$(1+2+2^2)\times(1+5)\times(1+101)=7\times6\times102=4284$

2 (1) $\dfrac{10\times9\times8}{10^3}=\dfrac{18}{25}$
(2) $(a,b,c)=(1,1,8),(1,2,7),(1,3,6),(1,4,5),$
$(2,2,6),(2,3,5),(2,4,4),(3,3,4)$ の 8 通り
(3) 最大値が 7 であるのは, $7^3-6^3=127$ (通り)

3 (2) 四角形 ABCD は平行四辺形である。対角線の交点を M とすると, M $\left(-\dfrac{1}{2},\dfrac{13}{2}\right)$
③が M を通るときの k の値を求める。
(3) ③: $y=-2x+\dfrac{11}{2}$　　これと②より, S $\left(\dfrac{7}{6},\dfrac{19}{6}\right)$
また, BT // DS であり, その傾きは $-\dfrac{53}{7}$ となるので,
E (−2, 5) を通り直線 BT に平行な直線は,
$$y=-\frac{53}{7}x-\frac{71}{7}$$
これと②の交点を F とすると, F の x 座標は, $-\dfrac{17}{12}$
△EUT = △FUT であるから, 四角形 BETS = △TFS となるので, 線分 FS の中点が U であり, その x 座標は,
$$\frac{\left(-\frac{17}{12}\right)+\frac{7}{6}}{2}=-\frac{1}{8}$$

4 (1) 辺 BC の中点を L とすると,
$$r=AL\times\frac{2}{3}=\sqrt{6}\times\frac{\sqrt{3}}{2}\times\frac{2}{3}=\sqrt{2}$$
(2) $\angle BEC+\angle ACD=\angle CAB$
$\angle BEC+15°=60°$　　よって, $\angle BEC=45°$
また, $\angle DBC=60°-15°=45°$ より,
$\angle DOC=45°\times2=90°$　　よって, △OCD は直角二等辺三角形であるから, $CD=OC\times\sqrt{2}=\sqrt{2}\times\sqrt{2}=2$
さらに, $\angle DAC=\angle DBC=45°$ であるから
$\angle DAC=\angle AEC$ であり, $\angle ACD$ は共通であるから
△ACE∽△DCA
よって, $CE:CA=AC:DC$　　$CE:\sqrt{6}=\sqrt{6}:2$
ゆえに, $CE=3$
(3) 点 O から線分 GF に引いた垂線を OM, 線分 CD の中点を N とすると,

$DF=FN=\dfrac{1}{2}$, $NC=1$
ここで, $FG=GM+MF$ であり, 四角形 ONFM は長方形であるから
$$GM=\sqrt{OG^2-OM^2}$$
$$=\sqrt{OG^2-FN^2}=\sqrt{(\sqrt{2})^2-\left(\frac{1}{2}\right)^2}=\frac{\sqrt{7}}{2}$$
$$MF=ON=1$$
ゆえに, $FG=\dfrac{\sqrt{7}}{2}+1$

5 (1) 1辺 3 の正方形を底面とする高さ $\dfrac{3\sqrt{2}}{2}$ の三角錐 2 個の体積として, $\left(\dfrac{1}{3}\times3^2\times\dfrac{3\sqrt{2}}{2}\right)\times2=9\sqrt{2}$
(2) 辺の本数は, $6\times8+4\times6=72$
ところが, これは 1 つの辺を 2 回ずつ数えているので
本当の辺の本数は, $72\times\dfrac{1}{2}=36$ (本)
同様に, 頂点の個数は, $\dfrac{6\times8+4\times6}{3}=24$ (個)
なお, 頂点 v 個, 辺 e 本, 面 f 枚とすると
$v-e+f=2$ が成り立つ (オイラーの定理) ことを利用してもよい。
(3) 切り取られた部分は, 1 辺の長さが 1 の正八面体 3 個分に相当するので
$$9\sqrt{2}\times\left\{1-\left(\frac{1}{3}\right)^3\times3\right\}=9\sqrt{2}\times\frac{8}{9}=8\sqrt{2}$$
〈K.Y.〉

駿台甲府高等学校　問題 P.149

解答

1 正負の数の計算, 平方根, 因数分解, 2 次方程式, 1 次関数, 1 次方程式の応用, 比例・反比例, 場合の数, 平行と合同, 立体の表面積と体積, 平行線と線分の比　(1) 15　(2) $4\sqrt{3}$　(3) $(x+1)(x-8)$
(4) $x=\dfrac{3\pm\sqrt{13}}{2}$　(5) (1, 5)　(6) 100 g　(7) $b=2$
(8) 12 通り　(9) 250 度　(10) 210 cm³　(11) 75 cm²

2 1 次関数, 関数 $y=ax^2$　(1) $a=\dfrac{1}{4}$　(2) $10\sqrt{5}$
(3) $k=12$

3 平行と合同, 平行四辺形, 相似, 平行線と線分の比
(1) 3 cm　(2) 8 cm　(3) $\dfrac{200}{273}$ cm

4 場合の数　(1) 8 個　(2) 24 個　(3) 24 個

解き方

1 (6) 7%の食塩水を x g 混ぜるとすると,
$300\times0.03+x\times0.07=(300+x)\times0.04$
$9+0.07x=12+0.04x$　　$0.03x=3$　　$x=100$
(7) $\dfrac{a}{b}=3$, $\dfrac{a}{4}=6$ とすると, $b=8$ となり不適。
$\dfrac{a}{b}=6$, $\dfrac{a}{4}=3$ のとき, $a=12$, $b=2$ で適する。
(8) ア = 1 のとき, キ = ス = 1
または ク = シ = 1
3 個の 2, 3 個の 3 の入れ方は, それぞれ 2 通りずつある。
ア = 2, ア = 3 のときも同様であるから,
$2\times2\times3=12$ (通り)

ア	イ	ウ
カ	キ	ク
サ	シ	ス

(11) 四角形 EMNG

$$= \triangle\text{CEM} \times \frac{3}{4} = \left(\triangle\text{ACE} \times \frac{2}{3}\right) \times \frac{3}{4}$$

$$= \triangle\text{ACE} \times \frac{1}{2}$$

2 (3) 放物線 $y = \frac{1}{4}x^2$ と直線 $y = \sqrt{3}\,x$ との交点で原点と異なるものが B であるから，B $(4\sqrt{3},\ 12)$

3 (1) CE = BE − BC = 8 − 5 = 3 (cm)

(2) GE = 3 cm と(1)より，GE = CE
このことと AB // CD より，AE = BE = 8 (cm)

(3) AF : FE = 5 : 8，AN : NE = 5 : 5.5 = 10 : 11
よって，AF $= 8 \times \dfrac{5}{13} = \dfrac{40}{13}$　　NE $= 8 \times \dfrac{11}{21} = \dfrac{88}{21}$

FN $= \text{AE} - \text{AF} - \text{NE} = 8 - \dfrac{40}{13} - \dfrac{88}{21} = \dfrac{200}{273}$

4 (1) 頂点 A に正三角形 BDE が対応すると考えると，
頂点の個数と正三角形の個数が等しいから，8 個。

(2) △ABC と合同である三角形が各面に 4 個ずつあるので，
$4 \times 6 = 24$（個）

(3) 対角線 AG と他の 6 個の頂点のうちの 1 個とから，3 辺の長さが異なる三角形ができる。
対角線は，AG，BH，CE，DF の 4 本があるから，
$6 \times 4 = 24$（個）

〈K. Y.〉

青雲高等学校

問題 P.150

解答

1 正負の数の計算，平方根，因数分解，連立方程式，2 次方程式，連立方程式の応用，確率，円周角と中心角，資料の散らばりと代表値 ▎(1) $-\dfrac{5}{17}$　(2) 0

(3) $(x+2)(x-2)(y-1)$　(4) $x = -8,\ y = 4$

(5) $a = -3,\ -2$　(6) $n = 4$　(7) $a = -3,\ b = -1$　(8) $\dfrac{1}{3}$

(9) $\angle x = 69$ 度　(10) $a,\ b,\ c$

2 1 次方程式の応用，連立方程式の応用 ▎(1) $x = 40$

(2) 7 人または 3 人　(3) $x = 25$

3 1 次関数，立体の表面積と体積，関数 $y = ax^2$，相似 ▎

(1) $y = -x + 2$　(2) C $(3,\ 9)$　(3) $5 \pm \sqrt{13}$

(4) $\dfrac{150\sqrt{17}}{17}\pi$

4 円周角と中心角，相似，三平方の定理 ▎(1) DE = 6

(2) AF : FE = 2 : 1　(3) AF $= 3\sqrt{2}$

5 立体の表面積と体積，相似，三平方の定理 ▎

(1) 体積 $\dfrac{500\sqrt{3}}{3}$，表面積 300　(2)(ア) $\dfrac{244\sqrt{3}}{3}$　(イ) $2\sqrt{29}$

解き方

1 (1)（与式）$= -\dfrac{1}{7} \times \left(-\dfrac{70}{17}\right) \times \left(-\dfrac{1}{2}\right)$

$\qquad = -\dfrac{5}{17}$

(2)（与式）$= \dfrac{\sqrt{2}+\sqrt{11}}{2\sqrt{2}} - \dfrac{\sqrt{11}-3\sqrt{2}}{2\sqrt{2}} - 2 = 0$

(3)（与式）$= x^2(y-1) - 4(y-1) = (x^2-4)(y-1)$

$\qquad = (x-2)(x+2)(y-1)$

(4) 与式の（左辺）=（中辺）より，$x + 6y = 16 \cdots$①

（中辺）=（右辺）より，$4x - y = -36 \cdots$②

① $\times 4 -$ ②より，$25y = 100$　　$y = 4$

①より，$x = 16 - 24 = -8$

(5) $x = 2$ が解であるから，$4 + 2(a-1) + a^2 + 3a + 4 = 0$

$a^2 + 5a + 6 = 0$　　$(a+2)(a+3) = 0$　　$a = -2,\ -3$

(6) $72 = 6^2 \times 2$ より，n は偶数であることが必要。
$n = 2,\ 4,\ 6,\ 8$ のときを調べて，$n = 4$ のとき条件をみたす。

(7) A，B の x 座標より，$2a + 5 = 3b + 2$
$2a - 3b = -3 \cdots$①
y 座標より，$4b + 3 + 2a + 7 = 0$　　$2a + 4b = -10 \cdots$②
① $-$ ②より，$-7b = 7$　　$b = -1$　　①より，$a = -3$

(8) 目の出方は全部で $6^2 = 36$（通り）
$a + b = 3,\ 6,\ 9,\ 12$ となる場合は，
$2 + 5 + 4 + 1 = 12$（通り）
よって，求める確率は，$\dfrac{12}{36} = \dfrac{1}{3}$

(9) 円の中心を O とすると，$\angle\text{AOB} = 180° - 42° = 138°$
したがって，$\angle x = \angle\text{AOB} \times \dfrac{1}{2} = 69°$

(10) 度数分布表は右の通り。
最頻値 $c = 5$
中央値 $b = 4$

点	0	1	2	3	4	5	計
人数	1	5	4	7	9	10	36

平均値 $a = \dfrac{1}{36}(5 + 8 + 21 + 36 + 50) = \dfrac{10}{3} = 3.33\cdots$

したがって，$a < b < c$

2 (1) $2000 \times 10 + \left(1 - \dfrac{x}{100}\right) \times 2000 \times (15-10) = 26000$

これより，$1 - \dfrac{x}{100} = \dfrac{60}{100}$　　$x = 40$

(2) 大人 a 人，子ども b 人とすると，$a \leqq 10,\ b \leqq 10$ であり
$2000a + 1600b = 15600$　　$5a = 39 - 4b$
$39 - 4b$ が正の 5 の倍数であることを考えて
$b = 1$ のとき $a = 7$，$b = 6$ のとき $a = 3$

(3) 大人 a 人，子ども b 人とすると，$a + b = 20$
$a = b = 10$ のときは不適
$a \geqq 11$ のとき
$20000 + \left(1 - \dfrac{x}{100}\right) \times 2000 \times (a - 10)$
$= 1600(20 - a) + 5600$
$\left(1 - \dfrac{x}{100}\right) \times 20(a-10) = 176 - 16a$
$176 - 16a \leqq 0$ より不適
$b \geqq 11$ のとき
$16000 + \left(1 - \dfrac{x}{100}\right) \times 1600 \times (b - 10)$
$= 2000(20 - b) \pm 5600$
$\left(1 - \dfrac{x}{100}\right) \times 4(b-10) = 60 \pm 14 - 5b$
$b \geqq 11$ だから，
$\left(1 - \dfrac{x}{100}\right) \times 4(b-10) = 60 + 14 - 5b = 74 - 5b$
これより，$x = 100 - \dfrac{25(74-5b)}{b-10} = \dfrac{25(9b-114)}{b-10}$
$0 < x < 50$ であることを考えて，$b = 13$ のとき $x = 25$

3 (1) A $(-2,\ 4)$，B $(1,\ 1)$ より直線 AB は，$y = -x + 2$

(2) 傾き 1 で A を通るので l の式は，$y = x + 6$
$x^2 = x + 6$ より，$x^2 - x - 6 = 0$　　$(x-3)(x+2) = 0$
よって，C $(3,\ 9)$

(3) $\angle\text{CAB} = 90°$ であり，円の中心は線分 BC の中点
D $(2,\ 5)$
半径は，$\sqrt{1^2 + 4^2} = \sqrt{17}$
求める点を $(0,\ y)$ とすると，$2^2 + (y-5)^2 = (\sqrt{17})^2$
より，$(y-5)^2 = 13$　　$y = 5 \pm \sqrt{13}$

(4) △ABC は直角三角形で
AB = $3\sqrt{2}$, AC = $5\sqrt{2}$,
BC = $2\sqrt{17}$
A から BC へ引いた垂線を AH
とすると △ABC∽△HAC で
あり

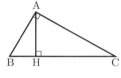

AH = $3\sqrt{2} \times \dfrac{5\sqrt{2}}{2\sqrt{17}} = \dfrac{15}{\sqrt{17}}$

したがって，求める体積は，

$\dfrac{1}{3} \times \left(\dfrac{15}{\sqrt{17}}\right)^2 \pi \times 2\sqrt{17} = \dfrac{150\sqrt{17}}{17}\pi$

4 (1) △ABC∽△DEC であり，DE = $12 \times \dfrac{4}{8} = 6$

(2) BD : DC = AB : AC = 3 : 2 より，AD は ∠BAC の
二等分線。
△ABC∽△DEC より，∠BAC = ∠EDC
さらに BD = ED = 6 であるから，
∠BED = $\dfrac{1}{2}$∠EDC = ∠BAD
したがって，4 点 A，B，D，E は同一円周上にあり
∠BDA = ∠FEA
よって，△ABD∽△AFE であり
AF : FE = AB : BD = 2 : 1

(3) A から BC に引いた垂線を AH，HC = x とすると
△ABH，△ACH で三平方の定理より
$12^2 - (10-x)^2 = 8^2 - x^2$　これより，$x = 1$
AH² = $8^2 - 1^2 = 63$
△ADH で三平方の定理より，
AD = $\sqrt{63 + (4-1)^2} = 6\sqrt{2}$
△ABD∽△AFE より，AF = $12 \times \dfrac{3}{6\sqrt{2}} = 3\sqrt{2}$

5 (1) AC の中点を L とすると，AL = $5\sqrt{2}$
△OAL で三平方の定理より，
OL = $\sqrt{(5\sqrt{5})^2 - (5\sqrt{2})^2} = 5\sqrt{3}$

体積は，$\dfrac{1}{3} \times 10^2 \times 5\sqrt{3} = \dfrac{500\sqrt{3}}{3}$

AB の中点を N とすると，△OAN で三平方の定理より
ON = $\sqrt{(5\sqrt{5})^2 - 5^2} = 10$

表面積は，$10^2 + \dfrac{1}{2} \times 10 \times 10 \times 4 = 300$

(2) (ア) (O-ABCD)∽(O-EFGH)，AB : EF = 5 : 4 より

求める体積は，$\dfrac{500\sqrt{3}}{3} \times \left\{1 - \left(\dfrac{4}{5}\right)^3\right\} = \dfrac{244\sqrt{3}}{3}$

(イ) E から AB に垂線 EI を引くと
EI = $10 \times \dfrac{1}{5} = 2$
AI = $5 \times \dfrac{1}{5} = 1$
右の立体①の展開図の一部におい
て，△HIM で三平方の定理より
MH = $\sqrt{(8+2)^2 + (5-1)^2}$
　　 = $2\sqrt{29}$

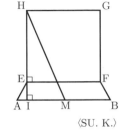

〈SU. K.〉

成蹊高等学校

問題 P.151

解答

1 平方根，因数分解，2 次方程式，円周角と中心角，相似
(1) $-\sqrt{6} + \dfrac{1}{2}$
(2) $(a+b)(a-b+c)$　(3) $x = -1,\ 7$　(4) 14 度
(5) $x = -2 + \sqrt{13}$

2 連立方程式の応用
(1) 白い砂：$0.8x$ g，赤い砂：$(0.2x + y)$ g
(2) 白い砂：$0.2x$ g，赤い砂：$(0.2y + 12)$ g
(3) $x = 150$，$y = 90$

3 確率　(1) $\dfrac{1}{4}$　(2) $\dfrac{11}{108}$

4 関数 $y = ax^2$　(1) A $(-6,\ 27)$，$a = \dfrac{1}{3}$

(2) $y = -\dfrac{5}{3}x + \dfrac{39}{2}$　(3) 117　(4) P $\left(-\dfrac{5}{3},\ \dfrac{25}{12}\right)$

5 空間図形の基本，立体の表面積と体積，三平方の定理
(1) 12π　(2) 6　(3) $6\sqrt{3}$　(4) 3

解き方

1 (1) (与式)

$= \dfrac{\sqrt{2}+\sqrt{3}}{2} \times (\sqrt{3} - 2\sqrt{3}) - \left(\dfrac{\sqrt{24}}{4} - 2\right)$

$= (-\sqrt{3}) \times \dfrac{\sqrt{2}+\sqrt{3}}{2} - \dfrac{\sqrt{6}}{2} + 2$

$= -\dfrac{\sqrt{6}}{2} - \dfrac{3}{2} - \dfrac{\sqrt{6}}{2} + 2 = -\sqrt{6} + \dfrac{1}{2}$

(2) (与式) $= a^2 - b^2 + ac + bc = (a+b)(a-b) + c(a+b)$
$= (a+b)(a-b+c)$

(3) $(x-3)(x+1) - 4(x+1) = 0$
$(x+1)(x-3-4) = 0$
$(x+1)(x-7) = 0$　よって，$x = -1,\ 7$

(4) $\overparen{AB} = \overparen{BC}$ より，∠ADB = ∠BDC = 38°
よって，∠ADC = 76° より，∠AOC = ∠ADC × 2 = 152°
△CAO は OA = OC の二等辺三角形なので，その底角は
等しく，∠CAO = $\dfrac{1}{2} \times (180° - 152°) = 14°$

(5) AD = CD より △ADC は二等辺三角形。よって，
∠DAC = ∠DCA となる。また，AD は ∠BAC の二等分
線なので，∠BAD = ∠DAC となり，∠DCA = ∠BAD
よって，△BAD∽△BCA とわかり，対応する辺の比は等
しいことから，BA : BD = BC : BA
すなわち，$3 : x = (x+4) : 3$　　$x^2 + 4x - 9 = 0$
$x = -2 \pm \sqrt{13}$　　$x > 0$ より，$x = -2 + \sqrt{13}$

2 それぞれの容器に入っている白い砂と赤い砂の重さを，
順を追ってみていく。
はじめの容器 A は，白い砂：x g，赤い砂：y g
容器 A から 2 割の砂を容器 B に移すので，
容器 A は，白い砂：$0.8x$ g，赤い砂：$0.8y$ g
容器 B は，白い砂：$0.2x$ g，赤い砂：$0.2y$ g
その後，容器 A には $0.2x + 0.2y$ (g) の赤い砂を入れ，容
器 B には 12 g の赤い砂を入れるので，この後
容器 A は，白い砂：$0.8x$ g，赤い砂：$0.2x + y$ (g)
容器 B は，白い砂：$0.2x$ g，赤い砂：$0.2y + 12$ (g)
となる。
(1) 上より，容器 A は
白い砂：$0.8x$ g，赤い砂：$0.2x + y$ (g)
(2) 上より，容器 B は
白い砂：$0.2x$ g，赤い砂：$0.2y + 12$ (g)

(3) 容器Aより，$0.8x = 0.2x + y$　　$3x - 5y = 0$…①
容器Bより，$0.2x = 0.2y + 12$　　$x - y = 60$…②
①，②を解いて，$x = 150$，$y = 90$

3 題意より，さいころを1個投げて得る得点の確率は，
3点…$\frac{1}{6}$，2点…$\frac{1}{3}$，1点…$\frac{1}{3}$，
持ち点を0点にする（以後，0点と表記）…$\frac{1}{6}$ である。

(1) 2回投げて合計点が3点となるのは，（1回目，2回目）と表記すると，以下のいずれかである。
(0点, 3点) のとき，$\frac{1}{6} \times \frac{1}{6} = \frac{1}{36}$
(1点, 2点) のとき，$\frac{1}{3} \times \frac{1}{3} = \frac{1}{9}$
(2点, 1点) のとき，$\frac{1}{3} \times \frac{1}{3} = \frac{1}{9}$
これらは同時に起こりえないので求める確率は，
$\frac{1}{36} + \frac{1}{9} + \frac{1}{9} = \frac{1}{4}$

(2) 3回投げて合計点が3点となるのは（1回目，2回目，3回目）と表記すると，以下のいずれかである。
(何でもよい, 0点, 3点) のとき，$1 \times \frac{1}{6} \times \frac{1}{6} = \frac{1}{36}$
(1点, 1点, 1点) のとき，$\frac{1}{3} \times \frac{1}{3} \times \frac{1}{3} = \frac{1}{27}$
(0点, 1点, 2点) のとき，$\frac{1}{6} \times \frac{1}{3} \times \frac{1}{3} = \frac{1}{54}$
(0点, 2点, 1点) のとき，$\frac{1}{6} \times \frac{1}{3} \times \frac{1}{3} = \frac{1}{54}$
これらは同時に起こりえないので求める確率は，
$\frac{1}{36} + \frac{1}{27} + \frac{1}{54} + \frac{1}{54} = \frac{11}{108}$

4 (1) $y = \frac{3}{4}x^2$ に $y = 27$ を代入すると，$27 = \frac{3}{4}x^2$
これを解いて，$x = \pm 6$　　点Aのx座標は負なので，A$(-6, 27)$
また，AB : BC = 2 : 3 より，C$(9, 27)$ となるので，これを $y = ax^2$ に代入して，$27 = 81a$　　$a = \frac{1}{3}$

(2) 点Dのx座標は6で，$y = \frac{1}{3}x^2$ のグラフ上にあることから，D$(6, 12)$ とわかる。よって，直線ADの傾きは，
$\frac{12 - 27}{6 - (-6)} = -\frac{15}{12} = -\frac{5}{4}$ なので，その式は
$y = -\frac{5}{4}x + b$ とおける。
これは点D$(6, 12)$ を代入しても成り立つので，
$12 = -\frac{5}{4} \times 6 + b$　　$b = \frac{39}{2}$
となり，直線ADの式は $y = -\frac{5}{4}x + \frac{39}{2}$

(3) 直線ADとy軸の交点をEとすると，E$\left(0, \frac{39}{2}\right)$
△OADの底辺をOEと考えると，その高さは2点A，Dのx座標の差となることから，
△OAD $= \frac{39}{2} \times \{6 - (-6)\} \times \frac{1}{2} = 117$

(4) 右図のように点Oを通り直線ADに平行な直線を引くとその式は
$y = -\frac{5}{4}x$ であり，その直線と放物線①の交点がPとなる。したがって，
$\frac{3}{4}x^2 = -\frac{5}{4}x$ を解くと，
$x(3x + 5) = 0$
点Pのx座標は負なので，$x = -\frac{5}{3}$
よって，点P$\left(-\frac{5}{3}, \frac{25}{12}\right)$

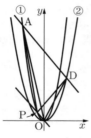

5 (1) 展開図のおうぎ形の中心角は，
$360° \times \frac{2 \times 2 \times \pi}{6 \times 2 \times \pi} = 360° \times \frac{1}{3} = 120°$
となるので，側面積は，
$6^2 \times \pi \times \frac{120}{360} = 12\pi$

(2) 右図のように頂角 120° の二等辺三角形の底辺と同じ長さとなるので，求めるひもの長さはCC'より，三平方の定理を用いれば，90°，60°，30° の3つの角を持つ直角三角形の3辺の比は $1 : 2 : \sqrt{3}$ となることがわかり，右図下のようになるので，CC'の長さは 6

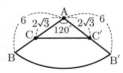

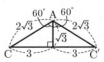

(3) $\overset{\frown}{BD}$ は底面の円周の $\frac{1}{4}$ 倍となるので，展開図のおうぎ形の弧を4等分したときの図は右図のようになる。弧の長さは中心角の大きさに比例するので，点E，Fを図のようにとると，
∠BAE = ∠BAD = 30° とわかるので，(2)と同様に三平方の定理を考えると，AD = 6 より，AE = 3
したがって，EF = $\sqrt{3}$，AF = FD = $2\sqrt{3}$ と決まる。ゆえに，点Fが点Cと一致することとなり，求めるひもの長さは右図の DD' といえる。
以上より，DD' $= 2 \times (\sqrt{3} + 2\sqrt{3}) = 6\sqrt{3}$

(4) (3)より AE = 3

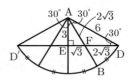

〈Y. D.〉

専修大学附属高等学校

問題 P.152

解答

1 平方根，連立方程式，2次方程式，確率，2次方程式の応用，円周角と中心角　(1) 2
(2) -2　(3) $a = 3, b = -1$　(4) $x = 2 \pm 2\sqrt{2}$　(5) $\frac{3}{8}$
(6) $a = 1$　(7) $\overset{\frown}{BC} = \frac{\pi}{18}$

2 1次関数，関数 $y = ax^2$　(1) $y = \frac{1}{2}x + 6$
(2) △BCD = 24

3 1次方程式の応用　(1) 27500 円　(2) 27000 円

4 2次方程式の応用，1次関数，平行線と線分の比
(1) $\frac{2}{3}$　(2) OH : HE : ED = 1 : 2 : 6　(3) $a = 9$

5 資料の散らばりと代表値　(1) $x + y = 25$
(2) $x = 13, y = 12$　(3) ①，②，④

6 相似，三平方の定理　(1) 5回　(2) 9個
(3) $(s + t + 2)$ 個

解き方　**1** (1) (与式) = $\sqrt{4} = 2$
(2) (与式) = $1 - 3 = -2$
(3) $a - 2b = 5$…①　$3a + 5b = 4$…②とすると，
② $-$ ① $\times 3$ より，$11b = -11$　　$b = -1$
①に代入して，$a + 2 = 5$　　$a = 3$
(4) 解の公式より，
$x = \dfrac{-(-4) \pm \sqrt{(-4)^2 - 4 \times 1 \times (-4)}}{2 \times 1}$

$= \dfrac{4 \pm \sqrt{32}}{2} = \dfrac{4 \pm 4\sqrt{2}}{2} = 2 \pm 2\sqrt{2}$

(5) 表裏の出方は，$2 \times 2 \times 2 = 8$（通り）　表が出た硬貨の金額の合計が100円になるには，2枚が表，1枚が裏となればよいので，(表, 表, 裏)，(表, 裏, 表)，(裏, 表, 表) の3通り。したがって，求める確率は，$\dfrac{3}{8}$

(6) 正四角錐の体積は，$\dfrac{1}{3} \times 3 \times 3 \times h = 3h$
正四角柱の体積は，$a \times a \times 3h = 3a^2h$
したがって，$3a^2h = 3h$
両辺を $h(>0)$ でわって，$3a^2 = 3$　　$a^2 = 1$
$a > 0$ より，$a = 1$

(7) $\angle ADB = 90°$ より，$\angle BDC = 100° - 90° = 10°$
$\angle ADB : \angle BDC = 90 : 10 = 9 : 1$ より，
$\overparen{AB} : \overparen{BC} = 9 : 1$ となるので，
$\overparen{BC} = 1 \times \pi \times \dfrac{1}{2} \times \dfrac{1}{9} = \dfrac{\pi}{18}$

2 (1) 点Aの y 座標は，$y = \dfrac{1}{2} \times (-3)^2 = \dfrac{9}{2}$
点Bの y 座標は，$y = \dfrac{1}{2} \times 4^2 = 8$
直線 l の式を，$y = ax + b$ とおく。
点A $\left(-3, \dfrac{9}{2}\right)$ を通るので，$-3a + b = \dfrac{9}{2}$…①
点B $(4, 8)$ を通るので，$4a + b = 8$…②
② − ① より，$7a = \dfrac{7}{2}$　　$a = \dfrac{1}{2}$
②に代入して，$2 + b = 8$　　$b = 6$
したがって，直線 l は $y = \dfrac{1}{2}x + 6$

(2) 点Dの y 座標は，$y = \dfrac{1}{2} \times 3^2 = \dfrac{9}{2}$ より，線分 AD と x 軸は平行となる。また，$AD = 3 - (-3) = 6$ より，
$\triangle BCD = \triangle ACD + \triangle ABD$
$= \dfrac{1}{2} \times 6 \times 8 = 24$

3 (1) 税抜き価格を x 円とすると，
$x \times \dfrac{10 - 8}{100} = 550$　　$\dfrac{1}{50}x = 550$　　$x = 27500$（円）

(2) 税抜き価格を y 円とすると，
$y \times \left(1 + \dfrac{10}{100}\right) = 27500 \times \left(1 + \dfrac{8}{100}\right)$
$\dfrac{110}{100}y = 27500 \times \dfrac{108}{100}$　　$y = 27000$（円）

4 (1) 点Dの座標は，
$(a + 2a, 2a) = (3a, 2a)$
より，直線 OD の傾きは，
$\dfrac{2a}{3a} = \dfrac{2}{3}$

(2) 直線 OD の式は
$y = \dfrac{2}{3}x$ より，点Eの座標
は $\left(a, \dfrac{2}{3}a\right)$ となる。
また，
$OG = a - \dfrac{2}{3}a = \dfrac{1}{3}a$　　HG // EB // DC より，
$OH : HE : ED = OG : GB : BC = \dfrac{1}{3}a : \dfrac{2}{3}a : 2a$
$= 1 : 2 : 6$

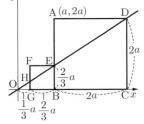

(3) $\dfrac{1}{2} \times \left(\dfrac{2}{3}a + 2a\right) \times 2a = 216$　　$\dfrac{8}{3}a^2 = 216$
$a^2 = 81$　　$a > 0$ より，$a = 9$

5 (1) $\dfrac{x + y + 15 + 14 + 6 + 13 + 8 + 15 + 12}{9} = 12$
$x + y + 83 = 108$　　$x + y = 25$

(2) Aグループ全員は9名なので，中央値は出席番号1から9のいずれかの得点となる。出席番号2番を除いた8名の中央値は，中央にある2つの値の平均値であるため，2つの値をたしたら偶数とならなければならない。したがって，$x = 13$ のとき，6, 8, 12, 13, 13, 14, 15, 15 となるので，中央値は，$\dfrac{13 + 13}{2} = 13$ となる。このとき，$13 + y = 25$
$y = 12$ となり，6, 8, 12, 12, 13, 13, 14, 15, 15 より，中央値は13で同じとなる。

(3) Aグループの中央値は13，Bグループの中央値は12より，12点以下の生徒は，Aグループは4名，Bグループは最低でも5名となる。したがって，③になることはない。

6 (1) 30°, 60°, 90° の直角三角形の辺の比は，$1 : 2 : \sqrt{3}$ となるので，右図のようになる。点Pは，A → E → F → G → H → I → B と移動するので，5回反射する。

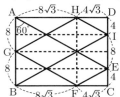

(2) $\triangle AQH \equiv \triangle EQH$ となることや，$\triangle AQH \sim \triangle EFB$ となり，
$EB = 16 - \dfrac{32}{5} \times 2 = \dfrac{16}{5}$
より，
$BF : 12\sqrt{3} = \dfrac{16}{5} : \dfrac{32}{5}$
$BF = 6\sqrt{3}$ となることから，右図のようになる。

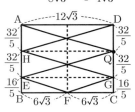

A → Q → E → F → G → H → D と移動し，長方形 ABCD は9個の平面に分かれる。

(3) 点Pが移動を始めるとき，平面は1個である。点Pが辺に到達すると平面が1個増えるため，反射する回数分だけ増える。また，点Pが④で引いた線と交わると平面が1個増えるため，交点の数だけ増える。最後に，点Pが頂点に到達すると平面が1個増える。したがって，
$1 + s + t + 1 = s + t + 2$（個）

〈A. H.〉

中央大学杉並高等学校

問題 P.153

解答

1 因数分解，円周角と中心角，空間図形の基本，三平方の定理　（問1）$(x - 1)(x - 2)$
（問2）$a = 3, b = 5$　（問3）$\angle ACE = 28$ 度
（問4）$\sqrt{13}$

2 比例・反比例，1次関数，三平方の定理
（問1）$y = \sqrt{3}x - 2\sqrt{3}$　（問2）$x = 1 + \sqrt{2}$

3 1次関数，関数 $y = ax^2$　（問1）$-a^2 + 2a + 1$
（問2）$y = -2x + 40$　（問3）$8\sqrt{41} - 32$

4 2次方程式，確率　（問1）$\dfrac{1}{4}$　（問2）$\dfrac{1}{20}$
（問3）$\dfrac{1}{5}$

5 数・式を中心とした総合問題 (問1) 13枚
(問2) $168\,\mathrm{cm}^2$ (問3) $n = a - 5$
(問4) (式・考え方)(例)
右図で,
(色紙をはらなかった部分)
$= \triangle \mathrm{PB'P'} + \triangle \mathrm{D'QQ'}$
$+$(斜線の部分)
だから,
$\mathrm{T} = (a-6)^2 + (n-1)$
$n = a - 5$ を代入すると
$\mathrm{T} = (a-6)^2 + (a-6)$
$= a^2 - 11a + 30$

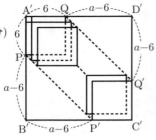

(色紙をはった部分)
$=$ (正方形 $\mathrm{A'B'C'D'}$の面積)$-$(色紙をはらなかった部分)
だから, $\mathrm{S} = a^2 - (a^2 - 11a + 30) = 11a - 30$
したがって, $(11a - 30) : (a^2 - 11a + 30) = 1 : 2$
これを整理して, $a^2 - 33a + 90 = 0$
$(a - 3)(a - 30) = 0$ $a = 3, 30$
$a > 6$ だから, $a = 30$
(答) $a = 30$

解き方 **1** (問1) (与式)$= (2x^2 - 3x - 5) - (x^2 - 7)$
$= x^2 - 3x + 2 = (x - 1)(x - 2)$
(問2) (与式)$= (4x^4 + 16x^3 y + 16x^2 y^2) \div \dfrac{x}{5}$
$= 20x^3 + 80x^2 y + 80xy^2$
$= 20x(x^2 + 4xy + 4y^2) = 20x(x + 2y)^2$
$= 20 \times \dfrac{1}{5} \times \left\{ \dfrac{1}{5} + 2 \times \left(-\dfrac{1}{4}\right) \right\}^2 = 4 \times \dfrac{9}{100} = \dfrac{9}{25}$
$= \left(\dfrac{3}{5}\right)^2$
したがって, $a = 3, b = 5$
(問3) $\overset{\frown}{\mathrm{AB}} = \overset{\frown}{\mathrm{ED}}$ だから, $\angle \mathrm{ADB} = \angle \mathrm{DBE} = 31°$
$\triangle \mathrm{ABD}$ で, BD は直径だから, $\angle \mathrm{BAD} = 90°$
したがって, $\angle \mathrm{ACE} = \angle \mathrm{ABE} = 90° - 2 \times 31° = 28°$
(問4) 右図の展開図で, AG の
値が最も短くなるから, G から
$\mathrm{A'B}$ に垂線を引き, その交点を
H とする。直角三角形 $\mathrm{A'GH}$
は 30°, 60°, 90° の直角三角形
だから, $\mathrm{A'H} = \dfrac{1}{2}$, $\mathrm{GH} = \dfrac{\sqrt{3}}{2}$

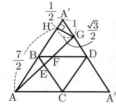

したがって, 直角三角形 AGH で,
$\mathrm{AG} = \sqrt{\left(\dfrac{\sqrt{3}}{2}\right)^2 + \left(\dfrac{7}{2}\right)^2} = \sqrt{13}$

2 (問1) 直線 l は原点と点 $\mathrm{A}(1, \sqrt{3})$ を通る直線であるから, $y = \sqrt{3}x \cdots ①$
直線 m は①に平行で, 点 $\mathrm{B}(2, 0)$ を通るから, 直線 m の式を $y = \sqrt{3}x + b$ として, 点 B の x 座標, y 座標の値を代入すると, $0 = \sqrt{3} \times 2 + b$ $b = -2\sqrt{3}$
したがって, 直線 m の式は, $y = \sqrt{3}x - 2\sqrt{3} \cdots ②$
(問2) 反比例のグラフの式 $y = \dfrac{c}{x}$ は, 点 $\mathrm{A}(1, \sqrt{3})$ を通るから, $c = 1 \times \sqrt{3} = \sqrt{3}$
したがって, 反比例のグラフの式は $y = \dfrac{\sqrt{3}}{x} \cdots ③$
②と③の交点の x 座標の値は, $\sqrt{3}x - 2\sqrt{3} = \dfrac{\sqrt{3}}{x}$
$x^2 - 2x - 1 = 0$ これを解くと, $x = 1 \pm \sqrt{2}$

$x > 0$ であるから点 C の x 座標は, $x = 1 + \sqrt{2}$
3 (問1) 点 A, C の座標は $\mathrm{A}(a, 2a^2)$,
$\mathrm{C}(a+1, (a+1)^2)$ であるから, 直線 AC の傾きは,
$\dfrac{(a+1)^2 - 2a^2}{(a+1) - a} = -a^2 + 2a + 1$
(問2) 直線 AC の傾きは -2 だから, $-a^2 + 2a + 1 = -2$
$(a - 3)(a + 1) = 0$ $a = 3, -1$
$a > 0$ であるから, $a = 3$
B の座標は $(4, 32)$, 直線 BD の傾きは -2 であるから直線 BD の式を $y = -2x + b$ とおき B の x 座標, y 座標の値を代入すると, $32 = -2 \times 4 + b$ $b = 40$
したがって, 直線 BD の式は, $y = -2x + 40$
(問3) 直線 BD と放物線 $y = x^2$ の交点の x 座標の値は
$x^2 = -2x + 40$ $x^2 + 2x - 40 = 0$ これを解くと,
$x = -1 \pm \sqrt{41}$ $x > 0$ であるから, 点 D の x 座標の値は, $x = \sqrt{41} - 1$ したがって,
(四角形 ACDB の面積)
$= \dfrac{1}{2} \times (32 - 16) \times \{(\sqrt{41} - 1) - 3\} = 8\sqrt{41} - 32$
4 (問1) a, b の取り出す全体の場合の数は
$5 \times 4 = 20$ (通り)
1次方程式 $ax + b = 0$ の解 $x = -\dfrac{b}{a}$ が整数となる場合は
$(a, b) = (1, 2), (1, 3), (1, 4), (1, 5), (2, 4)$ の 5 通りあるから, 求める確率は, $\dfrac{5}{20} = \dfrac{1}{4}$
(問2) $a^2 = 4b$ となる場合は, $(a, b) = (2, 1)$ の 1 通りあるから, 求める確率は, $\dfrac{1}{20}$
(問3) 2 次方程式 $x^2 + ax + b = 0$ の解が整数となる場合は $(a, b) = (2, 1), (3, 2), (4, 3), (5, 4)$ の 4 通りあるから, 求める確率は, $\dfrac{4}{20} = \dfrac{1}{5}$
5 (問1) 1 枚はるごとに, 右に 1 cm, 下に 1 cm ずれるから, $18 - 6 + 1 = 13$ (枚)
(問2) 13 枚目の正方形の頂点が C と一致したときの BC, CD 上の頂点を $\mathrm{P'}, \mathrm{Q'}$ とする。色紙をはった部分の面積は, 六角形 $\mathrm{APP'CQ'Q}$ の面積から, 2 枚はって $1\,\mathrm{cm}^2$ の空の部分ができる面積を引いたものに等しいから,
$12\sqrt{2} \times 6\sqrt{2} + 6^2 - 12 = 168\,(\mathrm{cm}^2)$
別解 (色紙をはった部分の面積) $= 18^2 - (12^2 + 12)$
$= 168\,(\mathrm{cm}^2)$
(問3) $a - 6 + 1 = n$ よって, $n = a - 5$

〈K. M.〉

中央大学附属高等学校

問題 P.154

解答

1 式の計算，平方根，因数分解，連立方程式，2次方程式，関数 $y = ax^2$，確率，円周角と中心角，相似
(1) $2xy$ (2) $\dfrac{19}{3}$ (3) $(a+b-1)(x+1)$
(4) $x = -3$, $y = -4$ (5) $x = -3 \pm \sqrt{10}$ (6) $a = -1, -2$
(7) $\dfrac{25}{216}$ (8) $\angle x = 120$ 度, $\angle y = 30$ 度
(9) ア．9 イ．6 ウ．5

2 数の性質 (1) $p = 672$ (2) $p = 287$

3 比例・反比例，三角形，関数 $y = ax^2$ (1) $a = 16$
(2) $(8, 2)$ (3) $(-2, 1)$

4 立体の表面積と体積，相似，三平方の定理 (1) 84π
(2) 90π (3) $A : B = 19 : 37$

解き方

1 (1) □ $= -\dfrac{1}{2} \times \dfrac{64}{x^3 y} \times \left(-\dfrac{x^4 y^2}{16}\right) = 2xy$

(2) (与式)
$= \dfrac{(2\sqrt{3}+\sqrt{2})^2}{(3\sqrt{2}-2\sqrt{3})(3\sqrt{2}+2\sqrt{3})} - \dfrac{\sqrt{2}(5-2\sqrt{6}) - 3\sqrt{2}}{\sqrt{3}}$
$= \dfrac{14+4\sqrt{6}}{18-12} - \dfrac{2\sqrt{2}-4\sqrt{3}}{\sqrt{3}} = \dfrac{7+2\sqrt{6} - 2\sqrt{6}+12}{3}$
$= \dfrac{19}{3}$

(3) (与式) $= x(a+b-1) + (a+b-1) = (a+b-1)(x+1)$

(4) 第1式より，$6x+5y = -38$…①
第2式より，$2x - 9y = 30$…②
① $-$ ② $\times 3$ より，$32y = -128$ $y = -4$
②に代入して，$2x = 30 - 36 = -6$ $x = -3$

(5) 与式より $2(x^2-1) = 3(x+1)^2 - 6$
$x^2 + 6x - 1 = 0$
$x = -3 \pm \sqrt{10}$

(6) $y = -x^2$ で $y = -4$ のとき $x^2 = 4$ $x = \pm 2$
x の変域のはばが 3 なので，$a = -2, -1$

(7) 目の出方は全部で 6^3 通り。
和が 12 となる 3 数の組み合せは，$(6, 5, 1)$, $(6, 4, 2)$,
$(6, 3, 3)$, $(5, 5, 2)$, $(5, 4, 3)$, $(4, 4, 4)$
6^3 通りの中で考えると，$6 \times 3 + 3 \times 2 + 1 \times 1 = 25$
求める確率は，$\dfrac{25}{6^3} = \dfrac{25}{216}$

(8) 右図で
$\angle ADB = 180° \times \dfrac{1}{12} = 15°$
$\angle BDC = 15° \times 6 = 90°$
$\angle DBC = 15° \times 4 = 60°$
よって，
$\angle y = 180° - 90° - 60° = 30°$
また，$\angle EAD = 15° \times 2 = 30°$
$\angle AEF = 15° \times 6 = 90°$
よって，$\angle x = 30° + 90° = 120°$

(9) PQ // DC であり PD = CQ = k
AP = PD $\times$ 3 = $3k$
$\triangle$RQS = 1 $\triangle$RQS ∞ $\triangle$PAS   RQ : PA = 1 : $3k$
よって，$\triangle$ASP = $1 \times (3k)^2 = 9k^2$
また，RS : SP = 1 : $3k$ より，$\triangle$PQS = $3k$
$\triangle$PQR = $3k + 1$
$\square$PQCD = $\triangle$PQC $\times 2$ = ($\triangle$PQR $\times k$) $\times 2$ = $2k(3k+1)$
よって，五角形 CDPSQ = $3k + 2k(3k+1) = 6k^2 + 5k$

2 (1) $p = q-1$, $r = q+1$ とすると，$p+q+r = 2019$
より，$3q = 2019$ $q = 673$ よって，$p = q-1 = 672$
(2) $s = 4p = 4q - 4$ のとき，$p+q+r+s = 2020$ より，
$7q - 4 = 2020$ $7q = 2024$ 不適
$s = 4q$ のとき，同様に，$7q = 2020$ 不適
$s = 4r = 4q + 4$ のとき，同様に，$7q + 4 = 2020$
$7q = 2016$
$q = 288$ このとき，$p = 287$

3 (1) $y = \dfrac{1}{4}x^2$ より，A$(4, 4)$，A は $y = \dfrac{a}{x}$ 上にもあるので $4 = \dfrac{a}{4}$ $a = 16$

(2) C $\left(c, \dfrac{16}{c}\right)$ とすると，$\triangle$ABC $= 8$ より
$\dfrac{1}{2} \times 4 \times (c-4) = 8$ これより，$c = 8$ C$(8, 2)$

(3) $\triangle$ABC $= \triangle$BCD より，AD // BC
BC の傾きは $\dfrac{2}{4} = \dfrac{1}{2}$ であり，直線 AD は $y = \dfrac{1}{2}x + 2$
$\dfrac{1}{2}x + 2 = \dfrac{1}{4}x^2$ より，$x^2 - 2x - 8 = 0$
$(x-4)(x+2) = 0$
したがって，D$(-2, 1)$

4 (1) $\dfrac{4\pi}{3}(9 + 18 + 36) = 84\pi$

(2) 右図で ON = 4, OM = 8,
CM = 6
よって，OC = 10, OE = 5
表面積は
$\pi(3^2 + 6^2) + \pi(10^2 - 5^2) \times \dfrac{12\pi}{20\pi}$
$= 90\pi$

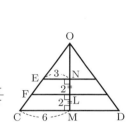

(3) 右図で FL $= \dfrac{9}{2}$ であり，
A : B $= \left(9 + \dfrac{27}{2} + \dfrac{81}{4}\right) : \left(\dfrac{81}{4} + 27 + 36\right) = 19 : 37$

〈SU. K.〉

解 答　　　　　　　　　　　　　　　　数学｜116

土浦日本大学高等学校

問題 P.155

解答

1 正負の数の計算，平方根，連立方程式，因数分解，数の性質，平面図形の基本・作図，空間図形の基本

(1) $\dfrac{アイ}{ウエ}\cdots\dfrac{17}{12}$　(2) オ$\cdots 7$

(3) カ$\cdots 1$，$\dfrac{キ}{ク}\cdots\dfrac{1}{2}$　(4) ケ$\cdots 1$　(5) コ，サ$\cdots 0$，2

2 1次関数，確率，立体の表面積と体積

(1)(i)（ア，イ）$\cdots$（2，2）　(ii) $\dfrac{ウ}{エ}\cdots\dfrac{3}{2}$

(2) $\dfrac{オ}{カキ}\cdots\dfrac{5}{36}$，$\dfrac{ク}{ケ}\cdots\dfrac{1}{3}$　(3)(i) コ$\cdots 2$　(ii) サシ$\cdots 48$

3 連立方程式の応用　(1) ア，イ$\cdots 0$，4，ウ，エ$\cdots 2$，7

(2) オカ$\cdots 24$，キク$\cdots 36$，ケコ$\cdots 75$，サシ$\cdots 99$　(3) スセ$\cdots 12$

4 1次関数，関数 $y=ax^2$，三平方の定理

(1) $\dfrac{ア}{イ}\cdots\dfrac{1}{2}$，ウ$\cdots 2$　(2) $\dfrac{エオ}{カ}\cdots\dfrac{19}{2}$

(3) キ$\cdots 4$，ク$\sqrt{ケ}\cdots 2\sqrt{2}$

5 円周角と中心角，相似，中点連結定理，三平方の定理

(1) ア$\cdots 8$，イ$\cdots 3$　(2) ウ$\cdots 1$　(3) エ：オ$\cdots 3$：2

解き方

1 (1) $\left(\dfrac{3}{2}\right)^2-\dfrac{2}{3}\times\dfrac{5}{4}=\dfrac{9}{4}-\dfrac{5}{6}=\dfrac{27}{12}-\dfrac{10}{12}$
$=\dfrac{17}{12}$

(2) $5+2\sqrt{10}+2-2\sqrt{10}=7$

(3) $2x+y=x-5y-4\cdots①$
$2x+y=3x-y\cdots②$
①を変形して $x+6y=-4\cdots①'$
②を変形して $-x+2y=0\cdots②'$
$①'+②'$　$8y=-4$　$y=-\dfrac{1}{2}\cdots③$
③を②' に代入　$-x+2\times\left(-\dfrac{1}{2}\right)=0$　$x=-1$

(4) $624^2-(624-1)(624+1)=624^2-(624^2-1^2)=1$

(5) π は約 3.14，円周は約 $6.28r$　よって，⓪は正しい。
七角形の内角の和は $180°\times(7-2)=900°$
よって，①は正しくない。
素数の中で偶数は 2 だけ。よって，②は正しい。
展開図を組み立てても立方体にならない。よって，③は正しくない。

2 (1)(i) 点 E の x 座標は 2 なので
$y=\dfrac{1}{2}\times 2+1=2$　E（2，2）

(ii) 点 A の x 座標は 2 なので①式に代入すると，
$y=2a+1$
A（2，$2a+1$），AB の長さが $2a+1$ なので，点 D は点 A から右に $2a+1$ 移動した点 D（$2+2a+1$，$2a+1$）
D（$2a+3$，$2a+1$）これを②式に代入すると，
$2a+1=\dfrac{1}{2}(2a+3)+1$　$a=\dfrac{3}{2}$

(2) 和が 8 になるのは，(2, 6)(3, 5)(4, 4)(5, 3)(6, 2) の 5 通り。よって，$\dfrac{5}{36}$　和を 3 で割って 2 余るには，和が 2, 5, 8, 11 になればよい。それぞれ，2 になるのは (1, 1) の 1 通り，5 になるのは (1, 4)(2, 3)(3, 2)(4, 1) の 4 通り，11 になるのは (5, 6) (6, 5) の 2 通り。
よって，$\dfrac{1+4+5+2}{36}=\dfrac{12}{36}=\dfrac{1}{3}$

(3)(i) 正四角柱なので②

(ii) 立面図より，正方形の対角線が 4 cm

正方形 ABCD $=\dfrac{1}{2}\times 4\times 4=8$（cm^2）
体積は $8\times 6=48$（cm^3）

3 (1) あめ玉の個数は $3ax+3$，$2bx+3$ と表せる。
チョコの個数は $4ax+3$，$3bx-9$ と表せる。
(2)(1)よりあめ玉について，$3ax+3=2bx+3$
$ax=\dfrac{2}{3}bx\cdots①$
チョコについて，$4ax+3=3bx-9\cdots②$
①を②に代入
$4\times\dfrac{2}{3}bx+3=3bx-9$　　$8bx+9=9bx-27$
$bx=36\cdots③$
③を①に代入　　$ax=\dfrac{2}{3}\times 36=24$
あめ玉は $3\times 24+3=75$（個）
チョコは $4\times 24+3=99$（個）

(3) $a=\dfrac{24}{x}$，$b=\dfrac{36}{x}$ で a, b, x がすべて自然数になる x は，$x=1$, 2, 3, 4, 6, 12 のいずれか。その中で最大なのは 12

4 (1) $y=ax^2$，A（4, 8）より $8=a\times 4^2$　　$a=\dfrac{1}{2}$
B の x 座標は 2 なので，$b=\dfrac{1}{2}\times 2^2=2$

(2) C $\left(0, \dfrac{11}{2}\right)$ とする。
AC の式を $y=mx+\dfrac{11}{2}$ とおくと，
$m=\left(8-\dfrac{11}{2}\right)\div(4-0)=\left(\dfrac{16}{2}-\dfrac{11}{2}\right)\times\dfrac{1}{4}=\dfrac{5}{8}$
つまり AC の式は $y=\dfrac{5}{8}x+\dfrac{11}{2}$
点 B を通り AC に平行な直線と y 軸との交点を E とすると，
BE の式は $y=\dfrac{5}{8}x+n$ と表せる。B（2, 2）を代入すると，
$2=\dfrac{5}{8}\times 2+n$　　$8=5+4n$　　$4n=3$　　$n=\dfrac{3}{4}$
つまり E $\left(0, \dfrac{3}{4}\right)$
$\triangle ABC=\triangle AEC=\dfrac{1}{2}\times CE\times A$の x 座標
$=\dfrac{1}{2}\times\left(\dfrac{11}{2}-\dfrac{3}{4}\right)\times 4$
$=\dfrac{1}{2}\times(22-3)=\dfrac{19}{2}$

(3) AC＋CB が最小になるのは，点 B を，y 軸を対称の軸として対称移動させた B'（-2, 2）と A を結んだ AB' の長さと等しくなるときである。
AB' の式を $y=px+q$ とすると，
$p=\dfrac{8-2}{4-(-2)}=1$
$8=1\times 4+q$　　$q=4$
つまり C（0, 4）で，$c=4$
C（0, 4），B（2, 2），B'（-2, 2）より，BB'＝4
CB＝CB'＝$\sqrt{2^2+2^2}=2\sqrt{2}$，CB^2＋CB'^{2}＝BB'^{2} より，$\triangle CBB'$ は CB＝CB'，$\angle BCB'=90°$ の直角二等辺三角形。また $\angle BCA=90°$ より，
$\angle BCD=\dfrac{1}{2}\angle BCA=45°$
$\triangle CBB'$ において，$\angle B'BC=45°$
錯角が等しいので CD // BB'
BB' は x 軸と平行なので CD は x 軸と平行。
つまり D の y 座標は C と同じく 4

旺文社 2021 全国高校入試問題正解

これを $y = \frac{1}{2}x^2$ に代入すると, $4 = \frac{1}{2}x^2$　$x = \pm 2\sqrt{2}$

$x > 0$ より, $x = 2\sqrt{2}$

これが CD の長さになるので, $CD = 2\sqrt{2}$

5 (1)半円の弧に対する円周角は $90°$ なので,
$\angle AEC = 90°$

三平方の定理より, $CE = \sqrt{AC^2 - AE^2} = 8$

AE∥OG, AO = CO なので中点連結定理より

$OG = \frac{1}{2}AE = 3$

(2) $DG = OD - OG = 2$　$\triangle AEF \backsim \triangle DGF$ で,

$AE : DG = FE : FG$　$6 : 2 = FE : FG$

$3 : 1 = FE : FG$

また, $EG = \frac{1}{2}CE = 4$

よって, $FG = \frac{1}{3+1} \times EG = \frac{1}{4} \times 4 = 1$

(3)右図のように $AH \perp BD$ となる点 H をとる.

$\triangle ACF$ は $\angle AEC = 90°$ より

$\triangle ACF = \frac{1}{2} \times FC \times AE$

$= \frac{1}{2} \times (FG + GC) \times AE$

$= \frac{1}{2} \times 5 \times 6 = 15 \cdots ①$

AE∥BD と $\angle AEG = 90°$

$AH = EG = 4$ より,

$\triangle ODA = \frac{1}{2} \times OD \times AH = \frac{1}{2} \times 5 \times 4 = 10 \cdots ②$

①, ②より求める比は, $15 : 10 = 3 : 2$

〈YM. K.〉

桐蔭学園高等学校

問題 P.156

解答　**1** 平方根, 式の計算, 因数分解, 円周角と中心角, 三平方の定理, 確率

(1)ア＋イ$\sqrt{ウ}$…$3 + 6\sqrt{3}$　(2)エ$ab^{オ}$…$8ab^2$

(3)カ…2, キ…3　(4)クケ$°$…$63°$　(5)コ$\sqrt{サ}$…$5\sqrt{3}$

(6)$\dfrac{シ}{ス}$…$\dfrac{4}{9}$

2 場合の数　(1)アイウ…504　(2)エオカ…224

(3)キクケ…112　(4)コサシ…180

3 関数 $y = ax^2$

(1)$(-ア, イ) = (-1, 1)$, $(ウ, エ) = (3, 9)$　(2)オカ…16

(3)$\dfrac{キ\sqrt{ク}}{ケ}…\dfrac{8\sqrt{5}}{5}$　(4)$\dfrac{コサシ\sqrt{ス}}{セソ}\pi…\dfrac{256\sqrt{5}}{15}\pi$

4 平行四辺形, 円周角と中心角, 平行線と線分の比, 三平方の定理　(1)アイ$°$…$90°$, ウ：エ＝$1 : 2$, オ：カ＝$1 : 1$,

キ：ク＝$2 : 1$, ケ：コ＝$2 : 3$

(2)サ$\sqrt{シ}$…$5\sqrt{3}$, ス…1, セ$\sqrt{ソタ}$…$2\sqrt{19}$,

$\dfrac{チ\sqrt{ツテ}}{ト}…\dfrac{4\sqrt{19}}{3}$

5 三平方の定理　(1)ア$\sqrt{イ} = 6\sqrt{3}$　(2)ウ…3

(3)エオ－カキ$\sqrt{ク}$…$27 - 18\sqrt{2}$

解き方　**1** (1)因数分解を利用すると,

（与式）

$= (\sqrt{3} + 2 + \sqrt{3} - 1)\{\sqrt{3} + 2 - (\sqrt{3} - 1)\} = 3 + 6\sqrt{3}$

(2)（与式）$= 8a^3b^6 \div a^2b^4 = 8a^{3-2}b^{6-4} = 8ab^2$

(3)（与式）$= (a-2)(a+2) + (a-2) = (a-2)(a+3)$

(4)円の中心を O とする.

$\angle AOC = 360° \times \dfrac{7}{9+4+7} = 126°$

円周角の定理より, $\angle ABC = \dfrac{1}{2}\angle AOC = \dfrac{1}{2} \times 126° = 63°$

(5)右図のように $30°$,
$60°$, $90°$ の直角三角形を
補うと,

$5 \times 2\sqrt{3} \times \dfrac{1}{2} = 5\sqrt{3}$

(6)余事象は, 3つの目が
すべて異なる.

その確率は, $\dfrac{6 \times 5 \times 4}{6^3} = \dfrac{5}{9}$

求める確率は, $1 - \dfrac{5}{9} = \dfrac{4}{9}$

2 (1)$9 \times 8 \times 7 = 504$（個）

(2)まず一の位は 2, 4, 6, 8 の 4 通り, 次に百の位が 8 通り,
最後に十の位が 7 通りあるので, $4 \times 8 \times 7 = 224$（個）

(3)下 2 ケタが 4 の倍数になるのは, 12, 16, 24, 28, 32,
36, 48, 52, 56, 64, 68, 72, 76, 84, 92, 96 の 16 通り。
それぞれ百の位は 7 通りずつ考えられるので,
$16 \times 7 = 112$（個）

(4) $1 \sim 9$ を 3 で割った余りで分類する。

Ⓐ余り 1 (1, 4, 7)　Ⓑ余り 2 (2, 5, 8)

Ⓒ余り 0 (3, 6, 9)

3 つの数字の和が 3 で割り切れるためには

Ⓐから 3 個, Ⓑから 3 個, Ⓒから 3 個, ⒶⒷⒸから各 1 個
ずつ選び出す場合が考えられる。

$1 + 1 + 1 + 3^3 = 30$（通り）

いずれの場合も選んだ 3 つの数字の並び替えは

$3 \times 2 \times 1 = 6$（通り）
したがって、3 の倍数は $6 \times 30 = 180$（個）ある。

3 (1) $y = x^2$ と $y = 2x + 3$ を連立して解くと
$x^2 = 2x + 3$　　$x^2 - 2x - 3 = 0$　　$(x+1)(x-3) = 0$
$x = -1, 3$　　A$(-1, 1)$, B$(3, 9)$
(2) C$(3, 1)$ より、AC $= 3 - (-1) = 4$, BC $= 9 - 1 = 8$
$\triangle ABC = 4 \times 8 \times \dfrac{1}{2} = 16$
(3) AB $= \sqrt{4^2 + 8^2} = 4\sqrt{5}$
$\triangle ABC = 4\sqrt{5} \times CD \times \dfrac{1}{2} = 16$
CD $= \dfrac{16 \times 2}{4\sqrt{5}} = \dfrac{8}{\sqrt{5}} = \dfrac{8\sqrt{5}}{5}$
(4) CD を半径とする円を底面とする円すい 2 個を組み合わせた立体であるから
$\pi \times CD^2 \times AB \times \dfrac{1}{3}$
$= \pi \times \left(\dfrac{8}{\sqrt{5}}\right)^2 \times 4\sqrt{5} \times \dfrac{1}{3}$
$= \dfrac{256\sqrt{5}}{15}\pi$

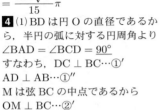

4 (1) BD は円 O の直径であるから、半円の弧に対する円周角より
$\angle BAD = \angle BCD = \underline{90°}$
すなわち、DC ⊥ BC…①'
AD ⊥ AB…①''
M は弦 BC の中点であるから
OM ⊥ BC…②'
仮定より AH ⊥ BC…③
①' と②' より OM // DC // AH…④'
△OBM∽△DBC より OM : DC = OB : DB = $\underline{1:2}$…⑤
仮定より HC ⊥ AB、①'' と合わせて AD // HC…⑥
④'、⑥より、2 組の対辺がそれぞれ平行であるから、四角形 AHCD は平行四辺形といえる。
AH = DC であるから、AH : DC = $\underline{1:1}$…⑦
⑤、⑦から AH : OM = $\underline{2:1}$…⑧
④、⑧から △NOM∽△NHA
その相似比は 1 : 2 であるから
MN : AN = 1 : 2
したがって、AN : AM = $\underline{2:3}$
以上のことから、△ABC の外心 O、重心 N、垂心 H が一直線上（オイラー線という）にあることがいえる。このとき、
ON : NH = 1 : 2 になることが知られている。
(2) △ABE は 30°、60°、90° の直角三角形であるから
AE $= \dfrac{\sqrt{3}}{2} AB = \dfrac{\sqrt{3}}{2} \times 10 = 5\sqrt{3}$
BE $= \dfrac{1}{2} AB = \dfrac{1}{2} \times 10 = 5$　　BM = CM = 4 より
ME $= 5 - 4 = 1$　　AM $= \sqrt{1^2 + (5\sqrt{3})^2} = 2\sqrt{19}$
AN $= \dfrac{2}{3} AM = \dfrac{2}{3} \times 2\sqrt{19} = \dfrac{4\sqrt{19}}{3}$

5 (1) AM $= \sqrt{(3\sqrt{15})^2 - (3\sqrt{3})^2} = \sqrt{108} = 6\sqrt{3}$

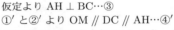

(2) 辺 DE の中点を N とする。
3 点 A, M, N を結ぶと一辺 $6\sqrt{3}$ の正三角形が得られる。
四面体 ABCDE とその内接球を平面 AMN で切ると、その断面は図 1 のようになる。
正三角形 AMN の高さは、
$6\sqrt{3} \times \dfrac{\sqrt{3}}{2} = 9$
したがって、内接球の半径は、$9 \times \dfrac{1}{3} = 3$

(3) 八面体 ABCDEF、(2)で求めた半径の球 2 個、考えるべき球を平面 AMN で切ると、その断面は図 2 のようになる。考えるべき球の半径を r とする。
斜線で示した直角三角形に三平方の定理を用いると
$(r+3)^2$
$= \left(3\sqrt{3} - \dfrac{2}{\sqrt{3}}r\right)^2 + 3^2$
$r^2 + 6r + 9 = 27 - 12r + \dfrac{4}{3}r^2 + 9$
整理すると、$r^2 - 54r + 81 = 0$
これを解くと、$r = 27 \pm 18\sqrt{2}$
$0 < r < 3$ より、$r = 27 - 18\sqrt{2}$

図 1
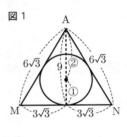

図 2
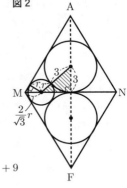

〈A. T.〉

東海高等学校

問題 P.157

解答

1 2次方程式，確率，資料の散らばりと代表値 (1) ア．$\dfrac{-3 \pm \sqrt{57}}{2}$ (2) イ．$\dfrac{5}{21}$
(3) ウ．$25.65 \leq a < 25.75$
2 数の性質 (1) エ．4 (2) オ．309 (3) カ．120
(4) キ．31
3 1次関数，関数 $y = ax^2$ (1) ク．$(-6, 0)$
(2) ケ．$\left(-3, \dfrac{9}{2}\right)$ (3) コ．$\left(\dfrac{3}{2}, \dfrac{9}{2}\right)$
4 円周角と中心角，相似，三平方の定理 (1) サ．2
(2) シ．$\sqrt{10}$ (3) ス．$\dfrac{2\sqrt{15}}{3}$
5 1次方程式の応用，立体の表面積と体積，三平方の定理
(1) セ．$\dfrac{4}{3}$ ソ．2 (2) タ．$\dfrac{6}{7}$

解き方 **1**(1) 与式より，$x^2 + 3x - 12 = 0$
$x = \dfrac{-3 \pm \sqrt{57}}{2}$
(2) すべての球を区別して考えて，取り出し方は全部で
$7 \times 6 \div 2 = 21$ (通り) これらは同様に確からしい。
このうち条件をみたす場合は赤3通り，白と青は1通りずつなので，求める確率は，$\dfrac{3+1+1}{21} = \dfrac{5}{21}$
2(2) 下の段の数は 3，4，2，1 がこの順に繰り返す。
$123 = 4 \times 30 + 3$ より，求める和は
$(3+4+2+1) \times 30 + 3 + 4 + 2 = 309$
(3) 和で得られる 122 個の数は1の位が 3，7，9，0 であり，309 以下で考えると $3^2 = 9$，$3^3 = 27$，$3^5 = 243$ の3個。
したがって，求める個数は，$123 - 3 = 120$ (個)
(4) 下の段の数が 4 であるものの個数なので，31 個
3(1) $AB = BC$ より $A(-a, 0)$ とすると C $\left(a, \dfrac{1}{2}a^2\right)$
AC の傾きが $\dfrac{3}{2}$ なので，$\dfrac{\frac{1}{2}a^2}{2a} = \dfrac{3}{2}$ より，
$a = 6$ A $(-6, 0)$
(2) 直線 l は，$y = \dfrac{3}{2}x + 9$
$\dfrac{1}{2}x^2 = \dfrac{3}{2}x + 9$ より，$x^2 - 3x - 18 = 0$
$(x-6)(x+3) = 0$
よって，D $\left(-3, \dfrac{9}{2}\right)$
(3) C $(6, 18)$ 直線 OC は $y = 3x$ であるから E $(e, 3e)$ とおくと，△COD = △AEC より
$\dfrac{1}{2} \times 9 \times (3+6) = \dfrac{1}{2} \times \left(\dfrac{3}{2}e + 9 - 3e\right) \times 12$
これより，$e = \dfrac{3}{2}$ E $\left(\dfrac{3}{2}, \dfrac{9}{2}\right)$
4(1) $AE = DE = 3$，△EAD∽△EBC より，
$EC = BE = 2$
(2) $AB : AD = BE : ED = 2 : 3$ より，
$AB = 2x$，$AD = 3x$ とすると，$\angle BAC = \angle BCA$ より，
$BC = BA = 2x$
△BAC∽△EAD であるから，$2x : 5 = 3 : 3x$
$6x^2 = 15$ $x = \dfrac{\sqrt{5}}{\sqrt{2}}$
よって，$AB = 2 \times \dfrac{\sqrt{5}}{\sqrt{2}} = \sqrt{10}$

(3) $AD = \dfrac{3\sqrt{10}}{2}$，
$AB = BC = CD = \sqrt{10}$，
$AD \mathbin{/\mkern-5mu/} BC$ である。
AD，BC の中点を M，N，C から AD に引いた垂線を CH とすると，
$DH = \left(\dfrac{3\sqrt{10}}{2} - \sqrt{10}\right) \times \dfrac{1}{2} = \dfrac{\sqrt{10}}{4}$
△CDH で三平方の定理より
$CH = \sqrt{(\sqrt{10})^2 - \left(\dfrac{\sqrt{10}}{4}\right)^2} = \dfrac{5\sqrt{6}}{4} = MN$
$OM = x$ とすると，$OA = OB$ より
$\left(\dfrac{3\sqrt{10}}{4}\right)^2 + x^2 = \left(\dfrac{\sqrt{10}}{2}\right)^2 + \left(\dfrac{5\sqrt{6}}{4} - x\right)^2$
これより，$x = \dfrac{5}{2\sqrt{6}}$
したがって，
$OA = \sqrt{\left(\dfrac{3\sqrt{10}}{4}\right)^2 + \left(\dfrac{5}{2\sqrt{6}}\right)^2} = \dfrac{2\sqrt{15}}{3}$
5(1) 出発してから t 秒後，
$FP = 4 - t$ $FQ = t$ $FR = 2t$
$FP = FQ$ のとき $4 - t = t$ $t = 2$
$FP = FR$ のとき $4 - t = 2t$ $t = \dfrac{4}{3}$
$FQ = FR$ となることはない。
(2) $t = 1$ のとき，$FP = 3$
$FQ = 1$ $FR = 2$
$PR = \sqrt{3^2 + 2^2} = \sqrt{13}$
$RQ = \sqrt{1^2 + 2^2} = \sqrt{5}$
$PQ = \sqrt{3^2 + 1^2} = \sqrt{10}$
△PQR で Q から PR に垂線 QI を引き，IR = x とすると
$(\sqrt{5})^2 - x^2 = (\sqrt{10})^2 - (\sqrt{13} - x)^2$
これより，$x = \dfrac{4}{\sqrt{13}}$

よって，$QI = \sqrt{5 - \dfrac{16}{13}} = \dfrac{7}{\sqrt{13}}$
△PQR $= \dfrac{1}{2} \times \sqrt{13} \times \dfrac{7}{\sqrt{13}} = \dfrac{7}{2}$
求める長さを h とすると，四面体 FPQR の体積より
$\dfrac{1}{3} \times \dfrac{7}{2} \times h = \dfrac{1}{3} \times \left(\dfrac{1}{2} \times 3 \times 1\right) \times 2$
これより，$h = \dfrac{6}{7}$

〈SU. K.〉

東海大学付属浦安高等学校 問題 P.158

解答

1 正負の数の計算，式の計算，平方根，連立方程式，2次方程式
(1) ア…⑤ (2) イ…④
(3) ウ…② (4) エ…① (5) オ…③ (6) カ…⑤

2 2次方程式，式の計算，1次方程式の応用，確率
(1) ア…④ (2) イ…② (3) ウ…① (4) エ…④ (5) オ…④
(6) カ…②

3 1次関数，関数 $y=ax^2$ (1) ア…6 (2) イウ…10
(3) エ…0，オ…2，カ…0，キク…10

4 平行と合同，円周角と中心角   (1) アイ…60
(2) ウエ…12

5 立体の表面積と体積，相似，三平方の定理
(1) アイ…16，ウエ…16，オ…3   (2) カキ…32，ク…2，ケ…3
(3) コ…1，サ…7

解き方

1(1) (与式) $= 9 + 3^2 = 9 + 9 = 18$

(2) (与式) $= \dfrac{16a^3b^4 \times (-b^2)}{2a^2b} = -8ab^5$

(3) (与式) $= 3\sqrt{2} + 3\sqrt{5} + 4\sqrt{5} - 4\sqrt{2}$
$= 7\sqrt{5} - \sqrt{2}$

(4) (与式) $= \dfrac{4(4x+2y) - 3(x-y)}{12}$
$= \dfrac{16x + 8y - 3x + 3y}{12} = \dfrac{13x + 11y}{12}$

(5) $2x + y = 5 \cdots$① $x - 3y = 2 \cdots$②とすると，
①+②より，$3x - 2y = 7$

(6) $2(x^2 - 1) = x^2 + 2x + 1$
$2x^2 - 2 = x^2 + 2x + 1$ $x^2 - 2x - 3 = 0$
$(x+1)(x-3) = 0$ $x = -1, 3$

2(1) 2次方程式の解が $x = -5, 2$ であるから，
$(x+5)(x-2) = 0$ $x^2 + 3x - 10 = 0$
したがって，A $= 3$

(2) $-3b = -2a + 5$ $b = \dfrac{2a-5}{3}$

(3) $x = 0.6$ より，$3 \div 0.6 = 5$

(4) 全男子生徒の人数を x 人とすると，全女子生徒の人数は $(320-x)$ 人となるので，
$x \times \dfrac{5}{100} + (320-x) \times \dfrac{10}{100} = 23$ $-5x = -900$
$x = 180$（人）

(5) 10%の食塩水を x g とすると，
$500 \times \dfrac{4}{100} + x \times \dfrac{10}{100} = (500+x) \times \dfrac{6}{100}$
$4x = 1000$
$x = 250$（g）

(6) 起こりうるすべての場合の数は，$6 \times 6 = 36$（通り）
$a \leqq b$ となるのは，$(a, b) = (1, 1), (1, 2), (1, 3),$
$(1, 4), (1, 5), (1, 6), (2, 2), (2, 3), (2, 4), (2, 5),$
$(2, 6), (3, 3), (3, 4), (3, 5), (3, 6), (4, 4), (4, 5),$
$(4, 6), (5, 5), (5, 6), (6, 6)$ の21通り。
よって，求める確率は，$\dfrac{21}{36} = \dfrac{7}{12}$

3(1) 点Aの座標は $(-2, 4)$，点Bの座標は $(3, 9)$ となる。
直線 AB の傾きは，$\dfrac{9-4}{3-(-2)} = \dfrac{5}{5} = 1$ より，
$y = x + b$ とおける。A $(-2, 4)$ を代入して，
$4 = -2 + b$ $b = 6$
したがって，直線 AB の式は $y = x + 6$ となるので，切片は 6 である。

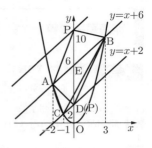

(2) 点 C の座標は $(-1, 1)$ となる。点 C を通り直線 AB と平行な直線を $y = x + c$ とする。
$C(-1, 1)$ を代入して，
$1 = -1 + c$ $c = 2$ より，
$y = x + 2$ となる。y 軸との交点を D とすると，点 D の座標は $(0, 2)$ となり，
$\triangle$ABC $= \triangle$ABD となるので，$\triangle$ABC $= \dfrac{1}{2} \times (6-2) \times \{3-(-2)\} = 10$

(3)(2)より，点 P と点 D は等しいので，点 P の座標は $(0, 2)$ となる。また，直線 AB と y 軸との交点を E とすると，点 E に関して点 D と対称な点も P となるので，その座標は $(0, 6+4) = (0, 10)$ となる。

4(1) $\triangle$ABC は二等辺三角形より，
$\angle$ABC $= (180° - 36°) \times \dfrac{1}{2} = 72°$
また，
$\overset{\frown}{AC} : \overset{\frown}{DC} = (2+1) : 1 = 3 : 1$
より，$\angle$CAD $= 72° \times \dfrac{1}{3} = 24°$
したがって，
$\angle$BAD $= 36° + 24° = 60°$

(2) $\triangle$ABE と $\triangle$ACD において，AB $=$ AC $\cdots$①
BE $=$ CD $\cdots$②
円周角の定理より，$\angle$ABE $= \angle$ACD $\cdots$③
①～③より，2組の辺とその間の角がそれぞれ等しいので，
$\triangle$ABE $\equiv \triangle$ACD となる。
よって，$\angle$BAE $= \angle$CAD $= 24°$
したがって，$\angle$EAC $= 36° - 24° = 12°$

5(1) $\triangle$OAE において，
OE : AE $= \sqrt{3} : 1$ より，
OE : 2 $= \sqrt{3} : 1$
OE $= 2\sqrt{3}$ cm
したがって，求める表面積は，
$4 \times 4 + \dfrac{1}{2} \times 4 \times 2\sqrt{3} \times 4$
$= 16 + 16\sqrt{3}$ (cm^2)

(2) $\triangle$ABC において，AC : AB $= \sqrt{2} : 1$ より，
AC : 4 $= \sqrt{2} : 1$ AC $= 4\sqrt{2}$ cm となるので，
AF $= 4\sqrt{2} \times \dfrac{1}{2} = 2\sqrt{2}$ (cm)
$\triangle$OAF において，三平方の定理より，
OF$^2 + (2\sqrt{2})^2 = 4^2$ OF$^2 = 8$
OF > 0 より，OF $= 2\sqrt{2}$ cm
したがって，求める体積は，
$\dfrac{1}{3} \times 4 \times 4 \times 2\sqrt{2} = \dfrac{32\sqrt{2}}{3}$ (cm^3)

(3) 正四角すい O $-$ PQRS : 正四角すい O $-$ ABCD
$= 1^3 : 2^3 = 1 : 8$
したがって，
正四角すい O $-$ PQRS : 立体 ABCD $-$ PQRS
$= 1 : (8-1) = 1 : 7

〈A. H.〉

東京電機大学高等学校

問題 P.159

解答

1 1次方程式, 因数分解, 三角形, 確率, 資料の散らばりと代表値 (1) $x = 1$
(2) $(x+1)(x-1)(2y-1)$ (3) 21度 (4) $\dfrac{1}{2}$ (5) 3点

2 連立方程式の応用
(式)(例)$\begin{cases} 3x + 6y = 96 & \cdots ① \\ 6 \times \dfrac{x}{2} + 3y = 150 - 96 & \cdots ② \end{cases}$

①, ②より, $3y = 42$, $y = 14$ これと①より, $x = 4$
したがって, $x = 4$, $y = 14$ (答) $x = 4$, $y = 14$

3 2次方程式, 関数 $y = ax^2$ (1) $a = \dfrac{1}{4}$
(2) $x = 2$, -2 (3) $x = \dfrac{-1-\sqrt{33}}{4}$, $\dfrac{-1+\sqrt{33}}{4}$

4 円周角と中心角, 相似, 三平方の定理 (1) 30度
(2) $\dfrac{\sqrt{2}}{2}$ cm (3) $\sqrt{3}$

5 立体の表面積と体積, 三平方の定理 (1) 18 cm³
(2) $9\sqrt{6}$ cm² (3) $\sqrt{6}$ cm

解き方 **1** (1) 両辺を6倍して, 整理すると,
$7x + 5 = 30x - 18$ よって, $x = 1$
(2) (与式) $= x^2(2y-1) - (2y-1) = (x^2-1)(2y-1)$
  $= (x+1)(x-1)(2y-1)$
(3) 対頂角は等しいから, $\angle AEC = \angle BED = 78°$
△AEC で, 三角形の内角の和より,
$\angle ACB = 180° - (45° + 78°) = 57°$
△ABC は AB = AC の二等辺三角形であるから,
$\angle ABC = \angle ACB = 57°$
△ABE で $\angle AEC$ は外角であるから,
$\angle x = 78° - 57° = 21°$
(4) 4人から2人の選び方は, $4 \times 3 \div 2 = 6$ (通り)
A を除いた3人から1人を選ぶ場合の数は3通りであるから求める確率は, $\dfrac{3}{6} = \dfrac{1}{2}$
(5) 2点が5人で最多だから, 最頻値は2点である。2点以上4点未満の階級の階級値は, $(2+4) \div 2 = 3$ (点)

3 (1) $y = ax^2$ のグラフは点 Q(4, 4) を通るから, ②式に x, y の値を代入して a の値を求めると, $a = \dfrac{1}{4}$
(2) P の x 座標の値を t で表すと, P$(t, 2t^2)$
R の座標は R$\left(t, \dfrac{1}{4}t^2\right)$
したがって, $2t^2 - \dfrac{1}{4}t^2 = 7$ $t = \pm 2$
この値はともに題意に合うから, P の x 座標は 2 と -2 である。
(3) P の x 座標の値を k で表すと, P$(k, 2k^2)$, T の座標は T(4, 0), PS = ST だから, $2k^2 = 4 - k$
$k = \dfrac{-1 \pm \sqrt{33}}{4}$
この値はともに題意に合うから, P の x 座標は
$\dfrac{-1+\sqrt{33}}{4}$ と $\dfrac{-1-\sqrt{33}}{4}$

4 (1) △ABC は $\angle ACB = 90°$, AB = 2, AC = 1, BC = $\sqrt{3}$ の直角三角形であるから, $\angle ABC = 30°$
したがって, $\angle ADC = \angle ABC = 30°$
(2) △ADB は AD = DB, $\angle ADB = 90°$ の直角二等辺三角形であるから, $\angle ABD = 45°$

したがって, $\angle ACH = 45°$
△AHC は AH = CH の直角二等辺三角形である。
よって, AH = $\dfrac{\sqrt{2}}{2}$ cm
(3) △AEC と △DEB において,
$\angle AEC = \angle DBE$, $\angle AEC = \angle DEB$
よって, 2組の角がそれぞれ等しいから, △AEC∽△DEB
相似比は AC : DB = 1 : $\sqrt{2}$
AE = a とおくと, DE = $\sqrt{2}a$
D と O を結ぶと △DOE は,
DO = 1, OE = 1 - a の直角三角形であるから, $1^2 + (1-a)^2 = (\sqrt{2}a)^2$
$a^2 + 2a - 2 = 0$
$a = -1 \pm \sqrt{3}$ $a > 0$ より, $a = -1 + \sqrt{3}$
BE = $2 - a = 2 - (-1 + \sqrt{3}) = 3 - \sqrt{3}$
したがって, $\dfrac{BE}{AE} = \dfrac{3-\sqrt{3}}{\sqrt{3}-1} = \dfrac{\sqrt{3}(\sqrt{3}-1)}{\sqrt{3}-1} = \sqrt{3}$

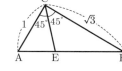

別解 △ACB で
$\angle ACE = \angle BCE = 45°$
CE は $\angle ACB$ の二等分線であるから,
AE : BE = AC : BC = 1 : $\sqrt{3}$
よって, $\dfrac{BE}{AE} = \sqrt{3}$

5 (1) (三角錐 F-ABC の体積)
$= \dfrac{1}{3} \times (△ABC の面積) \times BF$
$= \dfrac{1}{3} \times \dfrac{1}{2} \times 6 \times 6 \times 3 = 18$ (cm³)
(2) △AFC において, AF = FC = $\sqrt{3^2 + 6^2} = 3\sqrt{5}$ (cm),
AC = $\sqrt{6^2 + 6^2} = 6\sqrt{2}$ (cm) F から AC に垂線を引き, AC との交点を K とすると,
FK = $\sqrt{(3\sqrt{5})^2 - (3\sqrt{2})^2} = 3\sqrt{3}$ (cm)
したがって,
(△AFC の面積) = $\dfrac{1}{2} \times 6\sqrt{2} \times 3\sqrt{3} = 9\sqrt{6}$ (cm²)
(3) (三角錐 F-ABC の体積) = $\dfrac{1}{3} \times (△AFC の面積) \times BI$
であるから, $\dfrac{1}{3} \times 9\sqrt{6} \times BI = 18$
よって, BI = $\sqrt{6}$ cm

〈K. M.〉

解 答　　　　　　　　　　　数学 | 122

同志社高等学校

問題 P.160

解答　**1** 式の計算，平方根，連立方程式，2次方程式，円周角と中心角　(1) $-\dfrac{1}{36}x^3y^6$　(2) $4\sqrt{6}$

(3) $x=2$, $y=7$　(4) $x=\dfrac{3\pm\sqrt{5}}{2}$　(5) $a=-1$, $x=4$

(6) 55度　**2** 場合の数　(1) 6通り　(2) 12通り　(3) 24通り

3 関数 $y=ax^2$，平面図形の基本・作図，三平方の定理

(1) $a=\dfrac{1}{3}$　(2) $\left(\dfrac{2}{3}\sqrt{3},\ \dfrac{4}{9}\right)$

4 空間図形の基本，平行四辺形，三平方の定理

(1) $\sqrt{22}$ cm　(2) $\dfrac{6}{11}\sqrt{11}$ cm　(3) $3\sqrt{11}$ cm²

解き方　**1** (1) (与式) $=\dfrac{x^2y^4}{4}\times\left(-\dfrac{3}{x^2y}\right)\times\dfrac{x^3y^3}{27}$

$\qquad\qquad\qquad = -\dfrac{1}{36}x^3y^6$

(2) $x^2-y^2=(x+y)(x-y)=2\sqrt{3}\times2\sqrt{2}=4\sqrt{6}$

(3) $2x-3y=-17\cdots$①　　$4x-5y=-27\cdots$②

②－①×2 より，$y=7$

①に代入して，$2x-21=-17$

よって，$x=2$

(4) $x^2-4x+4=-x+3$ より，$x^2-3x+1=0$

$x=\dfrac{-(-3)\pm\sqrt{(-3)^2-4\times1\times1}}{2\times1}=\dfrac{3\pm\sqrt{5}}{2}$

(5) $x=-3$ を代入して，$9-3a-12=0$ より，$a=-1$

よって，$x^2-x-12=0$　　$(x+3)(x-4)=0$ より，

$x=-3$, 4　　もうひとつの解は，$x=4$

(6) $\angle COD=22°$, $\angle BOC=66°$

$OA=OC$ より，$\angle OCA=\angle OAC=33°$ だから，

$\angle CPD=\angle COD+\angle OCP=22°+33°=55°$

2 (1) $3\times2=6$ (通り)

(2) $3\times2\times1\times2=12$ (通り)

(3) 次の3つの選び方がある。

A→B→C→A　　　　$3\times2\times1=6$ (通り)

A→B→C→B→A　　(2)より，12通り

A→C→B→A　　　　$1\times2\times3=6$ (通り)

よって，$6+12+6=24$ (通り)

3 (1) 点 A の y 座標は，$y=a\times2^2=4a$

点 B の y 座標は，$y=-\dfrac{2}{3}\times2^2=-\dfrac{8}{3}$

$AB=AD$ より，$4a-\left(-\dfrac{8}{3}\right)=4$　　よって，$a=\dfrac{1}{3}$

(2) 点 P の x 座標を t とする $(t>0)$ と，点 P，Q の y 座標はそれぞれ $\dfrac{1}{3}t^2$, $-\dfrac{2}{3}t^2$

よって，$PQ=\dfrac{1}{3}t^2-\left(-\dfrac{2}{3}t^2\right)=t^2$

線分 PQ の中点を M とすると，$\angle RMP=90°$ で，

$RM:PQ=RM:RP=\sqrt{3}:2$ だから，

$t:t^2=\sqrt{3}:2$　　$\sqrt{3}t^2=2t$

よって，$\sqrt{3}t^2-2t=0$　　$t(\sqrt{3}t-2)=0$

$t>0$ より，$t=\dfrac{2}{\sqrt{3}}=\dfrac{2}{3}\sqrt{3}$

点 P の y 座標は，$\dfrac{1}{3}\times\left(\dfrac{2}{\sqrt{3}}\right)^2=\dfrac{4}{9}$

4 (1) $AQ=\sqrt{AB^2+BC^2+CQ^2}=\sqrt{3^2+3^2+2^2}$

$=\sqrt{22}$ (cm)

(2) $AC=AB\times\sqrt{2}=3\sqrt{2}$ (cm)，
$AC\perp CQ$ より，$\triangle AQC$ の面積に着目すると，

$\dfrac{1}{2}\times\sqrt{22}\times CR=\dfrac{1}{2}\times3\sqrt{2}\times2$

よって，$CR=\dfrac{6\sqrt{2}}{\sqrt{22}}=\dfrac{6}{\sqrt{11}}=\dfrac{6}{11}\sqrt{11}$ (cm)

(3) 辺 DH 上に点 S を $DS=1$ cm となるようにとると，切り口は平行四辺形 APQS となる。ここで，

$AP=AS=\sqrt{3^2+1^2}=\sqrt{10}$ (cm) だから，

平行四辺形 APQS はひし形であり，2本の対角線 AQ と PS は垂直に交わる。

$PS=BD=3\sqrt{2}$ (cm) より，

ひし形 $APQS=AQ\times PS\div2=\sqrt{22}\times3\sqrt{2}\div2$

$=3\sqrt{11}$ (cm²)

〈H. S.〉

東大寺学園高等学校

問題 P.161

解答　**1** 平方根，因数分解，確率，数の性質

(1) $\dfrac{3\sqrt{2}-2\sqrt{3}}{6}$

(2) $(2a+2b-c)(2a-2b+c)$　(3) $\dfrac{2}{3}$

(4) $n=8$, 9, 10, 11

2 1次関数，相似，関数 $y=ax^2$　(1) $a=\dfrac{1}{4}$

(2)① -3　② 4

3 数の性質　(1) 1　(2) 3　(3) $p=9$

4 円周角と中心角，相似，三平方の定理　(1) $BD=\dfrac{10}{3}$

(2) $BG:BE=2:3$　(3)① $BE=3$　② $\dfrac{13\sqrt{7}}{6}$

5 空間図形の基本，相似，三平方の定理　(1) $\dfrac{2\sqrt{5}}{5}$

(2) $\dfrac{\sqrt{6}}{3}$　(3) $\dfrac{\sqrt{3}}{3}$

解き方　**1** (1) (与式)

$=\dfrac{\sqrt{2}-\sqrt{3}-\sqrt{5}+\sqrt{2}-\sqrt{3}+\sqrt{5}}{(\sqrt{2}-\sqrt{3})^2-(\sqrt{5})^2}$

$=\dfrac{\sqrt{3}-\sqrt{2}}{\sqrt{6}}$

(2) (与式) $=4a^2-4b^2+4bc-c^2=4a^2-(2b-c)^2$

$=(2a+2b-c)(2a-2b+c)$

(3) すべてのカードを区別して，取り出し方は全部で

$10\times9\div2=45$ (通り) これらはすべて同様に確からしい。

積が奇数となる場合は $6\times5\div2=15$ (通り)

したがって，求める確率は，$\dfrac{45-15}{45}=\dfrac{2}{3}$

(4) $2\leqq\dfrac{4}{\sqrt{n}-\sqrt{2}}<3$ より $2\geqq\sqrt{n}-\sqrt{2}>\dfrac{4}{3}$

$(2+\sqrt{2})^2\geqq n>\left(\dfrac{4}{3}+\sqrt{2}\right)^2$

$(2+\sqrt{2})^2=6+4\sqrt{2}=11.6\cdots$

$\left(\dfrac{4}{3}+\sqrt{2}\right)^2=\dfrac{16}{9}+\dfrac{8\sqrt{2}}{3}+2=\dfrac{34+24\sqrt{2}}{9}=7.5\cdots$

したがって，$n=8$, 9, 10, 11

● 旺文社 2021 全国高校入試問題正解

2 (1) A (t, t^2) とすると,OA : AB = 1 : 3 より,
B $(4t, 4t^2)$
B は $y = ax^2$ 上にあるので,$4t^2 = a(4t)^2$ $a = \dfrac{1}{4}$

(2)① △ABC = 18 より
$\dfrac{1}{2}\{(t+4t)(4t^2-t^2) - t(6-t^2) - 4t(4t^2-6)\} = 18$
これより $t = 2$ A (2, 4),B (8, 16)
直線 AC は $y = -x+6$,$x^2 = -x+6$ より
$x^2 + x - 6 = 0$
$(x+3)(x-2) = 0$ D の x 座標は,$x = -3$

② 直線 BC は $y = \dfrac{5}{4}x + 6$ $\dfrac{1}{4}x^2 = \dfrac{5}{4}x + 6$ より
$x^2 - 5x - 24 = 0$ $(x-8)(x+3) = 0$
E の x 座標は,$x = -3$
よって,DE // y 軸
$y = \dfrac{5}{4}x + 6$ 上に F $\left(2, \dfrac{17}{2}\right)$ をとると,
CF : FB = 1 : 3 = 3 : 9
l と CB,AB の交点を G,H とすると,条件より,
(四角形 AFGH) : △BGH = 5 : 4
このとき,△BGH : △BFA = 4 : 9 であり,
BG : BF = 2 : 3
したがって,求める x 座標は,$2 + (8-2) \times \dfrac{1}{3} = 4$

3 (1) $1 < p < q < r$,p,q,r は整数であるから
$0 < \dfrac{2p-1}{r} < \dfrac{2r-1}{r} = 2 - \dfrac{1}{r} < 2$
したがって,$\dfrac{2p-1}{r} = 1$

(2)(1) より $r = 2p-1$ であるから
$0 < \dfrac{2r-1}{q} = \dfrac{4p-3}{q} < \dfrac{4q-3}{q} = 4 - \dfrac{3}{q} < 4$
よって,$\dfrac{4p-3}{q} = 1$ 又は 2 又は 3

$\dfrac{4p-3}{q} = 1$ のとき,$4p-3 = q < 2p-1$ より,
$2p < 2$ 不適

$\dfrac{4p-3}{q} = 2$ のとき,$4p-3 = 2q$
$q = 2p - \dfrac{3}{2}$ より,不適

$\dfrac{4p-3}{q} = 3$ のとき,$4p - 3 = 3q < 6p - 3$
$0 < 2p$ これは成り立つ
よって,$\dfrac{2r-1}{q} = 3$

(3)(2) より $3q = 4p - 3 \cdots$①であるから
$\dfrac{2q-1}{p} = \dfrac{6q-3}{3p} = \dfrac{8p-9}{3p}$
条件より,$\dfrac{8p-9}{p} = 8 - \dfrac{9}{p}$ が整数より $p = 3$,9
$p = 3$ のとき,①より,$q = 3$ 不適
$p = 9$ のとき,①より,$q = 11$,また $r = 17$ で適する。

4 (1) ∠BAD = ∠CAD より BD : DC = AB : AC = 5 : 4
よって,BD = BC $\times \dfrac{5}{9} = 6 \times \dfrac{5}{9} = \dfrac{10}{3}$

(2) △BGE∽△BDA より,
BG : BE = BD : BA = $\dfrac{10}{3}$: 5 = 2 : 3

(3)① BG = CF = $2x$ とすると BE = $3x$,CE = $6 - 3x$
△CFD∽△CEA より,CF : CD = CE : CA
$2x : \dfrac{8}{3} = (6-3x) : 4$ これより,$x = 1$ BE = 3

② A から BC へ垂線 AH を引き HC = y とすると,△ABH,△ACH で三平方の定理より
AH$^2 = 4^2 - y^2 = 5^2 - (6-y)^2$
これより,$y = \dfrac{9}{4}$
AH = $\sqrt{16 - \dfrac{81}{16}} = \dfrac{5\sqrt{7}}{4}$

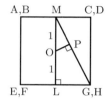

したがって,求める面積は,△ABC − △GBE − △FDC
$= \dfrac{1}{2}\left\{6 \times \dfrac{5\sqrt{7}}{4} - 3 \times \left(\dfrac{5\sqrt{7}}{4} \times \dfrac{2}{5}\right) - \dfrac{8}{3} \times \left(\dfrac{5\sqrt{7}}{4} \times \dfrac{2}{4}\right)\right\}$
$= \dfrac{13\sqrt{7}}{6}$

5 (1) 切り口の円の中心を P とし
正方形 BCGF に垂直な方向から見ると右図。
右図で,MG = $\sqrt{2^2 + 1^2} = \sqrt{5}$
△MLG∽△MPO より,
OP = $1 \times \dfrac{1}{\sqrt{5}} = \dfrac{1}{\sqrt{5}}$

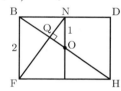

よって,求める半径は,$\sqrt{1 - \left(\dfrac{1}{\sqrt{5}}\right)^2} = \dfrac{2}{\sqrt{5}} = \dfrac{2\sqrt{5}}{5}$

(2) 求める円の中心を Q,
線分 AC の中点を N とし,
長方形 BDHF で切断すると右図となる。
BH = $\sqrt{2^2 + (2\sqrt{2})^2} = 2\sqrt{3}$,
OB = $\sqrt{3}$

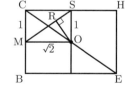

よって,OQ = $\sqrt{3} \times \dfrac{1}{3} = \dfrac{\sqrt{3}}{3}$

したがって,求める円の半径は,$\sqrt{1 - \left(\dfrac{\sqrt{3}}{3}\right)^2} = \dfrac{\sqrt{6}}{3}$

(3) 線分 DG の中点を S とし,
切り口の円の中心を R とすると,O から MS に引いた垂線が OR である。
長方形 BCHE で切断すると右図となる。
右図で,MS = $\sqrt{2+1} = \sqrt{3}$
よって,OR = $\sqrt{2} \times \dfrac{1}{\sqrt{3}} = \dfrac{\sqrt{2}}{\sqrt{3}}$

したがって,求める円の半径は,$\sqrt{1 - \left(\dfrac{\sqrt{2}}{\sqrt{3}}\right)^2} = \dfrac{\sqrt{3}}{3}$

〈SU. K.〉

桐朋高等学校

問題 P.162

解答

1 式の計算，平方根，2次方程式

(1) $-\dfrac{5}{2}y^3$ (2) $-1+\dfrac{\sqrt{5}}{2}$

(3) $x=\dfrac{7\pm3\sqrt{5}}{2}$

2 1次関数，確率，2次方程式 (1) $-\dfrac{2}{3}\leqq a\leqq 5$

(2) $\dfrac{7}{18}$ (3) $a=-2$

3 連立方程式の応用 (1)（例）3月，4月の会員数は，それぞれ2月，3月の会員数の x% がやめ，y人が加わった数なので，

$\begin{cases} 356=368\left(1-\dfrac{x}{100}\right)+y & \cdots① \\ 347=356\left(1-\dfrac{x}{100}\right)+y & \cdots② \end{cases}$

①，②より，$9=12\left(1-\dfrac{x}{100}\right)$ よって，$x=25$

これを①に代入して，$y=80$

これらは問題の条件を満たす。（答）$x=25$，$y=80$

(2) $a=384$

4 関数を中心とした総合問題 (1) $a=\dfrac{1}{4}$

(2) $y=-5x+5$ (3) $t=19$

5 相似，三平方の定理

(1)（証明）（例）△AED と △CFD において，
∠ADE＝∠ADC－∠EDC＝90°－∠EDC（仮定）
∠CDF＝∠EDF－∠EDC＝90°－∠EDC（仮定）
であるから，∠ADE＝∠CDF…①
四角形 DEBF で，内角の和が 360° であるから，
∠DFC＝360°－（∠EBF＋∠EDF＋∠DEB）
＝360°－（90°＋90°＋∠DEB）（仮定）
＝180°－∠DEB＝∠DEA…②
①，②より，2組の角がそれぞれ等しいので，
△AED∽△CFD （証明終）

(2) ① $5\sqrt{5}$ ② $3\sqrt{5}$ ③ $4\sqrt{5}$ ④ 73

6 立体の表面積と体積，相似，平行線と線分の比，三平方の定理 (1) ① $2\sqrt{2}$ ② $\dfrac{4\sqrt{6}}{3}$

(2) ① $\sqrt{2}$ ② $\dfrac{\sqrt{15}+\sqrt{5}}{6}$

解き方

2 (2) $a=1$ のとき 6 通り，$a=2$ のとき 3 通り，$a=3$ のとき 2 通り，$a=4$，$a=5$，$a=6$ のとき各 1 通りあるので，求める確率は，
$\dfrac{1}{36}(6+3+2+1\times3)=\dfrac{7}{18}$

(3) $x=-3$ を与方程式に代入して，$9a+9a^2-18=0$
これを解いて，$a=1$，-2
$a=1$ のとき，与方程式は，$x^2-3x-18=0$ $x=-3$，6
となり，解が $x=-3$ だけとならない。
$a=-2$ のとき，与方程式は，$-2x^2-12x-18=0$
$(x+3)^2=0$ $x=-3$ となり条件をみたす。

4 (1) BC＝4，AD＝12 だから，台形 ABCD の面積に関して，$64=\dfrac{1}{2}(4+12)\times(36a-4a)$ $a=\dfrac{1}{4}$

(2) 求める直線と辺 BC，AD との交点をそれぞれ E，F とすると，CE＋DF＝$\dfrac{1}{2}$(BC＋AD)＝8 となればよい。
求める直線の式を $y=b(x-1)$ とおくと，

E $\left(\dfrac{1}{b}+1,\ 1\right)$，F $\left(\dfrac{9}{b}+1,\ 9\right)$ より，
$\left\{2-\left(\dfrac{1}{b}+1\right)\right\}+\left\{6-\left(\dfrac{9}{b}+1\right)\right\}=8$ $\dfrac{10}{b}=-2$
$b=-5$

(3) 直線 AC の式は $y=-x+3$
G (0, 3) とおくと，PG＝$|t-3|$
△PAC＝$\dfrac{1}{2}\times$PG$\times$(A と C の x 座標の差)＝4PG
（台形 ABCD）＝64 より，PG＝16 $t=19$，-13
$t>0$ より，$t=19$

5 (2) ②(1)より，AD : DC＝AE : CF＝6 : 8
AD＝$3x$ とおくと DC＝$4x$ とおき，△ACD で三平方の定理により，$(3x)^2+(4x)^2=$AC$^2=2^2+11^2$
$x=\sqrt{5}$
③ ②と同様に，ED : FD＝3 : 4
ED＝$3y$，DF＝$4y$ とおいて，△DEF で三平方の定理により，$(3y)^2+(4y)^2=$EF$^2=5^2+10^2$ $y=\sqrt{5}$
④ △ADE で D から辺 AE に下ろした垂線の長さを h とすると，三平方の定理により，$h=\sqrt{(3\sqrt{5})^2-3^2}=6$
△ADE＝18，△EBF＝25，△EDF＝30
これらを足す。

6 (1)① 側面の展開図を表した右図で，円錐の底面の円 O の円周が 2π で，これが $\overset{\frown}{QQ'}$ に等しいので，

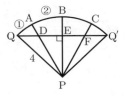

∠QPQ'＝360°$\times\dfrac{2\pi}{8\pi}$＝90°
よって，PE＝$2\sqrt{2}$
② ∠APB＝30° より，PD＝$\dfrac{2}{\sqrt{3}}$PE＝$\dfrac{4\sqrt{6}}{3}$

(2)① 円錐の底面の円で，∠AOC＝120° だから
AC＝$\sqrt{3}$
△PAC で DF ∥ AC だから，
DF＝AC$\times\dfrac{PD}{PA}=\sqrt{3}\times\dfrac{4\sqrt{6}}{3}\times\dfrac{1}{4}=\sqrt{2}$
② 六面体を3つの三角錐 PODF，PODE，POFE に分ける。このうち，後ろの2つは合同である。PO＝$\sqrt{15}$ より，
(三角錐 PODF)＝(三角錐 POAC)$\times\dfrac{PD}{PA}\times\dfrac{PF}{PC}$
$=\dfrac{1}{3}\times\dfrac{\sqrt{3}}{4}\times\sqrt{15}\times\left(\dfrac{4\sqrt{6}}{3}\times\dfrac{1}{4}\right)^2=\dfrac{\sqrt{5}}{6}$
(三角錐 PODE)＝(三角錐 POFE)
＝(三角錐 POAB)$\times\dfrac{PD}{PA}\times\dfrac{PE}{PB}$
$=\dfrac{1}{3}\times\dfrac{\sqrt{3}}{4}\times\sqrt{15}\times\left(\dfrac{4\sqrt{6}}{3}\times\dfrac{1}{4}\right)\times\left(2\sqrt{2}\times\dfrac{1}{4}\right)$
$=\dfrac{\sqrt{15}}{12}$
よって，求める体積は，$\dfrac{\sqrt{5}}{6}+\dfrac{\sqrt{15}}{6}$

〈IK. Y.〉

豊島岡女子学園高等学校

問題 P.163

解答

1 **式の計算，平方根，因数分解，比例・反比例，関数 $y=ax^2$** (1) $-8x^6$　(2) $16-5\sqrt{6}$
(3) $a(x-4y)(x+y)$　(4) $a=-\dfrac{21}{8}$

2 **平方根，2 次方程式，数の性質，場合の数，確率，平行線と線分の比** (1) 3　(2) $m=505$　(3) $\dfrac{1}{6}$　(4) $\dfrac{9}{29}$ 倍

3 **2 次方程式，1 次関数，平行四辺形，関数 $y=ax^2$**
(1) B (2, 4)　(2) $y=x-4$　(3) $\dfrac{1\pm\sqrt{33}}{2}$

4 **連立方程式，2 次方程式の応用** (1) $\dfrac{7}{5}x\left(1-\dfrac{y}{100}\right)$
(2) $x=60$

5 **三角形，円周角と中心角，三平方の定理** (1) 45 度
(2) $\sqrt{3}$　(3) $\dfrac{\sqrt{6}}{2}$

6 **2 次方程式，立体の表面積と体積，相似，三平方の定理**
(1) $\sqrt{2}$　(2) $36-12\sqrt{3}$

解き方

1 (1) (与式) $=-\dfrac{8}{27}x^6y^3\times 3x^2y\div\dfrac{1}{9}x^2y^4$
$=-8x^6$

(2) (与式) $=(2\sqrt{2}-2\sqrt{3})^2-\sqrt{16}+3\sqrt{6}$
$=20-8\sqrt{6}-4+3\sqrt{6}$
$=16-5\sqrt{6}$

(3) (与式) $=a(x^2-3xy-4y^2)$
$=a(x-4y)(x+y)$

(4) $y=\dfrac{1}{2}x^2$ について，

(変化の割合) $=\dfrac{\dfrac{1}{2}\times 3^2-\dfrac{1}{2}\times\left(\dfrac{1}{2}\right)^2}{3-\dfrac{1}{2}}=\dfrac{7}{4}$

$y=\dfrac{a}{x}$ について

(変化の割合) $=\dfrac{\dfrac{a}{3}-2a}{3-\dfrac{1}{2}}=-\dfrac{2}{3}a$

変化の割合が等しいので，$-\dfrac{2}{3}a=\dfrac{7}{4}$　　$a=-\dfrac{21}{8}$

2 (1) $x^2-5x-3=0$ を解くと，$x=\dfrac{5\pm\sqrt{37}}{2}$

$x>0$ より，$x=\dfrac{5+\sqrt{37}}{2}$

$\sqrt{36}<\sqrt{37}<\sqrt{49}$ より，$6<\sqrt{37}<7$

$11<5+\sqrt{37}<12$　　$5.5<\dfrac{5+\sqrt{37}}{2}<6$

よって，整数部分は 5，小数部分は，

$a=\dfrac{5+\sqrt{37}}{2}-5=\dfrac{\sqrt{37}-5}{2}$

$a(a+5)=\left(\dfrac{\sqrt{37}-5}{2}\right)\left(\dfrac{\sqrt{37}+5}{2}\right)=\dfrac{37-25}{4}=3$

(2) $(2m-1)^2\leqq n\leqq(2m)^2$ より，条件を満たす自然数 n は 2020 個であるから
$(2m)^2-(2m-1)^2+1=2020$
$4m=2020$
$m=505$

(3) 起こりうる場合は全部で 36 通り。
a，b は 1 ～ 6 であるから，
$11a+8b$ が 7 の倍数となるのは，右の表より 6 通り。
よって，求める確率は，
$\dfrac{6}{36}=\dfrac{1}{6}$

b＼a	1	2	3	4	5	6
1	19	30	41	52	(63)	74
2	27	38	㊾	60	71	82
3	㉟	46	57	68	79	90
4	43	54	65	76	87	(98)
5	51	62	73	(84)	95	106
6	59	(70)	81	92	103	114

(4) AE : EB $=2:3$より，
△AEP$=2S$…①とおくと
△BEP $=3S$…②
四角形 BGDE は平行四辺形より，EP // BQ
AP : PQ $=$ AE : EB$=2:3$ であるから
△APB : △PQB $=2:3$

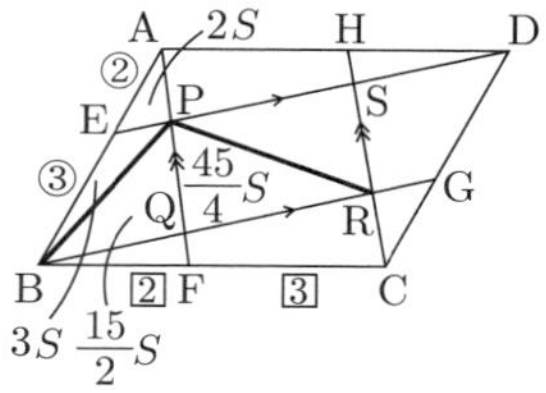

△PQB $=\dfrac{3}{2}$△APB $=\dfrac{3}{2}(2S+3S)=\dfrac{15}{2}S$…③
四角形 AFCH は平行四辺形より，FQ // CR
BQ : QR $=$ BF : FC $=2:3$ であるから
△PQB : △PQR $=2:3$
△PQR $=\dfrac{3}{2}$△PQB $=\dfrac{3}{2}\times\dfrac{15}{2}S=\dfrac{45}{4}S$…④
②，③，④より，
(四角形 BGDE) $=2\times$ (台形 BRPE)
$=2\times\left(3S+\dfrac{15}{2}S+\dfrac{45}{4}S\right)=\dfrac{87}{2}S$ …⑤
△ADE : △EDB $=2:3$ より，
△ADE $=\dfrac{2}{3}$△EDB $=\dfrac{2}{3}\times\left\{\dfrac{1}{2}(\text{四角形 BGDE})\right\}$
$=\dfrac{29}{2}S$ …⑥
④より，(四角形 PQRS) $=2$△PQR $=\dfrac{45}{2}S$…⑦
右上の図で，△ADE ≡ △CBG であるから，⑤，⑥より，
(平行四辺形 ABCD)$=$△ADE$+$(四角形 BGDE)$+$△CBG
$=\dfrac{29}{2}S+\dfrac{87}{2}S+\dfrac{29}{2}S=\dfrac{145}{2}S$…⑧
⑦，⑧より，$\dfrac{45}{2}S\div\dfrac{145}{2}S=\dfrac{9}{29}$ (倍)

3 (1) ①と②の交点について
$x^2=x+2$　　$(x-2)(x+1)=0$　　$x=-1$，2
点 B の x 座標は正より，2
よって，B (2, 4)
(2) 2 点 B，C は $y=1$ を軸として対称であるから，
C (2, −2)
求める直線は，②と平行であるから傾き 1
よって，$y=x+a$…③と表せる。
③は C (2, −2) を通るから　　$a=-4$
求める直線の式は，$y=x-4$
(3) (1)より A (−1, 1)
△ABP $=$ △ABC となる点 P は，等積変形を用いると，
AD $=$ BC $=6$ で AD // BC となる点 D (−1, 7) を通り，②に平行な直線 l と①の交点である。
直線 l の傾きは 1 で，D (−1, 7) を通るから，
直線 l の式は，$y=x+8$…④
①と④の交点について，
$x^2=x+8$　　$x^2-x-8=0$　　$x=\dfrac{1\pm\sqrt{33}}{2}$
求める点 P の x 座標は，$\dfrac{1\pm\sqrt{33}}{2}$

4 (1) 2018 年は女子が y % 減り，男子が y % 増えるから，

解 答 　数学 | 126

女子は $x \times \left(1 - \dfrac{y}{100}\right)$ 人，男子は $64 \times \left(1 + \dfrac{y}{100}\right)$ 人
2019 年は，2018 年と比べ女子が 40 % 増え，男子が y % 減るから，
女子は，$\left\{x \times \left(1 - \dfrac{y}{100}\right)\right\} \times \left(1 + \dfrac{40}{100}\right)$ 人…①
男子は，$\left\{64 \times \left(1 + \dfrac{y}{100}\right)\right\} \times \left(1 - \dfrac{y}{100}\right)$ 人…②
①より，2019 年の女子の部員数は，$\dfrac{7}{5}x\left(1 - \dfrac{y}{100}\right)$ 人
(2) ①，②より男女の部員数について，
$\begin{cases} \dfrac{7}{5}x\left(1 - \dfrac{y}{100}\right) = 63 & \cdots③ \\ 64\left(1 + \dfrac{y}{100}\right)\left(1 - \dfrac{y}{100}\right) = 60 & \cdots④ \end{cases}$
④より，$64 - \dfrac{64y^2}{10000} = 60 \quad y^2 = \dfrac{10000}{16}$
$y > 0$ より，$y = \dfrac{100}{4} = 25$…⑤
③に⑤を代入して解くと，$x = 60$

5 (1) $\angle DAG = 60°$，$AD = 2$，$AG = 1$ より，
△ADG は $\angle AGD = 90°$ の直角三角形…①
点 G から AD に下ろした垂線を GH とおくと，
△AGH で $\angle AGH = 30°$…②
$AH : AG : GH = 1 : 2 : \sqrt{3}$
よって，$AH = \dfrac{1}{2}$，$GH = \dfrac{\sqrt{3}}{2}$
①，②より，$\angle DGH = 60°$ であるから
△GDH ∽ △AGH
よって，$\begin{cases} \angle GDH = 30° & \cdots③ \\ GD = 2GH = \sqrt{3} & \cdots④ \end{cases}$
③より，$\angle BDG = 180° - 30° = 150°$
△BDE ≡ △GDE より，$\angle BDE = \dfrac{1}{2}\angle BDG = 75°$
$\angle DEG = \angle BED = 180° - (60° + 75°) = 45°$
(2) △ABC は正三角形であるから，$AB = AC$
$AB = 2 + BD$，
$AC = 2 + FG$ であるから，
$BD = FG$…⑤
△BDE ≡ △GDE より，$BD = GD$…⑥
④〜⑥より，
$FG = BD = GD = \sqrt{3}$
(3) 右上の図で，△GCE において，$GC : GE = 2 : \sqrt{3}$ より，
$GE = \dfrac{\sqrt{3}}{2}GC = \dfrac{\sqrt{3}}{2}(\sqrt{3} + 1) = \dfrac{3 + \sqrt{3}}{2}$…⑦
点 F から EG に下ろした垂線を FI とおくと，△FGI は $\angle FGI = 30°$ の直角三角形
よって，$GI = \dfrac{3}{2}$，$FI = \dfrac{\sqrt{3}}{2}$…⑧
⑦，⑧より，△FIE は $\angle FIE = 90°$ で $FI = IE$ の直角二等辺三角形
よって，$\angle FEI = 45°$…⑨
(1)と⑨より，$\angle DGF = \angle DEF = 90°$ であるから，
△DGF と △DEF は DF を直径とする円に内接する。
△DFG で $DF = \sqrt{2}GF = \sqrt{6}$ より，
3 点 E，F，G を通る円の半径は，$\dfrac{\sqrt{6}}{2}$

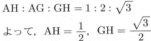

6 (1) 大きい球の中心を I，大きい球が面 EFGH と接する点を J とおくと，
$IJ = \dfrac{1}{2}CG = \dfrac{1}{2} \times 6 = 3$
点 J は EG の中点であり，△EFG で $EG = 6\sqrt{2}$ であるから，
$EJ = \dfrac{1}{2}EG = 3\sqrt{2}$
右上の図で，△OEP ∽ △IEJ より，
$\dfrac{EP}{OP} = \dfrac{3\sqrt{2}}{3} = \sqrt{2}$
(2) 点 Q から面 EFGH に下ろした垂線を QK とおくと，点 K も 2 点 P，J 同様，EG 上の点である。
(1)より，△OEP ∽ △QEK であるから，
$QK : EK = 1 : \sqrt{2}$…①
△EIJ で，$EI = \sqrt{3^2 + (3\sqrt{2})^2} = 3\sqrt{3}$
よって，$EQ = EI - IQ = 3\sqrt{3} - 3$
①より，$QK = x$ とおくと，$EK = \sqrt{2}x$
△QEK で，$QK^2 + EK^2 = EQ^2$ より
$x^2 + (\sqrt{2}x)^2 = (3\sqrt{3} - 3)^2$
$3x^2 = 9(\sqrt{3} - 1)^2$
$x^2 = 3(\sqrt{3} - 1)^2$
$x > 0$ より，$x = \sqrt{3}(\sqrt{3} - 1) = 3 - \sqrt{3}$
よって，$QK = 3 - \sqrt{3}$
四角錐 Q − EFGH の体積を V とおくと，
$V = \dfrac{1}{3} \times (四角形 EFGH) \times QK$
$= \dfrac{1}{3} \times 6^2 \times (3 - \sqrt{3})$
$= 36 - 12\sqrt{3}$

〈S. Y.〉

灘高等学校

問題 P.164

解 答

1 平方根, 2次方程式, 確率, 三平方の定理
(1) $a = \sqrt{3} + \sqrt{5} + \sqrt{7}$, $abcd = 59$
(2) $c = -2$ (3) $\dfrac{3}{5}$, $\dfrac{3}{10}$ (4) $\sqrt{13}$, $\dfrac{12\sqrt{13}}{13}$

2 関数を中心とした総合問題 (1) $at^2 = \dfrac{1}{2}$
(2) $a = \dfrac{1}{8}$, $t = 2$ (3) 14

3 確率 (1) $\dfrac{2}{3}$ (2) $\dfrac{77}{108}$

4 図形を中心とした総合問題 (1) $6 + \dfrac{3\sqrt{3}}{2} + \pi$
(2) $24 - 2\sqrt{3} + \pi$

5 三平方の定理 (1) 2, 1 (2) $2 + \dfrac{4\sqrt{3}}{3}$

6 図形を中心とした総合問題
(1)(証明)(例) △OPB と △OAP において,
$\begin{cases} \angle POB = \angle AOP \ (共通) \\ OB:OP = OP:OA \ (OA \times OB = 1, OP = 1) \end{cases}$
であるから, 2組の辺の比とその間の角がそれぞれ等しいので, △OPB∽△OAP (証明終)
(2)(証明)(例) BC:AC = (OB − OC):(OC − OA)
= (OB − 1):(1 − OA) = (OB − OA × OB):(1 − OA)
= OB : 1 …①
(1)より, OB:PB = OP:AP だから, OB = $\dfrac{PB}{AP}$
これを①に代入して, BC:AC = PB:AP …②
今, A を通り PC に平行な直線を引き, 直線 BP との交点を E とすると, BP:PE = BC:CA だから②より,
PE = PA したがって, △PEA は二等辺三角形であり, ∠PEA = ∠PAE …③ となる。
平行線の錯角, 同位角はそれぞれ等しいので,
∠PAE = ∠APC …④, ∠PEA = ∠BPC …⑤
③, ④, ⑤より, ∠APC = ∠BPC (証明終)
(3)(証明)(例) PQ に関して D と A は線対称なので,
∠DPA = 2∠QPA …⑥
(2)より, ∠APB = 2∠APC …⑦
⑥, ⑦より,
∠DPB = ∠DPA + ∠APB = 2(∠QPA + ∠APC)
= 2∠QPC = ∠QOC = ∠QOB (円周角と中心角)…⑧
また, DP:PB = PA:PB = AC:CB ((2)より)
= 1 : OB (①より) = OQ : OB …⑨
△DPB と △QOB において, ⑧, ⑨から, 2組の辺の比とその間の角がそれぞれ等しいので, △DPB∽△QOB (証明終)

解き方

1 (1) 連立方程式を解いて,
$a = \sqrt{3} + \sqrt{5} + \sqrt{7}$,
$b = -\sqrt{3} + \sqrt{5} + \sqrt{7}$, $c = \sqrt{3} - \sqrt{5} + \sqrt{7}$,
$d = \sqrt{3} + \sqrt{5} - \sqrt{7}$
(2) $x^2 - ax - 2 = 0$ が $x = b$ を解にもつので,
$b^2 - ab - 2 = 0$ …①
$x^2 - bx - 2 = 0$ が $x = c$ を解にもつので,
$c^2 - bc - 2 = 0$ …②
①より, $b(b-a) = 2$ で a も b も整数だから
$b = \pm 1, \pm 2$ これらを順次②, ①に代入する。
$b = 1$ のとき, $c^2 - c - 2 = 0$ $c = 2, -1$ $a = -1$
$abc > 0$ より, $c = -1$ だが $a \neq c$ に反する。
$b = -1$ のとき, $c^2 + c - 2 = 0$ $c = -2, 1$ $a = 1$
$c = -2$ のとき条件を満たす。
$b = \pm 2$ のとき, $c^2 \pm 2c - 2 = 0$ これは整数解をもたない。
(3) 5 を含むグループの残り 2 枚が 1〜4 からなる場合の数は 6 通り。2 グループの分け方は, $\dfrac{5 \times 4}{2 \times 1} = 10$ (通り) あるので, 5 が書かれたカードが取り出される確率は, $\dfrac{6}{10} = \dfrac{3}{5}$
4 を含むグループの残り 2 枚が 1〜3 からなる場合の数は 3 通り。よって, 4 が書かれたカードが取り出される確率は, $\dfrac{3}{10}$
(4) 円 O の半径は,
$\dfrac{1}{2}DE = \dfrac{1}{2}\sqrt{2^2 + 6^2} = \sqrt{10}$
O から △ABC の 3 辺に垂線を引き, 交点を図のように H, I, J とする。

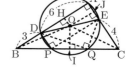

AH = DH = 3, OH = 1,
AJ = EJ = 1, OJ = 3 となる。
三平方の定理により,
$OB^2 = 1^2 + 6^2 = 37$, $OC^2 = 3^2 + 5^2 = 34$,
$BC = 3\sqrt{13}$ で, BI = x とおくと,
$OI^2 = 37 - x^2 = 34 - (3\sqrt{13} - x)^2$
$x = \dfrac{20}{\sqrt{13}}$ $OI = \dfrac{9}{\sqrt{13}}$
$PI = \sqrt{(\sqrt{10})^2 - \left(\dfrac{9}{\sqrt{13}}\right)^2} = \dfrac{7}{\sqrt{13}}$
よって, $BP = \dfrac{20}{\sqrt{13}} - \dfrac{7}{\sqrt{13}} = \sqrt{13}$
$CQ = 3\sqrt{13} - \sqrt{13} - 2 \times \dfrac{7}{\sqrt{13}} = \dfrac{12\sqrt{13}}{13}$

2 (1) m は, $y = atx + 3$ と表せるので, $P(-2t, 4at^2)$ の座標を代入して, $4at^2 = -2at^2 + 3$ $at^2 = \dfrac{1}{2}$
(2) △OPQ = $\dfrac{1}{2} \times 3 \times (3t + 2t) = \dfrac{15}{2}t = 15$
$t = 2$, $a = \dfrac{1}{8}$
(3) R の x 座標を r とおく。R を通り, m に平行な直線と y 軸との交点を R_1, R を通り, OP に平行な直線と y 軸との交点を R_2 とする。
RR_1 の方程式は, $y = \dfrac{1}{4}(x - r) + \dfrac{1}{8}r^2$
$R_1\left(0, \dfrac{1}{8}r^2 - \dfrac{1}{4}r\right)$
RR_2 の方程式は, $y = -\dfrac{1}{2}(x - r) + \dfrac{1}{8}r^2$
$R_2\left(0, \dfrac{1}{8}r^2 + \dfrac{1}{2}r\right)$
△OPR = △OPR_2 = $\dfrac{1}{2} \times 4 \times \left(\dfrac{1}{8}r^2 + \dfrac{1}{2}r\right) = \dfrac{1}{4}r^2 + r$
(四角形 OQRA) = △OR_1Q = $\dfrac{1}{2} \times 6 \times \left(\dfrac{1}{8}r^2 - \dfrac{1}{4}r\right)$
$= \dfrac{3}{8}r^2 - \dfrac{3}{4}r$
よって, $\dfrac{1}{4}r^2 + r = \dfrac{3}{8}r^2 - \dfrac{3}{4}r$ $r > 0$ より, $r = 14$

3 (1) 2 の倍数となるのは, 3 回目が 2 の倍数となればよいので, $6^2 \times 3$ 通りある。5 の倍数となるのは, 3 回目に 5 が出ればよいので, $6^2 \times 1$ 通りある。これらは同時には起

こり得ないので，求める確率は，
$$\frac{6^2\times3+6^2\times1}{6^3}=\frac{3+1}{6}=\frac{2}{3}$$
(2) 9 の倍数となるのは，各位の和が 9 か 18 のとき。
・$9=1+2+6$ …$3\times2\times1=6$ (通り) ←偶数 $2\times2=4$ (通り)
・$9=1+3+5$ …$3\times2\times1=6$ (通り) ← 5 の倍数 2 通り
・$9=1+4+4$ …3 通り←偶数 2 通り
・$9=2+2+5$ …3 通り←偶数 2 通り　5 の倍数 1 通り
・$9=2+3+4$ …$3\times2\times1=6$ (通り) ←偶数 $2\times2=4$ (通り)
・$9=3+3+3$ …1 通り
・$18=6+6+6$ …1 通り←偶数 1 通り
以上から求める確率は
$$\frac{6^2\times3+6^2\times1+(6\times3+3\times2+1\times2)-(4+2+2+2+1+4+1)}{6^3}$$
$$=\frac{77}{108}$$
4 (1) 正方形 6 個，中心角 60° の扇形 6 個，正六角形の面積の和を求めればよい。

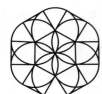

(2) 外側の 1×2 の長方形 6 個，中心角 60° の扇形 6 個，もとの正六角形の面積を足し，中央にある円の通過しない部分の正六角形の面積を引けばよい。

5 (1) 球の直径は GJ と等しく 4　よって，球の半径は 2　球は正六角形 GHIJKL の各辺とも接しているので，球の面 GHIJKL による切断面は，正六角形 GHIJKL の内接円である。その半径は $\sqrt{3}$　したがって，求める距離は三平方の定理より，$\sqrt{2^2-(\sqrt{3})^2}=1$
(2) 球 S と 3 点 D，E，M を通る平面との接点を T とする。辺 AB，DE，KJ，HG の中点をそれぞれ P，Q，R，U とすると，平面 PQRU に関してこの立体は対称だから，球 S の中心 O，接点 T もこの平面上にある。また，辺 BH 上に $BN=2$ となる点 N をとり，平面 PQRU が線分 MN と交わる点を V とすると，$PV=AM=2$ となる。以下，切断面 PQRU で考える。
O を通り，直線 PU に平行な直線と QV の交点を W，W を通り，直線 PQ に平行な直線と QR の交点を X とすると，△QPV∽△OTW∽△WXQ で，これらの三角形は 3 辺の比が $1:2:\sqrt{3}$ の直角三角形だから，$OW=\dfrac{4\sqrt{3}}{3}$，$QX=1$ となるので，

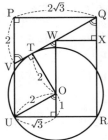

$AG=PU=QX+OW+1=2+\dfrac{4\sqrt{3}}{3}$

〈IK. Y.〉

西大和学園高等学校

問題 P.165

解答

1 平方根，因数分解，2 次方程式の応用，1 次方程式の応用，確率 (1) 12
(2) $(x, y)=(5, 0), (13, 12), (13, -12)$
(3) $a=-3, b=6$ (4) 65 点
(5)(i) ア．$\dfrac{1}{3}$ (ii) イ．$\dfrac{1}{18}$ ウ．$\dfrac{1}{2}$

2 円周角と中心角，立体の表面積と体積，三平方の定理，図形と証明 (1) $\angle x=54$ 度 (2)(ア) $\dfrac{7}{3}$ (イ) $\dfrac{4}{3}$ (3) $1:2$
(4) (証明) (例) △FBG と △EDA において，
∠FBG = ∠EDA = 90°
∠FGB = ∠AGC（対頂角）
$=180°-(90°+\angle CAG)$
$=\angle EAD$
よって，二角相等により，△FBG∽△EDA

3 1 次関数，関数 $y=ax^2$，平面図形の基本・作図，相似，三平方の定理 (1) $y=\sqrt{3}x+2$ (2) P$\left(\dfrac{\sqrt{3}}{3}, 1\right)$
(3)(ア) D$\left(\dfrac{\sqrt{6}}{6}, \dfrac{\sqrt{2}}{2}+2\right)$ (イ) $2:1$ (4) $\dfrac{3\sqrt{3}+\sqrt{6}}{6}$

4 立体の表面積と体積，相似，平行線と線分の比，三平方の定理 (1) $18\sqrt{2}$ (2) $4:1$ (3) $2\sqrt{5}$ (4) $\dfrac{28\sqrt{2}}{3}$

解き方 **1** (1) $a-5=-2\sqrt{3}$ の両辺を 2 乗して
$a^2-10a+25=12$
(2) $x^2-y^2=25$ より，$(x+y)(x-y)=25$
$x>y$ だから $x-y>0$ なので，
$(x+y, x-y)=(1, 25), (25, 1), (5, 5)$
これより，$(x, y)=(13, -12), (13, 12), (5, 0)$
(3) $3x^2-ax-b=3(x-1)(x+2)=3x^2+3x-6$
よって，$a=-3, b=6$
(4) 合格基準点を x 点とおく。
受験者の $\dfrac{1}{4}$ の平均点が $(x+4)$ 点で，$\dfrac{3}{4}$ の平均点が $(x-8)$ 点だから
$\dfrac{1}{4}(x+4)+\dfrac{3}{4}(x-8)=60$
$x+4+3(x-8)=240$ より，$4x=260$　$x=65$
よって，65 点
(5)(i) ア．①か③の玉を黒く塗ればよいので，$\dfrac{2}{6}=\dfrac{1}{3}$
(ii) イ．正四面体となるのは①と③の玉を黒く塗るときなので，$\dfrac{2\times1}{36}=\dfrac{1}{18}$
ウ．正三角形の面を含むときは①か③の玉を必ず塗らなくてはならない。
A：①を塗るとき，もう 1 つ塗る玉は②〜⑥の 5 通り
B：③を塗るとき，もう 1 つ塗る玉は②，④〜⑥の 4 通り
　（①を塗る場合は，A に含まれている）
よって，$\dfrac{2\times(5+4)}{36}=\dfrac{1}{2}$

2 (1) 直径に対する円周角により，∠ADF = 90°

∠DFB = 90° × $\frac{2}{5}$ = 36°
よって，∠x = 180° − (90° + 36°) = 54°
(2)(ア) FM，GC，HN の延長の交点を
O とする。
O − FGH の体積は
$2 \times 2 \times \frac{1}{2} \times 4 \times \frac{1}{3} = \frac{8}{3}$
また，O − MCN と O − FGH の相似
比が 1 : 2 だから，体積比は
$1^3 : 2^3 = 1 : 8$
よって，求める体積は，
$\frac{8}{3} \times \frac{8-1}{8} = \frac{7}{3}$
(イ) △OHF の面積を求める。
高さは，$\sqrt{(2\sqrt{5})^2 - (\sqrt{2})^2} = 3\sqrt{2}$
よって，面積は，$2\sqrt{2} \times 3\sqrt{2} \times \frac{1}{2} = 6$
求める垂線の長さを h とすると，
O − FGH の体積から，
$6 \times h \times \frac{1}{3} = \frac{8}{3}$ より，$h = \frac{4}{3}$
(3) AB の中点を O とする。
与えられた条件より，AP = 8a,
PB = 18a とすると，
OA = OB = OC = 13a
よって，OP = 5a
このとき，△CPO で三平方の
定理から CP = 12a となる。
AP = QP = 8a だから，CQ : QP = 4a : 8a = 1 : 2

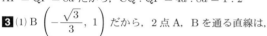

3 (1) B$\left(-\frac{\sqrt{3}}{3}, 1\right)$ だから，2 点 A, B を通る直線は，
$y = \sqrt{3}x + 2$
(2) P$(t, 3t^2)$ とおくと PA = PB だから，
$t^2 + (3t^2 - 2)^2 = \left(t + \frac{\sqrt{3}}{3}\right)^2 + (3t^2 - 1)^2$
$6t^2 + \frac{2\sqrt{3}}{3}t - \frac{8}{3} = 0$
$9t^2 + \sqrt{3}t - 4 = 0$ これより，$t = \frac{\sqrt{3}}{3}, -\frac{4\sqrt{3}}{9}$
$t > 0$ より，$t = \frac{\sqrt{3}}{3}$ よって，P$\left(\frac{\sqrt{3}}{3}, 1\right)$
(3)(ア)(2)より △ABP は正三角形である。よって，△DAQ
も正三角形だから，Q の y 座標は 2 となる。
$2 = 3x^2$ より $x = \pm\frac{\sqrt{6}}{3}$ だから，Q$\left(\frac{\sqrt{6}}{3}, 2\right)$ となる。
よって，D の x 座標は $\frac{\sqrt{6}}{3} \times \frac{1}{2} = \frac{\sqrt{6}}{6}$ だから，
D$\left(\frac{\sqrt{6}}{6}, \frac{\sqrt{2}}{2} + 2\right)$
(イ) △ABP と △DAQ の相似比は，
BP : AQ = $\frac{2\sqrt{3}}{3} : \frac{\sqrt{6}}{3} = \sqrt{2} : 1$
よって，面積比は，$(\sqrt{2})^2 : 1^2 = 2 : 1$
(4) 四角形 BPQD = △ABP + △DAQ + △APQ
= 3△DAQ + △APQ

$= 3 \times \frac{\sqrt{3}}{4} \times \left(\frac{\sqrt{6}}{3}\right)^2 + \frac{\sqrt{6}}{3} \times 1 \times \frac{1}{2} = \frac{3\sqrt{3} + \sqrt{6}}{6}$
[注意] (3)で，D が C と重なったときも △ABP∽△DAQ
となるが，この場合，(4)で四角形 BPQD とはならない。
4 (1) △ABC の面積を求める。
BC の中点を M とすると
AM = $\sqrt{3}$ だから，
$6 \times \sqrt{3} \times \frac{1}{2} = 3\sqrt{3}$
よって，求める体積は，
$3\sqrt{3} \times 2\sqrt{6} = 18\sqrt{2}$
(2) ∠ERF = 90° より，
RE = RF = $3\sqrt{2}$
△RED で三平方の定理より，
RD = $\sqrt{(3\sqrt{2})^2 - (2\sqrt{3})^2}$
$= \sqrt{6}$
よって，R は AD の中点となる。
△PBE∽△PDR で相似比は 2 : 1
だから，面積比は，$2^2 : 1^2 = 4 : 1$
(3) RP : PE = 1 : 2 なので，
RP = $\sqrt{2}$
よって，
PF = $\sqrt{(\sqrt{2})^2 + (3\sqrt{2})^2}$
$= 2\sqrt{5}$
(4) AD 上に AB ∥ SP となる点 S をとる。立体 BCFEPQ は，
三角柱 ABC − DEF から 2 つの三角すい台 SPQ − ABC，
SPQ − DEF を取り除いたものである。
DS : DA = 1 : 3 だから，SPQ − ABC の体積は，
$3\sqrt{3} \times 2\sqrt{6} \times \frac{1}{3} \times \frac{3^3 - 1^3}{3^3} = \frac{52\sqrt{2}}{9}$
RS : RD = 1 : 3 だから，SPQ − DEF の体積は，
$3\sqrt{3} \times \sqrt{6} \times \frac{1}{3} \times \frac{3^3 - 1^3}{3^3} = \frac{26\sqrt{2}}{9}$
よって，求める体積は，
$18\sqrt{2} - \left(\frac{52\sqrt{2}}{9} + \frac{26\sqrt{2}}{9}\right) = \frac{28\sqrt{2}}{3}$

〈A. S.〉

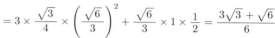
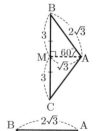
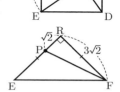

日本大学第二高等学校

問題 P.166

解答

1 正負の数の計算，式の計算，因数分解，平方根，1次関数，関数 $y = ax^2$，円周角と中心角，資料の散らばりと代表値 (1) 0.75 (2) $-3a^4b^3$
(3) $(x+3)(x+1)(x-1)(x-3)$ (4) $a = 6$
(5) $y = \frac{4}{3}x - 2$ (6) $\angle BAD = 76$ 度 (7) 65点

2 確率 (1) $\frac{5}{42}$ (2) $\frac{1}{28}$

3 空間図形の基本，立体の表面積と体積，三平方の定理
(1) 288 cm³ (2) 576 cm³ (3) $72(3 + 2\sqrt{2} + \sqrt{3})$ cm²

4 2次方程式の応用，関数 $y = ax^2$ (1) $t = 2$
(2) $a - b = \frac{\sqrt{2}}{2}$

解き方

1 (1) (与式) $= \left(\frac{3}{2}\right)^3 \times \left\{\frac{1}{4} - \left(\frac{1}{3} - \frac{1}{2}\right)^2\right\}$
$= \frac{3}{4} = 0.75$

(2) (与式) $= \frac{4a^6b^4}{-a^2b} + a^2b^2 \times a^2b = -3a^4b^3$

(3) (与式) $= (x^2 + 3)^2 - (4x)^2$
$= (x^2 + 3 + 4x)(x^2 + 3 - 4x)$
$= (x + 3)(x + 1)(x - 3)(x - 1)$

(4) $\sqrt{162 - 3a} = 3\sqrt{18 - \frac{a}{3}}$ $18 - \frac{a}{3} = 16 (= 4^2)$
$a = 6$

(5) A $(-3, -6)$, B $\left(1, -\frac{2}{3}\right)$, 直線 l (AB) を $y = ax + b$
とおくと，傾き $a = \left\{-\frac{2}{3} - (-6)\right\} \div \{1 - (-3)\} = \frac{4}{3}$
$y = \frac{4}{3}x + b$, A $(-3, -6)$ を代入して，
$-6 = \frac{4}{3} \times (-3) + b$
$b = -2$ よって，$y = \frac{4}{3}x - 2$

(6) $\angle DBC = 38°$, $\angle ADB = \angle ABD = 90° - 38° = 52°$,
$\angle BAD = 180° - (\angle ADB + \angle ABD) = 76°$

(7) 中央値は，この資料の値を大きさの順に並べたときの20番目と21番目の得点の平均値。20番目と21番目の得点は，ともに60点以上70点未満の階級に含まれるから，求める階級値は，$(60 + 70) \div 2 = 65$ (点)

2 1〜9の異なる9個の数から順に異なる3個の数の取り出し方は，全体で $(9 \times 8 \times 7)$ 通り。
(1) 3つの数の積が奇数となるのは，3つとも奇数のときだから，取り出し方は，$(5 \times 4 \times 3)$ 通り。
求める確率は，$\frac{5 \times 4 \times 3}{9 \times 8 \times 7} = \frac{5}{42}$

(2) $a < b < c$ とするとき，
$(a, b, c) = (1, 2, 6), (1, 3, 5), (2, 3, 4)$
の 3 通り。a, b, c の大小の制限を取り除くと，その並び方は，おのおの，$(3 \times 2 \times 1)$ 通り。
求める確率は，$\frac{3 \times (3 \times 2 \times 1)}{9 \times 8 \times 7} = \frac{1}{28}$

3 (1) 求める立体は，点 C を頂点，直角三角形 ABF を底面とする三角すい C - ABF だから，体積は，
$\frac{1}{3} \times \triangle ABF \times CB$
$= \frac{1}{3} \times \frac{1}{2} \times AB \times BF \times CB$
$= \frac{1}{6} \times 12^3 = 288$ (cm³)

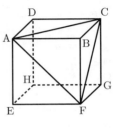

(2) 求める立体は，立方体 ABCD - EFGH を 3 点 A, D, G を通る平面で切断してできる三角柱 DCG - ABF を，3 点 A, C, F を通る平面で切断し，三角すい C - ABF を除いた，四角すい C - AFGD である。体積は，

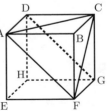

$\triangle ABF \times CB - \frac{1}{3}\triangle ABF \times CB = \frac{2}{3}\triangle ABF \times CB$
$= 2 \times \left(\frac{1}{3}\triangle ABF \times CB\right) = 2 \times (三角すい C - ABF)$
$= 2 \times 288 = 576$ (cm³)

(3) 求める表面積は四角すい C - AFGD の表面積。
・底面は長方形 AFGD で，面積は，
$12 \times 12\sqrt{2} = 144\sqrt{2}$ (cm²)
・側面の 1 つは一辺が $12\sqrt{2}$ の正三角形 CAF で，面積は，
$\frac{1}{2} \times 12\sqrt{2} \times \left(\frac{\sqrt{3}}{2} \times 12\sqrt{2}\right) = 72\sqrt{3}$ (cm²)
・残りの 3 つの側面は合同な直角二等辺三角形で，直角をはさむ一辺の長さは 12 cm だから，1 つの面積は，
$\frac{1}{2} \times 12 \times 12 = 72$ (cm²)
よって，表面積は，
$144\sqrt{2} + 72\sqrt{3} + 3 \times 72 = 72(2\sqrt{2} + \sqrt{3} + 3)$ (cm²)

4 2点 A, D の x 座標が等しいから，AD // y 軸。
四角形 ABCD が長方形（正方形を含む）になるとき，
BC // y 軸，AB // x 軸，CD // x 軸。
また，①②はともに y 軸について対称で，点 A と B は①上の点，点 D と C は②上の点だから，各点の座標は，
A (t, at^2), B $(-t, at^2)$, C $(-t, bt^2)$, D (t, bt^2)
AB $= 2t$, AD $= (a - b)t^2$

(1) 長方形 ABCD の面積は，AD $\times$ AB $= 32$
AD $= 2$AB より，$2 \times$ AB² $= 32$ AB $= 4$
$2t = 4$ $t = 2$

(2) 正方形 ABCD の面積は，AB² $= 32$
AB $= 4\sqrt{2}$ ($=$ AD)
$2t = 4\sqrt{2}$ $t = 2\sqrt{2}$
ここで，AD $=$ AB より，$(a - b)t^2 = 4\sqrt{2}$
t を代入して，$(a - b) \times (2\sqrt{2})^2 = 4\sqrt{2}$
$a - b = \frac{\sqrt{2}}{2}$

〈Y. K.〉

日本大学第三高等学校

問題 P.167

解答

1 正負の数の計算，式の計算，平方根，因数分解，2次方程式，関数 $y = ax^2$，平行と合同，円周角と中心角，1次方程式の応用，資料の散らばりと代表値

(1) $-\dfrac{1}{2}$ (2) $\dfrac{-x-11}{15}$ (3) $\dfrac{5\sqrt{2}}{4}$ (4) $(3x-1)(3x-4)$

(5) $x = -10, 2$ (6) $b = \dfrac{a^2}{a+1}$ (7) $-3 - 2\sqrt{2} \leqq y \leqq 0$

(8) 35度 (9) 3000円

(10) ア．8　イ．0.20　ウ．0.35　エ．40

2 確率 (1) $\dfrac{5}{12}$ (2) $\dfrac{1}{3}$

3 連立方程式の応用 (1) ア．$\dfrac{135}{44}$，イ．$\dfrac{15}{2}$

(2) $x = \dfrac{44}{21}$，$y = \dfrac{15}{14}$

4 1次関数，関数 $y = ax^2$ (1) $a = 2$

(2) $y = 2x + 12$ (3) $y = 2x + 4$ (4) 20 cm^2

5 立体の表面積と体積，相似，中点連結定理，三平方の定理

(1) $1 : 1$ (2) $9\sqrt{3} \text{ cm}^2$ (3) $9\sqrt{2} \text{ cm}^3$ (4) 3 cm

6 三平方の定理 (1) $2 + \sqrt{3}$ cm

(2) $\left(4 + \dfrac{7}{3}\sqrt{3}\right)$ cm $\left(\dfrac{12 + 7\sqrt{3}}{3}\text{ cm}\right)$

(3) $\left(4 + \dfrac{49}{12}\sqrt{3}\right)$ cm² $\left(\dfrac{48 + 49\sqrt{3}}{12}\text{ cm}^2\right)$

解き方

1 (1) $\left(\dfrac{1}{4} \times 2 - \dfrac{4}{9}\right) \times (-9) = -\dfrac{1}{2}$

(2) $\dfrac{3(3x-7) - 10(x-1)}{15} = \dfrac{-x-11}{15}$

(3) $3\sqrt{2} - 2\sqrt{2} + \dfrac{\sqrt{2}}{4} = \dfrac{5}{4}\sqrt{2}$

(4) $3x + 1 = A$ とおくと，$A^2 - 7A + 10$
$= (A-2)(A-5)$
$= (3x+1-2)(3x+1-5)$
$= (3x-1)(3x-4)$

(5) $2(x^2 + x - 6) + 1 = x^2 - 6x + 9$
$x^2 + 8x - 20 = 0$
$(x+10)(x-2) = 0$
$x = -10, 2$

(6) $a^2 - ab = b$
$ab + b = a^2$
$(a+1)b = a^2$
$a \neq -1$ より，$a + 1 \neq 0$ だから，
両辺を $a + 1$ でわると，
$b = \dfrac{a^2}{a+1}$

(7) $2 + \sqrt{2} ≒ 2 + 1.4 = 3.4 > 3$ より，
$x = 2 + \sqrt{2}$ のとき，y は最小となる。
$x = 2 + \sqrt{2}$ を $y = -\dfrac{1}{2}x^2$ に代入すると，
$y = -\dfrac{1}{2}(2 + \sqrt{2})^2 = -3 - 2\sqrt{2}$
$x = 0$ のとき，y は最大となる。
$x = 0$ を $y = -\dfrac{1}{2}x^2$ に代入すると，$y = 0$
よって，y の変域は，$-3 - 2\sqrt{2} \leqq y \leqq 0$

(8) 右図で，平行線の錯角は等しいので，$\angle ABC = 45°$
$\angle OCD = \angle ACB$
$= 180° - (80° + 45°) = 55°$
$\triangle ODC$ は二等辺三角形だから，
$\angle COD = 180° - 55° \times 2 = 70°$
円周角の定理より，
$\angle x = \dfrac{1}{2}\angle COD = 35°$

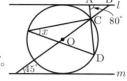

(9) 原価を x 円とすると，定価は $x \times (1 + 0.5) = 1.5x$ （円）
売値は，$1.5x \times (1 - 0.3) = 1.05x$ （円）
よって，$1.05x - x = 150$
これを解いて，$x = 3000$ （円）

(10) エ：合計を x 人とすると，$4 \div x = 0.10$
これを解いて，$x = 40$
ア：$40 - (4 + 10 + 14 + 2 + 2) = 8$ （人）
イ：$8 \div 40 = 0.20$，ウ：$14 \div 40 = 0.35$

2 すべての場合の数は 36 通りである。

(1) ab が 6 の倍数になるのは，
$(a, b) = (1, 6), (2, 3), (2, 6), (3, 2), (3, 4), (3, 6),$
$(4, 3), (4, 6), (5, 6), (6, 1), (6, 2), (6, 3), (6, 4),$
$(6, 5), (6, 6)$ の 15 通り。
よって，$\dfrac{15}{36} = \dfrac{5}{12}$

(2) $2020 = 2^2 \times 5 \times 101$ より，
分子が 1 となるのは，
$ab = 1, 2, 4, 5, 10, 20$ のときである。
・$ab = 1$ のとき，$(a, b) = (1, 1)$
・$ab = 2$ のとき，$(a, b) = (1, 2), (2, 1)$
・$ab = 4$ のとき，$(a, b) = (1, 4), (2, 2), (4, 1)$
・$ab = 5$ のとき，$(a, b) = (1, 5), (5, 1)$
・$ab = 10$ のとき，$(a, b) = (2, 5), (5, 2)$
・$ab = 20$ のとき，$(a, b) = (4, 5), (5, 4)$
12 通りだから，$\dfrac{12}{36} = \dfrac{1}{3}$

3 円の周りを円が回転する場合
例えば，右図のとき，
円 A が移動する道のり = 円 A の中心が移動する道のり（点線の円周）
つまり，円 A は円 O 上で
$\dfrac{(3+1) \times 2\pi}{1 \times 2\pi} = 4$ （回転）する。

同様の考え方で，
円 A は 1 回転で円 O の $\dfrac{2 \times 2\pi}{(42+2) \times 2\pi} = \dfrac{1}{22}$

円 B は 1 回転で円 O の $\dfrac{3 \times 2\pi}{(42+3) \times 2\pi} = \dfrac{1}{15}$

分だけ進むこととなり，
(1) 条件からできる式は，
$\dfrac{9}{22}x + \dfrac{2}{15}y = 1$ より，$\dfrac{135}{44}x + y = \dfrac{15}{2}$ …①

(2) (2)の条件からできる式は，
$\dfrac{3}{22}x + \dfrac{10}{15}y = 1$ …②

①，②を解くと，$x = \dfrac{44}{21}$，$y = \dfrac{15}{14}$

4 (1) $y = ax^2$ に，$x = -2, y = 8$ を代入すると，
$8 = 4a$　　$a = 2$

(2) $y = 2x^2$ に $x = 3$ を代入すると，$y = 18$ より，
B $(3, 18)$ となる。
（直線 AB の傾き）$= \dfrac{18 - 8}{3 - (-2)} = 2$

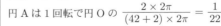

解　答　　　　　　　　　　　　　数学 ｜ 132

求める式を $y=2x+b$ とおいて, $x=3$, $y=18$ を代入すると, $18=6+b$　$b=12$
よって, $y=2x+12$
(3) $y=2x^2$ に $x=-1$ を代入すると, $y=2$ より,
P $(-1, 2)$ となる。
直線 PQ の式を $y=2x+c$ とおいて, $x=-1$, $y=2$ を代入すると, $2=-2+c$　$c=4$
よって, $y=2x+4$
(4) 直線 PQ と y 軸との交点を R とすると,
△PAC ＋ △QBC ＝ △RBA
＝ △RCA ＋ △RBC
＝ $\frac{1}{2} \times (12-4) \times 2 + \frac{1}{2} \times (12-4) \times 3$
＝ 20 (cm²)

5 (1) △OAC と △OBC の面を展開すると右図のようになる。糸が最も短くなるときの糸のかけ方は線分 AB である。
よって, OP : PC ＝ 1 : 1

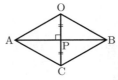

(2) 点 C から辺 AB に垂線 CM をひく。
AC : CM ＝ 2 : $\sqrt{3}$ より,
6 : CM ＝ 2 : $\sqrt{3}$　CM ＝ $3\sqrt{3}$ cm
よって, △ABC ＝ $\frac{1}{2} \times 6 \times 3\sqrt{3} = 9\sqrt{3}$ (cm²)

(3) 右図のように, △OMC で, 点 O から辺 CM に垂線 OH, 点 P から辺 CM に垂線 PI をひく。
三平方の定理より,
△OMH で, $27 = x^2 + h^2 \cdots$①
△OHC で,
$36 = (3\sqrt{3} - x)^2 + h^2 \cdots$②
② － ① より, $9 = 27 - 6\sqrt{3}x$
$x = \sqrt{3}$
① に $x = \sqrt{3}$ を代入すると, $27 = 3 + h^2$
$h > 0$ より, $h = 2\sqrt{6}$ (cm)
OP : PC ＝ 1 : 1 より,
PI ＝ $\frac{1}{2}$ OH ＝ $\frac{1}{2} \times 2\sqrt{6} = \sqrt{6}$ (cm)
よって, $\frac{1}{3} \times 9\sqrt{3} \times \sqrt{6} = 9\sqrt{2}$ (cm³)

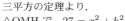

(4) △PAB で, 三平方の定理より,
PM ＝ $\sqrt{(3\sqrt{3})^2 - 3^2} = 3\sqrt{2}$ (cm)
△PAB ＝ $\frac{1}{2} \times 6 \times 3\sqrt{2} = 9\sqrt{2}$ (cm²)
求める高さを y cm とすると,
$\frac{1}{3} \times 9\sqrt{2} \times y = 9\sqrt{2}$　$y = 3$ (cm)

6 右図のように頂点に記号をふる。また, 頂点 P から辺 QR に垂線 PH をひき, 正方形の辺との交点を C, D とする。
(1) CW : PC ＝ 1 : $\sqrt{3}$ より,
$\frac{\sqrt{3}}{2}$: PC ＝ 1 : $\sqrt{3}$
PC ＝ $\frac{3}{2}$ cm
PD ＝ PC ＋ CD ＝ $\frac{3}{2} + \sqrt{3}$ (cm)
SD : PD ＝ 1 : $\sqrt{3}$ より,

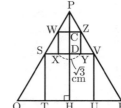

SD : $\left(\frac{3}{2} + \sqrt{3}\right) = 1 : \sqrt{3}$　SD ＝ $1 + \frac{\sqrt{3}}{2}$ (cm)
SV ＝ 2SD ＝ $2 + \sqrt{3}$ (cm)
(2) PH ＝ PD ＋ DH
＝ $\frac{3}{2} + \sqrt{3} + 2 + \sqrt{3}$
＝ $\frac{7}{2} + 2\sqrt{3}$ (cm)
QH : PH ＝ 1 : $\sqrt{3}$ より,
QH : $\left(\frac{7}{2} + 2\sqrt{3}\right) = 1 : \sqrt{3}$
QH ＝ $2 + \frac{7}{6}\sqrt{3}$ (cm)
QR ＝ 2QH ＝ $4 + \frac{7}{3}\sqrt{3}$ (cm)
(3) $\frac{1}{2} \times \left(4 + \frac{7}{3}\sqrt{3}\right) \times \left(\frac{7}{2} + 2\sqrt{3}\right) - (2 + \sqrt{3})^2 - (\sqrt{3})^2$
＝ $4 + \frac{49}{12}\sqrt{3}$ (cm²)

〈M. S.〉

日本大学習志野高等学校
問題 P.168

解答

1 平方根, 数の性質, 三平方の定理, 1 次方程式の応用, 円周角と中心角, 確率
(1) アーイ$\sqrt{ウエ}$…$5 - 2\sqrt{15}$　(2) オカ…96
(3) キ$\sqrt{ク}$…$8\sqrt{2}$　(4) ケコサ…156　(5) シス…25
(6) $\frac{セ}{ソ}$…$\frac{1}{2}$

2 関数 $y = ax^2$　(1) ア…5　(2) イ…3, ウ…9
(3) $\frac{エ}{オ}$…$\frac{7}{2}$

3 平面図形の基本・作図, 平行と合同, 相似, 平行線と線分の比, 三平方の定理　(1) $\sqrt{ア}$ ＋イ…$\sqrt{3} + 3$
(2) ウ$\sqrt{エ}$…$2\sqrt{3}$　(3) オ$\sqrt{カ}$ ＋キ…$5\sqrt{3} + 6$

4 空間図形の基本, 立体の表面積と体積, 三角形, 相似, 平行線と線分の比, 三平方の定理　(1) ア$\sqrt{イ}$…$8\sqrt{3}$
(2) $\frac{ウ\sqrt{エ}}{オ}$…$\frac{4\sqrt{3}}{3}$　(3) カ$\sqrt{キ}\pi$…$4\sqrt{3}\pi$

解き方 **1** (1) (与式)
＝ $(2\sqrt{3} - \sqrt{5})\{2\sqrt{3} - \sqrt{5} - (\sqrt{5} + 4\sqrt{3}) + 2\sqrt{3} + \sqrt{5}\}$
＝ $(2\sqrt{3} - \sqrt{5}) \times (-\sqrt{5}) = 5 - 2\sqrt{15}$
(2) A を正の整数として, $\sqrt{2020 + n^2} = A$ とおく。
すると, $2020 + n^2 = A^2$　$A^2 - n^2 = 2020$
$(A + n)(A - n) = 2^2 \times 5 \times 101$
$A > 0$, $n > 0$ より, $A + n > A - n$ なので,
$(A + n, A - n) = (2020, 1)$, $(1010, 2)$, $(505, 4)$,
$(404, 5)$, $(202, 10)$, $(101, 20)$
の 6 組しか考えることができない。それぞれの組の差をとると,
$2n = 2019$, 1008, 501, 399, 192, 81
となるが, n は自然数なので $2n$ は偶数であることから,
$2n = 1008$, 192　すなわち, $n = 504$, 96
n は 2 桁の自然数なので, $n = 96$
(3) もとの正方形の土地の縦・横をともに x m とすると, 長方形の土地は縦 $(x + 2)$ m, 横 $(x + 7)$ m となる。その対角線の長さが $5\sqrt{13}$ m なので, 三平方の定理より
$(x + 2)^2 + (x + 7)^2 = (5\sqrt{13})^2$　これを整理すると,

$(x-8)(x+17)=0$　$x>0$ より，$x=8$
よって，もとの正方形の土地の対角線は $8\sqrt{2}$ m
(4) $30 - \dfrac{10}{100}x = 300 \times \dfrac{4.8}{100}$　これを解いて，$x=156$
(5) $\overparen{CD}$ に対する円周角である $\angle CAD = x$ であり，
$\overparen{AD} : \overparen{CD} = 2 : 1$ より，$\overparen{AC}$ に対する円周角である
$\angle ABC = \angle CAD \times 3 = 3x$
ここで，△ABC は AB = AC の二等辺三角形なので，
$\angle ACB = \angle ABC = 3x$
△ACP に着目すると，$\angle CAP + \angle APC = \angle ACB$ より，
$x + 50° = 3x$　これを解いて，$x=25$
(6) 表の出た 100 円硬貨の枚数が，表の出た 10 円硬貨の枚数よりも多くなる枚数の組み合わせは，
(100円, 10円) = (3, 2), (3, 1), (3, 0), (2, 1), (2, 0), (1, 0) の 6 組ある。それぞれの表になる硬貨の選び方はすべての硬貨を区別して考えるので，
(3, 2) のとき，1 通り
(3, 1) のとき，2 通り
(3, 0) のとき，1 通り
(2, 1) のとき，$3 \times 2 = 6$（通り）
(2, 0) のとき，3 通り
(1, 0) のとき，3 通り
となるので，求める確率は，
$\dfrac{1+2+1+6+3+3}{2^5} = \dfrac{16}{32} = \dfrac{1}{2}$

2 (1) 点 C $(1, a)$ となるので，線分 AC の長さは $(a-1)$，また，AB = $1 - (-1) = 2$ なので，$\angle BAC = 90°$ であることから，△ACB の面積より，$2 \times (a-1) \times \dfrac{1}{2} = 4$
これを解いて，$a=5$
(2) (1)より，点 C $(1, 5)$ であるので，B $(-1, 1)$ より直線 BC の方程式は $y = 2x + 3$　これと放物線 $y = x^2$ の交点を求めればよいので，二式より，
$x^2 = 2x + 3$　$(x+1)(x-3) = 0$　$x = -1, 3$
したがって，D $(3, 9)$
(3) $y = bx$ と直線 BC の交点を E，直線 BC と y 軸との交点を F とすると，F $(0, 3)$ である。
ここで，四角形 OADB の面積は，△OAB + △DAB より
$2 \times 1 \times \dfrac{1}{2} + 2 \times (9-1) \times \dfrac{1}{2} = 2 \times 9 \times \dfrac{1}{2} = 9$
となるので，△OBE の面積が $\dfrac{9}{2}$ となればよい。点 E の x 座標を h とすると，△OBE = OF $\times (h+1) \times \dfrac{1}{2}$ より，
$3 \times (h+1) \times \dfrac{1}{2} = \dfrac{9}{2}$　これを解いて，$h=2$
したがって，点 E $(2, 7)$ とわかり，直線 $y = bx$ の傾きである b の値は $b = \dfrac{7}{2}$

3 (1) EP = EB より，AE : EP = 1 : 2　したがって，△AEP は AE : EP : AP = 1 : 2 : $\sqrt{3}$ の 3 辺の比を持つ直角三角形となり，
AP = AE $\times \sqrt{3} = (\sqrt{3} + 1) \times \sqrt{3} = \sqrt{3} + 3$
(2) PQ = CF より，CF を求めればよい。
(1)より，$\angle AEP = 60°$ とわかり，折り曲げた図形であることから，$\angle BEF = \angle PEF = 60°$ であることもわかる。
したがって，BE = $2 \times$ AE = $2(\sqrt{3} + 1)$ (cm) より，
BF = BE $\times \sqrt{3} = 2\sqrt{3}(\sqrt{3} + 1)$ (cm)…①
また，DP = DC = AB = $3(\sqrt{3} + 1)$ cm より
BC = AD = AP + DP = $(\sqrt{3} + 3) + 3(\sqrt{3} + 1)$
= $6 + 4\sqrt{3}$ (cm)…②

よって，①，②より，
PQ = CF = BC − BF = $(6 + 4\sqrt{3}) - 2\sqrt{3}(\sqrt{3} + 1)$
= $2\sqrt{3}$ (cm)
(3) 右図のように点 D からの折り目と線分 BC との交点を I とすると，四角形 PICD は正方形であり，線分 PI と線分 EF との交点を R とすると，
$\angle PER = \angle EPR = 60°$

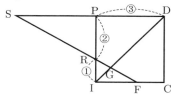

（平行線の錯角）より，△PER は正三角形である。
したがって，PE = ER = PR = $2 + 2\sqrt{3}$ (cm) となる。
よって，(2)より PQ = $2\sqrt{3}$ cm なので，QR = 2 cm
また，右図のように直線 FR と直線 DP の交点を S とすると，
△RIF∽△RPS より，相似比は
RI : RP = 1 : 2
なので，
PS = IF $\times 2 = 2(3 + \sqrt{3})$ (cm)

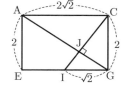

さらに，△GIF∽△GDS より，その相似比より
GI : GD = IF : DS = $(3 + \sqrt{3}) : (9 + 5\sqrt{3})$
= $(\sqrt{3} + 1) : (3\sqrt{3} + 5)$
したがって，
△QRG = △PID $\times \dfrac{\text{IG}}{\text{DI}} \times \dfrac{\text{QR}}{\text{PI}}$
= $\dfrac{1}{2} \times (3\sqrt{3} + 3)^2 \times \dfrac{\sqrt{3} + 1}{4\sqrt{3} + 6} \times \dfrac{2}{3\sqrt{3} + 3}$
= $\sqrt{3}$ (cm²)…③
△PER = $\dfrac{1}{2} \times (2 + 2\sqrt{3}) \times \sqrt{3}(1 + \sqrt{3})$
= $4\sqrt{3} + 6$ (cm²)…④
となり，③ + ④ より，求める面積は $(5\sqrt{3} + 6)$ cm²

4 (1) 1 辺 $2\sqrt{2}$ cm の正三角形が 4 つ分なので，その表面積は，$\left(\dfrac{1}{2} \times 2\sqrt{2} \times \sqrt{6}\right) \times 4 = 8\sqrt{3}$ (cm²)
(2) 立体の切断面である長方形 AEGC を考える。
頂点 A から平面 CFH に垂線 AJ を引くと考えると，
△AJC と △ACG において，
$\angle AJC = \angle ACG = 90°$ かつ
$\angle JAC = \angle CAG$（共通角）より，
△AJC∽△ACG となり，図のようになる。
したがって，△JAC∽△JGI より，その相似比は
JA : JG = AC : GI = 2 : 1 なので，求める垂線の長さは
AJ = AG $\times \dfrac{2}{3} = \sqrt{(2\sqrt{2})^2 + 2^2} \times \dfrac{2}{3} = \dfrac{4\sqrt{3}}{3}$ (cm)
(3) 球の中心を O とすると，OA = OC = OF = OH なので，
AG = $2\sqrt{3}$ cm より，球の半径は AG $\div 2 = \sqrt{3}$ (cm)
したがって，その球の体積は，$\dfrac{4\pi(\sqrt{3})^3}{3} = 4\sqrt{3}\pi$ (cm³)

〈Y. D.〉

函館ラ・サール高等学校

問題 P.169

解答

1 正負の数の計算，式の計算，関数 $y = ax^2$，連立方程式の応用，確率，因数分解，平方根，立体の表面積と体積 ▎ (1) $\dfrac{9}{2}$ (2) $\dfrac{b^2}{18a}$ (3) $a = -\dfrac{7}{4}$
(4) ア．10，イ．-7 (5) $\dfrac{1}{18}$ (6) $(a + 3b - 2)(a - 3b - 2)$
(7) 58 (8) 63 cm^3

2 平面図形の基本・作図，三平方の定理，場合の数，連立方程式の応用 ▎ (1)① $(3\sqrt{3}\pi + 4\sqrt{3})$ cm
② $(5\pi - 6\sqrt{3})$ cm^2 ③ 24 通り
(2)① 1500 円 ② 19800 円

3 平面図形の基本・作図，三平方の定理 ▎
(1) GH：$(4 - 2\sqrt{2})$ cm，PH：2 cm (2) イ
(3) $(4\sqrt{2} - 4)$ cm^2

4 多項式の乗法・除法，1次関数，関数 $y = ax^2$ ▎
(1) 南 6 東 4 (2)① $m + \dfrac{1}{2}$ ② 105 か所
(3) 北 1 東 1，南 8 西 4

解き方 **1** (1) $\left(-\dfrac{9}{2}\right)^2 \div \left(\dfrac{81}{16} - \dfrac{9}{16}\right) = \dfrac{81}{4} \div \dfrac{9}{2}$
$= \dfrac{81}{4} \times \dfrac{2}{9} = \dfrac{9}{2}$

(2) $-\dfrac{1}{8a^6b^3} \times \left(-\dfrac{4a^6}{3}\right) \times \dfrac{b^5}{3a} = \dfrac{4a^6b^5}{72a^7b^3} = \dfrac{b^2}{18a}$

(3) 軸から遠いところで最小値をとるから，$x = \dfrac{8}{7}$ のとき
$y = -\dfrac{16}{7}$ となる。
よって，$-\dfrac{16}{7} = a \times \left(\dfrac{8}{7}\right)^2$ より，$a = -\dfrac{7}{4}$

(4) 与式に $x = -1$，$y = 1$ を代入すると，
$\begin{cases} -4 - a = 2b \\ -b + 3 = a \end{cases}$
これを a，b についての連立方程式と考えて解くと，
$a = 10$，$b = -7$

(5) $3a = 2b + c$ を満たすのは
$a = 1$ のとき $(b, c) = (1, 1)$
$a = 2$ のとき $(b, c) = (1, 4)$，$(2, 2)$
$a = 3$ のとき $(b, c) = (2, 5)$，$(3, 3)$，$(4, 1)$
$a = 4$ のとき $(b, c) = (3, 6)$，$(4, 4)$，$(5, 2)$
$a = 5$ のとき $(b, c) = (5, 5)$，$(6, 3)$
$a = 6$ のとき $(b, c) = (6, 6)$
の 12 通りだから，求める確率は $\dfrac{12}{6^3} = \dfrac{1}{18}$

(6) $(a^2 - 4a + 4) - 9b^2 = (a - 2)^2 - (3b)^2$
$= (a + 3b - 2)(a - 3b - 2)$

(7) $\sqrt{218x}$ が整数となるので $x = 218a^2$（ただし a は自然数）とおける。このとき，N $= 2020 - 218a$ となる。
N の絶対値が最小となるのは $a = 9$ のときで
$|2020 - 218 \times 9| = 58$

(8) EA，FP，HQ の延長の交点を O とおく。
このとき OA $=$ AE $= 6$
だから，O $-$ APQ と O $-$ EFH の相似比は $1 : 2$ なので求める体積は，
$6 \times 6 \times \dfrac{1}{2} \times 12 \times \dfrac{1}{3} \times \dfrac{2^3 - 1^3}{2^3}$
$= 63$ (cm^3)

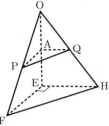

2 (1)① 半径 $2\sqrt{3}$ cm の円周の $\dfrac{3}{4}$ 倍と正方形の 1 辺の長さ $2\sqrt{3}$ cm の 2 倍を加えたものが求める長さである。
$2\pi \times 2\sqrt{3} \times \dfrac{3}{4} + 2\sqrt{3} \times 2$
$= 3\sqrt{3}\pi + 4\sqrt{3}$ (cm)
② あの部分の面積は，
$\pi \times (2\sqrt{3})^2 \times \dfrac{30}{360}$
$- \left\{\pi \times (2\sqrt{3})^2 \times \dfrac{60}{360} - \dfrac{\sqrt{3}}{4} \times (2\sqrt{3})^2\right\}$
$= 3\sqrt{3} - \pi$ (cm^2)
よって，いの部分の面積は，
$\pi \times (2\sqrt{3})^2 \times \dfrac{90}{360} - 2(3\sqrt{3} - \pi)$
$= 5\pi - 6\sqrt{3}$ (cm^2)
③ あ，い，う，え，お，かの 4 か所に 4 色の色をぬると考えると，
$4 \times 3 \times 2 \times 1 = 24$（通り）
(2)① $1440 \div 240 = 6$ だから，7 ～ 12 月の 6 ヶ月は 240 円多く貯金する予定であったと考えられる。1 月の貯金額を x 円とし，消費税が 10% のときのおもちゃの代金を y 円とする。
$\begin{cases} 6x + 6(x + 240) = y \times \dfrac{1.08}{1.1} \\ 6x + 5(x + 240) + 2000 = y - 100 \end{cases}$
これより，$\begin{cases} 12x - \dfrac{54}{55}y = -1440 \quad \cdots ㋐ \\ 11x - y = -3300 \quad \cdots ㋑ \end{cases}$
$㋐ - ㋑ \times \dfrac{54}{55}$ より，$\dfrac{6}{5}x = 1800$　$x = 1500$　1500 円
② ㋑に $x = 1500$ を代入して，$16500 - y = -3300$
$y = 19800$　19800 円

3 (1) G から BC に垂線 GG′ を下ろす。
また GH の中点を M とする。
BG $=$ BO $= 2$ cm，
GG′ $= \sqrt{2}$ cm だから
BG′ $= \sqrt{2}$ cm なので，
GM $= 2 - \sqrt{2}$ (cm)
よって，
GH $= 2$GM $= 4 - 2\sqrt{2}$ (cm)
また，PH $=$ PM $+ \dfrac{1}{2}$GH
$= \sqrt{2} + \dfrac{1}{2}(4 - 2\sqrt{2}) = 2$ (cm)

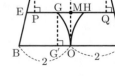

(2) PH $=$ QG $= 2$ cm だから，PR $=$ QR $= 2$ cm である。
AP $=$ DQ $= \sqrt{2}$ cm で AD $= 2\sqrt{2}$ cm だから，AD の中点が R であると言える。
よって，イ。

(3) $2\left\{\left(\pi \times 2^2 \times \dfrac{45}{360} - \sqrt{2} \times \sqrt{2} \times \dfrac{1}{2}\right)\right.$
$\left.+ (2-\sqrt{2}+2) \times \sqrt{2} \times \dfrac{1}{2} - \pi \times 2^2 \times \dfrac{45}{360}\right\}$
$= 2\left\{\left(\dfrac{\pi}{2}-1\right) + 2\sqrt{2} - 1 - \dfrac{\pi}{2}\right\} = 4\sqrt{2}-4\ (\text{cm}^2)$

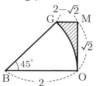

4 (2)① $\dfrac{1}{2}(m^2+2m+1) - \dfrac{1}{2}m^2 = m+\dfrac{1}{2}$

② 東西大通りを x 軸，南北大通りを y 軸とする座標平面を考える。
$x<0,\ y<0$ で $(-2,-2),\ (-6,-18)$ を通る放物線は，
$y=-\dfrac{1}{2}x^2$
$x>0,\ y>0$ で $(2,4),\ (5,25)$ を通る放物線は，
$y=x^2$
(i) $x<0,\ y<0$ のとき $-50<y<0$ だから，
$-10<x<0$
ここで $y=-\dfrac{1}{2}x^2\ (-10<x<0)$ を原点について点対称移動した $y=\dfrac{1}{2}x^2\ (0<x<10)$ で考えることにする。
①より $\dfrac{1}{2}(m+1)^2 - \dfrac{1}{2}m^2 = m+\dfrac{1}{2}$ だから，x が m から $m+1$ に 1 だけ増加すると y は $m+\dfrac{1}{2}$ だけ増加することが分かる。
つまり地域は $(m+1)$ か所通過すると言える。
$m=0,\ 1,\ 2,\ \cdots,\ 9$ のとき通過する地域は，
$(0+1)+(1+1)+\cdots+(9+1) = 55$（か所）
(ii) $x>0,\ y>0$ のとき $0<y<50$ だから，
$0<x<5\sqrt{2} = 7.07\cdots$
$(m+1)^2 - m^2 = 2m+1$ だから，x が m から $m+1$ に 1 だけ増加すると y は $2m+1$ だけ増加することが分かる。
つまり，地域は $(2m+1)$ か所通過すると言える。
$m=0,\ 1,\ 2,\ \cdots,\ 6$ のとき通過する地域は，
$(0+1)+(2+1)+\cdots+(12+1) = 49$（か所）
さらに $x>7,\ y<50$ の地域 1 か所を通過するので，
$55+49+1 = 105$（か所）
(3) 3 本の地下鉄を(2)②の座標平面で考えると，
$(-30, 31),\ (-2, -11)$ を通るのは $y=-\dfrac{3}{2}x-14$
$(-2, -11),\ (40, -12)$ を通るのは $y=-\dfrac{1}{42}x-\dfrac{232}{21}$
$(40, -12),\ (4, 0)$ を通るのは $y=-\dfrac{1}{3}x+\dfrac{4}{3}$
グラフの位置関係から $y=-\dfrac{1}{2}x^2$ と $y=-\dfrac{3}{2}x-14$ は交わり，また，$y=x^2$ と $y=-\dfrac{1}{3}x+\dfrac{4}{3}$ も交わる。
$-\dfrac{1}{2}x^2 = -\dfrac{3}{2}x-14$ より，$x^2-3x-28=0$
$(x-7)(x+4)=0$
$x<0$ より $x=-4$　このとき，$y=-8$
$x^2 = -\dfrac{1}{3}x+\dfrac{4}{3}$ より，$3x^2+x-4=0$
$(x-1)(3x+4)=0$
$x>0$ より $x=1$　このとき，$y=1$
よって，南 8 西 4 と北 1 東 1

〈A. S.〉

福岡大学附属大濠高等学校

問題 P.170

解答

1 式の計算，平方根，連立方程式，因数分解，2 次方程式の応用 (1)① 9　(2)② $2\sqrt{3}$
(3)③ -1　(4)④ $(x+3)(x-3)(y+2)(y-2)$
(5)⑤ $a=2,\ b=-3$

2 数の性質，1 次関数，三角形，三平方の定理
(1)⑥ 2010　(2)⑦ 8　(3)⑧ 35
(4)(ア)⑨ $\dfrac{3}{8}$　(イ)⑩ $\sqrt{6}-\sqrt{2}$

3 関数を中心とした総合問題　(1)⑪ $\dfrac{1}{4}$
(2)⑫ $y=\dfrac{1}{2}x+2$　(3)⑬ 6　(4)⑭ $1:5$　(5)⑮ 16

4 図形を中心とした総合問題　(1)⑯ $20\sqrt{2}$
(2)⑰ $5\sqrt{2}$　(3)⑱ 15　(4)⑲ $50\sqrt{2}$　(5)⑳ $\dfrac{50\sqrt{2}}{9}$

5 三平方の定理　(1)㉑ $6\sqrt{2}$　(2)㉒ $\dfrac{52\sqrt{2}}{3}\pi$
㉓ $4\sqrt{3}$　(3)㉔ $3\sqrt{3}$　㉕ $3\sqrt{13}$

解き方

1 (1) $27a^3b^6 \times \dfrac{1}{9a^2b^4} \times \dfrac{3}{ab^2}$
(2) (分子) $= (9+5\sqrt{3})(9-5\sqrt{3}) = 6$
(3) $3x+2y=4,\ 3x=2y$ より，$x=\dfrac{2}{3},\ y=1$
$6x-7y=3a$ より，$4-7=3a$　　$a=-1$
(4) $x^2y^2-4x^2 = x^2(y+2)(y-2)$
$-9y^2+36 = -9(y+2)(y-2)$ より，
(与式) $= (x^2-9)(y+2)(y-2)$
(5) $x^2+6x+5=0$ を解くと，$x=-1,\ -5$
よって，$x^2+ax+b=0$ の解は，$x=1,\ -3$
$x^2+ax+b = (x-1)(x+3) = x^2+2x-3=0$

2 (1) 2020 以下の 6 の倍数で最も大きい自然数は
$2016 = 36 \times 56$ であるから，2 番目に大きい
$2010 = 6 \times 5 \times 67$ が求める自然数 a である。
(2) 太郎君が x 分でスタート地点から $60x$ m の地点を通過したのに対して，30 人グループで k 番目に出発した人の位置 y m は，$y=150x-20(k-1)$ (m) と表せる。
もし太郎君と同時に通過する人がいたとすると，太郎君が P 地点を通過したのは $\dfrac{5}{3}$ 分後であるから，
$100 = 150 \times \dfrac{5}{3} - 20(k-1)$　　$k=8.5$
よって，太郎君より前に 8 人が P 地点を通過した。
(3) 線分 AC，BD の交点を F，$\angle \text{BAC} = x°$，
$\angle \text{ABD} = a°$，$\angle \text{ACD} = b°$ とする。
△BCD において，外角の性質より，$4b = 4a+28\cdots$①
△ABF と △CDF において，$x+a = b+28\cdots$②
①より，$-a+b=7$　　②より，$x=-a+b+28=35$
(4)(ア) 直線 DS と直線 l の交点を T とすると，点 D は線分 ST の中点である。
△CSD $= \dfrac{1}{2}$△CST $= \dfrac{1}{2} \times \dfrac{1}{2} \times \text{CT} \times \text{SR}$
(イ) CQ $= x$ cm とすると，CR $= 1-x$ (cm)
△CDQ は直角二等辺三角形より，CD $= \sqrt{2}x$ cm
△CSD は正三角形より，CS $= \sqrt{2}x$ cm
直角三角形 CRS において，CS^2 = CR^2 + SR^2
$(\sqrt{2}x)^2 = (1-x)^2 + 1^2$　　$x^2+2x-2=0$
$x = -1 \pm \sqrt{3}$　　$x>0$ より，$\sqrt{2}x = \sqrt{6}-\sqrt{2}$

3 (1) A $(-2, 1)$ より，$1 = a \times (-2)^2$
(2) A $(-2, 1)$，B $(4, 4)$ より求める。
(3) $\triangle OAB = \{4 - (-2)\} \times 2 \div 2 = 6$
(4) 直線 AB と y 軸との交点を E，点 C を通り直線 AB に平行な直線 l と y 軸との交点を F とする。C $(8, 16)$ より，直線 l は $y = \dfrac{1}{2}x + 12$ である。よって，
$\triangle OAB : \triangle ABC = OE : EF = 2 : (12-2) = 1 : 5$
(5) 点 E に関して点 F と対称な点を G とする。G $(0, -8)$ を通り，直線 l と平行な直線は $y = \dfrac{1}{2}x - 8$ であり，この直線と x 軸との交点が D $(16, 0)$ である。

4 (1) $\triangle ABC$ において，三平方の定理より，
$AC = \sqrt{30^2 - 10^2} = 20\sqrt{2}$ (cm)
(2) $EF = r$ cm とすると，$\triangle AFE \infty \triangle ABC$ より，
$EF : CB = AF : AB \quad r : 10 = (20\sqrt{2} - r) : 30$
$40r = 200\sqrt{2} \quad r = 5\sqrt{2}$ (cm)
(3) $AD = CD = 10\sqrt{2}$ (cm) より，点 D は線分 AC の中点であり，DH ∥ AB である。
よって，$DH = \dfrac{1}{2}AB = 15$ (cm)
(4) $EF : BC = 5\sqrt{2} : 10 = 1 : \sqrt{2}$
よって，$\triangle AFE = \left(\dfrac{1}{\sqrt{2}}\right)^2 \triangle ABC = 50\sqrt{2}$ (cm²)
(5) $\triangle DGF \infty \triangle AEF$ より，
$DF : AF = 5\sqrt{2} : 15\sqrt{2} = 1 : 3$
よって，$\triangle DGF = \left(\dfrac{1}{3}\right)^2 \triangle AEF = \dfrac{50\sqrt{2}}{9}$ (cm²)

5 (1) $\sqrt{9^2 - 3^2} = 6\sqrt{2}$ (cm)
(2) ㉒ もとの円錐を㋒とする。
㋐ : ㋑ = 1 : 26 より，㋑ : ㋒ = 26 : 27
㋒ = $\pi \times 3^2 \times 6\sqrt{2} \div 3$
   = $18\sqrt{2}\pi$ (cm³)
よって，㋑ = ㋒ $\times \dfrac{26}{27} = \dfrac{52\sqrt{2}}{3}\pi$ (cm³)
㉓ 2 点 P，Q を結ぶ線分は円錐台㋑の内部または側面上にあり，右図のようなとき長さが最も長くなる。
$PQ = \sqrt{4^2 + (4\sqrt{2})^2} = 4\sqrt{3}$ (cm)
(3) ㉔ (右図の $\overset{\frown}{BD}$)
 = (底面の円周) = 6π (cm)
$\angle AOC = \dfrac{6\pi}{18\pi} \times 360°$
 = $120°$
$\triangle AOH$ は $1 : 2 : \sqrt{3}$ の直角三角形である。
$AO = 3$ cm より，
$OH = \dfrac{3}{2}$ cm，$AH = \dfrac{3\sqrt{3}}{2}$ cm
$\triangle ACH$ において，三平方の定理より，
$AC = \sqrt{\left(\dfrac{9}{2}\right)^2 + \left(\dfrac{3\sqrt{3}}{2}\right)^2} = 3\sqrt{3}$ (cm)
㉕ $\triangle ADH$ において，三平方の定理より，
$AD = \sqrt{\left(\dfrac{21}{2}\right)^2 + \left(\dfrac{3\sqrt{3}}{2}\right)^2} = 3\sqrt{13}$ (cm)

〈O. H.〉

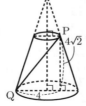

法政大学高等学校

問題 P.172

解答

1 正負の数の計算，式の計算，因数分解，連立方程式，2次方程式，多項式の乗法・除法，平方根，数の性質，場合の数，確率，1次関数，三平方の定理，関数 $y = ax^2$，平行四辺形，平行線と線分の比
(1) 9
(2) $-2a^5b^7$ (3) $\dfrac{-16x + 13y}{6}$ (4) $(x+4)(2y-3)$
(5) $x = 5, \ y = 2$ (6) $x = \dfrac{-3 \pm \sqrt{17}}{4}$ (7) $6\sqrt{15} - 15$
(8) 24 個 (9) 18 通り (10) $\dfrac{3}{4}$ (11) $b = 1, \ 11$ (12) $2\sqrt{3}$
(13) 55 度 (14) 1 : 3

2 2次方程式の応用 (1) 8 : 5 (2) $x = -\dfrac{14}{3}$

3 関数 $y = ax^2$，三平方の定理 (1) $b = 2 - a$
(2) $a = 1 - \sqrt{5}$

4 円周角と中心角，相似，三平方の定理 (1) $3\sqrt{5}$ (2) 8

解き方
1 (1) (与式)
 $= 4 \times \left(-\dfrac{15}{16}\right) \times \dfrac{6}{5} - 4 \times \left(-\dfrac{27}{8}\right)$
 $= -\dfrac{9}{2} + \dfrac{27}{2} = 9$
(2) (与式) $= \dfrac{16a^4b^2}{9} \times \left(-\dfrac{a^6b^9}{8}\right) \times \dfrac{9}{a^5b^4} = -2a^5b^7$
(3) (与式) $= \dfrac{(3x+2y) + 2(4x-5y) - 3(9x-7y)}{6}$
 $= \dfrac{-16x + 13y}{6}$
(4) (与式) $= x(2y-3) + 4(2y-3) = (x+4)(2y-3)$
(5) $\begin{cases} 2(x+y) - 5(x-y) = -1 & \cdots ① \\ x + y = 4(x-y) - 5 & \cdots ② \end{cases}$
$x + y = X, \ x - y = Y$ とおくと，
①は $2X - 5Y = -1 \cdots ①'$ ②は $X = 4Y - 5 \cdots ②'$
②' を①' に代入して，$2(4Y-5) - 5Y = -1$
これを解くと，$Y = 3 \cdots ③$
③を②' に代入して，$X = 7 \cdots ④$
$x + y = 7 \cdots ⑤ \qquad x - y = 3 \cdots ⑥$
⑤，⑥を解いて $x = 5, \ y = 2$
(6) 与えられた2次方程式を整理すると，$2x^2 + 3x - 1 = 0$
$x = \dfrac{-3 \pm \sqrt{9+8}}{2 \times 2} = \dfrac{-3 \pm \sqrt{17}}{4}$
(7) $3^2 < \sqrt{15} < 4^2$ より，$a = 3$
$a + b = \sqrt{15}$ より，$b = \sqrt{15} - 3$
$a^2 - b^2 = (a+b)(a-b) = \sqrt{15}\{3 - (\sqrt{15} - 3)\}$
 $= 6\sqrt{15} - 15$
(8) 1 から 100 までの自然数の中に 5 の倍数は
$100 \div 5 = 20$ (個) 25 の倍数は，$100 \div 25 = 4$ (個)
したがって，5 の素因数は $20 + 4 = 24$ (個) ある。
$2 \times 5 = 10$ となるから，0 は 24 個末尾に連続して並ぶことになる。
(9) 5 文字から 3 文字の選び方は，① a, a, b，② a, a, c，③ a, b, b，④ b, b, c，⑤ a, b, c の 5 通りある。
①〜④は 3 通りずつの並び方ができるが，⑤は $3 \times 2 = 6$ (通り) の並び方ができる。したがって，全部で 18 通りの文字列ができる。

数学 | 137

(10) 右の表のように，全体の場合の数は $6 \times 6 = 36$（通り）
2数の積が偶数になるのは 27通り。
したがって，求める確率は $\dfrac{27}{36} = \dfrac{3}{4}$

大＼小	1	2	3	4	5	6
1	1	②	3	④	5	⑥
2	②	④	⑥	⑧	⑩	⑫
3	3	⑥	9	⑫	15	⑱
4	④	⑧	⑫	⑯	⑳	㉔
5	5	⑩	15	⑳	25	㉚
6	⑥	⑫	⑱	㉔	㉚	㊱

(11) $y = \dfrac{3}{4}x + 6$ と y 軸の交点を A，$y = \dfrac{3}{4}x + b$ と y 軸の交点を B とし，点 A から $y = \dfrac{3}{4}x + b$ に AC $= 4$ となる垂線を引く。点 B，C から x 軸，y 軸に平行な線分を引き，その交点を D とする。
△BCD は $3:4:5$ の直角三角形で，△ABC は AC $= 4$ の直角三角形で，△ABC∽△BCD であるから，AB : AC = BC : BD
よって，AB : 4 = ⑤ : ④   AB = 5
したがって，$b = 6 - 5 = 1$ 同様に，$b = 6 + 5 = 11$

(12) AB と y 軸の交点を D とすると，△OAD は $30°$，$60°$，$90°$ の直角三角形であるから，A (a, a^2) とおくと，
$a^2 = \sqrt{3}a$ $a(a - \sqrt{3}) = 0$ より，$a = \sqrt{3}$
したがって，正三角形の1辺の長さは $2\sqrt{3}$

(13) $\angle ABC + \angle BCD = 180°$ であるから，
$\angle ABC = 180° - 100° = 80°$
したがって，$\angle ABE = \angle ABC - \angle CBE = 80° - 15° = 65°$
△ABE の内角の和は $180°$ であるから，
$\angle x = 180° - (60° + 65°) = 55°$

(14) AQ : BR = PA : PB $= 1 : 3$

2 (1) 与式に $x = 0$ を代入すると，$15a - 24b = 0$
$a : b = 24 : 15 = 8 : 5$
(2) $a = 8k$，$b = 5k$ として，2次方程式に代入して整理すると，$k(3x^2 + 14x) = 0$ $kx(3x + 14) = 0$
よって，$x = -\dfrac{14}{3}$

3 (1) $\dfrac{a^2 - b^2}{a - b} = \dfrac{(a + b)(a - b)}{a - b} = a + b = 2$
$b = 2 - a$
(2) A (a, a^2)，B $(2 - a, (2 - a)^2)$ だから，三平方の定理より，$\{(2 - a)^2 - a^2\}^2 + \{(2 - a) - a\}^2 = 10^2$
これを整理すると，$(1 - a)^2 = 5$ $1 - a = \pm\sqrt{5}$
$a = 1 \pm \sqrt{5}$
$a = 1 + \sqrt{5}$ のとき，$b = 2 - (1 + \sqrt{5}) = 1 - \sqrt{5}$，$a > b$ これは条件に合わない。
$a = 1 - \sqrt{5}$ のとき，$b = 2 - (1 - \sqrt{5}) = 1 + \sqrt{5}$，$a < b$ これは条件に適するから，$a = 1 - \sqrt{5}$

4 (1) △ABC は AC $= 6$，AB $= 10$，$\angle ACB = 90°$ の直角三角形であるから，BC $= 8$
$\angle CAP = \angle PAB$ であるから，
CP : PB = AC : AB $= 6 : 10 = 3 : 5$
したがって，CP $= 8 \times \dfrac{3}{8} = 3$
△ACP は AC $= 6$，CP $= 3$ の直角三角形であるから，
AP $= \sqrt{3^2 + 6^2} = 3\sqrt{5}$

(2) △ABD と △APC において，$\angle ADB = \angle ACP = 90°$
$\angle BAD = \angle PAC$ であるから，△ABD∽△APC
したがって，$10 : BD = 3\sqrt{5} : 3$ BD $= 2\sqrt{5}$
直角三角形 ABD で，AB $= 10$，BD $= 2\sqrt{5}$ であるから，
AD $= 4\sqrt{5}$
AB と DE の交点を H とすると，△ADH∽△APC
AD : AP = DH : PC $4\sqrt{5} : 3\sqrt{5} =$ DH : 3
DH $= 4$ DE $= 2$DH $= 2 \times 4 = 8$

〈K. M.〉

法政大学国際高等学校

問題 P.173

解答

1 平方根，連立方程式，2次方程式，式の計算，因数分解，確率 ┃ (1) $-20\sqrt{3}$ (2) $a = 6$
(3) $x = \dfrac{3y + 5}{2y - 7}$ (4) $(2a + 3b - c)(2a - 3b + c)$ (5) $\dfrac{1}{9}$
(6) $n = 7$，9

2 1次関数，関数 $y = ax^2$，関数を中心とした総合問題 ┃
(1) A $(-2, 2)$，B $\left(3, \dfrac{9}{2}\right)$ (2) $y = \dfrac{7}{8}x + \dfrac{15}{8}$
(3) $\dfrac{1 - \sqrt{97}}{2}$

3 空間図形の基本，立体の表面積と体積，三平方の定理 ┃
(1) 3 (2) 半径 9，中心角 120 度 (3) $\dfrac{9\sqrt{7}}{2}$

4 1次関数，関数 $y = ax^2$，立体の表面積と体積，相似，平行線と線分の比 ┃ (1) $b = \dfrac{3}{4}a$ (2) $y = \dfrac{3}{8}x^2$ (3)(ウ)
(4) $\dfrac{159}{2}\pi$

解き方

1 (1) （与式）$= \dfrac{6x^3y \times y^2}{x} \times \dfrac{2}{3xy^2} = 4xy$
$= 4 \times \sqrt{5} \times (-\sqrt{15}) = -20\sqrt{3}$
(2) $3x - 4y = a \cdots$① $-2ax + 17y = -2a \cdots$②
①，②に $x = 3k$，$y = 2k$ を代入すると，
①は，$3 \times 3k - 4 \times 2k = a$ $k = a$
②は，$-2a \times 3k + 17 \times 2k = -2a$ $-6ak + 34k = -2a$
$k = a$ だから，$-6a^2 + 34a = -2a$ $6a^2 - 36a = 0$
$6a(a - 6) = 0$
a は 0 でないから，$a = 6$
(3) 与式の両辺に $2x - 3$ をかけると，$(2x - 3)y = 7x + 5$
$x(2y - 7) = 3y + 5$
両辺を $2y - 7$ で割ると，$x = \dfrac{3y + 5}{2y - 7}$
(4) （与式）$= (2a)^2 - (3b - c)^2$
$= \{2a + (3b - c)\}\{2a - (3b - c)\}$
$= (2a + 3b - c)(2a - 3b + c)$
(5) あいこになるのは，3人が同じものを出す場合の 3 通りと，3人がともに違ったものを出す場合の $3 \times 2 \times 1 = 6$（通り）の 9 通りある。
2回ともあいこになる場合は，9×9（通り）
3人の2回の出し方は $3^2 \times 3^2 \times 3^2$（通り）ある。
したがって，2回ともあいこになる確率は，
$\dfrac{9 \times 9}{9 \times 9 \times 9} = \dfrac{1}{9}$
(6) $n = 7$ のとき，$\sqrt{58 - 6 \times 7} = \sqrt{16} = 4$，
$n = 9$ のとき，$\sqrt{58 - 6 \times 9} = \sqrt{4} = 2$
$n = 1$，2，3，4，5，6，8，10 以上のときは整数にならない。

旺文社 2021 全国高校入試問題正解

2 (1) ① = ② とおくと，$\frac{1}{2}x^2 = \frac{1}{2}x + 3$
$x^2 - x - 6 = 0$　　$(x+2)(x-3) = 0$　　$x = -2, 3$
A の x 座標は B の x 座標より小さいから，A $(-2, 2)$,
B $\left(3, \frac{9}{2}\right)$

(2) OA の中点 M $(-1, 1)$ と点 B $\left(3, \frac{9}{2}\right)$ を通る直線の式を $y = ax + b$ とおくと，$-a + b = 1$…③，$3a + b = \frac{9}{2}$…④
③，④を解くと，$a = \frac{7}{8}$，$b = \frac{15}{8}$
したがって，求める直線の式は，$y = \frac{7}{8}x + \frac{15}{8}$

(3) ②と y 軸の交点 E $(0, 3)$ に関して点 O $(0, 0)$ と対称な点 D をとると，D $(0, 6)$
△DAB = △OAB だから，3DE = FE となる点 F $(0, 12)$ を通り，②と平行な直線 $y = \frac{1}{2}x + 12$…⑤と①との交点が点 C となる。$\frac{1}{2}x^2 = \frac{1}{2}x + 12$　　$x^2 - x - 24 = 0$
これを解くと，$x = \frac{1 \pm \sqrt{97}}{2}$
$x < 0$ だから，$x = \frac{1 - \sqrt{97}}{2}$

3 (1) 円錐の底面の半径を r とすると，
$\frac{1}{3}\pi r^2 \times 6\sqrt{2} = 18\sqrt{2}\pi$　　$r^2 = 9$
$r > 0$ だから，$r = 3$

(2) AB $= \sqrt{OB^2 + OA^2} = \sqrt{3^2 + (6\sqrt{2})^2} = \sqrt{81} = 9$
扇形の中心角を $x°$ とすると，
$\frac{x°}{360°} \times 2\pi \times 9 = 2\pi \times 3$　　$x° = 120°$

(3) 直線 BA に点 B′ から垂線を引き，交点を H とすると，
△HAB′ は AB′ = 9，30°，60°，90° の直角三角形だから，
AH $= \frac{9}{2}$，B′H $= \frac{9\sqrt{3}}{2}$
したがって，△CB′H で

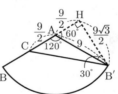

三平方の定理より，CB′ $= \sqrt{9^2 + \left(\frac{9\sqrt{3}}{2}\right)^2} = \frac{9\sqrt{7}}{2}$

4 (1) $a : b = 4 : 3$　　$4b = 3a$　　$b = \frac{3}{4}a$

(2) $y = \frac{1}{2} \times x \times \frac{3}{4}x = \frac{3}{8}x^2$

(3) $0 \leqq x < 4$ のとき，$y = \frac{3}{8}x^2$
$4 \leqq x \leqq 6$ のとき，$y = \frac{1}{2} \times 4 \times 3 = 6$
この 2 つの式を満たすグラフは(ウ)である。

(4) 右図で切り口の高さの部分を x とおくと，
$x : (x + 2) = \frac{3}{2} : 6$
$x = \frac{2}{3}$
(容器の容積)
$= \frac{1}{3}\pi \times 6^2 \times 4 + \frac{1}{3}\pi \times 6^2 \times \frac{8}{3} - \frac{1}{3}\pi \times \left(\frac{3}{2}\right)^2 \times \frac{2}{3}$
$= 48\pi + 32\pi - \frac{1}{2}\pi$
$= \frac{159}{2}\pi$

〈K. M.〉

法政大学第二高等学校

問題 P.174

解答

1 平方根，連立方程式，2 次方程式，因数分解　問1．$\sqrt{6}$　問2．$x = 7, y = 1$
問3．$x = 3 \pm \sqrt{17}$
問4．(例) P $= x^2 + 3xy + y^2 = (x + y)^2 + xy$
$= (-2)^2 - \frac{45}{4} = 4 - \frac{45}{4} = -\frac{29}{4}$

2 平方根，1 次方程式の応用，連立方程式，1 次関数，関数 $y = ax^2$，平面図形の基本・作図，立体の表面積と体積，三平方の定理，平行線と線分の比　問1．$n = 42$
問2．672 冊　問3．$a = -3, b = 9$　問4．135 度
問5．$18\sqrt{2}\pi$ cm³　問6．AE : HI $= 21 : 5$

3 場合の数，確率　問1．$\frac{1}{12}$　問2．$\frac{5}{72}$

4 2 次方程式，1 次関数，関数 $y = ax^2$
問1．$12 - \frac{1}{2}a^2$　問2．P $\left(3, \frac{9}{2}\right)$

5 2 次方程式，円周角と中心角，平行線と線分の比，三平方の定理　問1．∠LQM $= 90$ 度
問2．△LQM : △MDQ : △QAL $= 6 : (3-\sqrt{5}) : (3+\sqrt{5})$

6 立体の表面積と体積，相似，中点連結定理，三平方の定理
問1．〔証明〕(例) △EQP と △EFH において，
点 P は EH の中点であるから EP : EH $= 1 : 2$
点 Q は EF の中点であるから EQ : EF $= 1 : 2$
よって，EP : EH = EQ : EF…①
共通な角より，∠QEP = ∠FEH…②
①，②より 2 組の辺の比とその間の角がそれぞれ等しいから，△EQP ∽ △EFH
よって，PQ : HF $= 1 : 2$ より，PQ $= \frac{1}{2}$HF
∠EQP = ∠EFH で，同位角が等しいから，PQ // HF　(終)
問2．△CPQ $= \frac{3\sqrt{17}}{4}$ cm²　問3．GI $= \frac{6\sqrt{17}}{17}$ cm

解き方 **1** 問1．(与式)
$= \frac{\sqrt{24} + 3}{\sqrt{6}} - \frac{\sqrt{24} - 3}{\sqrt{6}} = \frac{6}{\sqrt{6}} = \sqrt{6}$

問2．$\begin{cases} 2x - y = 13 & \cdots① \\ 0.3x - 0.7y = 1.4 & \cdots② \end{cases}$
② ×10 より，$3x - 7y = 14$…③
①，③を解くと，$x = 7, y = 1$
問3．両辺に 6 をかけると，
$2(x^2 + 1) = 3x(x - 2) - 6$
$x^2 - 6x - 8 = 0$
これを解くと，$x = \frac{6 \pm \sqrt{68}}{2} = \frac{6 \pm 2\sqrt{17}}{2} = 3 \pm \sqrt{17}$

2 問1．$\sqrt{\frac{2 \times 3^3 \times 7}{n}}$ が自然数となるので，$\frac{2 \times 3^3 \times 7}{n}$ が平方数になればよい。
条件を満たす n は $2 \times 3 \times 7$ または $2 \times 3^3 \times 7$
いま，$\sqrt{\frac{2 \times 3^3 \times 7}{n}}$ は 2 以上となるから
$n = 2 \times 3 \times 7 = 42$
問2．はじめに仕入れる予定であったパンフレットを x 冊とおくと，利益について，
$250 \times 1.2 \times \{(x + 28) - 40\} + (250 \times 1.2) \times \frac{1}{2} \times 40$
$-250 \times (x + 28) = 29000$

$300(x-12) + 150 \times 40 - 250(x+28) = 29000$
これを解くと, $x = 672$
問3. $-1 \leqq x \leqq 3$ のとき, $y = \dfrac{4}{3}x^2$ について $0 \leqq y \leqq 12$
$y = ax + b$ について, $a < 0$ より $3a + b \leqq y \leqq -a + b$
値域が一致するので $\begin{cases} -a + b = 12 & \cdots ① \\ 3a + b = 0 & \cdots ② \end{cases}$
①, ②を解くと, $a = -3$, $b = 9$
問4. 扇形の半径を r cm, 中心角の大きさを a 度とおくと,
扇形の面積について, $\pi r^2 \times \dfrac{a}{360} = 24\pi$
弧の長さについて, $2\pi r \times \dfrac{a}{360} = 6\pi$
よって $\begin{cases} \dfrac{ar^2}{360} = 24 & \cdots ① \\ \dfrac{ar}{360} = 3 & \cdots ② \end{cases}$
①, ②を解くと, $r = 8$, $a = 135$
問5. 右の図のように円錐の頂点を O,
底面の円の中心を H, 底面の円周上の
点を A とおくと, OA = 9, AH = 3
△OAH で,
OH = $\sqrt{9^2 - 3^2} = \sqrt{72} = 6\sqrt{2}$
求める体積は,
$\dfrac{1}{3} \times (3 \times 3 \times \pi) \times 6\sqrt{2}$
$= 18\sqrt{2}\pi$ (cm^3)

問6. 右の図で,
△AGH∽△EBH より,
AH : EH = AG : EB = $\dfrac{1}{2}$: $\dfrac{2}{3}$
$= 3 : 4$

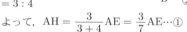

よって, AH = $\dfrac{3}{3+4}$AE = $\dfrac{3}{7}$AE $\cdots ①$
半直線 AD と半直線 BF の交点を J とおくと,
△DJF∽△CBF より,
DJ : CB = DF : CF = 1 : 3
よって, DJ = $\dfrac{1}{3}$CB = $\dfrac{1}{3}$AD
また, △AJI∽△EBI より,
AI : EI = AJ : EB = $\left(\text{AD} + \dfrac{1}{3}\text{AD}\right) : \dfrac{2}{3}$AD = 2 : 1
よって, EI = $\dfrac{1}{2+1}$AE = $\dfrac{1}{3}$AE $\cdots ②$
①, ②より,
AE : HI = AE : $\left(\text{AE} - \dfrac{3}{7}\text{AE} - \dfrac{1}{3}\text{AE}\right)$
$= $ AE : $\dfrac{5}{21}$AE
$= 21 : 5$

3 サイコロを 3 回投げるときの目の出方は, 全部で
$6^3 = 216$ (通り)
問1. 1回目に1〜3, 2回目に4, 5, 3回目に1〜3の
いずれかの目が出るから,
目の出方は, $3 \times 2 \times 3 = 18$ (通り)
よって, 求める確率は, $\dfrac{18}{216} = \dfrac{1}{12}$
問2. 碁石の個数が1個となるので, 3回の内, 2回6の
目が出て, 1回6以外の1〜5の目が出ればよい.
1回目に6以外の目が出る出方は, $5 \times 1 \times 1 = 5$ (通り)
2回目に6以外の目が出る出方は, $1 \times 5 \times 1 = 5$ (通り)
3回目に6以外の目が出る出方は, $1 \times 1 \times 5 = 5$ (通り)
よって, 求める確率は, $\dfrac{5+5+5}{216} = \dfrac{5}{72}$

4 問1. 点 P は $y = \dfrac{1}{2}x^2$ 上の点であるから,

P $\left(a, \dfrac{1}{2}a^2\right)$
四角形 PQRS は長方形より, 点 S の y 座標は $\dfrac{1}{2}a^2$
点 S は $y = -x + 12$ 上の点であるから,
$\dfrac{1}{2}a^2 = -x + 12$ $x = 12 - \dfrac{1}{2}a^2$
よって, 点 S の x 座標は, $12 - \dfrac{1}{2}a^2$
問2. 長方形 PQRS が正方形になるので,
PQ = PS $\dfrac{1}{2}a^2 = \left(12 - \dfrac{1}{2}a^2\right) - a$
$a^2 + a - 12 = 0$
$(a+4)(a-3) = 0$ $a > 0$ より, $a = 3$
したがって, P $\left(3, \dfrac{9}{2}\right)$

5 問1. 右の図で LN は
円 O の直径であるから,
∠LPN = 90°
PN // QM より同位角が等
しいから,
∠LPN = ∠LQM
よって, ∠LQM = 90°

問2. △LQM∽△MDQ
∽△QAL より, 面積比について,
△LQM : △MDQ : △QAL = LM^2 : MQ^2 : QL$^2 \cdots ①$
四角形 ALMD は長方形であるから, LM = 4 + 2 = 6 $\cdots ②$
EQ = x (cm) とおくと,
△MDQ で, QM^2 = QD^2 + DM^2 = $(2-x)^2 + 2^2 \cdots ③$
△QAL で, QL^2 = AL^2 + AQ^2 = $(4+x)^2 + 2^2 \cdots ④$
②, ③, ④より, △LQM で, LM^2 = QM^2 + QL^2
$6^2 = \{(2-x)^2 + 2^2\} + \{(4+x)^2 + 2^2\}$
$2x^2 + 4x - 8 = 0$
$x^2 + 2x - 4 = 0$ $x > 0$ より, $x = -1 + \sqrt{5}$
これを③, ④に代入して,
QM$^2 = (3 - \sqrt{5})^2 + 4 = 18 - 6\sqrt{5} \cdots ⑤$
QL$^2 = (3 + \sqrt{5})^2 + 4 = 18 + 6\sqrt{5} \cdots ⑥$
①, ②, ⑤, ⑥より,
△LQM : △MDQ : △QAL
$= 6^2 : (18 - 6\sqrt{5}) : (18 + 6\sqrt{5})$
$= 6 : (3 - \sqrt{5}) : (3 + \sqrt{5})$

6 問2. △EFH で,
FH = $\sqrt{(\sqrt{2})^2 + (\sqrt{2})^2} = 2$
問1より, PQ = $\dfrac{1}{2}$FH = 1 $\cdots ①$
△QFG で,
QG = $\sqrt{\text{QF}^2 + \text{FG}^2}$
$= \sqrt{\left(\dfrac{\sqrt{2}}{2}\right)^2 + (\sqrt{2})^2} = \sqrt{\dfrac{5}{2}}$
△QGC で,
QC = $\sqrt{\text{QG}^2 + \text{CG}^2} = \sqrt{\left(\sqrt{\dfrac{5}{2}}\right)^2 + 6^2} = \sqrt{\dfrac{77}{2}} \cdots ②$
△PGC でも同様にして, PC = $\sqrt{\dfrac{77}{2}} \cdots ③$
①, ②, ③より, 点 C から PQ に下ろした垂線を CR と
おくと,
CR = $\sqrt{\left(\sqrt{\dfrac{77}{2}}\right)^2 - \left(\dfrac{1}{2}\right)^2} = \sqrt{\dfrac{153}{4}} = \dfrac{3\sqrt{17}}{2}$

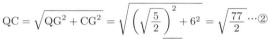

したがって，△CPQ $= \frac{1}{2} \times 1 \times \frac{3\sqrt{17}}{2} = \frac{3\sqrt{17}}{4}$ (cm²)
問3．三角錐 C − GPQ の体積 V について，
$V = \frac{1}{3} \times △GPQ \times CG$
$= \frac{1}{3} \times \left\{ \sqrt{2} \times \sqrt{2} - \left(\frac{1}{2} \times \frac{\sqrt{2}}{2} \times \frac{\sqrt{2}}{2} \right. \right.$
$\left. \left. + \frac{1}{2} \times \frac{\sqrt{2}}{2} \times \sqrt{2} + \frac{1}{2} \times \frac{\sqrt{2}}{2} \times \sqrt{2} \right) \right\} \times 6$
$= \frac{3}{2}$ …④

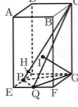

△CPQ を底面とみると，
$V = \frac{1}{3} \times △CPQ \times GI$ …⑤
問2，④，⑤より，
$\frac{1}{3} \times \frac{3\sqrt{17}}{4} \times GI = \frac{3}{2}$
$GI = \frac{6\sqrt{17}}{17}$ cm

〈S. Y.〉

明治学院高等学校

問題 P.175

解答

1 1 次方程式，式の計算，平方根，因数分解，数の性質，連立方程式の応用，平行四辺形，平行線と線分の比 (1) 10 (2) $\frac{-2x + 11y}{6}$ (3) 4 個
(4) $2(x+2)(x-6)$ (5) 2 (6) $N = 6$ (7) 49 (8) ① 60 度
② 30 度 (9) (△ABCの面積) : (△DEFの面積) = 45 : 4

2 平方根，1 次関数，確率 (1) $\frac{1}{12}$ (2) $\frac{1}{6}$

3 1 次関数，三平方の定理 (1) $a = 64$ (2) $2\sqrt{17}$ cm

4 空間図形の基本，立体の表面積と体積，三平方の定理

(1) $\frac{\sqrt{2}}{2}a$ (2) $\frac{1}{6}a^3$ (3) $\sqrt{3}a^2$

5 1 次関数，関数 $y = ax^2$，三平方の定理 (1) $a = \frac{1}{2}$
(2) $y = -2x + 6$ (3) $-2 + \sqrt{6}$ と $-2 - \sqrt{6}$

解き方 **1**(1) □にあてはまる数を x とおくと，
$-16 - x \times \left(-\frac{1}{2} \right) \times 9 - 25 = 4$
$\frac{9}{2}x = 45$, $x = 10$
(2) (与式) $= \frac{3(2x + 3y) - 2(x + 2y) - 6x + 6y}{6}$
$= \frac{-2x + 11y}{6}$
(3) $(0.5)^2 = 0.25$, $\sqrt{2^2} = 2$, $\pi = 3.14\cdots$, $\sqrt{144} = 12$,
$-\sqrt{215} = -\sqrt{43 \times 5}$, $\frac{5}{2} = 2.5$, $\sqrt{0.25} = 0.5$
したがって，整数は $\sqrt{2^2}$, 0, -3, $\sqrt{144}$ の 4 個
(4) (与式) $= 2\{(x-2)^2 - 16\} = 2(x - 2 + 4)(x - 2 - 4)$
$= 2(x+2)(x-6)$
(5) $\frac{5}{7} = 0.7142857\cdots$, $2020 = 336 \times 6 + 4$
$\frac{5}{7}$ は 6 個ごとに同じ数が表れる循環小数であるから，2
(6) $N^2 \leq x \leq (N+1)^2$ より，条件を満たす自然数 x は 14 個あるから $(N+1)^2 - N^2 + 1 = 14$
これを解いて $N = 6$
(7) もとの 2 桁の自然数を $10x + y$ とおくと，

$y = 2x + 1$ …①
$10y + x = 2(10x + y) - 4$ …②   ②を整理して，
$19x - 8y = 4$ …③
①，③より，$x = 4$, $y = 9$
したがって，もとの 2 桁の自然数は 49
(8) ① ∠A $= 11a$, ∠B $= 4a$, ∠CPD $= 5a$ とすると
∠A $+$ ∠B $= 180°$ であるから，$11a + 4a = 180°$
$a = 12°$
したがって，∠CPD $= 5 \times 12° = 60°$
② ∠A $= 132°$, ∠B $= 48°$ であるから，
∠ACP $= x°$, ∠BDP $= y°$ とすると
∠BCP $+$ ∠CBD $=$ ∠BDP $+$ ∠CPD であるから，
$(66° - x°) + 24° = y° + 60°$ $x° + y° = 30°$
したがって，∠ACP $+$ ∠BDP $= 30°$
(9) △ABC $= S$ とおくと，AD : DB $= 2 : 1$ であるから
△DBE $= \frac{2}{9}S$ …①   EF : FB $= 2 : 3$ であるから，
△DEF $= \frac{2}{5} \times$ (△DBEの面積)…②
①，②より，△DEF $= \frac{2}{5} \times \frac{2}{9}S = \frac{4}{45}S$
したがって，(△ABCの面積) : (△DEFの面積) $= 45 : 4$
2(1) 2 直線が交わらないのは，平行のときであるから，
$\frac{b}{a} = 2$ $b = 2a$ である。
$(a, b) = (1, 2), (2, 4), (3, 6)$ の 3 通り。
a, b の目の出方は全部で $6 \times 6 = 36$ (通り)。
したがって，求める確率は，$\frac{3}{36} = \frac{1}{12}$
(2) $\sqrt{3ab}$ が自然数となる $(a, b) = (1, 3), (2, 6), (3, 1),$
$(3, 4), (4, 3), (6, 2)$ の 6 通り。
求める確率は，$\frac{6}{36} = \frac{1}{6}$
3(1) AB $= 2 \times 4 = 8$ (cm)
A から CD に垂線を引き交点を H とすると，
$\frac{1}{2} \times 8 \times AH = 32$
AH $= 8$ cm
BC $= 2 \times (9 - 4) = 10$ (cm)
CD $= 2 \times (17 - 9) = 16$ (cm)
(△ACDの面積) $= a$ だから，$a = \frac{1}{2} \times 16 \times 8 = 64$
(2) △ADH で，AH $= 8$ cm,
DH $=$ CD $-$ (CI $+$ IH) $= 16 - (6 + 8) = 2$ (cm)
∠AHD $= 90°$ だから，
AD $= \sqrt{8^2 + 2^2} = \sqrt{68} = 2\sqrt{17}$ (cm)
4(1) △AFC で，AF，CF の中点を結んだ線分が正八面体の 1 辺であるから，
1 辺の長さ $l = \frac{1}{2} \times AC = \frac{1}{2} \times \sqrt{2}a = \frac{\sqrt{2}}{2}a$
(2) (正八面体の体積) $= \frac{1}{3} \times \left(\frac{\sqrt{2}}{2}a \right)^2 \times a = \frac{1}{6}a^3$
(3) (正八面体の表面積) $= \frac{\sqrt{3}}{4} \times \left(\frac{\sqrt{2}}{2}a \right)^2 \times 8 = \sqrt{3}a^2$
5(1) A $(-6, -2)$ だから，B $(-6, 18)$
$y = ax^2$ は点 B を通るから，$a \times (-6)^2 = 18$ $a = \frac{1}{2}$
(2) 2 点 B $(-6, 18)$, C $(2, 2)$ を通る直線の式を，
$y = mx + n$ とおくと，$-6m + n = 18$…①, $2m + n = 2$…②
①，②より，$m = -2$, $n = 6$ だから，直線 BC の式は，

$y = -2x + 6$
(3) $AC = \sqrt{4^2 + 8^2} = 4\sqrt{5}$,
$BC = \sqrt{8^2 + 16^2} = 8\sqrt{5}$,
$AC^2 + BC^2 = (4\sqrt{5})^2 + (8\sqrt{5})^2$
$= 400$, $AB^2 = 20^2 = 400$
したがって,
$AC^2 + BC^2 = AB^2$
よって, $\angle ACB = 90°$
直線 AC は $y = \dfrac{1}{2}x + 1 \cdots ①$
①と y 軸の交点を D とすると,
D (0, 1)
$DC = \sqrt{2^2 + 1^2} = \sqrt{5}$
$AC : DC = 4\sqrt{5} : \sqrt{5} = 4 : 1$
$\triangle ABC : \triangle DCB = 4 : 1$　よって, $\triangle PBC = \triangle DBC$
したがって, $y = -2x + 1$ と $y = \dfrac{1}{2}x^2$ の交点の x 座標が
p の値となる。$\dfrac{1}{2}x^2 = -2x + 1$ これを解くと
$x = -2 \pm \sqrt{6}$　 $-2 + \sqrt{6}$ と $-2 - \sqrt{6}$ は $-6 < p < 2$
を満たすから, どちらも p の値である。

〈K. M.〉

明治大学付属中野高等学校　問題 P.176

解答

1 平方根, 多項式の乗法・除法, 因数分解
(1) 1　(2) $16y^2 - 24y + 9 - 4x^2$
(3) $(a - b + 2)(a - b - 5)$　(4) $a = 3, 4, 5$

2 数の性質, 場合の数, 連立方程式, 三平方の定理, 連立方程式の応用
(1) 22 通り　(2) $a = 23$, $b = 1$　(3) $5\sqrt{5}$ cm
(4) $\left(\dfrac{5}{2}\pi - 3\sqrt{3}\right)$ cm²　(5) $\left(\dfrac{1}{2}, \dfrac{5}{2}\right)$　(6) 6 km

3 三平方の定理　(1) 12 cm
(2)（途中式や考え方）（例）
平面 PAC を抜き出して考える。
正方形 ABCD の対角線の交点を
H とし, 球 O の半径を r とする。
$OA = OP = r$, $OH = 12 - r$
と表せることから, $\triangle OAH$ に
三平方の定理を用いると,
$(6\sqrt{2})^2 + (12 - r)^2 = r^2$
$72 + 144 - 24r + r^2 = r^2$
$-24r = -216$
$r = 9$　　　　　　　（答）9 cm

4 関数 $y = ax^2$　(1) $AB = \dfrac{3}{2}a^2$　(2) $\left(\dfrac{10}{3}, \dfrac{25}{18}\right)$

5 連立方程式の応用　27 人

6 2 次方程式の応用　(1) 0.36 $\left(\dfrac{9}{25}\right)$ 倍　(2) $x = 80$

解き方　**1** (1)（与式）
$= \dfrac{(\sqrt{10})^2 - 2^2}{\sqrt{6} \times \sqrt{3}} - \sqrt{2} - \{(\sqrt{2})^2 - (\sqrt{3})^2\}$
$= \dfrac{6}{3\sqrt{2}} - \sqrt{2} - (2 - 3) = \sqrt{2} - \sqrt{2} - (-1) = 1$
(2)（与式）$= (-4y + 3 - 2x)(-4y + 3 + 2x)$
$= (-4y + 3)^2 - (2x)^2 = 16y^2 - 24y + 9 - 4x^2$
(3)（与式）$= a^2 - 2ab + b^2 - 3a + 3b - 10$
$= (a - b)^2 - 3(a - b) - 10 = (a - b + 2)(a - b - 5)$
(4) $5 < \sqrt{9a} < 7$　辺々を 2 乗して, $25 < 9a < 49$

$\dfrac{25}{9} < a < \dfrac{49}{9}$　$\dfrac{25}{9} = 2.77\cdots$, $\dfrac{49}{9} = 5.44\cdots$ より,
$a = 3, 4, 5$

2 (1) 24 を 3 つの正の整数の積で表すと
㋐ $1 \times 1 \times 24$　㋑ $1 \times 2 \times 12$　㋒ $1 \times 3 \times 8$　㋓ $1 \times 4 \times 6$
㋔ $2 \times 2 \times 6$　㋕ $2 \times 3 \times 4$
-24 を 3 つの整数の積で表す場合, 負の数は 1 つまたは 3 つ含まれる。㋐～㋕それぞれについて調べる。
㋐→ $-1 \times 1 \times 24$, $1 \times 1 \times (-24)$, $-1 \times (-1) \times (-24)$
の 3 通り。㋔のときも同様である。
㋑→ $-1 \times 2 \times 12$, $1 \times (-2) \times 12$, $1 \times 2 \times (-12)$,
$-1 \times (-2) \times (-12)$ の 4 通り。㋒, ㋓, ㋕のときも同様である。
したがって, $3 \times 2 + 4 \times 4 = 22$（通り）

(2) $\begin{cases} 6x - 5y = 3 \\ 4x - y = a \end{cases}$ の解 $(x, y) = (p, q)$ とおくと,

$\begin{cases} 6p - 5q = 3 & \cdots ① \\ 4p - q = a & \cdots ② \end{cases}$

$\begin{cases} 4x - 3y = 12 \\ bx + 2y = 25 \end{cases}$ の解 $(x, y) = (q, p)$ となり,

$\begin{cases} 4q - 3p = 12 & \cdots ③ \\ bq + 2p = 25 & \cdots ④ \end{cases}$

①, ③を連立して解くと, $p = 8$, $q = 9$
②に代入して, $a = 4 \times 8 - 9 = 23$
④に代入して, $9b + 2 \times 8 = 25$　$b = 1$

(3) $CD = 8$, $CF = CB = 10$ より, $DF = \sqrt{10^2 - 8^2} = 6$
$\triangle CDF$ は $3 : 4 : 5$ の直角三角形。$\angle CFE = \angle CBE = 90°$
になることから, $\triangle CDF \infty \triangle FAE$
$FA = AD - DF = 10 - 6 = 4$, $\triangle FAE$ も $3 : 4 : 5$ の直角三角形であるから, $AE = 3$, $FE = 5$
$BE = FE = 5$, $CE = \sqrt{5^2 + 10^2} = 5\sqrt{5}$ (cm)

(4)（斜線部分）$=$（おうぎ形 CFE）$-$（正三角形 CFE）
　　　　　　　　$+$（おうぎ形 IEF）$-$（二等辺三角形 IEF）$\cdots$（*）
I は正三角形 ABC の重心と一致するので
$IE = IF = \dfrac{1}{3}AE = \dfrac{1}{3} \times \left(6 \times \dfrac{\sqrt{3}}{2}\right)$
$= \sqrt{3}$

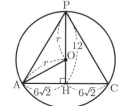

I から EF に垂線 IH を下ろすと
$IH = \dfrac{1}{2}IE = \dfrac{\sqrt{3}}{2}$

$(*) = \pi \times 3^2 \times \dfrac{1}{6} - \dfrac{\sqrt{3}}{4} \times 3^2$
$\qquad + \pi \times (\sqrt{3})^2 \times \dfrac{1}{3} - 3 \times \dfrac{\sqrt{3}}{2} \times \dfrac{1}{2}$
$\qquad = \dfrac{5}{2}\pi - 3\sqrt{3}$ (cm²)

(5) $\triangle ABC$ の外接円の中心（外心）は, 各辺の垂直二等分線の交点である。ただし, 本問では $\triangle ABC$ を図示してその形状を調べてみると
$AB = BC = \sqrt{5}$, $CA = \sqrt{10}$
となり
$AB : BC : CA = 1 : 1 : \sqrt{2}$

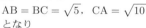

$\triangle ABC$ は $\angle B = 90°$ の直角三角形になるので, 外心は斜辺 CA の中点（M とする）と一致する。M の座標は
$\left(\dfrac{-1 + 2}{2}, \dfrac{2 + 3}{2}\right) = \left(\dfrac{1}{2}, \dfrac{5}{2}\right)$

(6) 行きについて, 上り坂を x km, 下り坂を y km, 平地

をzkmとする。

(行き) $\dfrac{x}{3} + \dfrac{y}{5} + \dfrac{z}{4} = \dfrac{194}{60}$ …①

(帰り) $\dfrac{x}{5} + \dfrac{y}{3} + \dfrac{z}{4} = \dfrac{178}{60}$ …②

$x + y + z = 12$ …③

①×60…$20x + 12y + 15z = 194$ …④

②×60…$12x + 20y + 15z = 178$ …⑤

④＋⑤…$32x + 32y + 30z = 372$ …⑥

③×32－⑥…$2z = 12 \times 32 - 372 = 12$

したがって，$z = 6$ が得られる。$(x = 4,\ y = 2)$

3 (1) 平面 PAC を抜き出す。$AC = 12\sqrt{2}$ より，正方形 ABCD の対角線の交点を H とすると，$AH = CH = 6\sqrt{2}$

求める高さ PH は，$PH = \sqrt{(6\sqrt{6})^2 - (6\sqrt{2})^2} = 12 \,(\text{cm})$

4 (1) 2点 A，B の座標はそれぞれ A$(a,\ 2a^2)$，

B$\left(a,\ \dfrac{1}{2}a^2\right)$ と表せるので，

$AB = (\text{A と B の } y \text{ 座標の差}) = 2a^2 - \dfrac{1}{2}a^2 = \dfrac{3}{2}a^2$

(2) 点 D の x 座標を $d\,(d > 0)$ とおく。2点 A，D の y 座標が等しいことから，$\dfrac{1}{2}d^2 = 2a^2$　$d^2 = 4a^2$

$a > 0$，$d > 0$ より，$d = 2a$

$BC = AD = (\text{A と D の } x \text{ 座標の差}) = d - a = 2a - a = a$

$AB : BC = \dfrac{3}{2}a^2 : a = 5 : 2$

$3a^2 = 5a$　$a > 0$ より，$a = \dfrac{5}{3}$

点 C の座標は $\left(2a,\ \dfrac{1}{2}a^2\right) = \left(\dfrac{10}{3},\ \dfrac{25}{18}\right)$

5 設問別の正解者数を表を用いて整理する。

得点	0	2	3	5	7	8	10	
①	×	○	×	○	×	○	×	○	$x+20$
②	×	×	○	○	×	×	○	○	$x+13$
③	×	×	×	×	○	○	○	○	$y+23$
人数	0	3	4	x	y	14	6	3	40

和10

[①を正解した人]＝$3 + x + 14 + 3 = x + 20 = 26$ …①

$x + y = 10$ …②

①，②より，$x = 6$，$y = 4$

[③を正解した人]＝$y + 14 + 6 + 3 = y + 23 = 4 + 23$
$= 27$（人）

6 (1) 1回の操作について，その前後で食塩水の重さ 400 g は変わらない。食塩の量は食塩水の濃度に比例する。

2回の操作によって，濃度は 12% から 4.32% に変わるので，

$\dfrac{4.32}{12} = 0.36 \left(\dfrac{9}{25}\right)$（倍）

(2) 食塩水に含まれる食塩の量は 1 回の操作で $\dfrac{400 - 2x}{400}$ 倍になる。(1)の結果を利用すると，

$\left(\dfrac{400 - 2x}{400}\right)^2 = \dfrac{9}{25}$

$0 < \dfrac{400 - 2x}{400} < 1$ より，$\dfrac{400 - 2x}{400} = \dfrac{3}{5}$　$x = 80$

〈A. T.〉

明治大学付属明治高等学校

問題 P.177

解答

1 | 平方根，因数分解，2 次方程式の応用，場合の数，三平方の定理 | (1) $\dfrac{4}{7}$

(2) $(x - 8y + 4z)(x + 4y - 2z)$　(3) 20　(4) 345　(5) $\dfrac{4}{3}$

2 | 2 次方程式 | (1) $a = 5$　(2) $a = 1,\ 3$

3 | 円周角と中心角，相似 | (1) 4　(2) $\dfrac{13\sqrt{15}}{5}$

4 | 1 次関数，関数 $y = ax^2$，相似，三平方の定理 |

(1) C$(-1,\ 3)$　(2) D$\left(-\dfrac{4}{3},\ \dfrac{16}{9}\right)$

5 | 1 次関数，関数 $y = ax^2$ | (1) $a - 1$

(2) $a = 2 - \sqrt{2}$　(3) $2\sqrt{2}$ 倍

解き方

1 (1) (第1式)×2＋(第2式)×$\sqrt{3}$ より，

$$7x = 2 + \sqrt{3}　x = \dfrac{2 + \sqrt{3}}{7}$$

(第2式)×2－(第1式)×$\sqrt{3}$ より，$7y = 2 - \sqrt{3}$

$y = \dfrac{2 - \sqrt{3}}{7}$

よって，$x + y = \dfrac{4}{7}$

(2) (与式)$= x^2 + (-4y + 2z)x - 3(2y - z)^2$
$\qquad\qquad -5(z^2 - 4yz + 4y^2)$

$= x^2 - 2(2y - z)x - 8(2y - z)^2$

$= \{x - 4(2y - z)\}\{x + 2(2y - z)\}$

$= (x - 8y + 4z)(x + 4y - 2z)$

(3) 売上総額に注目して

$\left(1 - \dfrac{x}{100}\right)\left(1 + \dfrac{x}{400}\right) = 1 - \dfrac{16}{100}$

$(100 - x)(400 + x) = 40000 - 6400$

$x^2 + 300x - 6400 = 0$　$(x + 320)(x - 20) = 0$

$x > 0$ であるから，$x = 20$

(4) 用いられる 3 数の組は，

$\{1,\ 2,\ 3\}$，$\{1,\ 3,\ 5\}$，$\{2,\ 3,\ 4\}$，$\{3,\ 4,\ 5\}$

百の位が 1 であるものは 4 個，百の位が 2 であるものは 4 個。百の位が 3 であるものを小さい順にかき出すと，

⑨ 312　⑩ 315　⑪ 321　⑫ 324　⑬ 342　⑭ 345

(5) 右図で $OA = \dfrac{\sqrt{3}}{2}a$，

$OH = \dfrac{\sqrt{3}}{4}a$，

$S = \pi \times \left(\dfrac{\sqrt{3}}{2}a\right)^2 = \dfrac{3}{4}a^2\pi$

$T = \dfrac{3}{4}a^2\pi - \pi \times \left(\dfrac{\sqrt{3}}{4}a\right)^2$

$= \dfrac{9}{16}a^2\pi$

したがって，$\dfrac{S}{T} = \dfrac{4}{3}$

2 (1) 与式より，$(x - a^2 + 4a)(x - 5) = 0$

$x = 5$，$a^2 - 4a$

よって，条件より，$a^2 - 4a = 5$　$a^2 - 4a - 5 = 0$

$(a - 5)(a + 1) = 0$

$a > 0$ だから，$a = 5$

(2) 条件より，$a^2 - 4a - 5 = \pm 8$

$a^2 - 4a - 5 = 8$ のとき，$a^2 - 4a - 13 = 0$

数学 | 143　　解　答

a は整数だから不適。

$a^2 - 4a - 5 = -8$ のとき，$a^2 - 4a + 3 = 0$

$(a-3)(a-1) = 0$

$a = 1,\ 3$　　これらは適する。

3 (1) $AE:ED = 2:3$ より，$AE = 2t$ とおくと，$AD = 5t$

$\overparen{BD} = \overparen{DC}$ より，$\angle BAD = \angle DAC$

さらに，$\angle BDA = \angle BCA$ であるから

$\triangle ABD \circlearrowright \triangle AEC$　　よって，$BA:AD = EA:AC$

$5:5t = 2t:8$　　　$10t^2 = 40$　　　$t^2 = 4$

$t > 0$ だから，$t = 2$　　　$AE = 4$

(2) $\angle BAE = \angle EAC$ より，$BE:EC = AB:AC = 5:8$

$BE = 5x$ とすると，$EC = 8x$

$\triangle BED \circlearrowright \triangle AEC$ より，$BE:ED = AE:EC$

$5x:6 = 4:8x$

$40x^2 = 24$　　　$x^2 = \dfrac{3}{5}$

$x > 0$ より，$x = \sqrt{\dfrac{3}{5}} = \dfrac{\sqrt{15}}{5}$　　　$BC = \dfrac{13\sqrt{15}}{5}$

4 (1) $A(-2,\ 4)$，$B(1,\ 1)$　　直線 AB は $y = -x + 2$

C は AB 上にあり $AC = \sqrt{2}$ より $C(-1,\ 3)$

(2) $\triangle ACE \circlearrowright \triangle ABD$，$AC:AB = 1:3$ より

$\triangle ACE : \triangle ABD = 1:9$

よって，

$\triangle ABD = (台形\ CEDB) \times \dfrac{9}{9-1} = \dfrac{56}{27} \times \dfrac{9}{8} = \dfrac{7}{3}$

$D(d,\ d^2)$ とし，直線 AB 上に $F(d,\ -d+2)$ をとると，

$\triangle FDA + \triangle FDB = \triangle ABD$ より

$\dfrac{1}{2}(-d+2-d^2) \times (2+1) = \dfrac{7}{3}$

これより，$9d^2 + 9d - 4 = 0$　　　$(3d+4)(3d-1) = 0$

$-2 < d < 0$ であるから，$d = -\dfrac{4}{3}$　　$D\left(-\dfrac{4}{3},\ \dfrac{16}{9}\right)$

5 (1) $B(b,\ -b^2)$ とすると，$A(a,\ -a^2)$ より直線 AB の

傾きは $\dfrac{-a^2+b^2}{a-b} = \dfrac{-(a-b)(a+b)}{a-b} = -(a+b)$

よって，$-(a+b) = -2a+1$ より，$b = a - 1$

(2) $B(a-1,\ -(a-1)^2)$，$AB = BC$ より，A，B，C の y

座標から $-(a-1)^2 \times 2 = -a^2$　　　$a^2 - 4a + 2 = 0$

$a = 2 \pm \sqrt{2}$

$\dfrac{1}{2} < a < 1$ であるから，$a = 2 - \sqrt{2}$

(3) $a - 2 = -\sqrt{2}$ より $C(-\sqrt{2},\ 0)$

$CO:CD = \sqrt{2}:2\cdots$①

$\triangle OBA = t$ とすると $CB = BA$ より $\triangle CAO = 2t$

さらに①より，$\triangle CAD = 2t \times \dfrac{2}{\sqrt{2}} = 2\sqrt{2}\,t$

したがって，$2\sqrt{2}$ 倍

〈SU. K.〉

洛南高等学校

問題 P.177

解答

1 正負の数の計算，因数分解，平方根，数の性質 (1) $\dfrac{19}{20}$　(2) $(a-b)(a-2b)$　(3) 4

(4) 120

2 確率 (1) $\dfrac{1}{36}$　(2) $\dfrac{7}{108}$　(3) $\dfrac{1}{12}$　(4) $\dfrac{181}{216}$

3 1 次関数，関数 $y = ax^2$，三角形，三平方の定理

(1) $\dfrac{1}{4}$　(2) $(6,\ 9)$　(3) $\left(\dfrac{7}{2},\ \dfrac{3}{2}\right)$　(4) $11:19$

4 円周角と中心角，三平方の定理　(1) 90 度

(2) $12 + 4\sqrt{3}$　(3) $12 + 4\sqrt{3}$　(4) $6 + 4\sqrt{3}$

5 空間図形の基本，平行線と線分の比，三平方の定理

(1) $\dfrac{\sqrt{2}}{2}$　(2) $3\sqrt{2}$　(3) $3\sqrt{5}$　(4) $\sqrt{37}$

解き方 **1** (3) $(1+\sqrt{2}-\sqrt{3}) \times \sqrt{2} \times (1+\sqrt{2}+\sqrt{3})$

$= \sqrt{2}\{(1+\sqrt{2})^2 - (\sqrt{3})^2\}$

$= \sqrt{2}(1 + 2\sqrt{2} + 2 - 3) = \sqrt{2} \times 2\sqrt{2} = 4$

(4) $300 = 2 \times 2 \times 3 \times 5 \times 5$，一の位が 5 になる約数は 5，

15，25，75　　よって，その和は 120

2 全ての場合の数は $6^3 = 216$（通り）

(1) $(1,\ 1,\ 1) \sim (6,\ 6,\ 6)$ の 6 通り。よって，$\dfrac{6}{216} = \dfrac{1}{36}$

(2) $(1,\ 1,\ 1)$，$(1,\ 2,\ 2)$，$(1,\ 3,\ 3)$，$(1,\ 4,\ 4)$，$(1,\ 5,\ 5)$，

$(1,\ 6,\ 6)$，$(2,\ 1,\ 2)$，$(2,\ 2,\ 4)$，$(2,\ 3,\ 6)$，$(3,\ 1,\ 3)$，

$(3,\ 2,\ 6)$，$(4,\ 1,\ 4)$，$(5,\ 1,\ 5)$，$(6,\ 1,\ 6)$ の 14 通り。

よって，$\dfrac{14}{216} = \dfrac{7}{108}$

(3) $a - c = c - b$ より $a + b = 2c$ になればよい。

$(1,\ 1,\ 1)$，$(1,\ 3,\ 2)$，$(1,\ 5,\ 3)$，$(2,\ 2,\ 2)$，$(2,\ 4,\ 3)$，

$(2,\ 6,\ 4)$，$(3,\ 1,\ 2)$，$(3,\ 3,\ 3)$，$(3,\ 5,\ 4)$，$(4,\ 2,\ 3)$，

$(4,\ 4,\ 4)$，$(4,\ 6,\ 5)$，$(5,\ 1,\ 3)$，$(5,\ 3,\ 4)$，$(5,\ 5,\ 5)$，

$(6,\ 2,\ 4)$，$(6,\ 4,\ 5)$，$(6,\ 6,\ 6)$ の 18 通り。

よって $\dfrac{18}{216} = \dfrac{1}{12}$

(4) $a + b \leqq c$ になる確率を 1 から引けばよい。

$a + b \leqq c$ になるのは，$(1,\ 1,\ 2)$，$(1,\ 1,\ 3)$，$(1,\ 1,\ 4)$，

$(1,\ 1,\ 5)$，$(1,\ 1,\ 6)$，$(1,\ 2,\ 3)$，$(1,\ 2,\ 4)$，$(1,\ 2,\ 5)$，

$(1,\ 2,\ 6)$，$(1,\ 3,\ 4)$，$(1,\ 3,\ 5)$，$(1,\ 3,\ 6)$，$(1,\ 4,\ 5)$，

$(1,\ 4,\ 6)$，$(1,\ 5,\ 6)$，$(2,\ 1,\ 3)$，$(2,\ 1,\ 4)$，$(2,\ 1,\ 5)$，

$(2,\ 1,\ 6)$，$(2,\ 2,\ 5)$，$(2,\ 2,\ 6)$，$(2,\ 3,\ 5)$，

$(2,\ 3,\ 6)$，$(2,\ 4,\ 6)$，$(3,\ 1,\ 4)$，$(3,\ 1,\ 5)$，$(3,\ 1,\ 6)$，

$(3,\ 2,\ 5)$，$(3,\ 2,\ 6)$，$(3,\ 3,\ 6)$，$(4,\ 1,\ 5)$，$(4,\ 1,\ 6)$，

$(4,\ 2,\ 6)$，$(5,\ 1,\ 6)$ の 35 通り。

よって，$1 - \dfrac{35}{216} = \dfrac{181}{216}$

3 (1) $A(-4,\ 4)$ より，$4 = a \times (-4)^2$　　　$a = \dfrac{1}{4}$

(2) AC の式を $y = \dfrac{1}{2}x + b$ とする。

$4 = \dfrac{1}{2} \times (-4) + b$　　　$b = 6$　　　$y = \dfrac{1}{2}x + 6$

①式と連立させると，$\dfrac{1}{4}x^2 = \dfrac{1}{2}x + 6$

$x^2 - 2x - 24 = 0$

$x = -4,\ x = 6$　　C の x 座標は 6

$y = \dfrac{1}{4} \times 6^2 = 9$　　C$(6,\ 9)$

旺文社 2021 全国高校入試問題正解

(3) AC の中点を E とすると，
E $\left(\dfrac{6+(-4)}{2}, \dfrac{9+4}{2}\right)$
E $\left(1, \dfrac{13}{2}\right)$
右図のように 3 点 F, G, H をとる。
AC $= \sqrt{\{6-(-4)\}^2 + (9-4)^2}$
$= 5\sqrt{5}$

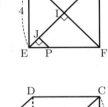

四角形 ABCD は正方形なので，
AE = BE = DE $= \dfrac{1}{2}$AC $= \dfrac{5\sqrt{5}}{2}$
△AEF と △EBG において，
∠AFE = ∠EGB = 90°，AE = EB，∠AEB = 90° より
∠AEF = ∠EBG なので直角三角形の斜辺と 1 つの鋭角がそれぞれ等しいから △AEF ≡ △EBG
よって，EG = AF = (E の x 座標) − (A の x 座標)
$= 1 - (-4) = 5$
つまり，2 点 G, B の y 座標は，$\dfrac{13}{2} - 5 = \dfrac{3}{2}$
△EGB において，三平方の定理より，
GB $= \sqrt{\mathrm{EB}^2 - \mathrm{EG}^2} = \sqrt{\left(\dfrac{5\sqrt{5}}{2}\right)^2 - 5^2} = \sqrt{\dfrac{25}{4}} = \dfrac{5}{2}$
(点 B の x 座標) $= 1 + \mathrm{GB} = 1 + \dfrac{5}{2} = \dfrac{7}{2}$
よって，B $\left(\dfrac{7}{2}, \dfrac{3}{2}\right)$
(4) (3)と同様にして，D $\left(-\dfrac{3}{2}, \dfrac{23}{2}\right)$
AB, CD と y 軸の交点をそれぞれ I, J とする。求める部分はどちらも台形なので，求める比は，
(DJ + AI) : (JC + IB)
= (点 D と点 A の x 座標の絶対値の和)
　　: (点 C と点 B の x 座標の絶対値の和)
$= \left(\dfrac{3}{2} + 4\right) : \left(6 + \dfrac{7}{2}\right) = 11 : 19$

4 (1) △AOD は OA = OD，∠A = 60° の正三角形。
よって，∠AOD = 60°　△ABC において，半円の弧に対する円周角より ∠ACB = 90°
よって，∠CAB = 180° − (75° + 90°) = 15°
$\overparen{\mathrm{CB}}$ の中心角なので 15° × 2 = 30°
よって，∠COD = 180° − (∠DOA + ∠COB)
= 180° − (60° + 30°) = 90°
(2) △AOD は 1 辺 4 の正三角形なので，面積は $4\sqrt{3}$
△COD $= \dfrac{1}{2} \times$ OD $\times$ OC $= \dfrac{1}{2} \times 4 \times 4 = 8$
△OBC において，点 C から AB にひいた垂線と AB の交点を E とすると，△OCE は 30°，60°，90° の直角三角形。
CE $= \dfrac{1}{2}$OC $= 2$
よって，△OBC $= \dfrac{1}{2} \times$ OB $\times$ CE $= 4$
求める面積は
△AOD + △COD + △OBC $= 4\sqrt{3} + 8 + 4 = 12 + 4\sqrt{3}$
(3) 点 D から CP にひいた垂線と CP の交点を F とする。
△CDP において，∠DPC $= \dfrac{1}{2}$∠DOC $= 45°$ より
∠DCP $= 180° - (75° + 45°) = 60°$
△ODC は 45°，45°，90° の直角二等辺三角形なので，
DC $= \sqrt{2}$OD $= 4\sqrt{2}$
△DCF は 30°，60°，90° の直角三角形なので，

DF $= \dfrac{\sqrt{3}}{2}$DC $= 2\sqrt{6}$，CF $= \dfrac{1}{2}$DC $= 2\sqrt{2}$
△DPF は 45°，45°，90° の直角二等辺三角形より，
PF = DF $= 2\sqrt{6}$　よって，
△CDP $= \dfrac{1}{2} \times$ CP $\times$ DF $= \dfrac{1}{2} \times (2\sqrt{2} + 2\sqrt{6}) \times 2\sqrt{6}$
$= 12 + 4\sqrt{3}$
(4) DP, CP と AB との交点をそれぞれ G, H とする。
∠ODG = 75° − ∠ODC = 75° − 45° = 30°
∠DOG = 60° より △DOG は 30°，60°，90° の直角三角形。
△POG と △DOG において，∠PGO = ∠DGO = 90°
OP = OD，OG は共通より，△POG ≡ △DOG
よって，PG = DG $= \dfrac{\sqrt{3}}{2}$OD $= 2\sqrt{3}$
△PHG において，∠PGH = 90°，∠HPG = 45° より，
HG = PG $= 2\sqrt{3}$
△PHG $= \dfrac{1}{2} \times$ PG $\times$ HG $= \dfrac{1}{2} \times 2\sqrt{3} \times 2\sqrt{3} = 6$
求める面積は，
△CDP − △PHG $= 12 + 4\sqrt{3} - 6 = 6 + 4\sqrt{3}$

5 (1) 平面図で四角形 EFGH を考える。1 辺 4 の正方形なので
HF $= 4\sqrt{2}$　IF $= \dfrac{1}{2}$HF $= 2\sqrt{2}$
EP : PF = 1 : 3 より
EP : EF = 1 : 4
つまり，JP : IF = 1 : 4
JP : $2\sqrt{2}$ = 1 : 4　JP $= \dfrac{\sqrt{2}}{2}$

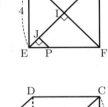

(2) 3 点 Q, E, G を通る平面を考える。
点 S は AB の中点なので，
SQ $= 2\sqrt{2}$
四角形 EGQS は SQ // EG，
SE = QG の等脚台形である。
右図のように点 T をとると，
△QCG において，
QG $= \sqrt{\mathrm{QC}^2 + \mathrm{CG}^2}$
$= \sqrt{2^2 + 4^2} = 2\sqrt{5}$
台形 EGQS において，
GT $= \dfrac{1}{2}$(EG − SQ)
$= \dfrac{1}{2}(4\sqrt{2} - 2\sqrt{2}) = \sqrt{2}$
△QTG において，
QT $= \sqrt{\mathrm{QG}^2 - \mathrm{GT}^2}$
$= \sqrt{(2\sqrt{5})^2 - (\sqrt{2})^2} = \sqrt{18} = 3\sqrt{2}$

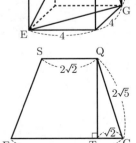

(3) EF の中点を U とする。△MPU において，
PM $= \sqrt{\mathrm{MU}^2 + \mathrm{PU}^2} = \sqrt{2^2 + 1^2}$
$= \sqrt{5}$
△QMG において，QT ⊥ MG
MG $= \dfrac{1}{2}$EG $= 2\sqrt{2}$ より，
点 T は MG の中点。

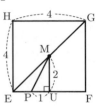

△QTG ≡ △QTM より,
QM = QG = $2\sqrt{5}$
よって，求める長さの和は,
PM + QM = $\sqrt{5} + 2\sqrt{5}$
= $3\sqrt{5}$

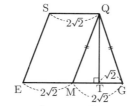

(4) △EFG と台形 EGQS を並べて五角形 EFGQS をつくる。右図のように 2 点 K, L をとる。
△EPK において,
EK = PK = $\dfrac{\sqrt{2}}{2}$EP = $\dfrac{\sqrt{2}}{2}$
△QPL において,
PL = KT = EG − (EK + TG)
= $4\sqrt{2} - \left(\dfrac{\sqrt{2}}{2} + \sqrt{2}\right)$
= $\dfrac{5\sqrt{2}}{2}$

QL = QT + TL = QT + KP = $3\sqrt{2} + \dfrac{\sqrt{2}}{2} = \dfrac{7\sqrt{2}}{2}$

求める長さの和は QP なので,

$\sqrt{PL^2 + QL^2} = \sqrt{\left(\dfrac{5\sqrt{2}}{2}\right)^2 + \left(\dfrac{7\sqrt{2}}{2}\right)^2}$

= $\sqrt{\dfrac{50 + 98}{4}} = \sqrt{\dfrac{148}{4}} = \sqrt{37}$

〈YM. K.〉

ラ・サール高等学校

問題 P.178

解答

1 正負の数の計算, 因数分解, 連立方程式, 2 次方程式 (1) 80800
(2) $(3x-2)(2x+y+2)$ (3) $(x, y) = \left(\dfrac{8}{3}, 10\right)$
(4) $x = \dfrac{1}{3}, -\dfrac{5}{4}$

2 平行線と線分の比, 関数 $y = ax^2$, 場合の数, 三平方の定理 (1) $k = \dfrac{15}{16}$ (2) $k = \dfrac{5}{4}$, $S = \dfrac{5}{2}$
(3)(ア) 81 個 (イ) 390 番目 (4) $\dfrac{9}{25}$ 倍

3 1 次方程式の応用 A 毎時 16 km B 毎時 $\dfrac{32}{3}$ km
PQ = 10 km

4 確率 (1) $\dfrac{1}{108}$
(2)（説明）（例）4 個のさいころをふったときの目の出方の総数は 6^4 通り。
N の正の約数が 4 個となるのは, $N = p^3$ または
$N = p \times q$ (p, q は異なる素数) の形のとき。
(i) $N = p^3$ のとき $N = 2^3, 3^3, 5^3$
出る目の組み合わせは, (1, 2, 2, 2), (1, 3, 3, 3),
(1, 5, 5, 5), (1, 1, 2, 4)
目の出方は (1, 2, 2, 2), (1, 3, 3, 3), (1, 5, 5, 5) のときそれぞれ 4 通り, (1, 1, 2, 4) のとき $4 \times 3 = 12$ 通り。
したがって, $N = p^3$ の形のときの目の出方の総数は
$4 \times 3 + 12 = 24$ 通り。
(ii) $N = p \times q$ のとき $N = 2 \times 3, 2 \times 5, 3 \times 5$

出る目の組み合わせは, (1, 1, 1, 6), (1, 1, 2, 3),
(1, 1, 2, 5), (1, 1, 3, 5)
目の出方は (1, 1, 1, 6) のとき 4 通り, (1, 1, 2, 3),
(1, 1, 2, 5), (1, 1, 3, 5) のときそれぞれ $4 \times 3 = 12$ 通り。
したがって, $N = p \times q$ の形のときの目の出方の総数は
$4 + 12 \times 3 = 40$ 通り。
(i), (ii)より, 求める確率は $\dfrac{24 + 40}{6^4} = \dfrac{4}{81}$

(答) $\dfrac{4}{81}$

5 平面図形の基本・作図, 平行線と線分の比, 三平方の定理
(1) $\dfrac{9\sqrt{15}}{4}$ (2) $r = \dfrac{\sqrt{15}}{3}$, $r' = \dfrac{3\sqrt{15}}{10}$
(3) PP′ = $\dfrac{\sqrt{1410}}{15}$

6 空間図形の基本, 立体の表面積と体積, 平行線と線分の比, 三平方の定理 (1) TU = $4\sqrt{6}$ (2) $38\sqrt{6}$

解き方
1 (1)（与式）= $(142^2 - 158^2) + (283^2 - 117^2)$
$\quad\quad + (316^2 - 284^2)$
= $300 \times (-16) + 400 \times 166 + 600 \times 32$
= $100 \times (-48 + 664 + 192) = 100 \times 808 = 80800$
(2)（与式）= $(3x - 2)y + 2(x + 1)(3x - 2)$
= $(3x - 2)(2x + y + 2)$
(3) $\begin{cases} 15x + 2y = 60 \\ 3x - 8y = -72 \end{cases}$
(4) 与式より, $3(4x^2 + 4x + 1) - x - 8 = 0$
$12x^2 + 11x - 5 = 0$
$(3x - 1)(4x + 5) = 0$ $\quad x = \dfrac{1}{3}, -\dfrac{5}{4}$

2 (1) K$(0, k)$ とすると, $0 < k < 2$ である。
∠BCK = ∠KCO より, BC : OC = BK : OK
C$(-4k, 0)$ であるから, BC : $4k = (2 - k) : k$
よって, BC = $4(2 - k)$ $\quad$ BC$^2 = 16(2 - k)^2$
ここで, BC$^2 = (4k)^2 + 4^2 = 16k^2 + 4$ より,
$16k^2 + 4 = 16(2 - k)^2$ $\quad k = \dfrac{15}{16}$
(2) A$\left(5t, \dfrac{25}{3}t^2\right)$, B$(-3t, 3t^2)$ が $y = \dfrac{1}{3}x + k$ 上にあるから, $\dfrac{25}{3}t^2 = \dfrac{5}{3}t + k$ $\quad 3t^2 = -t + k$
辺々引いて, $\dfrac{16}{3}t^2 = \dfrac{8}{3}t$ $\quad t \neq 0$ より, $t = \dfrac{1}{2}$
代入して, $k = \dfrac{5}{4}$
$S = \dfrac{1}{2} \times \left(\dfrac{5}{4} - 0\right) \times \left\{\dfrac{5}{2} - \left(-\dfrac{3}{2}\right)\right\} = \dfrac{1}{2} \times \dfrac{5}{4} \times 4 = \dfrac{5}{2}$
(3)(ア) 10 ~ 99 の 90 個から 11, 22, …, 99 の 9 個を引いて,
$90 - 9 = 81$（個）
(イ) まず, 条件を満たす 3 桁の整数のうち 0 を含むものは,
0 と 1, 0 と 2, …, 0 と 9 の 9 組から 100, 101, 110 のように 3 個ずつ発生するから $9 \times 3 = 27$（個）
0 を含まないものは, 1 と 2, 1 と 3, …, 8 と 9 の 36 組から, 112, 121, 211, 122, 212, 221 のように 6 個ずつ発生するから, $36 \times 6 = 216$（個）
したがって, 条件を満たす 3 桁の整数は,
$27 + 216 = 243$（個）
次に, 条件を満たす 4 桁の整数は,
千の位が 1 であるものは, 0, 2, 3, …, 9 の 9 個のいずれかを用いて 1000, 1001, 1010, 1100, 1011, 1101, 1110 のように 7 個ずつ発生するから, $9 \times 7 = 63$（個）
さらに, 千の位が 2 である 4 桁の整数は, 小さい順に
2000, 2002, 2020, …

となるので，$81 + 243 + 63 + 3 = 390$（番目）
(4) $\angle AEB = \angle BEC = 90°$ より，点 E は対角線 AC 上にある。同様に，点 G も対角線 AC 上にあり，2 点 F，H は対角線 BD 上にある。したがって，2 つの長方形は相似である。ここで，辺 AB の中点を M とすると，M は半円の中心である。
直線 EH と辺 AB の交点を L とすると，
$LM^2 + LE^2 = ME^2$
$AM = BM = r$ とし，$AL = x$ とおくと，$LE = 2x$，$LM = r - x$ であるから，$(r-x)^2 + (2x)^2 = r^2$
$x > 0$ より，$x = \dfrac{2}{5}r$　　$EF = 2(r-x) = \dfrac{6}{5}r$
よって，$EF : AB = \dfrac{6}{5}r : 2r = 3 : 5$ であるから，2 つの長方形の面積比は，$3^2 : 5^2 = 9 : 25$

3 PQ 間を $d + 2$ (km) とすると，B が出発してから A が P に到着するまでに B が歩いた道のりは $2(d+2) - 4 = 2d$ (km) である。したがって，B が出発してから A に追いつかれるまでの時間を t 分とすると，B が出発してから A が P に到着するまでの時間は $2t$ 分である。

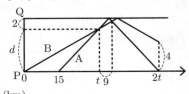

さて，A の速さを a km/分 とすると，
A の行きの道のりは，$a(t - 15) + 2$ (km)
A の帰りの道のりは，$a \times \dfrac{2t - 15}{2}$ (km)
であり，これらが等しいから，
$at - 15a + 2 = at - 7.5a$　　$2 = 7.5a$
よって，$a = \dfrac{4}{15}$ …①
また，9 分間の A と B の道のりの合計が $2 \times 2 = 4$ (km) であることから，B の速さを b km/分 とすると，
$(a + b) \times 9 = 4$　　$a + b = \dfrac{4}{9}$
これと①より，$b = \dfrac{8}{45}$
さらに，$\dfrac{d}{b} - \dfrac{d}{a} = 15$ より，$\left(\dfrac{45}{8} - \dfrac{15}{4}\right)d = 15$
$\dfrac{15}{8}d = 15$　　$d = 8$
以上より，A の速さは，$\dfrac{4}{15}$ km/分 $= 16$ km/時
B の速さは，$\dfrac{8}{45}$ km/分 $= \dfrac{32}{3}$ km/時
PQ 間は，$d + 2 = 8 + 2 = 10$ (km)

4 (1) $N = 2, 3, 5$ のときである。
$N = 2$ のときは，$1 \times 1 \times 1 \times 2, 1 \times 1 \times 2 \times 1$，$1 \times 2 \times 1 \times 1, 2 \times 1 \times 1 \times 1$ の 4 通りで，$N = 3, 5$ のときも同様であるから，求める確率は，$\dfrac{3 \times 4}{6^4} = \dfrac{1}{108}$

5 (1) $AB : AC = BD : CD$ より，$BD = 4$，$CD = 3$
A から辺 BC に垂線 AH を引き，$CH = x$ とおくと，
$6^2 - x^2 = 8^2 - (7-x)^2$　　$x = \dfrac{3}{2}$
よって，$AH = \sqrt{6^2 - \left(\dfrac{3}{2}\right)^2} = \dfrac{3}{2}\sqrt{15}$
したがって，$\triangle ABC = \dfrac{1}{2} \times 7 \times \dfrac{3}{2}\sqrt{15} = \dfrac{21}{4}\sqrt{15}$
$\triangle ACD = \triangle ABC \times \dfrac{3}{7} = \dfrac{21}{4}\sqrt{15} \times \dfrac{3}{7} = \dfrac{9}{4}\sqrt{15}$
(2) $DH = 3 - \dfrac{3}{2} = \dfrac{3}{2}$ であるから，$AD = 6$

また，$\triangle ABD = \triangle ABC \times \dfrac{4}{7} = \dfrac{21}{4}\sqrt{15} \times \dfrac{4}{7} = 3\sqrt{15}$
$\triangle ABD$ において，$\dfrac{1}{2}(8 + 4 + 6)r = 3\sqrt{15}$ より，
$r = \dfrac{\sqrt{15}}{3}$
$\triangle ACD$ において，$\dfrac{1}{2}(6 + 3 + 6)r' = \dfrac{9}{4}\sqrt{15}$ より，
$r' = \dfrac{3}{10}\sqrt{15}$
(3) $\triangle ACD$ の内接円と辺 BC との接点は H である。また，$\triangle ABD$ の内接円と辺 BC との接点を E とすると，
$DE = \dfrac{4 + 6 - 8}{2} = 1$
よって，$EH = 1 + \dfrac{3}{2} = \dfrac{5}{2}$
さらに，P' から線分 PE に垂線 P'K を引くと，
$P'K = EH = \dfrac{5}{2}$　　$PK = r - r' = \dfrac{\sqrt{15}}{30}$
ゆえに，
$PP' = \sqrt{P'K^2 + PK^2} = \sqrt{\left(\dfrac{5}{2}\right)^2 + \left(\dfrac{\sqrt{15}}{30}\right)^2} = \dfrac{\sqrt{1410}}{15}$

6 (1) 辺 BC，辺 DE の中点をそれぞれ L，N とし，線分 AF と線分 LN の交点を M とする。4 点 A，L，F，N を通る平面によるこの正八面体の断面は，図のようになる。G，H はそれぞれ $\triangle ABC$，$\triangle DEF$ の重心であり，GH，TU，VN はいずれも AL および FN に垂直である。

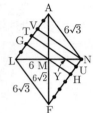

したがって，GH = TU = VN となるので，VN の長さを求めればよい。このとき，$\triangle ALN$ の面積を 2 通りに表して，
$\dfrac{1}{2} \times LN \times AM = \dfrac{1}{2} \times AL \times VN$
$12 \times 6\sqrt{2} = 6\sqrt{3} \times VN$　　$VN = 4\sqrt{6}$
(2) 切り口は図のようになるので，求める面積は，
台形 QXZP + 台形 XRSZ
$= \dfrac{6 + 12}{2} \times 3\sqrt{6} + \dfrac{12 + 10}{2} \times \sqrt{6}$
$= 27\sqrt{6} + 11\sqrt{6} = 38\sqrt{6}$

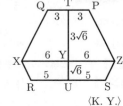

〈K. Y.〉

立教新座高等学校

問題 P.179

解答

1 2次方程式，円周角と中心角，数・式の利用，立体の表面積と体積，確率，1次関数，平行四辺形
(1) $x = -3$, $x = -3 + 2\sqrt{2}$
(2) $\angle x = 60$ 度，$\angle y = 135$ 度 (3)① $a = 25$, $b = 35$
② $a = 54$, $b = 70$ (4) 189π cm^3 (5)① $\dfrac{2}{9}$ ② $\dfrac{1}{3}$
(6)① $y = -\dfrac{3}{2}x + 12$ ② P$\left(\dfrac{17}{3}, 2\right)$

2 確率 (1) $\dfrac{5}{432}$ (2) $\dfrac{5}{18}$ (3) $\dfrac{1}{216}$ (4) $\dfrac{5}{54}$

3 2次方程式の応用，相似 (1)① $2 : 5$ ② $\dfrac{12}{5}$ cm
(2)① $\dfrac{3}{2}$ cm^2 ② $\dfrac{4}{3}$ cm

4 立体の表面積と体積，相似，三平方の定理
(1) $2\sqrt{6}$ cm (2) 152π cm^2 (3) $12 : 19$

5 関数 $y = ax^2$，平行四辺形，平行線と線分の比，三平方の定理 (1) $y = -x + 4$ (2) 18 (3) $y = \dfrac{4}{5}x + 4$
(4) $\dfrac{2\sqrt{5}}{5}$ (5) $\dfrac{396}{5}\pi$

解き方 **1**(1) $A = x - \sqrt{2}$ とおき，解の公式を用いる。
(2) 円周角 $\angle x$ に対応する中心角は，$360° \times \dfrac{4}{12} = 120°$
よって，$\angle x = 60°$
$\angle y$ を含む鈍角三角形について，下の鋭角である円周角に対応する中心角は，$360° \times \dfrac{1}{12} = 30°$
下の鋭角は $15°$，上の鋭角は同様にして $30°$
よって，$\angle y = 180° - (15° + 30°) = 135°$
(3)① n 段目の一番右の数は n^2，n 段目に a があるとき，b との差は $2n$ である。
$875 = 5 \times 175 = 7 \times 125 = 25 \times 35$ の3通りの表し方がある。この中で上の条件を満たすのは，$a = 25$, $b = 35$
② a は8段目にあるので $50 \leq a \leq 64$
これを満たすのは $3780 = 54 \times 70 = 60 \times 63$ の2通り。
a と b の差は $2 \times 8 = 16$ なので，$a = 54$, $b = 70$
(4) 下のおうぎ形の回転体は半径 6 cm の球を半分にしたもの，よって，$\dfrac{4}{3}\pi \times 6^3 \times \dfrac{1}{2} = 144\pi$
上の部分は高さ 6 cm，底面の半径 6 cm の円錐から，高さ 3 cm，底面の半径 3 cm の円錐と半径 3 cm の球を半分にした立体を引いたものなので，
$\dfrac{1}{3} \times 6^2\pi \times 6 - \left(\dfrac{1}{3} \times 3^2\pi \times 3 + \dfrac{4}{3}\pi \times 3^3 \times \dfrac{1}{2}\right) = 45\pi$
よって，$144\pi + 45\pi = 189\pi$
(5)① $y = ax - 1$, $y = -bx + 5$ より，$ax - 1 = -bx + 5$
$x = \dfrac{6}{a+b}$ これが整数になるのは，$a + b$ が6の約数である $1, 2, 3, 6$ になるとき。2になるのは $(1, 1)$ の1通り。3になるのは $(1, 2)$, $(2, 1)$ の2通り。6になるのは $(1, 5)$, $(2, 4)$, $(3, 3)$, $(4, 2)$, $(5, 1)$ の5通り。
よって，$\dfrac{8}{36} = \dfrac{2}{9}$
② y 軸上の辺を底辺と考えると，その長さは $5 - (-1) = 6$ 高さは2直線の交点の x 座標。
面積は $\dfrac{1}{2} \times 6 \times \dfrac{6}{a+b} = \dfrac{18}{a+b}$
これが整数になるのは，$a + b$ が18の約数である $1, 2, 3,$

$6, 9, 18$ になるとき。9になるのは $(3, 6)$, $(4, 5)$, $(5, 4)$, $(6, 3)$ の4通り。よって，$\dfrac{8 + 4}{36} = \dfrac{12}{36} = \dfrac{1}{3}$
(6)① AC の傾きは，$\dfrac{0 - 6}{6 - 2} = -\dfrac{3}{2}$
$y = -\dfrac{3}{2}x + a$ とすると，$4 = -\dfrac{3}{2} \times \dfrac{16}{3} + a$　$a = 12$
よって，$y = -\dfrac{3}{2}x + 12$

② 右図のように点 B′ をとると，
四角形 OABC = △OB′C，
B′ の x 座標は $0 = -\dfrac{3}{2}x + 12$
$x = 8$　つまり B′$(8, 0)$
x 軸上にあり線分 OB′ の $\dfrac{5}{8}$
の長さの OP′ を考える。
OP′ $= \dfrac{5}{8} \times 8 = 5$　P′$(5, 0)$

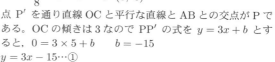

点 P′ を通り直線 OC と平行な直線と AB との交点が P である。OC の傾きは3なので PP′ の式を $y = 3x + b$ とすると，$0 = 3 \times 5 + b$　$b = -15$
$y = 3x - 15 \cdots$①
また，AB の傾きは $(0 - 4) \div \left(6 - \dfrac{16}{3}\right) = -6$ より
AB の式を $y = -6x + c$ とすると，$0 = -6 \times 6 + c$
$c = 36$
$y = -6x + 36 \cdots$②
①，②を連立させて解くと，$x = \dfrac{17}{3}$, $y = 2$
よって，P$\left(\dfrac{17}{3}, 2\right)$

2(1) さいころを4回投げると，全ての場合の数は
$6^4 = 1296$（通り）
出る目が順に大きくなるのは，$(1, 2, 3, 4)$, $(1, 2, 3, 5)$, $(1, 2, 3, 6)$, $(1, 2, 4, 5)$, $(1, 2, 4, 6)$, $(1, 2, 5, 6)$, $(1, 3, 4, 5)$, $(1, 3, 4, 6)$, $(1, 3, 5, 6)$, $(1, 4, 5, 6)$, $(2, 3, 4, 5)$, $(2, 3, 4, 6)$, $(2, 3, 5, 6)$, $(2, 4, 5, 6)$, $(3, 4, 5, 6)$ の15通り。よって，$\dfrac{15}{1296} = \dfrac{5}{432}$
(2) 1回目は6通り，2回目は1回目の目が何であろうと $6 - 1 = 5$（通り），同様に3回目は4通り，4回目は3通り，つまり，$6 \times 5 \times 4 \times 3 = 360$（通り）　$\dfrac{360}{1296} = \dfrac{5}{18}$
(3) $(1, 1, 2, 2)$, $(1, 2, 1, 2)$, $(1, 2, 2, 1)$, $(2, 1, 1, 2)$, $(2, 1, 2, 1)$, $(2, 2, 1, 1)$ の6通り。$\dfrac{6}{1296} = \dfrac{1}{216}$
(4) 同じ目を○，異なる目を×とする。（○○○×），（○○×○），（○×○○），（×○○○）の4通り。
○×の組み合わせは，(2)と同様に○が6通り，×が5通り。
$6 \times 5 = 30$（通り）
$30 \times 4 = 120$（通り）より，$\dfrac{120}{1296} = \dfrac{5}{54}$

3(1)① △ABC∽△QPC で，AB : QP = BC : PC
$3 : $ QP $= 6 : 4.5$　QP $= \dfrac{9}{4}$
△ABC∽△SBR で，AB : SB = BC : BR
$3 : $ SB $= 6 : 3$　SB $= \dfrac{3}{2}$
AS = AB − SB = $\dfrac{3}{2}$　△ASQ = $\dfrac{1}{2} \times$ AS $\times$ BP = $\dfrac{9}{8}$
四角形 BPQS は SB // QP の台形なので，
面積は，$\dfrac{1}{2} \times ($SB $+$ QP$) \times$ BP $= \dfrac{45}{16}$
求める比は，$\dfrac{9}{8} : \dfrac{45}{16} = 2 : 5$
② どちらの図形も高さが共通で等しいので，

AS = SB + QP…①になればよい。
AB : SB = BC : (BC − 2BP) より，SB = 3 − BP…②
AS = AB − SB = 3 − (3 − BP) = BP…③
AB : QP = BC : (BC − BP) より，QP = $\frac{6-BP}{2}$…④
①に②，③，④を代入すると，BP = (3 − BP) + $\frac{6-BP}{2}$
2BP = 6 − 2BP + 6 − BP   BP = $\frac{12}{5}$

(2)① 点 Q が AB 上に移った点を Q' とする。
△ASQ において，
UQ' // QS，AU = $\frac{1}{2}$AQ
なので，AQ' = $\frac{1}{2}$AS
BT = 1 より，BP = 2
AS = BP = 2   AQ' = 1
よって，△AQ'U = $\frac{1}{2}$ × 1 × 1 = $\frac{1}{2}$
SB = 3 − BP = 1   BR = 6 − 2 × BP = 2
よって，△SBR = $\frac{1}{2}$ × 2 × 1 = 1
求める面積は，$\frac{1}{2}$ + 1 = $\frac{3}{2}$

② ①より BP = x とおくと，AQ' = $\frac{1}{2}x$，BT = $\frac{1}{2}x$，
SB = 3 − x，BR = 6 − 2x とおける。ここで，
△AQ'U + △SBR = 1 より，
$\frac{1}{2}$ × AQ' × BT + $\frac{1}{2}$ × BR × SB = 1
$\frac{1}{2}$ × $\frac{1}{2}x$ × $\frac{1}{2}x$ + $\frac{1}{2}$ × (6 − 2x) × (3 − x) = 1
$\frac{9}{8}x^2$ − 6x + 9 = 1
9x^2 − 48x + 64 = 0   (3x − 8)^2 = 0 より，x = $\frac{8}{3}$
BT = $\frac{1}{2}$ × $\frac{8}{3}$ = $\frac{4}{3}$

4 (1)立面図を考える。
半径 r cm とする。
$2^2 + (2r)^2 = 10^2$
$r = \pm 2\sqrt{6}$，$r > 0$ より，
$r = 2\sqrt{6}$
(2) 右下図のように，切断された円錐の母線を x cm，高さを y cm とする。
$x : (x + 10) = 4 : 6$ $x = 20$
$y : (y + 4\sqrt{6}) = 4 : 6$ $y = 8\sqrt{6}$
つまりもとの円錐の母線は 30 cm，高さは $12\sqrt{6}$ cm
ここで，上の面は $4^2\pi = 16\pi$
下の面は $6^2\pi = 36\pi$，側面は，
(全体の円錐の側面)
 − (切断された円錐の側面)
= $\frac{1}{2}$ × 30 × (2π × 6) − $\frac{1}{2}$ × 20 × (2π × 4)
= 100π
求める面積は，16π + 36π + 100π = 152π
(3) 球 O の体積は，$\frac{4}{3}\pi$ × $(2\sqrt{6})^3$ = $64\sqrt{6}\pi$
(円錐台の体積)
= (全体の円錐の体積) − (切断された円錐の体積)
= $\frac{1}{3}$ × $6^2\pi$ × $12\sqrt{6}$ − $\frac{1}{3}$ × $4^2\pi$ × $8\sqrt{6}$ = $\frac{304\sqrt{6}}{3}\pi$

よって，求める比は，$64\sqrt{6}\pi$: $\frac{304\sqrt{6}}{3}\pi$ = 12 : 19

5 (1) A (2, 2) より，$y = \frac{1}{2}x^2$
点 B について，$y = \frac{1}{2} \times (-4)^2 = 8$ B (−4, 8)
①の傾きは $\frac{2-8}{2-(-4)} = -1$ ①式を $y = -x + b$ とすると，2 = −2 + b $b = 4$ よって，$y = -x + 4$
(2) BC の傾きは $\frac{0-8}{-2-(-4)} = -4$ $y = -4x + c$ とすると，0 = −4 × (−2) + c $c = -8$ $y = -4x - 8$
点 A を通り，BC と平行な直線と x 軸との交点を A' とする。AA' の式を $y = -4x + d$ とすると，
2 = −4 × 2 + d $d = 10$ $y = -4x + 10$
A' の x 座標は，0 = −4x + 10 $x = \frac{5}{2}$
よって，△ABC = △A'BC = $\frac{1}{2}$ × A'C × (B の y 座標)
= $\frac{1}{2}$ × $\left\{\frac{5}{2} - (-2)\right\}$ × 8 = 18
(3)(1)より，D (0, 4)
また，A (2, 2)，B (−4, 8) より，
AD : DB = 2 : 4 = 1 : 2
右図より，
△DBC = $\frac{2}{1+2}$ × △ABC = 12
求める直線と BC との交点を E とする。
△DBE = 9，△DCE = 3 になればよい。ここで，面積比
△DBE : △DCE = 9 : 3 = 3 : 1
より，BE : EC = 3 : 1
E の y 座標は，
$\frac{1}{3+1}$ × (B の y 座標)
= $\frac{1}{4}$ × 8 = 2   E は BC 上の点なので，
x 座標は 2 = −4x − 8 $x = -\frac{5}{2}$ E $\left(-\frac{5}{2}, 2\right)$
求める式の傾きは，
$(4 - 2) \div \left\{0 - \left(-\frac{5}{2}\right)\right\} = 2 \times \frac{2}{5} = \frac{4}{5}$
よって，$y = \frac{4}{5}x + 4$
(4) △AOC の面積について考える。
底辺を AC とすると高さは OH…③
底辺を OC とすると高さは A の y 座標…④
三平方の定理より，AC = $2\sqrt{5}$
③より，△AOC = $\frac{1}{2}$ × AC × OH = $\frac{1}{2}$ × $2\sqrt{5}$ × OH
= $\sqrt{5}$OH…③'
④より，
△AOC = $\frac{1}{2}$ × OC × (A の y 座標) = $\frac{1}{2}$ × 2 × 2 = 2…④'
③'，④' より，$\sqrt{5}$OH = 2   OH = $\frac{2\sqrt{5}}{5}$
(5) 原点 O から最も遠いのは点 B，三平方の定理より，
OB = $4\sqrt{5}$，最も近いのは，(4)より，OH = $\frac{2\sqrt{5}}{5}$
求める面積は，
$(4\sqrt{5})^2\pi - \left(\frac{2\sqrt{5}}{5}\right)^2\pi = 80\pi - \frac{4}{5}\pi = \frac{396}{5}\pi$

〈YM. K.〉

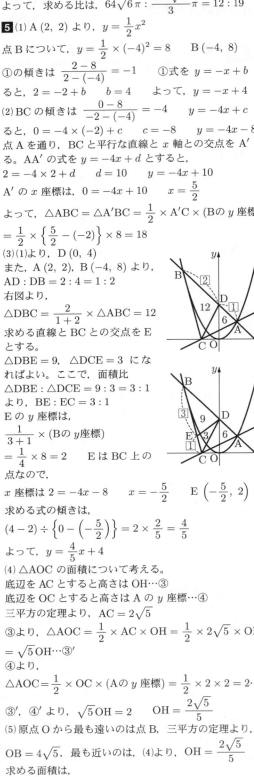

立命館高等学校

問題 P.181

解答

1 正負の数の計算，因数分解，平方根，連立方程式 〔1〕6 〔2〕$(a-b)(a+2b-3c)$
〔3〕$20+2\sqrt{2}$ 〔4〕$x=5,\ y=-3$

2 1次関数，確率，2次方程式の応用，平面図形の基本・作図 〔1〕$y=2+2\sqrt{3}$ 〔2〕$\dfrac{1}{18}$ 〔3〕$x=\pm 2\sqrt{2}$
〔4〕$\dfrac{18}{7}$

3 数・式の利用，三平方の定理 〔1〕$\sqrt{3}$ cm²
〔2〕$\dfrac{\sqrt{3}}{4}(n-1)$ cm² 〔3〕$A:B=(n-1):(2n+2)$
〔4〕99枚，$50\sqrt{3}$ cm²

4 三平方の定理 〔1〕32 〔2〕$4\sqrt{61}$
〔3〕$\dfrac{24\sqrt{61}}{61}$

5 関数 $y=ax^2$ 〔1〕$(-p,\ 4p^2)$ 〔2〕$\left(\dfrac{3}{2},\ 9\right)$
〔3〕$36-\dfrac{63\sqrt{3}}{4}$

解き方

1 〔1〕（与式）
$=\dfrac{3}{2}\div\dfrac{1}{4}+9\times\left(-\dfrac{1}{64}\right)\div\dfrac{9}{16}+\dfrac{1}{4}$
$=\dfrac{3}{2}\times 4-9\times\dfrac{1}{64}\times\dfrac{16}{9}+\dfrac{1}{4}=6-\dfrac{1}{4}+\dfrac{1}{4}=6$

〔2〕最低次数の文字（ここでは c）について整理すると，
（与式）$=-3ac+3bc+a^2+ab-2b^2$
$=-3c(a-b)+(a+2b)(a-b)$
$=(a-b)(a+2b-3c)$

〔3〕（与式）
$=4x^2+12xy+9y^2-(3x^2+2xy-y^2)-(10xy+9y^2)$
$=x^2+y^2$
$x=3+\sqrt{2},\ y=1-2\sqrt{2}$ を代入すると
$(3+\sqrt{2})^2+(1-2\sqrt{2})^2=9+6\sqrt{2}+2+1-4\sqrt{2}+8$
$=20+2\sqrt{2}$

〔4〕$\dfrac{x+3y}{2}=\dfrac{2x+6y+2}{3}$ の辺々を6倍して整理すると，
$x+3y=-4$…①
$\dfrac{x+3y}{2}=-\dfrac{2}{5}(4x+5y)$ の辺々を10倍して整理すると，
$3x+5y=0$…②
①×3-②…$4y=-12$ $y=-3$
①に代入して，$x-9=-4$ $x=5$

2 〔1〕P$(0,\ p)$ とおく。
∠APB＝90°のとき，2直線 AP，BP の傾きの積は-1であるから，
$\dfrac{p-4}{0-(-2)}\times\dfrac{0-p}{4-0}=-1$ $-p(p-4)=-8$
整理して解くと，$p^2-4p-8=0$ $p=2\pm 2\sqrt{3}$
$p>0$ より，$p=2+2\sqrt{3}$

別解 線分 AB を直径とする円を補うとき，点 P はこの円と y 軸の交点で y 座標が正の点である。AB の中点 M$(1,\ 2)$ と B を結ぶとき，線分 MB の長さは
$\sqrt{(4-1)^2+(2-0)^2}=\sqrt{13}$
これは円の半径であるから，

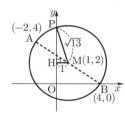

MP の長さもやはり $\sqrt{13}$ になる。
M から y 軸に垂線 MH を下ろす。△MPH に三平方の定理を用いると，PH $=\sqrt{(\sqrt{13})^2-1^2}=2\sqrt{3}$
よって，P$(0,\ 2+2\sqrt{3})$ が得られる。

〔2〕x 座標，y 座標はいずれも 1，-2，3，-4，5，-6のどれかである。
$y=\dfrac{1}{2}x+\dfrac{5}{2}$ に $x=1,\ -2,\ 3,\ -4,\ 5,\ -6$ を代入すると $y=3,\ \dfrac{3}{2},\ 4,\ \dfrac{1}{2},\ 5,\ -\dfrac{1}{2}$ が得られることから，
$y=\dfrac{1}{2}x+\dfrac{5}{2}$ 上にある点 P は $(1,\ 3),\ (5,\ 5)$
したがって，求める確率は，$\dfrac{2}{36}=\dfrac{1}{18}$

〔3〕$a^2-b^2+2ab=(a+b)(a-b)+2ab$…（＊）
$a=x,\ b=x+4$ をそれぞれ代入すると
（＊）$=(x+x+4)\{x-(x+4)\}+2x(x+4)$
$=-8x-16+2x^2+8x=2x^2-16$
$2x^2-16=0$ を解くと，$x^2=8$ $x=\pm 2\sqrt{2}$

〔4〕△FAD，△FAE の面積をそれぞれ $x,\ y$ とおく。
△FAD：△FBD＝△CAF：△CBF
＝AD：DB より，
$x:1=(y+2):3$
$y+2=3x$…①
△FAE：△FCE＝△BAF：△BCF
＝AE：EC より，
$y:2=(x+1):3$
$2(x+1)=3y$…②
①，②を連立して解くと，$x=\dfrac{8}{7},\ y=\dfrac{10}{7}$
四角形 ADFE $=x+y=\dfrac{18}{7}$

3 〔1〕$\dfrac{\sqrt{3}}{4}\times 1^2\times(5-1)=\sqrt{3}$ (cm²)

〔2〕$\dfrac{\sqrt{3}}{4}\times 1^2\times(n-1)=\dfrac{\sqrt{3}}{4}(n-1)$ (cm²)

〔3〕正三角形を n 枚重ねたときの B の値を n を用いて表す。左右両端に台形が2枚あり，残り $(n-2)$ 枚はひし形が並んでいるので
$B=\dfrac{\sqrt{3}}{4}\times 1^2\times 3\times 2+\dfrac{\sqrt{3}}{4}\times 1^2\times 2\times(n-2)$
$=\dfrac{\sqrt{3}}{4}(6+2n-4)=\dfrac{\sqrt{3}}{2}(n+1)$ (cm²)
$A:B=\dfrac{\sqrt{3}}{4}(n-1):\dfrac{\sqrt{3}}{4}(2n+2)=(n-1):(2n+2)$

〔4〕$\dfrac{\sqrt{3}}{4}(n-1)=\dfrac{49\sqrt{3}}{2}$ を解くと，$n=99$
このとき，B $=\dfrac{\sqrt{3}}{2}(99+1)=50\sqrt{3}$

4 〔1〕$4\times 8\times\dfrac{1}{2}\times 6\times\dfrac{1}{3}=32$

〔2〕△BGD の3辺の長さは
BG $=2\sqrt{13}$，GD $=10$，
BD $=4\sqrt{5}$
B から GD に垂線 BH を下ろすとき，GH $=x$ とおく。
BH² $=(2\sqrt{13})^2-x^2$
$=(4\sqrt{5})^2-(10-x)^2$
$52-x^2=80-(100-20x+x^2)$ $x=\dfrac{18}{5}$

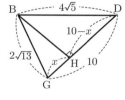

$BH = \sqrt{(2\sqrt{13})^2 - \left(\dfrac{18}{5}\right)^2} = \sqrt{\dfrac{976}{25}} = \dfrac{4\sqrt{61}}{5}$

$\triangle BGD = 10 \times \dfrac{4\sqrt{61}}{5} \times \dfrac{1}{2} = 4\sqrt{61}$

〔3〕求める垂線の長さを h とおくと

$4\sqrt{61} \times h \times \dfrac{1}{3} = 32 \qquad h = \dfrac{32 \times 3}{4\sqrt{61}} = \dfrac{24\sqrt{61}}{61}$

5〔1〕点 $(1, 4)$ は $y = ax^2$ 上にあるので,
$4 = a \times 1^2 \qquad a = 4$
2点 A, B は y 軸について対称であるから
A $(p, 4p^2)$, B $(-p, 4p^2)$ と表せる。

〔2〕四角形 ABCD は長方形で,縦,横の長さを p を用いて表すと, BC = AD = $12 - 4p^2$ 　 BA = CD = $2p$
四角形 ABCD が正方形になるとき,
$12 - 4p^2 = 2p$ 　整理して,$2p^2 + p - 6 = 0$
これを解くと,$p = -2, \dfrac{3}{2}$
$p > 0$ より,$p = \dfrac{3}{2}$ 　 A の座標は $\left(\dfrac{3}{2}, 9\right)$ となる。

〔3〕正方形 ABCD の一辺の長さは3であるから,その面積は,$3^2 = 9$
$y = 4x^2$ に $y = 12$ を代入して解くと,
$x^2 = 3 \qquad x = \pm\sqrt{3}$
E $(-\sqrt{3}, 12)$, F $(\sqrt{3}, 12)$ が得られる。
直線 OF の式は $y = 4\sqrt{3}x$ になる。
直線 OF と AD, AB の交点をそれぞれ P, Q とする。
P $\left(\dfrac{3}{2}, 6\sqrt{3}\right)$ より,AP $= 6\sqrt{3} - 9$
AQ = AP $\times \dfrac{1}{4\sqrt{3}} = \dfrac{6\sqrt{3} - 9}{4\sqrt{3}}$
正方形 ABCD と △OEF の重なる部分は,正方形 ABCD から △APQ 2コ分を取り除くことで得られるので,その面積は,
$9 - \text{AP} \times \text{AQ} \times \dfrac{1}{2} \times 2 = 9 - (6\sqrt{3} - 9) \times \dfrac{6\sqrt{3} - 9}{4\sqrt{3}}$
$= 9 - \dfrac{(6\sqrt{3} - 9)^2}{4\sqrt{3}} = \dfrac{36\sqrt{3} - (108 - 108\sqrt{3} + 81)}{4\sqrt{3}}$
$= \dfrac{144\sqrt{3} - 189}{4\sqrt{3}} = \dfrac{144 - 63\sqrt{3}}{4} \left(= 36 - \dfrac{63\sqrt{3}}{4}\right)$

〈A. T.〉

早稲田大学系属早稲田実業学校高等部　問題 P.182

解答

1 因数分解,確率,2次方程式の応用,標本調査,円周角と中心角

(1) $(x-5)(x-3)(x-1)(x+1)$　(2) $\dfrac{11}{21}$

(3) $p = 5$, $q = 2$　(4) ア.母集団　イ.相対度数

(5) 4.5度

2 平面図形の基本・作図,相似,三平方の定理

(1) 右図

(2)① (証明) (例)
仮定から,HF // ED で,
平行線の同位角は等しいので,
∠CED = ∠CHF = ∠EHF…ⓐ
同様に,EF // CD より
∠FEH = ∠DCE…ⓑ
△CDE と △EFH において,ⓐ,ⓑより,2組の角がそれぞれ等しいので,△CDE∽△EFH
(証明終)

② $\dfrac{1250\sqrt{3}}{3}$ cm³

3 数・式を中心とした総合問題　(1) $a = b$

(2)① $A = 3$, $B = -4$　② $C = -4$, $E = 2$

4 関数を中心とした総合問題　(1) $m + n$　(2) $n = 5$

(3) 4本

5 図形を中心とした総合問題

(1) ∠DOC = 30度, OD² $= 8 + 4\sqrt{3}$

(2) $\left\{6 + 2\sqrt{3} + \left(4 + \dfrac{3}{2}\sqrt{3}\right)\pi\right\}$ cm²

(3) $\left\{1 + \sqrt{3} + \left(\dfrac{11}{3} + \dfrac{4}{3}\sqrt{3}\right)\pi\right\}$ cm²

解き方 **1**(1) (与式) $= (x^2 - 4x)^2 - 2(x^2 - 4x) - 15$
$= (x^2 - 4x - 5)(x^2 - 4x + 3)$

(2) 3枚とも偶数…4通り,1枚だけ偶数…40通り,すべての場合の数…84通り

(3) 整数解 m, n $(m < n)$ をもつとすると,
$x^2 - px + q^2 = (x - m)(x - n) = x^2 - (m + n)x + mn$
から,$p = m + n$, $q^2 = mn$ となるが,q が素数なので,
$m = 1$, $n = q^2$ または $m = -q^2$, $n = -1$ となる。
後者は $p < 0$ となるので不適。よって,$p = 1 + q^2$
ここで,q が3以上の奇素数とすると,p は10以上の偶数で素数になり得ない。よって,$q = 2$, $p = 5$

(5) ∠BAD $= 180° \times \dfrac{2}{5} = 72°$
∠ALG $= 180° \times \dfrac{3}{8} = 67.5°$,
∠AML = ∠BAD − ∠ALG = 4.5°

2(1) ⅰ) AB の垂直二等分線を引く。
ⅱ) ⅰ) の直線と OA の角の二等分線を引く。
ⅲ) ⅱ) と半円の交点,O を2頂点とする正三角形をかく。

(2)② EF $= 6\sqrt{3}$, HF $= 12$
HF // ED より,
ED $= \dfrac{9 + 6}{9}$HF $= 20$
よって,EC = 10, AC = 10,
CD $= 10\sqrt{3}$
よって,求める体積は,
$\dfrac{1}{3} \times \dfrac{1}{2} \times 10 \times 10\sqrt{3}$
$\times (9 + 6 + 10)$

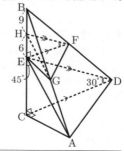

$= \dfrac{1250\sqrt{3}}{3}$ (cm^3)

3 (1) 解をもつための条件は，y を消去した式
$ax + 2 = bx - 3$ が解をもつことである．
$(a - b)x = -5$ と変形できるので，$a - b \neq 0$ のとき解をもつ．したがって，解をもたないのは，$a = b$ のとき．

(2) ① (ウ)の式を(ア)の式に代入して y を消去すると，
$Ax + B\left(\dfrac{3}{4}x - \dfrac{1}{8}C\right) = -12$ これを整理して，
$(8A + 6B)x = BC - 96$ となる．条件Ⅰより(ア)と(ウ)は解をもたないので，$8A + 6B = 0$ かつ $BC \neq 96$ …ⓐ
条件Ⅱより，$x = 8$，$y = 9$ を(ア)，(エ)に代入して，
$\begin{cases} 8A + 9B = -12 & \cdots\text{ⓑ} \\ 8D - 54 = E & \cdots\text{ⓒ} \end{cases}$ ⓐ，ⓑより，$\begin{cases} A = 3 \\ B = -4 \end{cases}$

② (ア)と(イ)の連立方程式の解を $x = p$，$y = q$ とおくと，
$3p - 4q = -12$，$-4p - 3q = 16$ これを解いて，
$p = -4$，$q = 0$
条件Ⅲより，(ウ)と(エ)の解は，$x = 2$，$y = 2$
これを(ウ)と(エ)に代入し，$C = -4$，$2D - 12 = E$…ⓓ
ⓒ，ⓓより，$D = 7$，$E = 2$

4 (1) P$\left(\dfrac{m}{3}, \dfrac{m^2}{3}\right)$，Q$\left(\dfrac{n}{3}, \dfrac{n^2}{3}\right)$ より傾きは $m + n$

(2) $\dfrac{m}{3} = -2$ より $m = -6$ $-6 + n = -1$ より $n = 5$

(3) $m + n = 10$…①
直線 PQ の切片は $-\dfrac{mn}{3}$ となるので，
$-\dfrac{mn}{3} \leqq 40$ よって，$mn \geqq -120$…②
$n > 0$，$m < 0$ と①より $n \geqq 11$
$(m, n) = (-1, 11), (-2, 12), \cdots, (-6, 16), (-7, 17)$
は②を満たすが，$(-8, 18), (-9, 19), \cdots$ は満たさない．
さらに，切片 $-\dfrac{mn}{3}$ が整数になるのは，
$(m, n) = (-2, 12), (-3, 13), (-5, 15), (-6, 16)$

5 (1) ∠DOC = 2∠DOF = ∠DFE = 30°
OD$^2 = 1 + (2 + \sqrt{3})^2 = 8 + 4\sqrt{3}$

(2) 右図のようになる．
AD = $3 + \sqrt{3}$
BD$^2 = 2^2 + (3 + \sqrt{3})^2$
$= 16 + 6\sqrt{3}$
求める面積は，
$2\triangle\text{ABD} + $扇形$\stackrel{\frown}{\text{BDD}'}$
$= 2(3 + \sqrt{3}) + \dfrac{1}{4}\text{BD}^2\pi$
$= 6 + 2\sqrt{3} + \left(4 + \dfrac{3}{2}\sqrt{3}\right)\pi$

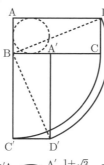

(3) 右図のようになる．求める面積は，半径 $\sqrt{2}$ の半円と $\triangle$OA′D の 2 倍と扇形 $\stackrel{\frown}{\text{ODC}'}$ で
$(\sqrt{2})^2\pi \times \dfrac{1}{2} + 2 \times \dfrac{1}{2} \times 1$
$\times (1 + \sqrt{3}) + \dfrac{120°}{360°}\text{OD}^2\pi$
$= \pi + 1 + \sqrt{3} + \dfrac{8 + 4\sqrt{3}}{3}\pi$

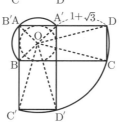

〈IK. Y.〉

和洋国府台女子高等学校

問題 P.183

解答

1 正負の数の計算，多項式の乗法・除法，平方根，式の計算 ┃ (1) 57   (2) $-\dfrac{24}{5}$
(3) $3x^2 - 11xy + 11y^2$ (4) 12   (5) $-a$ (6) $\dfrac{a - 1}{12}$

2 因数分解 ┃ (1) $xy(2x + y)^2$ (2) $(3a - 1)(b - 4)$

3 連立方程式 ┃ $a = 3$，$b = -2$

4 2次方程式 ┃ $x = \dfrac{5 \pm \sqrt{13}}{6}$

5 確率 ┃ (1) $\dfrac{9}{28}$ (2) $\dfrac{3}{7}$

6 1次関数 ┃ $a = -8$

7 数の性質，因数分解 ┃ (1) (例) n は整数であるので，n もしくは $n + 1$ は偶数である．これより $n(n + 1)$ は 2 の倍数となり，$4n(n + 1)$ は 8 の倍数である．
(2) 59×61

8 1次関数，関数 $y = ax^2$ ┃ (1) $(-2, -2)$ (2) $\dfrac{9}{4}$

9 円周角と中心角 ┃ 40 度

10 相似，三平方の定理 ┃ (1) $x = \dfrac{16}{3}$ (2) $\dfrac{20\sqrt{3}}{3}$ cm^2

11 立体の表面積と体積，相似，三平方の定理 ┃ (1) 63 cm^3
(2) 4 cm

解き方 **1** (1) (与式) $= 72 + 3 - 18 = 57$
(2) (与式) $= -\dfrac{11}{10} \times 4 \times \dfrac{12}{11} = -\dfrac{24}{5}$
(3) (与式) $= 4x^2 - 12xy + 9y^2 - (x^2 - xy - 2y^2)$
$= 3x^2 - 11xy + 11y^2$
(4) (与式) $= (3\sqrt{2} - \sqrt{6})(3\sqrt{2} + \sqrt{6}) = 18 - 6 = 12$
(5) (与式) $= \dfrac{a^2b^4 \times a^2b^5}{-a^3b^9} = -a$
(6) (与式) $= \dfrac{9a - 21 - 8a + 20}{12} = \dfrac{a - 1}{12}$

2 (1) (与式) $= xy(4x^2 + 4xy + y^2) = xy(2x + y)^2$
(2) (与式) $= 3a(b - 4) - (b - 4) = (3a - 1)(b - 4)$

3 $5ax + by = 3a$，$bx + 2y = a + 1$ に，それぞれ $x = 1$，$y = 3$ を代入すると，$2a + 3b = 0$…①
$a - b = 5$…②   ① $-$ ② $\times 2$ より，$5b = -10$ $b = -2$
②に代入して，$a + 2 = 5$ $a = 3$

4 解の公式より，
$x = \dfrac{-(-5) \pm \sqrt{(-5)^2 - 4 \times 3 \times 1}}{2 \times 3} = \dfrac{5 \pm \sqrt{13}}{6}$

5 (1) 玉の取り出し方は，全部で $4 \times 7 = 28$（通り）
この中で 2 つの数の和が 3 の倍数となるのは，
(A, B) = (1, 2), (1, 5), (2, 1), (2, 4), (2, 7), (3, 3), (3, 6), (4, 2), (4, 5) の 9 通り．したがって，求める確率は $\dfrac{9}{28}$

(2) 2 つの数の積が 4 の倍数となるのは，(A, B) = (1, 4), (2, 2), (2, 4), (2, 6), (3, 4), (4, 1), (4, 2), (4, 3), (4, 4), (4, 5), (4, 6), (4, 7) の 12 通り．
したがって，求める確率は $\dfrac{12}{28} = \dfrac{3}{7}$

6 3 直線は 1 点で交わるので，$y = -3x + 3$ と $x - 2y - 1 = 0$ を連立して解くと，$x = 1$，$y = 0$
$y = ax + 8$ に代入して $a = -8$

7 (2) n を整数とすると，偶数は $2n$ と表されるので，
$(2n)^2 - 1 = (2n - 1)(2n + 1)$

$2n-1$, $2n+1$ はそれぞれ奇数になる。
$a \times b$ としたとき，a は $n = 2, 5, 8, \cdots$ のときに 3 の倍数になり，b は $n = 1, 4, 7, \cdots$ のときに 3 の倍数になる。
したがって，$a \times b$ が 3 の倍数とならないのは，$n = 3, 6, 9, \cdots$ つまり n が 3 の倍数のときである。3 の倍数でないもののうち小さい方から 10 番目となるのは $n = 10 \times 3 = 30$ のときなので，
$(2 \times 30 - 1)(2 \times 30 + 1) = 59 \times 61$

8 (1) $y = -\dfrac{1}{2}x^2$ と $y = x$ を連立して解き，点 B は原点ではないので，$x = -2$，$y = -2$
(2) 点 A の座標は，$y = x^2$ と $y = x$ を連立して解き，点 A は原点ではないので $x = 1$，$y = 1$ より，A $(1, 1)$
また，点 C の x 座標は 1 より，C $\left(1, -\dfrac{1}{2}\right)$
したがって，
$\triangle\text{ABC} = \dfrac{1}{2} \times \left\{1 - \left(-\dfrac{1}{2}\right)\right\} \times \{1 - (-2)\} = \dfrac{9}{4}$

9 $\angle\text{ADB} = 90°$ より，$\angle\text{ADC} = 90° - 74° = 16°$
円周角の定理より，
$\angle\text{ABC} = \angle\text{ADC} = 16°$ $\angle\text{ABD} = 82° - 16° = 66°$
したがって，$\angle\text{BPD} = 180° - 66° - 74° = 40°$

10 (1) $\triangle\text{BCD}$ と $\triangle\text{PRD}$ は，$\angle\text{BCD} = \angle\text{PRD} = 60°$，$\angle\text{BDC} = \angle\text{PDR}$ より相似となるので，
$8 : x = 8 \times \dfrac{1}{3+1} : (x - 4)$ $2x = 8(x - 4)$
$6x = 32$ $x = \dfrac{32}{6} = \dfrac{16}{3}$ (cm)

(2) 点 A から辺 BC に垂線 AE を引く。$\triangle\text{ABE}$ は，30°，60°，90° の直角三角形なので，
AE : 4 = $\sqrt{3}$: 1
AE = $4\sqrt{3}$ cm
よって，
$\triangle\text{ABC} = \dfrac{1}{2} \times 8 \times 4\sqrt{3}$
$= 16\sqrt{3}$ (cm^2)

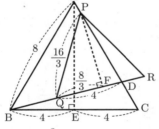

となるので，$\triangle\text{ABD} = 16\sqrt{3} \times \dfrac{3}{3+1} = 12\sqrt{3}$ (cm^2)
また，点 P から直線 BD に垂線 PF を引く。
$\triangle\text{PQF}$ は，30°，60°，90° の直角三角形なので，
PF : $\dfrac{8}{3}$ = $\sqrt{3}$: 1   PF = $\dfrac{8\sqrt{3}}{3}$ cm
よって，$\triangle\text{PQD} = \dfrac{1}{2} \times 4 \times \dfrac{8\sqrt{3}}{3} = \dfrac{16\sqrt{3}}{3}$ (cm^2)
したがって，
四角形 ABQP = $12\sqrt{3} - \dfrac{16\sqrt{3}}{3} = \dfrac{20\sqrt{3}}{3}$ (cm^2)

11 (1) (三角錐 R–EFG) : (立体 PBQ–EFG)
$= 2^3 : (2^3 - 1^3) = 8 : 7$ より，
求める体積は，
$\dfrac{1}{3} \times \dfrac{1}{2} \times 6 \times 6 \times 12 \times \dfrac{7}{8}$
$= 63$ (cm^3)
(2) $\triangle\text{REF}$ において三平方の定理より，$\text{RE}^2 = 6^2 + 12^2 = 180$
$\text{RE} > 0$ より，$\text{RE} = 6\sqrt{5}$ cm
また，$\triangle\text{EFG}$ において，
$\text{EG} : 6 = \sqrt{2} : 1$
$\text{EG} = 6\sqrt{2}$ cm となり，線分 EG の中点を S とすると $\triangle\text{RES}$ において三平方の定理より，

$\text{RS}^2 + (3\sqrt{2})^2 = (6\sqrt{5})^2$ $\text{RS}^2 = 162$
$\text{RS} > 0$ より，$\text{RS} = 9\sqrt{2}$ cm となるので，
$\triangle\text{REG} = \dfrac{1}{2} \times 6\sqrt{2} \times 9\sqrt{2} = 54$ (cm^2)
したがって，三角錐 R − EFG の体積より，
$\dfrac{1}{3} \times 54 \times \text{FI} = 72$ FI = 4 cm

⟨A. H.⟩

──〔数学　解答〕　終わり──